Instandhaltung

Matthias Strunz

Instandhaltung

Grundlagen – Strategien – Werkstätten

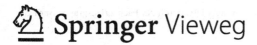 Springer Vieweg

Matthias Strunz
Faculty of Engineering
Hochschule Lausitz
Senftenberg
Deutschland

http://extras.springer.com/2012/978-3-642-27389-6

ISBN 978-3-642-27389-6   ISBN 978-3-642-27390-2 (eBook)
DOI 10.1007/978-3-642-27390-2
Springer Heidelberg Dordrecht London New York

Die Deutsche Nationalbibliothek verzeichnet diese Publikation in der Deutschen Nationalbibliografie;
detaillierte bibliografische Daten sind im Internet über http://dnb.d-nb.de abrufbar.

Springer Vieweg
© Springer-Verlag Berlin Heidelberg 2012

Springer Vieweg ist eine Marke von Springer DE. Springer DE ist Teil der Fachverlagsgruppe Springer
Science+Business Media
www.springer-vieweg.de

Vorwort

Das Bruttoanlagevermögen der Bundesrepublik Deutschland stieg innerhalb der letzten 10 Jahre um rund 10 % und erreichte 2010 mit rund 11,8 Bio. € einen Spitzenplatz im weltweiten Ranking der reichen Industriestaaten. Dieses Wirtschaftswachstum von durchschnittlich 1,5 bis 2 % (2010) jährlich sorgt für eine kontinuierliche Zunahme des Sachanlagevermögens unseres Landes. Sachanlagevermögen, in welcher Form auch immer, unterliegt dem physischen und psychischen Verschleiß und muss daher regelmäßig gewartet und gepflegt sowie rechtzeitig ersetzt werden, um eine reibungslose wirtschaftliche und sichere Nutzung zu realisieren. Das erfordert erhebliche Aufwendungen und bedeutet für Staat, Unternehmen und private Haushalte gleichermaßen, finanziell angemessen kontinuierlich für die Werterhaltung des Sachanlagevermögens zu sorgen. Die Umsätze in diesem Bereich liegen gegenwärtig bei fast 400 Mrd. € jährlich. Das Optimierungspotenzial wird mit 10–15 % beim Material und etwa 20 % bei den Lohnkosten bewertet. Das ergibt ein Potenzial von 120–140 Mrd. €. Wenn davon auszugehen ist, dass etwa 15 % dieser Summe als Einsparpotenzial erschlossen werden können, ergibt sich ein realistisches Optimierungspotenzial von 18–21 Mrd. € jährlich.

Deutschland exportiert weltweit Erzeugnisse, Investitionsgüter und Leistungen aller Art. 2011 kletterte die Exportleistung auf über eine Billion Euro. Insgesamt nehmen damit die Verpflichtungen der exportorientierten Unternehmen zu, auch in den Exportländern die Voraussetzungen für eine nachhaltige Nutzung der Erzeugnisse, Maschinen und Anlagen zu realisieren. Das bedeutet insbesondere für diese Unternehmen neben dem globalen Warenaustausch u. a. den After Sales Service länderübergreifend zu organisieren. Der damit verbundene Strukturierungsprozess ist eine gewaltige Herausforderung und stellt enorme Anforderungen an diese Unternehmen hinsichtlich Organisation, Planung und Durchführung werterhaltender bzw. wertsteigernder Maßnahmen einschließlich einer nachhaltigen globalen Ersatzteileversorgung.

Hochschulen und Universitäten stehen vor dem Problem, diese Entwicklung zu antizipieren und die studentische Ausbildung verstärkt an den Herausforderungen der Globalisierung zu orientieren. Das erfordert neben einer Aufstockung der personellen und finanziellen Ressourcen auch eine Verbesserung der Lehre. In Deutschlands

Hochschulen und Technischen Universitäten genießt die Instandhaltung als Wissenschaftsgebiet in den Studiengängen der ingenieurtechnischen Fakultäten noch nicht den Stellenwert, den sie eigentlich verdient. Da nur wenige Studiengänge das Fach Instandhaltung anbieten, gelingt es den Hochulen nicht, die globale Entwicklung der Wirtschaft auch in den Studiengängen in befriedigender Weise abzubilden. Dies sollte Anlass sein, vermehrt die wissenschaftliche Auseinandersetzung zu suchen und die Instandhaltung stärker in die ingenieurwissenschaftliche Ausbildung der technischen Fakultäten von Universitäten und Hochschulen einzubinden.

Das vorliegende Lehrbuch wendet sich an die Studierenden und Absolventen der ingenieurwissenschaftlichen Studiengänge einschließlich des Wirtschaftsingenieurwesens, und hier speziell an die Produktionstechniker und Produktionswirtschaftler, aber auch an Jungingenieure gleichermaßen, die als Fabrikplaner und Instandhaltungsmanager in den produzierenden Unternehmen des primären und sekundären Bereichs tätig sind. Es soll die Basis für eine Vertiefung und Erweiterung theoretischen Wissens bilden. Zahlreiche Anwendungs- und Rechenbeispiele stellen eine fundierte Verbindung von Theorie und Praxis her und sollen helfen, das theoretische Verständnis von Instandhaltungsprozessen zu verbessern.

Ausgehend von der Analyse und Würdigung der volks- und betriebswirtschaftlichen Bedeutung der Instandhaltung (Kap. 1) vermittelt das Buch die Grundlagen der Instandhaltung (Kap. 2) und beleuchtet die grundlegenden Aspekte der Schädigungstheorie. Diese sollen das Verständnis für die Ursachen von Schädigungsprozessen prägen und den interessierten Leser dazu anzuregen, nachhaltige Verbesserungskonzepte zu entwickeln. Nach einem Überblick zur Arbeitssicherheit und Umweltverträglichkeit als wesentliche Instandhaltungsziele (Kap. 4) wendet sich das Buch den theoretischen Grundlagen der Zuverlässigkeitstheorie zu (Kap. 5). Das Verständnis der zuverlässigkeitstheoretischen Zusammenhänge bildet die Grundvoraussetzung für eine fundierte theoretische Durchdringung von Instandhaltungsprozessen. Daher wird diese Problematik ausführlich behandelt. Zahlreiche Beispiele mit starker Praxisorientierung unterstützen die Relevanz der theoretischen Zusammenhänge zur Praxis. Breiter Raum wird der konzeptionellen Entwicklung von praxisorientierten Instandhaltungsmodellen (Kap. 6), dem eigentlichen Kerngebiet der Instandhaltung, eingeräumt. Das Ziel produzierender Unternehmen besteht vordergründig darin, den zunehmenden Kostendruck mit kostenoptimalen Instandhaltungsstrategien sowie durch vernünftige Insourcing- bzw. Outsourcing- als uch nachhaltige Make-or-Buy-Entscheidungen zu entlasten. Spezielle Modelle sollen den Betriebsingenieur oder Instandhaltungsplaner bei der Entscheidungsfindung unterstützen. Die Problematik der Funktionsbestimmung, Dimensionierung und Strukturierung von Instandhaltungswerkstätten findet in der Fachliteratur in Ermangelung wissenschaftlicher Durchdringung bisher sehr wenig Beachtung. Daher widmet sich Kapitel 7 dieser wissenschaftlich anspruchsvollen Problematik in umfassender Weise. Ziel ist die Optimierung des Ressourceneinsatzes nach unterschiedlichen Zielgrößen und -funktionen. Zahlreiche praktische Beispiele und Lösungsansätze unterstützen das Verständnis für die theoretischen Betrachtungen. Kapitel 8 beschäftigt sich mit den prinzipiellen Möglichkeiten und Ansätzen der strukturellen Einordnung von Instand-haltungswerkstätten in ein Unternehmen. Kapitel 9 behandelt die grundlegenden Aspekte des Ersatzteilemanagements und Kap. 10 rundet das Fachbuch mit Fra-gestellungen zur Beurteilung der Wirtschaftlichkeit von Instandhaltungsstrukturen ab.

An jedes Kapitel schließt sich ein Katalog von Übungs- und Kontrollfragen an. Die Fragen sind so strukturiert, dass ihre korrekte Beantwortung das Verständnis des Stoffinhalts reflektiert und neben der Aneignung fachlicher Kompetenz auch das vernetzte Denken, also das Denken in Zusammenhängen, anregt und fördert. Die Beantwortung der Fragen in Verbindung mit den zahlreichen Rechenbeispie-len und Übungsaufgaben sollen die Entwicklung der erforderlichen Sach- und Methodenkompetenz auf dem Fachgebiet unterstützen.

Persönliche Anmerkung:

Angetrieben von der Tatsache, dass eine generell gut organisierte und fundierte Lehre wesentlich mit dazu beigetragen hat, dass viele in der Praxis erfolgreiche Absolventen die Hochschule verlassen konnten, habe ich den Versuch unternommen, für Studie-rende und Absolventen der Ingenieurwissenschaften und hier insbesondere für die Jungingenieure der produktionsorientierten Studiengänge ein Lehrwerk zur Verfü-gung zu stellen, das Interesse, Verständnis und Akzeptanz für die Instandhaltung wecken und aufrecht erhalten soll.

Chemnitz   Matthias Strunz
im Dezember 2011

Inhalt

Kurzzeichenverzeichnis

Kurzzeichen (Dimension)   Erläuterung

Kapitel 1

ET_A (ZE)	Mittlere Zeitdauer des störungsfreien Einsatzes einer BE
ET_R (ZE)	Mittlere Reparaturdauer einer ausgefallenen BE
K_r (GE, ME)	Ressourceneinsatz
L_P (ME/ZE)	Mittlere Produktionsleistung
N_{Aus} (ME)	Ausschussmenge
N_G (−, %)	Nutzungsgrad
N_{IST} (ME)	Ist-Menge
N_{SOLL} (ME)	Soll-Menge
n (ME)	Anzahl der BE
T_{Soll} (ZE)	Soll-Laufzeit
T_{St} (ZE)	Stillstandzeit
T_p (ZE)	Stillstandzeit für geplante Instandhaltung
T_{Plan} (ZE)	Geplante Maschinenbelegungszeit
T_{Tech} (ZE)	Technologisch und technisch bedingte Stillstandszeit
V (−, %)	Verfügbarkeit, allgemein
V_{Ausl} (−, %)	Auslastungsverfügbarkeit
V_D (−, %)	Dauerverfügbarkeit
V_{eff} (−, %)	Effektive Verfügbarkeit
V_{Prod} (−, %)	Produktionsverfügbarkeit
V_{Qal} (−, %)	Qualitätsverfügbarkeit

Kapitel 3

a_V (mm)	Verschleißmarkenbreite
b (mm)	Breite

c (μm)	Kritische Risslänge
d_N (mm)	Nenndurchmesser
D (mm)	Durchmesser
E_0 (N/mm^2)	E-Modul
E_r (N/mm^2)	Relaxationsmodul
F (N)	Lagerkraft
F_G (N)	Gewichtskraft
F_N (N)	Normalkraft
F_R (N)	Reibungskraft
f (-)	Reibungszahl
G (N/mm^2)	Schubmodul
H (N/mm^2)	Härte
k_V (μm^3/Nm)	Verschleißkoeffizient
$L(t)$ (N/m^2)	Schallpegel
n (min^{-1})	Drehzahl
r (mm)	Radius
s_e (mm, μm)	Gleitweg
T_u ($^\circ$C)	Temperatur
P_R (J/s)	Reibleistung
W_V (μm^3)	Verschleißvolumen
$p(t)$ (N/m^2)	Schalldruck, allgemein
$p_{ms}(t)$ (N/m^2)	Energetisch gemittelter Schalldruckverlauf
γ (μm)	Teilchengröße
ε_1 (μm)	Versagensdehnung
ε_{el} (μm)	Elastische Deformation
ε_r (μm)	Viskoelastische Deformation
ε_v (μm)	Plastische Deformation
η (Nsm^2)	Viskosität
η	Linienverteilung der Rauheitshügel
μ_R	Gleitreibungszahl
σ (N/mm^2)	Spannung
τ_e (N/mm^2)	Versetzungsschubspannung
ψ (μm)	Lagerspiel

Kapitel 5

A (ME)	Durchschnittliche Ausfallanzahl
$A(t)$ (ME; ZE, GE (pro Per.))	Verlustfunktion
$a(t)$ (ZE^{-1})	Momentane Ausfallintensität
A_V ($-$, %)	Abnutzungsvorrat
a (ZE)	Maßstabsparameter der Weibull-Verteilung
B	Bestimmtheitsmaß
b	Formparameter der Weibull-Verteilung
C	Eulersche Konstante

c (ZE)	Ortsparameter der dreiparametrischen Weibull-Verteilung (ausfallfreie Zeit)
COV	Kovarianz
$\hat{D}$	Prüfquotient
$D_{1-\alpha,n}$	Testgröße
D_{max}	Maximale Differenz der Testgröße
$D(t)$	Diagnosefunktion
$E(x)$ (ZE)	Erwartungswert einer Zufallsvariablen
ET_B (ZE, h)	Mittlere Betriebszeit
$f(t)$	Ausfallwahrscheinlichkeitsdichte
F_B	Hypothetische Ausfallwahrscheinlichkeit
F_E	Empirische Ausfallwahrscheinlichkeit
F_t	Summenhäufigkeit
$F(t)$	Ausfallwahrscheinlichkeitsfunktion
$F_{emp}(t)$	Empirische Ausfallwahrscheinlichkeitsfunktion
g_1	Schiefe
g_2	Exzess (Wölbung)
$H(t)$ (ZE^{-1})	Erneuerungsfunktion
$h(t)$ (ZE^{-1})	Erneuerungsdichtefunktion
h_{abs}	Absolute Häufigkeit
h_{rel}	Relative Häufigkeit
$K_{1-\alpha,n}$	Vergleichsgröße
$K_V(t)$ (GE)	Kostenfunktion
k_a^I (GE/ZE)	Instandhaltungskosten
k_a^{II} (GE/ZE)	Verluste
k_b (GE/ZE)	Befundabhängige Instandsetzung
$m(t)$ (ME)	Anzahl der funktionsfähigen Elemente zum Zeitpunkt t
m_r	Momentenkoeffizient
N, n (ME)	Stichprobenumfang
$P(t)$	Ausfallwahrscheinlichkeitsfunktion
R (ME, ZE)	Range, Spannweite
$R(t)$	Überlebenswahrscheinlichkeits-, Zuverlässigkeitsfunktion
$R_S(t)$	Systemzuverlässigkeitsfunktion
r	Korrelationskoeffizient
r_P	Spearmans-Rangkorrelationskoeffizient
$S(t^*)$	Schwachstellenkoeffizient
S (−, %)	Signifikanzniveau, statistische Sicherheit
s (ZE, GE)	Standardabweichung
T (ZE)	Lebensdauer
T_A (ZE)	Alter einer BE
T_B (ZE)	Betriebsdauer
$T_B\gamma$ (ZE)	Gamma-prozentuale Lebensdauer
T_{Plan} (ZE)	Planungszeitpunkt
T_{VI} (ZE)	Geplantes Instandhaltungsintervall

T_{st} (ZE)	Stillstandszeit
t_A (ZE)	Ausfallzeitpunkt
t_R (ZE)	Reparaturdauer
t_{WR} (ZE)	Wartezeit auf Instandhaltung
t_{WV} (ZE)	Unproduktive Zeit
u_z	Vertrauensbereich
VAR	Varianz
v	Variationskoeffizient
W	Wahrscheinlichkeit
$\underline{X}$	Zufallsvariable
$\bar{x}$	Mittelwert, Erwartungswert einer Variablen
x_{Med}	Median
x_{Mod}	Modalwert
$\bar{y}$	Mittelwert, Erwartungswert einer Variablen
$\Gamma(x)$	Gammafunktion
γ_H	Harmonisches Mittel
Λ (ZE^{-1})	Integrierte Ausfallrate
$\Lambda(\underline{t})$	Verlustfunktion
λ (ZE^{-1})	Ausfallrate
$\lambda(t)$	Verlustfunktion
μ (ZE)	Mittlere Betriebsdauer der Grundgesamtheit
ρ	Korrelationskoeffizient
σ (ZE, ME, %)	Standardabweichung der Grundgesamtheit

Kapitel 6

a (ZE)	Maßstabsparameter der Weibull-Verteilung
B	Bestimmtheitsmaß
B_K (ZE)	Klassenbreite
b	Formparameter der Weibull-Verteilung
b_{median}	Median des Formparameters Weibull-Verteilung
b_O	Obergrenze des Formparameters der Weibull-Verteilung
b_U	Untergrenze des Formparameters der Weibull-Verteilung
c (ZE)	Ortsparameter der dreiparametrischen Weibull-Verteilung
EL_W (ME)	Warteschlangenlänge
ET_B (ZE)	Erwartete Betriebsdauer
ET_W (ZE)	Mittlere Wartezeit
ET_Z (GE)	Erwarteter Zyklus
Et_A (ZE)	Mittlerer Ankunftsabstand
Et_B (ZE)	Mittlere Bedienzeit, mittlere Servicezeit
EK (GE)	Erwartete Kosten
EK_V (GE)	Erwartete Verluste

$F(t)$	Ausfallwahrscheinlichkeitsfunktion
$G(t)$	Zeitlicher Verlauf eines Gebrauchsparameters
$H(t)$ (ZE^{-1})	Erneuerungsfunktion (durchschnittliche Anzahl der Ausfälle bei vollständiger Instandsetzung nach Ausfall)
K_{AFA} (GE/Per.)	Abschreibungskosten
K_{En} (GE/Per.)	Energiekosten
K_E (GE/ME)	Ersatzteilekosten
K_e (GE/Maßnahme)	Kosten für eine BE bei Einzelinstandsetzung
K_g (GE)	Kosten für eine BE bei Gruppeninstandsetzung
K_{IH} (GE/ZE)	Instandhaltungskosten
K_{IHGes} (GE/BE, GE/Per.)	Instandhaltungsgesamtkosten
K_L (GE/ZE)	Lagerhaltungskosten
K_{LST} (GE/ZE)	Lagerkostensatz
K_{MST} (GE/ZE)	Maschinenstundensatz
K_R (GE/ZE)	Reparatur- bzw. Servicekosten
K_{Raum} (GE/m³ u. R.)	Raumkosten
K_V (GE/ZE)	Stillstandskosten, Verluste
k_a (GE/ZE)	Instandhaltungskosten für Ausfallmethode
k_b (GE/ZE)	Kosten der Inspektion (nach Befundung)
k_{LD} (GE/ZE)	Durchschnittslohn des Bedienpersonals
k_{dk} (GE/ZE)	Kosten der kontinuierlichen Diagnose
k_{LS} (GE/ZE)	Lohnkostensatz der Instandhalters
k_{LZ} (GE/ZE)	Überstundenzuschlag
k_{Mat} (GE/Maßn., GE/Per.)	Materialkosten
k_d (GE/ZE)	Instandhaltungskosten im Falle der Inspektionsmethode (Diagnose)
k_e (GE/ZE)	Kosten der Eigeninstandhaltung
k_f (GE/ZE)	Kosten der Fremdinstandsetzung
k_p (GE/ZE)	Kosten für Präventivinstandsetzung
k_{pk} (GE/ZE)	Kosten der periodischen Diagnose
k_z (GE/ZE)	Zusätzliche Kosten und Verluste
$L(t)$	Likelyhood-Funktion
m_G	Ganzzahliges Vielfaches des Elementarzyklus
m_{opt}	Optimales Verhältnis der Zeitintervalle für Präventivinstandsetzung und Inspektionsdiagnose
P (GE/ME)	Preis des Produkts, Einstandspreis
P_G	Ranggrößenverteilung
p_i	Übergangswahrscheinlichkeit
$R(t)$ $(-, \%)$	Zuverlässigkeit, Überlebenswahrscheinlichkeit
$R_S(t)$ $(-, \%)$	Systemzuverlässigkeitsfunktion
r	Korrelationskoeffizient
s (ZE, ME, %)	Standardabweichung
T (ZE/Per.)	Betriebszeit
T_B (ZE)	Betriebsdauer

T_{IHges} (ZE)	Instandhaltungsgesamtzeitaufwand
T_{Inst} (ZE)	Instandhaltungszeitaufwand
T_L (ZE/Per.)	Maschinenlaufzeit
T_{Min} (ZE)	Mindestlebensdauer
t_{median} (ZE)	Median der Betriebszeit
T_{npf} (ZE)	Instandhaltungszeitaufwand in der nicht produktionsfreien Zeit
T_{PBj} (ZE)	Personaleinsatzzeit der Berufsgruppe j
T_{Plan} (ZE)	Plan-Betriebszeit
T_{PVI} (ZE)	Geplanter Instandsetzungszeitpunkt
T_{Renuda} (ZE)	Restnutzungsdauer
T_{Rj} (ZE)	Mittlerer Arbeitszeitaufwand der Berufsgruppe j
T_{tech} (ZE)	Technologisch bedingte Stillstandszeit
t_L (ZE)	Pufferzeit
t_0 (ZE)	Ausfallfreie Zeit
t_{opt} (ZE)	Optimales Instandhaltungsintervall
t_p (ZE)	Instandsetzungszeit bei Präventivmethode
t_O (ZE)	Obergrenze der mittleren Betriebsdauer
t_{ra} (ZE)	Instandsetzungszeit bei Ausfallmethode
t_{sA} (ZE)	Stillstandszeit bei Ausfall der BE
t_{st} (ZE)	Stillstandszeit
t_U (ZE)	Untergrenze der mittleren Betriebsdauer
t_r (ZE/Maßn.)	Reparaturdauer
U	Umfang einer Instandhaltungsmaßnahme
V $(-, \%)$	Verfügbarkeit, allgemein
$V(t)$ $(-, \%)$	Verlustfunktion
V_{dP}	Zahl der verhinderten Ausfälle
$V_t(s)$ $(-, \%)$	Technische Verfügbarkeit
$V_P(t), V_K(t)$	Mittlere Anzahl der durch periodische/kontinuierliche Inspektion verhinderten Ausfälle
V_t $(-, \%)$	Technische Verfügbarkeit
V_{tmax} $(-, \%)$	Maximale technische Verfügbarkeit
V_t	Nichtverfügbarkeit
$Var(x)$ $(-, \%)$	Varianz
v	Variationskoeffizient
W_q (ZE)	Wartezeit
$Z(x)$	Zielfunktion
Z_A	Zahl der Ausfälle
z_{AK} (ME)	Anzahl der Instandhaltungsarbeitsplätze
$Z_{erfüllt}$ (ME)	Erwartungswert der unverzüglich erfüllten Aufträge
Z_{ges} (ME)	Gesamtzahl der Aufträge
$Z_P(t), Z_K(t)$ (ME)	Mittlere Anzahl der Ausfälle, die trotz periodischer/kontinuierlicher Inspektion noch auftreten
α	Beschäftigungskoeffizient
$\Gamma(x)$	Gammafunktion

φ	Spezifischer Kostenfaktor
η	Koordinierungsfaktor
ϑ	Diagnosewirkungsgrad
κ	Kostenverhältnis
Λ (ME/Per.)	Integrierte Ausfallrate
Λ (ZE^{-1})	Anzahl der Ausfälle
μ (ZE^{-1})	Bedienrate, Servicerate
μ_0, μ_U	Obere, untere Bereichsgrenze (Studentverteilung)
ν (ZE^{-1})	Ankunftsrate
ψ	Überlegenheitsfaktor
τ_E (ZE)	Elementarzyklus

Kapitel 7

A_F (m^2)	Fertigungsfläche
A_{MA} (m^2)	Maschinenarbeitsplatzfläche
A_{MG} (m^2)	Maschinengrundfläche
A_T (m^2)	Transport- und Verkehrsfläche
A_Z (m^2)	Zusatzfläche
A_{ZL} (m^2)	Zwischenlagerfertigungsfläche
B_M (m, mm)	Maschinenbreite
B_{MA} (m, mm)	Breite des Maschinenarbeitsplatzes
C_E (ZE/Per.)	Direkt an das Serviceunternehmen herangetragene Einzelaufträge
$\tilde{C}_E$ (ZE/Per.)	Direkt an die Netzwerkpartner gerichtete Kapazitätsnachfrage
C_{fk} (GE/KE)	Vorläufige Reservierung kurzfristig reservierbarer Instandhaltungskapazität
C_{IST} (ZE/Per.)	für das Netzwerk tatsächlich zur Verfügung gestellte Kapazität
C_N (ZE/Per.)	Kapazitätsnachfrage des Netzwerks
$\tilde{C}_N$ (ZE/Per.)	Vom Produktionsnetzwerk insgesamt nachgefragte Kapazität
C_V (ZE, GE)	Vertraglich gebundene Reservierung von Pool-Kapazität
EL_B (ME)	Mittle Zahl der in Reparatur befindlichen Forderungen
EL_V (ME)	Mittle Zahl der im System verweilenden Forderungen
EL_W (ME)	Mittlere Warteschlangenlänge
EM (ME)	Durchschnittlich im Lager gebundene Güter
EN (ME)	Mittlere Anzahl der Forderungen im System
ET_A (ZE)	Erwartungswert der Ankunftsabstände der Forderungen

ET_B (ZE)	Erwartungswert der Bediendauer (stetige Zufallsgröße)
ET_R (ZE)	Mittlere Reparaturdauer
ET_V (ZE)	Mittlere Verweildauer einer Forderung
ET_W (ZE)	Mittlere Wartedauer einer Forderung
EN (ME)	Mittlere Anzahl im System verweilender Forderungen
$E(e_E)$	Erwartete Erlöse aus direkt an den Netzwerkpartner herangetragenen Aufträgen
$E(e_{kf})$ (GE/Per.)	Erwartete Erlöse für kurzfristig reservierte Kapazität (ergeben sich aus der Behebung plötzlich aufgetretener technischer Störungen)
$E(e_V)$ (GE/Per.)	Erwartete Erlöse aus der vertraglich gebundenen Kapazität
$E(K_{IH})$ (GE/Per.)	Erwartete Kosten der Kapazitätsnutzung
EK_S (GE/Per.)	Erwartete Strafkosten
$E(X_{IST})$ (KE)	Erwartungswert der tatsächlich erfüllten (unsicheren) Pool-Kapazitätsnachfrage
$E(X_S)$ (GE/Per.)	Erwartetes Poolkapazitätsdefizit
f_1, f_2	Zuschlagsfaktoren (Bedienung, Wartung)
$f(C_E)$	Verteilung der direkt an die Netzwerkpartner gerichtete Kapazitätsnachfrage
$f(C_N)$	Verteilung der vom Produktionsnetzwerk insgesamt nachgefragten Kapazität
$f(p_E)$	Verteilung der direkt an das Instandhaltungsunternehmen gerichtete Kapazitätsnachfrage
$f(p_{kf})$	Verteilung kurzfristig reservierbarer Kapazität
g_a	Energetischer Ausnutzungsgrad
$g(t)$	Instandhaltbarkeitsdichte
K_r (GE/ZE)	Kosten des Ressourceneinsatzes
K_W (GE)	Wartezeitkosten
k_B (GE/ZE)	Kosten für einen im Einsatz befindlichen Instandhaltungstechniker
k_E (GE/Per.)	Energiekosten
k_F (GE/ZE)	Kosten für einen nicht im Einsatz befindlichen Instandhaltungstechniker (Leerkosten)
k_f (GE/ZE)	Kosten für FremdInstandhaltung
k_{IH} (GE)	Kosten der Instandhaltungsmaßnahme
k_{LD} (GE/ZE)	Durchschnittslohn des Bedienpersonals
k_{LS} (GE/ZE)	Lohnkostensatz des Instandhalters
k_{LST} (GE/ZE)	Lagerhaltungskostensatz
k_{LZ} (GE/ZE)	Überstundenzuschlag
k_{Mat} (GE/ME)	Materialkosten
K_{MST} (GE/ZE)	Maschinenstundensatz
k_{Min} (GE/ZE)	Kosten für eine Minimalinstandsetzung

k_{pV} (GE/ZE)	Kosten für geplante (vollständige) Instandsetzung
k_v (GE/ZE)	Kosten für den Verlust einer Forderung
k_W (GE/ZE)	Kosten für eine auf Instandhaltung wartende Maschine
k_Z (GE/ZE)	Zusätzliche Kosten und Verluste durch Ab- und Anfahren der BE
L_P (ME/ZE)	Mittlere Produktionsleistung
L_{Wzul} (ME)	Zulässige Warteschlangenlänge
m	Kostenverhältnis
n (ME)	Anzahl der Elemente eines Systems, Anzahl der BE
p_a (GE/KWh)	Arbeitspreis
p_i	Zustandswahrscheinlichkeit
$\tilde{p}$ (GE/KE)	Entgelt für die Inanspruchnahme von Instandhaltungskapazitäten
$\tilde{p}_E$ (GE/ KE)	Entgelte für direkt an die Netzwerkpartner gerichtete Kapazitätsnachfrage
p_E (GE)	Ersatzteilepreis
$\tilde{p}_{kf}$ (GE/KE)	Entgelt für die Inanspruchnahme von kurzfristig reservierbarer Instandhaltungskapazität
p_{Res} (GE/KE)	Reservierungsentgelt
$p_{U, NP}$ (GE/KE)	Nutzungsentgelt, das der Instandhalter für die unsichere Inan-spruchnahme aus dem Netzwerk erhält
p_V	Wahrscheinlichkeit, dass eine Forderung im System verweilt
p_N (GE/KE)	Nutzungsentgelt für die vertraglich gebundene Reservierung von Instandhaltungskapazität (sichere Inanspruchnahme)
p_o	Leerwahrscheinlichkeit
p_W	Wartewahrscheinlichkeit
s (AK, APL)	Anzahl der Instandhalter/ Instandhaltungsarbeitsplätze
T_M (mm)	Maschinentiefe
T_{MA} (mm)	Tiefe des Maschinenarbeitsplatzes
T_{Plan} (h/a u. Masch.)	Geplante Maschinenbelegungszeit
T_R (ZE/Maßn.)	Reparaturdauer
T_W (ZE)	Wartezeit
T_{WZul} (ZE)	Zulässige Wartedauer einer Forderung
t_{aM} (ZE)	Instandsetzungszeit bei Minimalinstandsetzung nach Ausfall
t_{av} (ZE)	Instandsetzungszeit bei vollständiger Instandsetzung nach Ausfall (vollständige Erneuerung)
t_{Ist} (ZE)	Tatsächliche Takt-(Zyklus-)zeit mit der die Anlage betrieben wird
t_L (ZE)	Zeitdauer für die Aufrechterhaltung der Produktion
t_0 (ZE)	Ausfallfreie Zeit
t_{wu} (ZE)	Wartezeit auf Instandhaltung, unproduktive Zeit

$V(ET_B)$	Warteschlangenlänge (allgemeiner Fall)
v	Variationskoeffizient
v_A	Variationskoeffizient der Ankunftsabstände der Forderungen
v_B	Variationskoeffizient der Bedienzeiten der Forderungen
$W_q(t)$	Wartewahrscheinlichkeitsfunktion
x_i	Zufallsvariable i
z (ME)	Anzahl der Betrachtungseinheiten
z_{AK} ME	Anzahl der vor Ort gleichzeitig eingesetzten Arbeitskräfte
z_{AKInst} (ME)	Anzahl der eingesetzten Instandhaltungsmitarbeiter für die Anlage
z_{APL} (ME)	Anzahl der Arbeitsplätze
α	Beschäftigungskoeffizient
ΔV	Verfügbarkeitszuwachs
γ (ZE^{-1})	Ausfallintensität (Kehrwert der charakteristischen Lebensdauer a)
$\Gamma(x)$	Gammafunktion
Δt (ZE)	Zeitintervall
ΔP (ME/ZE)	Produktivitätsschub
η ($-$, %)	Bedienungstheoretischer Auslastungsgrad
η_B ($-$, %)	Ausnutzungsgrad
η_D ($-$, %)	Bedienungstheoretischer Auslastungsfaktor, deterministisch
η_{GI} ($-$, %)	Bedienungstheoretischer Auslastungsfaktor, allgemein
η_M ($-$, %)	Bedienungstheoretischer Auslastungsfaktor (markovsch)
λ (ZE^{-1})	Generationsrate des Bereiches
μ (ZE^{-1})	Bedienintensität, Reparaturintensität
$\mu(t)$ (ZE^{-1})	Instandhaltungsrate
v, λ (ZE^{-1})	Forderungsintensität
ρ ($-$, %)	Belastungsfaktor
σ	Streuung
τ (ZE)	Entscheidungsvariable
ω ($-$, %)	Nichtausnutzungskoeffizient
ξ ($-$, %)	Auslastungsgrad, Belastungsfaktor (offene Bediensysteme)

Kapitel 9

B (ME/ZE)	Bedarf (Verbrauch) in der Periode
B_{adhoc} (ME, GE)	Erwartungswert des sofort (ad hoc) befriedigten Bedarfs

B_{akt} (ME/ZE)	Aktueller Bedarf
$\overline{B}_{ges}$ (ME/ZE)	Gesamtbedarf
$\overline{B}_{D,geg}$ (ME/ZE)	Gegenwärtiger, gewichteter durchschnittlicher Bedarf
$\overline{B}_{D,verg}$ (ME/ZE)	Exponentiell gewichteter, gleitender Durchschnitt des Bedarfs der vergangenen Periode
$\overline{B}_{i,tat}$ (ME)	Tatsächlich eingetretener Bedarf (Nachfrage)
$\overline{B}_L$ (ME)	Durchschnittlicher Lagerbestand
B_{Plan} (ME)	Auf Basis von Vergangenheitsdaten prognostizierter Bedarf (Verbrauchsrate)
b_M (ME)	Ersatzteilebedarf
b_t (ME)	Bedarf in der Periode $t = 1,\ldots,T$ (Nachfrage in Periode t)
$E(D)$ (ME/Per.)	Mittler Periodennachfragemenge
$E(Y)$ (ME/Per.)	Wahrscheinliche Nachfragemenge
EL_b (ME)	Mittlerer Lagerbestand
ET_D (ZE)	Durchschnittliche Lagerdauer (Umschlagsdauer),
K_Z (GE)	Zinskosten
K_{IH} (GE/KE)	Instandhaltungskosten
$\underline{K}_S$ (GE/KE)	Strafkostensatz
$\overline{K}_{t\tau}$ (GE/ZE)	Mittlere Lagerhaltungskosten
k	Sicherheitsfaktor
k_{Best} (GE/Bestell-vorgang)	Bestellkosten
k_{ft} (GE/Bestell-vorgang)	Fixe Bestellkosten in Periode t
k_{LT} (GE/ME)	Lagerhaltungskosten
L (ME/ZE)	Produktionsmenge
l_t (ME)	Lagerbestand während der Periode t
M_{max} (ME)	Maximalbestand
M_N (ME)	Nachschub- bzw. Bestellmenge
M_{opt} (ME)	Optimale Bestellmenge
M_s (ME)	Sicherheitsbestand
M_{vorh} (ME)	Aktueller Bestand
M_{wbt} (ME)	Verbrauch in der Wiederbeschaffungszeit
n_W	Anzahl der Wartenden Forderungen
POS	Probability of Stockout (Ersatzteilenichtverfügbarkeit)
p_E (GE/ME)	Einstandspreis für das Ersatzteil
Q (GE)	Bestellmenge
q (ME)	Bedarf
q_{opt} (ME)	Optimale Bestellmenge
q_t (ME)	Für Periode t zu bestellende Menge (wird zu Beginn von t eingelagert)
R_W (ME)	Lagerreichweite
ROS	Risk of Shortage (Ersatzteilenichtverfügbarkeit)
r_{opt} (ME)	Disponibler Lagerbestand
SDT (ZE)	Supply Delay Time

S (ME)	Lagerbestandshöchstwert, Anzahl der Kreislaufreserven
s (ME)	Lagerbestand, ab dem bestellt wird
s_B (ME)	Sicherheitsbestand
T (ZE)	Periode
T_K (ZE)	Kreislaufzeit
T_L (ZE)	Instandsetzungskreislauf einschl. Transportzeiten
T_{La} (ZE)	Lagerzeit
t_{wb} (ZE)	Wiederbeschaffungszeit
$+ t_{Bs}$ (ZE)	Bestellzeitpunkt
t_{Plan} (ZE)	Geplante Takt-(Zyklus-)zeit
V_{Lager} (m^3)	Lagervolumen
V_{SP} ($-$, %)	Ersatzteileverfügbarkeit
$V(t)$	Verlustfunktion
W_{BW} (GE)	Wiederbeschaffungswert
WT (ZE)	Waiting Time
Y (ME)	Nachfragemenge
Z_E (Stück/BE)	Anzahl gleicher Ersatzteile
$\overline{Z}_{erfüllte}$ (ME)	Erwartungswert der unverzüglich erfüllten Aufträge
Z_{ges} (ME)	Gesamtzahl der Aufträge
z_t	Binärvariable
$\overline{Z}_{TB}$ (ME)	Erwartungswert der Zahl der Perioden mit Lieferbereitschaft
$Z_{T,Ges}$ (ME)	Gesamtzahl der Perioden
Z_{TS} (ME)	Gesamtzahl der Perioden
Z_U	Umschlagshäufigkeit (Schlagzahl)
Z_W (ME)	Anzahl zurückgestellter Forderungen
Z_{WBTF} (ME)	Anzahl der Wiederbeschaffungszeiträume
Z_{WBges} (ME)	Gesamtzahl der Wiederbeschaffungszeiträume
α_g	Glättungsfaktor
α_{Sg}	α-Servicegrad
β_{Sg}	$\beta-$ Servicegrad
γ_{Sg}	$\gamma-$ Servicegrad
δ_{Sg}	$\delta-$ Servicegrad
λ(ZE^{-1})	Bedarfsrate
η_{Serv}	Externer Servicegrad
ω_{Serv}	Servicegrad
ω_L	Lieferbereitschaft
ω_Q	Sendungsqualität
ω_T	Termintreue

Kapitel 10

A_{IHges} (GE, ZE)	Während der Nutzung angefallener Instandhaltungsgesamtaufwand

G_{AB} $(-, \%)$	Abhängigkeitsgrad
G_{IHges} (GE)	Instandhaltungsaufwand einer Anlage
G_{Inst} $(-, \%)$	Instandhaltungsgrad
G_P $(-, \%)$	Produktionsbehinderungsgrad
$G(t)$ $(-, \%)$	Verteilungsfunktion der Instandhaltungsdauer
$G_{PM}(t)$ $(-, \%)$	Wartbarkeit und Instandsetzbarkeit
$G_R(t)$ $(-, \%)$	Reparierbarkeit
$GEFF$ $(-, \%)$	Gesamtanlageneffektivität
I_R $(-, \%)$	Instandhaltungskostenrate
I_Q $(-, \%)$	Instandhaltungsquote
K_{IHges} (GE/Peri.)	Instandhaltungsgesamtkosten
L_G $(-, \%)$	Leistungsgrad
$MTBA$ (ZE)	Meantime between Arising
$MTBF$ (ZE)	Mean Time BetweenFailure (mittlere ausfallfreie Zeit)
$MTTF$ (ZE)	Mean Time To Failure (mittlere ausfallfreie Zeit)
$MTTM$ (ZE)	Mean Time To Maintenance (mittlere Reparaturdauer)
$MTTPM$ (ZE)	Mean Time To Preventive Maintenance (mittlere Instandsetzungsdauer)
$MTTR_S$ (ZE)	Mittelwert der Reparaturzeit des Systems
MWT (ZE)	Mean Waiting Time
N_G $(-, \%)$	Nutzungsgrad
n (ME/Per.)	Produktionsmenge
n_{Aus} (ME/Per.)	Ausschussteile
n_{ges} (ME/Per.)	insgesamt gefertigte Teile,
n_{Nach} (ME/Per.)	Nachzuarbeitende Teile
P_{Fremd} (ZE, GE)	Instandhaltungsfremdleistung
P_{Gesamt} (ZE, GE)	Instandhaltungsgesamtleistung
Q_{Anl} $(-, \%)$	Anlagenbewirtschaftungsquote
Q_G $(-, \%)$	Qualitätsgrad
Q_L $(-, \%)$	Störungsbedingte Minderleistungsquote
S_Q $(-, \%)$	Stillstandsquote
T_B (ZE)	Betriebszeit, ausfallfreie Zeit
T_{IHges} (ZE)	Instandhaltungszeitaufwand für die Anlage
T_{IH} (ZE)	Instandhaltungszeitaufwand
T_{Ist} (ZE/Per.)	Tatsächliche Nutzungszeit (Ist-Zeit)
T_{npf} (ZE/Per.)	Instandhaltungsaufwand in der nicht produktionsfreien Zeit
T_{tech} (ZE/Pei.)	Technisch bedingte Ausfallzeit
T_{Plan} (ZE/Per.)	Planbelegungszeit
W_{BW} (GE/Objekt)	Wiederbeschaffungswert
λ (ZE^{-1})	Bedarfsrate
$\mu(t)$ (ZE^{-1})	Instandhaltungsrate

Abkürzungen   Erläuterung

AK	Arbeitskraft
APL	Arbeitsplatz
BE	Betrachtungseinheit
BSC	Balanced Score Card
FCFS	First Come-First Served
FEM	Finite-Elemente-Methode
FIFO	First In-First Out
GE	Geldeinheit
GK	Gemeinkosten
IH	Instandhaltung
IS	Instandsetzung
EMAS	Eco-Management and Audit Scheme
LCFS	Last Come-First Served
LW	Lastwechsel
LIFO	Last In-First Out
ME	Mengeneinheit, Menge
Per	Periode
TPM	Total Productive Maintenance
VWP	Vorrichtungen, Werkzeuge, Prüfmittel
W	Wahrscheinlichkeit
ZE	Zeiteinheit (Jahre, Monate, Tage, Stunden, Minuten, Sekunden)

Tief gestellte Indizes

i, j	Laufvariable
a	Ausfallinstandsetzung
b	Befundabhängige Instandhaltung
d	Diagnose des Schädigungszustandes
e	Eigeninstandhaltung
f	Fremdinstandhaltung
k	Kontinuierlich
M	Minimalinstandsetzung
P	Prophylaktisch, Präventivinstandsetzung
p	Periodisch
s	Starrer (periodischer) Zyklus
v	Vollständige Instandsetzung

Hoch gestellte Indizes

I	Kosten (im engeren Sinn)

Abbildungsverzeichnis

Tabellenverzeichnis

Anlagenverzeichnis

Beispielverzeichnis

Kapitel 1
Gegenstand, Ziele und Entwicklung betrieblicher Instandhaltung

Zielsetzung Nach diesem Kapitel

* kennen Sie Hauptziele und Funktionen der Instandhaltung,
* kennen Sie die wesentlichen Zielgrößen und Zielfunktionen der Instandhaltung,
* kennen Sie die grundsätzlichen Aufgabencluster, Prinzipien und Methoden der organisatorischen Abwicklung von Instandhaltungsaufgaben,
* besitzen Sie einen Überblick über die Entwicklungspotenziale der Instandhaltung.

1.1 Stand und Entwicklungsaspekte der Instandhaltung

1.1.1 Grundsätzliches

Instandhaltung gemäß Definition nach **DIN 31051**[1] wird immer und überall dort ausgeübt, wo es gilt, die Funktionsfähigkeit zu sichern und den Wert von Betrachtungseinheiten zu erhalten.

Definitionen gemäß DIN 31051

* Instandhaltung ist die Kombination aller technischen und administrativen Maßnahmen des Managements während des Lebenszyklus einer Betrachtungseinheit zur Erhaltung des funktionsfähigen Zustandes oder der Rückführung in diesen, so dass sie die geforderte Funktion erfüllen kann.
* Als Betrachtungseinheit (BE) wird jedes Bauelement, Gerät, Teilsystem, jede Funktionseinheit, jedes Betriebsmittel oder System, das für sich allein betrachtet werden kann, definiert.

Instandhaltung gemäß Definition nach DIN 31051 wird immer und überall dort ausgeübt, wo es gilt, die Funktionsfähigkeit und damit den Wert technischer Objekte sicherzustellen und zu erhalten.

---

[1] In der Fassung 2001-10, Überarbeitung von DIN 31051: 1985-01.

M. Strunz, *Instandhaltung,*
DOI 10.1007/978-3-642-27390-2_1, © Springer-Verlag Berlin Heidelberg 2012

Während der Existenz einer BE bewirken Verschleiß, Alterung und Korrosion Zustandsänderungen.[2] Dabei spielen neben der Zuverlässigkeit der Konstruktion und der Einhaltung der Wartungs- und Bedienungsvorschriften die Bedingungen, unter denen technische Objekte (BE) be- oder genutzt werden, also die Einsatzbedingungen, eine entscheidende Rolle.

Aber auch ohne (Be-) Nutzung unterliegen BE auf Grund von natürlichen Vorgängen dem Verfall. Fremdeinwirkungen mechanischer, thermischer, chemischer, physikalischer Art, z. B. mechanische Kräfte, Wärme, aggressive Medien (Säuren, Basen, Dämpfe, Elektrolyte, Salze usw.) oder Strahlung (Licht, Gamma-Strahlung, elektromagnetische Wellen) verursachen darüber hinaus die Zerstörung von BE.

Beispielsweise altern Kunststoffe durch Molekülabbau. Ursache ist die Einwirkung atmosphärischer Einflüsse wie Luft (Sauerstoff, Stickstoff, CO_2), Licht (Strahlung) und Feuchtigkeit (Klima). Darüber hinaus beschleunigen thermische, mechanische oder chemische Einflussfaktoren die Alterung. Bei mechanischer Belastung kommt es in Abhängigkeit von der Zeit zum „Fließen" infolge der für das deformationsmechanische Verhalten von Kunststoffen charakteristischen Relaxation. Die Folgen sind Form- und Toleranzabweichungen. Bei erhöhter Temperatur fließen Kunststoffe schneller, bei erhöhter Feuchtigkeit quellen sie und verändern ihre Abmessungen und die mechanischen Eigenschaften.

Maßgebend sind:

- die Zuverlässigkeit der Konstruktion,
- die Einhaltung der Wartungs- und Bedienungsvorschriften,
- eine optimale Instandhaltungsplanung,
- die Einsatzbedingungen (Bedingungen, unter denen technische Objekte be- oder genutzt werden).

Die DIN 31051 wurde 2003 überarbeitet und ergänzt.[3] Die Begriffe Instandsetzung, Wartung und Inspektion wurden neu gefasst. Darüber hinaus wurden die Aspekte der Anlagenverbesserung berücksichtigt (s. Abb. 1.1).

1.1.2 Arbeitsgegenstand der Instandhaltung

Primäres Arbeitsziel der Instandhaltung ist die Verzögerung der Abnutzungsgeschwindigkeit und die Vermeidung bzw. Verhinderung von Zerstörung und Verfall von Betrachtungseinheiten. Dabei steht für die produzierenden und dienstleistenden Unternehmen die Sicherung einer möglichst störungsfreien Nutzungsdauer der einzusetzenden Ressourcen im Vordergrund. Das betrifft insbesondere Engpassmaschinen und kapitalintensive Ausrüstungen. Aber auch Wartung und Pflege von

---

[2] Auch nicht genutzte BE unterliegen der Abnutzung, beispielsweise durch Alterung.

[3] DIN 31051 (06-2003): Grundlagen der Instandhaltung, DIN EN 13306 (12-2010): Begriffe der Instandhaltung.

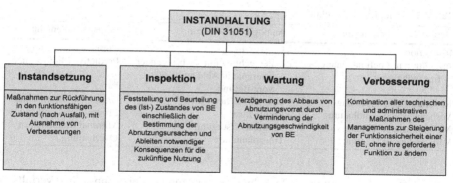

Abb. 1.1 Begriffe der Instandhaltung. (Nach DIN 31051)

Abb. 1.2 Strategische
Einordnung der
Instandhaltungsziele

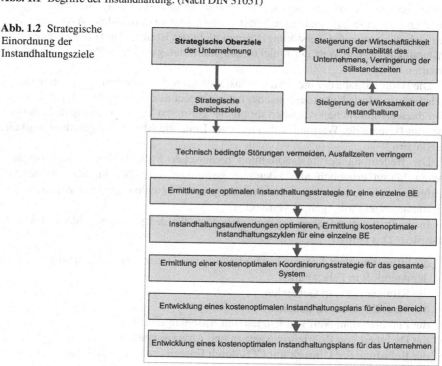

Software oder das Archivieren und Restaurieren von Büchern und Gemälden ist Instandhaltung im weiteren Sinne.

In der Tat bestehen in der Zielsetzung der Instandhaltung und den eingesetzten Maßnahmen, die nach DIN 31051 unter den Begriffen Inspektion, Wartung, Instandsetzung und Verbesserung definiert sind, mannigfaltige Parallelen zur angewandten Heilkunde und der Reparatur von technischen Produkten (Abb. 1.2, Tab. 1.1).

Tab. 1.1 Analogien zur Heilkunde

Begriff der Instandhaltung	Analogie zur Medizin	Englisches Pendant
Inspektion	Untersuchung	Curative Maintenance
Inspektion mit befundabhängiger Instandhaltung	Untersuchung mit nachfolgender Therapie in Abhängigkeit vom Befund	Predictive Maintenance
Reparatur/Instandsetzung	Operation/Therapie	Corrective Maintenance
Vorbeugende Instandhaltung	Prophylaxe	Preventive Maintenance
Minimalinstandsetzung	Minimalversorgung	Minimal Maintenance
Vollständige Erneuerung	Transplantation	Overhauling

Ziel ist die Verzögerung von Verschleiß-, Abnutzungs-, Zerstörungs- und Verfalls-vorgängen von Betrachtungseinheiten, um eine möglichst störungsfreie Nutzung zu erzielen oder eine mit Nachteilen behaftete Nutzung zu vermeiden. Verhindern lassen sich die genannten Zerstörungsformen nicht. Es ist aber das Hauptanliegen der Instandhaltung, den Wert der Objekte und damit den gebrauchsfähigen Zustand zu erhalten.

Die Hauptaufgabe der industriellen Instandhaltung besteht somit darin, eine möglichst störungsfreie Nutzungsdauer der betreuten technischen Objekte zu erzielen und den dazu erforderlichen Aufwand möglichst gering zu halten. Präventive Maßnahmen im Bereich der Wartung sollen in erster Linie die Abnutzungsgeschwindigkeit verringern.

Die Bedeutung der Instandhaltung technischer Systeme hat in den vergangenen Jahren erheblich an Bedeutung gewonnen. Darüber hinaus hat sie die Aufgabe, Schäden infolge von Abnutzung und Verschleiß, Folgeschäden sowie Gesundheitsgefährdungen zu vermeiden.

Instandhaltungsaufgaben ergeben sich auch für die peripheren Strukturen der Industrie. Das betrifft

- die lufttechnischen Anlagen zur Einhaltung von Grenzwerten des Staubgehalts in der Atemluft in Fabrikhallen,
- die Klimaanlagen in Gebäuden,
- die Tragfähigkeit von Brücken,
- die Funktionsfähigkeit von Kranen und Anschlagmitteln,
- die Dichtheit von Rohrleitungsnetzen und Abwassersystemen,
- die Belastung der Umwelt mit CO_2 durch Energieerzeugungsanlagen,
- die elektrische Sicherheit von Elektrogeräten im Haushalt usw.

1.1.3 Die volkswirtschaftliche Bedeutung der Instandhaltung

Die deutsche Volkswirtschaft wendet für die Werterhaltung des Volksvermögens (Sachanlagevermögen) jährlich mehrstellige Milliardensummen auf. Allerdings stellen die allgemeinen Statistiken die einzelnen Bestandteile der Instandhaltungsaufwendungen nicht detailliert dar. Daher ist eine dezidierte Bewertung nicht möglich. Gleichwohl kann festgestellt werden, dass auf dem Sektor Instandhaltung erhebliche unerforschte Potenziale vorhanden sind, die zu erschließen und zu bewerten sind.

Die auf Wachstum und damit auf Investitionen ausgerichtete deutsche Wirtschaft, und hier insbesondere das produzierende Gewerbe, bildet permanent Vermögen im Inland und auf Grund der starken Exportorientierung immer mehr im Ausland. Für die Instandhaltung bedeutet das:

- vermehrte Inbetriebnahmen von Produktionsprozessen,
- das Aufstellen – Anschließen – Installieren – Anpassen (einschließlich der vorgelagerten Leistungen wie Planung und Projektierung) von Produktionssystemen,
- permanente Optimierung (Verbesserung, Modernisierung) und Erneuerung des in Nutzung befindlichen abgenutzten Sachanlagevermögens,
- immaterielle Leistungen auf den Gebieten Instandhaltung und Recycling.

Permanentes Wachstum, die sich verändernde Altersstruktur und steigende Nutzungszeiten des Sachanlagevermögens sowie der sich im Zeitablauf verändernde Zustand der gesamten Infrastruktur sorgen, auch weltweit, für eine gestiegene Bedeutung der Instandhaltung. Auf Grund des allgemein zunehmenden Kostendrucks auch im Dienstleistungssektor erfordert in die Jahre gekommenes Sachanlagevermögen, insbesondere in den produzierenden Bereichen, eine straff organisierte, systematisierte und kostenoptimale Instandhaltung, um die Kosten nachhaltig zu entlasten. So verursachen beispielsweise Reibung und Verschleiß den jeweiligen Volkswirtschaften der Industrieländer jährliche Verluste in Höhe von etwa 5 % des Bruttosozialproduktes. Das Potenzial für Deutschland wird mit ca. 35 Mrd. €/a bewertet. Die Einsparungen durch Umsetzung bekannter Lösungsansätze im Bereich der Tribologie werden momentan in Deutschland mit ca. 5 Mrd. €/a geschätzt.[4] Die vermehrte Berücksichtigung tribologischer Erkenntnisse bildet somit ein beachtliches Potenzial zur Einsparung beim Energie- bzw. Materialeinsatz in der Produktion und Instandhaltung. Potenziale im Einzelnen sind:

- Reduzierung des Energieverbrauchs durch verringerte Reibung,
- Verringerung der Produktionsgrundkosten,
- Einsparungen bei den Schmierstoffkosten,
- Verringerung der Verluste, die auf Betriebsstörungen zurückzuführen sind,
- Einsparungen an Betriebsmittel- und Anlagenkosten durch
  - höhere Nutzungsgrade,
  - bessere mechanische Wirkungsgrade und
  - erhöhte Lebensdauern der Betriebsanlagen.

Neben dem Bemühen um Erschließung von Einsparpotenzialen bewirken die Anforderungen des Gesetzgebers an den Umweltschutz und die Sicherheit eine Zunahme

---

[4] http://www.gft-ev.de/tribologie.htm (17.03.2011).

Tab. 1.2 Bruttoanlagevermögen im Jahr 2010 im Vergleich zu 2003 zu Wiederbeschaffungspreisen. (s. Fußnote 4)

Bezeichnung	Wert 2003 (Mrd. €)	Wert 2010 (Mrd. €)	Zuwachs (%)
Sachanlagen	10.601,89	13.161,91	19,45
davon Ausrüstungen	1.842,62	1.868,16	13,91
davon Bauten	8.751,23	11.285,78	22,46
Nichtmaterielle Anlagengüter	109,59	124,18	11,30

Tab. 1.3 Rangfolge der umsatzstärksten Bereiche der deutschen Industrie 2008 und 2009. (s. Fußnote 4)

Rang	Zweig	Umsatz (Mrd. €/a)		Beschäftigte 2009
		2008	2009	
1	Kraftwagen und –teile,	334.033	265.593	730.000
	sonstiger Fahrzeugbau	29.393	30.102	110.000
2	Maschinenbau	222.360	170.815	937.000
3	Nahrungs- und Futtermittelindustrie	135.818	128.023	475.000
4	Chemische Erzeugnisse	130.530	107.429	308.000
5	Herstellung von Metallerzeugnissen	105.112	81.868	591.000
6	Metallerzeugung und -bearbeitung	110.381	72.209	249.000
7	Elektrische Ausrüstungen	83.119	67.956	39.265
8	Datenverarbeitungsgeräte, elektronische und optische Erzeugnisse	76.464	59.226	480.000
9	Gummi- und Kunststofferzeugnisse	67.530	57.941	108.000

bei den Organisationen mit Überwachungs-, Prüf- und Kontrollfunktion, die zunehmend als Dienstleister am Markt agieren und instandhaltungsnahe Leistungen in Form von Beratung, Kontrollen oder Überprüfungen und Genehmigungen anbieten. So leistet der TÜV (Prüf- und Sachverständigenorganisation) u. a. Beiträge beispielsweise in Form von Fehlerdiagnosen und Fehlerfrühdiagnosen sowie Anlagenüberwachung.

Basisgröße der volkswirtschaftlichen Betrachtungen ist der Bruttowert des Anlagevermögens. Es handelt sich dabei um die Summe aller in einer Volkswirtschaft (von In- und Ausländern) produzierten Güter („*Output*"). Das Bruttoanlagevermögen umfasst das gesamte in der Produktion eingesetzte Sachanlagevermögen und das Wohnungsvermögen mit Ausnahme von Grund und Boden (s. Tab. 1.2). Nicht enthalten sind die privaten Haushalte und andere Bereiche, z. B. die Verteidigung. Danach nahm das Anlagevermögen im Vergleich zum Jahr 2003 um knapp 20 % bis zum Jahr 2010 zu. Dabei ist im Bereich Bauten mit rd. 22,5 % der Zuwachs höher als im Bereich Ausrüstungen mit rd. 14 %.[5] Mit der Zunahme des Anlagevermögens steigt auch der Instandhaltungsbedarf (Tab. 1.3).

Trend und Vergleich Die Instandhaltung zieht sich durch alle Wirtschaftszweige und die privaten Haushalte einschließlich der Verteidigung. Im Rahmen von Überschlagsrechnungen wird der volkswirtschaftliche Umsatz der Instandhaltung auf

---

[5] Statistisches Jahrbuch der Bundesrepublik Deutschland 2010.

rund 380 Mrd. €/a geschätzt. Damit setzt sich die Instandhaltung an die Spitze der umsatzstarken Industriezweige in Deutschland.[6]

1.1.4 Die unternehmensbezogene Bedeutung der Instandhaltung

Die unternehmensbezogene Bedeutung der Instandhaltung orientiert sich am Unternehmenserfolg. Auf Grund der Spezifik der Instandhaltungsaufgaben, des unterschiedlichen Schwierigkeits- und geringen Wiederholungsgrades ist das Instandhaltungsmanagement dem Charakter nach eine Art Projektmanagement, das sehr stark vom Stufengrundsatz der Fabrikplanung geprägt ist (Kettner et al. 1986). Die ergebnisorientierte Entwicklung und Umsetzung von Instandhaltungsstrategien, insbesondere größeren Umfangs, die auch Verbesserungen zum Inhalt haben, benötigen eine projektmanagementmäßig organisierte Struktur, in deren Rahmen die Entscheidungsprozesse der Instandhaltung geplant und realisiert werden. Analog zum Projektmanagement gilt auch hier der Stufengrundsatz. Die Unternehmensführung bildet mit der Ablauforganisation den Rahmen für die geordnete Umsetzung von Entscheidungen und die einzelnen Aktivitäten der Mitarbeiter im Instandhaltungsbereich. Die detaillierte Steuerung der einzelnen Arbeitsverrichtungen übernimmt die Ablauforganisation unter Berücksichtigung und Einhaltung der von der Aufbaustruktur induzierten Regeln.

Der Nutzen aus der Sicht der Instandhaltung besteht in der Schaffung von Abnutzungsvorrat und, aus der Sicht des Managements, in der Vermeidung von technisch bedingten Produktionsunterbrechungen, von Folgeschäden und gesundheitlichen Schäden sowie der Steigerung der Produktivität. Hieraus resultieren Zielkonflikte, die vom Management zu lösen sind. Grundlage bilden die Unternehmensziele, die immer strategische Oberziele sind (s. Abb. 1.2).

Aus der Zielstellung des Fertigungsbereichs *„Verfügbarkeit optimieren"* lässt sich die Zielstellung für die Instandhaltungsabteilung ableiten: *„Technisch bedingte Ausfallzeiten an Engpassanlagen für die Zeit der Auftragsdurchführung vermeiden"*. Generell gilt die Zielstellung: *„Kosten gering halten, Kostentreiber identifizieren und eliminieren"*. Dabei stellt die Vermeidung technisch bedingter Störungen prinzipiell eine nutzbare fertigungstechnische und betriebswirtschaftliche Produktionsreserve dar, die zur Steigerung der Produktivität genutzt werden kann.

Die Stückkosten sinken automatisch, wenn der Ausbringungseffekt den Fertigungskostenzuwachs infolge intensiverer Instandhaltung überkompensiert. Der umgekehrte Effekt tritt allerdings ein, wenn der mit zusätzlichen Instandhaltungsmaßnahmen induzierte Aufwand den Wert zusätzlicher Produktionsausbringung übertrifft und somit das Betriebsergebnis verschlechtert.

Der Instandhaltungsprozess lässt sich in Form eines Regelkreises darstellen (Abb. 1.3). Dieser Regelkreis bildet die Grundlage für die Definition der Funktionen

---

[6] Horn 2011.

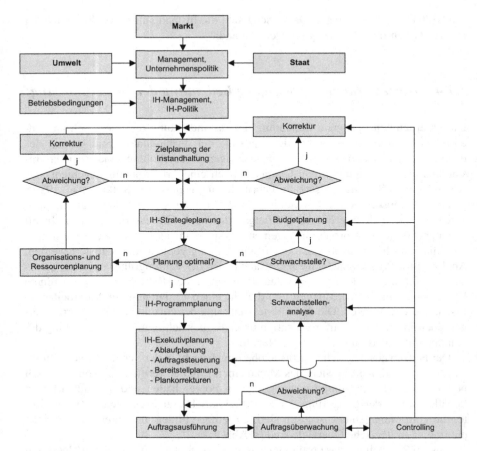

Abb. 1.3 Regelkreis des Instandhaltungsmanagements

eines IT-unterstützten Instandhaltungsplanungs- und Steuerungssystems, in das auch die gesamte Schwachstellenanalyse und -bewertung integriert ist.

Als Hersteller von Abnutzungsvorrat übernimmt die Instandhaltung die Aufgabe, die für die Ausbringung einer geplanten Produktmenge notwendige Verfügbarkeit der eingesetzten Maschinen und Anlagen unter der Bedingung bereitzustellen, die Kosten möglichst gering zu halten. Dazu gehört eine permanente Kostenkontrolle und -korrektur.

Im Verlauf der Nutzung gewinnt die Instandhaltung Informationen zum Ausfallverhalten der BE. Mit zunehmendem Alter lassen sich die Informationen verdichten und bewerten, so dass im Laufe der Zeit ein höherer Planungsgrad erzielt werden kann. Der Planungsgrad der Instandhaltung ergibt sich aus dem Verhältnis des geplanten Aufwandes zum Gesamtaufwand an Instandhaltungsaufwendungen.

1.1.5 Veränderungstreiber in der Instandhaltung

Die Veränderungstreiber in der Instandhaltung sind vielfältiger Natur und zahlreichen Imponderabilien des Marktes ausgesetzt. Sie führen daher immer wieder zu Diskussionen im Management und zu einer, insbesondere in Krisenzeiten, mitunter überkritischen Einstellung zur Instandhaltung. Dies gipfelt oft darin, dass die Instandhaltung zum unangenehmen Kostentreiber abgestempelt und auf der Grundlage strategisch sinnfreier Entscheidungen ausgelagert und an Fremdunternehmen vergeben wird.

Nachfolgend soll ein Überblick über die möglichen Veränderungstreiber gegeben werden.

I. Zunehmende Verkettung und Komplexität von Anlagen Kennzeichen moderner Produktionssysteme sind verkettete Anlagen und die zunehmende Komplexität der Maschinen und technologischen Ausrüstungen mit umfangreichen verfahrenstechnischen Möglichkeiten (z. B. Bearbeitungszentren). Die damit verbundene hohe Kapitalintensität infolge der hohen Maschinenstundensätze steigert den Kostendruck und induziert den Zwang zu hoher Auslastung. Zunehmende Komplexität und hohe Auslastung steigern den Verschleiß und die Ausfallrate. Hinzu kommt die durch die Verkettung abnehmende Zuverlässigkeit. Somit nehmen die Instandhaltungsaufwendungen innerhalb der Nutzungszeit zu.

Beispiel 1.1: Ermittlung der Stillstandskosten eines Roboters

Der Ausfall eines in eine getaktete Schweißstraße für Karosserien integrierten Roboters führt bei Ausfall vorgelagerter Komponenten zum Stillstand der gesamten Anlage, sobald der Puffer abgearbeitet ist. Bei einer Taktzeit von 1,5 min ergäbe sich beispielsweise ein Output von 40 Fahrzeugen pro Stunde. Wenn 1 Roboter ca. 250 T € kostet und 20 Roboter im Einsatz sind, entspräche das einem Kapitaldienst von 1.250 T €/a, eine Nutzungsdauer von 5 Jahren vorausgesetzt (Zinssatz 10 %). Die Kostenbelastung allein durch den Ausfall eines Roboters (ohne Berücksichtigung des Werkstückträger- und Fördersystems) infolge einer technischen Störung beträgt (3-Schichtbetrieb vorausgesetzt = 5000 h/a):

$$k_V = \frac{1250 \text{ T } €/a}{5000 \text{ h}/a} = 250 \text{ €/h}$$

II. Permanenter Anstieg der Instandhaltungskapazitäten im Verhältnis zur Produktion Ein wichtiger Indikator für diese Tatsache ist ein Rückgang des Anteils der gewerblichen Arbeitnehmer in zahlreichen Industriezweigen in den letzten Jahren (beispielsweise in der chemischen Industrie um 50 %), während er in der Instandhaltung um ca. 75 % zugenommen hat (entspricht in der Tendenz der Entwicklung in den USA). Rund 10 % der Erwerbstätigen sind mit Wartung und Instandsetzung beschäftigt. Der fähige Instandhalter verfügt über eine solide Ausbildung und umfangreiches Erfahrungs- und Zustandswissen. Zudem aktualisieren die Instandhalter zwangsläufig permanent ihre Fähigkeiten und Fertigkeiten. Beide Aspekte erhöhen den Marktwert und damit auch die Lohnkosten des Instandhalters.

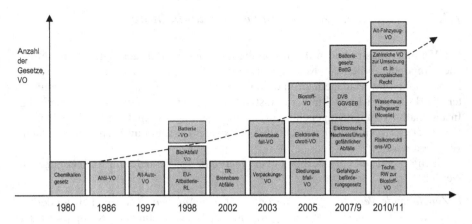

Abb. 1.4 Gesetzliche Rahmenbedingungen für die Instandhaltung

III. Steigende Automatisierung Mit zunehmendem Automatisierungsgrad nimmt die Komplexität der Instandhaltungsleistungen zu (s. Veränderungstreiber I). Infolgedessen weisen die Instandhaltungstätigkeiten einen höheren spezifischen Schwierigkeitsgrad auf und erfordern ein hohes Fach- und Spezialwissen. Dies ist mit wachsendem Aus- und Weiterbildungsbedarf verbunden (s. auch II). Neben umfassendem technischem Sachverstand wird die Fähigkeit verlangt, komplexe Prozessabläufe systematisch zu durchdringen, wobei die Arbeiten zunehmend interdisziplinären Charakter annehmen und das Ausbildungsprofil wesentlich bestimmen.

IV. Steigende Anforderungen an die Betriebssicherheit und den Umweltschutz Die EU-Erweiterung sowie zahlreiche Reaktor- und Chemieunfälle waren in den vergangenen Jahren Anlass für den Gesetzgeber, die gesetzlichen Bestimmungen des Arbeits- und des Umweltschutzes anzupassen, zu ergänzen, zu erweitern und zu verschärfen (s. Abb. 1.4). Dementsprechend wurde auch der Verantwortungsbereich des Instandhaltungsmanagements auf die Sicherung des Arbeits- und Gesundheitsschutzes und die Umweltbedingungen erweitert. Mit der Zunahme der Bestimmungen stiegen gleichzeitig Verantwortung und Qualifizierungsbedarf. Außerdem mussten die Unternehmen erhebliche Zusatzinvestitionen durch Nachrüsten und bzw. oder Umrüsten von Anlagen realisieren (vgl. III.).

V. Überproportionale Preissteigerungen der Primärhersteller zwingen vermehrt zu Verbesserungs- und Modernisierungsinvestitionen Die steigenden Wiederbeschaffungskosten verschlissener bzw. abgeschriebener Maschinen und Anlagen sind Anlass, vermehrt auch über nachhaltige Modernisierungs- und Verbesserungsinvestitionen nachzudenken, um Kosten zu sparen. Die Investitionen steigern das Volumen des instand zu haltenden Anlagevermögens und damit den Instandhaltungsbedarf insgesamt. Zudem treiben die steigenden Preise der Primärhersteller auch für Ersatzteile die Kosten überproportional in die Höhe.

VI. Reliability, Maintainability, Safety (RMS) Es handelt sich um eine Strategie, die darauf ausgerichtet ist, die Instandhaltungsforderungen bereits beim konstruktiven Entwurf mit dem Ziel zu berücksichtigen, Zuverlässigkeit und damit Verfügbarkeit, Instandhaltbarkeit und Sicherheit zu verbessern. Konzeptionen dieser Art erzeugen einen doppelten Nutzen. Zum einen rechtfertigen sie höhere Preise für den Anlagenhersteller, weil der Kunde einen Zusatznutzen erzielt, andererseits spart der Nutzer Kosten bei der Instandhaltung und Wartung.

VII. Ansteigende Prozessgeschwindigkeiten Das Ansteigen der Prozessgeschwindigkeiten ist maschinen- bzw. anlagenbedingt und erhöht die Störanfälligkeit der technischen Ausrüstungen, denn Werkstoffe, Oberflächen, Geometrien usw. werden höher belastet. Die Folgen sind ggf. umfangreichere Inspektions- u. Wartungsmaßnahmen und kürzere Instandsetzungszyklen. Diese Nachteile konnten allerdings dank moderner Messverfahren und neuer technischer Möglichkeiten zur Feststellung von Fehlern bereits im frühen Stadium ihres Entstehens (Fehlerfrühdiagnose) in den letzten Jahren vermehrt eliminiert werden.

VIII. Neue Organisationsformen Neue Organisationsformen (vernetzte Produktion, vernetzte Fabrik[7]) und ablauforientierte Produktionsmethoden (*Just in Time*) bestimmen nachhaltig die Wettbewerbsfähigkeit zahlreicher Unternehmen. Die Realisierung schlanker Produktionsstrukturen erfordert störungsfreie Prozessabläufe. Voraussetzung ist umfassendes Prozess-Knowhow vor Ort, d. h. technologische Produktionsteams müssen vermehrt die Anlagenverfügbarkeit sichern. Das ist nur in Verbindung mit kontinuierlicher Weiterbildung und Qualifikation für die Übernahme der Zusatzaufgaben im Rahmen von TPM umsetzbar.

1.2 Aufgaben und Funktionsbereiche der Instandhaltung

1.2.1 Situationsanalyse

Die gegenwärtige Situation der Instandhaltung industrieller Industrieanlagen in der Bundesrepublik Deutschland lässt sich im Großen und Ganzen folgendermaßen charakterisieren:

1. Der Erhaltungszustand der Produktionssysteme und der peripheren Ver- und Entsorgungseinrichtungen ist unterschiedlich und abhängig vom jeweiligen Unternehmen, der Branche und dem Baujahr. Unmittelbare Ziele sind:

   – die Sicherung der geplanten Ausbringungsmenge pro Schicht und der geforderten Produktqualität,
   – die Leistung von Beiträgen zur Verringerung der prozessbedingten Ausschussrate,

---

[7] Vgl. Schenk und Wirth 2004, S. 355.

– die Berücksichtigung von Forderungen des Arbeits- und Umweltschutzes sowie der Produkthaftung und
– die Entwicklung von Strukturen, die wettbewerbsfähige Stückkosten sichern.

Die Maschinen und Anlagen können auf Grund der Marktdynamik nicht kontinuierlich in dem benötigten technischen Sollzustand gehalten werden. Deshalb ergeben sich zwangsläufig immer wieder Abweichungen von den konzipierten Produktionszielen. Insbesondere im Bereich Maschineninstandhaltung sind gerade die kleineren Unternehmen benachteiligt, die sich aus Kostengründen keine eigene Instandhaltung leisten können. Sie sind daher bestrebt, möglichst kostengünstige und zuverlässige Partner für die Instandhaltung zu gewinnen. Vorgesehene Instandhaltungskosten pro Periode und Objekt bzw. -gruppe sind budgetgebunden und somit nach oben begrenzt. Oft fehlt eine dezidierte instandhaltungstechnische Zielstellung, was damit erreicht werden soll. Hier muss das Management konkretere Ziele setzen und entsprechende Kontrollmechanismen entwickeln.

2. Da keine klaren Maßstäbe existieren, die die instandhaltungstechnisch notwendigen Ressourcen zur Erreichung der Produktionsziele hinreichend begründen und welche Instandhaltungsstrategie das Betriebsergebnis mehren kann, wird die Instandhaltung von Seiten der betriebswirtschaftlichen Kompetenzträger, insbesondere in Phasen schlechter Konjunktur, zum Kostentreiber degradiert und nicht als eine Struktureinheit gesehen, die positive Beiträge zum Betriebsergebnis leistet.

3. Es wird nicht immer erkannt, dass Instandhaltung die Produktionskapazität von Maschinen dauerhaft erhöhen kann. Möglicherweise könnten wichtige Investitionen für Kapazitätserweiterungen zur Erfüllung unternehmerischer Produktionsziele vermieden werden. Die sich dadurch ergebenden geringeren Kapitaldienste würden die Kapitalanspannung erheblich verringern, insbesondere im mittel- und langfristigen Bereich.

4. Mitunter werden instandhaltungstechnische Verfügbarkeiten bereitgestellt, die größer sind als die von der Produktion tatsächlich benötigten. Es wird nicht geprüft, welche Maschinenverfügbarkeit ausreicht.

5. Bei Ausfall kapitalintensiver Maschinen erbringt die Instandhaltung auf Grund der hohen Kostenrelevanz oft außergewöhnliche Leistungen. Die dabei anfallenden Kosten werden als unvermeidbar begründet.

6. Betriebliche Instandhaltungskosten werden in der Regel vom Management als zu hoch eingestuft. Daher versucht das betriebliche Finanzmanagement Instandhaltungsaufgaben aller Art auszulagern, ohne diese Maßnahmen betriebswirtschaftlich exakt zu rechtfertigen und nachzuweisen, ob sie auch aus unternehmerischer Sicht strategisch sinnvoll sind.

Das zukünftige Ziel ist eine verlässliche Steigerung der Wirksamkeit von Instandhaltungsleistungen. Mit Blick auf die zu erzielende Maschinenverfügbarkeit ist eine dauerhafte Senkung der Instandhaltungskosten anzustreben. Allgemein wird der Leistungsbeitrag der Instandhaltung, insbesondere ihre Produktivität, als zu gering eingeschätzt. Gleichwohl ist festzustellen, dass eine exakte Bewertung schwierig ist.

Als Hauptgründe für die unzureichende Wirtschaftlichkeit der Instandhaltung werden oft genannt:

1. Mängel in der analytischen Planung infolge unvollständiger Daten und Informationen
   (Gründe dafür sind, dass zahlreiche Unternehmen, insbesondere kleine und mittlere Unternehmen, in Ermangelung entsprechender Softwareunterstützung noch keine vollständige Datenerfassung und –pflege betreiben. Viele Informationen gehen verloren oder sind als Herrschaftswissen in den Köpfen einer Minderheit von Erfahrungs- bzw. Entscheidungsträgern gespeichert)
2. Mängel bei der Auftragsplanung und -ausführung der Instandhaltungsmaßnahmen
   (Der Mangel 1 zieht Mängel in der Auftragsplanung und –ausführung nach sich).
3. Keine zielsichere Steuerung anhand belastbarer produktionstechnischer und betriebswirtschaftlicher Maßstäbe auf Grund der Marktdynamik (für die Instandhaltungsplanung und -steuerung fehlen wesentliche theoretische Grundlagen und praxisbezogene Instrumente).

1.2.2 Aufgaben der Instandhaltung

Die wichtigste Aufgabe der Instandhaltung besteht in der Sicherung der für das Produktionsziel notwendigen Verfügbarkeit. Gleichzeitig verstärken sich die Instandhaltungseffekte durch Zuwachs an Produktionsausbringung pro Fertigungsschicht und Abnahme der anteiligen Instandhaltungskosten als Bestandteil der Fertigungskosten, deren übrige Bestandteile pro Fertigungsschicht konstant bleiben.

Bei der Instandhaltung sind folgende Aspekte zu beachten:

1. Im Vordergrund steht die geplante Instandhaltung und nicht die Beseitigung von Störungen und Schäden.
2. Es sind Instandhaltungsplanungs- und -steuerungswerkzeuge zu entwickeln und einzusetzen, die denen der Produktionsplanung und -steuerung gleichkommen.
3. Instandhaltungsplanung (IHP) und -steuerung (IHS) sind bereits mit der Auftragsentstehung einzusetzen und nicht erst bei bereits vorliegenden Werkstattaufträgen.
4. Bei der Planung der Instandhaltung ist zu berücksichtigen, dass außer Abnutzung und Verschleiß auch unsachgemäßer Gebrauch, Überlastung und Umwelteinflüsse Auslöser plötzlich eintretender Störungen sein können.
5. Zur Realisierung planmäßiger Instandhaltung muss eine entsprechende Datenbasis geschaffen werden, die es gestattet, dass auch die Verursachungszusammenhänge der technisch bedingten Produktionsausfälle ermittelt und ausgewertet werden können.
6. Alle erforderlichen Daten sind möglichst zustandsabhängig zu erfassen und zu bewerten. Die einzusetzenden instandhaltungstechnischen Instrumentarien zur Datenerfassung, -aufbereitung und -auswertung sind zu optimieren.

1.2.3 Funktionen, Verantwortungsbereiche und Tätigkeitsschwerpunkte

Die betriebliche Funktion der Instandhaltung bezieht sich nicht nur auf Produktionsanlagen, sondern auf das gesamte Sachanlagevermögen. Damit hat der Fachbereich Instandhaltung weniger eine Hilfsfunktion, sondern vielmehr eine für das Unternehmen allgemein notwendige Erhaltungs- und Produktionsfunktion des Sachanlagevermögens. Die Instandhaltung ist für die Erhaltung des Sachanlagevermögens zuständig. Dazu zählen Immobilien wie bebaute und unbebaute Grundstücke, Gebäude und gebäudeähnliche Einrichtungen, weiterhin Mobilien wie Maschinen, Anlagen, Transportsysteme, Fördereinrichtungen, Lagereinrichtungen, Werkzeuge, Vorrichtungen, Mess- und Prüfgeräte, Muster, Modelle sowie Betriebs- und Geschäftsausstattungsgegenstände.

Im betrieblich funktionalen Verständnis gelten für den Instandhaltungsbereich folgende Grundsätze:

1. Die Instandhaltung gewährleistet die Funktionsfähigkeit der gesamten direkt und indirekt am Prozess beteiligten Infrastruktur, d. h., dass z. B. auch die Funktionsfähigkeit von Türen, Toren, Kranen, Heizungen, Be- und Entlüftungen, Beleuchtungsanlagen, Verkehrswegen, Transport- und Produktionseinrichtungen zu sichern ist.
2. Produktionsanlagen gelten als Produktionssysteme 1. Ordnung und haben als Kernelement der Wertschöpfung gegenüber anderen Sachanlagen höhere Priorität.

Nicht in jedem Falle ist die Instandhaltung für die Behebung von Störungen zuständig. Ursachen für Anlagenstillstände können auch organisatorisch (fehlendes Werkzeug, fehlendes Material), informatorisch (fehlender Auftrag) und personell (Krankheit) bedingt sein.

Zuständig für die Behebung der technischen Störungen ist die Instandhaltung.

Struktureinheiten der Instandhaltungsbereiche der Industriebetriebe Zur Instandhaltung als Organisationsbereich zählen in erster Linie zentrale und dezentrale Reparaturwerkstätten und dazugehörige Ingenieurabteilungen für

- Maschinen,
- Elektroanlagen,
- Fahrzeuge,
- Telekommunikationseinrichtungen,
- Versorgungssysteme,
- Bauwerke, die den betrieblichen Funktionsbereichen

  - Fertigung,
  - Vertrieb,
  - Beschaffung,
  - Verwaltung,
  - Technische Ver- und Entsorgung

zugehören.

Tätigkeitsschwerpunkte

1. **Wartung und Inspektion, Instandhaltung präventiv oder nach Störung**
   Dazu zählen alle Aktivitäten zur Wartung und Inspektion sämtlicher technischer Betriebsmittel vor Ort, d. h. der Maschinen und Anlagen der Fertigung mit zugehörigen Ver- und Entsorgungseinrichtungen, die Anfertigung von Ersatzteilen, Aufarbeitung von Austauschteilen und Überholung von Austauschaggregaten in den Werkstätten.

2. **Gewerke bezogene Aufgaben**
   Die Instandhaltung ist zuständig für Gebäude, Beleuchtung, Heizung, Lüftung, Klima, Toiletten, Telefon, Funk, Rohrpost, Kopierer, PC, EDV-Anlagen, Büromobiliar, Kläranlagen, Sicherheitseinrichtungen gegen Explosion, Brand und Diebstahl, Grünanlagenpflege, Schnee- und Schmutzberäumung.

3. **Teilfunktionen für das Betreiben von Maschinen und Anlagen der Fertigung:**

   – Rekonfiguration der Maschinenanordnung (räumliche Maschinenumstellung, ggf. in diesem Zusammenhang Einrichtung und Umrüstung von Maschinen),
   – Verbesserung von Betriebsmitteln (Maschinen, technische Versorgungssysteme),
   – Betreiben von Entsorgungssystemen für Abwässer, Abluft, Staub (Entstaubung), Abfall, Müll usw.,
   – Arbeits- und umweltschutztechnische Maßnahmen.

Traditionelle Gliederung der Instandhaltung Die Organisationsstrukturen von Werkstätten sind meist nach gemischten Maßstäben entstanden:

a. nach Art der zu betreuenden Objekte und
b. nach Art der dafür eingesetzten handwerklichen Sparten.

Daraus resultieren die klassischen, teils handwerklich ausgerichteten technischen Dienstleistungsstrukturen, wie z. B. Bau-, Mechanik- Elektro-, Fernmelde-, Transportmittelwerkstätten (Gabelstaplerreparaturstützpunkte, Batterieladestationen) sowie Klempner- und Schweißereien usw.

Im Verlauf der strukturellen Entwicklung und Marktbereinigung der letzten Jahre haben sich auf dem breiter werdenden Markt für Dienstleistungen zahlreiche Gewerke verselbständigt, die vormals Bestandteil betrieblicher Instandhaltungsbereiche waren. Die in Unternehmen verbliebenen Instandhaltungsstrukturen konzentrieren sich vermehrt auf die instandhaltungsseitige Betreuung der Kernbereiche des Unternehmens sowie auf die Koordinierung des gesamten Anlagenbewirtschaftungsgeschehens. Darüber hinausgehender Bedarf an Instandhaltungsdienstleistungen wird am Dienstleistungsmarkt beschafft. Ziel ist der Aufbau einer optimalen Netzstruktur von Dienstleistern, um insgesamt eine wettbewerbsfähige Netzwerkleistung zu generieren. Die EU-Erweiterung sorgt für zunehmenden Wettbewerb auf diesem Sektor und für konkurrenzfähige Preise.

Die Werkstätten sind meist nach örtlichen Gesichtspunkten gegliedert. In den größeren Unternehmen bestehen vielfach Zentralwerkstätten mit räumlich ausgelagerten in die Produktion integrierten Stützpunkten im Bereich der Fertigungsschwerpunkte (Integrierte Instandhaltung).

Insgesamt ergibt sich folgendes Bild:

1. Betriebliche Instandhaltungsbereiche führen geplante Instandhaltungsmaßnahmen an Produktionsanlagen in Form von Inspektion, Wartung und Reparaturen durch, darüber hinaus behebt die Instandhaltung plötzlich eintretende technische Störungen. Dazu werden geplante und Ad-hoc-Kapazitäten benötigt.
2. Verschleiß, aber auch neue verfügbare Funktionen und steigende Energiepreise führen dazu, dass Maschinen vermehrt modernisiert und verbessert werden. Verbesserungen und Modernisierungen werden meistens im Rahmen von Generalüberholungen durchgeführt.[8] Jahrelanger Betrieb von Maschinen hat Veränderungen der Maschinengeometrie zur Folge, die längere Rüstzeiten verursachen. Verschlissene Bauteile beeinträchtigen die Bearbeitungsqualität. Vermehrte Versprödung von Kabeln und Leitungen verursacht Leitungsbrüche sowie nicht geplante Produktionsunterbrechungen und Stillstände. Generalüberholungen steigern die Leistungsfähigkeit und Zuverlässigkeit der Maschinen. Außerdem verbessern sie deren Optik, wodurch die Motivation der Mitarbeiter gesteigert wird. Diese Modernisierungen setzen i. d. R. eine Um- bzw. Neukonstruktion von einzelnen Baugruppen sowie ggf. eine Neuprojektierung der kompletten Elektrik einschließlich neuer Steuerungen voraus. Die Werkzeugmaschinen werden auf den neuesten technischen Stand umgerüstet. Je nach Anforderung wird die modernisierte Maschine mit Handhabungstechnik (Roboter) ausgestattet, um den manuellen Handhabungsaufwand des zu bearbeitenden Materials zu reduzieren und ggf. eine Verkettung mit anderen Maschinen, soweit technologisch erforderlich, zu realisieren.
3. Instandhaltungstätigkeiten werden überdies für zahlreiche andere betriebliche Einrichtungen organisiert, koordiniert, ausgeführt und überwacht.
4. Für die Fertigung werden darüber hinaus zahlreiche Betreiberfunktionen wahrgenommen, die mit Instandhaltung nicht direkt im Zusammenhang stehen.
5. Je nach Situation des Unternehmens werden dem Instandhaltungsbereich viele andere instandhaltungsfremde Betriebsfunktionen zugeordnet.

Defekte

1. Die Praxis kennzeichnet eine komplizierte organisatorische Gemengelage, wo Ingenieure und Instandhaltungspersonal dauerhaft oder aushilfsweise eine Fülle von peripheren Aufgaben abdecken. Komplikationen in der Steuerung sind zwangsläufig die Folge.
2. Die Gesamtkosten für die verschiedenen Tätigkeiten der Instandhaltungsstrukturen spiegeln nicht die tatsächlichen betrieblichen Instandhaltungskosten wider. Der tatsächliche Anteil ist meist überraschend gering.
3. Auf Grund des Konglomerats unterschiedlicher Tätigkeiten und in Ermangelung fehlender Stellenbeschreibungen sowie nachvollziehbarer Zieldefinitionen existiert auch meist kein nachhaltiges Kostenmanagement für die Instandhaltung.

---

[8] Vermehrte Spezialisierung von Dienstleistungen bei den Primärhersteller ist feststellbar, aber auch spezielle Dienstleistungsunternehmen bieten verstärkt komplexe Instandhaltungsleistungen auf dem Investitionsgütersektor an.

Abb. 1.5 Verlauf der ertragsgesetzlichen Produktionsfunktion

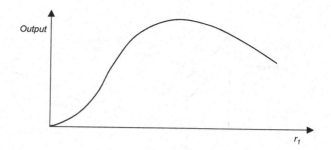

Vorteilhaft wäre eine Kombination von Werkserhaltung und Werksplanung, d. h. eine Verbindung Fabrikplanung und Instandhaltung im weiteren Sinn. Beide Funktionen dürfen nicht losgelöst voneinander betrachtet werden, denn die Aspekte der Instandhaltung sind zweckmäßigerweise bereits in der Projektierungsphase für neue Anlagen zu berücksichtigen.

1.3 Produktionsfunktion der Instandhaltung

Eine Produktionsfunktion gibt allgemein den quantitativen Zusammenhang zwischen den

- Einsatzmengen der Produktionsfaktoren (*Inputs*) und den
- Produktionsmengen (*Ausbringungsmengen = Outputs*) an.

Man nennt sie auch Ertragsfunktion oder Input-Output-Funktion. Sie bildet die funktionale Beziehung zwischen den Produktionsfaktoren und den damit erzeugten Gütern bei gegebener Produktionstechnologie ab. Die VWL unterscheidet drei grundlegende Produktionsfunktionen (Wöhe und Döring 2010):

a. die ertragsgesetzliche Produktionsfunktion
b. die substitutionale Produktionsfunktion (COBB-DOUGLAS-Produktionsfunktion)[9]
c. die limitationale Produktionsfunktion.[10]

Ertragsgesetzliche Produktionsfunktion der Instandhaltung Die ertragsgesetzliche Produktionsfunktion beruht auf Beobachtungen in der Landwirtschaft.[11] Ausgangspunkt bilden zwei Ressourceneinsatzmengen und eine Ausbringungsmenge.

Dabei konnte beobachtet werden, dass bei Erhöhung von Arbeitseinsatz oder Dünger das Produktionsergebnis zunächst steigt, aber ab einer bestimmten Ressourceneinsatzmenge die Ausbringungsmenge stetig fällt. Daraus resultiert der typische *s*-förmige Verlauf der ertragsgesetzlichen Produktionsfunktion (s. Abb. 1.5).

---

[9] http://www.luk-korbmacher.de/Schule/VWL/Unternehmen/unter07.htm (26.03.09).

[10] s. Fußnote 9.

[11] Turgot, J. (1727–1781) beschrieb das Gesetz vom abnehmenden Bodenertrag (http://de.wikipedia.org/wiki/Anne_Robert_Jacques_Turgot_baron_de_l%E2%80%99Aulne, 23.02.2010).

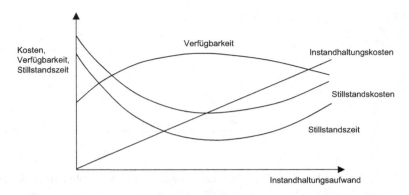

Abb. 1.6 Einfluss des Instandhaltungsaufwandes auf ausgewählte Leistungskenngrößen

Das liegt darin begründet, dass der zunehmende Ressourceneinsatz immer kostenintensiver wird (Faktoreinsatzkosten), der erzielbare Ertrag aber langsamer zunimmt bzw. stagniert. Dieser Denkansatz lässt sich sinngemäß auf die Instandhaltung übertragen. Da die wirtschaftliche Leistung der Instandhaltung auf Grund der Stochastik des gesamten Prozesses nicht genau gemessen werden kann, wird zur Bewertung des Leistungspotenzials die Wirksamkeit der Instandhaltung herangezogen. Diese Kenngröße lässt sich als Maß für die Produktivität verwenden, wenn sie das Verhältnis von Ressourceneinsatz zum erzielten Verfügbarkeitszuwachs der Instandhaltungsobjekte ausdrückt. Mit zunehmendem Einsatz von Instandhaltungsressourcen steigen zunächst die Instandhaltungskosten, die Verfügbarkeit nimmt zunächst zu. Bei weiterer Steigerung der Instandhaltungsressourcen wird der Anstieg der Verfügbarkeit flacher bzw. fällt nach dem Erreichen eines Maximums ab. Das ist plausibel, denn mit zunehmendem Instandhaltungsaufwand nehmen die Verluste durch unvorhergesehene Ausfälle zwar ab, der zunehmende Instandhaltungszeitaufwand kompensiert aber den Leistungsgewinn ab einem bestimmten Punkt über, und geht dann zu Lasten der verfügbaren Maschinenkapazität (s. Abb. 1.6).

Da die Instandhaltung mit der Herstellung von Abnutzungsvorrat die Funktionsfähigkeit der Wertkette im weiteren Sinn sichert, hat die Instandhaltung prinzipiell Produktionsfunktion und kann strukturell auch als ein Produktionssystem 2. Ordnung interpretiert werden (s. Kap. 7).

Mit Hilfe der Produktionsfunktion lässt sich auch die Wirksamkeit der Instandhaltung bestimmen. Die Herstellung von Abnutzungsvorrat ist zwar eine abstrakte Funktion, trifft aber den Kerngedanken der Produktionsfunktion, denn obwohl die Instandhaltung eine Dienstleistung am Prozess vollbringt, muss sie ggf. Ersatzteile organisieren oder herstellen und die Teile bzw. Baugruppen gegen verschlissene Bauteile und Baugruppen austauschen. Die Instandhaltung betreibt somit Wertschöpfung. Diese umfasst die Verhinderung von Funktionsausfällen durch Prävention und den rechtzeitigen Austausch oder Ersatz von Verschleißteilen (Bauelemente, die im Leistungsübertragungsprozess verzehrt werden) sowie die Modernisierung von Maschinen und Ausrüstungen. Es handelt sich somit um Leistungserstellungsprozesse (Abb. 1.7).

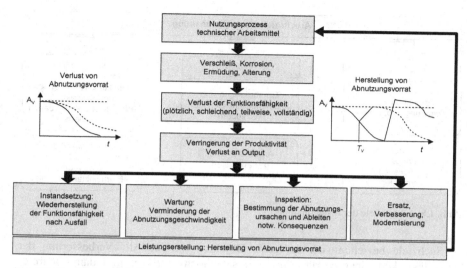

Abb. 1.7 Produktionsfunktion der Instandhaltung

1.4 Zielgrößen, Zielfunktionen und Zielkonflikte der Instandhaltung

1.4.1 Allgemeines

Zielüberlegungen resultieren i. Allg. aus einem subjektiv empfundenen Spannungszustand, d. h. aus einer gewissen Unzufriedenheit mit einer aktuellen Situation. Das Management unterscheidet:

- Entscheidungsziele,
- Sachziele,
- Formularziele,
- Humanziele.

Entscheidungen sind zu fällen, wenn außergewöhnliche Geschäftsprozesse das Unternehmen beispielsweise kurzfristig zwingen, wichtige anstehende Instandhaltungsmaßnahmen entweder zeitlich vorzuziehen oder auszusetzen. Im letzteren Fall steigt das Risiko, denn im Falle einer technischen Störung kann es zu Produktionsunterbrechungen kommen, die unangenehme Folgen haben können, z. B. Konventionalstrafen wegen verzögerter oder nicht qualitätsgerechter Lieferung. Falls alle Instandhalter im Einsatz sind, muss der Instandhaltungsmanager nach Ausfall einer Anlage kurzfristig entscheiden, ob auf Instandhaltung gewartet oder im Falle einer Engpassmaschine eine Fremdleistung angefordert wird. Ggf. müssen kurzfristig teure Ersatzteile beschafft werden, wenn keine am Lager sind.

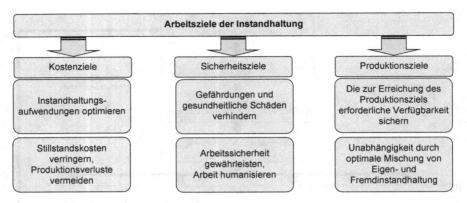

Abb. 1.8 Arbeitsziele der Instandhaltung

Sachziele beziehen sich auf reale Objekte, z. B. auf die Verbesserung der Zuverlässigkeit einer Anlage durch Einsatz hochwertigerer und damit teurerer Ersatzteile.

Zu den Formular- oder Wertzielen in der Instandhaltung zählen die Leistungsbeiträge der Instandhaltung, die messbare Steigerungen der Produktivität zur Folge haben und damit rentabilitätswirksam werden. Individuelle oder unternehmensbezogene Humanziele sind beispielsweise die Schaffung von Arbeitserleichterungen bei der Durchführung von komplexen Instandhaltungsmaßnahmen oder instandhaltungsgerechte humanzentrierte konstruktive Lösungen. Die eigentlichen Arbeitsziele der Instandhaltung sind die Kosten-, Sicherheits- und Produktivitätsziele (s. Abb. 1.8). Dabei stehen die Kosten- und Produktivitätsziele im Vordergrund.

1.4.2 Zielgrößen

Wesentliche Leistungsbeiträge lassen sich erzielen, wenn es der Instandhaltung gelingt:

- technische Störungs- und/oder Ausfallzeiten gering zu halten oder möglichst zu vermeiden,
- die Anzahl der technischen Störungen und/oder Ausfälle gering zu halten,
- die Wirksamkeit der Instandhaltung zu verbessern.

Daraus leiten sich Zielfunktionen ab. Übergeordnete Zielfunktion ist die Verfügbarkeit:

$$V_D = \frac{ET_A}{ET_A + ET_R} = \frac{MTBF}{MTBF + MTTR} \tag{1.1}$$

ET_A durchschnittliche Zeitdauer des störungsfreien Einsatzes
ET_R durchschnittliche Instandsetzungs-/Reparaturdauer

V ist nur eine Zeitverfügbarkeit über eine Periode, weil sich T_A und T_R zeitbezogen laufend ändern. Demnach gilt allgemein:

$$V_D = \frac{\int_0^\infty ET_A f(t)dt}{\int_0^\infty ET_A f(t)dt - \int_0^\infty ET_R f(t)dt} \tag{1.2}$$

Die Verfügbarkeit einer Anlage bestimmen die folgenden Faktoren wesentlich:

- die Zuverlässigkeit der BE,
- die instandhaltungsgerechte konstruktive Gestaltung,
- die Betriebsweise,
- die Organisation und Durchführung der Instandhaltungsmaßnahmen.

Die Verfügbarkeit ist somit ein wahrscheinlichkeitsbehafteter Begriff. Sie ist die Wahrscheinlichkeit dafür, dass eine Betrachtungseinheit während der vorgesehenen Einsatzzeit funktionsfähig ist.
Allgemein gilt:

$$V = \frac{T_{Ist}}{T_{Soll}} * 100\,\% \tag{1.3}$$

Die Ist-Laufzeit ist die um technologisch, organisatorisch (fehlendes Material/Werkzeug, fehlende Arbeitskraft) und technisch bedingte Ausfallzeiten infolge Abnutzung, Ermüdung, Korrosion und/oder Überlastung sowie fehlerhafte Bedienung etc. verminderte Soll-Laufzeit.

Die Soll-Laufzeit wird zunächst um alle technologisch bedingten Stillstandszeiten (Produktionsanlauf- und Produktionsauslaufzeiten, Reinigungs-, Anfahr-, Einfahr-, Umrüst-, Abkühlzeiten etc.) vermindert. Damit ergibt sich die Produktionsverfügbarkeit zu:

$$V_{Prod} = \frac{T_{Soll} - \sum_{i=1}^{n} T_{techi}}{T_{Soll}} * 100\,\% \tag{1.4}$$

Geplante Instandhaltungsarbeiten, die während der Produktionszeit durchgeführt werden, vermindern diese Verfügbarkeit. Damit verbleibt eine Verfügbarkeit, die theoretischen Charakter hat und daher auch als theoretische technische Verfügbarkeit bezeichnet wird[12]:

$$V_{th} = \frac{T_{Soll} - \left[\sum_{i=1}^{n} T_{techi} + \sum_{i=1}^{m} T_{pi}\right]}{T_{Soll}} * 100\,\% \tag{1.5}$$

Für Produktionssysteme gilt die tatsächliche Auslastungsverfügbarkeit. Das ist die durch technische Störungen und störungserzwungene Instandhaltungsarbeiten verringerte theoretische technische Verfügbarkeit:

---

[12] VDI 3649: Calculation of availability in handling and storage systems, Verband Deutscher Ingenieure/Association of German Engineers/01-Jan-1992/14 pages.

$$V_{Aus} = \frac{T_{Soll} - \left[\sum_{i=1}^{n} T_{techi} + \sum_{i=1}^{m} T_{pi} + \sum_{i=1}^{k} T_{Sti}\right]}{T_{Soll}} * 100\ \% \tag{1.6}$$

Neben zeitlichen Faktoren beeinflussen leistungsabhängige Faktoren die tatsächliche Verfügbarkeit. Meist liegt die ausgebrachte Menge unter der vom Hersteller angegebenen bzw. projektierten Soll-Menge. Auch Abnutzungserscheinungen bewirken Leistungsverluste, so dass ein zeitlicher Mehraufwand erforderlich ist. Unter Berücksichtigung dieser Verluste ergibt sich die effektive Verfügbarkeit zu:

$$V_{eff} = \frac{N_{IST}}{N_{Soll}} * V_{Ausl}\ 100\ \% \tag{1.7}$$

Die Qualitätsverfügbarkeit berücksichtigt weitere Verfügbarkeitseinbußen infolge von Ausschussproduktion:

$$V_{Qual} = \frac{N_{IST} - N_{Ausschuss}}{N_{Soll}} * V_{Aus} * 100\ \% \tag{1.8}$$

Mit den Formeln (1.1) bis (1.8) ist der Produktionsplaner in der Lage, dezidierte Zielgrößen vorzugeben, die seitens der Instandhaltung für eine bestimmte Planperiode abzusichern sind.

Die Instandhaltung ist verantwortlich (s. hierzu Strunz und Köchel 2003)

- in der Ausfallsituation für möglichst kurze Instandsetzungszeiten (Instandsetzungszeit ist Bestandteil der Ausfallzeit) und Wartezeiten auf Instandhaltung für den Fall, dass der Ausfallkostenaspekt überwiegt,
- für die Vermeidung von technischen Störungen und Maschinenausfällen durch Prävention (Wartung, Inspektion) und kurze Instandsetzungszeiten, falls der Instandhaltungskostenaspekt überwiegt.

Die Betrachtung funktionsbezogener Zeitspannen, Häufigkeiten und Mengen (Material, Ersatzteile) verfolgt folgende Ziele:

1. Optimierung der Instandhaltungsauftragszeiten in Abstimmung mit dem Instandhaltungspersonalbestand (Eigen- und/oder Fremdpersonal).
2. Optimierung der Anzahl der Auftragsdurchführungen durch intelligente Koordinierungsstrategien.
3. Minimierung des Einsatzes von Ressourcen (Instandhaltungsmaterial- und Ersatzteilekosten, Kosten für Spezialwerkzeuge, Vorrichtungen und sonstige Hilfsmittel wie Gerüste, Mess- und Prüfmittel).

Die übergeordnete Zielfunktion lautet: *Instandhaltungskosten minimieren!*

Die Kostenstelle Instandhaltung wird mitunter auch für artfremde Aufgaben wie beispielsweise für Umzugsaufgaben oder Arbeitssicherheitsaufgaben herangezogen. Da es sich nicht um Instandhaltungskosten handelt, sind diese Kosten separat zu erfassen.

Eine weitere Zielfunktion ist der Produktivitätsschub, der durch eine gut organisierte Instandhaltung erzielt werden kann:

$$\Delta P = n_{BE} (\Delta V * T * L_P * p - K_r) \tag{1.9}$$

Die Produktivitätssteigerung ergibt sich aus der Erhöhung der geplanten Maschinebelegungszeit infolge des Verfügbarkeitszuwachses ΔV, der Anzahl der BE (Maschinen) n_{BE} und deren Produktionsleistung L_P, die mit dem innerbetrieblichen Verrechnungspreis zu bewerten ist, abzüglich des Ressourceneinsatzes K_r. Es handelt sich um eine Messgröße, die den Instandhaltungserfolg ausdrückt.

Beispiel 1.2: Ermittlung des Produktivitätsschubs

Die Instandhaltung erzielt in einem Produktionssystem, bestehend aus 5 Maschinen, mit einer geplanten Betriebsmittelzeit von 5000 h/a und Maschine eine Verfügbarkeitssteigerung von durchschnittlich 20 %. Gesucht ist die Produktivitätssteigerung bei einem Output von 10 Stück/h und Maschine und einem Preis von 12 €/Stück. Der jährliche Ressourceneinsatz für Instandhaltung beträgt 8.000 €/a und Maschine.

Nach Formel (1.9) ergibt sich der Produktivitätsschub zu:

$$\Delta P = 5 \, Masch. * 0{,}2 * 5000 \, h/au.M. * 10 St./h * 12 \, €/St. - 5 \, Masch.$$

$$* 8000 \, €/au.Masch. = 560.000 \, €/a$$

1.4.3 Zielkonzepte

Mitunter treten auf Grund der Prozessdynamik und zahlreicher Imponderabilien Zielkonflikte auf. Diese lassen sich durch ständig anzupassende Prioritätsfestlegungen lösen. Die Festlegung von Prioritäten ist anhand folgender Aspekte zu orientieren:

1. Arbeitssicherheit,
2. Wichtigkeit des Produktionsauftrages,
3. Wert der Sachanlage.

Aus der Unsicherheit über den Zeitpunkt, der Art, des Ausmaßes und der Dauer des Anlagenausfalls resultiert das Anlagenausfallrisiko mit seinen Verlustgefahren. Da Instandhaltungsprozesse Zufallsprozesse sind, ist bei der Festlegung von Prioritäten eine Risikoabschätzung vorzunehmen. Das ist allerdings immer mit der Gefahr einer Fehlentscheidung verbunden. Die Folgen sind gegebenenfalls hohe Verluste an Cash-Flow, es sei denn, das Unternehmen verfügt über entsprechend hohes Eigenkapital, um solche Risiken abzufangen.

Ziel des Instandhaltungsbereichs nach DKIN (Dt. Komitee Instandhaltung) ist es, die Funktionsfähigkeit der Anlagen zu festgelegten Zeiten unter definierten Bedingungen zu sichern.

Ursache der Funktionsausfälle sind Fehler oder Störungen. Die Funktionsfähigkeit bestimmt zwangsläufig die mit dem Einsatz der Betriebsmittel und Anlagen verbundene unvermeidbare Abnutzung in Form von Verschleiß, Korrosion, Ermüdung und Alterung. Die Schwierigkeit für den Instandhalter besteht darin, die Abnutzung rechtzeitig zu erkennen und die Ursachen zu ermitteln, die im Einzelfall die Abnutzung hervorgerufen haben. Das entscheidende Problem besteht darin, die Restbetriebsdauer, sofern eine solche noch feststellbar ist, schnell und zuverlässig zu bestimmen. Die Untersuchung jedes einzelnen Bauelements in Bezug auf die jeweils spezifischen Abnutzungsvorratskurven ist aus Sicht des Verhältnisses von Aufwand zum Nutzen abzulehnen.

1.5   Methoden und Hilfsmittel

Für die Planung und Durchführung der Instandhaltung stehen zahlreiche technische Methoden und Hilfsmittel zur Verfügung, die in Verbindung mit speziellen organisatorischen Methoden an die spezifischen Instandhaltungsaufgaben angepasst werden müssen.
Technische Methoden und Hilfsmittel sind:

* Einrichtungen zur Inspektion (Fehlerfrühdiagnose, Fehlerdiagnose, Maschinendiagnose),
* Überwachungseinrichtungen,
* Redundanzen als Konstruktionsprinzip (heiß, kalt, warm),
* instandhaltungsgerechte Konstruktion (*Reliability, Maintainability, Safety*),
* tribotechnische Einrichtungen.

Organisatorische Methoden und Hilfsmittel sind:

* kapazitätsengpassbezogene Aufbau- und Ablaufstrukturen,
* Systeme (konventionelle EDV-Systeme, wissensbasierte Systeme) zur Informationsbereitstellung in Entscheidungssituationen (Schadenursache und -ort, Ersatzteillieferbereitschaft, Anlagenlebenslauf),
* bedarfsorientierte Ersatzteilbewirtschaftung, Spezialwerkzeuge,
* personelle Methoden und Hilfsmittel,
* Arbeits- und Organisationsanweisungen,
* Aus- und Weiterbildungsmodelle,
* Motivationsmaßnahmen.

1.6   Qualitätsmanagement und Instandhaltung

Die DIN ISO 9000 definiert Qualität, Termintreue und Service als die wichtigsten Kriterien im Zusammenspiel moderner Unternehmen. Sie stellt fest, dass nicht einmalige Spitzenleistungen das Ziel sind, sondern eine gleich bleibende Qualität auf hohem Niveau. Im Vordergrund steht die Produktqualität[13] (s. Abb. 1.9).

---

[13] vgl. DIN ISO 9000: Qualitätsmanagementsysteme – Grundlagen und Begriffe (ISO 9000:2005).

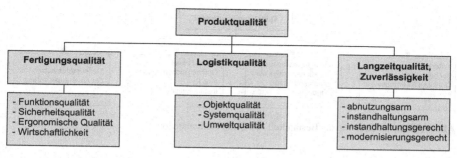

Abb. 1.9 Bestandteile der Produktqualität

Es handelt sich dabei um die Eigenschaften eines technischen Systems als Verkaufsobjekt für den Markt. Produktqualität ist eine Kombination von Fertigungs-, Logistik- und Langzeitqualität. Hinzu kommen die Systemqualität, also die Eignung für die Einordnung in Anlagen, Maschinensysteme und Produktionsprozesse und die Umweltqualität, die einen Beitrag für die Gestaltung einer sicheren und gesunden Umwelt für Mensch und Natur leisten soll.

Mit dem Verlassen des Herstellerunternehmens muss jedes Produkt (z. B. eine Werkzeugmaschine) die in den Werbe- und Verkaufsdokumenten angekündigten Eigenschaften (Produktqualität) besitzen. Dazu zählen:

I. Funktionsqualität: z. B. die Genauigkeit der Bearbeitung bei Werkzeugmaschinen, die abgegebene Leistung, Drehmoment und Drehzahl bei Antriebsmotoren usw.

II. Sicherheitsqualität: Arbeits- und Produktsicherheit, um einen unfall- und unterbrechungsfreien Betrieb im Bereich der Funktionstauglichkeit zu sichern

III. Ergonomische Qualität: Beanspruchung der Bediener im optimalen physischen und psychischen Bereich

IV. Wirtschaftlichkeit: Einhaltung der zugesagten leistungsmäßigen Eigenschaften.

Im Verlaufe der Nutzung verändern sich durch die Anforderungen des Marktes infolge von Bedarfsänderungen und Nachfrageschwankungen und durch den technischen Fortschritt die eingesetzten Produktionstechnologien. Daraus resultieren Anforderungen an die Langzeitqualität bzw. Zuverlässigkeit der Produkte. Insbesondere sind aus der Sicht der Instandhaltung und der damit verbundenen Aufwendungen folgende Eigenschaften, die auch die Qualität eines Produkts wesentlich bestimmen, von Bedeutung:

1. Abnutzungsarmut:
   Konstruktionsbedingt und durch eine optimale Wartung und Inspektion muss die Lebensdauer aller Bauteile möglichst groß sein und die Gefahr abnutzungsbedingter Ausfälle gering.

2. Instandhaltungsarmut:
   Konstruktionsbedingt und durch eine zweckmäßige Instandhaltungsorganisation müssen Instandhaltungsaufgaben zu Komplexen zusammengefasst werden, damit möglichst wenige Produktionsunterbrechungen notwendig sind.

Abb. 1.10 Instandhaltung als Bestandteil des Qualitätsmanagements

3. Optimale Instandhaltungsorganisation:
   Schnelle und sichere Durchführbarkeit notwendiger Aufgaben auf Basis einer zweckmäßigen Instandhaltungsorganisation.

4. Modernisierungsgerechtigkeit:
   Die konstruktive Gestaltung des Erzeugnisses muss Modernisierungsinstandsetzungen (Verbesserungen) in einem sinnvollen und überschaubaren Umfang gestatten (z. B. den nachträglichen Austausch von Steuerungen oder Antrieben).

Diese für nachhaltige Unternehmensergebnisse entscheidende komplexe Qualität ist nur z. T. eine direkte Eigenschaft der BE. Die volle Wirksamkeit kann nur in einem ganzheitlichen Produktions- und Unternehmensklima erzielt werden, das sich auf ein hohes Qualtätsniveau orientiert. In diesem Kontext nimmt die Instandhaltung als Bestandteil des Qualitätsmanagements (Integrierte Instandhaltung) zunehmend fachlich anspruchsvollere Aufgaben wahr (s. Abb. 1.10), während weniger anspruchsvolle Aufgaben vermehrt auf das Bedienpersonal übertragen werden (TPM).[14]
   Die Integrierte Instandhaltung

• ist durch ihre Wartungs-, Inspektions-, Instandsetzungs- und Modernisierungstätigkeiten ein Bestandteil des Qualitätssicherungssystems im Unternehmen,
• nutzt Ergebnisse der Qualitätsüberwachung für die Organisation ihrer spezifischen Prozesse und ihrer Optimierung,
• stimmt Messgeräte und Diagnosesysteme bezüglich austauschbarer Erfahrungen, Eichanforderungen u. ä. mit der Qualitätsüberwachung in der Produktion ab,
• organisiert ein Qualitätssicherungssystem in der Anlageninstandsetzung selbst.

Das Qualitätssicherungskonzept des Instandhaltungsbereichs wird zweckmäßigerweise in einem Instandhaltungshandbuch dokumentiert und ist damit Bestandteil des Qualitätshandbuchs (s. Abb. 1.11).
   Es sollte folgende Angaben beinhalten:

1. Qualitätsparameter, die der Instandhalter im Produktionsprozess permanent oder periodisch mit Methoden der demontagelosen Zustandsüberwachung kontrollieren kann,

---

[14] Lemke und Eichler: Integrierte Instandhaltung, Loseblattsammlung 1999.

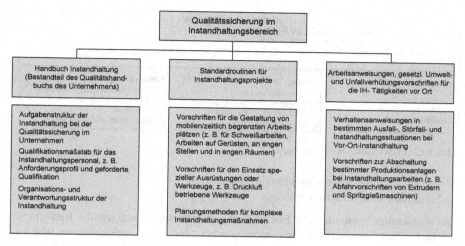

Abb. 1.11 Qualitätssicherung im Instandhaltungsbereich

2. Abnutzungsgrenzen, um durch Instandsetzungen eine Produktion mit den geforderten Qualitätsparametern zu sichern,
3. Zielgrößen der Qualitätsüberwachung und die dazu erforderlichen Instrumente, um die Effektivität der Anlageninstandhaltung zu erhöhen, z. B. Ergebnisse von Qualitätsmessreihen an bestimmten Stellen im Produktionsprozess,
4. Art und Weise des Aufbaues eines einheitlich geführten Mess- und Diagnosegeräteparks im Unternehmen bzw. eine effektive Zusammenarbeit mit einem Dienstleistungsunternehmen auf diesem Gebiet,
5. geforderte Qualifikation, Sachkunde und Motivationsfaktoren der Instandhalter im Unternehmen oder Dienstleister, um den Anforderungen der Qualitätssicherung entsprechen zu können,
6. exakte Festlegung und Zuordnung der Verantwortlichkeiten, dienstlichen Unterstellungen, Weisungsrechte bzw. Befugnisse als Grundlage für eine funktionsfähige und kontrollierbare Organisation in der Qualitätssicherung.

1.7 Entwicklung der Instandhaltung

Die Nutzenpotenziale der Instandhaltung sind:

- Reserven zur Erhöhung der Gesamtanlageneffektivität,
- erschließbare Produktivitätsreserven im Zusammenhang mit Anlagenverbesserung und -modernisierung,
- Vermeidung von Verlusten durch Ad-hoc-Ausfälle,
- Schonung der natürlichen Ressourcen durch Anlagenoptimierung (längere Lebensdauer/bessere Zuverlässigkeit, verbesserte Energieeffizienz, höhere Produktivität, verringerter Ausschuss),

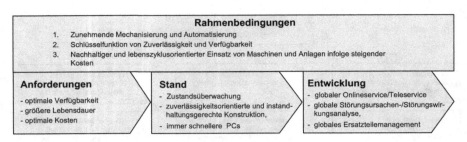

Abb. 1.12 Entwicklung der Instandhaltung

- verringerte Investitions- und Entsorgungskosten,
- Schaffung sicherer Arbeitsplätze.

Die notwendige systematische Erschließung der Potenziale steigert die Bedeutung der Instandhaltung enorm. Insbesondere werden neue Organisationsformen und integrierte Rechnerunterstützung die Instandhaltung der Zukunft prägen (s. Abb. 1.12).

An Bedeutung zunehmen wird der so genannte Remoteservice. Es handelt sich um eine Organisationsform von technischen Dienstleistungen, die mit Hilfe von Telekommunikationsnetzwerken über größere Entfernungen erbracht werden können. Herausragendes Merkmal dieser Strategie ist der proaktive Charakter in Verbindung mit multimedialer Kommunikation. Wichtigste Einsatzgebiete sind die Unterstützung der Instandhaltung und die Prozessoptimierung beim Einsatz von Betriebsmitteln und Anlagen. Hauptanbieter von Remoteservices sind die Primärhersteller im Rahmen des After Sales Management oder spezialisierte Dienstleistungsunternehmen (s. Baumbach und Stampfl 2002).

Hinzu kommen moderne Möglichkeiten der Erfassung von Zustandsdaten, deren Transport, Speicherung und Auswertung. Es wird vermehrt von der Möglichkeit der Online-Übertragung von zustandsbeschreibenden Daten über größere Entfernungen Gebrauch gemacht werden. Das hat den Vorteil, dass die Service anbietenden Unternehmen ihre Ressourcen besser auslasten können. Außerdem wird der Kundennutzen gesteigert, weil lange Fehlersuchzeiten entfallen und damit verbundene Stillstandszeiten kurz gehalten werden.

Da nur kundenorientiertes Verhalten die Marktposition nachhaltig sichern kann, werden die verarbeitenden Unternehmen zukünftig auch wesentlich mehr Wert auf eine instandhaltungsgerechte Konstruktion und verbesserte Zuverlässigkeit der Arbeitsmittel legen, da dadurch die störungsfreie Nutzungsdauer erhöht und im Falle einer Störung der Aufwand zur Störungsbeseitigung verringert wird. Zudem erhält auch das Ersatzteilemanagement vermehrte Bedeutung. Unternehmen müssen kapitalintensive Ersatzteile nicht auf Lager legen. Mit Dienstleistungsunternehmen werden Serviceverträge ausgehandelt, die vertragsgemäß eine kurzfristige Bereitstellung von Ersatzteilen sichern.

Instandhaltung wird zu einem wesentlichen Kernelement eines ganzheitlichen Verfügbarkeitsmanagements und damit zentraler Bestandteil nachhaltigen Wirtschaftens in den produzierenden Unternehmen (s. Abb. 1.13).

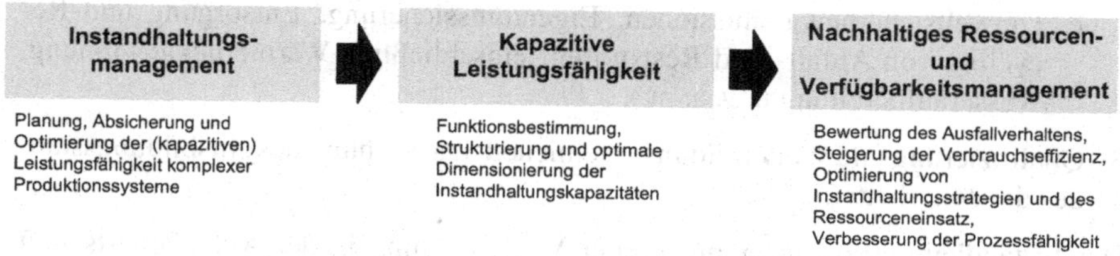

Instandhaltungs-management	Kapazitive Leistungsfähigkeit	Nachhaltiges Ressourcen- und Verfügbarkeitsmanagement
Planung, Absicherung und Optimierung der (kapazitiven) Leistungsfähigkeit komplexer Produktionssysteme	Funktionsbestimmung, Strukturierung und optimale Dimensionierung der Instandhaltungskapazitäten	Bewertung des Ausfallverhaltens, Steigerung der Verbrauchseffizienz, Optimierung von Instandhaltungsstrategien und des Ressourceneinsatz, Verbesserung der Prozessfähigkeit

Abb. 1.13 Instandhaltung als Kernelement eines nachhaltigen Verfügbarkeitsmanagements

Integrierter Bestandteil des Verfügbarkeitsmanagements ist die Sicherung eines konstant hohen Qualitätsniveaus im Produktionsprozess (Prozessfähigkeit). Grundvoraussetzung ist ein einheitliches Qualitätssicherungssystem (s. Kap. 1.6).

Innerhalb der integrierten Instandhaltung bilden sich in den Unternehmen zwei organisatorisch mehr oder weniger getrennte Bereiche heraus:

1. Absicherung der Zuverlässigkeit, Fehlerfreiheit, Ausfallfreiheit für direkt in die Abläufe integrierte Maschinen unter Verantwortung des Produktionsmanagements und
2. Gewährleistung optimaler Bedingungen für die Nutzung der Anlagen des Unternehmens als ineinander greifende Systeme im Sinne von Anlagenmanagement.

Das Produktionsmanagement muss die Produktionsprozesse komplex verantworten. Deshalb wird den Produktionsteams vermehrt auch die Sicherung von Instandhaltungsaufgaben als Bestandteile der Gruppenarbeit übertragen. Es handelt sich dabei um Aufgaben, deren Durchführung eng mit dem Produktionsprozess abzustimmen ist. In diesem Zusammenhang ist zu klären, wie, womit und vor allem wann Wartungsarbeiten, kurz- und mittelfristig zu planende Inspektionsarbeiten sowie kleine und mittlere Instandsetzungen durchzuführen sind (TPM).

Die Verantwortung für das Produktionsmanagement umfasst damit

1. das bereichseigene Bedienungs- und Instandhaltungspersonal,
2. die vertragliche Zusammenarbeit mit der zentralen Anlageninstandhaltung (sofern vorhanden),
3. sowie die auftragsgebundene Zusammenarbeit mit Fremdunternehmen.

Die Hauptaufgabe besteht darin, die erforderliche Verfügbarkeit der Maschinen und Anlagen zu sichern, um die geplante Produktmenge in der vereinbarten Qualität termingerecht auszubringen. Weitere periphere Aufgaben sind:

1. Schaffung humanzentrierter Arbeitsbedingungen für Maschinenbediener und Instandhalter (Heizung, Lüftung, Klimatisierung, Sauberkeit, Ergonomie, instandhaltungsarme und instandhaltungsgerechte Konstruktion),
2. Gewährleitung der

   a. Arbeitssicherheit für das Personal (Sicherheit aus der Sicht der Produktion),
   b. Arbeitssicherheit für die Instandhalter im Rahmen der Ausführung von Instandhaltungsarbeiten,

c. Umweltsicherheit (Emissionen, Eigentumssicherung, Entsorgung und Recycling von Abfall- und Reststoffen, einschließlich Wärmerückgewinnung, Wasseraufbereitung u. v. a. m.).

3. Qualifizierung und Weiterbildung, fachliche Überwachung des Ausbildungsstandes der Mitarbeiter.

Der Instandhaltungsmanager mit breiter Verantwortung in der Anlagenwirtschaft konzentriert sich in einem solchen Unternehmen vermehrt auf

1. die Betreuung der übergreifenden technischen und baulichen Ausrüstungen (Gebäudemanagement, Lüftung, Klimatisierung, Energieversorgung, Wasserversorgung, Kühlschmierstoffversorgung, Labor usw.) mit unternehmenseigenen Ressourcen,
2. die Fremdvergabe von Instandhaltungsarbeiten und deren Kontrolle,
3. gesetzlich geforderte und weitere zentrale Betreuungsaufgaben im Unternehmen, wie z. B. Sicherheitstechnik, Brandschutz, Umweltverträglichkeit, Abfallentsorgung,
4. die Pflege zweckdienlicher Beziehungen zu Behörden (staatliche Aufsichtsbehörden, Berufsgenossenschaften, Versicherungen usw.) hinsichtlich Genehmigungs-, Nachweis- und Dokumentationspflichten u. ä. im Bereich der Anlagenwirtschaft,
5. die Organisation großer Instandhaltungskomplexe mit Modernisierungen und Verbesserungen.

Der Instandhaltungsmanager muss über eine bestimmte Verantwortung und Fachkompetenz in der Qualitätsüberwachung im Rahmen der gesamten integrierten Instandhaltung verfügen. Der Instandhaltungsmanager ist Koordinator, Ansprechpartner und Kompetenzträger.

Einen wesentlichen Beitrag zur allgemeinen Kostensenkung leistet in diesem Zusammenhang die Einführung von TPM. Ziel ist die Übertragung bestimmter Instandhaltungsaufgaben auf das Bedienpersonal, um die eigentliche Instandhaltung kapazitäts- und kostenmäßig zu entlasten.
Strategien dazu sind:

1. Pflicht zur Beseitigung von Verunreinigungen nach der Schicht (Reinigung ist Inspektion: Bei Arbeitsbeginn hat sich die Anlage in einem sauberen Zustand zu befinden),
2. Beiträge zur kontinuierlichen Verbesserung der Anlage bzw. der Anlagenteile, insbesondere einfachere Reinigung und Vereinfachung der Abschmierarbeiten,
3. Erstellen von Standards für Reinigung, Schmierung, Einrichtarbeiten sowie Arbeitssicherheit, die es ermöglichen, die Anlage in einem sauberen, abgeschmierten und gut justierten Zustand zu erhalten,
4. Trainieren von Wartungs- und Inspektionsroutinen: Training zum Erkennen kleiner Defekte mit Hilfe von Checklisten,
5. Integration der Instandhaltung in die Produktion: eigenständige Überprüfung der Anlagen durch die Produktionsmitarbeiter,

6. Eigenständige Arbeitsplatzorganisation: Standardisierung von sämtlichen Aufgaben und Ausübung eines wirtschaftlichen Verfolgungssystems, umfassend:

- Reinigung, Inspektion und Schmierung,
- Besetzung von Arbeitsplätzen,
- Datenerfassung,
- Handhabung von Schablonen, Werkzeugen und Lehren.

7. Eigenverantwortliche Teams:

- Weiterentwicklung von gemeinschaftlichen Grundsätzen,
- regelmäßige Erfassung der MTBF-Daten und deren Auswertung (Mean Time Between Failure = durchschnittliche ausfallfreie Zeit) und MTTR- (Mean Time To Repair = mittlere Instandsetzungsdauer),
- Durchführung von Maßnahmen der Anlagenverbesserung (insbesondere in den größeren Unternehmen werden sich auf Grund der zunehmenden Unübersichtlichkeit moderne, schlanke und transparente Organisationsformen durchsetzen, d. h. die Mitarbeiter der Linieninstandhaltung werden der Fertigung zugeordnet),
- Bildung neuer Struktureinheiten, z. B. *Manufacturing Engineering* mit den Bereichen Haustechnik, Zentralwerkstatt und Fertigungsplanung,
- bessere und kostengünstigere Wartung und Instandhaltung durch PC-gestütztes Instandhaltungsmanagement,
- Erhöhung des Anteils geplanter Instandhaltung.

1.8 Zusammenfassung

Das Hauptziel der Instandhaltung besteht darin, mit einem möglichst geringen Kostenbudget die geforderte Verfügbarkeit für eine bestimmte Planungsperiode zu sichern.

Randbedingungen sind:

- weitestgehend ausgeschöpfte Produktionsreserven,
- steigende Personalkosten auf hohem Niveau,
- zunehmende Rohstoffverknappung (steigende Rohstoffpreise),
- Energieträgerverknappung (sparsamster Energieeinsatz, steigende Energiepreise),
- Erhöhung der Klimaeffizienz.

Weitere Ziele können sein:

- Erhöhung der Nutzungsdauer (Lebensdauer) der Maschinen und Anlagen,
- Verbesserung der Betriebssicherheit,
- Modernisierung der Betriebsmittel,
- Optimierung der Prozessabläufe,
- Reduzierung von Störungen,
- Verbesserung der Planungssicherheit durch vorausschauende Planung von Kosten.

Aus den Hauptzielen der Instandhaltung leitet sich der Hauptsatz der Instandhaltung ab:

Die Instandhaltungsfunktion ist dem Inhalt nach eine *Hilfsfunktion* der Produktion im Sinne einer Dienstleistung. Hilfsfunktionen im Unternehmen sind:

- Planung und Errichtung von Anlagen,
- Gestaltung und Optimierung des Materialflusses,
- Einrichten und Bedienen von Maschinen und Anlagen,
- Ver- und Entsorgung von Maschinen und Anlagen,
- Wartung und Instandsetzung von Maschinen und Anlagen.

Da die Instandhaltung den zur Erfüllung der Hauptzielstellung notwendigen Abnutzungsvorrat „produziert" und bereitstellt, hat sie Produktionsfunktion und kann daher als Produktionssystem 2. Ordnung definiert werden.

1.9 Übungs- und Kontrollfragen

A Das instandhaltungsorientierte Zielsystem

1. Definieren Sie den Begriff „*Instandhaltung*" nach DIN 31051!
2. Worin besteht die Notwendigkeit von Instandhaltungsmaßnahmen für technische Objekte?
3. Welche Ursachen hat Instandhaltung und welche inhärente Eigenschaft technischer Objekte bestimmt die Notwendigkeit von Instandhaltung entscheidend?
4. Nennen Sie die wichtigsten Abnutzungsursachen und erläutern Sie diese an konkreten Beispielen!
5. Erläutern Sie den Arbeitsgegenstand der Instandhaltung und ihr Hauptziel!
6. Worin besteht die volkswirtschaftliche Bedeutung der Instandhaltung?
7. Wie hoch ist der volkswirtschaftliche Gesamtaufwand der Instandhaltung? Aus welchen Bereichen rekrutiert sich diese Gesamtleistung?
8. Erläutern und begründen Sie die steigende unternehmensbezogene Bedeutung der Instandhaltung!
9. Worin bestehen Hauptziel und Hauptnutzen der Instandhaltung?
10. Nennen Sie die bekannten Hauptfunktionen der Instandhaltung im Unternehmen!
11. Erläutern Sie den Zielkonflikt der Instandhaltung! Welche Lösungskonzepte werden zur Konfliktlösung eingesetzt?
12. Welche Ursachen hat die steigende Bedeutung der Instandhaltung?
13. Was verstehen Sie unter RAMS-Strategie?
14. a) Was verstehen Sie unter „*Zustandsabhängige Instandhaltung*"?
    b) Welche Voraussetzungen sind dazu erforderlich?
    c) Wie kann der Anlagenzustand erfasst werden?

15. a) Was verstehen Sie unter *Risk Based Maintenance* (RBM)?
    b) Erklären Sie den Begriff, wie er im deutschen Sprachraum zu interpretieren ist!
    c) Welche Entscheidungssituationen ergeben sich und wie sind die Ergebnisse zu bewerten?

B Aufgaben und Funktionsbereiche der Instandhaltung

1. Welche Hauptaufgabe hat die betriebliche Instandhaltung?
2. Über welche Hilfsfunktionsbereiche verfügt ein produzierendes Unternehmen?
3. Welche Struktureinheiten zählen zum Instandhaltungsbereich der Industriebetriebe im weiteren Sinn?
4. Nennen Sie bekannte Tätigkeitsschwerpunkte der Instandhaltung!

C Produktionsfunktion der Instandhaltung

1. Definieren Sie die Hauptfunktionen der Instandhaltung!
2. Erläutern Sie den Wirkungszusammenhang von Hauptfunktion und Produktionsfunktion der Instandhaltung!
3. Begründen Sie die ertragswirtschaftliche Produktionsfunktion der Instandhaltung!

D Zielgrößen, Zielfunktionen und Zielkonflikte der Instandhaltung

1. Welche grundsätzlichen Zielarten kennen Sie? Welche Ziele unterstützt die Instandhaltung in erster Linie?
2. Welche wesentlichen Ziele verfolgen Produktions- und Instandhaltungsmanagement?
3. Welche Dimensionen hat ein Ziel? Nennen Sie ein Beispiel für den Instandhaltungsprozess!
4. Was sind Zielkonkurrenzen in der Instandhaltung? Nennen Sie Beispiele!
5. Was sind Entscheidungsziele, Sachziele, Formular-/Wertziele und Humanziele in der Instandhaltung? Nennen Sie einige Beispiele!
6. Definieren Sie den Begriff Verfügbarkeit!
7. Welche Kriterien bestimmen die Verfügbarkeit eines technischen Systems?
8. Erläutern Sie die Begriffe Produktionsverfügbarkeit, theoretische technische Verfügbarkeit, tatsächliche Auslastungsverfügbarkeit und Qualitätsverfügbarkeit!
9. Was verstehen Sie unter dem Auslastungsgrad einer Maschine bzw. Anlage und wie können Sie diesen beeinflussen?
10. Erläutern Sie den Begriff Produktionsbehinderung! Was drückt diese aus und wie können Sie diese vorteilhaft beeinflussen?
11. Welchen Zusammenhang drückt die Stillstandsquote aus?
12. Was verstehen Sie unter dem Störungsgrad einer Fertigung und mit welchen organisatorischen Maßnahmen erzielen Sie eine Verringerung des Störungsgrades?
13. Was verstehen Sie unter dem Abhängigkeitsgrad, wie ermitteln Sie diese Kennzahl und welche Kriterien bestimmen diese?
14. Definieren Sie den Begriff Instandhaltungsgrad! Welchen Zusammenhang drückt diese Kenngröße aus?

15. Welche Faktoren vermindern die verplanbare Einsatzzeit einer technischen Anlage?
16. Welche Verfügbarkeit gilt für technische Produktionsanlagen?
17. Welche Instandhaltungsstrategie ist anzustreben, wenn bei einem Ausfall einer Anlage mit gesundheitlichen Schäden, Folgeschäden oder hohen wirtschaftlichen Verlusten zu rechnen ist?
18. Was verstehen Sie unter Lebensdauer, effektiver Lebensdauer und Betriebsdauer einer Betrachtungseinheit? Wie können Sie die Betriebsdauer aus der Sicht des Instandhalters optimieren?
19. Erläutern Sie, was unter Grundzahlen, Verhältniszahlen, Gliederungszahlen und Indexzahlen zu verstehen ist! Worin unterscheiden sich diese untereinander und welche Aussagekraft besitzen sie im Einzelnen?

E Methoden und Hilfsmittel der Instandhaltung

1. Nennen Sie technische Methoden und Hilfsmittel der Instandhaltung und erläutern Sie diese kurz!
2. Worin besteht das Ziel des Einsatzes von Diagnosemethoden? Nennen Sie Beispiele!

F Qualitätsmanagement in der Instandhaltung

1. Welche Kriterien bestimmen die komplexe Qualität von Maschinen wesentlich?
2. Welche grundlegenden Anforderungen sind an die Konstruktion einer Betrachtungseinheit zu stellen?
3. Was verstehen Sie unter instandhaltungsarmer und instandhaltungsgerechter Konstruktion?
4. Warum sollte die konstruktive Gestaltung einer Werkzeugmaschine Modernisierungsinstandsetzungen (Verbesserungen) in einem sinnvollen abzusehenden Umfang gestatten?

G Entwicklung der Instandhaltung

1. Welche Ziele verfolgt die integrierte Instandhaltung? Welche Vorteile hat sie und wo sind dieser Philosophie Grenzen gesetzt?
2. Was verstehen Sie unter *Total Productive Maintenance*? Welche Ziele verfolgt das Management mit der Einführung dieser Organisationsform?
3. Welche wesentlichen Beiträge leistet die Einführung von TPM zur allgemeinen Kostensenkung?

Quellenverzeichnis

Literatur

Diedrichs, D.: Mikroökonomie mit Kontrollfragen und Aufgaben. WRW-Verlag (2005)
Horn, G. (Hrsg.): Der Instandhaltungsberater (Loseblattsammlung), Aktuelles Nachschlagewerk für alle Bereiche des Instandhaltungsmanagements. TÜV Rheinland (2011)

Kettner, H., Schmidt, J., Greim, H.R.: Leitfaden der systematischen Fabrikplanung. Hanser, München (1984) (ISBN: 3-446-13825-0)

Lemke, E., Eichler, C.: Integrierte Instandhaltung, Handbuch für die betriebliche Praxis, Loseblattsammlung für Technik, Management, Wirtschaftlichkeit, Ecomed Verlagsgesellschaft. Landsberg (1999)

Schenk, M., Wirth, S.: Fabrikplanung und Fabrikbetrieb, Methoden für die wandlungsfähige und vernetzte Fabrik, Springer, Berlin (2004) (ISBN 3-540-20423-7)

Statistisches Jahrbuch BR Deutschland (2010)

Strunz, M., Köchel, P.: Erhöhung der Wettbewerbsfähigkeit durch Optimierung produktionsnaher Dienstleistungsstrukturen; Fachtagung: Strategien für ganzheitliche Produktion in Netzen und Clustern, Tage des Betriebs- und Systemingenieurs TBI'05. TU Chemnitz, Tagungsband S. 107–113, 6–7 (2005)

Wöhe, G., Döring, U.: Einführung in die Betriebswirtschaftslehre, 24. Aufl. Verlag Vahlen, München (2010) (ISBN: 978-3-8006-3796-6)

Internetquellen

http://de.wikipedia.org/wiki/Anne_Robert_Jacques_Turgot_baron_de_l%E2%80%99Aulne. Zugegriffen 23 Feb 2010
http://www.gft-ev.de/tribologie.htm. Zugegriffen 17 März 2011
http://www.maschinenbau.hs-magdeburg.de/personal/Winkelmann/labor_tribo.htm. Zugegriffen 26 März 2009
http://www.destatis.de/jetspeed/portal/cms/Sites/destatis/Internet/DE/Content/Statistiken/VolkswirtschaftlicheGesamtrechnungen/Inlandsprodukt/Tabellen/Content75/Bruttoanlagevermoegen,templateId=renderPrint.psml. Zugegriffen 24 März 2009
http://www.destatis.de/jetspeed/portal/cms/Sites/destatis/SharedContent/Oeffentlich/AI/IC/Publikationen/Jahrbuch/Wirtschaftsrechnungen,property=file.pdf. Zugegriffen 26 März 2009
http://www.luk-korbmacher.de/Schule/VWL/Unternehmen/unter07.htm. Zugegriffen 26 März 2009
http://www.verstand.de/de/0632d4a1b289be21c12572ac0045a162/RTMTagung_Ifm_Verfuegbarkeits-orientierteInstandhaltung.pdf. Zugegriffen 29 April 2009
http://www.bbt-oil.de/page.php?d=fragen. Zugegriffen 28 März 2011
http://www.destatis.de/jetspeed/portal/cms/Sites/destatis/SharedContent/Oeffentlich/B3/Publikation/Jahrbuch/ProdGewerbe,property=file.pdf. Zugegriffen 28 März 2011
http://www.medical.siemens.com/webapp/wcs/stores/servlet/ProductDisplay~q_catalogId~e_-3~a_cat~Tree~e_100003,1013415,1013418~a_langId~e_-3~a_productId~e_175895~a_storeId~e_10001.htm. Zugegriffen 5 Mai 2011

Standards

DIN 31051: Grundlagen der Instandhaltung, 2003–2006
VDI 3649 Calculation of availability in handling and storage systems, VDI 1992–2001
DIN ISO 9000: Qualitätsmanagementsysteme – Grundlagen und Begriffe (ISO 9000:2005)
DIN EN 13306 Begriffe der Instandhaltung, 2010–2012

Kapitel 2
Die Elemente betrieblicher Instandhaltung

Zielsetzung Nach diesem Kapitel kennen Sie

- die in der Instandhaltung üblicherweise verwendeten Fachbegriffe,
- die ganzheitliche Aufgabenstruktur der betrieblichen Wartungs-, Inspektions- und Instandsetzungsplanung,
- die Grundprinzipien der Anforderungen an eine instandhaltungsgerechte Konstruktion und sind in der Lage, selbstständig eine Instandhaltungsanalyse durchzuführen.

2.1 Begriffe

Die Tab. 2.1 gibt einen Überblick über die wesentlichen in der Instandhaltung verwendeten Begriffe.

Definitionen *Baugruppe* (nach DIN 40 150)
Die Baugruppe ist innerhalb der Anlage nicht selbstständig verwendbar. Sie hat eine eigenständige Funktion.
Bauelement (nach DIN 40 150)
Ein Bauelement ist in Abhängigkeit von der Betrachtung die **kleinste, als unteilbar aufgefasste technische Einheit** (auch Schmierstoffe werden als Bauelement betrachtet).

2.2 Grundlegende Strategien zur Produktion von Abnutzungsvorrat

Sachgemäßer Einsatz und Betreuung sowie Vermeidung von Überlastungen bestimmen die Abnutzungsgeschwindigkeit technischer Arbeitsmittel und damit die Schädigung bzw. das Ausfallverhalten. Abnutzungsgrenzen und damit verbundene Ausfallzeitpunkte sind wahrscheinlichkeitsbehaftete Größen, denn nicht alle Objekte einer Grundgesamtheit fallen zum gleichen Zeitpunkt aus. Es gibt Objekte, die

M. Strunz, *Instandhaltung*,
DOI 10.1007/978-3-642-27390-2_2, © Springer-Verlag Berlin Heidelberg 2012

Tab. 2.1 Begriffe nach DIN 31051

Begriffe im Zusammenhang mit Grundmaßnahmen

(Betrachtungs-) Einheit	Jedes Bauelement, Gerät, Teilsystem, jede Funktionseinheit, jedes Betriebsmittel oder System, das für sich allein betrachtet werden kann
	Anmerkung: Eine Anzahl von BE, z. B. ein Kollektiv von BE, kann als BE angesehen werden
Schwachstelle	BE, die häufiger ausfällt, als es der geforderten Verfügbarkeit entspricht, und bei der eine Verbesserung technisch möglich und wirtschaftlich vertretbar ist
Schwachstellenbeseitigung	Maßnahmen zur Verbesserung einer BE in der Weise, dass das Erreichen einer festgelegten Abnutzungsgrenze mit einer Wahrscheinlichkeit zu erwarten ist, die im Rahmen der geforderten Verfügbarkeit liegt

Begriffe im Zusammenhang mit Abnutzung

Abnutzung	Abbau des Abnutzungsvorrates, hervorgerufen durch physikalische und/oder chemische Einwirkungen
	Anmerkung: Solche Vorgänge, die durch unterschiedliche Beanspruchungen hervorgerufen werden, z. B. Reibung, Korrosion, Ermüdung, Alterung, Kavitation, Bruch usw., sind unvermeidbar
Abnutzungsvorrat	Vorrat der möglichen Funktionserfüllungen unter festgelegten Bedingungen, der einer BE auf Grund der Herstellung oder auf Grund der Wiederherstellung durch Instandsetzung innewohnt
Abnutzungsgrenze	Der vereinbarte oder festgelegte Mindestwert des Abnutzungsvorrates
Abnutzungsprognose	Vorhersage über das Abnutzungsverhalten einer BE, die m. H. der Abnutzungsmechanismen aus den bekannten oder angenommenen Belastungen der zukünftigen Bedarfsforderungen ermittelt wird, ausgehend vom Ist-Zustand der BE
Nutzung	Bestimmungsgemäße und den allgemein anerkannten Regeln der Technik entsprechende Verwendung einer BE, wobei unter Abbau des Abnutzungsvorrates Sach- und Dienstleistungen entstehen
Nutzungsvorrat	Vorrat, der bei der Nutzung der unter festgelegten Bedingungen erzielbaren Sach- und/oder Dienstleistungen entsteht
Nutzungsgrad	Ausnutzung des Nutzungsvorrates
Nutzungsmenge	Menge der bei der Nutzung der BE erzielten Sach- und Dienstleistungen

Begriffe im Zusammenhang mit Fehler

Fehler	Zustand einer BE, in dem sie unfähig ist, eine geforderte Funktion zu erfüllen, ausgenommen die Unfähigkeit während der Wartung oder anderer geplanter Maßnahmen oder infolge des Fehlens äußerer Mittel (s. EN DIN 13 306:2010-12)
Fehleranalyse	Fehlerdiagnose mit anschließender Prüfung, ob eine Verbesserung möglich und wirtschaftlich vertretbar ist
Fehlerdiagnose	Tätigkeiten zur Fehlererkennung, Fehlerortung und Ursachenfeststellung
Fehlerortung	Tätigkeiten zur Erkennung der fehlerhaften Einheit auf einer geeigneten Gliederungsebene

Begriffe im Zusammenhang mit der Funktion

Funktion	Die bei der Herstellung definierten Anforderungen: A1: Die Herstellung beginnt mit der Planung und Entwicklung und endet mit der Auslieferung der BE. Unter Herstellung wird auch die Änderung verstanden (Modifikation), die das Ziel hat, die Funktion zu ändern.

Tab. 2.1 (Fortsetzung)

	A2: Herstellung beinhaltet die Erzeugung von Abnutzungsvorrat.
	A3: Eine Verbesserung, z. B. mit dem Ziel der Schwachstellenbeseitigung, führt nicht zu einer Änderung der Funktion. Demgegenüber ist jede Änderung (Modifikation) immer mit einer Änderung der Funktion verbunden
Änderung, Modifikation	Kombination aller technischen und administrativen Maßnahmen des Managements zur Änderung der Funktion einer BE
	A1: Änderung bedeutet nicht den Ersatz durch eine gleichwertige BE
	A2: Änderung ist keine IH-Maßnahme, sondern sie ist die Änderung der geforderten Funktion einer BE in eine neue geforderte Funktion; Änderung kann Einfluss auf die Funktionssicherheit oder die Leistung der BE oder beides haben
Funktionserfüllung	Erfüllen der bei der Herstellung einer BE definierten Anforderungen
Ingangsetzung	Auslösen der Funktionserfüllung
	A: Inbetriebnahme wird als Synonym für Ingangsetzung verwendet
Stillsetzung	Für Instandhaltung und andere Zwecke zeitlich vorausgeplante Unterbrechung der Funktionserfüllung
	A: Betriebsunterbrechung wird als Synonym für Stillsetzung verwendet
Funktionsfähigkeit	Fähigkeit einer BE zur Funktionserfüllung auf Grund ihres Zustandes
Schaden	Zustand einer BE nach Unterschreiten eines bestimmten (festzulegenden) Abnutzungsvorrates, der eine im Hinblick auf die Verwendung unzulässige Beeinträchtigung der Funktionsfähigkeit bedingt
Ausfall	Beendigung der Fähigkeit einer BE, eine geforderte Funktion zu erfüllen
Außerbetriebsetzung, Stilllegung	Beabsichtigte befristete Unterbrechung der Funktionsfähigkeit einer BE während der Nutzung
Außerbetriebnahme	Beabsichtigte unbefristete Unterbrechung der Funktionsfähigkeit einer BE
Verfügbarkeit	Fähigkeit einer Einheit, zu einem gegebenen Zeitpunkt oder während eines gegebenen Zeitintervalls in einem Zustand zu sein, eine geforderte Funktion unter gegebenen Bedingungen und der Annahme erfüllen kann, dass die erforderlichen äußeren Hilfsmittel bereitgestellt sind.
	A1: Diese Fähigkeit hängt von den kombinierten Gesichtspunkten der Zuverlässigkeit, der Instandhaltbarkeit und der Wirksamkeit der Instandhaltung ab.
	A2: Die erforderlichen äußeren Hilfsmittel, die nicht Instandhaltungshilfsmittel sind, beeinflussen die Verfügbarkeit nicht

Begriffe im Zusammenhang mit Teil

Ersatzteil	Einheit zum Ersatz einer entsprechenden BE, um die ursprüngliche Funktion der BE wiederherzustellen
Verschleißteil	Betrachtungseinheit, die an Stellen, an denen betriebsbedingt unvermeidbar Verschleiß auftritt, eingesetzt wird, um dadurch andere BE vor Verschleiß zu schützen, und die vom Konzept her für den Austausch vorgesehen ist (s. DIN 50 320)
Sollbruchteil	BE, die bei betriebsbedingter Überbeanspruchung andere BE durch Eigenverzehr (z. B. durch Bruch) vor Schaden schützt und die vom Konzept her für den Austausch vorgesehen ist
Zeitbegrenztes Teil	BE, deren Lebensdauer im Verhältnis zur Lebensdauer der übergeordneten BE verkürzt ist und mit technisch möglichen und wirtschaftlich vertretbaren Mitteln nicht verlängert werden kann
Kleinteil	Ersatzteil, das allgemein verwendbar, vorwiegend genormt und von geringem Wert ist

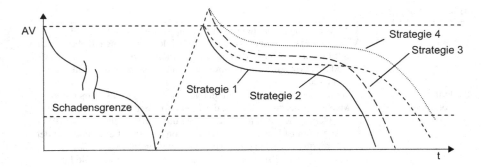

Abb. 2.1 Möglichkeiten der Herstellung von Abnutzungsvorrat nach Ausfall

Tab. 2.2 Möglichkeiten der Wiederherstellung des Abnutzungsvorrates nach Ausfall durch Verbesserung

	Strategie	Lebensdauer	Vergleichskosten
1	Wiederherstellung des Abnutzungsvorrates auf das vorhergehende Niveau	Bleibt auf gleichem Niveau	Gering
2	Herstellung des vorhergehenden Niveaus, aber verminderte Abnutzungsgeschwindigkeit	Höhere Lebensdauer	Instandsetzungskosten steigen wegen Abnutzung mindernder Maßnahmen
3	Steigerung des Niveaus bei gleicher Abnutzungsgeschwindigkeit	Lebensdauer steigt	Höhere Kosten infolge konstruktiver Änderungen
4	Steigerung des Niveaus bei gleichzeitiger Verringerung der Abnutzungsgeschwindigkeit	Höhere Lebensdauer	Höhere Kosten infolge konstruktiver und technologischer Änderungen

vor Erreichen der Abnutzungsgrenze ausfallen, genauso wie es Objekte gibt, die diese Grenze überleben. Es handelt sich daher immer um den erwarteten Wert der Abnutzungsgrenze.

Nach einem Ausfall gibt es mehrere Möglichkeiten, das Ausfallverhalten und damit die Lebensdauer einer Betrachtungseinheit zu verbessern (s. Abb. 2.1). Zum einen kann mit gleicher Abnutzungsgeschwindigkeit das gleiche Zuverlässigkeitsniveau wieder hergestellt werden (Strategie 1) oder eine veränderte Konstruktion und/oder eine verbesserte Instandhaltungsorganisation sorgen für eine Verringerung der Abnutzungsgeschwindigkeit (Strategie 2). Dann verläuft die Abnutzungskurve flacher. Andererseits kann höherer Abnutzungsvorrat (Strategie 4) eine höhere Lebensdauer in das Objekt induzierten. Jede der möglichen Strategien ist mit unterschiedlichen Aufwendungen verbunden (s. Tab. 2.2).

Die Zielstellung in der Nutzungsphase besteht darin, die Abnutzungsgeschwindigkeit über weite Strecken auf niedrigem Niveau zu halten. Dazu bilden folgende Dokumente und Maßnahmen eine wichtige Grundlage:

1. Bedienungs- und Wartungsanleitungen
2. Betriebsvorschriften und Arbeitsanweisungen
3. Unterweisungen
4. Lehrgänge
5. Qualifizierung

Im Zusammenhang mit einer technologisch akzeptierten Abnutzungsgeschwindigkeit der Arbeitsmittel spielt die Qualifikation der Maschinenbediener eine wichtige Rolle. Im Vordergrund steht eine sachgerechte Bedienung, Wartung und Pflege des Arbeitsmittels. Dazu ist ein bestimmtes Qualifikationsniveau der Maschinenbediener zu sichern. Das Anforderungsprofil ist in den Bedienungs- und Wartungsanleitungen der Hersteller sowie in den einschlägigen Betriebsvorschriften der Betreiber klar und übersichtlich zu dokumentieren.

Betriebsvorschriften sollen folgende Aspekte beinhalten:

* Einsatzbedingungen (Anschlusswert, Frequenz, Absicherung, Querschnitte, Bedarf an technischen Versorgungsmedien, zulässiger Staubgehalt der Druckluft oder der Umgebung, erforderliche Umgebungstemperatur usw.),
* Bedienung,
* Schutzgüte- und Aufstellvorschriften,
* Wartungs- und Pflegevorschriften,
* Durchführung von Überprüfungs- und Instandhaltungsmaßnahmen,
* Algorithmen der Störungssuche,
* Abnahmevorschriften u. a. m.

2.3 Aufgabenbereiche der Instandhaltung

Aus dem Verlauf der Abnutzungskurve lassen sich die grundlegenden Aufgabenbereiche der Instandhaltung ableiten (s. Abb. 2.2). Das Instandhaltungsziel besteht darin, im Bereich der Hauptnutzungszeit einen möglichst flachen Verlauf der Abnutzungskurve zu erzielen. Dazu werden wirksame Schmiersysteme benötigt. Aber selbst die beste Konstruktion nützt wenig, wenn Wartung und Pflege vernachlässigt werden. Dazu gehört auch, dass die Schmiersysteme regelmäßig auf Funktionsfähigkeit kontrolliert, gereinigt und bei Bedarf instand gesetzt werden. Hinzu kommt die Wartung der Schmierstoffe durch regelmäßige Reinigung, Ergänzung und turnusmäßigen Austausch.

Als wesentliches wirtschaftliches Ziel strebt die Instandhaltung m. H. einer gut strukturierten Planung und Organisation eine nachhaltige Verringerung des Zeitaufwandes für die Wiederherstellung bzw. die Produktion des Abnutzungsvorratean, um für den Kunden „Produktion" eine hohe Verfügbarkeit seiner Anlagen zu sichern (s. Abb. 2.2).

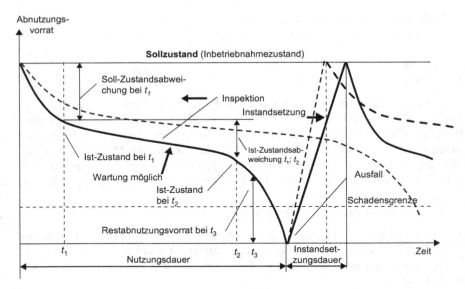

Abb. 2.2 Verlauf der Abnutzungskurve. (Modifiziert nach DIN 31051)

2.4 Wartung, Pflege, Inspektion und Instandsetzung

Eine gut organisierte Maschinenwartung und -instandhaltung ist eine wesentliche Grundlage für eine ISO-Zertifizierung. Der gesamte Maschinen- und Ausrüstungspark sowie andere wartungs- und kontrollsensible Einrichtungen eines Unternehmens lassen sich auf einfache Art und Weise wartungs- und inspektionstechnisch verwalten. Ordnungsgemäß geplante Wartung ist ein wesentlicher Garant für eine störungs- und fehlerfreie Nutzung der Betriebsmittel. Mit der Wartung verbinden sich alle Wartungsarbeiten unabhängig davon, ob sie planmäßig in festen Intervallen durchgeführt werden oder die Festlegung des Termins auf der Grundlage einer kontinuierlichen Betriebsstundenerfassung erfolgt. Für eine Zertifizierung nach ISO 9001 ist eine Dokumentation erforderlich, die eine organisierte Maschinenwartung nachweist.

2.4.1 Allgemeine Grundsätze der Wartung und Pflege

Definition des Begriffs *Wartung* nach DIN 31051:

> Wartung und Pflege sind die Summe aller Maßnahmen des Betreibers technischer Arbeitsmittel zum Verzögern der Abnutzung, zum Herstellen der Betriebsbereitschaft und zur Bewahrung des Sollzustandes.

Tab. 2.3 Teilmaßnahmen der Wartung und Durchführungs- modi nach DIN 31051

	Art	Durchführungsmodus	
Wartung	Schmieren	BE in Betrieb,	BE im Stillstand,
	Ergänzen	intervallabhängig,	zustandsabhängig,
	Auswechseln	diskontinuierlich,	kontinuierlich,
	Nachstellen	manuell	maschinell
	Konservieren		

Wartungsmaßnahmen umfassen somit alle Aktivitäten zur Verzögerung des Abbaus des vorhandenen Abnutzungsvorrates.[1]
Maßnahmen können beinhalten:

1. Auftrag, Auftragsdokumentation und Analyse des Auftragsinhaltes,
2. Erstellung eines Wartungsplanes, der auf die spezifischen Belange des jeweiligen Betriebes abgestellt ist und hierfür verbindlich gilt (der Plan soll u. a. Angaben über Ort, Termin, Maßnahmen und zu beachtende Merkmalswerte enthalten),
3. Vorbereitung der Durchführung,
4. Vorwegmaßnahmen wie Arbeitsplatzausrüstung, Schutz- und Sicherheitseinrichtungen usw.,
5. Überprüfung der Vorbereitung und der Vorwegmaßnahmen einschließlich der Freigabe der Durchführung,
6. Durchführung,
7. Funktionsprüfung, Übergabe,
8. Abnahme, Rückmeldung.

Konstruktionsgerechte Wartung und Pflege sichern die vollständige Ausnutzung der mit der Herstellung in das technische Arbeitsmittel induzierten Abnutzungsreserve durch Minimierung der Abnutzungsgeschwindigkeit.
Wartung kann:

a. intervall- oder zustandsabhängig,
b. kontinuierlich/diskontinuierlich (insbesondere Reinigen und Schmieren) oder
c. manuell/maschinell

durchgeführt werden (s. Tab. 2.3).
Die Vernachlässigung von Wartung und Pflege erhöht die Instandhaltungskosten um bis zu 30 %. Der Wartungs- und Pflegeaufwand für technische Arbeitsmittel sollte maximal 1–5 % der möglichen Einsatzzeit betragen. Mithin entspricht das bei einer Einsatzzeit von 14 h (zwei Schichten) einem mittleren Aufwand von 15 min bis 1,5 h pro Tag.[2] Der Lieferant muss dort, wo Wartung gefordert wird, Betriebsanweisungen erstellen und aufrechterhalten, um Ausführung und Prüfung der Wartungstätigkeit sicherzustellen. Ebenso muss er dokumentieren, dass die Wartung die festgelegten Forderungen erfüllt.

---

[1] Nach DIN 31051: Vorrat der möglichen Funktionserfüllungen unter festgelegten Bedingungen, der einer BE auf Grund der Herstellung oder auf Grund der Wiederherstellung durch Instandsetzung innewohnt.

[2] Kielhauer 1989, S. 39.

2.4.2 Allgemeine Wartungs- und Pflegemaßnahmen

Die Wartungsliste stellt eine Zusammenfassung aller zur Bewahrung des Sollzustandes durchzuführenden Maßnahmen dar. Im Einzelnen zählen zur Wartung:

1. Reinigen: Entfernen von Fremd- und Hilfsstoffen durch Saugen, Scheuern, Anwendung von Lösemitteln usw.
2. Ergänzen: Nach- und Auffüllen von Hilfsstoffen, z. B. Ergänzen/Reinigen von Hydraulikflüssigkeit
3. Konservieren: Durchführung von Schutzmaßnahmen gegen Fremdeinflüsse zum Zwecke des Haltbarmachens einer Betrachtungseinheit
4. Auswechseln: Ersetzen von Hilfsstoffen und Kleinteilen, kurzfristige Tätigkeiten mit einfachen Werkzeugen und/oder Vorrichtungen (z. B. turnusmäßiger Getriebeölwechsel)
5. Nachstellen: Beseitigung einer Abweichung mit Hilfe dafür vorgesehener Einrichtungen
6. Schmieren: Zuführen von Schmierstoffen zur Schmierstelle und/oder zur Reibstelle zwecks Erhaltung der Gleitfähigkeit und zur Verminderung von Reibung und Verschleiß (mit Schmierung ist meist Ergänzen, Auswechseln und Nachstellen verbunden, die Schmierstelle ist diejenige Stelle, an die Schmierstoff zugeführt wird, während die Reibstelle die Stelle ist, an der Reibungskräfte wirken, Schmiertechnologie und Schmierverfahren haben dafür zu sorgen, dass das Schmiermittel zur Reibstelle gelangt).

Ordnungskriterien sind:

1. die Wartungsintervalle (Häufigkeiten),
2. die Baugruppengliederung,
3. ein zweckmäßiger Arbeitsablauf.

Grundlegende Voraussetzung einer effektiven Instandhaltung ist die ordnungsgemäße Reinigung der BE. Verschmutzung technischer Arbeitsmittel fördert die Abnutzung durch Korrosion und das Eindringen von Staub in tribologische Systeme (Lager). Verschmutzung erschwert außerdem die Einhaltung von Betriebsvorschriften, fördert die Unfallgefahr, erschwert Instandsetzungen an technischen Arbeitsmitteln oder macht diese u. U. völlig unmöglich.
Zielrichtungen der Maschinenreinigung sind:

1. Reinigung am Ende der Schicht als Pflegemaßnahme (Sauberkeit des Arbeitsplatzes),
2. Reinigung mit Entfernung der Konservierungsstoffe als Vorbereitung für Instandsetzungen (Schmutz- und Konservierungsmittelfreiheit),
3. Reinigung als Vorbereitung für die Farbgebung (Fettfreiheit).

Bedingungen für die Gestaltung von Reinigungsprozessen nach DIN 8659 und DIN 51502 sind:

1. hinreichender Reinigungseffekt, ggf. unter Verwendung Schmutz lösender Mittel (Umweltbelastungen vermeiden),
2. hohe Produktivität des Reinigungsverfahrens und zumutbare Arbeitsbedingungen (Sandstrahlen, Wasserdampf-/Heißdampfreinigung usw.),
3. keine korrosive und Farbschicht schädigende Wirkung (z. B. Verwendung zu harter Bürsten bei der Autowäsche),
4. Sicherung der Umweltschutzbedingungen: Abwassermengen, Ölabscheider, Filterung, chem. Abscheiden von unzulässigen Bestandteilen, Recycling der Waschflüssigkeit, Entsorgung der Reinigungshilfsmittel und der abgeschiedenen Bestandteile (Sand, Reinigungsöle, Putzlappen (Sondermül usw.)).

2.4.3 Filterpflege

Maschinen verfügen i. Allg. über Schmiereinrichtungen, die ihre tribologischen Systeme mit Schmierstoff versorgen. Beispielsweise arbeiten hydraulisch angetriebene Werkzeugmaschinen mit Hydraulikölen. Außerdem kommen auch Schmier- bzw. Kühlemulsionen zum Einsatz. Die Reibstellen werden über Leitungen mit Schmierstoffen versorgt. Den erforderlichen Druck erzeugen elektrisch angetriebene Schmierstoffpumpen. Auf Grund der zunehmenden Verunreinigung des Schmierstoffs im Verlaufe des Betriebs, muss dieser permanent gereinigt werden. Dazu werden entsprechende Filter in den Schmierstoffkreislauf eingebaut.

Die Aufgabe eines Filters besteht darin, mineralische und/oder metallische (Verschleißpartikel) oder durch chemische Prozesse und Molekülabbau entstandene Substanzen sowie andere Verunreinigungen (Fasern, Farbteilchen, Staub) aus den Schmierstoffen abzuscheiden, um die Abnutzungsgeschwindigkeit der Bauteile minimal zu halten.

Ölfilter bewirken auf Grund des Strömungswiderstandes einen Druckabfall. Daher müssen Pumpen einen Öldruck erzeugen, der das Öl durch den Filter presst. Der Filter befindet sich im Kreislauf meist direkt hinter der Pumpe. Man spricht dann von einem so genannten „Hauptstromfilter". In der Ansaugleitung vor der Pumpe befindet sich oft ein Grobsieb, das die Pumpe vor größeren Verunreinigungen schützt. Das ist beispielsweise bei KFZ-Motoren und auch bei Flugtriebwerken der Fall. Die Pumpen selbst unterliegen auf Grund der hohen Dauerbeanspruchung hohem Verschleiß. Da sie im Laufe der Zeit an Leistung verlieren. Müssen sie turnusmäßig überprüft und ausgetauscht werden.

Der Einbau des Filters in die Rückleitung hängt vom jeweiligen Anwendungsfall und den Sicherheitsanforderungen ab. Der meist niedrige Druck gewährleistet eine leichte und preiswerte Konstruktion. Hauptstromfilter sind aus Sicherheitsgründen mit einem so genannten Bypassventil versehen, um im Falle des Zusetzens den Betrieb mit ungefiltertem Öl wenigstens kurzzeitig zu gewährleisten und einen Funktionsausfall des Filters oder der Maschine infolge ungenügender Schmierung zu vermeiden. Bei Flugtriebwerken wird der Druckabfall am Ölfilter permanent kontrolliert und der Austauschzeitpunkt zustandsabhängig ermittelt.

2.4.4 Abstellen

Eine wichtige Problemstellung im Unternehmen ist die Einhaltung von Ordnung und Sauberkeit. In diesem Zusammenhang bildet das Abstellen von Ausrüstungsgegenständen aller Art eine wichtige Problemstellung. Die durch Fehler beim Abstellen verursachten Schäden können bis zu 10 % der Instandhaltungskosten betragen (Eichler 1990).

Inhalt und Umfang der Maßnahmen bestimmen:

1. Konstruktion der Maschinen und Anlagen,
2. Klima- und Umgebungsbedingungen,
3. Abstelldauer.

Beim Abstellen von Maschinen und Ausrüstungen ist für den Fall, dass die Anlage längere Zeit stillgelegt werden soll, auf umfassenden Korrosionsschutz zu achten. Außerdem ist die Ausrüstung gegen Verformung und Beschädigung sowie vor Verlust zu schützen.

Abstellorganisation[3] Grundlage der Abstellorganisation ist die Abstellordnung des Betriebes. Sie beinhaltet folgende Angaben:

1. Bezeichnung des Abstellgegenstandes (Was?)
2. Abstelltermin (Wann?)
3. Abstellort (Wo?)
4. Alle im Rahmen der Stilllegung getroffenen Abstellmaßnahmen (Wie?)
5. Festlegung der Verantwortlichkeit (Wer?)
6. Einmalige und laufend anfallende Abstellkosten (Wie hoch sind die Kosten?)

2.5 Wartungs- und Inspektionsplanung

2.5.1 Grundbegriffe

Die Definition des Begriffs Inspektion (nach DIN 31051) lautet:

> Maßnahmen zur Beurteilung und Feststellung des Ist-Zustandes einer BE einschließlich der Bestimmung der Abnutzungsursachen und dem Ableiten der notwendigen Konsequenzen für eine zukünftige Nutzung.

Die Feststellung des Zustandes erfolgt durch Messen und Prüfen. Unter Messen ist ein experimenteller Vorgang zu verstehen, bei dem ein spezieller Wert einer physikalischen Größe als Vielfaches einer Einheit oder eines Bezugswertes ermittelt wird.

Prüfen ist die Feststellung, ob der zu prüfende Gegenstand eine oder mehrere vereinbarte, vorgeschriebene oder erwartete Bedingungen erfüllt, insbesondere ob vorgegebene Fehlergrenzen oder Toleranzen eingehalten werden. Mit dem Prüfen

---

[3] Vgl. Eichler 1990, S. 116 ff.

Tab. 2.4 Durchführungsmodi der Inspektion nach DIN 31051

	Art	Durchführungsmodus	
Inspektion	Ist-Zustand feststellen	BE in Betrieb	BE im Stillstand
	Informationen auswerten	intervallabhängig	zustandsabhängig
	Ist-Zustand beurteilen	diskontinuierlich	kontinuierlich
	Maßnahmen planen	gerätelos	instrumentell
	Maßnahmen durchführen		

ist immer eine Entscheidung verbunden. Prüfen kann subjektiv durch Sinneswahr-nehmung ohne Hilfsgerät oder objektiv m. H. von Mess- oder Prüfgeräten, die auch automatisch arbeiten können, erfolgen.

2.5.2 Allgemeine Aspekte

Maßnahmen der Inspektion beinhalten folgende Arbeitsschritte:

1. Erteilung des Auftrages, Zusammenstellung der Auftragsdokumentation und Analyse des Auftragsinhaltes,
2. Erstellung eines Planes zur Feststellung des Ist-Zustandes, der auf die spezi-fischen Belange des jeweiligen Betriebes abgestellt und verbindlich ist (Der Plan soll u. a. Angaben über Ort, Termin, Methode, Gerät, Maßnahmen und zu beachtende Merkmalswerte enthalten.),
3. Vorbereitung der Durchführung,
4. Planung und Bereitstellung der Arbeitsplatzausrüstungen, Schutz- und Sicher-heitseinrichtungen usw.,
5. Überprüfung der Vorbereitung und der Vorbereitungsmaßnahmen einschließlich Freigabe der Durchführung,
6. Durchführung der Maßnahme(n) und (vorwiegend) quantitative Erfassung bestimmter Merkmale,
7. Vorlage und Auswertung der Ergebnisse zur Beurteilung des Ist-Zustandes,
8. Fehleranalyse,
9. Entwicklung und Bewertung alternativer Lösungen unter Berücksichtigung betrieblicher und außerbetrieblicher Forderungen,
10. Entscheidung für eine Lösung,
11. Rückmeldung.

Die Durchführungsmöglichkeiten sind Tab. 2.4 zu entnehmen.

Ein wesentlicher Aspekt der Inspektionsstrategie ist die Anlagenüberwachung. Zur Anlagenüberwachung zählen (nach Förster und Sturm 1990):

- technologische Prozessführung,
- Wirkungsgradüberwachung,
- Beanspruchungsüberwachung,
- Abnutzungsgradüberwachung,
- Schadensüberwachung.

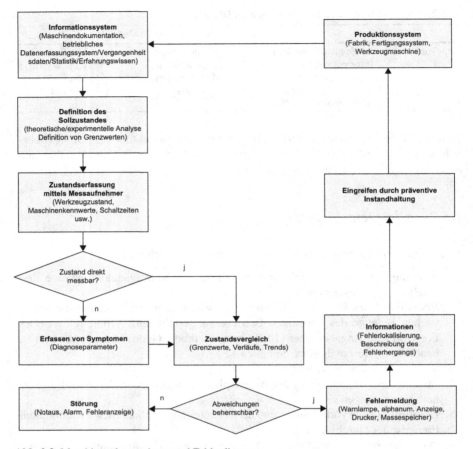

Abb. 2.3 Maschinenüberwachung und Fehlerdiagnose

Die Störungsüberwachung wird unterteilt in Fehlerdiagnose und Fehlerfrühdiagnose. Ziel ist die Reduzierung bzw. Unterbindung der störungsbedingten Unterbrechungszeiten. Fehlerfrühdiagnose (Schädigungsfrüherkennung) beginnt im Gegensatz zur Fehlerdiagnose bereits vor Eintritt der Maschinenstörung (Abb. 2.3). Die Zustandsverschlechterung des Prozesses oder der Fertigungseinrichtung soll anhand des Driftverhaltens von ausgewählten Kennwerten im Zeit- und Prozessablauf frühzeitig erkannt und gemeldet werden, um mögliche Qualitätsminderungen und drohende Verluste infolge einer Maschinenstörung zu vermeiden. Insbesondere geht es dabei um Risserkennung bzw. -detektion.

Die Maßnahmen zur Risserkennung und zum Rissfortschritt in der Struktur industrieller Anlagen haben das Ziel, eine Schädigung (z. B. in einer Umformanlage) möglichst frühzeitig zu erkennen und ihre Auswirkung auf die Verfügbarkeit der Anlage zu prognostizieren.

Zur Trennung von Stör- und Nutzsignalanteilen bzw. zur Merkmalsextraktion kommen neben Zeit- und Frequenzanalysen neuartige Methoden der transienten Datenanalyse zum Einsatz, wie die *Wavelet-Transformation*. Ziel ist die Zustandsbeschreibung einer Maschine bzw. Anlage unter Einbeziehung der Wechselwirkung einzelner Teilsysteme, der Betriebsparameter und des Fertigungsprozesses selbst. Grundlagen bilden:

1. statistische Auswertungen regelmäßiger Messungen von Prozessparametern und Maschinenkennwerten,
2. erfasste Erfahrungs- bzw. Sollwerte der Abnutzung von Werkzeugen, Maschinenkomponenten und Baugruppen durch Verschleiß, Ermüdung und Korrosion im Zeitablauf sowie deren Auswirkung auf den Zustand einer BE (Maschinen- und Prozessfähigkeitskennwerte).[4]

Planmäßige Maßnahmen Wartung und Inspektion einer Maschine bzw. Anlage werden systematisch durchgeführt. Die Instandsetzungsmaßnahmen werden vorbereitet und ggf. auch vorbeugend realisiert. Die Auswahl der Maschinen, die planmäßig instand gehalten werden sollen, erfolgt nach

- technischen,
- betriebswirtschaftlichen und
- sicherheitstechnischen Aspekten.

Eine planmäßige Instandhaltung empfiehlt sich insbesondere bei:

1. Engpassmaschinen und -anlagen, die kapitalintensiv sind und daher hoch ausgelastet werden müssen,
2. Prozess bestimmenden Schwerpunktmaschinen und -anlagen,
3. Maschinen und Anlagen, die gesetzlichen oder behördlichen Bestimmungen unterliegen.

Inspektion Die Inspektion hat die Aufgabe, Fehler und Mängel frühzeitig, also vor dem Ausfall einer Maschine oder Anlage, zu erkennen und mögliche Schäden, Folgeschäden sowie gesundheitliche Schäden zu vermeiden. Ziele der frühzeitigen Feststellung und Beurteilung des Zustandes von Betrachtungseinheiten (Systemen, Baugruppen und -elementen) sind:

1. rechtzeitige Instandsetzung der BE vor Ausfall,
2. Beschränkung der Ausfallkosten auf ein Minimum (z. B. kann mit der Vorbereitung einer Maßnahme bereits begonnen werden, wenn die BE noch im Einsatz ist),
3. Durchführung der Instandsetzung zu einem Zeitpunkt, zu dem die Produktion nicht oder nur wenig behindert oder beeinflusst wird.

---

[4] Die Maschinenfähigkeit kennzeichnet die Stabilität und Reproduzierbarkeit eines Produktionsschrittes auf einer Maschine in der Produktion und erlaubt eine Aussage darüber, mit welchem Anteil Ausschuss und Nacharbeit beim Betrieb der Maschine zu rechnen ist. Die Maschinenfähigkeit kann bei der Qualitätssicherung über ein CAQ-System berechnet werden und bestimmt wesentlich die Prozessfähigkeit eines Produktionsprozesses.

Tab. 2.5 Aktivitäten der Datenerfassung und Übertragung bei der Inspektion

Aktivität	Datenerfassung
Wo messen und/oder prüfen?	Messstellen, Prüfstellen
Was messen und/oder prüfen?	Messwerte (z. B. Schall, Schwingung, Verschleiß, Abrieb usw.)
Wie oft messen und/oder prüfen?	Routenplanung
Wie messen und/oder prüfen?	Messsysteme, Messgeräte
Wie die Daten übertragen?	Online-, Offline-Datenübertragung
Wie Daten auswerten und Zustand beurteilen?	Maßnahmen

Grundlage des Wartungs- bzw. Inspektionsplanes sind Matrixdarstellungen. Sie dienen zur Kennzeichnung der Zuordnungen möglicher Kombinationen zwischen Bauelement bzw. Baugruppe und Zustandsbild (VDI 2890[5]).

Bei Offline-Messungen ergeben sich eine Reihe von organisatorischen Aufgaben, die im Vorfeld der Planung zu klären sind. Ziel ist es, den Einsatz der Humanressourcen auf Grund der hohen Lohnkosten und Lohnnebenkosten zu optimieren (Tab. 2.5). Im Einzelnen geht es um

1. die Festlegung des Messverfahrens sowie die Beschaffung der erforderlichen Messtechnik und Software zur Auswertung der Messdaten,
2. die Festlegung der Anzahl der von einem Instandhalter zu betreuenden Messstellen,
3. eine optimale Routenplanung,
4. die ergebnisorientierte Auswertung der Messdaten am PC und die Schätzung einer Restnutzungsdauer.

Inspektionen dienen der frühzeitigen Erkennung von Fehlern und Mängeln (vor Ausfall der BE) und der Verhinderung möglicher Schäden, Folgeschäden und gesundheitlicher Schäden.

Inspektionsplan Der Inspektionsplan stellt eine Zusammenfassung aller zur Feststellung und Beurteilung des Ist-Zustandes durchzuführenden Maßnahmen dar (s. Abb. 2.4).

Ordnungskriterien sind:

• Inspektionsintervalle (Häufigkeiten),
• Baugruppengliederung,
• zweckmäßiger Arbeitsablauf.

Die rechtzeitige Festlegung notwendig werdender Instandsetzungsmaßnahmen gewährleistet eine ordnungsgemäße Planung, Vorbereitung und Ausführung. Die Wahrscheinlichkeit nicht geplanter Produktionsunterbrechungen kann zwar nicht völlig verhindert, aber weitgehend reduziert werden.

---

[5] VDI 2890 Planmäßige Instandhaltung: Anleitung zur Erstellung von Wartungs- und Inspektionsplänen.

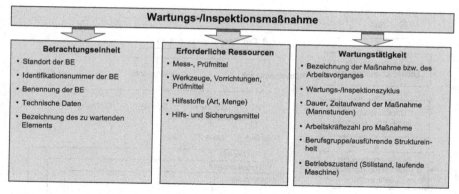

Abb. 2.4 Struktur einer Wartungs-/Inspektionsmaßnahme

2.5.3 Schritte zur Erstellung eines Wartungs- und Inspektionsplans (VDI 2890)

Der Grundaufbau eines Wartungs- und Inspektionsplans ist Abb. 2.5 zu entnehmen. Bei der Entwicklung von Wartungsplänen hat sich eine schrittweise Vorgehensweise bewährt. Dabei bedient sich die Instandhaltungsplanung des Regelkreismodells der Wartung- und Inspektionsplanung (s. Abb. 2.6).

Die Schritte sind im Einzelnen:

1. Auswahl der Maschine bzw. Anlage nach betriebsspezifischen Gesichtspunkten (ggf. Prioritäten),
2. Strukturierung der Maschine bzw. Anlage in Baugruppen, Unterbaugruppen und Bauelemente,
3. Zuordnen möglicher Zustände zu den Baugruppen bzw. Bauelementen m. H. der Matrixdarstellung unter Hinzufügung ergänzender Worte „suche" bzw. „prüfe", z. B. Getriebegehäuse: suche Undichtigkeit, prüfe Laufruhe,
4. Übertragen der Daten in den Inspektions- bzw. Wartungsplan,
5. Ergänzen des Wartungs-/Inspektionsplans durch die erforderlichen Maßnahmen, z. B. Schmieren, Nachstellen, Ergänzen usw. nach betriebs- bzw. anlagenspezifischen Gesichtspunkten unter Berücksichtigung folgender Handlungstreiber:

   – gesetzliche Vorschriften,
   – erforderliche Qualifikation der Ausführenden,
   – Häufigkeit der Maßnahmen,
   – geschätzter Zeitaufwand,
   – Art und Kosten des mess- und prüftechnischen Aufwandes,
   – Angabe der erforderlichen Hilfs- und Betriebsstoffe.

6. Auswertung der erkannten Zustände und Schäden und Ableitung daraus resultierender Maßnahmen und Konsequenzen (Sind Daten über das Ausfallverhalten verfügbar, sollten diese bei Erstellung des Planes berücksichtigt werden!).

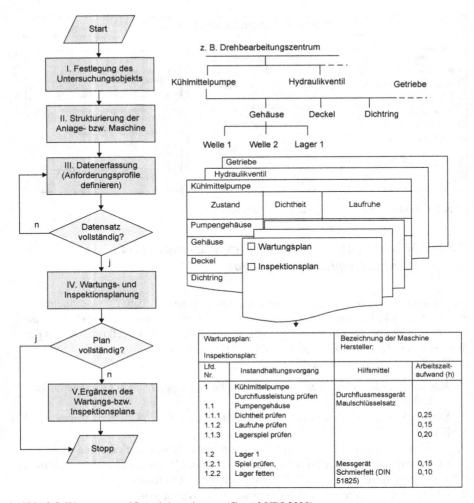

Abb. 2.5 Wartungs- und Inspektionsplanung (Gemäß VDI 2890)

Abb. 2.6 Regelkreismodell der Wartungs- und Inspektionsplanung

2.5.4 Schmierstoffe

Weltweit werden jährlich ca. 38,5 Mio. Tonnen Schmierstoffe verbraucht. Deutschland benötigt ca. 1,1 Mio. t. Davon fallen ca. 50 % als Altöl an, das von meist privaten Altölsammlern eingesammelt wird. Ein großes Problem sind die Motorenöle. Bei 2,6 Mio. PKW, die jährlich in Deutschland stillgelegt werden, kommen auch hier exorbitante Abfallmengen zusammen. Die Verlustmengen durch Verbrennung und Unachtsamkeit beim Ölwechsel sind dabei nicht berücksichtigt (Schwager 2002).

Die Tribotechnik beschäftigt sich mit der Auslegung und Optimierung tribotechnischer Systeme. Im Vordergrund stehen dabei die Oberflächenbeschaffenheit und die konstruktive Gestaltung von Gleitlagern, Wälzlagern, Zahnflanken, Steuerungselementen der Hydraulik sowie sonstigen Reibflächen und Schmierstellen (Trennmittel). Geforscht wird verstärkt an der Entwicklung

a. von technischen Möglichkeiten einer effizienten Verteilung von Schmierstoffen durch geeignete Schmierverfahren sowie
b. neuer effizienter und umweltverträglicher Schmierstoffe.

2.5.4.1 Schmierstoffarten

Schmierstoffe können in gasförmiger, flüssiger, plastischer oder fester Form Verwendung finden (VDI 2897).

a) Mineralöle und synthetische Öle
Mineralöle und zunehmend synthetische Schmierstoffe enthalten Wirkstoffe (Additive) zur Verbesserung bestimmter Eigenschaften, die betriebsbedingt besonders verstärkt gebraucht werden.

Bei der Verwendung von Mineralölen ist Folgendes zu vermeiden:

1. die Vermischung mit synthetischen Ölen,
2. die Mischung nichtlegierter gebrauchter Mineralöle mit neuen legierten Mineralölen wegen Schmutzausfällung,
3. die eigenmächtige Zumischung von Additiven in nichtlegierte Öle (wegen des unterschiedlichen Wasserabscheidevermögens kommt es zu Schmutzausfällungen),
4. die eigenmächtige Zumischung von Feststoffen, z. B. Grafit oder Molybdändisulfid (können wegen ihrer hohen Dichte ausfallen).

b) Schmierfette (DIN ISO 2137)
Schmierfette kommen dort zur Anwendung, wo sie wegen ihrer Konsistenz und Penetration gut haften bleiben und somit eine gute Depotschmierung gewährleisten (Fettfüllungen, For-Live-Schmierung).

Fettkragen an Lagerrändern bzw. an der Außenseite von Dichtelementen sollten keinesfalls entfernt werden, um die Abdichtwirkung aufrecht zu erhalten.

Schmierfette enthalten Verdicker, in dessen Kapillaren sich das Schmieröl befindet. Durch die Druckbelastung wird es an die zu schmierenden Reibstellen abgegeben. Der Verdicker dient als Ölgefäß (Schwamm) und trägt nicht unmittelbar zur Schmierung bei.

Mangelschmierung kann:

- bei zu hoher Druckbelastung,
- übermäßiger Erwärmung oder
- bei sehr tiefen Temperaturen (Regeneration durch Anwärmen oder Walken) zum „Ausbluten" des Schmierfetts führen.

Das Vermischen von Schmierfetten mit unterschiedlichen Verdickern ist zu vermeiden. Bei Fettwechsel sind daher vorher Leitungen und Schmierstellen gründlich zu säubern!

c) Mineralölemulsionen (Öl-Wasser-Gemisch)
Mineralölemulsionen bewirken eine gleichmäßige und stabile Verteilung kleiner Öltröpfchen im Wasser (enthalten Emulgatoren und Stabilisatoren). Starke Verschmutzung führt zur Unbrauchbarkeit der Emulsion. Filtern ist möglich.

Zu rascher Durchlauf von Emulsionen führt zu vorzeitiger Trennung von Öl und Wasser und damit zur Zerstörung der Emulsion und zum Verlust der Schmier- und Kühlwirkung.

Schmierstoffe sind bei vielen Konstruktionen in Abständen zu erneuern. So sind z. B. Motorenöl in Vergasermotoren und Getriebeöl turnusmäßig zu wechseln, Hydrauliköle sind zu reinigen und zu ergänzen.

Zu den Verlustschmierstoffen zählen beispielsweise Kettensägeöle und Achsschmierstoffe (ersetzbar durch native Öle).

2.5.4.2 Grundsätze für das Schmieren

Für das Schmieren sind die folgenden Grundsätze zu beachten[6]:

1. Verwendung des vorgeschriebenen Schmierstoffs nach Art und Menge (nicht nach dem Motto – „*viel hilft viel*"),
2. Sicherung der Sauberkeit (verölte Fußböden bilden Gefahrenquellen für die Beschäftigten, aber auch für das Grundwasser),
3. restloses Entfernen des gealterten und/oder verunreinigten Schmierstoffs,
4. Einhaltung der Schmierintervalle,
5. Vermeidung des Eindringens von Fremdstoffen in die Schmierstellen während des Schmierens,
6. Einsatz von Ölwechsel- und Spülgeräten, um den Arbeitsaufwand zu reduzieren,
7. richtige umweltgerechte Lagerung und sorgfältige Verwaltung des Schmierstoffs.

2.5.4.3 Schmierverfahren

Fragen und Problemstellungen, die sich im Zusammenhang mit der Schmierungstechnik ergeben, sind:

---

[6] Vgl. Eichler 1990, S. 113.

1. Ist die Schmierungstechnik prinzipiell für die Maschine geeignet?
2. Ist die Diagnose der Schmierstoffversorgung zwischen installierten und externen Diagnose- und Wartungselementen zweckmäßig gelöst?
3. Ist die Kombination von Borddiagnose und periodischer externer Diagnose des technischen Zustandes konstruktiv vorbereitet?

1. Lebensdauerschmierung bzw. Langzeit-Fettfüllung

Die Lebensdauerschmierung ist ein Verfahren, bei dem der Schmierstoff der Reibstelle nur einmal zugeführt wird und entweder für die gesamte Lebensdauer des Maschinenteils funktionsfähig bleibt oder für die Dauer eines absehbaren Zeitraumes, nach welchem die Aufarbeitung des Aggregates erforderlich ist.

Die Lebensdauerschmierung findet häufig bei Wälzlagern sowie bei Linearführungen Verwendung. Diese Systeme werden bei der Herstellung mit einer Schmierfettfüllung versehen, die von Dichtringen im Lager bzw. in der Führung gehalten werden.

Vorteile sind:

- geringste Wartungskosten,
- kein Anschluss an Zentralschmierung notwendig,
- keine äußere Verschmutzung des Schmiermittels,
- optimale Schmutzabweisung,
- bewährte Ausführung,
- optimale Anpassung an die jeweiligen Einsatzbedingungen.

Problematisch wird eine Lebensdauerschmierung erst dann, wenn das Einsatzprofil oder die Nutzungsdauer deutlich von den zur Auslegung angenommenen Bedingungen abweicht. In solchen Fällen kann die Schmierung versagen. Ein Auffüllen des Schmierstoffreservoirs ist in der Regel nicht möglich, da keine Zugänge vorhanden sind.

Alternativ zu den bekannten Schmierungsarten Öl-Zentralschmierung bzw. Fließfett-Schmierung gewinnt in letzter Zeit die Dauer- bzw. Langzeitschmierung, beispielsweise von Kugelgewinde- und Wälzschraubtrieben, an Bedeutung. Das Haupteinsatzgebiet von Kugelgewindetrieben sind Werkzeugmaschinen (z. B. Drehmaschinen) mit Werkstück- bzw. Werkzeugträgern. Kugelgewindetriebe haben die früher verwendeten Trapezgewindespindeln in vielen Bereichen des Maschinenbaus ersetzt. Neue Entwicklungen erschließen weitere Einsatzgebiete, in denen bisher meist Hydrauliksysteme Verwendung fanden, wie zum Beispiel bei Pressen, Spritzgießmaschinen und Servolenkungen.[7]

Wälzschraubtriebe (mit Kugeln als Wälzkörper) dienen zur Umsetzung einer Drehbewegung in eine Längsbewegung oder umgekehrt (Definition nach DIN 69051-1). Vorteile im Vergleich zu konventionellen Gleitgewindetrieben sind:

- Verringerung der Antriebsleistung um 2/3 (auf Grund der Punktanlage der Kugeln verringert sich die Reibung, weniger Reibung erzeugt weniger Wärme, ca. 50 bis

---

[7] http://de.wikipedia.org/wiki/Kugelgewindetrieb (04.05.2011).

90 % der eingeleiteten Antriebsleistung wird bei Gleitgewindetrieben in Wärme umgewandelt),

- geringerer Verschleiß der Laufbahnen,
- Steigerung der Arbeitsgeschwindigkeit,
- höhere Positioniergenauigkeit.

Wirtschaftlich betrachtet sind damit geringere Wartungskosten, geringere Bearbeitungszeiten und niedrigere Ausschussquoten verbunden.

2. Durchlaufschmierung
Durchlaufschmierung ist ein Verfahren, bei dem Schmierstoff der Reibstelle mehrfach während der Lebensdauer des Maschinenteils zugeführt wird. Es wird grundsätzlich unterschieden in:

a. Intervallschmierung und
b. Dauerdurchlaufschmierung (kontinuierliche Zuführung von Schmierstoff) in den Varianten:

- – Verlustschmierung,
- – Umlaufschmierung.

3. Verlustschmierung[8] (Verbrauchsschmierung)
Verbrauchsschmierung bezeichnet das ausschließliche Zuführen von Schmierstoff zur Schmierstelle. Die Zuführung kann manuell, halbautomatisch oder automatisch erfolgen. Im Rahmen von Wartungsmaßnahmen wird noch vorhandener Schmierstoff vollständig entfernt und die Reibstelle mit Neufett aufgefüllt.
Beispiele:

- Einstreichen von Gleitflächen mit Schmierfett,
- Ölen von Gelenken mit der Ölkanne,
- Verbrennungsmotor (Verwendung von Obenöl[9]).

Beim Zweitaktmotor wird das Motoröl entweder dem Benzin direkt beigemischt (Zweitakter), oder die Zuführung erfolgt über eine separate Pumpe (Getrenntschmierung) ins Kurbelgehäuse und schmiert Lager und Kolben, verbrennt dann und wird mit den Abgasen ausgestoßen. Die Verlustschmierung wird wegen der schlechten Schadstoffbilanz und der daraus folgenden Umweltbelastung nicht mehr eingesetzt.

4. Umlaufschmierung
Ein Umlaufschmiersystem besteht aus einem Reservoir (z. B. Ölwanne), der Zuführung zur Reibstelle und der Rückführung mittels Pumpe. Meist ist eine Schmierstoffaufbereitung (z. B. Ölfilter) zwischengeschaltet. Umlaufschmierungen benötigen auf Grund der Wiederverwendung weniger Schmierstoff. Durch das geschlossene System gelangt kein (bzw. nur sehr wenig) Schmierstoff in die Umwelt.

---

[8] http://www.autobild.de/lexikon/verlustschmierung_221797.html (17.04.09).

[9] Obenöl ist ein spezielles Schmieröl, das für die Schmierung der Ventilschäfte bei seitengesteuerten Verbrennungsmotoren eingesetzt wird. Dazu wird es dem Kraftstoff beigemischt.

Tab. 2.6 Vor- und Nachteile von Zentral- und Nippelschmierung

	Zentralschmierung	Nippelschmierung
Vorteile	Genauere Schmiermitteldosierung, zwangsläufiger Ablauf (bei automatisch gesteuerten Maschinen), geringerer Arbeitsaufwand bei der Durchführung	Einfache, robuste Konstruktion, geringe Folgen bei Ausfall, geringerer Maschinenpreis, einfache, sichere Lösung für die Anwendung verschiedener Schmierstoffe durch unterschiedliche Nippelformen
Nachteile	Höherer konstruktiver Aufwand für die einzelne Maschine, verringerte Zuverlässigkeit auf Grund zusätzlicher Bauteile, größere Ausfallfolgen	Höherer Arbeitszeitaufwand bei der Durchführung der Schmierung, Aufbau einer breiteren Schmierorganisation, Tendenz zur Vereinheitlichung des Schmierstoffs

5. Zentralschmierung vs. Nippelschmierung (s. Tab. 2.6)
Während die Zentralschmierung zwar kostenaufwändiger, aber dafür wesentlich effizienter ist, zeichnet sich die Nippelschmierung durch geringere Anschaffungskosten, eine wesentlich höhere Robustheit und geringere Störanfälligkeit aus. Allerdings ist der Arbeitsaufwand für die Versorgung der Schmierstellen bei diesem Prinzip um ein Vielfaches höher. Der Aufwand hängt von der Zahl der Schmierstellen ab und setzt eine effiziente Schmierstofforganisation voraus.

2.5.4.4 Schmierstoffzustand und Bedarfskenngrößen

Steigende Ansprüche an die Filtration

Steigende Arbeitsgeschwindigkeiten und Leistungsparameter von Betriebsmitteln sorgen dafür, dass sich die Spalttoleranzen bei Ventilen und Pumpen infolge der technischen Entwicklung immer mehr verringert haben. Das erfordert eine steigende Qualität und Sauberkeit von Druckflüssigkeiten und Schmierölen. Damit steigen die Anforderungen an die Filtration. Ein wichtiges Instandhaltungsziel ist der Aufbau einer effizienteren Filtration verbunden mit dem Einsatz hochwertigerer Öle, um über das normale Maß hinausgehende Verschleißentwicklungen im Schmierstoff- oder Hydraulikkreislauf zu vermeiden.[10]

Starke Verschmutzungen im Schmierstoff-/Hydraulikkreislauf wirken sich negativ aus. Die Folgen sind meist plötzliche Ausfälle einzelner Komponenten des Systems. Ursachen sind:

- grobe Partikel,
- chemische Zersetzung,
- Kavitationsverschleiß,

Die Folgen sind:

- Leistungsabfall durch Feinstverschmutzung,

---

[10] Vgl. Lange 2001, S. 6 ff.

- Maschinenausfall durch Verschlammung des Tankgrundes und der Komponenten infolge der Feinstverschmutzung und Crackprodukte aus oxidierenden Schmierölen (Alterungsprodukte),
- Leistungsverluste durch innere Leckagen an Dichtungen infolge des Mikro-Dieseleffekts[11],
- zunehmende Verschleißgeschwindigkeit infolge der Verschmutzung und der Schädigung des Schmierstoffs infolge zu hohen Wasseranteils.

Verschmutzungen können von außen auf folgendem Weg eindringen:

1. beim Befüllen und Nachfüllen der Maschinentanks,
2. Aufwirbelung durch zu schnelles eingießen beim Nachfüllen,
3. unzureichende Belüftungsfilter,
4. undichte Ölkühler,
5. oberflächliche Reinigung vor Reparaturen, unsachgemäße Instandhaltung,
6. mangelhafte Tankabdichtung,
7. falsch angeschlossene bewegliche Nebenstromanlagen durch nicht fachgerechte Abdichtung der Spülanschlüsse.

Bedarfskenngrößen

Schmierstoff ist nicht gleich Schmierstoff. Schmierstoffe liegen in unterschiedlicher Form und Konsistenz vor. Zur Unterscheidung werden Definitionen herangezogen, die den Zustand eines Schmierstoffs beschreiben.

1. *Neuschmierstoff*
   Gebrauchsfertiger Schmierstoff im Anlieferungszustand
2. *Schmierstoff im Betrieb*
   In Verwendung befindlicher Schmierstoff
3. *Altschmierstoff*
   Altschmierstoffe sind gebrauchte oder überlagerte Schmierstoffe, die für den ursprünglichen Zweck nicht mehr verwendbar sind. Je nach Alter und/oder Verschmutzungsgrad ist eine Wiederverwendung nach Filtration oder Raffination möglich.
4. *Schmierstofffiltrat*
   Filtrate sind mechanisch gereinigte (gefiltert und geschleudert) Altschmierstoffe mit für die Art der Wiederverwendung vorgeschriebenen Gütewerten.
5. *Schmierstoffregenerat*
   Regenerate sind physikalisch und chemisch aufbereitete Altschmierstoffe mit für die Art der Wiederverwendung vorgeschriebenen Gütewerten.

---

[11] Es handelt sich dabei um eine Selbstzündung eines Gas-Luft-Gemischs im Hochdruckbereich (ähnlich der Kavitation). Die Gasblasen gelangen z. B. im Hydrauliksystem in den Dichtungsspalt sowie an die Spaltkanten der Ventile und explodieren infolge der Verdichtung. Die Dichtungen werden in kürzester Zeit zerstört und die Spaltkanten an Ventilen beschädigt. Der Mikrodieseleffekt beschleunigt die Alterung des Öls erheblich.

Das Schmierstoffmanagement verwendet hinsichtlich der Bedarfsermittlung folgende Kenngrößen:

1. Schmierstoffbedarf
Der Schmierstoffbedarf ist die Schmierstoffmenge, die einer Reibstelle je Bezugseinheit (je kWh oder je h, min, sec oder m^2, cm^3 usw.) zugeführt wird.

$$Schmierstoffbedarf = \frac{Schmierstoffmenge}{Bezugsgröße}$$

2. Schmierstoffverbrauch
Der Schmierstoffverbrauch ist die verlustbedingte Nachfüllmenge je Bezugseinheit (z. B. Filtrier-, Leck-, Verbrauchsverluste):

$$Schmierstoffverbrauch = \frac{Verlustmenge}{Bezugsgröße}$$

3. Rückgewinnungsgrad
Der Rückgewinnungsgrad ist der Altschmierstoffanteil der zugeführten Schmierstoffmenge in %. Er ist weitgehend vom Schmierverfahren und dem Zustand der Maschine abhängig:

$$Rückgewinnungsgrad = \frac{Altschmierstoffmenge/Bezugsgröße}{Zugeführte\ Schmierstoffmenge/Bezugsgröße}$$

4. Wiedergewinnungsgrad
Der Wiedergewinnungsgrad ist der nach Aufbereitung als Schmierstofffiltrat oder -regenerat wieder verwendbare Anteil des eingesetzten Schmierstoffs in %. U. a. ist er auch von der Güte des eingesetzten Schmierstoffs und dem Aufbereitungsverfahren abhängig.

4.1. WG bei Verlustschmierung

$$Wiedergewinnungsgrad = \frac{(Altschmierstoffmenge - Verluste)/Bezugsgröße}{Zugeführte\ Schmierstoffmenge/Bezugsgröße}$$

4.2. WG bei Umlaufschmierung

$$Wiedergewinnungsgrad$$
$$= \frac{(Altschmierstoffmenge - Reinigungsverluste)/Bezugsgröße}{Zugeführte\ Schmierstoffmenge/Bezugsgröße}$$

2.5.4.5 Handhabung von Schmierstoffen im Betrieb (VDI 2897)

Wartungsaufgaben verbindet der Instandhalter meistens auch mit Inspektionsaufgaben.[12] Das Ziel besteht darin, bei der Wartung erkennbare oder sich abzeichnende Schäden rechtzeitig zu identifizieren und vorsorglich Instandsetzungen zu planen,

---

[12] Lange 2001, S. 62 ff.

um Funktionsausfälle zu vermeiden. Dabei erwirbt der Instandhalter Zustandswissen, das sich bei entsprechender Dokumentation und Speicherung in mögliche
Verbesserungen und Modernisierungen umsetzen lässt. Einfache Wartungs- und Inspektionsmaßnahmen können vom Schmierdienst der Instandhaltung durchgeführt
werden oder im Rahmen von TPM vom Bedienpersonal der Betriebsmittel. Hier ist
dafür zu sorgen, dass bei festgestellten Mängeln oder Schäden die Instandhaltung
rechtzeitig informiert wird (Informationspflicht).

Die Einbindung der Instandhaltung einschließlich des Schmierdienstes in das
betriebliche Informationsflusssystem trägt zur Optimierung von Instandhaltungsstrategien bei. Die organisatorische Eingliederung der Instandhaltung in die Unterneh-
menshierarchie ist letztlich eine Entscheidung der Unternehmensführung und von
der strategischen Ausrichtung des Unternehmens und der konkreten Organisationsstruktur des Unternehmens sowie zahlreichen Randbedingungen abhängig. Dabei
spielen Branche und Unternehmensgröße eine entscheidende Rolle.

Die Organisation des Schmierdienstes soll sicherstellen, dass der richtige
Schmierstoff zur richtigen Zeit in ausreichender Menge an die vorgesehene Stelle
gebracht wird. Dabei können drei Lösungsansätze verfolgt werden:

1. die Übertragung des gesamten Schmierdienstes auf die eigene Instandhaltung,
2. die vollständige Übertragung des Schmierdienstes auf eine Fremdfirma,
3. die weitestgehende Übertragung wesentlicher Wartungsarbeiten einschließlich
   Schmierung auf das Bedienpersonal im Rahmen von TPM.

Bei der ersten Variante organisiert die Instandhaltung als betrieblicher Dienstleister
das gesamte Schmiermittelgeschehen einschließlich der Auftragsvergabe von Teil-
aufgaben an Fremdunternehmen. Diese Variante steht eng mit der dritten Variante im
Zusammenhang. Hier ist vorgesehen, dass bestimmte Instandhaltungsleistungen, wie
beispielsweise Schmierungs- und einfache Inspektionsarbeiten, vom Bedienpersonal
der Maschine bzw. Anlage abgedeckt werden.

Im zweiten Fall überträgt das Unternehmen sämtliche Aufgaben und Probleme
im Zusammenhang mit dem Schmierdienst auf ein externes Unternehmen. Insbesondere entlastet sich das Instandhaltungsaufgaben vergebende Unternehmen von
der umweltgerechten Entsorgung der Altschmierstoffe, leeren Gebinde und Rest-
mengen. Ggf. ist die Fremdwartung kostengünstiger als ein eigener Schmierdienst.
Hinzu kommt die mit der Eigenwartung verbundene aufwändige Bestellorgani-
sation und umweltgerechte Lagerhaltung der Schmierstoffe. Demgegenüber steht
ggf. der Verlust an Zustandswissen und Knowhow des vergebenden Unternehmens und die unangenehmen Folgen steigender Abhängigkeit. Informationen über
vor Ort festgestellte Mängel oder Schäden an zu schmierenden Maschinenteilen
und Schmiereinrichtungen, die sofort gemeldet werden müssten, werden dann
möglicherweise nicht oder nur fragmentarisch weitergeleitet.

Die optimale Schmierung und tribotechnische Betreuung von Maschinen und Anlagen ist für jeden Betrieb von entscheidender wirtschaftlicher Bedeutung, weil sie
die einwandfreie Funktion der Maschinen und die Verringerung der Abnutzungsgeschwindigkeit aufeinander gleitender oder abrollender Maschinenteile bewirkt.

Die Ablauforganisation der Instandhaltung plant, regelt und steuert die Arbeiten, indem aus den Daten des Informationssystems Planungsdaten erarbeitet

werden. Die Instandhaltungsplanung organisiert auf der Grundlage der Planungsdaten die zeitliche Abfolge der Prozesse und deren räumliches Zusammenwirken
unter Berücksichtigung. Dazu kommen wichtige Ressourcen wie

* Personal (VDI 2894),
* die zugeordneten Maschinen- und Anlagengruppen und
* die erforderlichen Werkzeuge und Betriebsstoffe

zum Einsatz.

Das Ergebnis der Maßnahmen soll sein:

1. störungsfreier und verschleißarmer Betrieb der eingesetzten Maschinen und
   Anlagen,
2. den Betriebsnotwendigkeiten angepasste Anzahl von Schmierstoffen,
3. minimaler Zeitaufwand bei der Schmierstoffversorgung und Sichtkontrolle der
   Maschinen,
4. einfache, übersichtliche und fachgerechte Lagerhaltung (Umwelt-, Brandschutz)
   sowie fachgerechte Ausgabe und umweltgerechter Transport der Schmierstoffe
   im Betrieb (saubere und dichte Behälter, schnelle Ausgabe, kurze Wege),
5. niedrige Lagerkosten bei fachgerechter Handhabung,
6. kostengünstiger Einkauf durch größere Bestelleinheiten bei fachgerechter Auswahl der Schmierstoffe,
7. sachgerechte, den Verordnungen entsprechende Entsorgung von Altschmierstof-
   fen, leeren Gebinden und Restschmierstoffen.

2.5.4.6 Ordnungssysteme

Zur eindeutigen und unverwechselbaren Benennung von Bedienpersonal, Maschinenteilen sowie fertigungs- und instandhaltungstechnischen Sachverhalten erfolgt
der Aufbau geeigneter Informationssysteme mit dem Ziel, die entsprechenden Daten vollständig und zeitnah zu erfassen (s. auch DIN 6763, DIN 28004/4). Man
unterscheidet einmalig zu erfassende Stammdaten (die allerdings aktualisiert werden
müssen) und laufend zu erfassende Bewegungsdaten.

a. Stammdaten (statische Daten) sind:

- Inventar-Nummer,
- technische Daten, Schmierstoffspezifikationen,
- Wiederbeschaffungswert,
- Standortdaten, Anlagendaten,
- Kostenstelle,
- Bezeichnung von Ersatzteilen,
- Nummer der Instandhaltungsobjekte,
- Lagerort,
- Standardarbeitstexte,
- Inspektions-, Wartungs-, Schmier- und Instandsetzungspläne.

b. Bewegungsdaten (dynamische Daten):

- Schadenbeschreibung,
- verbrauchte Materialien,
- Personalaufwand,
- Maschinenausfallzeiten,
- Ausführungstermine,
- Folgekosten.

Datennutzung Permanente Auswertung der Bewegungsdaten und Erstellung von
Unterlagen für:

- Soll-Ist-Vergleiche,
- Schwachstellenerkennung,
- Schadenanalyse,
- Ersatzteilbewirtschaftung, Schmierstoffbevorratung,
- Plandatenerstellung für:

  - Kapazitätsermittlung von IH-Werkstätten,
  - Bildung anlagenspezifischer Kennzahlen (nach VDI 2893),
  - Budgeterstellung,
  - Neuinvestitionen.

Schmierdienst Die Einführung und Überwachung des Schmierdienstes muss ausschließlich von auf dem Gebiet der Tribotechnik geschulten Fachkräften innerhalb
der Instandhaltung durchgeführt werden. Grundlage für die planmäßige Durchführung des Schmierdienstes ist die Schmierdienstkartei. Diese enthält:

- die zu schmierenden Anlagen, Aggregate und Maschinen,
- speziell zu versorgende Maschinenteile,
- Art und Anzahl der Schmierstellen (z. B. Größe und Art der Schmiernippel),
- Sorten und Mengen des erforderlichen Schmierstoffs,
- Schmierungs- und Schmierstoffwechselintervalle,
- zu beachtende Umweltprobleme,
- EDV-gerechte Umsetzung der Daten und Integration in vorhandene Software.

Zur Erstellung der Wartungsunterlagen werden herangezogen:

1. Betriebs- und Wartungsanleitungen mit Schmierstoffempfehlungen und Zeichnungen des Maschinenherstellers, betriebsinterne Hinweise zur Sortenstandardi-
   sierung und
2. Anweisungen des leitenden Fachpersonals zur Einordnung von Schmierstoffempfehlungen in die betriebsinterne Sortenauswahl.

Schmierplan (nach VDI 2890) Der Schmierplan ist ein Datenträger zur Ablaufplanung im Instandhaltungssystem. Dieser Plan ist die Grundlage für die Optimierung
der Arbeiten zur Kostenminimierung. Grundsätzlich besteht ein Schmierplan (Arbeitsplan) aus einem Kopfteil mit den Stamm- und Auftragsdaten sowie dem danach
folgenden beschreibenden Teil des organisatorischen und technischen Ablaufs

(VDI 2890 Erstellung eines Wartungs- und Inspektionsplanes). Der Schmierplan (Arbeitsplan) wird dem Schmierauftrag (Wartungsauftrag) beigefügt.

Schmierauftrag Mit dem Schmierauftrag wird eine Organisationseinheit mit der Durchführung der Wartungsmaßnahme beauftragt. Er dient gleichzeitig zur Sammlung und Weitergabe von Informationen im Informationssystem des Unternehmens. Zur Ermittlung der Kosten muss der Arbeitsumfang ausreichend genau definiert sein. Der Schmierauftrag enthält folgende Daten:

- Auftragsnummer und Auftragsdatum,
- Objektbenennung (Anlagen-Nr., Inventar-Nr., Standort-Nr.),
- Auftragsbeschreibung, ggf. Schadencodierung,
- Termine,
- Maschine, Maschinenteil,
- Art der Schmierung,
- Art der durchzuführenden Arbeiten,
- Schmierstoffart und Schmierstoffmenge,
- Intervall der durchzuführenden Arbeiten,
- Auftragszeit der durchzuführenden Arbeiten.

Ziele der Terminierung sind:

1. frist- und fachgerechte Ausführung der Aufträge,
2. anforderungsgerechte Verfügbarkeit der Produktionsanlagen,
3. optimale Auslastung des Personals.

2.5.4.7 Auswahl und Beschaffung von Schmierstoffen

Grundsätzlich sollte die Anzahl der Schmierstoffsorten so gering wie möglich gehalten werden. Die Sortenbereinigung ist eine kontinuierlich zu verfolgende Maßnahme im Unternehmen.
Vorteile sind:

1. Kostensenkungen durch größere Bestelleinheiten,
2. Einsparungen in der Lagerwirtschaft (geringere Kapitalbindung),
3. Vermeidung von Schäden durch Verwechslung,
4. Vermeidung von Verlusten durch Überlagerung.

Grundlage für die Auswahl sind die Konstruktionsunterlagen sowie die Betriebs- und Wartungsanleitungen. Die Beschaffung erfolgt grundsätzlich nur durch die für den Schmierdienst zuständige Instandhaltungsabteilung bzw. einen kompetenten Fachmann für Schmierstofftechnik.
Hauptziele des Schmiermittelmanagements sind:

1. Lieferantenzahl und Sortenspreizung bei der Bedarfsplanung gering halten,
2. hohe Abnahmemengen bei gleichen Sorten realisieren.

Mit dem Hersteller wird die Untersuchung und Regenerierung von Gebrauchtschmierstoffen und/oder die Rücknahme bzw. Entsorgung von gebrauchsfähigen

Restschmierstoffen und Schmierstoffbehältern abgestimmt. Wenn die Kosten für einen eigenen Schmierungsdienst zu hoch sind, wäre die Möglichkeit einer Fremdvergabe an auf die Schmierungstechnik spezialisierte Unternehmen sinnvoll. Damit könnte das gesamte Schmiermittelmanagement erheblich entlastet bzw. eingespart werden.

2.5.4.8   Rechtlicher Rahmen der Entsorgungslogistik bei Schmierstoffen

Altöle und -schmierfette sind ausgesonderte Schmiermittel, die den Anforderungen an die Funktionserfüllung, z. B. Schmierung oder Kühlung, nicht mehr genügen. Sie enthalten Schmutz, Abrieb und Wasser. Der Begriff „Altöl" erfasst verbrauchtes Öl aus technischen Anwendungen, z. B. Motoröl, Getriebeöl oder Hydrauliköl. Schmierfette werden in der Sortengruppe 11 der Altölverordnung mit erfasst.

2002 wurde in der Bundesrepublik Deutschland die Altölverordnung modifiziert, in geänderter Form am 16. April 2002 in Kraft gesetzt und zuletzt am 10.10.2006 geändert. Die Verordnung gilt gemäß Abs. (1) für die stoffliche und energetische Verwertung sowie die Beseitigung von Altöl.

Gemäß § 1a Altölverordnung (AltölV) „*Definitionen*" gelten folgende Festlegungen:

(1) Altöle im Sinne dieser Verordnung sind Öle, die als Abfall anfallen und die ganz oder teilweise aus Mineralöl, synthetischem oder biogenem Öl bestehen.

(2) Aufbereitung ist jedes Verfahren, bei dem Basisöle durch Raffinationsverfahren aus Altölen erzeugt werden und bei denen insbesondere die Abtrennung der Schadstoffe, der Oxidationsprodukte und der Zusätze in diesen Ölen erfolgt.

(3) Basisöle sind unlegierte Grundöle zur Herstellung der folgenden nach Sortengruppen spezifizierten Erzeugnisse:

Sortengruppe 01	Motorenöle
Sortengruppe 02	Getriebeöle
Sortengruppe 03	Hydrauliköle
Sortengruppe 04	Turbinenöle
Sortengruppe 05	Elektroisolieröle
Sortengruppe 06	Kompressorenöle
Sortengruppe 07	Maschinenöle
Sortengruppe 08	Andere Industrieöle, nicht für Schmierzwecke
Sortengruppe 09	Prozessöle
Sortengruppe 10	Metallbearbeitungsöle
Sortengruppe 11	Schmierfette

Maßgebliche Änderung war die Eingruppierung der verschiedenen Altöle in Sammelkategorien (I, II, III und IV). Gemäß § 2 (2) sind Altöle der Sammelkategorie I der Anlage 1 zur Aufbereitung geeignet. Dazu gehören:

• nichtchlorierte Hydrauliköle auf Mineralölbasis
• nichtchlorierte Maschinen-, Getriebe- und Schmieröle auf Mineralölbasis

- andere Maschinen-, Getriebe- und Schmieröle
- nichtchlorierte Isolier- und Wärmeübertragungsöle auf Mineralölbasis

Mischungen unter den Ölen der verschiedenen Kategorien sind verboten. Daher müssen Altöle sortenrein gesammelt und entsorgt werden. Alle Altöle der Sammelkategorie I sind vorrangig der stofflichen Verwertung zuzuführen. § 4 der Altölverordnung regelt die Entsorgung und das Vermischungsverbot:

§ 4 AltölV Getrennte Entsorgung, Vermischungsverbote

(1) Es ist verboten, Altöle im Sinne des § 1a Abs. 1 mit anderen Abfällen zu vermischen.

(2) Öle auf der Basis von PCB, die insbesondere in Transformatoren, Kondensatoren und Hydraulikanlagen enthalten sein können, müssen von Besitzern, Einsammlern und Beförderern getrennt von anderen Altölen gehalten, getrennt eingesammelt, getrennt befördert und getrennt einer Entsorgung zugeführt werden. Die zuständige Behörde kann Ausnahmen von Satz 1 zulassen, wenn eine Getrennthaltung an der Anfallstelle aus betriebstechnischen Gründen nur mit einem unverhältnismäßig hohen Aufwand durchführbar ist und eine Entsorgung in einer dafür nach § 4 des Bundesimmissionsschutzgesetzes zugelassenen Anlage vom Altölbesitzer nachgewiesen wird.

(3) Altöle unterschiedlicher Sammelkategorien nach Anlage 1 dürfen nicht untereinander gemischt werden.

(4) In nach § 4 des Bundesimmissionsschutzgesetzes zugelassenen Anlagen zur Aufbereitung, energetischen Verwertung oder sonstigen Entsorgung von Altölen oder Abfällen gelten die Verbote nach den Absätzen 1 bis 3 nicht, soweit eine Getrennthaltung der Altöle zur Einhaltung der Pflicht zur ordnungsgemäßen und schadlosen Verwertung sowie zur vorrangigen Aufbereitung der Altöle nicht erforderlich und eine Vermischung der Altöle in der Zulassung der Entsorgungsanlage vorgesehen ist.

§ 3 AltölV regelt Grenzwerte. Danach dürfen Altöle nicht aufbereitet werden, wenn sie mehr als 20 mg PCB/kg, oder mehr als 2 g Gesamthalogen/kg nach einem in der Anlage 2 (3) festgelegten Untersuchungsverfahren enthalten.

Altöle gelten als Abfall im Sinne des Kreislaufwirtschafts- und Abfallgesetzes. Gegenstand der Entsorgungslogistik ist nach deutschem Recht jede bewegliche Sache, die in eine der in Anhang I des KrW-/AbfG aufgeführten Gruppen fällt und *„derer sich der Besitzer entledigt, entledigen will oder entledigen muss"*.

Nach § 3 Abs. 5 und 6 sind die Begriffe *Abfallerzeuger* und *Abfallbesitzer* wie folgt definiert:

- Erzeuger von Abfällen im Sinne dieses Gesetzes ist jede natürliche oder juristische Person, durch deren Tätigkeit Abfälle angefallen sind, oder jede Person, die Vorbehandlungen, Mischungen oder sonstige Behandlungen vorgenommen hat, die eine Veränderung der Natur oder der Zusammensetzung dieser Abfälle bewirkt.
- Besitzer von Abfällen im Sinne dieses Gesetzes ist jede natürliche oder juristische Person, die die tatsächliche Sachherrschaft über die Abfälle hat.

Das Kreislaufwirtschafts- und Abfallgesetz (Krw-/AbfG) bildet die administrative Grundlage der deutschen Entsorgungslogistik. Ziel dieses Gesetzes ist eine nachhaltige Reduzierung von Abfällen, um einem Entsorgungsnotstand zu vermeiden und m. H. einer rückstandsarmen Kreislaufwirtschaft die natürlichen Ressourcen zu schonen. Der Gesetzgeber strebt mit dem Gesetz die konsequente Vermeidung und Verwertung von Abfällen bereits im Vorfeld der Abfallentstehung an. Verwertete Abfälle sind dauerhaft und gemeinwohlverträglich i. Allg. im Inland zu beseitigen.

In Anlehnung an § 4 Krw-/AbfG gilt folgende Zielhierarchie für den Umgang mit Abfällen:

• Vermeidung, Verminderung
• vor Verwertung
• vor Beseitigung

Das Krw-/AbfG regelt die Genehmigungspflicht der zuständigen Behörden für Entsorgungsleistungen der Entsorgungsunternehmen. Dabei ist auch der Fachkundigennachweis durch den Antragsteller zu erbringen. Ausgenommen sind neben den öffentlich-rechtlichen Entsorgern Unternehmen, die von diesen Körperschaften zur Erfüllung von Entsorgungsleistungen bestellt worden sind, sowie Verbände und Selbstverwaltungskörperschaften.

Wichtige Regeln enthält die Verordnung über Entsorgungsfachbetriebe (EfbV). Sie definiert den Entsorgungsfachbetrieb als ein Unternehmen, das *„gewerbsmäßig oder im Rahmen wirtschaftlicher Unternehmen oder öffentlicher Einrichtungen Abfälle einsammelt, befördert oder lagert".*[13] Die Entsorgungsfachbetriebeverordnung (EfBV) regelt die Anforderungen an das Entsorgungsunternehmen hinsichtlich Betriebsorganisation und Personalausstattung. Darüber hinaus werden Anforderungen an das Management bzw. die Geschäftsführung bezüglich Qualifikation und Zuverlässigkeit definiert.

Die EfBV dient der Umsetzung der Richtlinie 75/442/EWG des Rates vom 15. Juli 1975 über Abfälle (ABl. EG Nr. L 194 S. 47) in der durch die Änderungsrichtlinie 91/156/EWG des Rates vom 18. März 1991 (ABl. EG Nr. L 78 S. 32) geänderten Fassung.

§ 2 EfbV definiert die Begriffe Entsorgungsfachbetrieb, Betriebsinhaber, verantwortliche Person und sonstiges Personal. Die Abschn. 2 bis 4 enthalten folgende Anforderungen an die Betriebe, deren Mitarbeiter, die Überwachung und Zertifizierung:

• Anforderung an die Organisation, Ausstattung und Tätigkeit eines Entsorgungsfachbetriebes

    – § 3 Anforderungen an die Betriebsorganisation
    – § 4 Anforderung an die personelle Ausstattung
    – § 5 Betriebstagebuch

---

[13] Entsorgungsfachbetriebeverordnung (Verordnung über Entsorgungsfachbetriebe) vom 10. September 1996 (BGBl. I S. 1421), letzte Änderung am 29. Juni 2002 (Art. 7 VO vom 24. Juni 2002).

- § 6 Versicherungsschutz
- § 7 Anforderungen an die Tätigkeit

- Anforderungen an den Betriebsinhaber und die im Entsorgungsfachbetrieb beschäftigten Personen
  - § 8 Anforderungen an den Betriebsinhaber
  - § 9 Anforderungen an die für die Leitung/Beaufsichtigung des Betriebes verantwortlichen Personen
  - § 10 Anforderungen an das sonstige Personal
  - § 11 Anforderungen an die Fortbildung

- Überwachung und Zertifizierung von Entsorgungsfachbetrieben

  - § 12 Überwachungsvertrag
  - § 13 Überwachung des Betriebes
  - § 14 Zertifizierung des Entsorgungsfachbetriebes
  - § 15 Zustimmung zum Überwachungsvertrag
  - § 16 Unwirksamkeit des Überwachungsvertrages

2.6 Instandsetzung

2.6.1 Begriffe und Definitionen

Definition des Begriffs *Instandsetzung* (nach DIN 31051):

Maßnahmen zur Rückführung einer BE in den funktionsfähigen Zustand, mit Ausnahme von Verbesserungen.

Die Maßnahmen beinhalten (vgl. Abb. 2.7):

1. Auftrag, Auftragsdokumentation und Analyse des Auftragsinhaltes,
2. Vorbereitung der Durchführung, beinhaltend Kalkulation, Terminplanung, Abstimmung, Bereitstellung von Personal, Mitteln und Material, Erstellung von Arbeitsplänen,
3. Vorwegmaßnahmen wie Arbeitsplatzausrüstung, Schutz- und Sicherheitseinrichtungen usw.,
4. Überprüfung der Vorbereitung und der Vorwegmaßnahmen einschließlich der Freigabe der Durchführung,
5. Durchführung,
6. Funktionsprüfung, Abnahme,
7. Fertigmeldung,
8. Auswertung einschließlich Dokumentation, Kostenerfassung, Aufzeigen der Möglichkeit von Verbesserungen,
9. Rückmeldung.

Die Durchführung der Maßnahme erst bei Eintritt des Schadens kann aber durchaus nach Art und Umfang vorgeplant sein.

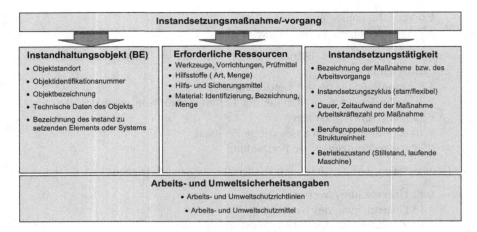

Abb. 2.7 Grunddaten einer Instandsetzungsmaßnahme

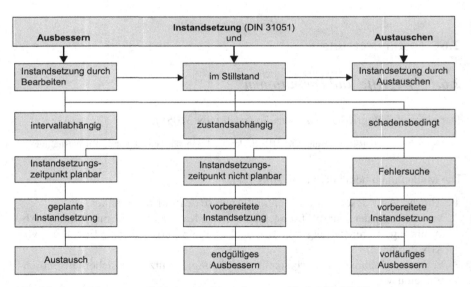

Abb. 2.8 Durchführungsmöglichkeiten der Instandsetzung. (Nach DIN 31051)

Instandsetzung erfolgt grundsätzlich (vgl. Abb. 2.8):

1. *Intervallabhängig*
   Einleitung von Maßnahmen in Abhängigkeit von:

   – der (Kalender-) Zeit,
   – der Betriebszeit,
   – der Stückzahl oder ähnlichen Parametern, wenn diese ein vorgegebenes Intervall überschreiten.

2. *Zustandsabhängig*
   Maßnahmen werden auf Grund des bei der Inspektion festgestellten Ist-Zustandes geplant. Im Falle eines festgestellten Schadens hängt die Bestimmung des Zeitpunktes vom wahrscheinlichen Verlauf in der nächsten Zukunft (Trend) ab.
3. *Schadensbedingt*
   Maßnahmen, die erst nach Ausfall einer Betrachtungseinheit ergriffen werden.

2.6.2 Instandhaltungsgrundstrategien

Die Instandhaltung kennt drei Grundstrategien.

I. *Geplante Instandsetzung*
   Die geplante Instandhaltung setzt Zustandswissen voraus. Das ermöglicht die Planung von Maßnahmen nach Zeitpunkt, Art und Umfang,

   – bevor ein Schaden zum Ausfall führt,
   – wenn eine Beeinträchtigung der Funktionsfähigkeit zu erwarten ist (zustandsabhängig, befundabhängig).

II. *Vorbereitete Instandsetzung*
   Es handelt sich um eine Strategie, bei der Maßnahmen nach Art und Umfang geplant werden, für die der Zeitpunkt jedoch zunächst offen bleibt.
III. *Unvorhergesehene Instandsetzung*
   Eine Art Bereitschaftsinstandhaltung („*Feuerwehrstrategie*"), die ad hoc für Maßnahmen zum Einsatz kommt, deren Eintrittszeitpunkt, Art und Umfang vor Ausfall der Anlage nicht bekannt sind.

2.7 Verbesserung

Definition des Begriffs *Verbesserung* (nach DIN 31051):

> Kombination aller technischen und administrativen Maßnahmen sowie Maßnahmen des Managements zur Steigerung der Funktionssicherheit einer BE, ohne die von ihr geforderte Funktion zu ändern.

Maßnahmen können beinhalten:

1. Auftrag, Auftragsdokumentation und Analyse des Auftragsinhaltes,
2. Vorbereitung der Durchführung: Kalkulation, Terminplanung, Abstimmung, Bereitstellung von Ressourcen (Personal, Mittel und Material), Erstellung von Arbeitsplänen,
3. Vorwegmaßnahmen wie Beschaffung der Arbeitsplatzausrüstung sowie von Schutz- und Sicherheitseinrichtungen usw.,
4. Überprüfung der Vorbereitung und der Vorwegmaßnahmen einschließlich der Freigabe der Durchführung,
5. Durchführung,

Tab. 2.7 Vom Begriff *Fehler* abgeleitete Begriffe. (Nach VDI 31051)

Fehler	Zustand einer BE, in dem sie unfähig ist, eine geforderte Funktion zu erfüllen, ausgenommen die Unfähigkeit während der Wartung oder anderer geplanter Maßnahmen oder infolge des Fehlens äußerer Mittel (s. EN DIN 13 306:2001-09)
Fehleranalyse	Fehlerdiagnose mit anschließender Prüfung, ob eine Verbesserung möglich und wirtschaftlich vertretbar ist
Fehlerdiagnose	Tätigkeiten zur Fehlererkennung, Fehlerortung und Ursachenfeststellung
Fehlerortung	Tätigkeiten zur Erkennung der fehlerhaften Einheit der geeigneten Gliederungsebene

6. Funktionsprüfung, Abnahme,
7. Auswertung einschließlich Dokumentation, Kostenerfassung, Nachkalkulation,
8. Rückmeldung.

Hohes Verbesserungspotenzial liegt im Bereich der Schadensanalyse. Gängige Definitionen bilden eine wesentliche Grundlage für die begriffliche Prägung der zum Einsatz kommenden Instandhaltungsstrategien im Zusammenhang mit der Technischen Diagnostik (Tab. 2.7). Dabei spielt der Begriff der Schwachstelle eine wichtige Rolle, da anfällige Bauelemente die Prozessstabilität beeinträchtigen und die Kosten nach oben treiben. Daher gilt den Schwachstellen das besondere Interesse von Betreibern und Instandhaltern gleichermaßen.

Eine Schwachstelle ist nach DIN 31051 eine Schadenstelle, die durch wiederholten Funktionsausfall auffällig ist. Voraussetzungen für die Identifizierung einer Betrachtungseinheit (Bauteil, Baugruppe) als Schwachstelle ist die Bedingung, dass eine Verbesserung zunächst technisch möglich sein muss und zudem noch wirtschaftlich vertretbar sein soll (s. Abb. 2.9). Ist eine technische Verbesserung nicht möglich und eine Instandsetzung dennoch aus wirtschaftlichen Erwägungen vertretbar, erfolgt eine Instandsetzung durch Teiletausch. Ist trotz der Möglichkeit technische Verbesserungen zu realisieren ein Teiletausch wirtschaftlich nicht vertretbar, ist die BE zu verschrotten.

Die Verbesserung von Bauteilen ist eng im Zusammenhang mit der RM-Strategie *(Reliability & Maintainability)* sowie KVP zu sehen.[14] Hier geht es um die kontinuierliche Umsetzung von Informationen (Zustandswissen), die aus dem Fundus der im harten Industrieeinsatz gesammelten Erfahrungen resultieren. Maschinen- und Anlagenbetreiber setzen Vorschläge zur Verbesserung der Sicherheit und Zuverlässigkeit der Ausrüstungen um und erzielen damit für den Kunden einen Zusatznutzen, der die Gewinnentwicklung nachhaltig positiv beeinflusst.

Die RAMS-Methodik ist eine Weiterentwicklung der RM-Strategie. RAMS bedeutet: *Reliability, Availability, Maintainability, Safety:* Zuverlässigkeit (Verfügbarkeit, Instandhaltbarkeit, Sicherheit) und ist in der CENELEC-Norm EN 50126 (DIN-Norm EN 50126) definiert.[15] Sie wird ständig erweitert und modifiziert.

---

[14] http://de.wikipedia.org/wiki/RAMS (11.02.2011).

[15] CENELEC Europäisches Komitee für elektrotechnische Normung (franz.: *Comité Européen de Normalisation Électrotechnique,* engl.: *European Committee for Electrotechnical Standardization*).

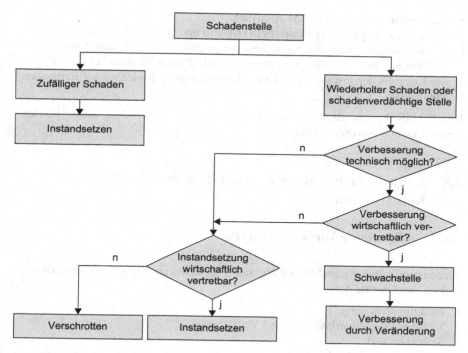

Abb. 2.9 Bestimmung einer Schwachstelle nach DIN 31051

RAMSS beinhaltet darüber hinaus den Schutz des Systems gegen Angriffe von außen („*Security*"). RAMS-Begriffe gewinnen in Industriebereichen mit hohem Investitionsvolumen und Risikopotential an Bedeutung, insbesondere wird es für die Systemspezifikation von Sicherungssystemen im Eisenbahnwesen verwendet. Das zugehörige Managementsystem wird als *Integrated Logistics Support* (integrierte logistische Unterstützung) bezeichnet.

Nach der Definition von EN 50126 ist RAMS eine Strategie, die die Verhinderung von Fehlern bereits in der Planungsphase von Projekten unterstützt, indem alle Hinweise zu Verbesserungen aller Art in das Lastenheft mit aufgenommen werden. RAMS kann bei der Entwicklung und Einführung neuer Produkte angewendet werden, aber auch bei der Planung und Realisierung von Neuanlagen. Das RAMS-Management sorgt für die Systemdefinition und die Durchführung belastbarer Risikoanalysen sowie die Ermittlung der Gefährdungsraten. Detaillierte Prüfungen und Sicherheitsnachweise runden die Methodik ab. Die Ziele der Sicherheit und der Verfügbarkeit im Betrieb lassen sich nur dann verwirklichen, wenn die Zuverlässigkeits- und Instandhaltbarkeitsanforderungen erfüllt und die laufenden langfristigen Instandhaltungsarbeiten sowie das betriebliche Umfeld überwacht werden.

Die Verfügbarkeit (*Availability*) beruht auf der Kenntnis der Zuverlässigkeit (*Reliability*). Zuverlässigkeitsangaben resultieren aus

- den Systemausfallraten (RAM-Analyse),
- der Analyse möglicher Gefährdungen (*Hazard and Operability Study*),
- der Wahrscheinlichkeit des Eintreffens eines Ausfalls (Fehlerbaumanalyse),
- der Wirkung eines Ausfalls auf die Funktionalität eines Systems (FMEA) und
- der Kenntnis der Instandhaltbarkeit (Maintainability), basierend auf Reparaturzeitangaben.

Der RAMS-Prozess ist erst abgeschlossen, wenn ein Produkt außer Betrieb genommen und entsorgt worden ist.

2.8 Anforderungen an eine instandhaltungsgerechte Konstruktion

2.8.1 Allgemeine Vorbemerkungen

Eine instandhaltungsgerechte Konstruktion geht davon aus, dass die Instandhaltung technischer Objekte der

- Funktionserhaltung,
- Sicherung der Zuverlässigkeit und Verfügbarkeit,
- Sicherheit und
- Umweltverträglichkeit

dient.

Physikalische, konstruktive und organisatorische Faktoren beeinflussen den Verschleiß. Auch die Betriebsart hat erheblichen Einfluss. Zu den physikalischen Faktoren zählen die Belastung, die Relativgeschwindigkeiten der an der Reibpaarung beteiligten Elemente und die Umgebungstemperatur. Zu den konstruktiven Einflussfaktoren zählen die Werkstoffpaarung, die Geometrie, das gewählte Schmierprinzip, der eingesetzte Schmierstoff, die Art und Effektivität der Kühlung bzw. Wärmeableitung aus der Reibpaarung und die Abdichtung.

2.8.2 Bewertungsgrundlagen

Wesentliche Informationsquellen zur Produkt- und Verfahrensoptimierung sind:

1. Instandhaltbarkeitsforderungen des Kunden,
2. Hinweise des Deutschen Regelwerks (Gesetze, Vorschriften, Normen, Richtlinien, Standards, Empfehlungen).

Die grundlegende Forderung bei der Nutzung von Betriebsmitteln besteht darin, dass die Erhaltung der Zuverlässigkeit und Funktionsfähigkeit für den beabsichtigten Nutzungszeitraum mit wirtschaftlich vertretbarem Aufwand möglich sein muss. Die Erzeugniseigenschaft „*Instandhaltungsgerechtheit*" ist ein wichtiges Konstruktionsziel, das

- gesetzlich oder in Regelwerken vorgeschrieben,
- vertraglich vereinbart oder
- durch Spezifikationen vorgegeben sein kann.

Dieses Ziel ist nur vom Konstrukteur selbst realisierbar (ggf. gegen Aufpreis)!
In diesem Zusammenhang leistet die Auditierung bzw. ein Audit einen wesentlichen Beitrag zur Umsetzung dieser Forderung am Produkt. Es handelt sich dabei um ein Prüfungsverfahren, in dem Qualitäts- und Umweltmanagementsysteme von Unternehmen nach den Richtlinien von EMAS bzw. ISO geprüft werden.[16]

Zweck der ISO ist die Förderung der Normung in der Welt, um den Austausch von Gütern und Dienstleistungen zu unterstützen und die gegenseitige Zusammenarbeit in den verschiedenen technischen Bereichen zu entwickeln.

Die ISO erarbeitet ISO-Normen (ISO-Standards), die von den Mitgliedsländern unverändert übernommen werden sollen, z. B. in der Bundesrepublik Deutschland als DIN ISO-Normen.

Audit Ein Audit ist eine systematische unabhängige Untersuchung, die feststellen soll, ob die qualitätsbezogenen Tätigkeiten und damit zusammenhängende Ergebnisse den geplanten Anforderungen entsprechen und ob diese Anforderungen tatsächlich verwirklicht wurden und geeignet sind, die Unternehmensziele zu erreichen.

Audits liefern der Leitung die Information über die Wirksamkeit und die Leistungsfähigkeit ihres Systems, ob ihre Ziele verfolgt werden oder nicht und welche Änderungen angeordnet werden sollten. Unabhängig von der Art und dem Typ der Audits sind sie von kundigem, geschultem Personal durchzuführen. Dazu kann eigenes oder fremdes Personal herangezogen werden.

Internes Audit Beim internen Audit prüft eine Organisation ihr eigenes System, die Verfahrensanweisungen und die Durchführung im Hinblick auf Nachweis und Übereinstimmung.

Audit-Arten sind:

1. Produktaudit (Inspektion),
2. Prozessaudit (Beurteilung),
3. Systemaudit (Gesamtbetrachtung).

Beim Produktaudit geht es um die Beurteilung der Produktqualität.
Beurteilt werden:

1. die Übereinstimmung der Produktqualität mit den Kundenanforderungen, technischen Spezifikationen (Lastenheft) und den Prüf- und Fertigungsunterlagen
2. die Wirksamkeit, die Zweckmäßigkeit und die Konsistenz der Unterlagen.

Das Produktaudit geht über eine Prüfung der Produktqualität erheblich hinaus und bezieht betroffene Systemelemente mit ein.

---

[16] **EMAS:** *„Eco-Management and Audit Scheme"*: System für das Umweltmanagement und die Umweltbetriebsprüfung (umgangssprachlich findet auch der Begriff „Öko-Audit" Verwendung **ISO:** International Organisation for Standardisation: Institution, welche die Normung international koordiniert.

DIN ISO 9000 Die DIN ISO 9000 Qualitätsmanagementnorm beschreibt die Anforderungen, denen das Management eines Unternehmens genügen muss, um einem bestimmten Standard bei der Umsetzung des Qualitätsmanagements zu entsprechen. Sie kann sowohl informativ für die Umsetzung innerhalb eines Unternehmens als auch zum Nachweis bestimmter Standards gegenüber Dritten herangezogen werden. Zur Normenreihe EN ISO 9000 ff. zählen Normen, die die Grundsätze für Maßnahmen zum Qualitätsmanagement dokumentieren. Gemeinsam bilden sie einen zusammenhängenden Satz von Normen für Qualitätsmanagementsysteme, welche das gegenseitige Verständnis auf nationaler und internationaler Ebene erleichtern sollen. Die EN ISO 9000-Normenreihe verfolgt folgende Ziele:

1. Da jedes Produkt anderen spezifischen Anforderungen unterliegt, ist es demnach nur unter individuellen Qualitätssicherungsmaßnahmen zu erzeugen. Qualitätsmanagementsysteme hingegen sind nicht produktorientiert ausgerichtet und daher unabhängig von der Branche und den spezifischen Produkten.
2. Erfolgreiches Führen und Betreiben einer Organisation erfordert ihre systematische und klare Lenkung und Leitung.
3. Einführung und Aufrechterhaltung eines Managementsystems, das auf ständige Leistungsverbesserung ausgerichtet ist, indem es die Erfordernisse aller interessierten Parteien berücksichtigt (Unternehmen, Kunde, Gesellschaft/Umwelt).
4. Eine Organisation zu leiten und zu lenken umfasst neben anderen Managementdisziplinen auch das Qualitätsmanagement. Es ist daher sinnvoll, die Instandhaltung in das Qualitätsmanagementsystem zu integrieren. Man spricht dann von Integrierter Instandhaltung.
5. Die Normen EN ISO 9000: 2000 ff. sind grundsätzlich prozessorientiert aufgebaut.[17] Die Vorgängernormen definierten 20 Elemente des Qualitätsmanagements, die den Standardprozessen der produzierenden Industrie von der Entwicklung über Produktion und Montage bis zum Kundendienst entsprechen, so dass der Aufbau der ISO 9000: 1994 ff. die Übertragung z. B. auf Dienstleistungsunternehmen erschwert.

---

[17] **EN ISO 9000** definiert *Grundlagen und Begriffe* zu Qualitätsmanagementsystemen. ISO 9000:2000 wurde 2005 überarbeitet und um einheitliche Begriffsdefinitionen für die Normen ISO 9001:2000 und ISO 19011:2002 erweitert und als ISO 9000:2005 im Dezember 2005 veröffentlicht. **EN ISO 9001** legt die Anforderungen an ein Qualitätsmanagementsystem (QM-System) für den Fall fest, dass eine Organisation ihre Fähigkeit darlegen muss, Produkte bereitzustellen, welche die Anforderungen der Kunden und behördliche Anforderungen erfüllen, und anstrebt, die Kundenzufriedenheit zu erhöhen.
EN ISO 9004: Leitfaden, der sowohl die Wirksamkeit als auch die Effizienz des Qualitätsmanagementsystems betrachtet, enthält Anleitungen zur Ausrichtung eines Unternehmens in Richtung Total Quality Management (TPM) und einer integrier-ten Instandhaltung in Form von Total Productive Maintenance (TPM), ist aber keine Zertifizierungs- oder Vertragsgrundlage („Managementphilosophie").
EN ISO 19011 stellt eine Anleitung für die Auditierung von Qualitäts- und Umweltmanagementsystemen bereit.

2.8.3 Grundbegriffe instandhaltungsgerechter Konstruktion

Die instandhaltungsgerechte Konstruktion von Erzeugnissen ist im Hinblick auf knapper werdende Ressourcen eine unumgängliche Notwendigkeit und ein Grundanliegen der Konstruktion.[18] Der Vorteil für den Anlagenbetreiber besteht darin, dass er eine höhere störungsfreie Nutzungsdauer erzielt und in der Lage ist, Reparaturen effizient zu realisieren.

I. Instandhaltbarkeit

Instandhaltbarkeit ist die Eigenschaft eines technischen Erzeugnisses, unter spezifizierten Bedingungen instand gehalten zu werden. Unterbegriffe für diese Eigenschaft sind:

- Wartbarkeit,
- Inspizierbarkeit,
- Instandsetzbarkeit im Sinne von Austausch der beschädigten oder funktionsunfähigen Betrachtungseinheit.

II. Instandhaltbarkeitsprogramm

Das Instandhaltungsprogramm ist eine Zusammenstellung aller Maßnahmen, Tätigkeiten und Termine zur Gestaltung und Sicherung optimaler Instandhaltbarkeitseigenschaften. Es ist daher integrierter Bestandteil des Pflichtenhefts und während der Entwicklungs- und Konstruktionsphase auch unter Berücksichtigung wirtschaftlicher Gesichtspunkte ergebnisorientiert umzusetzen.

III. Instandhaltungskonzept

Das Instandhaltungskonzept legt die Durchführung von Instandhaltungsmaßnahmen während der Lebensdauer eines technischen Erzeugnisses fest. Das Basisdokument ist grundsätzlich die Bedienungs- und Wartungsanleitung des Herstellers. Diese muss aber im täglichen Arbeitsprozess kontinuierlich ergänzt und weiterentwickelt werden, da ständig neue Daten hinzukommen, weitere Erfahrungen gesammelt und dokumentiert werden.

IV. Instandhaltungsanleitung

Die Instandhaltungsanleitung ist eine Vorschrift, die die Art der durchzuführenden Instandhaltungsmaßnahmen bestimmt und den Umfang sowie den Ablauf dokumentiert. Im Wesentlichen enthält sie:

1. Angabe der notwendigen Vorrichtungen, Prüfmittel, Sonder- und Spezialwerkzeuge,
2. Arbeitsabläufe und Zeitvorrechnungen für bestimmte Instandhaltungsarbeiten,
3. Sicherheitshinweise, die bei der Durchführung zwingend zu beachten sind, um gesundheitliche Gefährdungen im Rahmen der Instandhaltung auszuschließen,
4. bebilderte Ersatzteillisten.

---

[18] VDI 2246 Konstruieren instandhaltungsgerechter technischer Erzeugnisse, Grundlagen.

Instandhaltungsanleitungen sind grundlegender Bestandteil der Betriebs- und Gebrauchsanleitungen von Maschinen bzw. Anlagen und gehören zum Lieferumfang.

V. Instandhaltbarkeit
Die Instandhaltbarkeit beeinflusst unmittelbar Umfang, Ablauf und Aufwand der Instandhaltung. Der Maschinen- bzw. Anlagen-Konstrukteur hat wesentlichen Einfluss auf die Gestaltung der Konstruktion. Er bestimmt mit einer instandhaltungsgerechten Konstruktion wesentlich die laufenden Ausgaben für den Betrieb der technologischen Ausrüstungen und damit die Herstell- bzw. Stückkosten der Erzeugnisse, die auf dem Betriebsmittel produziert werden.

Die Instandhaltbarkeit wirkt sich auf den Instandhaltungsaufwand (Häufigkeit, Dauer, Mannstunden, Kosten) und den Ablauf der Instandhaltungsmaßnahmen beim Nutzer aus.

Eine Verbesserung der Instandhaltbarkeit beeinflusst:

• die Anschaffungskosten,
• die Betriebs- und die Instandhaltungskosten und
• die Herstellungskosten.

Kostenvergleiche bei der Entwicklung und Konstruktion von langlebigen Investitionsgütern sind zwingend notwendig. Eine gute Konstruktion erzeugt hohe Kundenzufriedenheit und dient der Kundenpflege sowie dem Aufbau eines zufriedenen und loyalen Kundenstamms.

Instandhaltbarkeit und Zuverlässigkeit sind zwar voneinander unabhängige stochastische Eigenschaften technischer Erzeugnisse. Beide Eigenschaften beeinflussen aber den Aufwand für die Instandhaltung und bestimmen die inhärente und erreichbare Verfügbarkeit der Erzeugnisse.

2.8.4 Instandhaltbarkeit und Produktsicherheit

Instandhaltbarkeit beeinflusst die Produktsicherheit! Die Produktsicherheit beinhaltet:

1. den Schutz der Sicherheit und Gesundheit der Benutzer und Instandhalter (Verletzungen, Erkrankungen),
2. den Schutz der Umwelt, Umweltverträglichkeit:

   – ergonomische Anforderungen,
   – die Recyclingfähigkeit usw.

2.8.5 Instandhaltbarkeit und Umweltverträglichkeit

Die Begriffe Instandhaltbarkeit und Umweltverträglichkeit erfassen wesentliche Forderungen zum Schutz der Umwelt vor möglichen Schädigungen und Beeinträchtigungen, die sich bei der Herstellung und Benutzung technischer Erzeugnisse

Tab. 2.8 Forderungen an eine instandhaltungsgerechte Konstruktion

1. Abnutzungsarmut	1.1	Begründung aller nutzungsbedingten Abnutzungsprozesse
	1.2	Kundenorientierte Auslegung der Lebensdauern von Bauteilen und Baugruppen
	1.3	Sicherung eines wirtschaftlich vertretbaren Niveaus des Ausfallverhaltens kritischer Bauteile und Baugruppen
	1.4	Verhinderung von Schäden und Folgeschäden durch die Möglichkeit frühzeitigen Detektierens (Frühdiagnose)
2. Instandhaltungsarmut	2.1	Einordnung der Wartungs-, Inspektions- und Instandhaltungszyklen von Bauteilen und Baugruppen sowie die Wartungs- und Inspektionszeiten in bewährte Instandhaltungskomplexe
	2.2	Verwendung von Austauschbaugruppen mit weitgehend gleicher Abnutzungsintensität der wichtigen Bauteile
	2.3	Schaffung von Voraussetzungen für eine Überwachung des technischen Zustandes der entscheidenden Bauteile
3. Instandhaltungsgerechtheit	3.1	Leichte Demontierbarkeit instandhaltungsintensiver Bauteile und Austauschbaugruppen sowie abnutzungsintensiver Elemente an langlebigen Bauteilen
	3.2	Gute Zugänglichkeit und Übersichtlichkeit der Instandhaltungshaltungsobjekte durch entsprechende konstruktive Gestaltung der Maschinen und Anlagen
	3.3	Zweckmäßige Aufgabenteilung zwischen installierten und externen Diagnose- und Wartungselementen
	3.4	Sichere Anschlagpunkte für Demontage-, Hebe- und Fördermittel im Instandhaltungsprozess
4. Logistik- und Umweltgerechtheit	4.1	Durchführung von IH-Maßnahmen ohne größere Produktionsbehinderung
	4.2	Zweckmäßige Einordnung der Instandhaltungsmaßnahmen in die Versorgung mit Ersatzteilen, Betriebs- und Schmierstoffen im Unternehmen
	4.3	Weitgehende Nutzung vorhandener Ausrüstungen, Spezialisten und Erfahrungen für die Instandhaltung
	4.4	Zweckmäßige Einordnung der Instandhaltungsmaßnahmen in die Abfall- und Recyclingwirtschaft des Unternehmens
	4.5	Vermeidung unzulässiger oder für die Anlage neuartiger Beanspruchungen und Gefährdungen von Mensch und Umwelt durch die Instandhaltung

ergeben. So vernichten Produkte, die nach Funktionsausfall nur mit hohem Aufwand (unwirtschaftlich) reparierbar oder gar irreparabel sind, knappe Ressourcen, weil sie der Umwelt Ressourcen unwiederbringlich entziehen. Sie können dem Wirtschaftskreislauf nur über die verschiedenen Recyclingtechnologien mit zusätzlichem energetischem Aufwand wieder zugeführt werden, sofern die Komponenten keine umweltgefährdenden Stoffe enthalten. Diese müssen wiederum kostenaufwändig entsorgt werden. Tab. 2.8 enthält die charakteristischen Eigenschaften der Instandhaltbarkeit und Umweltverträglichkeit.

2.8.6 Instandhaltbarkeit und Wirtschaftlichkeit

Eine optimale Instandhaltbarkeit hat einen kostensenkenden Einfluss auf den Instandhaltungsaufwand. Kostensenkend wirken sich z. B. aus:

- die Verwendung von Normteilen,
- eine gute Zugänglichkeit und Identifizierbarkeit der Bauteile und Baugruppen,
- das Vorsehen von Hilfseinrichtungen,
- der Verzicht auf Sonderwerkzeuge für die Instandhaltung sowie
- eingebaute Diagnose- und Wartungseinrichtungen.

Grundvoraussetzung für eine systematische und gezielte Beeinflussung der Instandhaltbarkeit technischer Erzeugnisse sind die Kenntnis und das Verständnis der Strategien und Konzepte der Instandhaltung durch den Konstrukteur.

2.8.7 Instandhaltungsstrategien und -ebenen

Eine Instandhaltungsstrategie enthält grundsätzliche Festlegungen für gegebene Instandhaltungsobjekte, **ob, wo**, und **welche** Maßnahmen, d. h.:

- Wartungs-,
- Inspektions- und
- Instandsetzungsmaßnahmen

von **wem, wie** und **wann** durchzuführen sind.

Die Definition von Instandhaltungsebenen schafft die Grundlage für die Bestimmung von Schwierigkeitsgraden und Anforderungsprofilen für die Durchführung der Arbeiten. Im Allgemeinen werden vier Ebenen unterschieden:

Instandhaltungsebene I

- Wartungsmaßnahmen,
- Betriebsüberwachung,
- technische Durchsicht vor, während und nach der Benutzung,
- einfache Funktionsprüfung,
- einfache Fehlererkennung,
- einfache Fehlerbehebung.

Instandhaltungsebene II

- Inspektion (festgelegte Schwierigkeitsgrade),
- Austausch leicht auswechselbarer Bau- und Unterbaugruppen,
- einfache Instandsetzungsmaßnahmen an mechanischen, hydraulischen und elektrischen Baugruppen und Bauteilen,
- einfache Änderungsarbeiten.

Instandhaltungsebene III

- Inspektion (nach festgelegten Schwierigkeitsgraden),

Abb. 2.10 Gestaltungsrichtlinien. (PraxishandbucHandbuch Instandhaltung (Loseblattsammlung), Kap. 7 (DIN 69901-5, VDL-RL 2519 bl.1))

- Austausch von Bau- und Unterbaugruppen,
- Instandsetzung bestimmter Bau- und Unterbaugruppen,
- schwierige Instandsetzungsmaßnahmen an mechanischen, hydraulischen, elektrischen, optronischen und optischen Erzeugnissen, Baugruppen und Bauteilen u. a.,
- schwierige Änderungsarbeiten.

Instandhaltungsebene IV

- Inspektion (nach festgelegten Schwierigkeitsgraden),
- schwierige Instandsetzungsmaßnahmen,
- schwierige Änderungsarbeiten (Verbesserung, Modernisierung).

Die Strukturierung der Instandhaltungsarbeiten in Instandhaltungsebenen bildet eine wesentliche Voraussetzung für die erfolgreiche Einführung von TPM (Total Productive Maintenance).

2.8.8 Gestaltungsrichtlinien

Instandhaltungsrechte Konstruktion ist definiert als „Gesamtheit der konstruktiven und logistischen Maßnahmen, die auf wirtschaftliche Weise eine den Ansprüchen genügende Zuverlässigkeit bei minimalem Instandhaltungsaufwand sicherstellen".[19]

Abbildung 2.10 gibt einen Überblick über die grundlegenden Gestaltungsregeln für eine instandhaltungsgerechte Entwicklung und Konstruktion von Erzeugnissen (s. auch Tab. 2.8). Bei der Umsetzung der Regeln in der Anlagenkonstruktion kommt es für den Anlagenbetreiber bzw. Nutzer immer darauf an, dass die Behebung von Funktionsausfällen wirtschaftlich vertretbar bleibt.

Die instandhaltungsgerechte Konstruktion bestimmt die laufenden Kosten (Life Cycle Cost) einer Betrachtungseinheit wesentlich. Die charakteristischen Kriterien werden in 4 Hauptkriteriengruppen zusammengefasst und sind dem Konstrukteur beim Anlagenentwurf im Lastenheft zweckmäßigerweise vorzugeben.[20]

---

[19] WEKA-Praxishandbuch Instandhaltung, Kap. 8.7, S. 3.

[20] Handbuch Instandhaltung (Loseblattsammlung), Kap. 7 (DIN 69901-5, VDL-RL 2519 Bl.1).

2.8.9 Kennzahlen in der Instandhaltung

Kennzahlen sind Maßzahlen zur Quantifizierung von Vorgaben und Zielgrößen, um eine reproduzierbare Bewertung von Zuständen oder Prozessen zu erzielen.[21] Kennzahlen werden eingesetzt, um Geschäftsprozesse zu analysieren und zu bewerten. Dazu werden entsprechende Normen (z. B. ISO/TS 16949[22]) herangezogen, die die Bewertungsbestrebungen unterstützen sollen (s. Kap. 10).

Die Verwendung von Leistungsbewertungssystemen und ihrer Messgrößen leistet in jedem Unternehmen wertvolle Unterstützung bei der Funktionsbestimmung und der technischen und räumlichen Strukturierung von Instandhaltungsstrukturen.[23] Vorteilhaft bei der Bewertung von Geschäftsprozessen sind die Kenntnis der Ursachen und die Bedeutung von Leistungsunterschieden. Leistungsbewertungssysteme gestatten die Erkennung und Bewertung von Verschwendungspotenzialen und bilden die Grundlage für Optimierungsaufgaben und Rationalisierungsinvestitionen (Abb. 2.10).

Zur Bildung von Kennzahlen sind zunächst die Kosten treibenden Prozesse und/oder Funktionsbereiche zu ermitteln. Danach sind eine oder mehrere geeignete Zielgrößen festzulegen und die Zielfunktionen zu definieren. Die Beobachtung bestimmter, im Vorfeld festgelegter Merkmale, ist eine Grundvoraussetzung zur Bewertung eventuell vorhandener Potenziale und für die Entscheidungsfindung hinsichtlich der weiteren Vorgehensweise bei der Prozessoptimierung.

Kennzahlen werden auf unterschiedliche Weise gebildet. Für die Bildung werden Grundzahlen, Verhältniszahlen und Indexzahlen herangezogen. Grundzahlen sind einfache Werte, die z. B. als Vergleichs- oder Zielgrößen verwendet werden können. Verhältniszahlen sind Quotienten, die die Proportionen zweier oder mehrerer Größen zum Ausdruck bringen. Je nach der Art der Werte, die gegenübergestellt werden, unterscheidet man zwischen Gliederungszahlen, Beziehungszahlen und Veränderungszahlen. Verhältniszahlen werden im Rahmen der Kostenanalyse, der Wirtschaftlichkeitskontrolle und der Kennzahlenrechnung verwendet.

Gliederungskennzahlen, eine Unterart der Verhältniszahlen, finden überwiegend in der betrieblichen Kostenstatistik Verwendung. Sie werden in Quotientenform gebildet (der Nenner steht für den Gesamtwert, der Zähler für einen Teilwert des Nenners) und bringen den Anteil eines Teils am Ganzen zum Ausdruck. Die Angabe erfolgt häufig als Prozentwert, z. B. der Anteil der Instandhaltungskosten an den Gesamtkosten.

Indexzahlen sind Messzahlen, die Daten in ihrer zeitlichen Veränderung dadurch übersichtlicher aufbereiten, dass der Anfangs-, Mittel- oder Endwert einer Reihe

---

[21] Vgl. Wöhe und Döring 2010, S. 208 ff.

[22] ISO/TS 16949: Norm wurde zusammen mit der ISO als TS = Technische Spezifikation basierend auf der EN ISO 9001 Veröffentlicht, dient der Vermeidung aufwändiger Mehrfachzertifizierungen, vereint die Inhalte zahlreicher internationaler Qualitätsstandards – darunter QS 9000 (USA), VDA 6.1 (Deutschland), EAQF (Frankreich), AVSQ (Italien) und wird von Automobilherstellern weltweit anerkannt (Quelle http://www.quality.de/lexikon/ts_16949.htm, 29.04.09).

[23] VDI 2893 Auswahl und Bildung von Kennzahlen für die Instandhaltung.

Abb. 2.11 Regelkreis der
Erarbeitung von Kennziffern

Gewünschte Ergebnisse bestimmen (**Results**)

Vorgehensweise und
Umsetzung überprüfen
(**Asessment & Review**)

Vorgehensweise und
Umsetzung planen
(**Approach**)

Realisierung (**Realization**)

als Basiswert oder Grundzahl gleich 100 gesetzt wird und die übrigen Werte im Verhältnis dazu umgerechnet werden.

Zur Prozessanalyse und -optimierung mittels Kennzahlen leistet die *Balanced Score Card* (BSC) wertvolle Unterstützung. Es handelt sich um eine Methode zur Erarbeitung von geeigneten Kennzahlen zur Unterstützung der Geschäftsprozesse. Es werden vier Zielebenen definiert:

1. Kunde (Kundenzufriedenheit, -loyalität, -treue, TPM-Umsetzung),
2. Prozesse (Anlagenverfügbarkeit, Reaktions- und Bearbeitungszeiten),
3. Finanzen (Budgeteinhaltung, Über-/Unterdeckung, Primärkosten),
4. Mitarbeiter (Qualifikation, Fehlzeiten, Unfälle, Gesamteinsparungen durch betriebliches Verbesserungswesen).

Die BSC dient dem Management zur Ursachenermittlung von Verschwendung und der ergebnisorientierten Umsetzung:

- von akzeptierten Unternehmenszielen,
- von angepassten Zielverfolgungssystemen,
- von angemessenen Zielanreizsystemen sowie
- einer durchgängigen Informationskultur.

Die Bildung von Kennziffern erfolgt in Form eines Regelkreises (s. Abb. 2.11). Im Focus stehen gewünschte oder geforderte Ergebnisse, die den Charakter einer Zielgröße besitzen. Danach wird die Vergehensweise wie geplant umgesetzt. Die realisierten Ergebnisse werden auf ihren Erfüllungsgrad hin geprüft. Notfalls müssen Zielgrößen revidiert oder korrigiert werden.

Die prinzipielle Vorgehensweise zeigt Abb. 2.12. Ausgangspunkt bilden i. d. R. die Unternehmensziele, von denen die jeweiligen Zielgrößen abgeleitet werden. Dabei stehen meist Kosten- und Rentabilitätsziele im Vordergrund. Die Instandhaltungsstrukturen übernehmen in diesem Zusammenhang eine wichtige Funktion, insbesondere wenn es darum geht, den Kostenoptimierungsprozess des Unternehmens nachhaltig zu unterstützen. Eine wichtige Basisgröße ist der Zeitaufwand je Instandhaltungsmaßnahme. Der Gesamtinstandhaltungszeitaufwand ergibt sich aus der Summe des Aufwandes der Einzelmaßnahmen für Instandhaltung und der Häufigkeit ihrer Inanspruchnahme. Dabei spielt die Betriebszeit zwischen zwei Ausfällen einer Betrachtungseinheit im Betrachtungszeitraum eine entscheidende Rolle. Sie ist Ausdruck der Zuverlässigkeit bzw. der Instandhaltungsqualität und hat wesentlichen Einfluss auf die damit im Zusammenhang stehenden Kosten.

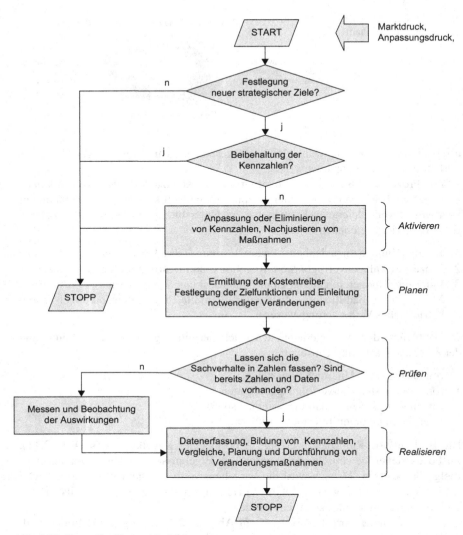

Abb. 2.12 Genereller Kennzahlenbildungsprozess

Eine wichtige Kenngröße ist z. B. der durchschnittliche Personalbedarf. Dieser richtet sich nach den Instandhaltungsumfängen. Meistens sind Mechaniker- und Elektroarbeiten erforderlich, die getrennt nach Gewerken erfasst werden. Angegeben werden sie in Mannstunden je Maßnahme. Mit den Stundensätzen lassen sich die Lohnkosten ermitteln. Weitere Kosten je Maßnahme ergeben sich aus dem Material-, Hilfsmittel-, Werkzeug- und Betriebsmitteleinsatz. Damit lassen sich Kennziffern bilden, die für die Bewertung der Wirksamkeit der Instandhaltung und für Vergleichszwecke herangezogen werden können.

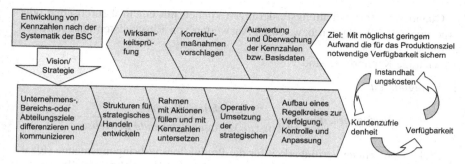

Abb. 2.13 Kennzahlenbildung zur Instandhaltungssteuerung

Die Kennzahlen je Instandhaltungsmaßnahme gewinnen an Informationsgehalt, wenn sie auf einen Betrachtungszeitraum oder die vorgesehene bzw. berechnete Lebensdauer bezogen werden, z. B.:

- alle gleichen Maßnahmen je Periode,
- alle präventiven Maßnahmen je Periode,
- alle korrektiven Maßnahmen je Periode,
- alle Maßnahmen einer Instandhaltungsebene je Periode,
- alle Instandhaltungskosten je Periode.

Ziel der Untersuchungen ist eine vergleichende quantitative und qualitative Bewertung der Instandhaltbarkeit eines technischen Erzeugnisses. Die Ausgangsdaten sind aus der Entwicklung und Konstruktion (Berechnungen, Versuche) und aus dem Nutzungsprozess ableitbar.

Die konstruktionsbedingten (inhärenten) Kennzahlen sind selten denen, die unter praktischen Bedingungen gewonnen werden (operative Kennzahlen) äquivalent, weil die Einsatzbedingungen der Betrachtungseinheiten in der Industrie erheblich differieren und von zahlreichen Imponderabilien abhängig sind. Den prinzipiellen Ablauf des Kennzahlenbildungsprozesses in der Instandhaltung zeigt Abb. 2.13.

Der Vergleich der Instandhaltbarkeit des Erzeugnisses mit den festgelegten Inhalten der Instandhaltungsforderungen macht Differenzen sichtbar.

Datenquellen sind:

- Bestandsdaten (Kundendienstinformationen),
- Daten aus der Produktion (Produktionsdaten),
- Entwurfsunterlagen (Instandhaltbarkeitsanalysen),
- Daten aus Entwicklungsversuchen (Versuchsdaten),
- Instandhaltbarkeitsversuche,
- technische Erzeugnisse des Wettbewerbs.

Alle Daten sind auf Relevanz und Übertragbarkeit auf die zukünftigen Einsatzbedingungen zu analysieren. Gegebenenfalls sind Korrekturen vorzunehmen. Der Nachweis qualitativer Instandhaltbarkeitsforderungen sollte unmittelbar am Objekt zu erfolgen, anderenfalls sind vergleichbare Geräte, Modellversuche oder Entwicklungs- und Einsatzerfahrungen auszuwerten.

Quantitative Instandhaltungsforderungen können mit einem theoretischen oder experimentellen Verfahren bzw. durch Auswerten von Einsatzdaten nachgewiesen werden.

Wichtige Kenngrößen sind

1. *Verfügbarkeit*

$$Verfügbarkeit = \frac{tatsächliche\ Betriebszeit}{effektiv\ zur\ Verfügung\ stehende\ Betriebszeit}$$

Ziel: erforderliche Verfügbarkeit für die Produktionsausbringungsmenge (Idealfall $V = 100\ \%$ nicht zwingend notwendig, wirtschaftlich nicht sinnvoll)

2. *Auslastung*

$$Auslastungsgrad = \frac{tatsächliche\ Nutzungszeit}{effektiv\ zur\ Verfügung\ stehende\ Nutzungszeit}$$

Ziel: Auslastung steigern (Idealfall 100 %)

3. *Produktionsbehinderung*

$$Behinderungsgrad = \frac{IH\text{-}Aufwand\ in\ der\ nicht\ produktionsfreien\ Zeit}{IH\text{-}Gesamtaufwand}$$

Ziel: Produktionsbehinderungsgrad durch geplante Instandhaltung minimieren und Maßnahmen in die produktionsfreie Zeit verlegen

4. *Technisch bedingte Stillstandszeit*

$$Stillstandsquote = \frac{technisch\ bedingte\ Stillstandszeit}{produktive\ Betriebszeit}$$

Ziel: Minimierung technisch bedingter Stillstandszeit durch Präventivmethode, zustandsabhängig m. H. der Inspektionsmethode, um technisch bedingte Stillstandszeit zu reduzieren

5. *Störungsgrad*

$$Störungsgrad = \frac{störungsbedingte\ Stillstände}{produktive\ Betriebszeit}$$

Ziel: Minimierung der Anzahl der Störfälle durch geplante Instandhaltung, die eine Verringerung technisch bedingter Störungen (Präventivmethode, Inspektionsmethode) bewirkt

6. *Abhängigkeit*

$$Abhängigkeitsgrad = \frac{Instandhaltungsfremdleistung}{IH\text{-}Gesamtleistung}$$

Ziel: Optimalen Unabhängigkeitsgrad anstreben – Konzentration auf Engpassmaschinen, Kernkompetenzen erhalten, Instandhaltungsstrategien optimieren, um Kosten zu senken

7. *Instandhaltungsgrad*

$$Instandhaltungsgrad = \frac{Instandhaltungsgesamtkosten}{produktive\ Betriebszeit}$$

Ziel: Optimierung des Instandhaltungsgrades

Da eine ausschließliche Konzentration auf Kennziffernsysteme möglicherweise wesentliche Informationen zur Prozessstabilität verwässert oder ausblendet, greifen zahlreiche Unternehmen vermehrt zur *Balanced Score Card*. Mit Hilfe dieses Hilfsmittels können über die Kennziffern hinaus auch Ziele und Initiativen zur Prozessoptimierung berücksichtigt werden. Zahlreiche Betreiber favorisieren daher vermehrt das Zusammenspiel zwischen *Condition Monitoring* und *Total Cost of Ownership (TCO)*, weil diese Kopplung sowohl für Maschinen- und Anlagenhersteller als auch für den Anwender Optimierungsmöglichkeiten schafft.

Mit *TCO* versuchen Betreiber die Instandhaltungskosten zu verringern, weil ohne *TCO* die Instandhaltungskosten nach etwa 5 Jahren den Anschaffungswert einer Maschine übersteigen können. Das *Condition Monitoring* bildet hier eine wesentliche Basis zur Optimierung von geplanten und ungeplanten Instandhaltungseinsätzen. Den Vorteil sehen die Hersteller im Wesentlichen als Möglichkeit zur kontinuierlichen Produktverbesserung (s. auch: RM- bzw. RAMS-Strategie).

2.8.10 Instandhaltbarkeitsnachweis

Aufgabe des Nachweisplans ist die Klärung der folgenden Fragen:

1. Wie kritisch ist der Einfluss der Instandhaltungsforderungen auf die Einsatzfähigkeit, die Instandhaltungskosten und die Sicherheit zu beurteilen?
2. Wird der Nachweis theoretisch durch Auswerten von Entwicklungstests, durch Instandhaltbarkeitsversuche oder mittels Einsatzplan durchgeführt?
3. Wann erfolgt der Nachweis und mit welchen Kosten?

Falls der Nachweis qualitativer Instandhaltbarkeitsforderungen nicht unmittelbar am Objekt erfolgen kann, besteht neben dem Einsatz von Vergleichsgeräten oder der Durchführung von Modellversuchen auch die Möglichkeit der Simulation am Rechner m. H. entsprechender Software.

Die Instandhaltbarkeitsanalyse ist eine besondere Strategie zur Ermittlung des Instandhaltungsbedarfs und des Instandhaltungsaufwandes innerhalb der Konstruktionsphasen eines technischen Erzeugnisses. In diesem Zusammenhang durchgeführte Instandhaltbarkeitsversuche haben die Aufgabe, stochastisch beeinflusste Kenngrößen nachzuweisen und zu bewerten. Darüber hinaus sind die zu erwartenden Instandhaltungskosten während der festgelegten Nutzungszeit, die zu erwartende

Entwicklung der durchschnittlichen jährlichen Instandhaltungskosten und der zu erwartende Anteil der Kosten für die operative Instandhaltung zu ermitteln. Die Instandhaltbarkeitsanalyse ist eine spezielle Strategie zur Ermittlung des zu erwartenden Instandhaltungsbedarfs und -aufwandes in den Konstruktionsphasen eines technischen Erzeugnisses.

2.8.11   Instandhaltbarkeitsdatensysteme

Informationen und Daten zur Beeinflussung der Instandhaltbarkeit und Prognose des Instandhaltungsaufwandes werden kontinuierlich erfasst und bewertet. Sie ergeben sich aus der systematischen Erfassung und Auswertung der Einsatzdaten während der Nutzungsphase. Daher bilden sie eine wichtige Grundlage zur Festlegung von Zielwerten für neue Erzeugnisse. Dabei spielt bei der Umsetzung der gesammelten Informationen der Stand der Technik eine wichtige Rolle (Steinhilper 1989).

Die Daten finden Verwendung für:

1. die Ermittlung von Plandaten für Budget-, Kapazitäts- und Investitionsplanung,
2. Soll/Ist-Vergleiche (Kosten, Zeiten, Aufwand),
3. die Qualitätssicherung,
4. die Schadensanalyse und -behebung,
5. die Instandhaltungsplanung und -kontrolle,
6. die Ersatzteilplanung und -bewirtschaftung,
7. die Anpassung zwischen Instandhaltungsanleitung und Ausbildung des Instandhaltungspersonals,
8. die Bewertung konkurrierender technischer Erzeugnisse,
9. den Entwurf und die Konstruktion neuer technischer Erzeugnisse.

Datenerfassungssysteme werden nach der Fähigkeit bewertet, Instandhaltungsvorgänge (einschließlich aller Verlust- und Wartezeiten) möglichst vollständig zu erfassen und deren strukturelle Zuordnung zu den Betrachtungseinheiten abzubilden. Die Daten aus dem laufenden Arbeits- und Instandhaltungsprozess werden vom ausgewiesenen Personal erfasst. Es erfolgt die Kontrolle der Vollständigkeit und Richtigkeit. Die Daten werden laufend aktualisiert.

Stammdaten (statische Daten)   Dazu gehören:

- Inventar- bzw. Identifikationsnummer,
- technische Daten,
- Standort,
- Beschaffungswert,
- Instandhaltungspläne und -anleitungen,
- Planzeiten,
- Ersatzteile, Betriebs-, Schmier- und Hilfsstoffe,
- erforderliche Prüfgeräte.

Betriebsdaten (dynamische Daten) Es handelt sich um Kennzahlen der Instandhaltbarkeit und Instandhaltung, die aus den laufenden Instandhaltungsvorgängen gewonnen werden oder den Herstellerangaben zu entnehmen sind:

- Datum des Schadenseintritts und der -behebung,
- durchgeführte Instandhaltungsmaßnahmen,
- Zeitaufwand des Instandhaltungspersonals,
- Verbrauch an Ressourcen (Ersatzteile-, Betriebs- und Schmierstoffe),
- benötigte Werkzeuge und Prüfgeräte,
- Schadensbeschreibung (Ausfallursachen),
- Betriebszeit zwischen zwei Ausfällen,
- aufgelaufene Nutzungszeit,
- Folgekosten,
- Maschinenausfallzeiten,
- Folgekosten,
- Verzugszeiten.

2.8.12 Vertragliche Regelungen

Das Lastenheft bestimmt frühzeitig und eindeutig die Erzeugnisentwicklung. Es enthält u. a. alle Anforderungen an die Zuverlässigkeit.

Zusätzlich zu den Zuverlässigkeitsanforderungen sind festzulegen:

1. Instandhaltungsstrategie und -konzept,
2. der maximal zulässige präventive und korrektive Instandhaltungsaufwand,
3. die Lebensdauer sowie Wartungs- und Instandhaltungszyklen,
4. alle relevanten Normen und Standards,
5. Definition und Abgrenzung der Instandhaltungsebenen,
6. Art und Umfang der Unterstützung der Instandhaltung durch den Hersteller während der Nutzung,
7. Anforderungen an Lagerung, Transport, Aufstellung und Inbetriebnahme,
8. Nachweis der Sicherheit, Umweltverträglichkeit und Recyclingfähigkeit,
9. Nachweisverfahren und -zeitpunkte.

2.8.13 Zusammenfassung

Die Kenntnis des zu erwartenden Instandhaltungsbedarfs für die Planung und Durchführung präventiver und korrektiver Maßnahmen liefert die Grundlagen für die Festlegung des Instandhaltungskonzepts. Mit einer durchgängigen Operationalisierung des Instandsetzungsablaufs einer Betrachtungseinheit sowie einer zeitlichen und materiellen Ermittlung der Ressourcen sichert das Instandhaltungsmanagement eine projektmäßige Vorbereitung und straffe Durchführung der Maßnahmen. Dabei hat die technologische Durchdringung wesentlichen Einfluss auf die Instandhaltungseffizienz.

Diese Vorgehensweise führt in der Summe der Arbeitszeiten zu Instandhaltbarkeitsaufwandszahlen mit den Angaben zu den Abweichungen von den Planvorgaben. Sich abzeichnende Problemzonen und Schwachstellen (z. B. Überschreitung maximal zulässiger Aufwandszeiten) sind ggf. Anlass für Konstruktionsänderungen. Das Instandhaltungskonzept bildet die Grundlage:

1. für die Erstellung der Instandhaltungs- und Instandhaltbarkeitsdokumentation,
2. für die Ermittlung des Werkzeug- und Prüfmittelbedarfs,
3. für Personal- und Ersatzteilebedarfsprognosen sowie
4. für die Vorbereitung von Instandhaltbarkeitsdemonstrationen.

Punkt 4 setzt umfangreiches Zustandswissen voraus, das meist erst durch Instandsetzungen nach Ausfall im Rahmen korrektiver Maßnahmen erzielt wird. Die Erfassung der Warte- und Wegezeiten liefert in diesem Zusammenhang meist eine hinreichende wirtschaftliche Begründung für Planungs- und Verbesserungskonzepte.

2.9   Übungs- und Kontrollfragen

A. Wartung und Pflege

1. Was ist beim Einsatz von technischen Arbeitsmitteln für die Erreichung einer optimalen Lebensdauer von besonderer Bedeutung?
2. Erläutern Sie anhand des Verlaufs der Abnutzungskurve die einzelnen Aufgabenbereiche der Instandhaltung!
3. Welche Dokumente bilden die Grundlage des Einsatzes von technischen Arbeitsmitteln? Erläutern Sie diese kurz!
4. Welche Maßnahmen sind zu ergreifen, um die Funktionsfähigkeit technischer Arbeitsmittel zu sichern und Ausfälle zu vermindern?
5. Was verstehen Sie allgemein unter Wartung? Erläutern Sie die Hauptaufgaben der Wartung und Pflege!
6. Wie kann Wartung erfolgen?
7. Warum ist die Maschinenreinigung ein wesentlicher Bestandteil von Wartung und Pflege?
8. Erläutern Sie die allgemeinen Grundsätze der Maschinenreinigung!
9. Erläutern Sie die Bedingungen für die Gestaltung von Reinigungsprozessen!
10. Was verstehen Sie unter Messen und Prüfen?
11. Welche Möglichkeiten der Durchführung einer Inspektion gibt es?
12. Erläutern Sie den Unterschied zwischen Inspektion, Überwachung und technischer Diagnose!
13. Was verstehen Sie unter Fehlerfrühdiagnose (Schädigungsfrüherkennung) und unter welchen Bedingungen sollte sie zum Einsatz gebracht werden?
14. Womit befasst sich die Tribotechnik und worin besteht ihr Hauptgegenstand?
15. Worin besteht die Aufgabe der Schmierung?

16. In welchen Aggregatzuständen befinden sich Schmierstoffe und welche Stoffe bilden die Grundlage der Schmierstoffe?
17. Was ist beim Einsatz von Schmierstoffen grundsätzlich zu beachten und in welchen Anwendungsbereichen kommen Schmierfette prinzipiell zum Einsatz?
18. Warum dürfen Fettkragen an Lagerrändern bzw. an der Außenseite von Dichtelementen keinesfalls entfernt werden?
19. Wodurch erhält das Schmierfett seine Konsistenz?
20. Welche Auswirkungen kann eine Mangelschmierung verursachen?
21. Warum ist das Vermischen von Schmierfetten mit unterschiedlichen Verdickern zu vermeiden und warum sind bei Fettwechsel vorher die Leitungen zu säubern?
22. Was ist eine Mineralölemulsion, was bewirkt sie und welche Auswirkungen hat ein zu rascher Durchlauf von Emulsionen im System?
23. Erläutern Sie die Grundsätze für das Schmieren!
24. Warum ist die Einbindung der Instandhaltung einschließlich des Schmierdienstes in das betriebliche Informationsflusssystem für das Unternehmen von Bedeutung und wie erfolgt diese?
25. Welche Aufgabe hat die Instandhaltungsorganisation?
26. Warum müssen vor Ort festgestellte Mängel oder Schäden an zu schmierenden Maschinenteilen und Schmiereinrichtungen sofort gemeldet werden?
27. Warum ist eine optimale Schmierung und tribotechnische Betreuung von Maschinen und Anlagen für jeden Betrieb von entscheidender wirtschaftlicher Bedeutung?
28. Welche Ziele hat eine optimale Organisation des Schmierdienstes?
29. Was verstehen Sie unter Stammdaten und in welche beiden Hauptgruppen werden sie eingeteilt?
30. Für welche Zwecke werden Bewegungsdaten permanent ausgewertet?
31. Warum darf die Einführung und Überwachung des Schmierdienstes ausschließlich von Fachkräften innerhalb der Instandhaltung durchgeführt werden, die auf dem Gebiet der Tribotechnik geschult sind?
32. Welches Instrument bildet die Grundlage für die planmäßige Durchführung des Schmierdienstes und welche Informationen liefert es?
33. Welche Dokumente werden zur Erstellung der Wartungsunterlagen herangezogen?
34. Welche Aufgabe hat der Schmierplan und wie ist er aufgebaut?
35. Wozu dient der Schmierauftrag und welche Daten enthält er?
36. Warum sollte die Anzahl der Schmierstoffsorten so gering wie möglich gehalten werden und die Sortenbereinigung eine kontinuierlich zu verfolgende Maßnahme sein?
37. Welche Dokumente bilden die Grundlage für die Auswahl der Schmierstoffe und welche Personen managen die Beschaffung?
38. Nennen Sie das Hauptziel der Schmiermittelbeschaffung!
39. Warum sind Schmierstoffe bei vielen Konstruktionen in Abständen zu erneuern und wovon ist der Erneuerungszeitpunkt von Schmierstoffen abhängig?
40. Erläutern Sie die Grundsätze des Schmierens!
41. Welche Schmierverfahren kennen Sie? Erläutern Sie diese kurz!

42. Was verstehen Sie unter Bedarfskenngrößen im Bereich des Schmiermitteleinsatzes? Nennen Sie Beispiele!

43. Welche Ziele hat die Abstellorganisation und wie hoch schätzen Sie die entstehenden Schäden infolge ineffizienter Abstellorganisation?

44. Welche Kriterien bestimmen Inhalt und Umfang der Abstellmaßnahmen?

45. Welche wichtigen Maßnahmen sind beim Abstellen von Bedeutung?

46. Welche Aufgabe hat die Abstellorganisation? Was beinhaltet die betriebliche Abstellordnung?

47. Durch welche Faktoren wird die Soll-Zeit einer technischen Anlage vermindert?

48. Was verstehen Sie unter dem Mikro-Dieseleffekt?

49. Welche Faktoren beschleunigen die Alterung des Schmieröls?

B. Umgang mit Schmierstoffen

1. Nennen Sie Grundvoraussetzungen für den Erhalt der geforderten Eigenschaften des Schmierstoffs?

2. Worin bestehen die Hauptziele des Schmierstoffmanagements?

3. Wie erfolgt die Anlieferung der Schmierstoffe und wie sind Lagerräume grundsätzlich zu gestalten?

4. Womit sollten Schmierstofflagerbehälter grundsätzlich ausgerüstet sein?

5. a) Welche Anordnung und Verteilung sollte bei der Lagerung der Schmierstoffe beachtet werden?
   b) Worauf ist bei der Lagerung von Schmierstoffe besonders zu achten?

6. a) Welche gesetzlichen Regeln gelten für die Lagerung von Schmierstoffen?
   b) Wie sollen Schmierstoffe gelagert werden?
   c) Wie sind Stoffe und Materialien zu entsorgen, die mit Schmierstoffen in Berührung gekommen sind?

7. Was verstehen Sie unter wassergefährdenden Stoffen und wie stuft der Gesetzgeber Mineralöl- produkte und synthetische Schmierstoffe in Bezug auf die Wassergefährdung ein?

8. Welche Mengen dürfen in Vorratsräumen anzeige- und erlaubnisfrei nach dem Gewerberecht gelagert werden?

9. Welche Mengen müssen bei Lagerung in Vorratsräumen nach dem Gewerberecht angezeigt werden?

10. Welches Gesetz regelt den Besorgnisschutz im Zusammenhang mit der Instandhaltung?

11. Worin bestehen die Pflichten des Unternehmers im Zusammenhang mit dem Umgang von Schmierstoffen?

12. Erläutern Sie die bekannten Methoden der Bestimmung der Wasseranteile im Schmieröl!

13. Begründen Sie, warum überhitzte Schmierfette nicht wiederverwendbar sind?

14. Wie reagiert ein nicht wasserbeständiges Schmierfett bei Wassereintritt?

15. a) Welche bekannten Methoden der Schmierstoffreinigung kennen Sie?
    b) Welche ist die einfachste und damit billigste Reinigungsmethode?
16. Welche gültigen Verordnungen zur Altöl- und Schmierstoffentsorgung kennen Sie?
17. Wie werden gemäß Altölverordnung (AltölV) Altöle eingeteilt?
18. Mit welchen Stoffen darf verwertbares Altöl der Kategorien 1 und 2 keinesfalls vermischt werden?
19. Wie regelt das Gewerberecht den Umgang mit Schmierstoffen?
20. Wie sind Altöle unbekannter Herkunft zu lagern?
21. Wie regelt der Gesetzgeber

    a) die Schmierstoffentsorgung,
    b) die Anforderungen an das Entsorgungsunternehmen hinsichtlich Betriebsorganisation und Personalausstattung?

C. Instandsetzung

1. Was verstehen Sie unter Instandsetzung?
2. Welche Teilmaßnahmen sind bei der Instandsetzung von technischen Mitteln eines Systems erforderlich?
3. Wie kann Instandsetzung erfolgen?

D. Verbesserung

1. Was verstehen Sie unter „Anlagenverbesserung"?
2. Welche Ziele verfolgt ein Unternehmen mit der Strategie „Anlagenverbesserung"?
3. Welche technischen Maßnahmen würden Sie ergreifen, um eine Anlage zu verbessern?

Quellenverzeichnis

Literatur

Baumbach, M., Stampfl, A.T.: After Sales Management. Hanser, München (2002). (ISBN 3-446-21902-1)
Biedermann, H. (Hrsg.): Inspektion und Wartung, 5. Instandhaltungsforum. TÜV Rheinland, Köln (1989)
Eichler, Ch.: Instandhaltungstechnik, Verlag Technik GmbH, Berlin (1990)
Hartmann, E.H.: TPM Effiziente Instandhaltung und Maschinenmanagement. Finanzbuch, München (2007). (ISBN: 3-478-5-6)
Handbuch Instandhaltung (Loseblattsammlung): Kap. 7, Schriftenreihe DKI e. V. „Instandhaltung und Konstruktion", Fachtagung Instandhaltung. TÜV Rheinland, Köln (1988)

Heiler, S., Michels, P.: Deskriptive und explorative Datenanalyse. Oldenbourg, München (1994). (ISBN 3-486-22786-6)

Kielhauser, P.: Wartung und Inspektion im Rahmen einer Kostensenkungsstrategie. In: Biedermann, H. (Hrsg.) Inspektion und Wartung, 5. Instandhaltungsforum. TÜV Rheinland, Köln (1989)

Lange, K.: Flüssiges Gold -Ölfiltration, der Schlüssel zur Instandhaltung von Spritzgießmaschinen. Hüthig, Heidelberg (2001). (ISBN: 3-7785-3011-9)

Schwager, B.: Richtig entsorgt: Altöl und Schmierstoffe. Leitfaden mit Kommentar zur novellierten Altölverordnung, Praxis Reihe Arbeit – Gesundheit – Umwelt. Universum Verlagsanstalt, Wiesbaden (2002). (ISBN: 3-89869-054-7)

Steinhilper, R.: Instandhaltungseignung von Fertigungsanlagen – Bewertung in der Investitionsphase-. Frauenhofer IPA, Eschborn (1989). (ISBN: 3-921451-87-6)

Sturm, A., Förster, R.: Maschinen- und Anlagendiagnostik. Teubner-Verlag, Stuttgart (1990). (ISBN: 3-519-06333-6)

Wöhe, G., Döring, U.: Einführung in die Betriebswirtschaftslehre, Aufl. 24. Vahlen, München (2010). (ISBN: 978-3-806-3795-9)

Internetquellen

http://de.wikipedia.org/wiki/RAMS. Zugegriffen 11 Feb 2011
http://de.wikipedia.org/wiki/Kugelgewindetrieb. Zugegriffen 04 Mai 2011
http://www.autobild.de/lexikon/verlustschmierung_221797.html. Zugegriffen 17 Apr 09

Gesetze

Altölverordnung (AltölV): v. 27.10 1987, neu gefasst am 16.4.2002 (BGBl. I S. 1368) geändert am 20.10.2006 (BGBl. I S. 2298)

Entsorgungsfachbetriebeverordnung (EfBV): Verordnung über Entsorgungsfachbetriebe vom 10. September 1996 (BGBl. I S. 1421), letzte Änderung am 29. Juni 2002 (Art. 7 VO vom 24. Juni 2002)

Kreislaufwirtschafts- und Abfallgesetz (KrW-/AbfG): Gesetz zur Förderung der Kreislaufwirtschaft und Sicherung der umweltverträglichen Beseitigung von Abfällen vom 27. September 1994 (BGBl. I S. 2705) Inkrafttreten am: 6. Oktober 1996 Letzte Änderung durch: Art. 5 G vom 6. Oktober 2011 (BGBl. I S. 1986, 1991) Inkrafttreten der letzten Änderung: 14. Oktober 2011 (Art. 6 G vom 6. Oktober 2011)

VDI 2890 Technische Regel: Richtlinie ICS:03.080.10 Deutscher Titel: Planmäßige Instandhaltung; Anleitung zur Erstellung von Wartungs- und Inspektionsplänen (engl. Titel: Planned maintenance; guide for the drawing up of maintenance lists Ausgabedatum:1986–11, Hrsg.: VDI-Gesellschaft Produktion und Logistik, Autor: VDI-Fachbereich Fabrikplanung und -betrieb zugehörige Handbücher: VDI-Handbuch Fabrikplanung und -betrieb – Bd. 1: Betriebsüberwachung/Instandhaltung

Verordnung über Anlagen zur Lagerung, Abfüllung und Beförderung brennbarer Flüssigkeiten zu Lande (VbF) vom 8. Februar 1960 (BGBl. I S. 83), letzte Änderung Art. 82 G vom 21. Juni 2005 (BGBl. I S. 1818, 1833 f.) (ersetzt durch die Betriebssicherheitsverordnung (BetrSichV)

Betriebssicherheitsverordnung: Verordnung über Sicherheit und Gesundheitsschutz bei der Bereitstellung von Arbeitsmitteln und deren Benutzung bei der Arbeit, über Sicherheit beim Betrieb überwachungsbedürftiger Anlagen und über die Organisation des betrieblichen Arbeitsschutzes (BetrSichV) vom 27.09.2002 (BGBl. I S. 3777), letzte Änderung 8.11.2011 (BGBL. I S. 2178, 2198)

Richtlinie 67/548/EWG: Verordnung zum Schutz vor gefährlichen Stoffen (Gefahrstoffverordnung – GefStoffV) vom 26. 11. 2010

Regelwerke und Normen

VDI 2890 (Instandhaltung): Planmäßige Instandhaltung; Anleitung zur Erstellung von Wartungs- und Inspektionsplänen. (1986-11)

VDI 2893 (Instandhaltung): Auswahl und Bildung von Kennzahlen der Instandhaltung. (2006-5)

VDI 2894 (Instandhaltung): Personalplanung. (1987-11)

VDI 2897 (Instandhaltung): Handhabung von Schmierstoffen im Betrieb, Aufgaben und Organisation. (1995-12)

DIN ISO 2137 Mineralölerzeugnisse – Schmierfett und Petrolatum – Bestimmung der Konuspenetration. (1997-07)

ISO/TS 16949 (Basis EN ISO 9001): Qualitätsmanagementsysteme: Qualitäts-, Umwelt- und Arbeitssicherheitsmanagement in der Automobilindustrie – Technische Spezifikation. (2009-06)

DIN ISO 9000 (Qualitätsmanagement): Qualitätsmanagementsysteme – Grundlagen und Begriffe. (2005-12)

DIN ISO 9001 (Qualitätsmanagement): Qualitätsmanagementsysteme – Anforderungen. (2008-12)

DIN ISO 9004 (Qualitätsmanagement): Qualitätsmanagementsysteme – Anforderungen. (2008-12)

DIN 31051 (Instandhaltung): Grundlagen der Instandhaltung. (2003-06)

DIN EN 13306 (Instandhaltung): Begriffe der Instandhaltung (dreisprachige Fassung). (2010-12)

DIN EN ISO 19011 (Qualitätsmanagement): Grundsatznorm; Leitfaden zur Auditierung von Managementsystemen. (2011-12)

DIN 6763: Nummerung, Grundbegriffe. (1985-12)

DIN EN 50126 (VDE 0115-103:2000–03:2000-03) Bahnanwendungen – Spezifikation und Nachweis der Zuverlässigkeit, Verfügbarkeit, Instandhaltbarkeit, Sicherheit (RAMS)

Kapitel 3
Schadensanalyse und Schwachstellenbeseitigung

Zielsetzung Nach diesem Kapitel

- kennen Sie Aufbau und Struktur technischer Oberflächen,
- beherrschen Sie die Fachbegriffe und Grundzusammenhänge der Schädigungstheorie,
- verfügen Sie über Kenntnisse des Schädigungsverhaltens von Werkstoffen,
- sind Sie in der Lage, selbstständig eine Instandhaltungsanalyse durchzuführen,
- verfügen Sie über Grundkenntnisse einer Vorgehensweise zur Bestimmung der Ursachen von Schadensfällen.

3.1 Begriffe

Der Schädigungszustand eines technischen Arbeitsmittels oder seiner Elemente ist eine unerwünschte, nicht gerechtfertigte Abweichung von dem in den Konstruktionsunterlagen festgelegten Sollzustand. Er ist in erster Linie von der Art, dem Umfang, der Wirkung und den Bedingungen der Schädigung und in zweiter Linie von der Betriebsdauer abhängig.

Die Untersuchung des Schädigungszustandes ist ein Teil der Methodik zur experimentellen Bestimmung des Schädigungsverlaufs und Ermittlung der effektiven Lebensdauer von Elementen. Der Schädigungszustand bestimmt zusammen mit der im Instandhaltungsintervall geforderten Überlebenswahrscheinlichkeit die Art der Instandhaltungsmaßnahmen maßgeblich.

M. Strunz, *Instandhaltung*,
DOI 10.1007/978-3-642-27390-2_3, © Springer-Verlag Berlin Heidelberg 2012

Tab. 3.1 Schadensbegriffe nach DIN 31051

Schaden	Veränderungen an einem Bauteil, durch die seine vorgesehene Funktion beeinträchtigt oder unmöglich gemacht wird oder eine Beeinträchtigung erwarten lässt
Vorschaden	Früherer am Bauteil oder an der Anlage aufgetretener Schaden
Primärschaden	Zeitlich zuerst aufgetretener Schaden
Folgeschaden	Schaden, der durch einen vorangegangenen Schaden am gleichen oder einem anderen Bauteil ausgelöst wird
Wiederholungsschaden	Wiederholtes Auftreten eines gleichartigen Schadens an einem Bauteil
Schadensteil	Vom Schaden betroffenes Bauteil oder Bruchstück eines Bauteils
Schadenstelle	Ort des Schadens am Bauteil
Schadensbild	Äußerer Zustand des beschädigten Teiles
Schadensmerkmal	Charakteristische Merkmale eines Schadens
Schadensablauf	Zeitliche Entwicklung des Schadens.
Schadensart	Zuordnung des Schadens zu einem bestimmten Schadenablauf
Schadenanalyse	Systematische Untersuchungen und Prüfungen zur Ermittlung von Schadenablauf und -ursache
Schadensursache	Summe der Schaden auslösenden Einflüsse
Schadensabhilfe	Maßnahmen gegen die Wiederholung eines bestimmten Schadens
Schadensverhütung	Vorbeugende Maßnahmen gegen das Auftreten von Schäden

3.2 Grundlagen der Tribologie und der Theorie der Schädigung

3.2.1 Tribotechnische Systeme

3.2.1.1 Definition und Aufgabe der Tribologie

Die Funktion technischer Systeme ist mit unterschiedlichen Energie-, Stoff- und Informationsflüssen verbunden.

Eine Analyse des Maschinenbaues, der Produktionstechnik und der Informatik bezüglich der Mechanismen der Energie-, Stoff- und Informationsflüsse zeigt folgende Unterschiede:

1. Energie- und stoffdeterminierte Systeme erfordern für ihre technische Funktion häufig mechanische Kontakt- und Bewegungsvorgänge von Bauteilen und Substanzen, d. h. von Festkörpern, Flüssigkeiten und Gasen.
2. Signal- und informationsdeterminierte Systeme werden heute meist elektronisch realisiert, d. h. sie basieren auf submikroskopischen Bewegungs- und Schaltvorgängen von Elektronen, Ionen oder elektromagnetischen Feldern und können m. H. der Digitaltechnik optimiert werden.

Ein allgemeines Kennzeichen der Energie- und Stoffumsätze in technischen Systemen ist das Auftreten von Bewegungswiderständen in Form von Reibung sowie Veränderungen in Bewegung befindlicher Bauteile und Stoffe durch Verschleiß. Eine wichtige Forderung der Ingenieurtechnologen ist in diesem Zusammenhang die Reduzierung reibungs- und verschleißbedingter Energie- und Stoffverluste durch

Verschleiß, um eine möglichst störungsfreie Funktion mit hohem Wirkungsgrad und großer Zuverlässigkeit zu gewährleisten.

Nach den Gesetzen der Thermodynamik sind alle makroskopisch technischen Prozesse irreversibel und benötigen zu ihrer Durchführung Energie. Werden zwei Festkörper relativ gegeneinander bewegt, so besitzen alle Moleküle jedes Körpers neben der Molekularbewegung gleich gerichtete und gleich große Geschwindigkeitskomponenten. Reibung bewirkt, dass sich diese relativ geordnete Bewegung in weniger geordnete Molekularbewegungen, d. h. in reibungsinduzierte Wärmeschwingungen umwandelt. Reibung stört die geordnete Form der Festkörper, weil Verschleiß Teilchenabrieb (Verschleißpartikel) verursacht und das *„Maß der Unordnung"* vergrößert. Da aus Unordnung nie freiwillig, d. h. ohne äußere Eingriffe, eine höhere Ordnung entstehen kann, sind diese Vorgänge irreversibel: Die Entropie nimmt zu.

Die Vorgänge von Reibung und Verschleiß sind hochkomplex und erfordern eine wesentlich erweiterte Betrachtungsweise. Elementarprozesse von Reibung und Verschleiß sind stochastischer Natur, die als dissipative, nichtlineare, dynamische Vorgänge in zeitlich und örtlich verteilten Mikrokontakten ablaufen. Tribologische Prozesse besitzen daher Eigenschaften, die nach heutiger Terminologie zum Bereich der *„Chaoswissenschaften"* gerechnet werden können. Die wissenschaftliche Aufgabe der Tribologie ist die Erforschung dieser reibbedingten Energiedissipationen und verschleißbedingten Materialschädigungsprozesse.

In der Technik können funktionelle Aufgaben nur mit Hilfe *„aufeinander einwirkender Oberflächen in Relativbewegung"*, also tribologischer Systeme, realisiert werden. Tribologische Systeme werden bestimmt durch:

1. *Kinematik*: Bewegungserzeugung, -übertragung, -hemmung,
2. *Dynamik*: Kraftübertragung über Kontaktgrenzflächen,
3. *Arbeit und mechanische Energie*: Übertragung und Umwandlung mechanischer Energie,
4. *Transportvorgänge*: Stofftransport fester, flüssiger oder gasförmiger Medien,
5. *Formgebung*: spanende oder spanlose Fertigung, Oberflächentechnik.

3.2.1.2 Funktion tribotechnischer Systeme

Tribotechnische Systeme sind Gebilde, deren Funktion definitionsgemäß mit Kontaktvorgängen und *„aufeinander einwirkenden Oberflächen in Relativbewegung"*, d. h. mit tribologischen Prozessen, verbunden ist. Sie lassen sich nach ihrer hauptsächlichen Funktion, die aus der Umsetzung von mechanischer Energie und Stoffen resultiert oder auch damit verbundener Signal- oder Informationsübertragung in primär energiedeterminierte, stoffdeterminierte oder informationsdeterminierte Systeme einteilen[1].

Die Tribologie hat in der Technik eine duale Aufgabe. Einerseits ermöglichen nur tribologische Prozesse, also Kontakt- und Bewegungsvorgänge von Bauteilen und

---

[1] Czichos und Habig 1992, S. 10 ff.

Stoffen, die technisch gewünschte Umwandlung der Eingangsgrößen in Nutzungs-
größen, andererseits können in Abhängigkeit vom Beanspruchungskollektiv der Eingangsgrößen die tribologischen Prozesse reibungs- und verschleißbedingte Material-
verluste verursachen, d. h. die Kraft oder Bewegung übertragenden Elemente werden
im Laufe der Nutzung durch Verschleiß, Korrosion und/oder Alterung verzehrt.

3.2.1.3 Struktur tribotechnischer Systeme

Ein tribotechnisches System besteht aus:

1. Grundkörper,
2. Gegenkörper,
3. Zwischenstoff (Schmierstoff, Mahlgut),
4. Umgebungsmedium.

Die zur Funktion erforderlichen und die direkt am tribologischen Prozess beteiligten
Bauteile und Stoffe bilden die Struktur tribotechnischer Systeme, z. B.:

• Zahnradgetriebe,
• Rad/Schiene,
• Führung,
• Lagerung,
• Bagger,
• Materialzerkleinerungsanlage.

Geschlossene tribotechnische Systeme sind primär energie- und signaldetermi-
niert, beispielsweise Bewegungs-, Kraft-, Energie- oder Signalübertragungssysteme
(Getriebe, Relais). Die Systemelemente sind permanente Bestandteile der Systemstruktur. Offene ribotechnische Systeme hingegen sind primär stoffdeterminiert. Bei
ihnen findet ein ständiger „*Stofffluss*" in das tribotechnische System und heraus statt.
    Die Bestandteile tribotechnischer Systeme sind bei der Erfüllung ihrer funk-
tionellen Aufgaben (Energie-, Stoff- oder Signalumsetzung) über Kontakt- und
Bewegungsvorgänge durch das Einwirken des Beanspruchungskollektivs auf die
Systemkomponenten verschiedenen tribologischen Beanspruchungsprozessen ausgesetzt. Deren Analyse ist eine wesentliche Voraussetzung für das Verständnis von
Reibungs- und Verschleißvorgängen.

Parametergruppen tribotechnischer Systeme Tribotechnische Systeme sind bezüglich ihrer Funktion und Struktur durch eine Vielzahl von Parametern und Einflussgrößen gekennzeichnet. Kenngrößen tribotechnischer Systeme werden wie folgt
gegliedert:

1. Funktion und Nutzgrößen
    Die Funktion eines tribotechnischen Systems ist durch die technischen Nutz-
    größen zu beschreiben, die für die Funktionserfüllung des betrachteten energie-,
    stoff- oder signaldeterminierten Systems erforderlich sind. Die wichtigsten Nutz-
    größen sind Bewegung, Kraft bzw. Drehmoment, mechanische Energie und bei
    offenen Systemen Stoff- und Signalgrößen.

2. *Struktur*

Bestandteile der Struktur sind:

a. Grundkörper,
b. Gegenkörper,
c. Zwischenstoff,
d. Umgebungssituation.

Die Systemkomponenten sind durch die Angabe tribologisch relevanter Eigenschaften (Stoff-, Formeigenschaften) sowie durch physikalische, chemische und technologische Kenngrößen der einzelnen Systemkomponenten gekennzeichnet.

3. *Beanspruchungskollektiv*

Physikalisch-technische Parameter, die auf die Systemkomponenten bei der Ausübung der technischen Funktion einwirken, bestimmen das Beanspruchungskollektiv:

a. Kinematik (Bewegungsart und -ablauf),
b. Normalkraft F_N,
c. Geschwindigkeit v,
d. Temperatur,
e. Beanspruchungsdauer,
f. Störparameter: Vibrationen, Strahlung usw.

3.2.2 Gebrauchswertmindernde Prozesse

Technische Arbeitsmittel und ihre Elemente (Betrachtungseinheiten) unterliegen während ihrer Nutzung, aber auch während des Stillstandes und somit während ihrer gesamten Existenz, vielfältigen Wert mindernden Einflüssen. Dabei spielt die Gebrauchseigenschaft der BE eine entscheidende Rolle.

Unter Gebrauchseigenschaft ist die Fähigkeit zu verstehen, eine bestimmte Funktion (z. B. eine be stimmte Zuverlässigkeit, einen bestimmten Energiebedarf, ergonomische oder ästhetische Eigenschaften) zu erfüllen. Dabei wird grundsätzlich in notwendige und erwünschte Gebrauchseigenschaften unterschieden.

Notwendige Gebrauchseigenschaften bestimmen die Funktion entscheidend. Sie beinhalten daher die zwingend notwendige Erfüllung der Hauptparameter. Das bedeutet, dass eine BE bestimmte funktionelle Leistungswerte zu realisieren hat, z. B. ein bestimmtes Spanvolumen einer Werkzeugmaschine pro Zeiteinheit (Zeitspanvolumen), das Erdaushubvolumen eines Baggers pro Zeiteinheit oder die Plastifizierleistung einer Kunststoffspritzgießmaschine.

Erwünschte Eigenschaften ergänzen die notwendigen Eigenschaften, beispielsweise die Farbgebung. Die Farbgebung hat keine unmittelbare Auswirkung auf die Funktion, denn die Maschine funktioniert rein technisch auch unlackiert. Allerdings hat die Farbgebung neben einer ästhetischen Funktion auch eine Schutzfunktion. Insofern ist eine unlackierte Maschine zwar arbeitsfähig, aber nicht funktionsfähig.

Abb. 3.1 Mögliche
Schädigungsverläufe einer
Betrachtungseinheit: *Kurve
1* Driftausfall, *Kurven 2* und
3 Sprungausfall. (Legende:
B(t) Belastung, *G(t)*
Gebrauchsparameter)

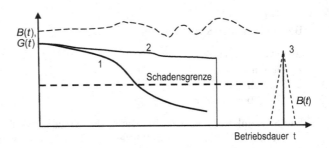

Unter Funktionsfähigkeit ist also das Vorhandensein aller notwendigen und erwünschten Eigenschaften eines technischen Arbeitsmittels zu verstehen. Sind nur die notwendigen Gebrauchseigenschaften vorhanden, spricht man von Arbeitsfähigkeit.

3.3 Abnutzungseffekte

3.3.1 Allgemeiner Überblick

Abnutzungserscheinungen entstehen durch Verschleiß, Korrosion, Ermüdung sowie Alterung und sind auch bei normaler Nutzung (Normalbetrieb) nicht vermeidbar[2]. Ursachen erhöhter Abnutzung sind:

a. Überlastung durch Gewaltnutzung: Beschleunigung der Abnutzungsgeschwindigkeit,
b. fehlerhafter Einsatz und/oder
c. fortgeschrittene Abnutzung.

Objektiv bedingte Ursachen der Abnutzung sind verfahrens- oder umweltbedingt. Z. B. unterliegt ein Schaufelrad- oder Eimerkettenbagger im Abraum weitaus größerem Verschleiß als im Kohleabbau. Während Kohle wie ein Schmiermittel wirkt, verhält sich Abraum je nach Zusammensetzung durch seinen Abrieb fördernden Effekt wie ein Schleifmittel.

Subjektiv bedingte Ursachen liegen in Konstruktions-, Fertigungs-, Bedienungs- und Instandhaltungsfehlern begründet. Dabei sind Normalschäden prinzipiell vorhersagbar und bereits während der Konstruktion einkalkulierbar. Gewaltnutzungsschäden sind nicht vorhersagbar.

Das Schädigungsverhalten einer BE kann durch folgende Verläufe gekennzeichnet sein (s. Abb. 3.1):

1. Unter Belastung verändert sich der Gebrauchsparameter kontinuierlich (Kurve 1). Beim Erreichen der Schadensgrenze ist die Funktionsfähigkeit nicht mehr

---

[2] DIN 50 323, Teil 1: Tribologie, Begriffe.

Abb. 3.2 Unterschiedliche
Verläufe der Ausfallrate

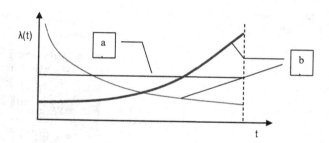

gewährleistet, z. B. führt ein infolge von Undichtigkeiten kontinuierlicher Hydraulikdruckabfall eines Extruders zur Abnahme der Plastifizierleistung. Im Falle einer hydraulischen Spritzgießmaschie wäre beispielsweise der notwendige Werkzeugschließdruck nicht mehr gewährleistet. Es besteht Unfallgefahr und infolge des Materialsaustriebs entsteht außerdem Ausschuss.

2. Bei Kurve 2 nimmt der Gebrauchsparameter der BE zunächst kontinuierlich ab und fällt noch vor Erreichung der Schadensgrenze schlagartig auf Null ab.
3. Bei Kurve 3 verliert die BE schlagartig ihre Gebrauchseigenschaft, sobald sie belastet wird. Dies kann z. B. beim Einschalten eines elektrisch angetriebenen Systems der Fall sein. Beim ersten Stromstoß fällt das System beispielsweise infolge eines fehlerhaften elektronischen Bauelements bzw. wegen eines Elektronikschadens aus.

Die Gliederung der Ausfälle erfolgt weiterhin[3]:

1. nach der Beanspruchung in:

    a. Ausfall bei zulässiger Beanspruchung bzw.
    b. Ausfall bei unzulässiger Beanspruchung

2. nach der Größe der Änderung des Zuverlässigkeitsmerkmals in:

    a. Vollausfall bzw.
    b. Änderungsausfall

3. nach dem Verlauf der Ausfallrate (s. Abb. 3.2):

    a. in Zufallsausfälle bzw.
    b. in systematische Ausfälle.

3.3.2 Tribologische Beanspruchungen

Tribologische Beanspruchung wird nach DIN 50320 als *„die Beanspruchung der Oberfläche eines festen Körpers durch Kontakt- und Relativbewegung eines festen, flüssigen oder gasförmigen Gegenkörpers"* definiert.

---

[3] Vgl. Eichler 1989, S. 26.

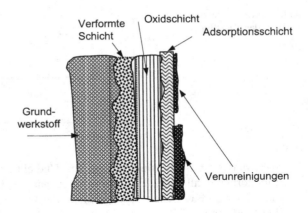

Abb. 3.3 Aufbau einer technischen Oberfläche

Die tribologische Beanspruchung ist dualer Natur:

1. Sie ist notwendig für die technisch nutzbare Umsetzung von Energie-, Stoff- und Signalgrößen in tribotechnischen Systemen und
2. führt zu Reibung und Verschleiß.

Im Zuge dieser dualen Aufgabe werden diese Systeme im Verlaufe ihrer Nutzung physisch verzehrt. Dabei hat der Gefügeaufbau des Materials wesentlichen Einfluss auf das tribologische Verhalten eines Körpers.

3.3.2.1 Technische Oberflächen

Technische Oberflächen bilden die geometrische Begrenzung von Bauteilen. Bestimmend für die Werkstoffeigenschaften sind i. d. R. die chemische Zusammensetzung und die Struktur des Grundwerkstoffs (Gefüge). Werkstückoberflächen unterscheiden sich vom Werkstoffinneren in wesentlichen Aspekten. Idealisiert betrachtet ist eine technische Oberfläche ein Abbruch eines mehr oder weniger periodischen Kristallgitters. Elektronen verursachen an dieser Randschicht des periodischen Gitterpotenzials Unordnungen. Ursache sind die nicht abgesättigten Bindungen der Oberflächenatome[4].

Metallische Werkstoffe bilden an der Werkstoffoberfläche mit dem Luftsauerstoff Oxidschichten. Darauf lagern sich ggf. gasförmige oder flüssige Verunreinigungen ab, die physi- oder chemisorbiert werden. Auch die Bearbeitung des Werkstoffs führt zu Veränderungen. Beide Schichten bilden die innere Grenzschicht (Abb. 3.3). So zeigen beispielsweise spanend bearbeiten oder umgeformte Oberflächen Bereiche unterschiedlicher Verfestigung sowie lokale Eigenspannungen oder auch Texturinhomogenitäten zwischen Randzone und Werkstoffinnerem.

Eine technische Oberfläche setzt sich aus mehreren Schichten zusammen. Den Schichtaufbau einer technischen Oberfläche zeigt Abb. 3.3. Auf der Außenfläche

---

[4] Vgl. Czichos und Habig 1992, S. 18.

befindet sich i. d. R. eine Schmutzschicht gefolgt von einer Adsorptions- und einer Oxidschicht. Beide bilden die äußere Grenzschicht. Darunter liegt ein Bereich, der sich infolge der Beanspruchung verformt hat und mit dem Grundwerkstoff die innere Grenzschicht bildet[5].

Die Oberflächenrauheit ist die mikrogeometrische Gestaltabweichung von der idealen mikroskopischen Geometrie von Bauteilen. Das Fertigungsverfahren prägt die Oberflächenrauheit. Diese stellt eine 3-dimensionale stochastische Verteilung von „Rauheitshügeln" und „Rauheitstälern" dar. Kommen diese Flächen miteinander in Berührung, kommt es zum Materialabtrag.

3.3.2.2 Kontaktvorgänge

Die Kontaktmechanik beschäftigt sich mit der Berechnung von elastischen, viskoelastischen oder plastischen Körpern im statischen oder dynamischen Kontakt. Sie ist eine ingenieurwissenschaftliche Grunddisziplin und bildet die Basis für einen sicheren und energiesparenden Entwurf technischer Anlagen und Objekte. Anwendungen sind z. B. der Rad-Schiene-Kontakt, Kupplungen, Bremsen, Reifen, Gleit-, Kugel- und Wälzlager, Verbrennungsmotoren, Gelenke, Dichtungen, Umform- und Materialbearbeitungsprozesse, Ultraschallschweißen, elektrische Kontakte u. v. a. m. Ihre Aufgaben reichen vom Festigkeitsnachweis, Kontakt- und Verbindungselementen über die Beeinflussung von Reibung und Verschleiß durch Schmierung oder Materialdesign bis hin zu Anwendungen in der Mikro- und Nanosystemtechnik.

Insbesondere kann bei der Berührung von Oberflächen infolge molekularer Wechselwirkungen in der Kontaktgrenzfläche Adhäsion auftreten.

Beispiele für Adhäsion in der Praxis sind das „Aneinandersprengen" von Endmaßen mit ihren extrem planen und glatten Oberflächen oder das „Fressen" metallischer Gleitpaarungen bei Mangelschmierung oder Überbeanspruchung, z. B. von Kolben/Zylinder-Systemen in Motoren.

Adhäsion ist ein Phänomen kontaktierender Körper, dessen Ursache chemische Bindungen sind, die auch die Kohäsion, d. h. den inneren Zusammenhalt fester Körper, bewirken.

Grundformen chemischer Bindung sind:

- starke Hauptvalenzbindungen,
- Ionenbindung,
- Atombindung,
- metallische Bindung.

Schwache Nebenvalenzbindungen (VAN-DER-WAALS-Bindungen) bewirken Effekte wie die Erzeugung von Punktfehlern und Versetzungen, duktile Einschnürungen, Adhäsionsbruch im Bruch-Mechanik-Modell. Es handelt sich um wechselseitige Materialübertragung im atomaren Maßstab. Dabei finden wichtige Detailprozesse

---

[5] Vgl. Czichos und Habig 1992, S. 19.

statt, die durch die Adhäsionskomponente von Reibung und Verschleiß bestimmt werden.

Durch Zugabe von Anti-Wear-(AW-)Additiven in den Schmierstoff ergeben sich infolge von:

- Physisorption[6],
- Chemisorption[7] oder
- chemischer Deckschichtenbildung

Reibung und Verschleiß mindernde Grenzschichten.

3.3.2.3 Kontaktgeometrie und Kontaktmechanik

Kontaktgeometrie tribotechnischer Systeme

- Beim Kontakt zweier Bauteile tritt infolge der Mikrogeometrie technischer Oberflächen eine Berührung nur in diskreten Mikrokontakten auf, die sich unter der Wirkung der Normalkraft F_N deformieren. Dabei unterscheidet man zwischen geometrischer oder nomineller Kontaktfläche und der meist erheblich kleineren realen Kontaktfläche.
- Die wahre Kontaktfläche ist für alle tribologischen Systeme von zentraler Bedeutung, weil in ihr primär die Reibungs- und Verschleißprozesse ablaufen.

Elastischer Kontakt Die HERTZsche Theorie beschreibt die elastische Kontaktdeformation gekrümmter Körper unter den Voraussetzungen rein elastischer Materialien mit ideal glatten Oberflächen unter der ausschließlichen Wirkung von Normalkräften. ARCHARD (1953) entwickelte diese Theorie weiter für makroskopisch gekrümmte Körper mit Oberflächenrauheiten. Die Oberflächenrauheit wird durch kugelförmige Rauheitshügel unterschiedlicher Radien approximiert. Mit dieser starken Vereinfachung realer technischer Oberflächen konnte gezeigt werden, dass die reale Kontaktfläche bei der elastischen Kontaktdeformation der Normalkraft nahezu proportional ist.

Viskoelastischer Kontakt Die Feder mit dem E-Modul E_0 kennzeichnet die rein elastische Komponente, während das Voigt-Kelvin-Modell die zeitabhängige viskoelastische Komponente kennzeichnet, d. h. eine Kombination von Feder mit dem Relaxationsmodul E_r und einem Dämpfungsglied mit der Viskosität η (s. Abb. 3.4, 3.5).

Relaxation und Kriechen Charakteristisch für viskoelastische Substanzen ist deren zeitlich veränderliches deformationsmechanisches Materialverhalten, das mit den Begriffen „Kriechen" bzw. „Relaxation" beschrieben wird. Beim Kriechen nimmt

---

[6] Allgemeine Form der Adsorption, bei der ein adsorbiertes Molekül durch physikalische Kräfte auf einem Substrat gebunden wird. Physikalische Kräfte sind relativ schwache Kräfte, da sie nicht durch chemische Bindungen hervorgerufen werden (4–40 kJ/mol.)

[7] Spezielle Form der Adsorption, bei der im Unterschied zur Physisorption das Adsorbat durch stärkere chemische Bindungen, an das Adsorbens (Substrat) gebunden wird; Chemisorption verändert das Adsorbat und/oder das Adsorbens chemisch.

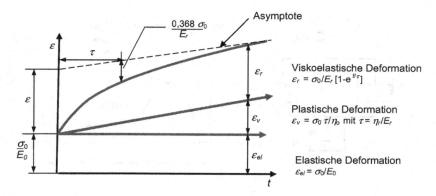

Abb. 3.4 Viskoelastische (volumenbezogene) Deformation (Burger-Modell)

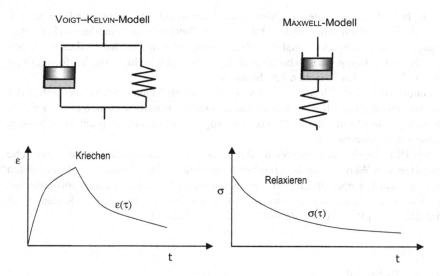

Abb. 3.5 Feder-Dämpfer-Modelle zur Beschreibung von Kriechen und Relaxieren

die Verformung bei konstanter Spannung mit der Zeit zu. Relaxation beschreibt das Gegenteil, nämlich den zeitlich bedingten Spannungsabbau bei behinderter Verformung.

Kristalline Materialien, wie z. B. Stahl oder auch Holz mit seinen kristallin strukturierten Zelluloseketten haben eine geringe Kriechneigung. Aus diesem Grund verformen sich auf Zug beanspruchte Bauteile im Langzeitversuch auch nur geringfügig. Insbesondere Kunststoffe zeigen je nach Konsistenz eine mehr oder weniger hohe Kriechneigung, z. B. reduzieren Füllstoffe wie Glasfasern oder Gesteinsmehl die Kriechneigung enorm.

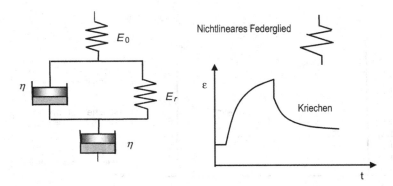

Abb. 3.6 BURGER-Modell

Die beim Kriechen geleistete Verformungsarbeit eines Körpers setzt Energie frei. Wird ein zum Kriechen neigendes Material in der Verformung behindert, so kommt es zwangsweise zum Spannungsabbau. Relaxation und Kriechen haben dieselbe Ursache. Die Betrachtung statisch bestimmter Systeme mit unbehinderter Verformbarkeit kann sich so auf das Kriechen beschränken.

Datenmaterial zur Beschreibung viskoelastischen Materialverhaltens liefert der Relaxations- oder der Retardationsversuch. Der Retardationsversuch (auch Kriechversuch genannt) wird in der Praxis bevorzugt, da er hinsichtlich der Handhabung einfacher zu beherrschen ist.

Mit Hilfe von Feder-Dämpfer-Modellen lässt sich das deformationsmechanische Verhalten von Werkstoffen beschreiben. Die in den Abb. 3.5 und 3.6 dargestellten Modelle wurden nach ihrem Erfinder benannt. Eine realitätsnahe Approximation des Kriechverhaltens erzielt man i. d. R. mit den so genannten Kelvin-Ketten, einer Vielzahl von in Reihe geschalteten Voigt-Kelvin-Modellen.

3.3.3 Reibung

3.3.3.1 Reibungsbegriffe (nach DIN 50281)

Reibung ist ein Bewegungswiderstand, der eine Relativbewegung kontaktierender Körper verhindert.

Man unterscheidet Ruhereibung (statische Reibung) und Bewegungsreibung (dynamische Reibung).

Im Unterschied zu dieser *„äußeren Reibung"* bezeichnet die innere Reibung den Widerstand eines Körpers gegen eine Relativbewegung seiner inneren Volumenbestandteile. Die innere Reibung wird durch den Begriff der Viskosität gekennzeichnet.

Reibung ist der größte Energievernichter auf der Welt. 70 % aller Energie gehen durch Reibung „verloren". Schon die alten Ägypter transportierten Pyramidenquader auf Kufen und nutzten Holzrollen, die sie mit Wasser gegen die Reibungshitze kühlten, um eine besseres Gleitverhalten zu erzielen.

Festkörperreibung Es handelt sich um Reibung, die durch den unmittelbaren Kontakt fester Körper entsteht.

Grenzreibung Bei der Grenzreibung bedeckt ein molekularer Film, der von einem Schmierstoff stammt, die Oberfläche der Reibpartner.

Flüssigkeitsreibung Es ist eine Reibungsart, die in einem (die Reibpartner lückenlos trennenden) flüssigen Film entsteht, der hydrostatisch oder hydrodynamisch erzeugt werden kann.

Gasreibung Gasreibung entsteht in einem aerostatisch oder aerodynamisch erzeugten gasförmigen Film, der die Reibpartner lückenlos trennt.

Mischreibung Mischreibung ergibt sich, wenn Festkörperreibung und Flüssigkeits- bzw. Gasreibung nebeneinander liegen.

Reibung ist die Ursache des Verschleißes. Die relativen Kontaktflächen zweier Reibkörper betragen in Abhängigkeit von ihrer Rauheit und Elastizität das 10^{-5} bis 10^{-8}-fache der nominellen Berührungsfläche. Die gegen Bewegungen gerichteten Reibungskräfte sind im Überwinden und Abscheren von Rauheiten sowie in elastischen und plastischen Deformationen der Oberfläche begründet, die von den Stoffbereichen gebildet werden.

3.3.3.2 Energiebilanz der Reibung

Die Energiebilanz der Reibung ist wie folgt strukturiert:

1. Energieeinleitung:

   - Berührung technischer Oberflächen,
   - Bildung der wahren Kontaktfläche,
   - Mikrokontaktflächenvergrößerung,
   - Dekontamination von Oberflächendeckschichten,
   - Grenzflächenbindung und Grenzflächenenergie.

2. Energieumsetzung:

   - Deformationsprozesse,
   - Adhäsionsprozesse,
   - Furchungsprozesse.

3. Energiedissipation:

   a. thermische Prozesse:

      - Erzeugung von Wärme

b. Energieabsorption:

   – elastische Hysterese

c. Erzeugung und Wanderung von Punktfehlern und Versetzungen:

   – Ausbildung von Eigenspannungen,
   – Mikrobruchvorgänge,
   – Phasentransformationen,
   – tribochemische Reaktionen.

d. Energieemission:

   – Wärmeleitung,
   – Temperaturstrahlung,
   – Schwingungsausbreitung,
   – Schallemission,
   – Photonenemission (Tribolumineszenz),
   – Elektronen- und Ionenemissionen.

Eine Reibungsmessgröße bezeichnet daher nicht die Eigenschaft eines einzelnen Körpers oder Stoffs, sondern sie muss stets auf:

• die Material-Paarung und
• auf das betreffende tribologische System

bezogen werden.

Grundsätzlich gilt: *Reibungsmessgröße* $= f$ (*Systemstruktur, Beanspruchungskollektiv*).

Es sind die durch die Systemstruktur direkt am Reibungsvorgang beteiligten Körper und Stoffe sowie ihre relevanten Eigenschaften zu beschreiben.

Folgende Kenngrößen bestimmen das Beanspruchungskollektiv:

• Kinematik,
• Normalkraft F_N,
• Geschwindigkeit v,
• Temperatur,
• Beanspruchungsdauer,
• Reibungsmessgrößen.

Diese können nicht ohne Weiteres berechnet werden! Eine experimentelle Bestimmung ist nur mit geeigneten Mess- und Prüftechniken möglich.

3.3.3.3 Reibungsmechanismen

Reibungsmechanismen sind die im Kontaktbereich eines tribologischen Systems auftretenden, bewegungshemmenden, energiedissipierenden Elementarprozesse der Reibung. Der Ursprung liegt in den im Kontaktbereich örtlich und zeitlich stochastisch verteilten Mikrokontakten. Bei Berührung technischer Oberflächen nimmt die Anzahl der Mikrokontakte etwa linear mit der Normalkraft F_N zu. Jeder Mikrokontakt stellt einen elementaren Widerstand dar.

Ansatz:

Reibungskraft F_R ∼ *Anzahl der Mikrokontakte* ∼ *Normalkraft* F_N
Reibungsgesetz nach AMONTONS-Coulomb:

$$F_R = f * F_N \qquad (3.1)$$

Näherungsaussagen

F_R ist bei Festkörperreibung der Normalkraft F_N proportional, der Proportionalitätsfaktor wird als Reibungszahl bezeichnet.

Die Reibungskraft ist unabhängig von der Größe der nominellen geometrischen Kontaktfläche.

Die Einteilung der Reibungsmechanismen erfolgt in:

- Adhäsion und Scheren,
- plastische Deformation,
- Furchung,
- elastische Hysterese und Dämpfung.

3.3.3.4 Die Adhäsionskomponente der Reibung

Eine wichtige Komponente der Reibung ist die Adhäsion. Einzelprozesse der Adhäsion sind:

1. Bildung des Adhäsionskontakts:

   - Berührung der Rauheitshügel von Werkstoffoberflächen,
   - Zerstörung von Verunreinigungen und Kontaminationsschichten,
   - elastisch-plastische Deformation zur Ausbildung der realen Kontaktfläche,
   - Erhöhung der Dichte von Gitterfehlstellen und Versetzungen.

2. Aufbau molekularer Bindungen:

   - Elektronenreaktionen im Kontaktbereich,
   - Ladungsumlagerungen,
   - Diffusionsprozesse,
   - Ausbildung von chemischen Bindungen je nach stofflicher Natur und Elektronenstruktur.

3. Trennung des Adhäsionskontaktes:

   - Entstehung von Einschnürungen und Rissen im Kontaktbereich,
   - Abscherungen im Bereich geringster Trennfestigkeit,
   - wechselseitiger Materialabtrag.

Ursache der Adhäsionserscheinungen ist die Bildung und Zerstörung von Adhäsionsbindungen in der wahren Kontaktfläche[8].

---

[8] Die atomaren Adhäsionskräfte beim Gleiten können mit dem „*Atomic Force-Microscope*" direkt gemessen werden.

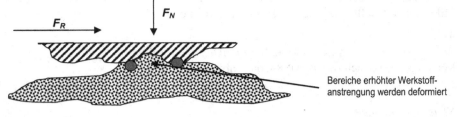

Bereiche erhöhter Werkstoffanstrengung werden deformiert

Abb. 3.7 Deformationskomponente der Reibung

3.3.3.5 Die Deformationskomponente der Reibung

Bei einem Rauheitshügelkontakt entwickeln sich Zonen plastisch deformierten Materials. Die maximale Schubspannung in diesen Bereichen ist der Fließschubspannung in dem betreffenden Material gleichzusetzen. Es entsteht ein Bereich einer von plastischer Deformation getragenen Belastung, der in komplizierter Weise vom Verhältnis der Härte zu den E-Modulen der beiden kontaktierenden Körper abhängt (s. Abb. 3.7).

Schallemission Es kommt zur Geräuschentwicklung durch Abstrahlung akustischer Wellen (Phononen). Diese ist für zahlreiche Reibungsvorgänge charakteristisch und ein bekanntes tribologisches Phänomen. Die Schallabstrahlung ist auf erzwungene und elastische Schwingungen (Körperschall) bei der Bewegung der einzelnen Komponenten eines Tribokontakts zurückzuführen. Die Körperschwingungen induzieren Schwingungen der Luftmoleküle im Tonfrequenzbereich und werden als Luftschall hörbar (im Bereich von 16 Hz bis 16 kHz). Triboinduzierte Schallabstrahlung, die mittels Schallemissionsanalyse und Vibrationsmessungen bestimmt werden kann, ist ein wichtiges Indiz nicht nur für reibungsbedingte Energiedissipationen, sondern auch für die Entstehung von reibungsbedingten Zerrüttungsrissen an tribologisch wechselbeanspruchten Tribokontakten (z. B. Kugellager).

Messgrößen des Schalls sind die so genannten Schallfeldgrößen (physikalische Wechselgrößen, die zur Beschreibung des Zustands eines akustischen Feldes verwendet werden):

1. Schalldruck[9]: mechanische Schwingungen oder Druckwellen eines elastischen Mediums im Frequenzbereich des menschlichen Gehörs zwischen 16 und 20.000 Hz. Erst wenn diese Schwingungen das Innenohr erreichen, wird der Schall hörbar. Die Schwingungsübertragung kann direkt als Luftschall über Außen- und Mittelohr oder indirekt als Körperschall über die eigenen Körpermasse erfolgen. Druckschwankungen, die sich in Luft, Flüssigkeiten oder Festkörpern (Körperschall) als Schallwelle fortsetzen, machen den Schall hörbar. Der Schalldruck $p(t)$ ist daher ein Verdichtungsdruck, der dem Atmosphärengleichdruck überlagert ist. Die Angabe erfolgt in N/m^2.

---

[9] Vgl. Schmidtke 1993, S. 213 ff.

2. Der Schalldruckpegel oder Schallpegel $L(t)$ beschreibt die Stärke eines Schallereignisses. $L(t)$ ergibt sich aus einer einfachen logarithmischen Transformation des energetisch gemittelten Schalldruckverlaufs $p_{ms}(t)$, das verwendete Pegelmaß ist „Dezibel".

$$L(t) = 10 \, log \left[p_{ms}^2 (t) \right] / p_0^2$$

$$\text{mit} \quad p_0 = 2 * 10^{-5} \, N/m^2. \tag{3.2}$$

Daraus leitet sich das so genannte Weber-Fechner-Gesetz der Empfindung ab, das besagt, dass sich die subjektive Stärke von Sinneseindrücken logarithmisch zur objektiven Intensität des physikalischen Reizes verhält:

E $\sim$ c log R mit c konstanter Faktor, R äußerer Reiz

3. Schallschnelle und die abgeleitete logarithmische Größe,
4. Schallschnellpegel,
5. die Schallauslenkung[10],
6. die Schallbeschleunigung (Partikelbeschleunigung),
7. der Schallfluss.

Photonenemission (Tribolumineszenz) Es handelt sich um die Emission optisch sichtbarer Strahlung, die bei Temperaturen weit unterhalb des Einsetzens einer thermisch bedingten Emission auftreten kann, z. B. beim

• Reiben,
• Zerbrechen oder
• Spalten von Kristallen (LiF, ZnS, NaCl).

Elektronen und Ionenemission Ähnlich wie bei der Tribolumineszenz werden durch die umgesetzte Reibungsenergie Elektronen zur Emission aus den Reibungspartnern angeregt.

Mechanisch induzierte Emission Durch mechanische Wechselwirkungen in den Tribokontakten werden Defekte in den Reibungspartnern erzeugt, die mit zusätzlichen Energieniveaus verbunden sind, von denen Elektronen emittiert werden.

Mechanisch-optisch induzierte Emission Durch Verschiebung von Oberflächendeckschichten der Kontaktpartner entstehen für kurze Zeit „*freie Oberflächen*", die bei Lichteinwirkung freie Elektronen emittieren.

Chemo-Emission An frisch gebildeten Oberflächen kommt es durch Adsorptionsprozesse zu Elektronenemission.

---

[10] Die Schallschnelle gibt an, mit welcher Wechselgeschwindigkeit die Partikel des Schallübertragungsmediums (z. B. Luftmoleküle) um ihre Ruhelage schwingen (Momentangeschwindigkeit eines schwingenden Teilchens). Die zugehörige logarithmische Größe ist der Schallschnellepegel. Da die Schallschnelle eine Vektorgröße ist, wird für Zahlenwertangaben häufig vom Betrag oder den Komponenten des Vektors der Effektivwert gebildet. Dadurch kann eine Angabe als Pegel in Dezibel erfolgen.

Thermische Emission Bei Auftreten hoher Temperaturspitzen („Blitztemperaturen") infolge einer Stoßbelastung von Kontaktpartnern kommt es zur thermischen Emission.

Feldemission Werden infolge von Ladungstrennungen, z. B. bei Riss- und oder Spaltprozessen, entsprechende Feldstärken erreicht, entsteht Feldemission.

Die Unterteilung der Reibung erfolgt nach der Kinematik in

- Gleitreibung,
- Rollreibung,
- Bohrreibung (einschließlich Überlagerungen).

Gleiten Unter Gleiten versteht man die translatorische Relativbewegung zweier Körper, bei denen ihre jeweiligen Einzelgeschwindigkeiten nach Größe und Richtung unterschiedlich sind. Eine Gleitbewegung ist mit Gleitreibung verbunden (z. B. Gleitlager).

Rollen Von Rollen spricht man, wenn ein Drehkörper, bei dem die Achse parallel zur Kontaktfläche angeordnet ist, die Bewegungsrichtung senkrecht zur Drehachse wirkt (z. B. Kugel- und Wälzlager).

Bohrreibung Unter Bohrreibung ist phänomenologisch eine Art Gleitreibung mit einem Geschwindigkeitsgradienten der kontaktierenden Flächenelemente vom Mittelpunkt der Drehachse in radialer Richtung bis an den Rand des Kontaktbereiches zu verstehen (z. B. Spitzenlager).

3.3.4 Verschleiß

3.3.4.1 Definition (nach DIN 50 320)

Verschleiß ist der fortschreitende Materialverlust aus der Oberfläche eines festen Körpers, hervorgerufen durch mechanische Ursachen, d. h. Kontakt und Relativbewegung eines festen, flüssigen oder gasförmigen Gegenkörpers.

Hinweise:

a. Die Beanspruchung der Oberfläche eines festen Körpers durch Kontakt und Relativbewegung eines festen, flüssigen oder gasförmigen Gegenkörpers wird als tribologische Beanspruchung bezeichnet.
b. Verschleiß äußert sich in losgelösten kleinen Teilchen (Verschleißpartikel) sowie in Stoff- und Formänderungen der tribologisch beanspruchten Oberflächenschicht.
c. In der Technik ist Verschleiß normalerweise unerwünscht und wertmindernd. In Ausnahmefällen wie z. B. bei Einlaufvorgängen können Verschleißvorgänge jedoch auch technisch erwünscht sein.

3.3.4.2 Verschleißmessgrößen

Verschleißmessgrößen kennzeichnen in Form von Maßzahlen die Änderung der Gestalt oder der Masse eines Körpers infolge von Verschleiß (s. DIN 50 321). Verschleißerscheinungsformen beschreiben die sich durch Verschleiß ergebenden Veränderungen der Oberflächen tribologisch beanspruchter Werkstoffe oder Bauteile (chemische Zusammensetzung, Mikrostruktur usw.) sowie die Art und die Form von anfallenden Verschleißpartikeln.

Maßzahlen für den Verschleiß werden als Verschleißbeträge in unterschiedlichen Dimensionen angegeben:

- Längen: eindimensionale Veränderungen der Geometrie tribologisch beanspruchter Werkstoffe oder Bauteile senkrecht zu ihrer gemeinsamen Kontaktfläche (linearer Verschleißbetrag),
- Flächen: zweidimensionale Veränderungen von Querschnittbereichen tribologisch beanspruchter Werkstoffe oder Bauteile senkrecht zu ihrer gemeinsamen Kontaktfläche (planimetrischer Verschleißbetrag),
- Volumen: dreidimensionale Veränderungen geometrischer Bereiche tribologisch beanspruchter Werkstoffe oder Bauteile im gemeinsamen Kontaktbereich (voluminetrischer Verschleißbetrag).

Der reziproke Wert der genannten Verschleißmessgrößen wird als *„Verschleißwiderstand"* bezeichnet. Neben direkten Verschleißmessgrößen existieren die *„indirekten Verschleißmessgrößen"*, bei denen der Verschleiß in Relation zu einer Basisgröße gesetzt wird und die als „Verschleißrate" bezeichnet wird:

- Verschleißgeschwindigkeit, mit der Zeit als Bezugsgröße (effektive Beanspruchungsdauer während des Verschleißvorgangs),
- Verschleiß-Weg-Verhältnis oder Verschleißintensität, mit dem Weg als Bezugsgröße,
- Verschleiß-Durchsatz-Verhältnis, mit dem Durchsatz als Bezugsgröße.

Eine häufig verwendete Bezugsgröße ist der „Verschleißkoeffizient", d. h. das Verschleißvolumen W_V (mm^3), dividiert durch die Normalkraft F_N(N) und den Gleitweg s_e(m):

$$k_V = \frac{W_V}{F_N * s_e}.$$ (3.3)

Verschleißmessgröße = f (Systemcharakter, Beanspruchungskollektiv)

Plastische Deformationen ergeben sich durch Krafteinwirkungen freier Oberflächenvalenzen. Nach innen sättigen sich diese Kräfte ab, sie bedingen die Festigkeit. An der Oberfläche verbleiben ungesättigte Restkräfte. Diese bilden die freien Oberflächenvalenzen, die auf kleine Entfernungen sehr wirksam sind und versuchen, sich abzusättigen. Sie sind wegen der Unebenheit der Oberfläche nicht gleich verteilt.

3.3.4.3 Verschleißmechanismen

Verschleiß erfolgt nach folgenden Mechanismen:

* Oberflächenzerrüttung,
* Abrasion,
* Adhäsion,
* tribochemische Reaktion.

Tribologische Beanspruchungen kennzeichnen das Einwirken des Beanspruchungskollektivs auf die Systemstruktur. Sie umfassen im Wesentlichen Kontaktvorgänge,
die Kinematik und thermische Vorgänge. Die damit verbundenen Wechselwir-
kungsparameter sind dynamische Systemparameter, die nur beim Betrieb des
tribotechnischen Systems existieren. Sie können nicht aus den Einzeleigenschaften
der Komponenten hergeleitet werden.

Einflussfaktoren sind:

* Kontaktgeometrie,
* Flächenpressung,
* Werkstoffanstrengung,
* Eingriffsverhältnis der Kontaktpartner,
* Schmierfilmdicke/Rauheitsverhältnis.

Die Ursachen des Verschleißes resultieren aus den Unvollkommenheiten, die Werkstoffoberflächen grundsätzlich aufweisen.[11] Oberflächenunvollkommenheiten sind
die Unregelmäßigkeiten der wirklichen Oberfläche von Elementen, die beabsichtigt
oder zufällig durch Bearbeitung, Lagerung oder Funktion der Oberfläche entstanden
sind (s. Tab. 3.2).[12]

Verschleiß an Werkzeugen äußert sich durch Rissbildungen, Abscheren von
Pressschweißteilchen, Verzunderung, mechanischen Abrieb und die Diffusionsvor-
gänge (Abb. 3.8)[13]. Auf Grund der gleichzeitigen thermischen und mechanischen
Beanspruchung tritt z. B. beim Zerspanungsvorgang eine Werkzeugabnutzung auf,
die das Werkzeug nach Ablauf der Standzeit unbrauchbar macht. Es muss dann aufgearbeitet, oder wenn das nicht mehr möglich ist, durch ein Neues ersetzt werden.
Der Abnutzungsgrad ist unter anderem vom Schneidstoff, vom Werkstoff und von
den Schnittbedingungen abhängig. Erneuern oder Nachschleifen von Werkzeugen
verursacht Kosten. Verschlissene Werkzeuge verursachen in der Fertigung Genauig-
keitsprobleme, welche sich in der Abnutzung der Wendeschneidplatte widerspiegeln
(Strunz et al. 2008).

Der Verschleißmechanismus eines tribologischen Systems, wie beispielsweise an
der Wirkpaarung Werkzeug-Werkstück, ist ein komplex ablaufender Prozess, den

---

[11] DIN EN ISO 8785 (GPS) Oberfächenunvollkommenheiten, Definitionen und Kenngrößen, 1998-
10.
[12] Klein: Einführung in die DIN-Normen, Teubner Stuttgart 2001, S. 311 ff.
[13] Degner et al. 2002, S. 54 ff.

Tab. 3.2 Übersicht der Oberflächenunvollkommenheiten

Lfd. Nr.	Bezeichnung	Charakteristik
1	Riefe	Linienförmige Vertiefung mit gerundetem oder flachem Grund
2	Kratzer	Vertiefung unregelmäßiger Form und nicht festgelegter Richtung
3	Riss	Linienförmige Vertiefung mit scharfem Grund, verursacht durch Zerstörung der Gleichförmigkeit der Oberfläche und des Werkstoffs von Bauteilen
4	Pore	Verbindung von geringer Größe mit steiler Böschung (üblicherweise scharfkantig)
5	Lunker	Einzelne Vertiefung, die durch das Herausfallen von fremdartigen Teilen verursacht wird (durch Ätzen oder durch Einfluss von Gasen)
6	Schrumpfloch	Vertiefung, die durch Schrumpfen während der Erstarrung eines Gussteils bzw. einer Schweißnaht verursacht wird
7	Bruch, Sprung, Spalt	Scharfkantige spaltförmige Öffnung von unregelmäßiger Form und kleiner Tiefe
8	Kantenverrundung	Abgerundeter Teil der Oberfläche, die sich in der Schnittlinie zweier Werkstückoberflächen befindet
9	Delle	Vertiefung ohne erhabenen Anteil (elastische Verformung infolge Druck oder Schlag)
10	Auswuchs	Wellen- oder hügelförmige Erhöhung von kleiner Größe und geringer Höhe
11	Blase	Örtlich Wölbung, verursacht durch Gas- oder Flüssigkeitseinschlüsse unter der Oberfläche
12	Beule (konvex)	Wölbung an der Oberfläche eines Blechs infolge örtlicher Biegung
13	Schuppe	Schuppenförmige Ablagerung kleiner Dicke, die sich leicht ablöst (Entstehung durch Abblättern der Oberflächenschicht, die eine andere Struktur als Grundwerkstoff aufweist)
14	Einschluss	Verursacht durch Fremdteilchen in der Oberfläche des Bauteils
15	Grat	Scharfkantige Erhöhung der Oberfläche, häufig mit einer Abrundung auf der gegenüberliegenden Seite
16	Krater	Vertiefung mit kreisförmiger Kontur und erhöhten Kanten
17	Überlappung	Zungenförmige Erhöhung von geringer Dicke, meistens in Form einer Naht, die durch eine Falte auf dem Werkstoff verursacht und in die Oberfläche hineingedrückt wird (z. bei Wälzlagern)
18	Aufreißer	Bandförmige Erhöhungen, verursacht durch schlechte spanende Bearbeitung (durch verschlissene Werkzeuge)
19	Abdruck	Oberflächenschäden (z. B. bei Kugel-, Rollenlagern)) mit silberartigem, mattierten Aussehen
20	Erosion	Physikalische Zerstörung der Oberfläche
21	Korrosion	Chemische Zerstörung der Oberfläche
22	Streifen	Bandförmiger vertiefter Bereich auf der Oberfläche, meist von geringer Tiefe, oder Bereich unterschiedlicher Oberflächentextur
23	Schichtartige Oberfläche	Abblättern der Teilfläche der Oberflächenschicht eines Werkstoffs
24	Buckel	Nach außen gerichtete Oberflächenunvollkommenheit

die im Kontaktbereich auftretenden physikalisch-chemischen Elementarprozesse bestimmen. Für das Entstehen von Verschleiß (z. B. Partikel) sind als notwendige Voraussetzung einer tribologischen Beanspruchung besondere Verschleißmechanismen in Form von Materialabtrennprozessen erforderlich.

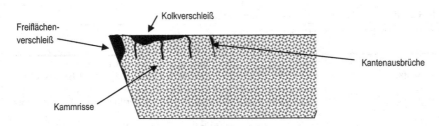

Abb. 3.8 Verschleißformen an der Werkzeugschneide eines Drehmeißels

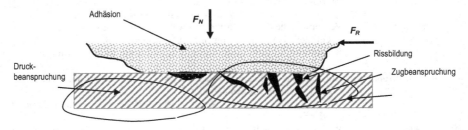

Abb. 3.9 Oberflächenzerrüttungsverschleiß (mit Adhäsionsverschleiß)

Nach den Ergebnissen der Kontaktmechanik nimmt bei der Berührung technischer Oberflächen die Größe der wahren Kontaktfläche und damit die Anzahl der Mikrokontakte näherungsweise linear mit der Normalkraft F_N zu. Bei einer Gleitbewegung nimmt außerdem die Anzahl der beanspruchten Mikrokontakte mit dem Gleitweg zu. Näherungsweise gelten folgende Ansätze:

Verschleißvolumen $W_V \sim$ Normalkraft F_N
Verschleißvolumen $W_V \sim$ Gleitweg s_e

Das ARCHARDsche Gesetz des Gleitverschleißes lautet[14]:

$$W_V = k_V * F_N * s_e \tag{3.4}$$

k_V Verschleißkoeffizient [$\mu m^3/Nm$]

Verschleißmechanismen

1. Oberflächenzerrüttung

Das Spannungskriterium im Oberflächenzerrüttungsmodell verlangt, dass die lokale Spannung σ am Ort der Rissausbreitung und an der Spitze des wachsenden Risses die theoretische Festigkeit σ_0 überschreitet und die Bindungen zwischen den Atomen löst (s. Abb. 3.9).
Das Oberflächenzerrüttungsmodell lautet[15]

$$W_V = c \frac{\theta \gamma}{\varepsilon_1 H} F_N * s. \tag{3.5}$$

---

[14] Czichos et al. 1992, S. 103 ff.
[15] Ebenda.

c kritische Risslänge (μm)

θ Linienverteilung der Rauheitshügel

γ Teilchengröße

ε Versagensdehnung in einem Beanspruchungssystem

H Härte

s_e Weg

Maßnahmen gegen Oberflächenzerrüttung

- Verringerung der wirkenden mechanischen Kontaktspannungen durch Schmierung,
- Oberflächenfeingestalt optimieren, bei bestimmter Rauheit oder Porigkeit bei Sinterwerkstoffen Schmiertaschen einarbeiten,
- Erhöhung der Festigkeit bei ausreichender Zähigkeit,
- Überlagerung von Druckeigenspannungen,
- Vermeidung von inhomogenen Spannungsverteilungen (Einschlüsse, innere Kerben, Oxidschichten).

2. Abrasion

Abrasion tritt in tribologischen Kontakten auf, wenn der Gegenkörper beträchtlich rauer und härter ist als der tribologisch beanspruchte Grundkörper. Aber auch in das System eingedrungene Partikel wirken abrasiv. Bei einer Relativbewegung der Beanspruchungspartner kann aus dem weichen Grundkörper durch verschiedene Materialabtragprozesse (z. B. Pitting) abrasiver Verschleiß entstehen.

Detailprozesse der Abrasion sind (nach Czichos und Habig 1992, S. 108 ff.):

- Mikropflügen,
- Mikroermüden,
- Mikrospanen,
- Mikrobrechen.

Maßnahmen gegen Abrasion Aus dem Ansatz können folgende Maßnahmen abgeleitet werden:

- möglichst hohe Härte bei ausreichender Zähigkeit, z. B. durch Kaltverfestigung im Verschleißprozess,
- spannungsinduzierte, martensitische Umwandlung ergibt Verfestigung und Druckeigenspannungen,
- Einlagern von Hartphasen mit ausreichender Menge, Größe und Härte, die von den angreifenden abrasiven Teilchen nicht gefurcht werden.

3. Adhäsion

Die Oberflächenmechanismen Oberflächenzerrüttung und Abrasion werden im Wesentlichen durch die Kontaktmechanik (Kräfte, Spannungen und Deformationen) hervorgerufen. Adhäsion beruht dagegen auf stofflicher Wechselwirkung (s. Abb. 3.10).

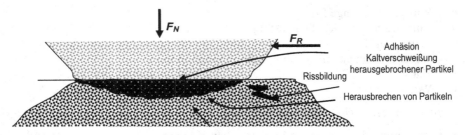

Abb. 3.10 Adhäsionsverschleiß (mit Rissbildung)

Verschleißmechanismus
Wegen hoher lokaler Pressungen an einzelnen Oberflächenrauheitshügeln brechen schützende Obelächendeckschichten durch und führen zu lokalen Grenzflächenbindungen (Kaltverschweißungen), die ggf. eine höhere Festigkeit besitzen als die eigentlichen Kontaktpartner.

Beschreibung des Verschleißvorgangs
Ein Verschleißvorgang läuft in folgenden Schritten ab:

1. Die Krafteinwirkung verursacht Spannungen und es kommt unter den wirkenden lokalen Normal- und Tangentialspannungen zur Deformation kontaktierender Rauheitshügel.
2. In der Folge werden die Oberflächen-Deckschichten (spezielle Oxidschichten bei metallischen Kontaktpartnern) zerstört.
3. An der Oberfläche entstehen adhäsive Grenzflächen in Abhängigkeit von der chemischen Natur der Kontaktpartner.
4. Die Grenzflächenbindungen werden zerstört und es entsteht ein Materialübertrag.
5. Die übertragenen Materialfragmente werden verfestigt. Tribochemische Effekte führen zur Entstehung von Reaktionsprodukten (Oxidinseln), die mechanische Spannungen nur begrenzt durch plastische Deformation abbauen und eher zum spröden Ausbrechen neigen, wodurch Verschleißpartikel entstehen.
6. Das Ergebnis des Verschleißprozesses sind übertragene oder zurück übertragene Materialfragmente in Form von Verschleißpartikeln, die durch Materialabtrennprozesse wie Abrasions- und Ermüdungsprozesse hervorgerufen werden.

Einflussgrößen sind

• die elastisch-plastische Kontaktdeformation bei der Bildung der wahren Kontaktfläche und das Formänderungsvermögen der Kontaktpartner,
• die chemische und mikrostrukturelle Schichtstruktur der Werkstoffoberflächen und das Durchbrechen der Oberflächendeckschichten,
• die chemische Natur adhäsiver Grenzflächenbindungen und die Elektronenstruktur der Kontaktpartner sowie
• die Bruchmechanik zur Trennung der Adhäsionsbrücken und Entstehung loser Verschleißpartikel.

Maßnahmen gegen Adhäsion
Im Vordergrund steht die Vermeidung eines direkten metallischen Kontaktes von
Grund- und Gegenkörper durch:

- Schmierung,
- artfremde Werkstoffpaarungen (Metall, Keramik, Kunststoff),
- metallische Werkstoffstrukturen (krz und hdp[16] statt kfz),
- heterogenen Gefügeaufbau (Perlit statt Martensit),
- Beschichtung (z. B. TiN, DLC) oder Randschichtbeeinflussung (z. B. Nitrieren).

Tribochemische Reaktionen
Bei der tribochemischen Reaktion kommt es zu chemischen Reaktionen mit dem
Zwischenstoff und zur Bildung von Oberflächen schädigenden Reaktionsprodukten.
Maßnahmen gegen tribochemische Reaktionen sind:

- Tribooxidation (falls gefordert),
- Einsatz von keramischen und polymeren Werkstoffen,
- Einsatz von Edelmetallen, die keine Reaktionsschichten bilden,
- Verwendung von Graphit als Reduktionsmittel,
- Erzeugung eines Umgebungsmediums, das keine oxidierenden Bestandteile
  aufweist,
- Schmierung mit additivfreien Schmierstoffen.

In der Praxis wirken meistens mehrere Mechanismen gleichzeitig, wobei die
Ausprägungen unterschiedlich sein können (s. Abb. 3.9, 3.10[17]).

3.3.4.4 Einflussfaktoren auf Reibung und Verschleiß

Reibung und Verschleiß sind keine reinen Werkstoffkennwerte. Beide Größen hängen
von zahlreichen Einflussfaktoren ab. Bereits kleine Veränderungen der Reibstelle
können die Reibungszahl und den Verschleißbetrag beträchtlich verändern.
Beispiele dazu sind:

a. Geometrieänderungen bei Grund- und Gegenkörper:
Durch eine Veränderung des Radius der Lauffräder, beispielsweise von Rau-
penkettenfahrzeugen, ändern sich die HERTZsche Pressung und damit der
Verschleiß.

---

[16] Im hdP-Gitter ist die Basisebene der Elementarzelle am dichtesten gepackt (größte mögliche
Atompackungsdichte, alle Nachbaratome berühren sich). Als Gleitebene kommt nur diese Basisebene infrage. Als Gleitrichtungen kommen gleichberechtigt 3 Achsenrichtungen der 6-eckigen
Basisfläche in Betracht. In diesen Richtungen ist der Abstand zu einem Nachbargitterplatz am
kleinsten. Für *hexagonale* Metalle ergeben sich daher i. Allg. nur drei verschiedene Gleitsysteme
(http://www.haw-hamburg.de/fileadmin/user_upload/IWS/PDF/Skript_teil02.pdf; 14.05.09).

[17] s. auch Abb. 6.30–6.34.

b. Einfluss der Umgebung
Untersuchungen haben gezeigt, dass sich bei bestimmten Umgebungsbedingungen gegenläufiges Verhalten von Reibung und Verschleiß ergeben kann.[18]

c. Einfluss von Gleitgeschwindigkeit, Viskosität des Schmiermittels und Normalkraft
In geschmierten Systemen hängt die Reibungszahl von der Kombination mehrerer Größen ab, insbesondere von der Viskosität des Schmiermittels, der Gleitgeschwindigkeit und der wirkenden Normalkraft.

Die Abhängigkeit kann mit Hilfe der STRIBECK-Kurve erläutert werden.[19] Diese besagt, dass die Rauheitshügel von Grund- und Gegenkörper getrennt werden und Flüssigkeitsreibung vorherrscht, wenn durch eine geeignete Parameterkombination aus Viskosität, Geschwindigkeit und Normalkraft ein hoher Wert erreicht wird, der im Bereich der hydrodynamischen Schmierung liegt (Stribeck 1902). Die Reibung hängt demnach vor allem von der inneren Reibung im Schmierfilm ab. Verringert sich der Quotient soweit, dass die Schmierfilmdicke die Gesamtrautiefe von Grund- und Gegenkörper erreicht, wird die Belastung teilweise auch durch den direkten Kontakt der Rauheitshügel auf den Grundkörper übertragen. Dieser Zustand wird als Mischreibung bezeichnet. Diese wird vom Festkörperkontakt mit beeinflusst. Kommt es zur weiteren Verringerung des Quotienten, verschwindet der hydrodynamische Traganteil des Schmierstoffes und der Festkörperkontakt bestimmt maßgeblich die Reibungszahl. Hier liegt Festkörperreibung vor. Der Verschleiß nimmt zu.

3.3.4.5 Verschleißprüftechnik

Im Normalfall ist es aus betriebswirtschaftlichen Gründen nicht möglich, tribologische Untersuchungen von Bauteilen in einer Anlage direkt im Betrieb vor Ort durchzuführen. Deshalb werden tribologische Prüfungen auf unterschiedliche Weise durchgeführt.

Folgende Möglichkeiten der Prüfung werden i. Allg. angewendet:

1. Feldversuch (z. B. Auto in Teststreckenversuch: großer Aufwand, genaue, aussagefähige Ergebnisse),
2. Prüfstandversuch (z. B. Auto auf einem Prüfstand),
3. Aggregatversuch (z. B. nur Motorblock auf einem Püfstand),
4. Modellversuch am verkleinerten Aggregat (z. B. nur Kolben mit Laufbuchse),
5. Modellversuch mit einfachen Bauteilen,
6. Modellversuch mit einfachen Proben (z. B. Stift/Scheibe).

Dabei nimmt die Übertragbarkeit der Prüfergebnisse auf die Praxis von 1. nach 6. hin ab. Entscheidend für die Wahl der Prüfkategorie ist die Zielsetzung. Die Lebensdauer einzelner Komponenten eines Systems lässt sich oftmals schon im Prüfstandversuch ermitteln. Die technische Eignung von Materialpaarungen kann auch in geeigneten

---

[18] Vgl. Czichos und Habig 1992, S. 351 ff.
[19] Ebenda, S. 145 ff.

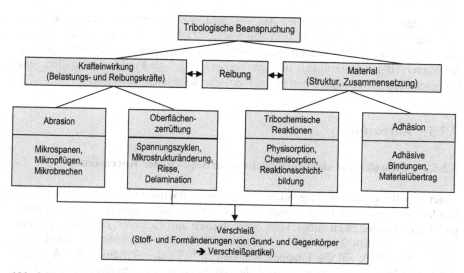

Abb. 3.11 Verschleißmechanismen. (Nach Czichos und Habig 1992, S. 115)

Modellversuchen an kleineren Aggregaten bestimmt werden. Eine Vorauswahl aus einer sehr großen Anzahl von möglichen Werkstoffpaarungen wird häufig mit Hilfe von Modellversuchen bei Verwendung einfacher Geometrien durchgeführt.

Allgemein unterscheidet man bei der Prüfung zwischen:

a. offenen Tribosystemen (Eigenschaften des Grundkörpers sind von Interesse, z. B. bei Stückgutförderung) und
b. geschlossenen Tribosystemen (Verhalten beider Partner wird untersucht, z. B. bei einem Wälzlager).

Ziele allgemeiner tribotechnischer Prüfungen sind:

1. eine optimale Auslegung der Tribosysteme,
2. Untersuchung der Zuverlässigkeit und des Ausfallverhaltens,
3. die Simulation von Tribosystemen bezüglich konstruktiven und fertigungstechnischen Auslegungen,
4. Erfassung von Schädigungsmechanismen.

3.3.4.6 Zusammenfassung

Verschleiß entsteht zwangsläufig bei tribologischer Beanspruchung. Er resultiert aus dem Zusammenspiel kräftemäßiger und stofflicher Wechselwirkungen im Bereich von Materialoberflächen bzw. oberflächennahen Bereichen tribologischer Systeme. Die einzelnen Verschleißmechanismen liegen meist im Komplex vor, selten einzeln (s. Abb. 3.11).

Verschleiß ist die Ursache für das Versagen von Bauteilen. Funktionsausfälle von Maschinen und Anlagen sind die Folge. Ziel der ingenieurmäßigen Auseinandersetzung mit Verschleiß verursachenden Prozessen ist die Verringerung der Verschleißgeschwindigkeit und die Verhinderung von Funktionsausfällen, um Folgeschäden zu vermeiden und gesundheitliche Schäden abzuwenden.

3.3.5 Korrosion

3.3.5.1 Umwelt- und sicherheitstechnische Aspekte der Korrosion

Unter den Bedingungen steigenden Umweltbewusstseins und der damit einhergehenden zunehmenden Regelungsdichte geht es vermehrt darum, verantwortbare technische Lösungen zu entwickeln, die technisch anspruchsvoll sind und auch die Folgen von Werkstoff- und Bauteilversagen für Mensch und Umwelt berücksichtigen.[20] Mit Blick auf die knappen Ressourcen heißt das, Produkte und Anlagen mit langer Nutzungsdauer zu entwickeln und dadurch den einmaligen und laufenden Ressourcenverbrauch einzuschränken. Ein optimaler Korrosionsschutz leistet einen wesentlichen Beitrag zur Erhöhung der Sicherheit und Verlängerung der Nutzungsdauer von Bauteilen und Anlagen (s. auch Kap. 2.7.6).

3.3.5.2 Begriffsbildung

Korrosion Nach DIN EN ISO 8044 ist Korrosion die Reaktion eines Werkstoffs mit seiner Umgebung, die eine messbare Veränderung des Werkstoffs zur Folge hat. Diese kann auf Dauer zu einer Funktionsbeeinträchtigung führen oder einen vollständigen Funktionsverlust des Bauteils oder der Anlage bewirken. So kann Korrosion beispielsweise Undichtheiten im Schmiersystem von Produktionssystemen verursachen. Dabei kann es zu unangenehmen Folgen kommen. Korrosion kann z. B. Leckagen in Ölleitungen verursachen. Damit ergeben sich Unfallquellen und Umweltschäden. Außerdem verlieren beschädigte Förderleitungen Druck. Druckverluste führen zu Leistungsverlusten (Leistungsabfall) und erhöhtem Verschleiß. Die Folgen sind Funktionsausfälle, Folgeschäden oder gesundheitliche Schäden. Sie können verheerende Ausmaße annehmen, wenn es sich beispielsweise um ein Verkehrsmittel oder ein Kernkraftwerk handelt.

Korrosion muss nicht zwangsläufig Zerstörung bedeuten. Beispielsweise rosten Eisenbahnschienen über Jahre hinaus mit einer bestimmten Korrosionsgeschwindigkeit, ohne dass ihre Funktionsfähigkeit innerhalb der zu erwartenden Lebensdauer beeinträchtigt wird.

Korrosion bewirkt durch chemische, elektrochemische oder metallphysikalische Reaktionen Veränderungen am Werkstoff. Dagegen verändert Verschleiß die Werkstoffoberfläche ausschließlich infolge mechanischer Einwirkung (s. Tab. 3.3).

---

[20] Vgl. Lipphardt 1994, S. 465–469.

Tab. 3.3 Mechanisch und chemische Belastung von Korrosion und Verschleiß. (Heitz et al. 1990)

Verschleiß DIN 50 320	Mechanisch		Chemisch Korrosion
	Gleit-, Roll-, Bohr-, Schwingungs-, Kavitations-, Erosions-, Strahl-, Strömungsverschleiß	Reib-, Kavitations-, Erosionsverschleiß	DIN ISO 8044 DIN 50 900

Zur Bildung von Korrosionsprodukten sind chemische Umsetzungen grundsätzlich notwendig. Infolge von Verschleiß abgetragene Werkstoffteilchen bleiben in ihrer chemischen Zusammensetzung unverändert.

DIN EN ISO 8044 (ehemals DIN 50900 Teil 1) unterscheidet grundsätzlich zwischen den Begriffen:

- Korrosionssystem,
- Korrosionserscheinung und
- Korrosionsschaden.

Dabei kommt es zu einer Komplexbelastung von mechanischen und chemischen Einflussfaktoren.

Die Definition der Korrosion bezieht sich vordergründig auf metallische Werkstoffe. Sie wird aber auch auf andere Materialien erweitert, die durch Einwirkung von Medien in ihrer Funktion geschädigt werden. Dazu zählen beispielsweise mineralische Baustoffe und Kunststoffe.

Korrosionssystem Es handelt sich um ein System, das aus einem oder mehreren Metallen und jenen Teilen der Umgebung besteht, die die Korrosion beeinflussen. Teile der Umgebung können z. B. Beschichtungen, Oberflächenschichten oder zusätzliche Elektroden sein. Maßgebend für ein Korrosionssystem ist die Phasengrenze zwischen Werkstoff und Medium. Dadurch erhält das Korrosionssystem einen heterogenen Charakter. Die Korrosionserscheinung ist eine ortsgebundene Reaktion an der Phasengrenze, wobei korrosionskritische Bereiche auch durch eine Dreiphasengrenze charakterisiert sein können (gasförmig-flüssig-fest). Typische Korrosionserscheinungen von ortsgebundenen Reaktionen sind Spaltkorrosion, Lochfraß oder interkristalline Korrosion. Dazu zählen auch verzögert ablaufende Reaktionen unlegierter Stähle, die beim Rosten schützende Deckschichten aufbauen. Erfahrungen zeigen, dass der Einsatz von Bauteilen passgenau definiert werden kann, während der Einfluss einwirkender Medien oder der Umgebungswirkung und damit das eigentliche Korrosionssystem, wesentlich schwieriger zu definieren sind.

Werkstoffe genügen bestimmten technologischen Anforderungen und sind kennwerttauglich. Korrosionsschäden, die am Bauteil oder an der Anlage auftreten, haben dagegen die unangenehme Eigenschaft, die Umgebung unerwünscht zu verändern oder zu beeinträchtigen. So kann es zur Kontaminierung von Trinkwasser kommen, wenn sich die Fließgeschwindigkeit stark vermindert oder wenn diese gar stagniert. Infolge von Metallauflösung konzentrieren sich Metallionen dann unzulässig hoch. Auch Wasserinhaltsstoffe können sich verändern und zulässige Grenzwerte überschreiten. Zum Beispiel kann Nitrat, das an den Rohrwänden reduziert wird, zu unzulässigen Nitratkonzentrationen im Trinkwasser führen. Schlammbildung als Folge von Korrosionsreaktionen kann in Heiz- und Kühlkreisläufen Funktionsstörungen an Filtersystemen, Ventilen und Regeleinrichtungen verursachen. Durch Metallabrieb und Oxidationsprodukte des Eisens tribologischer Systeme kann an den Schmierstellen Fettoxidation entstehen. Infolge des entstehenden Passungsrosts neigen diese zum Festfressen. Dadurch gehen Maschinenteile zu Bruch.

Das Korrosionssystem ist ein grundlegender Modellansatz für die Entwicklung und Optimierung von Verfahren des Korrosionsschutzes und bereits in der Konstruktionsphase zu berücksichtigen.

Korrosionserscheinung Die Korrosionserscheinung ist eine durch Korrosion verursachte Veränderung in einem beliebigen Teil des Korrosionssystems.

Korrosion schädigt den Werkstoff. Korrosionsschäden beeinträchtigen die Funktion der Betrachtungseinheit und führen ggf. zu völligem Versagen der Konstruktion (Korrosionsversagen).

Voraussetzung für die Beurteilung von Korrosionserscheinungen ist eine messbare Veränderung an der Oberfläche des Werkstoffs (äußere Korrosion). Zur Beurteilung eines Schadens müssen das Ausmaß der Erscheinung und die praktischen Anforderungen an das System nach folgenden Gesichtspunkten verglichen werden[21]:

1. örtlicher Angriff oder unzulässig hoher Werkstoffabtrag,
2. unzulässige Veränderung der mechanischen Eigenschaften des Werkstoffs (z. B. Sprödbruch durch Absorption von Wasserstoff),
3. unzulässige Verunreinigung des Mediums durch Korrosionsprodukte,
4. unzulässige Beeinträchtigung der Bauteilfunktion durch Korrosionsprodukte (z. B. Festrosten trennbarer Verbindungen, Erhöhung der Reibung zwischen Gleitflächen oder die Erhöhung des Förderwiderstandes in Förderleitungen.

Korrosionsschutz Der Korrosionsschutz hat die Aufgabe, das Korrosionssystem zu verändern, um Korrosionsschäden zu reduzieren oder zu beseitigen. Grundlage ist eine korrosionsschutzgerechte Planung und Konstruktion.

Der aktive Korrosionsschutz umfasst folgende Aspekte:

1. Verwendung korrosionsbeständiger Werkstoffe,
2. Beschichten und Überziehen von Bauteiloberflächen,
3. Beseitigung schädlicher Komponenten des Korrosionsprozesses,
4. Verwendung so genannter Inhibitoren (Stoffe mit korrosionshemmender Wirkung).

Die Betriebsbedingungen bestimmen den Korrosionsverlauf wesentlich mit. Sowohl Stagnation oder zu hohe Strömungsgeschwindigkeiten sind zu vermeiden. Kritische

---

[21] Vgl. Tostmann 2000, S. 7.

Zugbelastungen dürfen nicht überschritten werden. Außerdem ist die Beeinflussung des Potenzials durch elektrischen Schutz zu beachten.

3.3.5.3 Grundlegende Korrosionsarten

Korrosion ist definitionsgemäß eine ortsgebundene Reaktion zwischen einem Werkstoff und den ihn umgebenden Medien oder Stoffen (Tostmann 2000). Die Reaktionen sind mit einem Stofftransport an der Werkstoffoberfläche verbunden oder finden im Werkstoffinneren statt. Insofern wird grundsätzlich in innere und äußere Korrosion unterschieden.

Äußere Korrosion Bei der äußeren Korrosion handelt es sich um einen Prozess, der überwiegend an der Werkstoffoberfläche stattfindet und daher gut erkennbar ist. Bei dieser Korrosionsart lösen sich aus der metallischen Werkstoffoberfläche Ionen und gehen in das anwesende Medium in Lösung oder werden als festes Korrosionsprodukt auf der Werkstoffoberfläche abgeschieden. Deckschichten hemmen den weiteren Korrosionsverlauf. Struktur und Dicke der Schicht bestimmen die Korrosionsgeschwindigkeit.

Innere Korrosion Bei Anwesenheit heißer Gase als Medium kommt es neben der äußeren Korrosion auch zur inneren Korrosion. Dabei diffundieren Elemente des Mediums in das Werkstoffinnere und reagieren mit den Legierungsbestandteilen. Dadurch kann es im Inneren zu Reaktionen, beispielsweise Oxidation, Schwefelung, Nitritbildung und Aufkohlung kommen. Die Schädigung zeigt sich in einer Verschlechterung der mechanischen Eigenschaften. Wird im Metall Wasserstoff absorbiert, kann es durch chemische Reaktionen zu Carbid- oder Metallhydridbildung kommen, im Beisein von Legierungselementen wie Niobium, Zirconium, Titanium und Tantal auch schon bei niederen Temperaturen (Tostmann 2000). Druckwasserstoffangriffe entfestigen den Werkstoff, wobei es durch Methan zu Rissbildungen kommt. Atomarer Wasserstoff und Hybridbildung bewirken die Versprödung des Werkstoffs und damit die innere Auflösung.

3.3.5.4 Reaktionstypen

Chemische Korrosion Bei der chemischen Korrosion reagiert ein Metall mit einem gasförmigen Korrosionsmedium ohne Beteiligung eines Elektrolyten zu einem Metalloxid. Derartige Vorgänge finden bereits bei Raumtemperatur statt und werden durch hohe Temperaturen beschleunigt. Auf der Metalloberfläche bildet sich eine Oxidschicht, die ggf. vor dem Fügen beispielsweise durch Löten zweckmäßigerweise zu entfernen ist, um Korrosionsschäden zu vermeiden.

Auf Kunststoffoberflächen, z. B. PVC-Platten, können sich z. B. Oxidschichten bilden, die vor dem Kleben entfernt werden müssen, um einen ordentlichen Fügeteilverbund herstellen zu können. Auf Aluminium- und Kupferflächen entsteht durch Oxidation eine dichte und relativ feste Schutzschicht, die den Werkstoff vor Korrosion schützt.

Abb. 3.12 Einflussfaktoren auf heterogene Phasengrenzreaktionen. (Nach Voigt 1994)

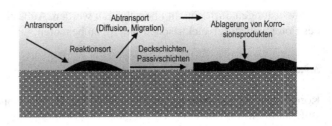

Elektrochemische Reaktion Voraussetzung für eine elektrochemische Reaktion ist ein Elektronenleiter, der im Kontakt mit einer Elektrolytlösung steht. Im elektrochemischen Sinne ist die Elektrode tatsächlich auf die enge Region zu beiden Seiten der Phasengrenze dieses Systems begrenzt.

Elektrolyte sind Medien, in denen Ionen den elektrischen Strom transportieren. Die Anwesenheit eines Elektrolyts bewirkt somit Metallauflösung. Ein Ion[22] ist ein elektrisch geladenes Teilchen, das aus mindestens einem Proton und meist mehreren Neutronen und Elektronen besteht. Die elektrische Ladung entsteht durch die unterschiedliche Anzahl von stets positiven Protonen und die immer negativen Elektronen des Ions. Es handelt sich meist um schwache Elektrolyte, wie beispielsweise wässrige Lösungen oder Salzschmelzen. Zu den elektrischen Einflussgrößen auf die Korrosionsgeschwindigkeit zählen das vorhandene Potenzial, die Austauschstromdichte und der Widerstand. Der Elektrolyt bildet dabei die Katode, d. h. es können positive Ionen (Kationen) entladen werden und Reduktionsreaktionen ablaufen. Es handelt sich somit um eine Elektrode, an der die katodische Reaktion überwiegt. Die Anode ist eine Elektrode, die aus dem Elektrolyt unter Elektronenaufnahme Anionen entlädt oder Kationen erzeugt und an der Oxidationsreaktionen stattfinden. Anionen wandern zur Anode und Kationen zur Katode. Die anodische Reaktion überwiegt.

Einflussfaktoren auf heterogene Phasengrenzreaktionen sind

a. den Elektrolyten bestimmende Kenngrößen, wie Temperatur, PH-Wert, Leitfähigkeit, Strömung, sowie Gas- und Partikelgehalt.

b. der Werkstoff und dessen Zusammensetzung (Legierungsbestandteile), die Beanspruchung (Spannungen) und die Gefügestruktur,

c. die an der Phasengrenze abgelagerten Adsorbate, die Tempertaur und das Potenzial.

Da die Elektrodenreaktion an der Phasengrenze stattfindet, spricht man von einer Phasengrenzreaktion. Diese ist dem Ladungsaustausch zwischen einem Elektronenleiter und einer Elektrolytlösung äquivalent. Die meisten Metalle besitzen eine große Affinität zu den Bestandteilen der Umgebung (O_2, H_2O, CO_2, SO_2 u. a.). Daher sind sie in der Natur (außer in den Edelmetallen) meist in gebundener Form als Oxide, Hydroxide, Sulfate und Carbonate zu finden. Abbildung 3.12 zeigt die Einflussfaktoren auf heterogene Phasengrenzreaktionen.

---

[22] Altgriechisch *„gehend"* = sich fortbewegend.

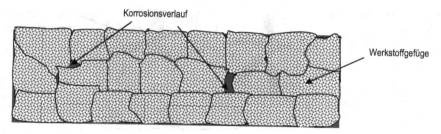

Korrosionsverlauf

Werkstoffgefüge

Abb. 3.13 Interkristalline Korrosion

Metallphysikalische Reaktion Physikalische Vorgänge erfordern die Einwirkung von Stoffen, z. B. das Eindiffundieren von Metallen in Korngrenzen bei Kontakt mit flüssigen (Quecksilber) oder leicht diffundierbaren Metallen (Cadmium bei über 150 °C). Die Absorption von Wasserstoff und die wasserstoffinduzierte Rissbildung sind metallphysikalische Vorgänge. Es handelt sich vorwiegend um innere Korrosion.

3.3.5.5 Korrosionserscheinungen

Korrosion verursacht Veränderungen an Werkstoffen (Korrosionserscheinungen), die quantitativ und/oder qualitativ erfassbar sind. Korrosionserscheinungen können als

- Risse,
- Löcher,
- Mulden oder
- flächige Wanddickenminderungen

am Werkstoff erkennbar sein.

Risskorrosion Risskorrosion beeinflusst die Sicherheit von Menschen und Maschinen maßgeblich, da sie oft erst erkannt wird, wenn das Bauteil versagt hat bzw. die Maschine funktionsunfähig ist. Erscheinungsformen sind die Spannungs- und Schwingungsrisskorrosion.
Sie können bei allen metallischen Werkstoffen auftreten. Der Korrosionsvorgang erfolgt bei der Spannungsrisskorrosion je nach Werkstoff und Elektrolyt inter- oder transkristallin, bei der Schwingungsrisskorrosion fast immer transkristallin (s. Abb. 3.13, 3.14). Unter beiden Korrosionsarten ist das Auftreten von Korrosion mit zusätzlicher mechanischer Beanspruchung zu verstehen[23].

Lochkorrosion Örtliche Korrosion an der Oberfläche von Bauteilen führt zu Löchern und Hohlräumen. Die Korrosion dehnt sich von der Oberfläche in das Metallinnere aus und schwächt das Bauteil (DIN EN ISO 8044[24]). Charakteristisch für diese Kor-

---

[23] Simon und Thoma 1989, S. 160.
[24] EN ISO 8044 (1999-11): Korrosion von Metallen und Legierungen – Grundbegriffe und Definitionen.

Abb. 3.14 Transkristalline Korrosion

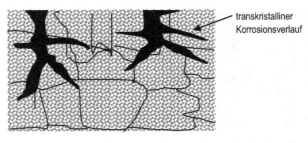

transkristalliner Korrosionsverlauf

Abb. 3.15 Lochkorrosion

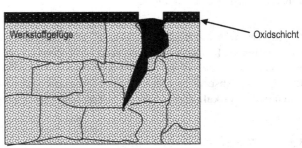

Werkstoffgefüge

Oxidschicht

rosionsform, die auch als Lochfraß bezeichnet wird, ist ein örtlicher, nadelstichartiger Korrosionsverlauf in die Tiefe des Materials (s. Abb. 3.15).

Da sich die Korrosion in das Metall hineinfrisst und nur eine punktuelle Beschädigung der Oberfläche aufweist, ist sie schlecht zu erkennen und deshalb gefährlich. Sie tritt häufig an hoch legierten Stählen in chloridhaltigen, wässrigen Lösungen auf.

Spaltkorrosion (DIN EN ISO 8044:1999) Spaltkorrosion ist eine örtliche Korrosion, die in bzw. unmittelbar neben einem Spaltbereich abläuft, der sich zwischen der Metalloberfläche und einer anderen Oberfläche (metallisch oder nichtmetallisch) ausgebildet hat. Insbesondere tritt sie in Spalten unter Unterlegscheiben, Bolzen und überlappten Bauteilen auf. Auch an konstruktiv oder anderweitig verursachten Spalten tritt sie oft bevorzugt auf (z. B. an der Pressverbindung von Rohren aus nichtrostendem Stahl).

Die Ursache liegt in der bereits durch geringste Korrosionsprozesse hervorgerufenen starken Veränderung des Mediums im Spaltbereich. In diesem sehr geringen Volumen entsteht rasch ein aggressives Medium. Verantwortlich für Spaltkorrosion sind unterschiedliche Sauerstoffkonzentrationen, wie sie unterhalb der Wasseroberfläche oder in engen Spalten, z. B. an Schraubenverbindungen oder zwischen zwei Metallen vorliegen (s. Abb. 3.16). Die Abtragung erfolgt mulden- oder flächenförmig. Da Spaltkorrosion nicht ohne Weiteres erkennbar ist, gehört sie zu den gefährlichen Korrosionsarten. Sie lässt sich konstruktiv vermeiden, wenn es dem Konstrukteur gelingt, die Potenzialunterschiede der einzelnen Materialien bei der Materialauswahl entsprechend zu berücksichtigen. Ein Korrosionsversagen kennzeichnet den Verlust der Funktionsfähigkeit eines technischen Systems. Die

Abb. 3.16 Korrosionsangriff

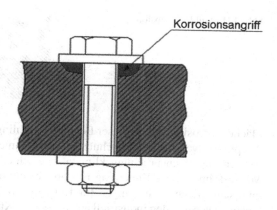

Korrosionsangriff

Abb. 3.17 Flächenkorrosion

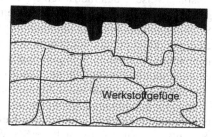

Werkstoffgefüge

grundlegende Korrosionsreaktion ergibt sich aus der Verbindung von Werkstoff und Medium. Ergebnis ist ein Korrosionsprodukt.

Gleichmäßige Flächenkorrosion Es handelt sich um eine Korrosionsart, die mit nahezu gleicher Geschwindigkeit auf der gesamten, dem Korrosionsmedium ausgesetzten Metalloberfläche abläuft (DIN EN ISO 8044). Es entsteht ein gleichmäßiger und muldenförmiger Flächenabtrag (s. Abb. 3.17).

Diese Korrosionserscheinung ist überwiegend bei Werkstoffen vorzufinden, die sich im aktiven Zustand befinden. Typische Beispiele sind Zinkschichten sowie unlegierte und niedrig legierte Stähle, die neutralen Wässern oder feuchter Atmosphäre ausgesetzt sind. Aus technischer Sicht ist Flächenrost weniger problematisch, da die Korrosionsrate meist relativ gering ist und dementsprechend genau ermittelt werden kann. Die Standzeit des Bauteils lässt damit ziemlich genau abschätzen. Allerdings ist gleichmäßiger Flächenabtrag in der Praxis selten. Auf Grund unterschiedlicher Ausbildung von Deckschichten und Korrosionsprodukten auf einzelnen Flächenbereichen sowie geometrischer, werkstoffseitiger und medienbedingter Inhomogenitäten entsteht ein überwiegend ungleichmäßiger Korrosionsabtrag, der zu muldenförmigen oder zu narbigen Erscheinungen führt. Daher dient der Begriff „gleichmäßige Flächenkorrosion" zur Abgrenzung zu vielfältigen örtlich begrenzten Korrosionserscheinungen.

Da die meisten Werkstoffe der Atmosphäre ausgesetzt sind, ist die atmosphärische Korrosion eine charakteristische Erscheinungsform der gleichmäßigen

Abb. 3.18 Muldenkorrosion

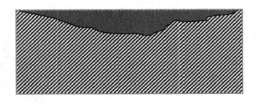

Flächenkorrosion. Allein dieser Bereich verschlingt ca. die Hälfte der Gesamtkosten des präventiven Korrosionsschutzes[25]. Im Rahmen der atmosphärischen Korrosion werden vier Beanspruchungsklimata unterschieden: Land-, Stadt-, Industrie- und Meeresklima. Diese Einteilung ist von Bedeutung, da in den jeweiligen Klimaten unterschiedliche Bedingungen für Korrosionsbelastungen bestehen. So herrschen beispielsweise in den industriell erschlossenen Küstengebieten Brasiliens in der Region Forteleza auf Grund des ständigen Windes vom Meer, des industriebedingten Schwefelgehalts der Luft und dem tropischen Klima extreme Korrosionsbeanspruchungen. Da durch die nächtliche Temperaturabsenkung der Taupunkt nicht soweit unterschritten wird, dass Wasser auf metallischen Oberflächen kondensieren kann, entsteht ständig ein sehr dünner Adsorptionsfilm, der für maximale Sauerstoffzufuhr und damit für eine maximale Korrosionsrate sorgt.

Bei der atmosphärischen Korrosion bestimmt die Luftfeuchte die Korrosionsrate entscheidend. Die kritische relative Luftfeuchte, bei der Korrosion auftritt, beträgt etwa 60 %[26]. Außerdem spielt der Schwefelgehalt der Umgebungsluft eine entscheidende Rolle. Bei reiner Luft und reinen Metalloberflächen stagniert die Korrosion bis zur Sättigungsfeuchte. Die Hauptbestandteile der Luft, die die atmosphärische Korrosion bewirken, sind Wasser und Sauerstoff. Weitere Komponenten sind Abgase und Verunreinigungen, wie z. B. Schwefeldioxid, Stickoxide, hygroskopische Stäube, Salze und Ruß.

Muldenkorrosion Muldenkorrosion ist eine Form der örtlichen Korrosion. Dabei werden bei ungleichmäßigem Flächenabtrag trichterförmige Mulden gebildet, deren Durchmesser größer ist als ihre Tiefe (Abb. 3.18).

Fazit Korrosion ist grundsätzlich nicht vermeidbar. Allerdings kann die Korrosionsgeschwindigkeit beeinflusst werden. Die Materialauswahl und die gewählte Oberflächenbehandlung haben darauf wesentlichen Einfluss. Ein Korrosionsschaden ist dann eingetreten, wenn die Funktion eines Bauteils, eines technischen Systems oder seine Umgebung beeinträchtigt wird.

3.3.5.6 Korrosionsprozesse

Korrosionsprozesse laufen je nach Umgebungsbedingungen und Werkstoffkombination als Wasserstoff- oder als Sauerstoffkorrosion ab.

---

[25] Vgl. Tostmann 2000, S. 62.
[26] Ebenda S. 64.

Tab. 3.4 Spannungsreihe der Metalle. (Tostmann 2000, S. 68)

Element	Element als Ion	Normalpotenzial (V)	edel
Gold	Au^{3+}	+1,42	
Silber	Ag^+	+0,80	
Kupfer	Cu^{2+}	+0,34	
Wasserstoff	H^+	0,00	
Blei	Pb^+	−0,13	
Zinn	Sn^+	−0,14	
Eisen	Fe^{2+}	−0,44	
Zink	Zn^{2+}	−0,76	
Aluminium	Al^{3+}	−1,66	
Magnesium	Mg^{2+}	−2,40	
Unedel			

Abb. 3.19 Prinzip der Säurekorrosion

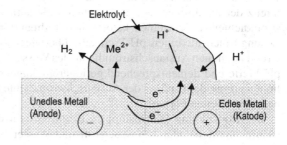

a) Säurekorrosion

Säurekorrosion (auch Wasserstoffkorrosion) findet vorwiegend in saurer Elektrolytlösung statt[27]. Zu ihr gehört auch der Säureangriff auf Metalle. Zwischen zwei miteinander in Verbindung stehenden Metallen unterschiedlichen Spannungspotenzials und einer elektrisch leitenden wässrigen Lösung (Elektrolyt) laufen gleichzeitig zwei Reaktionen ab, was auf das unterschiedliche Potenzial der Metalle zurückzuführen ist (s. Tab. 3.4). Die Korrosionsgeschwindigkeit steigt mit der Zunahme der Säurekonzentration und der Temperatur. Je nach den chemischen Eigenschaften des Säureanions können auch schützende Deckschichten (z. B. Blei in Schwefelsäure) oder Passivteilchen (z. B. Aluminium und Stahl in Salpetersäure) ausgebildet werden.

Die katodische Teilreaktion in sauren Medien verläuft in Abwesenheit von Sauerstoff, wobei Wasserstoff gebildet wird (s. Abb. 3.19):

$$2H^+ + 2e^- = H_2$$

Auf der Oberfläche kommt es zur Bildung von Gasblasen, die desorbiert werden müssen. Zum Beispiel findet in belüfteten Säuren folgende Reaktion statt:

$$4H^+ + O_2 + 4e^- = 2H_2O$$

---

[27] Beispiele sind die Tagebauseen des Lausitzer Reviers mit pH-Werten unter 3 infolge im Wasser gelöster Schwefelverbindungen.

Abb. 3.20 Lochkorrosion an
einem passiven Metall mit
Elektronen leitender
Passivschicht

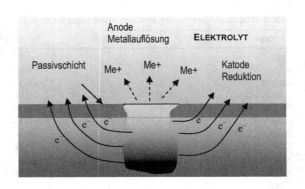

Welche der beiden Reaktionen abläuft, ist von der elektrochemischen Potenzialdifferenz der anodischen und katodischen Teilreaktionen sowie von den Austauschstromdichten der einzelnen katodischen Teilreaktionen abhängig. Weist die saure Lösung einen niedrigen pH-Wert auf, überwiegt die Wasserstoffentwicklung auf Grund der hohen Austauschstromdichte des Wasserstoffs am Eisen. Im Falle höherer pH-Werte und dementsprechend geringerem Angebot an dissoziierten Wasserstoffionen nimmt der Einfluss der Austauschstromdichte ab. Die Reaktion verläuft dann nach der zweiten Formel.

Die Rostbildung (Korrosion) an Eisen entsteht durch den Angriff einer Säure (Säurekorrosion) oder von Sauerstoff und Wasser (s. Sauerstoffkorrosion) auf die Metalloberfläche. Im Fall einer Säure- oder Wasserstoffkorrosion entziehen die Protonen der Säure (Wasserstoff-Ionen) dem Metall Elektronen. Dabei reagiert Eisen mit den Wasserstoff-Ionen im Wasser zu Eisen-II-Kationen (s. Abb. 3.19):

$$Fe \rightarrow Fe^{2+} + 2e^-$$

$$Fe^{2+} + 2H^+ \rightarrow Fe^{2+} + H_2 \text{ (Wasserstoffkorrosion)}$$

Die Korrosion des unedleren Metalls (Anode) der beiden Werkstoffe entsteht durch Aufspaltung der Metallatome in einer Oxidationsreaktion in positive Metall-Ionen und negative Elektronen. Die Korrosion zerstört im Laufe der Zeit nach und nach das Material. Die frei gewordenen Elektronen wandern zum edleren Metall (Katode) und gehen dort mit den Wasserstoff-Ionen des Elektrolyts eine Verbindung zu atomarem Wasserstoff ein. Die Metall-Ionen reichern sich in dem Elektrolyt an. Im Gegensatz zur Sauerstoffkorrosion bildet sich keine Oxidschicht.

Abb. 3.20 zeigt eine Form der örtlichen Korrosion. Diese wird beispielsweise bei Anwesenheit hoher. Chloridkonzentrationen an eigentlich korrosionsbeständigem Stahl hervorgerufen.

Beispiel 3.1: Korrosion von Blech
Zinn beschichtete Stahlbleche bieten Schutz vor aggressiven Medien, z. B. Fruchtsäuren oder ähnlichen Medien. Eine Beschädigung oder Fehler der Beschichtung setzen die Korrosion des Eisens im Stahlblech in Gang. Das Eisen, das ein nied-

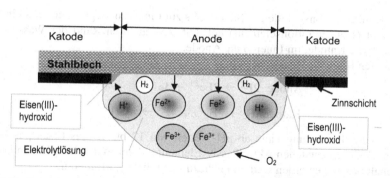

Abb. 3.21 Korrosionsvorgänge in einem Wassertropfen an verzinntem Stahlblech

rigeres Standard-Elektrodenpotential als Zinn besitzt (s. Tab. 3.3), bildet daher die Anode und geht folglich in Lösung. Die ursprünglich schützende Zinnschicht bildet die Katode. Abbildung 3.21 zeigt ein beschädigtes verzinntes Blechteil, an dem sich eine Elektrolyttropen gebildet hat.

Wie in Abb. 3.21 dargestellt, laufen vereinfacht folgende Reaktionen ab[28]:

Anode:

$$Fe \rightarrow Fe^{2+} + 2e^-$$

Oxidationen des Eisens zu Eisen-Ionen, Elektronen werden frei.

Folgereaktion: Eisen-Ionen reagieren mit Wasser und dem Sauerstoff der Umgebung zu

$$3Fe^{2+} + 18H_2O + O_2 \rightarrow 4Fe(OH)_3 + 8H_3O^+$$

(Eisen(III)-Hydroxid, Oxonium[29] = protoniertes Wasser)

Katode: $$2H_3O^+ + 2e^- \rightarrow 2H_2O + H_2$$

Hydronium-Ionen werden entladen, es entstehen Wasser und Wasserstoff.

b) Sauerstoffkorrosion
Die Sauerstoffkorrosion findet in neutralen oder alkalischen Lösungen statt, in denen sich kein Wasserstoff bilden kann. Hier wirkt die Anwesenheit von Sauerstoff reduzierend. Voraussetzung für die Sauerstoffkorrosion ist die gleichzeitige Anwesenheit von Wasser.

Der Niederschlag von Luftfeuchtigkeit auf der ungeschützten Metalloberfläche sorgt für die Entstehung einer Elektrolytlösung, die den Korrosionsprozess in Gang setzt. Es bildet sich eine Wasserinsel (Wassertropfen), in die Sauerstoff zum Konzentrationsausgleich diffundiert (s. Abb. 3.21).

---

[28] Vgl. Tostmann 2000, S. 68 ff.

[29] Oxoniumionen entstehen durch Autoprotolyse des Wassers.

Das Konzentrationsgefälle des Sauerstoffs zum Inneren sorgt dafür, dass ein Lokalelement (Konzentrationselement) entsteht. Am äußeren Rand der Wasserinsel bildet sich die Katode, im Inneren die Anode. Es laufen folgende Reaktionen ab:

$$\text{Anode: } 2Fe \rightarrow 2Fe^{2+} + 4e^-$$

$$\text{Katode: } O_2 + 2H_2O + 4e^- \rightarrow 4OH^-$$

Durch eine Alkalisierung kann ab pH-Werten von 12 bis 13 das Eisen passiviert werden. Dadurch entstehen Aktiv/Passiv-Elemente, deren Bereiche mit dem hohen O_2-Gehalt passiv geworden sind und nahezu nicht mehr korrodieren.

Für ein einwertiges Metall ergäbe sich:

$$4Me^+ + O_2 + 2H_2O \rightarrow 4Me^+ + 4OH^-$$

Für Eisen ergibt sich:

$$2Fe^{2+} + 4OH^- \rightarrow 2Fe(OH)_2 \quad \text{Eisen(II)}-\text{oxid}(\textit{Goethit})$$

Mit der Autooxidation kommt es zur Rostbildung:

$$4Fe(OH)_2 + O_2 \rightarrow 4FeO(OH) + 2H_2O = \text{„Fe}_2O_3 * H_2O\text{"} \text{ (Rost) (Eisen(III)-oxid)}$$

FeO(OH) bezeichnet man als *Goethit*[30], das vor allem im Brauneisenstein vorkommt.

Sauerstoffkorrosion ist charakteristisch für Belüftungselemente. Diese treten bei unterschiedlichen Bedeckungen durch

- Rostablagerungen,
- Oxidschichten (z. B. Anlauffarben),
- Zunderschichten oder
- organische Beschichtungen auf.

Korrosion von metallischen Werkstoffen in sauerstoffhaltigen wässrigen Medien, bevorzugt in Bereichen, die zwar vom wässrigen Medium benetzt sind, aber nicht oder nur ungenügend angeströmt werden, ist eine häufige Ursache für unterschiedliche Korrosionserscheinungen und −arten. Es bilden sich Korrosionselemente an der Oberfläche des Bauteils auf Grund unterschiedlicher Belüftung des Elektrolyten. Ein Beispiel dafür sind ölbedeckte Flächen (Tanker, Lagerbehälter für Rohöl, Ölprodukte). Ölfreie Bereiche (Wasser, Stellen unter Rost) sind Anoden, während O_2 an den großen ölbedeckten Flächen reduziert wird. Weitere praktische Fälle von Belüftungselementen entstehen im Boden infolge unterschiedlicher Bodenschichten.

Bimetallkorrosion, galvanische Korrosion, Kontaktkorrosion Eine Form der Elementkorrosion liegt vor, wenn unterschiedliche Metalle, die miteinander in Metall leitendem Kontakt stehen, einem gemeinsamen Elektrolyten ausgesetzt sind. Solche Systeme werden als Bimetall-Elemente bezeichnet. Der dabei ausgelöste Korrosionsvorgang heißt Bimetallkorrosion oder galvanische Korrosion (Abb. 3.22).

---

[30] Benannt nach J. W. von Goethe.

Abb. 3.22 Elementbildung bei der galvanischen Korrosion

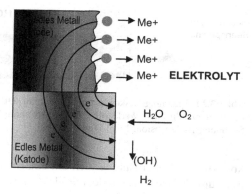

Kontaktkorrosion ist eine galvanische Korrosion, bei der die Elektroden von unterschiedlichen Metallen gebildet werden (DIN EN ISO 8044). Das unedlere Metall, das ein größeres Bestreben hat in Lösung zu gehen, bildet die Anode. Die bei der Metallauflösung auf dem Metallpaar zurückbleibenden Elektronen speisen die katodische Teilreaktion, die an der Phasengrenze des edleren Metalls zum Elektrolyten stattfindet. Die Korrosion des unedleren Metalls verstärkt sich dadurch, während die des edleren Metalls verhindert wird. Dabei wird es vor Korrosion geschützt. Dieser Vorgang wird beispielsweise beim „katodischen Schutz" bewusst zum Korrosionsschutz eingesetzt.

Der Kontakt zweier unterschiedlicher Metalle in Anwesenheit eines Elektrolyten löst Kontaktkorrosion aus (s. Abb. 3.23). Das unedlere der beiden Metalle korrodiert. Die Abtragung erfolgt gleichmäßig. Es handelt sich um eine konstruktionsbedingte Erscheinung, die auch umgangen werden kann.

Selektive Korrosion Ein anderer Mechanismus der Elementkorrosion liegt bei den verschiedenen Erscheinungsformen der selektiven Korrosion vor, bei der nur bestimmte Anteile eines metallischen Werkstoffs angegriffen werden, also selektiv

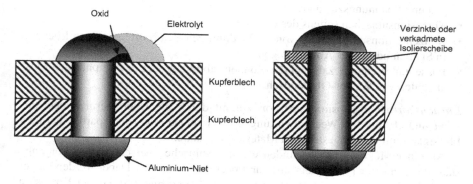

Abb. 3.23 Bimetall-Korrosion, dargestellt am Beispiel einer Nietverbindung (*links*), Möglichkeit der Verhinderung durch Isolierscheiben (*rechts*)

Abb. 3.24 Spannungsrisskorrosion. (s. hierzu DIN 50 922: Untersuchung der Beständigkeit von metallischen Werkstoffen gegen Spannungsrisskorrosion, EN ISO 7539 Prüfung der Spannungsrisskorrosion, Teil 1–Teil 7 (1995))

korrodieren. Dabei kann es sich um einzelne Legierungsbestandteile handeln oder auch um Gefügebestandteile, die Elektrolyte bevorzugt angreifen.

Spannungs- und Schwingungsrisskorrosion Statische und dynamische Zugbeanspruchungen und die gleichzeitige Gegenwart von korrosiven Medien verursachen Spannungsriss- und Schwingungsrisskorrosion. Bei den statischen Zugbeanspruchungen kann es sich auch um Eigenspannungen im Metall handeln. Bei gleichzeitigem Vorliegen von statischen oder dynamischen Zugbeanspruchungen und korrosivem Medium treten Spannungsriss- oder Schwingungsrisskorrosion an metallischen Werkstoffen auf.

Versetzungen der Gleitebenen des Werkstoffs an der Werkstückoberfläche, welche durch die Schwingbeanspruchung entstanden sind, führen zu tiefen Anrissen. Daher bewirken schon schwache Elektrolyte ein frühzeitiges Versagen des Bauteils. Weitere mögliche Ursachen der Schwingungsrisskorrosion können sowohl metallseitig als auch mediumseitig begründet sein (s. Abb. 3.24).

Metallseitige Korrosionsursachen können sein:

- Inhomogenitäten an der Metalloberfläche, z. B. Risse in schützenden Oxid- oder Deckschichten,
- Einschlüsse oder Phasen,
- Veränderungen im Gefüge,
- Absorption von atomarem Wasserstoff und dadurch bedingte Gefügeveränderungen und Spannungszustände,
- Korrosionsursachen seitens des Mediums,
- Konzentrationsunterschiede von im Medium gelösten Stoffen, z. B. in Löchern, in Spalten oder unter Ablagerungen,
- Phasenunterschiede, z. B. bei der Kondensatbildung oder in zweiphasigen Flüssigkeiten wie Wasser-Öl-Gemischen.

Erosionskorrosion Erosionskorrosion kommt durch die Überlagerung mechanischer und chemischer Wechselwirkungen einer reinen oder einer partikelhaltigen Flüssigkeit mit dem angeströmten Material zu Stande.

An einer Metalloberfläche finden elektrochemische oder chemische Vorgänge statt, die von einer Flüssigkeitsströmung beeinflusst werden. Dabei werden so genannte Reaktanten antransportiert oder Zwischen- und Endprodukte der Korrosion abtransportiert. Oberflächen- und Passivschichten oder auch das Grundmetall erodieren und bilden an den erodierten Stellen reaktive Metalloberflächen, die zur Bildung neuer Schichten führen. Die von der Erosion ausgelöste Korrosion zerstört Schutzschichten und Grundmaterialien. Gemäß Definition richtet sich der erosive Angriff zunächst gegen die Schutzschicht an der Metalloberfläche. Die Folge ist, dass bei Zerstörung der Schutzschicht der Werkstoff dem korrosiven Angriff des Umgebungsmediums ausgesetzt ist, z. B. der umgebenden Luft.

Die Folge der Erosionskorrosion ist ein Materialabtrag an der betroffenen Stelle der Betrachtungseinheit und ein Materialtransport im strömenden Medium. Dieser kann sowohl in Einphasenströmen (Wasser), als auch in Zweiphasenströmung (Wasser/Dampf) erfolgen. In einphasigen Strömungen bestimmt die mechanische Stabilität der Oberflächenschicht, also ihre Haftfestigkeit, Kohäsion und Härte, die mechanische Zerstörung[31]. Ändern diese Schichten ihre chemischen Eigenschaften, kommt es ggf. zu einer Verschlechterung der mechanischen Eigenschaften und damit zu einer Erosionskorrosion.

Charakteristische Erscheinungsformen erosiven Materialabtrags sind meist glatte, teilweise metallisch glänzende Auswaschungen. Die zerstörte Oberfläche zeigt muldenartige, wellige oder schuppenartige Strukturen. Die Abtragung der Schutzschicht erfolgt bevorzugt über Strömungsturbulenzen, so dass geometrische Formen wie z. B. Kanten, Erhebungen, Vertiefungen oder Umlenkungen besonders gefährdet sind.

Erosionskorrosion tritt nur dann auf, wenn die Passivschichten (oder allgemein Korrosion hemmende Oxidschichten) auf der Metalloberfläche zerstört werden. Eine Erhöhung des Chromzuschlags (> 12 bis 13 %) im Stahl erhöht schon weit unterhalb der Passivität die Beständigkeit gegenüber der Erosionskorrosion.

Wenn die Abtraggeschwindigkeit des Mediums höher ist als die Geschwindigkeit der Neubildung einer Schutzschicht durch elektrochemische Reaktion, kann Erosionskorrosion auftreten. Einflüsse auf die Erosion haben die mechanischen Werkstoffeigenschaften, die Strömungsbedingungen wie Strömungsgeschwindigkeit, Geometrie der angeströmten Flächen und Strömungsmedium.

3.3.5.7 Einflüsse auf die Korrosion und Schutzschichtbildung

Die Eigenschaften des Mediums (pH-Wert, Sauerstoffgehalt und Temperatur, elektrochemische Werkstoffeigenschaften) und der Legierungsbestandteile (Chromgehalt im Werkstoff) spielen für das Korrosionsverhalten eine wesentliche Rolle. Folgende Parameter beeinflussen die Entstehung von Erosion bzw. Erosionskorrosion:

- Werkstoff, Werkstoffeigenschaften (Härte, Zugfestigkeit, Zähigkeit, Gefüge),
- pH-Wert,
- Strömungsgeschwindigkeit,

---

[31] Vgl. Czichos und Habig 1992, S. 134.

- Temperatur,
- Sauerstoffgehalt,
- geometrische Bedingungen und
- Partikel (Härte, Größe, Konzentration, Dichte) des Mediums.

Erosionskorrosion kommt nur in der flüssigen Phase vor. Daher können diese Betrachtungen auch auf zweiphasige Strömungen (Wasser/Wasserdampf) bezogen werden, weil ein zusammenhängender Flüssigkeitsfilm an der Wandoberfläche vorhanden ist und für den Erosionsvorgang als maßgebende Strömungsgeschwindigkeit die Wassergeschwindigkeit im wandnahen Film herangezogen wird. Betroffen sind insbesondere un- oder niedriglegierte Stähle (mit geringem Chromgehalt) in einem Temperaturbereich von 80 bis 250 Grad Celsius.

Hochtemperaturkorrosion   Hochtemperaturkorrosion ist ein chemischer Vorgang, der zu einer Minderung der Haltbarkeit von Werkstoffen führen kann. Im Gegensatz zur elektrochemischen Korrosion, die meist in wässrigen Elektrolyten abläuft, kommt es hier bei hohen Temperaturen zu Reaktionen zwischen dem Umgebungsmedium (z. B. heiße Gase) und dem Werkstoff, was zu einer Schädigung führen kann. Zu berücksichtigen sind die Umgebungsbedingungen sowie die Zusammensetzung, Geschwindigkeit und Dichte des Mediums, Partikelanzahl und -größe u. ä.

Das Schadensbild ähnelt dem der Nasskorrosion. Grundsätzlich können alle möglichen Formen der Korrosion wie gleichmäßige Flächenkorrosion, Lochkorrosion oder Kontaktkorrosion usw. auftreten. Es besteht zudem auch die Gefahr von Wasserstoffversprödung.

Die Geschwindigkeit des ablaufenden Prozesses verlangsamt die Deckschichtbildung. Die von Sauerstoff verursachte Verzunderung (Oxidation) der Oberfläche kann durch Legieren des Werkstoffs mit Aluminium, Silizium und vor allem mit Chrom stark vermindert werden. Diese Legierungselemente bilden dichte Oxidschichten, die den diffusionsgesteuerten Verzunderungsvorgang effizient behindern.

Weitere wichtige Atmosphärenbestandteile bei der Hochtemperaturkorrosion neben Sauerstoff sind:

Schwefel SO_2-haltige Atmosphären (z. B. Rauchgase von Kohlekraftwerken) schädigen den Grundwerkstoff. Schwefeldioxid verbindet sich mit Sauerstoff und Wasser zunächst zu Schwefelsäure, die dann bei Unterschreitung des Taupunktes (Schwefelsäure kondensiert bei ca. 200 °C) auf dem Werkstoff ein Schwefelsäurekondensat bildet und die Oberfläche sehr stark angreift.

Halogenide Chlorid-, fluorid- und bromidhaltige Salze können flüchtige Halogenide bilden, die u. U. schützende Oxidschichten zerstören.

Alkalien Alkalimetalle wie z. B. Natrium oder Kalium reagieren mit dem Grundwerkstoff und bilden niedrig schmelzende eutektische Systeme (Mischsalze). Solche Vorgänge führen zur schnellen Zerstörung von Bauteilen. Derartige Vorgänge konnten beispielsweise bei der Verbrennung von Stroh oder salzhaltiger Kohler beobachtet werden.

Kohlenstoff Sind z. B. Kohlenmonoxid, Methan oder andere kohlenstoff- oder kohlenwasserstoffhaltige Bestandteile im Gasgemisch vorhanden, kann es bei niedrigen Sauerstoffgehalten zur Aufkohlung des Werkstoffs kommen. Dabei bilden sich Carbide, die relativ harmlos sind. Beispielsweise bilden sich so genannte „*metall dustings*" an Wärmetauschern, die in der petrochemischen Industrie eingesetzt werden, wobei es zu einer Art Lochbildung kommt und Kohlenstoff lokal am Werkstoff abgeschieden wird. Dieser kann in den Werkstoff eindiffundieren und dort Nitride bilden, die einen festigkeitsmindernden Einfluss auf die mechanischen Eigenschaften des Bauteils ausüben.

3.3.5.8 Korrosionsschutz

Allgemeines

Im Korrosionsschutz unterscheidet man grundlegend in aktiven und passiven Korrosionsschutz. Der aktive Korrosionsschutz umfasst alle Maßnahmen, die den inhärenten Korrosionsschutz von Bauteilen bestimmen. Dazu gehören:

* korrosionsschutzgerechte Gestaltung,
* geeignete Werkstoffwahl,
* Aufbereitung des Wirkmediums,
* Inhibierung,
* elektrochemischer Korrosionsschutz (anodisch, katodisch).

Der passive Korrosionsschutz beinhaltet alle Maßnahmen, die Oberflächen vor korrosiven Angriffen schützen:

* metallische Überzüge,
* nichtmetallisch-anorganische Überzüge,
* organische Beschichtungen.

Eine Korrosionsschutzschicht ist eine auf einem Metall oder im oberflächennahen Bereich eines Metalls hergestellte Schicht, die aus einer oder mehreren Lagen besteht. Mehrlagige Schichten werden als Korrosionsschutzsysteme bezeichnet. Schutzschichten, die dem Korrosionsschutz dienen (s. DIN 50 900 Teil 1), werden unterteilt in:

1. Beschichtungen
2. Überzüge

    a. Umwandlungsüberzüge
    b. Diffusionsüberzüge

3. Duplex-Korrosionsschutz-Schichten
4. Umhüllungen
5. Auskleidungen

Während eine Korrosionsschutzschicht aus Beschichtungsstoff(en) besteht, sind Überzüge im Sinne der DIN 50902 Metalle, die im Ergebnis eines Umwandlungs-

oder Diffusionsüberzuges entstehen. Umwandlungsüberzüge werden erzielt, indem das zu schützende Material mit einem vorgegebenem Medium zur chemischen oder elektro-chemischen Reaktion gebracht wird (s. DIN 50 900 Teil 1). Diffusionsüberzüge sind Korrosionsschutzschichten, die durch Anreicherung eindiffundierter Metalle oder Nichtmetalle an der Oberfläche des zu schützenden Objekts hergestellt werden (s. DIN 50902).

Auf Werkstoffe aufgebrachte metallische Überzüge, Kunststoff- und Lackschichten verhindern den Kontakt mit Wasser oder Feuchtigkeit und damit den Angriff korrosiver Medien (passiver Korrosionsschutz). Beschichtungen mit unedleren Metallen bewirken die Bildung stabiler Oxidschichten („Passivierung"). Auch leitende Verbindungen zu einem unedleren Metall, das sich auflöst („Opferanode"), sorgen für Schutz.

Zum Schutz vor Korrosion werden Pipelines, Öltanks und auch Schiffe mit Opferanoden aus Magnesium leitend verbunden, damit sich das unedlere Magnesium anstatt des Stahles auflöst. Bei Pipelines kann auch der negative Pol einer Gleichspannungsquelle, verbunden mit in der Erde versenkten Kohleblöcken (Pluspol), vor Korrosion schützen[32].

Oberflächenvorbereitung

Mechanische Oberflächenvorbereitung

Strahlen Beim Strahlen wird das Strahlmittel m. H. eines Gas- oder Flüssigkeitsstroms beschleunigt und mit Druck auf eine Metalloberfläche geleitet. Das kann pneumatisch m. H. von Druckluft oder hydraulisch m. H. von Wasser erfolgen. Bei der mechanischen Beschleunigung werden Schleuderräder verwendet, so dass auf zusätzliche Medien verzichtet werden kann[33].

Beim Strahlen unterscheidet man:

1. Reinigungsstrahlen zum Entlacken, Entzundern, Entrosten und Entschichten
   Strahlmittel: Hartguss, Korund, Steelgrit, Steelshot
2. Finishstrahlen zum Aufrauen, Glätten, Mattieren und Seidenmattieren
   Strahlmittel: Glasperlen, Korund, Keramikperlen, Kunststoffgranulat
3. Kugelstrahlen zum Verfestigen (*Shot Peening*), Strahlmittel Steelshot

Zum Einsatz kommen folgende Verfahren:

Druckluftstrahlen Beim Druckluftstrahlen wird das Strahlmittel m. H. der Druckluft auf das zu bearbeitende Material bzw. Werkstück aufgebracht. Dabei vermischen sich die abgestrahlten Partikel aus der Oberfläche mit dem Strahlmittel, das als Sondermüll zu entsorgen ist. Als Strahlmittel kommen spezielle grob- bis feinkörnige Sande und Kiese zum Einsatz. Weiterhin werden auch andere Strahlmittel, z. B. aus Stahl oder Keramik, verwendet.

---

[32] DIN-Taschenbuch Korrosion und Korrosionsschutz 2002, S. 277 ff.; DIN EN 12954, DIN 50 926.

[33] DIN EN ISO 11126-4.

Schleuderstrahlen Im Unterschied zum Druckluftstrahlen wird das Strahlmittel zentral einem schnell rotierenden Schleuderrad zugeführt, das es mit bis zu 80 m/s (290 km/h) zielgerichtet auf die zu bearbeitende Werkstückoberfläche schießt. Als Strahlmittel werden verwendet:

- *Glasperlen* setzen sich aus einem mineralischen und einem synthetischen Anteil zusammen, eignen sich besonders zur Herstellung von Seidenmatteffekten auf Edelstahlblechen.
- *Keramikperlen* bestehen aus einem mineralischen und einem synthetischen Anteil. Gegenüber Glasperlen sind Keramikperlen wesentlich standfester.
- *Strahlmittel* aus Hartguss dienen zum Aufrauen, Entzundern, Entrosten und Abtragen von Oberflächen.
- *Kunststoff (Duroplast)* eignet sich speziell für Kunststoff- und Leichtmetallteile sowie für empfindliche Formen.

Kugelstrahlen Aus Gründen der Rissempfindlichkeit hat sich Kugelstrahlen vor dem Verchromen bewährt. Bei der Bearbeitung in den Grundwerkstoff induzierte Druckeigenspannungen können beim Verchromen nicht abgebaut werden. Vorheriges Kugelstrahlen verhindert die Rissfortpflanzung von der Chromschicht in den Grundwerkstoff. Kugelstrahlen ist für alle dynamisch belasteten Bauteile, die aus Korrosions- oder Verschleißgründen (z. B. Fahrwerksteile) verchromt werden, von Vorteil.

Die Oberflächen befinden nach dem Strahlen in einem absolut sauberen und fettfreien Zustand.

Schleifen Zur Vorbereitung der Metalloberflächen werden körnige Schleifmittel, Schleif-Vließe oder Stahlwolle eingesetzt.

Schaben Die Metalloberfläche wird m. H. einer gehärteten Stahlschneide (Schaber) vorbereitet. Dazu werden körnige Schleifmittel, Schleif-Vließe oder Stahlwolle eingesetzt.

Thermische Oberflächenvorbereitung

Flammstrahlen (DIN 32 539) Beim Flammstrahlen wird die zu reinigende Metalloberfläche mit einer heißen Flamme, (zumeist m.H. von Acetylen) bei einer Temperatur von etwa 3200 °C abgeflammt. Dabei werden organische Verunreinigungen, wie z. B. alte Fette und Öle, verdampft bzw. verkohlt, Metalloxide zu Metall reduziert und dadurch ihre Haftung an der Oberfläche beseitigt. Ein zusätzlicher Reinigungseffekt wird beim Flammstrahlen durch das Verdampfen der unter der Schmutz- oder Rostschicht eingeschlossenen Feuchtigkeit erzielt. Die explosionsartige Volumenvergrößerung der Feuchtigkeit beim Übergang in die Gasphase sprengt die darüber liegenden Schichten regelrecht ab. Nach der thermischen Behandlung wird die Metalloberfläche meist mechanisch nachbehandelt, um die entstandenen Verbrennungsrückstände zu entfernen, z. B. m. H. von Drahtbürsten (Weiner 1969).

Blankglühen Beim Blankglühen werden reduzierende Gase mit hohen Temperaturen auf die Metalloberfläche geleitet, dabei werden Oxidschichten von der

Metalloberfläche wirksam entfernt. Dabei kommen meist unter Schutzgas stehende Durchlauföfen zum Einsatz (Fischer 2001).

Chemische und elektrochemische Oberflächenvorbereitung[34]

Entfetten Beim Entfetten kommen meist fettlösliche Substanzen zum Einsatz. Im Vordergrund stehen Lösungsmittel. Bei Lösungsmitteln handelt es sich um Substanzen, die Gase, Flüssigkeiten oder Feststoffe lösen oder verdünnen können, ohne dass dabei chemische Reaktionen ablaufen. Meist werden Flüssigkeiten wie Wasser und flüssige organische Stoffe zum Lösen anderer Stoffe eingesetzt. Weiterhin kann Ultraschall eigesetzt werden.

Beizen Das Beizen ist eine chemische oder elektrolytische Behandlung der Oberfläche, um Oxide und andere Metallverbindungen zu entfernen, z. B. Rost oder Zunder.

Bei der Herstellung von Walzstahl kommt das Beizen zum Einsatz, um den durch den Warmwalzprozess an der Oberfläche entstandenen festen Abbrand (*Zunder*) zu entfernen.

Das Beizen erfolgt nach zwei Prinzipien:

a. Durchlaufbeizen und
b. Schubbeizen.

Beim Durchlaufbeizen wird das auf Coils gewickelte Stahlband abgewickelt, gerichtet, das Ende des vorherigen sowie der Anfang des neuen Bandes nach einem Schnitt zu einem Endlosband verschweißt und durch Salzsäure- oder Schwefelsäurebäder geleitet.

Bei der Schubbeize werden die Coils einzeln nacheinander abgewickelt, durch die Anlage geschoben und wieder aufgewickelt.

Nach dem Beizen werden die Stahlbänder in einer Wasserkaskade gespült und alkalisiert, z. B. in NaOH. Ziel ist die Neutralisierung und restlose Entfernung noch anhaftender Säurereste, um Korrosion zu vermeiden. Beim Beizen besteht allerdings die Gefahr einer Wasserstoffversprödung des Stahls. Vor dem Aufwickeln des fertig gebeizten Bandes werden die Oberfläche geölt und die Bandkanten besäumt.

Zur Vorbehandlung der Klebeverbindungen von Bauteilen und Blechen aus eloxiertem oder walzblankem Aluminium werden die Oberflächen der Klebkanten solcher Fügeteilverbunde gebeizt. Der Beizprozess erfolgt mit einer Mischung aus konzentrierter Schwefelsäure (ca. 1/3 Gew.%), ca. 7,5 Gew.-% Natriumdichromat ($Na_2Cr_2O_7$) und Wasser (65 Gew.-%). Auch Natronlauge wird verwendet.

Das Beizen von Kupferlegierungen (Bronze, Messing, Tombak oder Rotguss), das mittels Chromsäuremischungen erfolgt, wird auch als *Brennen* oder *Gelbbrennen* bezeichnet.

Die Galvanotechnik verwendet auch stromlose und stromunterstützte Beizverfahren, um das Grundmetall für die weitere Beschichtung zu aktivieren.

---

[34] ISO 9223 Chem. Reinigungsverfahren zum Entfernen von Korrosionsprodukten.

Dekapieren Die Oberfläche von Metallen wird beim Dekapieren aktiviert, um Oxide zu entfernen. Das kann z. B. durch Eintauchen in verdünnte Säuren erfolgen.

Physikalische Gasphasenabscheidung

PVD-Verfahren (Physical Vapour Deposition) Um anspruchsvolle Tribosysteme technisch realisieren zu können, werden stark beanspruchte Bauteile PVD-beschichtet (Steffens und Brandl 1992).

Dazu zählt eine Gruppe von vakuumbasierten Beschichtungsverfahren bzw. Dünnschichttechnologien, bei denen (im Gegensatz zu CVD-Verfahren) die Schicht direkt durch Kondensation eines Materialdampfes des Ausgangsmaterials gebildet wird:

1. Gas- (Dampf-) Erzeugung der Schicht bildenden Teilchen,
2. Transport des Dampfes zum Substrat (z. B. Fräs-, Bohrwerkzeug),
3. Kondensation des Dampfes auf dem Substrat und Schichtbildung.

Verdampfungsverfahren:

- *Thermisches Verdampfen (Bedampfen):*
  Es handelt sich um das einfachste Verdampfungsverfahren in der Beschichtungstechnik. Im Unterschied zum Elektronenstrahl-, Laserstrahl- oder Lichtbogenverdampfen wird das Ausgangsmaterial auf Temperaturen erhitzt, die in der Nähe des Siedepunktes liegen. Dabei werden drei Arten von Verdampfern unterschieden: Widerstandsheizer (z. B. ein Aufdampfschiffchen aus Wolfram), Induktionsheizer mit hitzefestem Keramiktiegel oder Elektronenstrahlverdampfen. Das verdampfte Material (Atome, „*Atomcluster*" oder Moleküle) wandert durch die Vakuumkammer hin zu dem gegenüberliegenden kühleren Substrat. Der Materialdampf kondensiert auf dem Substrat und bildet eine dünne Schicht. Nachteilig ist die Kondensation eines Teils des Materialdampfes an der Gefäßwand des Rezipienten.
- *Elektronenstrahlverdampfen (Electron Beam Evaporation):*
  Ein thermisches Gerät verdampft auf elektronischem Weg Feststoffe. Die Verdampfungsenergie erzeugt eine Elektronenkanone, die in einem Tiegel mit dem Verdampfergut angebracht ist. Für kleine Proben finden so genannte Mini-Elektronenstrahlverdampfer Verwendung. Der Elektronenstrahl wird dabei direkt auf einen zu verdampfenden Stab (Ø 2–6 mm) oder in einen Tiegel geleitet. Die Stab-Verdampfung erzielt hochreine Schichten und erreicht gleichmäßige Abscheideraten auch an geometrisch komplizierten Formen. Die Elektronenstrahlverdampfung arbeitet mit sehr hohen Energiedichten und Temperaturen, wodurch sich alle bekannten Feststoffe verdampfen lassen (Wolfram, Kohlenstoff, Keramiken usw.). Elektronenstrahlverdampfen findet im Vakuum statt. Im Vergleich zu anderen thermischen Verdampfern erzielt das Elektronenstrahlverdampfen hohe Verdampfungsraten.
- *Laserstrahlverdampfen (Pulsed Laser Deposition, Pulsed Laser Ablation):* Atome und Ionen werden mittels kurzem intensiven Laserpuls verdampft.

- *Lichtbogenverdampfen (Arc Evaporation, Arc-PVD):* Atome und Ionen werden mittels starkem Strom, der bei einer elektrischen Entladung zwischen zwei Elektroden fließt (wie bei einem Blitz) aus dem Ausgangsmaterial herausgelöst und in die Gasphase überführt.
- *Molekularstrahlepilaxie*[35] (Molecular Beam Epitaxy): Das Verfahren dient hauptsächlich zur Herstellung kristalliner dünner Schichten. Es findet vor allem in der Halbleiterindustrie Verwendung.
- *Sputtern* (Sputterdeposition, Katodenzerstäubung): Das Ausgangsmaterial wird durch Ionenbeschuss zerstäubt und in die Gasphase überführt.
- *Ionenstrahlgestützte Deposition (Ion Beam Assisted Deposition, IBAD)* Es handelt sich um ein Beschichtungsverfahren aus der Gruppe der physikalischen Gasphasenabscheidung und wird bevorzugt zur Herstellung von Dünnschichten eingesetzt. Die Abscheidung des Materials erfolgt bei gleichzeitiger Synthese von Metallatomen und Gasen auf Substraten. Dabei werden Metalle m. H. unterschiedlicher Methoden verdampft, Gasmoleküle durch Ionenquellen dissoziiert, ionisiert und gleichzeitig einer meist auf einer beheizten Substratoberfläche abgeschieden. Da im Gegensatz zu den meisten anderen Abscheidungsmethoden bei der Ionendeposition mit energetischen Ionen von 10 eV bis hin zu 1000 eV die wesentlichen Wachstums- und Phasenbildungsprozesse wenige nm unterhalb der Oberfläche der wachsenden Schicht ablaufen, erlaubt das Verfahren Mikrostrukturen, chemische Eigenschaften sowie das Texturieren dünner Filme und die gezielte Beeinflussung der Beschichtungen schon während des Herstellungsprozesses[36].
- *Ionenplattieren* Das Ionenplattieren ist eine vakuumbasierte und plasmagestützte Beschichtungstechnik. Zunächst wird die Substratoberfläche mittels Ionenbeschuss aus dem Plasma gereinigt. Danach erzeugt eine Verdampferquelle Metalldampf, der teilweise im Plasma ionisiert und durch eine Spannung (0,3 bis 5 kV) auf einer ggf. vorgeheizten Substratoberfläche abgeschieden wird. Der ständige Beschuss mit Metall-Ionen führt dazu, dass immer wieder ein Teil des Substrats bzw. der Schicht abgetragen (abgesputtert) wird und eine Schicht des verdampften Metalls aufwächst, indem die gelösten Atome wieder auf dem Substrat kondensieren und zur Schichtbildung beitragen. Der ständige Ionenbeschuss modifiziert die Schichteigenschaften und verbessert so meist die Haftfestigkeit der Schicht. Die entstehende Schichtstruktur hängt dabei stark von der Temperatur des Substrates ab. Typische Arbeitsdrücke für das Ionenplattieren liegen bei 5 Pa[37].

Abscheidbar sind fast alle Metalle und auch Kohlenstoff in sehr reiner Form im Reaktivgas wie Sauerstoff, Stickstoff oder in Kohlenwasserstoffen auch Oxide, Nitride oder Carbide, die Hartstoffschichten bilden.

Die Verfahren zur physikalischen Gasphasenabscheidung erzielen vorwiegend dünne Schichten. Die Schichtdicken reichen von wenigen Nanometern bis hin zu ei-

---

[35] Vgl. Mantl und Bay 1992, S. 267–269.
[36] Vgl. Rauschenbach und Gerlach 2000, S. 675–688.
[37] http://www.plasma.de/de/lexikon/lexikon-eintrag-298.html (27.09.2011).

nigen Mikrometern. Die Abscheiderate ist infolge eines technologischen Unterdrucks begrenzt.

Anwendungen Insbesondere in der spanenden Fertigung kommen PVD-beschichtete Werkzeuge zum Einsatz, um den Werkzeugverschleiß zu vermindern, höhere Standzeiten zu erzielen und dadurch die Ausfallzeit durch Werkzeugverschleiß und den ggf. damit verbundenen Ausschuss gering zu halten.

Bevorzugt werden Werkzeuge mit Hartstoffen auf Basis von Titannitrid (TiN), Titancarbonitrid (TiCN) oder Titanaluminiumnitrid (TiAlN) beschichtet.

Werkzeuge für die Herstellung von Druckguss aus Aluminium und Magnesium werden meist mit chrombasierten Schichtsystemen versehen:

- Chromnitrid (CrN),
- Chromvanadiumnitrid (CrVN) und
- Chromaluminiumnitrid (CrAlN).

PVD-Schichten werden neben den erwähnten Einsatzfeldern im Werkzeugbereich, in der Mikroelektronik und in der Verpackungsmittelindustrie genutzt.

CVD-Verfahren (Chemical Vapour Deposition) Bei diesem Verfahren erfolgt die Abscheidung eines festen amorphen, poly- oder monokristallinen Films auf einem Substrat aus der Gasphase. Die Gase, die den oder die Reaktanten enthalten, werden in einen Reaktor geleitet, dort unter Energiezufuhr dissoziiert und die Radikale einer Reaktion zugeführt. Die Energiezufuhr erfolgt entweder thermisch, also durch Wärme oder durch Anregung der Reaktanten in einem Plasma. Der Depositionsprozess ist eine Reaktionsfolge von Transportvorgängen und chemischer Reaktion.

Abscheideprozessbeschreibung An der erhitzten Oberfläche eines Substrates scheidet sich infolge einer chemischen Reaktion aus der Gasphase eine Feststoffkomponente ab. Voraussetzung ist die Existenz einer flüchtigen Verbindung der Schichtkomponenten, die bei einer bestimmten Reaktionstemperatur die feste Schicht abscheidet und mit der Oberfläche des zu beschichtenden Werkstücks reagiert. An dieser Reaktion müssen mindestens eine gasförmige Ausgangsverbindung (Edukt) und mindestens zwei Reaktionsprodukte – davon mindestens eines in der festen Phase – beteiligt sein. Zumeist erfolgt der Prozess bei reduziertem Druck (1–1000 Pa).[38]

Das CVD-Verfahren ermöglicht im Unterschied zu PVD-Verfahren die Beschichtung von komplizierten dreidimensional geformten Oberflächen. Sowohl feinste Vertiefungen in Wafern oder auch Hohlkörper sind mit diesem Verfahren innen gleichmäßig beschichtbar.

Eine präzise Abscheidung kann auch mit Hilfe von fokussierten Elektronen- oder Ionenstrahlen erreicht werden. Die geladenen Elektronen bzw. Ionen bewirken, dass sich die im Gas gelösten Stoffe an den angestrahlten Stellen abscheiden. Solche Elektronenstrahlen können beispielsweise mit einem Synchrotron erzeugt werden.[39]

---

[38] Vgl. Reichel, K.: Beschichtungen aus der Dampfphase, S. 229 ff. in Steffens und Brandl: Moderne Beschichtungsverfahren, 1992.

[39] Das Synchrotron ist ein Teilchenbeschleuniger, der geladene Elementarteilchen oder Ionen auf sehr hohe (relativistische) Geschwindigkeiten beschleunigen kann, wodurch die Teilchen sehr hohe

Abb. 3.25 Schematische Darstellung des Abscheidevorgangs beim CVD-Verfahren

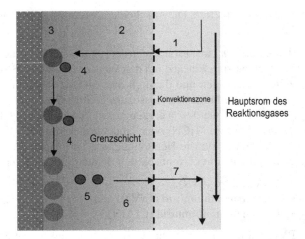

Die Teilprozesse lassen sich folgendermaßen beschreiben (s. Abb. 3.25[40]):

1. Die gelösten Reaktanden werden im Trägergas durch erzwungene Konvektion zur Abscheideregion transportiert.
2. Die Reaktanten wandern durch Diffusion aus der Konvektionszone des Gasstromes durch die Grenzschicht zur Substratoberfläche.
3. Es erfolgt die Adsorption der Reaktanten an der Substratoberfläche.
4. Folgende Prozesse finden statt: Dissoziation der Moleküle, Oberflächendiffusion der Radikale, Einbau der Radikale in den Festkörperverband, Bildung der Reaktionsprodukte,
5. Die flüchtigen Reaktionsprodukte werde desorbiert.
6. Die Reaktionsprodukte werden abtransportiert, indem sie durch die Grenzschicht in die konvektive Zone des Gasstromes diffundieren.
7. Die Reaktionsprodukte verlassen durch erzwungene Konvektion die Abscheideregion.

M. H. des CVD-Verfahrens können synthetische kristalline Diamantschichten aus einer Gasphase abgeschieden werden, die zu etwa 99 Vol. % aus Wasserstoff und nur etwa 1 Vol. % aus einer Kohlenstoffquelle (Methan, Acetylen) bestehen. Die Gase werden thermisch aktiviert. Das kann mit Hilfe eines Plasmas oder eines Lasers erfolgen. Der Überschuss an Wasserstoff unterdrückt unter anderem die gleichzeitige Bildung von sp^2-hybridisierten Kohlenstoffspezies (Graphit, amorpher Kohlenstoff).[41]

---

kinetische Energie erhalten, da das mehrmalige Durchlaufen der Bahn häufigere Beschleunigung als beispielsweise ein Linearbeschleuniger ermöglicht.

[40] http://www.iue.tuwien.ac.at/phd/strasser/node58.html (27.09.2011) vgl. auch Choy 2003.

[41] Vgl. Reichel 1992, S. 229 ff.

Anwendungen CVD-Beschichtungsverfahren kommen in der Elektronikindustrie zur Anwendung, um z. B. Si_3N_4, SiO_2, Poly-Si, kristallines Si (Epi-Si) und $SiNO_x$ auf Waferoberflächen abzuscheiden. Vor der Abscheidung wird der Wafer in einem Trockenätzverfahren gereinigt, bei dem entweder Schwefelhexafluorid oder eine Mischung aus Tetrafluormethan und hochreinem Sauerstoff eingesetzt wird. Stickstoff und Wasserstoff dienen dabei als Trägergase. Weitere Anwendungen sind optische Schichten auf Glas, auf Kunststoff sowie gasdichte Barriereschichten. Bor dotierte CVD-Diamantelektroden werden u. a. in der industriellen Wasserbehandlung zur Abwasseroxidation und Desinfektion von Prozesswässern eingesetzt.

Phosphatieren

Phosphatieren erzeugt auf Metallteilen eine Schutzschicht aus Eisenphosphat. Arbeitsschritte sind:

1. Entrosten,
2. Entfetten,
3. Besprühen mit einer wässrigen Lösung von Mangan- oder Zinkphosphat oder Tauchen in eine solche,
4. Ausbildung einer vor Korrosion schützenden, etwas porigen, hell- bis dunkelgrauen Phosphatschicht an der Metalloberfläche, die mit dem Grundmetall fest verwachsen ist,
5. Abdichtung der porösen Oberfläche durch eine besondere Nachbehandlung, hierzu können die Werkstücke je nach ihrer späteren Verwendung geschwärzt, eingeölt, angestrichen, gespritzt oder emailliert werden.

Aufgaben der Beschichtung:

1. Korrosionsschutz
2. Haftgrundverbesserung für Korrosionsschutzöle bzw. La(rüberzüge auf Grund der Porosität der Phosphatschicht
3. Schmiermittel bei Verformungen (Kalt- und Gleitumformungen).

Hartverchromen

Hartverchromt werden Teile mit hohen verschleißschutztechnischen Ansprüchen, da Chrom eine hohe Härte aufweist.
Vorteile von Hartchromschichten sind:

1. Durch die gegenüber dem Glanzverchromen höhere Badtemperatur wird eine dickere Schicht und damit eine Härte von 800 bis 1.100 HV 0,1 (allerdings auch eine höhere Sprödigkeit) erzielt.
2. Hartverchromte Teile sind wesentlich härter als einsatzgehärtete oder nitrierte Stähle.
3. Die härtesten Chromschichten erreichen die Härte des Korunds.

4. Hartverchromte Teile lassen sich kaum noch spanend bearbeiten, d. h. sie müssen nach der Beschichtung ihr Sollmaß erreicht haben. Ihre Oberflächen laufen auch bei höheren Temperaturen nicht an.

Hartchromschichten sind sehr hart und spröde. Der Widerstand hartverchromter Bauteile gegen Verschleiß und Korrosion ist entsprechend robust. Demgegenüber ist ihre Schwingfestigkeit erheblich eingeschränkt. Bei dynamischer Beanspruchung bilden sich in der Chromschicht schnell Risse, die sich leicht in den Grundwerkstoff fortpflanzen und zum Versagen des Bauteiles führen können. Anwendungsbeispiele sind Kolbenstangen, Kurbelwellen, Spritzgieß-, Stanz- und Ziehwerkzeuge, chirurgische Instrumente, Lagerschalen usw.

Auskleiden mit Kunststoffen oder Kunststoffverbunden

Beim Auskleiden werden thermoplastische Kunststoffe oder Kunststoffverbunde auf Halbzeuge wie Bahnen, Tafeln, Rohre und Schläuche mit Schichtdicken von 1,5 bis ca. 6 mm aufgebracht. In Verbindung mit Stahlbauteilen kommen je nach Anforderungsspezifikation verbundfeste oder (so genannte) lose Auskleidungen zum Einsatz. Die Komponenten der Verbunde sind miteinander verklebt oder verschweißt.

Zu den gebräuchlichsten Auskleidungswerkstoffen zählen Polyolefine, insbesondere Polyäthylen (PE), Polypropylen (PP) und deren Derivate wie z. B. Polyäthylenterephthalat (PETP) und Polybutylenterephthalat (PBTP). Für die nach wie vor verwendeten Kunststoffe wie z. B. Hart-PVC (Polyvinylchlorid), Weich-PVC, Polyvinylidenfluorid (PVDF), Ethylen-Chlortrifluorethylen (E-CTFE), fluoriertes Ethylen-Propylencopolymerisat (FEP) sowie Polytetrafluorethylen (PTFE) gelten auf Grund der gesundheitsschädigenden Wirkung von Halogenverbindungen besondere Entsorgungsvorschriften.

Oberflächenbehandlung und Beschichten von Behältern Insbesondere Tanks für Mineralwasser aus Edelstahl werden durch die im Mineralwasser gelösten Salze stark angegriffen (Lochfraß). Daher kommen Beschichtungen mit Kunststoffverbunden bevorzugt zum Einsatz.

Arbeitsschritte:

1. Instandsetzung der Behälter je nach Zustand (ggf. durch Schweiß- oder Betonarbeiten).
2. Bei (Edel-)Stahlbehältern anschließende Aufrauung der Oberfläche durch Strahlen (Schwarzstahl mit Hartguss, Edelstahl mit Korund) und Reinigung.
3. Rautiefenkontrolle
4. Beschichtung des Behälters (Das Beschichten mit einer Kunststoff-Auskleidung erfolgt unter strenger Kontrolle der Umgebungsparameter und der Luftfeuchtigkeit. Das lösemittelfreie Beschichtungssystem wird mittels geeigneter Spritzanlagen in einer Schichtstärke zwischen 400 und 800 μm aufgebracht. Für spätere Vergleiche wird ein Beschichtungsmuster angefertigt).
5. Prüfen der Behälteroberfläche (Um eine langjährige Betriebssicherheit des Behälters garantieren zu können, werden nach der Beschichtung die Schichtdicke und Porenfreiheit gemessen).

Bandverzinken

Das Bandverzinken kommt als kontinuierliches Feuerverzinken von Bändern ab 600 mm Breite zum Einsatz.[42] Das Verfahren wird nach dem Erfinder auch als SENDZIMIR-Verzinken bezeichnet. Neben dem Feuerverzinken nimmt das elektrolytische Bandverzinken an Bedeutung zu, da es dünnere Zinkschichten und eine unterschiedliche Behandlung ermöglicht.

Eloxieren

Beim Eloxieren findet eine anodische (elektrochemische) Oxidation von Aluminium statt (Ostermann 2007). Dabei werden fest haftende, korrosionsbeständige Schutzschichten erzielt (Passivierung). Das Werkstück bildet die Anode, eine Bleiplatte die Katode. Als Elektrolyt findet je nach Verfahren Schwefel-, Oxal- oder Chromsäure Verwendung.

Anode und Katode werden in das Bad getaucht und an eine Gleichspannung angeschlossen. Am Aluminium bildet sich durch Elektrolyse atomarer Sauerstoff. Zeitgleich gehen Aluminium-Ionen in Lösung. Es entsteht eine dichte, fest haftende Oxidschicht aus Al_2O_3, die Eloxalschicht. Sie wächst in das Metall hinein, d. h. die ursprüngliche Metalloberfläche wird in eine Oxidschicht umgewandelt.

Der Eloxierprozess dauert je nach Oberflächengröße und gewünschter Oxidschichtdicke auf dem Werkstück zwischen 10 und 60 min. Die Badtemperatur darf einen bestimmten Toleranzbereich nicht überschreiten, da die erhöhte Aggressivität der Schwefelsäure die Oxidationsschicht wieder auflösen kann. Die Werkstücke müssen mechanisch verankert werden, damit der elektrische Strom während des Oberflächenprozesses ungehindert hindurchfließen kann. An den Kontaktstellen entsteht keine Schicht, daher sollten diese Stellen vor dem Eloxieren vereinbart werden. Alle zu eloxierenden Oberflächen des Werkstücks müssen in das Bad eingetaucht sein, denn die Eloxalschicht bildet sich nur auf den der Säure ausgesetzten Flächen.

In einer Kobalt- oder Nickelacetat enthaltenden Flüssigkeit, dem so genannten *Sealingbad* quellen die Metalloxide auf, füllen die Kapillarspalten aus und verdichten die Porenöffnungen zu einer geschlossenen, korrosionsbeständigen Schicht. Eloxal geschützte Aluminiumkonstruktionen werden beispielsweise in der Bauindustrie für Fenster-, Türen- und Fassadenverkleidungen verwendet.

Emaillieren

Emaillierschichten zeichnen folgende Eigenschaften aus:

• hygienisch einwandfreie Oberfläche,
• hohe chemische Beständigkeit,
• Abrieb- und Kratzfestigkeit und
• hohe Temperaturbeständigkeit.

---

[42] Vgl. Jokisch et al. 1968, S. 991–1163, dort S. 1049.

Beim Emaillieren wird durch Schmelzen oder Fritten eine schützende Schicht auf die metallische Oberfläche des Trägermaterials aufgetragen. Grundlage bildet eine glasige Grundmasse, die gemahlen wird. Dabei werden je nach Verwendungszweck Korngrößen zwischen 0,001 und 0,1 mm realisiert. Das hieraus entstandene Pulver wird nass mittels Tauchen oder Spritzen auf den zuvor gesäuberten Grundkörper aus Stahl gebracht. Anschließend wird der Emailleauftrag getrocknet und bei 800 bis 950 °C eingebrannt. Dabei schmilzt die Masse, verteilt sich gleichmäßig über die Werkstückoberfläche und erstarrt anschließend porenfrei. Mehrschichtemaillierungen lassen sich erzielen, indem der Emailliervorgang mehrfach wiederholt wird. Nicht alle Stähle sind zum Emaillieren geeignet.

Emaillierte Oberflächen sind stoßempfindlich. Durch das so genannte Direktemaillieren lässt sich die Stoßempfindlichkeit wesentlich reduzieren.

Chemisch-Nickel

Chemisch-Nickel ist ein spezielles Galvanisierungsverfahren, mit dem es gelingt, auf einem Grundwerkstoff eine Nickelschicht abzuscheiden, um die Korrosionsbeständigkeit zu verbessern. Im Gegensatz zur elektrolytischen Galvanisierung handelt es sich hierbei um einen stromlosen, chemischen Prozess, bei dem sich das Nickel über das gesamte Werkstück gleichmäßig an der Oberfläche verteilt. Die Anwendung dieses Verfahrens ist vor allem bei Teilen mit sehr komplizierter Kontur von Vorteil. Die überzogenen Bereiche weisen eine Härte von 500–700 HV auf. Sie widerstehen den meisten organischen und anorganischen Medien, ausgenommen oxidierende Säuren.

Chromatieren

Chromatieren ist eine Oberflächenbehandlung von Metallen oder metallischen Überzügen, besonders für Stahl, Aluminium, Magnesium und Zink. Die Werkstücke werden hierzu in ein Bad getaucht, das Chromsäure, Chromate und andere Bestandteile enthält, und mit einer schützenden Chromschicht überzogen. Chromatieren verbessert die Korrosionsbeständigkeit der Metalle und ergibt einen guten Haftgrund für Lackanstriche.

Inchromieren

Beim Inchromieren (auch Chromieren oder Chromisieren genannt) reichert sich die Randschicht eines Werkstücks, das in chromabspaltenden Gasen geglüht wird, mit Chrom an. Durch die hiermit erreichte Korrosionsbeständigkeit kann auf den Einsatz von korrosionsbeständigem Vollmaterial verzichtet werden. Dadurch können Materialkosten gespart werden.

3.3.5.9 Zusammenfassung

Der Korrosionsprozess verläuft schleichend. Das führt dazu, dass Korrosionsschäden nicht sofort, sondern erst nach einer gewissen „Inkubationszeit" erkannt werden oder spätestens dann, wenn einzelne Bauteile oder Anlagen plötzlich versagen. Mitunter zerstört die Korrosion komplette Konstruktionen und Anlagen mit verheerenden Folgen. Geeignete Werkstoffauswahl und Beschichtungen von Werkstoffoberflächen, die korrosiven Medien ausgesetzt sind, können Korrosionsschäden zwar nicht verhindern, aber den Zerstörungsprozess verlangsamen. Mit geeigneten Inspektionsmaßnahmen, die regelmäßig an den Objekten durchgeführt werden, können Schäden rechtzeitig erkannt und behoben werden. Folgeschäden und gesundheitliche Schäden werden dadurch weitestgehend verhindert.

Um Oberflächen gegen Korrosion zu schützen, kommen verschiedene Verfahren zum Einsatz. Das Ziel besteht darin, aus der Vielzahl der Möglichkeiten das für das jeweilige Bauteil geeignete Verfahren anzuwenden.

3.4 Schadensanalyse (Instandhaltungsorientierte Analyse der Schädigung)

3.4.1 Bedeutung der Schadensanalyse

Technische Erzeugnisse (Maschinen, Anlagen, Fahrzeuge) werden für einen funktionssicheren und gefahrlosen Einsatz während der vorgesehenen Betriebszeit hergestellt. Dabei bestimmen wirtschaftliche Gesichtspunkte den Herstellungsprozess, d. h. dass die knappen Ressourcen ergebnisorientiert eingesetzt werden müssen.

Trotz sorgfältiger Konstruktion, Fertigung sowie eingehender Erprobung gelingt es auch bei Einhaltung der vorgesehenen Betriebsweise nicht immer, das Versagen derartiger Erzeugnisse zu vermeiden. Solche Schadenfälle verursachen wirtschaftliche Verluste durch Produktionsausfall. Folgeschäden und notwendige Reparaturen können darüber hinaus die Gesundheit von Menschen gefährden.

Gezielte Maßnahmen zur Schadenabhilfe und -verhütung können nur dann eingeleitet werden, wenn die Schadensursachen durch Untersuchungen aufgeklärt werden. Derartige Schadensuntersuchungen können zu Änderungen

- der Werkstoffauswahl,
- der Konstruktion,
- der Fertigung und
- der Betriebsweise führen.

Darüber hinaus können die gewonnenen Erkenntnisse neue Entwicklungen einleiten, beispielsweise bei der Herstellung, Verarbeitung, Prüfung und Anwendung von Werkstoffen. In diesem Zusammenhang werden auch die anerkannten Regelwerke kritisch hinterfragt und ggf. überarbeitet und angepasst.

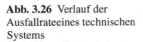

Abb. 3.26 Verlauf der Ausfallrateeines technischen Systems

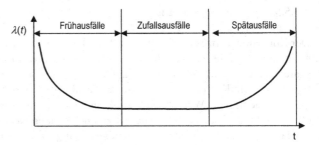

Werkstofftechnische Fragen sind bei Schadensanalysen von entscheidender Bedeutung. Die Schadensanalyse bildet damit eine Grundaufgabe der Werkstofftechnik, deren Ziel darin besteht, für ein technisches Erzeugnis ein Optimum aus Bauteileigenschaften, Fertigungsverhalten sowie Werkstoff- und Verarbeitungskosten zu finden.

3.4.2 Ziel und Inhalt der instandhaltungsorientierten Schadensanalyse

Die Schadensanalyse hat die Aufgabe, den Schaden ingenieurtechnisch zu untersuchen, zu beschreiben, zu analysieren und zu bewerten. Die erzielten Erkenntnisse unterstützen die Planung und Optimierung von Instandhaltungsmaßnahmen, die den Schaden nachhaltig beheben, d. h. er soll zukünftig möglichst vermieden werden.
Eine instandhaltungstechnische Schadensanalyse hat folgende Ziele:

- ingenieurtechnische Beschreibung des Schadens,
- Grundlagenarbeit für die Gestaltung von Instandhaltungsprozessen,
- Gewinnen von Informationen, um künftige Schäden zu vermeiden (soweit wirtschaftlich zweckmäßig und/oder technisch möglich),
- Gewinnen von Informationen für die technologische Durchdringung von Instandsetzungsprozessen (im Rahmen der Schadensaufnahme oder Befunden).

Die instandhaltungstechnische Schadensanalyse ist zusammen mit der Bewertung des zeitlichen Verlaufs der Ausfallrate einer Betrachtungseinheit ein sehr wichtiger Teil der ingenieurtechnischen Grundlagen für die Planung der Instandhaltung (s. Abb. 3.26).
Eine abnehmende Ausfallrate steht für Ausfälle, die auf herstellungsbedingte Schäden zurückzuführen sind. Dazu zählen beispielsweise Konstruktionsfehler, Werkstofffehler, Fertigungsfehler, Montagefehler und Aufstellfehler. Da es grundsätzlich vermeidbare Fehler sind, die teilweise entwicklungsbedingt im frühen Nutzungsstadium auftreten, werden diese „Frühausfälle" kostenseitig dem Hersteller angelastet.

Ein konstanter Verlauf der Ausfallrate weist auf betriebsbedingte Schäden hin, die auf fehlerhafte Bedienung, Wartungsfehler oder Überlastung zurückzuführen sind. Eine steigende Ausfallrate ist Ausdruck von Verschleiß.

Trotz sorgfältiger Konstruktion und Fertigung sowie eingehender Erprobung gelingt es auch bei Einhaltung der vorgesehenen Betriebsweise nicht immer, das Versagen von Bauteilen während der vorgesehenen Nutzungszeit zu vermeiden. Solche Schadensfälle ziehen im Allgemeinen wirtschaftliche Verluste durch Produktionsausfall, Folgeschäden und notwendige Reparaturmaßnahmen nach sich und können die Gesundheit von Menschen gefährden.

Zielsetzung der Schadensanalyse ist die Verringerung der Betriebsstörungen und der damit verbundenen nicht geplanten, unerwarteten Kosten bei Ausfall von Maschinen und Anlagen.

Grundsätzlich streben Unternehmen eine Vermeidung von Schadensfällen an, beginnend im konstruktiven Bereich, wo die Lebensdauer einer BE konzipiert und berechnet wird. Über Maßnahmen wie geplante oder befundabhängige Instandsetzung strebt ein Unternehmen eine Prävention an. Bei einmal eingetretenen Schäden sollen Wiederholungsschäden durch eine fundierte Schadenanalyse vermieden werden. Nur eine tiefgründige und genaue Schadenanalyse stellt sicher, dass die Ursachen, die zum Schaden geführt haben, exakt ermittelt werden.

Wesentliche Strategien der Schadenprävention sind

1. schmierungs- und wartungsgerechte Konstruktion unter Berücksichtigung tribologischer Erfordernisse,
2. die Realisierung geplanter Instandhaltung (Präventivmethode),
3. Kontrolle und Überwachung zur Früherkennung von Schadensstellen, Abstellen der Schadensursachen und rechtzeitiger Teiletausch.

3.4.3 Durchführung der Schadensanalyse

Die Aufgabe der Schadensanalyse besteht darin, die Schadensursachen aufzudecken. Dazu sind drei Arbeitsschritte erforderlich:

1. Identifizierung des Schadensbildes,
2. Rekonstruktion des Schadensablaufs,
3. Ermittlung der Ursachen, die den Schaden ausgelöst haben.

Abbildung 3.27 zeigt den Zusammenhang zwischen Schadensbild und Schadensursache am Beispiel eines Wälzlagers.

1. Schritt: Festlegung der Leitung
Die Sicherstellung einer erfolgreichen Schadensanalyse erfordert den Einsatz von Personen, die

– über eine entsprechende Qualifikation und Erfahrungen verfügen,
– unbestechlich sind und für eine neutrale Analyse und Bewertung Verantwortung tragen,

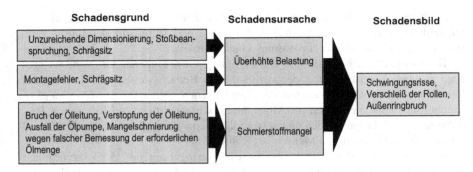

Abb. 3.27 Zusammenhang zwischen Schadensbild, Ursache und Grund von Schäden am Beispiel eines Wälzlagers. (Raunik 2005)

- eine qualitativ einwandfreie, qualitätsgerechte Durchführung und Auswertung aller Teiluntersuchungen sicherstellen,
- alle wesentlichen Aspekte berücksichtigen und
- die Befähigung besitzen, Schlussfolgerungen zu ziehen und diese zusammenfassend darzustellen.

2. *Schritt: Schadensbeschreibung*
   Zu Beginn wird der Schaden lokalisiert. Schadensort und Schadensbild werden exakt beschrieben. Das Schadensbild ist mit Skizzen, Fotografien, Angabe von Abmessungen sowie konstruktiven und fertigungstechnischen Details zu untersetzen.
   Aussehen, Lage und Ausgangspunkte von Verformungen, Rissen, Brüchen, Korrosions- und Verschleißerscheinungen sind festzuhalten. Stoffliche Merkmale der Oberfläche, Anlassfarben, Beläge, Korrosionsprodukte, Brandspuren usw. sind zu erfassen und zu dokumentieren.
   Die Dokumentation sollte wie folgt strukturiert werden:

- Beschreibung des Schadensbildes,
- Dokumentation des Schadens durch Fotografien oder Skizzen,
- Festhalten jeglicher Auffälligkeiten, konstruktiver und fertigungstechnischer Einzelheiten sowie der Abmessungen,
- Ermittlung und Dokumentation des Aussehens, der Lage und des Ausgangspunktes von Verformungen, Rissen, Brüchen, Korrosions- und Verschleißerscheinungen,
- Angaben über stoffliche Merkmale: Anlassfarben, Beläge, Korrosionsprodukte, Schmierstoffreste, Brandspuren usw.

3. *Schritt: Bestandsaufnahme*
   Die Ermittlung von Hintergrundinformationen zum Schadensfall ist unerlässlich. So muss sich der Analysebeauftragte intensiv mit dem technologischen Ablauf auseinandersetzen und die Einzelheiten des Prozessablaufs kritisch hinterfragen und bewerten. Wird diese Aufgabe nicht gewissenhaft erledigt, erschwert dies

Tab. 3.5 Allgemeine Angaben

Anlagenart	Betreiber
Anlagenhersteller	Gewerbezweig
Herstellungsdatum	Einsatzort
Inbetriebnahmedatum	Einsatzbedingungen
Betriebszeit	Zeitpunkt von Revisionen (Wartung,
	Inspektion, Instandsetzung)
Technische Daten	Anschlusswert, Durchsatzleistung

die Schadensanalyse ungemein und leitet sie ggf. in eine falsche Richtung bzw. macht diese unmöglich (s. Tab. 3.5).

Besondere Bedeutung hat das Schadensteil. Jedes Schadensteil ist ein potenzieller „Datenträger". Folgende Informationen über das Schadensteil und seine Betriebsbedingungen sind von Interesse:

- Art, Herstellung, Weiterverarbeitung,
- Güteprüfung des Werkstoffs,
- konstruktive Gestaltung, Fertigung, Güteprüfung des Bauteils,
- Funktion des Bauteils,
- Betriebsbedingungen während der Betriebszeit und kurz vor dem Ausfall,
- der zeitliche Ablauf des Schadens (Überlastung durch Gewaltnutzung, Sprungausfall, Driftausfall).

4. Schritt: Schadenshypothese

Bestandsaufnahme und Schadensbeschreibung sind nicht ausreichend. Meist sind Zusatzinformationen und Prüfungen erforderlich. Ggf. werden weitere Sachverständige hinzugezogen. Die wahrscheinliche Schadensart und der vermutete Schadensablauf dienen zur Aufstellung einer Schadenshypothese und bilden eine Art Leitschnur für die Abfolge der Untersuchungen. Entscheidenden Einfluss auf die Qualität einer Hypothese haben Erfahrungen des Sachverständigen, die er ggf. bei ähnlich gelagerten Fällen sammeln konnte. Dabei sind Überlegungen, die den vermutlichen Primärschaden von den nachträglich aufgetretenen Folgeschäden absetzen, von herausragender Bedeutung.

5. Schritt: Einzeluntersuchungen

Meist sind für die Klärung des Schadensfalls zusätzliche Untersuchungen und Prüfungen erforderlich. Dazu kommen zerstörende und zerstörungsfreie Prüfverfahren zur Werkstoff- und Bauteilprüfung oder Simulationstechniken zur Anwendung.

Beurteilt werden:

- Schadensbild und -merkmale,
- Werkstoffzusammensetzung,
- Werkstoffgefüge und –zustand,
- physikalische und chemische Eigenschaften von Werkstoffen und Bauteilen,
- Gebrauchseigenschaften.

5.1 Untersuchungsplan

Ein Untersuchungsplan sorgt für einen strukturierten und damit sinnvollen und wirtschaftlichen Untersuchungsablauf. Dabei sollte der Plan flexibel aufgebaut sein und keine starre Struktur aufweisen.

5.2 Probenentnahme
Die Probe muss an einer für die Schadensursache aussagekräftigen Stelle in ausreichender Größe und unverfälscht entnommen werden!

5.3 Untersuchungsablauf
Basis: Vorschriften und Anweisungen!

5.4 Auswertung der Ergebnisse

6. *Schritt: Ermittlung der Schadensursachen*
Die Ermittlung der Schadensursachen erfolgt durch logische Verknüpfung von Ergebnissen der Schadensbeschreibung, der Bestandsaufnahme und Einzeluntersuchungen. Ausreichend gesicherte Hinweise bilden die Basis für die zu ziehenden Schlussfolgerungen. Meist sind mehrere Schadensursachen verantwortlich für einen Schaden. Die primäre Schadensursache ist von schadenbegünstigenden Einflüssen getrennt zu ermitteln.

7. *Schritt: Schadensabhilfe*
Im Rahmen dieses Teilschritts erfolgt die Erarbeitung von Maßnahmen zur zukünftigen Schadensvermeidung. Grundlage ist eine eindeutige Klärung der Schadensursachen. Dabei kann Erfahrungswissen verwertet werden, sofern einschlägige Informationen über ähnlich gelagerte Fälle vorliegen. Die Maßnahmen können sein:

- konstruktiver Art,
- fertigungsbedingter Art,
- werkstofftechnischer Art,
- betriebstechnischer Art.

Der abschließende Schadensbericht ist möglichst knapp zu fassen. Dennoch sind alle Einzelheiten aufzuführen. Abschließend sind Maßnahmen zur Schadensabhilfe und Schadensvermeidung vorzuschlagen.

8. *Schritt: Anfertigung eines Schadenberichts*
Der Schadenbericht sollte folgende inhaltlichen Schwerpunkte enthalten:

- Titel des Schadenberichts, Auftraggeber, Verfasser
- Zusammenfassende Darstellung des Sachverhalts:

  - Aufgabenstellung
  - Bestandsaufnahme
  - Art und Umfang des Schadens

- Festlegung des Untersuchungsbereichs

  - Identifikation des Schadensteils (Bauteil, Probenstück, Probe)
  - Probenentnahmeplan
  - Einzeluntersuchungen mit Ergebnissen
  - Bewertung der Ergebnisse (Soll-Ist-Vergleich)

- Schadensursache
- Reparaturmöglichkeiten und -maßnahmen

- Schadensabhilfe
- Schadensverhütung
- Verteiler

3.4.4 Schwachstellenermittlung und Schadensbeseitigung

Aufgabe der systematischen Schwachstellenbekämpfung ist die Erhöhung der Zuverlässigkeit und der Wirtschaftlichkeit der Maschinen und Anlagen. Dazu ist im Rahmen der Konstruktion auf die richtige Werkstoffauswahl, eine korrekte Dimensionierung der Bauteile und eine optimale Versorgung der tribologischen Systeme mit Schmierstoffen zu achten. Darüber hinaus sollten Fertigungs- und Verarbeitungsfehler vermieden werden.

Hauptziel ist die Optimierung der Gebrauchskosten. Es handelt sich dabei um diejenigen Kosten, die sich beim Betrieb einer Anlage ergeben.

Gebrauchskostenarten sind:

1. planmäßige Instandhaltungskosten,
2. planmäßige Stillstandkosten,
3. Schadenskosten,
4. schadensbedingte Stillstandkosten,
5. Kosten der Leistungsminderung,
6. Kosten infolge erhöhten Arbeitszeit-, Material- und Energiebedarfs,
7. Kosten wegen Qualitätsminderung der Erzeugnisse.

Daraus leiten sich die Teilziele systematischer Schwachstellenbekämpfung ab. Diese sind:

1. Verbesserung des Ausnutzungsgrades der Maschinen,
2. Verbesserung der Verfügbarkeit der Maschinen,
3. Erreichen der konstruktiv geforderten (projektierten) Lebensdauer,
4. gute Instandhaltbarkeit,
5. Verringerung des Ersatzteilebedarfs und der Instandhaltungskosten,
6. Informationsbeschaffung und -auswertung zum Betriebs- und Schädigungsverhalten (Instandhaltungswissen).

Theoretisch ist jede nutzungsbedingte Schadensstelle verdächtig, eine schadensbedingte Schwachstelle zu sein. Praktisch kennzeichnen häufige Schäden an ein und demselben Objekt und die Notwendigkeit häufigerer oder aufwendigerer Instandhaltungsmaßnahmen als bei anderen das betreffende Objekt.

Charakteristisch sind:

1. relativ hohe objektbezogene Ersatzteil- und/oder Hilfs- und Betriebsstoffverbräuche,
2. höhere Instandhaltungskosten als bei gleichartigen BE,
3. signifikant geringere Verfügbarkeiten der BE als bei vergleichbaren BE,
4. außergewöhnliche, unerwartete Schadensmerkmale der BE,

5. eine nicht den Vorgaben entsprechende und spürbare Verschlechterung der Funktionserfüllung und/oder der erzeugten Produktqualität bzw. -quantität.

Hinweise Ein Schwachstellenverdacht, der lediglich auf der Grundlage sporadischer, vager oder nicht systematischer Beobachtungen basiert, ist unbedingt zu vermeiden. Fehlinterpretationen, Fehlentscheidungen und hohe ökonomische Verluste sind möglicherweise die Folge.

Eine fundierte Schwachstellenermittlung muss maßgeblich die Sinnfälligkeit und Effizienz nachfolgender Maßnahmen zur Analyse und Beseitigung der Schwachstellenursachen bestimmen und sich auf sorgfältige und kontinuierlich erfasste Informationen des bisherigen Objektverhaltens stützen.

Methoden der Schwachstellenermittlung sind:

1. Kennzahlenmethode,
2. Schadenstatistikmethode (Basis sind geeignete Informationen aus Schadensanalysen und -statistiken) sowie
3. vorbeugende Ermittlung potenzieller Schwachstellen.

Die kenngrößenbezogene Schwachstellenermittlung ist eine Methode, die eine Direkterkennung einer Schwachstelle unterstützt und ohne vorgegebenen Maßstab auskommt. Sie ist subjektiv und basiert auf Signalinformationen, die individuell aus dem Schadensgeschehen erzielt werden bzw. sich aus diesem ergeben, wobei die Basis beliebig sein kann. Vergleichsnormativ bildet angenommenes Normalverhalten. Arbeitsmittel werden nicht benötigt. Der Zeitpunkt der Erfassung wird zufällig gewählt und es wird sofort entschieden.

Die auf die Schadensstatistik bezogene Schwachstellenermittlung basiert auf Untersuchungen der ausfallhäufigsten Objekte und schadensstatistischen Analysen. Die gewonnenen Signalinformationen sind Ausfallhäufigkeit, -abstand und -dauer sowie die Instandsetzungsdauer. Basis ist die BE (System, Element). Als Vergleichsnormativ werden Kennzahlen und/oder definierte Abnutzungsschäden herangezogen[43]. Als Arbeitsmittel werden Rechner eingesetzt und Datenbanken angelegt. Die Erfassung der Daten erfolgt systematisch zu festgelegten Zeitpunkten, also periodisch oder nach einer Instandsetzungsmaßnahme.

Die vorbeugende Schwachstellenermittlung ist eine objektive Methode, bei der keine Signalinformationen benötigt werden. Die Basis bilden BE (System und -komponenten). Als Vergleichsnormativ werden definierte Abnutzungsschäden herangezogen. Arbeitsmittel bilden Konstruktionszeichnungen und Schadensdokumentationen. Die Zeitpunkte der Erfassung bzw. Entscheidung sind vorausschauend (prophylaktisch).

Als Hilfsmittel für die vorbeugende Schwachstellenermittlung werden verwendet:

• Ereignisbaumanalyse (DIN 25419),
• Fehlerbaumanalyse (DIN 25424),
• Ausfalleffektanalyse (DIN EN 60812).

---

[43] Schäden bei normalen, geplanten Beanspruchungen und normaler (geplanter) Beanspruchbarkeit.

Vorbeugende Verfahren stellen im Vergleich zu den Kenngrößen- und Schadensstatistikmethoden der Schwachstellenermittlung höhere Anforderungen an die analytische Arbeit. Sie finden daher vorzugsweise im Konstruktionsstadium sowie in sicherheitssensiblen Bereichen Anwendung.

Vorbeugende Schwachstellenermittlung

a. Ereignisablaufanalyse
   Die Ereignisablaufanalyse beschreibt und bewertet Ereignisabläufe aller Art. Sie dient vorzugsweise zur Untersuchung von Störungen und Störfällen in technischen Systemen. Dazu wird ein Ereignisablaufdiagramm (Ereignisbaum) erarbeitet. Ausgehend von einem Anfangsereignis werden die Folgeereignisse bis zu den möglichen Endzuständen der BE ermittelt. Voraussetzung ist die Kenntnis der Funktionsweise der BE und ihres Verhaltens bei den untersuchten Ereignissen.
b. Fehlerbaumanalyse
   Eine Fehlerbaumanalyse ist eine logische Verknüpfung von Komponenten- oder Teilsystemausfällen.
   Ziele sind:

1. die systematische Identifizierung aller denkbaren Ausfallkombinationen, die zu unerwünschten Ereignissen führen,
2. die Ermittlung von Zuverlässigkeitskennwerten (z. B. Eintrittshäufigkeiten von Ausfallkombinationen bzw. der unerwünschten Ereignisse).

Bei der Fehlerbaumanalyse wird jeweils ein erwünschtes Ereignis (z. B. ein möglicher Schaden) definiert und für dieses werden prinzipiell in Betracht kommende unmittelbare Ursachen erfasst. Jede dieser ermittelten Ursachen wird wiederum als unerwünschtes Ereignis definiert und in gleicher Weise bis hin zu den elementaren Ursachen (z. B. Fehlhandlungen, Materialversagen, Betriebsbedingungen usw.), deren Eintrittswahrscheinlichkeit sich an Hand von Erfahrungen oder Katalogen abschätzen lässt, untersucht.

c. Ausfalleffektanalyse (FMEA = Failure Mode and Effects Analysis)
   Die auch als Fehlermöglichkeits- und Einfluss-Analyse bezeichnete Methode dient der quantitativen Bewertung von Systemen bzw. -entwürfen bezüglich des Ausfalls einzelner Komponenten und dem Auffinden vorhandener Schwachstellen und Risiken. Ziele sind Entwurfsverbesserungen hinsichtlich technischer Zuverlässigkeit. Die FMEA-Methode liefert wichtige Vorabinformationen für Ausfalleffekt- und Fehlerbaumanalyse (Bertsche und Lechner 2004).

Vergleich der Methoden Die Ereignisablaufmethode sucht unerwünschte Ereignisse, die sich aus einem vorgegebenen Anfangsereignis entwickeln können. Die Fehlerbaumanalyse ermittelt alle Ursachen, die zu einem vorgegebenen unerwünschten Ereignis führen. Die Ausfalleffektanalyse untersucht die möglichen Ausfallarten sämtlicher Komponenten eines Systems und deren Auswirkungen (Effekte) auf das System.

Störungsanalyse Eine Störung ist jedes Ereignis, das den Betrieb einer Anlage zur optimalen Zielerreichung hindert. Störungen sind meist sporadische Ereignisse, die

Abb. 3.28 Abfolge von
Störverknüpfungen
(Gewaltschaden am Schlitten
einer Langhobelmaschine)

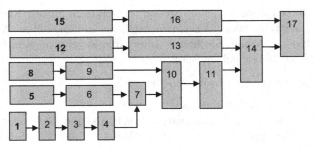

an ein- und derselben Stelle selten mehr als einmal auftreten. Auslöser sind meist mehrere „*aktive Fehler*", die zufällig gleichzeitig zusammentreffen. Es ist fast immer ein „*menschlicher Fehler*".

Diese aktiven Fehler werden durch andauernd wirkende „*latente Mängel*" provoziert, die die Organisation und Kultur des Unternehmens bestimmen. Anhand statistisch repräsentativer Stichproben werden hauptsächlich wirkende systematische Grundmängel, eingebettet in ein Risikoprofil, ermittelt. Sie vermitteln dem Management Erkenntnisse und Informationen, um Verbesserungen mit hohem Einsparpotenzial durchzuführen.

Störungen sind unerwünschte Ereignisse und demzufolge Verlustmacher. Dazu zählen:

1. nicht zulässige Schäden an Betriebsmitteln, z. B. Funktionsschäden/ Folgeschäden (Ausfall),
2. Funktionsbehinderungen als Folge:

   – mangelhaften Zustandes einer Komponente (technische Störungen),
   – nicht normgerechter Eigenschaften der in den Prozess eingeführten Vorprodukte und Hilfsstoffe,
   – nicht normgerechter Eigenschaften des bearbeiteten Produkts (Prozessfehler),

3. Unterbrechungen oder Funktionsbehinderungen als Folge des Fehlens von Personal, Material, Betriebsmittel, Arbeitsauftrag (Organisationsfehler),
4. Unfälle, Katastrophen,
5. Qualitätsmängel des Produkts, Kundenreklamationen.

Beispiel 3.2: Verursachungsmodell des Ausfalls einer Werkzeugmaschine (Abb. 3.29, Tab. 3.6)[44]

Ziel der Aufgabe ist der Entwurf eines Verursachungsmodells. Nahezu jede Störung hat mehrere verschiedene Ursachen. Von entscheidender Bedeutung sind die Grundmängel.

Es handelt sich dabei meist um latente Mängel, die gleichermaßen im gesamten Unternehmen existieren und hier Störungsbedingungen und damit aktive Fehler provozieren. Ein aktiver Fehler (z. B. ein Bedienungsfehler) löst in dem Moment, in dem er wirkt, die Störung aus (z. B. Funktionsausfall wegen Schlittenschadens).

---

[44] WEKA-Katalog Instandhaltungsberater (Loseblattsammlung).

| Grundmangel | Störbedingung | Aktiver Fehler | Mangel im | Störung |
| Zielkonkurrenzen/Zielkonflikt (Kosten, Sorgfalt) | Maschinenbediener arbeitet unter Druck, ist nicht ausreichend qualifiziert | Maschinenbediener fährt Schlitten über Endposition | Schutzsystem Endschalter verölt | (Schlitten beschädigt) |

Abb. 3.29 Kausalkette der technischen Störungen am Beispiel der Werkzeugmaschine

Tab. 3.6 Legende zu (Abb. 3.28)

1	*Fehlerursache*: Fehlende Anweisung für Emulsionsdruck (*organisatorischer Mangel =* *Grundmangel*: fehlende Arbeitsrichtlinie, verantwortlich: Instandhaltungsmanagement)
2	Maschinenbediener kennt den korrekten Druck nicht
3	Druck ist zu hoch eingestellt
4	Kühlmittelpumpe spritzt Emulsion über den Hobelmeißel hinweg
5	*Fehlerursache*: Befestigungsschraube des Spritz- und Leitblechs hat sich gelockert (*Grundmangel*: Zustand des Arbeitsmittels fehlerhaft, Mängel in der Wartung und Inspektion)
6	Befestigung des Spritz- und Leitblechs nicht funktionsfähig (Schraube gelockert)
7	Emulsion tropft auf den Endschalter
8	*Fehlerursache*: Fehlende Spezifikation für die Konstruktion von Endschaltern (*Grundmangel*: Konstruktion des Endschalters)
9	Dichtung des Endschalters ist nicht beständig gegen Kühlemulsion
10	Vorzeitige Alterung der Dichtung (Material ist porös geworden) führt zum Verlust der Funktionsfähigkeit
11	Öl dringt in Endschaltergehäuse und beschädigt elektrische Kontakte
12	*Fehlerursache*: Fehlende Inspektionsanweisung für Überlastschalter (*organisatorischer Mangel* = Grundmangel, verantwortlich: Instandhaltungsmanagement)
13	Festsitz der Sicherheits- und Rutschkupplung wird nicht festgestellt
14	Überlastsicherung sitzt fest und ist funktionsunfähig
15	*Fehlerursache*: Dauernder Termindruck löst Stress aus und lenkt Mitarbeiter ab (Grundmangel: Management setzt falsche Prioritäten)
16	Maschinenschlitten fährt gegen Maschinenbett
17	Gewaltschaden am Schlitten

Der aktive Fehler findet nicht isoliert von anderen externen Einflüssen statt, die im Gegensatz nicht momentan, sondern andauernd wirken. Es handelt sich um Mängel, deren Verursacher Planer, Konstrukteure, Manager sein können und lange vor dem Auftreten der Störung und weit entfernt von der Stelle, wo die Störung erfolgt, auftreten.

Das Ursachen-Wirkungsmodell beschreibt die Entstehung einer Störung als Abfolge von Faktoren, die man in einem „Auslösestrang" darstellen kann (s. Abb. 3.30). Störung:

- Schlitten beschädigt,
- Maschinenausfall, Produktionsunterbrechung.

Fehler und Mängel Aktive Fehler entstehen meist sehr dicht am Ort der Störung (Dörner 1989):

a. entweder im Steuerungssystem, wo sie eine falsche Funktion veranlassen oder
b. im System, wo sie eine Schutzfunktion verhindern.

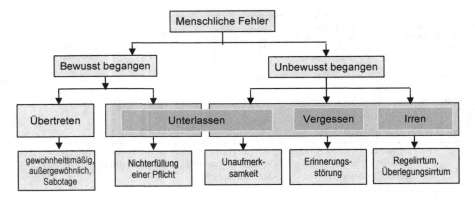

Abb. 3.30 Struktur der menschlichen Fehler

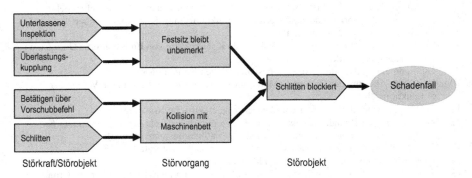

Abb. 3.31 Abfolge von Störverknüpfungen

Es handelt sich meist um menschliche Fehler (Abb. 3.30). Gelegentlich kommen physische Fehler vor (z. B. Umweltereignisse: Blitzschlag, Flut, Materialschäden infolge von Ermüdung und Alterung).

Aktiver Fehler Der Maschinenbediener stoppt den Vorschub nicht, bevor der Schlitten das Maschinenbett erreicht, den Arbeitsschlitten gegen das Maschinenbett fährt und den Antrieb blockiert.

Mangel im Schutzsystem Die Rutschkupplung, die den Antrieb gegen Überlastung schützen soll, funktioniert nicht.

Störbedingung Der Maschinenbediener durchschaut nicht, dass er infolge einer bestimmten Handlung den Antrieb überlastet.

Grundmangel Das Management hatte festgelegt, angelerntes Personal an der Maschine einzusetzen.

Fazit Schwerpunktmäßig stehen meist menschliche Fehler im Vordergrund. Ein Facharbeiter hätte einen solchen Fehler nicht gemacht!

Abb. 3.32 Schadenfalltripel
(WEKA-Katalog)

Störbedingungen Störungen entstehen durch die Bedingungen in der Arbeitswelt und im psychischen oder technischen Arbeitssystem. Sie fördern oder verursachen direkte aktive Fehler. Andauernde Mängel provozieren aktive Fehler und kommen im Zusammenwirken mit anderen Bedingungen zustande oder man hat ihre nachteilige Wirkung nicht vorausgesehen oder:

a. die Wahrscheinlichkeit eines Fehlereintritts oder
b. die Auswirkung der potenziellen Fehler

hat sich inzwischen geändert.

Das Störungspotenzial eines Mangels schlummert meist lange unbemerkt und tritt erst zutage, wenn es zu einem Zusammentreffen mit anderen örtlichen Auslösefaktoren kommt. Diese können aktive Fehler, technische Mängel, nicht normgerechte Umwelt- oder Prozessbedingungen u. v. a. m. sein. Ein Mangel unterscheidet sich vom Fehler dadurch, dass er bereits vor Störungsbeginn bestanden hatte.

Die Störverknüpfung aus Störkraft, Störobjekt und Störfall bezeichnet man als Störfall-Trio (s. Abb. 3.32). Ein Störfall (z. B. ein Brand) kann entstehen, wenn eine Störkraft (z. B. eine Flamme) auf ein Störobjekt (z. B. brennbares Material) einwirkt.

Abfolge der Störverknüpfungen:

1. Nachteilige Veränderung des Zustandes einer Betrachtungseinheit, z. B. Unterbrechung oder Behinderung der Funktion eines Betriebsmittels oder Prozessablaufs – Schädigung einer Komponente des Betriebsmittels,
2. Fehlen einer Information oder eine falsche Information, die für den normgerechten Ablauf einer Funktion erforderlich ist,
3. Physischer und/oder psychischer Schaden einer Person,
4. Erhöhung des Risikos eines der vorgenannten Ereignisse.

Die Störkraft wirkt auf das Störobjekt ein und löst den Schadensfall (Störfall) wegen subjektiven Fehlverhaltens aus. Die Ursachen können sein:

1. subjektive Fehler eines Mitarbeiters (z. B. die Eingabe eines falschen Datums für eine geplante Inspektion oder Instandsetzung),
2. die bewusste oder unbewusste Nicht-Weiterleitung von Informationen aus subjektiven oder objektiven Gründen,
3. falsche oder zum falschen Zeitpunkt (zu spät) erteilte Anweisungen einer Führungskraft,
4. mangelhafte Qualität von Planungsleistungen der Planungsabteilung,
5. die Unterlassung einer notwendigen Handlung.

Die auf eine Betrachtungseinheit (Störobjekt) wirkende Störkraft löst den Störfall aus (s. Abb. 3.33).

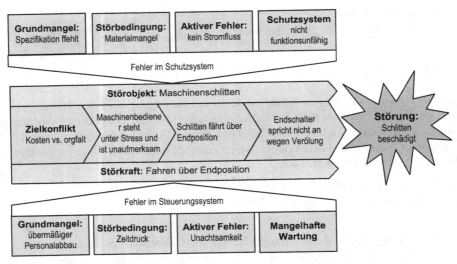

Abb. 3.33 Prozesskette einer Störung. (WEKA-Katalog Instandhaltung)

Den Wirkungszusammenhang „Störkraft → Störobjekt → Störfall" bezeichnet man als Störungsverknüpfung.

Abgesehen von konstruktiven Mängeln des Betriebsmittels hätte durch eine ordnungsgemäße Wartung und Pflege auf der Grundlage einer entsprechenden Wartungs- und Inspektionsanleitung der Störfall vermieden werden können, weil der Mangel dann möglicherweise rechtzeitig entdeckt worden wäre.

3.4.5 Methodik zur optimalen tribotechnischen Werkstoffauswahl, dargestellt an einem Beispiel

Bei allen unter Anstrengung stehenden technischen Systemen spielt die richtige Werkstoffauswahl eine entscheidende Rolle für das Ausfallverhalten einer BE. Ziele der Werkstoffauswahl sind:

1. die Realisierung des Anforderungsprofils technisch notwendiger Werkstoffeigenschaften und
2. die Erreichung wirtschaftlicher Lösungen durch Kombination preiswerter Werkstoffe und kostengünstigerer Fertigungsmethoden.

Die Werkstoffauswahl ist eine wichtige Entscheidung und immer eine Kombination von unterschiedlichen Aktivitäten. Zunächst erfolgt die Definition der Anforderungen an das Bauteil, die sich aus der geforderten Funktion ergibt. Dazu müssen die Kontaktpartner und das Einwirkungsprofil aus dem Umfeld des Einsatzgebietes bekannt sein (s. Tab. 3.7).

Tab. 3.7 Allgemeine Systemmethodik zur Werkstoffauswahl

Funktion	Systemstruktur	Beanspruchungen	Anforderungsprofil
1. Technisch-funktionelle Aufgaben des Bauteils, für das der Werkstoff gesucht wird	2. Systemkomponenten, die das Bauteil, kontaktiert	3. Einwirkungen auf das Bauteil (mechanischer, thermischer, chemischer, biologischer, strahlungsphysikalischer, tribologischer Art	4. Systemspezifische Anforderungen gemäß 1. bis 3.
Werkstoffeigenschaften, die die Funktionserfüllung sichern	Wechselwirkungen zwischen Bauteil und anderen Systemkomponenten	Materialschädigungsprozesse und Versagenshypothesen	Allg. Anforderungen (Verfügbarkeit, Nutzungsdauer, Fertigungs-, Energie-, Sicherheits- und Umwelterfordernisse, Wirtschaftlichkeit)

Aus dem Anforderungsprofil wird nach einem Auswahlverfahren ein geeigneter Werkstoff ausgewählt, der alle gestellten Anforderungen und Wünsche unter Berücksichtigung wirtschaftlicher Erwägungen am besten erfüllt. Wenn kein geeigneter Werkstoff zur Verfügung steht, muss notfalls ein neuer Werkstoff entwickelt werden. Schritte der systematischen Werkstoffauswahl sind:

1. *Systemanalyse des tribologischen Problems*
   Die Systemanalyse umfasst die Untersuchung und Zusammenstellung aller kennzeichnenden Parameter des Bauteils, für das der Werkstoff gesucht wird. Diese resultieren aus der zu erfüllenden Funktion des tribologischen Systems, der Systemstruktur verfügbarer Werkstoffe und der Beanspruchung. Die Parameter müssen möglichst in vollständiger und eindeutiger Form vorliegen.
2. *Definition des erforderlichen Anforderungsprofils*
   Das Anforderungsprofil ergibt sich aus der Zusammenstellung der spezifischen und allgemeinen Anforderungen wie:

   - geforderte Verfügbarkeit,
   - notwendige Lebens- bzw. Gebrauchsdauer,
   - Fertigungserfordernisse usw.

   Die Dokumentation erfolgt in Form eines Pflichtenhefts.
3. *Auswahlverfahren und Kriterien*
   Abschließend werden die Parameter des Anforderungsprofils mit den Kenndaten vorhandener Werkstoffe unter Verwendung von Materialprüfdaten, Werkstofftabellen, Handbüchern, Datenbanken usw. abgeglichen und bewertet.

Aus der vorgesehenen technischen Funktion ergibt sich zunächst die Funktionsbezeichnung des Bauteils, für das der Werkstoff gesucht wird. Dadurch erzielt der Konstrukteur eine Strukturierung der in die nähere Auswahl kommenden Werkstoff-

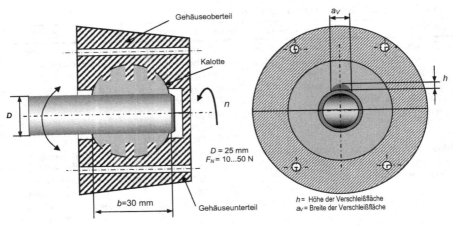

Abb. 3.34 Skizze eines Pendelgleitlagers aus Kunststoff (PA 6) und Verschleißgrößen (a_V Breite, h Höhe der Verschleißfläche)

gruppen, wie z. B. Lagerwerkstoff, Kontaktwerkstoff, Zwischenstoff usw. Dann müssen die zulässigen Grenzdaten des Beanspruchungskollektivs mit der Bewegungsform, dem Bewegungsablauf und den eigentlichen Beanspruchungsdaten festgelegt werden. Dies sind:

- Flächenpressung (bzw. Normalkraft),
- Geschwindigkeit,
- Temperatur (wenn möglich einschl. der Abschätzung einer reibungsbedingten Temperaturerhöhung),
- Weg,
- Beanspruchungsdauer.

Tribologische Kenndaten, d. h. die zulässigen Grenzdaten von Reibungszahl und Verschleißbetrag, sind zu spezifizieren.

Die konstruktive Gestaltung der Systemstruktur definiert die Systemkomponenten, mit denen das betreffende Bauteil in Beziehung steht. Damit sind die beteiligten Systemkomponenten, die Stoff- und Formeigenschaften dieser Komponenten und die erwarteten Reibungs- und Verschleißprozesse bestimmt worden.

Neben systemabhängigen Parametern sind auch die systemunabhängigen allgemeinen Anforderungen wie Werkstoffkosten, Verarbeitbarkeit, technologische Eigenschaften und die Verfügbarkeit zu berücksichtigen.

Fallbeispiel: Entwicklung einer Methodik zur optimalen tribotechnischen Werkstoffauswahl, dargestellt am Beispiel eines wartungsfreien Pendel-Gleitlagers für landwirtschaftliche Erntefahrzeuge.

Aufgabenstellung Für das in Abb. 3.34 dargestellte Pendelgleitlager soll m. H. einer Auswahlsystematik der optimale Werkstoff für die Gleitkomponenten Welle und Buchse ermittelt werden.

Tab. 3.8 Werkstoffeigenschaften. (Domininghaus et al. 2008)

Gleitlagerwerkstoff	Kurz-zeichen	Herstellungstechno-logie	Typische Anwendungsbereiche
Polyamid 66, Polyamid 6	PA 66 PA 6	Spritzgießen oder spanend aus Halbzeugen	Universelle Gleitlagerwerkstoffe für den Maschinenbau
Polyoxymethylen	POM	Spritzgießen oder	Gleitlagerwerkstoffe für die
Polyäthylentherephthalat	PETP	spanend aus	Feinwerktechnik, Lager mit
Polybuthylentherephthalat	PBTP	Halbzeugen	großer Maßhaltigkeit
Polyäthylen hoher Dichte (hochmolekular)	HDPE	vorwiegend spanend aus Halbzeugen	Auskleidungen, Gleitleisten, Gelenkprothesen, (z. B. Pfannen, künstl. Hüftgelenke)
Polytetrafluoräthylen, Polyimid	PTFE PI	Formpressen, Spritzgießen oder spanend aus Halbzeugen	Brückenlager, Turbinenbau, Raumfahrt (strahlungsbeständig, thermisch hoch belastbar)

Randbedingungen sind:

1. wartungsfreier Betrieb, d. h. wenn möglich Auslegung als einfaches Trocken-lager mit kostengünstigen Materialien und wirtschaftlicher Fertigung (maximal Nippelschmierung),
2. hohe Luftfeuchtigkeit und z. T. intensive Sonnenstrahlung,
3. die Antriebsleistung und die sie beeinflussende Lagerreibung sollen so gering wie möglich sein,
4. eine verschleißbedingte Verlagerung der Lagerwelle sollte nach 1000 Betriebs-stunden kleiner 0,01 mm sein.

Ziele sind:

I. Die Realisierung des Anforderungsprofils technisch notwendiger Werkstoffei-genschaften.
II. Erreichung wirtschaftlicher Lösungen durch Kombination von preiswerten Werk-stoffen mit kostengünstigeren Fertigungsmethoden.

Auswahlverfahren und Kriterien Vergleich und Bewertung der Parameter des An-forderungsprofils mit den Kenndaten vorhandener Werkstoffe unter Verwendung von Materialprüfdaten, Werkstofftabellen, Handbüchern, Datenbanken usw.

Systemtechnische Vorgehensweise Technische Funktion des tribotechnischen Sy-stems:

• Aus Forderung (a) ergibt sich die Notwendigkeit, ein Trockengleitlager aus Kunststoff-Metall zu konzipieren, um einen möglichst wartungsfreien (schmier-stofflosen) Betrieb zu realisieren.
• Dabei sollte nach dem Stand der Technik für die Welle ein gehärteter Stahl verwendet werden.
• Für die Lagerbuchse kommt einer der in Tab. 3.7 zusammengestellten, für Gleit-lager bei wirtschaftlicher Fertigung (z. B. Spritzgießen) prinzipiell geeigneten unverstärkten thermoplastischen Kunststoffe in die nähere Auswahl.

Systemunabhängige Werkstoffdaten:

• Nach Randbedingung (b) sind für das Lager Betriebsbedingungen mit relativ hoher Luftfeuchtigkeit zu erwarten. Damit würden Polyamide auf Grund ihres hygroskopischen Verhaltens und sich daraus möglicherweise ergebenden Veränderungen bei der Maßhaltigkeit und den Toleranzen ausscheiden. Durch Konditionierung von Polyamid kann dieser Nachteil allerdings weitestgehend ausgeglichen werden. Hinzu kommt, dass Polyamid im Vergleich mit anderen Werkstoffen kostengünstiger ist und sich in vielen Einsatzfällen in der Praxis in ähnlich gelagerten Fällen außerordentlich gut bewährt hat.
• Polyoxymethylen (POM) ist zwar grundsätzlich auch geeignet, entspricht aber in Bezug auf UV-Beständigkeit nicht den Anforderungen.

Damit kommen die Werkstoffe:

• PTFE (Polytetrafluräthylen),
• HDPE (Polyäthylen höherer Dichte),
• PETP (Polyethylentherephtalat),
• PBTP (Polybutylentherephtalat) und
• PA 6 (Polyamid)

als geeignete Lagerwerkstoffe in die engere Vorauswahl.
Beanspruchungskollektiv:

• Bewegungsform: kontinuierliches Gleiten
• Normalkraft $F_N = 4$ N, d. h. $p_0 \approx 1,3$ N/mm^2
• Drehzahl $n = 30$ min^{-1}, d. h. $v = 2355$ mm/min $= 141,3$ m/h
• Temperatur $T_U = 0$ bis 40 °C
• Betriebsdauer $t = 1.000$ h
• Gleitweg $s_e = \pi * 25$ mm 30 mm $* 50$ min^{-1} $* 1000$ h $* 60$ min/h $= 141.300$ m $= 141$ km
• V $= 141 * 10^3$ m/h/3600 s/h ≈ 40 m/s
• 1 J $= 1$ kgm^2/s^2, 1 N $= 1$ kgm/s^2

Eine nennenswerte Erwärmung des Lagers ist nicht zu erwarten, da eine Abschätzung der Reibleistung gemäß:

$$P_R = D * b * p_0 * v * f = 25\,\text{mm} * 30\,\text{mm} * 1,3\,\text{N/mm}^2 *$$

$$40 * 10^3\,\text{mm/s} * 0,02 = 0,78\,\text{Nm/s}$$

einen Wert von $P_R \approx 780 * 10^{-3}$J/s ergibt.

Tribologische Kenndaten Schwerpunkt der systematischen Werkstoffauswahl für tribotechnische Systeme ist die Optimierung von Reibung und Verschleiß gemäß Forderung (d) und (e) für die in die Vorauswahl genommenen Werkstoffe unter Berücksichtigung des vorgegebenen Beanspruchungskollektivs.

1. Reibungsoptimierung

Die Reibungszahl kann je nach Werkstoffpaarung in einem Bereich von $f \sim 0,03$ bis $f \sim 1,0$ liegen. Die Reibzahlen für die Werkstoffe PETP und PBTH liegen unter 0,3. Eine Reibzahl von ca. 0,2 kann daher erwartet werden[45].

2. Verschleißoptimierung

Gemäß Forderung (d) soll die verschleißbedingte Verlagerung der Welle nach 1000 Betriebsstunden kleiner als 0,01 mm sein. Daher muss zunächst der Zusammenhang zwischen der verschleißbedingten Wellenverlagerung h und dem Gesamt-Verschleißvolumen W_V betrachtet werden.

Wellenspiel H8/f7: Teile mit merklichem Spiel, beweglich, mehrfach gelagerte Welle, Kolben in Zylinder (Welle h9: -20, -41, -52, Bohrung 0, $+0,33$ µm).

Die Verschleißmarkenbreite a_V berechnet sich zu:

$$a_V = \sqrt{8rh\left(\frac{1+\psi}{\psi}\right)}$$

Verschleißvolumen:

$$W_V = \frac{ba_V^3}{12r}\left(\frac{\psi}{1+\psi}\right)$$

Lagerspiel:

$$\psi = \frac{r_{Bohrung} - r_{Welle}}{r_{Welle}} = 0,003$$

Bei konstruktiv vorgegebenem Lagerspiel von $\psi = 0,003$ und einer zulässigen verschleißbedingten Lagerauslenkung von $h < 0,01$ mm ergibt sich ein Verschleißvolumen von $W_V = 570$ mm^3 bei einem Gleitweg von $s = 141$ km.

Daraus ergibt sich mit

$$k_V = \frac{W_V}{F_N * s}$$

ein Verschleißkoeffizient von $k_{Vzul} < 3 * 10^{-4}$.

Es sind Kunststoff-Gleitpaarungen zu ermitteln, mit denen der berechnete Verschleißkoeffizient erzielbar ist[46]. Für verschiedene Kunststoff-Metall-Gleitpaarungen existieren verschiedene Verschleißkoeffizienten k_{vi}, die vom Reibungskoeffizienten f und der Zug- oder Reißfestigkeit des betreffenden Kunststoffs bestimmt werden.

---

[45] Czichos und Habig 1992, S. 470.
[46] Ebenda.

3.5 Übungs- und Kontrollfragen

A. Grundlagen der Tribologie

1. Definieren Sie den Begriff Schaden!
2. Was ist ein Folgeschaden?
3. Welche Maßnahmen der Schadensverhütung kennen Sie?
4. Was verstehen Sie unter dem Schädigungszustand eines technischen Arbeitsmittels und von welchen Kriterien wird das Ausmaß eines Schadens bestimmt?
5. Was verstehen Sie unter Gebrauchseigenschaft und in welche Kategorien wird sie eingeteilt?
6. Was sind

   a. objektiv bedingte
   b. subjektiv bedingte

   Ursachen eines Schadens? Nennen Sie jeweils ein Beispiel!

7. Erläutern Sie den Unterschied zwischen einem Drift- und einem Sprungausfall!?
8. Erläutern Sie Unterschiede des Maschinenbaues, der Produktionstechnik und der Informatik bezüglich der Mechanismen der Energie-, Stoff- und Informationsflüsse!
9. Worin besteht das allgemeine Kennzeichen der Energie- und Stoffumsätze in technischen Syste men?
10. Worin besteht das Ziel der Ingenieurtechnologen in Bezug auf die Gestaltung tribologischer Syste me?
11. Was verstehen Sie unter Tribologie und welche Aufgabe hat sie?
12. Was ist charakteristisch für tribologische Prozesse?
13. Wodurch entsteht Reibung?
14. Erläutern Sie die Elementarvorgänge, die Reibung und Verschleiß hervorrufen!
15. Worin besteht die wissenschaftliche Aufgabe der Tribologie?
16. Womit steht die Funktion tribotechnischer Systeme in unmittelbarem Zusammenhang?
17. Erläutern Sie die wichtigsten Funktionen energiedeterminierte Systeme und nennen Sie je ein Beispiel!
18. Erläutern Sie einige wichtige Funktionen stoffdeterminierter Systeme und nennen Sie je ein Beispiel!
19. Erläutern Sie die wichtigsten Funktionen informationsdeterminierte Systeme und nennen Sie je ein Beispiel!
20. Was verstehen Sie unter der dualen Rolle der Tribologie?
21. Erläutern Sie anhand der Struktur eines tribologischen Systems die ingenieurtechnischen Möglichkeiten zur Verbesserung der Zuverlässigkeit technischer Systeme!
22. Was verstehen Sie unter einem geschlossenen tribotechnischen System? Nennen Sie ein Beispiel!

23. Was verstehen Sie unter einem offenen tribotechnischen System? Nennen Sie ein Beispiel!

24. Wodurch sind die Bestandteile tribotechnischer Systeme bei der Erfüllung ihrer funktionellen Aufgaben (Energie-, Stoff- oder Signalumsetzung) verschiedenen tribologischen Beanspruchungen ausgesetzt?

25. Wie sind die Kenngrößen tribotechnischer Systeme gegliedert?

B. Tribologische Beanspruchung

1. Was verstehen Sie unter tribologischer Beanspruchung?
2. Erläutern Sie den mikrogeometrischen Aufbau einer technischen Oberfläche!
3. Welche wichtigen Größen charakterisieren eine technische Oberfläche?
4. Wodurch sind Kontaktvorgänge gekennzeichnet?
5. Erläutern Sie das Grundprinzip der Adhäsion? Was sind die Ursachen von Adhäsion!
6. Welche sind Grundformen chemischer Bindung?
7. Wie entsteht die Bildung des Adhäsionskontakts?
8. Wie sind molekulare Bindungen aufgebaut?
9. Wie kann der Adhäsionskontakt getrennt werden?
10. Warum ist die wahre Kontaktfläche für alle tribologischen Systeme von zentraler Bedeutung?
11. Was verstehen sie unter elastischem Kontakt nach der Hertzschen Theorie?
12. Welcher Verteilung genügen die Rauheitshügel?
13. Erläutern Sie den viskoelastischen Kontakt an Hand des Burger-Modells?
14. Wie ist die Relaxationszeit definiert?
15. Was verstehen Sie unter Kinematik?
16. Welcher Begriff kennzeichnet Flüssigkeiten und Gase im Kontakt mit Festkörpern?
17. Welche grundlegenden Bewegungsarten und Bewegungsabläufe kennen Sie?

C. Reibung

1. Was ist Reibung?
2. Was verstehen Sie unter

   a. Festkörperreibung
   b. Grenzreibung
   c. Flüssigkeitsreibung
   d. Gasreibung
   e. Mischreibung?

   Nennen Sie Beispiele!

3. Erläutern Sie die Energiebilanz der Reibung!
4. Welchen Zusammenhang interpretiert eine Reibungsmessgröße? Erläutern Sie die Reibungsmessgrößen

     a. Reibungszahl
     b. Reibungsarbeit
     c. Reibungsleistung!

5. Welche Aussagekraft besitzt die Systemstruktur?
6. Welche Komponenten bestimmen das Beanspruchungskollektiv?
7. Warum können Reibungsmessgrößen nur mit geeigneten Mess- und Prüftechniken experimentell bestimmt werden?
8. In welchem Verhältnis nimmt bei Berührung technischer Oberflächen die Anzahl der Mikrokontakte zu?
9. Wie lautet das Reibungsgesetz nach *Amontons-Coulomb*?
10. Wie erfolgt die Einteilung der Reibungsmechanismen?
11. Worin besteht die Adhäsionskomponente der Reibung?
12. Was verstehen Sie unter dem Stufenprozess der Adhäsionskomponente der Reibung?
13. Worin besteht der Einfluss des Formänderungsvermögens?
14. Welchen Einfluss auf die Adhäsionskomponente der Reibung besitzt die Elektronenstruktur?
15. In welcher Reihenfolge nimmt die Adhäsionskomponente mit der Stellung im Periodensystem der Elemente zu?
16. Welchen Einfluss haben

     a. Oberflächenschichten
     b. Zwischenstoffe und Umgebungsmedien

     auf die Adhäsionskomponente der Reibung?

17. Welche markante Erscheinung ist ein wichtiges Indiz nicht nur für reibungsbedingte Energiedissipationen, sondern auch für die Entstehung von reibungsbedingten Zerrüttungsrissen an tribologisch wechselbeanspruchten Tribokontakten und womit wird sie gemessen?
18. Was verstehen Sie unter Photonenemission (Tribolumineszenz)?
19. Welche Reibungsarten kennen Sie?
20. Erläutern Sie die Begriffe Gleiten, Rollen und Bohren?

D. Verschleiß

1. Was verstehen Sie unter tribologischer Beanspruchung? Beschreiben Sie kurz Beispiele für unterschiedliche Beanspruchungen von Maschinenelementen!
2. Warum ist die Dauerfestigkeit von Werkstoffen bei dynamischer Belastung geringer als bei statischer?
3. Was sind tribologische Prozesse?

4. Definieren Sie den Begriff Verschleiß nach DIN 50 320!
5. Was verstehen Sie unter Festkörperverschleiß?
6. Welche Arten von Werkzeugverschleiß unterscheidet man?
7. Erklären Sie den Verschleißmechanismus und wie äußert sich Verschleiß?
8. Was verstehen Sie unter Verschleißmessgrößen?
9. Was sind Indirekte Verschleiß-Messgrößen?
10. Welche physikalische Größe bestimmt das Verschleißvolumen?
11. Erklären Sie den Unterschied zwischen Komponentenverschleiß und System-verschleiß
12. Welche physikalische Größe bestimmt das Verschleißvolumen?
13. Was verstehen Sie unter Oberflächenzerrüttung? Erläutern Sie diesen Prozess!
14. Was verstehen Sie unter Abrasion und welche Voraussetzungen sind dazu erforderlich?
15. Beschreiben Sie die Detailprozesse der Abrasion!
16. Was verstehen Sie unter Adhäsion? Beschreiben Sie den Adhäsionsvorgang!
17. Welche sind die wichtigsten Einflussgrößen auf die Abrasion?
18. Nennen Sie Maßnahmen gegen Abrasion!
19. Was verstehen Sie unter tribochemischer Reaktion?
20. Welche sind die wichtigsten Einflussgrößen auf die tribochemische Reaktion?
21. Nennen Sie Maßnahmen gegen tribochemische Reaktionen!
22. Welchen Zweck haben Kühlschmierstoffe bei der spanenden Fertigung?
23. Nennen Sie wesentliche Ursachen von Wälzlagerschäden! Wie schaffen Sie Abhilfe?
24. Wie lassen sich Reibung und Verschleiß an Führungen von Werkzeugmaschinen vermindern?
25. Erklären Sie den Verschleißmechanismus bei der Kavitation! Wo tritt dieser Verschleißmechanismus vorwiegend auf?
26. Welche Unterschiede bestehen zwischen statischen und dynamischen Belastungen?
27. Was verstehen Sie unter dem Stick-Slip-Effekt?

E. Korrosion

1. Was verstehen Sie unter Rost und wie kommt er zustande?
2. Definieren Sie den Begriff „Korrosionssystem"!
3. Was verstehen Sie unter Korrosionserscheinung? Nennen Sie typische Beispiele!
4. Erläutern Sie den Unterschied zwischen innerer und äußerer Korrosion!
5. Erläutern Sie den Unterschied zwischen aktivem und passivem Korrosions-schutz! Nennen Sie Beispiele!
6. Was verstehen Sie unter Kontaktkorrosion? Wie kommt sie zustande?
7. Was verstehen Sie unter selektiver Korrosion? Nennen Sie Beispiele!
8. Wodurch entstehen Spannungsriss- und Schwingungsrisskorrosion? Wo tritt dieser Verschleißmechanismus auf?

9. Was verstehen Sie unter Wasserstoffversprödung?
10. Nennen Sie 4 wichtige metallseitige Korrosionsursachen!
11. Charakterisieren Sie die gleichmäßige Flächenkorrosion! Wie ist die Flächen-korrosion aus der Sicht des Engineering zu bewerten? Welchen Einfluss haben unterschiedliche Klimate?
12. Warum zählt die Spaltkorrosion zu den gefährlichen Korrosionsarten? Was können Sie aus ingenieurtechnischer Sicht dagegen tun?
13. Erläutern Sie den prinzipiellen Ablauf der Schichtbildung beim PVD- und CVD-Verfahren!
14. Welche PVD-Techniken sind Ihnen bekannt?
15. Beschreiben Sie kurz das Emaillierverfahren und erläutern Sie dessen Vor- und Nachteile!
16. Beschreiben Sie kurz den Prozess des Hartverchromens! Welche besonderen Vorteile hat das Hartverchromen und wo kommt es vorwiegend zum Einsatz? Welche Unterschiede bestehen zum Chromatisieren?
17. Was ist Chemisch-Nickel und wo kommt es zum Einsatz? Erläutern Sie die Vor- und Nachteile des Verfahrens! Welcher Unterschied besteht zum Galvanisch-Nickel?
18. Was verstehen Sie unter dem Passivieren von Metalloberflächen? Erläutern Sie den Passivierungseffekt! Welche Metalle bilden Passivierungsschichten?
19. Was ist Eloxieren? Erläutern Sie kurz den Eloxierprozess und nennen Sie Einsatzgebiete des Verfahrens!
20. Nennen Sie die wichtigsten Verfahrensgruppen der Oberflächenvorbereitung!
21. a) Was verstehen Sie unter Strahlen? b) Welche Strahlverfahren kennen Sie?
22. Erläutern Sie die verfahrenstechnischen Abläufe beim

   a. Druckluftstrahlen
   b. Schleuderstrahlen!

23. Welche Strahlmittel kommen üblicherweise zum Einsatz?
24. Was verstehen Sie unter Kugelstrahlen und welchen besonderen Vorteil hat es im Vergleich zu anderen Strahlverfahren?
25. Nennen und erläutern Sie bekannte Oberflächenvorbereitungsverfahren!

Quellenverzeichnis

Literatur

Baumann, K.: Korrosionsschutz für Metalle. Deutscher Verlag für Grundstoffindustrie, Leipzig-Stuttgart (1993) (ISBN 3-342-00645-5)
Bartz, W. J. et al. (Hrsg.): Schäden an geschmierten Maschineelementen –Gleitlager, Wälzlager, Zahnräder, 2 überarb. U. erw. Auflage, expert verlag, Ehningen (1979) (ISBN 3-8169-0255-3)
Bertsche, B., Lechner, G.: Zuverlässigkeit im Fahrzeug- und Maschinenbau, Springer-Verlag Berlin (2004) (ISBN: 3-540-20871-2)

Choy, K. L.: Chemical vapour deposition of coatings. Prog. Mater. Sci. 48(2), 57–170 (2003) (Verfahrensbeschreibung und –bewertung).

Czichos, H., Habig, K.-H.: Tribologie-Handbuch, Reibung und Verschleiß. Vieweg Verlag, Braunschweig (1992) (ISBN 3-528-06354-8)

DIN- Taschenbuch 219, Korrosion und Korrosionsschutz, Beuth-Verlag, Berlin (2002) (ISBN 3-410-13167)

Degner, W., Lutze, H., Smejkal, E.: Spanende Formung. Hanser Verlag, München (2002) (ISBN 978-3-446-41713-7)

Dörner, D.: Die Logik des Misslingens: Strategisches Denken in komplexen Situationen (Erweiterte Neuausgabe). Rowohlt, Reinbek (1989) (ISBN: 3-499-61578-9)

Domininghaus, H., Elsner, P., Eyereer, P., Hirth, Th.: Kunststoffe: Eigenschaften und Anwendungen (VDI-Buch), Aufl. 7, Springer, Berlin (2008) (ISBN 3-540-72400-1)

Eichler, Ch.: Instandhaltungstechnik. Verlag Technik, Berlin (1990) (ISBN 3-341-00667-2)

Fischer, U.: Tabellenbuch Metall, Aufl. 41, Verlag Europa-Lehrmittel Nourney, Vollmer (2001) (ISBN 3-8085-1721-2).

Heitz, E., Henkhaus, R., Rahmel, A.: Korrosionskunde im Experiment. Verlag Chemie, Weinheim (1990) (ISBN 3-527-78156-8)

Jokisch, G., Schütze, B., Städtler, W.: Das Grundwissen des Ingenieurs. VEB Fachbuchverlag, Leipzig (1968)

Lipphardt, G.: Umweltschutz und Sicherheit: Die Verantwortung des Ingenieurs. Chem.-Ing.-Tech. 66, 465–469 (1994)

Mantl, S., Bay, H. L.: New method for epitaxial heterostructure layer growth. Appl. Phys. Lett. 61(3), 267–269 (1992)

Osten, M.: Die Kunst, Fehler zu machen, Plädoyer für eine fehlerfreundliche Irrtumsgesellschaft. Suhrkamp, Frankfurt a. M. (2006)

Ostermann, F.: Anwendungstechnologie Aluminium, Aufl. 2, Springer, Berlin (2007) (ISBN-10 3518417444)

Raunik, G.: Schwingungsmessungen an Elektromotoren -Wälzlager- und Schwingungsdiagnose an Nebenanlagen eines Wärmekraftwerkes zur Optimierung des Messaufwandes als Unterstützung der zustandsorientierten Instandhaltung und zur Erhöhung der Verfügbarkeit der Aggregate, Diplomarbeit HS Lausitz, Senftenberg (2005)

Rauschenbach, B., Gerlach, J. W.: Texture Development in Titanium Nitride Films Grown by Low-Energy Ion Assisted Deposition. Cryst. Res. Technol. 35(6–7), 675–688, (2000)

Reichel, K.: Beschichtungen aus der Dampfphase, S. 229 ff. in Steffens und Brandl (Hrsg.): Moderne Beschichtungsverfahren (1992)

Schmidtke, H.: Ergonomie. Hanser Verlag, München (1993) (ISBN 3-446-16440-5)

Simon, H., Thoma, M.: Angewandte Oberflächentechnik für metallische Werkstoffe. Hanser Verlag, München (1989) (ISBN 3-446-14221-5)

Steffens, H.-D., Brandl, W. (Hrsg): Moderne Beschichtungsverfahren. Informationsgesellschaft Verlag, Uni Dortmund (1992) (ISBN 3-88355-177-5)

Stribeck, R.: Die Wesentlichen Eigenschaften der Gleit- und Rollenlager, Z. VDI 46, S. 38 ff. 1341–1348 (1902)

Strunz, M. et al.: Erarbeitung eines Konzeptes zur Verbesserung der Arbeitssicherheit und des Gesundheitsschutzes in ausgewählten Kompetenzzellen der Hauptwerkstatt Schwarze Pumpe (unveröffentl. Abschlussbericht). Hochschule Lausitz, Senftenberg (2008)

Tostmann, K.-H.: Korrosion, Ursachen und Vermeidung, WILEY-VCH, Weinheim et al. (2000) (ISBN 3-527-30203-4)

Voigt, C.: Korrosionsschutz durch Beschichtungen und Überzüge, Grundlagen der Korrosion, 1, Kap. 4/2.2 4.2.2, 4.2.3, WEKA-Verlag, Augsburg (1994/1995)

Weiner, R.: Metall-Entfettung und –Reinigung, Eugen G. Leuze Verlag (1969)

Woydt, M.: Werkstoffkonzept für den Trockenlauf, Tribologie + Schmierungstechnik, 44, S. 14–19 (1997)

Woydt, M.: Beschaffung innovativer Werkstoffe, Tribologie + Schmierungstechnik, 45, S. 37–41 (1998).

NN: IfK Institut für Korrosionsschutz Dresden (Hrsg.): Vorlesungen über Korrosionsschutz und von Werkstoffen, Teil 1: Grundlagen Werkstoffe, Korrosionsmedien, Korrosionsprüfung, TAW Verlag, Wuppertal (1996) (ISBN 3-930526-05-0)

Internetquellen

http://www.iue.tuwien.ac.at/phd/strasser/node58.html (10.05.2010)
http://www.plasma.de/de/lexikon/lexikon-eintrag-298.html

Normen

DIN EN ISO 7539-1: Korrosion der Metalle und Legierungen; Prüfung der Spannungsrisskorrosion, Teil 1 bis Teil 7 (1995-08)
DIN EN ISO 8044: Korrosion von Metallen und Legierungen – Grundbegriffe und Definitionen (1999-11)
DIN EN ISO 8785: (GPS) Oberfächenunvollkommenheiten, Definitionen und Kenngrößen (1998-10)
DIN EN 12954: Korrosion der Metalle; Kathodischer Korrosionsschutz von metallischen Anlagen in Böden und Wässern (2001-01)
DIN EN ISO 11126-4: Vorbereitung von Stahloberflächen vor dem Auftragen von Beschichtungsstoffen – Anforderungen an nichtmetallische Strahlmittel – Teil 4: Strahlmittel aus Schmelzkammerschlacke (1998-04)
DIN 32 539: Flammstrahlen von Stahl- und Betonoberflächen (2010-03)
DIN 50 902: Korrosion der Metalle; Schichten für den Korrosionsschutz von Metallen –Begriffe, Verfahren und Oberflächenvorbereitung (1994-04)
DIN 50 902/2: Korrosion der Metalle; Behandlung von Metalloberflächen für den Korrosionsschutz durch anorganische Schichten, Begriffe (1994-04)
DIN 50 919: Korrosion der Metalle; Korrosionsuntersuchungen der Kotaktkorrosion in Elektrolytlösungen (1984-02)
DIN 50 922: Korrosion der Metalle; Untersuchung der Beständigkeit von metallischen Werkstoffe gegen Spannungsrisskorrosion (1985-10)
DIN 50 926 Korrosion der Metalle; Kathodischer Korrosionsschutz mit Fremdstrom im Sohlebereich vonHeizölbehältern aus unlegiertem Stahl
DIN ISO 12944-1: Beschichtungsstoffe –Korrosionsschutz von Stahlbauten durch Beschichtungssysteme – Teil 1: Allgemeine Einleitung (ISO 12944-1: 1998-4)
DIN ISO 12944-2: Beschichtungsstoffe –Korrosionsschutz von Stahlbauten durch Beschichtungssysteme – Teil 2: Einteilung der Umgebungsbe4dingungen (ISO 12 944-2: 1998)
DIN 25419: Ereignisbaumanalyse; Verfahren, graphische Symbole und Auswertung (1985-11)
DIN 25424 Teil 1/2, Fehlerbaumanalyse; Handrechenverfahren zur Auswertung eines Fehlerbaumes (1990-04)
DIN EN 60812: Analysetechniken für die Funktionsfähigkeit von Systemen- Verfahren für die Fehlzustandsart- und -auswirkungsanalyse (FMEA) (2006-12)

Kapitel 4
Arbeitssicherheit und Umweltverträglichkeit als Instandhaltungsziele

Zielsetzung Nach diesem Kapitel kennen Sie

- den Stellenwert der Arbeitssicherheit i. Allg. und im Rahmen der Instandhaltung im Besonderen,
- die rechtlichen und arbeitsschutztechnischen Problembereiche von Instandhaltungsleistungen,
- die prinzipielle Vorgehensweise der Durchführung einer Gefahren- und Sicherheitsanalyse.

4.1 Rechtsbeziehungen zum Instandhaltungsobjekt

Instandhaltungsleistungen sind Dienstleistungen, die teilweise nur mit hohem technischen und technologischen Aufwand realisiert werden können und daher arbeits- und kostenintensiv sind. Das ist auch einer der Hauptgründe dafür, dass Unternehmen zahlreiche Aufgaben zur Instandhaltung ihrer Betriebsmittel und Anlagen an externe Dienstleister vergeben. Die Vielfalt der Instandhaltungsarbeiten unterliegt daher gesonderten vertraglichen Regelungen.[1] Insbesondere stehen bei der Vertragsgestaltung Arbeitssicherheit und Umweltverträglichkeit von Produktionsprozessen und Erzeugnissen im Vordergrund, da sie für Unternehmen von existenzieller Bedeutung sind. Zahlreiche Rechtsvorschriften, Ordnungen und Gesetze bestimmen den Handlungsspielraum. Beispielhaft seien genannt:

- die Arbeitsstättenverordnung mit den zugehörigen Arbeitsstättenrichtlinien,[2]
- die Unfallverhütungsvorschriften der Berufsgenossenschaften,
- die Abfallgesetzgebung,
- die Wasserhaushaltsgesetzgebung,

---

[1] Vgl. Melzer-Ridinger und Neumann 2009, S. 172.

[2] Verordnung über Arbeitsstätten (Arbeitsstättenverordnung) v. 20.03.1975, letzte Änderung 19.07.2010.

M. Strunz, *Instandhaltung*,
DOI 10.1007/978-3-642-27390-2_4, © Springer-Verlag Berlin Heidelberg 2012

- das Bundesimmissionsgesetz mit seinen Durchführungsverordnungen (Störfallverordnung) und Allgemeinen Verwaltungsvorschriften TA Luft, TA Lärm,
- die Gefahrstoffverordnung,
- das Gerätesicherheitsgesetz,
- das Umwelthaftungsgesetz u. a.

Der moderne Kunde erwartet vom Unternehmen eine Zertifizierung des Unternehmens bezüglich

a. seines Qualitätssicherungssystems nach DIN ISO 9000 ff. und
b. seines Umweltmanagements innerhalb einer freiwilligen Umweltbetriebsprüfung sowohl im Rahmen der Europäischen Union seit 01.04.1995 als auch hinsichtlich einer nachgewiesenen hohen Sicherheit und Umweltverträglichkeit der Erzeugnisse.

Eine geeignete Methode ist das Öko-Audit. Es handelt sich dabei um ein Verfahren zur Überprüfung des eigenen Umweltverhaltens mit dem Ziel, Mängel aufzudecken sowie Fehler zu erkennen und zu eliminieren. Dazu ist ein Umweltinformationssystem (Umweltmanagement) notwendig, das den Fokus auf eine kontinuierliche Verbesserung des betrieblichen Umweltschutzes ausrichtet. Unabhängige und speziell bestellte unabhängige Prüfer führen das Prüfverfahren durch und zertifizieren das Unternehmen. Im Falle festgestellter Mängel erfolgt die Zertifizierung üblicherweise erst nach deren Beseitigung.

Im Rahmen des Prüfverfahrens wird festgestellt, ob das Unternehmen die geltenden Normen einhält und ob das bestehende Managementsystem die umweltorientierten Aufgaben löst und Probleme wirksam bewältigt. Die Umweltbetriebsprüfung nach der EMAS-VO dient darüber hinaus der Erleichterung der Kontrolle der Übereinstimmung von Managementverhaltensweisen mit der Umweltpolitik des Unternehmens.

Auf Grund steigender Regelungsdichte, insbesondere im Umweltbereich, steigen die finanziellen Belastungen für die Unternehmen. Auch Versicherungsbeiträge im Rahmen der Haftpflicht nehmen dementsprechend zu. Ein günstiges Kosten-Nutzen-Verhältnis auf diesem Gebiet erfordert auch die Einbeziehung der Anlageninstandhaltung und ein Sicherheitsmanagement in der Instandhaltungstätigkeit als integrierten Bestandteil eines effizienten Projektmanagements. Die rechtliche Stellung von Auftraggeber (Eigentümer, Vertreter des Eigentümers) und Auftragnehmer (Instandhaltungsmanager, Instandhaltungsunternehmen/-nehmer) zum Instandhaltungsobjekt regelt die Verantwortung für Sicherheit und Umweltverträglichkeit in der Anlageninstandhaltung.

Die Gesetzgebung (BGB, Produkthaftungsgesetz u. a.) unterscheidet in Bezug auf eine Maschine oder Anlage den

- Eigentümer (ihm gehört das Instandhaltungsobjekt rechtlich),
- Besitzer (er übt als Nutzer die tatsächliche Gewalt über das Objekt aus),
- Eigenbesitzer (Eigentümer ist gleichzeitig Besitzer),
- mittelbaren Besitzer (Mitbesitzer): Dieser hat zeitweise die tatsächliche Gewalt über das Objekt abgegeben,

- Besitzdiener (ein Besitzdiener übt die tatsächliche Gewalt über das Objekt unter Weisung des Besitzers aus),
- Hersteller: Er bringt ein Erzeugnis als Rechtsobjekt auf den Markt.

Das Sicherheitsmanagement in der Anlageninstandhaltung umfasst folgende Teilkomplexe[3]:

1. Gefahren- und Sicherheitsanalyse und Risikobewertung am Instandhaltungsarbeitsplatz
2. Arbeitssicherheit und Umweltverträglichkeit in der Produktion durch Instandhaltung
3. Arbeitssicherheit und Umweltverträglichkeit innerhalb der Instandhaltungsstrukturen
4. Beitrag der Instandhaltung zum Sicherheits- und Umweltmanagement des Unternehmens

Tabelle 4.1 zeigt die rechtliche Stellung des Auftraggebers in verschiedenen Eigentumsformen zum Instandhaltungsobjekt. In einem Instandhaltungsvertrag wird der Auftragnehmer meistens zum Besitzdiener oder zum Besitzer des Instandhaltungsobjektes, denn er erlangt mit dem Vertrag ein aufgabenspezifisches oder ein allgemeines tatsächliches Nutzungsrecht.[4] Diese Unterschiede werden im Vertrag nicht gesondert erwähnt. Allerdings sind die unterschiedlichen Sorgfaltspflichten, die sich aus dem Zusammenhang des Instandhaltungsobjektes mit der Einhaltung der Arbeits- und Umweltsicherheit sowie dem Gewässer-, Natur-, Pflanzen- und Tierschutz ergeben, von Auftragnehmer und Auftraggeber in Abhängigkeit von ihren Rechtsbeziehungen zum Objekt wahrzunehmen. Der Vertrag muss die Zuständigkeiten exakt regeln und erkennen lassen, ob der Auftragnehmer nur im Rahmen seiner eigenen Tätigkeit, z. B. eine Teilinstandsetzung einer Maschine verantwortet, oder ob er für die Zeit der Instandhaltungtätigkeit die volle Verantwortung für das Objekt übernimmt, auch über seinen eigentlichen Tätigkeitsbereich hinaus, z. B. bezüglich des allgemeinen Brand- und/oder Blitzschutzes.

Der Eigentümer oder Besitzer eines Instandhaltungsobjektes kann als Auftraggeber **niemals** alle damit verbundenen Organisationspflichten auf den Instandhalter übertragen, unabhängig davon, in welchem Umfang dieser einbezogen ist. Er **muss** immer:

1. Aufgabenbereiche, in die der Instandhalter während seiner Arbeit nicht umfassend Einblick bekommen kann, vertreten und
2. sich davon überzeugen, dass der Instandhalter seine Sorgfaltspflichten zuverlässig und kompetent wahrnimmt, dass dieser z. B. alle besonders überwachungsbedürftigen Abfälle und Reststoffe aus der Instandhaltungtätigkeit gesetzeskonform entsorgt.

---

[3] Lemke, Eichler, Integrierte Instandhaltung, Loseblattsammlung 1999, S. 1.

[4] § 855 BGB: Besitzdiener ist derjenige, der kumulativ die tatsächliche Sachherrschaft (Besitz) über eine Sache hat, ohne Besitzer zu sein, diesen Besitz für jemand anderen innehat, im Haushalt oder Erwerbsgeschäft des Besitzherrn tätig ist, in Bezug auf die Sache weisungsgebunden handelt und (steht so nicht ausdrücklich im Gesetz) dies auch offenkundig tut.

Tab. 4.1 Rechtsbeziehungen zum Instandhaltungsobjekt

Gesetzliche Rechte und Pflichten	Rechtliche Stellung zum Instandhaltungsobjekt					
	Eigenbesitzer, Eigentümer	Eigentümer	Mitbesitzer	Besitzer	Besitzdiener	Hersteller
Rechtliche Zuordnung	voll	voll				
Tatsächliche Zuordnung	voll		Zeitweise abgegeben	voll	Bezüglich Aufgabe	
Gesetzlicher Schutz bei verbotener Eigenmacht	voll	Im Rahmen seiner Rechte	Voll auch gegenüber Eigentümer	Voll auch gegenüber Eigentümer	Voll auch gegenüber Eigentümer	Für zugesicherte Eigenschaften
Recht auf Selbsthilfe	voll	Im Rahmen seiner Rechte	voll	voll	voll	Für zugesicherte Eigenschaften
Sorgfaltspflicht und Umweltschutz	Im Rahmen seiner Rechte	Für zugesicherte Eigenschaften	Mitverantwortung	voll	Bezüglich Aufgabe	voll
Haftung für Produktsicherheit						

Zum Hersteller wird ein Instandhalter, wenn er Produktrecycling auf der Basis verschlissener Bauteile, Baugruppen oder Maschinen betreibt.

Im Unterschied zur Grundinstandsetzung führt Produktrecycling juristisch gesehen zu einem neuen Erzeugnis, das der Produkthaftung unterliegt, wenn es auf den Markt gebracht wird. Damit übernimmt der Instandhalter nach dem Produkthaftungsgesetz die volle Haftung für die Produktsicherheit beim Käufer.

Von einem Instandhaltungsmanager sind als Unternehmer oder Unternehmervertreter im Rahmen der gesetzlichen Organisationssorgfalt folgende Pflichten zu erfüllen:

• Sorgfaltspflicht bei der Auswahl,
• Anweisungspflicht und
• Überwachungspflicht.

Werden in einer Haftungssituation Mängel auf diesen Gebieten festgestellt, weist ein Gericht dem dafür Verantwortlichen mindestens eine Teilverantwortung zu, unabhängig davon, ob der konkrete Schadensfall wirklich damit im Zusammenhang steht oder nicht.

Der Auftraggeber kommt seiner gesetzlichen Sorgfaltspflicht am besten nach, wenn er diese auch auf die Personalauswahl überträgt, d. h. in diesem Zusammenhang, dass er nachweislich zuverlässiges und fachlich kompetentes Instandhaltungspersonal mit der Aufgabe betraut. Er kommt seinen gesetzlichen Sorgfaltspflichten auch bestens nach, wenn er die entsprechenden Arbeiten einem zertifizierten Fachbetrieb überträgt. Der Instandhaltungsmanager hat die Pflicht sich davon zu überzeugen, dass seine Mitarbeiter im Umgang mit den Risiken einer gesundheitlichen Gefährdung, die sich bei Instandhaltungsarbeiten ergeben, befähigt sind. Stellt er Mängel oder Defizite fest, hat er ihre Beseitigung zu veranlassen.

Die Anweisungspflicht hat zum Inhalt, dass der Auftraggeber den Auftragnehmer nachweislich und ausreichend detailliert auf die am Instandhaltungsobjekt einzuhaltenden besonderen Sicherheitsvorkehrungen hinweist. Der Instandhaltungsmanager ist verpflichtet, auch für zeitweilige Arbeitsplätze ausreichende Sicherheitsvorschriften festzulegen und umzusetzen.

Unabhängig von den Detailfestlegungen in einem Instandhaltungsvertrag kann ein Auftraggeber (als Eigentümer oder Besitzer einer Anlage) seine *Überwachungspflicht* für die Zeit einer Instandsetzung niemals ausschließlich auf den Dienstleister übertragen. Die Überwachung der Einhaltung von besonderen Sicherheitsvorkehrungen und deren richtige Dokumentierung hinsichtlich seiner eigenen Umwelthaftung (Nachweispflicht 30 Jahre) liegen in seinem eigenen Interesse, da er im Schadensfall haftet. Der Instandhaltungsmanager hat als Unternehmer oder Unternehmervertreter die volle gesetzliche Überwachungspflicht für seine Mitarbeiter.[5]

Im Folgenden werden einige Passagen des *Produkthaftungsgesetzes* zitiert.

---

[5] Produkthaftungsgesetz (ProdHaftG) vom 15.12.1989.

§ 1 Haftung

1. Wird durch den Fehler eines Produkts jemand getötet, sein Körper oder seine Gesundheit verletzt oder eine Sache beschädigt, so ist der Hersteller des Produkts verpflichtet, dem Geschädigten den daraus entstehenden Schaden zu ersetzen. Im Falle der Sachbeschädigung gilt dies nur, wenn eine andere Sache als das fehlerhafte Produkt beschädigt wird und diese andere Sache ihrer Art nach gewöhnlich für den privaten Ge- oder Verbrauch bestimmt und hierzu von dem Geschädigten hauptsächlich verwendet worden ist.

2. Die Ersatzpflicht des Herstellers ist ausgeschlossen, wenn

   a. er das Produkt nicht in den Verkehr gebracht hat,
   b. nach den Umständen davon auszugehen ist, dass das Produkt den Fehler, der den Schaden verursacht hat, noch nicht hatte, als der Hersteller es in den Verkehr brachte,
   c. er das Produkt weder für den Verkauf oder eine andere Form des Vertriebs mit wirtschaftlichem Zweck hergestellt, noch im Rahmen seiner beruflichen Tätigkeit hergestellt oder vertrieben hat,
   d. der Fehler darauf beruht, dass das Produkt zum Zeitpunkt, zu dem es der Hersteller in den Verkehr brachte, zwingenden Rechtsvorschriften entsprochen hat, oder
   e. der Fehler nach dem Stand der Wissenschaft und Technik zum Zeitpunkt, zu dem der Hersteller das Produkt in den Verkehr brachte, nicht erkannt werden konnte.

3. Die Ersatzpflicht des Herstellers eines Teilprodukts ist ferner ausgeschlossen, wenn der Fehler durch die Konstruktion des Produkts, in welches das Teilprodukt eingearbeitet wurde, oder durch die Anleitungen des Produktherstellers verursacht worden ist. Satz 1 ist auf den Hersteller einem Grundstoff entsprechend anzuwenden.

4. Für den Fehler, den Schaden und den ursächlichen Zusammenhang zwischen Fehler und Schaden trägt der Geschädigte die Beweislast. Ist strittig, ob die Ersatzpflicht gemäß Absatz 2 oder 3 ausgeschlossen ist, so trägt der Hersteller die Beweislast.

§ 12 Verjährung

1. Der Anspruch nach § 1 verjährt in **drei Jahren** von dem Zeitpunkt an, in dem der Ersatzberechtigte von dem Schaden, dem Fehler und von der Person des Ersatzpflichtigen Kenntnis erlangt hat oder hätte erlangen müssen.

2. Schweben zwischen dem Ersatzpflichtigen und dem Ersatzberechtigten Verhandlungen über den zu leistenden Schadensersatz, so ist die Verjährung gehemmt, bis die Fortsetzung der Verhandlungen verweigert wird.

3. Im Übrigen sind die Vorschriften des Bürgerlichen Gesetzbuchs über die Verjährung anzuwenden.

§ 13 Erlöschen von Ansprüchen

1. Der Anspruch nach § 1 **erlischt zehn Jahre** nach dem Zeitpunkt, in dem der Hersteller das Produkt, das den Schaden verursacht hat, in den Verkehr gebracht hat. Dies gilt nicht, wenn über den Anspruch ein Rechtsstreit oder ein Mahnverfahren anhängig ist.
2. Auf den rechtskräftig festgestellten Anspruch oder auf den Anspruch aus einem anderen Vollstreckungstitel ist Absatz 1 Satz 1 nicht anzuwenden. Gleiches gilt für den Anspruch, der Gegenstand eines außergerichtlichen Vergleichs ist oder der durch rechtsgeschäftliche Erklärung anerkannt wurde.

4.2 Gefahren- und Sicherheitsanalyse für Arbeitsplätze in der Anlageninstandhaltung

Nach § 2 der Unfallverhütungsvorschrift (UVV) *„Allgemeine Vorschriften – VBG 1"* hat ein Unternehmer zur Verhütung von Arbeitsunfällen Einrichtungen vorzusehen sowie Anordnungen und Maßnahmen zu treffen, die den Bestimmungen dieser Unfallverhütungsvorschrift und den für ihn sonst geltenden Unfallverhütungsvorschriften und im Übrigen den allgemein anerkannten sicherheitstechnischen und arbeitsmedizinischen Regeln entsprechen. Für Arbeitsplätze in der Anlageninstandhaltung gelten prinzipiell die gleichen Sicherheitsvorschriften wie für Produktionsprozesse.

§ 41 UVV gestattet es, auf Besonderheiten von Instandhaltungsarbeiten einzugehen:

> Können Rüst- oder Instandhaltungsarbeiten nur durchgeführt oder Störungen nur beseitigt werden, wenn bestimmte Arbeitsschutz- und Unfallverhütungsvorschriften nicht eingehalten werden, so sind diese Arbeiten zulässig, wenn mit der Durchführung nur fachlich geeignete Personen beauftragt werden, die imstande sind, etwa entstehende Gefahren abzuwenden.

Sicherheit am Arbeitsplatz ist somit eine wichtige Aufgabe des Personalmanagements. In diesem Sinne ist ein Instandhaltungsmanager verpflichtet, Gefahren- und Sicherheitsanalysen *für* Arbeitsplätze in der Anlageninstandhaltung durchzuführen. Im § 45 UVV heißt es dazu:

> Sind Versicherte gesundheitsgefährlichen Stoffen, Krankheitskeimen, Erschütterungen, Strahlung, Kälte oder Wärme oder anderen gesundheitsgefährlichen Einwirkungen ausgesetzt, so hat der Unternehmer unbeschadet anderer Rechtsvorschriften das Ausmaß der Gefährdung zu ermitteln. Ist er nicht in der Lage, die zur Abwendung einer Gefahr notwendigen Maßnahmen zu ermitteln, hat er sich hierbei sachverständig beraten zu lassen.

Die Methodik für Gefahren- und Sicherheitsanalysen kann an die jeweiligen Schwerpunkte der Bewertung von Instandhaltungsarbeitsplätzen angepasst werden. Ein Instandhaltungsmanager sollte solche Analysen für sich wiederholende Arbeitsaufgaben in seinem Tätigkeitsbereich erarbeiten und auch dokumentieren. Dokumentationen von Musterlösungen für Sicherheitsanforderungen können unter

Berücksichtigung des Arbeitsprofils eines Instandhaltungsteams zweckmäßig sein für:

- Arbeitsplätze auf Gerüsten und/oder mit breitem Einsatz von Hebe- und Flurförderzeugen (TR für Betriebssicherheit 2121 Teil 4),
- Arbeitsplätze für Schweißarbeiten, besonders in beengten Räumen (TRG 528, 900),
- Arbeitsplätze für Klebearbeiten (TRGS 900, GefStoffV),
- Arbeitsplätze für Farbanstriche (TRGS 900, GefStoffV),
- Arbeitsplätze in engen Räumen (BRG 117),
- Arbeitsplätze mit erhöhtem Lärmpegel (AStV, TRLV),
- Arbeitsplätze mit erhöhter Hitzeeinwirkung (AStV, AschG),
- Arbeitsplätze in Gruben und Gräben BGV C 22.

Das betrifft auch den Einsatz von Instandhaltern für Schadensbehebungen an Maschinen mit hohen Sicherheitsanforderungen.

§ 18 der UVV „Allgemeine Vorschriften – BGV 1" schreibt vor, Arbeitsplätze so einzurichten und zu erhalten, dass sie ein sicheres Arbeiten ermöglichen, insbesondere hinsichtlich des Materials, der Geräumigkeit, der Festigkeit, der Standsicherheit, der Oberfläche, der Trittsicherheit, der Beleuchtung und Belüftung. Außerdem sollen schädliche Umwelteinflüsse und Gefahren, die von Dritten ausgehen, ferngehalten werden. Arbeitsplätze dürfen nicht einstürzen, umkippen, einsinken, abrutschen oder ihre Lage auf andere Weise ungewollt ändern können.

Das Sicherheitsniveau eines Arbeitsplatzes ist den darauf beschäftigten Personen bekannt zu machen. Aus § 39 der UVV BGV 1 folgt:

1. Gefährliche Arbeiten dürfen nur fachlich geeignete Instandhalter durchführen, denen die damit verbundenen Gefahren bekannt sind.
2. Wird eine Arbeit von mehreren Personen gemeinschaftlich ausgeführt und erfordert sie zur Vermeidung von Gefahren eine gegenseitige Verständigung, muss eine zuverlässige, mit der Arbeit vertraute Person die Aufsicht führen.
3. Führt eine Person allein eine gefährliche Arbeit aus, so hat der Unternehmer die Überwachung sicherzustellen. Insbesondere hat er dafür zu sorgen, dass

   a. sich die allein arbeitende Person bei der Durchführung der Arbeiten in Sichtweite von anderen Personen befindet,
   b. die allein arbeitende Person durch Kontrollgänge in kurzen Abständen beaufsichtigt wird,
   c. ein zeitlich abgestimmtes Meldesystem eingerichtet wird, durch das ein vereinbarter, in bestimmten Zeitabständen zu wiederholender Anruf erfolgt oder
   d. von der allein arbeitenden Person ein Hilfsgerät (Signalgeber) getragen wird, das drahtlos, automatisch und willensunabhängig Alarm auslöst, wenn es eine bestimmte Zeitdauer in einer definierten Lage verbleibt (Zwangshaltung der Person).

Sicherheitseinrichtungen zur Verhütung oder Beseitigung von Gefahren, z. B. Sicherheitsbeleuchtung, Feuerlöscheinrichtungen, Absaugeinrichtungen, Notaggregate

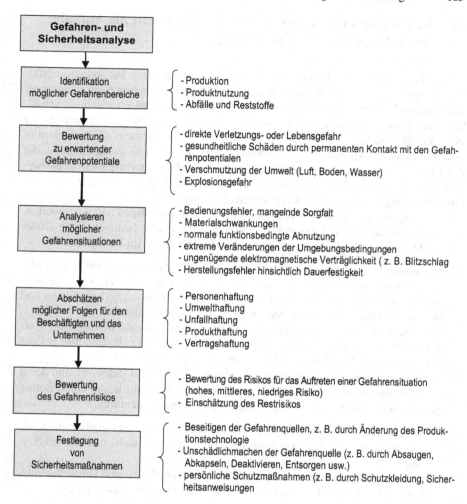

Abb. 4.1 Methodik einer Gefahren- und Sicherheitsanalyse. (Strunz et al. 2008)

oder Notschalter sowie lüftungstechnische Anlagen mit Luftreinigung sind regelmäßig zu warten und auf Funktionsfähigkeit zu prüfen. Diese Prüfungen sind bei Feuerlöschern und lüftungstechnischen Anlagen mind. alle zwei Jahre, bei allen anderen Sicherheitseinrichtungen mindestens jährlich durchzuführen[6]. Abbildung 4.1 zeigt die am praktischen Beispiel verwendete Methodik zur Durchführung konkreter Gefahren- und Sicherheitsanalysen.

---

[6] UVV VBG 1 § 39.

4.3 Sicherheits- und Umweltschutzmanagement als Aufgabe der Integrierten Instandhaltung

In Verbindung mit einer Optimierung der unternehmenseigenen Instandhaltungsbereiche entwickelt sich besonders in mittelständischen Unternehmen ein integrierter Managementbereich mit unterschiedlichen Bezeichnungen wie Anlagenwirtschaft, Werkserhaltung, Standortservice, Betriebstechnik u. ä. Zur Optimierung der Produktions- und Leitungsprozesse konzentriert das Management alle Aufgaben in einem Verantwortungsbereich wie beispielsweise die Integrierte Instandhaltung, die den Konzentrationspunkt für eine solche Entwicklung darstellt. Aufgaben der Sicherheit und des Arbeitsschutzes beinhalten vermehrt auch Aspekte zur Gestaltung der Umweltverträglichkeit. Dadurch ergibt sich die Chance für Instandhaltungsmanager, ihre Stellung auch in dieser Hinsicht im Unternehmen zu festigen und aufzuwerten.

Eine im Rahmen von TPM in die Produktion integrierte Instandhaltung leistet wertvolle Beiträge für die Sicherheit und den Umweltschutz im Unternehmen:

1. Betriebssicherheit und Umweltverträglichkeit in Produktionsprozessen sind Kriterien der zustandsbezogenen Instandhaltung und Qualitätskriterien bei Instandhaltungsarbeiten. Sie gewährleisten das geforderte Arbeitssicherheitsniveau und die Umweltverträglichkeit an den Instandhaltungsarbeitsplätzen.
2. Eine Erhöhung der Lebensdauer von Betriebsmitteln ist als Beitrag zum Umweltschutz zu werten, weil die eingesetzten Ressourcen (z. B. Energie) bei der Herstellung von Maschinen und Anlagen besser ausgenutzt werden.
3. Die Organisation des stofflichen Recyclings der Abfall- und Reststoffe und deren Rückführung in den Produktions- bzw. Wirtschaftskreislauf leistet einen Betrag zum Umweltschutz und zum effizienten Ressourceneinsatz durch:

   – gezielte Betriebsdatenerfassung in Instandhaltungssteuerungsystemen als Grundlage für die Nachweisführung der Unfall-, Umwelt- und Produkthaftung,
   – Instandhaltungsordnung als Bestandteil eines Sicherheits- und Umweltschutz-Handbuches für die Unternehmenszertifizierung und die gesetzlichen Organisationspflichten.

Diese Aufgaben stehen in engem Zusammenhang mit dem Qualitätssicherungssystem im Unternehmen.

Grundsätze des Sicherheits- und Umweltschutzmanagements Der Besitzer einer Anlage haftet für Umwelteinwirkungen, die zu Tötung, Körper- oder Gesundheitsverletzung von Menschen führen, bis zu einem Höchstbetrag von 85 Mio. €. Der gleiche Höchstbetrag gilt bei daraus entstehenden Sachbeschädigungen (§ 1 und § 15 Umwelthaftungsgesetz).[7]

---

[7] **§ 13 Umfang der Ersatzpflicht bei Körperverletzung**
  Im Falle der Verletzung des Körpers oder der Gesundheit ist Ersatz der Kosten der Heilung sowie des Vermögensnachteils zu leisten, den der Verletzte dadurch erleidet, dass infolge der Verletzung

Diese Haftung wirkt auch für noch nicht fertig gestellte, nicht produzierende und stillgelegte Anlagen (vgl. § 2 Umwelthaftungsgesetz).[8]

Ist eine Anlage geeignet, einen Umweltschaden zu verursachen, so geht der Gesetzgeber von der Vermutung aus, dass im Schadensfall die Anlage den Schaden tatsächlich verursacht hat (§ 6 Umwelthaftungsgesetz). Das beschuldigte Unternehmen muss in einer solchen Situation seine Unschuld nachweisen (Beweislastumkehr).

Die Instandhaltungsordnung als Bestandteil des Sicherheits- und Umweltschutzhandbuches enthält folgende Aspekte:

1. Darstellung der Organisation der Instandhaltung sowie der Organisationsstrukturen im Instandhaltungsbereich des Unternehmens.
2. Nachweis der Einhaltung der Sorgfaltspflicht in der Organisation der Instandhaltung zur

   – Planung und Durchführung von Instandhaltungsarbeiten auf hohem Sicherheitsniveau,
   – Abstimmung mit dem Produktionsmanagement, z. B. hinsichtlich der Abschaltung von Sicherheitseinrichtungen,
   – Zusammenarbeit im Sicherheitsmanagement mit Dienstleistungseinrichtungen im Bereich der Anlagenwirtschaft,
   – Überwachung des sicherheitsrelevanten Zustandes der Anlagen– und Umweltverträglichkeit der Instandhaltungsdurchführung,
   – Überwachung der sicherheitsrelevanten Instandhaltungsqualität,

---

zeitweise oder dauernd seine Erwerbsfähigkeit aufgehoben oder gemindert ist oder seine Bedürfnisse vermehrt sind. Wegen des Schadens, der nicht Vermögensschaden ist, kann auch eine billige Entschädigung in Geld gefordert werden.

§ 14 Schadensersatz durch Geldrente

Der Schadensersatz wegen Aufhebung oder Minderung der Erwerbsfähigkeit und wegen vermehrter Bedürfnisse des Verletzten sowie der nach § 12 Abs. 2 einem Dritten zu gewährende Schadensersatz sind für die Zukunft durch eine Geldrente zu leisten. (2) § 843 Abs. 2 bis 4 des Bürgerlichen Gesetzbuchs ist entsprechend anzuwenden.

§ 15 Haftungshöchstgrenzen

Der Ersatzpflichtige haftet für Tötung, Körper- und Gesundheitsverletzung insgesamt nur bis zu einem Höchstbetrag von 85 Mio. € und für Sachbeschädigungen ebenfalls insgesamt nur bis zu einem Höchstbetrag von 85 Mio. €, soweit die Schäden aus einer einheitlichen Umwelteinwirkung entstanden sind. Übersteigen die zu leistenden Entschädigungen die in Satz 1 bezeichneten jeweiligen Höchstbeträge, so verringern sich die einzelnen Entschädigungen in dem Verhältnis, in dem ihr Gesamtbetrag zum Höchstbetrag steht.

[8] **UHG § 2 Haftung für nichtbetriebene Anlagen**

1. Geht die Umwelteinwirkung von einer noch nicht fertig gestellten Anlage aus und beruht sie auf Umständen, die die Gefährlichkeit der Anlage nach ihrer Fertigstellung begründen, so haftet der Inhaber der noch nicht fertig gestellten Anlage nach § 1.
2. Geht die Umwelteinwirkung von einer nicht mehr betriebenen Anlage aus und beruht sie auf Umständen, die die Gefährlichkeit der Anlage vor der Einstellung des Betriebs begründet haben, so haftet derjenige nach § 1, der im Zeitpunkt der Einstellung des Betriebs Inhaber der Anlage war.

3. Verfahrensanweisungen für die Anlageninstandhaltung (Standards) Inhaltliche Anweisungen für sich wiederholende Instandhaltungsaufgaben mit Bezug auf Sicherheits- und Qualitätsanforderungen in den Produktionsprozessen, z. B. hinsichtlich der Störfallsicherheit,

4. Arbeitsanweisungen, Umwelt- und Unfallverhütungsvorschriften für die Instandhaltungstätigkeiten vor Ort (Es handelt sich um konkrete Verhaltensanweisungen für das Produktions- und Instandhaltungspersonal einschließlich Dienstleister während und bei Instandhaltungsarbeiten an bzw. in Anlagen des Unternehmens),

5. Festlegung von Verantwortungsträgern für die Umwelthaftung, der Art und der Nachweisform zu dokumentierender Informationen über die Umweltverträglichkeit der Situation in der Anlage während der Instandhaltung.

§ 6 des Umwelthaftungsgesetzes (UHG) legt aber auch fest, dass eine Schuldvermutung keine Anwendung finden darf, wenn die Anlage nachweislich bestimmungsgemäß betrieben wurde. Unregelmäßigkeiten bei der Nachweisdokumentation des bestimmungsgemäßen Betriebes einer Anlage, die auch die Instandhaltungsperioden einbezieht, kann somit für ein Unternehmen existenzgefährdende Folgen nach sich ziehen.[9]

Bestandteile des bestimmungsgemäßen Betriebes einer Anlage sind:

1. die Einhaltung aller einschlägigen Vorschriften des Bundesimmissionsgesetzes sowie weiterer umweltrelevanter Gesetze und Rechtsverordnungen für alle Nutzungsformen,

---

[9] **UHG § 6 Ursachenvermutung**

1. Ist eine Anlage nach den Gegebenheiten des Einzelfalles geeignet, den entstandenen Schaden zu verursachen, so

2. wird vermutet, dass der Schaden durch diese Anlage verursacht ist. Die Eignung im Einzelfall beurteilt sich nach dem Betriebsablauf, den verwendeten Einrichtungen, der Art und Konzentration der eingesetzten und freigesetzten Stoffe, den meteorologischen Gegebenheiten, nach Zeit und Ort des Schadenseintritts und nach dem Schadensbild sowie allen sonstigen Gegebenheiten, die im Einzelfall für oder gegen die Schadensverursachung sprechen.

3. Absatz 1 findet keine Anwendung, wenn die Anlage bestimmungsgemäß betrieben wurde. Ein bestimmungsgemäßer Betrieb liegt vor, wenn die besonderen Betriebspflichten eingehalten worden sind und auch keine Störung des Betriebs vorliegt.

4. Besondere Betriebspflichten sind solche, die sich aus verwaltungsrechtlichen Zulassungen, Auflagen und vollziehbaren Anordnungen und Rechtsvorschriften ergeben, soweit sie die Verhinderung von solchen Umwelteinwirkungen bezwecken, die für die Verursachung des Schadens in Betracht kommen.

5. Sind in der Zulassung, in Auflagen, in vollziehbaren Anordnungen oder in Rechtsvorschriften zur Überwachung einer besonderen Betriebspflicht Kontrollen vorgeschrieben, so wird die Einhaltung dieser Betriebspflicht vermutet, wenn

   a. die Kontrollen in dem Zeitraum durchgeführt wurden, in dem die in Frage stehende Umwelteinwirkung von der Anlage ausgegangen sein kann, und diese Kontrollen keinen Anhalt für die Verletzung der Betriebspflicht ergeben haben, oder

   b. im Zeitpunkt der Geltendmachung des Schadensersatzanspruchs die in Frage stehende Umwelteinwirkung länger als zehn Jahre zurückliegt.

2. die Einhaltung von Vorschriften und Maßnahmen der Aufsicht führenden Behörde für genehmigungspflichtige Anlagen nach dem Bundesimmissionsgesetz, die im Rahmen des Genehmigungsverfahrens und später ausgesprochen worden sind,
3. inhaltliche und terminliche Einhaltung der vorgeschriebenen Kontroll- und Überwachungsmaßnahmen.

Bei Maschinen und Anlagen, deren Probelauf während und nach der Instandsetzung nicht vom Geltungsbereich relevanter Vorschriften erfasst werden, muss das Instandhaltungsmanagement gemäß § 42 der Unfallverhütungsvorschrift *„Allgemeine Vorschriften VBG"*,[10] falls es der Umfang der Erprobung sowie die mögliche Gefährdung der beteiligten Instandhalter erfordern, für die folgenden Aspekte Sorge tragen:

1. Der Unternehmer hat die notwendigen besonderen Sicherheitsmaßnahmen zu ermitteln und für deren Einhaltung zu sorgen.
2. Das mit der Erprobung beauftragte Personal muss fachkundig über die mit der Erprobung verbundenen Gefahren belehrt und mit den erforderlichen Sicherheitsmaßnahmen vertraut sein. Das Personal ist auf notwendige Verhaltensweisen im Falle des Auftretens von Unregelmäßigkeiten oder Störungen während des Probelaufs hinzuweisen.
3. Die sich im Rahmen der Erprobung ergebenden Gefahrenbereiche sind zu kennzeichnen und ggf. abzusperren. Im Gefahrenbereich dürfen sich nur die für die Durchführung der Erprobung autorisierten Personen aufhalten. Falls ein außergewöhnliches Gefahrenrisiko besteht, muss das Rettungsmanagement professionell vorbereitet sein. Der Gefahrenbereich ist wirksam abzusperren. Notfalls sind Warnposten aufzustellen
4. Im Falle eines erhöhten Gefährdungsrisikos für Beschäftigte und Umwelt muss der Unternehmer eine Person mit dem gesamten Sicherheitsmanagement beauftragen (Planung, Durchführung und Überwachung der Erprobung der Sicherheitsmaßnahmen). Bei Probeläufen einschließlich ihrer Koordination sind die Verantwortlichkeiten und die Informationskette schriftlich festzulegen.
5. Die Erprobung einer Anlage kann erst erfolgen, wenn die Funktionsfähigkeit der erforderlichen Mess-, Sicherheits- und Warneinrichtungen gesichert ist. Ggf. sind Notfallpläne zu entwickeln und zu testen.

Ablaufplan einer Erprobung Die Erprobung einer Anlage erfolgt schrittweise:

1. Feststellung der für die Erprobung geltenden Bestimmungen aus Unfallverhütungsvorschriften, sonstigen Arbeitsschutzbestimmungen und allgemein anerkannten Regeln der Technik
2. Betriebsanleitungen und sonstige Hinweise des Herstellers bilden die Arbeitsgrundlage
3. Anlagenspezifische Sicherheitsmaßnahmen definieren
4. Zeitplan festlegen

---

[10] www.arbeitssicherheit-online.com/recht/recht_bgva1.htm (24.04.09).

5. Festlegung von Gefahrenbereichen
6. Bestellung von befugten Personen und Festlegung deren Aufgaben
7. Maßnahmeplan für einen Störungsfall erarbeiten
8. Nachweis der Funktionsfähigkeit der erforderlichen Mess-, Sicherheits- und Warneinrichtungen

Aufsichtführender Aufsichtführende Person ist eine zuverlässige, mit der Arbeit vertraute und auch weisungsbefugte Person, die zur Beaufsichtigung und Überwachung sowie arbeitssichere Durchführung der gefährlichen Arbeiten bestellt bzw. beauftragt wird. Hierfür muss sie ausreichende fachliche Kenntnisse besitzen. Aufsichtführende sind i. d. R. kompetente Fachkräfte, die über ausreichende Kenntnisse und Erfahrungen für den jeweiligen Aufgabenbereich verfügen. Hierzu gehören z. B.

a. technische Durchführungskompetenz der erforderlichen Arbeiten,
b. Methodenkompetenz beim Umgang mit den verwendeten Gefahr- oder Biostoffen,
c. organisatorische Kompetenz.

Der Aufsichtführende muss auch die Arbeitsmethoden, damit verbundene mögliche Gesundheitsrisiken, anzuwendende Schutzmaßnahmen sowie einschlägigen Vorschriften und technischen Regeln kennen.

Gefährliche Abfälle[11, 12] Nach §3 Abs. 8 KrW-/AbfG sind gefährliche Abfälle diejenigen, die in einer Rechtsverordnung gemäß §41 Abs. 2 KrW-/AbfG bestimmt worden sind. Artikel 1 Abs. 4 der Richtlinie 91/689/EWG des Rates vom 12.12.1991 über gefährliche Abfälle enthält eine Legaldefinition des Begriffs. Gefährliche Abfälle werden nach ihrer Beschaffenheit, ihrem Entstehungsvorgang, ihren Bestandteilen und ihren gefahrenrelevanten Eigenschaften klassifiziert. Die genannten Definitionskriterien sind Bestandteil der Anhänge I bis III der Richtlinie.

Nach Artikel 1 Abs. 4 (1) sind gefährliche Abfälle diejenigen, die in den Anhängen I und II verzeichnet sind (ehemaliger HWC, s. u.). Diese Abfälle müssen eine oder mehrere der in Anhang III aufgeführten gefahrenrelevanten Eigenschaften (sog. H-Kriterien) aufweisen. Das Verzeichnis definiert Ursprung und Zusammensetzung der Abfälle und gibt ggf. Konzentrationsgrenzwerte vor.

Die Entsorgung der unterschiedlichen besonders überwachungsbedürftigen Abfall- und Reststoffe muss auch in der Instandhaltung nach der *TA Abfall*[13] erfolgen, wonach das grundsätzliche Vermischungsverbot für Abfälle gilt, auch wenn sie denselben Abfallschlüssel aufweisen. Abweichungen sind nur dann zulässig, wenn dies in Verbindung mit dem Entsorgungs- bzw. Verwertungsnachweis entsprechend der Abfall- und Reststoffüberwachungsverordnung und im Auftrag und nach Maßgabe des Betreibers der Abfallentsorgungsanlage oder des Verwerters erfolgt.

---

[11] http://www.ngsmbh.de/service/glossar_g-r.html.

[12] Vgl. Gessenich, S. (Hrsg.): Das Kreislaufwirtschafts- und Abfallgesetz, 1998.

[13] http://www.bmu.de/files/pdfs/allgemein/application/pdf/taabfall.pdf (25.04.2011).

4.4 Sicherheitsmanagement in Dienstleistungsverträgen

In Instandhaltungsverträgen werden Pflichten des Unternehmers bezüglich Arbeits- und Umweltsicherheit vom Auftraggeber (AG) auf einen Dienstleistungsunternehmer als Auftragnehmer (AN) übertragen. Hierfür legt der § 5 der Unfallverhütungsvorschrift (UVV) „Allgemeine Vorschriften – VBG 1" fest[14]:
Erteilt ein Unternehmer den Auftrag,

* Einrichtungen instand zu setzen,
* technische Arbeitsmittel oder Ersatzteile zu liefern,
* Instandsetzungsverfahren zu planen oder zu gestalten,

so hat er dem Auftragnehmer schriftlich aufzugeben, die einschlägigen Unfallverhütungsvorschriften und allgemein anerkannte Regeln der Sicherheitstechnik zu beachten.

Mit der Realisierung eines Instandhaltungsvertrages beauftragen die beteiligten Unternehmer bevollmächtigte Personen. Nach § 12 der UVV „Allgemeine Vorschriften – VBG 1" muss eine in diesem Zusammenhang notwendige Übertragung von Pflichten bezüglich der Unfallverhütung unverzüglich und schriftlich erfolgen. Die Bestätigung ist von dem Verpflichteten zu unterzeichnen. In ihr sind Verantwortungsbereich und Befugnisse zu beschreiben. Eine Ausfertigung der schriftlichen Bestätigung ist dem Verpflichteten auszuhändigen.

In die Vertragsdokumente sind sicherheitsrelevante Festlegungen für den Auftragnehmer (AN) und den Auftraggeber (AG) zu folgenden Aspekten aufzunehmen:

* Arbeitsweise und -organisation der Mitarbeiter des AN im Unternehmen des AG,
* Einhaltung einschlägiger Vorschriften für Arbeitssicherheit, Unfallverhütung und Umweltverträglichkeit durch die Mitarbeiter des AN,
* Art und Weise der Zurverfügungstellung von Unterlagen durch den AG, die der AN für die Vertragsdurchführung benötigt,
* Information über und Einweisung der Mitarbeiter des AN in die Sicherheitsbelange des vertraglich zu betreuenden Objektes durch den AG,
* Lösung der Entsorgung von Abfällen und Reststoffen aus der Dienstleistungsarbeit,
* Abschluss einer Betriebshaftpflicht,
* Versicherung mit einer ausreichenden Deckungssumme für Personen und Sachschäden.

Typische sicherheitsrelevante Vereinbarungen sind Bestandteil von Instandhaltungsverträgen (s. Abb. 4.2, 4.3).

Ein weiterer Vertragsbestandteil von Instandhaltungsverträgen ist die Fixierung der Verantwortung sowohl bei der Abnahme als auch bei der Annahme von Instandhaltungsleistungen sowie die Benennung konkreter Personen. Dadurch ist die Frage

---

[14] Unfallverhütungsvorschriften (UVV) (seit 2000: Vorschriften für Sicherheit und Gesundheitsschutz, VSG) stellen die für jedes Unternehmen und jeden Versicherten der gesetzlichen Unfallversicherung verbindliche Pflichten bezüglich Sicherheit und Gesundheitsschutz am Arbeitsplatz dar.

1. Gegenstand des Vertrages
   Der AN übernimmt die Instandhaltung nach DIN 31051 Wartung/Inspektion/Instandsetzung/Modernisierung
   sowie sonstige Leistungen an den im Anhang des Vertrages festgelegten technischen Anlagen und
   Einrichtungen- nachstehend als Anlagen bezeichnet.
2. Leistungen des AN
   Die Leistungen des AN umfassen nach Art und Umfang alle Maßnahmen, die im Rahmen der Instandhaltung für
   einen sicheren, funktionsfähigen und wirtschaftlichen Betrieb der Anlage(n) erforderlich sind. Der AN bestimmt
   den Umfang der Maßnahmen im Einzelnen. Erweisen sich die vom AN vorgesehenen Maßnahmen als
   unzureichend, so hat er sie ohne Anspruch auf Mehrvergütung anzupassen. Es sei denn, der AN weist nach,
   dass unvorhersehbare Umstände wie wesentliche Nutzungsänderungen der AG, außergewöhnliche
   Umwelteinflüsse einer Änderung des Leistungsumfangs bedürfen.
   Die Wartung umfasst die regelmäßigen Maßnahmen zur Erhaltung des funktionsfähigen Zustandes der
   Anlage(n) entsprechend den Vorschriften der AG einschließlich Reinigung.
   Die Inspektion umfasst die regelmäßige Überprüfung der Anlagen(n) auf einwandfreien Zustand und richtige
   Funktion einschließlich der turnusmäßigen Kontrollen auf Arbeitssicherheit nach Arbeitsanweisung der AG.
3. Nicht zum Leistungsumfang gehören:
   - Grundinstandsetzungen, notwendige Anpassungen und Änderungen auf Grund neuer Vorschriften
   - Modernisierungen
4. Pflichten des AN
   Der AN führt seine Arbeiten unter Einhaltung der von der AG übergebenen betrieblichen Vorschriften für Arbeitssicherheit und Umweltverträglichkeit (Anhang X) (die Anhänge sind Bestandteil der Wirtschaftsverträge der Partner)
   durch und hat alle Maßnahmen und Anordnungen zur Verhütung von Unfällen zu treffen und Arbeitsmittel einzusetzen,
   die den Bestimmungen der Unfallverhütungsvorschrift (VBG 1, Ausgabe Juli 1991) entsprechen. Aus sicherheitstechnischen Gründen werden auf täglicher Basis Anwesenheitserfassungen durchgeführt. Der AN führt eine
   Dokumentation der geleisteten Arbeiten und der im Rahmen der durchgeführten Wartungen, Inspektionen und
   Instandsetzungen festgestellten bzw. eingeleiteten Sicherheitsbedingungen für das Umweltschutz-Handbuch der AG
   (Spezifikation nach Anhang X).
   .....
   .....
   Als Bevollmächtigte(r) zur Erfüllung des Vertrages in der Zusammenarbeit und bei der Abnahme der Leistung werden
   vom AN eingesetzt:
   Herr/Frau Muster   Tel.
   Der AN legt in einer Ergänzung zum Vertrag (Anhang Z) weitere verantwortliche Personen fest, die zur
   Auftragsannahme und -abstimmung auf bestimmten Gebieten berechtigt sind. Das Ergänzungsblatt wird vom AN
   ständig aktualisiert.

Abb. 4.2 Instandhaltungsvertrag einschließlich der Festlegung der Verantwortlichkeiten bei der Abnahme von Instandhaltungsleistungen. (Fischer 2000, S. 192 ff.)

der Verantwortung sauber geregelt und außerdem dafür Sorge getragen, dass alle Vereinbarungen und Festlegungen vertragsgemäß umgesetzt werden, denn im Schadensfall werden die Verantwortlichen in Regress genommen, sofern persönliches Versagen nachweisbar ist. Weiterhin werden Deckungssummen für eventuell entstehende Schäden, die der AN zu verantworten hat, festgelegt.

4.5 Übungs- und Kontrollfragen

1. Nennen Sie die wichtigsten gesetzlichen Regeln zur Arbeitssicherheit und Umweltverträglichkeit!

Als Bevollmächtigte zur Erfüllung des Vertrages in der Zusammenarbeit und bei der Annahme der Leistung werden von der AG eingesetzt:

Herr/Frau   Tel.

Mit Überwachungsrecht gegenüber dem AN und dessen beauftragte Personen bezüglich der Einhaltung zu treffender Unfallverhütungsvorschriften (VBG 1 u. a.) und Sicherheitsvorschriften gemäß Anlage X zum Vertrag.

Der AG ist verantwortlich für die Übergabe der in seiner Anlage geltenden spezifischen Arbeitsschutz- und Unfallverhütungsvorschriften an den AN. Er informiert über durch den AN zu überwachende Bedingungen zur Funktions- und Betriebssicherheit der Maschinen und Einrichtungen (Spezifikation in den Anhängen X und Y S. Fußnote 101). Der AG ist verantwortlich für die Ersteinweisung der bevollmächtigten Personen des AN zu spezifischen Arbeitsschutz-, Unfallverhütungs- und Umweltschutzvorschriften. Der AG verpflichtet sich, dem AN und dessen beauftragtem Personal den ungehinderten und gefahrlosen Zutritt zu den betreffenden Anlagen zu gewähren. Er betreibt die im Vertrag genannten Anlagen so, dass die gesetzlichen Bestimmungen und sicherheitstechnischen Auflagen jederzeit eingehalten werden.

Die Entsorgung von Abfällen und Reststoffen aus der Vertragsdurchführung auf dem Gelände des AG erfolgt in Verantwortung des AN. Vorhandene Entsorgungsmöglichkeiten der AG können nach Absprache genutzt werden.

Der AN haftet innerhalb seiner Betriebshaftpflichtversicherung für sämtliche Schäden, die in der Ausführung seiner Leistungen durch ihn, seine Arbeitnehmer und Beauftragte verursacht werden, mit folgenden Deckungssummen:

Personenschäden ... ... €

Sachschäden .... €

Abb. 4.3 Festlegung der Verantwortlichkeiten bei der Annahme von Instandhaltungsleistungen

2. Welche Erwartungen stellt der moderne Kunde an ein Unternehmen im Hinblick auf Produktsicherheit?

3. Wie regelt die Gesetzgebung (BGB, Produkthaftungsgesetz u. a.) in Bezug auf eine Maschine oder Anlage den Unterschied zwischen Hersteller, Eigentümer und Besitzer sowie Eigenbesitzer und Besitzdiener? Wer ist mittelbarer Besitzer?

4. In welchem Umfang kann der Eigentümer oder Besitzer eines Instandhaltungsobjektes als Auftraggeber Organisationspflichten auf den Instandhalter übertragen?

5. Welchen Sorgfaltspflichten unterliegt der Unternehmer oder sein Vertreter sowohl im Strafrecht als auch im Zivilrecht?

6. Unter welchen Bedingungen darf eine Schuldvermutung keine Anwendung finden?

7. Erläutern Sie die wichtigsten Bestandteile des bestimmungsgemäßen Betriebes einer Anlage!

8. Welchen Pflichten hat ein Unternehmer oder dessen Vertreter im Rahmen der gesetzlichen Organisationssorgfalt zu erfüllen?

9. Was verstehen Sie unter der Auswahlsorgfalt des Instandhaltungspersonals?

10. Erläutern Sie die Pflichten eines Instandhaltungsmanagers im Umgang mit Gesundheitsrisiken der Instandhalter!

11. Welche Aufgaben obliegen dem Instandhaltungsmanager im Zusammenhang mit der Anweisungspflicht?

12. Kann ein Unternehmer seine Überwachungspflicht im Rahmen eines Instandhaltungsauftrages voll -ständig auf den Instandhalter übertragen?

13. Was bezeichnet die Produkthaftung und Beurteilen Sie die Pflichten des Produktherstellers im Hinblick auf Schadensersatzleistungen im Schadensfall!

14. Unter welchen Bedingungen ist die Ersatzpflicht des Herstellers ausgeschlossen?

15. Nach welcher Frist setzt die Verjährung von Ansprüchen aus Schadensfällen ein?

16. Welche Pflichten obliegen einem Instandhaltungsmanager im Zusammenhang mit schädigenden Ereignissen?
17. In welchem Zusammenhang sind vorhandene Gefährdungsbeurteilungen zu überprüfen?
18. Welche Teilkomplexe umfasst das Sicherheits- und Umweltschutzmanagement?
19. In welchem Umfang haftet ein Anlagenbesitzer für Umweltwirkungen seiner Anlage?
20. Wofür hat der Unternehmer während und nach der Instandsetzung einer Anlage stattfindender Probeläufe zu sorgen?
21. Inwieweit hat der Auftraggeber den Auftragnehmer bei der Durchführung von Instandhaltungsleistungen im Unternehmen zu unterstützen?

Quellenverzeichnis

Literatur

Fischer, A.: Wartungsverträge, Inspektion, Wartung und Instandsetzung technischer Einrichtungen. Erich Schmidt, Berlin (2000) (ISBN: 3-503-05931-8)

Gessenich, S. (Hrsg.): Das Kreislaufwirtschafts- und Abfallgesetz. E. Blottner Verlag (1998)

Lemke, E., Eichler, C.: Integrierte Instandhaltung – Handbuch für die betriebliche Praxis, Technik-Management-Wirtschaftlichkeit, Loseblattsammlung. Ecomed Verlagsgesellschaft, Landsberg (1999)

Melzer-Ridinger, R.; Neumann, A.: Dienstleistung und Produktion, Physica, Heidelberg (2009) (ISBN: 978-3-7908-1987-8)

Strunz, M. et al.: Erarbeitung eines Konzeptes zur Verbesserung der Arbeitssicherheit und des Gesundheitsschutzes in ausgewählten Kompetenzzellen der Hauptwerkstatt Schwarze Pumpe (unveröffentl. Abschlussbericht). Hochschule Lausitz, Senftenberg (2008)

Internetquellen

http://www.bmu.de/files/pdfs/allgemein/application/pdf/taabfall.pdf (24.04.10)

http://www.ngsmbh.de/service/glossar_g-r.html (27.09.11)

http://www.arbeitssicherheit-online.com/recht/recht_bgva1.htm (24.04.10)

http://www.bmu.de/files/pdfs/allgemein/application/pdf/taabfall.pdf (25.04.2011)

Normen und Gesetze

Arbeitsstättenverordnung (ArbStättV): Verordnung über Arbeitsstätten (BGBl. I S. 729) v. 20.03.1975 letzte Fassung vom 12. August 2004 (BGBl. I S. 2179) letzte Änderung Art. 4 VO vom 19. 7. 2010 (BGBl. I S. 960, 965 ff.)

Berufsgenossenschaftl. Vorschriften für Arbeitssicherheit und Gesundheitsschutz, BGV BGV A1 Grundsätze der Prävention

BGV A8 Sicherheits- und Gesundheitsschutzkennzeichnung am Arbeitsplatz (enthält Gefahrensymbole, Gebots- und Verbotszeichen sowie Vorschriften über die Kennzeichnung von Fluchtwegen, Erste-Hilfe-Einrichtungen usw.)

Kreislaufwirtschafts- und Abfallgesetz (KrW-/AbfG): Gesetz zur Förderung der Kreislaufwirtschaft und Sicherung der umweltverträglichen Beseitigung von Abfällen vom 27.9.1994 (BGBl. I S. 2705), letzte Änderung 18.8.2010 (BGBl. I S. 1163, 1166)

Wasserhaushaltsgesetz (WasserHG): Gesetz zur Ordnung des Wasserhaushalts vom 27. 7.1957 (BGBl. I S. 1110, 1386), letzte Änderung Art. 12 G vom 11.8.2010 (BGBl. I S. 1163, 1168 f.)

Bundes-Immissionsgesetz (BImSchG) Gesetz zum Schutz vor schädlichen Umwelteinwirkungen durch Luftverunreinigungen, Geräusche, Erschütterungen und ähnlichen Vorgängen vom 15.3.1974 (BGBl. I S. 721, ber. S. 1193), Neufassung 26.9.2002 (BGBl. I S. 3830), letzte Änderung Art. 2 G vom 21.7. 2011 (BGBl. I S. 1475, 1498)

Gefahrstoffverordnung (GefStoffV) Verordnung zum Schutz vor Gefahrstoffen vom. 26. Oktober 1993 (BGBl. I S. 1782), Neufassung 26. November 2010 (BGBl. I S. 1643), letzte Änderung Art. 2 G vom 28. Juli 2011 (BGBl. I S. 1622, 1625)

Gerätesicherheitsgesetz (GPG): Gesetz über technische Arbeitsmittel und Verbraucherprodukte vom 6. Januar 2004 (BGBl. I S. 2, ber. S. 219), zuletzt geändert Art. 2 G vom 7.3.2011 (BGBl. I S. 338)

Umwelthaftungsgesetz (UmweltHG) v. 10.12.1990 (BGBl I S. 2634, Neufassung vom 23.11.2007 (BGBL I S. 2631), zuletzt geändert Art. 9 Abs. 5 v. 23.11.2007 (BGBL I S. 2631)

Kapitel 5
Grundlagen der Zuverlässigkeitstheorie

Zielsetzung Nach diesem Kapitel

- kennen Sie die Begriffe des Ausfallgeschehens,
- sind Sie in der Lage, Ausfallverhalten von Betrachtungseinheiten zu bewerten,
- können Sie Zuverlässigkeitskenngrößen ermitteln und Zuverlässigkeiten von Elementen und Systemen berechnen und prognostizieren,
- können Sie die Kenngrößen der zwei- und dreiparametrischen Weibull-Verteilung schätzen,
- sind Sie in der Lage, die schwächsten Elemente und die Zuverlässigkeit von technischen Systemen rechnerisch zu bestimmen.

5.1 Einführung

5.1.1 Wahrscheinlichkeitsfunktion und Wahrscheinlichkeitsdichte

Die Zuordnung der Merkmale x_i für diskrete Zufallsvariable zu den Wahrscheinlichkeiten $f(x_i)$ bezeichnet man allgemein als Wahrscheinlichkeitsfunktion (*probabilty function, frequency function*). Die Verteilungsfunktion wird für diskrete Zufallsvariable durch Aufsummieren der Wahrscheinlichkeiten

$$f(x_i) : F(X) = \sum_i W(X = x_i) \, \text{für } x_i \leq x$$

ermittelt.

Für stetige Zufallsvariable, deren Werte z. B. durch Messung physikalischer Größen, wie z. B. Längen-, Gewichts- oder Zeitmessungen, zustande kommen, erhält man die Verteilungsfunktion durch Integration über die sogenannte Wahrscheinlichkeitsdichte (*probability density function*) oder Dichtefunktion. Verteilungsfunktionen geben die Wahrscheinlichkeiten für Realisierungen einer Zufallsvariablen im Bereich von $-\infty$ bis zu einer gewissen Obergrenze x an: $F(x) = W(X < x)$.

M. Strunz, *Instandhaltung,*
DOI 10.1007/978-3-642-27390-2_5, © Springer-Verlag Berlin Heidelberg 2012

Abb. 5.1 Verteilungsfunktion F und Dichtefunktion f einer stetigen Zufallsvariable. (Sachs und Hedderich 2006, S. 147)

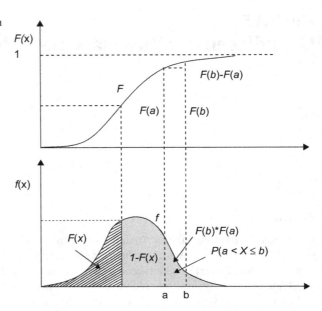

Wahrscheinlichkeitsfunktionen sind die Zusammenfassungen der Wahrscheinlichkeiten für die einzelnen Realisierungen einer diskreten Zufallsvariablen. Dichtefunktionen selbst sind keine, dagegen sind die Integrale einer Dichtefunktion Wahrscheinlichkeiten.[1]

Zwischen Wahrscheinlichkeitsfunktion und Verteilungsfunktion besteht der Zusammenhang:

$$\text{Diskrete Zufallsvariable: } F(x) = \sum_{x_i \leq x} f(x_i) \qquad (5.1)$$

$$\text{Stetige Zufallsvariable: } F(x) = \int_{-\infty}^{x} f(t)dt \qquad (5.2)$$

$f(t)$ ist die Wahrscheinlichkeitsdichte (Abb. 5.1).

Für beide gilt: $F(-\infty) = 0$ und $F(\infty) = 1$. Die Verwendung des Zeichens ∞ für unendlich geht auf JOHN WALLIS[2] zurück. Für 5.1 gilt:

$$F(x) = W(X \leq x) \sum_{x_i \leq x} W_i \quad mit \; -\infty < x < \infty \qquad (5.3)$$

Für sehr kleine Intervalle dt ist die Wahrscheinlichkeit, dass X in das Intervall $(t, \; t+dt)$ fällt, näherungsweise durch das Differenzial $f(t)$ gegeben, das auch als

---

[1] Vgl. Sachs und Hedderich 2006, S. 147

[2] Englischer Mathematiker (1616–1703)

Abb. 5.2 Sprungartiger
Schädigungsverlauf eines
elektronischen Bauteils

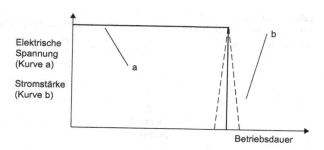

Elektrische
Spannung
(Kurve a)

Stromstärke
(Kurve b)

Wahrscheinlichkeitselement bezeichnet wird:

$$f(t)dt \cong W(t < X \le t + dt) \tag{5.4}$$

Für jede Wahrscheinlichkeitsdichte gilt:

$$\int_{-\infty}^{+\infty} f(t)dt = 1 \tag{5.5}$$

Die Wahrscheinlichkeit ergibt sich dann zu:

$$W(a < X \le b) = F(b) - F(a) = \int_{a}^{b} f(x)dx \tag{5.6}$$

Die Wahrscheinlichkeit des Ereignisses $W(a < X \le b)$ ist gleich der Fläche unter der Kurve der Wahrscheinlichkeitsdichte f zwischen $x > a$ und $x = b$ mit $b \ge a$.

5.1.2 Definitionen und Grundbegriffe des Ausfallgeschehens

Ausfall einer Betrachtungseinheit Ein Ausfall einer Betrachtungseinheit (BE) tritt dann auf, wenn eine Betrachtungseinheit die Fähigkeit verliert, ihre geforderte Funktion auszuführen. Die Betriebsdauer kann dabei sehr kurz gewesen sein (s. Abb. 5.2).

Als Ausfall wird eine unzulässige Abweichung eines Merkmals einer BE bezeichnet, die dazu führt, dass sie ihre Funktion nicht mehr ordnungsgemäß erfüllt. Die BE befindet sich im nicht funktionsfähigen Zustand (Fehler).

Bei der Beurteilung eines Ausfalls wird davon ausgegangen, dass zu Beanspruchungsbeginn die Betrachtungseinheit fehlerfrei war. Eine fehlerhafte BE kann mehrere Fehler gleichzeitig aufweisen. Tritt bei Beanspruchungsbeginn arbeits- bzw. funktionsfähiger BE eine *unzulässige Abweichung* (mindestens eines Ausfallkriteriums) auf, liegt ein Ausfall vor (DIN 31051).

Abb. 5.3 Zusammenhang zwischen Lebensdauer, Alter und effektiver Betriebsdauer

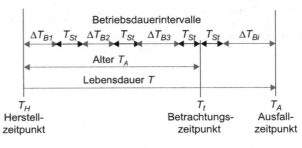

Abb. 5.4 Charakteristische Zeitpunkte der effektiven Lebensdauer

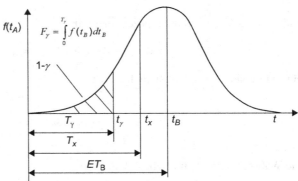

Ein Ausfall ist die Änderung einer Kenngröße über die festliegenden Ausfallkriterien hinaus, z. B. Überschreiten des zulässigen Übergangswiderstandes an einem Kontakt.

Die Ursache eines Ausfalls ist immer ein Fehler. Allerdings führt nicht jeder Fehler zwangsläufig zum Ausfall eines Systems. Redundanzen schützen z. B. eine Anlage vor dem Ausfall.

Begriffe des Ausfallgeschehens

Betriebsdauer Die Betriebsdauer ist ein Maß für die Inanspruchnahme eines technischen Arbeitsmittels oder seiner Elemente durch Benutzung und umfasst nur die Dauer der tatsächlichen Nutzung. Die Betriebsdauer ist in einer Maßeinheit anzugeben, die die Betriebsbedingungen (insbesondere die Schädigungsbedingungen als Teil der Betriebsbedingungen) weitestgehend proportional widerspiegelt (Abb. 5.3).

Erwartungswert der effektiven Lebensdauer Unter dem Erwartungswert der effektiven Lebensdauer ist die mathematische Erwartung der tatsächlichen Laufzeiten bzw. der Betriebszeiten $ET_{eff} = ET_B$ zu verstehen, die zwischen zwei Ausfällen gemessen wird (s. Abb. 5.4). Dabei ist zwischen der mittleren effektiven Betriebsdauer ET_B einer Stichprobe und der mittleren effektiven Lebensdauer bzw. Betriebsdauer μ der Grundgesamtheit zu unterscheiden.

Ziel von Maschinenanalysen ist es, aus einer oder mehreren Stichproben Gesetzmäßigkeiten für das Ausfallverhalten der Grundgesamtheit abzuschätzen, um auf der Grundlage der gewonnenen Erkenntnisse die Planungsgrundlagen für Instandhaltungsstrategien zu entwickeln.

Die gammaprozentuale Betriebsdauer $T_{B\gamma}$ Es handelt sich um die Betriebsdauer, die mit der Wahrscheinlichkeit von γ-Prozent erreicht wird:

$$P(t_B > t_{B\gamma}) = 1 - \int_0^{T_\gamma} f(t_B)dt_B = \int_{T_\gamma}^\infty f(t_B)dt_B \qquad (5.7)$$

(Mindestgrenznutzungsdauer $T_{min} = T_{\gamma=0,9}$)

$$F_\gamma = \int_0^{T_\gamma} f(t_B)dt_B \qquad (5.8)$$

Verwendet werden Betriebsstunden, Antriebsenergiebedarf, abgegebene Leistung, zurückgelegte Fahrstrecke, bearbeitete Masse oder eine andere physikalische Größe. Die verwendeten Größen werden der Einsatzabrechnung, dem Bordcomputer oder dem betrieblichen Datenerfassungssystem entnommen. Abbildung 5.3 zeigt den Erwartungswert der effektiven Betriebsdauer ET_B, den Überprüfungszeitpunkt T_x und die Gamma-prozentuale Betriebsdauer.

Alter Das Alter eines technischen Arbeitsmittels oder seiner Elemente ist die **kalendermäßige Zeitspanne** von der Herstellung bis zum Betrachtungszeitpunkt, d. h. die Summe der Nutzungsintervalle einschließlich der zwischenzeitlich aufgetretenen Stillstandszeiten.

Lebensdauer Die Lebensdauer einer Betrachtungseinheit ist das **Alter einer Betrachtungseinheit vom Herstellungszeitpunkt bis zum Schadensfall.** Betriebswirtschaftlich gesehen handelt es sich um die Zeitspanne bis zur Aussonderung des Arbeitsmittels.

Effektive Lebensdauer Die effektive Lebensdauer oder Betriebsdauer ist die ausfallfreie Nutzungsdauer einer Betrachtungseinheit bis zum Schadenseintritt. Abbildung 5.3 zeigt eine Dichtefunktion $f(T_B)$ der Betriebsdauern T_{Bi} von i Elementen einer Grundgesamtheit. Sie ist mit der Dichtefunktion der Ausfallzeitpunkte t_{Bi} identisch.
Es gilt: $f(T_B) = f(t_B)$

5.1.3 Bewertung von Ausfällen

Die Bewertung von Ausfällen erfolgt unter folgenden Gesichtspunkten:

I. Art des Ausfalls

Sprungausfall Plötzliches Auftreten eines Ausfalls, i. d. R. Totalausfall, z. B. Glühlampe, Kurzschluss, Unterbrechung (kalte Lötstelle), Funktionsfehler elektronischer Bauteile, Sprödbruch usw.

Driftausfall Allmähliche Änderung eines oder mehrerer Parameter, z. B. Ermüdungsbruch, Fließen, Fressen mechanischer Bauteile wegen mangelhafter Schmierung oder falscher Schmiermittel.

Behebbare und nicht behebbare Ausfälle Ausfälle, die durch Instandsetzung beseitigt werden können, sind behebbare Ausfälle. Bestimmte Ausfälle sind nicht behebbar, z. B. bei unbemannten Weltraumraketen, bei der Glühlampe, bei reinen Verschleißteilen (Austausch) oder der Supergau eines Kernkraftwerks. Definierte Ausfallkriterien, die die Grenzbedingungen für die Zuverlässigkeit bilden, müssen zwingend eingehalten werden. Sie kennzeichnen den Zustand einer Betrachtungseinheit (BE). Es ist deshalb wichtig, für jeden Parameter einer BE ein entsprechendes Ausfallkriterium festzulegen.

Total- oder Teilausfall Bei Totalausfall ist die BE nicht mehr arbeitsfähig (z. B. für die Glühlampe existieren nur zwei Zustände: Glühlampe brennt oder brennt nicht). Bei Teilausfall von BE ist diese zwar noch arbeitsfähig, aber eine einwandfreie Funktionserfüllung ist nicht mehr gewährleistet (sie ist nicht mehr funktionsfähig). Bei einem Autoreifen, der eine bestimmte Profiltiefe erreicht hat, muss z. B. mit hoher Wahrscheinlichkeit mit einem Ausfall gerechnet werden.

II. Ausfalldauer Die Ausfalldauer (instandsetzungsbedingte Stillstandzeit) ist die Zeit zwischen Ausfallzeitpunkt und Wiederinbetriebnahme. Die instandhaltungsbedingte Stillstandsdauer kennzeichnet das Schädigungsverhalten eines technischen Arbeitsmittels nur teilweise. Sie ist von der Anzahl der Ausfälle im betrachteten Intervall, vom technisch-organisatorischen Niveau der Instandsetzung sowie der Instandhaltungseignung des technischen Arbeitsmittels abhängig.

Die Ausfalldauer gliedert sich organisationsbedingt in mehrere Bestandteile. Dabei ist zwischen einem Anteil der Ausfalldauer innerhalb der Betriebsdauer (d. h. während der möglichen Einsatzzeit) und einem Anteil innerhalb der geplanten Stillstandzeit zu unterscheiden.

III. Ursachen des Ausfalls Da die Ursachen von Ausfällen sehr komplex und mannigfaltig sind, müssen sie als zufällige Ereignisse aufgefasst werden.

Ausfälle können entwicklungsbedingt sein (Entwicklungs-, Konstruktions- und Fertigungsfehler), zufällig, z. B. infolge von Bedienungsfehlern oder gesetzmäßig infolge von Verschleiß, Alterung, Korrosion. Außerdem wird unterschieden in Primärausfälle und Folgeausfälle.

IV. Auswirkung des Ausfalls Die Auswirkung ist davon abhängig, ob man sich auf die direkt betroffene oder auf eine übergeordnete Betrachtungseinheit bezieht. Es wird unterschieden in:

• keine Auswirkung,
• Teilausfall,
• Voll- oder Totalausfall und
• überkritischen Ausfall, bei dem die Sicherheit nicht mehr gewährleistet ist.

Der Einfluss auf die geforderte Funktion kann dabei verschieden groß gewesen sein.

V. Ausfallmechanismus Der Ausfallmechanismus ist der chemische und/oder physikalische Vorgang, der zu einem Ausfall führt.

5.1.4 Grundmodell der induktiven Statistik

Zur Bewertung von Ausfällen nutzen die Ingenieure die Methoden und Verfahren der Statistik, die sich in die folgenden drei Teilbereiche aufteilt[3]:

1. Die *deskriptive Statistik* (*beschreibende Statistik* oder *empirische Statistik*): erfasste Daten werden sinnvoll beschrieben, aufbereitet und zusammengefasst. Spezielle Methoden verdichten die Daten zu Tabellen, graphischen Darstellungen und Kennzahlen.

2. Die *induktive Statistik* (auch *mathematische Statistik*, *schließende Statistik* oder *Inferenzstatistik*) leitet aus den Daten einer Stichprobe Eigenschaften ab. Die Wahrscheinlichkeitstheorie liefert die Grundlagen für die erforderlichen Schätz- und Testverfahren.

3. Die *explorative Statistik* (Hypothesen generierende Statistik, Datenschürfung) ist die methodische Kombination der beiden vorgenannten Teilbereiche mit zunehmender eigenständiger Bedeutung. Deskriptive Verfahren und induktive Testmethoden unterstützen die Suche nach systematischen Zusammenhängen (oder Unterschieden) zwischen Daten in vorhandenen Datenbeständen, um ihre Stärke und Ergebnissicherheit zu bewerten. Auf diese Weise erzielte Ergebnisse lassen sich als Hypothesen verwerten, die auf der Basis induktiver Testverfahren mit entsprechenden (prospektiven) Versuchsplanungen statistisch gesichert werden (Abb. 5.5).

5.1.5 Klassifizierung von Merkmalen

Eine Betrachtungseinheit (Element, System) wird durch ihre Eigenschaften beurteilt. Die Produkteigenschaften, die letztlich das Ausfallverhalten bestimmen, werden in qualitative und quantitative Merkmale unterteilt. Eine BE kennzeichnen mehrere Merkmale (Merkmalsträger). Mit Ausprägung bezeichnet man das Beobachtungsergebnis eines Merkmals, z. B. Alter oder Typ. Ausprägungen messbarer Merkmale bezeichnen wir als Messwerte. Zählwerte bezeichnen Ausprägungen zählbarer Merkmale (s. Abb. 5.6).

Kontinuierlich veränderliche Merkmale Die Merkmale liefern bei Beobachtungen Messwerte. Stellt man diese auf einer Skala dar, kann jeder gewählte Punkt der Skala durch einen Messwert belegt werden, z. B.

---

[3] Vgl. Dietrich und Schulze 2003, S. 32

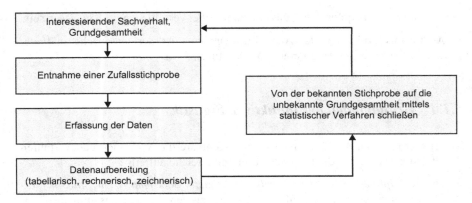

Abb. 5.5 Grundmodell der technischen Statistik

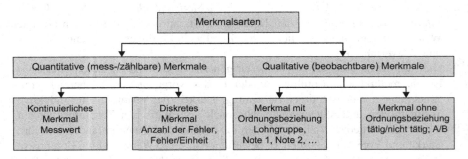

Abb. 5.6 Schematische Darstellung von Merkmalsarten. (DGQ Deutsche Gesellschaft für Qualität, Richtlinie 11-04-2002)

- Alter einer Maschine,
- Durchmesser einer Welle,
- monatliche Stillstandzeiten,
- Abstand zwischen zwei Ausfällen.

Diskret veränderliche Merkmale Diese Form von Merkmalen liefern ganzzahlige Beobachtungswerte. Zwischen zwei aufeinander folgenden Zahlen einer Skala ist kein Beobachtungszeitpunkt möglich, z. B.

- Zahl der fehlerhaften Teile einer Stichprobe,
- Zahl der Betriebsstörungen, Maschinenausfälle,
- Zahl der gefertigten Teile pro Zeiteinheit.

Ordinalmerkmal Sie liegen dann vor, wenn die Beobachtung eines Merkmalsträgers ein Urteil liefert, das sich über Ordinalskala (Ordnungsbeziehung im Sinne einer Aufeinanderfolge) zuordnen lässt. Das Ergebnis der Prüfung ergibt die Entscheidung „gut" oder „schlecht", „bestanden" oder „nicht bestanden". Bestenfalls kann „schlecht" noch in „Ausschuss" oder „Nacharbeit" unterteilt werden.

Lohngruppen:	$1, 2, \ldots, 8$
Schadensgruppen:	$1, 2, \ldots, 5$
Leistung:	mangelhaft, genügend, gut, sehr gut

Nominalmerkmal Nominalmerkmale liegen dann vor, wenn bei der Beschreibung eines Sachverhalts für den Wert des Merkmals keine Ordnungsbeziehung besteht. Das Ergebnis der Beobachtung eines Merkmalsträgers ist einer Nominalskala zuzuordnen. Die Kategorien unterliegen keiner Rangordnung. Deshalb ist auch jede beliebige Anordnung der Werte wählbar. Beispiele:

Fähigkeit:	geeignet/ungeeignet
Zeitart:	tätig/nicht tätig
Kostenarten:	Material-, Maschinen-, Verwaltungskosten

5.1.6 Klassifizierung von Verteilungen

Das Ziel der stichprobenmäßigen Untersuchung ist die Suche nach der Verallgemeinerungsfähigkeit des anhand der Stichprobe beobachteten Verhaltensmerkmals in Bezug auf die Grundgesamtheit. Diese Verallgemeinerung ist jedoch nur möglich, wenn das Verhalten des Merkmals plausibel beschrieben werden kann und gewisse Sachverhalte als treffend angenommen werden. Dazu sind insbesondere komplexitätsreduzierende Ansätze mit hinreichend genauer Aussagekraft zu entwickeln. Diese führt zur Anwendung verschiedener Verteilungen, die entweder:

- als Wahrscheinlichkeitsverteilungen (Verteilung von Zufallsgrößen) die Grundgesamtheit, aus der die Beobachtungsmerkmale stammen, beschreiben oder
- als parametrische Verteilungen (mathematisch m. H. von Parametern beschriebene WV), die für statistische Aussagen wie Zufallsstreu- oder Vertrauensbereiche, Testverfahren etc. verwendet werden.

Entsprechend der Merkmalsart eines Produkts lassen sich die Wahrscheinlichkeitsverteilungen einteilen in:

Diskrete Verteilungen

- Hypergeometrische Verteilung,
- Binomialverteilung,
- Poisson-Verteilung.

Kontinuierliche Verteilungen

- Normalverteilung,
- Logarithmische Verteilung,

- Weibull-Verteilung,
- Rayleigh-Verteilung (Betragsverteilung 2. Art[4]).

Die Einteilung der parametrischen Verteilungen erfolgt in:

- Normalverteilung,
- t-Verteilung,
- χ^2-Verteilung (Chi-Quadrat-Verteilung),
- F-Verteilung.

Die Hauptanwendung der statistischen Verfahren endet in der modellhaften Annäherung der praktischen Gegebenheiten. Das bedeutet, dass ein theoretisches Modell einen realen Sachverhalt näherungsweise abbildet.

Auf der Grundlage von Messwerten, die den realen Sachverhalt widerspiegeln, werden die Parameter der jeweiligen Verteilung geschätzt. Aus den Parametern wird die zu einem Merkmalstyp gehörende Verteilung bestimmt und anhand von Gütekriterien die Übereinstimmung zwischen der gefundenen Verteilung und dem vorliegenden Datensatz verglichen.

Die Ergebnisse der Beurteilung des Ausfallverhaltens hängen wesentlich von der Korrektheit des Messverfahrens und der korrekten modellhaften Beschreibung ab. Auf beide Punkte wird in der Praxis wenig oder kein Wert gelegt. Die Konsequenzen sind Fehlentscheidungen des Instandhaltungsmanagements.

5.1.7 Definition des Vertrauensbereichs

Soll von der Stichprobe auf die zugehörige Grundgesamtheit geschlossen werden, handelt es sich um den so genannten indirekten Schluss. Das Ziel besteht dabei darin, mittels Stichprobenkennwerte (z. B. Mittelwert x und Standardabweichung s) eine statistisch gesicherte Aussage über die Parameter der Grundgesamtheit (Mittelwert μ und Standardabweichung σ) zu erzielen. Der wahre Wert (Parameter) der Grundgesamtheit wird innerhalb der Vertrauensgrenzen mit der Aussagewahrscheinlichkeit von $1-\alpha$ ($\alpha =$ Irrtumswahrscheinlichkeit) anzutreffen sein (s. Abb. 5.6). $1-\alpha$ wird auch als Vertrauensniveau bezeichnet. Typische Werte für $1-\alpha$ sind 95 %, 99 % oder 99,9 %.

Dabei hängt der Vertrauensbereich auch vom Stichprobenumfang ab. Mit dem Vertrauensbereich können somit auf Grund der Ergebnisse einer Stichprobe Schlüsse auf die Grundgesamtheit gezogen werden. Je nach Problemstellung kann man mit einseitigen oder zweiseitigen Zufallsstreubereichen arbeiten (s. Abb. 5.7).

---

[4] Die Rayleigh-Verteilung ist eine stetige Verteilung, deren Zufallsgrößen der folgenden Wahrscheinlichkeitsdichtefunktionfolgen

$$f(x) = \frac{2(x-a)}{a^2} e^{-\frac{1}{2}\left(\frac{|N-a|}{a}\right)^2} = \frac{x}{2\pi\sigma^2} e^{-\frac{1}{2\sigma^2}(\sigma^2+N^2)} \int_0^{2\pi} e^{\frac{aN}{\sigma^2}\cos\alpha} d\alpha; \ a \leq x < +\infty$$

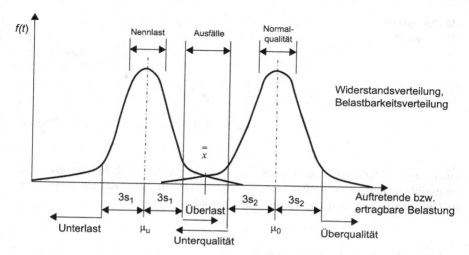

Abb. 5.7 Ausfallwahrscheinlichkeitsdichte und charakteristische Kenngrößen. (μ_u Mittelwert der Belastung, μ_0 Mittelwert der Belastbarkeit)

Abb. 5.8 Zufallsstreubereich

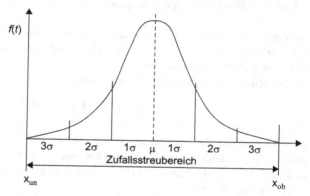

5.1.8 Definition des Zufallsstreubereichs

Vom direkten Schluss spricht man, wenn von der bekannten Grundgesamtheit auf die Stichprobe geschlossen wird. Damit ist eine Aussage möglich, die angibt, in welchem Bereich die Stichprobenergebnisse mit einer bestimmten Wahrscheinlichkeit liegen werden. Diese vorgegebene Wahrscheinlichkeit wird mit $P = 1 - \alpha$ bezeichnet.

5.1.9 Aufgabe der Wahrscheinlichkeitsfunktion

Die Wahrscheinlichkeitsfunktion beschreibt einen realen Sachverhalt m. H. einer Verteilungsfunktion modellhaft (Abb. 5.8). Die infrage kommende Funktion bestimmt

Abb. 5.9 Erläuterung des
Erwartungswerts

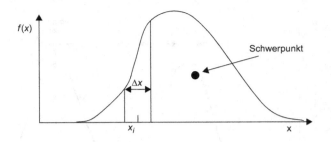

einerseits die Merkmalsart und andererseits das Abnutzungsverhalten der Betrachtungseinheit. Je besser es gelingt, den realen Sachverhalt mathematisch zu erfassen und wiederzugeben, desto besser sind die Ergebnisse.

5.1.10 Statistische Kenngrößen

5.1.10.1 Mittelwert, Erwartungswert, Median und Modalwert

Arithmetischer Mittelwert Wenn man eine Stichprobe über alle Grenzen vergrößert, so kann man erwarten, dass der Mittelwert dem wahren Messwert, also dem Erwartungswert, nahezu entspricht.

Der arithmetische Mittelwert ergibt sich zu

$$\bar{x} = \frac{(x_1 + x_2 + \ldots + x_n)}{n} \tag{5.9}$$

Er wird aus den Messwerten $x_1, x_2, \ldots, x_n$ gebildet. Meist wird gerundet, wenn öfter mehrere gleiche Messwerte erzielt werden, wenn z. B. der Wert x_i gerade mal n_i-mal $(i = 1, \ldots, k)$ ermittelt wird, so dass man nur noch über k-Rundungsklassen $x_i{*}n_i$ summieren muss.

Es gilt:

$$\bar{x} = \frac{1}{n} \sum_{j=1}^{n} x_j = \frac{1}{k} \sum_{i=1}^{k} n_i x_i = \sum_{i=1}^{n} \frac{n_i}{n} x_i \tag{5.10}$$

Im stetigen Fall nähert sich die Wahrscheinlichkeit $n_i/n = p_i$, dem Flächeninhalt des Streifens mit der Klassenmitte x_i und der Dichte $f(x_i)$ (s. Abb. 5.9), wobei Δx die Klassenbreite der Rundungsklasse ist. Der Streifen hat etwa den Flächeninhalt $f(x_i) \Delta x$. Die Mittelwertbildung ergibt sich dann aus der Aufsummierung $\Sigma f(x_i) \Delta$, wobei Δx gegen Null konvergiert:

$$\sum_{i=1}^{n} x_i f(x_i) \Delta x \underset{\Delta x \to 0}{\to} = \int_{-\infty}^{\infty} x f(x) dx = E(x) \tag{5.11}$$

Tab. 5.1 Durchschnittliche Stillstandzeit von Werkzeugmaschinen eines Fertigungsbereichs

Ungeodnet

n_i	1	2	3	4	5	6	7	8	9	10	11	12	13	14	15	Mittelwert (h)
x_i	190	160	170	175	180	165	155	177	210	220	200	140	250	230	250	191,5 €

Geordnet

n_i	1	2	3	4	5	6	7	8	9	10	11	12	13	14	15	Median (h)
x_i	140	155	160	165	170	175	177	180	190	200	210	215	220	230	250	180

Der Faktor n_i/n ist eine Schätzung für die Wahrscheinlichkeit, p_i-Werte in der i-ten Rundungsklasse zu finden (Wahrscheinlichkeit = Anzahl der günstigen Fälle n_i zur Anzahl der möglichen Fälle n). Vergrößert man die Stichprobe bis zur Größe der Grundgesamtheit, so konvergiert die Wahrscheinlichkeit n_i/n gegen p_i, und im diskreten Fall zu[5]:

$$\bar{x} = \sum_{i=1}^{n} p_i x_i = E(x) \tag{5.12}$$

Fazit Der Erwartungswert einer Zufallsvariablen (oder ihrer Verteilung) ist der Mittelwert über alle (möglicherweise unendlich vielen) Versuchsergebnisse. Er ist der Mittelwert der Grundgesamtheit und wird durch das arithmetische Mittel einer Stichprobe vom (endlichen) Umfang n geschätzt. Der Erwartungswert ist gleichzeitig der Schwerpunkt der Fläche unter der Funktion $f(x)$. Der Mittelwert schätzt den Erwartungswert erwartungstreu (unabhängig von der speziellen Verteilungsform).

Beispiel 5.1: Ermittlung der Stillstandzeiten von Werkzeugmaschinen

Sie erhalten die Aufgabe, die Ergebnisse einer Mitarbeiterbefragung (s. Tab. 5.1, oberer Teil) auszuwerten und die durchschnittliche Stillstandzeit aller Maschinen eines Bereichs zu ermitteln, um Potenzialverbesserungen zu konzipieren:

$$\bar{x} = \frac{1}{15} \sum_{i=1}^{15} x_i$$

Median (Zentralwert einer Datenreihe) Der Median x_{Med} ist der Wert (Merkmalsausprägung), der in der Mitte steht, wenn alle Beobachtungswerte x_i der Größe nach geordnet sind (s. Tab. 5.1, unterer Teil). Alle Werte des Beispiels werden der Größe nach zur Bestimmung der Mitte geordnet.

Allgemeine Rechenvorschrift zur Ermittlung des Medians: n ist die Zahl der Beobachtungswerte x_i

Für n ungerade gilt:

$$x_{Med} = x_{\frac{n+1}{2}} \tag{5.13}$$

---

[5] Das Integralzeichen $\int$ entstand aus dem Summenzeichen Σ, das LEIBNITZ als symbolische Summation bei seiner Formulierung der Integralbildung benutzte.

Tab. 5.2 Geänderte Werte für Beispiel 5.1

Ungeodnet															
n_i	1	2	3	4	5	6	7	8	9	10	11	12	13	14	15	Mittelwert (h)
x_i	20	140	155	160	165	170	175	177	180	190	200	210	215	220	230	173,80
Geordnet															
n_i	1	2	3	4	5	6	7	8	9	10	11	12	13	14	15	Median (h)
x_i	20	140	155	160	165	170	175	177	180	190	200	210	215	220	230	177

Tab. 5.3 Monatliche Einkünfte der Servicetechniker

1	2	3	4	5	6	7	8	9	Mittelwert = 2.129 €
1.200 €	1.400 €	1.300 €	1.250 €	1.600 €	1.800 €	6.500 €	2.100 €	2.010 €	Median = 1.600 €

Tab. 5.4 Monatliche Einkünfte der Servicetechniker (geordnete Werte)

1	2	3	4	5	6	7	8	9	Mittelwert = 2.129 €
1.200 €	1.250 €	1.300 €	1.400 €	1.600 €	1.800 €	2.010 €	2.100 €	6.500 €	Median = 1.600 €

Für n gerade gilt:

$$x_{Med} = \frac{1}{2}\left(x_{\frac{n}{2}} + x_{\frac{n}{2}+1}\right) \tag{5.14}$$

$x_{Med} = \mathbf{180\ h}$

Es soll die Frage beantwortet werden, wie sich Mittelwert und Median verändern, wenn die Maschine mit der größten Stillstandzeit verschrottet und im Rahmen einer Ersatzinvestition durch eine neue Maschine mit der Stillstandzeit 20 h ersetzt wird (s. Tab. 5.2).

Die beiden Werte verringern sich erwartungsgemäß:

a. der Mittelwert von 191,5 h auf 173,8 h und
b. der Median von 180 auf 177 h.

Beispiel 5.2: Berechnung von Mittelwerten

Eine dezentrale Instandhaltungswerkstatt verfügt über neun Servicetechniker, die folgende monatliche Einkünfte erhalten (s. Tab. 5.3):

Der Mittelwert liefert ein falsches Bild, weil die Mehrzahl (acht von neun Personen) höchstens bis zu 2.100 € verdienen und der Wert 6.500 € den Mittelwert nach oben zieht. In solchen Fällen ist es günstiger, nach einem Wert zu suchen, der die Verteilung der Einkünfte besser charakterisiert. In diesen Fällen eignet sich der Median (Tab. 5.4).

Für n = 9 ergibt sich

$$x_{Med} = x_{\frac{n+1}{2}} = 1600\ \text{€}$$

Der Median (auch Zentralwert) beschreibt die Verteilung besser als der Mittelwert, weil Ausreißer auf den Median keinen Einfluss haben (Abb. 5.10).

Abb. 5.10 Ermittlung des Medians am Beispiel der Monatseinkommen von Instandhaltungstechnikern

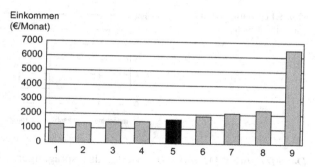

Tab. 5.5 Alter von Maschinen (ungerade Anzahl)

x_1	x_2	x_3	x_4	x_5	x_6	x_7	x_8	x_9	Median =	8,00	Jahre
2	5	6	7	8	9	11	14	16	Mittelwert =	8,67	Jahre

Tab. 5.6 Alter von Maschinen. (gerade Anzahl)

x_1	x_2	x_3	x_4	x_5	x_6	x_7	x_8	x_9	x_{10}	Median =	6,50
2	5	6	7	8	9	11	14	6	2	Mittelwert =	7,00

Beispiel 5.3: Berechnung von Mittelwerten

Im Rahmen einer Potenzialanalyse ist das Alter des Maschinenparks einer Fertigung mit 9 Werkzeugmaschinen zu analysieren (s. Tab. 5.5). Die Anzahl n der Merkmalsausprägungen ist ungerade ($n = 9$), daher gilt:

$$x_{Med} = x_{\frac{n+1}{2}}$$

In der Tabelle stehen links und rechts neben dem Median gleich viele Werte. Bei einer ungeraden Zahl von Betrachtungseinheiten ergibt sich der Median zu

$$x_{Med} = x_{\frac{n+1}{2}} = x_5 = \underline{8 \text{ Jahre}}$$

Beispiel 5.4: Berechnung von Mittelwerten

Die Anzahl der Maschinen wird um eine Maschine erweitert, die gebraucht erworben wurde und zum Zeitpunkt der Inbetriebnahme ein Alter von 2 Jahren aufweist (Tab. 5.6).

Bei einer geraden Anzahl von $n = 10$ Werten berechnet man den Median aus den beiden mittleren Werten:

$$x_{Med} = \frac{1}{2}\left(x_{\frac{n}{2}} + x_{\frac{n}{2}+1}\right) = 0{,}5^*(8+9) = \underline{6{,}5 \text{ Jahre}}$$

Fazit Falls ein betrachtetes Merkmal nur ordinal skaliert ist (z. B. Gütegrad von Maschinen), so ist bei geradem n zu beachten, dass der Median nur dann existiert, wenn beide infrage kommenden Merkmalsausprägungen gleich sind. Die Zahlenfolge 1, 2, 3, 3, 4, 5 hat den Median 3,5. Für den Fall, dass metrische Daten in Klassen gruppiert vorliegen, kann die exakte Merkmalsausprägung des Medians nicht bestimmt werden.

Abb. 5.11 Häufigkeiten der Maschinentypen

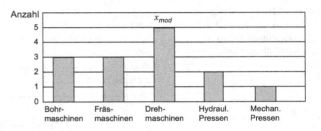

Der Modalwert (Modus) Bei Merkmalsausprägungen wie z. B. „rot, grün, gelb", also bei nominal skalierten Größen, kann kein arithmetisches Mittel berechnet werden. Hier lässt sich lediglich die Frage nach der Merkmalsausprägung mit der größten Häufigkeit stellen.

Beispiel 5.5: Ermittlung des Modalwerts
Im Rahmen einer Prozessanalyse ist zur Ermittlung des Planungsgrades die Zahl der am meisten vertretenen Maschinenarten zu ermitteln. Dazu wird der Modalwert x_{Mod} herangezogen. Drehmaschinen bilden die Gruppe mit der größten Häufigkeit (s. Abb. 5.11).

Fazit Der Modalwert ist der Merkmalswert, der am häufigsten vorkommt. Gibt es mehrere Merkmalsausprägungen mit der gleichen maximalen Häufigkeit, so existiert kein Modalwert. Bei einer Klasseneinteilung ist der Modalwert die Mitte der am dichtesten besetzten Klasse. Die Verwendung des Modus ist bei jedem Skalenniveau möglich.

Der Varianzbegriff Die Varianz ist ein Maß für die Streuung von Messwerten. Mit breiter werdender Dichte einer Zufallsvariablen $\underline{x}$ steigt ihre Varianz $Var(x)$.
Gauß schlug folgenden Ansatz vor:

$$s_n^2 = \frac{1}{n}\sum_{i=1}^{n}(x_i - \bar{x})^2 \tag{5.15}$$

Für $n \to \infty$ strebt $\bar{x}$ gegen $E(x)$, n_k/n gegen $f(x_k)\Delta x$. Das Integral ersetzt das Summenzeichen und dx Δx:

$$Var(x) = \int_{-\infty}^{\infty}(x - E(x))^2 f(x)dx \tag{5.16}$$

Im stetigen Fall gilt:

$$Var(x) = \sum (x_i - E(x_i))^2 p_i \tag{5.17}$$

Allgemein gilt:

$$Var(\underline{x}) = E(\underline{x} - E(x)^2) \tag{5.18}$$

Definition Die Varianz einer Zufallsvariable ist der Mittelwert der quadrierten Abweichungen vom Mittel- oder Erwartungswert, wenn die Stichprobe die ganze Grundgesamtheit ausschöpft.

Da die Bildung der Varianz bei Versuchswiederholungen von zufälligen Ereignissen abhängt, ist sie demnach selbst eine Zufallsvariable, die ihrerseits eine Verteilung und damit einen Erwartungswert besitzt. Gesucht ist ein Schätzer für die Varianz, mit dem der Erwartungswert des Schätzers mit der zu schätzenden Größe $Var(\underline{x})$ zusammenfällt. Man bezeichnet dies als Erwartungstreue.

$$E\left(S_n^2\right) = \frac{n-1}{n} Var(x) \tag{5.19}$$

$$s^2 = \frac{n-1}{n} \sum_{i=1}^{n} (x_i - \bar{x})^2 = \frac{n-1}{n} \left[\sum_{i=1}^{n} x_i^2 - \frac{1}{n} \left(\sum_{i=1}^{n} x_i \right)^2 \right] \tag{5.20}$$

Der Faktor „$n-1$" wird als Freiheitsgrad bezeichnet. Dies ist folgendermaßen begründet: Ist beispielsweise die Summe von drei Messwerten bekannt, dann lassen sich zwei Messwerte frei wählen, der dritte ist durch die Summe automatisch gegeben. Von n Messwerten, deren Summe bekannt ist, sind somit „$n-1$" frei wählbar. Für n → ∞ (also bei großem Stichprobenumfang) ist dies unerheblich.

Kovarianz und Korrelationskoeffizient Die Kovarianz erweitert den Varianzbegriff, wenn zwei Zufallsvariablen x und y betrachtet werden:

$$Cov(x, y) = E[(x - E(x))(y - E(y))] \tag{5.21}$$

Hat man zwei zufällig veränderliche Größen $\underline{x}$ und $\underline{y}$, so nennt man $\underline{x}$ und y voneinander unabhängig, wenn die Dichte von $\underline{x}$ für alle $\bar{x}$-Werte nicht davon abhängt, welchen Wert y angenommen hat. Anderenfalls sind sie voneinander abhängig. Der Korrelationskoeffizient der Grundgesamtheit ρ bzw. seine Schätzung $r = r_{xy}$ aus der Stichprobe ergibt sich aus der Kovarianz der Varianzen der beiden Zufallsvariablen und liegt zwischen Null und Eins.

$$\rho = \frac{Coc(x, y)}{\sqrt{Var(x)}\sqrt{Var(y)}} \tag{5.22}$$

Der Korrelationskoeffizient ρ wird geschätzt durch $r = r_{xy}$

$$r_{xy} = \frac{\sum (x - \bar{x})(y - \bar{y})}{\sqrt{\sum (x - \bar{x})^2 (y - \bar{y})^2}} \tag{5.23}$$

Kovarianz und Korrelationskoeffizient messen nur lineare Abhängigkeiten. Abbildung 5.11 zeigt verschiedene Fälle von Kovarianzen. In die Kurven (a), (b), (c) und (e) könnte man eine Ausgleichsgerade legen. Dabei lässt sich eine mehr oder weniger starke lineare Abhängigkeit feststellen. Die Messpunkte in Darstellung (d) sind chaotisch. Offensichtlich besteht zwischen $\underline{x}$ und $\underline{y}$ keinerlei Abhängigkeit. In (e) ist die lineare Abhängigkeit beider Zufallsvariablen vollständig gegeben, während in (f) trotz völliger Abhängigkeit der Variablen y von x der Korrelationskoeffizient und damit die Kovarianz Null ist (Abb. 5.12).

Die Summe bestätigt nur den Mittelwert. Sie hat keine Aussagekraft für die Streuung. Die positiven und negativen Differenzen heben sich auf. Um die negativen Differenzen zu vermeiden, sind die Quadrate der Differenzen zu berechnen und davon der Mittelwert zu bilden.

Beispiel 5.6: Berechnung von Mittelwerten bei Maschinenausfällen
Mit Hilfe einer Zeitaufnahme wurden die in der Tab. 5.7 dargestellten Messwerte für Maschinenausfallzeiten ermittelt. Zu berechnen sind Erwartungswert, Median und Modalwert.

$$x_{Med} = x_{\frac{n+1}{2}} = 177 \text{ h}$$

Beispiel 5.7: Ausfallzeiten einer Werkzeugmaschine (Tab. 5.8 und 5.9)
Gerade:

$$x_{Med} = \frac{1}{2}\left(x_{\frac{n}{2}} + x_{\frac{n}{2}+1}\right) = 0{,}5(44 + 44) = 44$$

Beispiel 5.8: Gütegrade von Werkzeugmaschinen[6]
Die Gütegrade werden in diesem Beispiel metrisch skaliert, d. h. es kann auch Zwischennoten geben. Für die Gütegrade können folgende Merkmalsausprägungen vereinbart werden:

Gütegrad 1: Die Maschine befindet sich optisch und leistungsmäßig in einem zuverlässigen Zustand, alle Toleranzen werden eingehalten.
Gütegrad 2: Die Maschine befindet sich leistungsmäßig in einem zuverlässigen Zustand, die Fertigungstoleranzen werden über weite Strecken eingehalten.
Gütegrad 3: Die Maschine befindet sich noch in einem zuverlässigen Zustand, einzelne Funktionsausfälle beeinträchtigen die Verfügbarkeit, m. H. der Instandhaltung wird diese gesichert. Die Toleranzen werden weitgehend eingehalten, Abweichungen sind feststellbar.
Gütegrad 4: Die Maschine ist zwar noch arbeitsfähig, aber nicht mehr funktionsfähig (optisch und leistungsmäßig). Toleranzen können auf Grund des Abnutzungszustandes nicht mehr eingehalten werden. Die Instandhaltungsaufwendungen und Betriebskosten rechtfertigen einen baldigen Ersatz der Maschine.
Gütegrad 5: Die Maschinefähigkeit ist nicht mehr gewährleistet, die Maschine wird ausgesondert.

---

[6] Der **Gütegrad** (veralteter Begriff) ist ein Maß für die inneren Verluste einer Maschine. Er kann auch als **Maß für die Maschinenfähigkeit** verstanden werden. Mit der **Maschinenfähigkeitsuntersuchung** wird ermittelt, ob eine (Werkzeug-) Maschine fähig ist, innerhalb der Toleranz eines vorgegebenen Maßes zu fertigen. Insofern drückt der Gütegrad einer Werkzeugmaschine deren Fähigkeit aus, Toleranzen einzuhalten und ist somit Ausdruck des Abnutzungszustandes. Zusammen mit der Prozessfähigkeitsuntersuchung ist sie eine geeignete statistische Methode der Qualitätssicherung in der Fertigung eines Unternehmens.

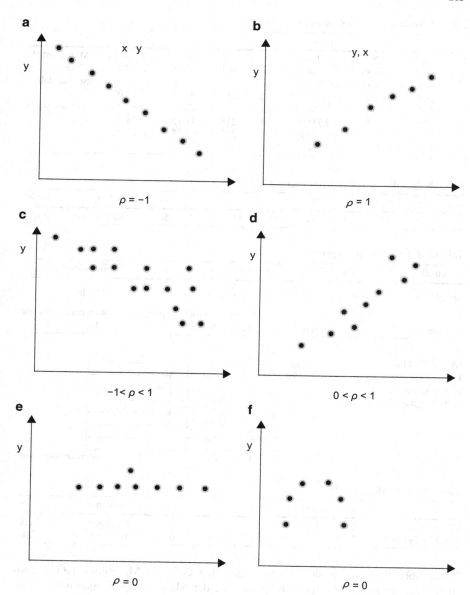

Abb. 5.12 Der Korrelationskoeffizient ρ als Maß für die Abhängigkeit oder Unabhängigkeit von Zufallsvariablen **a** negativer funktionaler (perfekter) und **c** negativer linearer, **b** positiver funktionaler (perfekter) und **d** positiver linearer Zusammenhang, **e** linear unkorreliert **f** linear unabhängig. (Sachs 1999, S. 490)

Tab. 5.7 Ausfallzeiten einer Kühlmittelpumpe (h/Periode)

n_i	x_i	$x_i\text{-}x$	$(x_i\text{-}x)^2$	n_i	x_i	$x_i\text{-}x$	$(x_i\text{-}x)^2$	
1	40	−130,85	17120,7	9	185	14,15	200,331	Mittelwert (h)
2	140	−30,85	951,485	10	191	20,15	406,178	170,85
3	144	−26,85	720,716	11	202	31,15	970,562	Standardabw.
4	165	−5,85	34,1775	12	210	39,15	1533,02	46,44
5	168	−2,85	8,10059	13	214	43,15	1862,25	Median (h)
6	170	−0,85	0,71598	14	218	47,15	2223,49	177
7	174	3,15	9,94675	15	235	64,15	4115,72	
8	177	6,15	37,8698					

Tab. 5.8 Ausfallzeiten einer Werkzeugmaschine (h/Periode)

x_1	x_2	x_3	x_4	x_5	x_6	x_7	x_9	x_{10}	Median =	**44,00**
19	19	23	23	44	44	44	48	50	Mittelwert =	**34,89**

Tab. 5.9 Erläuterung der Lagemaße

Lagemaß	Skala	Definition	Beispielwert
Mittelwert $\bar{x}$	metrisch	$\bar{x} = \frac{1}{n} \sum_{i=1}^{n} x_i$	34,2 h
Modalwert x_{Mod}	alle	häufigste Merkmalsausprägung	44 h kommt 3x vor
Median x_{Med}	ordinal, metrisch	Wert in der Mitte	44 h

Abb. 5.13 Ordinale Darstellung der Merkmalsausprägung von Werkzeugmaschinen

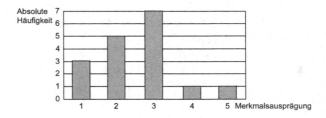

Tab. 5.10 Häufigkeitstabelle

x_i	x_1	x_2	x_3	x_4	x_5	Median =	4,00
Gütegrad (x_i)	1	2	3	4	5	Mittelwert =	3,20
abs. Häufigkiet	3	5	7	1	0	Modalwert =	7,00

Nach Abb. 5.13 haben sieben Maschinen den GG 3, 5 Maschinen GG 2 und zwei Maschinen GG 1. Somit befindet sich der Maschinenpark mehrheitlich in funktionsfähigem Zustand (Tab. 5.10).

$$x_{Med} = x_{\frac{n+1}{2}} = 7$$

Weder Mittelwert noch Median geben die tatsächlichen Verhältnisse wieder. Daher wird der Modalwert verwendet (häufigster Wert). Der Gütegrad 3 ist am häufigsten vertreten. Die mit GG5 bewertete Maschine wurde ausgesondert (s. Abb. 5.14).

Abb. 5.14 Lagemaße

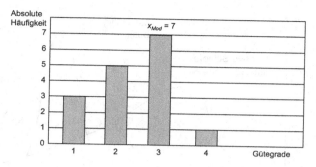

Tab. 5.11 Urliste von Ausfalldaten

Nr.	1	2	3	4	5	6	7	8	9	10	11	12	13	14	15	16	17	18	19	20	21	22	23	24	25
Ausfallzeit	50	51	54	56	66	70	71	75	66	54	58	76	78	67	69	54	53	52	64	80	81	76	55	60	90

Median= 66   Mittelwert= 65   Modalwert= 54

Tab. 5.12 Ermittlung des Medians m. H. der Stängel-Blatt-Methode

Stängel	Blätter									Häufigkeit
5	0	1	2	3	4	4	4	5	6	8	10
6	0	4	6	6	7	9					6
7	0	1	5	6	6	8					6
8	0	1									2
9	0										1
											25

5.1.10.2 Das Stängel-Blatt-Diagramm

Zur Bestimmung des Medians müssen die Daten (Merkmalsausprägungen) geordnet werden. Das kann mühsam sein. Eine Erleichterung bietet das *Stängel-Blatt-Diagramm* (*Stem-and-Leaf Display*). Dabei werden die Daten nach den Stängeln (Zehnerzahlen) geordnet. Zu jedem Stängel werden dann die Blätter (Einerzahlen) der Größe nach hinzugeschrieben.

Beispiel 5.9: Ermittlung des Medians m. H. der Stängel-Blatt-Methode (Tab. 5.11)
Einheit der Stängel ist zehn, Einheit der Blätter eins (Tab. 5.12).
Die meisten Daten liegen im 1. Stängel. Der Wert mit der größten Häufigkeit (Modalwert) ist 54.

5.1.10.3 Weitere Kenngrößen

Spannweite Die Spannweite ist wie die Varianz eine Messzahl für die Streuung. Im Gegensatz zur Standardabweichung kann die Spannweite sehr einfach ermittelt werden. Sie wird aus der Differenz des größten und des kleinsten Stichprobenwerts berechnet:

$$R = x_{max} - x_{min}$$

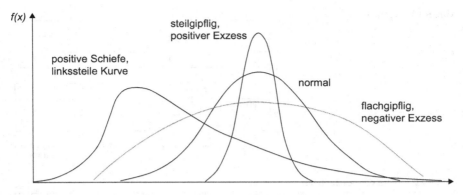

Abb. 5.15 Abweichungen von der symmetrischen Glockenkurve

Allerdings reagiert dieser stark auf extreme Messwerte (z. B. Ausreißer) und ist vom Stichprobenumfang abhängig.

Variationskoeffizient Der Variationskoeffizient v bestimmt das Verhältnis von Standardabweichung zu Mittelwert. Er dient zu Vergleichszwecken. Ein geringerer Variationskoeffizient einer Stichprobe weist darauf hin, dass die Streuung im Verhältnis zum Mittelwert geringer ist.

Der Variationskoeffizient v berechnet sich aus

$$v = \frac{s}{|E(x)|} * 100\,\%, \quad E(x) \neq 0 \tag{5.24}$$

Der *Variationskoeffizient* des Erwartungswerts einer Stichprobe für normal-verteilte Betriebszeiten T_B:

$$v_{TB} = \frac{\sigma_{TB}}{\mu_{TB}} = \frac{s_{TB}}{E(T_B)} \tag{5.25}$$

Vertrauensbereich z. B. der effektiven Lebensdauer für normal verteilte T_B:

$$T_B - \frac{u_z s_{TB}}{\sqrt{n}} < v_{TB} < E(x) + \frac{u_z s_{TB}}{\sqrt{n}} \tag{5.26}$$

Schiefe (Asymmetrie), Wölbung, Exzess Die Schiefe gibt die Abweichung von der Symmetrie an. Eine eingipfelige Verteilung kann rechtsschief oder linksschief bzw. linkssteil oder rechtssteil sein. Die Schiefe g_1 ist ein Maß, das Auskunft über die Richtung und Größenordnung der Asymmetrie einer Verteilung gibt (s. Abb. 5.15).

Liegt der Hauptanteil einer Verteilung auf der linken Seite der Verteilung konzentriert, dann spricht man ihr eine positive Schiefe zu und bezeichnet sie als linkssteil. Linkssteile Verteilungen sind häufiger als rechtssteile Verteilungen.

Das Maximum liegt höher oder tiefer als das der Normalverteilung. Liegt es bei gleicher Varianz höher und ist dieser Kurvenzug spitzer, dann spricht man von positivem Exzess (starke Wölbung, knapp besetzte Flanken) sowie einen Werteüberschuss in der Nähe des Mittelwertes.

Momentenkoeffizient

$$m_r = \frac{1}{n} \sum_{i=1}^{n} f_i (x_i - E(x))^r \qquad (5.27)$$

$f_i = Frequenzen,\ Klassenhäufigkeiten\ Schiefe$

$$g_1 = \frac{m_3{}^3}{m_2{}^2} \qquad (5.28)$$

Schiefe und Wölbung ermittelt man über die Potenzmomente:

$$m_2 = \frac{1}{n} \sum_{i=1}^{n} (x_i - E(x))^2 \qquad (5.29)$$

$$m_3 = \frac{1}{n} \sum_{i=1}^{n} (x_i - E(x))^3 \qquad (5.30)$$

Exzess (Wölbung, Steilheit)

$$g_2 = b_2 - 3 \qquad (5.31)$$

$$b_2 = \frac{m_4}{m_2{}^2} \qquad (5.32)$$

$$m_4 = \frac{1}{n} \sum_{i=1}^{n} (x_i - E(x))^4 \qquad (5.33)$$

Der Exzess gibt die Überhöhung oder Stauchung an. Ist g_1 positiv, dann liegt eine linkssteile Verteilung vor, bei negativen Werten ist die Verteilung rechtssteil. Eine Verteilung mit Hochgipfligkeit (steiler als Normalverteilung) oder positivem Exzess weist auf einen positiven g_2-Wert hin. Eine Verteilung mit negativer Wölbung (flacher als Normalverteilung) ist durch einen negativen g_2-Wert charakterisiert.

5.1.11 Lebensdauerstatistiken, Bestimmung und Kennwerte des Ausfallverhaltens

Für die Planung und Auswertung von Lebensdauerstatistiken und zur Bestimmung des Ausfallverhaltens werden die in der Tab. 5.13 dargestellten Kennwerte (Kennwerte des Ausfallverhaltens) und Hilfsmittel herangezogen. Eine einfache, aber effiziente Methode zur Bestimmung von Funktionsparametern ist die Anwendung der graphischen Methode mit Hilfe des Wahrscheinlichkeitsnetzes für Extremwertverteilungen (Weibull-Netz). Vorteile sind die einfache Handhabung und der geringe Rechenaufwand. Für durchgängige Berechnung der Parameter der Weibull-Parameter sind die heutigen Versionen von Excel ebenfalls geeignet.

Tab. 5.13 Kennwerte zur Planung und Auswertung von Lebensdauerstatistiken und Hilfsmittel zur Bestimmung des Ausfallverhaltens

	Verfahren	Funktion
Kennwerte	Mittelwert, Median	Schätzwerte für das Ausfallverhalten bzw. Prozessanlage
	Standardabweichung, Spannweite	Schätzwerte der Streuung
	Schiefe, Kurtosis, Exzess	Beurteilung der Verteilungsform
	Regressionskoeffizient	Aussage über die Güte einer Modellanpassung
	Fähigkeitsindizes, Überschreitungsanteil	Leistung und Fähigkeit eines Prozesses
Grafiken	Verlauf der Urwerte	Erkennen von Besonderheiten wie: Ausreißer, Trends, Periodizitäten, Mittelwertschwankungen, Werte außerhalb der Spezifikation
	Balkendarstellung	Lage der Mess- und Kennwerte innerhalb vorgegebener Grenzen
	Histogramm	Verteilungsform abschätzen
	Wertestrahl	Verteilungsform abschätzen, Auflösung des Messmittels
	Wahrscheinlichkeitsnetz (Einzelwerte/klassiert)	Modellverteilung zutreffend, Abschätzung von Überschreitungsanteilen
	Summenlinie	Modellverteilung zutreffend
	Qualitätsregelkarte	Beurteilung der Stabilität des Prozesses bezüglich Lage und Streuung, Erkennen von Eingriffsgrenzverletzungen
	Operationscharakteristik	Empfindlichkeit von Qualitätsregelkarten

5.2 Wichtige Verteilungen

Zielsetzung: Die wichtigsten diskreten Verteilungen, die bei der Auswertung von Zählergebnissen vorkommen, werden im Folgenden vorgestellt. Ein Beispiel ist die Qualitätssicherung, bei der man von der Anzahl schlechter Teile einer Zufallsstichprobe auf den Ausschussanteil der Grundgesamtheit schließen will. Die Ursachen von Ausschuss liegen aber auch in der Abnutzung der Anlagen begründet.

Ein weiteres Feld ist die Feststellung der Zuverlässigkeit von Erzeugnissen (Maschinen, Baugruppen oder Elemente) oder die Feststellung der Anzahl der Ausfälle in einer Periode zur Festlegung und Planung von Instandhaltungskapazitäten.

5.2.1 Diskrete Verteilungen

5.2.1.1 Die Poisson-Verteilung

Die Poisson-Verteilung ist eine diskrete Wahrscheinlichkeitsverteilung, die sich aus der mehrmaligen Realisierung eines Bernoulli-Experiments ergibt. Es handelt sich um ein Zufallsexperiment, das nur zwei mögliche Ergebnisse besitzt (z. B. „*Erfolg*" und „*Misserfolg*" oder „*funktionsfähig*" und „*nicht funktionsfähig*"). Führt man ein solches Experiment sehr oft durch und ist die Erfolgswahrscheinlichkeit gering, so ist die Poisson-Verteilung eine gute Näherung für die entsprechende Wahrscheinlichkeitsverteilung. Die Poisson-Verteilung wird deshalb auch als die „*Verteilung der seltenen Ereignisse*" bezeichnet.[7]

Beispielsweise gehen in einem Servicecenter im Verlauf des Tages in zeitlich zufälligen Abständen Aufträge ein. Untersuchungsgegenstand ist die zufällige Ankunft der Aufträge. Die Anzahl x der Aufträge pro Stunde mit der Intensität μ (Ankunftsintensität) ist dann eine Zufallsvariable, die diskrete Werte $x_i = 1, 2, \ldots$ annehmen kann.

Die Dichte der POISSON-Verteilung wird aus der Binomialverteilung abgeleitet. Dazu wird die Zeiteinheit in n gleiche Teile eingeteilt und n so groß gewählt, dass in einem solchen Intervall nicht mehr als ein Auftrag ankommen kann. Setzt man $p = \mu/n$, dann ist p die mittlere Anzahl ankommender Aufträge unter den n Zeitintervallen (entspricht dem Ausschussanteil der Stichprobe).

Die Wahrscheinlichkeit, dass die Zufallsvariable x (Anzahl eingehender Aufträge in einer beliebigen Zeiteinheit = Stichprobe) gerade den Wert k annimmt, ergibt sich aus der Binomialverteilung zu:

$$W(x = k) = \binom{n}{k} p^k(1 - p)^{n-k}; \quad k = 0, \ldots, n \quad und \quad 0 \leq p \leq 1 \qquad (5.34)$$

Setzt man $p = \mu/n$, ergibt sich:

$$W(x = k) = \binom{n}{k} \left(\frac{\mu}{n}\right)^k \left(1 - \frac{\mu}{n}\right)^{n-k} \qquad (5.35)$$

Wächst die Anzahl n der Teile einer Zeiteinheit beliebig, ergibt sich aus der Definition der e-Funktion $\lim\limits_{n \to \infty} = (1 - \frac{x}{n})^n = e^{-x}$, *dass* $(1 - \frac{\mu}{n})^{n-k}$ *für* $n \to \infty$ und konstantes k ebenfalls gegen $e^{-\mu}$ konvergiert.

Aus

$$\binom{n}{k} \left(\frac{\mu}{n}\right)^k = \frac{n(n-1)(n-2)\ldots(n-k+1)}{k!} \left(\frac{\mu^k}{n^k}\right)$$

$$= \frac{n}{n} \frac{n-1}{n} \frac{n-2}{n} \ldots \frac{n-k+1}{n} \frac{\mu^k}{k!} \qquad (5.36)$$

Da

$$\frac{n-i}{n} \text{ für } n \to \infty \text{ gegen } 1 \text{ strebt, strebt } W(x = k) \text{gegen}$$

$$p_k = W(x = k) = \frac{\mu^k}{k!} e^{-\mu} \qquad (5.37)$$

---

[7] Das Gesetz der kleinen Zahlen (Zwei-Drittel-Gesetz oder Gesetz des Drittels) ist eine Konsequenz aus der POISSON-Verteilung (s. auch Bortkewitsch 1898).

Ersetzt man die feste Zahl k durch die Laufvariable x, ergibt sich die Dichtefunktion der Poisson-Verteilung zu:

$$p_x = W(x = k) = W(x = k|\mu) = \frac{\mu^k}{k!}e^{-\mu} \tag{5.38}$$

Die Verteilung der Summe der Zufallsgrößen ergibt die Summenfunktion:

$$W(x \le k) = W(x \le k|\mu) = P(k|\mu) = \sum_{i=0}^{k} \frac{\mu^{\mu_i}}{i!}e^{-\mu} \tag{5.39}$$

Erwartungswert und Varianz der POISSON-Verteilung sind gleich und stimmen mit dem Parameter μ überein.

Beweis:

Für $E(x)$ und $Var(x)$ setzt man $p = \mu$ n und lässt $n \rightarrow \infty$ streben

$$E(x) = np = n\frac{\mu}{n} = \mu \quad und \quad Var(x) = np(1 - p)$$

$$= n\frac{\mu}{n}\left(1 - \frac{\mu}{n}\right) = \mu - \frac{\mu}{n} \underset{n \rightarrow \infty}{\rightarrow} \mu \tag{5.40}$$

Die Summenfunktion der POISSON-Verteilung lässt sich graphisch m. H. des THORNDIKE-Diagramms[8] bestimmen.

Beispiel 5.10: Ermittlung der Fehlerwahrscheinlichkeit von Bauteilen
    Bei der Fertigung von Ankerwellen für einen Elektromotor in einer Automatendreherei fallen im Mittel drei fehlerhafte Wellen an. Es liegt Poisson-Verteilung vor.
Wie hoch ist die Wahrscheinlichkeit P

a. genau 0
b. genau 1
c. genau 2
d. genau 4
e. höchstens 2

fehlerhafte Bauteile zu produzieren? (Tab. 5.14)
    Nach Formel (5.37) ergibt sich die Wahrscheinlichkeit für genau Null fehlerhafte Wellen:

$$P(0|3) = \frac{3^0}{0!}e^{-3} = 0{,}04978$$

---

[8] Das THORNDIKE-Nomogramm (1926) ist ein zweidimensionales Diagramm der POISSON-Verteilung, womit sich die Werte der Verteilungsfunktion (dies ist die Wahrscheinlichkeitssumme) auf graphischem Weg näherungsweise ermitteln lassen (http://de.wikipedia.org/wiki/Thorndike-Nomogramm, 27.09.2011)

Tab. 5.14 Beispielwerte

μ	i	p	p (%)
3	0	0,04978707	4,98
3	1	0,14936121	14,94
3	2	0,22404181	22,40
3	4	0,16803136	16,80

Die Wahrscheinlichkeit, höchstens 2 fehlerhafte Bauteile zu produzieren, ergibt sich aus der Summe der Wahrscheinlichkeiten:

$$P(0|3) = \sum_{i=0}^{2} \frac{3^i}{i!} e^{-3} = 0,04978 + 0,2240 + 0,1680 = 42,3\ \%$$

5.2.1.2 Zusammenhang von Poisson- und Binomialverteilung

Die Binomialverteilung kann durch die Poisson-Verteilung approximiert werden, wenn der Anteil p (an Ausschussteilen) im Los klein ist. Sie wird auch als Verteilung der seltenen Ereignisse bezeichnet.

Beispiel 5.11: Ermittlung von Wahrscheinlichkeiten
Wie groß ist die Wahrscheinlichkeit, aus einem Los vom Umfang $N = 100$ Teilen mit $K = 10$ Ausschussteilen und demnach $p = 0,1$ bei einer Stichprobe von $n = 5$, $k = 1$ Ausschussteil zu erfassen?

$$\mu = p*n = 0,1*5 = 0,5$$

$$W(\underline{x} = 1) = \frac{\mu^k}{x!} e^{-\mu} = \frac{0,5^1 e^{-0,5}}{1!} = 0,3032 \approx 30\ \%$$

Faustregel: Wenn der Losumfang N größer als der 10-fache Stichprobenumfang ist, kann die hypergeometrische Verteilung durch die Binomialverteilung approximiert werden. Wenn zusätzlich der Anteil $p < 0,1$ oder 10 % bei der Binomialverteilung ist, kann man diese durch die numerisch noch einfachere POISSON-Verteilung approximieren.

Beispiel 5.12: Ermittlung fehlerhafter Baugruppen
Der Umfang eines Lieferloses von Elektronikbaugruppen beträgt $N = 10.000$ Stück. Eine 100 %ige Kontrolle ist aus wirtschaftlichen Gründen ausgeschlossen. Trotzdem wird eine scharfe Prüfung festgelegt, indem entschieden wird, für Stichproben von 100 Baugruppen lediglich $k = 2$ fehlerhafte Baugruppen zu akzeptieren. Anderenfalls ist das Los 100 %ig zu prüfen.
Wie groß ist die Annahmewahrscheinlichkeit p, wenn das Los tatsächlich 1 % Ausschuss ($p = 0,01$) enthält?
Bei Verwendung der Binomialverteilung ergibt sich:

$$W_{Ann}(p) = W(x \leq k) = \sum_{i=0}^{x} \binom{n}{i} p^i (1-p)^{n-i}$$

$$W_{Ann}(p = 0{,}01) = \sum_{i=0}^{2} \binom{100}{i} 0{,}01^{i}(1 - 0{,}01)^{n-i} = p_1 + p_2 + p_3$$

$$p_1 = \binom{100}{0} 0{,}01^{0}(1 - 0{,}01)^{100-0} = 1*1*0{,}99^{100} = 0{,}366$$

$$p_2 = \binom{100}{1} 0{,}01^{1}(1 - 0{,}01)^{100-1} = 100*0{,}01*0{,}99^{99} = 0{,}370$$

$$p_3 = \binom{100}{2} 0{,}01^{2}(1 - 0{,}01)^{100-2} = \frac{100*99}{1*2} 0{,}01^{2} 0{,}99^{98} = 0{,}184$$

$$W_{Ann}(0{,}01) = p_1 + p_2 + p_3 = 0{,}92 = 92\ \%$$

Mit $\mu = pn = 0{,}01*100 = 1$ erhält man:

$$W_{Ann}(p) = \sum_{i=0}^{k} \frac{\mu^{i}}{i!} e^{-\mu}$$

$$W_{Ann}(p = 0{,}01) \sum_{i=0}^{2} \frac{1^{i}}{i!} e^{-\mu} = p_1 + p_2 + p_3$$

$$W_{Ann}(p) = \sum_{i=0}^{k} \frac{\mu^{i}}{i!} e^{-\mu}$$

$$p_1 = \frac{1^{0}}{0!} e^{-1} = \frac{1}{1} e^{-1} = e^{-1}$$

$$p_2 = \frac{1^{1}}{1!} e^{-1} = \frac{1}{1} e^{-1} = e^{-1}$$

$$p_3 = \frac{1^{2}}{2!} e^{-1} = \frac{1}{2} e^{-1} = \frac{1}{2} e^{-1}$$

$$W_{Ann}(p = 0{,}01) = 2{,}5 e^{-1} = 0{,}92$$

Voraussetzungen zur Anwendung der Poisson-Verteilung sind:

- kleiner Stichprobenumfang n im Vergleich zur Los- bzw. Auftragsgröße N und
- kleiner Ausschussanteil p.

Die Operationscharakteristik bildet die Grundlage der statistischen Qualitätskontrolle für die Attributprüfung. Es wird eine maximal zulässige Anzahl fehlerhafter Teile einer Stichprobe festgelegt, die so genannte Annahmezahl.

Grundlage eines Stichprobenplans ist ein statistischer Test mit der Nullhypothese $p \leq p_0$ → das Los wird angenommen (*gut*) und der Gegenhypothese $p > p_0$ → das Los wird abgelehnt (*schlecht*). Im Gegensatz zur bisher praktizierten Vorgangsweise (vorgegebenes n und Signifikanzniveau α) verlangt man von diesem Test Folgendes:

a. Sehr gute Lose $p \leq p_0 \leq p_u$ sollen fast immer angenommen bzw. höchstens mit der (kleinen) Wahrscheinlichkeit α (i. Allg. = 0,1, 0,05, 0,01) *irrtümlich* abgelehnt werden. p_1 heißt *Gutgrenze*[9], α ist das *Lieferantenrisiko*.

b. Sehr schlechte Lose $p \geq p_0 \geq p_u$ sollen fast immer abgelehnt bzw. höchstens mit der (kleinen) Wahrscheinlichkeit β (i. Allg. = 0,1, 0,5) *irrtümlich* angenommen werden. p_2 heißt Schlechtgrenze[10], β nennt man *Abnehmerrisiko*.

Die Festlegung von p_1, p_2, α und β erfolgt i. Allg. nach wirtschaftlichen Gesichtspunkten. Die Vorgabe dieser Werte in Verbindung mit der Forderung nach kleinstmöglichem Stichprobenumfang n legt den Test und damit auch den Stichprobenplan eindeutig fest. Die beiden Punkte $\text{I} = (p_1, 1 - \alpha)$ und $\text{II} = (p_2, \beta)$ sind für praktische Zwecke ausreichend und können durch einfache, mehrfache und sequentielle Stichprobenpläne realisiert werden.

5.2.2 Wichtige kontinuierliche Verteilungen

5.2.2.1 Die Exponentialverteilung

Die Dichtefunktion der Exponentialverteilung ist eine inverse vom Anfangswert monoton fallende Funktion. Die Exponentialverteilung beschreibt somit ein Ausfallverhalten, bei dem zu Beginn eine relativ hohe Ausfallhäufigkeit zu beobachten ist, die sich dann kontinuierlich verringert (Abb. 5.16). Den Funktionsverlauf bestimmt der Parameter λ, der auch als Ausfallrate bezeichnet wird. λ ist der Kehrwert des Erwartungswerts t_M.

$$\lambda = \frac{1}{t_M} \tag{5.41}$$

Es gelten die folgenden Zusammenhänge:
Dichtefunktion (s. Abb. 5.17)

---

[9] engl.: *acceptable quality level, AQL*

[10] engl.: *limiting quality, LQ*

Abb. 5.16 Verläufe der
Wahrscheinlichkeitsdichte bei
verschiedenen Parametern λ

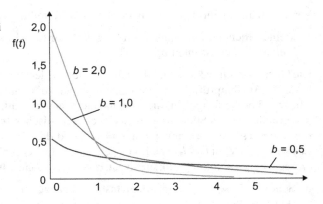

Abb. 5.17 Kurvenverläufe
der Überlebenswahrschein-
lichkeit $R(t)$ in Abhängigkeit
verschiedener Parameter λ

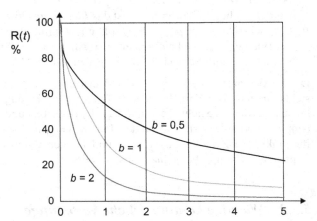

$$f(t) = \lambda e^{-\lambda t} \tag{5.42}$$

Ausfallwahrscheinlichkeitsfunktion

$$F(t) = 1 - e^{-\lambda t} \tag{5.43}$$

Überlebenswahrscheinlichkeit

$$R(t) = e^{-\lambda t} \tag{5.44}$$

Wesentliches Kennzeichen der Exponentialverteilung ist eine konstante Ausfallrate
(Abb. 5.18). Das bedeutet, dass die Zahl der Ausfälle über den untersuchten Zeitraum
gleich bleibt. Die Exponentialverteilung eignet sich daher zur Beschreibung von
Zufallsausfällen und analog der Normalverteilung somit für eine bestimmte Art von
Ausfällen.

Abb. 5.18 Verlauf der
Ausfallrate $\lambda(t)$

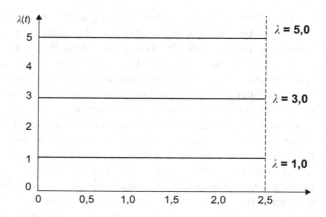

Das Ausfallverhalten beginnt mit einer großen Ausfallhäufigkeit und verringert sich dann ständig. Ein derartiges Ausfallverhalten ist in technischen Bereichen eher selten zu beobachten.

Ausfallrate

$$\lambda(t) = konst. \tag{5.45}$$

t statistische Variable (Betriebszeit, Lastwechsel, Anzahl der Forderungen/Bestätigungen)
λ Lage und Formparameter

Das Ausfallverhalten von Betrachtungseinheiten bei exponentiell verteilten Betriebszeiten beginnt mit einer großen Ausfallhäufigkeit und verringert sich dann nach und nach. Ein derartiges Ausfallverhalten ist in technischen Bereichen eher selten zu beobachten.

5.2.2.2 Die Weibull-Verteilung

Zielsetzung

- Kurze historische Einführung zum Verständnis der speziellen Eigenschaft der Weibull-Verteilung als Extremwertverteilung für *„Weakest-Link-Situationen"* (schwächstes Bauglied)
- Dichte und Summenfunktion
- Das Weibull-Netz und seine Verwendung der Parameterbestimmung
- Herausarbeitung des Zusammenhangs zwischen der Steigung der Summenfunktion, der Ausfallrate und möglichen Ausfallmechanismen

Historisches 1951 fand der schwedische Werkstoffkundler WALODDI WEIBULL heraus, dass sich die Summenfunktion der ertragbaren Lastwechsel bei Dauerschwingversuchen in einem speziellen Wahrscheinlichkeitsnetz als Gerade darstellen lässt[11].

---

[11] W. Weibull: *„A statistical distribution function of wide applicability"* in: Journal of Appl. Mechanics, 18: 293–297 Royal Institute of Technology, Stockholm, Sweden, 1951

WEIBULL bewies damit die sehr gute Eignung dieser Verteilung, die Lebensdauern von Proben und Bauteilen unter schwingender Belastung bei einem gewissen Lastniveau als Wahrscheinlichkeitsgesetz zu beschreiben.

Bei seiner Suche stieß WEIBULL auf ein Netz, das schon seit langem in der Farbindustrie und anderen Bereichen zur Beschreibung der Korngrößenverteilungen von Mahlgütern Verwendung fand. Die nach ihm benannte Verteilung hat seither weite Verbreitung gefunden. WEIBULL konnte zeigen, dass seine Verteilung eine so genannte asymptotische Extremwertverteilung ist. Technische Bauteile weisen Fehlstellen auf, die bei hinreichend langer Schwingbelastung oberhalb eines gewissen Lastniveaus zum Ausfall führen. Letztlich führt der größte Fehler oder die größte Schwachstelle zum Ausfall. Tatsächlich zeigen Dauerschwingproben fast immer mehrere unterschiedlich weit fortgeschrittene Anrisse. Der am weitesten fortgeschrittene Anriss führt zum Versagen des Bauteils. Im Fall von Dauerbrüchen bei Bauteilen aus Metall entspricht das dem größten und am schnellsten wachsenden Mikroriss. Dies ist mit einer Kette aus gleichartigen Elementen zu vergleichen, deren Reißfestigkeit einer bestimmten Verteilung unterliegt. Unter Belastung bricht sie am schwächsten Glied.

Insbesondere „*Weakest-Link-Konzepte*" für Lebensdauern, Festigkeiten u. a. mechanische Kennwerte lassen sich besonders gut durch eine Weibull-Verteilung beschreiben.

Die Weibull-Verteilung ist auf Grund ihrer Form, die von symmetrisch bis schief reicht, sehr anpassungsfähig.

Mathematische Grundlagen

Ausfallwahrscheinlichkeitsfunktion

$$W(\underline{t} \leq t) = F(t) = 1 - e^{\left(\frac{t}{a}\right)^{b}} \quad \text{mit} \quad b > 0, a > 0, 0 \leq t < \infty \qquad (5.46)$$

a Maßstabsparameter
b Formparameter

Dichtefunktion

$$f(\underline{t}) = \left(\frac{b}{a}\right)\left(\frac{t}{a}\right)e^{\left(\frac{t}{a}\right)^{b}} \qquad (5.47)$$

Erwartungswert

$$E(t) = a\Gamma\left(1 + \frac{1}{b}\right) \qquad (5.48)$$

Varianz

$$Var(\underline{t}) = a^{2}\left\{\Gamma\left(1 + \frac{2}{b}\right) - \left[\Gamma\left(1 + \frac{1}{b}\right)\right]^{2}\right\} \qquad (5.49)$$

Abb. 5.19 Kurvenverläufe der Wahrscheinlichkeitsdichte bei verschiedenen Formparametern b

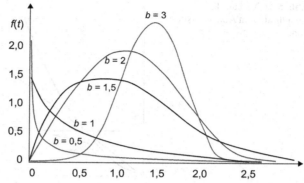

Abb. 5.20 Kurvenverläufe der Überlebenswahrscheinlichkeit $R(t)$ in Abhängigkeit von verschiedenen Formparametern b der Weibull-Verteilung

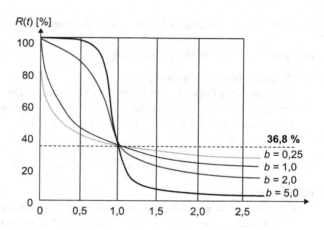

Im Weibull-Wahrscheinlichkeitsnetz lässt sich jede (zweiparametrische) Summenfunktion als Gerade darstellen. Dazu bildet man den Kehrwert der Überlebenswahrscheinlichkeitsfunktion $1-F(t)$ und logarithmiert zweimal:

$$\ln\{-\ln[1 - F(t)]\} = b \ln\left(\frac{t}{a}\right) \tag{5.50}$$

oder

$$\ln\{-\ln[1 - F(t)]\} = b \ln t - b \ln a = bx + a \tag{5.51}$$

Es handelt sich um eine Geradengleichung in einem Netz mit logarithmisch geteilter Abszisse und einer Ordinate, die nach $\ln(-\ln(1-F(t)))$ geteilt ist, da $b\ln a$ eine Konstante ist (Abb. 5.19, 5.20).

Abb. 5.21 Verlauf der
Ausfallrate λ in Abhängigkeit
vom Formparameter *b*

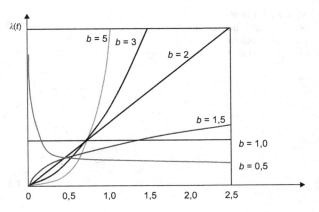

Bestimmung der Parameter *b* und *a* im Wahrscheinlichkeitsnetz

Zweiparametrische Weibull-Verteilung

a) *Charakteristische Lebensdauer*
   Die charakteristische Lebensdauer *a* erhält man, indem man in Höhe des Ordina-
   tenwerts von 63,2 % horizontal bis zur Ausgleichsgeraden geht und nach unten
   den Wert *a* abliest. Ersetzt man *t* durch *a*, ergibt sich

$$F(a) = 1 - e^{-\left(\frac{a}{a}\right)^b} = 1 - e^{-1} = 0{,}632 \tag{5.52}$$

b) *Formparameter*
   Den Formparameter (Steigung) erhält man, indem man die empirische Weibull-
   Gerade parallel in den Pol verschiebt und auf der rechten Skala den Formpara-
   meter b abliest.

Andere Verteilungen können entweder als Sonderform der Weibull-Verteilung angesehen oder durch die Weibull-Verteilung angenähert werden. Nur der Formparameter
b differenziert die Verteilung:

$b = 1$	Exponentialverteilung (Sonderfall $b = 1$)
$1{,}5 \leq b \leq 3$	Logarithmische Normalverteilung
$b = 2$	Rayleigh-Verteilung
$3{,}1 \leq b \leq 3{,}6$	Logarithmische Normalverteilung
$b \approx 3{,}6$	Normalverteilung

Damit ist die Form der Weibull-Verteilung von den zwei Parametern *a* und *b* abhängig.
   Ausfallrate (Abb. 5.21)

$$\lambda(t) = \frac{f(t)}{R(t)} = \frac{b}{a}\left(\frac{t}{a}\right)^{b-1} \tag{5.53}$$

Abb. 5.22 Wellenprobe
(Maße in mm)

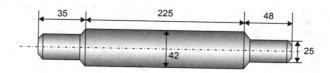

Tab. 5.15 Lebensdauerdaten
von Stahlwellen

i	Klassenbreite (TLW)	n_i	Σn_i	$F_{emp}(x_i)$ (%)
1	0–200	2	2	5,7
2	200–300	1	3	8,6
3	300–400	1	4	11,4
4	400–500	1	5	14,3
5	500–600	3	8	22,9
6	600–700	1	9	25,7
7	700–800	4	13	37,1
8	800–900	1	14	40,0
9	900–1000	3	17	48,6
10	1000–1200	1	18	51,4
11	1200–1400	5	23	65,7
12	1400–1600	2	25	71,4
13	1600–1800	3	28	80,0
14	1800–2000	1	29	82,9
			6 *Durchläufer*	

Für die Weibull-Verteilung ist es gängige Praxis geworden, die Messwerte medi-
angetreu in das Wahrscheinlichkeitsnetz einzutragen, anstatt wie beim Gaußschen
Wahrscheinlichkeitsnetz erwartungstreu. Der i-te Punkt (x_i), $F_{emp}(x_i)$ der geordneten
Stichprobe wird über x_i gemäß Formel (5.54) in das Netz eingetragen.

$$F_{empir}(x_i) = \frac{i - 0,3}{n + 0,4} * 100\ \% \tag{5.54}$$

Beispiel 5.13: Ermittlung der Ausfallwahrscheinlichkeit einer Stahlwelle

Dauerschwingversuche von Stahlwellen Im Rahmen eines Dauerschwingbela-
stungstests von Stahlwellenproben wurde festgestellt, dass die Amplitude weit über
der maximalen Schwingbelastung des späteren Einsatzbereichs der Wellen lag. Von
insgesamt 35 angefertigten Proben versagten 29 bis zum maximal vorgesehenen
Testwert von 2 Mio. Lastwechseln (Abb. 5.22).

$$F_{emp}(2,0) = \frac{\sum\limits_{i=1}^{9} n_i - 0,3}{n_{ges} + 0,4} = \frac{17 - 0,3}{35 + 0,4} = 0,4718 = 47,2\ \%$$

Die Wahrscheinlichkeit, 1 Mio. LW zu erreichen, beträgt 47,2 %. 6 Proben haben den Versuch von 2 Mio. Lastwechseln überstanden. Sie werden als Durchläufer
bezeichnet. Die Testwerte der Proben sind der Tab. 5.15 zu entnehmen (s. Abb. 5.23).
Weitere Ausführungen zur Weibull-Verteilung enthält Kap. 6.2.

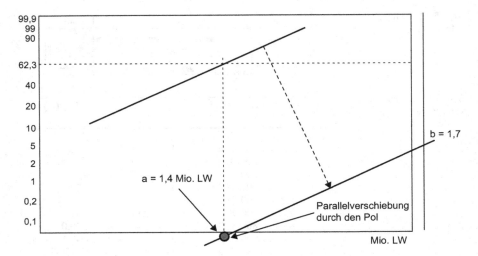

Abb. 5.23 Empirische Weibull-Verteilung aus dem Rechenbeispiel

5.2.2.3 Anpassungstest im Fall einer Stichprobe

Allgemeines

Die Parameter der Grundgesamtheit sind i. d. R. unbekannt. Mit einer Zufalls-stichprobe sollen Aussagen erzielt werden, die es gestatten, Erkenntnisse aus der Stichprobe auf die unbekannte Grundgesamtheit zu beziehen (*Repräsenta-tionsschluss* bzw. *indirekter Schluss*). Da jede Zufallsstichprobe nicht mit der Grundgesamtheit identisch ist, sondern nur eine zufällige Auswahl von Untersu-chungseinheiten der Grundgesamtheit darstellt, können die stichprobenbasierten Statistiken auch zufällig von den tatsächlichen (wahren) Parametern der Grundge-samtheit, abweichen. Diese Abweichungen bezeichnet man als *Stichprobenfehler* (engl. *sampling error*). Daher sind die berechneten Stichprobenergebnisse nur mehr oder weniger gute *Schätzwerte* (engl. *estimate*) der tatsächlichen Parameter. Die Me-thode der Berechnung von Schätzwerten bezeichnet man als *Schätzverfahren* (engl. *estimation procedure*).

Es werden zwei Arten von Schätzungen unterschieden:

a. Mangels anderer Informationen kann die in der Stichprobe berechnete Statistik als bester Schätzer für den tatsächlichen Parameter der Grundgesamtheit verwen-det werden. Die Vorhersage eines solchen konkreten Werts bezeichnet man als *Punktschätzung*.

b. Da Punktschätzungen zufällig von den tatsächlichen Parametern der Grundge-samtheit abweichen können, kann man auch alternativ einen Bereich benennen, in dem man den wahren Wert mit einer bestimmten Wahrscheinlichkeit vermu-tet. Dieser Wertebereich wird als *Konfidenzintervall* bezeichnet. In diesem Fall spricht man von einer *Intervallschätzung*.

Es gibt unterschiedliche Verfahren, wie man zu Punkt- oder Intervallschätzungen gelangen kann. Beispiele sind die *Momenten-*, die *Kleinste-Quadrate-* und die *Maximum-Likelihood-Methode*. Generell erwartet man von einem „guten" Schätzverfahren, dass

1. seine Schätzungen zumindest im Durchschnitt mit den tatsächlichen Parametern überein stimmen (Kriterium der *Erwartungstreue*),
2. sie im Einzelfall möglichst wenig von den tatsächlichen Parametern abweichen (Kriterium der Effizienz),
3. Das Verfahren zur Berechnung der Schätzwerte alle Informationen der Stichprobe berücksichtigt (Kriterium der *Suffizienz*). Fällt mit zunehmendem Stichprobenumfang der jeweilige Schätzwert mit dem tatsächlichen Wert der Grundgesamtheit zusammen, dann spricht man von einer *konsistenten* Schätzung.

Die Anpassungstests vergleichen eine Zufallsstichprobe aus einer Grundgesamtheit mit einer hypothetischen Verteilung und stellen fest, ob sich die beiden Verteilungen signifikant unterscheiden. Dabei wird der gesamte Verlauf der Dichte oder der Summenfunktion zur Beurteilung herangezogen.

Zweckmäßigerweise unterscheidet man zwischen Anpassungstests, bei denen die empirische Verteilung mit einer genau spezifizierten hypothetischen Verteilung verglichen oder untersucht wird, ob sie zu einem bestimmten Verteilungstyp passen kann. Dies könnte beispielsweise ein Test auf Weibull-Verteilung sein. Das graphische Verfahren wurde am Beispiel 5.13 kurz erläutert. Man spricht von einem Test auf nicht genau spezifizierte Verteilung oder von einer zusammengesetzten Teilhypothese.

Das Konfidenzintervall (auch Vertrauensbereich oder Mutungsintervall genannt) sagt etwas über die *Präzision* der Lageschätzung eines Parameters (zum Beispiel eines Mittelwertes) aus. Das Vertrauensintervall schließt einen Bereich um den geschätzten Wert des Parameters ein, der – vereinfacht ausgedrückt – mit einer zuvor festgelegten Wahrscheinlichkeit die wahre Lage des Parameters trifft. Ein Vorteil des Konfidenzintervalls gegenüber der Punktschätzung[12] eines Parameters ist, dass man an ihm direkt die Signifikanz ablesen kann. Ein zu breites Vertrauensintervall weist auf einen zu geringen Stichprobenumfang hin. Entweder ist die Stichprobe tatsächlich „klein" oder das untersuchte Phänomen ist so variabel, dass nur durch eine unrealistisch große Stichprobe ein Konfidenzintervall von akzeptabler Breite erreicht werden könnte. Abbildung 5.24 zeigt die graphische Ermittlung des Vertrauensbereichs, indem ein Annahmeschlauch um die Weibull-Gerade gelegt wird. Dazu kann das Wahrscheinlichkeitspapier von HENNIG-HARTMANN verwendet werden.[13]

Definition des Begriffs Konfidenzschätzung Die Aufgabe besteht darin, für einen unbekannten Parameter einer Verteilung anhand von Stichproben ein Intervall

---

[12] Die Aufgabe besteht darin, anhand einer Stichprobe Näherungswerte für eine unbekannte Verteilungsfunktion oder deren Parameter zu finden. Ein solcher Näherungswert wird als *Schätzwert* bezeichnet. Im Gegensatz zur Punktschätzung liefert eine *Konfidenzschätzung* neben den Schätzwerten auch Aussagen bezüglich der Sicherheit und der Genauigkeit der Schätzung.

[13] Vgl. Eichler 1990, S. 105, s. auch Eichler und Schiroslawski 1971.

Abb. 5.24 Ermittlung des Annahmeschlauchs der Weibull-Verteilung. (Verteilung im Wahrscheinlichkeitsnetz mit dem Wahrscheinlichkeitspapier von Hennig-Hartmann, für jede Lastwechselzahl LW kann die Zuverlässigkeit der Welle berechnet werden)

$$R(LW) = e^{\left(\frac{LW}{1,4}\right)^{1,7}}$$

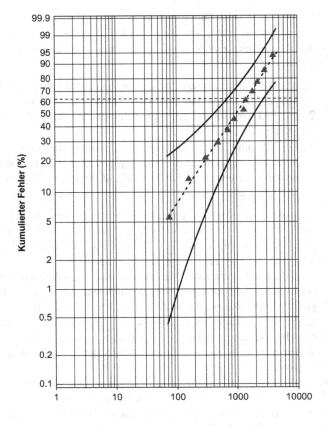

anzugeben, in dem der Parameter mit einer möglichst großen Wahrscheinlichkeit p liegt. Ein solches Intervall heißt Konfidenzintervall oder Vertrauensintervall und seine Grenzen Konfidenzgrenzen. Die Länge des Konfidenzintervalls ist ein Maß für die Genauigkeit der Schätzung: Je kleiner das Intervall, umso genauer ist die Schätzung. Die gewünschte Wahrscheinlichkeit α mit der der wahre Wert tatsächlich im Konfidenzintervall liegt, heißt Konfidenzniveau und die Wahrscheinlichkeit $1 - \alpha$ Irrtumswahrscheinlichkeit. Das Konfidenzniveau bestimmt also die Sicherheit der Schätzung. Die Aussagen über Genauigkeit und Sicherheit der Schätzung unterscheiden eine Konfidenzschätzung von einer Punktschätzung.

Der χ^2-Anpassungstest

Es wird eine diskrete Zufallsvariable $\underline{x}$ mit k Ausprägungen, d. h. mögliche Realisationen $x_1, \ldots x_k$ vereinbart. Diese Zufallsvariable hat die vollständig bestimmte diskrete Dichte

$$p_i (i = 1, \ldots, k) \ mit \ \sum_{i=1}^{k} p_i = 1 \tag{5.55}$$

Tab. 5.16 χ^2-Anpassungstest

Mit Aussagesicherheit $S=1-\alpha$ wird H_0 zu Gunsten von H_1 abgelehnt

Die Zufallsstichprobe stammt aus einem Kollektiv mit gegebener Dichte p_i bzw. $f(x)$ oder Summenfunktion Σp_i bzw. $F(x)$	Die Zufallsprobe stammt aus einem anders verteilten Kollektiv	$\underline{\chi}^2 = \sum_{i=1}^{k} \dfrac{(n_i - n p_i)}{n p_i} > \underline{\chi}_{k-1;1-\alpha}^2$

n_i tatsächliche Anzahl der Messwerte in der i-ten Klasse der Stichprobe
$h_i = n p_i$ zu erwartende absolute Häufigkeit in der i-ten Klasse (diskreter Fall)
$h_i = [F(\xi_i) - f(\xi_{i-1})]\, n$ bei gegebenen $f(x)$ oder $F(x)$ (kontinuierlicher Fall)
$n = n_1 + n_2 + \ldots + n_k =$ Gesamtstichprobenumfang

Betrachtet wird eine Stichprobe vom Umfang n. n_i ist die absolute empirische Häufigkeit der i-ten Ausprägung, d. h. die Anzahl derjenigen Werte unter den n der Stichrobe, die ihre i-te Ausprägung aufweisen. Dann lässt sich zeigen, dass die Zufallsvariable

$$\underline{\chi}^2 = \sum_{i=1}^{k} \frac{(n_i - n p_i)}{n p_i} \approx \underline{\chi}_{k-1}^2 \qquad (5.56)$$

für wachsenden Stichprobenumfang $n \to \infty$ nach χ^2 mit $f = k - 1$ Freiheitsgraden strebt. Für endlichen Stichprobenumfang ist χ^2 angenähert nach der bekannten Helmert-Pearsonschen χ^2-Verteilung verteilt. Dies nutzt der χ^2-Anpassungstest aus, der sich auf einen Anpassungstest für kontinuierliche Verteilung erweitern lässt. Dazu wird ein Definitionsbereich der Zufallsvariablen in k Klassen eingeteilt und dort bei bekannter Dichte $\phi(x)$ die in jeder der k Klassen zu erwartende Häufigkeit bestimmt, wobei $\xi_0, \ldots, \xi_k$ die Klassengrenzen darstellen. n_i ist die empirisch bestimmte absolute Häufigkeit in der i-ten Klasse und $h_i = n p_i$ die zu erwartende hypothetische Häufigkeit in der i-ten Klasse, h_i muss dabei nicht ganzzahlig sein.

Faustregel: Für $k = 2$ müssen beide zu erwartenden Häufigkeiten $h_i = n p_i > 5$ sein. Für $k > 2$ muss jede der zu erwartenden Besetzungszahlen $h_i = n p_i > 1$ sein und nur 20 % der h_i dürfen kleiner fünf sein (Tab. 5.16).

Der Kolmogorow–Smirnow-Test (K-S-Test)

Mit Hilfe des Tests von Kolmogorow und Smirnow lässt sich die Anpassung einer beobachteten an eine theoretisch erwartete Verteilung prüfen. Die Nullhypothese besagt, dass die Stichprobe zur genannten Verteilung gehört. Die Alternativhypothese sagt aus, dass die angenommene Wahrscheinlichkeitsverteilungsfunktion der zugrunde liegenden Funktion nicht entspricht (Art der Funktion und/oder Parameter sind falsch).

Das Prinzip des K-S-Tests ist sehr einfach. Die maximale Differenz zwischen der angenommenen kumulativen Dichtefunktion und der zu untersuchenden Stichprobe wird verwendet, um zu entscheiden, ob die Stichprobe zur Verteilung gehört oder nicht.

Tab. 5.17 Konfidenzintervalle bei D_{max} (für $n > 35$). (Sachs 1992, S. 427 ff)

Signifikanz-Niveau α	Schranken für $\hat{D}$
0,20	1,073
0,15	1,138
0,10	1,224
0,05	1,358
0,02	1,520
0,01	1,628
0,05	1,731
0,001	1,949

Gegeben ist eine Zufallsstichprobe aus einer Grundgesamtheit. Für die Null-Hypothese hat diese Grundgesamtheit die Summenfunktion $\Phi_0(x)$. Dieser Test ist verteilungsunabhängig. Er entspricht dem χ^2-Anpassungstest. Besonders wenn kleine Stichprobenumfänge vorliegen, entdeckt der K-S-Test eher Abweichungen von der Normalverteilung. Verteilungsirregularitäten können besser mit dem Chi-Quadrat-Anpassungstest nachgewiesen werden, mit dem K-S-Test eher Abweichungen in der Verteilungsform. Der K-S-Test ist für die Bestätigung oder Ablehnung der Hypothese geeignet, dass eine bekannte Verteilung, beispielsweise eine Weibull-Verteilung, vorliegt.

Testvoraussetzung Kontinuierliche Verteilung der Grundgesamtheit, Stichprobengröße $n \geq 5$.

Testablauf Man bestimmt die unter der Nullhypothese erwarteten absoluten Häufigkeiten E, bildet die Summenhäufigkeiten dieser Werte F_E und der beobachteten absoluten Häufigkeiten F_B, bildet die Differenzen und dividiert zur Bestimmung des Prüfquotienten die absolut größte Differenz $F_B - F_E$ und dividiert die absolut größte Differenz durch den Stichprobenumfang n. Es geht also um die Bestätigung oder Ablehnung der Hypothese, dass eine Weibull-Verteilung vorliegt.

Dazu werden die Ausfallwahrscheinlichkeiten der erwarteten (hypothetischen) Verteilung F_E und die Werte der beobachteten (empirischen) Verteilung F_B ermittelt:

$$F_E(t) = 1 - e^{-\left(\frac{t}{a}\right)^B} \tag{5.57}$$

Als Testgröße für relative Häufigkeiten gilt:

$$D = \max[F_B - F_E] \tag{5.58}$$

Der Prüfquotient

$$\hat{D} = \frac{\max[F_B - F_E]}{n} \tag{5.59}$$

wird für die Stichprobenumfänge $n > 35$ anhand folgender kritischer Werte beurteilt: Ein beobachteter D-Wert, der den Tabellenwert erreicht oder überschreitet, ist auf dem entsprechenden Niveau statistisch signifikant (Tab. 5.17). Für andere Werte α erhält man den Zähler der Schranke als einen beobachteten D-Wert, der

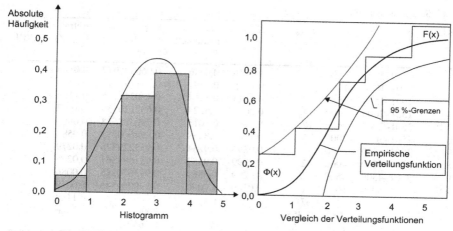

Abb. 5.25 KOLMOGOROW-SMIRNOW-Anpassungstest

den Tabellenwert erreicht oder überschreitet. Er ist auf dem entsprechenden Niveau statistisch signifikant. Für andere α-Werte erhält man den Zähler der Schranke wie folgt:

$$D_{1-\alpha;n} = \sqrt{\frac{-\ln\alpha}{2n}}$$

z. B.: $\alpha = 0,05$ $\ln(0,05/2) = -3,68$

$$K_{1-\alpha;n} = \sqrt{\frac{-\ln 0,05}{2n}} = \frac{\sqrt{(-\ln (0,05)/2}}{\sqrt{n}} = \frac{1,22}{\sqrt{n}}$$

Die Verteilungshypothese wird bestätigt, wenn $D < K_{n,\alpha}$ gilt. Damit kann mit einer Irrtumswahrscheinlichkeit von 5 % angenommen werden, dass eine erwartete Verteilung, beispielsweise eine Weibull-Verteilung vorliegt. Kann die Verteilungshypothese nicht angenommen werden, wird zur Planung der Ausfallmethode übergegangen.

Für den KOLMOGOROW-SMIRNOW-Test wird vorausgesetzt, dass das erste und zweite Moment der Referenzverteilung (Mittelwert und Standardabweichung im Fall der Normalverteilung) exakt bekannt sind. Diese Forderung ist in der Praxis selten erfüllt, da man meist die beiden Parameter aus der Stichprobe schätzt. In diesem Fall ist der K-S-Test zu konservativ, d. h. das tatsächliche Signifikanzniveau ist niedriger als das vorgegebene (s. Abb. 5.25). Die Nullhypothese wird also weniger oft abgelehnt als es theoretisch möglich wäre. Abhilfe schafft hier eine Änderung der kritischen Grenzen nach LILLIEFORS (Kolmogorow-Smirnow-Lillieforce-Test).[14]

---

[14] Lilliefors-Test: ist ein statistischer Test, mit dem die Häufigkeitsverteilung der Daten einer Stichprobe auf Abweichungen von der Normalverteilung untersucht werden kann. Er basiert auf einer

Tab. 5.18 Beispielwerte

Klasse	Δt	t	H_{abs}	H_{rel}	Summen-häufigkeit $F_{67}(z)$	Hyp. Vert.-fkt. $F_{67}(t)$	Betrag $IF_{67}(Z)-F_{67}(t)I$
1	0–500	500	5	0,0746	0,0746	0,060586937	0,0140
2	501–1000	1000	7	0,1045	0,1791	0,221199217	0,0421
3	1001–1500	1500	9	0,1343	0,3134	0,430217175	0,1168
4	1501–2000	2000	14	0,209	0,5224	0,632120559	0,1097
5	2001–2500	2500	12	0,1791	0,7015	0,790388613	0,0889
6	2501–3000	3000	9	0,1343	0,8358	0,894600775	0,0588
7	3001–3500	3500	6	0,0896	0,9254	0,953229378	0,0279
8	3501–4000	4000	2	0,0299	0,9552	0,981684361	0,0265
9	4001–4500	4500	2	0,0299	0,9851	0.993670285	0,0086
10	4501–5000	5000	1	0,0149	1,0000	0,998069546	0,0019
			67			$b=$ 2	0,1168
		$Z=$	1,358			$a=$ 2000	=>Max
		$K_a=$	0,16591			$K_{n;a}=$ 0,1659	

5.2.2.4 Ausgewählte Beispiele

Test auf Weibull-Verteilung

Die Weibull-Verteilung spielt in der Zuverlässigkeitstechnik eine hervorragende Rolle.

$$F(x) = 1 - e^{-\left(\frac{t-c}{a-c}\right)^b}$$

Benötigt werden die Parameter a und b. Wenn eine ausfallfreie Zeit feststellbar ist, wird der Parameter c für die ausfallfreie Zeit (z. B. LKW-Getriebe) herangezogen.

Nullhypothese: Die Stichprobe stammt aus einer Weibull-verteilten Grundgesamtheit, deren Parameter bekannt sind. Sie wird zurückgewiesen zu Gunsten der Gegenhypothese.

Gegenhypothese: Die Stichprobe stammt nicht aus einer Weibull-verteilten Grundgesamtheit, wenn gilt:

$$K_{a;n} = MAX\{|F_n(x) - E(x)|\} > D_{S;n}^{Wei} \qquad (5.60)$$

Beispiel 5.14: Bestätigung einer Verteilungshypothese (Tab. 5.18)
Bestimmung der Parameter im Weibull-Netz: $b = 2{,}0$, $a = 2.000$
Die größte Differenz D ist kleiner als $K_{n,\alpha}$
$D < K_{n,\alpha}$ → Weibull-Verteilung

$$D_{max} = 0{,}117 \qquad K_{n;0,05} = \frac{1{,}358}{\sqrt{n}} = 0{,}165$$

Die Verteilungshypothese wird bestätigt, weil $0{,}117 < 0{,}165$.

Modifizierung des Kolmogorow-Smirnow-Tests, bei dem es sich um einen allgemeinen Anpassungstest handelt, für den speziellen Anwendungsfall der Normalitätstestung. Damit ist er für den Test auf Normalverteilung besser geeignet als der Kolmogorow-Smirnow-Test, seine Teststärke ist jedoch geringer als die anderer Normalitätstests. Benannt nach Hubert Lilliefors, der ihn 1967 erstmals beschrieb.

Tab. 5.19 Ausschussanteile p in % bei Wellen einer Qualitätsklasse in verschiedenen Losen

0,06	0,116	0	Klasse		n_i	Σn_i	x	$F_n(x)$	$F_0(x)$	$|D|$
1,6	0,212	0,05	0-0,5	ЖHГ ЖHГ ЖHГ ЖHГ ЖHГ IIII	29	29	0,50	0,6744	0,1	0,5744
0,04	0,058	0,05	0,5-1	ЖHГ	5	34	1,00	0,7907	0,2	0,5907
3,2	0,222	1,15	1-1,5	III	3	37	1,50	0,8605	0,3	0,5605
0,98	1,342	0	1,5-2	II	2	39	2,00	0,9070	0,4	0,5070
0,078	3,165	0,26	2-2,5		0	39	2,50	0,9070	0,5	0,4070
0,02	3,208	3,59	2,5-3		0	39	3,00	0,9070	0,6	0,3070
0,338	0,016	0,07	3-3,5	III	3	42	3,50	0,9767	0,7	0,2767
0,521	0,035	0,82	3,5-4	I	1	43	4,00	1,0000	0,8	0,2000
0,018	0	0,1	4-4,5		0	43	4,50	1,0000	0,9	0,1000
0,102	0,056	0,37	4,5-5		0	43	5,00	1,0000	1	0,0000
1,187	0,077	0,08			43					0,5907

Beispiel 5.15: Test auf Gleichverteilung einer Stichprobe

Aus 43 Losen Stahlwellen wurden zum Zwecke eines generellen Überblicks über die Fertigungsgüte größere Mengen an Festigkeitsproben gegossen und getestet. Jedes Los stellt einen gewissen Produktionsabschnitt dar und für jeden dieser Produktionsabschnitte wurde derjenige Anteil berechnet, dessen Festigkeit unterhalb der Nennfestigkeit zu erwarten ist (Ausschussanteil p).

Im Rahmen der Normabsprachen ging eine Verhandlungsseite intuitiv davon aus, dass jeder Ausschussanteil in einem Los mit der gleichen Wahrscheinlichkeit auftritt. Dies würde bedeuten, dass die Ausschussanteile (zumindest bis zu einem maximalen Ausschussanteil p_{max}) gleichverteilt auftreten, also die hypothetische Verteilung $F_0(x)$ die Summenfunktion einer Gleichverteilung ist. Gewählt werden $p_{max} = 5$ %, weil gemäß Normung dieser Ausschussanteil nur noch mit 0 % Annahmewahrscheinlichkeit die Stichprobenprüfung passiert (Tab. 5.19).

Der Chi²-Test ist nicht anwendbar. Die Testsicherheit soll 95 % betragen. Als Gegenhypothese wird Gleichverteilung angenommen. Für $n = 43$ und $S = 1 - \alpha = 0,95$ ergibt sich folgende Testschranke:

$$D_{1-\alpha;n} = \frac{1,36}{\sqrt{n}} = \frac{1,36}{\sqrt{46}} = 0,207$$

Die Testschranke beträgt 0,207 und ist somit kleiner als $|\Delta| = 0,591$. Die Stichprobe ist somit nicht gleich verteilt:

$$K_\alpha > D_{1-\alpha;n} = \frac{1,36}{\sqrt{n}} = \frac{1,36}{\sqrt{46}} = 0,207 < 0,591$$

Test auf Exponentialverteilung

Die Exponentialverteilung tritt sehr häufig im Zusammenhang mit Zuverlässigkeitsuntersuchungen auf. Sie ist ein Spezialfall der Weibull-Verteilung (für $b = 1$). Das weist auch auf die hohe Anpassungsfähigkeit der Weibull-Verteilung hin.

Tab. 5.20 Test auf Exponentialverteilung

Die zusammengesetzte Nullhypothese
„Die Stichprobe stammt aus einer exponentiell verteilten Grundgesamtheit" wird abgelehnt mit
der Aussagesicherheit S $= 1 - \alpha$ zu Gunsten der

Gegenhypothese:	wenn für $K_{\alpha,n} = \underset{x}{MAX}\{\,\lvert F_n(x) - E(x\,\lvert\lambda\rvert\,)\rvert\,\}$ gilt		
Die Grundgesamtheit ist nicht exponentiell verteilt	$K_{\alpha,n} > D_{S;n}^{Exp} = \dfrac{Z_S^{Exp}}{\sqrt{n}+0{,}26+\dfrac{0{,}5}{\sqrt{n}}} + \dfrac{0{,}2}{n}$ mit		
$S = 1 - \alpha$ (%)	90	95	97,5	99
Z_S^{Exp}	0,99	1,094	1,19	1,308

Ein Formparameter $b = 1$ ist sehr häufig in der Elektrik/Elektronik anzutreffen. Grundsätzlich gilt für die Exponentialverteilung:

$$F(x) = 1 - e^{-\lambda(x-x_0)} \quad \text{mit} \quad x \le x_0 \le 0,\ \lambda > 0$$

Testablauf Spezialfall: für $x_0 = 0$ ist $\lambda = 1/T$. T ist dann *MTBF* ($=$ *Mean Time Between Failure*). Nur bei $b = 1$ ist λ konstant. Vorgehensweise wie in Beispiel 5.15.

Nullhypothese: Die Stichprobe stammt aus einer exponentiell verteilten Grundgesamtheit, deren Parameter bekannt sind. Sie wird zurückgewiesen zu Gunsten der Gegenhypothese.

Gegenhypothese: Die Stichprobe stammt nicht aus einer exponentiell verteilten Grundgesamtheit, wenn gilt:

$$K_{\alpha,n} = \underset{x}{MAX}\{\,\lvert F_n(x) - E(x\,\lvert\lambda\rvert\,)\rvert\,\} > D_{S;n}^{Exp} \qquad (5.61)$$

$F_n(x)$ ist die zu untersuchende empirische Verteilung und $E(x) = 1 - e^{\lambda t}$
Die approximativen Testschranken für den Lilliefors-Test auf Exponentialverteilung sind in Tab. 5.20 angegeben[15]:

Beispiel 5.16: Test auf Exponentialverteilung
Fünfundzwanzig gebrauchte Werkzeugmaschinen sollen im Rahmen einer Verbesserungsstrategie mit neu entwickelten elektronischen Steuerungen ausgestattet werden. Der Elektronikhersteller bietet im Rahmen des Service den kostenlosen Ersatz der in den kommenden 10 Jahren ausgefallenen Baugruppe an. Da es sich um relativ komplizierte komplexe Systeme handelt, kann man von exponentiell verteiltem Ausfallverhalten mit konstanter Ausfallrate ausgehen.
Tabelle 5.21 zeigt Laufzeiten der Elektronikbaugruppen (in Jahren) bis zum ersten Ausfall innerhalb von 10 Jahren. Insgesamt wurden 5 Ausfälle festgestellt. Die Lebensdauer der Elektroniksteuerung wurde mit 20 Jahren angegeben. Da von den 25 Steuerungen fünf ausgetauscht worden sind, handelt es sich um eine

---

[15] Vgl. Kühlmeyer 2001, S. 200.

Tab. 5.21 Rechenwerte (Beispiel 5.16)

Nr. i	Betriebsdauer x_i (a)	hyp. Summen-funktion $F(x_i) = E_i$	emp. Summenfunktion		Testwerte	
			$F(x_i) = i/n$	$F(x_i\text{-}1) =, (i\text{-}1)/n$	$|i/n\text{-}E_i|$	$|(i\text{-}1)/n\text{-}E_i|$
1	0,50	0,01980	0,040	0,000	0,021	0,0198
2	0,80	0,03149	0,080	0,040	0,049	−0,0085
3	1,80	0,06947	0,120	0,080	−0,051	−0,0105
4	2,00	0,07688	0,160	0,120	0,084	−0,0431
5	2,10	0,08057	0,200	0,160	0,12	−0,0794
6	3,40	0,12716	0,240	0,200	−0,113	−0,0728
	$n = 25$			Max $K =$	**0,120**	**0,020**
				Schranke $D_{S,n} =$	**0,008**	

unvollständige Stichprobe. Es ist aber bekannt, dass die nicht ausgetauschten Einheiten ohne Beanstandung längere Laufzeiten als 10 Jahre erreichten. Es wird eine Irrtumswahrscheinlichkeit von 5 % festgelegt.

Schranke:

$$D_{S,n}^{Ex} = D_{0,95,100}^{Exp} = \frac{Z_S^{Exp}}{\sqrt{n} + 0,26 + \dfrac{0,5}{\sqrt{n}}} + \frac{0,2}{n} = \frac{1,094}{\sqrt{50} + 0,26 + \dfrac{0,5}{\sqrt{50}}} + \frac{0,2}{50} = 0,152$$

$K_{\alpha,n} < D_{\alpha,n} = 0,113 < 0,152$

Die Nullhypothese, dass eine Exponentialverteilung vorliegt, wird nicht abgelehnt.

5.3 Verteilungsfreie Korrelationsrechnung

In der Instandhaltungspraxis steht man immer wieder vor der Fragestellung, ob zwei Zufallsgrößen miteinander korrelieren oder nicht. So ergeben sich beispielsweise bei der Bewertung des Ausfallverhaltens Fragen nach dem Zusammenhang von der Anzahl der Abnutzungspartikel in einer Ölprobe und der Nutzungsdauer oder der Streckgrenze und der Bruchdehnung im Bereich der Werkstoffforschung. Dabei soll festgestellt werden, ob eine statistische Abhängigkeit oder Unabhängigkeit besteht. Dazu kommen zwei Möglichkeiten in Betracht:

1. GAUßsche Ausgleichrechnung
   Die GAUßsche Ausgleichrechnung lässt sich bei Zahlen in der folgenden Formel darstellen:

$$y = a_0 + a_1 x \quad \text{oder} \quad y = a_0 + a_1 x + a_2 x^2 + \ldots + a_n x^n \tag{5.62}$$

Die GAUßsche Ausgleichsrechnung ist verteilungsfrei. Als Korrelationsmaß dient das Bestimmtheitsmaß. Randbedingung ist jedoch ein linearer Zusammenhang.[16]

---

[16] Vgl. Kühlmeyer 2001, S. 286.

Hier ergibt sich die Frage, ob das errechnete Bestimmtheitsmaß (Anteil der durch die Regression erklärten Anfangsvarianz) signifikant von Null verschieden ist, ob also ein statistischer Zusammenhang existiert oder nicht.

2. Pearsonscher Korrelationskoeffizient bei zwei normal-verteilten Zufallsgrößen
   Sind die beiden Größen $\underline{x}$ und $\underline{y}$ Zufallsvariablen und die Messwerte x_i und y_i ($i = 1, \ldots n$) metrisch, der Zusammenhang linear sowie $\underline{x}$ und $\underline{y}$ normalverteilt, so charakterisiert der Korrelationskoeffizient die Stärke des Zusammenhangs:

$$\rho = \frac{Cov(x,y)}{\sqrt{Var(\underline{x})}\sqrt{Var(\underline{y})}} \tag{5.63}$$

Dieser Korrelationskoeffizient wird durch den empirischen (PERSONschen) Korrelationskoeffizienten geschätzt:

$$r_p = \frac{\sum\limits_{i=1}^{n}(x_i - \bar{x})(y_i - \bar{y})}{\sqrt{\sum\limits_{i=1}^{n}(x_i - \overline{x})^2}\sqrt{\sum\limits_{i=1}^{n}(y_i - \bar{y})^2}} \tag{5.64}$$

Unter den o. g. Voraussetzungen liefert die Korrelationsrechnung für r_P Vertrauensintervalle oder Testschranken für die Überprüfung, ob die Nullhypothese

H_0: Es existiert kein statistischer Zusammenhang zwischen $\underline{x}$ und $\underline{y}$ ($\rho = 0$) oder
H_1: $\underline{x}$ und $\underline{y}$ sind statistisch abhängig ($\rho \neq 0$)

zurückzuweisen ist.

3. Spearmans Rangkorrelationskoeffezient
   Fälle, in denen der Pearsonsche Korrelationskoeffizient im verteilungsfreien Fall nicht direkt verwendbar ist, kommt Spearmans Rangkorrelationskoeffizient zur Anwendung:

$$r_p = \frac{\sum\limits_{i=1}^{n}(r_i - \bar{r})(s_i - \bar{s})}{\sqrt{\sum\limits_{i=1}^{n}(r_i - \bar{r})^2}\sqrt{\sum\limits_{i=1}^{n}(s_i - \bar{s})^2}} \tag{5.65}$$

Damit entfällt auch die Voraussetzung für die Normalverteilung. Der SPEARMANS-Rangkorrelations-Koeffizient ist verteilungsfrei. Das Modell funktioniert, wenn r_i und s_i die Ränge der Messwerte x_i und y_i sind. Im Fall zweier Zufallsvariablen $\underline{x}$ und $\underline{y}$ kann mit r_s eine Art Korrelation zwischen $\underline{x}$ und $\underline{y}$ geschätzt werden.

Beispiel 5.17: Anwendung der SPEARMANS Rangkorrelation
Bei der Entwicklung komplexer Instandhaltungsstrategien für komplette Fertigungsbereiche setzt die Verwendung von Verteilungsfunktionen Grenzen, denn die Ausfälle der Maschinen überlagern sich (Tab. 5.22).

Tab. 5.22 Ausgangswerte (Beispiel 5.17)

Baugruppe	Maschine 1	Rang	Maschine 2	Rang	Maßstab Rang	Maßstab Spannweite
1	500	7	150	8	1	> 5000 h
2	1500	5	1000	6	2	bis 5000 h
3	2500	4	2000	4	3	bis 4000 h
4	5000	2	5600	1	4	bis 3000 h
5	4300	2	3500	3	5	bis 2000 h
6	3600	3	3000	4	6	bis 1000 h
7	700	6	1200	5	7	bis 500 h
8	6000	1	4800	2	8	bis 250 h

Tab. 5.23 Berechnungsergebnisse

Baugruppe	1	2	3	4	5	6	7	8	Summe	Mittelwert
Rang r_i von Maschine 1	7	5	4	2	2	3	6	1	30	4
Rang r_i von Maschine 2	8	6	4	1	3	4	5	2	33	4
$r_i - \bar{r}$	3.25	1.25	0.25	−1.75	−1.75	−0.75	2.25	−2.75	0	
$s_i - \bar{s}$	3.88	1.88	−0.13	−3.13	−1.13	−0.13	0.88	−2.13	0	
$(r_i - \bar{r})(s_i - \bar{s})$	12.59	2.34	−0.03	5.47	1.97	0.09	1.97	5.84	30	
$(r - \bar{r})^2$	10.56	1.56	0.06	3.06	3.06	0.56	5.06	7.56	32	
$(s - \bar{s})^2$	15.02	3.52	0.02	9.77	1.27	0.02	0.77	4.52	35	
$r_S =$	0.91									

Mit Hilfe der Spearmans-Rangkorrelation besteht die Möglichkeit, die Ausfalldaten gleicher oder ähnlicher Maschinen zu vergleichen und auf Grund der Korrelation
die Ausfalldaten als relevant zu bewerten. Die Ergebnisse könnten dann ggf. auf
andere Betrachtungseinheiten übertragen werden (Tab. 5.23).

Der Wert liegt stark in der Nähe von 1. Somit besteht ein Zusammenhang zwischen
beiden Maschinen.

$$r_p = \frac{\sum_{i=1}^{n} (r_i - \bar{r})(s_i - \bar{s})}{\sqrt{\sum_{i=1}^{n} (r_i - \bar{r})^2}\sqrt{\sum_{i=1}^{n} (s_i - \bar{s})^2}} = \frac{30}{\sqrt{32} * \sqrt{35}} = 0{,}91$$

Wilcoxon-Vorzeichen-Rang-Test

Der Wilcoxon-Vorzeichen-Rang-Test ist ein nichtparametrischer statistischer
Test.[17] Mit Hilfe des Tests kann man anhand zweier *gepaarter* Stichproben die
Gleichheit der zentralen Tendenzen der zugrunde liegenden (verbundenen) Grund-
gesamtheiten prüfen. Im Anwendungsbereich ergänzt er den Vorzeichentest, da er

---

[17] F. Wilcoxon (1892–1965), vgl. Siegel – *Nonparametric Statistics for the Behavioural Science*, 2001.

Tab. 5.24 Wertetabelle (Beispiel 5.18)

Rang	Ausfälle vor Modernisierung	Ausfälle nach Modernisierung	Differenz
1	4	1	+3
2	3	2	+1
3	2	3	−1
4	4	0	+4
5	4	0	+4
6	3	2	+1

Tab. 5.25 Rangdifferenzen

Differenz	Rang
+1	2
+1	2
−1	2
+3	4
+4	5,5
+4	5,5

nicht nur die Richtung (d. h. das Vorzeichen) der Differenzen, sondern auch die Höhe der Differenzen zwischen zwei gepaarten Stichproben berücksichtigt.

Beispiel 5.18: Ermittlung der Zuverlässigkeit einer Maschine

Anhand zweier Datenreihen von Ausfällen einer Maschine vor und nach einer Verbesserung soll ermittelt werden, ob die Maschine zuverlässiger geworden ist. Gemessen werden die Ausfälle innerhalb einer festgelegten Periode. Es konnten $n = 6$ Paare zweier Stichproben erfasst werden. Die Daten sind Tab. 5.24 zu entnehmen.

Nach der Ermittlung der Differenzen werden diese der Größe nach geordnet (das Vorzeichen wird dabei nicht berücksichtigt). Jeder Differenz wird ein Rang zugeordnet, wobei die größte Differenz den höchsten Rang erhält. Sind mehrere Differenzen gleichrangig, wird jedem Wert der durchschnittliche Rang zugeordnet (Tab. 5.25).

Rangbestimmung: Für den 1., 2. und 3. Rang ergibt sich $(1 + 2 + 3)/3 = 2$, für den 5. und 6. Rang $(5 + 6)/2 = 5,5$. Die Rangsumme der positiven Differenzen ergibt sich zu

$$T^+ = 2 + 2 + 4 + 5,5 + 5,5 = 19$$

Entweder verfügt man über eine Tabelle mit diesen T^+- und N-Werten und kann so die Wahrscheinlichkeit der Beobachtung direkt bestimmen oder man berechnet näherungsweise den normalverteilten z-Wert:

$$z = \frac{T - \dfrac{n(n - 1)}{4}}{\sqrt{\dfrac{n(n + 1)(2n + 1)}{24}}} = -3,10 \qquad (n = \text{Anzahl der Paare})$$

Tab. 5.26 Wahrscheinlichkeiten der Standardnormalverteilung

z	Signifikanz
> 1.65 oder < −1.65	signifikant mit $\alpha = 0.1$
> 1.96 oder < −1.96	signifikant mit $\alpha = 0.05$
> 2.58 oder < −2.58	signifikant mit $\alpha = 0.01$
> 2.81 oder < −2.81	signifikant mit $\alpha = 0.005$
> 3.29 oder < −3.29	signifikant mit $\alpha = 0.0001$

α mit 100 multipliziert gibt jeweils den Wert der Irrtumswahrscheinlichkeit an, das heißt, die Wahrscheinlichkeit, dass eine Beobachtung durch zufällige Effekte zustande gekommen ist. Weitere Werte für z sind in der Standardnormalverteilungstabelle aufgelistet (Tab. 5.26). Für $z = 3,10$ sind die Beobachtungen also mit $\alpha < 0,0001$ und $\alpha > 0,050$ signifikant. Damit haben die Ausfälle ein Signifikanz-Niveau $< 1\%$. Der mit der angegebenen Formel berechnete z-Wert ist nur eine Näherung und nur für einen großen Stichprobenumfang zuverlässig.

5.4 Quantitative Zuverlässigkeitskenngrößen

5.4.1 Ausfallwahrscheinlichkeit

Die Ausfallwahrscheinlichkeit F(t) wird wie folgt beschrieben:

$$F(t) = P(t \leq T)$$

Sie ist die Wahrscheinlichkeit, mit der in einem Betriebsdauerabschnitt $(0,T)$ mit dem Ausfall des betrachteten Elements gerechnet werden kann. $F(t)$ ist die Wahrscheinlichkeit dafür, dass eine BE eines Anfangsbestandes die ausfallfreie Zeit t besitzt, die geringer oder gleich dem gewählten Beanspruchungsintervall ist. Sie ist außerdem die Wahrscheinlichkeit dafür, dass der Ausfallzeitpunkt einer BE innerhalb dieses Intervalls liegt. Der Abstand zwischen zwei Ausfällen, den wir auch als effektive Lebens- oder Betriebsdauer bezeichnen, ist eine stetige Zufallsgröße, die eine bestimmte Verteilungsfunktion besitzt (Abb. 5.26).

Für die Zufallsgröße t_B (Betriebsdauer = Abstand zwischen zwei Ausfällen) existiert eine Verteilungsfunktion $F(t_B)$. Sie gibt die Wahrscheinlichkeit des Ausfalls bis zum Zeitpunkt t_B an und wird deshalb auch als Ausfallwahrscheinlichkeits- oder Unzuverlässigkeitsfunktion bezeichnet. Die AW $F(t)$ kann experimentell nach folgender Beziehung ermittelt werden:

$$F(t) \approx \frac{m(t) - m(t + \Delta t)}{m} \tag{5.66}$$

$m(t)$	Anzahl der funktionsfähigen BE zum Zeitpunkt t
$m(t + \Delta t)$	Anzahl der funktionsfähigen BE zum Zeitpunkt $t + \Delta t$
m	Anfangsbestand der BE $m(t = 0) = N$

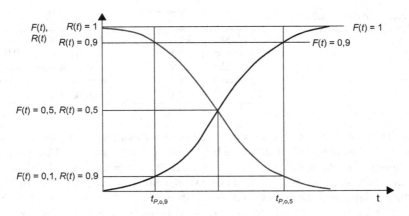

Abb. 5.26 Ausfall- und Überlebenswahrscheinlichkeitsfunktion

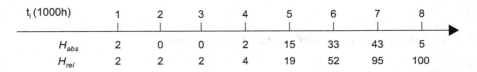

t_i (1000h)	1	2	3	4	5	6	7	8
H_{abs}	2	0	0	2	15	33	43	5
H_{rel}	2	2	2	4	19	52	95	100

Abb. 5.27 Absolute Zahl der Ausfälle im Intervall 1.000 h

Tab. 5.27 Ermittlung der relativen Häufigkeit

$F(t_0, t_1)$	$F(t_0, t_2)$	$F(t_0, t_3)$	$F(t_0, t_4)$	$F(t_0, t_5)$	$F(t_0, t_6)$	$F(t_0, t_7)$	$F(t_0, t_8)$
2/100	2/100	2/100	4/100	19/100	52/100	95/100	100/100

Beispiel 5.19: Ermittlung der absoluten Häufigkeit (Abb. 5.27, Tab. 5.27)
Der Anfangsbestand beträgt 100 Elektronikbaugruppen. Während der 8.000 h Nutzungszeit wurden folgende Ausfälle ermittelt:
Ausfallwahrscheinlichkeit

$$F(t) = \sum_{i=1}^{8} \frac{H_{rel}}{m}$$

Für $m \to \infty$ erfolgt der Übergang der diskreten Verteilung in eine stetige Verteilung. Die AW ergibt sich aus der Dichtefunktion der Betriebszeiten. Die AW für das Intervall $0 \dots t$ ist:

$$P(t_B < t) = \int_{0}^{t} f(t_B)dt_B = F(t_B) \tag{5.67}$$

und entspricht dem Wert der Verteilungsfunktion der Ausfallzeitpunkte für das Intervall $(0, t)$.

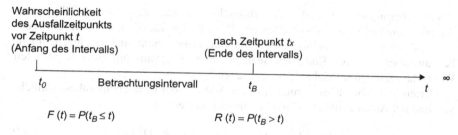

Abb. 5.28 Betrachtungsintervall Betriebsdauer

Eigenschaften:
$$F(T = 0) = 0,$$

$$\lim_{m \to \infty} F(t) = 1$$

$F(0) = 0$ folgt unmittelbar aus der Voraussetzung, dass die Betrachtungseinheit zum Zeitpunkt $t = 0$ voll funktionsfähig ist. $\lim F(t) = 1$ kann so interpretiert werden, dass der Ausfall irgendwann mit Sicherheit bei $m \to \infty$ eintritt, $\{T < \infty\}$ also das sichere Ereignis ist. Bei Vorliegen der empirischen Verteilungsfunktion der Betriebszeiten von Elementen kann die Ausfallwahrscheinlichkeitsverteilung für das Intervall $t + \Delta t$ bestimmt werden:

$$F(t_i) - F(t_{i+1}) = \frac{m(t_i) - m(t_{i+1})}{m_0} \tag{5.68}$$

$m(t)$ Anzahl der funktionsfähigen Elemente zum Zeitpunkt t_i
$m(t_{i+1})$ Anzahl der funktionsfähigen Elemente zum Zeitpunkt t_{i+1}
m_0 Anzahl der funktionsfähigen Elemente zum Zeitpunkt $t = 0$

Die bedingte AW $F_B(t)$ für das Intervall $t_i \ldots t_{i+1}$ gibt die Wahrscheinlichkeit an, mit der ein Element ausfällt, wenn es bei t_i noch arbeitsfähig war.

5.4.2 Überlebenswahrscheinlichkeit (Zuverlässigkeit)

Die Überlebenswahrscheinlichkeit (Zuverlässigkeit) ist ein Maß für die Fähigkeit einer Betrachtungseinheit, funktionstüchtig zu bleiben. Sie drückt die Wahrscheinlichkeit aus, dass die geforderte Funktion unter vorgegebenen Arbeitsbedingungen während einer festgelegten Zeitdauer ausfallfrei ausgeführt wird

$$R(t) = P(t > T)$$

$R(t)$ ist somit die Wahrscheinlichkeit dafür, dass eine BE eines bestimmten Anfangsbestandes eine ausfallfreie Betriebsdauer t_B besitzt, die größer als die Betriebszeit t ist (s. Abb. 5.28).

Grundvoraussetzung in der Zuverlässigkeitstheorie ist, dass eine BE entweder funktionsfähig oder ausgefallen ist. Demzufolge kann ein Element entweder vor Ende des Beanspruchungsintervalls mit einer bestimmten Wahrscheinlichkeit ausfallen oder das Ende des Beanspruchungsintervalls mit einer bestimmten Wahrscheinlichkeit überleben bzw. erreichen.

Daraus kann abgeleitet werden, dass die Addition der Überlebenswahrscheinlichkeit und der Ausfallwahrscheinlichkeit immer eins ergibt.

$$R(t) + F(t) = P(t_B > t) + P(t_B < (t)) = 1 \qquad (5.69)$$

$$R(t_B) = P(t_B \leq t_x) = 1 - \int_0^t f(t_B)dt_B = 1 - F(t_B) \qquad (5.70)$$

$P(t_B > t)$ ist das Komplement der Ausfallwahrscheinlichkeit. Infolge der Optionen „funktionsfähig" oder „ausgefallen" gibt die Zuverlässigkeit die Wahrscheinlichkeit an, mit der in der Zeitspanne T kein Ausfall auftreten wird, der die Erfüllung der geforderten Funktion (auf Ebene Betrachtungseinheit) beeinträchtigt. Dies bedeutet nicht, dass redundante Teile nicht ausfallen dürfen. Solche Systeme können ausfallen und (ohne Betriebsunterbrechung auf Ebene Betrachtungseinheit) instand gesetzt werden.

Mit einer numerischen Angabe der Zuverlässigkeit müssen demnach stets auch die geforderte Funktion, die Arbeitsbedingungen und die Missionsdauer definiert werden. Ebenso muss festgelegt werden, ob zu Beginn der Mission die Betrachtungseinheit als neuwertig angesehen werden kann.

Definition des Begriffs Zuverlässigkeit Zuverlässigkeit ist die Eigenschaft einer Betrachtungseinheit (technisches Arbeitsmittel oder Element). Sie muss unter definierten umgebungs- und funktionsbedingten Beanspruchungen während einer vorgegebenen Betriebsdauer bestimmten Anforderungen an die Funktion entsprechen. Dabei werden die Funktionskennwerte in vorgegebenen Grenzen beibehalten.

Unter einer Betrachtungseinheit (BE) versteht man eine Anordnung beliebiger Komplexität (Stoff, Bauteil, Unterbaugruppe, Baugruppe, Gerät, Anlage, System), welche für Untersuchungen oder Analysen als Einheit interpretiert wird. Dabei kann es sich um eine Funktions- oder Konstruktionseinheit handeln.

Die geforderte Funktion spezifiziert die Aufgabe der Betrachtungseinheit. Für gegebene Eingänge dürfen Zuverlässigkeitsgrößen die für die Ausgänge vorgeschriebenen Toleranzbänder nicht verlassen. Die Festlegung der geforderten Funktion ist der Ausgangspunkt jeder Zuverlässigkeitsanalyse, weil damit auch der Ausfall definiert wird. Die Arbeitsbedingungen haben einen direkten Einfluss auf die Zuverlässigkeit und müssen genau spezifiziert werden (z. B. verdoppelt sich die Ausfallrate bei elektronischen Betrachtungseinheiten, wenn die Umgebungstemperatur um 10 °C bis 20 °C erhöht wird).

Die geforderte Funktion und Arbeitsbedingungen können auch zeitabhängig sein. In solchen Fällen muss ein Anforderungsprofil definiert werden, auf welches dann alle Zuverlässigkeitsangaben bezogen werden. Ein repräsentatives Anforderungsprofil und die entsprechenden Zuverlässigkeitsziele sind im Pflichtenheft festzulegen.

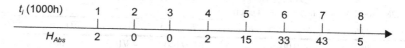

Abb. 5.29 Experimentell ermittelte Ausfalldaten

Bei praktischen Anwendungen interessiert der Verlauf der Zuverlässigkeit R, wenn die Missionsdauer T variiert wird, d. h. die Zuverlässigkeitsfunktion $R(t)$. Es gibt Fälle, bei denen die Betrachtungseinheit eine Aufgabe nur einmalig ausführen muss (z. B. Raketen, Geschosse, Rettungssysteme). Hier verwendet man den Begriff der geforderten Mission.

Geschätzte und vorausgesagte Zuverlässigkeit

1. Geschätzte Zuverlässigkeit:

Hier wird die Zuverlässigkeit anhand von Prüfungen und Experimenten sowie statistischer Auswertungen ermittelt.

2. Vorausgesagte Zuverlässigkeit:

Hier erfolgt die Ermittlung der Zuverlässigkeit m. H. von Berechnungen anhand der Struktur der Betrachtungseinheit.

Für Bauteile kann nur eine geschätzte Zuverlässigkeit angegeben werden. Unter Zuverlässigkeit ist ein Komplex von Eigenschaften zu verstehen, der durch folgende Kenngrößen charakterisiert ist:

1. Langlebigkeit (Ausfallverhalten),
2. Fehlerfreiheit (nach Herstellung oder Lieferung und Montage/Aufstellung oder Instandsetzung),
3. Lagerfähigkeit (bis Inbetriebnahme und/oder in Abstellperioden),
4. Transportfähigkeit (zum Ersteinsatzort und/oder zwischen Einsatzorten),
5. Instandhaltbarkeit.

Näherungsweise Berechnung

$$R(t) \approx 1 - \frac{m(t) - m(t + dt)}{m} \tag{5.71}$$

$$R(t) \approx 1 - \frac{m(t + dt)}{m} \tag{5.72}$$

Beispiel 5.20: Ermittlung der Zuverlässigkeit von Elektronikbaugruppen
Für die elektronischen Baugruppen ist experimentell die Zuverlässigkeit zu ermitteln. Die Daten sind dem Beispiel 5.19 zu entnehmen. Es wurde folgende Verteilung ermittelt (Abb. 5.29, Tab. 5.28).

$$R(t) \approx 1 - \frac{1}{m} \sum_{i=1}^{8} m_i(t)$$

Für $m \to \infty$ erfolgt der Übergang der diskreten Verteilung in eine stetige Verteilung.

Tab. 5.28 Überlebenswahrscheinlichkeiten

$R(t_0, t_1)$	$R(t_0, t_2)$	$R(t_0, t_3)$	$R(t_0, t_4)$	$R(t_0, t_5)$	$R(t_0, t_6)$	$R(t_0, t_7)$	$R(t_0, t_8)$
98/100	98/100	98/100	96/100	91/100	48/100	5/100	0/100

Tab. 5.29 Ermittlung der relativen Häufigkeit

$F(t_0, t_1)$	$F(t_0, t_2)$	$F(t_0, t_3)$	$F(t_0, t_4)$	$F(t_0, t_5)$	$F(t_0, t_6)$	$F(t_0, t_7)$	$F(t_0, t_8)$
2/100	0/100	0/100	2/100	15/100	33/100	43/100	5/100

5.4.3 Ausfallhäufigkeitsdichte der Lebensdauer

Die Ausfallhäufigkeitsdichte ist definiert als Quotient der im Beanspruchungsintervall ausgefallenen Betrachtungseinheiten bezogen auf den Anfangsbestand und das zugehörige Beanspruchungsintervall. Die Ausfallhäufigkeitsdichte $f(t)$ kann experimentell nach folgender Beziehung näherungsweise ermittelt werden:

$$f(t) = \frac{m(t) - m(t + \Delta t)}{m^* \Delta t} \tag{5.73}$$

$m(t)$ Anzahl der arbeitsfähigen Elemente zum Zeitpunkt t

$m(t + \Delta t)$ Anzahl der arbeitsfähigen Elemente zum Zeitpunkt $t + \Delta t$

$$f(t) = \frac{R(t)}{\Delta t} = \frac{dF(t)}{dt} = -\frac{dR(t)}{dt} \tag{5.74}$$

Beispiel 5.21: Ermittlung der relativen Häufigkeiten (Tab. 5.29)
Für Elektronikbaugruppen ist die Ausfallhäufigkeitsdichte experimentell zu ermitteln. Der Formel

$$f(t) = \frac{m(t) - m(t + \Delta t)}{m^* \Delta t} \tag{5.75}$$

ist zu entnehmen, dass die Ausfälle m eines Intervalls Δt im Verhältnis zum Anfangsbestand stehen. Deshalb gilt:

$$f(t) = \frac{Anzahl\ der\ Ausfälle}{m^* \Delta t_i} \tag{5.76}$$

5.4.4 Ausfallrate

Zum Zeitpunkt $t = 0$ werden N unabhängige Betrachtungseinheiten unter gleichen Bedingungen in Betrieb gesetzt. Zurzeit t seien $n(t)$ Betrachtungseinheiten noch nicht ausgefallen. $n(t)$ ist eine rechtsseitig stetige, fallende Treppenfunktion, welche von N gegen Null strebt (s. Abb. 5.30).

Abb. 5.30 Anzahl der nach der Zeit t noch nicht ausgefallen Betrachtungseinheiten

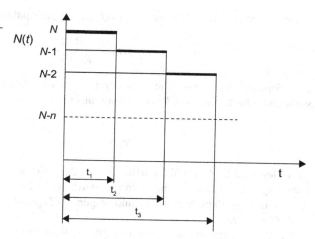

$t_1 \dots t_N$ sind die beobachteten ausfallfreien Arbeitszeiten der N Betrachtungseinheiten. Gemäß obiger Voraussetzung sind sie unabhängige Realisierungen ein und derselben Zufallsgröße T_B, (T_{Bi} sind die ausfallfreien Arbeitszeiten der Betrachtungseinheit. Sie werden in der Regel als stetige positive Zufallsgrößen betrachtet = Betriebsdauer einer Betrachtungseinheit).

Der Ausdruck

$$MTBF = \frac{t_1 + \dots + t_N}{N} \qquad (5.77)$$

ist demnach der empirische Mittelwert von T_B. Für $N \to \infty$ konvergiert MTTF (*M*ean *T*ime *T*o *F*ailure) gegen den wahren Erwartungswert der ausfallfreien Arbeitszeiten MTTF $= ET_B$, die als die mittlere Betriebsdauer einer Betrachtungseinheit bezeichnet wird.

Empirische Zuverlässigkeitsfunktion:

$$R(t) = \frac{m(t)}{m} \qquad (5.78)$$

Für $m \to \infty$ konvergiert $R(t)$ gegen die (wahre) Zuverlässigkeitsfunktion.

Empirische Ausfallrate:

$$\lambda(t) = \frac{n(t) - n(t + \delta t)}{n * \delta t} \qquad (5.79)$$

$n(t)\delta t$ ist gleich dem Verhältnis der Anzahl der Ausfälle im Intervall $(t, t + \delta t)$ zur Anzahl Betrachtungseinheiten, die zurzeit t noch nicht ausgefallen sind.

Aus Formel (5.74) folgt:

$$\lambda(t) = \frac{R(t) - R(t + \delta t)}{R(t) * \delta t} \qquad (5.80)$$

Für $n \to \infty$ und $\delta t \to 0$ konvergiert $\lambda(t)$ gegen die Ausfallrate.

$$\lambda(t) = \frac{R(t)}{R(t)*\delta t} \tag{5.81}$$

Die Formel zeigt, dass die Ausfallrate $\lambda(t)$ die Zuverlässigkeitsfunktion $R(t)$ vollständig bestimmt. Mit $R(0) = 1$ folgt aus (5.76):

$$R(t) = e^{-\lambda \int_0^1 x\,dx} \tag{5.82}$$

In vielen praktischen Fällen trifft es zu, dass für alle $t \geq 0$ die Ausfallrate als näherungsweise konstant angenommen wird: $\lambda(t) = \lambda$.
Daraus folgt dann $R(t) = e^{-\lambda t}$ und wegen $MTTF = 1/\lambda = $ konstant gilt:
$MTBF = 1/\lambda$
Für die experimentelle Ermittlung gilt die Beziehung:

$$\Delta(t) = \frac{m(t) - m(t + \Delta t)}{m(t)*\Delta t} \tag{5.83}$$

5.4.5 Verfügbarkeit

Die Verfügbarkeit ist eine komplexe Kenngröße zur Quantifizierung der Zuverlässigkeit. Sie ist die Wahrscheinlichkeit dafür, dass eine Betrachtungseinheit zu einem bestimmten Zeitpunkt eine geforderte Funktion unter vorgegebenen Arbeitsbedingungen ausführt (bzw. auszuführen in der Lage ist).

Die Berechnung ist kompliziert, weil neben der Zuverlässigkeit einer Betrachtungseinheit die Instandhaltbarkeit, die logistische Unterstützung sowie die subjektiven Einflussfaktoren zu berücksichtigen sind. Aus der Sicht der Instandhaltung wird die logistische Unterstützung als ideal vorausgesetzt und die Existenz subjektiver Einflussfaktoren ausgeklammert. Somit ist die Verfügbarkeit nur noch von technischen Einflussgrößen abhängig und damit eine Funktion der Zuverlässigkeit und der Instandhaltbarkeit. Im Falle eines Dauerbetriebs (Betrachtungseinheit pendelt zwischen Arbeits- und Reparaturzustand) konvergiert die Verfügbarkeit schnell gegen den Ausdruck:

$$V = \frac{MTTF}{MTTF + MTTR} \tag{5.84}$$

Dieser Wert ist dann gleich dem asymptotischen und stationären Wert der durchschnittlichen Verfügbarkeit (Dauerverfügbarkeit).

Abb. 5.31 Erhaltungsstrategien

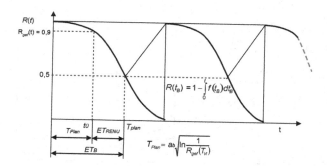

5.5 Eigenschaften und Berechnung der Zuverlässigkeit

5.5.1 Eigenschaften der Zuverlässigkeit

- Zuverlässigkeit ist das gleichzeitige Vorhandensein aller durch ihre Kenngrößen dargestellten (nicht immer in einer Größe quantifizierbaren) Eigenschaften. Diese gelten als nicht vorhanden, wenn sie außerhalb der vereinbarten Toleranzgrenzen liegen.
- Zuverlässigkeit ist abhängig von umweltbedingten Einflüssen, Wartung, Pflege, Belastung und Klima. Zuverlässigkeitsangaben erfordern deshalb die Angabe der Beanspruchungsbedingungen.
- Zuverlässigkeit ist doppelt zeitabhängig:
  - von der Dauer des Intervalls, in dem die Eigenschaften erhalten bleiben sollen,
  - vom Alter der Betrachtungseinheit.

Zuverlässigkeit ist die Wahrscheinlichkeit, mit der alle Eigenschaften einer Betrachtungseinheit während eines definierten Betriebsdauerintervalls komplex vorhanden sind. Der Zeitpunkt des Verlustes einer dieser Eigenschaften ist das Ende der effektiven Lebensdauer. Die Zuverlässigkeitstheorie versucht, den sicheren, aber wegen der stochastischen Schädigung bzw. Abnutzung im Einzelfall terminlich nicht exakt berechenbaren Ausfallzeitpunkt abzuschätzen, indem die Wahrscheinlichkeit seines Eintretens in einem Betriebsdauerintervall berechnet wird. Sie schafft damit die Grundlage für die Berechnung der Anzahl der in diesem Intervall vorzunehmenden Instandsetzungen (Erneuerungen).

Die Genauigkeit der Berechnung ist abhängig:

1. von der exakten Kenntnis des Ausfallverhaltens einer Betrachtungseinheit,
2. vom Approximationsvermögen des verwendeten mathematischen Modells zur Widerspiegelung der Realität.

Die Kurven 2 und 3 in Abb. 5.31 zeigen schematisch, wie durch Instandhaltungsmaßnahmen die Überlebenswahrscheinlichkeit eines Elements über längere Betriebsdauerintervalle auf einem „konstanten" Mindestniveau gehalten werden

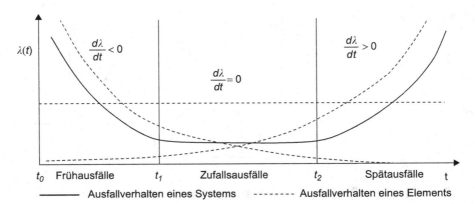

Abb. 5.32 Ausfallarten von Betrachtungseinheiten

kann. Die Höhe des Niveaus bestimmen die Intervalllängen und damit letztlich die Instandhaltungskosten.

5.5.2 Ausfallarten

Das Ausfallverhalten von Betrachtungseinheiten kann in drei Kategorien eingeteilt werden (Abb. 5.32).
Es werden folgende Ausfallarten unterschieden:

1. Frühausfälle: fallende Ausfallrate $\lambda(t)$,
2. Zufallsausfälle: Ausfallrate $\lambda(t) =$ konstant,
3. Spätausfälle: steigende Ausfallrate $\lambda(t)$.

5.6 Erneuerungsprozesse

5.6.1 Zuverlässigkeitsprozess mit und ohne Erneuerung

Ein Erneuerungsprozess ist mathematisch gesehen ein Sonderfall eines Zählprozesses mit $\{N(t), t > 0\}$, in dem die Zwischenankunftszeiten x_i $(i = 1, 2, \ldots n)$ unabhängige, identisch verteilte, nicht negative Zufallsvariablen sind (Cox 1966). Es wird grundsätzlich unterschieden in Zuverlässigkeitsprozesse ohne und Zuverlässigkeitsprozesse mit Erneuerung (s. Abb. 5.32).

Der Ursprung der Erneuerungstheorie liegt in industriellen Anwendungen der Wahrscheinlichkeitsrechnung:

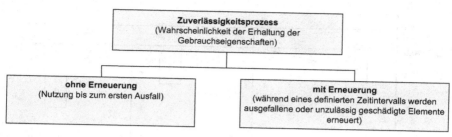

Abb. 5.33 Zuverlässigkeitsprozess mit und ohne Erneuerung

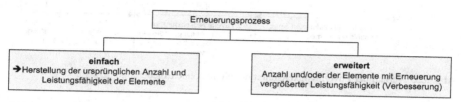

Abb. 5.34 Einfacher und erweiterter Erneuerungsprozess

- Typischerweise besitzen Systemkomponenten (z. B. Maschinen, Werkzeuge, Beleuchtungskörper) Lebenszeiten, die den Charakter nicht negativer Zufallsvariablen haben.
- Wenn solche Komponenten ausfallen, müssen sie durch gleichartige Komponenten ersetzt (*erneuert*) werden, um die Funktionsfähigkeit des Systems zu gewährleisten.

Es wird unterschieden in (s. Abb. 5.33):

a. *Einfache Erneuerungsprozesse*:
   Die Anzahl der bei Herstellung installierten Elemente m_o wird ständig erhalten (keine Redundanzen) bzw. ihr Schädigungsverhalten wird wiederhergestellt.
b. *Erweiterte Erneuerungsprozesse*:
   Die Anzahl der bei Herstellung installierten Elemente m_o bzw. das Schädigungsverhalten wird mit den Instandsetzungen verändert (i. d. R. verbessert, z. B. durch zusätzliche Redundanzen). Nach Ausfall erfolgt wiederherstellende Instandsetzung (Abb. 5.34).

Die vorbeugende Instandsetzung erfolgt durch Austausch oder Instandsetzung eines großen Teils der Elemente in einem Erneuerungsintervall (Instandsetzungsintervall) auf der Grundlage einer vorgesehenen (geforderten) Überlebenswahrscheinlichkeit (Zuverlässigkeit). Zuverlässigkeitsbetrachtungen von Elementen mit Erneuerung sind dort erforderlich, wo die mittlere effektive Lebensdauer kleiner als die Zeit ist, in der die Funktion des Elements benötigt wird. Dies ist der Normalfall der Nutzung technischer Arbeitsmittel. Erneuerungsprozesse werden durch die Erneuerungsfunktion beschrieben. Sie bestimmt die mittlere Anzahl der während eines Intervalls zu erneuernden Elemente (Abb. 5.35).

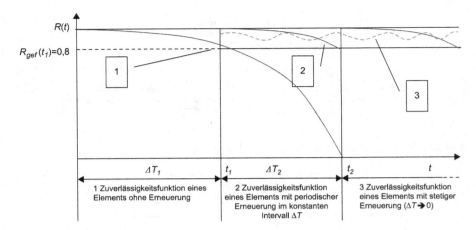

Abb. 5.35 Verlauf der Zuverlässigkeitsfunktion mit und ohne Erneuerung

Beim Zuverlässigkeitsproblem ohne Erneuerung sind bei t_N alle ursprünglich vorhandenen Elemente ausgefallen. Wenn innerhalb ΔT_N alle ausgefallenen Elemente und am Ende des Intervalls die restlichen Elemente erneuert werden, so entsteht eine gebrochene Zuverlässigkeitsfunktion.

Abbildung 5.35 zeigt die Zuverlässigkeitsfunktion von 3 Elementen. Element 1 ist ohne Erneuerung, Element 2 wird bei $R_{gef}(t_k) \sim 0{,}8$ im Intervall $\Delta T = t_2 - t_1$ erneuert (Kurve 2). Die Kurve 2 zeigt, dass bei stetiger Erneuerung die Überlebenswahrscheinlichkeit über längere Betriebsdauerintervalle auf einem konstanten Mindestniveau gehalten werden kann.

5.6.2   Arten von Erneuerungsprozessen

Erneuerungsprozesse können wie folgt unterschieden werden[18]:

1. *Einfacher wiederherstellender Erneuerungsprozess*:
    Die BE wird bis zum Ausfall betrieben, instandsetzungsbedingte Stillstandszeiten werden vernachlässigt (s. Abb. 5.36, G = Gebrauchseigenschaft)

2. *Einfacher wiederherstellender Erneuerungsprozess mit instandsetzungsbedingten Stillstandzeiten*:
    Die BE wird bis zum Ausfall betrieben, die Dauer der instandsetzungsbedingten Stillstandzeiten streut stochastisch und ist von der vorhergehenden effektiven Betriebsdauer unabhängig (Abb. 5.37).

---

[18] Vgl. Eichler 1990, S. 138, s. auch VDI 4008, Bl. 8.

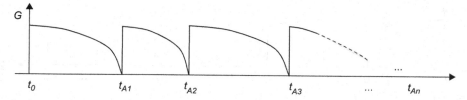

Abb. 5.36 Einfacher Erneuerungsprozesses ohne Berücksichtigung instandsetzungsbedingter Stillstandszeiten

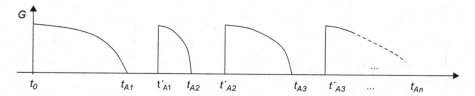

Abb. 5.37 Einfacher Erneuerungsprozesses mit Berücksichtigung instandsetzungsbedingter Stillstandszeiten

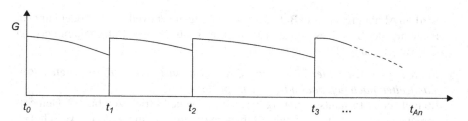

Abb. 5.38 Einfacher vorbeugender Erneuerungsprozess ohne Berücksichtigung instandsetzungsbedingter Stillstandszeiten

3. *Einfacher vorbeugender Erneuerungsprozess*

   Das Element wird bei einem bestimmten Schädigungszustand vorbeugend vor Schadenseintritt ausgetauscht. Instandsetzungsbedingte Stillstandzeiten werden vernachlässigt (Abb. 5.38).

4. *Einfacher vorbeugender Erneuerungsprozess mit instandsetzungsbedingten Stillstandzeiten*

   Das Element wird bei einem bestimmten Schädigungszustand vor Schadenseintritt prophylaktisch ausgetauscht (5.39). Die instandsetzungsbedingten Stillstandzeiten streuen stochastisch und sind von der Dauer des vorangegangenen Instandhaltungsintervalls unabhängig, aber im Mittel kleiner als beim Prozess 2, da sie bezüglich des Termins planbar sind und demzufolge unproduktive Wartezeiten entfallen können (Abb. 5.39).

   Die BE wird nach einem bestimmten Zeitintervall zum Zeitpunkt t_1 inspiziert, wobei der Schädigungszustand ggf. m. H. der technischen Diagnostik festgestellt

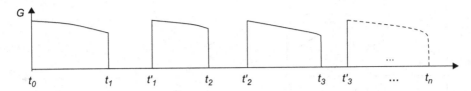

Abb. 5.39 Einfacher vorbeugender Erneuerungsprozess mit Berücksichtigung instandsetzungsbedingter Stillstandszeiten

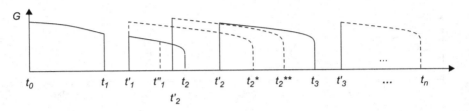

Abb. 5.40 Einfacher vorbeugender Erneuerungsprozess mit Instandsetzung nach Befund

wird. In Abhängigkeit vom Befund wird vorbeugend entweder sofort oder kurz vor Erreichen der Schadensgrenze instand gesetzt. Für letztere Entscheidung erfolgt eine Restnutzungsdauerprognose ($t_1' - t_2$).

5. *Einfacher vorbeugender Erneuerungsprozess mit instandsetzungsbedingten Stillstandzeiten nach befundabhängiger Inspektion*
   Im Falle einer Instandsetzung ergäbe sich eine neue Betriebszeit bis t_2^*. Dementsprechend könnte die folgende Maßnahme weiter in die Zukunft verschoben werden (Abb. 5.40).

   Die Dauer der Inspektion kann als deterministisch angenommen werden, während die instandsetzungsbedingten Stillstandzeiten stochastisch streuen und vom Ausmaß der Schädigung der Betrachtungseinheit und vom Organisationsniveau der Instandhaltung maßgeblich bestimmt werden.
   Entscheidungen:

   (1) zum Zeitpunkt t_1' ohne Befund, weiterer Betrieb bis t_2,
   (2) mit Befund bei t_1 und sofortiger Instandsetzung bei t_1' und Weiterbetrieb bis t_2^*,
   (3) mit Befund bei t_1' und Restnutzungsdauerprognose bis t_2^*,
   (4) mit Befund bei t_1'' und Weiterbetrieb bei t_2' und Restnutzungsdauerprognose bis t_2^{**}

6. *Erneuerungsprozess mit Verbesserung und instandsetzungsbedingten Stillstandzeiten*
   Die BE wird nach einem Intervall vorbeugend mit dem Ziel instand gesetzt, die Gebrauchseigenschaften und Lebensdauer zu verbessern (Abb. 5.41).

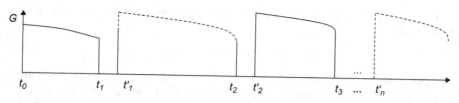

Abb. 5.41 Vorbeugender Erneuerungsprozess mit Verbesserung der Lebensdauer und der Gebrauchseigenschaften

Die Prozessklassen besitzen folgende gemeinsame Eigenschaften:

1. Bei wiederherstellender und vorbeugender Erneuerung begrenzt die Erneuerung eine stochastisch streuende Betriebsdauer.
2. Einer Betriebsdauer folgt eine stochastisch streuende instandsetzungsbedingte Stillstandzeit, deren Dauer von der vorangegangenen Betriebsdauer unabhängig ist.
3. Nacheinander in das gleiche System installierte Elemente haben voneinander unabhängige effektive Lebensdauern oder vorbeugende Instandsetzungsintervalle.
4. Erstmalig installierte und erneuerte Elemente können gleiche oder verschiedene Verteilungen ihrer effektiven Lebensdauer haben. In der Praxis gilt:

$$\{t''_{n}, t_n\} \ll \{t'_{n}, t_{n-1}\}$$

Ziel ist die Bestimmung der Anzahl der Ausfälle in der Planperiode T_{Plan}.

Voraussetzung: Gleiche erstmalig installierte und erneuerte Elemente haben das gleiche Schädigungsverhalten. Bei Zuverlässigkeitsproblemen ohne Erneuerung sind bei t_k alle ursprünglich vorhandenen Elemente ausgefallen.

5.6.3 Herleitung der Erneuerungsgleichung

$T_{B1}, T_{B2}, \ldots$ ist eine Folge von unabhängig und identisch verteilten Zufallsvariablen $P(T_{Bn} \leq t) = F(t)$, $n = 1, 2, \ldots$ Die mittlere Anzahl der Ausfälle wird über die Faltung der Betriebsdauerverteilung bestimmt, die sich für jede entstehende Generation ergibt.

Die mittlere Anzahl der Ausfälle $H(t)$ innerhalb eines Zeitintervalls $\Delta T = t_{Bn-1}$ $\ldots t_{Bn}$, $t_{Bn+1} \geq 0$ wird als *Erneuerungsfunktion* bezeichnet.

Grundsätzlich gilt:

$$P[N(t) = n] = P[N(t) \geq n] - P[N(t) \geq n+1] \qquad (5.85)$$

Da $N(t) \geq n$ und $t_n \leq t$, gilt

$$P[N(t) = n] = P(t_n \leq t) - P(t_{n-1} \leq t) \qquad (5.86)$$

$$P(t_n \leq t) = P(T_1 + T_2 + \ldots + T_n \leq t) = F(n)(t)$$

$F(n)$ (t) ist die n-fache Faltung der Verteilungsfunktion $F(t)$ mit sich selbst. Schließlich folgt:

$$P[N(t)] = F(n)(t) - F(n + 1)(t), \quad n > 0 \qquad (5.87)$$

Die Differenz von n-facher und $(n + 1)$-facher Faltung der VF $F(t)$ mit sich selbst ist gleich der Wahrscheinlichkeit, dass die Zufallsvariable $N(t)$ den Wert n annimmt $(n \geq 0)$.

Wird unter $H(t_n)$ die Anzahl der Erneuerungen innerhalb $0 \ldots t_n$ verstanden, so gilt:

$$H(t) = E[N(t)] = \sum_{n=1}^{\infty} n * P[N(t_n = n)] = \sum_{n=!}^{\infty} F(n)(t) - F(n + 1)(t) \sum_{n=1}^{\infty} F(n)(t)$$

$$(5.88)$$

$$P[H(t_0) = n] = P(t_{B1} + t_{B2} + \ldots + t_{Bn} \leq t_n) \quad und \quad (t_{B1} + t_{B2} + \ldots + t_{Bn+1} \leq t_n)$$

$$(5.89)$$

$H(t)$ ist die Wahrscheinlichkeit, dass die Anzahl der Ausfälle und demzufolge innerhalb $0 \ldots t_n$ gerade n ist:

$$H(t) = \sum_{i=1}^{\infty} F(n)(t) \qquad (5.90)$$

Die Erneuerungsfunktion $H(t)$ gibt an, wie oft ein Element bis zum Zeitpunkt t ausgefallen war und ersetzt werden musste, wenn jedes ausgefallene Element sofort einfach erneuert wurde. Mit Hilfe der Erneuerungsfunktion lässt sich die Anzahl der BE berechnen, die bei Berücksichtigung der laufenden Erneuerung innerhalb einer bestimmten Nutzungsdauer ausgetauscht bzw. instand gesetzt werden müssen.

5.6.4 Spezielle Erneuerungsfunktionen

1. *Für exponentiell verteiltes Schädigungsverhalten gilt*

$$H(t) = \lambda * t$$

2. *Näherung für normal verteiltes Schädigungsverhalten*
   Die Erneuerungsfunktion steigt monoton über der Zeit an. Dabei schwingt sie gemäß Formel (5.91) in eine mittlere Tendenz ein. Für große t gilt der *Satz* von BLACKWELL:

$$H(t) = \frac{1}{\mu} + \frac{1}{2}v^2 - 0{,}5 \qquad (5.91)$$

Abb. 5.42 Darstellung der Faltung der Erneuerungsdichtefunktionen der effektiven Lebensdauer nacheinander installierter (ersetzter, erneuerter) Elemente

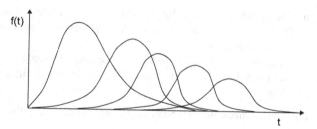

$\mu = $ Erwartungswert, $v = $ Variationskoeffizient

für $t < \mu$ gilt

$$H(t) \approx F(t_B)$$

Die Erneuerungsdichte nimmt ausgehend vom Nullpunkt zunächst monoton zu und geht dann in einen konstanten Wert über (s. Abb. 5.42). Bei genügend langer Laufzeit des Prozesses tendiert er gegen $1/ET_B$. Die Ausfälle finden in Mittel im Abstand von ET_B statt. Der Einschwingprozess erfolgt je nach Variationskoeffizient der Ausgangsverteilung $F(t)$ unterschiedlich.

3. *Näherung für Weibull-verteiltes Schädigungsverhalten*
   Die Ableitung der Zielfunktion erfolgt aus der Verlustfunktion $V(t)$ als stochastische Ausdrucksform des Verschleißes. Grundvoraussetzung zur Quantifizierung der abnutzungsbedingten Kosten und Verluste ist die Kenntnis von Bestwerten der betrachteten Gebrauchsparameter als Vergleichsmaßstab für die Gebrauchswertverschlechterung. Alle in der Phase der Frühausfallphase auftretenden Ausfälle und die damit verbundenen Verluste sind nicht Gegenstand der Instandhaltungsplanung, weil es sich um Frühausfälle handelt, deren Ursachen meist konstruktiv bedingt sind und in den Verantwortungsbereich des Primärherstellers fallen. In strittigen Fällen müssen die Gerichte entscheiden. Somit kann $V(t)$ als eine bei Null beginnende monoton wachsende Funktion betrachtet werden.

Wenn die laufenden Kosten und Verluste mit zunehmender Abnutzung nur geringfügig steigen, ausfallbedingte Kosten und Verluste aber erheblich ins Gewicht fallen, weil die Ausfallneigung bei zunehmender Betriebsdauer steigt und wenn Aussagen bezüglich der Zuverlässigkeit gewonnen werden sollen, gilt:

$$V(t) = (k_a^I + k_a^{II})*a(t) = k_a^* \, a(t) \tag{5.92}$$

$a(t)$ mittlere Ausfallintensität (momentane Anzahl der Ausfälle je Betriebszeiteinheit)

k_a^I Kosten der Instandhaltung, bestehend aus den Lohnkosten (der Instandhalter) = Lohnkostensatz x Zeitaufwand, Material- u. Energiekosten (Ersatzteile, Betriebsstoffe usw.)

k_a^{II} Verluste: Meist werden die laufenden Produktionsverluste durch Überstunden (sofern das möglich ist) ausgeglichen:

a. Mehrkosten in Form der zusätzlich zu leistenden Maschinenstundenkosten, sofern die Reparatur während der Produktionszeit durchgeführt werden muss (Engpasssituation),

b. Überstundenzuschläge für das Bedienungspersonal,

c. während des Stillstandes zu zahlender Durchschnittslohn für die Maschinenbediener.

Die Ausfallintensität $a(t)$ bestimmt den Grad der wiederherstellenden Instandsetzung nach Ausfall.
Grenzfälle sind:

1. Minimalinstandsetzung sowie
2. Vollständige Instandsetzung nach Ausfall.

Bei Minimalinstandsetzung wird nach jedem Ausfall der Zustand kurz vor dem Ausfall erreicht. Daher gilt für das folgende Zeitintervall die analoge Wahrscheinlichkeitsaussage $\lambda(t + \Delta t)\Delta t$. Die Gesamtzahl der Ausfälle ist näherungsweise gleich der Summe $\Sigma \lambda(t)\Delta t$ über alle Intervalle. Als mittlere Anzahl der Ausfälle bei anschließender Minimalinstandsetzung ergibt sich für $\Delta t > 0$ die integrierte Ausfallrate

$$\Lambda(t) = \int\limits_0^t \lambda(t)dt = \left(\frac{t}{a}\right)^b \tag{5.93}$$

Unter vollständiger Instandsetzung nach Ausfällen ist die Wiederherstellung der Gebrauchseigenschaften zu verstehen, die denen eines neuen Arbeitsmittels entsprechen (Großinstandsetzung, Grundüberholung, vollständige Erneuerung, Austauschinstandsetzung).

5.6.5 Charakteristische Funktionen

Die momentane Anzahl der Ausfälle je Betriebszeiteinheit bestimmt die Verlustfunktion, die als stetige Funktion $a(t)$ die mittlere Ausfallintensität nach einer Betriebszeit t angibt. Sie wird durch zwei Funktionen beschrieben:
Die mittlere Ausfallintensität

$$a(t) = \begin{cases} \lambda(t) & \text{Ausfallrate (bei Minimalinstandsetzung nach Ausfällen)} & (5.94) \\ \\ h(t) & \text{Erneuerungsdichte (bei vollständiger Instandsetzung)} \\ & \text{(Erneuerung nach Ausfällen)} & (5.95) \end{cases}$$

$$A(t) = \begin{cases} \Lambda(t) = \int\limits_0^t \lambda(t)dt & \text{Integrierte Ausfallrate} & (5.96) \\ \\ H(t) = \int\limits_0^t h(t)dt & \text{Erneuerungsfunktion} & (5.97) \end{cases}$$

Zur Modellierung des Prozesses der vorbeugenden Instandsetzung dienen die Integrale der Ausfallintensität im Zeitintervall von der letzten vollständigen Instandsetzung ($t = 0$) bis zur nächsten vorbeugenden Maßnahme ($t = \tau$). Sie geben den Erwartungswert für die Anzahl der Ausfälle im Intervall ($0, \tau$) an. τ ist eine Entscheidungsvariable für die Optimierung, daher sind $H(t)$ und $\Lambda(\tau)$ Funktionen der Betriebszeit t.

Ausfallrate der Weibull-Verteilung:

$$\lambda(t) = \frac{f(t)}{R(t)} \begin{cases} = 0 & \text{für} \quad t < 0 \qquad (5.98) \\[2mm] = \left(\frac{b}{a}\right)\left(\frac{t}{a}\right)^{b-1} & \text{für} \quad t \geq 0 \qquad (5.99) \end{cases}$$

- Die Ausfallrate beschreibt die Ausfallneigung einer BE, die das Betriebsintervall ($0, t$) nicht überlebt hat, unter der Voraussetzung, dass Frühausfälle und nicht abnutzungsbedingte Ausfälle eliminiert worden sind.
- Der Term $\lambda(t) * \Delta t$ drückt für genügend kleine Δt näherungsweise die bedingte Ausfallwahrscheinlichkeit im Intervall ($t, t + \Delta t$) unter der Bedingung aus, dass der Zeitpunkt t ohne Ausfall erreicht wurde.
- Bei Minimalinstandsetzung wird nach jedem Ausfall vereinbarungsgemäß der Zustand kurz vor dem Ausfall wieder erreicht.
- Für das folgende Intervall ($t, t + \Delta t, t + 2\Delta t$) gilt die analoge Wahrscheinlichkeitsaussage $\lambda(t + \Delta t) * \Delta t$ usw.
- Die Gesamtzahl der Ausfälle ist näherungsweise gleich der Summe $\Sigma \, \lambda(t) \, \Delta t$ über alle diese Intervalle.

Als mittlere Anzahl der Ausfälle bei anschließender Minimalinstandsetzung eignet sich die integrierte Ausfallrate.[19] Die Erneuerungsfunktion wird bei vollständiger Instandsetzung der BE angesetzt. Eine analytische Berechnung ist nicht möglich. Deshalb werden folgende Überlegungen angestellt: Für den i-ten Ausfallzeitpunkt S_i

$$S_i = \sum_{k=1}^{i} T_K \qquad (5.100)$$

ergibt sich die Verteilung durch i-fache Faltung der Verteilungsfunktion $F(t)$ der Laufzeit. $W_i(t) = W\{S_i \leq t \leq S_{i+1}\}$ ist die Wahrscheinlichkeit für genau i Ausfälle in $\{0, t\}$. Gesucht ist der Erwartungswert der Erneuerungsfunktion: $H(t) = \sum_{k=1}^{\infty} i * W_i(t)$ Auf Grund problematischer numerischer Bestimmung gelten folgende Grenzaussagen:

Für kleines t gilt die Näherung:

$$F(t) \leq H(t) \leq \Lambda(t) \quad \text{für} \quad t \geq 0 \qquad (5.101)$$

---

[19] Vgl. Gnedenko et al. 1968, s. auch Lauenstein et al. 1993, S. 27.

Abb. 5.43 Verlauf der Erneuerungsdichtefunktion

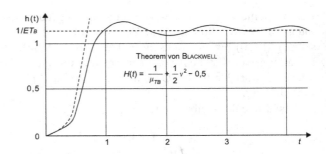

$\Lambda(t)$ erfasst den Erst-, Zweit- und Drittausfall usw., wobei nach Ausfall Minimalinstandsetzung erfolgt.

Für großes t gelten folgende Aussagen:

1. *Das elementare Erneuerungstheorem*[20]

$$\lim_{t \to \infty} H(t) = \frac{1}{\mu} \qquad (5.102)$$

besagt, dass sich die mittlere Anzahl der Ausfälle im Intervall $(0, t)$ gegen den reziproken Wert der mittleren Betriebsdauer μ annähert (s. Abb. 5.42).

2. *Das Blackwellsche Erneuerungstheorem*[21]

$$\lim_{t \to \infty} \frac{H(t + \Delta t) - H(t)}{\Delta t} = \frac{1}{\mu} \qquad (5.103)$$

besagt, dass die Anzahl der Erneuerungen im Intervall $(t, t + \Delta t)$ ebenfalls gegen $1/\mu$ geht.

3. Die Asymptotenaussage (Formel 5.100)

$$\lim_{t \to \infty} H(t) = \frac{t}{\mu} + \frac{v^2 - 1}{2} = y(t)$$

erfüllt die unter 1. und 2. genannten Theoreme, indem der Verlauf von $H(t)$ für große t in Abhängigkeit vom Variationskoeffizienten v dargestellt wird.[22] Im Falle von $b > 1$ ergibt sich eine monoton steigende Ausfallrate. Dann gilt $\mu > \sigma$ bzw. $0 < v^2 < 1$. Im Falle von $v^2 = 0$ (keine Streuung) verläuft $H(t)$ als Treppenfunktion um die Asymptote $y(t)$ (gestrichelte Linie in Abb. 5.44). Dadurch ergibt sich mit der Zeitspanne μ eine obere und untere Grenze (Abb. 5.43, 5.44).

---

[20] Gilt für beliebige Verteilungsfunktionen $F(t)$ (vgl. Dück und Bliefernich 1972, S. 87), s. auch Birolini 1991, S. 378 ff.

[21] ebenda 20.

[22] Vgl. Beichelt 1983, S. 42.

Abb. 5.44 Verlauf der
Erneuerungsfunktion

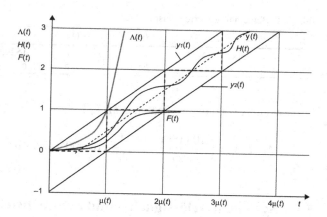

$$y_1(t) = \frac{t}{\mu} \geq H(t) \geq y_2(t) = \frac{t}{\mu} - 1$$

Für $0 < \sigma < \mu$ schmiegt sich $H(t)$ ähnlich einer gedämpften Schwingung an die Asymptote $y(t)$ an. Im praktischen Fall gilt

$0,1 \leq v^2 \leq 0,5$ bzw.
$1,5 \leq b \leq 3,5$.

Damit ergibt sich eine starke Dämpfung ohne merkliches Überschwingen.

Näherung für Weibull-verteiltes Schädigungsverhalten Im Falle der Weibull-Verteilung ist $H(t)$ analytisch nicht darstellbar. Daher werden Näherungslösungen angestrebt[23]:

$$\text{Für } 0 \leq t \leq t^* \quad \text{gilt}: \quad M(t) = \left(\frac{t}{a}\right)^{b_i} \tag{5.104}$$

sonst

$$M(T_P) = \left(\frac{T_P}{a}\right)^b + \frac{1}{ET_B}(T_P - t^*) \tag{5.105}$$

$$t^* = a[b^*\Gamma(1+b)]^{-\frac{1}{b-1}} \tag{5.106}$$

Für $1,0 > b \leq 2,0$ gilt näherungsweise:

$$t^* = a_i(0,9b)^{-\frac{1}{b-1}} \tag{5.107}$$

Beispiel 5.22: Ermittlung der Anzahl der Instandhaltungsmaßnahmen (Tab. 5.30)
Gegeben: $T_P = 10.000\,\text{h}$, $a = 2.500\,\text{h}$, $b = 3$

---

[23] Vgl. Beckmann 1978, S. 67.

Tab. 5.30 Berechnungswerte (Beispiel 5.22)

T_{plan}	a	b	$1+b$	$\Gamma(x)$	t^*		$M(T_P)$
10000	2500	3	4	0,89	1529,98	64	67
		$ET_B=$		2225	h		

Gesucht: Anzahl der Maßnahmen $M(T_P)$

$$M(T_P) = \left(\frac{10.000}{2.500}\right)^3 + \frac{1}{2225}(10.000 - 1.530) = 67 \; Ma\beta nahmen$$

5.7 Systemzuverlässigkeits- und Schwachstellenermittlung von Produktionssystemen

5.7.1 Problemstellung

Technische Systeme weisen eine charakteristische Systemstruktur auf. Zur Vorbereitung von Instandhaltungsentscheidungen ist deshalb eine Strukturanalyse notwendig.

Bei der Realisierung der Strukturanalyse werden in der Instandhaltung jeweils zwei Ebenen der gezeigten Hierarchieebenen betrachtet. In Abhängigkeit von der Festlegung des Instandhaltungsobjekts kann ein Anlagesystem, eine Anlage oder eine Maschine als System angesehen werden. Die Elemente des Systems werden im Allgemeinen auf der nächst niedrigeren Ebene gewählt. Dabei können für bestimmte Untersuchungen auch Hierarchieebenen übersprungen werden.

Anwendungen sind

- Kapazitätsanalysen basierend auf der Untersuchung der Leistungsfähigkeit der Systeme, Ziel ist die optimale Ausnutzung der Kapazität,
- Zuverlässigkeitsanalysen, um Schwachstellen zu erkennen und zu eliminieren, weil Schwachstellen Kostentreiber sind.

Bei Engpassmaschinen (kapitalintensive Betriebsmittel, die hoch ausgelastet werden) führen technisch bedingte Störungen zu hohen betriebswirtschaftlichen Verlusten. Ziel ist die Sicherung der zur Produktionsausbringung erforderlichen Verfügbarkeit. Die Produktionsverluste sind zu minimieren.

5.7.2 Zuverlässigkeitsanalysen für Systeme

Zuverlässigkeit ist ein Qualitätsmerkmal zur Beschreibung des Langzeitverhaltens eines Betriebsmittels.

Folgende quantifizierbare Eigenschaften charakterisieren das Langzeitverhalten:

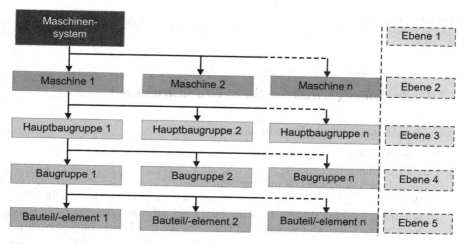

Abb. 5.45 Strukturierung eines Maschinensystems

- Ausfallfreiheit,
- Langlebigkeit,
- Reparatureignung.

Die Zuverlässigkeitsfunktion

$$R(t) = e^{(-t/a)}, \quad t \geq 0 \tag{5.108}$$

gibt die Wahrscheinlichkeit an, mit der die BE das Intervall $\{0, \ t\}$ überlebt (Reliability). Für die Elemente i ($i = 1, 2, \ldots, n$) eines Systems werden deren Zuverlässigkeitsfunktionen $R_i(t)$ über die Verschleißanalysen für die BE berechnet. Hier ergibt sich nun die Frage, mit welcher Wahrscheinlichkeit das System einen bestimmten Zeitpunkt überlebt. Dazu wird die Ermittlung der Systemzuverlässigkeitsfunktion ermittelt.

Das Zuverlässigkeitsverhalten des Systems bestimmen:

1. das Zuverlässigkeitsverhalten der Elemente,
2. die zuverlässigkeitslogischen Relationen zwischen ihnen.

Die zwischen den einzelnen Elementen existierenden Kopplungen werden in einem Zuverlässigkeitsschaubild dargestellt. Daraus kann die Beantwortung der Frage abgeleitet werden, welche Folgen der Ausfall eines Elements für die anderen Elemente bzw. für das System hat (s. Abb. 5.45).

Aus diesem Grund werden im Zuverlässigkeitsschaltbild eines Systems ganz andere Beziehungen zwischen den Elementen dargestellt als beispielsweise in einem Schaltbild der Elektrotechnik oder in einem Schaltbild, das den Stofffluss zwischen den Elementen eines Systems charakterisiert. Sie können allerdings eine Grundlage bilden.

Abb. 5.46 Zuverlässigkeitslogische Reihenschaltung

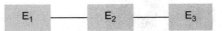

5.7.3 Zuverlässigkeitstheoretische Grundstrukturen

Zuverlässigkeitstheoretische Grundstrukturen sind:

1. Reihenschaltung,
2. Parallelschaltung,
3. partielle Parallelschaltung (gemischte Schaltung).

   a) Wenn der Ausfall auch nur eines Elements zwangsläufig den Ausfall des gesamten Systems verursacht, dann liegt eine zuverlässigkeitslogische Reihenschaltung vor. Ein derartig strukturiertes System ist nur funktionsfähig, wenn alle Elemente gleichzeitig funktionsfähig sind (s. Abb. 5.46).
Für die Systembetriebszeit gilt:
$T_S = \min\{T_1, T_2, \ldots, T_n\}$ T_i als Betriebszeit des Elements i
Die Zuverlässigkeitsfunktion des Reihensystems lautet:

$$R_S(t) = R_1(t) * R_2(t) * \ldots * R_n(t) = \prod_{i=1}^{n} R_i(t) \qquad (5.109)$$

Die Zuverlässigkeit eines Seriensystems nimmt demnach mit zunehmender Zahl der Elemente ab.

   b) Eine zuverlässigkeitslogische Parallelschaltung liegt vor, wenn das System erst bei Ausfall aller Elemente ausfällt. Das System ist demnach solange funktionsfähig, wie mindestens 1 Element funktionsfähig bleibt. Es gilt:

$$T_S = \max\{T_1, T_2, \ldots, T_n\}$$

Die Zuverlässigkeitsfunktion des Parallelsystems lautet:

$$R_S(t) = 1 - [1 - R_1(t)] * [1 - R_2(t)] * \ldots * [1 - R_n(t)] = 1 - \prod_{i=1}^{n} [1 - R_i(t)]$$
$$(5.110)$$

Mit steigender Anzahl der Elemente nimmt die Ausfallwahrscheinlichkeit $F(t)$ ab und die Systemüberlebenswahrscheinlichkeit (Zuverlässigkeit) zu. Die Ermittlung der Systemzuverlässigkeit erfolgt durch Reduktion des Zuverlässigkeitsschaltbildes, indem man es schrittweise vereinfacht.

$$R_S(t) = 1 - [F_1(t)] * [F_2(t)] * \ldots * [F_n(t)] = 1 - \prod_{i=1}^{n} [F_i(t)] \qquad (5.111)$$

5.7.4 Möglichkeiten der Schwachstellenermittlung

Die Weibull-Verteilung ist gleichzeitig Extremwertverteilung für in Reihe geschaltete Elemente, so dass hierfür die Systemparameter a_S und b_S ermittelt werden können, wenn die Parameter a_i und b_i der Elemente bekannt sind.

Die doppelte Exponentialverteilung findet Anwendung für die Serienschaltung von Elementen.

$$F(t) = 1 - e^{-e\left(\frac{t-g}{d}\right)}$$

(5.112)

mit $g = ln\ a$ und $d = 1/b$

$E(t) = g - C^*d$ C = 0,5772 (EULERsche Konstante)

Neben der Systemzuverlässigkeit $R_S(t)$ ist für die Vorbereitung von Instandhaltungsmaßnahmen der Nachweis von Zuverlässigkeitsschwachstellen von großer Bedeutung. Zuverlässigkeitsschwachstellen sind solche Elemente eines Systems, die aufgrund ihrer Lage im Zuverlässigkeitsschaltbild und ihrer geringen eigenen Zuverlässigkeit die Zuverlässigkeit des Gesamtsystems ungünstig beeinflussen. Um die Zuverlässigkeit eines Systems zu bestimmen, ist diese für einen definierten Zeitraum zu ermitteln. Zur Quantifizierung des Schwachstellencharakters eines Elements i wird die Systemzuverlässigkeit $R_S^i(t)$ berechnet, die sich ergeben würde, wenn das Element i absolut zuverlässig ($R_i(t) = 1$, $t \geq 0$) wäre. Auf diese Größe werden für diskrete t die dazugehörigen realen Werte der Systemzuverlässigkeit $R_S(t)$ bezogen und der so genannte Schwachstellenkoeffizient, der Auskunft über das schwächste Element eines Systems gibt, bestimmt.

Ein Element i ist Schwachstelle im System, wenn gilt:

$$S_i(t^*) < S_j(t)$$

(5.113)

Der Schwachstellencharakter ist umso stärker ausgeprägt, je größer die Differenz zwischen $S_i(t^*)$ und $S_j(t^*)$ ist. Da die Beurteilung des Schwachstellencharakters für ein bestimmtes Intervall $\{0, t\}$ von praktischer Bedeutung ist, wird der integrale Schwachstellenkoeffizient gebildet.

Dieser ergibt sich für jedes Element:

$$S_i^*(t^*) = \frac{\sum\limits_{i=1}^{t^*} S_i(t)dt}{t^*}$$

(5.114)

als durchschnittlicher Schwachstellenkoeffizient für das Intervall $\{0, t\}$.

5.7.5 Berechnungsvorschriften zur Ermittlung der Systemzuverlässigkeit

Die Ermittlung der Systemzuverlässigkeit soll nachfolgend an einigen einfachen Beispielen praktiziert werden.

Abb. 5.47 Parallelschaltung
zweier in Reihe geschalteter
Elemente

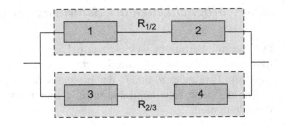

Abb. 5.48 Reihenschaltung
zweier Parallelelemente

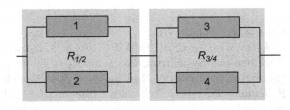

Beispiel 5.23: Parallelschaltung von jeweils zwei in Reihe geschalteten Elementen
(Abb. 5.47)

1. *Schritt:* Bildung der Ersatzelemente aus der Reihenschaltung

$$R_{1/2}(t) = [R_1(t)^*R_2(t)]$$

$$R_{3/4}(t) = [R_3(t)^*R_4(t)]$$

2. *Schritt:* Parallelschaltung der beiden Ersatzelemente $R_{1/2}$ und $R_{3/4}$

$$R_S(t) = 1 - [1 - R_{1/2}(t)]^*[1 - R_{3/4}(t)]$$

oder:

$$R_S(t) = 1 - [F_{1/2}(t)]^*[F_{3/4}(t)]$$

Beispiel 5.24: Berechnung der Systemzuverlässigkeit einer Reihenschaltung von 2
Parallelelementen (Abb. 5.48)

1. *Schritt:* Ersatzelement der Parallelschaltung zweier Elemente

$$R_{1/2}(t) = 1 - [1 - R_1(t)][1 - R_2(t)]$$

$$R_{1/2}(t) = [1 - F_1(t)^*F_2(t)]$$

$$R_{3/4}(t) = [1 - F_3(t)^*F_4(t)]$$

2. *Schritt:* Reihenschaltung der Ersatzelemente 1/2 und 3/4

$$R_S(t) = R_{1/2}(t)^*R_{3/4}(t)$$

Abb. 5.49 Gemischte Schaltung zu Beispiel 5.25

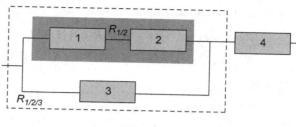

Abb. 5.50 Gemischte Schaltung zu Beispiel 5.26

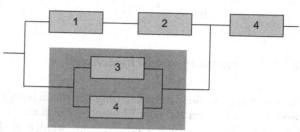

Beispiel 5.25: Berechnung der Systemzuverlässigkeit einer gemischten Schaltung (Abb. 5.49)

1. *Schritt:* Bildung der Ersatzelemente aus der Reihenschaltung von Element 1 und 2:

$$R_{1/2}(t) = R_1(t) * R_{2/}(t)$$

2. *Schritt:* Parallelschaltung aus dem Ersatzelement $R_{1/2}$ und R_3

$$R_{1/2/3}(t) = 1 - [1 - R_1(t)R_2(t)][1 - R_3(t)]$$
$$R_{1/2/3}(t) = 1 - [1 - R_1(t)R_2(t)]F_3(t)$$

3. *Schritt:* Reihenschaltung des Ersatzelements $R_{1/2/3}$ (t) und R_4(t)

$$R_S(t) = R_{1/2/3}(t)R_2(t)R_4(t)$$
$$R_S(t) = \{1 - [1 - R_1(t)R_2(t)]F_3(t)\}R_4(t) = \{1 - [1 - R_1(t)R_2(t)][1 - R_3(t)]\}R_4(t)$$

Beispiel 5.26: Berechnung der Systemzuverlässigkeit einer gemischten Schaltung (Abb. 5.50)

1. *Schritt:* Bildung der Ersatzelemente aus der Reihenschaltung von Element 1 und 2

$$R_{1/2}(t) = R_1(t) * R_2(t)$$

2. *Schritt:* Parallelschaltung aus dem Ersatzelement R_3 und R_4

$$R_{3/4}(t) = 1 - [1 - R_3(t)][1 - R_4(t)]$$

3. *Schritt:* Parallelschaltung der Ersatzelemente $R_{1/2}(t)$ und $R_{3/4}(t)$

$$R_{1/2/3/4}(t) = 1 - [1 - R_1(t)R_2(t)]\{1 - [1 - R_3(t)(1 - R_4(t)]\}$$

$$R_{1/2/3/4}(t) = 1 - [1 - R_{1/2}(t)][1 - R_{3/4}(t)] = 1 - F_{1/2}(t)F_{3/4}(t)$$

4. *Schritt:*

$$R_S(t) = R_{1/2/3/4/5}(t) = 1 - R_{1/2/3/4}(t)R_5(t)$$

$$R_S(t) = \left\{1 - [1 - R_{1/2}(t)][1 - R_{3/4}(t)]\right\} R_5(t)$$

5.7.6 Ermittlung von Schwachstellen

Voraussetzung ist eine Diskreditierung der Betrachtungsweise. Die stetigen Zuverlässigkeitsfunktionen $R_i(t)$ der Elemente i, die durch Weibull-Verteilungen mit den Parametern b_i und a_i charakterisiert sind, werden in diskrete Wertepaare umgewandelt. Eine Umwandlung in eine stetige Funktion ist m. H. des Weibull-Netzes möglich.

Vorgehensweise:

1. Berechnung der Überlebenswahrscheinlichkeiten $R_S(t)$ für ein vorgegebenes Intervall $\{0, t_1\}$, z. B. 1.000 h. Die Überlebenswahrscheinlichkeit R_i bzw. die Ausfallwahrscheinlichkeit $F_i = 1 - R_i$ der einzelnen Elemente i müssen für dasselbe Betriebsintervall $\{0, t_1\}$ geschätzt werden.
2. a. Wenn für die Elemente i ($i = 1, 2, \ldots, n$) eines Systems das Verteilungsgesetz der Betriebszeit t_i als diskrete Funktion, z. B. als Summenhäufigkeit

$$F_t(t) = \sum_{j=1}^{t} h_j \tag{5.115}$$

vorliegt, kann $R_S(t)$ punktweise für alle t-Werte berechnet werden. Voraussetzung: Gleiche Klasseneinteilung (gleiche diskrete t) für die einzelnen Elemente.

b. Wenn für die Elemente i die geschätzten Parameter einer theoretischen Betriebszeitverteilung vorliegen, sind diskrete Werte von $R_i(t)$ in einer Wertetabelle zu erfassen.

Beispiel 5.27: Ermittlung der Systemzuverlässigkeit für eine gemischte Schaltung. (Tab. 5.32)

Für die in der Tab. 5.31 dargestellten Elementzuverlässigkeiten $R_i(t)$ wird für das gezeigte Zuverlässigkeitsschaubild Abb. 5.50 zu festgelegten Zeitpunkten t ($t = 0$ bis 6) die Systemzuverlässigkeit ermittelt.

Die Systemzuverlässigkeit für die gemischte Schaltung ergibt sich zu

$$R_S(t) = \{1 - [1 - R_1(t)R_2(t)][1 - R_3(t)]\} R_4(t)$$

Tab. 5.31 Diskrete Berechnung der Systemzuverlässigkeit $R_S(t)$

Periode	0	1	2	3	4	5	6
$R_1(t)$	1	1	0,9	0,6	0,2	0	0
$R_2(t)$	1	0,8	0,7	0,5	0,1	0	0
$R_3(t)$	1	1	0,9	0,6	0,3	0,1	0
$R_4(t)$	1	1	0,9	0,8	0,4	0,2	0
$R_S(t)$	1	1	0,8667	0,576	0,1256	0,02	0

Tab. 5.32 Basiswerte
(Beispiel 5.27)

$R(t)$	$t = 2$	$t_1{}^* = 2$
$R_1(t)$	0,9	1
$R_2(t)$	0,7	0,7
$R_3(t)$	0,9	0,9
$R_4(t)$	1	1
$R_S(t)$	0,963	0,97

jeweiliges Element =1 setzen und $R_S(t)$ ermitteln

$$R_S{}^1(t = 0) = 1, \quad R_S{}^2(t = 1) = 0,867, \quad R_S{}^3(t = 2) = 0,576,$$

$$R_S{}^4(t = 3) = 0,1256, \quad R_S{}^5(t = 4) = 0,02$$

Der Schwachstellenkoeffizient gibt Auskunft über die Zuverlässigkeit eines Systems. Zur Quantifizierung des Schwachstellencharakters eines Elements i wird die Systemzuverlässigkeit $R_S{}^i(t)$ berechnet, die sich ergeben würde, wenn das Element i absolut zuverlässig ($R_j(t) = 1$, $t \geq 0$) wäre. Auf diese Funktion werden für diskrete t die dazugehörigen realen Werte der Systemzuverlässigkeit $R_S(t)$ bezogen.

$$S_i(t) = \frac{R_S(t)}{R_S{}^i(t)}; \quad 0 \leq S_i(t) \leq 1 \tag{5.116}$$

Es kann also für jedes Element i des Systems ein Schwachstellenkoeffizient $S_i(t)$ ermittelt werden, der wie die Zuverlässigkeit eine Funktion der Zeit ist. Ein Element i ist Schwachstelle im System, wenn gilt:

$$S_i(t^*) < S_j(t) \tag{5.117}$$

Der Schwachstellencharakter ist umso stärker ausgeprägt, je größer die Differenz zwischen $S_i(t^*)$ und $S_j(t^*)$ ist. Wichtig ist die Beurteilung des Schwachstellencharakters für ein bestimmtes Intervall $\{0, t\}$. Deshalb wird der integrale Schwachstellenkoeffizient gebildet. Dieser ergibt sich für jedes Element zu

$$S_i{}^*(t^*) = \frac{\sum\limits_{i=1}^{t^*} S_i(t)dt}{t^*} \tag{5.118}$$

als durchschnittlicher Schwachstellenkoeffizient für das Intervall $\{0, t\}$. Der Schwachstellenkoeffizient wird berechnet, indem jeweils für jedes Element die Zuver-

Tab. 5.33 Parameterwerte
(Beispiel 5.28)

i	b_i	γ (d^{-1})	a (d)
1	1,07	0,0139	71,94
2	1,46	0,0041	243,90
3	1,21	0,0044	227,27
4	1,25	0,0028	357,14
5	1,31	0,0035	285,71

lässigkeit $R_i(t)$ zum Zeitpunkt t^* gleich **1** gesetzt wird. Danach wird die Systemzuverlässigkeit erneut mit der folgenden Formel berechnet:

$$R_S(t) = \{1 - [1 - R_1(t)R_2(t)][1 - R_3(t)]\}R_4(t)$$

Beispiel 5.28: Ermittlung der Systemzuverlässigkeit

Im Ergebnis einer Verschleißanalyse wurden für ein System, das aus fünf in Reihe geschalteten Elementen besteht, die in der Tabelle dargestellten Werte ermittelt.[24] (Tab. 5.33)

Ermitteln Sie die Zuverlässigkeitsfunktion und die Termine der vorbeugenden Instandsetzung für eine Überlebenswahrscheinlichkeit von 70 %! Es gilt 1d = 16 h = 1 AT bei Zweischichtbetrieb. Berechnen Sie den Instandsetzungsaufwand, wenn für eine vorbeugende Maßnahme 10 h Arbeitszeit und im Falle eines Ausfalls 15 h Arbeitszeitaufwand notwendig sind.

$$b_{min} = 1{,}07 \quad b_{max} = 1{,}46 \quad n = 5 \qquad \Delta b = b_{max} - b_{min} = 0{,}39$$

$$b_S = 1{,}07 + \frac{\ln \dfrac{0{,}39 \ln 5}{1 - 5^{-0{,}39}}}{\ln 5} = 1{,}255$$

$$\gamma = 0{,}041 * 5^{\frac{1}{1{,}255}} \left[1 + \frac{1{,}255 * 2{,}155}{6} + \left(\frac{0{,}0042}{0{,}0097}\right)^2 \right]^{\frac{1}{1{,}255}}$$

$$\gamma_H = \frac{5}{1186} = 0{,}0041$$

$$\Delta\gamma_{max} = \max_i |0{,}0139 - 0{,}0041| = 0{,}0097$$

$a_S = 1/\gamma_S = \underline{61{,}7\ d}$

Die Systemzuverlässigkeitsfunktion lautet

$$R(t) = e^{-(0{,}0162\,t)^{1{,}255}}; \quad t \geq 0$$

Durch Umstellen der Formel nach T kann der Instandhaltungstermin für eine geforderte Zuverlässigkeit von 70 % ermittelt werden (Tab. 5.34).

$$T_{VI} = a \sqrt[b]{\ln\left(\frac{1}{R_{gef}}\right)}$$

---

[24] Lauenstein et al. 1993, S. 115.

Tab. 5.34 Berechnungsergebnisse (Beispiel 5.28)

a	b	T_{VI}	Periode
(Tage)		(Tage)	(Jahr)
61,7	1,26	22,79	4,56

Abb. 5.51 Serienschaltung

$$T_{VI} = 61,7 \sqrt[1,255]{\ln\left(\frac{1}{0,7}\right)} = 27d \Rightarrow 5,5 \; Wochen$$

Bei 52 Wochen/Jahr ergibt sich:

T = 52/5,5*10 h*0,7 + 52/7,38*15 h*0,3

$$T_{VI} = \frac{52W./Jahr*10\,h/d}{5,5W}*0,7 + \frac{52W*15\,h/d.}{7,38}*0,3 = 66,2 + 33,5 \; h/Periode$$

$$T_{VI} \approx a*\left(0,9b^{-\frac{1}{b-1}}\right) = 61,7\left(0,9*1,255^{-\frac{1}{1,255-1}}\right) = 22,8 \; Tage$$

$$T_{VI} \approx \frac{23 \; Tage}{5 \; Tage/Woche} = 4,6 \; Wochen$$

5.8 Zuverlässigkeit und Redundanz

Die Ermittlung der Systemzuverlässigkeit spielt für die Bewertung technischer Systeme eine wesentliche Rolle. Von besonderer Bedeutung ist dabei die Untersuchung des Einflusses von Redundanzen auf die Zuverlässigkeit von technischen Systemen und deren Ermittlung.

Zwei unabhängige Komponenten bilden ein System. Voraussetzung für die weiteren Betrachtungen ist je eine konstante Ausfallrate. Falls der Ausfall eines Elements zum Ausfall des Systems führt, liegt eine Reihenschaltung vor (Abb. 5.51).

Wenn λ_1 und λ_2 die konstanten Ausfallraten der Elemente sind, ergibt sich die Ausfallrate des Systems aus der Summe der beiden Komponenten $\lambda_1 + \lambda_2$. Die Ausfallraten sind konstant. Die Zuverlässigkeiten der Komponenten $R_1(t)$ und $R_2(t)$ für die Betriebsdauer ergeben sich zu:

$$R_1(t) = e^{-\lambda_1 t} \quad und \quad R_2(t) = e^{\lambda_2 t}$$

$$R_S(t) = \prod_{i=1}^{n} R_i(t) \tag{5.119}$$

R_i ist die Zuverlässigkeit des i-ten Elements. Damit ergibt sich

$$\lambda = \sum_{i=1}^{n} \lambda_i \quad und \quad R(t) = e^{-\lambda t} \tag{5.120}$$

Abb. 5.52 Redundante
Parallelschaltung

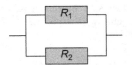

Heiße Redundanz Abbildung 5.52 zeigt das Blockschema für die Zuverlässigkeit des einfachsten redundanten Systems. Es besteht aus zwei statistisch unabhängigen Elementen mit den Zuverlässigkeiten R_1 und R_2. Das System arbeitet einwandfrei, wenn eines der beiden Elemente funktionsfähig ist. Daher ist die Zuverlässigkeit des Systems R_S gleich der Überlebenswahrscheinlichkeit von Element 1 oder Element 2 (Abb. 5.52).

$$R_1(t) + R_2(t) = R_1(t) + R_2(t) - R_1(t)R_2(t)$$

Die Wahrscheinlichkeit, dass von den stochastisch unabhängigen Ereignissen A und B eines eintritt, ergibt sich zu:

$$P(A + B) = P(A) + P(B) - P(A)P(B)$$

Die Wahrscheinlichkeit eines Systemausfalls ist gleich der Gesamtwahrscheinlichkeit eines Ausfalls von A und B, d. h.

$$P = [1 - P(A)][1 - P(B)]$$

$$= 1 - P(A) - P(B) + P(A)*P(B)$$

$$\Rightarrow 1 - (1 - R_1)(1 - R_2)$$

$$P_S = 1 - P_t = P(A + B) = P(A) + P(B) - P(A)P(B)$$

$$\Rightarrow 1 - (1 - R_1)(1 - R_2)$$

Bei konstanter Ausfallrate gilt:

$$R = e^{-\lambda_1 t} + e^{\lambda_2 t} - e^{[-(\lambda_1 + \lambda_2)t]} \tag{5.121}$$

$$R = 1 - \prod_{i=1}^{n}(1 - R_i)$$

R_i ist die Zuverlässigkeit des i-ten Elements und n die Anzahl der parallel geschalteten Elemente. Wenn in dem heiß-redundanten System aus zwei Elementen $\lambda_1 = \lambda_2 = 0{,}1$ Ausfälle/h ist, so beträgt die Systemzuverlässigkeit im Zeitraum von 1000 h 0,9909. Das ist ein bedeutender Zuwachs im Vergleich mit einer einfachen Baueinheit ohne Redundanz, die den Wert 0,9048 hat. Der hohe Zuwachs an Zuverlässigkeit rechtfertigt meist auch die zusätzlichen Kosten, die bei der Integration von Redundanzen in Systeme entstehen. Der Zuverlässigkeitszuwachs reduziert das Ausfallrisiko enorm und verringert damit das Ausmaß der Unsicherheit der Vorhersage. Das Beispiel gilt für ein nicht gewartetes System, d. h. das System wird nicht repariert, wenn ein Element ausfällt. In der Praxis verfügen die heiß-redundanten Systeme über Anzeigen für einen bevorstehenden Ausfall eines Elements, das anschließend repariert werden kann. Somit ist ein gewartetes, heiß-redundantes System zuverlässiger als ein nicht gewartetes. Allerdings ist das nicht in allen Anwendungsbereichen möglich. So findet man in der Raumfahrt nicht reparierbare redundante Systeme (z. B. doppelte Schubmotoren für die Beibehaltung der Orbitalposition). Heiße Redundanz mit Wartung ist z. B. typisch für Stromgeneratoren in Kraftwerken oder Eisenbahnsignale.

m- aus n-Redundanz In einigen aktiven Parallelschaltungen müssen m von n Elementen funktionsfähig sein, damit das System funktioniert. Man bezeichnet das als m-aus-n-Redundanz mit n statistisch unabhängigen Komponenten, in denen die Zuverlässigkeiten aller Elemente gleich sind. Daraus ergibt sich die binomiale Zuverlässigkeitsfunktion[25]:

$$R = 1 - \sum_{i=0}^{m-1} \binom{n}{i} R^i (1 - R)^{n-i}$$

Für den Fall konstanter Ausfallrate gilt:

$$R = 1 - \frac{1}{(\lambda t + 1)^n} \sum_{i=0}^{m-1} \binom{m}{i}^2 (\lambda t)^{n-i}$$

Kalte Redundanz Kalte Redundanz liegt vor, wenn ein Element des Systems nicht ständig arbeitet, sondern nur zugeschaltet wird, wenn die Primäreinheit ausfällt. Als Beispiel soll das Blockschaltbild (s. Aufgabe 5.5) für das Kühlsystem eines Kernkraftwerks dienen. Die kalte Redundanz und das Melde- und Schaltsystem haben eine „Einmalzuverlässigkeit" R_S für Start und Aufrechterhaltung der Systemfunktion, bis die Primäreinheit repariert ist, oder R_S kann zeitabhängig sein. Das Schaltsystem und die Reserveeinheit können ruhende Ausfallraten besitzen, besonders wenn die Aggregate nicht gewartet oder überwacht werden.

5.9 Übungs- und Kontrollfragen

1. Erläutern Sie die charakteristischen Merkmale einer diskreten Verteilung!
2. Was ist eine Poisson-Verteilung?
3. Nennen und erläutern Sie die wichtigsten statistischen Messgrößen, die die Wahrscheinlichkeitsfunktion beschreiben!
4. Wie ermitteln Sie experimentell die Ausfallwahrscheinlichkeit?
5. Was verstehen Sie unter Zuverlässigkeit? Warum kann für Bauteile i. d. R. nur eine geschätzte Zuverlässigkeit angegeben werden?

---

[25] Vgl. O'Conner 1990, S. 156, s. auch Birolini 1991, S. 217.

6. Was verstehen Sie unter Ausfallhäufigkeitsdichte der Lebensdauer?
7. Erläutern Sie den Begriff der Ausfallrate! Welche Bedeutung besitzt diese Kenngröße für die Entwicklung von Instandhaltungsstrategien?
8. Definieren Sie den Begriff „Mean Time Between Failure"!
9. Welche Verfahren können zur Ermittlung der Weibull-Parameter herangezogen werden? Erläutern Sie diese!
10. Definieren Sie den Begriff der Exponentialverteilung! Stellen Sie die charakteristischen Kurvenverläufe für verschiedene Parameter $b = 0,5$; $1,0$; $2,0$ dar!
11. Zeichnen Sie den Kurvenverlauf der Ausfallwahrscheinlichkeitsdichte $f(t)$ der Exponentialverteilung für verschiedene Parameter $b = 0,5$; $1,0$; $2,0$!
12. Zeichnen Sie den Kurvenverlauf der Ausfallrate $\lambda(t)$ der Exponentialverteilung für verschiedene Parameter $b = 1,0$; $3,0$; $5,0$!
13. Erläutern Sie die charakteristischen Funktionen Ausfallwahrscheinlichkeit bzw. Zuverlässigkeit, Erwartungswert, Varianz und Ausfallrate
    a. der zweiparametrischen Weibull-Verteilung
    b. der dreiparametrischen Weibull-Verteilung!
14. Erläutern Sie die Bestimmung der Parameter b und a der Weibull-Verteilung im Wahrscheinlichkeitsnetz!
15. Welche Verteilungen können als Sonderform der Weibull-Verteilung angesehen oder durch die Weibull-Verteilung angenähert werden?
16. Zeichnen Sie die qualitativen Verläufe von Verteilungsdichte, Ausfallwahrscheinlichkeit und Ausfallrate der Weibull-Verteilung für die Parameter $b = 0,5$; 1; $1,5$; 2; 3!
17. Worin besteht das Ziel einer Zufallsstichprobe?
18. Welche Aufgabe hat ein Schätzverfahren?
19. Welche zwei Arten von Schätzungen werden unterschieden?
20. Was ist eine Zufallsstichprobe und was ist ein Stichprobenfehler?
21. Was verstehen Sie unter einem Anpassungstest und welche Anpassungstests kennen Sie?
22. Was verstehen Sie unter einem Konfidenzintervall?
23. Was verstehen Sie unter Konfidenzschätzung und welche Aussagekraft hat sie?
24. Worin besteht der Vorteil des Konfidenzintervalls gegenüber der Punktschätzung eines Parameters?
25. Charakterisieren Sie den χ^2-Anpassungstest!
26. a. Welche Fragestellung beantwortet der Kolmogorow–Smirnow-Test (K–S-Test)?
    b. Worin besteht der Vorteil des K–S-Tests im Vergleich zu anderen Testverfahren?
    c. Welche Testvoraussetzung ist für den K–S-Test erforderlich?
    d. Erläutern Sie den Testablauf für den K–S-Test im Falle einer Weibull-Verteilung!
27. Erläutern Sie die rechnerische Ermittlung der Schwachstelle(n) eines Systems!
28. Welche Arten von Erneuerungsprozessen kennen Sie?

5.10 Übungsaufgaben

Übungsthema 5.1: Ermittlung der Zuverlässigkeit einer Betrachtungseinheit
Zielstellung Für die Instandhaltungsplanung ist die Ermittlung der Ausfallwahrscheinlichkeit einer Betrachtungseinheit eine grundlegende Voraussetzung für die Bestimmung des zu planenden Instandhaltungsintervalls. Mit Hilfe zuverlässigkeitstheoretischer Kenntnisse können in diesem Zusammenhang auch Kosten optimiert und Instandsetzungsentscheidungen getroffen werden. Am einfachen Beispiel soll der Student lernen, seine Grundkenntnisse anzuwenden.

Aufgabe 5.1.1

a. In einem Kraftwerk wird die Störung einer Anlage von drei unabhängig voneinander arbeitenden Kontrollsignalen angezeigt, von denen bereits ein Signal für das Auslösen erforderlicher Maßnahmen ausreicht. Die Signalgeber sind nicht typgleich und unterliegen einer gewissen Störanfälligkeit. Die Wahrscheinlichkeiten $P(S_i)$ einer Störung des Signalgebers i (Ausfallwahrscheinlichkeit) im Falle einer notwendigen Anzeige werden von den Herstellern mit

$P(S_1) = 0{,}010 \ (1 \ \%)$
$P(S_2) = 0{,}015 \ (1{,}5 \ \%)$
$P(S_3) = 0{,}020 \ (2 \ \%)$

angegeben.

Berechnen Sie die Zuverlässigkeit der Reihenschaltung dafür, dass mindestens ein Signalgeber funktioniert!

b. Die Signalgeber bestehen aus nicht alternden elektronischen Baugruppen. Die Preise der Baugruppen hängen von den Wahrscheinlichkeiten $R(t_i)$ ab. Die Preise betragen für

- den ersten Geber 2.000 €,
- den zweiten Geber 1.500 €,
- den dritten Geber 1.000 €.

Bei einer Störung wird die betreffende Baugruppe sofort durch eine neue ersetzt. Dabei fallen Kosten in Höhe von 100 € für den Wechsel an. Versagen im Falle einer Havarie alle drei Geber, so ist ein kompliziertes Anti-Havarie-System in Gang zu setzen, was Kosten in Höhe von 1 Mio. € erfordert.

a. Geben Sie Gründe dafür an, dass die Lebensdauer der Geber als exponentiell verteilt mit λ_i $(i = 1, 2, 3)$ angesehen werden kann?
b. Wie hoch sind unter den genannten Bedingungen die mittleren Baugruppenaustausch- und Anti-Havarie-Systemkosten während einer Betriebsstunde?
c. Lassen sich die vorstehend ermittelten Kosten senken, wenn drei Geber des ersten Typs anstelle der vorhandenen Geber installiert werden?

Aufgabe 5.1.2

Im Rahmen einer komplexen Verbesserungsstrategie sollen für Werkzeugmaschinen 100 neu entwickelte elektronische Steuerungen verbaut und mit einem Sonderservice versehen werden. Dieser besteht im kostenlosen Austausch bei Ausfall innerhalb der kommenden 10 Jahre. Da es sich um relativ komplizierte komplexe Systeme handelt, ist von exponentiell verteiltem Ausfallverhalten mit konstanter Ausfallrate auszugehen. Die Tab. 5.35 zeigt die Laufzeiten (in Jahren) bis zum ersten Ausfall innerhalb von 10 Jahren. Insgesamt wurden 20 Ausfälle erfasst. Die Lebensdauer der Elektroniksteuerung wurde mit 20 Jahren angegeben. Da von den 100 Steuerungen 20 ausgetauscht wurden, handelt es sich somit um eine unvollständige Stichprobe. Es ist aber bekannt, dass die nicht ausgetauschten Einheiten ohne Beanstandung längere Laufzeiten als 10 Jahre erreichten. Die Irrtumswahrscheinlichkeit beträgt 5 %. Ermitteln Sie, ob eine Exponentialverteilung vorliegt!

Schranke

$$D_{S,n}^{Exp} = D_{0,95,100}^{Exp} = \frac{Z_S^{Exp}}{\sqrt{n} + 0,26 + \dfrac{0,5}{\sqrt{n}}} + \frac{0,2}{n} \qquad K_{\alpha,n} < ? > D_{\alpha,n}$$

$$Z_{0,95}^{Exp} = 1,094$$

Übungsthema 5.2: Ermittlung zuverlässigkeitstheoretischer Kenngrößen m. H. der Poisson-Verteilung

Zielstellung Mit Hilfe der Poisson-Verteilung ist es möglich, zahlreiche Fragestellungen hinsichtlich der Zuverlässigkeit von Betrachtungseinheiten zu beantworten. Insbesondere kann durch die Gestaltung der Ausfallrate der Handlungsspielraum für die Optimierung der Instandhaltungsplanung erheblich verbessert werden.

Grundlagen und Anwendungsvoraussetzungen:

1. Die Anzahl der Maschinenausfälle in einem Zeitintervall ist der Länge des Zeitintervalls proportional.
2. Die Anzahl der Ausfälle ist unabhängig von der Lage des Zeitintervalls auf der Zeitachse.
3. Die Anzahl der Ausfälle ist unabhängig davon, wie viele Ausfälle schon vor dem betrachteten Zeitinter-vall aufgetreten sind.

Zu beantwortende Fragestellungen:

1. Wie groß ist die Wahrscheinlichkeit, dass höchstens x Ausfälle auftreten, wenn N gleichartige Betrachtungseinheiten (Bauelemente, Baugruppen, Geräte), die eine konstante Ausfallrate aufweisen, jeweils ein Zeitintervall der Länge t betrieben werden?
2. Wie viele Betrachtungseinheiten (Bauelemente, Baugruppen, Geräte) eines Fertigungsloses müssen geprüft werden, wenn x Ausfälle zulässig sind, die Annahmewahrscheinlichkeit einen bestimmten Wert haben soll und die Prüfung nach einer bestimmten Zeit abgeschlossen werden muss?

Tab. 5.35 Basiswerte zu Übung 5.1.2

Nr. i	Betriebs-Dauer x_i (a)	hyp. S.-Funktion $F(x_i)=E_i$	emp. Summenfkt $\overline{F}(x_i)=i/n$ $\underline{F}(x_{i-1})=(i-1)/n$	Testwerte $|i/n-E_i|$ $|(i-1)/n-E_i|$
1	0,50	0,01980		
2	0,80			
3	1,80			
4	2,00			
5	2,10			
6	3,40			
7	3,70			
8	4,10			
9	4,50			
10	4,80			
11	4,85			
12	5,00			
13	5,50			
14	6,00			
15	7,25			
16	7,10			
17	7,50			
18	8,30			
19	8,80			
20	9,00			

Max K =

$D_{s,n}$ =

Schranke

3. Welche Abweichung vom Sollwert der *MTBF* muss ein Abnehmer von N Geräten ggf. hinnehmen, wenn er nach Ablauf der Garantiezeit, also wenn die Anlagen den „eingeschwungenen Zustand" erreicht haben, in einem Zeitintervall der Länge t die Anzahl der Ausfälle der N Geräte registriert und daraus die empirische *MTBF* bestimmt?

Die kumulative Poisson-Verteilung gibt die Wahrscheinlichkeit an, dass von N Betrachtungseinheiten in einem Zeitintervall der Länge T höchstens x ausgefallen sind oder dass von N Betrachtungseinheiten höchstens X ausgefallen sind. Die Verteilungsfunktion der Poisson-Verteilung lautet:

$$F(x) = P(X < x) = \begin{cases} 0 & x < 0 \\ e^{-\lambda} \sum_{0 \le i < x}^{n-1} \dfrac{(\lambda)^i}{i!} & x \ge 0 \end{cases}$$

Erwartungswert: $EX = \lambda$
Dispersion: $D^2 X = \lambda$
Variationskoeffizient: $VX = 1/\sqrt{\lambda}$
Schiefe: $SX = 1/\sqrt{\lambda}$

$$F(x|\mu) = P(X < x) = e^{-\mu} \sum_{0 \le i < x}^{X} \frac{\mu^i}{i!}; \quad i = 1, 2, 3, \ldots$$

μ mittlere Ausfallanzahl
$\mu = \lambda t$ mittlere Ausfallanzahl für eine BE
$\mu = N \lambda t$ mittlere Ausfallanzahl bei N BE
N Anzahl der Prüfplätze (BE)
x Anzahl der Ausfälle

Die Poisson-Verteilung ist durch den Parameter eindeutig bestimmt. Die Wahrscheinlichkeit, dass von N BE im Zeitintervall t genau x Ausfälle auftreten bzw. dass von N Maschinen genau n ausgefallen sind, ist

$$F(genau\,x|\mu) = e^{-\mu} \frac{\mu^x}{x!} = F(x|\mu) - F(x - 1|\mu)$$

Für x = 0 erhält man aus F(x | μ) für eine BE die Überlebenswahrscheinlichkeit:

$$F(x = 0|\mu) = e^{-\mu} = e^{-\lambda t} = R(t)$$

Mittelwert μ in Abhängigkeit von F(x|μ) und x

Aufgabe 5.2.1 20 geräte sollen je 1000 h betrieben werden. Wie groß muss die mittlere Betriebsdauer *MTBF* zwischen zwei Ausfällen mindestens sein, damit mit einer Wahrscheinlichkeit von $P = 0{,}9$ höchstens zwei Ausfälle auftreten? Die ausgefallenen Geräte werden sofort ersetzt.

Aufgabe 5.2.2 Ein Los von elektronischen Bauelementen mit einer vom Hersteller angegebenen Ausfallrate von $\lambda = 10^{-6}\ h^{-1}$ wird einer Prüfung unterzogen, die nach 3 Monaten ($= 2190\ h$) abgeschlossen wird. Wie viele Bauelemente sind erforderlich, wenn die Wahrscheinlichkeit, dass höchstens ein Ausfall auftritt, 0,99 sein soll (vorausgesetzt, die angegebene Ausfallrate entspricht der tatsächlichen). Ein ausgefallenes Bauelement wird sofort ersetzt.

Aufgabe 5.2.3 Ermitteln Sie den Mittelwert einer speziellen Elektronikbaugruppe einer Werkzeugmaschinensteuerung mit der Verteilungsfunktion $F(x) = 1 -$ EXP$(-0{,}1t)$. Die Dichtefunktion für eine entsprechende Zufallsvariable X (Lebensdauer in Stunden) ist definitionsgemäß

$$f(x) = F'(x) = 0{,}1e^{-0{,}1t}$$

mit dem Erwartungswert

$$ET_B = 0{,}1 \int_0^{+\infty} te^{-0{,}1}dt = 0{,}1 * 100 = 10\ \text{h}$$

Verteilungsfunktion F(x|μ) in Abhängigkeit von μ und x

Aufgabe 5.2.4 Zwanzig elektronische Baugruppen mit einer Ausfallrate von $\lambda = 10^{-5}\ h^{-1}$ sollen je 1000 h betrieben werden. Wie groß ist die Wahrscheinlichkeit, dass kein Ausfall auftritt?

Aufgabe 5.2.5 In Werkzeugmaschinen kommen mit Chips bestückte Elektronikbaugruppen zum Einsatz. Für einen bestimmten Chip-Typ wird eine MTBF von zwei Jahren vorgegeben, d. h. im Mittel ist mit 0,5 Ausfällen je Chip und Jahr zu rechnen. Mit wie vielen Ausfällen muss bei 20 dieser Chips innerhalb eines Jahres im ungünstigsten Fall (bei einer Wahrscheinlichkeit von 0,9, Signifikanzniveau $\alpha = 1 - P$ von höchstens 0,1) gerechnet werden?

Aufgabe 5.2.6 Die Reparaturaufträge (infolge technisch bedingter Störungen $=$ Ausfälle) einer Instandhaltungswerkstatt bilden einen Poisson-Strom mit einer bestimmten Intensität. Im Durchschnitt treffen in einer Schicht ($= 8$ Stunden) 12 Forderungen ein. Die Intensität des Forderungsstroms beträgt $\lambda = 12/8 = 1{,}5\ h^{-1}$, im Mittel geht aller $0{,}67\ h = 40\ min$ ein Reparaturauftrag ein.

Mit welcher Wahrscheinlichkeit W_1 treffen im Verlauf von zwei Schichten nur 12 Forderungen ein? Wie groß ist die Wahrscheinlichkeit, dass zwischen den Ankünften zweier Forderungen wenigstens 1 h vergeht ($\lambda t = 8$)?

Aufgabe 5.2.7 Für einen bestimmten Gerätetyp wird eine *MTBF* von 2 Jahren ermittelt, d. h. im Mittel ist mit 2 Ausfällen je Gerät und Jahr zu rechnen. Ermitteln Sie, mit wie vielen Ausfällen bei 20 dieser Geräte innerhalb eines Jahres (nach der Frühausfallphase) im ungünstigsten Fall (bei einer Wahrscheinlichkeit von 0,9, also einem Signifikanzniveau $\alpha = 1 - P$) gerechnet werden muss?

Aufgabe 5.2.8 In einer Automatendreherei sind 40 Drehautomaten im Einsatz. Die Elektroniksteuerung der Maschinen hat eine Ausfallrate von $\lambda = 2{,}5 * 10^{-5}\ h^{-1}$. Die Maschinen werden durchschnittlich 4000 h/a genutzt.

a. Wie groß ist die Wahrscheinlichkeit, dass innerhalb des Nutzungszeitraumes kein Ausfall eintritt?

b. Wie groß ist bei der gegebenen Ausfallrate die Wahrscheinlichkeit, dass höchstens ein Ausfall ein tritt?

c. Der Primärhersteller überprüft die Ausfallrate von 1.000 Steuerungen durch einen Dauertest (24 h/Tag) unter normalen Bedingungen und begrenzt diesen aus Kosten- und Zeitgründen auf 14 Tage. Der Hersteller gibt eine Ausfallrate von $\lambda = 8 * 10^{-8}$ h^{-1} an.

ca) Wie hoch ist die Wahrscheinlichkeit, dass während der Testzeit keine Steuerung ausfällt?

cb) Wie hoch ist die Wahrscheinlichkeit, dass während des Tests höchstens eine Steuerung aus-fällt?

Aufgabe 5.2.9 Die Zuverlässigkeit von 25 Werkzeugmaschinensteuerungen soll während des Einsatzes der Maschinen im Betrieb beurteilt werden. Die Maschinen sollen je 4000 h = 1 Jahr zweischichtig laufen. Zur Aufrechterhaltung der Planungssicherheit und als Grundlage für die Planung der Instandhaltungskapazitäten und der erforderlichen Ersatzteile ist ein bestimmter mittlerer Abstand zwischen zwei Ausfällen zu realisieren.

a. Wie groß müsste *MTBF* (*Mean Time Between Failure*) sein, wenn mit einer Wahrscheinlichkeit von

a_1) 0,90 höchstens 3 Ausfälle
a_2) 0,99 höchstens 3 Ausfälle
a_3) 0,99 keine Ausfälle
a_4) 0,90 keine Ausfalle
a_5) 0,80 höchstens 2 Ausfälle

zugelassen werden können.

b. Welche der geforderten Zuverlässigkeiten halten Sie für sinnvoll und wirtschaftlich vertretbar?

Zur Reduzierung des Rechenaufwandes können Tabellen und Diagramme verwendet werden (Müller und Schwarz 1994).

Aufgabe 5.2.10 Für die Erarbeitung von Instandhaltungsplänen und Qualitätsvereinbarungen mit Zulieferern ist es erforderlich, das Ausfallverhalten der betreffenden Objekte zu bestimmen. Bei einer Gesamtzahl von 50 Werkzeugmaschinensteuerungen wurde vom Hersteller eine Ausfallrate von $\lambda = 10^{-6}$ h^{-1} angegeben.

a. Wie viele Ausfälle sind im Mittel je Steuerung während einer Laufzeit von 4000 h jährlich zu erwarten?

b. Wie hoch ist die Wahrscheinlichkeit, dass

ba) höchstens 1 Steuerung ausfällt?
bb) keine Steuerung ausfällt?

c. Entspricht die angegebene Ausfallrate den Anforderungen an die Zuverlässigkeit, wenn davon ausgegangen wird, dass bei einer Wahrscheinlichkeit von 90 % zwei Ausfälle akzeptiert werden können?

Zur Reduzierung des Rechenaufwandes sind Tabellen und Diagramme anzuwenden.

Aufgabe 5.2.11 Im Rahmen der zustandsabhängigen Instandhaltung spielt die Anwendung der Poisson-Verteilung beim Einsatz von Messeinrichtungen eine besondere Rolle bei der zuverlässigen Erfassung des Abnutzungszustandes einer Betrachtungseinheit. Dies ist insbesondere dann von Bedeutung, wenn bei einem Ausfall hohe wirtschaftliche Verluste zu erwarten sind bzw. wenn der verschenkte Abnutzungsvorrat bei Präventivmaßnahmen sehr hoch ist.

Zur zustandsabhängigen Überwachung von Kraftwerksblöcken werden elektronisch gesteuerte Sensoreinheiten eingesetzt. Für die Messung bestimmter Abnutzungszustände sind 100 Einheiten im Einsatz. Die Einheiten werden mit einer Ausfallrate von $\lambda = 10^{-6}\ h^{-1}$ betrieben.

a. Wie groß ist die Wahrscheinlichkeit, dass kein Ausfall eintritt?
b. Wie hoch ist die Wahrscheinlichkeit, dass weniger als 10 Ausfälle eintreten?
c. Wie hoch darf die Ausfallrate höchstens sein, damit mit einer Wahrscheinlichkeit von 0,90 höchstens 2 Ausfälle erwartet werden können?
d. Wie hoch wäre die Wahrscheinlichkeit dafür, dass 2 Einheiten ausfallen, wenn die Hersteller-angabe der Ausfallrate zugrunde gelegt würde?

Zur Reduzierung des Rechenaufwandes sind Tabellen und Diagramme anzuwenden.

Aufgabe 5.2.12 Zur zustandsabhängigen Überwachung von Kraftwerksblöcken sind 200 elektronisch gesteuerte Sensorgeräte im Einsatz. Der zehnte Ausfall einer Messeinrichtung trat nach 304 Tagen auf. Das entspricht einer Betriebszeit von 7.296 h. Da die Überwachung kontinuierlich erfolgte, konnten die *ausgefallenen Einheiten sofort ersetzt werden. Es ist ein Schätzwert für die Mean Operating Time Between Failure* (mittlere Betriebsdauer zwischen zwei Ausfällen) zu bestimmen. Dazu soll ein zweiseitiger und ein einseitiger Vertrauensbereich angegeben werden, der die tatsächliche MTBF mit einer Wahrscheinlichkeit von $1 - \alpha = 0,99$ einschließt.

Übungsthema 5.3 Reservehaltung

Aufgabe 5.3.1: Diskreter Modellansatz der Erneuerungstheorie zur Ersatzteileplanung An mehreren Drehautomaten wurden 100 neue Lager eingesetzt, die einer starken Abnutzung unterliegen. Bei Einzelsetzungen betragen die Kosten 10 GE pro Lager. Die Kosten bei vorbeugender Gruppenersetzung betragen 3 GE. Für die Wahrscheinlichkeit P(t) gelten folgende Werte:

- nach dem 1. Jahr 0,08
- nach dem 2. Jahr 0,12
- nach dem 3. Jahr 0,25
- nach dem 4. Jahr 0,35
- nach dem 5. Jahr 0,20

Es ist zu überprüfen,

a. ob eine laufende Einzelersetzung der abgenutzten Lager oder eine Gruppenersetzung wirtschaftlicher ist, bzw.

b. wann die Gruppeninstandsetzung optimal ist.

Hinweise zur Übungsdurchführung Die Planung der Instandhaltungsmaßnahmen ist auf der Basis des Ausfallverhaltens und der geforderten Überlebenswahrscheinlichkeit durchzuführen.

$N(t) =$ Anzahl der Ausfälle innerhalb der Zeit $0 \ldots t$

$H(t) = E[N(t)]$ Erneuerungsfunktion (mittlere Anzahl der Ausfälle $N(t)$ innerhalb der Zeit $0 \ldots t$)

$$H(t) = \sum_{n=1}^{\infty} F_n(t)$$

$H(t)$ gibt die bis zum Zeitpunkt $t > 0$ zu erwartende Anzahl von Ausfällen bzw. Erneuerungen an. Es gilt $H(t) >$ für jedes $t > 0$. Die Erneuerungsgleichung für den einfachen Erneuerungsprozess lautet:

$$H(t) = \int_0^t [1 - H(t - u)]F(u)du = F(t) + \int_0^t H(t - u)F^{`}(u)du$$

Erneuerungsdichte

$$h(t) = f(t) + \int_0^t h(t - u)f^{`}(u)du$$

Die Erneuerungsdichte bildet die Grundlage für den Ersatzteilebedarf (Ausgangsmenge technisch gleichartiger BE: Element, BG, HBG, Anlage). Für eine zum Zeitpunkt t_0 betrachtete Menge m_0 neuer BE sei die Ausfallwahrscheinlichkeitsfunktion $F(t_b)$ bekannt. Der zu betrachtende Zeitraum wird in j Intervalle $\Delta T = t_{kjo} - t_{kju}$ eingeteilt (Planperiode z. B. 1 Jahr):

$k =$ Generation

$j =$ Zeitintervall

Für jedes Intervall wird die Ausfallwahrscheinlichkeit $F(t_{kj})$ bestimmt, wobei t_{kj} der Mittelwert der k-ten Generation der j-ten Periode ist:

$$F(t_{kj}) = \int_{t_{kju}}^{t_{ki0}} f(t_0)dt = F(t_{kjo}) - F(t_{kju})$$

Im ersten Intervall fallen die zu Beginn installierten Elemente m_0 mit der Ausfallwahrscheinlichkeit $F(t_{kj})$ aus.

Sonderfall Stehen viele gleiche BE zur Disposition, sollte Gruppenersatz für den Fall vorgenommen werden, wenn die Kosten für den Gruppenaustausch geringer als für die Einzelersetzung sind. Ziel der Gruppenstrategie ist die Minimierung der Gesamtkosten. Danach ist zu entscheiden, wann Einzelersetzung oder Gruppeninstandsetzung anzuwenden ist. Es ist darauf zu achten, dass der Materialeinsatz wirtschaftlich erfolgt. Die Stillstandsdauer der BE soll vernachlässigt werden.

Vergleichskosten

$$K_n = \frac{(m_0 - m_n) * K_g + K_E * \sum\limits_{i=1}^{n} m_i}{n}$$

K_n Kosten der Einzelersetzung + Gruppeninstandsetzung pro Intervall bei einer Gruppeninstandsetzung im n-ten Intervall

K_g Kosten für eine BE bei Gruppeninstandsetzung

K_E Kosten für eine BE bei Einzelinstandsetzung

n Anzahl der Intervalle bis zur Gruppeninstandsetzung

Aufgabe 5.3.2

1. *Zielstellung*
Die Planung der benötigten Ersatzteile hat erheblichen Einfluss auf die Kosten. Einerseits entstehen wegen fehlender Ersatzteile vermeidbare Wartezeiten und damit Stillstandskosten, andererseits wird dem Unternehmen bei zu hoher Ersatzteilbevorratung infolge der damit verbundenen Kapitalbindung Liquidität entzogen.

Unter Verwendung zuverlässigkeitstheoretischer Methoden soll die zu planende Anzahl von Instandsetzungsmaßnahmen und in bestimmten Planperioden die Anzahl der Ersatzteile, die zur Sicherung einer geforderten Zuverlässigkeit notwendig ist, berechnet werden.

2. *Aufgabenstellung*
In der Abteilung Fertigung eines Maschinenbaubetriebes werden an Fräsautomaten Zusatzaggregate eingesetzt, die durch Bolzen geführt werden. Die Bolzen haben eine mittlere Betriebsdauer von 10 h. Danach werden sie gegen aufgearbeitete Bolzen (Metallauftragsspritzen) ausgetauscht.

Wie viele Bolzen sind für einen Planungszeitraum von 30 h bereitzustellen, damit alle auftretenden Ausfälle mit einer Wahrscheinlichkeit von $R(t) = 0,9$ behoben werden können? Gesucht ist demnach die Anzahl der Ersatzteile, die notwendig ist, um über einen festen Zeitraum von 300 h eine bestimmte Zuverlässigkeit $R(t)$ zu erreichen. Die Zuverlässigkeit soll exponentiell verteilt sein.

3. *Hinweise zur Übungsdurchführung*
Für die Faltung der Verteilungsfunktion ergibt sich folgender Ansatz:

$$F(t) = 1 - e^{-\lambda t}$$

$$F^{(n)}(t) = \int\limits_0^t \left\{ 1 - e^{[-\lambda(t-u)]} \right\} \lambda e^{-(\lambda u)} du = 1 - (1 + \lambda t)e^{-\lambda t}$$

Tab. 5.36 Wertetabelle zu
Aufgabe 5.4

Periode	0	1	2	3	4	5	6
$R_1(t)$	1	1	0,8	0,60	0,55	0,3	0
$R_2(t)$	1	0,9	0,7	0,40	0,2	0	0
$R_3(t)$	1	1	0,9	0,70	0,3	0,1	0
$R_4(t)$	1	1	1	0,80	0,6	0,3	0

Abb. 5.53 Blockschaltbild zu
Aufgabe 5.4

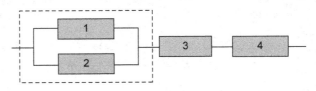

Für beliebiges ≥ 1 ergibt sich:

$$F^{(n)}(t) = 1 - e^{-\lambda t} \sum_{k=0}^{n-1} \frac{(\lambda t)^k}{k!} = 1 - \sum_{k=0}^{n-1} e^{-\lambda t} \frac{(\lambda t)^k}{k!}$$

Aufgabe 5.4: Ermittlung der Systemzuverlässigkeit und Schwachstellen Gegeben
sind die in Tab. 5.36 dargestellten Werte. Zu berechnen sind die Systemzuverlässig-
keiten diskreter Zeitpunkte für das folgende Blockschaltbild (s. Abb. 5.54). Ermitteln
Sie das schwächste Element des Systems.

Aufgabe 5.5: Ermittlung der Systemzuverlässigkeit redundanter Systeme Zielstellung
   Die Ermittlung der Systemzuverlässigkeit spielt für die Bewertung technischer
Systeme eine wesentliche Rolle. Von besonderer Bedeutung ist die Untersuchung
des Einflusses von Redundanzen auf die Zuverlässigkeit von technischen Systemen
und deren Ermittlung (Abb. 5.54)

Aufgabe 5.5.1 Zwei Kühlwassersysteme versorgen ein Kraftwerk, ein Kontroll- und
Steuerungssystem überwacht den gesamten Prozess (s. Abb. 5.54). Die Kühlsysteme
sind in einer Konfiguration mit kalter Reserve so angeordnet, dass eines Alarm geben

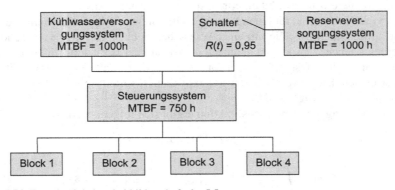

Abb. 5.54 Zuverlässigkeitsschaltbild zu Aufgabe 5.5

kann, wenn das andere ausfällt. Vier Blöcke müssen gekühlt werden. Das System gilt als zuverlässig, wenn drei der vier Blöcke am Netz sind. Die Zuverlässigkeit jedes Blocks beträgt 0,9. Die MTBF-Werte sind dem Blockschaltbild zu entnehmen. Das Kontroll- und Steuerungssystem ist ständig aktiv. Alle Elemente sind statistisch unabhängig. Es soll Folgendes berechnet werden:

1. die Zuverlässigkeit des Systems über einen Zeitraum von 24 h,
2. die Verfügbarkeit des Systems im stationären Zustand, wenn die mittlere Reparaturzeit für alle Systeme 2 h und die Zuverlässigkeit des Umschaltsystems 0,95 beträgt.

Zuverlässigkeiten der Teilsysteme über einen Zeitraum von 24 h:

1. Primärkühlsystem 0,9762 ($\lambda_p = 10 * 10^{-4}$)
2. Reservekühlsystem 0,9762 ($\lambda_S = 10 * 10^{-4}$)
3. Kontrolle und Steuerung 0,9685 ($\lambda_{KS} = 13 * 10^{-4}$)

Ermitteln Sie die Zuverlässigkeit der Kühlwasserversorgung!

Aufgabe 5.5.2 Ein sensibles Produktionssystem besteht aus 4 parallel laufenden gleichen Bearbeitungsstationen, die so ausgelegt sind, dass die Versorgung der nachfolgenden Produktionsstufen gesichert ist, da ein Puffer eingebaut wurde. Wie hoch ist die Zuverlässigkeit des Gesamtsystems, wenn die Zuverlässigkeit jedes Teilsystems $R(t) = 0,999$ beträgt? Ermitteln Sie den Erwartungswert für den Fall exponentiell verteilten Ausfallverhaltens $R(t) = \exp(-\lambda t)$.

Quellenverzeichnis

Literatur

Assenmacher, W.: Induktive Statistik, 2. überarb. Aufl., Springer-Verlag, Heidelberg (2009)
Beckmann, G.; Marx, D.: Instandhaltung von Anlagen, Dt. Verlag für Grundstoffindustrie Leipzig (1978)
Bertsche, B.; Lechner, G.: Zuverlässigkeit im Fahrzeug- und Maschinenbau, 3. Aufl., Springer-Verlag, Heidelberg (2004) (ISBN 3-540-20871-2)
Beichelt, F.: Prophylaktische Erneuerung von Systemen, Akademie, Berlin (1976)
Beichelt, F.: Zuverlässigkeits- und Instandhaltungstheorie, Teubner, Stuttgart (1993)
Betge, P.: Optimaler Betriebsmitteleinsatz, Gabler-Verlag, Wiesbaden (1983) (ISBN: 3-8006-2576-8)
Birolini, A.: Qualität und Zuverlässigkeit technischer Systeme, 3. Aufl., Springer, Heidelberg (1991) (ISBN 3-540-54067-9)
Birolini, A.: Zuverlässigkeit technischer Systeme Springer, Heidelberg (1991)
Bortkewitsch, L. von: Das Gesetz der kleinen Zahlen, Teubner Leipzig (1898)
Cox, R.: Erneuerungstheorie, Oldenburg, München (1966)
Dietrich, E.; Schulze, A.: Statistische Verfahren zur Maschinen- und Prozessqualifikation, 6. Auf., Hanser, München (2003)
Dück, W.; Bliefernich, M.: Operationsforschung, Bd. 3., Dt. Verlag der Wissenschaften, Berlin (1972)

Eichler, Ch.: Instandhaltungstechnik, Verlag Technik GmbH, Berlin (1990) (ISBN 3-341-00667-2)
Eichler, Ch.; Schiroslawski, W.: Methoden zum Bestimmen der mittleren Grenznutzungsdauer von technischen Arbeitsmitteln aus Kurzzeituntersuchungen, Dt. Agrartechnik 21 (1971) 10
Gnedenko, B.W.; Beljajew, J. K.; Solowjew, A.D.: Mathematische Methoden der Zuverlässigkeitstheorie, Akademieverlag Berlin (1968)
Haigh, J.: Probability Models, Springer, Heidelberg (2002)
Härtler G.: Statistische Methoden für die Zuverlässigkeitsanalyse, VEB Verlag Technik, Berlin (1983)
Kühlmeyer, M.: Statistik für Ingenieure, Springer, Heidelberg (2001) (ISBN 3-540-41097-x)
Lauenstein, G.; Renger, K.; Nowotnick, E.: Instandhaltungsstrategien für Maschinen und Anlagen, Linde Verlag Berlin (1993)
Müller, R.; Schwarz, E.: Zuverlässigkeitsmanagement, Siemens AG Berlin München (1984) (ISBN: 3-8009-4175-9)
O'Conner, D. D. T.: Zuverlässigkeitstechnik, VCH Verlagsgesellschaft, Weinheim (1990) (ISBN 3-527-26890)
Rinne, H.: Taschenbuch Statistik, Harry Deutsch GmbH, Frankfurt a. M. (2008)
Sachs, L.: Angewandte Statistik, Springer, Heidelberg (1992)
Sachs, L.; Hedderich, J.: Angewandte Statistik, Springer Verlag Heidelberg New York (2006)
Siegel, S.: Nichtparametrische Statistische Methoden (5. Auf.), D. Klotz , Magdeburg (2001)
Wilker, H.: Weibull-Statistik in der Praxis, – Leitfaden zur Zuverlässigkeitsermittlung technischer Produkte, Books on Demand GmbH, Norderstedt (2004) (ISBN 3-8334-1317-4)
Weibull, W.: Basic aspects of fatigue. In: Weibull W., Odqvist FKG (Hrsg.) Colloquium on Fatique. Springer, Berlin (1956)
Weibull, W.: A statistical distribution function of wide applicability. J. Appl. Mechan. 18, 293–297, Royal Institute of Technology, Stockholm (1951)
Zeitschriftenbeitrag, Blaschke,: Monatshefte für Mathematik, 1898, Volume 9, Number 1, Seiten A39-A41, DOI: 10.1007/BF01707919

Internetquellen

http://de.wikipedia.org/wiki/Thorndike-Nomogramm (27.09.2011)

Richtlinien

VDI 4008 Blatt 1: Zuverlässigkeitstests, VDI 1998-05
VDI 4008 Blatt 8: Erneuerungsprozesse, VDI 1984-04
VDI 4008 Blatt 22: Prüfverteilungen, VDI 1984-08

Kapitel 6
Planung und Optimierung von Instandhaltungsstrategien für Elemente und Systeme

Zielsetzung Nach diesem Kapitel

- kennen Sie die Grundlagen der Entwicklung von Instandhaltungsstrategien und
- sind Sie in der Lage, kostenoptimale, auf die Spezifik technischer Anlagen zugeschnittene Instandhaltungsstrategien zu planen und zu optimieren.

6.1 Grundlagen der Strategieentwicklung

6.1.1 Festlegung des Untersuchungsbereichs

Überlastung, ständige Unterbelastung sowie Vernachlässigung von Wartung und Pflege erhöhen permanent die Abnutzungsgeschwindigkeit, so dass die Schädigungsgrenzen einer Betrachtungseinheit wesentlich früher erreicht werden als vorgesehen. Normalbelastung und Einhaltung der vom Hersteller vorgegebenen Instandhaltungszyklen sichern weitgehend die Funktionsfähigkeit bis zum Erreichen der Schadensgrenze.

Im Focus des Interesses steht daher der Schädigungsverlauf. Verläuft ein Schädigungsparameter linear, so lässt sich auf recht einfache Weise beispielsweise m. H. der linearen Extrapolation eine Restbetriebsdauer bestimmen (s. Abb. 6.1). Die mittlere Restbetriebsdauer würde theoretisch bei t_0' bzw. im besten Fall aber auch erst bei t_0 enden. Problematisch ist aber die Tatsache, dass sich der tatsächliche Kurvenverlauf entweder mit Erreichen eines bestimmten Abnutzungszustandes oder auch zu jedem beliebigen Zeitpunkt ändern kann, je nachdem, welche inneren oder äußeren Einflussfaktoren auf die Betrachtungseinheit einwirken.

Mit Hilfe der Schwachstellenanalyse gewinnen Konstrukteure und Nutzer Informationen, die zur Verbesserung der Zuverlässigkeit einer Betrachtungseinheit beitragen (s. Bertsche und Lechner 2004). Gemessen werden Gebrauchswertparameter wie Leistungsfähigkeit, Materialausbeute, Wirkungsgrad, Ausfallfreiheit u. a.

M. Strunz, *Instandhaltung*,
DOI 10.1007/978-3-642-27390-2_6, © Springer-Verlag Berlin Heidelberg 2012

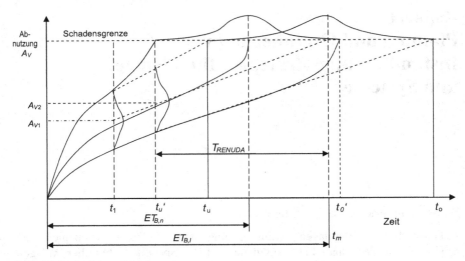

Abb. 6.1 Verlauf eines Schädigungsparameters

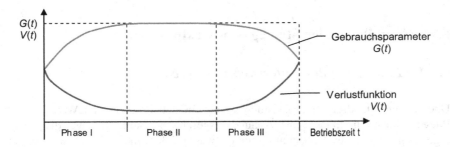

Abb. 6.2 Verlauf eines Gebrauchsparameters und einer Verlustfunktion

quantifizierbare Größen (s. Abb. 6.2). Dabei werden grundsätzlich drei Phasen unterschieden[1]:

1. Phase: Anfängliche Zunahme des Gebrauchswertes von neuen oder erneuerten Arbeitsmitteln nach dem Einfahren infolge des Stabilisierens. Entstehende Ausfälle sind meist auf so genannte *„Frühfehler"* zurückzuführen. Es handelt um Konstruktions-, Fertigungs- u. Montagefehler oder auch Aufstell- und Inbetriebnahmefehler.
2. Phase: Stabiler, weitgehend störungsfreier Betrieb mit optimaler Leistungsfähigkeit, Stillstände sind meist zufällig und treten infolge organisatorischer Probleme, Bedienungsfehler oder fehlerhafte Instandhaltung auf.
3. Phase: Mit zunehmender Nutzungsdauer verändern sich die Gebrauchseigenschaften der BE. Abnutzung, fortschreitender Verschleiß, Alterung, Korrosion

---

[1] Vgl. Lauenstein et al. 1993, S. 22.

u. a. m. kennzeichnen diese Phase. Auf Grund der zunehmenden Ausfallhäufigkeit der BE kennzeichnen diese Phase steigende Verluste.

In den Phasen I und III kommt es gegenüber der Phase II zu zusätzlichen Verlusten. Diese lassen sich in Form einer Verlustfunktion quantifizieren. Die in der Phase II auftretenden Verluste sind nicht durch eine Funktion darstellbar. Bestimmungsgrößen der Verlustfunktion sind:

1. Produktionsverluste,

   a. die sich infolge verringerter Leistungsfähigkeit oder geminderter Qualität ergeben und auf Reklamationen, Nacharbeit, Ausschuss zurückzuführen sind bzw. über Preisnachlässe geregelt wurden (Mehrkosten)
   b. die aus Maschinen- und Anlagenstillständen oder störungsbedingtem plötzlichen Leistungsabfall resultieren,

2. laufende Kostenerhöhungen infolge von höherem Material-, Energie- und Betriebsstoffverbrauch, höherem Bedienungsaufwand und/oder steigenden Instandhaltungsaufwendungen,
3. Maschinen- und Anlagenausfälle, die ausfallbedingte gesundheitliche Schäden oder Folgeschäden verursachen und die damit verbundenen Zusatzkosten.

6.1.2 Grundsätzliche Methoden der Instandhaltung

Es wird grundsätzlich unterschieden in intensive und extensive Instandhaltungsstrategie.
Ziele einer intensiven Instandhaltungsstrategie sind:

1. Erweiterung des Nutzungsvorrates eines Systems,
2. Sicherung der Betriebsbereitschaft aller Systembestandteile zu jeder Zeit.

Beispiele: Öffentlicher Nahverkehr: Häufiger Ausfall würde Chaos verursachen.
Kraftverkehr: Es käme zu verstopften Autobahnen. Ein Zusammenbruch des Nah- oder Kraftverkehrs birgt ein hohes Unfallrisiko und würde flächendeckend Versorgungsprobleme mit nicht absehbaren Folgekosten verursachen.
Kennzeichen intensiver Instandhaltungsstrategien sind:

- Höchstmaß an Planung der Erhaltungsmaßnahmen – ca. 80 % PVI (Anzahl der Beschäftigten für vorbeugende Instandhaltung in Bezug zur Gesamtzahl der Instandhalter),
- Erfassung, Dokumentation und Auswertung von Informationen höchster Qualität,
- Bereitstellung von ausreichend Ersatzteilmaterial und hoch qualifiziertem Personal (Auslese),
- transparente und wirkungsvolle Ablauforganisation.

Im Gegensatz zur intensiven Instandhaltungsstrategie kennzeichnen die extensive Variante folgende Aspekte:

- Verzicht auf jegliche Wartung und planerische Aktivitäten,
- Verfügbarkeit redundanter Systeme erfordert nicht die Betriebsbereitschaft zu jedem Zeitpunkt,
- die Sicherung einer hohen Verfügbarkeit ist nur mit sehr hohen Kosten zu erreichen, die weder notwendig noch wirtschaftlich zu rechtfertigen sind.

Ein Beispiel extensiver Instandhaltungsstrategie ist die Nutzung von Anlagen für kurzlebige Technologien. Beide Instandhaltungsstrategien kommen in produzierenden Unternehmen nur begrenzt zur Anwendung.

6.1.3 Instandhaltungsstrategische Begriffe und Definitionen

Die Strategieplanung umfasst allgemein das systematische Suchen und Festlegen von Zielen sowie die Entwicklung von Instandhaltungsstrategien, die die Zielerreichung unterstützen.

Eine Instandhaltungsstrategie ist eine objektspezifisch festgelegte Kombination aus Instandhaltungsmaßnahmen, also Maßnahmenbündel, wobei für die Maßnahmen die Intervallart und die einzusetzenden Ressourcen unter Kostengesichtspunkten konkretisiert und optimiert werden. Mithin ist die Instandhaltungsstrategieplanung die Determinierung eines stochastischen Prozesses zur Unterstützung der Realisierung von Unternehmenszielen. Die Planung der Instandhaltung setzt die Entwicklung von komplexen Strategien unter Anwendung optimaler Instandhaltungsmethoden voraus.

Dabei gilt es im Spannungsfeld Wirtschaftlichkeit-Kosten-Qualität-Sicherheit-Verfügbarkeit die richtigen Entscheidungen zu treffen, insbesondere was den Umfang der Maßnahmen und die einzusetzenden Ressourcen betrifft.

Definition 1   Unter Strategie ist allgemein ein Gesamtkonzept zu verstehen, mit dem man versucht, ein bestimmtes Ziel zu erreichen.

Definition 2   Bei einer IH-Strategie strebt man die Verwirklichung eines Gesamtkonzepts zur Erhaltung einer vom Management nach technisch möglichen und wirtschaftlich günstigen Gesichtspunkten definierten Verfügbarkeit vorhandener Anlagen an.

6.1.4 Grundstrategien

Eine Instandhaltungsstrategie ist definitionsgemäß eine Mischung aus Ausfallbehebungs-, Präventiv- und Inspektionsstrategien. Die Regelvorgabe ist die Sicherung der geforderten Verfügbarkeit bei möglichst geringer Kosteninanspruchnahme. Die jeweilige Instandhaltungsstrategie richtet sich in erster Linie nach dem Ausfallrisiko. Das Ausfallrisiko wiederum ist abhängig vom Ausfallverhalten bzw. der Ausfallhäufigkeit und der Schwere eines Schadenfalls. Darunter sind insbesondere

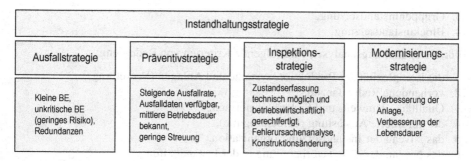

Abb. 6.3 Instandhaltungsstrategien. (Nach DIN 31051)

die mit einem Ausfall verbundenen wirtschaftlichen Verluste und Folgeschäden zu verstehen. Hohe betriebswirtschaftliche Verluste entstehen beispielsweise bei kapitalintensiven Maschinen und Anlagen mit kundenorientierter Produktion, die hoch ausgelastet werden.

Bei den in Abb. 6.3 aufgeführten Strategien handelt es sich um Basismethoden. Für die Festlegung der betreffenden Strategie spielt das Informationsniveau eine wesentliche Rolle. Dazu sind umfangreiche Analysen erforderlich. Von besonderer Bedeutung sind dabei natürlich betriebliche Datenerfassungs- und Informationssysteme, die die erforderlichen Daten für eine effiziente Analyse zur Verfügung stellen. Für das jeweilige Informationsniveau können Varianten von Instandhaltungsmethoden entwickelt und angepasst werden. Dabei bestimmt die Datenstruktur die möglichen Varianten.

Bei weitgehend unbekanntem Ausfallverhalten der Betrachtungseinheit kommen folgende Strategien zur Anwendung:

1. Basisvariante (Minimaxstrategie),
2. Abgrenzungsvariante,
3. adaptive Variante,
4. Inspektionsmethode.

Ist das Ausfallverhalten der Betrachtungseinheit weitgehend bekannt, das Informationsniveau aber unterschiedlich, kommt die Präventivstrategie in folgenden Varianten zur Anwendung:

1. periodische Variante,
2. sequentielle Variante,
3. permanente Variante (Inspektion durch Diagnose),
4. Erneuerungsvariante.

Für die Durchführung der Instandhaltungsmaßnahmen stehen unterschiedliche Organisationsformen zur Verfügung:

1. individuelle Instandsetzung/Inspektion,
2. optionale und opportune Instandsetzung/Inspektion,

3. Gruppeninstandsetzung,
4. Blockinstandsetzung.

Für Instandhaltungsanalysen sind folgende Kriterien von Bedeutung:

1. die Komplexität der Produktionssysteme und Anlagen (Verkettung),
2. vorhandene Redundanzen,
3. Qualitäts-, Umwelt- und Sicherheitsnormen,
4. die geforderte Auslastung (Schichtregime),
5. das Niveau der Instandsetzungsorganisation,
6. das Niveau der Arbeitsvorbereitung in der Instandhaltung,
7. die technologische Durchdringung der Operationsstufen,
8. das Niveau des Ersatzteilmanagements,
9. das Datenerfassungsniveau.

Die genannten Aspekte sind im Bereich kapitalintensiver, hoch ausgelasteter Ausrüstungen sowie Anlagen, die bei einem Schadensfall Auswirkungen auf Umwelt und Gesundheit haben, von erheblicher Bedeutung und beeinflussen die zu konzipierende Instandhaltungsstrategie entscheidend.

6.1.5 Vor- und Nachteile geplanter Instandhaltung

I. Schadensorientierte Instandhaltung (Ausfallstrategie)
Bei schadenorientierter Instandhaltung[2] handelt es sich um eine Strategie ohne nennenswerten Aufwand für Wartung und Inspektion, bei der der Betreiber keinen Einfluss auf den Maschinenausfall nimmt. Sofern Folgeschäden oder auch gesundheitliche Schäden bei einem Ausfall zu erwarten sind, ist diese Strategie nicht möglich. Charakteristisch für diese Strategie ist eine maximalmögliche Ausnutzung des Abnutzungsvorrates der Betrachtungseinheiten. Sie ist nur dann kostengünstig, wenn keine Kostenverluste bei einem Ausfall zu erwarten sind. Ein erhöhtes Kostenrisiko entsteht jedoch im Schadensfall mit Folgeschäden. Ein bislang kostengünstiger Betrieb könnte plötzlich erhebliche Mehrkosten durch den Ausfall weiterer Komponenten verursachen (Tab. 6.1).

Da bei der Ausfallstrategie erst der Ausfall des Instandhaltungsobjekts abgewartet wird, bevor Maßnahmen ergriffen werden, eignet sie sich meist für Betrachtungseinheiten, die im Produktionsprozess von untergeordneter Bedeutung sind, geringer Auslastung unterliegen, oder wenn aufgrund der Rahmenbedingungen keine der anderen beiden Strategien anwendbar ist.

II. Vorbeugende Instandhaltung (Präventivstrategie[3])
Es handelt sich um eine Instandhaltungsstrategie, die auf der Grundlage entsprechend festgelegter Intervalle planungstechnisch und technologisch vorbereitet und

---

[2] In der Literatur werden oft nicht standardisierte Begriffe wie „Ausfallabhängige Instandhaltung", „Break Down Maintenance" oder „Feuerwehrstrategie" verwendet.
[3] Weitere Begriffe sind: „Zeitabhängige bzw. Zeitorientierte Instandhaltung".

Tab. 6.1 Vor- und Nachteile schadensorientierter Instandhaltung

Vorteile	
A: Im Bereich Anlagen	1. Vollständige Ausnutzung des Abnutzungsvorrates
	2. Kostengünstig
B: Im Bereich Instandhaltung	Geringer bzw. kein Planungsaufwand
Nachteile	
A: Im Bereich Anlagen	1. Geringe Verfügbarkeit
	2. Fehlerhafte Instandhaltung und erneuter Ausfall durch Zeitdruck
	3. Ggf. hohe Wartezeiten auf Instandhaltung
	4. Ausfall entzieht sich dem Einfluss des Betreibers
	5. Folgeschäden, Störungen im Produktionsablauf und gesundheitli-che Schäden
	6. Überschreitung von Toleranzgrenzen durch erhöhte Abnutzung
B: Im Bereich Instandhaltung	1. Zeitdruck erfordert zusätzliche Kapazitäten
	2. Hohe Aktivierungs- und Vorbereitungszeiten
	3. Lange Fehlersuchzeiten
	4. Hohe Lagerhaltungskosten für die erforderliche Ersatzteilebevorratung
	5. Liquiditätsabfluss

planmäßig durchgeführt wird. Die Instandsetzung erfolgt unabhängig vom Zustand der BE zu einem festgelegten Zeitpunkt (festes Intervall):

a. leistungsabhängig nach Erbringung einer bestimmten Produktionsleistung (z. B. m^3/a, kg/a, km/a, h/a) oder

b. ausbringungsabhängig nach Herstellung einer bestimmten Produktionsmenge oder Stückzahl (z. B. Stück/a).

Die Strategie wird vornehmlich dort eingesetzt, wo mit dem Ausfall der Anlage hohe Produktionsverluste und/oder ein erhöhtes Gefährdungspotenzial für Personen und Umwelt verbunden sind.

Voraussetzung für die Anwendung der Präventivmethode ist Zustandswissen, das die Kenntnis des Ausfallverhaltens, der Nutzungsintensität und Nutzungsdauer der Maschinen und Anlagen voraussetzt. Dennoch ist die Intervallplanung mehr oder weniger risikobehaftet, weil die Ausfälle um einen Erwartungswert streuen. Die Strategie ist ggf. sehr teuer, wenn Bauteile zu früh ausgewechselt werden, also zu einem Zeitpunkt, zu dem der zur Verfügung stehende Nutzungsvorrat bei weitem noch nicht verbraucht ist, d. h. Komponenten werden auch ohne erhebliche Schädigung ausgewechselt. Hauptvorteile dieser Strategie sind ein sehr hoher Planungsgrad der Instandsetzungsplanung, eine verhältnismäßig problemlose Ersatzteillogistik und relativ kurze Stillstandzeiten. Die Vorteile im Einzelnen sind Tab. 6.2 zu entnehmen.

III. Inspektionsstrategie[4] (Condition Based Maintenance)
Diese Strategie orientiert sich am festgestellten Zustand einer Betrachtungseinheit. Komponenten oder Elemente werden nur bei Erreichen eines bestimmten Abnutzungsbetrages bzw. einer definierten Nutzungsgrenze erneuert.

---

[4] In der Literatur wird auch oft der Begriff „*Zustandsabhängige Instandhaltung*" verwendet.

Tab. 6.2 Vor- und Nachteile vorbeugender Instandhaltung

Vorteile	
A: Im Bereich Anlagen	1. Hohe Verfügbarkeit und Zuverlässigkeit der Betrachtungseinheiten
	2. Vermeidung von Störungen im Produktionsablauf sowie gesundheitlicher Schäden
	3. Verringerung der instandhaltungsbedingten Stillstandzeiten
	4. Vermeidung der Beeinträchtigung der Leistungsfähigkeit benachbarter Elemente oder Anlagen
	5. Schonung der Anlagenelemente durch geringere Montage- und Demontageaktivitäten
	6. Kostenvorteile durch geringe Kapitalbindung bei geplanter Ersatzteilbevorratung (kein Liquiditätsentzug)
B: Im Bereich Instandhaltung	1. Bessere Ausnutzung der Instandhaltungskapazitäten und Vorbereitung der Produktion auf den Stillstand durch Planung des Instandhaltungsaufwandes
	2. Sinkendes Ausfallrisiko und damit Verringerung des Ersatzteilbedarfs für folgegeschädigte Elemente
	3. Bessere Material- und Ersatzteilbestandsplanung und Lagerhaltung
	4. Leichtere Vergabe von Instandhaltungsaufträgen an Fremdfirmen
Nachteile	
A: Im Bereich Anlagen	1. Ungenügende Ausnutzung des Abnutzungsvorrates bei vorbeugendem Teileaustausch
	2. Hohe Stillstandszeiten in einer Periode, wenn die zeitorientierte Instandhaltung nicht optimiert erfolgt
B: Im Bereich Instandhaltung	1. Hohe Planungskosten
	2. Problembehaftete und aufwendige Ermittlung elementebezogener Ausfalldaten
	3. Hoher Aufwand durch ständige Aktualisierung der Daten,
	4. Mehrverbrauch an Reserveteilen
	5. Anstieg der Ausfallrate infolge von Montage-, Demontage- und Inbetriebnahmefehlern bei zu häufigem Instandhalten
	6. Erschwerte Schwachstellenanalyse

Die weitgehende Ausnutzung des Abnutzungsvorrates der einzelnen Komponenten ist der entscheidende Vorteil dieser Strategie. Die Ausfallwahrscheinlichkeit wird gegenüber der ausfallorientierten Instandhaltung erheblich verringert.

Die Inspektionsstrategie stellt regelmäßig den Ist-Zustand einer BE fest und beurteilt die Entwicklung des Abnutzungsverlaufs (Prognose). Bei ausführlicher und kontinuierlicher Dokumentation und Bewertung können dadurch Fehler früher erkannt, Schadenverläufe besser diagnostiziert und so Ausfälle weitgehend vermieden werden. Die Entwicklung derartiger Strategien erfordert Investitionen für die Beschaffung moderner Mess- und Prüftechnik und setzt neben der Kenntnis des Abnutzungsverlaufs den Einsatz erfahrener und hoch qualifizierter Mitarbeiter voraus.

Beispielsweise verursacht der Ausfall von Komponenten einer Windkraftanlage zum Zeitpunkt guter Windverhältnisse hohe Ertragsverluste. Diese werden umso

Tab. 6.3 Vor- und Nachteile zustandsorientierter Instandhaltung

Vorteile	
A: Im Bereich Anlagen	1. Vermeidung der Beeinträchtigung der Leistungsfähigkeit benachbarter Elemente oder Anlagen
	2. Vermeidung von Störungen im Produktionsablauf
	3. Vermeidung von Folge- und/oder bei einem Schadensfall zu erwartender gesundheitlicher Schäden
	4. Optimale Ausnutzung des Abnutzungsvorrates
	5. Verringerung der instandhaltungsbedingten Stillstandszeiten
	6. Optimale Verfügbarkeit infolge des Frühwarnsystems, Minimierung der Ausfälle
B: Im Bereich Instandhaltung	1. Optimale Ersatzteilplanung und dadurch verringerte Kapitalbindung
	2. Optimale Organisation und Kapazitätsplanung, dadurch bessere Ausnutzung der Instandhaltungskapazitäten
	3. Wegfall der Wartezeiten auf Instandhaltung und der Fehlersuchzeiten
	4. Kostensenkung durch Restnutzungsdauerprognose und Fehlerfrüherkennung
	5. Rückinformation an den Hersteller zwecks Schwachstellenbeseitigung (Verbesserung des Ausfallverhaltens)
Nachteile	
A: Im Bereich Anlagen	1. Hoher Investitionsaufwand für messtechnische Einrichtungen, Informationsverarbeitung und -transfer
	2. Zusätzliche Störquellen und möglicherweise Schwachstellen
B: Im Bereich Instandhaltung	1. Hohe Kostenbelastungen durch Messdatenerfassungs- und Auswertungssysteme
	2. Hoher Planungsaufwand für Strategieentwicklung
	3. Hoher Personalaufwand für Messwerterfassung und -transfer
	4. Hohe Qualifikation der Instandhalter für Verarbeitung der Messwertdaten und Erarbeitung der Planungsunterlagen

größer sein, je länger die Anlage auf Ersatzteile warten muss. Das ist meist dann der Fall, wenn niemand mit dem Ausfall gerechnet hat. Inspektions- oder Präventivstrategien tragen wesentlich dazu bei, wirtschaftliche Verluste zu vermeiden (Tab. 6.3).

Alle in der Praxis zum Einsatz kommenden Instandhaltungsstrategien lassen sich letztendlich auf die in Tab. 6.4 aufgezeigten und bewerteten Basisstrategien zurückführen.

Der zeitliche Verlauf des Abnutzungsvorrates oder auch der Zuverlässigkeit einer BE ist in Abb. 6.4 beispielhaft dargestellt. Bei zeitorientierter (vorbeugender) Instandhaltungsstrategie erneuert der Instandhalter den verbrauchten Abnutzungsvorrat in periodischen Intervallen ohne Rücksicht auf den tatsächlich erreichten Zustand.

Bei der zustandsorientierten Instandhaltung hingegen wird der Zustand der BE bewertet. Im Ergebnis der Befundung erfolgt die Entscheidung für eine umgehende Wiederinbetriebnahme ohne Instandsetzung und eine Wahrscheinlichkeitsaussage hinsichtlich einer noch vorhandenen Restbetriebsdauer (Prognose).

Tab. 6.4 Basisstrategien im Vergleich

Bewertungskriterium	Instandhaltungsmethode		
	Ausfallmethode	Präventivmethode	Inspektionsmethode
Ausnutzung des Abnutzungsvorrates	maximal	gering	optimal
Restnutzungsdauer	keine	vorhanden	gering/keine
Definierte Überlebenswahrscheinlichkeit	keine	vorhanden	vorhanden
Verfügbarkeit	gering	hoch	hoch/sehr hoch
Fehlersuchzeit	hoch	keine	keine
Wartezeit auf Instandhaltung	hoch	keine	keine
Störungen im Produktionsablauf	sehr hoch	gering	keine
Folgeschäden	hoch	gering	kaum
Gefahr gesundheitlicher Schäden	möglich	begrenzt möglich, sehr gering	begrenzt möglich, sehr gering
Kapazitätsausnutzung	gering	hoch	hoch
Lohnkosten	sehr hoch	hoch	gering
Planungsaufwand	keiner	sehr hoch	gering
Technischer Aufwand	keiner	gering	hoch
Lagerhaltungskosten	sehr hoch	relativ hoch, aber vertretbar	gering

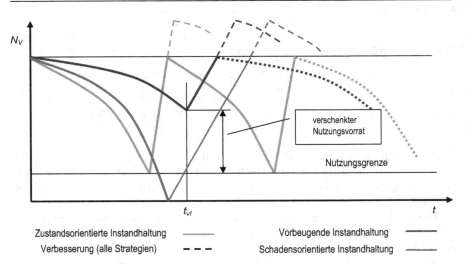

Abb. 6.4 Strategiebedingter Verlauf des Abnutzungsvorrates

Außerdem wird der nächste Inspektions- oder Instandsetzungstermin festgelegt. Der Abnutzungsvorrat von 100 % ist danach wieder hergestellt.

Die schadensorientierte Instandhaltung ist dadurch charakterisiert, dass die Instandsetzungsmaßnahme erst nach Eintritt des Schadens erfolgt.

Im Falle der Entscheidung für eine Verbesserung wird der Abnutzungsvorrat erhöht. Das ist gleichbedeutend mit einer Erhöhung der Zuverlässigkeit und der effektiven Lebensdauer (s. Abb. 6.4 gestrichelte Linie).

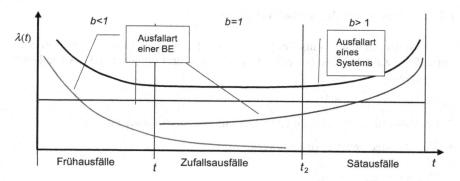

Abb. 6.5 Ausfallarten (*b* Formparameter der Weibull-Verteilung)

Die zustandsorientierte Instandhaltung besitzt gegenüber der schadenorientierten Instandhaltung den Vorteil, dass die Ausfallwahrscheinlichkeit, störungsbedingte Stillstandszeiten und das Risiko von Folgeschäden erheblich verringert und der Abnutzungsvorrat weitgehend ausgenutzt werden. Im Vergleich zur zeitorientierten Instandhaltung ist die Instandsetzung kostengünstiger, weil Schäden durch unnötigen Austausch vermieden werden.

6.2 Bestimmung der optimalen Instandhaltungsmethode für Elemente

6.2.1 Planung der Instandhaltung für eine Betrachtungseinheit (Einzelteil oder Baugruppe)

6.2.1.1 Indikation des Ausfallverhaltens anhand des Verlaufs der Ausfallrate

Die Bestimmung der optimalen Instandhaltungsstrategie für eine Betrachtungseinheit ist nicht allein abhängig vom Ausfallverhalten der betreffenden Betrachtungseinheit und den zur Verfügung stehenden Informationen, die ggf. sehr lückenhaft sein können. Der Verlauf der Ausfallrate lässt erkennen, um welche Ausfallart es sich handelt (s. Abb. 6.5). Ein weiteres wichtiges Kriterium für die Instandhaltungsplanung ist auch die Nutzungsintensität der BE.

Aus der geforderten Nutzungsdauer ergibt sich die Verfügbarkeitsanforderung, die an die Anlage zu stellen ist. Demgegenüber stehen die Kosten, die für die Bereitstellung der Verfügbarkeit aufzubringen sind. Die Instandhaltungsplanung sorgt in diesem Zusammenhang dafür, dass die zur Ausbringung der geplanten Produktionsmenge erforderliche Verfügbarkeit im technischen Bereich sichergestellt wird.

6.2.1.2 Bewertung des Ausfallverhaltens

Das Ausfallverhalten technischer Systeme und Elemente wird nach dem zeitlichen Verlauf der Zahl Ausfälle bewertet. Dabei wird in drei grundsätzliche Ausfallarten unterschieden:

Ausfallarten (s. Abb. 6.5)

1. Frühausfälle: Intervall $t_0 - t_1$ ➔ $\lambda(t)$ fallend, hervorgerufen durch:

- Einsatz ungeeigneter Ausrüstungen,
- Materialfehler,
- Projektierungsmängel,
- Konstruktionsfehler,
- Fertigungsfehler,
- Transport- und
- Montagefehler

Für die Formparameter gelten folgende Definitionen:

$b < 1$:   Ausfallart: *Frühausfall*
$b = 1$:   Exponentialverteilung der Betriebszeiten: Zufallsausfälle
$b > 1$:   Ausfallart: Verschleißausfall

Strategien:

- Instandhaltung (individuelle Variante) nach Auftreten eines Ausfalls (operativ, Ausfallmethode)
- Anwendung von Prüfverfahren und Verfahren der Anlagendiagnostik zur Verhinderung bzw. Verringerung von Folgeschäden und zur Ermittlung beginnender Abnutzungen

Beschränkung:

- Gründliche Erprobung der Anlagen mit dem Ziel der Erfassung möglichst aller vorhersehbaren Betriebsfälle mit ihren Beanspruchungsverhältnissen

2. Zufallsausfälle: Intervall $t_1 - t_2$ ➔ $\lambda(t)$ konstant, hervorgerufen durch:

- Fehlhandlungen durch Bedienungs- und IH-Personal, d. h. fehlerhafte und unsachgemäße Bedienung, Wartung und Instandhaltung sowie Überlastung

Strategie:

- Instandhaltung durch individuelle Instandsetzung nach Auftreten einer Störung (operativ nach der Ausfallmethode), Anwendung von Prüfverfahren und Verfahren der Anlagendiagnostik zur Verhinderung bzw. Verringerung von Folgeschäden und zur Ermittlung beginnender Abnutzung

Beschränkung:
Zufallsausfälle sind subjektiv bedingt und können durch anlagentechnische, organisatorische und erzieherische Maßnahmen in ihrer absoluten Höhe verringert werden. Voraussetzungen bzw. Bedingungen dazu sind:

- Einrichtung und Einhaltung eines sorgfältigen Betriebsregimes,
- Qualifizierung des Personals,
- Überwachung von Parameterbegrenzungen (z. B. Schnittgeschwindigkeit),
- Beseitigung von Mängeln, die Zufallsausfälle begünstigen (z. B. durch Verbesserung der Bedienbarkeit).

3. Spätausfälle: Intervall $t_A > t_2$, → $\lambda(t)$ steigend, treten erst nach einer „*Inkubationszeit*" auf, hervorgerufen durch Korrosion, Alterung, Abnutzung und Verschleiß.
Strategien:

- vorbeugende Instandhaltung, wobei in Abhängigkeit vom Formparameter b entschieden wird, ob Inspektionsmethode oder Präventivmethode angewendet werden soll (technische Diagnose),
- operative Instandhaltung = Ausfallmethode (dort, wo Verfügbarkeit und Sicherheit der Gesamtanlage nicht beeinflusst werden

Beschränkung:

- Wartung/Pflege,
- autonome Instandhaltung (*Total Productive Maintenance TPM*),
- vorbeugende Instandhaltung,
- Messeinrichtungen zur ständigen Überwachung und Messung des Abnutzungszustandes

Die Festlegung bzw. Planung der Nutzungsintensität ergibt sich aus der Amortisationsrechnung und bestimmt somit die Nutzungsdauer der Betrachtungseinheit für das Unternehmen unter Kostengesichtspunkten.

6.2.1.3 Mathematische Beschreibung der Zuverlässigkeit m. H. der Weibull-Verteilung

Von den 30 bekannten Verteilungen eignet sich die Weibull-Verteilung sehr gut als hypothetische Verteilung, weil sie sich aufgrund der Mehrparametrischkeit sehr gut an empirische Betriebszeitverteilungen anpassen lässt. Sie nimmt deshalb eine Sonderstellung in der Instandhaltung ein. Sie approximiert für $b = 1$ die Exponentialverteilung, für $b = 2$ die Rayleigh-Verteilung[5] und für $b \approx 3{,}6$ die Normalverteilung. Die Weibull-Verteilung hat folgende allgemeine Form:

$$F(t,a,b) = \begin{cases} 0 & \text{für } t < 0 \\ 1 - e^{\left(\frac{t}{a}\right)^b} & \text{für } t \geq 0 \end{cases} \tag{6.1}$$

für $t \geq 0, a > 0, b > 0,$

---

[5] http://www.meteo.uni-koeln.de/content/forschung/nsimulation/windkraft/wb3.html.

Abb. 6.6 Verläufe der Wahrscheinlichkeitsdichte bei verschiedenen Formparametern (GAUßSCHE Glockenkurve für $b \approx 3{,}6$)

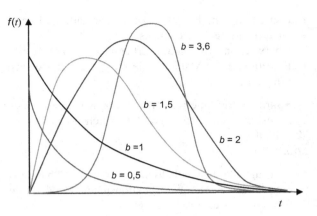

a Maßstabsparameter (Skalenparameter)
b Formparameter (in der Praxis $0{,}25 < b < 5$)

Die Verwendung des Formparameters b der Weibull-Verteilung unterstützt die Bestimmung der Ausfallart. In der Praxis kommt es durchaus oft vor, dass trotz Beanspruchung erst nach einer Betriebszeit t_0 Ausfälle überhaupt eintreten (z. B. Bremsbelag verschlissen, LKW-Getriebe). Dies kann die Weibull-Verteilungsfunktion in Form eines dritten Parameters c berücksichtigen. Sie hat dann folgendes Aussehen:

$$F(t,\, a,\, b,\, c) = 1 - e^{-\left(\dfrac{t-c}{a-c}\right)^{b}} \tag{6.2}$$

für $t \geq c,\, t \geq 0,\, a > 0,\, b > 0,\, c \geq 0$

c ist der Lage- oder Ortsparameter (ausfallfreie Zeit). Der Parameter c legt den Zeitpunkt fest, ab dem die Ausfälle beginnen. Es handelt sich um eine Verschiebung auf der Zeitachse.

Abbildung 6.6 zeigt deutlich, dass der Formparameter b den Verlauf der Ausfallwahrscheinlichkeitsdichte bestimmt. b ist also ein Ausdruck für die Streuung der Ausfallwahrscheinlichkeitsdichte. Je größer b, desto geringer ist die Streuung. In der Instandhaltungspraxis sind b-Werte im Bereich 1 bis 5 von Bedeutung.

Die dreiparametrische Darstellung findet dann Verwendung, wenn sich für die Betrachtungseinheit eine bestimmte ausfallfreie Zeit nach einer Instandsetzung nachweisen lässt, bevor eine Schädigung eintritt. Für praktische Anwendungen wird davon ausgegangen, dass bei einer (ersetzten) Betrachtungseinheit mit Beginn der Nutzung auch die Schädigung beginnt.

Bestimmung der ausfallfreien Zeit t_0 (Weibull-Parameter c) Eine ausfallfreie Zeit t_0 liegt vor, wenn nachgewiesen ist, dass ein Bauteil eine bestimmte Laufzeit überlebt, ohne dass sich die Zuverlässigkeit wesentlich ändert (s. Abb. 6.7). Eine ausfallfreie Zeit ist meist dann sehr wahrscheinlich, wenn der Verlauf der Punkte im Weibull-Netz rechtsgekrümmt und der Korrelationskoeffizient der Ausgleichsgeraden $r < 0{,}95$ ist[6].

---

[6] http://www.WEIBULL.de/WEIBULL4.html#_Toc466164260.

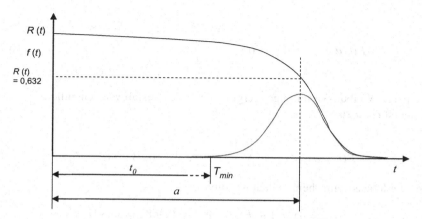

Abb. 6.7 Verläufe der Wahrscheinlichkeitsdichte unter Berücksichtigung einer ausfallfreien Zeit t_0

Abb. 6.8 Kurvenverläufe der Überlebenswahrscheinlichkeit $R(t)$ in Abhängigkeit verschiedener Formparameter b der Weibull-Verteilung (zweiparametrisch)

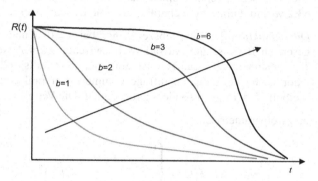

Die ausfallfreie Zeit t_0 lässt sich mit verschiedenen Methoden ermitteln. Grundsätzlich ist festzustellen, dass eine ausfallfreie Zeit t_0 zwischen $t = 0$ und dem Zeitpunkt des ersten ausgefallenen Teiles T_{min} liegen muss (s. Abb. 6.7).

t_0 ist ein Wert, der in der Nähe des ersten Ausfalls liegt. Um diesen Wert zu ermitteln, kann die folgende Vorgehensweise gewählt werden: Man lässt t_0 in kleinen Schritten das Intervall zwischen $t = 0$ und dem ersten Ausfall T_{min} durchlaufen und berechnet bei jedem Schritt den Korrelationskoeffizienten der Ausgleichsgeraden. Je besser der Wert des Korrelationskoeffizienten ist, desto genauer liegen die Punkte im Weibull-Netz auf einer Geraden. t_0 ist dann der Wert, bei dem dieser am höchsten ist und sich somit die Ausgleichsgerade am besten approximieren lässt[7] (Abb. 6.8).

$$R(t, a, b) = 1 - F(t) = \begin{cases} 0 & \text{für } t < 0 \\ e^{-\left(\frac{t}{a}\right)^b} & \text{für } t \geq 0 \end{cases} \quad (6.3)$$

---

[7] Vgl. Bertsche und Lechner 2004, S. 210–214.

$$R(t,a,b,c) = 1 - F(t) = \begin{cases} 0 & \text{für } t < 0 \\ e^{-\left(\frac{t-c}{a-c}\right)^b} & \text{für } t \geq 0 \end{cases} \qquad (6.4)$$

Für beide Weibull-Verteilungen ergibt sich die Ausfallwahrscheinlichkeit zum Zeitpunkt $t = a$ zu

$$F(t = a) = 1 - e^{-\left(\frac{t}{t}\right)} = 1 - e^{-1} = 0{,}632 \mathrel{\widehat{=}} 63{,}2 \ \%$$

Die Überlebenswahrscheinlichkeit ist somit

$$R(t = a) = 1 - F(t) = e^{-1} = 0{,}3683 \mathrel{\widehat{=}} 36{,}8 \ \%$$

Die Wahrscheinlichkeit eines Ausfalls einer BE zum Zeitpunkt $t = a$ ist $F(t) = 63{,}2 \ \%$ und definiert die charakteristische Lebensdauer a.

Dichtefunktion Die Betriebszeit einer bei $t = 0$ neuen oder vollständig instand gesetzten BE bis zum Ausfall (Zeit zwischen zwei Ausfällen) wird als Laufzeit T bezeichnet. Die Laufzeit ist eine stetige Zufallsgröße, für die verschiedene theoretische Verteilungen infrage kommen. Für praktische Anwendungen ist die Weibull-Verteilung besonders gut geeignet. Die Verteilungsdichte lautet:

a. zweiparametrisch

$$f(t) = \begin{cases} 0 & \text{für } t < 0 \\ \left(\dfrac{b}{a}\right)\left(\dfrac{t}{a}\right)^{b-1} e^{-\left(\frac{t}{a}\right)^b} & \text{für } t \geq 0 \end{cases} \qquad (6.5)$$

b. dreiparametrisch

$$f(t) = \begin{cases} 0 & \text{für } t < 0 \\ \left(\dfrac{b}{a-c}\right)\left(\dfrac{t-c}{a-c}\right)^{b-1} e^{-\left(\frac{t-c}{a-c}\right)^b} & \text{für } t \geq 0, \ c \geq 0 \end{cases} \qquad (6.6)$$

Der Maßstabsparameter a berücksichtigt die Maßeinheit und Größenordnung der Laufzeit und gibt somit indirekt die Lage des Erwartungswertes an (Abb. 6.9).

Ausfallrate

a. zweiparametrisch

$$\lambda = \frac{f(t)}{R(t)} \begin{cases} = 0 & \text{für } t < 0 \\ = \left(\dfrac{b}{a}\right)\left(\dfrac{t}{a}\right)^{b-1} & \text{für } t \geq 0 \end{cases} \qquad (6.7)$$

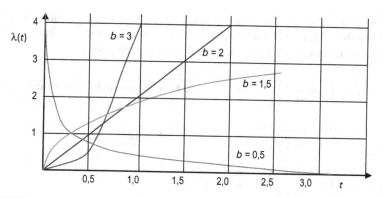

Abb. 6.9 Verläufe der Ausfallrate λ in Abhängigkeit vom Formparameter b

b. dreiparametrisch

$$\lambda(t) = \frac{f(t)}{R(t)} = \left(\frac{b}{a-c} \right) \left(\frac{t-c}{a-c} \right)^{b-1} \tag{6.8}$$

Erwartungswert Der Erwartungswert $E(T)$ der Weibull-Verteilung kann nur m. H. der Gammafunktion $\Gamma(x)$ ermittelt werden (Bronstein 1995)[8]:

a. zweiparametrisch

$$E(T) = a\Gamma\left(\frac{1}{b} + 1 \right) \tag{6.9}$$

b. dreiparametrisch

$$E(T) = (a-c)\Gamma\left(\frac{1}{b} + 1 \right) + c \tag{6.10}$$

Lebensdauer Der Erwartungswert ist eng verbunden mit dem Begriff der Lebensdauer als die Betriebsdauer einer nicht reparierbaren BE von Nutzungsbeginn bis zum Ausfall (DIN 40041, 1980). Ist die Ausfallhäufigkeit nicht abhängig vom Alter der BE (keine Funktion der Zeit), kann der Begriff der Lebensdauer auch bei reparierbaren BE zwischen zwei aufeinander folgenden Ausfällen benutzt werden.

Beschreibende Elemente der Lebensdauer sind zeitabhängige Einheiten wie beispielsweise Lastwechsel, Schaltzyklen, Betriebszeiten, Abschaltungen oder zurückgelegte Wegstrecken und andere physikalische zeitabhängige Größen.

Da sich die Lebensdauern auch gleichartiger BE bei identischen Umweltbedingungen auf Grund der zufälligen Streuung unterscheiden, sind diese mit entsprechenden statistischen Methoden auszuwerten, z. B. mittels SPEARMANS-Test[9].

---

[8] Die Gammafunktion wird auch als EULERsches Integral 2. Gattung bezeichnet (s. Lueger 1906, S. 254–255).

[9] Vgl. Kühlmeyer 2001, S. 293.

T_γ -prozentuale Lebensdauer Die γ-prozentuale Lebensdauer t_γ charakterisiert das Ausfallverhalten zum Zeitpunkt T_γ. Sie gibt den Zeitpunkt an, zu dem γ-Prozent BE ausgefallen, bzw. $(100\ \% - \gamma)$ BE noch funktionsfähig sind.

$$t_{10} = a\left[\ln\left(\frac{1}{1 - 0,1}\right)\right]^{\frac{1}{b}} = a * \sqrt[b]{0,10544} \quad \text{(nominelle Lebensdauer)} \qquad (6.11)$$

$$t_{50} = a\left[\ln\left(\frac{1}{1 - 0,5}\right)\right]^{\frac{1}{b}} = a * \sqrt[b]{0,6931} \quad \text{(Median)} \qquad (6.12)$$

$$t_{90} = a\left[\ln\left(\frac{1}{1 - 0,9}\right)\right]^{\frac{1}{b}} = a * \sqrt[b]{2,303} \qquad (6.13)$$

Streuung (Dispersion)

a. zweiparametrisch

$$\sigma^2 = a^2\ \Gamma\left[\left(\frac{2}{b} + 1\right) - \Gamma^2\left(\frac{1}{b} + 1\right)\right] \qquad (6.14)$$

b. dreiparametrisch

$$\sigma^2 = (a - c)^2\ \Gamma\left[\left(\frac{2}{b} + 1\right) - \Gamma^2\left(\frac{1}{b} + 1\right)\right] \qquad (6.15)$$

Standardabweichung

a. zweiparametrisch

$$\sigma = a\sqrt{\Gamma\left(\frac{2}{b} + 1\right) + \Gamma^2\left(\frac{1}{b} + 1\right)} \qquad (6.16)$$

b. dreiparametrisch

$$\sigma = (a - c)\sqrt{\Gamma\left(\frac{2}{b} + 1\right) + \Gamma^2\left(\frac{1}{b} + 1\right)} \qquad (6.17)$$

Variationskoeffizient

$$v = \frac{\sigma}{E(T)} \qquad (6.18)$$

explizit:

a. zweiparametrisch

$$v = \frac{a\sqrt{\Gamma\left(\frac{2}{b} + 1\right) + \Gamma^2\left(\frac{1}{b} + 1\right)}}{a\Gamma\left(\frac{1}{b} + 1\right)} \qquad (6.19)$$

b. dreiparametrisch

$$v = \frac{(a-c)\sqrt{\Gamma\left(\dfrac{2}{b}+1\right)+\Gamma^2\left(\dfrac{1}{b}+1\right)}}{(a-c)\Gamma\left(\dfrac{1}{b}+1\right)} \qquad (6.20)$$

Verfügbarkeit Die Verfügbarkeit V (auch als Dauerverfügbarkeit V_D bezeichnet) ist die Wahrscheinlichkeit dafür, dass eine Betrachtungseinheit zum Zeitpunkt t funktionsfähig ist (s. Formel 5.84). Dabei gilt unter Berücksichtigung optimaler Instandhaltungszyklen, wo die BE nach einer ausfallfreien Betriebszeit τ zwecks vorbeugender Instandsetzung außer Betrieb genommen oder ausgesondert wird, also der nächste Ausfall nicht abgewartet wird:

$$\int\limits_0^\infty t \cdot f(t)dt + \tau \cdot R(\tau) = \int\limits_0^\tau R(t)dt$$

$$V_D(t) = \frac{\int\limits_0^\tau R(\tau) \cdot dt}{\int\limits_0^\tau R(t) \cdot dt + ET_R} \qquad (6.21)$$

6.2.2 Bestimmung der Weibull-Parameter

Die Bewertung des Ausfallverhaltens von Elementen und Systemen ist die Grundlage für die Entwicklung nachhaltiger Instandhaltungsstrategien.

Entscheidende Kenngrößen bilden Lebensdauermerkmale wie Laufleistungen, die in Kilometern, Betriebsstunden, Zyklus- oder Lastwechselzahlen angegeben werden. Dazu ist bei der Weibull-Verteilung die Bestimmung der Parameter a, b sowie im Falle einer ausfallfreien Zeit zusätzlich der Parameter c erforderlich.

Im Folgenden werden die wichtigsten Methoden zur Bestimmung der Weibull-Parameter diskutiert. Ihre Anwendung richtet sich nach der zur Verfügung stehenden Datenbasis, die in der Praxis oft ein sehr unterschiedliches Niveau aufweist, meist unvollständig und damit schlecht strukturiert ist (s. Ottmann und Widmayer 2009). Die vorgestellten Methoden sind prinzipiell für nahezu jede Datensituation geeignet.

Zur Bestimmung der Weibull-Parameter eignen sich folgende Methoden:

- grafische Methode mittels Weibull-Wahrscheinlichkeitsnetz,
- Methode der kleinsten Fehlerquadrate,
- Maximum-Likelyhood-Methode,
- Momentenmethode,
- Quantilmethode.

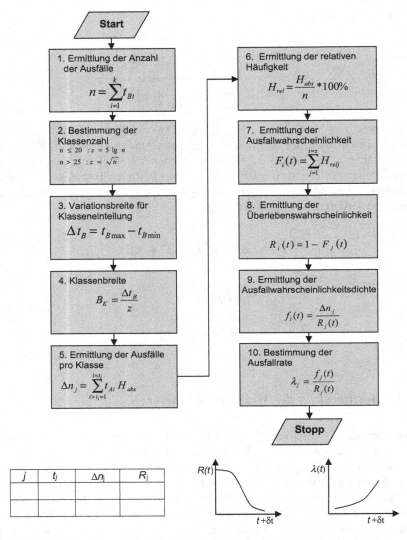

Abb. 6.10 Ablaufalgorithmus zur Ermittlung der empirischen Ausfallrate $\lambda(t)$

Auf jeden Fall müssen empirische Werte statistisch aufbereitet und ausgewertet werden. Die Auswertung erfolgt zweckmäßigerweise nach dem in Abb. 6.10 dargestellten Ablaufplan.

In der Praxis sind meist nur unvollständige Stichproben realisierbar. Außerdem stehen meist weniger als 30 Zeitwerte zur Verfügung. Für solche Fälle eignen sich insbesondere die Momenten-Methode und die Methode der kleinsten Quadrate. Untersuchungen bezüglich des Genauigkeitsgrades der beiden Methoden haben keine

Tab. 6.5 Versuchsergebnisse eines Dauerlaufversuchs von belasteten Stahlwellen (h)

18600	6600	13200	8000	12600
9000	9700	9800	15800	10000
10700	5900	11700	11800	12500
9900	17700	8700	10900	6900

Tab. 6.6 Ordnung der Ausfallzeiten (h)

5900	6600	6900	8000	8700
9000	9700	9800	9900	10000
10700	10900	11700	11800	12500
12600	13200	15800	17700	18600

größeren Abweichungen ergeben. Bei einem Formparameter $b < 1{,}5$ (Früh- oder Zufallsausfälle) ist die Anwendung der Ausfallmethode zu empfehlen, sofern das Management eine solche Entscheidung unter produktionswirtschaftlichen und arbeitssicherheitsrelevanten Aspekten rechtfertigen kann. Im Falle von $b > 1{,}5$ muss die Hypothese, dass eine Weibull-Verteilung vorliegt, mit einem statistischen Anpassungstest noch bestätigt werden. Die Entscheidung, ob für eine Betrachtungseinheit die Präventivmethode oder die Inspektionsmethode geplant werden soll, erfolgt stufenweise. Für die Ermittlung des Verlaufs der empirischen Ausfallrate $\lambda(t)$ ist der in Abb. 6.10 dargestellte Algorithmus abzuarbeiten. Grundlage bilden empirisch ermittelte Ausfalldaten, um statistische Kennwerte wie Mittelwert, Streuung, Überlebenswahrscheinlichkeit und Ausfallwahrscheinlichkeitsdichte zu ermitteln.
Es gilt:

$$\lambda_i(t) = \frac{f_i(t)}{R_i(t)}$$

Im Falle steigender Ausfallrate ist davon auszugehen, dass Abnutzung und Verschleiß vorliegen. Anhand des Formparameters b ist zu entscheiden, welche Instandhaltungsmethode vorteilhaft ist.

Beispiel 6.1: Berechnung einer Stahlwelle
Die in der nachfolgenden Tabelle dargestellten Werte einer Turaswelle wurden durch Laufzeitversuche ermittelt (Tab. 6.5, 6.6) (Abb. 6.11).

Klassierung Für $n \leq 20$ gilt: $z_k = 5 \lg n = 6{,}5 \sim \underline{7 \text{ Klassen}}$

Klassenbreite

$$B_K = \frac{\Delta t_B}{z} = \frac{t_{\max} - t_{\min}}{7} = \frac{18600 - 5900}{7} = \underline{12.700 \text{ h}}$$

Mittelwert

$$ET_B = \frac{1}{n} \sum_{i=1}^{n} t_i = \underline{11.000 \text{ h}}$$

Median Schnittpunkt der 50 %-Linie der Summenhäufigkeit: $t_{Median} = \underline{9.000 \, \text{h}}$

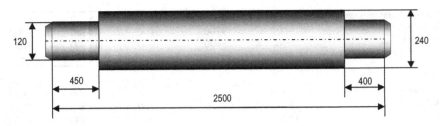

Abb. 6.11 Skizze für Berechnungsbeispiel 6.1

Modalwert Der Modalwert entspricht der Ausfallzeit beim Maximum der Dichte-funktion und kann deshalb aus der Verteilungsdichte bestimmt werden.

$t_{Modal} = \underline{9.000\,h}$

Varianz

$$s^2 = \frac{1}{n-1} \sum_{i=1}^{n} (t_i - ET_B)^2$$

$$= \frac{1}{19} \sum_{i=1}^{n} (5900 - 11000)^2 + (6600 - 11000)^2 + \ldots + (18600 - 11000)^2 \, h^2$$

$$= \underline{11.704.210\,h^2}$$

Standardabweichung

$$s = \sqrt{s^2} = \underline{3.421\,h}$$

Variationskoeffizient

$$v = \frac{s}{ET_B} = \frac{3.421}{11.000} = \underline{0{,}31}$$

6.2.3   Verfahren zur Ermittlung der Parameter der Weibull-Verteilung

6.2.3.1   Allgemeine Probleme bei der Auswertung der Weibull-Parameter

Im Rahmen einer Analyse von ausgefallenen Bauteilen (so genannte Feldausfälle) lässt sich die Ausfallwahrscheinlichkeit mit den im Folgenden beschriebenen Methoden ermitteln. In der Regel betrachtet man eine bestimmte Anzahl n von BE für einen bestimmten Zeitraum und bezieht die Anzahl der Ausfälle auf diese Menge. Voraussetzung ist, dass alle Ausfälle diese Anzahl n betreffend bekannt sind und keine Fehlbefundungen vorliegen. Fehlbefundete Bauteile sind wegen einer Fehlersuche ausgebaute BE, die aber keinen Anlass für eine Beanstandung gaben.

Tab. 6.7 Berechnungsergebnisse und Kurvenverlauf der Ausfallrate

Klasse	h_{abs}	$h_{rel}(\%)$	$F(t_i)$	$R(t_i)$	f_i	Ausfallrate λi
0–2.000	0	0.00	0.00	1.00	0.0000	0.000000
2.000–4.000	0	0.00	0.00	1.00	0.0000	0.000000
4.000–6.000	1	0.05	0.05	0.95	0.0025	0.002632
6.000–8.000	3	0.15	0.20	0.80	0.0075	0.009375
8.000–10.000	6	0.30	0.50	0.50	0.0150	0.030000
10.000–12.000	4	0.20	0.70	0.30	0.0100	0.033333
12.000–14.000	6	0.30	1.00	0.00	0.0150	

Da diese Teile keine Schäden oder Fehler aufweisen, sind sie nicht Bestandteil der Analyse. Außerdem ist es wichtig, auf das Schädigungsmerkmal zu achten. Bauteile, die aufgrund von anderen Einflüssen beschädigt wurden (z. B. durch unsachgemäße Bedienung oder einen Unfall), sind ebenfalls zu eliminieren. Vor der eigentlichen Datenanalyse sollte deshalb immer eine Schadensanalyse durchgeführt werden.

Zu beachten sind auch bereits getauschte Teile in einer BE. Fällt ein ersetztes Bauteil erneut aus, so hat es eine Laufzeit, die geringer ist als die des Systems, z. B. die Maschine.

Hinweise auf bereits erneuerte Bauteile geben doppelt oder mehrfach vorkommende Teileidentifikationsnummern in der Liste der inspizierten Betrachtungseinheiten. Für die Auswertung sind dann die Differenzen der Betriebszeiten zu verwenden. Entscheidend für die Auswertung ist der Verlauf der Ausfallrate (s. Tab. 6.7). Eine steigende Ausfallrate weist auf das Vorliegen von Verschleiß hin (Abb. 6.12).

6.2.3.2 Ranggrößen

Die Ausfalldaten vom Umfang n werden in geeigneter Weise aufbereitet, indem sie ihrer Größe nach aufsteigend sortiert werden. Diese geordneten Werte bezeichnet man als Ranggrößen[10]. Der Index entspricht der Rangzahl:

$$t_1, \ t_2, \ t_3, \ldots, \ t_{n-1}, t_n$$

Auf den Stichprobenumfang bezogen entspricht der Ausfall der ersten Ranggröße $1/n$ der Stichprobe, der zweite Wert der Ranggröße $2/n$ usw. Bei Betrachtung dieser Stichprobe hat die erste Ranggröße die Ausfallwahrscheinlichkeit $F(t_1) = 1/n$, die zweite $F(t_2) = 2/n$ usw. Diese Ausfallzeiten sind Bestandteil nur einer Stichprobe. Bei jeder weiteren Stichprobe werden die Ausfallzeiten differieren. Für m Stichproben ergibt sich dann eine Matrix (s. Tab. 6.8).

Die Betriebszeiten schwanken in jeder Ranggröße und sind daher zufällig. Um eine statistische Abschätzung über den Bereich der Grundgesamtheit zu erzielen, also den Schluss aus der vorliegenden Stichprobe auf die Grundgesamtheit, muss der Vertrauensbereich bestimmt werden.

---

[10] Vgl. Sachs 1992, S. 371.

Abb. 6.12 Verlauf der Ausfallrate des Rechenbeispiels in Tab. 6.3

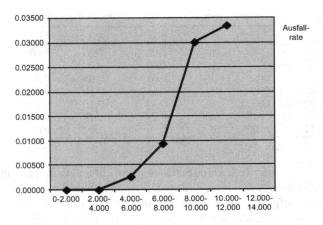

Tab. 6.8 Ranggrößenmatrix verschiedener Stichproben

1	Stichprobe	$t_{1,1} \leq t_{2,1} \leq \ldots \leq t_{n,1}$
2	Stichprobe	$t_{1,2} \leq t_{2,2} \leq \ldots \leq t_{n,2}$
3	Stichprobe	$t_{1,3} \leq t_{2,3} \leq \ldots \leq t_{n,3}$
⋮	⋮	⋮
m.	Stichprobe	$t_{1,m} \leq t_{2,1} \leq \ldots \leq t_{n,m}$

Die mathematische Herleitung dieser Ranggrößenverteilung lässt sich mit einer Binomialverteilung darstellen (s. Sachs 2004, Härtler 1982):

$$P_A = \sum_{k=i}^{n} \binom{n}{k} F(t)^k (1 - F(t))^{n-k} \tag{6.22}$$

Mit $P_A = 0{,}5$ ergeben sich die zu bestimmenden Medianränge nach

$$0{,}5 = \sum_{k=i}^{n} \frac{n!}{k!(n-k)!} F(t)^k (1 - F(t))^{n-k} \tag{6.23}$$

Die Werte lassen sich mit Excel problemlos berechnen und liegen auch tabelliert vor (s. Wilker 2004). Für praktische Anwendungen können die Ausfallwahrscheinlichkeiten auf Basis der Betriebszeiten t_i für Stichprobenumfänge $n < 50$ wie folgt berechnet werden[11]:

$$F(t_i) \approx \frac{i - 0{,}3}{n + 0{,}4} \ (Median) \tag{6.24}$$

Im Falle klassierter Laufzeiten gilt:

$$F(t_i) \approx \frac{G_i - 0{,}3}{n + 0{,}4} \ (Median) \tag{6.25}$$

---

[11] Vgl. Bertsche und Lechner 2004, S. 198.

Stichprobenumfänge $n \geq 50$:

$$F(t_i) = \frac{i}{n+1} \ (Mittelwert) \tag{6.26}$$

bzw. bei klassierten Laufzeiten gilt:

$$F(t_i) = \frac{G}{n+1} \ (Mittelwert) \tag{6.27}$$

G summierte Anzahl der Ausfälle

6.2.3.3 Vertrauensbereiche

Im Falle der Verwendung des Medians zur Ermittlung von $F(t_i)$ wird diejenige Weibull-Gerade dargestellt, die im Mittel die wahrscheinlichste ist. Das bedeutet, dass die tatsächliche Gerade, also diejenige Gerade, die die Grundgesamtheit verkörpert, in 50 % der Fälle unter- oder oberhalb der Geraden liegen kann. Der Vertrauensbereich der Weibull-Geraden gestattet eine Abschätzung, ob man diesem Bereich vertrauen kann.

Da der Vertrauensbereich meist symmetrisch zum Median liegt, besitzt der 90 %-Vertrauensbereich eine 5 %- sowie eine 95 %-Vertrauensgrenze. Für die 5 %-Vertrauensgrenze (untere Vertrauensgrenze) ergeben sich die iterativ zu berechnenden Werte wie folgt (vgl. Wilker 2004, S. 123):

$$0{,}05 = \sum_{k=i}^{n} \frac{n!}{k!(n-k)!} F(t)^k (1 - F(t))^{n-k} \tag{6.28}$$

Für die 95 %-Vertrauensgrenze (obere Vertrauensgrenze) gilt analog:

$$0{,}95 = \sum_{k=1}^{j-1} \frac{n!}{k!(n-k)!} F(t)^k (1 - F(t))^{n-k} \tag{6.29}$$

Die Abb. 6.13 zeigt die beiden Grenzlinien, innerhalb derer sich 90 % der Grundgesamtheit befinden und die Weibull-Gerade jede beliebige Lage einnehmen kann.

Die Wahrscheinlichkeit, dass die Werte außerhalb des 90 %-Bereichs liegen, beträgt 10 %. Die Einführung des Vertrauensbereichs ist insbesondere bei kleinen Stichproben ($n < 50$) erforderlich. Bei Stichproben $n \geq 50$ verengt sich der Vertrauensbereich, so dass er hier vernachlässigbar ist (s. Sachs 2004). Der Vertrauensbereich bildet einen so genannten „Korridor" oder „Schlauch" und ist mit der o. g. Vertrauensgrenze zum Median angelegt.

Abb. 6.13 Weibull-Gerade
und 95 %-Vertrauensbereich

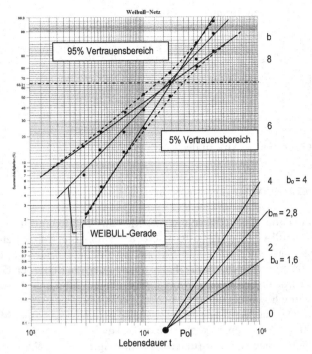

6.2.3.4   Grafische Ermittlung der Weibull-Parameter

Das Weibull-Netz verfügt über eine logarithmisch geteilte Abszisse und eine doppelt logarithmisch geteilte Ordinate. Dies gestattet die Darstellung der s-förmig verlaufenden Ausfallwahrscheinlichkeitsfunktion als Gerade. Der Aufbau des Weibull-Netzes und die Parameter der Geradengleichung ergeben sich dann wie folgt[12]:

$$t = \ln t \qquad (6.30)$$

$$y = \ln\left(-\ln(1 - F(t))\right) \qquad (6.31)$$

$$F(t) = 1 - e^{-\left(\frac{t}{t}\right)^b} \qquad (6.32)$$

$$1 - F(t) = e^{-\left(\frac{t}{t}\right)^b} \qquad (6.33)$$

$$\frac{1}{1 - F(t)} = e^{\left(\frac{t}{t}\right)^b} \qquad (6.34)$$

---

[12] Vgl. O'Conner 1990, S. 86.

$$\ln\left(\frac{1}{1 - F(t)}\right) = \left(\frac{t}{a}\right)^{b} \tag{6.35}$$

$$\ln\left[\ln\left(\frac{1}{1 - F(t)}\right)\right] = b\left(\frac{t}{a}\right) \tag{6.36}$$

$$\ln\left(-\ln\left(1 - F(t)\right)\right) = b(\ln t - \ln a) \tag{6.37}$$

$$\ln\left(-\ln\left(1 - F(t)\right)\right) = b \ln t - b \ln a \tag{6.38}$$

Ausgehend von der Geradengleichung

$$y = mx + c \tag{6.39}$$

mit

m Steigung der Geraden: Formparameter b
c y-Achsenabschnitt: $c = -b \ln a$
x Abszissenskalierung: $x = \ln t$
y Ordinatenskalierung: $y = \ln(-\ln(1 - F(t)))$

Mit Hilfe dieser Transformation erhält man die Gerade im Weibull-Netz. Mittels Parallelverschiebung der Geraden durch den Pol kann an der rechten Skala direkt der Formparameter b abgelesen werden (s. Abb. 6.14).

$$b = \frac{y_2 - y_1}{x_1 - x_2} \tag{6.40}$$

$$b = \frac{\ln(-\ln(1 - F_2(t_2))) - \ln(-\ln(1 - F_1(t)))}{\ln(x_2 - x_1)} \tag{6.41}$$

Die charakteristische Lebensdauer a ergibt sich aus dem Schnittpunkt der Geraden mit der y-Achse zu:

$$a = -m\ln a \tag{6.42}$$

Im Falle der Existenz einer ausfallfreien Zeit kommt die dreiparametrische Weibull-Verteilung zur Anwendung. Dabei ergibt sich im Weibull-Netz eine konvexe Kurve (s. Abb. 6.14). Zur Darstellung des Ausfallverhaltens lässt sich die Funktion mit einer Zeittransformation $t - c$ auf die zweiparametrische Funktion zurückführen und als Gerade darstellen.

Zur Ermittlung der hypothetischen Verteilungsfunktion anhand von Ausfalldaten erfolgt zunächst die Ermittlung der empirischen Ausfallwahrscheinlichkeitsverteilung $F(t_i)$ der Betriebszeiten und die Annäherung durch eine Weibull-Verteilung. Grundvoraussetzung bilden statistische Daten zum Ausfallverhalten der Betrachtungseinheit. Die prinzipielle Vorgehensweise ist dem Ablaufalgorithmus in Abb. 6.15 zu entnehmen.

Abb. 6.14 Ausfallwahrscheinlichkeitsfunktion $F(t)$
im Weibull-Netz

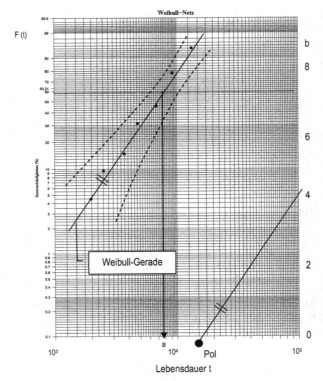

Prinzipielle Vorgehensweise zur Bestimmung der Weibull-Parameter Die graphische
Methode gestattet die Ermittlung der Weibull-Parameter mit Hilfe einer Ausgleichsgeraden im linearisierten Weibull-Wahrscheinlichkeitsnetz. Dazu wurden die Achsen
von Weibull-Wahrscheinlichkeitsnetzen transformiert und die Annahme getroffen,
dass die ausfallfreie Zeit c gleich Null ist (s. Formeln 6.30– 6.42 u. Abb. 6.15).

Gemäß Ablaufplan sind die Wertepaare in das Weibull-Netz einzutragen. Die
reziproke zweifach logarithmische Ordinatenskala gibt die kumulierte Ausfallwahrscheinlichkeit (oder den prozentualen Anteil) der Ausfälle im Weibull-Netz an (y).
An der ebenfalls logarithmisch geteilten Abszisse (x) kann man die Lebensdauer
ablesen. Die Steigung der in das Weibull-Netz eingetragenen Geraden ist der Formparameter b. Für die graphische Bestimmung des Vertrauensbereichs eignet sich das
Kurvenblatt von HENNIG-HARTMANN.

Der Verlauf der Vertrauensgrenzen geht im unteren und oberen Bereich mehr
oder weniger weit auseinander. Dies zeigt, dass die Aussagen über die Ausfallpunkte
in diesen Bereichen ungenauer sind als in dem oberen mittleren Abschnitt. Der
Vertrauensbereich darf wie die Ausgleichsgerade auch nicht wesentlich über die
Punkte hinaus verlängert werden.

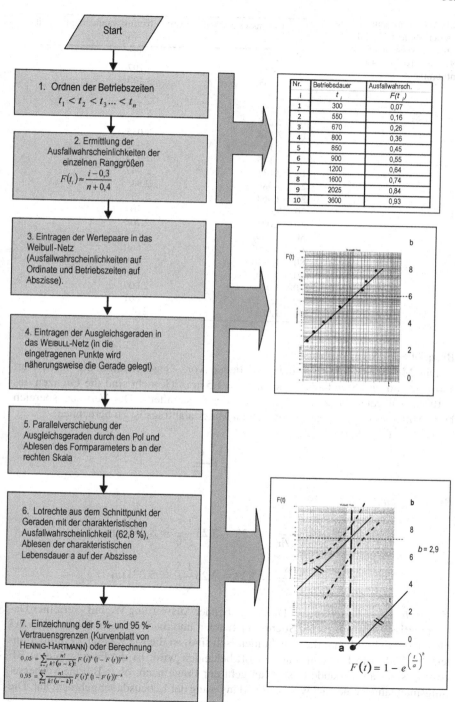

Abb. 6.15 Ablaufalgorithmus zur Ermittlung der Weibull-Parameter a und b

	n	Irrtumswahrscheinlichkeit (5 %)	Irrtumswahrscheinlichkeit (1 %)
Tab. 6.9 Signifikanzschranken der Student-Verteilung. (Auszugsweise aus Sachs 1991, S. 210, Tab. 49 entnommen)	5	2,571	4,032
	6	2,447	3,707
	7	2,365	3,499
	8	2,306	3,355
	9	2,262	3,250
	10	2,228	3,169
	11	2,179	3,055
	13	2,16	3,012
	14	2,145	2,977
	15	2,131	2,947
	20	2,086	2,845
	25	2,064	2,797
	30	2,042	2,704
	40	2,021	2,708
	50	2,009	2,678
	60	2,000	2,660
	80	1,990	2,640
	100	1,984	2,626
	150	1,976	2,609
	200	1,972	2,601
	500	1,965	2,586

Beispiel 6.2: Signifikanztest

Die Messwerte von 9 Wälzlagern liegen vor. Gegeben sind der Mittelwert $\bar{x} = 7,33$ mm und Standardabweichung $s = 1,5$ mm. Gesucht sind die Grenzen des Vertrauensniveaus für μ ($\mu = $ Mittelwert der Gesamtheit). Der Vertrauensbereich beim Mittelwert standardnormalverteilten Materialabtrags ist zu berechnen.

t-Faktor (Tab. 6.9):

$$\mu_u = x \pm t\frac{s}{\sqrt{n}}$$

Bereichsgrenzen für P $= 99$ %

$$\mu_0 = x - t\frac{s}{\sqrt{n}} = 7,33 + 3,25\frac{1,5}{\sqrt{9}} = 8,955 \ \mu m$$

$$\mu_u = x - t\frac{s}{\sqrt{n}} = 7,33 - 3,25\frac{1,5}{\sqrt{9}} = 5,07 \ \mu m$$

Vergleich zweier Verteilungen Da es sich bei der Auswertung Weibull-verteilter Daten praktisch immer um eine Stichprobe handelt und die jeweiligen Stichproben bei gleichem Stichprobenumfang nicht identisch sind, ist die i-te Ranggröße immer unterschiedlich. Ein Problem, das hier oft behandelt wird, ist die Frage, ob eine BE zuverlässiger als ein andere ist. Man geht der Frage nach, ob z. B. eine Verbesserungsmaßnahme eine nachweisbare Verlängerung der Lebensdauer gebracht hat. Die

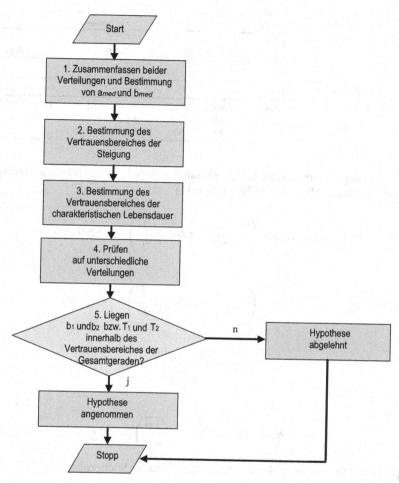

Abb. 6.16 Ablaufalgorithmus zum Vergleich zweier Verteilungen

Quantifizierung der Unterschiede kann durch die charakteristischen Lebensdauern a erfolgen (a_1/a_2).

Hypothese: Die Verteilungen sind gleich.

Gegenhypothese: Die Verteilungen sind unterschiedlich.

Zu untersuchen ist, ob signifikante Unterschiede bestehen oder ob sie zufällig sind. Zur Bestätigung oder Verwerfung dieser Hypothese bietet sich das aus Abb. 6.16 ersichtliche Vorgehen an.

Beispiel 6.3: Bestimmung von Parametergrenzen Weibull-verteilter Zufallsgrößen

Für zwei Weibullverteilungen sind die in Tab. 6.10 dargestellten Werte gegeben. Gesucht sind die Ober- und Untergrenzen der gegebenen Parameter.

Tab. 6.10 Basisdaten (Beispiel 6.3)

b_{median}	1,65	t_{median}	7.500 h
b_1	1,34	t_1	4.850 h
b_2	2,0	t_2	9.120 h

Tab. 6.11 Ermittlung der Vertrauensgrenzen

t_{median}	t_1	t_2	b_1	b_2	n	b_{median}
6.985	4.850	9120	2	1,3	20	1,65
$t_u=$	5.916	$t_0=$	9.586			
$b_u=$	1,30	$b_0=$	2,09			

Für einen angenommenen Vertrauensniveau $S = 90\,\%$ kann mit folgendem Ansatz gearbeitet werden (s. Reichelt 1976) (Tab. 6.11):

$$t_u = t_{0,05} = t_{Mediian}\left(1 - \frac{1}{9n} + 1{,}645\sqrt{\frac{1}{9n}}\right)^{-\frac{3}{b}} = \underline{5.916\ h}$$

$$t_0 = t_{0,95} = t_{Mediian}\left(1 - \frac{1}{9n} - 1{,}645\sqrt{\frac{1}{9n}}\right)^{-\frac{3}{b}} = \underline{6.586\ h}$$

$$b_u = b_{0,05} = \frac{b_{median}}{1 + \sqrt{\frac{1{,}4}{n}}} = \underline{1{,}3}$$

$$b_0 = b_{0,95} = b_{median}\left(1 + \frac{\sqrt{1{,}4}}{n}\right) = \underline{2{,}09}$$

Beispiel 6.4: Bestimmung der Weibullparameter einer Stichprobe

Klassierte Betriebszeiten Zur Bestimmung der Parameter a und b ist das Weibull-Wahrscheinlichkeitsnetz zu verwenden.

Aus einer Urliste ergeben sich folgende geordnete Ausfalldaten:
390, 500, 560, 590, 810, 1.180, 1.200, 1.310, 1.430, 1.560, 1.700, 1.750, 1.760, 1.910, 2000, 2.100, 2.200, 2.490, 2.550, 2.670, 2.820, 3.300, 3.440 3.800, 4.210

$z = 5\lg 24 = 7$ → Klassen gewählt (Tab. 6.12)

Vorgehensweise:

1. Eintragen der Summenhäufigkeit in das Wahrscheinlichkeitsnetz
2. Legen einer Geraden in die Punkte
3. Parallelverschiebung durch den Pol
4. Ablesen von $b = 1{,}9$ (2,2, 1,5)
5. Senkrechte des Schnittpunkts mit der gestrichelten Linie ergibt den Maßstabsparameter $a = 2.250$ h (1.700 h, 2.500 h)

Tab. 6.12 Statistische Aufbereitung der Ausfalldaten

Klasse	Klassenbreite	Abs. Häufigkeit	$f(t_i)$	$F(t_i)$
1	1–1000	5	0,2000	0,2000
2	1000–2000	10	0,4000	0,6000
3	2001–3000	6	0,2400	0,8400
4	3001–4000	3	0,1200	0,9600
5	4001–5000	1	0,0400	1,0000

Beispiel 6.5: Statistische Behandlung von Stichproben $n < 15$

Bei sehr geringem Stichprobenumfang ($n < 15$) sollte auf die Bildung von Klassen verzichtet werden. Stattdessen ist den aufsteigend geordneten Laufzeitwerten t_i ($i = 1, \ldots$ n) jeweils die gleiche absolute Häufigkeit $f_i = 1/n$ zuzuordnen und daraus $f_i = i/n$ zu bestimmen. Die Parameterbestimmung erfolgt dann graphisch mit den Wertepaaren (t_i und F_i), die die empirische Verteilungsfunktion der konkreten Stichprobe bilden (s. Abb. 6.17) (Tab. 6.13).

$b = 2,3 \; a = 6,4 * 10^3 \text{h}$

6.2.3.5 Analytische Ermittlung der Weibull-Parameter

Im Falle ungenügender Voraussetzungen für eine graphische Ermittlung der Weibull-Parameter steht eine Reihe analytischer Methoden zur Verfügung (s. Sachs 2004, Kaltenborn 1970, DIN 55303-7). Nachfolgend werden die wichtigsten Methoden, die in der Praxis allgemeine Verwendung finden, dargestellt.

Methode nach GUMBEL

In der Praxis werden b und a häufig nach der Methode von Gumbel berechnet. Die Punkte im Weibull-Netz werden entsprechend gewichtet.

$$b = \frac{0,577}{s_{\log}} \tag{6.43}$$

$$a = 10^{\frac{\sum\limits_{i=1}^{n} \log(t_i)}{n} + \frac{0,2507}{b}} \tag{6.44}$$

mit s_{log} = logarithmische Standardabweichung

Die Anwendung der Methode nach GUMBEL ergibt im Vergleich zur Regressionsanalyse für b deutlich größere Werte (s. Kaltenborn 1970).

Regressionsmodelle

Die Regressionsanalyse ist eine Methode, die den Zusammenhang von Einfluss- und Zielgrößen an Datenbestände anpasst[13]. Voraussetzung ist die Existenz eines

---

[13] Vgl. Sachs 1992, S. 493.

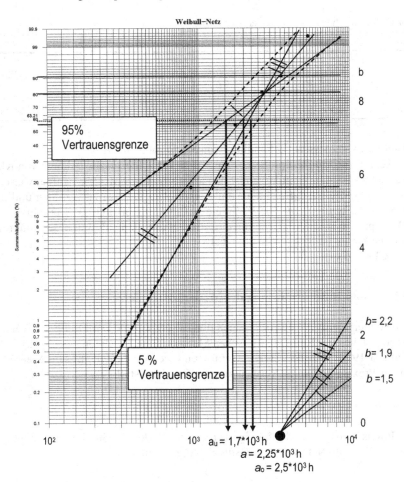

Abb. 6.17 Ermittlung des Vertrauensbereichs der Weibull-Parameter a und b

mathematischen Ansatzes. Vielfache Verwendung findet dabei die einfache lineare Regression.

Grundlage sind Messwerte ($i = 1, 2, \ldots n$) für eine Zielgröße y in Abhängigkeit von einer Einflussgröße x. Ausgehend von der Geradengleichung:

$$\hat{y}_i = m_0 + m_1 x_i \tag{6.45}$$

lässt sich für m_0 und m_1 für jeden Wert der Einflussgröße x_i ein Schätzwert $\hat{y}_i$ der Zielgröße berechnen. m_0 und m_1 werden so bestimmt, dass die Summe der quadrierten Abweichungen zwischen den Schätzwerten $\hat{y}_i$ und den Messwerten y_i über alle n Messwerte minimal wird:

Tab. 6.13 Statistische Aufbereitung der Ausfalldaten

Klasse	t_i	Anzahl der Ausfälle/Klasse	$f(t_i)$	$F(t_i)$
1	3500	1	0.167	0.167
2	4700	1	0.167	0.333
3	6200	1	0.167	0.500
4	7000		0.000	0.500
5	7500	2	0.333	0.833
6	8600	1	0.167	1.000

$$\sum_{i=1}^{n}(y_i - \hat{y}_i)^2 = \sum [y_i - (m_0 + m_1)]^2 \overset{!}{=} \min \tag{6.46}$$

Veranschaulichen lässt sich der Zusammenhang, indem die Abweichungen $(y_i - \hat{y}_i)$, also die Abstände der Messwerte von der Regressionsgeraden, die so genannten Residuen, erfasst werden. Aus Formel (6.46) ist ersichtlich, dass die Gerade so durch die Wertepaare gelegt wird, dass die Summe der Quadrate, also die Abstände der Messwerte von der Geraden in Richtung der y-Achse, gegen ein Minimum strebt.

Aus (6.45) ergibt sich:

$$m_0 = \bar{y} - m_1 \bar{x} \tag{6.47}$$

$$m_1 = \frac{\sum_{i=1}^{n}(x_i - \bar{x})(y_i - \bar{y})}{\sum_{i=1}^{n}(x_i - \bar{x})^2} \tag{6.48}$$

Mittelwert der x-Werte

$$\bar{x} = \frac{1}{n}\sum_{i=1}^{n} x_i \tag{6.49}$$

Mittelwert der y-Werte

$$\bar{y} = \frac{1}{n}\sum_{i=1}^{n} y_i \tag{6.50}$$

Quadrate der x-Werte

$$Q_x = \sum_{i=1}^{n}(x_i - \bar{x})^2 \tag{6.51}$$

$$Q_{xy} = \sum_{i=1}^{n}(x_i - \bar{x})^2(y_i - \bar{y})^2 \tag{6.52}$$

$$\hat{y}_i = m_0 + m_1 x_i$$

Q_{xy} ist ein Maß für den Grad der Veränderung der x- und y-Werte. Für den Fall völliger Unabhängigkeit ist Q_{xy} gleich Null. Die Steigung der Geraden m_1 gibt das Veränderungsverhältnis der x- und y-Werte und die Streuung der x-Werte an. Die Güte der Anpassung ergibt sich aus der Summe der quadratischen Abweichungen der y-Werte von der Regressionsgeraden:

$$Q_{ges} = Q_{Re\,gression} + Q_{Re\,st}$$

$$\sum_{i=1}^{n} (y_i - \bar{y})^2 = \sum_{i=1}^{n} (\hat{y}_i - \bar{y})^2 + \sum_{i=1}^{n} (y_i - \hat{y}_i)^2 \qquad (6.53)$$

Mit Hilfe der Methode der kleinsten Quadrate lässt sich der Anteil der Summe der quadratischen Abweichungen minimieren:

$$Q_{ges} = Q_y = \sum_{i=1}^{n} (y_i - \bar{y})^2 \qquad (6.54)$$

Die Anpassung ist umso besser, je größer der Anteil der Summe der quadratischen Abweichungen ist, die die Regressionsgerade beschreibt. Mit Hilfe des Bestimmtheitsmaßes B und der Bedingung
$0 \leq B \leq 1$ ergibt sich[14]:

$$B = \frac{Q_{Regression}}{Q_{ges}} = 1 - \frac{\sum_{i=1}^{n} (y_i - \hat{y}_i)^2}{Q_y} = \frac{Q_{xy}^2}{Q_x Q_y} \qquad (6.55)$$

Alternativ zum Bestimmtheitsmaß B findet oft der Korrelationskoeffizient r Verwendung:

$$r = (Vorzeichen\ von\ b_1)\sqrt{B}$$

$$-1 \leq r \leq 1 \qquad (6.56)$$

Für $B = 1$ bzw. $r = \pm 1$ liegen alle Punkte auf einer Geraden.

Je größer B ist, desto besser passen sich die Werte (z. B. Betriebszeiten) der Regressionsgeraden an. Da das Verhältnis des Streuungsanteils der Kurvenpunkte zur Gesamtstreuung ein Maß für die Schärfe zur Bestimmung der Gerade ist, wird es als Maß für die Abhängigkeit beider Variablen verwendet. Beträgt beispielsweise $r^2 = B = 0{,}95^2 = 0{,}9025$, dann lassen sich rd. 90 % der Varianz der Zielgröße Y durch die lineare Regression zwischen Y und der Einflussgröße X erklären.

$$r^2 = B = \frac{\text{durch Regression erklärte Varianz auf der Regressionsgeraden}}{\text{Gesamtvarianz}}$$

$$= \frac{\sum (\hat{y} - \bar{y})^2}{\sum (y - \bar{y})^2} \qquad (6.57)$$

---

[14] Vgl. Sachs 1991, S. 503.

Methode der kleinsten Fehlerquadrate

Die Methode der kleinsten Fehlerquadrate ist das mathematische Standardverfahren zur Ausgleichungsrechnung. Das Verfahren legt durch eine Datenpunktwolke eine Kurve, die möglichst nahe an den Datenpunkten verläuft. Sind diese Kurven (wie in den meisten klassischen Fällen) parameterabhängig, so lassen sich mit dieser Methode die optimalen Parameter numerisch bestimmen, indem die Summe der quadratischen Abweichungen der Modellkurven von den beobachteten Punkten minimiert wird. Die Berechnungsvorschrift für die Weibull-Parameter nach der Methode der kleinsten Quadrate ist Anhang A2–2 zu entnehmen[15].

Momentenmethode

Für die Ermittlung der Parameter, die sich in bekannter Weise aus den Momenten zusammensetzen, kann man die Momente durch die so genannten empirischen Momente ersetzen, indem man die Schätzwerte der Stichprobe für Mittelwert und Streuung bzw. Standardabweichung etc. den theoretischen Werten der Wahrscheinlichkeits- oder Dichtefunktion gleichsetzt.

Aus N statistisch ermittelten Betriebszeiten t_{Bi} ($i = 1, 2, \ldots$ n) können die Schätzwerte μ und σ^2 (Streuung) berechnet werden:

$$\bar{t} = \frac{1}{N} \sum_{i=1}^{n} t_{Bi} \tag{6.58}$$

$$s^2 = \frac{1}{N-1} \sum_{i=1}^{n} (t_{Bi} - \mu)^2 \tag{6.59}$$

Bei gruppierten Betriebszeiten (Klassen) gilt:

$$\bar{t} = \sum_{i=1}^{n} t_{Bi} * f_{Bi} \tag{6.60}$$

t_{Bi} Klassenmittelwert

$$s^2 = \frac{1}{n-1} \sum_{i=1}^{n} (t_{Bi} - \bar{t})^2 f_{Bi} \approx \sum (t_{Bi} - \bar{t})^2 f_{Bi} \tag{6.61}$$

Beispiel 6.6: Ermittlung der Ausfallwahrscheinlichkeitsfunktion bei gegebenen Ausfalldaten

Gegeben sind Ausfalldaten, die bereits geordnet wurden (Tab. 6.14). Die Weibull-Parameter sind zu ermitteln (Tab. 6.15).

---

[15] Vgl. Sachs 2006, S. 243 ff.

Tab. 6.14 Geordnete Ausfalldaten

390	500	560	590	810	920			
1180	1200	1310	1430	1560	1700	1750	1910	2,000
2100	2200	2490	2550	2670	2820			
3300	3440	3800						
4210								

Tab. 6.15 Empirische Ermittlung der Kennwerte

k	$\Sigma t_{bij}/h_{abs}$	f_i	$t_{bij}{}^* f_i$	$t_{bij} - \mu$	$(t_{bij} - \mu)^2$	$(t_{bij} - \mu)^2 f_i$
1	2	3	4	5	6	7
1	570	0,208	119	−1.283	1.645.875	342.342
2	1338	0,375	502	−514	265.139	99.427
3	2472	0,250	618	619	383.264	95.816
4	3513	0,125	439	1.660	2.755.877	344.485
5	4210	0,042	177	2.357	5.555.842	233.345
Summe =						**1.115.415**

$$\sigma = \sqrt{\sum_{i=1}^{n} (t_{Bi} - \mu)^2 f_i} = \underline{1.056 \text{ h}}$$

$$v^2 = \left(\frac{\sigma}{\mu}\right)^2 = \left(\frac{1056}{1.823}\right)^2 = \underline{0,336}$$

Aus Tabellen[16] lässt sich b ablesen:
Im vorliegenden Fall beträgt $b = 1,8$.

Für $b = 1,8$ ergibt sich: $\Gamma\left(\dfrac{1}{1,8} + 1\right) = \Gamma(1,55) = \underline{0,8892}$

Aus

$$\Gamma\left(\frac{2}{1,8} + 1\right) = \Gamma^2(2,11) \quad \text{und} \quad \Gamma(1,55)$$

ergibt sich

$$v^2 = \frac{\Gamma(2,1244)}{\Gamma^2(1,55)} - 1 = 0,336$$

Aus

$$ET_B = a\Gamma\left(\frac{1}{b} + 1\right)$$

folgt

$$a = \frac{ET_B}{\Gamma\left(\dfrac{1}{b} + 1\right)} = \frac{1.823}{0,8892} = \underline{2.053 \text{ h}}$$

---

[16] Vgl. Lauenstein et al. 1993, S. 64.

Die Verteilungsfunktion lautet:

$$F(t) = 1 - e^{-(0,49*10^{-3})^{1,8}}$$

Dreiparametrische Weibull-Verteilung Die Anwendung der Momentenmethode bei der dreiparametrischen Weibull-Verteilung ist mathematisch aufwendig, weil sich die theoretischen Momente nur mit der Gammafunktion $\Gamma(x)$ ausdrücken lassen (s. Anhang). Für den Erwartungswert $E(t)$, Standardabweichung und die Varianz $Var(t)$ gelten folgende Beziehungen:

$$E(t) = (a - c)\Gamma\left(1 + \frac{1}{b}\right) + c \tag{6.62}$$

$$Var(t) = (a - c)^2 \left\{\Gamma\left(1 + \frac{2}{b}\right) - \left[\Gamma\left(1 + \frac{1}{b}\right)\right]^2\right\} \tag{6.63}$$

$$c = \mu - \frac{\Gamma\left(1 + \frac{1}{b}\right)}{\sqrt{\Gamma\left(1 + \frac{2}{b}\right) - \left[\Gamma\left(1 + \frac{1}{b}\right)\right]^2}} s \tag{6.64}$$

WEIBULL ermittelte die Parameter nach der so genannten vertikalen Momentenmethode wie folgt[17]:

$$b = \frac{\ln 2}{\ln V_1 - \ln V_2} \tag{6.65}$$

$$a = \frac{V_1}{\left(\frac{1}{b}\right)} \tag{6.66}$$

$$V_1 = \frac{1}{2}\left(\frac{1}{n+1}t_m + \frac{2}{n+1}\sum_{i=1}^{n} t_i\right) \tag{6.67}$$

$$V_2 = \frac{1}{2}\left(\frac{1}{(n+1)^2}t_m + \frac{4}{n+1}\sum_{i=1}^{n} t_i + \frac{4}{(n-1)^2}\sum_{i=1}^{n}(it_i)\right) \tag{6.68}$$

$$t_m = \sum_{i=1}^{n}(t_i - t_{i-1}) \tag{6.69}$$

Der Vorteil des Verfahrens besteht im geringen Rechenaufwand.

---

[17] Vgl. Weibull W.: *statistical distributions function of wide applicability*, Trans. ASME, Serie E: Journal of Appl. Mechanics 18, S. 293–297, 1951, s. auch R. Schlittgen: *Einführung in die Statistik.* 9. Auflage, Wissenschaftsverlag Oldenbourg 2000, s. auch Wilker 2004, S. 130.

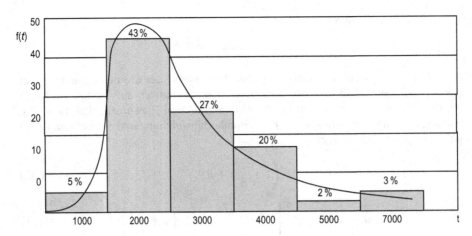

Abb. 6.18 Histogramm der Dichtefunktion

Maximum-Likelihood-Methode

Eine sehr gut geeignete Methode zur Bestimmung der Weibull-Parameter a und b ist die Maximum-Likelyhood-Abschätzung von FISHER. Die Methode geht davon aus, dass bei einem sehr großen Stichprobenumfang n vom Histogramm zur Dichtefunktion und damit von Häufigkeiten zu Wahrscheinlichkeiten übergegangen werden kann (s. Gesetz der großen Zahlen nach CANTELLI und KOLMOGOROW[18]). Für die in der Abb. 6.18 dargestellten Ausfallwahrscheinlichkeiten ordnet die Methode höchste Wahrscheinlichkeit zu. Entsprechend der Produktregel ergibt sich für die Wahrscheinlichkeit L, dass die in Abb. 6.18 dargestellte Stichprobe als Produkt der Wahrscheinlichkeitsdichten der Einzelintervalle die höchste Wahrscheinlichkeit hat. Die Likelihood-Funktion lautet:

$$L = f(t_1) * f(t_2) * \ldots f(t_n) \tag{6.70}$$

Die Aufgabe besteht nun darin, eine Funktion f zu finden, bei der das Produkt L maximal wird. Voraussetzung dafür ist, dass die Funktion $f(t_i)$ in Bereichen mit vielen Betriebszeiten t_i entsprechend hohe Werte der Dichtefunktion besitzt, demgegenüber in den Bereichen mit weniger Ausfällen nur geringe Werte von $f(t_i)$ zeigt. Mit Hilfe dieser Grundannahme kann das Ausfallverhalten sehr gut approximiert werden. Die auf diese Weise ermittelte Funktion $f(t_i)$ weist damit die größte Wahrscheinlichkeit auf und repräsentiert somit die Stichprobe am besten.

---

[18] Vgl. Sachs 1992. S. 129: Liegen n unabhängige Zufallszahlen mit derselben Verteilungsfunktion und dem endlichen. Mittelwert μ vor, dann strebt das arithmetische Mittel $\bar{X}_n$ mit wachsendem n gegen μ, und zwar fast sicher, d. h. mit der Wahrscheinlichkeit 1 (Starkes Gesetz der großen Zahlen von CANTELLI und KOLMOGOROW).

Bei einer Stichprobe mit n Beobachtungswerten t_i, ($i = 1, \ldots$ n) und der Dichtefunktion $f(t)$ liegen x unbekannte Parameter ζ_k, $k = 1 \ldots x$ vor, die man auch zu einem Parametervektor zusammenfassen $\vec{\zeta} = \zeta_1, \ldots, \zeta_k, \ldots \zeta_x$ kann.
Die Likelyhood-Funktion hat dann die Form:

$$L(t_1, \ldots, t_i, \ldots, t_n; \zeta_1, \ldots, \zeta_k, \ldots, \zeta_x) = \prod_{i=1}^{n} (t_i; \zeta_1, \ldots, \zeta_k, \ldots \zeta_x) \qquad (6.71)$$

Für die Schätzung der x Parameter ζ finden diejenigen Anwendung, die für die Likelyhood-Funktion ein Maximum erreichen. Dazu müssen die x partiellen Ableitungen der Funktion nach x Parametern gleich Null gesetzt werden. Logarithmieren der Produktformel ergibt eine einfach zu handhabende Summenfunktion und erleichtert die partielle Differentiation (s. auch Anhang A 2.-2).

$$\ln(L) = \ln[L(t_1, \ldots, t_i, \ldots, t_n; \vec{\zeta})] = \sum_{i=1}^{n} \ln(t_i; \vec{\zeta}) \qquad (6.72)$$

Die Formel (6.72) ist zu maximieren, indem sie gleich Null gesetzt wird, um den optimalen Parameter $\vec{\zeta}$ zu erhalten. Die Berechnung erfolgt dann iterativ[19].

$$\frac{\partial \ln(L)}{\partial \zeta_k} = \sum_{i=1}^{n} \frac{1}{f(t_i; \vec{\zeta})} \frac{\partial(t_i; \vec{\zeta})}{\partial \zeta_k} = 0 \; (k = 1 \ldots x) \qquad (6.73)$$

(A) Dreiparametrischer Fall
Ausgehend von der Verteilungsdichte $f(t)$ (Formel 6.6)

$$f(t) = \left(\frac{b}{a-c}\right) \left(\frac{t-c}{a-c}\right) e^{\left(\frac{t-c}{a-c}-\right)^b}$$

ergibt sich mit $\varphi = a - c$

$$f(t) = \left(\frac{b}{\varphi}\right) \left(\frac{t-c}{\varphi}\right) e^{\left(\frac{t-c}{\varphi}-\right)^b} \qquad (6.74)$$

Die logarithmierte Likelyhood-Funktion lautet damit:

$$\ln[L(t_1, \ldots, t_i, \ldots, t_n; b, \varphi, c)] \qquad (6.75)$$

$$= n * \ln\left(\frac{b}{\varphi^b}\right) + \sum_{i=1}^{n} (b-1) \ln(t_i - c) - \left(\frac{t_i - c}{\varphi}\right)^b \qquad (6.76)$$

Partielle Ableitung nach den Parametern b, φ und c:

$$\frac{\partial \ln(L)}{\partial b} = \frac{n}{b} + \sum_{i=1}^{n} \ln\left(\frac{t_i - c}{\varphi}\right) \left[1 - \left(\frac{t_i - c}{\varphi}\right)^b\right] = 0 \qquad (6.77)$$

---

[19] Die entsprechende Berechnungsvorschrift zur Ermittlung der Weibull-Parameter ist dem Anhang 2 zu ennehmen.

$$\frac{\partial \ln (L)}{\partial \varphi} = -n + \frac{1}{\varphi^b} \sum_{i=1}^{n} (t_i - c)^b = 0 \tag{6.78}$$

$$\frac{\partial \ln (L)}{\partial c} = \sum_{i=1}^{n} \left[\frac{1 - b}{t_i - c} + \frac{b}{\phi^b}(t_i - c)^b \right] = 0 \tag{6.79}$$

Die Gleichungen sind explizit nicht lösbar. Die Parameter a, b und c lassen sich aber iterativ ermitteln. Zunächst ist φ zu eliminieren.

$$\varphi = \sqrt[b]{\frac{1}{n} \sum_{i=1}^{n} (t_i - c)^b} \tag{6.80}$$

Das Einsetzen von Formel (6.79) in Formel (6.78) ergibt:

$$\sum_{i=1}^{n} \left[\frac{1 - b}{t_i - c} + n * b \frac{(t_i - c)^b}{\sum_{j=1}^{n} (t_j - c)} \right] = 0 \tag{6.81}$$

Folgende Vorgehensweise ist zweckmäßig:

1. Festlegung eines c-Wertes mit $0 < c < t_l$,
2. iterative Ermittlung des zum c-Wert relevanten b-Werts,
3. Berechnung von φ,
4. Berechnung der Likelihood-Funktion nach Formel (6.80).

Der c-Wert wird variiert und Schritt 2 solange wiederholt, bis das Maximum der Likelihood-Funktion gefunden ist. Es wird davon ausgegangen, dass alle Schadensfälle dem gesuchten Ausfallkriterium entsprechen. Um b zu ermitteln, kann die Beziehung nur iterativ gelöst werden. Ist b bestimmt worden, kann a direkt berechnet werden. Zur graphischen Darstellung der Parameterbestimmung im Falle ausfallfreier Zeiten wird auf Kap. 6.2.3.7 (Bestimmung der ausfallfreien Zeit t_0) verwiesen.

(B) Zweiparametrischer Fall
Für die zweiparametrische Schätzung stehen unterschiedliche Beobachtungspläne zur Verfügung, die dem Anhang A2–3 zu entnehmen sind (Strunz 1990).

6.2.3.6 Ingenieurtechnische Schätzverfahren

Expertenschätzungen für die Anzahl der Ausfälle bei Minimalinstandsetzung

Bei ständiger Minimalinstandsetzung nach Ausfällen besteht ein einfacher mathematischer Zusammenhang zwischen der mittleren Anzahl der Ausfälle im Intervall $(0, t)$,

Abb. 6.19 Erfassung der mittleren Anzahl der Ausfälle mit anschließender Minimalinstandsetzung

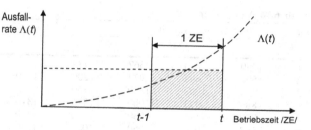

die als integrierte Ausfallrate $\Lambda(t)$ bezeichnet wird und mit den Parametern a und b der Weibull-Verteilung beschrieben werden kann. Diese Tatsache wird ausgenutzt, um auf der Grundlage einer statistischen Erfassung zur integrierten Ausfallrate die Bestimmung der Parameter vorzunehmen.

Dies kann auf der Grundlage von Expertenschätzungen erfolgen. Gegenstand der Befragung ist die mittlere Anzahl der Ausfälle für mindestens zwei Betriebszeitintervalle $(0, t)$, also gerechnet vom Zeitpunkt der Wiederinbetriebnahme nach einer vollständigen Instandsetzung $(t = 0)$ (s. Abb. 6.19).

Für die Schätzwerte i = 1, 2 ergibt sich das Gleichungssystem:

$$\Lambda_1 = \left(\frac{t_1}{a}\right)^b, \quad \Lambda_2 = \left(\frac{t_2}{a}\right)^b \tag{6.82}$$

$$\frac{\Lambda_1}{\Lambda_2} = \left(\frac{t_1}{t_2}\right)^b \tag{6.83}$$

$$b = \left(\frac{\ln \dfrac{\Lambda_1}{\Lambda_2}}{\ln \dfrac{t_1}{t_2}}\right) \tag{6.84}$$

$$a = \frac{t_1}{\sqrt[b]{\Lambda_1}} = \frac{t_2}{\sqrt[b]{\Lambda_2}} \tag{6.85}$$

Beispiel 6.7: Ermittlung der Weibull-Parameter mittels Expertenschätzung

Eine im 2-Schichtbetrieb arbeitende Werkzeugmaschine fällt innerhalb der ersten 1500 h nach einer vollständigen Instandsetzung durchschnittlich 2-mal aus. Nach weiteren 1500 h beträgt die durchschnittliche Anzahl der Ausfälle insgesamt 6.

$t_1 = 1500\,\text{h} \qquad \Lambda_1 = 1{,}5$
$t_2 = 3000\,\text{h} \qquad \Lambda_2 = 4$

Unter Verwendung von Formel (6.90) ergibt sich:

$$b = \left(\frac{\ln(0{,}333)}{\ln 0{,}5}\right) = \left(\frac{-1{,}099}{-0{,}693}\right) \approx 1{,}6 \qquad a = \frac{1500}{2^{\frac{1}{1,6}}} \approx 970\,\text{h}$$

Tab. 6.16 Ausfalldaten

k	i Nummer des Ausfalls							
	1	2	3	4	5	6	7	n_k
1	390	220	567	789				4
2	500	688	977	1200	1350	1640		6
3	380	1002	1300	1350				4
4	880	993	1000	1210	1310	1530	1680	7
5	750	1145	1230	1350	1450	1690	1720	7
6	667	970	1050	1080	1250	1495	1503	7
m_j	6	6	6	6	4	4	3	

Verwendung der integrierten Ausfallrate

Die Ausfallrate beschreibt die Ausfallneigung einer BE, die das Betriebsintervall $(0, t)$ ohne Ausfall überlebt hat, unter der Voraussetzung, dass Frühausfälle und nicht abnutzungsbedingte Ausfälle eliminiert wurden. Berücksichtigt werden abnutzungsbedingte Ausfälle. Der Term $\lambda(t)$ Δt drückt für genügend kleine $\Delta \tau$ näherungsweise die bedingte Ausfallwahrscheinlichkeit im Intervall $(t, t+\delta t)$ und die folgenden Intervalle $(t+\delta t, t+2\delta t)$ aus ($\rightarrow \lambda(t) \Delta t$). Die Gesamtzahl der Ausfälle ist näherungsweise gleich $\Sigma \lambda(t) \Delta t$ über alle Intervalle.

Als mittlere Anzahl der Ausfälle bei anschließender Minimalinstandsetzung ergibt sich dann die integrierte Ausfallrate zu (Tab. 6.16):

$$\Lambda(t) = \int_0^t \lambda(x)\Delta x = \left(\frac{t}{a}\right)^b \qquad (6.86)$$

Bedingungen:

1. Ein technisches System ist bei $t = 0$ neu eingesetzt bzw. vollständig instand gesetzt worden.
2. Im Betrachtungszeitraum treten häufig abnutzungsbedingte Ausfälle auf Grund ganz verschiedenartiger Störungsursachen (Ausfall jeweils anderer Teile) auf, ohne nennenswerte Folgeschäden.
3. Die wiederherstellende Instandsetzung beschränkt sich ausschließlich auf die Beseitigung der betreffenden Störung. Weitere Teile werden nicht einbezogen. Die Zuverlässigkeit des gesamten Objekts wird nicht oder nur unwesentlich beeinflusst und verläuft weiter so, als wenn kein Ausfall stattgefunden hätte.
4. Unter den genannten Bedingungen werden die Betriebszeiten bis zum i-ten Ausfall benötigt.

Hinweise:

1. Minimalinstandsetzung erfolgt nach allen zwischenzeitlich aufgetretenen Ausfällen. Darüber hinausgehende wiederherstellende Instandsetzung führt zum Abbruch der Messreihe.
2. Endet die Betriebszeit mit einer vorbeugenden Maßnahme, darf dieser Wert nicht verwendet werden. Die Messreihe beginnt von neuem ($\tau = 0$).
3. Es sollten viele Messreihen k vorliegen.

Tab. 6.17 Berechnung der empirischen Ausfallrate

t	1	2	3	4	5	6	7	8	9	10
	0–200	200–400	400–600	600–800	800–1000	1000–1200	1200–1400	1400–1600	1600–1800	1800–2000
a_t	0	3	2	5	4	6	8	4	4	0
m_t	6	6	6	6	6	6	4	4	3	0
λ_t	0	0.500	0.333	0.833	0.667	1.000	2.000	1.000	1.333	
Λ_t	0	0.500	0.833	1.667	2.333	3.333	5.333	6.333	7.667	8

Methodisches Vorgehen:

1. Die Messwerte t_{ik} für den i-ten Ausfall in der Messreihe k werden durch Bildung von Betriebszeitintervallen der Breite Δt ausgewertet.
2. Die Anzahl der Ausfälle $a(t)$ für jedes Zeitintervall Δt wird unter Berücksichtigung aller Messreihen in diesem Zeitintervall ermittelt.
3. Wenn beim Zeitpunkt t die Anzahl der noch nicht abgebrochenen Messreihen m_t beträgt, so erhält man die empirische Zahl λ der Ausfälle im Intervall Δt als Durchschnitt einer Messreihe durch:

$$\lambda_t = \frac{a_t}{m_t} \qquad (6.87)$$

Diese auf jeweils $\Delta t = 1$ ZE bezogene Größe entspricht der Ausfallrate $\lambda(t)$. Die kumulierte Ausfallanzahl

$$\Lambda = \sum_{j=1}^{t} \lambda_j \qquad (6.88)$$

stellt die empirische integrierte Ausfallrate für das Intervall $(0, t)$ dar. Unter Benutzung des Wahrscheinlichkeitsnetzes können die Parameter a und b für die Ermittlung der Weibull-Verteilung bestimmt werden. Grafische Bestimmung ist möglich, indem spezielles Wahrscheinlichkeitspapier verwendet wird. Analog dem Weibull-Netz legt man eine Ausgleichsgerade in die Messpunkte und verschiebt die Ausgleichsgerade parallel durch den Schnittpunkt $\Lambda = 0$ (Pol) und liest die Parameter a und b ab (s. Abb. 6.21) (Tab. 6.17).

Beispiel 6.8: Ermittlung der Ausfallrate

Quantilmethode (Expertenmethode)

Hilfsmittel sind die Überlebenswahrscheinlichkeit und Wahrscheinlichkeitsdichte (einschließlich Veranschaulichung einzelner Quantile). Geeignete Quantile sind Laufzeitwerte, die den Ausfallwahrscheinlichkeiten $p = 0,1$; $0,5$ und $0,9$ entsprechen.

$t_{0,1}$ ist die Laufzeit, die mit 10 %iger Wahrscheinlichkeit (10 % der Fälle) nicht erreicht wird, d. h. dass die Laufzeit mit einer Wahrscheinlichkeit von 90 % (mit großer Sicherheit) erreicht wird. Es handelt sich um die durchschnittliche Betriebszeit, bei der 10 von 100 gleichartigen Elementen ausgefallen sind.

$t_{0,5}$ ist die Laufzeit (Median), die mit einer Wahrscheinlichkeit von 50 % erreicht bzw. nicht erreicht wird. Eine Betriebszeit, bei der die Hälfte einer Anzahl gleichartiger Elemente ausgefallen ist, entspricht etwa der mittleren Laufzeit $ET_B(t)$.

$t_{0,9}$ ist die Laufzeit, die mit 90 %iger Wahrscheinlichkeit (10 % der Fälle) nicht erreicht wird, d. h. dass die BE mit einer Überlebenswahrscheinlichkeit von 10 % für diese Laufzeit besitzt. Es handelt sich um die durchschnittliche Betriebszeit, bei der 90 von 100 gleichartigen Elementen ausgefallen sind.

Anstelle der genannten Quantile können auch andere Quantile für die Expertenschätzungen ausgewählt werden:

Das $t_{0,05}$-Quantil ist dann die Laufzeit, die mit an Sicherheit grenzender Wahrscheinlichkeit (95 %) erreicht wird, d. h. die BE erreicht mit einer Überlebenswahrscheinlichkeit von 95 % diese Laufzeit, die auch als Mindestlaufzeit definiert werden kann.

$t_{0,95}$ ist die Laufzeit, die mit sehr hoher Wahrscheinlichkeit (95 %) nicht erreicht wird, d. h. dass die BE mit einer Überlebenswahrscheinlichkeit von 5 % diese Laufzeit erreicht, die auch als Höchstlaufzeit definiert werden kann.

$$1 - F(t_1) = p_1 = e^{-\left(\frac{t_1}{a}\right)^b} \tag{6.89}$$

$$1 - F(t_2) = p_2 = e^{-\left(\frac{t_2}{a}\right)^b} \tag{6.90}$$

p_1 und p_2 sind vorgegebene Überlebenswahrscheinlichkeiten, für die die Zeiten t_1 und t_2 geschätzt werden sollen. Durch Elimination von a ergibt sich:

$$b = \ln\left(\frac{\dfrac{\ln p_1}{\ln p_2}}{\ln \dfrac{t_1}{t_2}}\right) \tag{6.91}$$

Durch Einsetzen und Umformen ergibt sich:

$$\gamma = \frac{1}{t_1}\left(\ln \frac{1}{p_1}\right)^{\frac{1}{b}} \tag{6.92}$$

$$a = \frac{1}{\gamma}t_1\left(\ln \frac{1}{p_1}\right)^{-\frac{1}{b}} \tag{6.93}$$

Beispiel 6.9: Ermittlung der Weibull-Parameter mittels Expertenschätzung (Abb. 6.20)

$t_1 = t_{0,5} = 1900\,\text{h}$ bei $F(t_1) = 0,5$, $p_1 = 0,5$
$t_2 = t_{0,05} = 600\,\text{h}$ bei $F(t_2) = 0,05$, $p_2 = 0,95$

$$\frac{\ln p_1}{\ln p_2} = 13,5 \quad \frac{t_1}{t_2} = 3,16$$

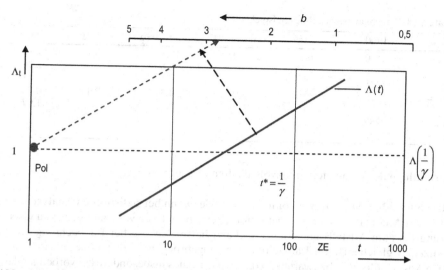

Abb. 6.20 Schematische Darstellung der Ermittlung der Weibull-Parameter a und b auf der Grundlage der integrierten Ausfallrate $\Lambda(t)$

$$b = \ln\left(\frac{\ln\frac{\ln\,0,5}{\ln\,0,95}}{\ln\frac{1900}{600}}\right) = \frac{\ln\,13,5}{\ln\,3,16} = 2,26$$

Eingesetzt in (6.92) ergibt sich:

$$a = 1900\,\mathrm{h}\left(\ln\frac{1}{0,5}\right)^{-\frac{1}{2,26}} = 2235\,\mathrm{h}$$

Beide Schätzungen können um weitere Werte ergänzt werden:
$t_3 = t_{0,95} = 4000\,\mathrm{h}$ (Laufzeit, die mit geringer Sicherheit erreicht wird)
$F(t_3) = 0,95 \quad p_3 = 0,05$

$$\frac{t_3}{t_1} = 2,1 \qquad \frac{\ln\,p_3}{\ln\,p_1} = 4,32$$

$$b = \frac{\ln\,4,32}{\ln\,2,1} \approx 2$$

Eingesetzt in (6.92) ergibt sich:

$$a = 1900\,\mathrm{h}\left(\ln\frac{1}{0,5}\right)^{-\frac{1}{2}} = 2.289\,\mathrm{h}$$

Durch Bildung des arithmetischen Mittels ergibt sich gerundet:
$a^* \approx \mathbf{2.262\,h} \quad b = \mathbf{2,1}$ (Tab. 6.18)

Tab. 6.18 Berechnungsergebnisse (Beispiel 6.9)

$t_1 =$	1900	$t_2 =$	600	$\ln p_1 / \ln p_2$	t_1/t_2	$\ln(t_1/t_2)$
$p_1 =$	0,5	$p_2 =$	0,95	13,51	3,17	1,15
				2.60		2.26
$a =$	2235					
$p_1 =$	0,5		0,05	4,32	2,11	0,74
				1,46		1,97
$a =$	2289					
$a^* =$	2262					

Ermittlung der Parameter bei unvollständigen Stichproben

Unvollständige Stichproben kommen zustande, wenn bei statistischen Analysen ein Teil der Messdaten nicht der Definition (Betriebszeit vor vollständiger Instandsetzung bis zum Ausfall) entspricht. So kann beispielsweise bei Beobachtung einer Anzahl N gleicher BE die Laufzeitmessung abgebrochen werden, ohne den erstmaligen Ausfall aller BE abzuwarten. In der Praxis ist dies insbesondere bei vorbeugender Instandhaltung der Fall, wo die Betriebszeit bei Erreichen einer ausfallfreien Zeit t unterbrochen wird und der drohende Ausfall somit rechtzeitig verhindert wurde.

1. Die entsprechenden Laufzeiten sind nicht messbar, $T_i > t$ ($i = k + 1$, $k + 2, \ldots$, N) und nur ihre Anzahl $N{-}k$ kann bestimmt werden.
2. Die relativen Häufigkeiten werden für alle $T < t$ auf der Grundlage von N bestimmt. Die Anzahl der Ausfälle ergibt sich im Intervall zu

$$f_t = \frac{k_t}{N} \qquad (6.94)$$

3. Die relative Summenhäufigkeit wird bestimmt mit:

$$F_t = \sum_{t=1}^{k} f_t \qquad (6.95)$$

und in das Wahrscheinlichkeitsnetz eingetragen.

Beispiel 6.10: Ermittlung von Kennwerten gestutzter Stichproben
Die in der Tab. 6.19 dargestellten Ausfallzeiten werden modifiziert, indem angenommen wird, dass die Betrachtungseinheit bei einer Betriebszeit von $t = 3.000\,\text{h}$ vorbeugend instand gesetzt wird. Alle Betriebszeitwerte $> 3000\,\text{h}$ werden eliminiert, wodurch sich eine rechts gestutzte Verteilung ergibt:

390, 500, 560, 590, 810,
1.180, 1.200, 1.310, 1.430, 1.560, 1.700, 1.750, 1.760, 1.910,
2000, 2.100, 2.200, 2.490, 2.550, 2.670, 2.820,
~~3.300, 3.440 3.800, 4.210~~ → 1 Wert (3000 h)

Für die Auswertung der verbleibenden unvollständigen Stichprobe T_i ($i = 1 \ldots 22$) muss diese Anzahl *willkürlicher* Unterbrechungen des Ausfallgeschehens mit erfasst

Tab. 6.19 Aufbereitung der Ausfalldaten

Klasse	Var.-breite	Abs. Häufigkeit	Rel. Häufigkeit	Sumenhäufigkeit
1	1–1000	5	0,2083	0,2080
2	1001–2000	9	0,3750	0,5830
3	2001–3000	9	0,3750	0,9580
4	3001–4000	0	0,0000	0,9580
5	4001–5000	0	0,0000	0,9580
		23	0.95833	

und zum Umfang der unvollständigen Stichprobe addiert werden, so dass $N = 22 + x$ ist. An der methodischen Bestimmung der Parameter ändert sich nichts. Bei gleicher gewählter Klassenbreite bleiben die Werte über 3000 h unberücksichtigt. Der vorbeugende Instandhaltungszeitpunkt 3000 h wird als ein „Ausfall" gewertet. Grundlage bilden 25 Daten. Die Annäherung erfolgt durch Verlängerung der Geraden.

6.2.3.7 Bestimmung der ausfallfreien Zeit t_0

Eine ausfallfreie Zeit t_0 (Parameter c) liegt offenbar vor, wenn ein Bauteil eine bestimmte Laufzeit erreicht hat, bevor eine bemerkenswerte Veränderung der Zuverlässigkeit feststellbar ist, beispielsweise ein Probekörper bei einem Ermüdungstest oder ein LKW-Getriebe[20]. Wenn die Punkte im Weibull-Netz einen rechtsgekrümmten Kurvenverlauf ergeben und der Korrelationskoeffizient der linearisierten Ausgleichsgeraden mit $r < 0,95$ folgt, dann liegt offensichtlich eine ausfallfreie Zeit vor (s. Abb. 6.21).

Zur Bestimmung des Parameters c gibt es verschiedene Methoden. Eine explizite Berechnung ist nicht möglich. Die ausfallfreie Zeit c liegt zwischen $t \geq 0$ und dem ersten Ausfall einer BE. Meist liegt c in der unmittelbaren Nähe des ersten Ausfalls.

Folgendes Verfahren zur Ermittlung der ausfallfreien Zeit bietet sich an:
Man lässt c in kleinen Schritten das Intervall zwischen $t = 0$ und dem ersten Ausfall t_{min} durchlaufen und berechnet bei jedem Schritt den Korrelationskoeffizienten der Ausgleichsgeraden. Je näher der Wert des Korrelationskoeffizienten an 1 liegt, desto genauer liegen die Punkte im Weibull-Netz auf einer Geraden. c ist dann der Wert, bei dem der Korrelationskoeffizient am höchsten ist und die Ausgleichsgerade am besten approximiert. Zunächst ist zu prüfen, ob sich im Weibull-Netz eine von einer Geraden abweichende Ausgleichskurve ergibt. Eine solche gekrümmte Ausgleichskurve deutet auf eine ausfallfreie Zeit t_0 (Parameter c) hin.

Ausfallfreie Zeiten liegen i. Allg. vor, wenn

1. vor der Zeit t_0 prinzipiell kein Ausfall auftreten kann (z. B. muss zur Beschädigung einer Bremsscheibe zuerst der Bremsbelag verschlissen sein),
2. wenn eine bestimmte Zeit von der Fertigung und Auslieferung der BE bis zum Einbau vor Ort oder der Inbetriebnahme vergangen ist,

---

[20] Vgl. Bertsche und Lechner 2004, S. 452.

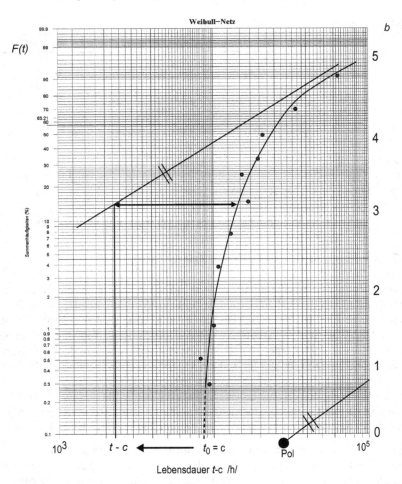

Abb. 6.21 Dreiparametrische Weibull-Verteilung $F(t)$ im Weibull-Netz mit der um c korrigierten Betriebszeit $t - c$

3. von der Entstehung und Ausbreitung eines Schadens eine bestimmte Zeit vergangen ist, z. B. müssen die Zahnräder eines Getriebes erst gewisse Oberflächenschäden aufweisen, bevor es zur Grübchenbildung und ggf. zu Funktionsausfällen kommt[21].

Eine brauchbare Schätzung für den Parameter c ist erzielbar, wenn die korrigierten Betriebszeiten $t_i' = t_{i-} = t_0$ eine Gerade im Weibull-Netz ergeben. Zunächst ist die Weibull-Gerade in eine Ausgleichskurve zu überführen. Voraussetzung ist eine Transformation der Betriebszeiten t_i. Die beste Schätzung für c erhält man, wenn

---

[21] Vgl. Czichos und Habig 1992, S. 266.

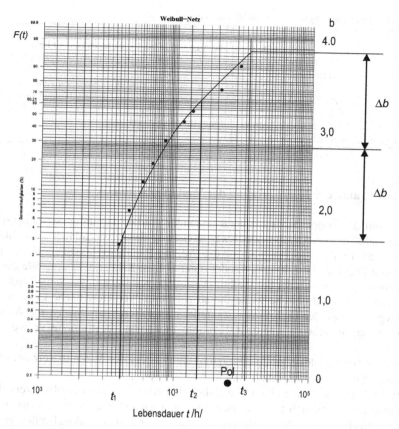

Abb. 6.22 Ermittlung der ausfallfreien Zeit t_0 nach DUBEY

durch die Wertepaare $[t_i', F(t_i')]$ eine Gerade gelegt werden kann. Die ausfallfreie Zeit t_0 ist nur iterativ bestimmbar, indem verschiedene Werte für t_0 ausprobiert werden.

Analytisch lässt sich die ausfallfreie Zeit nach dem Verfahren von DUBEY[22] lösen (Abb. 6.22). Es präferiert folgende Vorgehensweise (s. auch Kap. 6.2.3.5.5):

1. Einzeichnen einer Ausgleichskurve in das Weibull–Netz,
2. Zerlegung der Ordinate in zwei gleich große Abschnitte und Bestimmung der dazugehörigen Lebensdauern,
3. Berechnung der ausfallfreien Zeit m. H. der graphisch ermittelten Ausfallzeiten mit der nachfolgenden Formel:

$$t_0 = t_2 \frac{(t_3 - t_2)(t_2 - t_1)}{(t_3 - t_2) - (t_2 - t_1)} \qquad (6.96)$$

---

[22] Vgl. Dubey, S. D.: On some permissle estimators of the location parameter of the Weibull and certain other Distributions, Technometrics, Vol. 9, No. 2, May, p. 293–307.

Tab. 6.20 Praktische Angaben für Weibull-Parameter

$b < 1$	Frühausfälle, z. B. wegen Fertigungsfehlern
$b = 1$	Zufallsausfälle, eine konstante Ausfallrate liegt vor und es besteht kein Zusammenhang zum eigentlichen Lebensdauermerkmal (Exponential-Verteilung)
$b > 1$	Alterungs-, Ermüdungs- und/oder Verschleißausfälle mit zeitlich zunehmender Ausfallwahrscheinlichkeit; ein typisches Beispiel für Verschleißausfälle sind Bremsbeläge
$b = 2$	Linearer Anstieg der Ausfallrate (Rayleigh-Verteilung)
$b = 3{,}2 \ldots 3{,}6$	Normalverteilung

6.2.3.8 Praktische Interpretation der Weibull-Parameter

Auf Grund der in der Praxis oft vorzufindenden starken Streuung des Lebensdauermerkmales ist die Angabe des Erwartungswerts der Betriebsdauer nicht immer zielführend. Erst aus der Auswertung der Weibull-Parameter lassen sich belastbare Aussagen über das Ausfallverhalten der untersuchten BE erzielen. Anstelle des Erwartungswerts, der sich bei der Weibull-Verteilung nur mit einigen Schwierigkeiten ermitteln lässt, wird üblicherweise die so genannte charakteristische Lebensdauer a angegeben, bei der 63,2 % der Bauteile ausgefallen sind. Sie ist im Weibull-Netz als so genannte waagerechte Lotlinie erkennbar (gestrichelte waagerechte Linie).

Der Formparameter b gibt die Steigung im linearisierten Weibull-Netz an. Dabei gelten Richtwerte gemäß Tab. 6.20.

In der Praxis kommt es häufig vor, dass den Ausfalldaten eine Mischverteilung zugrunde liegt, weil sich bei einer bestimmten „*Laufzeit*" die Steigung markant ändert. Daraus lässt sich schlussfolgern, dass nach einer Zeit Δt andere Einflussgrößen auf die Lebensdauer einwirken. Diese Zeitperioden sind getrennt zu betrachten. Dabei ist es vorteilhaft, anstelle einer geschlossenen Ausgleichsgeraden die einzelnen Ausfallzeitpunkte miteinander zu verbinden.

Bevor ein Bauteil in Serie geht, sind Kenntnisse der Zuverlässigkeit dringend erforderlich. Um dies zu *erreichen, werden Dauerfestigkeitsversuche bzw. Simulationsversuche im Labor durchgeführt. Aus* Zeitgründen werden diese Bauteile meist verschärften Beanspruchungen unterzogen, meist auch aus Gründen der Sicherheit z. B. Faktor 2 . . . 3. Trägt man nun diese Lebensdauermerkmale im Weibull-Netz ein, so erscheint die Ausgleichsgerade nach links verschoben. Im Vergleich zur Prüfung mit normaler Beanspruchung fallen höher belastete Bauteile früher aus. Verlaufen diese Ausgleichsgeraden jedoch nicht parallel, sondern mit unterschiedlicher Steigung, so liegen unterschiedliche Ausfallmechanismen gegenüber der Prüfung und dem realen Einsatzfall vor. Die Prüfung ist in diesen Fällen nicht geeignet.

6.2.4 Bestimmung der Anpassungsgüte m. H. parameterfreier stastistischer Tests

6.2.4.1 Kolmogorow-Smirnow- und χ^2-Anpassungstest

Als geeignete Tests für die Bestimmung der Anpassungsgüte haben sich der χ^2-Anpassungstest (Kap. 5.2.2.3.2) und der Kolmogorow-Smirnow-Test (Kap. 5.2.2.3.3) (K-S-Test) bewährt. Der Test von Kolmogorow und Smirnow prüft die Anpassung einer beobachteten an eine theoretisch erwartete Verteilung. Dieser Test ist verteilungsunabhängig. Er entspricht dem Chi-Quadrat-Anpassungstest. Besonders beim Vorliegen kleiner Stichprobenumfänge entdeckt der K-S-Test eher Abweichungen von der Normalverteilung. Verteilungsirregularitäten können besser mit dem Chi-Quadrat-Anpassungstest nachgewiesen werden, mit dem K-S-Test eher Abweichungen in der Verteilungsform. Der Prüfer erhält die Bestätigung oder Ablehnung der Hypothese, dass eine bekannte Verteilung, beispielsweise eine Weibull-Verteilung, vorliegt.

Man bestimmt die unter der Nullhypothese erwarteten absoluten Häufigkeiten, bildet die Summenhäufigkeiten dieser Werte und die beobachteten absoluten Häufigkeiten. Danach ermittelt man die Differenzen und dividiert zur Bestimmung des Prüfquotienten die absolut größte Differenz durch den Stichprobenumfang n.

Der Prüfkoeffizient lautet:

$$\frac{\max|F_B - F_E|}{n} = \hat{D} \qquad (6.97)$$

Für relative Häufigkeiten gilt:

$$\hat{D} = \max|F_B - F_E| \qquad (6.98)$$

Dazu werden die Ausfallwahrscheinlichkeiten der empirischen Verteilung F_B und die Werte der hypothetischen Verteilung F_E benötigt:

$$F_E = 1 - e^{-\left(\frac{t}{a}\right)^b} \qquad (6.99)$$

Beispiel 6.11: Test auf Weibull-Verteilung

Als Testgröße dient die betragsmäßig größte Differenz zwischen der empirischen und der durch die Hypothese festgelegten theoretischen Verteilung. Für Stichproben $n = 1$ bis 100 gelten kritische Werte für das Signifikanzniveau α gemäß Tab. 6.21. Ein beobachteter D-Wert, der den Tabellenwert erreicht oder überschreitet, ist auf dem entsprechenden Niveau statistisch signifikant.

Für andere Werte α erhält man den Zähler der Schranke als

$$K_\alpha = \sqrt{-0{,}5 * \ln\left(\frac{\alpha}{2}\right)} \qquad (6.100)$$

z. B.: $\alpha = 0{,}1$ $\ln(0{,}10/2) = \ln 0{,}05 = -2{,}996$

Tab. 6.21 Signifikanzniveau

Signifikanzniveau α	0,20	0,15	0,10	0,05	0,01	0,005	0,001
Schranken für $\hat{D}$	$1,073/\sqrt{n}$	$1,138/\sqrt{n}$	$1,224/\sqrt{n}$	$1,358/\sqrt{n}$	$1,628/\sqrt{n}$	$1,731/\sqrt{n}$	$1,949/\sqrt{n}$

Tab. 6.22 Wertetabelle (Beispiel 6.11)

Klasse	Δt	τ	H_{abs}	H_{rel}	Summen-häufigkeit $F_{67}(z)$	Hyp. Vert.-fkt. $F_{67}(t)$	Betrag $\lvert F_{67}(z)\text{-}F_{67}(t)\rvert$
1	0–500	500	5	0,07463	0,0746	0,060586937	0,0140
2	501–1000	1000	7	0,10448	0,1791	0,221199217	0,0421
3	1001–1500	1500	9	0,13433	0,3134	0,430217175	*0.1168*
4	1501–2000	2000	14	0,20896	0,5224	0,632120559	0,1097
5	2001–2500	2500	12	0,1791	0,7015	0,790388613	0,0889
6	2501–3000	3000	9	0,13433	0,8358	0,894600775	0,0588
7	3001–3500	3500	6	0,08955	0,9254	0,953229378	0,0279
8	3501–4000	4000	2	0,02985	0,9552	0,981684361	0,0265
9	4001–4500	4500	2	0,02985	0,9851	0,993670285	0,0086
10	4501–5000	5000	1	0.01493	1,0000	0,998069546	0,0019
			67				*Max D = 0.1168*
			$b = 2$			$a = 2000$	
			$K_\alpha = 1,358$			$K_{n;a} = 0,165906105$	

Die Verteilungshypothese wird bestätigt, wenn $D < K_{n;\hat{\alpha}}$ gilt (Tab. 6.22).

Damit kann mit einer Irrtumswahrscheinlichkeit von 5 % angenommen werden, dass eine erwartete Verteilung, beispielsweise eine Weibull-Verteilung, vorliegt. Kann die Verteilungshypothese nicht angenommen werden, wird zur Planung der Ausfallmethode übergegangen.

Wenn die größte Differenz D_{max} kleiner als $K_{n,\alpha}$ ist, liegt eine Weibull-Verteilung vor:

$$D_{max} = \mathbf{0{,}117}$$

$$K_{n,0,05} = \frac{1,358}{\sqrt{n}} = 0,165$$

Bestimmung der Parameter im Weibull-Netz: $b = 2,0$ $a = 2000$
Die Verteilungshypothese wird bestätigt, weil $D < K_{n,\alpha}$

6.2.4.2 WILCOXON-Vorzeichen-Rang-Test

Der WILCOXON-Vorzeichen-Rang-Test zählt zu den nichtparametrischen statistischen Tests. Mit seiner Hilfe lässt sich anhand zweier gepaarter Stichproben die Gleichheit der zentralen Tendenzen der zugrunde liegenden (verbundenen) Grundgesamtheiten überprüfen. Der WILCOXON-Vorzeichen-Rang-Test ergänzt den Vorzeichentest, da er nicht nur die Richtung, also das Vorzeichen der Differenzen, sondern auch die Höhe der Differenzen zwischen zwei gepaarten Stichproben berücksichtigt.

Tab. 6.23 Wertetabelle
(Beispiel 6.12)

Rang	Ausfälle vor Modernisierung	Ausfälle nach Modernisierung	Differenz
1	4	1	+3
2	3	2	+1
3	2	3	−1
4	4	0	+4
5	4	0	+4
6	3	2	+1

Tab. 6.24 Rangdifferenzen

Differenz	Rang
+1	2
+1	2
−1	2
+3	4
+4	5,5
+4	5,5

Tab. 6.25 Ausgewählte Schranken der Standardnormalverteilung. (s. Sachs 1992, Tab. 6.29, S. 119)

Signifikanzniveau α	z_α, zweiseitig	z_α, zweiseitig
0,10	1,645	1,282
0,05	1,960	1,645
0,01	2,576	2,326
0,001	3,291	3,090

Beispiel 6.12: Ermittlung der Zuverlässigkeit einer Maschine

Anhand zweier Ausfalldatenreihen einer Maschine vor und nach einer Verbesserung soll ermittelt werden, ob die Maschine zuverlässiger geworden ist. Gemessen werden die Ausfälle innerhalb einer festgelegten Periode. $N = 6$ Paare von Stichproben konnten erfasst werden (Tab. 6.23).

Zunächst werden die Differenzen berechnet. Danach erfolgt die Ordnung der Differenzen nach der Größe, wobei das Vorzeichen dabei nicht berücksichtigt und jeder Differenz ein Rang zugeordnet wird. Die größte Differenz erhält dabei den höchsten Rang. Im Falle mehrerer gleichrangiger Differenzen wird jedem Wert der durchschnittliche Rang zugeordnet (Tab. 6.24).

Rangbestimmung: Die drei 1er Werte belegen die Ränge 1 bis 3. Da sie aber relativ gleichwertig sind, kann man den Mittelwert ihrer Ränge eintragen, also $(1 + 2 + 3)/3 = 2$. Für den 5. und 6. Rang ergibt sich $(5 + 6)/2 = 5,5$.

Die Rangsumme der positiven Differenzen ergibt sich zu:

$$T^+ = 2 + 2 + 4 + 5,5 + 5,5 = \mathbf{19}$$

Entweder man verfügt über eine Tabelle mit diesen T^+- und N-Werten und kann so die Wahrscheinlichkeit der Beobachtung direkt bestimmen oder man berechnet näherungsweise den normalverteilten z-Wert (Tab. 6.25):

Tab. 6.26 Messdaten (Beispiel 6.13)

Baugruppe	Maschine 1	Rang	Maschine 1	Rang	Maßstab	
					Rang	Spannweite
1	500	7	150	8	1	> 5000 h
2	1500	5	1000	6	2	bis 5000 h
3	2500	4	2000	4	3	bis 4000 h
4	5000	2	5600	1	4	bis 3000 h
5	4300	2	3500	3	5	bis 2000 h
6	3600	3	3000	4	6	bis 1000 h
7	700	6	1200	5	7	bis 500 h
8	6000	1	4800	2	8	bis 250 h

Tab. 6.27 Berechnungsergebnisse (Beispiel 6.13)

Baugruppe	1	2	3	4	5	6	7	8	Summe
Rang r_i von Maschine 1	7	5	4	2	2	3	6	1	30
Rang r_i von Maschine 2	8	6	4	1	3	4	5	2	33
$r_i - \bar{r}$	3,25	1,25	0,25	$-1,75$	$-1,75$	$-0,75$	2,25	$-2,75$	0
$s_i - \bar{s}$	3,88	1,88	$-0,13$	$-3,13$	$-1,13$	$-0,13$	0,88	$-2,13$	0
$(r_i - \bar{r})(s_i - \bar{s})$	12,59	2,34	$-0,03$	5,47	1,97	0,09	1,97	5,84	30
$(r - \bar{r})^2$	10,56	1,56	0,06	3,06	3,06	0,56	5,06	7,56	32
$(s - \bar{s})^2$	15,02	3,52	0,02	9,77	1,27	0,02	0,77	4,52	35
$r_s =$	0,91267								

$$z = \frac{T - \dfrac{n(n-1)}{4}}{\sqrt{\dfrac{n(n+1)(2n+1)}{24}}} = 3{,}1 \quad (n = \text{Anzahl der Paare}) \qquad (6.101)$$

Die 0-Hypothese der Gleichheit wird abgelehnt. Der Fehler erster Art ist < 0,0001. α gibt an, mit welcher Irrtumswahrscheinlichkeit eine Beobachtung durch zufällige Effekte zustande gekommen ist. Weitere Werte für z sind in der Standardnormalverteilungstabelle aufgelistet. Für $z = 3{,}10$ sind Beobachtungen demnach mit $\alpha < 0{,}001$ und $\alpha > 0{,}01$ signifikant. Damit haben die Ausfälle ein $\alpha < 1$ %-Signifikanzniveau. Der mittels der angegebenen Formel berechnete z-Wert ist eine Näherung und nur für einen großen Stichprobenumfang zuverlässig.

Beispiel 6.13: Ermittlung der Relevanz von Ausfalldaten gleicher Maschinen

Bei der Entwicklung komplexer Instandhaltungsstrategien für komplette Fertigungsbereiche setzt die Verwendung von Verteilungsfunktionen Grenzen, denn die Ausfälle der Maschinen überlagern sich. Mit Hilfe der Spearmans Rangkorrelation besteht die Möglichkeit, die Ausfalldaten gleicher oder ähnlicher Maschinen zu vergleichen und auf Grund der Korrelation die Ausfalldaten als relevant zu bewerten (s. Tab. 6.26). Die Ergebnisse können dann ggf. auf andere Betrachtungseinheiten übertragen werden (s. Tab. 6.27) als Voraussetzung für die Instandhaltungsplanung für Fertigungbereiche.

6.2.4.3 WILCOXON-MANN-WHITNEY-Test[23]

Der auf dem WILCOXON-Test für unabhängige Stichproben basierende Rangtest von MANN und WHITNEY (1947) ist das verteilungsunabhängige Gegenstück zum parametrischen t-Test für den Vergleich zweier Mittelwerte stetiger Verteilungen. Diese Stetigkeitsannahme kommt praktisch nie vor, da alle Messwerte gerundete Zahlen sind. Die asymptotische Effizienz des U-Tests liegt bei $100 * 3/\pi = 95$ %. Das bedeutet, dass die Anwendung dieser Tests bei 1000 Werten die gleiche Teststärke aufweist wie der t-Test bei $0,95 * 1000 = 950$ Werten, für den Fall, dass tatsächlich eine Normalverteilung vorliegt. Der U-Test wäre selbst dann vorteilhaft, wenn eine Normalverteilung wirklich vorliegt.

Voraussetzungen für den U-Test:

a. stetige Verteilungsformen
b. zwei unabhängige Zufallsstichproben von Messwerten oder zumindest von Rangdaten aus Grundgesamtheiten mit ähnlicher bis gleicher Verteilungsform

Der U-Test von WILCOXON, MANN und WHITNEY prüft die folgende Nullhypothese: Die Wahrscheinlichkeit, dass eine Beobachtung der ersten Grundgesamtheit größer ist als eine beliebige Beobachtung der zweiten Grundgesamtheit, ist gleich 0,5, d. h.:

$$H_0 : P(X_1 > X_2) = 0,5 \quad gegen \quad HA : P(X_1 > X_2) \neq 0,5 \qquad (6.102)$$

Für die Berechnung der Prüfgröße U werden weder die Parameter noch ihre Schätzwerte benötigt. Das Hypothesenpaar ist darüber hinaus ohne Parameter formulierbar:

$$H_0 : F_1(X) = F_2(X_2) \text{ für alle } X \qquad (6.103)$$

$$H_A : F_1(X) \neq F_2(X_2) \text{ für mindestens } 1X \qquad (6.104)$$

Die Schwellenwerte der Teststatistik des MANN-WHITNEY-Testes sind für kleine Stichprobengrößen tabelliert (s. Tab. 6.21).
Berechnungsformeln für den U-Test

$$U_1 = mn + \frac{m(m+1)}{2} - R_1 \quad U_2 = mn + \frac{n(n+1)}{2} - R_2 \qquad (6.105)$$

$$U_1 + U_2 = mn \qquad (6.106)$$

Die gesuchte Prüfgröße ist die kleinere der beiden Größen U_1 und U_2. Die Nullhypothese wird verworfen, wenn der berechnete U-Wert kleiner oder gleich dem kritischen Wert (Tabellenwert) ist[24].
Für größere Stichprobenumfänge ($m + n > 60$) gilt die sehr gute Approximation

$$u_{m;n;\alpha} = \frac{mn}{2} - z_\alpha \sqrt{\frac{mn(m+n+1)}{12}} \qquad (6.107)$$

---

[23]Auch MANN-WHITNEY-U-Test, U-Test, WILCOXON-Rangsummentest.
[24] Vgl. Sachs 1992, S. 383 ff., Tab. 108.

Tab. 6.28 Messreihen zum Beispiel 6.14

Messreihe 1	2768	4220	3575	6425	7163	9225	8465	5231
Messreihe 2	1130	3480	2150	8465	4466	5230	2319	2578

Tab. 6.29 Vereinfachte Darstellung der Messwerte zum Beispiel 6.14

Messreihe 1	2,7	4,2	3,5	6,4	7,1	9,2	8,4	5,2
Messreihe 2	1,1	3,4	2,1	8,4	4,5	5,2	2,3	2,3

Geeignete z-Werte für die ein- und zweiseitige Fragestellung sind Tab. 6.25 zu entnehmen. Anstatt Formel (6.107) wird im Falle, dass ein festes α nicht vorgegeben werden kann oder keine Tafeln der kritischen Werte U (m, n, α) zur Verfügung stehen und sobald die Stichprobenumfänge nicht zu gering sind ($m \geq 8$, $n \geq 8$), die Formel (6.108) verwendet.

$$\hat{z} = \frac{\left| U - \dfrac{mn}{2} \right|}{\sqrt{\dfrac{mn(m + n + 1)}{12}}} \tag{6.108}$$

Beispiel 6.14: U-Test nach MANN und WHITNEY
Gegeben sind die in Tab. 6.28 dargestellten Messreihen.

Funktionsablauf des U-Tests Die Messwerte beider Stichproben werden in eine gemeinsame Reihe gestellt und in eine auf- (oder absteigende) Reihenfolge gebracht. Arbeitsschritte sind:

1. Jeder Einzelwert erhält eine Rangzuweisung in Abhängigkeit von seiner Position, die er in der Reihe einnimmt. Der erste Rang ist 1, der nächstgrößere (oder -kleinere) 2 usw. Bei Gleichheit mehrerer Messwerte wird allen betroffenen Werten ein gemeinsamer mittlerer Rang zugewiesen (siehe Beispiel 6.14).
2. Rangsummen werden gebildet, indem die Rangwerte für alle Elemente jeder der beiden Stichproben gesondert aufsummiert werden → „2 Rangsummen".
3. Die Teststatistik für beide Rangsummen wird berechnet. Die kleinere ist ausschlaggebend (Tab. 6.30).

6.3 Instandhaltungsmodelle

6.3.1 Definition der Planungsbasis

6.3.1.1 Verschleißfunktionsmodell

Die Zielstellung von Instandhaltungsmodellen besteht in einer praxisnahen Quantifizierung der abnutzungsbedingten Verluste und der damit verbundenen Kosten. Dazu

Tab. 6.30 Beispielwerte

Messreihe 1	2	4	3,5	6	7	9	8	5								
Messreihe 2	1	3	2	8	4	5	2	2,5								

1+2 Gemeinsame Rangreihe															
Messwert	1	2	2	2	2,5	3,0	3,5	4	4	5	5	6	7	8	8	9
Rang	1	2	2	2	5	6	7	8	8	10	10	12	13	14	14	16

Summe aller Ränge der Messreihe 2	1	2	2		5			8		10				14		42
Summe aller Ränge der Messreihe 1				2		6	7	8		10	12	13		14	16	88

Teststatistik	Messreihe 1		Messreihe 2	
Anzahl der Messwerte	n= 8		m= 8	
Berechnungsformel	$u_n = n*m + \dfrac{n^2+n}{2} - Rangsumme$		$u_m = n*m + \dfrac{m^2+m}{2} - Rangsumme$	
	$u_n=$ 12,00		$u_m=$ 58	

werden zunächst alle in der Phase I (Frühausfallphase) auftretenden Funktionsausfälle aus nachvollziehbaren Gründen nicht betrachtet und nicht in das Modell mit einbezogen. Somit kann $K_V(t)$ als eine bei Null beginnende monoton wachsende Funktion betrachtet werden.

Der kritische Wert beträgt 19[25]. Da dieser Wert größer ist als 10, ist die Messreihe signifikant zum Niveau 90 %. Wenn die laufenden Kosten und Verluste mit zunehmender Abnutzung nur geringfügig steigen, ausfallbedingte Kosten und Verluste auf Grund der wirtschaftlichen Bedeutung der Betriebsmittel (hohe Kapitalintensität, hohe Auslastung) aber erheblich stärker ins Gewicht fallen, weil die Ausfallneigung zunehmende wirtschaftliche Verluste verursacht und Aussagen bezüglich der Zuverlässigkeit gewonnen werden sollen, gilt für die verursachten Kosten und Verluste folgende Zielfunktion:

$$k(t) = f[a(t)] = k_a^I + k_a^{II} => MIN! \tag{6.109}$$

Die Kosten und Verluste sind eine Funktion der jeweiligen Kostensätze für die eingesetzten Ressourcen und der Ausfallintensität $a(t)$:

$$K_V(t) = \left(k_a^I + k_a^{II}\right) a(t) = k_a \, a(t) \tag{6.110}$$

$a(t)$ mittlere Ausfallintensität (momentane Anzahl der Ausfälle/ZE)

k_a^I Kosten der Instandhaltung, bestehend aus

    a) Lohnkosten des Instandhalters (Lohnkostensatz x Zeitaufwand)
    b) Material- u. Energiekosten (Ersatzteile, Betriebsstoffe usw.)

---

[25] Vgl. Sachs 1992, S. 383.

k_a^{II} Laufende Produktionsverluste (können durch Überstunden ausgeglichen werden, sofern das möglich ist, trotzdem entstehen Stillstandsverluste insbesondere durch Wartezeiten)

Dadurch ergeben sich

a. Mehrkosten in Form von zusätzlich zu leistenden Maschinenstundenkosten, sofern die Reparatur während der Produktionszeit durchgeführt werden muss (Engpasssituation),
b. Überstundenzuschläge für das Bedienungspersonal zur Kompensation der Ausfallzeit,
c. während des Stillstandes zu zahlender Durchschnittslohn für die Maschinenbediener.

Die Ausfallintensität $a(t)$ bestimmt den Grad der wiederherstellenden Instandsetzung nach Ausfall. Grenzfälle sind:

1. Minimalinstandsetzung oder
2. vollständige Instandsetzung nach Ausfall.

1. Minimalinstandsetzung
Bei Minimalinstandsetzung stellt der Instandhalter die Funktionsfähigkeit einer ausgefallenen BE wieder her, wobei das Zuverlässigkeitsniveau des Systems durch die Instandsetzung nicht angehoben wird. Die BE hat die gleiche Zuverlässigkeit wie unmittelbar vor dem Ausfall. Bei Minimalinstandsetzung werden nur die ausgefallenen Teile ausgetauscht, wobei keine Neuteile verwendet werden bzw. die Zahl der neuen Teile im Verhältnis zur Gesamtzahl der Abnutzungsteile gering ist (s. Beichelt 1985).

Solange im Intervall $\{0, t\}$ ausschließlich Minimalinstandsetzungen erfolgen, kann die Verlustfunktion $a(t)$ durch die Ausfallrate $\lambda(t)$ beschrieben werden (Lauenstein 1993). $\lambda(t)$ beschreibt die Ausfallneigung einer BE, die das Betriebsintervall $\{0, t\}$ ohne Ausfall überlebt hat. Darunter ist die Ausfallneigung eines bei $t = 0$ neuen bzw. vollständig instand gesetzten Arbeitsmittels nach einer ausfallfreien Zeit t zu verstehen.

Frühausfälle (z. B. Konstruktionsfehler) und nichtabnutzungsbedingte Ausfälle (z. B. Bedienfehler) werden aus praktischen Gründen für die Planungsrechnung nicht berücksichtigt. Dabei ist es aber für den Anlagenbetreiber aus Kostengründen von Bedeutung, Frühausfallverhalten zu identifizieren, um den Anlagenhersteller in Regress nehmen zu können. Daher werden für die Planungsrechnung nur die abnutzungsbedingten Ausfälle berücksichtigt, um das Ergebnis nicht zu verfälschen. Im Sinne der Instandhaltung handelt es sich bei Verschleiß und abnutzungsbedingten Ausfällen um so genannte „echte" Ausfälle. Charakteristisch für eine Minimalinstandsetzung ist die Wiederherstellung der Funktionsfähigkeit nach Ausfall unter der Bedingung, dass nach jedem Ausfall nur der Zustand kurz vor dem Ausfall erreicht wird. Das heißt, dass das Zuverlässigkeitsniveau beibehalten wird. Daher gilt für das folgende Zeitintervall die analoge Wahrscheinlichkeitsaussage $\lambda(t + \Delta t) * \Delta t$. Die Gesamtzahl der Ausfälle ist näherungsweise gleich der Summe $\sum \lambda(t) \Delta t$ über alle Intervalle (Gnedenko 1991).

Im Falle der Weibull-Verteilung ergibt sich als mittlere Anzahl der Ausfälle bei anschließender Minimalinstandsetzung für $\Delta t > 0$ die integrierte Ausfallrate:

$$\Lambda(t) = \int_0^t \lambda(x)dx = \int_0^t \left(\frac{b}{a}\right)\left(\frac{t}{a}\right)^{b-1} dt = \left(\frac{t}{a}\right)^b \quad (6.111)$$

2. Vollständige Instandsetzung nach Ausfällen

Unter vollständiger Instandsetzung ist die Wiederherstellung der Gebrauchseigenschaften zu verstehen, die denen eines neuen Arbeitsmittels entsprechen. Idealtypische Strategien in der Praxis sind beispielsweise Großinstandsetzungen, Grundüberholungen, vollständige Erneuerungen sowie Austauschinstandsetzungen.

Da es sich bei vollständiger Instandsetzung theoretisch um eine vollständige Erneuerung handelt, bezeichnet man die monotone Anzahl der Ausfälle je Betriebszeiteinheit im Falle vollständiger Instandsetzung nach jedem Ausfall auch als Erneuerungsdichte. Da die Datenbasis zur Bestimmung der Erneuerungsdichte meistens sehr lückenhaft ist, kann sie nicht ohne weiteres empirisch bestimmt werden. Außerdem ist ihr funktionaler Verlauf analytisch oft nicht darstellbar.

Charakteristische Funktionen Die momentane Anzahl der Ausfälle je Betriebszeiteinheit charakterisiert die Verlustfunktion, die als stetige Funktion $a(\tau)$ die mittlere Ausfallintensität nach einer Betriebszeit t angibt. Sie wird durch zwei Funktionen beschrieben:

Die mittlere Ausfallintensität

$$a(t) = \begin{cases} \lambda(t) & \text{Ausfallrate (bei Minimalinstandsetzung nach Ausfall)} \quad (6.112) \\ \\ h(t) & \text{Erneuerungsdichte (bei vollständiger Instandsetzung} \\ & \text{nach Ausfall)} \quad\quad\quad\quad\quad\quad\quad\quad\quad (6.113) \end{cases}$$

ist für die Modellierung des Prozesses bei vorbeugender Instandhaltung von Interesse.

Zur Modellierung des vorbeugenden Instandhaltungsprozesses dienen die Integrale der Ausfallintensität im Zeitintervall von der letzten vollständigen Instandsetzung ($t = 0$) bis zur nächsten vorbeugenden Maßnahme:

$$A(t) = \int_0^t A(t)dt = \begin{cases} = \int_0^t \lambda(t)dt = \Lambda(t) & \text{Integrierte Ausfallrate} \quad (6.114) \\ \\ = \int_0^t h(t)dt = H(t) & \text{Erneuerungsfunktion} \quad\quad (6.115) \end{cases}$$

Sie geben den Erwartungswert für die Anzahl der Ausfälle im Intervall $(0, t)$ an. t ist eine Entscheidungsvariable für die Optimierung, daher müssen H und Λ als Funktion der Betriebszeit t behandelt werden. Die Ausfallrate beschreibt die Ausfallneigung einer BE, die das Betriebsintervall $(0, t)$ nicht überlebt hat. Voraussetzung ist, dass Frühausfälle und nicht abnutzungsbedingte Ausfälle eliminiert worden sind.

Der Term $\lambda(t) * \Delta t$ drückt für genügend kleine Δt näherungsweise die bedingte Ausfallwahrscheinlichkeit im Intervall $(t, t + \Delta t)$ unter der Bedingung aus, dass der Zeitpunkt t ohne Ausfall erreicht wurde. Bei einer Minimalinstandsetzung wird nach jedem Ausfall vereinbarungsgemäß der Zustand wie kurz vor dem Ausfall wieder erreicht. Es gilt für das folgende Intervall $(t + \Delta t, t + 2 \Delta t)$ die analoge Wahrscheinlichkeitsaussage $\lambda(t + \Delta t) \Delta t$. Die Gesamtzahl der Ausfälle ist dann näherungsweise $\Sigma \lambda(t) \Delta t$ über alle diese Intervalle verteilt. Als mittlere Anzahl der Ausfälle bei anschließender Minimalinstandsetzung ergibt sich für $\Delta t \rightarrow 0$ die integrierte Ausfallrate:

$$\Lambda(t) = \int\limits_{0}^{t} \lambda(x)dx = \left(\frac{t}{a}\right)^{b} \tag{6.116}$$

Die Erneuerungsfunktion wird bei vollständiger Instandsetzung der BE angesetzt. Eine analytische Berechnung ist nicht möglich. Deshalb werden folgende Überlegungen angestellt:

1. Für den i-ten Ausfallzeitpunkt T_i

$$T_i = \sum_{k=1}^{i} T_k \tag{6.117}$$

ergibt sich die Verteilung durch i-fache Faltung der Verteilungsfunktion $F(t)$.
2. Der Nullpunkt zählt nicht als Erneuerungszeitpunkt, es gilt der Sonderfall $T_0 = 0$. Damit ist:

$$P_i(t) = P\{t_i \le t \le t_{i+1}\}$$

die Wahrscheinlichkeit für genau i Ausfälle in $(0, t)$, und der Erwartungswert $\Sigma\, i * P_i(t) = H(t)$ die gesuchte Erneuerungsfunktion $H(t)$ (Gnedenko 1991[26]). Aufgrund problematischer numerischer Bestimmung gelten Grenzaussagen.
3. Für kleines t gilt die Näherung:

$$F(t) \le H(t) \le \Lambda(t) \quad \text{für } t \ge 0$$

Mit $F(t)$ wird der Erstausfall betrachtet. In $H(t)$ gehen der Erst-, Zweit- und Drittausfall usw. ein, wobei nach einem Ausfall stets eine vollständige Instandsetzung durchgeführt wird, d. h. die BE ist nach Instandsetzung wie neu. $\Lambda(t)$ erfasst den Erst-, Zweit- und Drittausfall usw., wobei nach Ausfall jeweils Minimalinstandsetzung erfolgt.

---

[26] Vgl. Cox 1965, Haigh 2002, Kozniewska 1969.

Für großes t gelten die folgenden vier Aussagen:

1. Das *elementare Erneuerungstheorem*

$$\lim_{t \to \infty} = \frac{H(t)}{t} = \frac{1}{\mu} \qquad (6.118)$$

gilt für beliebige Verteilungsfunktionen $F(t)$. Es besagt, dass die mittlere Anzahl der Ausfälle je Zeiteinheit im Intervall $(0, t)$ für $t \to \infty$ gegen den reziproken Wert der mittleren Betriebszeit μ. geht (s. Abb. 6.26). Geht $t \to \infty$, steigt n.[27]

2. Das *Theorem von Blackwell*[28]

$$\lim_{t \to \infty} = \frac{H(t + \Delta t) - H(t)}{\Delta t} = \frac{1}{\mu} \qquad (6.119)$$

gilt für stetige Verteilungsfunktionen. Es besagt, dass die Anzahl der Ausfälle je Zeiteinheit im Intervall $(t, t + \Delta t)$ (Steigung von $H(t)$) für t gegen unendlich ebenfalls gegen $1/\mu$ geht.

3. Mit der *Asymptotenaussage*

$$\lim_{t \to \infty} \approx \frac{1}{\mu} + \frac{v^2 - 1}{2} = y(t) \qquad (6.120)$$

wird der Verlauf von $H(t)$ für große t in Abhängigkeit vom Variationskoeffizienten v präzisiert.

6.3.1.2 Bestimmung der Kostenparameter

Stillstandszeit bestimmende Faktoren

Die Stillstandzeit t_{St} ist von folgenden Faktoren abhängig:

1. Instandhaltungsmethode
Bei gleichem oder vergleichbarem Umfang der Instandhaltungsmaßnahme ist davon auszugehen, dass geplante Maßnahmen geringeren Zeitaufwand beanspruchen als wiederherstellende Maßnahmen nach plötzlichem Ausfall, weil der Ablauf rechtzeitig und gründlich vorbereitet und materiell abgesichert ist. Daher gilt grundsätzlich $t_p < t_{a,v}$.
Die Durchführung einer geplanten Maßnahme erfordert wegen des Wegfalls möglicher Wartezeiten auf Instandhaltung (Wegezeit, alle Instandhalter sind im Einsatz, Informationsfluss und Ersatzteilbereitstellung stagnieren) und der bei Ausfall notwendigen mehr oder weniger zeitintensiven Vorbereitungs- und Fehlersuchzeiten weniger Stillstandszeit als eine Maßnahme bei plötzlichem Ausfall.

---

[27] Nach dem Gesetz der großen Zahlen strebt das arithmetische Mittel mit wachsendem n (n unabhängige Zufallsvariablen mit derselben Verteilungsfunktion) und dem endlichen Mittelwert $\bar{X}$ gegen μ, und zwar fast sicher, d. h. mit der Wahrscheinlichkeit 1 (Sachs 1991, S. 129).

[28] Vgl. Blackwell, D.: „*A renewal theorem*" (in „Duke Mathematical Journal" 15, No. 1, S. 145–150, 1948.

Bei Anwendung der Präventivmethode ist der Umfang an Instandhaltungsaufwand bekannt. Dabei wird grundsätzlich von einer vollständigen Instandsetzung ausgegangen, weil bei Präventivmaßnahmen Minimalinstandsetzungen der Philosophie der vorbeugenden Instandhaltung widersprechen würden.

2. Instandsetzungsort
Bei der Durchführung der Instandhaltung gibt es zwei grundlegende Möglichkeiten: Die Vor-Ort-Instandsetzung und die Werkstattinstandsetzung. Vor-Ort-Instandsetzung ist zeitlich gesehen günstiger als Werkstattinstandsetzung, weil sich die Stillstandszeit auf den Ein- und Ausbau der betreffenden BE beschränkt. Demontage, Montage und Transportarbeiten entfallen. Meist werden vor Ort komplette Baugruppen gewechselt und durch Reserveaggregate ersetzt, sofern sie zur Verfügung stehen und der Aggregatetausch vor Ort durchgeführt werden kann. Die eigentliche Instandsetzung verursacht keine Stillstandzeiten, wenn die Maßnahme außerhalb der produktiven Zeit durchgeführt wird. Die Aufarbeitung der ausgefallenen BE erfolgt dann in einer Werkstatt. Die aufgearbeiteten Bauteile werden auf Lager gelegt.

3. Instandhaltungsumfang
Eine Minimalinstandsetzung verursacht meist weniger Zeitaufwand als eine vollständige Instandsetzung. Daher gilt $t_{a,\,M} < t_{a,\,V}$. Wird beispielsweise eine Reifenschaden eines Autoreifens behoben, indem man das Loch mit einem Hilfsmittel flickt, spricht man von einer Minimalinstandsetzung. Der noch zur Verfügung stehende Abnutzungsvorrat des Reifens wird von der Alterung und der vorhandenen Profiltiefe des Reifens begrenzt. Wird der gesamte Reifen gewechselt, handelt es sich um eine teilweise Erneuerung. Werden Reifen und Ventil gewechselt, so handelt es sich um eine vollständige Erneuerung des Reifens und um eine teilweise Erneuerung des Rades, weil noch die alte Felge verwendet wird. Bei einem Radwechsel liegt eine vollständige Erneuerung des Rades vor.

4. Von der Art der geplanten Maßnahme
Als geplante Maßnahme kommt neben der vollständigen Instandsetzung auch eine periodisch durchgeführte Inspektion mit möglicherweise unmittelbar anschließender oder einer zu einem späteren Zeitpunkt durchzuführenden Instandsetzung zur Anwendung. Ergebnis der Inspektion ist eine Bewertung des Zustandes (Diagnose) und eine Prognose hinsichtlich der wahrscheinlich verbleibenden Restnutzungsdauer (Restnutzungsdauerprognose).

Die Inspektionsmethode kann

a. bei Stillstand oder

b. bei laufender Maschine

vorgenommen werden und ist abhängig von der eingesetzten Inspektionsstrategie.

Die Instandsetzung erfolgt in *Abhängigkeit vom Befund*, der den vorgefundenen Zustand der BE beschreibt. Bei der befundabhängigen Instandhaltungsmethode ist eine Verifizierung des Umfangs nicht von vornherein möglich. Eine Qualifizierung der Maßnahme als Minimalinstandsetzung oder vollständige Instandsetzung kann erst nach einer wirkungsvollen Inspektionsmaßnahme erfolgen. Erst die Höhe des im Rahmen der Befundung festgestellten noch vorhandenen Abnutzungsvorrates und des tatsächlichen Schadensausmaßes bestimmen die Entscheidung über den Umfang der Instandhaltungsmaßnahme, wobei die äußeren Bedingungen zu berücksichtigen sind. Der Vorteil der Methode besteht darin, dass man sich der Abnutzungsgrenze nähert. Dadurch kann der Abnutzungsvorrat optimal ausgenutzt werden. Falls die Diagnose bei Stillstand der BE erfolgt, ist die Stillstandszeit t_{St} gesondert zu bestimmen. Anstelle der gesamten Reparaturdauer t_R, die naturgemäß geringer ist als bei einer vollständigen Instandsetzung, ist für Modelle zur Bestimmung des optimalen Inspektionsintervalls neben t_d der Zeitaufwand t_b für die befundabhängige Instandsetzung einzelner BE von Interesse.

Ermittlung der Stillstandszeit einzelner Instandhaltungsmaßnahmen

Zeitstruktur

Instandhaltungsbedingte Stillstandszeiten ergeben sich:

a. bei einem abnutzungsbedingten Ausfall, der eine wiederherstellende Instandsetzung oder eine Minimalinstandsetzung zur Folge hat,
b. bei einer Außerbetriebnahme (Stillsetzung) einer Maschine oder Anlage zur Durchführung einer vorbeugenden Instandhaltungsmaßnahme,
c. bei einer Außerbetriebnahme (Stillsetzung) einer Maschine oder Anlage zur Durchführung einer befundabhängigen Instandhaltungsmaßnahme,
d. bei einer Außerbetriebnahme (Stillsetzung) einer Maschine oder Anlage zur Durchführung von Wartungs- und Pflegemaßnahmen.

Alle anderen organisatorisch bedingten Stillstandzeiten, (Störungen im technologischen Ablauf, Bedienungsfehler, Gewalteinwirkung, Überlastung usw.) erfordern keinen Instandsetzungsaufwand. Sie beeinflussen produktive Zeit (organisatorische Verfügbarkeit) und müssen bei der Kapazitätsplanung berücksichtigt werden, gehen aber nicht explizit in die Modellparameter ein.

Abbildung 6.23 zeigt einen abfallenden Leistungsverlauf einer Anlage zum Zeitpunkt t_1, z. B. Abfall des Hydraulikdrucks einer Spritzgießmaschine oder eines Extruders, infolge von Verschmutzung und Leckverlusten durch defekte Dichtungen. Ergebnis ist eine Ansteuerungsverzögerung der Ventile und damit ein Leistungsabfall (s. Niemann 2002). Der Leistungsabfall ist ein Grund, die Instandhaltung zu aktivieren, die Anlage rechtzeitig herunterzufahren und anzuhalten, da bei laufender Maschine infolge der zu hohen Temperaturen die Reparatur nicht durchgeführt werden kann.

Das Abfahren der Anlage ist mit der Abkühlung und Reinigung der Plastifiziereinheit verbunden (t_{WVl}). Ist die Maßnahme geplant (Präventivmethode), kann nach erfolgter Abkühlung ohne Verzögerung mit der Reparatur der defekten Hydraulikeinheit begonnen werden, sofern die Ersatzteile zur Verfügung stehen, wovon bei einer geplanten Maßnahme i. d. R. auszugehen ist. Nach erfolgter Reparatur wird die

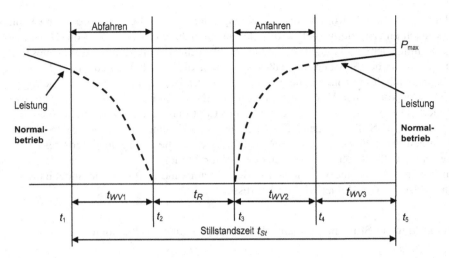

Abb. 6.23 Darstellung der instandhaltungsbedingten Stillstandzeiten, dargestellt am Beispiel einer Spritzgießmaschine

Maschine angefahren und auf Betriebstemperatur gebracht (t_{WV2}). Danach werden Probespritzungen vorgenommen und die Qualität bewertet (t_{WV3}). Ist das Ergebnis zufriedenstellend, erfolgt die Abnahme der Maschine durch den Betreiber. Danach wird die Produktion wieder aufgenommen.

Für den Fall einer nicht geplanten Reparatur ergeben sich zwangsläufig Wartezeiten, da

1. ggf. alle Instandhalter bereits im Einsatz sind,
2. die Maßnahme noch vorbereitet werden muss (Herstellerdokumentationen, Wartungs- und Bedienvorschriften usw. sind zu studieren, ggf. sind Unfallstatistiken auszuwerten),
3. außerdem ist eine Fehlersuche erforderlich und
4. sofern Ersatzteile nicht sofort zur Verfügung stehen, müssen diese bestellt werden und die Maschine steht bis zu ihrem Eintreffen.

$$t_{st} = t_R + t_{WR} + t_{WV} \qquad (6.121)$$

Die Stillstandzeit setzt sich aus den folgenden Komponenten zusammen (Abb. 6.24):

t_R Reparaturzeit (Vorbereitungs-, Wege-, Fehlersuch-, Montage-, Demontagezeit, Funktionsprüfung einschließlich aller damit verbundenen Wartezeiten):
Im Falle geplanter Instandhaltung verringert sich die auf die Stillstandzeit anzurechnende Reparaturzeit, weil sich Vorbereitungs-, Wege- und Fehlersuche nicht auf die Stillstandzeit auswirken. Die Instandhalter sind auf die Instandhaltungsmaßnahme vorbereitet, Wege- und Fehlersuchzeiten gehen nicht zu Lasten der Stillstandzeit der BE.

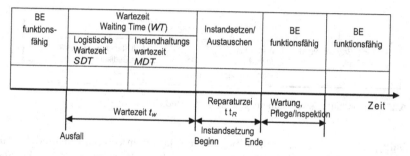

Abb. 6.24 Struktur des zeitlichen Ereignisverlaufs der Instandhaltung

t_{WR} Wartezeit:

    a. *Logistische Wartezeit (Supply Delay Time SDT)*: Beinhaltet das Warten auf Ersatzteile, administrative und verwaltungsbedingte Durchlaufzeiten, Herstellungszeiten, Beschaffungs- und Transportzeiten. Das Niveau des Ersatzteilemanagements einschließlich der Ersatzteilebevorratung und -organisation beeinflusst die Höhe dieses Anteils an der Wartezeit. Sofern Ersatzteile verfügbar sind, reduziert sich dieser Zeitanteil auf den Anteil der Transportzeit vom Ersatzteilelager zum Einsatzort. Die logistische Wartezeit ist im Falle geplanter Instandhaltung Null.

    b. *Instandhaltungswartezeit (Maintenance Delay Time MDT)*: Es handelt um einen Zeitanteil, der sich durch das Warten auf Instandhaltung ergibt, weil die Instandhaltungswerkstatt auf die Reparatur nicht vorbereitet ist und möglicherweise alle Instandhalter im Einsatz sind. Außerdem sind im Falle zentraler Organisation vom Instandhalter räumliche Entfernungen zu überwinden. Die Instandhaltungswartezeit ist vom Ort der Instandhaltung, von der räumlichen Entfernung und von den personellen Ressourcen abhängig. Bei geplanter Instandhaltung ist dieser Zeitanteil Null.

t_{WV} unproduktive Zeit:

Diese Zeit ergibt sich, wenn eine Anlage außer Betrieb oder wieder in Betrieb genommen wird. Dazu zählen beispielsweise Abfahren, Leerfahren, Abkühlen, Zugänglichkeit herstellen usw. auch wenn nach erfolgter Instandsetzung die Anlage abgenommen und ein Probebetrieb durchgeführt oder die Betriebsbereitschaft bis zur Inbetriebnahme wieder hergestellt wird, z. B. durch Temperieren von Werkzeugen beim Spritzgießen von speziellen Kunststoffen.

Abbildung 6.24 zeigt beispielhaft die Struktur des zeitlichen Ereignisverlaufs bei einem Ausfall. Bestimmte Zeitanteile sind bei geplanter Instandhaltung sind vermeidbar, so z. B. die logistische Wartezeit sowie die Wege- und Fehlersuchzeit. Die Instandsetzungsdauer wäre dann nahezu identisch mit der Stillstandzeit der Maschine.

Ermittlung der Stillstandszeit

Eine wesentliche Komponente der Stillstandszeit ist die Wartezeit. Insbesondere die personellen Ressourcen, deren logistische Einsatzplanung und die Organisationsform der Instandhaltung bestimmen die instandhaltungsbedingten Wartezeiten

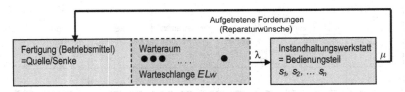

Abb. 6.25 Instandhaltungswerkstatt als geschlossenes Bedienungsmodell

nachhaltig. Um die Wartezeiten zu bestimmen, kommen Simulationsmodelle zum Einsatz, aber auch analytische Modelle eignen sich zur Beschreibung der Vorgänge in der Instandhaltung (Strunz 1990).

Die analytische Bestimmung der Wartezeit auf Instandhaltung ist mathematisch anspruchsvoll und aufwändig. Dazu ist es erforderlich, die Instandhaltungswerkstatt als geschlossenes Bedienungsmodell der Form [M/M/s/n][29] zu beschreiben (s. Abb. 6.25). Die Fertigungsstrukturen sind die Quelle der Forderungen nach Instandhaltung. Diese Forderungen nach Instandhaltung bilden einen Forderungsstrom mit der Intensität λ. Die Instandhaltungswerkstatt stellt mit ihrem Instandhaltungspersonal den Bedienungsteil des Systems dar.

Die Ergebnisse, die sich mit diesem Modellansatz erzielen lassen, sind trotz der hohen komplexitätsreduzierenden Eigenschaften des Modellcharakters in hohem Maße praxisrelevant (s. Strunz 2005).

Charakteristische Kenngrößen des Bedienungsmodells sind:

Generations- bzw. Ankunftsrate:

$$\lambda = \frac{1}{Et_A} \tag{6.122}$$

Et_A = mittlerer Ankunftsabstand der Forderungen (stetige Zufallsgröße)

Bedienrate:

$$\mu = \frac{1}{Et_B} \tag{6.123}$$

Et_B = mittlere Bedienzeit der Forderungen (Reparaturdauer, stetige Zufallsgröße)
Eine wichtige Leistungskenngröße ist der Beschäftigungskoeffizient:

$$\alpha = \frac{\lambda}{(\mu + \lambda)} \tag{6.124}$$

Die Wartezeit ist eine Funktion der Warteschlangenlänge.

---

[29] Kendall-Notation: Grundlage bilden die Arbeiten des englischen Mathematikers D. G. KENDALL, der ein Verfahren zur Klassifizierung von Wartesystemen definierte, dessen Charakteristik die Verwendung einer bestimmten Folge von Buchstaben und Ziffern- getrennt durch Schrägstriche – festlegt.

Diese wiederum ist abhängig:

1. vom Ausfallverhalten der BE,
2. von der Zahl der BE,
3. von der Zahl der Instandhalter.

Die Anzahl der instandhaltungsseitig zu betreuenden BE, deren Ausfallverhalten und die Zahl der Instandhalter s bestimmen die Warteschlangenlänge und damit die Wartezeit nachhaltig.

Warteschlangenlänge (Anzahl der wartenden BE) ergibt sich zu (Strunz 1990)

$$ EL_W = \sum_{i=s+1}^{n} (i-s)p_i \qquad (6.125) $$

Mittlere Wartezeit einer Forderung (in der Warteschlange) auf Reparatur ist dann

$$ ET_W = EL_W/\lambda \qquad (6.126) $$

explizit

$$ EL_W = \frac{\sum_{i=s+1}^{n} (i-s)p_i}{\lambda} \qquad (6.127) $$

Ist die Warteschlangenlänge bekannt, kann die Wartezeit ermittelt werden. Je höher der Personaleinsatz in der Instandhaltung, desto geringer wird die Wartezeit, wodurch die Verfügbarkeit der Instandhaltungsobjekte steigt. Die Anzahl der Instandhalter ist gemäß dieser Zielfunktion für eine bestimmte geforderte Verfügbarkeit zu optimieren.

Die Anzahl wartender Objekte bzw. die maximal zulässige Wartezeit einer Forderung (in der Warteschlange) auf Reparatur beträgt dann:

$$ EL_W(s) = \sum_{i=s+1}^{n} (i-s)p_i \Rightarrow L_{WZul} \qquad (6.128) $$

$$ ET_W(s) = \frac{EL_W}{\lambda} \Rightarrow T_{WZul} \qquad (6.129) $$

Die Formel (6.185) zeigt, dass die Warteschlangenlänge von der Zahl der Instandhalter und von der Forderungsintensität bestimmt wird, die wiederum eine Funktion der Zuverlässigkeit und der Anzahl der zu betreuenden Instandhaltungsobjekte ist.

6.3.2 Ermittlung der Instandhaltungskosten

6.3.2.1 Grundsätzliches Vorgehen

Die Kostenparameter k werden aus dem Umfang U der Instandhaltungsmaßnahmen unter Berücksichtigung der betrieblichen Kapazitätsstruktur abgeleitet. Dabei stehen Engpassmaschinen im Vordergrund der Betrachtungen:

1. Für BE mit ausreichenden Kapazitätsreserven (Nicht-Engpass-Maschinen) werden nur die „reinen" Instandhaltungskosten k^I bestimmt. Einfluss auf diese Kosten haben lediglich die Zeiten t_R und t_{WR}.
2. Für BE, die einen Engpass darstellen, müssen die Stillstandverluste k^{II} ermittelt werden. Diese treten als direkte Stillstandsverluste proportional zur Stillstandszeit t oder als fortgerechnete Stillstandsverluste in Erscheinung.
3. Im allgemeinen Fall (weder Engpass noch Nicht-Engpass) werden die beide Bestandteile k^I und k^{II} erfasst.

Symbole für die Aufwendungen und Kostenparameter verschiedener Instandhaltungsmaßnahmen sind der Übersicht in Abb. 6.26 zu entnehmen.

6.3.2.2 Kostenstruktur der Instandhaltung

Die Instandhaltungskosten setzen sich aus den direkten Kosten k^I und den indirekten Kosten (Verluste k^{II}) zusammen:

$$k_{Inst} = k_{dir} + k_V = k^I + k^{II} \qquad (6.130)$$

Direkte Instandhaltungskosten:

$$k^I = k_e^I + k_f^I + k_z^I \qquad (6.131)$$

k_e^I Kosten für eigene Instandhaltung, sie beinhaltet

- Lohnkosten für Instandhaltungspersonal (einschl. Lohnzuschläge) und anteilige Gemeinkosten des Bereichs Instandhaltung,
- Kosten der Arbeitsmittelnutzung (Abschreibungen, Zinsen, laufende Kosten für Maschinen, Transportmittel und Werkzeuge), Basis bilden die Stundenverrechnungssätze,
- Material- und Ersatzteilkosten für die betreffende Maßnahme,
- Kosten für die Beschaffung und Lagerung der Ersatzteile und Reserveaggregate (Kapitalbindung).

k_f^I Kosten für fremde Instandhaltungsleistungen (Finanzierung fremd in Anspruch genommene Instandhaltungsleistungen → Rechnungsbeträge):

- Bereitstellung von Spezialisten und Spezialgeräten (Montage, Fehlersuche, Überprüfungen, usw.),
- die unmittelbare Teilnahme an der IH vor Ort,
- die Durchführung der IH im fremden Betrieb (bei zentralisierter Instandhaltung).

k_z^I Zusätzliche Kosten und Verluste treten durch das Abstellen der Maschine (Abkühlen, Reinigen, Entleeren, Transport usw.), die Freigabe für die Instandhaltung (Absicherung, Gerüstbau) und die Wiederinbetriebnahme über die laufenden Produktionskosten hinaus im Bereich der Produktion zusätzlich auf:

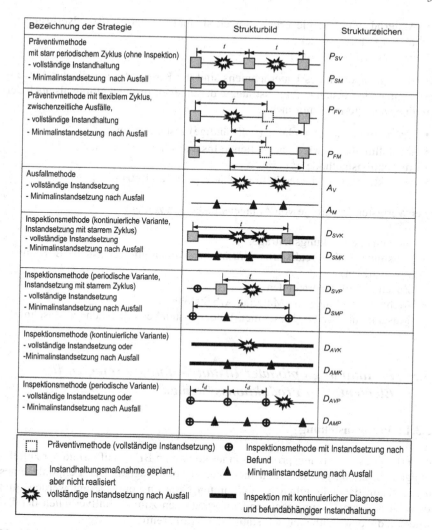

Abb. 6.26 Strukturtypen von Instandhaltungsstrategien für eine einzelne BE. (Beckmann und Marx 1987, S. 88, Vgl. Lauenstein et al. 1993, S. 150)

* Material- und Energieverluste soweit sie nicht in den Stillstandverlusten k^{II} berücksichtigt werden,
* zusätzliche Lohnkosten.

Je nach Vergabepolitik des Unternehmens sind die Kosten der jeweils zur Anwendung kommenden Instandhaltungsstrategie der eigenen Instandhaltung als auch der Fremdinstandhaltung zuzuordnen:

* Präventivmethode: geplante (vollständige) Instandsetzung k_p^I
* Ausfallmethode (wiederherstellende Instandsetzung nach Ausfall) k_a^I
* Inspektionsmethode k_d^I
* Inspektionsmethode und befundabhängige Instandsetzung k_b^I

Zu den Verlusten k^{II} infolge von Anlagenstillständen zählen:

* entgangene Deckungsbeiträge,
* sonstige aus nicht realisierten Umsätzen resultierende Verluste (z. B. Konventionalstrafen),
* Zuschläge für Überstunden,
* Mehraufwendungen an Material, Arbeitslohn,
* Maschinenkapazität (Maschinenstundenkosten bei stillstehender Maschine).

6.3.3 Bestimmung optimaler Instandhaltungsstrategien für Elemente von Produktionssystemen

6.3.3.1 Problemstellung

Der Verlauf des Abnutzungsprozesses einer konkreten BE ist auf Grund der zufallsbedingten Streuung grundsätzlich nicht genau vorhersagbar. Der Zeitpunkt eines Ausfalls kann daher lediglich in bestimmten Grenzen vorausgesagt werden, und dies auch nur dann, wenn genügend Informationen zum Ausfallverhalten der BE vorliegen, die eine mathematisch-statistische Aufbereitung zulassen.

Wiederherstellende Instandsetzung nach Ausfall ist ebenso zufallsbeeinflusst und nur in Grenzen planbar, weil Ausfälle zu nicht genau vorhersehbaren Zeitpunkten auftreten und der Umfang der Instandsetzung nach dem festgestellten Ausmaß des Schadens festgelegt wird.

Aus dem geringen Wiederholungsgrad gleichartiger Instandhaltungsaufgaben resultieren außerdem eine relativ niedrige Arbeitsproduktivität in der Instandhaltung und eine das Niveau des Produktionshauptprozesses nicht erreichbare technologische Durchdringung. Beide Aspekte geben immer wieder Anlass zu nicht unberechtigter Kritik aus den kaufmännischen Bereichen. Daher ist das Bemühen um eine Steigerung der Wirtschaftlichkeit eine vordringliche Aufgabe des Instandhaltungsmanagements.

Maßnahmen zur Steigerung der Wirtschaftlichkeit sind:

1. Eine vermehrte Standardisierung des Instandhaltungsumfangs (Extremfall: generell Austauschinstandsetzung)
2. Die Steigerung des Planungsgrades, also bessere zeitliche Planung mit vorbeugender Instandhaltung in festgelegten Intervallen
3. Der verstärkte Einsatz der technischen Diagnostik zur besseren Bewertung des Abnutzungszustandes und Ausnutzung des Abnutzungsvorrates (zustandsabhängige Instandhaltung)
4. Die Einrichtung spezialisierter Zentralwerkstätten oder Akquisition selbständiger Serviceunternehmen zur Anpassung an die im Produktionshauptprozess erreichten größeren Maßstäbe und der damit verbundenen größeren technologischen Disziplin
5. Die Durchsetzung von TPM zur Entlastung der Instandhaltung von vielen Routinearbeiten (Hartmann 1992).

Entsprechend der definierten Begriffe schließt die vorbeugende Instandhaltung die Wartung und Pflege mit ein. Ziel ist die Bestimmung kostenoptimaler Instandhaltungsintervalle unter der Randbedingung, dass alle Anforderungen an die Wartung und Pflege ordnungsgemäß erfüllt werden.

Vorteile der geplanten Instandhaltung sind:

- Steigerung des Planungsgrades und damit die Möglichkeit zur genaueren Planung der Ressourcen (Verringerung der Verschwendung),
- effizientere Nutzung der personellen, finanziellen und materiellen Ressourcen,
- Reduzierung des Behinderungsgrades durch die Möglichkeit der Abstimmung der Instandhaltungstermine mit dem Produktionsregime.

Nachteile:

- Abnutzungsvorrat wird verschenkt,
- noch funktionsfähige Teile werden u. U. mit instand gesetzt oder ausgetauscht,
- die Anforderungen an die Ersatzteileversorgung steigen.

Diese Nachteile müssen unter Wettbewerbsbedingungen mit einer Steigerung des Outputs überkompensiert werden. Das erreicht man vor allem mit einem zügigen, präventiven Tausch mehrerer Elemente einer BE (Maschinen- oder Anlagensystem) innerhalb eines Instandsetzungsintervalls. Darüber hinaus werden Folgeschäden und ggf. gesundheitliche Schäden (sofern eine Gefährdung besteht) verhindert, was zur Entlastung der Instandhaltung und Kostensenkung beiträgt. Dabei geht es immer um den günstigen Kompromiss zwischen präventiven und korrektiven Maßnahmen. Der vorbeugenden Instandhaltung sind kostenmäßig Grenzen gesetzt, denn sie schränkt Ausfälle zwar ein, vermeidet sie aber nicht völlig. Die Nutzung traditioneller und moderner Methoden der technischen Diagnostik bildet einen günstigen Übergang zur vorbeugenden zustandsabhängigen Instandhaltung, indem man Instandsetzungsumfänge und -termine prinzipiell in Abhängigkeit vom konkreten Abnutzungszustand festlegt. Es handelt sich dabei allerdings immer um eine Risikoentscheidung, weil die Bewertung des Abnutzungszustandes Zustandswissen und Erfahrungen voraussetzt, denn das Ergebnis soll immer eine möglichst genaue Prognose sein, die nicht oder nur in geringem Maße risikobehaftet ist.

Aussagen zu Ausfallzeitpunkten beziehen sich entweder auf Mittelwerte (in diesem Fall sind die Streumaße in die Betrachtung einzubeziehen) oder es werden Planungsdaten in Abhängigkeit von der geforderten Überlebenswahrscheinlichkeit verwendet.

Somit ist eine wiederherstellende Instandsetzung nach Ausfall nur in Grenzen planbar, denn Ausfälle treten zu nicht genau vorhersehbaren Zeitpunkten auf (Mittelwert und Streuung). Der Instandhaltungsaufwand richtet sich jeweils nach dem festgestellten Abnutzungszustand und nach den zur Verfügung stehenden Instandhaltungsressourcen.

Aus dem geringen Wiederholungsgrad gleichartiger Instandhaltungsaufgaben resultieren eine verhältnismäßig geringe Auslastung der eingesetzten Ressourcen und eine das Niveau von Fertigungsprozessen erreichende technologische Durchdringung der Instandhaltungsprozesse. Ziele der Instandhaltung sind daher Steigerung ihrer Effizienz und die Erhöhung ihrer Planungsqualität.

Die vorbeugende Instandhaltung schließt neben der vorbeugenden Instandsetzung und der Inspektion auch die Wartung und Pflege ein. Bei der Ermittlung optimaler Wartungs- und Inspektionsintervalle wird dabei unterstellt, dass die festgelegten Wartungs- und Pflegearbeiten ordnungsgemäß erledigt werden.

Auf Grund des höheren Planungsgrades der vorbeugenden Instandhaltung lassen sich Instandhaltungsmaßnahmen zeitlich und umfangsmäßig materiell und finanziell wesentlich besser absichern. Außerdem sind Instandhaltungs- und Produktionsziele genauer aufeinander abstimmbar. Allerdings ist festzustellen, dass sich die Instandhaltung durch den präventiven Teiletausch die erforderliche Verfügbarkeit der BE teuer erkauft, indem auf noch vorhandene Lebenszeit ggf. verzichtet wird. Diesen Nachteil muss das Management in Kauf nehmen, um die geforderte technische Verfügbarkeit der Arbeitsmittel zu sichern. Dabei geht es um eine zügige, möglichst gleichzeitige prophylaktische Instandsetzung mehrerer Elemente des Systems, um die Anlagen- bzw. Maschinenstillstandszeit so gering wie nur möglich zu halten. Trotzdem ist zur Kenntnis zu nehmen, dass eine prophylaktische Instandsetzung Folgeschäden verhindert und damit auch eine Entlastung für die Instandhaltung darstellt. Die Verhinderung bzw. die Reduzierung von Produktionsverlusten ist der Nutzen, den die präventive Instandhaltung stiftet.

Grundsätzlich geht es immer um einen optimalen Kompromiss zwischen präventiven und korrektiven bzw. wiederherstellenden Maßnahmen, denn zusätzliche Kosten setzen der vorbeugenden Instandhaltung finanzielle Grenzen. Sie schränkt zwar Ausfälle ein, kann sie aber nie vollständig vermeiden. Diesen Kompromiss kann man bei Nutzung traditioneller sowie moderner Methoden der Diagnostik durch den Übergang von der präventiven zur zustandsabhängigen Instandhaltung optimieren, indem man Instandsetzungsumfänge und -termine prinzipiell in Abhängigkeit vom festgestellten Abnutzungsgrad (zustandsabhängig) festlegt. Im Vordergrund steht in diesem Zusammenhang ist Entwicklung einer (kosten-)optimalen Instandhaltungsstrategie (s. Abb. 6.26).

6.3.3.2 Grundstrategien

Relevante grundlegende Strategietypen sind

1. starr periodische Instandsetzungsstrategien

    a. vorbeugende vollständige Instandsetzung nach einer Betriebszeit t seit der letzten vorbeugenden Instandsetzung (feste Termine)

    b. Minimalinstandsetzung oder vollständige Erneuerung nach Ausfall

2. Inspektionsstrategien

    a. Inspektion bzw. vorbeugende Diagnose und diagnosebefundabhängige Instandsetzungen (periodische oder kontinuierliche Durchführung)

    b. präventive vollständige Instandsetzungen nach einer Betriebszeit t_p seit der letzten präventiven vollständigen Instandsetzung (also zu festen Terminen, aber ggf. mit Umfängen, die vom Befund einer tiefgründigen Inspektion abhängig gemacht werden)

3. flexibel periodische Strategien

    a. präventive vollständige Instandsetzungen nach Erreichen einer ausfallfreien Betriebszeit t_p seit der letzten präventiven oder wiederherstellenden vollständigen Instandsetzung

    b. vollständige Instandsetzungen nach Ausfall einer BE und Festlegen des nächsten Termins einer vorbeugenden Maßnahme nach einer Betriebszeit t_p seit der letzten präventiven oder wiederherstellenden vollständigen Instandsetzung (Hinausschieben dieses Termins bei jedem Ausfall)

4. Ausfallstrategien
Bei der Entscheidung zur Ausfallstrategie verzichtet der Entscheidungsträger auf die Präventiv- bzw. Inspektionsmethode. Nach erfolgtem Ausfall besteht die Möglichkeit, den Instandhaltungsumfang festzulegen (minimale oder vollständige Instandsetzung). Die Entscheidung trifft das Instandhaltungsmanagement meist in Abhängigkeit von den wirtschaftlichen Rahmenbedingungen operativ.

5. Modernisierungsstrategien
Infolge zunehmenden Kostendrucks ergibt sich bei anstehenden geplanten Instandsetzungsmaßnahmen die Notwendigkeit, anstatt einer Ersatzinvestition eine Modernisierungsinvestition anzustreben, um den Kapitalbedarf zu begrenzen. Modernisierungsstrategien im Rahmen der Instandhaltung sind sinnvoll, wenn beispielsweise

    a. der spezifische Energieverbrauch verringert,

    b. instandhaltungsgerechte Lösungen eingeführt,

    c. die Arbeitssicherheit verbessert,

    d. die Produktivität gesteigert und

    e. die optimale Nutzungsdauer der Anlage verlängert werden sollen.

Jede dieser Strategien hat ihre spezifischen Vorzüge. Starre Strategien sind sehr gut zeitlich planbar. Während flexible Strategien risikobehafteter sind, gewährleisten sie aber, dass bei Laufzeiten $T_B < t$ vorbeugende Instandsetzungen noch nicht durchgeführt werden und der Abnutzungsvorrat besser ausgenutzt werden kann. Nachteile beider Strategietypen sind die fehlende Berücksichtigung des konkreten Verschleißzustandes beim Festlegen von Terminen für die Präventivmethode. Bei starrem Zyklus wird die Maßnahme durchgeführt, auch wenn kurz vorher ein Ausfall eingetreten ist. Damit wird die im Einzelfall potentiell verfügbare Betriebszeit kaum ausgenutzt. Bei flexibler Strategie erfolgt die Instandsetzung erst nach einer ausfallfreien Zeit t.

Die zeitliche Planbarkeit zukünftiger Termine für Instandhaltungsmaßnahmen ist wegen der gleitenden Festlegung schwierig. Mit der Entwicklung kostengünstiger Diagnosegeräte und -methoden gewinnt die Diagnose im Rahmen der Inspektionsstrategie zunehmend an Bedeutung. Die Festlegung des zweckmäßigsten Strategietyps muss technisch und ökonomisch begründet sein. Ziel ist die Auswahl des günstigsten (optimalen) Strategietyps und die Bestimmung von optimalen Instandhaltungszyklen. Die einzelnen Strukturtypen sind Abb. 6.26 zu entnehmen.

Allgemeines Zielkriterium für die Optimierung des Strategietyps und der Zyklen der Präventivmethode sind die mittleren instandhaltungsbedingten Kosten und Verluste. Sie erfassen sowohl die durch die Verlustfunktion dargestellten wirtschaftlichen Verluste durch Abnutzung als auch die Kosten und Produktionsverluste für die Durchführung einer Instandhaltungsmaßnahme. Die Reduzierung der Verluste wird durch die Verursachung von Instandhaltungskosten erkauft. Das Optimum ergibt sich, wenn Kosten und Verluste ein Minimum ergeben.

Ausgangssituationen

I: *Engpass-Maschinen: Ziel ist die Erreichung optimaler Instandhaltungskosten*
Es handelt sich um Maschinen- oder Anlagensysteme, die einen Kapazitätsengpass darstellen und ggf. außerdem eine Zuverlässigkeitsschwachstelle sind. Ziel der vorbeugenden Instandhaltung ist die Sicherung einer (geforderten) Verfügbarkeit, die zur Ausbringung der geplanten Menge bei gleichzeitiger minimaler Kosteninanspruchnahme erforderlich ist.

II: *Nichtengpass-Maschinen: Ziel ist die Erreichung minimaler Instandhaltungskosten*

Beide Situationen werden von den spezifischen Randbedingungen und der produktionswirtschaftlichen Zielstellung bestimmt. Entscheidungen zur Instandhaltungsstrategie betreffen die Auswahl des günstigsten Strategietyps und die Bestimmung von optimalen Instandsetzungszyklen. Beide Entscheidungen sind technisch-wirtschaftlich zu begründen, wenn keine Bedingungen zu berücksichtigen sind, die wirtschaftlichen Erwägungen übergeordnet sind, wie beispielsweise ein hochgradiges Gesundheitsrisiko bei Ausfällen. Die technische Begründung leitet sich aus der Untersuchung ablaufender natürlicher und technisch bedingter Abnutzungsprozesse ab. Hinzu kommt die notwendige Sicherheitstechnik zur Verringerung des Gesundheitsrisikos. Das setzt eine ingenieurtechnische Durchdringung der Zuverlässigkeitsstruktur und die technologische Planung und Realisierung von Instandhaltungsmaßnahmen voraus.

Für die Ermittlung optimaler Instandhaltungsstrategien ist die elementebezogene Erfassung der Ausfalldaten grundlegende Voraussetzung. Werden die Daten verschiedener Elemente erfasst, kommt es zum Überlagerungseffekt. Dieser führt zu einem vollkommen veränderten Anstieg der Ausfallwahrscheinlichkeitsverteilung (AWV) und damit zu einem Formparameter im Fall der Weibull-Verteilung, der für eine Methodenauswahl nicht mehr relevant ist, es sei denn, die Überlagerung der Verteilungen wird in der mathematischen Aufbereitung berücksichtigt.

Die steigenden Preise auf dem Betriebsmittelsektor und der hohe Kostendruck zwingen Unternehmen vermehrt zur nachhaltigen Nutzung der Betriebsmittel durch Modernisierung. Modernisierungsstrategien sind besonders effizient, wenn

- sie im Rahmen turnusmäßig geplanter Instandhaltungsprojekte durchgeführt werden,
- die Stillstandszeiten der Anlagen und Maschinen nicht wesentlich erhöht werden
- der Montageaufwand nicht wesentlich erweitert werden muss und
- durch Modernisierung nur geringfügig zusätzliche Aufwendungen entstehen.

6.3.3.3 Ermittlung der optimalen Instandhaltungsmethode für ein Element

Grundlage der Ermittlung der optimalen Instandhaltungsmethode sollte immer das Element sein, weil bei der mathematischen Aufbereitung der Daten durch Zusammenfassung von mehreren Elementen zu einer Betrachtungseinheit pro Arbeitsmittel offensichtlich Abweichungen implementiert werden. Ausnahmen bilden Betrachtungen zur Zeitwirtschaft. Zur Bestimmung optimaler Instandhaltungskapazitäten kann der Überlagerungseffekt der einzelnen Betrachtungseinheit ausgenutzt werden, um die Intensität des Forderungsstroms zu bestimmen.

Die Ermittlung der Ausfallwahrscheinlichkeiten voneinander abhängiger Systeme erfolgt m. H. von Systemverteilungen:

1. Reihenschaltungen von Betrachtungseinheiten m. H. der Weibull-Verteilung,
2. Parallelschaltung von Betrachtungseinheiten m. H. der doppelten Exponentialverteilung.

Die prinzipielle Vorgehensweise zur Ermittlung der optimalen Instandhaltungsmethode zeigt Abb. 6.27.

Die Präventivmethode ist gerechtfertigt, wenn bei einem Schadensfall

1. mit hohen Produktionsverlusten zu rechnen ist[30],
2. mit Folgeschäden zu rechnen ist und der Ausfall möglicherweise Ausmaße annehmen kann, die weit über den eigentlichen Schaden hinausgehen, also wenn weitere Bauteile und Aggregate beschädigt werden[31],

---

[30] Zum Vergleich könnten die Kosten einer Präventivmaßnahme angesetzt werden, wobei bei einem Ausfall der Vergleichseinheit allerdings mit höheren Kosten zu rechnen ist, weil zwangsläufig Wartezeiten und Fehlersuchzeiten anfallen.

[31] Es handelt sich dabei um die auf den Instandhaltungszyklus bezogenen Instandhaltungskosten und die mit der Instandhaltung verbundenen betriebswirtschaftlichen Verluste.

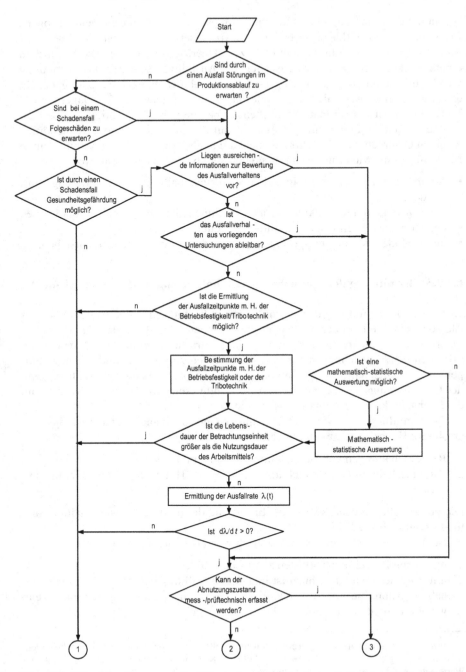

Abb. 6.27 Ablaufalgorithmus zur Ermittlung der optimalen Instandhaltungsmethode. (Eigene Darstellung i. Anl. an Haase und Oertel 1974)

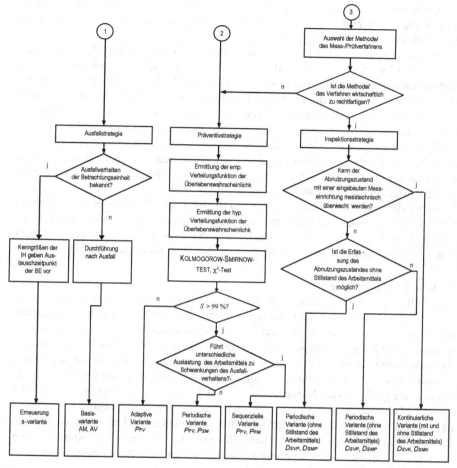

Abb. 6.27 (continued)

3. mit gesundheitlichen Gefährdungen zu rechnen ist.[32]

Das Risiko, das sich aus der Wahrscheinlichkeit eines Schadenseintritts und dem Ausmaß seiner Gefährdung ergibt, ist kompetent zu bewerten, um die Präventiv- oder Inspektionsmethode zu begründen bzw. zu rechtfertigen. Im Zweifelsfall sollten Spezialisten hinzugezogen werden. Eine verantwortungsvolle Einschätzung des Risikos einer gesundheitlichen Schädigung bei einem Schadensfall ist notwendig, um ggf. exorbitante Kostenbelastungen im Nachhinein zu vermeiden. In der Regel verfügen

---

[32] Für den Fall einer mess- oder prüftechnischen Erfassbarkeit und Bewertung des Abnutzungszustandes müssen rein betriebswirtschaftliche Erwägungen dem Gesundheitsrisiko untergeordnet werden. Zu den gesundheitlichen Risiken im weiteren Sinn zählen auch Gefährdungen, die durch Umweltbelastungen hervorgerufen werden und sich gesundheitsschädigend auswirken können.

die Unternehmen über einen verantwortlichen Mitarbeiter mit geeigneter Qualifikation. Sollte das nicht der Fall sein, muss die Unternehmensleitung umgehend für die erforderliche Kompetenz sorgen. Werden die genannten Aspekte 1. bis 3. verneint, kann die Ausfallmethode verwendet werden. Anderenfalls sind weitere Schritte erforderlich, um die optimale Instandhaltungsmethode zu begründen. Zunächst sind alle verfügbaren Informationen zusammenzutragen, die eine Bewertung des Ausfallverhaltens gestatten. Dazu bestehen zwei Möglichkeiten. Zum einen kann bei ausreichenden Informationen eine mathematisch-statistische Auswertung mit dem Ziel vorgenommen werden, Gesetzmäßigkeiten im Ausfallverhalten der BE zu erkennen (z. B. steigende Ausfallrate u. dgl.). Liegen keine Informationen zum Ausfallverhalten vor, versucht man, Informationen zur Betriebsfestigkeit und/oder m. H. tribotechnischer Erkenntnisse zum Ausfallverhalten oder Lebensdauern zu erzielen.

Neben der statischen Belastung (z. B. auf Biegung oder Torsion) versagen Bauteile auch bei wechselnder und schwingender Beanspruchung, deren Höhe deutlich unter der statisch ertragbaren Zug-, Druck- und/oder Torsionsbelastungsgrenze liegen kann. Im Bereich der Bauteiloptimierung werden zwei Strategien verfolgt:

1. Dauerfeste Bemessung:
Materialien können (theoretisch) unendlich vielen Schwingungen (Lastwechsel) ausgesetzt sein ohne zu versagen, solange die Belastung unterhalb einer bestimmten maximalen Beanspruchung liegt und ohne dass zeitabhängige Schadenskriterien (z. B. Korrosion) auftreten. Im praktischen Einsatz ist ein solches Bauteileverhalten die Ausnahme und nur unter bestimmten Bedingungen zu realisieren. In solchen Fällen könnte ein derartig dimensioniertes Teil möglicherweise auch eine Lebensdauer erreichen, die größer als die Nutzungsdauer des Arbeitsmittels ist. Im realen Einsatz ist dieser Fall eher selten und erfordert ausreichende Sicherheitsfaktoren und zuverlässige Ergebnisse, die die auftretenden Beanspruchungen in einer Höhe zulassen, dass im Betrieb die Lebensdauergrenze des Bauteiles nicht erreicht wird (z. B. Komponenten im Schienenverkehr wie beispielsweise Radsatzwellen oder Radgrundkörper).
2. Betriebsfeste Bemessung:
Die Bauteile werden im Bereich der Zeitfestigkeit, also der Zeit zwischen Zugfestigkeit und Dauerfestigkeit, so ausgelegt, dass sie nur eine bestimmte Anzahl an Lastwechseln ertragen können. Beispiele sind fast alle sicherheitsrelevanten Komponenten im Fahrzeug- und Flugzeugbau, aber auch im Brücken- und Fassadenbau.

Zur Ermittlung der Betriebsfestigkeit kommen verschiedene Berechnungsverfahren zum Einsatz, wobei die lineare Schadensakkumulation als eines der wichtigsten bekannt ist (Gnilke 1980). Wichtiges Hilfsmittel der Betriebsfestigkeitsrechnung ist die WÖHLER-Linie. Gleichzeitig werden rechnerische Ergebnisse m. H. entsprechender Verfahren intensiv experimentell verifiziert.

Die betriebsfeste Bemessung von Bauteilen dient dem Leichtbau und hat vor allem drei Ziele:

1. die Verringerung der Masse von Bauteilen und Komponenten (dadurch werden z. B. Fahrzeuge leichter und verbrauchen weniger Kraftstoff),

2. die Entwicklung und der Bau leichterer und leistungsfähigerer Strukturen (mehr Nutzlast, weniger Materialverbrauch in der Herstellung sichern die Erfüllung der Funktion und verbessern die Effizienz; dauerfeste Flugzeuge könnten nicht fliegen, weil sie zu schwer wären),

3. Gewährleistung der Funktionsfähigkeit für die vorgesehene Nutzungsdauer.

Definition: Die Betriebsfestigkeit beschreibt die Eigenschaft eines Bauteils, einer Baugruppe oder eines Gesamtprodukts, sowohl absehbare als auch zufällig auftretende statische, quasistatische und dynamische Belastungen im Rahmen seiner kalkulierten Lebensdauer und unter Berücksichtigung aller möglichen Umgebungsbedingungen schadensfrei zu ertragen.

Ein betriebsfestes Bauteil ist nur bis zu einer bestimmten Belastungsgrenze (Schwingungs- oder Schlagamplitude) ausgelegt und darf nach dem Überschreiten dieser Grenzbelastung versagen. Um eine Restsicherheit zu gewährleisten und ein Unfallrisiko zu verringern, werden sicherheitsrelevante Bauteile idealerweise so ausgelegt, dass sie lediglich durch Verformung und nicht durch Bruch versagen. Besondere Belastungssituationen sind bei der Erprobung von Bauteilen von Bedeutung, da diese Beanspruchungen vom betriebsfesten Bauteil schadensfrei ertragen werden müssen. Diese Belastungen kommen jedoch innerhalb der kalkulierten Lebensdauer nur im Ausnahmefall vor und fallen durch die mittlere Amplitudenstärke nicht unter Missbrauch. Sofern Daten der Betriebsfestigkeit zur Verfügung stehen, können Ausfallzeitpunkte bestimmt und die Instandhaltungsmaßnahmen auf diese Zeiten abgestimmt werden. Anhand des Verlaufs der Ausfallrate ist zu bestimmen, ob Abnutzung und Verschleiß vorliegen, um ggf. die Präventivmethode zu rechtfertigen.

Die Belastung kann dabei sowohl in Form periodischer Schwingungen im Sinne des WÖHLER-Versuchs (mit und ohne Verformung) als auch als schlagartige Beanspruchung (homogene Schwingungsdifferenzialgleichungen) auftreten. Dabei wird in zweckorientierten Betrieb und Missbrauch unterschieden. Sonderereignisse spielen in der Erprobung von Bauteilen eine große Rolle, da diese Beanspruchungen vom betriebsfesten Bauteil schadensfrei ertragen werden müssen. Diese Belastungen kommen jedoch innerhalb der kalkulierten Lebensdauer nur im Ausnahmefall vor und fallen durch die mittlere Amplitudenstärke nicht unter Missbrauch.

Die dynamischen Belastungsarten können dabei sowohl periodische Schwingungen im Sinn des WÖHLER-Versuchs (sowohl mit als auch ohne Verformung) wie auch schlagartige Beanspruchungen sein (homogene Schwingungsdifferenzialgleichungen).

Unter den möglichen Umgebungsbedingungen versteht man den Einfluss von:

1. unterschiedlichen Temperaturen,
2. Drücken,
3. Korrosion,
4. Steinschlägen,
5. Niederschlägen,
6. Feuchtigkeitskriechen,
7. Alterung des Materials u. ä.

Im nächsten Schritt geht es um die Klärung der Frage, ob es für das Element, dessen Spätausfallverhalten nachgewiesen wurde, technisch möglich ist, eine Erfassung des Abnutzungszustandes vorzunehmen. Der Abnutzungszustand kann messtechnisch oder auch visuell ggf. unter Zuhilfenahme entsprechender Hilfsmittel (z. B. Endoskopie) erfasst werden. In jedem Falle muss die Maßnahme wirtschaftlich sinnvoll sein.

Bei Anwendung der Inspektionsmethode gestatten die Möglichkeiten der technischen Diagnose die Feststellung des technischen Zustandes auch bei laufender Maschine. Die Vermeidung einer aufwändigen Demontage der Betrachtungseinheit zur Ermittlung der wahrscheinlichen Restbetriebsdauer, um damit den wahrscheinlichen Instandsetzungstermin zu bestimmen, ist im Sinne der Ausnutzung der produktiven Ressourcen äußerst effizient. Voraussetzung dazu ist zunächst die Untersuchung, ob die quantitative Beurteilung der Schädigung direkt über einen Zustandsparameter gemessen oder dieser Zustandsparameter indirekt über einen Diagnoseparameter bestimmt werden kann. Vorteil der direkten Messung ist die Ausschaltung weiterer Störgrößen. Außerdem sind die Maßnahmen der technischen Diagnostik meist ohne Demontage der Betrachtungseinheit bei nur geringen Stillstandzeiten realisierbar.

Die weitere Vorgehensweise bestimmen folgende Arbeitsschritte:

1. Analyse der Schadensstellen nach
   − Schadensart
   − Schadensform und -bild
   − Schadenswirkung

2. Bestimmung von Merkmalen zur Kennzeichnung von Funktionsfähigkeit und Schädigung
3. Erarbeitung der Diagnosekennlinie (Diagnoseparameter als Funktion des Zustandsparameters)
4. Festlegung der Aussonderungs- und Nachstellgrenze
5. Ermittlung der Abhängigkeit des Diagnoseparameters von der Zeit
6. Auswahl der optimalen Diagnoseeinrichtung
7. Erarbeitung der prüftechnologischen Vorschriften

Die Realisierung des Ablaufs erfordert umfangreiche experimentelle Untersuchungen. In der Folge sind bei der technischen Umsetzung, Organisation und Messdatenerfassung bzw. bei der visuellen Kontrolle der erforderliche Arbeitszeitaufwand und die notwendigen Kosten zu ermitteln und mit dem monetären Nutzen, den die Maßnahme stiften soll, zu vergleichen. Die durchzuführende Instandhaltungsmaßnahme ist unter betriebswirtschaftlichen Gesichtspunkten zu bewerten und zu rechtfertigen.

Wenn die technische Realisierbarkeit der Zustandsmessung nicht gegeben ist, wird geprüft, ob eine visuelle Prüfung der Betrachtungseinheit möglich ist. Dazu können technische Hilfsmittel wie beispielsweise Endoskope eingesetzt werden. Wenn die Endoskopie nicht zum Einsatz gebracht werden kann, ist zu prüfen, ob es technisch

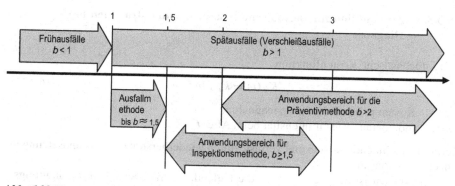

Abb. 6.28 Formparameter b der Weibull-Verteilung und abgeleitete Instandhaltungsmethodenn. (Nach Haase und Oertel 1974)

möglich ist, die BE zu demontieren, um die potentielle Schadenstelle zu inspizieren und den Zustand anhand seines optischen Erscheinungsbildes zu bewerten.

Die Entscheidung zwischen Präventivmethode und Inspektionsmethode beginnt erst, wenn die Planungswerte für beide Methoden berechnet worden sind. Für die gewählte Zielgröße oder -funktion sind die jeweilig optimierten Werte für die Planperiode mit den dazugehörigen Intervallen und den dabei erreichbaren Überlebenswahrscheinlichkeiten zu vergleichen. Die basierend auf dem Vergleich herausgearbeiteten Vor- und Nachteile verbessern die Entscheidungsfindung erheblich.

Eine grobe Orientierungshilfe leisten die in Abb. 6.28 dargestellten Richtgrößen für den Formparameter b der Weibull-Verteilung.

Bei Anwendung der Ausfallstrategie besteht die Möglichkeit m. H. der Erneuerungsvariante die Anzahl der Ersatzteile zu bestimmen oder bei fehlenden Informationen zum Ausfallverhalten die Basisstrategie zu Grunde zu legen.

Im Falle der Präventivstrategie kann bei genügend hohem Stichprobenumfang das statistische Verteilungsgesetz ermittelt werden. Wenn mit einer statistischen Sicherheit von 99 % nachgewiesen werden kann, dass das Ausfallverhalten einer Weibull-Verteilung genügt (Kolmogorow-Smirnow-Test)[33], verwendet man die periodische Variante. Falls dieses Signifikanzniveau nicht erreicht werden kann, verwendet man zweckmäßigerweise die adaptive Variante. Sobald weitere Informationen zum Ausfallverhalten vorliegen, kann der Instandhaltungstermin an das Datenniveau angepasst und das Instandhaltungsintervall neu festgelegt werden. Bei unterschiedlicher Auslastung des Arbeitsmittels wird die sequentielle Variante angewendet, d. h. der Instandhaltungstermin wird in Abhängigkeit von der Auslastung (effektive Nutzung) oder Kostengrößen neu festgelegt.

Kommt die Inspektionsmethode zur Anwendung, kann der Abnutzungszustand permanent gemessen bzw. beurteilt werden (kontinuierlich oder sequentiell mit oder ohne Stillstand des Arbeitsmittels).

---

[33] s. Kap. 6.2.4.1.

6.3.3.4 Zielfunktion für periodische Instandsetzungsstrategien ohne Diagnose

Die stochastische Kostenfunktion

$$K_V(t) = k_a * a(t) \qquad (6.132)$$

k_a Kosten je Instandsetzungsmaßnahme
$a(t)$ momentane Ausfallintensität beim Alter t

erfasst zunehmende Kosten und Verluste durch wiederherstellende Instandsetzungen nach Funktionsausfall.

Theoretisch ist es möglich, auch die laufenden vorbeugenden Instandhaltungsmaßnahmen wie beispielsweise Diagnosen und Befundinstandsetzungen in $K_V(t)$ einzubeziehen. Je nach Strategietyp ergeben sich verschiedene Zielfunktionen zur Ermittlung optimaler Zyklen, in denen außer der integrierten Verlustfunktion sämtliche Kosten und Verluste für zyklische vorbeugende (einschließlich diagnosebefundabhängige) Instandsetzungen Berücksichtigung finden. Bei der Präventivmethode mit starr periodischem Zyklus ohne Diagnose (Strategie P_{SV}, P_{SM}) wird die BE jeweils nach einer Betriebszeit t durch eine vollständige vorbeugende Instandsetzung immer wieder auf das ursprüngliche Niveau der Zuverlässigkeit und Ausfallrate gebracht (*„wie neu"*). Anschließend beginnt $A(t)$ als momentane Ausfallneigung beim Alter t wieder mit $t = 0$. Die Kosten und Verluste je Zeiteinheit ergeben sich zu:

$$k(t) = \frac{k_p + k_a A(t)}{\tau + [t_p + t_a A(t)]} \Rightarrow MIN! \qquad (6.133)$$

t_p Dauer einer Präventivmaßnahme
t_a Dauer einer wiederherstellenden Maßnahme nach Ausfall

Die durchschnittliche Ausfallanzahl in $(0, t)$ ist:

$$A(t) = \int_0^t a(t)dt \qquad (6.134)$$

Da in der Praxis mit größeren Planungshorizonten τ gearbeitet wird, kann man die instandhaltungsbedingten Stillstandszeiten innerhalb des Zyklus $(0, t)$ vernachlässigen.

Unter der Randbedingung

$$t \gg t_p + t_a A(t) \qquad (6.135)$$

kann an Stelle von (6.139) folgender Ausdruck verwendet werden:

$$k(t) \approx \frac{k_p + k_a A(t)}{t} = MIN! \qquad (6.136)$$

Der Zielfunktionswert $k(t \to \infty)$ ergibt die Kosten für die Ausfallstrategie AV:

$$k(t \to \infty) = \lim_{t \to \infty} \left(\frac{k_p}{t} + \frac{k_a H(t)}{t} \right) = \frac{k_a}{\mu} \qquad (6.137)$$

Abb. 6.29 Raupenkettenglied des Eimerkettenbaggers ERs 741 mit aufgearbeiteter Schake in der Schweißvorrichtung

Für große Kostenverhältnisse κ und kleinem Weibull-Parameter b (Formparameter) liegt das Minimum der Zielfunktion bei $t_0 < a$. Wegen der Aussage $a \sim \mu$ liegt der optimale Zyklus vor der mittleren Betriebszeit μ.

Die Formel:

$$t = a \left(\frac{1}{\kappa(b-1)} \right)^{1/b} \tag{6.138}$$

liefert im Sonderfall $t = a$ die Bedingung

$$\kappa = \frac{1}{b-1} \tag{6.139}$$

Im praktischen Einsatz ist der Grad der Instandsetzung meist größer als der mit der Minimalinstandsetzung theoretisch definierte Instandhaltungsumfang, der darin besteht, die Zuverlässigkeit der BE kurz vor dem Ausfall wieder herzustellen. Damit beschränkt die Minimalinstandsetzung den Aufwand lediglich auf den Austausch des ausgefallenen Teils. In der Praxis ersetzt der Instandhalter nicht nur das schadhafte Teil durch ein neues, meistens entscheidet er befundabhängig darüber, ob weitere, noch nicht ausgefallene Teile, mit ausgewechselt werden müssen, um das Risiko eines in nächster Zeit zu erwartenden Ausfalls der BE zu verringern.

Die Entscheidung ist subjektiv geprägt und basiert wesentlich auf den Erfahrungen der Inspektionsverantwortlichen. Für den Teiletausch ist es dabei unerheblich, ob es sich um aufgearbeitete oder Neuteile handelt.

Abbildung 6.29 zeigt ein Raupenkettenglied des Eimerkettenbaggers 341 ERS 710[34]. Es handelt sich um ein Verschleißteil, das mit Erreichen eines bestimmten Abnutzungsbetrages (s. Abb. 6.30, 6.31) im Bereich der Schake aufgearbeitet wird (s. Abb. 6.32). Im Falle der Überschreitung eines Grenzwerts wird die abgenutzte Schake ausgebrannt und durch eine neue Schake ersetzt (s. Abb. 6.33, 6.34).

---

[34] Abb. 6.36–6.40 eigene Aufnahmen mit freundlicher Genehmigung der Vattenfall Europe Mining AG Hauptwerkstatt „Schwarze Pumpe".

Abb. 6.30 Abgenutzte
Schake eines Kettengliedes
des Eimerkettenbaggers 341
ERs 710

Abb. 6.31 Feststellung des
Abnutzungsbetrages einer
Schake mittels Prüflehre

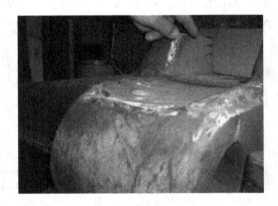

Abb. 6.32 Aufgearbeitung
der Schake eines
Raupenkettengliedes vom
Eimerkettenbagger 341 ERs
710

Abb. 6.33 Schake des
Kettenglied des
Eimerkettenbaggers 341 ERs
710

Abb. 6.34 Neue Schake eines
Kettengliedes des
Eimerkettenbaggers 341 ERs
710

Die Anzahl der Ausfälle nach Ersatz von Teilen und Befundinstandsetzung noch nicht völlig abgenutzter (und damit noch nicht ausgefallener) Elemente dürfte somit kleiner als $\Lambda(t)$ sein. Es gilt dann die *Erneuerungsfunktion zweiter Art*[35]:

$$\lim_{t \to \infty} \frac{M(t)}{t} = \frac{1}{\mu} n^{\left(\frac{b-1}{b}\right)} \qquad (6.140)$$

$n =$ Anzahl der Abnutzungsteile mit annähernd gleichem b

Abnutzungsteile sind schnell verschleißende Bauteile, die öfters ausfallen und den Ausfall der strukturell übergeordneten BE bewirken. Bei Minimalinstandsetzung wird theoretisch nur das ausgefallene Teil ausgetauscht. Gemäß Definition gilt für Strategie A_M (Minimalinstandsetzung nach Ausfall):

$$K(t \to \infty) = \frac{k_a}{\mu} n^{\left(\frac{b-1}{b}\right)} \qquad (6.141)$$

Wird nach Ausfall nicht nur das jeweils geschädigte Element, sondern die komplette BE ausgetauscht, dann ist $n = 1$ und Gleichung (6.141) geht in Gleichung (6.142) über.

---

[35] Beckmann und Marx 1987, S. 67.

Bei der adaptiven oder sequenziellen Variante der Präventivmethode (Intervall flexibel) (Strategie P_{FV}) ohne Diagnose wird für die vorbeugenden Maßnahmen keine starre Terminfolge festgelegt, weil nach jeder wiederherstellenden Instandsetzung eine Neuterminierung der vorbeugenden Maßnahme erfolgt. Das erfolgt gemäß Algorithmus (s. Abb. 6.27) entweder bei unterschiedlicher Auslastung der Betriebsmittel oder in Abhängigkeit von wirtschaftlichen Erwägungen. Zielkriterium ist der Quotient der durchschnittlichen Kosten einer Maßnahme, die mit der Wahrscheinlichkeit $F(t)$ eine *wiederherstellende* und mit der Wahrscheinlichkeit $R(t)$ eine *vorbeugende* Maßnahme ist und der durchschnittlichen Zeit zwischen zwei Maßnahmen (Erwartungswert der Betriebszeit $\mu(t)$ einschließlich der durchschnittlichen Stillstandszeit). Dabei gilt:

$$k(t) = \frac{k_p R(t) + k_a F(t)}{\mu(t)} \Rightarrow MIN! \tag{6.142}$$

mit

$$\mu(t) = \int\limits_0^t t f(t)dt + [t_p R(t) + t_a F(t)] \tag{6.143}$$

Bei hohem Kostendruck ist der Anteil t_a für die Prozessanalyse ein wichtiger Ansatzpunkt zur Erschließung von Einsparpotenzialen.

Falls die Stillstandszeiten ohne Einfluss auf das Optimum sind und gegenüber der produktiven Zeit im Nenner vernachlässigbar klein sind, ergibt sich vereinfacht (Beichelt 1976):

$$k(t) \approx \frac{k_p R(t) + k_a F(t)}{\int\limits_0^t R(t)dt} \Rightarrow MIN! \tag{6.144}$$

weil gilt[36]:

$$\mu(t) = \int\limits_0^t t f(t)dt + t R(t) = \int\limits_0^t R(t)dt.$$

Verzichtet das Unternehmen auf die Präventivinstandsetzung, gilt $t \to \infty$, $R(t)$ geht gegen Null und $F(t)$ gegen Eins. Es ergibt sich:

$$k(t) = \frac{k_a}{\int\limits_0^\infty R(t)dt} \Rightarrow \frac{k_a}{\mu} \tag{6.145}$$

---

[36] Dück und Bliefernich 1972, S. 33.

Durch Bildung der ersten Ableitung und Nullsetzen der Formeln (6.132) und (6.143) ergeben sich für die anfallenden Kosten die folgenden Bestimmungsgleichungen:

$$k(t_0) = \begin{cases} k_a * H(t_0) & \text{Strategie } P_{SV} \\ k_a * \Lambda(t_0) & \text{Strategie } A_M \\ (k_a - k_p) * \Lambda(t_0) & \text{Strategie } P_{FM} \\ (k_a - k_P) * H(t_0) & \text{Strategie } P_{FV} \end{cases} \quad (6.146)$$

Für Strategie P_{SM} gilt folgende analytische Lösung:

$$t_{opt} = a \sqrt[b]{\frac{1}{\kappa(b-1)}} \quad (6.147)$$

$$k(t_{opt}) = \frac{b}{a(b-1)} k_p \sqrt[b]{\kappa(b-1)} \quad (6.148)$$

Dabei gilt das Zeitintervall von der letzten vollständigen Instandsetzung ($t = 0$) bis zur nächsten vorbeugenden Maßnahme.

6.3.3.5 Zielfunktionen und Optimierung bei Diagnosestrategien

Bei der Inspektionsmethode mit starr periodischem Zyklus (Strategien SVP, SMP) sind präventive Instandsetzungen im Zyklus t_p und zwischenzeitliche Diagnosen sowie diagnosebefundabhängige Instandsetzungen im Zyklus t_d mit

$$\frac{t_p}{t_d} = m; \quad (m \geq 1, \text{ ganzzahlig}) \quad (6.149)$$

zu realisieren.

Es gilt[37]:

$$k(t_p, m) = \frac{[k_p + k_d(m-1) + k_a * Z_P(t_p) + k_b * V_P(t_p)]}{t_p} \Rightarrow MIN! \quad (6.150)$$

$Z_P(t_p)$ mittlere Anzahl der Ausfälle von einer bis zur nächsten präventiven vollständigen Instandsetzung im Intervall $(0, t_p)$, die trotz periodischer Inspektion noch auftreten

$V_P(t_p)$ mittlere Anzahl der im Intervall $(0, t_p)$ durch periodische Inspektion und anschließende Befundinstandsetzung verhinderten Ausfälle

k_p, k_a, k_d, k_b maßnahmenspezifische Kosten und Verluste

Die Funktionen $Z_P(t_p)$ und $V_P(t_p)$ hängen vom Verschleiß, von der Wirksamkeit der Inspektion (Diagnose) und insbesondere von der Treffsicherheit der Restnutzungs-dauerprognose ab und lassen nur vereinfachende Annahmen zu. Dabei geht es vor

---

[37] Vgl. Lauenstein et al. 1993, S. 160

allem um die treffsichere Bestimmung der Zahl der infolge rechtzeitigen Eingreifens verhinderten Ausfälle. Bei Verzicht auf Inspektion und Instandsetzung nach Befund gilt für die Anzahl der wiederherstellenden Instandsetzungen nach Ausfall (Ausfallmethode) bekanntlich:

$$A(t_p) = \begin{cases} \Lambda(t_p) & \text{Strategie } P_{SM} \text{ Minimalinstandsetzung nach Ausfall} \\ H(t_p) & \text{Strategie } P_{SV} \text{ vollständige Instandsetzung nach Ausfall} \end{cases}$$

Die mittlere Anzahl derjenigen Ausfälle, die durch Diagnostik potenziell verhindert werden können, ergibt sich zu[38]

$$D(t_P) = A(t_p) - m A(t_d) \tag{6.151}$$

1. Prämisse
   Es wird unterstellt, dass in jedem Diagnosezyklus t_d durchschnittlich $A(t_d)$ Ausfälle absolut nicht vermeidbar sind.
2. Prämisse
   Ein konstanter Anteil ϑ (Diagnosewirkungsgrad) dieser Ausfälle $D(t_p)$ wird durch Diagnostik verhindert und $1 - \vartheta$ Ausfälle nicht.

Es gilt: $(1\, lt\, \vartheta < 1)$

Bestimmend für die Größe ϑ sind der Inspektionsumfang (Anzahl der kontrollierten Teile, Ausfallursachen der BE) und die Wirksamkeit der angewandten Diagnoseverfahren (Effizienz der eingesetzten Diagnosetechnik).

Bei $\vartheta = konstant$ gilt für Anzahl der verhinderten Ausfälle:

$$V_{dP}(t_P) = \vartheta\, D(t_p) \tag{6.152}$$

Für die Anzahl der Ausfälle gilt

$$Z_P(t_P) = (1 - \vartheta)\, D(t_p) + m\, A(t_d) \tag{6.153}$$

$D(t_p)$ spaltet sich nach Einführung der Diagnostik additiv auf in verhinderte Ausfälle

$$V_{dP} = \vartheta\, D(t_p)$$

und Ausfälle

$$Z = (1 - \vartheta) D(t_p) \tag{6.154}$$

Bei jeder Befundinstandsetzung, die man vor einem Ausfall durchführt, wird praktisch Abnutzungsvorrat bzw. Betriebszeit verschenkt. Dadurch ergibt sich im Vergleich zur Ausfallstrategie eine etwas höhere Zahl an Instandsetzungen als in Formel (6.154):

$$k(t_p, t_d) = \frac{1}{t_p}[k_p + k_a(1 - \vartheta) * D(t_p) + k_a * m * A(t_d) + k_d(m - 1)$$

$$+ k_b \vartheta D(t_p)] \Rightarrow MIN! \tag{6.155}$$

---

[38] Vgl. Große 1978, s. auch Beckmann und Marx 1987, S. 122.

Durch Einsetzen von (6.199) und unter Berücksichtigung von (6.195) ergibt sich die Zielfunktion zu:

$$k(t_p, t_d) = \underbrace{\frac{(k_p - k_d) + [k_a - \vartheta(k_a - k_b)]A(t_p)}{t_p}}_{k_1(t_p)} + \underbrace{\frac{k_d + [\vartheta(k_a - k_b)]A(t_p)}{t_d}}_{k_2(t_d)} \Rightarrow MIN!$$

$$(6.156)$$

Term 1 der Formel (6.156) enthält die Instandsetzungskosten k_p und Term 2 die Kosten k_d für die Durchführung der Inspektion. Daraus resultieren folgende Erkenntnisse:

1. Die Intervalle t_p und t_d lassen sich unabhängig voneinander m. H. der Zielfunktionen $k_1(t_p)$ und $k_2(t_d)$ optimieren. Periodische Inspektionen sind unzweckmäßig, wenn das Inspektionsintervall größer ist als das Instandsetzungsintervall:

$$t_{d,opt} > t_{p,opt} \text{ bzw. } m_{opt} < 1 \tag{6.157}$$

2. Die Optimierung des Instandhaltungsintervalls t_p im Fall der Präventivmethode erfolgt analog Formel (6.180) mit

$$\kappa_p = \frac{k_a - \vartheta(k_a - k_b)}{k_p - k_d} \tag{6.158}$$

und für das Intervall t_d mit

$$\kappa_d = \frac{\vartheta(k_a - k_b)}{k_d} \tag{6.159}$$

Bei Minimalinstandsetzung nach Ausfällen (Strategie D_{AM}) kann die integrierte Ausfallrate $\Lambda = t/a^b$ verwendet werden. Mit

$$m_{opt} = \frac{t_{p,opt}}{t_{d,opt}} = \left(\frac{\kappa_d}{\kappa_p}\right)^{\frac{1}{b}} \tag{6.160}$$

kann das optimale Verhältnis m_{opt} der Intervalle für präventiv durchzuführende vollständige Instandsetzungen und für Inspektionsdiagnosen mit Befundinstandsetzungen bestimmt werden. Daraus ergibt sich die optimale Zahl $m - 1$ von zwischenzeitlich durchzuführenden Inspektionen, die innerhalb des Instandhaltungsintervalls m. H. von Diagnosemethoden erfolgen kann.

Für den Fall vollständiger Erneuerung (Strategie D_{SVP}) wird zur Ermittlung von $A(t)$ die Erneuerungsfunktion $H(t)$ verwendet. Bei Verzicht auf Inspektion geht t_d gegen ∞. Damit sind $k_d = 0$, $\vartheta = 0$ und $k_2(t_d) = 0$. Formel (6.158) geht dann in die Zielfunktion (6.159) für die starr periodische Instandhaltung (Strategie P_{SV} und P_{SM}) über.

Formel (6.159) zeigt, dass die Inspektionsdiagnose unter der Bedingung $k_b < k_a$ sinnvoll ist. Somit entstehen weniger Kosten und Verluste, wenn durch eine befund-abhängige Instandsetzung Funktionsstörungen und Ausfälle verhindert werden, als wenn der Ausfall abgewartet würde, der neben möglichen Folgeschäden und/oder gesundheitlichen Gefährdungen generell mit dem Nachteil des Überraschungseffekts behaftet ist und dadurch zusätzliche Verluste impliziert.

Im Falle der Ausfallmethode strebt t_p gegen unendlich. Daher gilt[39]:

$$k = k_1(t_p \to \infty) = [k_a - \vartheta(k_a - k_b)] \lim_{t_p \to \infty} \frac{A(t_p)}{t_p} \tag{6.161}$$

Bei vollständiger Instandsetzung nach Ausfall gilt:

$$k = k_1(t_p \to \infty) = [k_a - \vartheta(k_a - k_b)] \frac{1}{\mu} \tag{6.162}$$

Bei Minimalinstandsetzung:

$$k_1(t_p \to \infty) = [k_a - \vartheta(k_a - k_b)] \frac{n^{\frac{b-1}{b}}}{\mu} \tag{6.163}$$

Bei kontinuierlicher Inspektion und starr periodischem Intervall t_p (D_{PVK}, D_{PMK}) tritt der Diagnoseaufwand nicht periodisch, sondern ständig in durchschnittlicher Höhe von k_{dK} auf. Der Aufwand wird daher in GE/ZE angegeben.

Die Zielfunktion lautet:

$$k(t_p) = \frac{k_p + k_a * Z_k(t_p) + k_{dK}t_p + k_b V_k(t_p)}{t_p} \Rightarrow MIN! \tag{6.164}$$

Die mittlere Anzahl der mit Befundinstandsetzung verhinderten Ausfälle $V_K(t_p)$ ist abhängig vom Inspektionswirkungsgrad ϑ. Die Zahl verhinderter Ausfälle ergibt sich zu:

$$V_K(t_p) = \vartheta A(t_p) \tag{6.165}$$

Für die Anzahl der Ausfälle $Z_k(t_p)$, die trotz kontinuierlicher Inspektionsdiagnostik auftreten, gilt:

$$Z_K(t_p) = (1 - \vartheta)A(t_p) \tag{6.166}$$

Ausgehend von Formel (6.165) lautet die Zielfunktion für den Fall periodisch durchgeführter Inspektionen somit:

$$k(t_P) = k_{dK} + \frac{(k_p + [k_a(1 - \vartheta) + k_b\vartheta])A(t_p)}{t_p} \Rightarrow MIN! \tag{6.167}$$

---

[39] Vgl. Beckmann und Marx 1987, S. 67.

6.3.3.6 Ermittlung optimaler Instandhaltungsstrategien unter besonderer Berücksichtigung der Präventivmethode

Aufgrund der erforderlichen Kosteneinsparungen in allen Bereichen des Unternehmens ist es u. a. notwendig, die kostenoptimale Instandhaltungsmethode zu ermitteln und Instandhaltungsleistungen zu optimieren. Die Aufgabe besteht darin, anhand gegebener Daten zu ermitteln, ob die Präventivmethode oder die Ausfallmethode kostengünstiger ist. Untersucht werden soll eine Baugruppe einer Werkzeugmaschine.

Ausgangsgrößen sind die Weibull-Parameter a und b, die m. H. einer Parameterschätzung ermittelt werden können. Bekannt sind die Lohnkosten (Lohnkostensatz k_{LS}) und die Materialkosten (Ersatzteilekosten, anteilige Werkzeug- und Vorrichtungskosten, Betriebs- und Schmierstoffe, Kleinteile).

Die Reparaturdauer t_R einer BE vom Umfang t_p bei geplanter Instandhaltung entspricht bei Anwendung der Präventivmethode gleichzeitig der Stillstandszeit t_S. Die Fertigung und die IH sind auf die Maßnahme vorbereitet, so dass keine nennenswerten Wartezeiten entstehen.

Die Instandsetzungskosten ergeben sich zu:

$$k^I(t) = t_R \, z_{Ak} \, k_{LS} + k_{Mat} \qquad (6.168)$$

t_R Dauer der Instandsetzungsmaßnahme (h/Maßnahme) $t_R = t_{vI}$ bei geplanter Instandsetzung

z_{AK} Anzahl der vor Ort gleichzeitig eingesetzten Arbeitskräfte

k_{LS} Lohnkostensatz des Instandhalters (€/h)

k_{Mat} Materialkosten (Ersatzteile, Betriebsstoffe, Kleinteile usw.) (€/Maßnahme)

Demgegenüber erfordert die nicht geplante Instandsetzung (Ausfallmethode) im Allgemeinen einen höheren Reparaturzeitaufwand t_a, weil die Fehlersuche zusätzlich Zeit in Anspruch nimmt und Vorbereitungszeit infolge der Plötzlichkeit des Schadenseintritts länger dauert. Bei Anwendung der Ausfallmethode entstehen zusätzlich Wartezeiten in der Fertigung auf Instandhaltung, denn die Instandhaltung muss sich erst auf den Auftrag vorbereiten, weil mit dem Ausfall niemand gerechnet hat. Außerdem besteht immer noch die Möglichkeit, dass alle Instandhalter im Einsatz sind, so dass sich eine Stillstandszeit ergibt, die wesentlich größer sein kann als bei geplanter Instandsetzung.

Bei Ausfall eines Elements kann es zum Ausfall der Maschine und nachgeordneter Produktionseinheiten kommen. Dabei entstehen Produktionsverluste, die in Geld zu bewerten sind. Dabei ergeben sich zwei grundlegende Arten von Verlusten. Die erste Art ergibt sich aus den Aufwendungen, die aufzubringen sind, um die drohenden Verluste aus Umsatzeinbußen zu kompensieren. Dies ist nur im Falle ausreichender Redundanzen möglich und hat seinen Preis (Kosten der Verluste).

Im Falle ausreichender Redundanzen entstehen Stillstandverluste, die sich aus den zusätzlich zu leistenden Maschinenstunden in Form der Maschinenstundensätze, den Überstundenzuschlägen und dem zu zahlenden Durchschnittslohn an das wartende Bedienpersonal zusammensetzt.

$$k^{II}(t) = t_s \left(k_{LD} + k_{LZ} + \sum_{i=1}^{n} k_{MSTi} \right) \qquad (6.169)$$

t_s Stillstandzeit der BE
k_{LD} Durchschnittslohn des Bedienpersonals (€/h)
k_{LZ} Überstundenzuschlag (€/h) oder in %
k_{MSTi} Maschinenstundensatz der Maschine i/€ (h)

Handelt es sich um Engpassmaschinen (Engpass im Sinne von 3-schichtiger oder durchgängiger Auslastung ohne nennenswerte Redundanzen = Extremfall), bleiben kaum Reserven, um die Produktionsverluste zu kompensieren, wenn keine Puffer eingebaut worden sind. Die Produktionsverluste werden in Form entgangener Erlöse wegen nicht abgesetzter Produktion bewertet:

$$k^{II} = (t_s - t_L)L * P \qquad (6.170)$$

t_s instandhaltungsbedingte Stillstandzeit
t_L Zeitdauer für die Aufrechterhaltung der Produktion (Pufferwirkung des Speichers)
L Produktionsmenge je Zeiteinheit (Stück/h)
P Preis des Produkts (€/Stück)

Gesamtkosten

$$k_a = k^I + k^{II} \qquad (6.171)$$

Die Gesamtkosten einer Nichtengpassmaschine bei Ausfall ergeben sich zu:

$$k_{a\,ges}^{I} = t_r * z_{AK} * k_{LS} + k_{Mat} + t_s \left(k_{LD} + k_{LZ} + \sum_{i=1}^{n} k_{Msti} \right) \qquad (6.172)$$

Die Problemstellung ist dann die Untersuchung der Kostengrößen bei Anwendung der Präventivmethode, wenn die Instandsetzung in der produktionsfreien Zeit erfolgt. In diesem Fall sind die Stillstandsverluste gleich Null. Weiterhin sind bei Anwendung der Präventivmethode und Ausfallmethode Kostengrößen zu untersuchen, wenn die Instandsetzung nicht in der produktionsfreien Zeit durchgeführt werden kann. Die in Geld bewerteten Gesamtverluste einer Engpassmaschine ergeben sich zu:

$$k_{a\,ges}^{II} = t_r * z_{AK} * k_{LSt} + k_{Mat} + (t_s - t_L) * L * P \qquad (6.173)$$

Erwartete Kosten Die unter Berücksichtigung der durch die Maßnahme realisierten Überlebenswahrscheinlichkeit und der verbleibenden Ausfallwahrscheinlichkeit zu erwartenden Kosten werden ermittelt, indem die Summe der Kosten der geplanten Instandsetzung (Präventivmethode) mit der geforderten Überlebenswahrscheinlichkeit multipliziert wird. Der kongruente Anteil der Ausfallwahrscheinlichkeit verbleibt. Bei $t_{plan} = 4.200$ h für $R_{gef} = 0{,}75$ mit einer Wahrscheinlichkeit von 25 % kann z. B. trotzdem ein Ausfall stattfinden.

Die Kosten im Falle einer geplanten Instandsetzung ergeben sich aus den Reparaturaufwendungen:

$$k_P = t_p\, z_{Ak}\, k_{LS} + k_{Mat} \tag{6.174}$$

Produktionsverluste sind nur in der Form zu erwarten, dass mit einer bestimmten Wahrscheinlichkeit der Ausfall vor dem geplanten Termin stattfindet.
Dann gilt:

$$k_P(T_P) = R(T_p)k_p + F(t_p)k_a \tag{6.175}$$

Es ist sinnvoll, den zu erwartenden Zyklus für folgende geforderte Überlebenswahrscheinlichkeiten $R_{gef} = 0{,}99, 0{,}95, 0{,}9, 0{,}7, 0{,}6, 0{,}5$ zu berechnen. Die zu erwartenden Kosten ergeben sich zu (Strunz 1998):

$$EK_{ges} = R(t_p)k_p + [1 - R(t_p)]k_a \tag{6.176}$$

Der Erwartungswert der Zykluszeit ergibt sich zu:

$$ET_Z = \int_0^{t_P} t f(t)dt + F(t_p)t_{SA} + R(t_p)t_p + R(t_p) * t_p$$

t_{sa} Stillstandzeit bei Ausfall der Maschine

Das Integral von 0 bis t_p ist der Anteil der noch vor der geplanten Maßnahme ausfallenden BE.
Die Zielfunktion lautet:

$$\phi = \frac{R(t_p)k_p + [1 - R(t)]k_a}{\int_0^{t_P} t f(t)dt + F(t_p)t_{SA} + R(t_p)t_p + R(t_P)t_R} \tag{6.177}$$

$$\phi = \frac{E(k)}{ET_Z} \Rightarrow MIN! \tag{6.178}$$

Die Zykluszeit wird unter Berücksichtigung der Stillstandzeit der BE ermittelt. Der zu planende Zyklus ergibt sich aus der geforderten Überlebenswahrscheinlichkeit (0,6 bis 0,9 im Maschinenbau).
Eine weitere Zielfunktion ist die Verfügbarkeit:

$$V(R_{gef}) = \frac{T_{Soll} - T_{ST}}{T_{Soll}} = \frac{T_{Soll} - \left\{\dfrac{T_{Soll}}{ET_Z}[1 - R(t)\, t_{st}] + R(t) * t_R\right\}}{T_{Soll}} \Rightarrow MIN! \tag{6.179}$$

Beispiel 6.15: Ermittlung der kostenoptimalen Instandhaltungsmethode

Anhand gegebener Daten ist zu ermitteln, ob die Präventivmethode oder die Ausfallmethode kostengünstiger ist. Untersucht werden soll das Pneumatikventil einer Werkzeugmaschine. Anhand der Ausfalldaten wurden die folgenden Weibull-Parameter ermittelt:

$$a = 4000\,\text{h} \qquad b = 2,0$$

Bekannt sind die folgenden Kostengrößen:

Lohnkostensatz:	$k_{LS} = 20$ €/h
Materialkosten:	$k_{Mat} = 500$ €/Maßnahme
Maschinenstundensatz:	$k_{MST} = 100$ €/h

Die Reparaturdauer t_R beträgt bei Anwendung der Präventivmethode 3 h. Das entspricht gleichzeitig der Stillstandszeit bei Präventivinstandsetzung. Die Ausfallmethode erfordert einen Reparaturzeitaufwand von 10 h. Bei Anwendung der Ausfallmethode entstehen zusätzlich Wartezeiten auf Instandhaltung (die Instandhaltung muss den Auftrag erst vorbereiten und organisieren, weil mit dem Ausfall niemand gerechnet hat) in Höhe von 5 h, so dass sich eine Stillstandszeit von insgesamt 15 h ergibt.

Bei Ausfall des Ventils kommt es zum Ausfall der Maschine. Sofern kein Puffer vorhanden ist, besteht zunächst die Möglichkeit, den Produktionsausfall mit Überstunden zu kompensieren, wenn es sich nicht um eine Engpassmaschine handelt. Dabei verursachen die zu zahlenden Überstundenzuschläge sowie zusätzliche Maschinenstundenkosten und die zu zahlenden Durchschnittslöhne für das Bedienungspersonal bei Maschinenstillstand höheren Aufwand. Der Durchschnittslohnkostensatz beträgt 15 €/h und der Zuschlag für Überstunden 50 % vom Grundlohn = 10 €/h.

Zu untersuchen sind die Kostengrößen

a. bei Anwendung der Präventivmethode, wenn die Instandsetzung in der produktionsfreien Zeit erfolgt (In diesem Fall sind die Stillstandsverluste gleich Null).

b. bei Anwendung der Präventivmethode und Ausfallmethode, wenn die Instandsetzung nicht in der produktionsfreien Zeit durchgeführt werden kann.

Hinweise: Der optimale Zyklus ist für folgende Überlebenswahrscheinlichkeiten zu ermitteln:

$$R_{gef} = 0,99,\ 0,95,\ 0,9,\ 0,8,\ 0,7,\ 0,6,\ 0,5$$

$$\Gamma(1,5) = 0,882, \qquad T_{soll} = 4400\ \text{h/a}$$

Zu ermitteln ist der kostenoptimale spezifische Kostenfaktor ϕ (Tab. 6.31).

1. Planungszyklus für eine geforderte Überlebenswahrscheinlichkeit von 90 %

$$t_{P,\,0,9} = 4.000\ \sqrt[2]{\ln \frac{1}{0,90}} = \underline{2177\ \text{h/Zyklus}}$$

Tab. 6.31 Ermittlung der Zielfunktionswerte

Kenngröße	R_{gef} (t)							ϕ opt
R_{gef} (t)	0,50	0,60	0,70	0,80	0,90	0,95	0,99	
t_P (h)	3623	3336	3027	2667	2177	1792	1154	
EK (€)	3700	3272	2844	2416	1988	1774	1602,8	
ET_z (h)	3592	3427	3189	2848	1988	1884	1181	
ϕ (€/h)	1,03	0,95	0,89	0,85	0,86	0,94	1,36	0,85
a =	4000	$k_a =$	5.840 €					
b =	3,7	$k_P =$	1.560 €					
$ET_B = 3544$ h								
$T_{soll} = 4400$ h								
Maßnahmen/a	1,22	1,28	1,38	1,55	1,90	2,34	3,73	
Verfügbarkeit (%)	99,75	99,77	99,79	99,81	99,82	99,81	99,74	99,82
Stillstandszeit (h/a)	11,02	10,01	9,11	8,34	7,97	8,41	11,63	7,97

2. *Erwartungswert*

$$ET_P = a\Gamma(1,5) = 4000 * 0,886 = \underline{3544\ \text{h}}$$

3. *Kosten*

$$k_{ages1} = t_a * k_{LS} + k_{Mat} + t_s \left(k_{LD} + k_{LZ} + \sum_{i=1}^{n} k_{MSTi} \right)$$

$$k_a = 15\,\text{h} * 20\ \text{€/h} + 1500\ \text{€} + 15\,\text{h} * (20\ \text{€/h} + 10\ \text{€/h} + 200\ \text{€/h})$$
$$= 300\ \text{€} + 1500\ \text{€} + 3540\ \text{€} = \underline{5840\ \text{€/Zyklus}}$$

$$k_p^I = t_p z_{Ak} k_{LS} + k_{Mat}$$

$$k_P^{II} = t_S(k_{LD} + K_{LZ} + K_{MS}) = 0$$

$$k_p^I = 3\,\text{h}\ 20\ \text{€/h} + 1500\ \text{€} = \underline{1560\ \text{€/Zyklus}}$$

$$k_p = k_p^I + k_p^{II} = 1560\ \text{€} + 0 = \underline{1560\ \text{€/Zyklus}}$$

4. *Erwarteter Zyklus*

$$E(t_{z,0,9}) = 0,1 * (3544\,\text{h} + 15\,\text{h}) + 0,9 * (1.298 + 3) = \underline{1527\ \text{h/Zyklus}}$$

5. *Spezifischer Kostenfaktor*

$$\phi_{0,9} = \frac{2416\ \text{€}}{2848\ \text{h}} = 0,85\ \text{€/h} \rightarrow \phi_{MIN}$$

$$V(R_{gef} = 0,9) = \frac{4400\,h/a - \left\{ \dfrac{4400\,h/a}{2318\,h/Z.}[1 - 0,9 * 15\,h/Z. + 0,9 * 3\,h/Z.] \right\}}{4400\,h/a}$$

$$= V(R_{gef} = 0,9) = V_{max} = 99,82\ \%$$

Mit einer mittleren Solleinsatzzeit der Maschinen von 4400 h/a und den in der Tab. 6.32 dargestellten Gesamtstillstandzeiten von rd. 8 h/a und Maschine ergibt sich im Mittel eine maximale technische Verfügbarkeit von über 99 % pro Maschine. Bei einer geforderten Überlebenswahrscheinlichkeit von 80 % sind die Instandhaltungskosten bezogen auf die Zeiteinheit am geringsten, d. h. die Instandhaltungsmaßnahme ist im Abstand von 2318 h zu realisieren. Das entspricht einer Überlebenswahrscheinlichkeit von 80 %.

6.3.3.7 Vergleich periodischer IH-Strategien und Auswahl des optimalen Strategietyps

Zum Vergleich zweier Strategien i und j ($i, j = P_{SV}, P_{SM}, P_{FV}, A_V, A_M$) eignet sich der Optimalwert des Zielkriteriums. Dazu können die jeweiligen Kosten in Relation gebracht werden:

$$\frac{k_{a,M}}{k_{p,S}} = \frac{Kosten\ der\ Minimalinstandsetzung\ nach\ Ausfall}{Kosten\ der\ Präventivinstandsetzung,\ starr\text{-}periodischer\ Zyklus}$$

$$\frac{k_{p,F}}{k_{p,S}} = \frac{Kosten\ der\ Präventivinstandsetzung,\ flexibel\text{-}periodischer\ Zyklus}{Kosten\ der\ Präventivinstandsetzung,\ starr\text{-}periodischer\ Zyklus}$$

Bei vorliegenden Formparametern b können Einschätzungen über den Grad der wirtschaftlichen Überlegenheit getroffen werden. Zur Bewertung der Güte einer Entscheidung für eine bestimmte Strategie ist deren Vorteil bzw. Nachteil gegenüber der Vergleichsstrategie zu bewerten. Beispielsweise könnte m. H. dieses Faktors die Über- bzw. Unterlegenheit einer Instandhaltungsstrategie im Vergleich zu einer anderen ausgedrückt werden[40].

Ein Vergleichsfaktor von $\psi = 0,9$ bzw. 1,1 drückt aus, dass die betrachtete Strategie im Optimum 90 % bzw. 110 % der Kosten garantiert bzw. verursacht, die die andere Strategie bei ihrem Optimum erreicht. Allgemein gilt:

$$\psi_{ij} = \frac{k_i(t_{oi})}{k_j(t_{oj})} \qquad (6.180)$$

bzw.

$$k_i(t_{oi}) = \psi_{ij}(t_{oj})$$

ψ_{ij} Vergleichsfaktor

mit:

$\psi_{ij} = 1$ beide Strategien sind absolut gleichwertig
$\psi_{ij} \ll 1$ Strategie i ist besser

---

[40] Vgl. Lauenstein et al. 1993, S. 176.

$\psi_{ij} \gg 1$ Strategie j ist besser

Die Unterschiede in den Zielfunktionswerten $k(t_0)$ werden bei gegebenem b von den Kostenparametern k_a und k_p bestimmt.

Wenn beispielsweise die Kosten zweier Instandhaltungsstrategien $k_1 = 800$ €/h, $k_2 = 860$ €/h gegeben sind, ergibt sich der Überlegenheitsfaktor zu

$$\psi = 1 - \frac{800}{860} = 1 - 0{,}94 = 6\,\%$$

Strategie 1 ist Strategie 2 um 6 % überlegen, sie verursacht 6 % weniger Kosten.

6.3.4 Planung und Optimierung von Instandhaltungsstrategien für Maschinen bzw. Anlagensysteme

6.3.4.1 Problemstellung

Wenn einzeln durchgeführte Instandhaltungsmaßnahmen vernünftig aufeinander abgestimmt werden, lassen sich innerhalb eines technischen Systems Kostenersparnisse erzielen. Folgende Aufwendungen fallen bei nahezu jeder Instandhaltungsmaßnahme an:

- Einsatz von Betriebsmitteln (Maschinen, Werkzeuge, Transportmittel)

  - Bereitstellung von Spezialisten und Spezialgeräten,
  - Demontage und Montage der Anlage,
  - Abstellen und Freigabe der Anlage zur Durchführung der Instandsetzungsmaßnahme und die Wiederinbetriebnahme im Bereich der Fertigung.

Gelingt es, terminlich eng beieinander liegende Maßnahmen so zu koordinieren, dass sie auf einen Termin gelegt werden können, fallen die aufgeführten Kosten bei der Durchführung einer komplexen Aktion nur einmal an, während sie bei isolierter Durchführung bei jeder einzelnen Maßnahme ins Gewicht fallen würden. Infolge dieses Gleichzeitigkeitseffekts könnten die Stillstandskosten insgesamt reduziert werden.

6.3.4.2 Grundprämissen für eine Koordinierungsstrategie

1. Festlegung der Instandhaltungsobjekte und Betrachtungseinheiten für die starre Zyklenkoordinierung.
2. Bestimmung der Zeitpunkte für die Durchführung vorbeugender Maßnahmen an einer Anlage oder Maschine.
3. Ermittlung der Weibull-Parameter sowie Bestimmung der kostenoptimalen Instandhaltungszeitpunkte und der optimalen Instandhaltungsmethode für die ausgewählten Elemente der Anlage.

6.3.4.3 Koordinierung optimaler Einzelzyklen

Die Koordinierung profitiert davon, dass bestimmte geplante Maßnahmen mit nahezu gleichem Instandhaltungszyklus parallel durchgeführt werden könnten, so dass die Stillstandszeit der Maschine die längste Reparaturdauer nicht übersteigt. Ziel ist eine optimale Gruppenbildung, die das Zielkriterium erreicht. Der Vorteil ist eine Verringerung der Stillstandskosten k_p^{II} durch die Koordinierung.
Erforderliche Eingangsdaten sind:

1. die mittleren Kosten k_{pi}^{I} und die Dauer t_{pi} einer vorbeugenden Maßnahme,
2. die mit der Maßnahme verbundenen Stillstandverluste $k_{pi,}^{II}$
3. der Grad der wiederherstellenden Instandhaltungsmaßnahme (Minimalinstandsetzung, vollständige Instandsetzung),
4. die mittleren Kosten k_{ai}^{I}, die Dauer t_{ai} einer wiederherstellenden Maßnahme sowie die mit der Maßnahme verbundenen Stillstandverluste $k_{a,}^{II}$
5. die Parameter a und b der Weibull-Verteilung,
6. Zielkriterium k für die Ermittlung des optimalen Einzelzyklus (Kosten + Stillstandverluste je Betriebszeiteinheit oder minimale Nichtverfügbarkeit,
7. die je Zeiteinheit Stillstand eintretenden Verluste für das Gesamtsystem.

Voraussetzung ist, dass der Stillstandskosteneffekt den Personalkosteneffekt überkompensiert.
Die einzelnen Arbeitsschritte zeigt Abb. 6.35.

1. Arbeitsschritt
Zunächst sind die optimalen Instandhaltungsintervalle der einzelnen BE des Untersuchungsobjekts zu berechnen. Ausgangsbasis bildet der Kostenparameter κ, der die Kosten und Stillstandsverluste einer wiederherstellenden Maßnahme zu denen einer vorbeugenden Maßnahme ins Verhältnis setzt:

$$\kappa = \frac{k_a}{k_p} \qquad (6.181)$$

Der Vorteil bei geplanter Instandhaltung besteht darin, dass sich auf der Grundlage einer entsprechenden Organisation bestimmte Maßnahmen zu einem Zeitpunkt gleichzeitig realisieren lassen. Unter Berücksichtigung des Koordinierungsfaktors η lassen sich im Vergleich zu einer sequentiellen Instandhaltung einzelner BE Einsparmöglichkeiten erzielen, insbesondere bei den Stillstandsverlusten k^{II}.

$$\kappa = \frac{k_{ai}^{I} + k_{ai}^{II}}{k_{pi}^{I} + \eta k_{pi}^{II}} \qquad (6.182)$$

Der Koordinierungsfaktor η ist ein Maß für die Effizienz, die durch eine Koordinierung der Instandhaltungsmaßnahmen bei den einzelnen Elementen erzielbar ist. Die Koordinierung von Maßnahmen verringert Stillstandszeiten und verbessert somit die Verfügbarkeit des Systems für die Produktion. Liegt zu Beginn der Berechnung

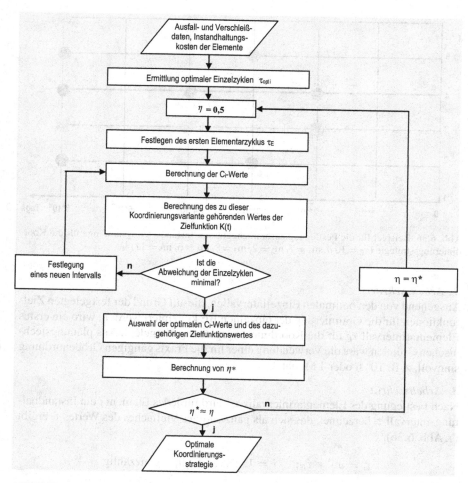

Abb. 6.35 Algorithmus zur Ermittlung der optimalen Erneuerungsvariante. (Lauenstein 1993, S. 240)

kein Erfahrungswert für η vor, kann jeder beliebige Wert zwischen 0 und 1 als Ausgangswert verwendet werden (z. B. 0,5).[41]

Mit Hilfe von η wird für jedes Element des betrachteten Systems das optimale Instandhaltungsintervall τ_{oi} entweder für die Strategie SV oder für die Strategie SM ermittelt. Das Optimierungskriterium lautet:

$$\kappa = \frac{t_a}{\eta\, t_p} \tag{6.183}$$

---

[41] Ebenda.

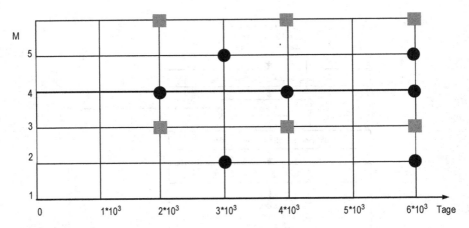

Abb. 6.36 Beispiel für die Festlegung zusammengefasster Instandsetzungsumfänge für die Koordinierungsstrategie ($\tau_E = 10\,d$, $m_1 = 2$, $m_2 = 2$, $m_3 = 8$, $m_4 = 6$, $m_5 = 12$)

2. Arbeitsschritt

Ausgehend von den optimalen Einzelintervallen, die auf Grund der festgelegten Zielfunktionen für die Optimierung der einzelnen BE konzipiert werden, wird ein erstes Elementarintervall τ_E für die Koordinierungsplanung festgelegt. Aus planungstechnischen Gründen wäre die Verwendung einer für die Praxis gängigen Größenordnung sinnvoll, z. B. 10^3 h oder 1 Monat.

3. Arbeitsschritt

Nach Festlegung des Elementarintervalls τ_E wird für jedes Element i ein Instandhaltungsintervall τ_i berechnet, das sich als ganzzahliges Vielfaches des Wertes τ_i ergibt (s. Abb. 6.36).

$$\tau_i = m_i * \tau_E; \quad i = 1, 2, \ldots, n; \; m_i \quad \text{ganzzahlig}$$

Der Zyklus τ_i wird so gewählt, dass die Abweichung vom optimalen Einzelzyklus τ_{oi} möglichst gering ist:

$$\tau_i \approx \tau_{oi}; \quad i = 1, 2, \ldots, n$$

Mit der Angabe des Elementarintervalls τ_E und der Berechnung der Intervalle τ_i bzw. der ganzzahligen Werte M_i für alle Elemente i des betrachteten Systems aus der Menge M_S wird eine Koordinierungsvariante wie folgt festgelegt:

$$\tau_E, \; m_i \quad \text{für } i = 1, 2, \ldots, n; \; m_i \quad \text{ganzzahlig}$$
$$\tau_i \quad \text{für } \quad i = 1, 2, \ldots, n$$

4. Arbeitsschritt

Die festgelegte Koordinierungsvariante ist zu bewerten. Zielkriterien sind die Instandhaltungskosten und Stillstandverluste je Zeiteinheit. Die Zielfunktion besteht aus drei Komponenten.

Teil A: Instandhaltungskosten und Stillstandsverluste je Zeiteinheit für wiederherstellende Instandhaltung nach Ausfall:

$$k_a(\tau_E, m_1, .., m_n) = \sum_{i=1}^{n} \frac{k_{ai} * A(\tau_i)}{\tau_i} \tag{6.184}$$

$A(\tau_i)$ gibt die Anzahl der wiederherstellenden Maßnahmen an.

Teil B: Durch vorbeugende Maßnahmen verursachte Kosten je Zeiteinheit:

$$k_p^I(\tau_E, m_1, .., m_n) = \sum_{i=1}^{n} \frac{k_{pi}^I}{\tau_i} \tag{6.185}$$

Teil C: Durch vorbeugende Maßnahmen verursachte Stillstandsverluste je Zeiteinheit:

Nach einer Zeit $\tau_G = m_G * \tau_E$ mit $m_G = k. g. V. \{m_i\}$ wiederholt sich der gesamte Instandsetzungszyklus. Dieses Intervall bildet somit den Grundinstandsetzungszyklus des technischen Systems. Zwischenzeitlich werden Instandsetzungsmaßnahmen des Umfangs m_r ($r = 1, 2, \ldots, m_{G-1}$) zu den Zeitpunkten $r * t_E$ durchgeführt. Dabei ist M_r die Menge der Elemente, für die ein ganzzahliges Vielfaches des Intervalls C_i ist und die Instandsetzung aller Elemente der Menge M die Stillstandszeit t_r erfordert. Daraus folgt:

$$k_p^{II}(\tau_E, m.., m_n) = \frac{\sum_{i=1}^{m_G} K_V * t_r}{m_G \, \tau_E} \tag{6.186}$$

Für den Fall, dass diese Zeit mit der größten Zeit der bei der r-ten Maßnahme vorbeugend instand gesetzten Elemente identisch ist, gilt:

$$t_r = \max_{i \in M_r}\{t_{pi}\} \tag{6.187}$$

Die Zielfunktion für die Bewertung der Koordinierungsvariante ergibt sich aus der Summe dieser drei Größen:

$$Z = k(\tau_E, m_1, .., m_n) = k_a(\tau_E, m_1, \ldots, m_n) + k_p^I(\tau_E, m_1, \ldots, m_n)$$
$$+ k_p^{II}(\tau_E, m_1, \ldots, m_n) \tag{6.188}$$

Bei Bedarf kann die Nichtverfügbarkeit des Systems als Kriterium für die Bewertung der Koordinierungsvariante verwendet werden. Dann sind statt der Kosten k_{ai}^I, k_{pi}^I

und K_s die Stillstandszeiten je Zeiteinheit, die die Nichtverfügbarkeit des Systems bestimmen, in die drei Hauptgleichungen einzutragen.

5. Arbeitsschritt
Nach Berechnung und Bewertung der ersten Koordinierungsvariante (AS_1 bis AS_3) werden weitere Varianten ermittelt. Dazu ist für jede Variante ein neuer Elementarzyklus festzulegen:

$$\tau_r = \max_{i \in M_r}\{t_{pi}\} \qquad (6.189)$$

$$\tau_E = \tau_E + \Delta\tau_E \qquad (6.190)$$

Danach sind dazu gehörige m_i –Werte unter Beachtung der Gleichung (6.187) und (6.188) festzulegen.

$$\tau_i = m_i\tau_E \quad t_i \approx t_{oi} \qquad (6.191)$$

Die Bewertung erfolgt gemäß Zielfunktion. Die Anzahl der Koordinierungsvarianten wird bestimmt von der Anzahl der Varianten für das Elementarintervall, d. h. von der Zahl der Veränderungen des Zyklus.

6. Arbeitsschritt
Es wird diejenige Koordinierungsvariante gewählt, die einen minimalen Funktionswert ergibt. Für diese (optimale) Variante wird der aktuelle Wert η^* des Koordinierungsfaktors η berechnet. Dieser ergibt sich als Quotient aus den bei Realisierung der optimalen Koordinierungsvariante entstehenden Stillstandverlusten und den Stillstandverlusten, die entstehen würden, wenn die vorbeugenden Maßnahmen unabhängig voneinander an den Elementen des Systems durchgeführt würden:

$$\eta = \frac{\sum\limits_{r=1}^{m_G} K_s * t_r}{\sum\limits_{i=1}^{n} \left(\dfrac{m_G}{m_i}\right) * k_{pi}^{II}} \qquad (6.192)$$

m_G/m_i Anzahl der vorbeugenden Instandsetzungen des Elements i im Gesamtintervall τ_G

Der Vergleich des aktuellen Werts η^* mit dem Vorwert η entscheidet, ob der Planer einen weiteren Iterationsschritt einleitet. Das Optimum ist dann erreicht, wenn diese beiden Werte annähernd gleich sind.

6.3.4.4 Vorteile und Grenzen von Koordinierungsstrategien

Bei der Entwicklung und Umsetzung einer Koordinierungsstrategie sollten die Ressourcen auf Schwerpunktelemente konzentriert werden. Schwerpunktelemente sind:

a. Schwachstellen des Systems[42],
b. solche Elemente, die aus arbeitsorganisatorischen Gründen hohen Vorbereitungsaufwand erfordern (Werkzeuge, Vorrichtungen, Spezialtechnik),
c. Elemente, für die aus Sicherheitsgründen in bestimmten Abständen vorbeugende Maßnahmen vorgeschrieben sind,
d. Elemente, die bei Ausfall zu einem Kapazitätsengpass eines Systems führen und Staus sowie ggf. hohe ökonomische Verluste verursachen würden.

Bei der Festlegung der Schwerpunktelemente ist die verfügbare Instandhaltungskapazität zu berücksichtigen. Der entscheidende Vorteil einer Koordinierungsstrategie besteht darin, dass mehrere Maßnahmen parallel durchgeführt werden können. Dem sind allerdings organisatorische Grenzen gesetzt, denn mit steigender Anzahl parallel durchzuführender Maßnahmen steigt die gegenseitige Behinderung der Instandhalter. Daher sollten nicht mehr als 4 Instandhalter gleichzeitig an einer Maschine arbeiten. Die positiven Effekte der Koordinierung könnten sonst durch den steigenden Behinderungsgrad überkompensiert werden.

6.4 Übungs- und Kontrollfragen

A. Grundlagen der Instandhaltungsplanung

1. Wodurch altern Bauteile bestimmt und welche Auswirkungen hat die Alterung auf die Abnutzungsgeschwindigkeit?
2. Welche Faktoren bestimmen die Alterung eines Systems?
3. Warum vergrößert häufige Instandhaltung einer Maschine die Intensität ihrer Alterung?
4. Erläutern Sie anhand des Verlaufs der Gesamt-, Stillstands- und Instandhaltungskosten in
5. Welche Argumente präferieren die Inspektions-, bzw. Präventivmethode zwingend? Welche Bedingungen begründen die Anwendung der Inspektionsmethode!
6. Was verstehen Sie allgemein unter Instandhaltungsstrategie?
7. Erläutern Sie die Grundprinzipien der Strategieplanung!
8. Nennen Sie die fünf wichtigsten Instandhaltungsvarianten! Erläutern Sie diese kurz!
9. Technisch bedingte Ausfälle und Störungen infolge Abnutzung und Verschleiß vermeidbar? Begründen Sie Ihre Antwort!
10. Welche Strategie wählen Sie, wenn das Ausfallverhalten der BE unbekannt ist? Begründen Sie Ihre Wahl!
11. Welche Strategien kommen bei weitgehend bekanntem Ausfallverhalten zur Anwendung?

---

[42] Eine Expertenbefragung ist sinnvoll, da die Schwachstellen meistens bekannt sind. Für diese Elemente ist eine Verfügbarkeit anzustreben, die unter Berücksichtigung der anderen Betrachtungseinheiten die geforderte Verfügbarkeit des Gesamtsystems sichert.

12. Erläutern Sie den Unterschied zwischen optionaler Instandhaltung, Gruppen- und Blockinstand setzung!

13. Welche Vorteile hat die Ausfallstrategie

    a. Bereich Anlagen
    b. im Bereich Instandhaltung?

14. Welche Nachteile hat die Ausfallstrategie

    a. im Bereich Anlagen
    b. im Bereich Instandhaltung?

15. Welche Vor- und Nachteile hat die zeitorientierte Instandhaltung

    a. im Bereich Anlagen:
    b. im Bereich Instandhaltung:

16. Welche Nachteile hat die Präventivstrategie

    a. im Bereich Anlagen:
    b. Im Bereich Instandhaltung:

17. Welche Vorteile hat die Inspektionsstrategie

    a. im Bereich Anlagen?
    b. Im Bereich Instandhaltung:

18. Welchen Nachteile hat die Inspektionsstrategie

    a. im Bereich Anlagen?
    b. Im Bereich Instandhaltung?

19. Welche Einflussfaktoren vermindern die theoretisch verplanbare Nutzungszeit einer technischen Anlage?

20. Welche Verfügbarkeit gilt für technische Produktionsanlagen?

21. Warum ist die Nutzungsintensität einer BE ein wichtiges Kriterium für die Instandhaltungsplanung?

22. Was ist bei einem Ausfall von Anlagenkomponenten einer Anlage von wesentlicher Bedeutung für den Fall gesundheitlicher Folgen oder Folgeschäden oder hoher wirtschaftlicher Verluste?

23. Welche Arten von Redundanz kennen Sie? Nennen Sie Bespiele (mindestens sechs insgesamt)!

B. Bestimmung der optimalen Instandhaltungsmethode für Elemente

1. Erläutern Sie die Vorteile der Weibull-Verteilung bei der Bestimmung des Ausfallverhaltens!

2. Erläutern Sie die wesentlichen Kriterien zur Begründung der Präventivstrategie!

3. Erläutern Sie die Arbeitsschritte für die Entwicklung einer Instandhaltungsstrategie

    a. für ein Element,
    b. für ein System!

4. Warum sind für die Ermittlung optimaler Methoden Elemente bezogene Ausfalldaten zu verwenden?

5. Erläutern und bewerten Sie das Ausfallverhalten anhand des Verlaufs der Ausfallrate in den drei charakteristischen Phasen für ein Element und ein System!

6. Wovon ist die Länge der Zeitphasen abhängig, die das Ausfallverhalten bestimmen!

7. Welche Instandhaltungsstrategie bringen Sie in den jeweiligen Nutzungsphasen zum Einsatz?

8. Erläutern Sie die Vorteile der Weibull-Verteilung bei der Bestimmung des Ausfallverhaltens! Inwie-weit lassen sich anhand des Verlaufs des Formparameters b mögliche Instandhaltungsstrate gien ableiten?

9. Erläutern Sie anhand einer Skizze die Möglichkeiten der Erhöhung des Abnutzungsvorrates einer BE!

10. Was verstehen Sie unter einer Schwachstelle? Unter welchen Voraussetzungen lassen sich Schwachstellen eliminieren?

11. Erläutern Sie anhand des Verlaufs der Betriebskennlinie den Begriff Schadensgrenze! Ist diese eindeutig definierbar?

12. Was verstehen Sie unter

    a. Abnutzungsgrenze?

    b. Betriebswarngrenze?

C. Vorhersagen für die Planung aus der Verlustfunktion

1. Formulieren Sie die Hauptzielfunktion der Instandhaltungsplanung und erläutern Sie ihre Bestandteile!

2. Welchen wesentlichen Aspekt bestimmt die Ausfallintensität einer BE und welche Grenzfälle sind dabei relevant?

3. Was verstehen Sie unter Minimalinstandsetzung und in welchem Zusammenhang kommt sie zur Anwendung?

4. Welcher Parameter beschreibt den Verlauf der Ausfallrate im Falle Weibullverteilter Ausfalldaten?

5. Charakterisieren Sie den mathematischen Zusammenhang der integrierten Ausfallrate bei Weibull-verteilten Laufzeiten!

6. Was verstehen Sie unter vollständiger Instandsetzung? Charakterisieren Sie die relevante Zielgröße bei vollständiger Instandsetzung nach Ausfällen!

7. Warum ist der Verlauf der Erneuerungsdichte nicht ohne weiteres empirisch bestimmbar?

8. Erläutern Sie die charakteristischen Funktionen für die Ausfallintensität und grenzen den Anwendungsbereich ab!

9. Beschreiben Sie den mathematischen Zusammenhang der Dichtefunktion der Weibull-

10. Welche Funktion hat

    a. der Formparameter b

    b. der Maßstabsparameter a

    c. der Ortsparameter c

der Weibull-Verteilung?

11. Definieren Sie die Zuverlässigkeitsfunktion der Weibullverteilung!
12. Welchen technischen Zusammenhang beschreibt die Ausfallrate? Zeichnen Sie die qualitativen
    Kurvenverläufe der Ausfallrate $\lambda(t)$ für die Parameter $b = 3{,}0;\ 2{,}0;\ 1{,}5;\ 1{,}0$ und $0{,}5$!
13. Definieren Sie den Erwartungswert und den Variationskoeffizienten der Weibull-Verteilung!
14. In welchem Zusammenhang ist die Asymptotengleichung von *Blackwell* anzuwenden?

D. Bestimmung der Kostenparameter

1. Welche Stillstandszeiten bestimmen allgemein die Verfügbarkeit eines Systems?
2. Welche Verlustzeitbestandteile im Falle einer nicht geplanten Instandhaltungsmaßnahme fallen besonders ins Gewicht? Begründen Sie Ihre Meinung!
3. Aus welchen Komponenten setzt sich die Stillstandszeit eines gestörten technischen Systems zusammen? Welche Zeitanteile sind vermeidbar bzw. nicht vermeidbar?
4. Welche Faktoren bestimmen die Stillstandszeit? Begründen Sie Ihre Auffassung!
5. Erläutern Sie anhand eines Getriebeschadens an einem Drehmaschinenhauptgetriebe den Unterschied zwischen Minimalinstandsetzung und vollständiger Erneuerung! Mit welchen relevanten Zielgrößen sind diese Zusammenhänge mathematisch erfassbar?
6. Warum kann im Falle einer Instandsetzung nach Inspektion nicht von vornherein der Umfang der Maßnahme als Minimalinstandsetzung oder vollständige Instandsetzung quantifiziert werden?
7. Welchen Einfluss hat der Ort der Instandsetzung auf den Instandsetzungsaufwand?
8. Welche Hauptkomponenten bestimmen die Instandhaltungskosten?
9. Welche Kostenbestandteile bestimmen die Instandhaltungskosten k^I und die Stillstandsverluste k^{II}?
10. Wovon ist die Berücksichtigung der Höhe der Kostenbestandteile bei den verschiedenen Instandhaltungsmaßnahmen abhängig?
11. Welche Komponenten bestimmen die Kosten der zustandsabhängigen Instandhaltung?
12. Welche relevante Zielgröße spielt für die Einführung der befundabhängigen Instandsetzung im Rahmen der periodisch durchgeführten Diagnose die entscheidende Rolle?
13. Welchen Einfluss haben der Formparameter b und der der Maßstabsparameter a der Weibull-Verteilung auf die Instandhaltungskosten?
14. Mit welchen Kosten ist der auf einen verhinderten Ausfall bezogene Durchschnittswert vergleichbar?
15. Worin besteht der wesentliche Vorteil der Befundinstandsetzung?

16. Erläutern Sie das grundsätzliche Vorgehen bei der Ableitung der Kostenparameter aus dem Umfang der Instandhaltungsmaßnahme!

17. Begründen Sie die Relation $k_{ps}^{II} < k_{pf}^{I}$ im Falle der Präventivmethode!

18. Begründen Sie die Relationen $k_{aM}^{I} < k_{aV}^{I}$ und $k_{aM}^{II} < k_{aV}^{II}$ im Falle wiederherstellender Instandsetzung!

19. Unter welchen Bedingungen sind die in Frage 18 gezeigten Relationen *nicht* relevant, d. h., wann gilt $k_{aV}^{II} < k_{aM}^{II}$?

20. Welche Komponenten umfassen die Diagnosekosten für die kontinuierliche oder periodische Diagnose?

21. Warum gilt die Beziehung k_{dK}^{II} gleich Null bei kontinuierlicher Diagnose?

22. Unter welchen Voraussetzungen gilt $k_{dp}^{II} > 0$?

23. Was verstehen Sie unter Befundinstandsetzung und wie werden die Kosten im Zusammenhang mit kontinuierlicher Diagnose verrechnet?

24. Wie werden die Kosten im Falle einer starr periodisch durchgeführten Befundinstandsetzung berechnet?

25. Wie lassen sich die folgenden Relationen im Zusammenhang mit der befundabhängigen Instandhaltung begründen: $k_{bp}^{I} < k_{aM}^{I}$ und $k_{bp}^{II} < k_{aM}^{II}$?

E. Bestimmung optimaler Instandhaltungsstrategien für Elemente und Systeme

1. Begründen Sie die Aussage, dass der konkrete Verlauf des Abnutzungsprozesses sowie der Zeitpunkt des Ausfalls einer konkreten BE grundsätzlich nicht genau vorhersagbar sind!

2. Warum weist die Instandhaltung im Vergleich zu den Primärprozessen eine relativ niedrige Arbeitsproduktivität auf?

3. Warum erreicht technologische Durchdringung der Instandhaltung i. Allg. nicht das Niveau von Produktionshauptprozessen?

4. Welche wesentlichen Aktivitäten tragen zur Steigerung der Arbeitsproduktivität in der Instandhaltung bei?

5. Welche wesentlichen Vor- und Nachteile hat die geplante Instandhaltung?

6. Unter welchen Voraussetzungen nimmt das Management den Nachteil verschenkten Abnutzungsvorrates im Falle geplanter Instandsetzung in Kauf?

7. Worin besteht die Hauptzielstellung der geplanten Instandhaltung?

8. Was verstehen Sie unter Instandhaltungsstrategie?

9. Nennen und erläutern Sie die relevanten Grundstrategietypen der Instandhaltung!

10. Welchen entscheidenden Vorteil hat eine Strategie mit starrem bzw. mit flexiblem Zeitzyklus? Erläutern Sie die Nachteile?

11. Erläutern Sie die wichtigsten Gründe für die Auswahl des zweckmäßigsten Strategietyps!

12. Erläutern Sie die Hauptzielfunktion der Präventivmethode mit starr periodischem Zyklus ohne Diagnose (Strategie SV, SM):

$$k(\tau) = \frac{k_p + k_a * A(\tau)}{\tau + [t_p + t_a * A(\tau)]} \Rightarrow Min!$$

Unter welcher Bedingung lässt sich der Ausdruck vereinfachen?

13. Erläutern Sie die Hauptzielfunktion der Präventivmethode mit flexiblem Zyklus ohne Diagnose (Strategie FV):

$$k(\tau) = \frac{k_p R(\tau) + k_a * F(\tau)}{\int\limits_0^\tau R(t)dt + [t_p R(\tau) + t_a * F(\tau)]} \Rightarrow Min!$$

Unter welcher Bedingung lässt sich der Ausdruck vereinfachen?

14. Erläutern Sie die charakteristischen Parameter der Zielfunktion

$$k(\tau_p, m) = \frac{1}{\tau_p}[k_p + k_a A_P(\tau_p) + k_d(m - 1) + k_b * B_P(\tau_p)] \Rightarrow Min!$$

zur Optimierung bei Diagnosestrategien!

15. Bei kontinuierlicher Diagnose und starr periodischem präventivem Zyklus τ_p (*SVK*, *SMK*) tritt der Diagnoseaufwand nicht periodisch, sondern ständig in durchschnittlicher Höhe von k_{dk} auf. Welche Kenngröße kennzeichnet die mittlere Anzahl der durch Befundinstandsetzung verhinderten Ausfälle $B_K(\tau_p)$?

6.5 Übungsaufgaben

Aufgabe 6.1
Bestimmung mittlerer Betriebszeiten bei Anwendung der Ausfallmethode m. H. des Wahrscheinlichkeitsnetzes für Extremwertverteilungen

1. Zielstellung
In der Übung sollen die Parameter der zweiparametrischen Weibull-Verteilung ermittelt und der Test der Verteilungshypothese durchgeführt werden.

2. Aufgabenstellung
Für die Instandhaltung des Hydrauliksystems einer Spritzgießmaschine mit 2500 KN Schließkraft wird aufgrund einer annähernd konstanten Ausfallrate λ(t) die Ausfallmethode präferiert. Zur Bestimmung des erforderlichen Arbeitszeitaufwandes für die Instandsetzung und der benötigten Störreserveteile ist es notwendig, die mittleren Betriebsdauern zwischen zwei Instandsetzungsmaßnahmen zu errechnen, was über die Parameter der Weibull-Verteilung möglich ist. Gegeben sind 4 h Reparaturzeit pro Maßnahme.

3. Hinweise zur Übungsdurchführung
Für die Hydraulikeinheit sind folgende Betriebszeiten analysiert worden:
6600, 500, 980, 2325, 1698, 834, 726, 1443, 36, 886, 5741, 396, 1946, 864, 2372, 486, 693, 3125, 415, 723, 1014, 2831, 1998, 328, 4931, 2003, 83, 981, 7986, 5914, 1000, 684, 1133, 674, 1023, 788, 815, 1030, 2980, 2013, 4814, 3127, 2086, 1017, 2907, 1886, 3136, 2420, 1318, 674.

Ordnen Sie die Betriebszeiten und ermitteln Sie m. H. des Wahrscheinlich-keitsnetzes die Planungsdaten, also die mittlere Betriebsdauer und die Anzahl der erforderlichen Ersatzteile innerhalb der Planungsperiode, wenn Sie davon ausgehen, dass die Maschine im 3-Schichtbetrieb arbeitet. Erarbeiten Sie Hinweise für die zu planende Instandhaltungsmethode.

Aufgabe 6.2

Bestimmung von Planungsgrößen für die betriebliche Instandhaltung, Entscheidung zwischen Minimalinstandsetzung oder vollständiger Instandsetzung nach Ausfall

1. Zielstellung

Die Erarbeitung von Planungsgrößen ist für die Kostenentwicklung in den Ferti-gungsbereichen von Maschinenbaubetrieben von großer Bedeutung. Vorhersagen für die betriebliche Planung können aus der Verlustfunktion abgeleitet werden. Die kumulierten Verluste eines Betriebsintervalls ergeben sich zu:

$$V_{kum}(\tau) = \int\limits_0^\tau V(\tau)d\tau = \begin{cases} k_a^M \, \Lambda(\tau) & \text{Minimalinstandsetzung nach einem Ausfall} \\ k V_a \, H(\tau) & \text{vollständige Instandsetzung nach einem Ausfall} \end{cases}$$

2. Aufgabenstellung

Anhand der statistischen Auswertung wurden für eine BE folgende Weibull-Parameter ermittelt: $b = 2,0$, $a = 500\,\text{h}$ ($= > \gamma = 0,002\,\text{h}^{-1}$). Sollen beispielsweise Vorhersagen für einen Instandhaltungszyklus von $t = 1.500\,\text{h}$ gemacht werden, kön-nen gemäß dem Ansatz die Funktionswerte der integrierten Ausfallrate $\Lambda(t)$ und Erneuerungsfunktion $H(\tau)$ berechnet werden.

Durch Multiplikation mit den Kosten, Verlusten und Stillstandszeiten erhält man Durchschnittsaussagen für das zu untersuchende Intervall. Damit kann der jährliche Instandhaltungsbedarf für die wiederherstellende Instandsetzung berechnet werden.

Ermitteln Sie die Planungswerte des Systems im eingeschwungenen Zustand, bei vollständiger Erneuerung und bei Minimalinstandsetzung. Legen Sie eine monatliche Kalenderauslastung der zu untersuchenden Maschine von 400 h zu Grunde. Erläutern Sie die Vorgehensweise!

Aufgabe 6.3

Entscheidung zwischen Minimalinstandsetzung oder vollständiger Instandsetzung nach Ausfall

1. Zielstellung

Das Instandhaltungsmanagement muss in jeder Situation kostenbewusst entscheiden. Dazu ist es notwendig, optimale Instandhaltungsstrategien durchzusetzen. Sehr oft ist dabei über die Planung für eine Minimalinstandsetzung oder eine vollständige Instandsetzung nach einem Ausfall zu entscheiden. Die integrierte Ausfallrate und die Erneuerungsfunktion sind dabei für die praktische Anwendung zur Ermittlung von Planungsgrößen sehr gut geeignet. Durch Anwendung der Zielfunktionen sowie durch Variation von Parametern soll die kostenoptimale Lösung ermittelt werden.

Zielfunktion

$$k = f[a(t)] = k_a^{(1)} + k_a^{(2)} => MIN!$$

2. Aufgabenstellung

Untersuchungsgegenstand ist das Getriebe einer Werkzeugmaschine. Die Werkzeugmaschine ist 4.500 h/Jahr im Einsatz. Durch statistische Untersuchungen wurden die Weibull-Parameter mit $b = 2,5$ und $a = 650$ h bestimmt. Ursache des Ausfalls ist ein schadhaftes Lager. Die optimale Instandhaltungsstrategie ist unter folgenden Voraussetzungen zu ermitteln:

Tab. 6.32 Kostendaten

Lfd. Nr.	Kenngröße	Wert
1	Maschinenstundensatz	100 €/h
2	Lohnkostensatz des Instandhalters	25 €/h
3	Durchschnittslohn des Maschinenbedieners	20 €/h
4	Lohnzuschlag für Überstunden (50 %)	10 €/h
5	– Ersatzteilekosten	
5.1	– bei Minimalinstandsetzung	50 €/Teil
5.2	vollständiger Instandsetzung (neuer Antrieb)	500 €/Teil

Tab. 6.33 Reparaturdaten bei Minimalinstandsetzung

Lfd. Nr.	Arbeitskomponente	(h)
1	Wegezeit	0,5
2	Fehlersuche, Abbau Antrieb	0,5
3	Transport in Zentralwerkstatt und zurück	0,5
4	Demontage und Montage Antrieb, Auswechseln	
4.1	– Des Lagers in der Werkstatt	1,0
4.2	– Einbau Motor	0,5
4.3	– Probelauf, Übergabe	1,0
	Gesamt	4,0

Die Stillstandszeit ist die Summe aus Reparaturzeit und Wartezeit auf Instandhaltung. Die Wartezeit beträgt im Durchschnitt 2 h/Maßnahme. Die Ersatzteile sind sofort verfügbar.

a. Ermitteln Sie die kostenoptimale Instandhaltungsstrategie!

b. Unter welchen Bedingungen wäre die Minimalinstandsetzung einer vollständigen Instandsetzung vorzuziehen?

c. Untersuchen Sie die Preise für die Ersatzteile!

Aufgabe 6.4

Planung und Optimierung von Instandhaltungsstrategien für Maschinen- und Anlagensysteme, darge-stellt am Beispiel eines Pneumatikventils

Tab. 6.34 Reparaturdaten bei vollständiger Instandsetzung

Lfd. Nr.		(h)
1	Wegezeit	0,5
2	Fehlersuche, Abbau defekter Antrieb	0,5
3	Neuen Antrieb montieren	0,5
4	Probelauf, Übergabe	1,0
	Gesamt	2,5

1. Zielstellung

Aufgrund der erforderlichen Kosteneinsparungen in allen Bereichen des Unternehmens ist es u. a. notwendig, die kostenoptimale Instandhaltungsmethode zu ermitteln und die Kosten für Instandhaltungsleistungen zu optimieren.

2. Aufgabenstellung

Anhand gegebener Daten ist zu ermitteln, ob die Präventivmethode oder die Ausfallmethode kostengünstiger ist. Untersucht werden soll das Pneumatikventil einer Werkzeugmaschine. Anhand der Ausfalldaten wurden die folgenden Weibull-Parameter ermittelt:

$$a = 4000\,\text{h} \quad b = 2,0$$

Bekannt sind die folgenden Kostengrößen:

- Lohnkostensatz $k_{LS} = 20$ €/h,
- Materialkosten $k_{Mat} = 500$ €,
- Maschinenstundensatz $k_{MST} = 100$ €/h

Die Reparaturdauer t_R beträgt bei Anwendung der Präventivmethode 4 h. Dies entspricht gleichzeitig der Stillstandszeit. Die Ausfallmethode erfordert einen Reparaturzeitaufwand von 8 h. Bei Anwendung der Ausfallmethode entstehen zusätzlich Wartezeiten auf Instandhaltung in Höhe von 2 h, weil mit dem Ausfall niemand gerechnet hat. Somit ergibt sich insgesamt eine Stillstandszeit von 10 h. Der Ausfall des Ventils hat den Ausfall der Maschine zur Folge. Es besteht zunächst die Möglichkeit, durch Überstunden den Produktionsausfall zu kompensieren, wenn es sich nicht um eine Engpassmaschine handelt. Dabei entsteht höherer Aufwand durch die zu zahlenden Überstundenzuschläge sowie durch zusätzliche Maschinenstundenkosten und die zu zahlenden Durchschnittslöhne für das Bedienungspersonal bei Maschinenstillstand. Der Lohnkostensatz beträgt durchschnittlich 15 €/h und der Zuschlag für Überstunden 50 % vom Grundlohn = 10 €/h.

a. Untersuchen Sie die Kostengrößen bei Anwendung der Präventivmethode, wenn die Instandsetzung in der produktionsfreien Zeit erfolgt. (In diesem Fall sind die Stillstandsverluste gleich Null).

b. Untersuchen Sie die Kostengrößen, wenn die Instandsetzung nicht in der produktionsfreien Zeit durchgeführt werden kann bei Anwendung der Präventivmethode und Ausfallmethode.

Hinweis: Ermitteln Sie den optimalen Zyklus für folgende Überlebenswahrscheinlichkeiten: $R_{gef} = 0{,}99,\ 0{,}95,\ 0{,}9,\ 0{,}7,\ 0{,}6,\ 0{,}5$.

Aufgabe 6.5

Untersuchung von schweren Antriebsmotoren

Die Ausfalldaten sind der Tab 6.33 zu entnehmen (s. Abb. 6.37). Ermitteln Sie zunächst die Weibull-Parameter.

Tab. 6.35 Bestimmung der empirischen Verteilung

Klassenbreite	h_{abs}	h_{rel}	$F(t)$	$F(t)(\%)$
0 ... 4000	6	0,067	0,067	6,67
4 ... 6000	17	0,189	0,256	25,56
6 ... 8000	24	0,267	0,522	52,22
8 ... 10000	29	0,322	0,844	84,44
10 ... 15000	14	0,156	1,000	100,00

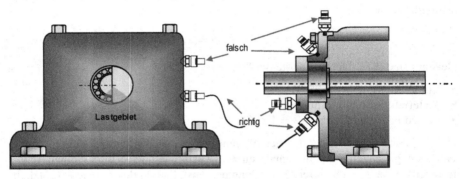

Abb. 6.37 Beispiel für korrekte und unkorrekte Anordnung der Messstellen am Lager einer Antriebswelle

Der Inspektionsabstand m. H. der Schwingungsdiagnose beträgt 4 Monate. Die im Rahmen der Analyse im Bereich Lager und Welle festgestellten Störungen haben zu 95 % mechanische Ursachen. Davon wurden 90 % m. H. der Schwingungsdiagnose erkannt. Damit kann folgender Diagnosewirkungsgrad festgestellt werden:

$$\vartheta = 0{,}95 * 0{,}9 = 0{,}85 \quad (0 < \vartheta_k < 1)$$

Die Lagerhaltung beim Betreiber ist so organisiert, dass im Falle eines Ausfalls Reservemotoren zur Verfügung stehen. Produktionsverluste, die sich beispielsweise aus der Nichtbelieferung eines Kohlekraftwerks ergeben würden, können somit nicht entstehen. Außerdem steht immer genügend verwertbare Braunkohle auf dem zentralen Kohlelagerplatz zur Verfügung. Technische Störungen haben daher keine negativen Auswirkungen auf den Erfolg des Kohlegewinnungsunternehmens.

1. Kosten der Inspektion k_d

Wenn im Rahmen einer Inspektion technische Diagnosegeräte zum Einsatz kommen, müssen drei Messadapter korrekt angebracht werden (s. Abb. 6.37). Auf folgende Regeln ist bei der Installation der Messadapter zu achten:

- Aufnehmer möglichst im Lastgebiet, nahe am Wälzlager (Dämpfung),
- Aufnehmer in Messrichtung hin zum Lastgebiet,
- keine zusätzlichen Trennfugen verursachen Reflexion, Dämpfung,
- optimal sind 45° von unten oder horizontal (besonders wichtig bei großen Maschinen mit $P > 300$ kW, $n < 400$ min^{-1}).

Die Ermittlung der Kosten basiert auf einem Nutzungszeitraum der gesamten Diagnosetechnik von 5 Jahren[43]. Für die Auswertung der Daten ist ein PC mit entsprechender Software erforderlich. Für die Durchführung der Messung und die Auswertung der Messdaten ergeben sich laufende Kosten.

Anzahl der durchzuführenden Inspektionen:

- für einen Motor: 3
- für 150 Motoren: 450 (10 % aller Inspektionen)
- Gesamt: 4500 Maßnahmen

Kosten für eine Inspektion: 7,32 € (s. Tab. 6.36)

Tab. 6.36 Basiswerte zu Aufgabe 6.5

	Gegenstand/Aufwand	Kosten (€)
1	Schwingungsmessgerät (einschl. Zubehör)	20.000
2	PC (Laptop)	1.500
3	Software	12.000
	Einmaliger Aufwand (Summe 1.bis 3.) K_A	33.500
4	Kapitaldienst $KD = K_A \dfrac{i * q^n}{q^n - 1}$	7.953
5	Lohnkosten (1 Instandhalter) K_L	25.000
	Laufender Aufwand (4 + 5)	32.953

2. Kosten der Instandsetzung nach Befund k_b

Im Ergebnis einer Inspektion können folgende Entscheidungen getroffen werden:

a. Weiternutzung mit der Abgabe einer Prognose zur Restnutzungsdauer oder
b. Anordnung einer Instandsetzung unmittelbar nach der Befundung, wobei sich der Instandsetzungsumfang nach dem vorgefundenen und bewerteten Abnutzungszustand richtet und im Umfang in der Spannweite von Minimalinstandsetzung bis vollständiger Erneuerung liegen kann.

---

[43] Der Zeitraum ist, insbesondere unter dem Aspekt sich verkürzender Produktlebenszyklen, auf die Entwicklungsdynamik der messtechnischen Geräte und Verfahren abzustimmen.

3. Kosten einer wiederherstellenden Instandsetzung k_a

Instandsetzungen nach Ausfall sind Minimalinstandsetzungen, d h. es werden nur die beschädigten Teile ausgetauscht, wobei gleichzeitig Folgeschäden beseitigt werden. Bezüglich des Aufwandes für die wiederherstellende Instandhaltung nach Ausfall liegen die folgenden Informationen vor:

a. Im Rahmen der Inspektion festgestellte Schäden sind zu 90 % normale Abnutzungsschäden: 400 €/Maßnahme (s. o.).

b. In 9 % der Ausfälle ist mit einem Folgeschaden in 5-fachem Umfang zu rechnen: 2000 €/Maßnahme.

c. Jeder Ausfallschaden hat eine vollständige Erneuerung zur Folge (1 %).

Hinweis: Das Unternehmen arbeitet mit einem internen Zinsfuß von 6 %.

Quellenverzeichnis

Literatur

Abramowitz, M., Stegun, I.A.: Handbook of mathematical functions. Dover Publications, New York (1968)

Beichelt, F., Franken, P.: Zuverlässigkeit und Instandhaltung, Mathematische Methoden. Verlag Technik, Berlin (1985)

Beckmann, G., Marx, D.: Instandhaltung von Anlagen, 3. Überarbeitete Auflage, Deutscher Verlag für Grundstoffindustrie, Leipzig (1987)

Berten, B.: Laufzeitermittlungen von Instandhaltungsobjekten aus unvollständigen Stichproben, Wiss. Beiträge der Ingenieurhochschule Wismar, Sektion Stochastik. **2**, 7–14 (1980)

Berten, B.: Zum Einsatz mathematisch statistischer Verfahren bei der Analyse des Ausfallverhaltens von Instandhaltungsobjekten. WZ Universität Rostock. **27**(3), 361–365 (1978)

Berten, B., Runge, W.: Lebensdauerverteilungen bei flexibel-periodischer Erneuerung. WZ Universität Rostock. **27**(3/4), 137–139 (1978)

Bertsche, B., Lechner, G.: Zuverlässigkeit im Fahrzeugbau, 3. Überarbeitete Auflage, Springer Verlag, Heidelberg (2004) (ISBN 3-540-20871-2)

Betge, P.: Investitionsplanung, 4. überarbeitete Auflage, Vahlen Verlag München (2000) (ISBN 3-8006-2576-8)

Birolini, A.: Qualität und Zuverlässigkeit technischer Systeme. Springer, Heidelberg (1991)

Birolini, A.: Zuverlässigkeit von Geräten und Systemen. Springer, Heidelberg (1997)

Birolini, A.: Releability Engineering, Theory and Practice. Springer, Heidelberg (1999)

Blackwell, D.: A renewal theorem. Duke. Math. J. **15**(1), 145–150 (1948)

Bronstein, I.N., Semendjajew, K.A.: Taschenbuch der Mathematik. Verlag Harry Deutsch, (1995)

Cox, R.: Erneuerungstheorie. Oldenbourg, München (1965)

Czichos, H., Habig, K.H.: Tribologie-Handbuch, Reibung und Verschleiß. Vieweg, Wiesbaden (1992)

Dück, W., Bliefernich, M.: Operationsforschung, Bnd. 3, Deutscher Verlag der Wissenschaften, Berlin (1972)

Dubey, S.D.: On some Permissible Estimaters of the Location Parameter of the Weibull and Certain other Distributions. Technometr. **9**(2), (1967)

Eichler, Ch.: Instandhaltungstechnik. Verlag Technik, Berlin (1991)

Gnedenko, B.V., Beljajew, J.K., Solowiew, A.D., Franken, P.: Mathematische Methoden der Zuverlässigkeitstheorie, Bd. 1 und 2, Akademie-Verlag, Berlin (1968)

Gnilke, W.: Lebensdauerberechnung der Maschinenelemente. Carl Hanser-Verlag, München-Wien (1989)

Große, G.: Instandhaltung einfacher Systeme unter Einbeziehung von Kontrollen und Instandsetzungen nach Befund. Die Technik 33(6), (1978)

Haase, J.; Oertel, H.: Ein Beitrag zur Bestimmung optimaler Instandhaltungsmethoden, dargestellt am Beispiel ausgewählter Werkzeugmaschinen. Diss. A, TU Chemnitz, (1974)

Haase, J.: Instandhaltung flexibler Fertigungssysteme. Diss. B, TU Chemnitz, (1987)

Härtler, G.: Statistische Methoden für die Zuverlässigkeitsanalyse. Springer-Verlag, Heidelberg (1982)

Härtler, G. et al.: Das Lebensdauernetz –Leitfaden zur grafischen Bestimmung von Zuverlässigkeitskenngrößen der Weibull-Verteilung. Deutsche Gesellschaft für Qualität e. V., Frankfurt a. M. (1995)

Haigh, J.: Probability Models. Springer, Heidelberg (2002)

Hartmann, E.H.: TPM Effiziente Instandhaltung und Maschinenmanagement, (2. Aufl.), Verlag Moderne Industrie, Landsberg (2001)

Kozniewska, I.: Die Erneuerungstheorie. Verlag Die Wirtschaft, Berlin (1969)

Kettner, H., Schmidt, J., Greim, H.R.: Leitfaden der systematischen Fabrikplanung. Hanser, München (1984). (ISBN: 3-446-13825-0)

Kühlmeyer, M.: Statistik für Ingenieure, Springer-Verlag, Heidelberg-New York (2001) (ISBN 3-540-41097-x)

Lauenstein, G., Renger, G., Novotnick, E.: Instandhaltungsstrategien für Maschinen und Anlagen –Grundlagen und Verfahren für ihre Optimierung. Linde, Berlin (1993) (ISBN 3-910-205-29-1)

Lueger, O.: Lexikon der gesamten Technik und ihrer Hilfswissenschaften, Bd. 4, Dt. Verlags-Anstalt, Stuttgart (1906) (Erscheinungszeitraum 1904 – 1914) (ISBN-13: 978-3-89853-516-8)

Müller, R., Schwarz, E.: Zuverlässigkeitsmanagement. Siemens AG, München (1994) (ISBN 3-8009-4175-9)

Niemann, Kl.: Präventive Instandhaltung von Spritzgießmaschinen, 2. Aufl., Hüthig, Heidelberg (1992). (ISBN: 3-7785-2891-5)

O'Conner, D. D. T.: Zuverlässigkeitstechnik. VCH Verlagsgesellschaft, Weinheim (1990) (ISBN 3-527-26890)

O'Conner, D. D. T.: Reliability Engineering, Theory and Practice, (3. Aufl.), Springer-Verlag, Heidelberg (1999)

Ottmann, T.H., Widmayer, P.: Algorithmen und Datenstrukturen, 4. Aufl. Spektrum Akademischer Verlag, Heidelberg (2002)

Raunik, G.: Schwingungsmessungen an Elektromotoren -Wälzlager- und Schwingungsdiagnose an Nebenanlagen eines Wärmekraftwerkes zur Optimierung des Messaufwandes als Unterstützung der zustandsorientierten Instandhaltung und zur Erhöhung der Verfügbarkeit der Aggregate, Diplomarbeit 135 Seiten, HS Lausitz, Senftenberg (2005)

Reichelt, C.: Rechnerische Ermittlung der Kenngrößen der Weibull-Verteilung. Fortschrittsberichte VDI-Zeitschrift. 1(56), (1978)

Witel, H., Muhs, D., Becker, M., Jannasch, D., Voßiek, J.: Roloff/Matek Maschinenelemente, Normung, Berechnung, Gestaltung), 13. überarbeitete Auflage, Vieweg-Teubner Verlag, Wiesbaden (1998)

Sachs, L.: Angewandte Statistik, 7. Aufl., Springer-Verlag, Heidelberg (1992)

Sachs, L.: Angewandte Statistik, 11. Aufl., Springer-Verlag, Heidelberg (2004) (ISBN 3-540-32160-8)

Schlittgen, R.: Einführung in die Statistik, 9. Aufl., Wissenschaftsverlag, Oldenbourg (2000)

Schulz, P.: Parameterschätzung und Stichprobenplanung in Weibull-Verteilungen. Diss. A, TH Magdeburg (1981)

Siegel, S.: Nichtparametrische statistische Methoden. Verlag Dietmar Klotz, Eschborn (2001)

Storm, R.: Wahrscheinlichkeitsrechnung, mathematische Statistik, statistische Qualitätskontrolle. Hanser, München (2007)

Störmer, H.: Über einen statistischen Test zur Bestimmung der Parameter einer Lebensdauerverteilung. Metrika 4, S. 63–77 (1961)

Strunz, M.: Dimensionierung von Instandhaltungswerkstätten. Dissertation A, TU Chemnitz, (1990)

Strunz, M.: Reorganisation von Instandhaltungsstrukturen, wt Werkstatttechnik. VDI-Zeitschrift für Produktion und Management online, 90 Heft 9, S. 365–369, Springer, Düsseldorf (2000)

Strunz, M.: *Optimierung von Dienstleistungsstrukturen m. H. mathematischer Modelle*, Vortrag anlässlich der Wissenschaftstage der Hochschule Lausitz (FH) am 6. und 7.10.2005

Strunz, M., Köchel, P.: Optimale Dimensionierung von Dienstleistungsstrukturen hilft Kosten senken; wt Werkstatttechnik, VDI-Zeitschrift für Produktion und Management online, Jahrgang 92, Heft 10, S. 548–551, Springer, Düsseldorf (2002)

Strunz, M.: Erhöhung der Wettbewerbsfähigkeit durch Optimierung produktionsnaher Dienstleistungsstrukturen, Fachtagung: Strategien für ganzheitliche Produktion in Netzen und Clustern, Tage des Betriebs- und Systemingenieurs TBI'05, 6.-7. TU Chemnitz, Tagungsband S. 107–113 (2005)

Strunz, M.: Energieeffizienter Schmelzbetrieb Abschlussbericht Brandenburgisches Impulsnetzwerk Ennergieefizienter Schmelzbetrieb (unveröffentlicht), HS Lausitz, Senftenberg (2009)

Wilker, H.: Weibull-Statistik in der Praxis – Leitfaden zur Zuverlässigkeitsermittlung technischer Produkte. Books on Demand GmbH, Norderstedt (2004)

Zeidler, E. (Übers./Hrsg.): Taschenbuch der Mathematik, 2.durchgesehene Aufl. (verfasst von I. N. Bronstein, K. A. Semendjajew). Teubner, Stuttgart (2003) (ISBN 3-519-20012-0)

NN: WEKA Katalog Handbuch Instandhaltung WEKA, Media GmbH Co KG, Kissing, (www.weka de)

NN: WEKA Katalog Fachkraft für Arbeitssicherheit Verlag WEKA Media GmbH Co KG, Kissing, (www.weka de)

Internetquellen

http://www.jstor.org/pss/1266425 (5.5.2011)

Richtlinien

VDI 4009, Bl. 7: Numerische Verfahren zur Bestimmung von Verteilungsparametern in der Zuverlässigkeitsrechnung, 1985-05

Kapitel 7
Strukturierung und Dimensionierung von Instandhaltungswerkstätten

Zielsetzung Nach diesem Kapitel

- kennen Sie die allgemeinen Fabrikplanungsgrundsätze,
- kennen Sie den grundlegenden Prozessablauf zur Vorbereitung und Planung von Investitionen im Bereich Instandhaltung,
- kennen Sie die grundlegenden Aspekte der Wandlungsfähigkeit von Instandhaltungsstrukturen,
- sind Sie in der Lage

  - die Funktion von Instandhaltungsstrukturen zu bestimmen,
  - Instandhaltungswerkstätten zu strukturieren, zu dimensionieren und zu gestalten,
  - Netzstrukturen zu entwickeln,
  - Instandhaltungsstrukturen zu modellieren und den Ressourceneinsatz, insbesondere den Personaleinsatz zu optimieren.

7.1 Planungsgrundsätze

Die Fabrikplanung ist ein Entwurfsprozess, dessen schöpferischer Träger der Planer ist. Zur grundsätzlichen Vorgehensweise wird der Planungsprozess in Planungsphasen eingeteilt, die stufenweise durchlaufen werden (Rockstroh 1977). Für die Projektierung der Strukturen kann sich der Fabrikplaner von verschiedenen systemtechnischen Grundsätzen leiten lassen:

- „Top down"
- „Bottom up"
- „Von außen nach innen"
- „Vom Zentralen zum Peripheren"
- „Variieren und Optimieren"

Diese Grundsätze beinhalten jeweils eine Reihe von Unteraspekten. Der Planungsgrundsatz „Top down" weist den Hauptweg für das planerische Vorgehen und ist die Regel.

M. Strunz, *Instandhaltung*,
DOI 10.1007/978-3-642-27390-2_7, © Springer-Verlag Berlin Heidelberg 2012

Die Projektierung erfolgt prinzipiell in der Rangfolge:

I. Hauptprozess
II. 1. Peripherie
III. 2. Peripherie
IV. 3. Peripherie

und wird unabhängig unter Einhaltung der Rangfolge grundsätzlich stufenweise durchgeführt:

1. Stufe: Zielplanung
2. Stufe: Strukturplanung (Konzeptplanung)
3. Stufe: Systemplanung
4. Stufe: Ausführungsplanung

Für das systematische Planungsvorgehens gelten allgemein folgende Planungsgrundsätze (Grundig 2009):

1. Vom Groben zum Feinen
2. So genau wie notwendig, so grob wie möglich
3. So viel wie notwendig, so wenig wie möglich
4. Idealplanung vor Realplanung

Die allgemeingültigen Grundsätze des systematischen Planungsvorgehens determinieren die Projektierung von Produktionssystemen und deren Peripherien in eine Folge von Dimensionierungs- und Strukturierungsschritten, die stufenweise, retrograd und teilweise simultan abgearbeitet werden. Innerhalb der Hierarchieebenen der Produktion sind zunächst die technologischen Prozesse (Kernprozesse) auf der Basis des Produktions- und Leistungsprogramms und dann die weiteren Flusssysteme in der Reihenfolge Stofffluss, Informationsfluss, Energiefluss und Personenfluss zu projektieren. Innerhalb des Stoffflusses werden erst der Werkstückfluss (Fertigung, Speichereinrichtung, Transport- und Übergabeeinrichtung) und anschließend der VWP-Fluss projektiert.

Die technologische Konzeption dokumentiert die Ergebnisse dieser Planungsschritte. Sie bildet das Kernstück der Feasibility-Studie. Die Projektierungsschritte gelten grundsätzlich für alle Planungsgrundfälle und für alle Flüsse[1] und wiederholen sich in allen Planungsstufen.

Im Falle einer Überplanung ergibt sich ein größerer Gesamtplanungsaufwand. Bei Abbruch der Arbeiten nach der Feasibility-Studie ist auf Grund zu aufwendiger Planung ein nicht gerechtfertigt hoher Planungsaufwand entstanden. Bei Unterplanung besteht die Gefahr der Fehlplanung, der Planungsaufwand ist nur scheinbar geringer, da infolge zahlreicher ungeklärter Einzelheiten in der Endphase mit Schwierigkeiten und Komplikationen zu rechnen ist, die zusätzliche Planungsarbeit und Mehrkosten für die Behebung eventueller Fehler verursachen können, Terminverzögerungen bei der Inbetriebnahme. Die Ursachen beider Extremsituationen liegen in der Nichtberücksichtigung der Projektierungsgrundsätze begründet.

---

[1] Vgl. Strunz 2001.

7.2 Flexibilität von Instandhaltungswerkstätten als Gestaltungsaufgabe

Die Überlebensfähigkeit von Produktionssystemen, gleich in welcher Form sie organisiert sind, ist abhängig von ihrer Flexibilität. Flexibilität ist die Grundvoraussetzung für die Wandlungsfähigkeit (Wirth 2003, Westkämper et al. 2000). Daher richten moderne Unternehmen ihre Produktionskonzepte prozessorientiert aus und beziehen alle Funktionen, die die Steuerung und Sicherung des Prozesses unmittelbar beeinflussen, in die Linie und damit in den Produktionsprozess ein. Dazu gehört ein leistungsfähiges Informationssystem, das die Instandhaltungsleitstellen mit belastbaren Informationen versorgt und die Entscheidungsprozesse effizient unterstützt (vgl. Sihn 1992). Mit einer anschließenden Strukturierung nach Produktionsbereichen oder Produktgruppen lassen sich so genannte Kompetenzzellen (Schenk und Wirth 2004) generieren, die eigenverantwortlich agieren und kostenbewusst handeln können.

Die Grundsatzeigenschaft Flexibilität als Kerneigenschaft der Wandlungsfähigkeit ist auch für Instandhaltungswerkstätten grundlegend notwendig und daher, wenn auch in Grenzen, übertragbar.

Die Definion der Fabrik (vgl. Spur 1994[2]) ist prinzipiell auch auf Instandhaltungswerkstätten anwendbar, denn sie sind definitionsgemäß eine spezielle Form der Fabrik. Fabriken gelten als Anstalten von gewerblichen Produktionseinheiten, in denen gleichzeitig und regelmäßig Arbeitskräfte beschäftigt sind, die unter Einbeziehung von Planungs- und Verwaltungsarbeit eine organisierte Produktion unter Anwendung von Arbeitsteilung und Maschinen betreiben. Die Instandhaltungswerkstatt ist eine Untermenge des Industriebetriebes und dadurch gekennzeichnet, dass ihre betrieblichen Funktionen analog einer Fabrik in besonderen zweckorientierten baulichen Anlagen nach vorgegebenen Organisationsprinzipien realisiert werden. Im Unterschied zur Fabrik übernimmt die Instandhaltungswerkstatt innerhalb der Wertkette eine Dienstleistungsfunktion mit der Aufgabe, Abnutzungsvorrat zu produzieren, also kein Produkt im Sinne eines Erzeugnisses, sondern eine nur indirekt messbare Leistung. Im Falle der Herstellung von Ersatzteilen in kleinen Serien hat sie eindeutig den Charakter einer Fabrik. Dabei liegt die Inanspruchnahme von Instandhaltungsleistungen immer im Spannungsfeld von Wirtschaftlichkeit und Rentabilität. Dadurch gerät die Instandhaltungswerkstatt in ihrer Funktion als Dienstleister vermehrt in den Focus der kritischen betrieblichen Analyse des kostenbewussten Unternehmens. Jedes produzierende Unternehmen steht vor dem Dilemma, dass es einerseits auf Instandhaltung nicht verzichten kann, wenn ehrgeizige Produktions- und Marktziele erreicht werden sollen. Andererseits hat es immer das Problem, ihre Kapazitäten möglichst hoch auszulasten. Viele Unternehmen verzichten daher aus Kostengründen auf eine eigene Instandhaltung und kaufen die erforderlichen Dienstleistungen bei Bedarf (s. Kap. 8.2).

---

[2] Vgl. Spur 1994, S. 3, vgl. auch Spur, G.: Optionen zukünftiger industrieller Produktionssysteme, S. 19 ff.

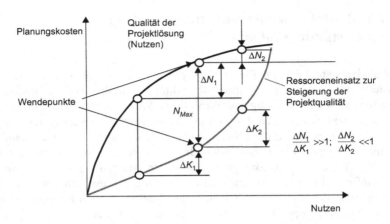

Abb. 7.1 Kosten und Nutzen der Qualität einer Projektlösung

Auf Grund der anerkannten Produktionsfunktion der Instandhaltung lassen sich neue Modellansätze der Fabrikplanung prinzipiell auch auf die Projektierung von Instandhaltungswerkstätten übertragen.

In Vordergrund steht auch für Instandhaltungswerkstätten die Realisierung einer ausreichend hohen Flexibilität als Gestaltungsaufgabe[3]. Sie ist eine Hauptforderung für die Fabrikplanung i. Allg. und somit auch für die Planung von Instandhaltungswerkstätten im Besonderen. Das bedeutet, dass bereits in der Grobplanungsphase bei der Dimensionierung und Strukturierung die Befähigung zur Anpassung an sich ändernde Rahmenbedingungen in gewissem Grade zu berücksichtigen ist. Das erfordert vom Fabrikplaner überdurchschnittliche Fähigkeiten und Fertigkeiten. Sein Ziel besteht darin, den Problemlösungsprozess so gestalten, dass das optimale Niveau des Nutzens, den ein Projekt stiftet, mit geringst möglichem Ressourceneinsatz erreicht werden kann. Die Flexibilität der technischen Teilsysteme ist abhängig von den eingesetzten Ressourcen, die den Nutzwert der Planungslösung bestimmen und daher zur Bewertung der Projektgüte einer Projektlösung mit herangezogen werden müssen[4].

Die organisatorische Gesamtlösung basiert auf den Vorgaben des Auftraggebers[5]. Insgesamt zeigt sich aber, dass eine Steigerung des Nutzens, den eine Projektlösung stiftet, begrenzt ist, während die Kosten ins Unermessliche steigen können. Es ist daher Aufgabe des Fabrikplaners, für das richtige Verhältnis von Kosten und angestrebter Projektqualität, die sich in ihrem Nutzen dokumentiert, zu sorgen (Abb. 7.1).

Die akute Unternehmenskrise und der Überlebensdrang haben zahlreiche Unternehmen quer durch nahezu alle Branchen zu radikalen Reorganisationsmaßnahmen veranlasst. Im Vordergrund standen in den vergangenen Jahren vermehrt

---

[3] Vgl. Aggteleky, Bd. 2 1990, S. 453 ff.
[4] Vgl. Helbing 2009, S. 159.
[5] Auftraggeber (AG) ist der Unternehmer bzw. bei Kapitalgesellschaften das Management.

Maßnahmen wie *Out-Sourcing, Down-* bzw. *Right-Sizing*[6] und *Business Process Reengineering.* Es handelt sich dabei um Strategien zur Verbesserung der Wettbewerbsfähigkeit des krisengeschüttelten Unternehmens. Übereifer und einseitiges Gewinnstreben führten in vielen Fällen zu strategischen Fehlentscheidungen. Die Unternehmen wurden nicht fit gemacht, sondern abgemagert. Abmagerung ist aber nicht gleichzusetzen mit Fitness. Erfolg versprechende neue Ansätze, die Unternehmen für den Wettbewerb fit machen sollen, sind das Bionic Manufacturing, das Holonic Manufacturing und die Fraktale Fabrik[7]. Die einzelnen Ansätze versprechen ein hohes Maß an Wandlungsfähigkeit als neue Dimension der Flexibilität. Wandlungsfähigkeit ist eine Kombination von Flexibilität und Reaktionsfähigkeit (Reinhard 2000). Danach ist Flexibilität die Möglichkeit zur Veränderung in vorgehaltenen Dimensionen und Szenarien. Wandlungsfähigkeit ist das Potenzial, über das ein Unternehmen verfügt und es befähigt, eine schnelle Anpassung auch jenseits vorgehaltener Korridore bezüglich Organisation und Technik mit geringem Investitionsaufwand zu realisieren (Wiendahl et al. 2009).

Der Begriff Wandlungsfähigkeit ist differenzierter zu definieren. Insbesondere sollte er eine elementebezogene Befähigung zur Wandlung (z. B. Immobilien, Mobilien und Flusssysteme) und Zeithorizonte (kurz-, mittel-, langfristig) berücksichtigen. Ein System kann als flexibel bezeichnet werden, „ *. . . wenn es im Rahmen eines prinzipiell vorgedachten Umfangs von Merkmalen sowie deren Ausprägungen an veränderte Rahmenbedingungen sowie deren Ausprägungen reversibel anpassbar ist*" (Westkämper 1999; Westkämper et al. 2000). Ein System ist wandlungsfähig, wenn es aus sich selbst heraus über gezielt einsetzbare Prozess-, Struktur- sowie Verhaltensvariabilität verfügt. Wandlungsfähige Systeme zeichnen sich insbesondere dadurch aus, dass sie zukünftige Entwicklungen erkennen und antizipieren. Damit sind sie in der Lage, mit innovativen Geschäftsprozessen und Produkten proaktiv Wettbewerbsdruck zu erzeugen (Wiendahl 1998).

Zur Umsetzung derartiger Strategien eignet sich beispielsweise die Bildung temporärer Fabriken (Wirth 2001). Es handelt sich dabei um eine zeitlich begrenzte Kooperation von Produktionssystemen oder Fabriken mit dem Ziel der Bewältigung größerer Geschäftsvolumina, für deren Realisierung Ressourcen und Kapitalkraft einer einzelnen Unternehmung (Fabrik) nicht ausreichen würden. Der Kerngedanke des Ansatzes besteht in der Erkenntnis, dass nicht nur Lebenszyklen von Produkten, sondern auch von Prozessen und Organisationen, Fabrikgebäuden und Flächennutzungen weiter auseinander triften (vgl. Schmenner 1993), weil zur Bewältigung

---

[6] Es handelt sich um eine Alternativbezeichnung zum „*Downsizing*". Gemeint ist im Prinzip das gleiche, nämlich Verschlankung durch Reduktion auf Kernbereiche, Auslagerung oder Desinvestition. Bereiche (oder Investitionen) werden überprüft, ob sie ausreichend zum Ergebnis beitragen oder stillgelegt oder ausgelagert bzw. vermieden werden sollen. Der Begriff Downsizing ist wegen der damit verbundenen Arbeitsplatzeffekte negativ besetzt (Krise). Also haben die Marketing-Fachleute der Beraterbranche den Begriff „*Rightsizing*" in die Debatte gebracht, um nicht offen von Abbau, sondern scheinbar von ergebnisoffener Anpassung zu sprechen (Bickhoff et al. 2006).

[7] Vgl. Zahn 1996, S. 10 ff.

kurzfristiger Geschäftsprozesse größeren Umfangs die Zeit für langwierige Investitionsvorhaben nicht zur Verfügung steht. Ein wichtiges Hilfsmittel für die Vernetzung von mehr oder weniger autonomen Einheiten ist das Internet. Dieses bildet die Basis für eine kompetenznetzbasierte Fabrik, die in eine heterarische Netzwerkorganisation eingebunden ist[8]. Die Kompetenzzellen bilden die Grundstruktur. Sie sind die kleinsten, selbstständig lebensfähigen Wertschöpfungseinheiten mit hohem Wandlungspotenzial.

Die Gestaltungsfelder der Wandlungsfähigkeit erfassen die Komponenten:

- Struktur,
- strategische Kompetenz,
- Ressourcen,
- Motivation.

Quelle der strategischen Beweglichkeit ist Strategiekompetenz. Der Aufbau oder die Implementierung von Strategiekompetenz ist die vordergründige Aufgabe der Unternehmensführung.[9] Strategiekompetenz ist die Fähigkeit, zukünftige Entwicklungsrichtungen durch Einsatz von Krisenfrüherkennungsinstrumenten rechtzeitig zu erkennen bzw. zu antizipieren (Felscher 1988) und m. H. geeigneter Instrumente die richtigen strategischen Entscheidungen zu treffen. Das betrifft insbesondere die Struktur zukünftiger Produktionsprogramme und Mengengerüste.

Zur Erreichung eines oder mehrerer (angestrebter) Ziele ist eine Vielzahl aufeinander abgestimmter Einzelmaßnahmen zu realisieren (Macharzina 1999). Ein Unternehmen, das beispielsweise seinen Marktanteil in den nächsten 10 Jahren verdoppeln will, muss zahlreiche Maßnahmen parallel nebeneinander umsetzen, u. a.:

- Verbesserung der Produktqualität,
- Aufbau eines effizienten Qualitätsmanagementsystems mit integrierter Instandhaltung (TQM: Total Quality Management, TPM: Total Productive Maintenance)
- Intensivierung der Forschung und Entwicklung (Weiter- und Neuentwicklung, Innovationen),
- Aufbau eines eigenen Distributions- und Servicenetzes (Barkawi et al. 2006).

Jede dieser Maßnahmen sind für sich genommen wiederum Maßnahmenbündel. Die Maßnahmenbündel erlangen die Bedeutung von Strategien, wenn sie untereinander abgestimmt sind, wodurch sie sich ergänzen und ihre Wirkung verstärken. In der optimalen Koordinierung zeigt sich die Befähigung zur Strategiekompetenz als wesentliches Kriterium der Wandlungsfähigkeit. Es wäre beispielsweise strategisch falsch, wenn ein Unternehmen die Kostenführerschaft anstrebt, aber gleichzeitig die Qualität der Produkte und die Instandhaltung der Produktionstechnik verbessern würde. Beide Ziele sind konträr. Beide Ziele sind konträr. Qualität und Sicherung der Verfügbarkeit sind nicht zum Nulltarif zu haben (Abb. 7.2).

---

[8] Vgl. Schenk und Wirth 2003, S. 364.
[9] Vgl. Macharzina 1999, S. 203 ff.

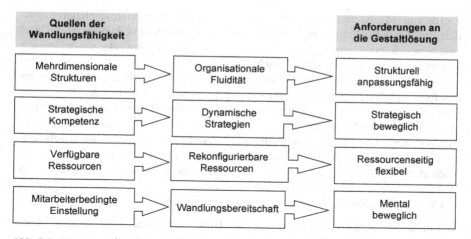

Abb. 7.2 Quellen und Komponenten der Wandlungsfähigkeit. (Eigene Darstellung, vgl. Wiendahl et. al. 2009, S. 5 ff., S. 115 ff.)

Eine effiziente koordinierte Vernetzung einer Vielzahl miteinander verwobener Einzelmaßnahmen und -entscheidungen bestimmt den Unternehmenserfolg wesentlich.

Wenn beispielsweise ein Automobilhersteller beschließt, in den Markt für elektrische Haushaltgeräte zu diversifizieren, so zieht diese prinzipielle Entscheidung zahlreiche weitere Entscheidungsprobleme nach sich:

1. Welche Art von elektrischen Haushaltgeräten soll angeboten werden?
2. Sollen die Geräte selbst produziert oder lediglich gehandelt werden?
3. Soll die Diversifikation in die Elektrogerätebranche

   a. auf dem Weg einer derivativen Neugründung oder
   b. durch die Akquisition (Kauf/Übernahme) eines bereits in der Elektrogerätebranche erfolgreichen Unternehmens oder
   c. durch Umnutzung (Asset-Redployment) vorhandener Produktionsstrukturen erfolgen?

4. In welcher Form ist der neue Geschäftsbereich in die Unternehmensorganisation einzugliedern?
5. Wie hoch sind die erforderlichen Investitionen und welche Kreditmittel sind notwendig?

Die Vielzahl zu klärender Fragen zeigt, dass Strategien nicht als isolierte Einzelentscheidungen, sondern nur als Gesamtpaket von Entscheidungen unter Beteiligung von Generalisten und Spezialisten unterschiedlicher Fachrichtungen wie Planungs- und Projektingenieuren, Juristen, Organisationsspezialisten, Informatikern und Finanzspezialisten effektiv wirksam werden und einem gemeinsamen übergeordneten

Ziel dienen (Macharzina 1999, S. 198). Die aufgezeigten Merkmale implizieren deutlich, dass die Veränderung von Strategien mit hohem Aufwand verbunden ist. So führt eine Strategieanpassung vielfach dazu, dass Fabriken errichtet oder umstrukturiert werden, neue Distributionswege erschlossen sowie Mitarbeiter qualifiziert werden müssen. Strategien binden das Unternehmen auf lange Frist. Strategien werden aus den fundamentalen Unternehmenszielen abgeleitet und beschreiben den Prozess als Weg zur Zielerreichung. Strategien beeinflussen die Interaktion zwischen Unternehmen und Umwelt substanziell. Sie bilden die Rahmenpläne, die insbesondere im Falle dynamischer Umweltentwicklung einer kontinuierlichen Reflexion und gegebenenfalls einer Anpassung bedürfen. Strategien sind aus dieser Sichtweise umfassende Maßnahmenbündel, die rational geplant werden und deren Formulierung vor der Maßnahmenrealisierung erfolgt.

Charakteristische Merkmale strategischer Kompetenz:

1. Ein grundlegendes Merkmal ist die Befähigung des (Top-)Managements bzw. nachgelagerter Entscheidungsträger zur rationalen und vernunftgeleiteten Planung und Gestaltung von Strategieformulierungsprozessen. Das Top-Management trifft Grundsatzentscheidungen unter Berücksichtigung fundamentaler Ziele und wie sich nachgelagerte Unternehmenseinheiten bei der Bestimmung der von ihnen zu realisierenden Alternativen an übergeordneten Grundsatzentscheidungen des (Top-)Managements im Sinne des Unternehmenszielsystems zu orientieren haben.
2. Als weiteres Merkmal gilt die Befähigung, für die Zukunft zu erwartende Zustände und Verhaltensweisen der Umwelt zu antizipieren. Im Vordergrund steht die Fähigkeit, Denk- und Meinungsbildungsprozesse sowie zukünftige Verhaltensweisen zu managen, um bestimmte Zielstellungen zu erreichen.

Das Top-Management trifft Unternehmensführungsentscheidungen unter dem Einfluss von Veränderungen der im in- und externen Kontext entwickelten Strategien, beispielsweise veränderter Interessenlagen oder veränderter politischer Rahmenbedingungen. Dementsprechend ist die Annahme, dass Strategien generell vor der betreffenden Ausführung entwickelt oder erstellt werden, ebenso abwegig wie die Unterstellung, dass sie immer bewusst und intentional entwickelt werden.

Um auch den Zufälligkeitscharakter von Umweltentwicklungen vermehrt zur Geltung zu bringen, wurde der Strategiebegriff erweitert[10]. Strategie wird definiert als das Grundmuster von Unternehmensentscheidungen oder -aktivitäten. Eine Strategie liegt dann vor, sobald sich im Zeitablauf in den Entscheidungen ein konsistentes Bild bzw. Muster abzeichnet[11]. Eine Strategie kann sich demnach auch

---

[10] Vgl. Mintzberg, H., McHugh, A.: *Strategy Formation in an Adhocracy,* in: Administrative Science Quarterly, 30. Jg. Heft 2, 1985, S. 160–197, zit.: in Macharzina 1999.

[11] Wenn beispielsweise ein in der Elektronikbranche tätiges Unternehmen seinen Kunden in Größenordnungen Dienstleistungen im Bereich Service anbietet und verstärkt auch den Konsumgüterbereich mit elektrischen Geräten bedient, so entspricht dieses Verhaltensmuster zunächst einer Diversifikationsstrategie. Inhaltlich gesehen ist es aber eher als Technologiestrategie zu interpretieren. In diesem Verständnis bestimmt das Handeln die Unternehmensstrategie. Umgekehrt bestimmt das Ziel, beispielsweise die Geschäftsfelder zu spreizen, um den hart umkämpften Konsumgütersektor

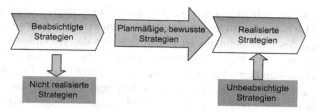

Abb. 7.3 Geplante, nicht realisierte und unbeabsichtigte Strategien. (vgl. Macharzina 1999, S. 202)

unabhängig vom rationalen Planungsverhalten der Entscheidungsträger entwickeln und auf übergeordnete Ebenen abgestimmt sein oder nicht. Maßgeblich für ihre Entstehung ist nur, dass sich die faktischen Entscheidungen bzw. Aktivitäten des Unternehmens im Nachhinein als eine konsistente Gesamtheit darstellen[12]. Ausgehend von diesem Ansatz ist in beabsichtigte Strategien (*intended strategies*) als eine Art *a-priori*-Richtlinie zur Lösung zukünftiger Entscheidungsprobleme und realisierte Strategien (*realized strategies*) als sich ex post abzeichnende Grundmuster zu unterscheiden (s. Abb. 7.3).

Die Quelle „*mentale Beweglichkeit*" des Gestaltungsfeldes „*Mensch*" verspricht ein hohes Maß an Erneuerungspotenzial. Entscheidende Komponenten bilden dabei die mitarbeiterbedingte Einstellung und die Grundqualifikation der Mitarbeiter. Der Fabrikplaner beeinflusst dieses Potenzial nur indirekt. Insbesondere ist die Möglichkeit der Einflussnahme davon abhängig, inwieweit er in die Gestaltungs- und Ausführungsphase des betreffenden Planungsprojekts involviert ist. Mit der Festlegung der Technologie bestimmt er weitgehend das Qualifikationsniveau der zum Einsatz zu bringenden Arbeitskräfte. Darüber hinaus erarbeitet er in den Ausführungsunterlagen Stellenpläne mit den Angaben zur erforderlichen Sach-, Methoden- und Sozialkompetenz, die das Personalmanagement anforderungsgerecht umsetzt.

Bei der Rekonfigurierbarkeit geht es darum, durch Gliederung der Fertigungseinrichtungen in funktionsfähige Komponenten möglichst schnell neue Maschinenkonfigurationen zu realisieren. Das kann beispielsweise durch eine Bewegungsachse erfolgen. Diese wird nach der mechanischen Kopplung von der Steuerung erkannt und nach Start eines Steuerungsprogramms aktiv.[13] Die ressourcenseitige Flexibilität ist das Ergebnis des Planungsprozesses und der erzielten Projektgüte, die sich in einer erfolgreichen und effizienten Gestaltlösung des Produktionssystems manifestiert. Erfolgreiche Gestaltlösungen von Produktionssystemen sind das Ergebnis organisationaler und struktureller Wandlungsfähigkeit des Unternehmens. Die Fähigkeit zu organisationalem Wandel allein reicht aber nicht aus. Die Zielplanung muss sich

---

zu bedienen, das Handeln. Es wird in Kauf genommen, dass es sich um ein unbeabsichtigtes Ziel handeln kann. Demnach gibt es Fälle, in denen sich die Strategie des Unternehmens graduell, oft unbeabsichtigt (weiter) entwickelt. Entscheidungsträgertreffen dann Einzelentscheidungen, ohne dass diese in einem Stimmigkeitsverhältnis zur bisherigen Unternehmensstrategie stehen (Mintzberg 1978).

[12] Vgl. Macharzina et al. 1999, S. 201.

[13] Vgl. Wiendahl et al. 2009, S. 120.

grundsätzlich an der zunehmenden Dynamik der Veränderungsprozesse orientieren. Entscheidend für den zukünftigen unternehmerischen Erfolg und damit für die Überlebensfähigkeit des Unternehmens ist somit nicht nur die Wandlungsfähigkeit des Unternehmens, sondern die Wandlungsgeschwindigkeit, also das pro Zeiteinheit erzielbare Maß an Wandlungsfähigkeit. Dazu zählen sowohl die Reaktionsgeschwindigkeit, also die Zeit, die von der Generierung und Erfassung krisenrelevanter Informationen bis zur Ergreifung der ersten Maßnahmen vergeht sowie die Zeit, die zur Anpassung der Strukturen erforderlich ist.

Geschwindigkeitssteigernd wirken sich solche Unternehmensstrategien aus, die den Anpassungsprozess des Anlagevermögens und der organisationalen Strukturen an die neuen Rahmenbedingungen beschleunigen. Zur Unterstützung der Managemententscheidungen kommen in der Planungsphase entsprechende Werkzeuge und Instrumente zur Geschäftsprozessoptimierung zum Einsatz. Ganzheitliches Problemlösungsverhalten und Parallelbearbeitung entscheidungsrelevanter Aufgabenstellungen gewinnen dabei zunehmend an Bedeutung (*Simultaneous Engineering*).

Deshalb ist die Wandlungsgeschwindigkeit als eine Funktion der funktionellen und strukturellen Anpassungsfähigkeit und damit optimaler Standortentscheidungen (*S*) sowie optimaler Gestaltungslösungen (*G*) der Fabrik und der Zeit als Summe von Reaktions- und Anpassungszeit (*T*) aufzufassen:

$$v_W = f(S, G, T) \tag{7.1}$$

Voraussetzung zur Erzielung einer optimalen Planungsleistung (*P*) als Ergebnis eines systematischen Planungsprozesses ist die Bewertung und Beurteilung standortentscheidungs- und gestaltlösungsrelevanter Kriterien auf der Grundlage teilweise sehr unsicherer Eingangsinformationen x_i:

$$P = f(x_1, x_2, ..., x_n) \tag{7.2}$$

Die Zielfunktion der Planungsleistung hat demnach zwei wesentliche Bestandteile: die Teilzielfunktion der Standortentscheidung und die Teilzielfunktion der Struktur- und Gestaltungslösung:

$$Z_{Plan} = Z_{Standort} + Z_{Gestaltung} \tag{7.3}$$

Die Teilzielfunktion der Standortentscheidung ergibt sich aus den Standortpräferenzen der Investoren und der beteiligten gesellschaftlichen Gruppen, wobei so genannte „harte“ und „weiche“ Standortfaktoren und das Investitionsklima am Standort die Standortentscheidung wesentlich bestimmen:

$$Z_{Standort} = f_{Hart} + f_{Weich} + f_{Investition} \tag{7.4}$$

Die Gestaltungslösung besteht aus drei Komponenten. Flusssysteme wie Werkzeug-, Prüfmittel-, Material-, Informations- und Personalfluss sind so zu gestalten, dass die Durchlaufzeiten und zurückzulegende Wege der am Wertschöpfungsprozess beteiligten Flusselemente gegen ein Minimum streben. Die Wandlungsgeschwindigkeit als Gestaltungsproblem hat insbesondere unter dem Aspekt zukünftiger Veränderungen entscheidenden Einfluss auf die Überlebensfähigkeit der Fabrik. Insbesondere sollen perspektivische Veränderungen (z. B. Organisation, Flächen-, Produktions- und Personalkapazitäten sowie Leitungsquerschnitte usw.) Berücksichtigung finden. Die Anstrengungen einer optimalen Gestaltungslösung beziehen umwelt- und sicherheitstechnische Aspekte, wie z. B. die Einhaltung der Grenzwerte von umweltbelastenden Medien ebenso ein.

$$Z_{Gestaltung} = Z_{Fluss} + Z_{Wandlung} + Z_{Umwelt} \qquad (7.5)$$

Im Folgenden sollen Lösungsansätze vorgestellt werden, die die Strukturierung und Dimensionierung von Produktionssystemen 2. Ordnung unterstützen und zur Optimierung von Geschäftsprozessen beitragen.

7.3 Strukturansatz für Instandhaltungswerkstätten

7.3.1 Definition

Da die Instandhaltung mit der Herstellung von Abnutzungsvorrat eine Dienstleistung generiert, die nicht als Produkt im klassischen Sinn definiert werden kann, gelten Instandhaltungswerkstätten als Produktionssysteme 2. Ordnung. Die Instandhaltung erhält dank dieser Interpretation Produktionsfunktion (Ruthenberg 1990), die allerdings im Zusammenhang mit Produktionssystemen 1. Ordnung zu sehen ist und für dessen planungstechnische Behandlung innovative Ansätze zu entwickeln sind (s. Abb. 7.6). Die Instandhaltung als Produktionssystem 2. Ordnung sorgt somit dafür, dass das Produktionssystem 1. Ordnung seiner eigentlichen Funktionsbestimmung, nämlich Produkte herzustellen, nachkommen kann.

7.3.2 Funktionsbestimmung

Die Instandhaltungswerkstatt von heute steht zunehmend unter hartem Kosten- und Wettbewerbsdruck. Sie hat sich mit der steigenden Anlagenkomplexität und sich verkürzenden Anlagenlebenszyklen auseinanderzusetzen. Zunehmend ändern sich auch international permanent die ökologischen Rahmenbedingungen.

Für die Entwicklungsrichtung konkreter Instandhaltungswerkstattmodelle dienen Fabrikmodelle. Dazu soll der nachfolgende konzeptionelle Rahmen die Grundlage bilden (s. Abb. 7.4). Er ist ein Versuch, die strategischen Entscheidungstatbestände von Produktionssystemen zu systematisieren, die wichtigsten Instandhaltungskonzeptionen in ihren Grundzügen zu skizzieren und auf ihnen aufbauend gemeinsame Elemente und Entwicklungsrichtungen zur *Instandhaltung der Zukunft* herauszuarbeiten. Alle Konzepte haben das gemeinsame Hauptziel durch Bildung flexibler

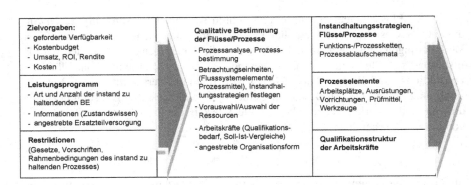

Zielvorgaben:	Qualitative Bestimmung	Instandhaltungsstrategien,
- geforderte Verfügbarkeit	der Flüsse/Prozesse	Flüsse/Prozesse
- Kostenbudget		
- Umsatz, ROI, Rendite	- Prozessanalyse, Prozess-	Funktions-/Prozessketten,
- Kosten	bestimmung	Prozessablaufschemata
	- Betrachtungseinheiten,	
Leistungsprogramm	(Flusssystemelemente/	**Prozesselemente**
- Art und Anzahl der instand zu	Prozessmittel), Instandhal-	Arbeitsplätze, Ausrüstungen,
haltendenden BE	tungsstrategien festlegen	Vorrichtungen, Prüfmittel,
- Informationen (Zustandswissen)	- Vorauswahl/Auswahl der	Werkzeuge
- angestrebte Ersatzteilversorgung	Ressourcen	
	- Arbeitskräfte (Qualifikations-	
Restriktionen	bedarf, Soll-Ist-Vergleiche)	**Qualifikationsstruktur**
(Gesetze, Vorschriften,	- angestrebte Organisationsform	**der Arbeitskräfte**
Rahmenbedingungen des instand zu		
haltenden Prozesses)		

Abb. 7.4 Funktionsbestimmung

Organisationsstrukturen eine bestmögliche und vor allem schnelle Anpassung an sich ändernde Marktverhältnisse zu realisieren, um Wettbewerbsvorteile zu erzielen.

Gegenstand der Funktionsbestimmung eines Produktionssystems ist i. Allg. die qualitative Festlegung der Stoff-, Energie- und Informationsflüsse, der Flusssystemelemente bzw. Prozessmittel (Prozessmenge, technologische Prozessplanung) und der Arbeitskräfte im Planungsobjekt (Abb. 7.4).

Der Planungsschritt Funktionsbestimmung umfasst alle Planungsaktivitäten, die Aussagen über die stofflichen, informationellen und energetischen Prozesse, den Primärprozess zur Herstellung, Verarbeitung und Bearbeitung von Produkten und die erforderliche Verfügbarkeit der in den Prozess involvierten Prozesselemente der Prozesskette erzielen (Schenk und Wirth 2004). Im Vordergrund stehen zunächst die Unternehmensziele, die mit den Instandhaltungszielen abzugleichen sind. In diesem Zusammenhang sind die Instandhaltungsziele so zu konzipieren, dass sie die Unternehmensziele maximal unterstützen. Wichtiger Bestandteil dieses Prozessschritts sind Analyseaufgaben, insbesondere die Bewertung des Ausfallverhaltens und daraus abgeleitete Instandhaltungsgrundstrategien.

7.3.3　Morphologie von Instandhaltungswerkstätten

Fabriken sind Produktionssysteme 1. Ordnung. Die Instandhaltung als Produktionssystem 2. Ordnung im weiteren Sinn, orientiert sich prinzipiell am Produktionssystem 1. Ordnung. Entsprechend der Morphologie der Fabriktypen nach Wiendahl[14] lassen sich drei Grundtypen ableiten (s. Abb. 7.5):

1. Der kostenorientierte Fabriktyp ist zwar auf striktes Target Costing ausgerichtet, aber auch eine intensive Kundenorientierung erzielt hohe Renditen und trägt wesentlich zu einer positiven Ertragsentwicklung mit bei[15].

---

[14] Vgl. Wiendahl et al. 2009, S. 34.

[15] Vgl. Aggteleky 1987, S. 125.

Fabriktyp		
Kostenorientierter Typ	**Organisationsstruktu-rorientierter Typ**	**Technik-/technologie-orientierter Typ**
Low-Cost-Fabrik **Strategisches Merkmal: Kosten** - striktes Target Costing - Produktfokussierung - konsequentes Controlling	**Reraktionsschnelle Fabrik** **Strategisches Merkmal: Zeit** - Grenzwertorientierung - Hochleistungslogistik - Marktorientierung	**High-Tech-Fabrik** **Strategisches Merkmal: Technologie** - innovative Produkte und Technologien - höchste Prozessqualität
Kundeninduivuelle Fabrik **Strategisches Merkmal: Individualität** - intensive Kundenintegration - partnerschaftliche Lieferbeziehung - ausgeprägte Variantenflexibilität - hohe Logistikkompetenz -	**Atmende Fabrik** **Strategisches Merkmal: Mengenhub** - Integrationsfähigkeit neuer Produkte - Wirtschaftlichkeit bei schwankenden Produktionsmengen - Erweiter- und	**Variantenflexible Fabrik** Strategisches Merkmal: Vielfalt - später Kundenentkopplungspunkt - Varianten bildende Produktionsendstufe - modulare Produkt- und Produktionsstruktur

Abb. 7.5 Fabrikgrundtypen aus Kundensicht (nach Wiehndahl)

2. Der organisationsstrukturorientierte Fabriktyp weist Organisationsstrukturen auf, die zum einen reaktionsschnelles Verhalten zulassen und daher mengenmäßig Markt- oder Nachfrageschwankungen schnell ausgleichen können und daher sehr anpassungsfähig sind.

3. Der technik- bzw. technologieorientierte Fabriktyp verfügt über hohe technologische Beweglichkeit, um variantenreich zu produzieren und wird höchsten Qualitätansprüchen gerecht.

Hochtechnologiefabriken kennzeichnen technische Spitzenprodukte mit Weltmarkt beherrschender Stellung (Funktionen, Leistungsdichte, Lebenszykluskosten, Verfügbarkeit usw.). Fertigungs- und Montageprozesse arbeiten in der Nähe natürlicher Grenzwerte mit meist selbst entwickelten Technologien bei höchster Prozessqualität. Die Produkte erzielen Spitzenpreise. Dementsprechend effizient muss die Instandhaltung der Betriebsmittel einschließlich aller VWP organisiert und durchgeführt werden, um Produktqualität und Produktivität auf höchstem Niveau zu halten. Instandhaltung von Maschinen und Ausrüstungen im Hochtechnologiebereich erfordert auch High-Tech-Instandhaltung.

Bei reaktionsschnellen Fabriken steht der Zeitfaktor im Fokus des Handelns. Besonderes Kennzeichen ist eine Hochleistungslogistik, die sich an der Durchlaufzeit des Materials orientiert. Der Kundennutzen besteht in der schnellen Verfügbarkeit des Produkts. Da die Kundenaufträge oft direkt ohne lange Vorplanung in die Produktion eingelastet werden, hat die Instandhaltung die vordringliche Aufgabe, die Verfügbarkeit der technischen Anlagen unbedingt zu sichern. Das setzt eine sehr hohe Beweglichkeit voraus, die vordergründig eine leistungsfähige und flexible Organisationsstruktur erfordert.

Bei der atmenden Fabrik liegt der Focus darauf, insbesondere Produkte, die saisonal starken Schwankungen unterliegen, wirtschaftlich zu fertigen (z. B. Sportartikel, Haushaltgeräte). Hier wird versucht, mit vergleichsweise niedrigem Automatisierungsgrad, flexiblen Arbeitszeitmodellen und Mehrfachqualifikation der Mitarbeiter gegenzusteuern. Die Instandhaltung der atmenden Fabrik ist aus wirtschaftlichen Gründen von einem kostengünstigen und ebenso flexiblen Dienstleister zu realisieren, da sonst die Wirtschaftlichkeit der saisonal hergestellten Produkte nicht gesichert werden kann.

Die variantenflexible Fabrik ist in der Lage, kundenindividuell zu produzieren und zu liefern. Modulare Strukturen und fertigungstechnische Möglichkeiten, die eine späte Variantenbildung zulassen, sind wesentliche Kennzeichen dieses Fabriktyps.

Die kundenindividuelle Fabrik ist eine Weiterentwicklung der variantenflexiblen Fabrik. Jeder Auftrag ist unterschiedlich. Im Extremfall bestellt der Kunde internetgestützt ein von ihm konfiguriertes Produkt direkt in der Fabrik und verfolgt die Herstellung über das Internet. Grundvoraussetzung ist die durchgängige logistische Beherrschung aller Geschäftsabläufe, beginnend beim Kundenauftrag (Auftragsspezifikation/Lastenheft) bis zur Produktbereitstellung und -abnahme beim Kunden.

Die meisten Unternehmen stehen im Wettbewerb unter Preisdruck. Die Low-Cost Fabrik fokussiert ihre Aktivitäten auf die Kosten. Sie versucht jegliche Verschwendung zu vermeiden und die Herstellkosten permanent zu verringern. Dabei unterstützt ein intensives Controlling die Prozesse, um diese Prozesse transparent und bewertbar zu gestalten sowie Ansatzpunkte zur Verbesserung und Kostensenkung zu liefern.

In der Praxis existieren diese Fabriktypen meist nicht in der beschriebenen reinen Form. Dennoch finden fast alle strategischen Merkmale bei konkreten Ausprägungsformen Berücksichtigung. Dementsprechend ist auch die Festlegung der Instandhaltungsstrategie auf den jeweiligen Fabriktyp zugeschnitten. Universalität, Neutralität, Mobilität, Modularität, Skalierbarkeit und Kompatibilität bilden die grundlegenden Bewertungskriterien für die Wandlungsfähigkeit einer Fabrik (Wiendahl et al. 2009).

Da es sich bei einer Instandhaltungswerkstatt definitionsgemäß um ein Produktionssystem 2. Ordnung handelt, lassen sich die gleichen Kriterien auch prinzipiell hier ansetzen[16]:

- *Universalität*
  Instandhaltungswerkstätten sollen für unterschiedliche Aufgaben ausgerüstet werden, um eine möglichst hohe Einsatzbreite zu erzielen. Sie können je nach Aufgabenart und -umfang dimensioniert und gestaltet werden und ggf. autonom, also unabhängig agieren. Das widerspricht allerdings der ausgeprägten Prozessorientierung und einer damit verbundenen fachlichen Spezialisierung zahlreicher integrierter Instandhaltungsstrukturen. Allerdings realisieren zahlreiche Dienstleister auch im Rahmen des Facilitymanagements Instandhaltungsleistungen.

---

[16] Vgl. Aggteleky, Bd. 2 1990, S. 452 ff.

- *Neutralität*
  Negativbeeinflussung anderer Objekte ist begrenzt (sie hängt vordergründig von den Fähigkeiten der Instandhaltung und deren Produktivität ab).

- *Mobilität*
  Wesentliche Voraussetzung für uneingeschränkte räumliche Mobilität ist eine modulare äußere Struktur der Bauten sowie effiziente und sichere Befestigungssysteme für Maschinen, Anlagen und flexible Versorgungssysteme.

- *Modularität*
  Eine modulare Struktur des inneren Aufbaus von Instandhaltungswerkstätten (unabhängige funktionsfähige Einheiten) gestattet eine problemlose Erweiterung bzw. Restrukturierung, um eine optimale Anpassung an die Produktionssysteme 1. Ordnung zu erzielen Dazu trägt der Bausteincharakter von Instandhaltungswerkstätten massiv bei[17].

- *Skalierbarkeit*
  Der Terminus bezeichnet die Fähigkeit von Objekten, sowohl räumlich als auch technologisch erweiter- und reduzierbar zu sein. Auch hier erweist sich der Bausteincharakter von Instandhaltungswerkstätten als vorteilhaft.

- *Kompatibilität*
  Es handelt sich um die Fähigkeit des Systems infolge des äußeren Aufbaus an seinen Schnittstellen mit anderen Systemen verknüpft werden zu können. Auch hier leistet der Bausteincharakter sinnvolle Unterstützung.

7.4 Planungsansätze zur Dimensionierung von Instandhaltungswerkstätten

7.4.1 Definition

Der Planungsschritt Dimensionierung umfasst alle Planungsaktivitäten, die zu Aussagen über die Elementmenge M eines Produktionssystems $\sum(M, P, S)$ führen. Die Elementmenge M umfasst die Teilmengen Realkapital, Personal und Material (Produktionsfaktoren). Unter Dimensionierung wird die quantitative Bestimmung (Anzahl/Abmessungen) der Flusssystemelemente/Ausrüstungsgesamtheit, der Arbeitskräfte, der Flächen, der Gebäude im Planungsobjekt und die Ermittlung der Kosten verstanden (vgl. Abb. 7.6).

Der Projektierungsschritt Dimensionierung klärt die Frage, wie viele funktionserfüllende Elemente benötigt werden, um das Produktionsziel zu erreichen (Herstellung von Abnutzungsvorrat). Die Dimensionierung hat das Ziel, die Elementmenge des zukünftigen Produktionssystems 2. Ordnung unter sachbezogenen und wirtschaftlichen Aspekten so zu beschreiben, dass

---

[17] Vgl. Helbing 2009, S. 174 ff.

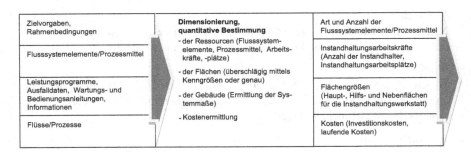

Abb. 7.6 Projektierungsschritt Dimensionierung

a) die Entscheidungen über Investitionen und Betriebskosten getroffen und
b) die erforderlichen Ausschreibungen, Angebotseinholungen, Gespräche, Bestellungen usw. ausgeführt werden können.

Im Rahmen der Planung umfasst die Dimensionierung die quantitative Bestimmung

1. der benötigten Betriebsmittel,
2. des benötigten Personals,
3. der benötigten Flächen und
4. der Kosten

für das zukünftige Produktionssystem 2. Ordnung.

Die Ergebnisse der Dimensionierung werden tabellarisch zusammengefasst und in der Planungspraxis in Form von *Bedarfs-* und *Ausrüstungslisten* für Maschinen, Anlagen, Ausrüstungen, Flächen, Lagereinrichtungen, Fördermittel, Energie, Medien, Personal usw. aufbereitet. Die Detailliertheit dieser Listen bestimmt ihre Aussagekraft und bildet die Grundlage für fundierte Investitions- und Kostenentscheidungen. Auf Basis der Entscheidungen werden die erforderlichen Ausschreibungen vorgenommen, Angebote beschafft sowie Informations- und ggf. Verkaufsgespräche geführt, Bestellungen begründet und ausgelöst. Damit überschreitet das Management den „*point of return*".

7.4.2 Deterministische Ansätze

Im Vordergrund der Planung einer Werkstatt stehen die Instandhaltungskapaztät und der Flächenbedarf für die einzelnen Berufsgruppen des Instandhaltungsbetriebes. Die arbeitsplatzbedingten Forderungen bestimmen den Flächenbedarf der Arbeitsplätze innerhalb einer Berufsgruppe. Dabei ist es im Sinne des Kompetenzzellenansatzes von Vorteil (vgl. Strunz 2007, 2008, 2009), Standardarbeitsplätze zu definieren. Auf Grund identischer Grundstrukturen besitzen diese Arbeitsplatzlösungen Projektbausteincharakter und steigern im Rahmen der Projektplanung die Planleistung erheblich (Strunz 2008)[18]. Ausgangsbasis ist die Grunddefinition der Kompetenzzelle.

---

[18] Vgl. Strunz 2008, S. 65–70.

Der deterministische Planungsansatz geht davon aus, dass innerhalb eines Intervalls $(t, \Delta t)$ alle Instandhaltungsmaßnahmen geplant werden. Gemäß der Formeln (6.170, 6.171) kann die Anzahl der Maßnahmen auf der Grundlage der Verlustfunktion ermittelt werden:

$$A(t) = \int_0^t A(t)dt = \begin{cases} \displaystyle\int_0^t \lambda(t)dt = \wedge(t) & \text{Integrierte Auafallrate} \\[4mm] \displaystyle\int_0^t h(t)dt = H(t) & \text{Erneuerungsfunktion} \end{cases}$$

Im Falle der Minimalinstandsetzung gilt

$$\wedge(t) = \int_0^t \lambda(x)dx = \left(\frac{t}{a}\right)^b$$

Die Anzahl der Maßnahmen in der Berufsgruppe j ergibt für i gleiche Betrachtungseinheiten:

$$\Lambda_j(t) = \sum_{i=1}^n \int_0^t \lambda_{ij}(x)dx = \sum_{i=1}^n \left(\frac{t}{a_{ij}}\right)^{b_{ij}} \tag{7.6}$$

Bei vollständiger Erneuerung gilt Formel (7.7). Die Anzahl der Maßnahmen der Berufsgruppe j und der Betrachtungseinheit i für die jeweilige Berufsgruppe berechnet sich zu:

$$H_j(t) \approx \sum_{i=1}^n H_i(t) = \frac{1}{\mu_i} + \frac{v^2_i - 1}{2} \tag{7.7}$$

Unter Berücksichtigung der mittleren Reparaturdauer für i gleiche Betrachtungseinheiten kann der Kapazitätsbedarf (Arbeitszeitaufwand) der Berufsgruppe j ermittelt werden.

Der mittlere Arbeitszeitaufwand der Berufsgruppe j für i gleiche Betrachtungseinheiten ergibt sich (Strunz 1990)

a) im Falle einer Minimalinstandsetzung zu:

$$T_{Rj} = \Lambda_j(t) * ET_{Rj} \tag{7.8}$$

b) im Falle vollständiger Erneuerung zu:

$$T_{Rj} = H_j(t) * ET_{Rj} \tag{7.9}$$

Der Gesamtzeitaufwand der Berufsgruppe lässt sich dann ermitteln, wenn der mittlere Reparaturzeitaufwand der unterschiedlichen Betrachtungseinheiten k berücksichtigt wird.

$$T_{Rj} = V_j(t) \sum_{k=1}^{n} ET_{Rjk} \qquad (7.10)$$

$V_j(t)$ Verlustfunktion der Betrachtungseinheiten, die der Berufsgruppe j zugeordnet werden können.

Die Anzahl der Instandhaltungsarbeitsplätze der Berufsgruppe j für geplante Instandhaltung ergibt sich, indem der ermittelte Arbeitszeitaufwand der Berufsgruppe j durch die pro Arbeitsplatz nominell verplanbare Personaleinsatzzeit T_{PEj} der Berufsgruppe j dividiert wird:

$$Z_{AKj} = \frac{T_{Rj}}{T_{PEj}} \qquad (7.11)$$

Nach der Bottom-Up-Methode (Kettner et al. 1984) können dann entsprechende Strukturen entworfen werden. Die Verwendung von Projektbausteinen bietet eine hilfreiche Unterstützung (vgl. Strunz 1990).

Beispiel 7.1: Ermittlung des Instandhaltungspersonals
Für die Berufsgruppe Industriemechaniker werden 12350 h Reparaturzeitaufwand innerhalb einer Planungsperiode ermittelt ($i = 1 \dots n$, $k = 1 \dots m$ BE). Um die Anzahl der Arbeitskräfte zu ermitteln, ist der Arbeitszeitaufwand durch die Personaleinsatzzeit T_{PEj} der Berufsgruppe j der einzelnen Arbeitskraft zu dividieren. Die Personaleinsatzzeit hängt von der Wochenarbeitszeit ab. Ein Jahr hat 52 Wochen, davon werden im Mittel 6 Wochen für Urlaub und Krankheit abgezogen. Bei einer 38-Stundenwoche stehen dann nominell durchschnittlich

$$T_{PEj} = (52 - 6)Woche * 38\,h/Woche \approx 1748/a$$

für einen Instandhalter zur Verfügung.
Die Anzahl der Instandhaltungsarbeitskräfte ergibt sich dann zu

$$Z_{AK,M} = \frac{12350\,h/a}{1748} = 7 \text{ Instandhalter (Berufsgruppe Industriemechaniker)}$$

Fallen die Aufwendungen im Schichtbetrieb an, so sind die Kapazitäten auf die Schichten zu verteilen. Im Falle eines Zweischichtbetriebes gilt dann:

$$Z_{APLj} = \frac{12350\,h/a}{2 * 1748h/au.Ak} = 3,5 \approx 4$$

Instandhaltungsarbeitsplätze (4 Instandhalter pro Schicht)

Für die Ermittlung des Flächenbedarfs wären demnach 4 Arbeitsplätze zu konzipieren. Bei einem durchschnittlichen Flächenbedarf von ca. $10\,m^2$ pro

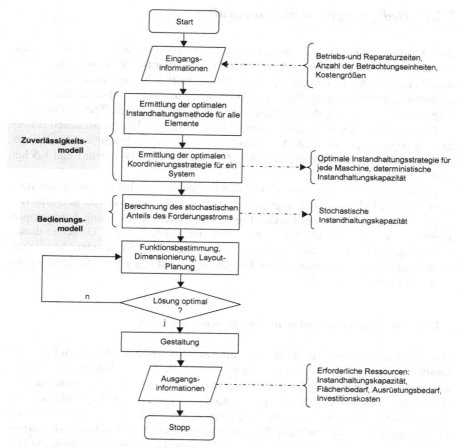

Abb. 7.7 Planungsansatz der Werkstattplanung

Instandhaltungsarbeitsplatz[19] ergibt sich gemäß Formel (7.11) eine Kompetenzzelle in der Größenordnung:

$$A_{IW} \approx 4 * A_F \approx 4 * 10 \text{ m}^2 \approx 40 \text{ m}^2$$

Die rein deterministische Betrachtung beschränkt die Anwendbarkeit des Ansatzes auf Grund der Nichtberücksichtigung der trotz vorbeugender Instandhaltung verbleibenden Ausfälle, die einen Forderungsstrom von mehr oder weniger unvorhergesehenen Ereignissen bilden. Das bedeutet, dass sowohl der Personal- als auch der Flächenbedarf um einen stochastischen Anteil noch nach oben korrigiert werden muss (Abb. 7.7).

---

[19] Vgl. Kettner et al. 1984, S. 73.

7.4.3 Bedienungstheoretische Ansätze

Die deterministische Planung kann prinzipiell auf der Grundlage der unter Kap. 6.2 beschriebenen Instandhaltungsstrategien erfolgen. Die Ergebnisse sind aber ungenau, da es trotz der Planung der Instandhaltung darüber hinaus zu nicht planbaren Ausfällen und Stillständen infolge von Funktionsstörungen kommt. Auch die bewusst eingesetzte Ausfallmethode ist immer mit einem Überraschungseffekt verbunden.

Die erforderlichen Werkstattressourcen lassen sich mit deterministischen Ansätzen nur begrenzt planen. Eine Möglichkeit der Ressourcenplanung ergibt sich aus der Anwendung bedienungstheoretischer Ansätze (Strunz 1990; Strunz und Köchel 2002; Strunz 2005).

Für die Dimensionierung von Produktionssystemen 2. Ordnung sind bedienungstheoretische Modellansätze geeignet (Strunz 1990). Sie gehen davon aus, dass das instandhaltungsseitig zu betreuende Produktionssystem 1. Ordnung Forderungen generiert, die das Produktionssystem 2. Ordnung befriedigt. Die Ursachen dieser Forderungen sind zuverlässigkeitstheoretischer Natur. Da sie von unterschiedlichen Betrachtungseinheiten generiert werden, kommt es infolge ihrer Überlagerung zu einem Poisson-Strom.

7.4.3.1 Systembeschreibung und Systemeigenschaften

Beschreibende Komponenten eines allgemeinen Bedienungssystems sind der Ankunftsprozess (Input), die Warteschlange, der Bedien- oder Abfertigungsprozess der Bedienstationen und der mögliche Output des Systems. Die Kombination der Komponenten eines Bedienungssystems lässt viele Lösungsmöglichkeiten von Fragestellungen im Bereich der Bedienungstheorie zu. Aufbau und Struktur von Bedienungssystemen machen diese Theorie sehr interessant für die Dimensionierung und Strukturierung von Instandhaltungswerkstätten. Das betrifft vor allem die Optimierung der Prozesse und Strukturen. Abbildung 7.8 zeigt die charakteristischen Komponenten eines Bedienungssystems.

Charakterisierung des Ankunftsprozesses

Grundvoraussetzung einer Prozessmodellierung ist eine tiefgründige Problem- und Prozessanalyse. Abbildung 7.9 zeigt eine allgemeine Darstellung eines Bedienungssystems am Beispiel einer Forderungen generierenden Anzahl von Objekten (Population). Zunächst generiert die Population Forderungen, die sich an eine Warteschlange vor einem Bediener anstellen. Dabei können die Forderungen zu Clustern zusammengefasst werden. Für das Prozessverhalten ist von Bedeutung, ob die Anzahl der Individuen oder Objekte unendlich oder sehr groß, begrenzt oder sehr klein ist.

Der Input eines Bedienungssystems sind Objekte wie beispielsweise zu bearbeitende Aufträge oder zu bedienende Kunden. Es gibt verschiedene Kenngrößen, welche den Ankunftsprozess beeinflussen:

Teilprozess	Merkmal	Charakteristik
Ankunftsprozess	Gesamtzahl der Objekte n	endlich, unendlich
	Arten der Objekte $(k, ..., m)$	gleich, verschieden
	Arten der Forderungen $(i, j, k, ..., x)$	gleich, verschieden
	Ankunft der Forderungen	einzeln (nacheinander), gruppenweise
	Priorität der Forderung $(1, 2, ..., m)$	absolute Priorität
	- Primärforderungen	relative Priorität
	- Sekundärforderungen	
	Verteilung der Forderungen	Exponentialverteilung, von der Exponentialverteilung abweichend
Warteprozess	Warteschlangenlänge, Warteraum, Wartezeit	begrenzt, unbegrenzt
	Verhalten der Objekte in der Warteschlange	geduldig, ungeduldig
Bedienungsprozess	Anzahl der Bedienungskanäle	einer, mehrere
	Art der Bedienungskanäle	gleich, verschieden
	Art der Bedienung	einphasig, mehrphasig
	Servicezeit	deterministisch, zufällig
	Bedienungsrate	konstant, variabel
	Zugänglichkeit/ Verfügbarkeit der Bedienungskanäle	von der Warteschlangenlänge abhängig, unabhängig universell, spezialisiert
	Zuverlässigkeit der Bedienungskanäle	absolut, Möglichkeit von Störungen
	Auswahlregeln für die Bedienungskanäle	- längste Stillstandszeit
		- niedrigste Nummer
		- zufällig
		- nach Leistungsfähigkeit
	Bedienungsdisziplin	- in Reihenfolge der Ankunft (FIFO)
		- in entgegengesetzter Reihenfolge der Ankunft (LIFO)
		- zufällig (SIRO)

Abb. 7.8 Eigenschaften der Elemente von Bediensystemen

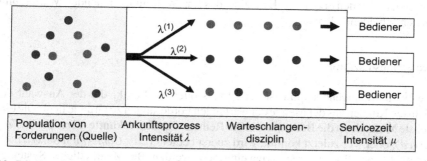

| Population von Forderungen (Quelle) | Ankunftsprozess Intensität λ | Warteschlangendisziplin | Servicezeit Intensität μ |

Abb. 7.9 Grundsätzliche Komponenten eines Bedienungssystems

- Die Größe der Population (Anzahl der Objekte/Kunden), die dem System zur Verfügung stehen, kann endlich oder unendlich sein.
- Die Forderungen können einzeln oder in Gruppen, deterministisch oder stochastisch, stationär oder zeitabhängig eintreffen.

Eine unendliche Zahl potenzieller Objekte beeinflusst die mittlere Ankunftsrate nicht, falls schon einige Kunden auf Bedienung warten oder gerade bedient werden.

Entscheidend für die Belastung des Systems ist der Ankunftsabstand der Forderungen (s. Abb. 7.9). Die Zeitspanne zwischen der Ankunft des $(n-1)$-ten und des n-ten Kunden wird als Zwischenankunftszeit bezeichnet und durch eine Folge von stochastisch unabhängigen und identisch verteilten Zufallsvariablen x_n, $n = 1, 2, \ldots$ mit der Verteilungsfunktion $F_1(x)$, dem Erwartungswert $E(x)$ und der Varianz $D(x)$ beschrieben.

Die Ankunftsrate ist der Kehrwert des Ankunftsabstandes der Kundengruppe j bzw. Forderungen der Art j:

$$\lambda_j = \frac{1}{ET_{Aj}} \qquad (7.12)$$

Sie gibt an, wie viele Kunden/Forderungen im Durchschnitt pro Zeiteinheit das System frequentieren. Für Planungsrechnungen wird vorausgesetzt, dass sich jedes System im stationären Zustand befindet, d. h. Problemstellungen aus der Einschwingphase werden nicht untersucht.

Art des Ankunftsprozesses

Genauso wie die mittlere Ankunftsrate von Kunden kann auch das Ankunftsmuster eine andere Charakteristik besitzen. Wir setzen oft zufälliges Ankunftsverhalten voraus, aber Kunden bzw. Forderungen können auch in Gruppen oder in bestimmten regelmäßigen oder unregelmäßigen Abständen den Bedienungsknoten erreichen. Kunden bzw. Forderungen können beschleunigt oder gehemmt werden. Für den Verbleib im System spielt die erreichte Warteschlangenlänge (Anzahl der bereits wartenden Kunden) oder die Kapazität des zur Verfügung stehenden Warteraums eine entscheidende Rolle.

Bedienungsdisziplin

Die Warteschlangendisziplin ist der Modus oder die Logik, die der Auswahl des nächsten Kunden aus der Menge der wartenden Forderungen zu Grunde liegt. Die einfachste Methode ist die Bedienung in der Reihenfolge der Ankünfte (*First Come-First Served*), oder wer zuletzt kommt, wird zuerst bedient (*Last Come-First Served*). Alternativ können Prioritätsregularien eingesetzt werden. Bei Mehrbediener-Systemen kann sich eine einzelne Warteschlange bilden, aus der dann der Bediener in Anspruch genommen wird, der gerade frei wird, oder es bildet sich eine separate Warteschlange vor jedem Bediener. Genauso könnten sich vor einem einzigen Bediener mehrere verschiedene Warteschlangen aufbauen, wobei jeweils ein Kunde bzw. eine Forderung von jeder Warteschlange innerhalb eines bestimmten Intervalls bedient wird. Es gibt zahlreiche Disziplinierungsmöglichkeiten für die ankommenden Forderungen der Kunden und deren Handhabung. Hauptziel ist die bestmögliche Bedienung der Kunden unter der Randbedingung begrenzter Servicekapazitäten.

Die Warteschlangen selbst können beliebig große oder aber beschränkte Kapazitäten besitzen und es kann eine oder mehrere Schlangen geben. Die Warteschlangendisziplin gibt an, wie die Objekte in einer Schlange abgefertigt werden. Hierfür existiert eine Vielzahl von Prioritätsregeln.
Wichtige Prioritätsregeln sind:

- FIFO/FCFS (*First In-First Out oder First Come-First Served*): Die Bedienung erfolgt in der Reihenfolge des Ankommens an der Warteschlange.
- LIFO/LCFS (*Last In-First Out* oder *Last Come-First Served*): Die Bedienung erfolgt in umgekehrter Reihenfolge der Ankunft.
- SIRO (*Selection In Random Order*): Das nächste zu bedienende Objekt wird zufällig ausgewählt.
- Relative Priorität (*Non-preemptive Priority*): Manche Objekte haben gegenüber anderen Objekten eine höhere Priorität. Der laufende Bedienungsprozess wird für ein Objekt mit höherer Priorität jedoch nicht unterbrochen.
- Absolute Priorität (*Preemptive Priority*): Hat das neu ankommende Objekt eine höhere Priorität als das Objekt, das gerade bedient wird, so wird der aktuelle Bedienprozess unterbrochen.
- RR (*Round Robin*): Jedes Objekt kann eine Bedienstation jeweils nur für ein bestimmtes Zeitintervall in Anspruch nehmen. Objekte, für deren Abfertigung mehr Zeit benötigt wird, müssen sich mehrmals in die Warteschlange einreihen.

Die bedienten Elemente verlassen die Bedienstation(en) und kommen eventuell als Input an einer neuen Schlange an. Dies kann einen Rückstau verursachen und so die Kapazität der vorhergehenden Abfertigung negativ beeinflussen.

Anzahl der Bediener

Im Fokus der Untersuchungen steht die Anzahl der Bediener oder Bedienstationen (Abfertigungsstationen, Bedienkanäle). Diese können einzeln oder zu mehreren parallel oder hintereinander eingesetzt werden und unterschiedliche Kapazitäten besitzen.
Die Zahl der Bediener ist von außerordentlicher Bedeutung, weil ein System mit einem sehr schnellen Bediener eine völlig andere Charakteristik besitzt als die eines Systems mit verschiedenen langsamen Bedienern, obwohl ggf. die Totalkapazität in beiden Fällen gleich groß ist.
Art und Zahl der Bediener bestimmen Art und Anzahl der Arbeitsplätze und damit den Flächenbedarf.

Bedienungszeit, Servicezeit

Neben den Ankünften der Forderungen ist auch die Bedienungsdauer von systemimmanenter Bedeutung für jedes Bedienungssystem. Zur Ermittlung der Bedienungsdauer einer Kundenforderung wird analog zur Ankunftszeit die Verteilung der

Servicezeit benötigt. Die Servicezeiten werden als Folge stochastisch unabhängiger und identisch verteilter Zufallsvariablen aufgefasst. Die Abfertigungskapazität der Bedienstationen wird also durch die Verteilung der Bedienzeiten $F(T_{Bi})$, $i = 1, 2, \ldots$ der aufeinander folgenden Kunden beschrieben. Die Verteilungsfunktion wird mit $F(T_B)$ bezeichnet. Der Erwartungswert wird mit ET_B und die zugehörige Varianz mit DT_B bezeichnet. Für viele Bedienungsmodelle werden exponentiell verteilte Bedienungszeiten vorausgesetzt, was nicht immer der Realität entspricht. Daher ist auch das Verständnis für die Auswirkungen nicht exponentiell verteilter Bedienungszeiten von Interesse.

Die Bedienrate gibt an, wie viele Kunden im Durchschnitt pro Zeiteinheit von einer Bedienstation abgefertigt werden können. Sind mehrere parallele Bedienstationen vorhanden, so erhöht sich die Bedienrate entsprechend.

$$\mu_j = \frac{1}{ET_{Bj}} \tag{7.13}$$

Eine der wichtigsten Gesetzmäßigkeiten in Warteschlangensystemen wurde 1961 von JOHN LITTLE formuliert[20]. LITTLES Gesetz besagt, dass die mittlere Anzahl von Forderungen EN im System gleich dem Produkt aus der mittleren Ankunftsrate λ und der mittleren Verweilzeit ET_V der Forderungen im System ist, sofern sich das System im Gleichgewicht befindet:

$$EN = \lambda * ET_V \tag{7.14}$$

Das Gesetz erscheint zwar trivial, es impliziert aber, dass dieses Verhalten vollkommen unabhängig von den benutzten Wahrscheinlichkeitsverteilungen ist und somit keine Annahmen über die Verteilung der Ankunftszeiten oder die Warteschlangendisziplin getroffen werden müssen. So ist die durchschnittliche Wartezeit bei FIFO genauso groß wie bei LIFO.

Littles Gesetz gilt nicht nur für eine isolierte Bedienstation, sondern auch für Netzwerke aus Wartesystemen. Beispielsweise kann man in einer Bank die Warteschlange eines einzelnen Schalters als Subsystem ansehen und jeden zusätzlichen Schalter als weiteres Subsystem. Littles Gesetz kann sowohl auf die Subsysteme einzeln, als auch auf das gesamte System angewendet werden. Die einzige Bedingung ist, dass das System stabil ist – es darf sich nicht in einem Übergangsstadium (Start-, Endphase) befinden.

Warteschlangennetze Warteschlangennetze bestehen aus mehreren Warteschlangen, zwischen denen die Forderungen zirkulieren können. Entweder befindet sich eine feste Anzahl von Objekten im Netz oder den Objekten fallen nach einer bestimmten Ankunftsrate in das Netz ein.

Jackson-Netzwerke Jackson-Netzwerke[21] spalten das Bedienungsnetz in mehrere Warteschlangensysteme auf, bestimmen Ergebnisse für die einzelnen Systeme und

---

[20] Little, J. D. C.: *A Proof of the Queuing Formula L = λ W,* Operations Research, 9, p. 383–387, 1961.
[21] Gross et al. 2008, S. 194 ff.

berechnen daraus die Leistungskenngrößen für das gesamte Netzwerk. Jackson-Netzwerke erfordern jedoch exponentialverteilte Ankunfts- und Abfertigungszeiten und FIFO-Prioritäten.

7.4.3.2 Symbolik

Die Symbolisierung von Bedienungsmodellen geht auf Kendall zurück (Kendall 1953). Die Beschreibung von Bedienungsmodellen stützt sich auf folgende Notationen:

A/B/s/K/m/Z Ist der Warteraum unbegrenzt, so kann die Kundenpopulation unendlich groß sein. In solchen Fällen wird die kürzere Schreibweise A/B/s verwendet, wobei die Bedienungsdisziplin FCFS vorausgesetzt wird.

Die Notationen haben folgende Bedeutung:

A steht für den *Ankunftsprozess (arrival pattern)* und beschreibt die Verteilung der Zwischenankunftszeiten:

M *Markov-Prozess*: Die Ankunftsabstände sind exponentiell verteilt, der Ankunftsprozess ist demnach absolut zufällig oder Poisson-verteilt.

D *Deterministischer Ankunftsprozess*: Die Zeit zwischen zwei Ankünften ist konstant, wodurch der Ankunftsprozess steuerbar wird.

GI *General Independent*: Es handelt sich um einen allgemeinen Ankunftsprozess, Zwischenankunftszeiten sind unabhängig. Das bedeutet, dass der Ankunftsabstand zwischen den Kunden k und $k + 1$ keinen Einfluss auf den Abstand der Kunden $k + 1$ und $k + 2$ ausübt.

G *General*: steht für allgemein verteilte Zwischenankunftszeiten, die sich von *GI* darin unterscheiden, dass Abhängigkeiten der Zwischenankunftszeiten der Forderungen untereinander bestehen (ein großer Ankunftsabstand der Forderungen k und $k + 1$ bedeutet beispielsweise, dass der Ankunftsabstand zwischen den Forderungen $k + 1$ und $k + 2$ eher kürzer sein kann).

B steht für den *Bedienprozess* und gibt die Verteilung der Bedienzeiten an:

M *Markov-Prozess*: exponentiell verteilte Servicezeiten

D deterministischer Bedienprozess, konstante Servicezeiten

G *General*, allgemein verteilte Servicezeiten, für die Servicezeit wird generell vorausgesetzt, dass sie unabhängig sind. Daher muss nicht zwangsläufig in *GI* und G unterschieden werden

E_K *k-Erlang verteilte Servicezeiten*

H_K *hyperexponentiell verteilte Servicezeiten (Stufe k)*

s *Anzahl der Bediener* (Server) (kann in einigen Fällen unendlich groß sein)

K *Maximalkapazität eines Bedienungssystems*: Gibt die Zahl der vom Warteraum aufnehmbaren und die Anzahl der bedienbaren Forderungen an. Ist dieser Wert nicht gegeben, existiert keine Kapazitätsbegrenzung

m   Anzahl *der Forderungen/Kunden* (wenn dieser Wert nicht gegeben ist, ist die Zahl unbegrenzt)

Z   Angaben der Bedienungsdisziplin bzw. -ordnung:

Erfolgt keine Angabe der Bedienungsdisziplin, geht man immer von der FIFO-Disziplin aus.

7.4.3.3 Einteilung von Bedienungsmodellen

Eine Einteilung der Bedienungsmodelle erfolgt nach:

1. dem Umfang der Servicekapazität in Ein- und Mehrbedienersysteme,
2. der Zahl der in der Quelle befindlichen Objekte:

   a. in offene Bedienungssysteme bei unendlich hoher Zahl Forderungen generierender Ob-jekte,
   b. in geschlossene Bedienungssysteme bei begrenzter Zahl der Forderungen generierender Objekte,

3. der Kapazität des Warteraums in:

   a. Bedienungsmodelle mit unbegrenztem Warteraum,
   b. Bedienungsmodelle mit begrenztem Warteraum,

4. der Service-Disziplin in:

   a. Bedienungssysteme mit Prioritäten,
   b. Bedienungssystem ohne Prioritäten,

5. der Rangfolge des Eintreffens der Forderungen.

7.4.3.4 Kombinierte Warte-Verlustsysteme

Gegenstand der Dimensionierungsbetrachtungen sind kapitalintensive Dienstleistungsstrukturen. Dazu zählen insbesondere Logistik- und Instandhaltungsbereiche. Dienstleistungsstrukturen lassen sich grundsätzlich in Form offener oder geschlossener Bedienungssysteme modellieren (s. Abb. 7.9, 7.10). Kennzeichen geschlossener Systeme ist die Identität von Quelle und Senke, d. h. die Zahl der Forderungen entspricht der Zahl der Objekte in der Quelle. Jede Forderung wird bedient. Keine Forderung geht verloren. Die bedienten Forderungen/Kunden kehren zur Quelle zurück.

Bei offenen Wartesystemen kehren die Forderungen generierender Objekte nicht zur Quelle zurück. Das ist beispielsweise bei Logistiksystemen der Fall. Innerhalb dieser Systeme können Prioritäten von Bedeutung sein, so dass die Grundtypen nochmals in Systeme mit und ohne Prioritäten unterteilt werden können.

Verlustsysteme sind Modelle, bei denen Forderungen verloren gehen, sobald der Warteraum, dessen Kapazität in der Regel begrenzt ist, die wartenden Forderungen

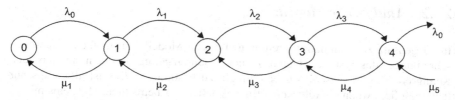

Abb. 7.10 Übergangsgraf einer Markov-Kette

nicht mehr aufnehmen kann. Ist genügend Warteraum vorhanden, reiht sich eine eintreffende Forderung in die Reihe bereits wartender Forderungen ein (Warteschlange). Dabei bestimmt die Bedienungsdisziplin die Dauer der Abläufe (s. Kap. 7.4.3.1.3).

7.5 Simulation versus analytische Modellierung

7.5.1 Simulationsmodelle

Mit Simulationsmodellen[22] lassen sich relativ komplexe Warte- und Bedienprozesse abbilden. Bei Anwendung der Simulation entwickelt der Planer zunächst ein Simulationsmodell, mit dem die einzelnen Abschnitte des Ankunfts- und Bedienprozesses einer Forderung Schritt für Schritt detailliert nachgebildet werden.

Zur Ermittlung der interessierenden Kenngrößen eines Warteschlangensystems lässt sich beispielsweise das dynamische Verhalten einer Instandhaltungswerkstatt im Zeitablauf simulieren, wobei zur Erzeugung der Zwischenankunftszeiten und der Bedienzeiten auf Pseudo-Zufallszahlengeneratoren zurückgegriffen wird. Die meisten Simulationssysteme bieten Standard-Modellbausteine zur einfachen und schnellen Erzeugung des Simulationsmodells.

Die eigentliche Durchführung der Simulationsberechnungen, für die die Animation normalerweise abgeschaltet wird, nimmt bei komplexeren Simulationsmodellen oft beträchtliche Zeit in Anspruch. Dabei ist zu beachten, dass eine zuverlässige Aussage über das Modellverhalten nur nach einer wiederholten Durchführung der Simulationsrechnungen mit unterschiedlichen Startwerten der Pseudozufallszahlenreihen gemacht werden kann. Bei komplexeren Systemen kann die Durchführung eines ausreichend aussagekräftigen Simulationslaufes auch auf einem schnellen PC höhere Rechenzeiten in Anspruch nehmen.

---

[22] Ein Simulationsmodell ist ein spezielles Modell, dessen Gegenstand, Inhalt und Darstellung für Simulationszwecke konstruiert wird (konstruktionsprozessorientierte Modelldefinition), wobei üblicherweise nur diejenigen Merkmale des Systems modelliert werden, die für eine konkret zu lösende Fragestellung von Bedeutung sind. Andere Merkmale hingegen, die für die Fragestellung von geringerer Bedeutung sind, werden vernachlässigt.

7.5.2 Analytische Modelle

Im Gegensatz zur Simulation greifen analytische Modelle auf mathematische Beschreibungen des Systemverhaltens zurück. Dadurch gelingt es, die interessierenden Kenngrößen m. H. geschlossener Formeln zu bestimmen. Das ist allerdings nur dann möglich, wenn die relevanten Eigenschaften des betrachteten Systems mit einem mathematischen Modell ausreichend genau zu beschrieben werden können. So kann man z. B. eine Instandhaltungswerkstatt modellieren, in der in unregelmäßigen Abständen Forderungen eintreffen. Die Forderungen werden der Reihe nach abgearbeitet. Für den Fabrikplaner sind im Rahmen der Werkstattplanung spezielle Systemkenngrößen von Interesse. Dazu zählen insbesondere die mittlere Wartezeit auf Instandhaltung und die Anzahl der erforderlichen Instandhalter bzw. Servicekräfte. Die Wartezeit und die damit verbundenen Stillstandskosten sind wichtige Kenngrößen, weil sie die Wirtschaftlichkeit des Instandhaltungsprozesses wesentlich beeinflussen. Da die Wartedauer von der Anzahl der Instandhalter abhängt, ergibt sich ein Optimierungsproblem für die Planung der Instandhaltungskapazitäten.

In den letzten Jahren sind auch zahlreiche auf der Warteschlangentheorie basierende Modelle entwickelt worden, mit denen man komplexere in der Produktion und Logistik vorkommende Warte- und Bedienprozesse erfassen kann. So kann man z. B. *automatisierte Fließproduktionssysteme mit beschränkten Puffern* vor den Stationen sehr genau durch analytische Modelle, die auf der Warteschlangentheorie basieren, abbilden. Während das entsprechende Simulationsmodell dann z. B. 20 min Rechenzeit benötigt, liefert ein analytisches Modell bereits nach höchstens einer Sekunde die gewünschten Ergebnisse.

Analytische Bedienmodelle lassen sich sehr schnell auswerten. Das gilt aber nur, wenn es gelingt, für das betrachtete System ein geeignetes analytisches Modell und einen passenden Algorithmus zu entwickeln. Für viele Typen von Produktionssystemen gibt es solche Modelle. Meist bietet es sich an, mit einem analytischen Modell zunächst die Grundstruktur eines Systems zu beschreiben und dann mit einem Simulationsmodell die Details genauer zu untersuchen. Simulationsergebnisse gewinnen an praktischer Relevanz, wenn es gelingt, den zu untersuchenden Prozess auch analytisch zu modellieren.

7.6 Dimensionierung von Instandhaltungswerkstätten m. H. bedienungstheoretischer Modelle

7.6.1 Markov-Ketten zur Abbildung von Geburts- und Todesprozessen

Eine Markov-Kette entsteht aus einem in diskreten Zeitschritten ablaufenden stochastischen Prozess. Die Kettenglieder ergeben sich aus den Zustandsänderungen, die den gesamten Prozess bestimmen. Dabei wird jeweils von einem Zustand in einen nächsten übergegangen. Der Übergang aus dem gegenwärtigen in den nächsten Zustand erfolgt immer sprungartig nach oben oder unten. Ziel ist es, Wahrscheinlichkeiten für das Eintreten zukünftiger Ereignisse anzugeben. Das Spezielle einer Markov-Kette ist die Eigenschaft, dass für den Zustand $n \geq 0$ die Ankunftszeit einer Forderung bis zur nächsten („*birth*" = „*Geburt*") eine exponentiell verteilte Zufallsvariable mit der Rate λ_n ist. Bei Ankunft geht das System vom Zustand n in den Zustand $n+1$ über. Befindet sich das System im Zustand $n \geq 1$, ist die Zeit bis zum nächsten Abgang eine exponentiell verteilte Zufallsvariable mit der Rate μ_n („death" = „Tod"). Im Falle des Abgangs geht das System vom Zustand n in den Zustand $n-1$ über (s. Abb. 7.10). Charakteristisch für Markov-Ketten erster Ordnung ist, dass die Zukunft des Systems nur von der Gegenwart (dem aktuellen Zustand) und nicht von der Vergangenheit abhängt. Zudem ist die Zustandsänderung nachwirkungsfrei.

Wenn die Zustandsmenge endlich ist, erfolgt die mathematische Formulierung lediglich m. H. der diskreten Verteilung sowie der bedingten Wahrscheinlichkeit, während im zeitstetigen Fall die Konzepte der Filtration sowie der bedingten Erwartung benötigt werden. Geburts- und Todesprozesse stellen eine spezielle Form stetiger Markov-Ketten dar.

Bei der Modellierung von Warteschlangenproblemen bestimmt die Anzahl der Forderungen im System den Zustand des Systems. Während die Ankunft von Forderungen als „*Geburt*" interpretiert wird, bezeichnet man deren Bedienung (und Abgang) als „*Tod*". Beispielsweise ist ein M/M/1-Modell ein Geburts-Todesprozess mit den Parametern $\lambda_n = \lambda$ und $\mu_n = \mu$. Es gilt die Bestimmungsgleichung:

$$(\lambda_{n1} + \mu_n)p_n = \lambda_{n-1}p_{n-1} + \mu_n + p_{n+1}$$

$$\lambda_0 p_0 = \mu_1 p_1 \qquad (7.15)$$

Durch Umformung ergibt sich[23]:

$$p_n = \frac{\lambda_{n-1}\lambda_{n-2}\dots\lambda_0}{\mu_n\mu_{n-1}\dots\mu_1} p_0; \ (n \geq 1)$$

$$= p_0 \prod_{i=1}^{n} \frac{\lambda_{i-1}}{\mu_i} \qquad (7.16)$$

Unter der Bedingung, dass die Summe der Übergangswahrscheinlichkeiten 1 ist, gilt

$$p_0 = \left[1 + \sum_{n=1}^{oo} \prod_{i=1}^{n} \frac{\lambda_{i-1}}{\mu_i} \right]^{-1} \qquad (7.17)$$

---

[23] Vgl. Gross et al. 2008, S. 51.

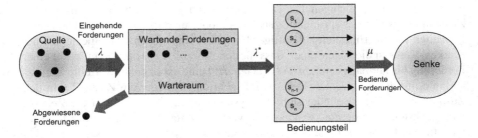

Abb. 7.11 Offenes Bedienungssystem mit begrenztem Warteraum

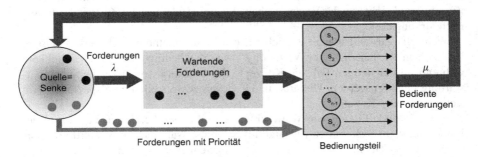

Abb. 7.12 Geschlossenes Bedienungssystem

7.6.2   Grundsätzliche Einteilung

Bedienungsmodelle werden grundsätzlich in zwei Modellgruppen eingeteilt:

a) Gruppe der offenen Bedienmodelle (s. Abb. 7.11) bzw.
b) Gruppe der geschlossenen Bedienmodelle (s. Abb. 7.12).

Offene Bedienmodelle kennzeichnen das Vorhandensein einer Quelle, die die Forderungen generiert, und einer Senke, in der die bedienten Forderungen nach Verlassen des Systems verschwinden.

Eine bestimmte Untergruppe der offenen Bedienungsmodelle sind die Verlustmodelle. Es handelt sich dabei um einen Sachverhalt, bei dem die Forderungen, die infolge eines voll besetzten Warteraums in das System aufgenommen werden können, abgewiesen werden und verloren gehen bzw. verschwinden.

Der zweite Fall ist dadurch charakterisiert, dass Quelle und Senke identisch sind, d. h. die Forderungen kehren nach erfolgter Bedienung in die Quelle zurück und können dort erneut generiert werden. Charakteristisch ist, dass keine Forderung verloren geht. Bei ungenügender Poolkapazität kann es zu einem unaufhörlichen Wachstum der Warteschlange kommen (Abb. 7.12).

7.6.3 Modellierung von Werkstätten als offene Bedienungssysteme

Die Entscheidung, inwieweit offene Bedienungsmodelle für Fragestellungen der Instandhaltung verwendbar sind, wird immer anhand der Zielstellung und des abzubildenden Prozesses getroffen. So eignen sich offene Wartemodelle grundsätzlich nicht, wenn Quelle und Senke identisch sind. In Fällen, wo beispielsweise bestimmte Lösungsansätze die offene Modellierung gestatten, können diese problemlos eingesetzt werden.

7.6.3.1 Einbedienersysteme der Form M/M/1/∞/FIFO

Das Einbedienersystem ist das einfachste Bedienungsmodell und für zahlreiche allgemeine Anwendungsfälle einsetzbar. Besonders einfache Modelle, die sich in Form von Einbedienersystemen beschreiben lassen, eignen sich für eine erste grobe Bedarfsabschätzung bei der Projektierung von Instandhaltungswerkstätten. Damit können beispielsweise Entscheidungen unterstützt werden, die eine dezentrale Einordnung von Instandhaltungsstützpunkten im Unternehmen präferieren.

Die folgenden Formeln beschreiben den stationären Zustand, also den Gleichgewichtszustand. Dieser ist als Voraussetzung für die Planung von Instandhaltungsstrukturen völlig ausreichend[24].

Wahrscheinlichkeit, dass sich keine Forderung im System aufhält:

$$p_0 = 1 - \rho \quad mit \quad \rho = \frac{\lambda}{\mu} < 1 \tag{7.18}$$

Wahrscheinlichkeit, dass sich Forderungen im System befinden:

$$p(x) > 0 = \rho \quad \text{mittlere Auslastung des Bedieners} \tag{7.19}$$

Wahrscheinlichkeit, dass sich im System genau n Forderungen befinden:

$$p_n = \rho^n (1 - \rho) \text{ für n} = 1, 2, \dots \tag{7.20}$$

Wahrscheinlichkeit, dass das System höchstens n Forderungen enthält:

$$p(x \leq n) = 1 - \rho^{n+1} \tag{7.21}$$

Wahrscheinlichkeit, dass sich im System mehr als n Forderungen aufhalten:

$$p(x > n) = \rho^{n+1} \tag{7.22}$$

Die mittlere Anzahl der im System verweilenden Forderungen (Warten auf und befindlich in Bedienung):

$$EL_V = \frac{\rho}{1 - \rho} = \frac{\lambda}{(\mu - \lambda)} \tag{7.23}$$

---

[24] Vgl. Hillier und Liebermann 1997, S. 522.

Die mittlere Verweilzeit (Zeit für das Warten auf Bedienung einschließlich Bedienung):

$$ET_V = \frac{1}{\mu - \lambda} \tag{7.24}$$

Die mittlere Warteschlangenlänge ist demnach:

$$EL_W = \frac{\rho^2}{1 - \rho} = \frac{\lambda^2}{\mu(\mu - \lambda)} \tag{7.25}$$

und die mittlere Wartezeit auf Bedienung:

$$ET_W = \frac{\rho}{\mu - \lambda} \tag{7.26}$$

Wenn die Ankunftsrate der Forderungen λ die Bedienrate übersteigt ($\lambda > \mu$), „bläht" sich das System auf, da die Summenbildung bei der Berechnung von p_0 divergiert:

$$p_0 = \frac{1}{1 + \sum\limits_{n=1}^{\infty} \rho^n} = \frac{1}{\sum\limits_{n=1}^{\infty} \rho^n} = \left(\frac{1}{1 - \rho}\right)^{-1} = 1 - \rho \tag{7.27}$$

Solange $\lambda < \mu$ ist, kann man die Wahrscheinlichkeitsverteilung der Verweilzeit im System (Wartezeit + Servicezeit) für eine zufällig ankommende Forderung ermitteln, wenn FIFO gilt. Findet die ankommende Forderung bereits n Forderungen im System vor, wird sie $(n + 1)$ eine exponentiell verteilte Verweilzeit (Wartezeit + Servicezeit) abwarten müssen. Wenn n Kunden bereits T_i Zeiteinheiten warten, so gilt:

$$S_{n+1} = T_1 + T_2 + \ldots + T_n \quad \text{mit } n = 1, 2, \ldots,$$

S_{n+1} ist die bedingte Wartezeit, wenn n Forderungen bereits im System sind und einer ERLANG-Verteilung genügen. Die Wahrscheinlichkeit, dass eine zufällig ankommende Forderung n Forderungen im System vorfindet, ist gleich P_n. Daraus folgt:

$$p(t_W > t) = \sum\limits_{n=0}^{\infty} P_n P(S_{n+1} \geq 0) \tag{7.28}$$

Daraus folgt (Hillier und Liebermann, S. 524):

$$p(t_W > t) = e^{-\mu(1-\rho)t} \quad \text{für } t \geq 0 \tag{7.29}$$

$$ET_W = \frac{1}{\mu(1 - \rho)} = \frac{1}{\mu - \lambda} \tag{7.30}$$

Beispiel 7.2: Ermittlung der Systemgrößen eines Serviceunternehmens
Ein Serviceunternehmen, das sich auf die Instandsetzung ausgefallener Kompressoren spezialisiert hat, betreut einen variablen Kundenkreis. Das Serviceunternehmen möchte die Auslastung des Servicepersonals analysieren und überprüfen, ob eine bestimmte mittlere Wartedauer zumutbar ist. Aus Erfahrung ist bekannt, dass 10 min Wartezeit zugemutet werden können. Im Mittel treffen pro Stunde 15 Kunden ein. Die Servicezeit beträgt durchschnittlich 3 min pro Kunde. Darin enthalten sind die Fahrzeiten für An- und Abreise. Für die Ankunftsabstände wird Poisson- und für die Servicezeiten Exponential-Verteilung angenommen. Die Servicerate des Stützpunkts mit seinen Servicetechnikern beträgt im Mittel 20 h^{-1}.

Lösung:

Mittlere Ankunftsrate: $\lambda = 15/\text{h} = 0{,}20/\text{min}$
Mittlere Servicerate: $\mu = 20/\text{h} = 0{,}33/\text{min}$
Mittlere Belastung: $\rho = \lambda/\mu = 0{,}6$

Mittlere Warteschlangenlänge:

$$EL_W = \frac{\rho^2}{1-\rho} \approx 1$$

Mittlere Anzahl der im System verweilenden Forderungen:

$$EL_V = \frac{\rho}{1-\rho} = 3{,}1$$

Mittlere Wartezeit auf Service:

$$ET_W = \frac{\rho}{\mu-\lambda} = 4\,\text{Min.}$$

Mittlere Verweilzeit (Zeit für das Warten auf Bedienung einschließlich Bedienung):

$$ET_V = \frac{1}{\mu-\lambda} = 7{,}7\,\text{Min.}$$

Die Wartezeit liegt unter dem Schwellenwert von 10 min. Mithin erfüllt der Servicestützpunkt mit seiner Servicerate die Zielstellung.
Wahrscheinlichkeit, dass keine Forderung ansteht, ist:

$$p(x=0) = \rho_0(1-\rho) = 0{,}39$$

Wahrscheinlichkeit, dass Forderungen anstehen:

$$p(x>0) = \rho = 0{,}61$$

Wahrscheinlichkeit, dass eine Forderung ansteht:

$$p(x=1) = \rho^1(1-\rho) = 0{,}24$$

Tab. 7.1 Berechnungsergebnisse (Beispiel 7.2)

$\lambda = 0{,}2$	$EL_W = 0{,}93$	$p(x=0) = 0{,}394$
$\mu = 0{,}33$	$ET_W = 4{,}66$	$p(x>0) = 0{,}606$
$\rho = 0{,}606$	$EL_V = 1{,}54$	$p(x=1) = 0{,}239$
	$ET_V = 7{,}69$	$p(x=2) = 0{,}145$
		$p(x \le 3) = 0{,}865$
		$p(x=3) = 0{,}088$
		$p(x>3) = 0{,}135$

Wahrscheinlichkeit, dass 2 Kundenforderungen anstehen:

$$p(x = 2) = \rho^2(1 - \rho) = 0{,}15$$

Wahrscheinlichkeit, dass höchstens 3 Forderungen anstehen:

$$p(x \le 3) = 1 - \rho^{i+1} = 0{,}86$$

Wahrscheinlichkeit, dass 3 Kundenaufträge anstehen:

$$p(x = 3) = \rho^3(1 - \rho) = 0{,}09$$

Wahrscheinlichkeit, dass sich im System mehr als *3* Forderungen aufhalten (Tab. 7.1):

$$p(x > 3) = \rho^{i+1} = 0{,}13$$

7.6.3.2 Werkstätten mit Parallel-Service und unendlichem Warteraum der Form M/M/s/∞

Für die Werkstättenmodellierung mit Parallelservice und unendlichem Warteraum wird FIFO vorausgesetzt. Zunächst werden Leerwahrscheinlichkeit und Übergangswahrscheinlichkeit benötigt[25]. Wenn *s* oder mehr Forderungen im System sind, dann sind alle *s* Server beschäftigt. Wenn jeder Server die Forderungen mit der Intensität μ bedient, ist die Servicerate des Systems $s * \mu$. Wenn weniger als *s* Forderungen im System sind ($n < s$), dann sind nur *n* von *s* Servern beschäftigt und die Servicerate ist $n * \mu$.

Daher gilt:

$$\mu_n = \begin{cases} n * \mu & (1 \le n < s) \\ s * \mu & (s \le n < \infty) \end{cases} \tag{7.31}$$

Durch Einsetzen von Formel (7.17) in (7.31) ergibt sich:

$$p_n = \begin{cases} \dfrac{\rho^n}{n!} p_0 & (0 \le n < s) \\[3mm] \dfrac{\rho^n}{s!\,s^{n-s}} p_0 & (n \ge s) \end{cases} \tag{7.32}$$

---

[25] Vgl. Zimmermann 2008, Hiller und Liebermann 1997, S. 552.

$$p_0 = \left(\sum_{n=0}^{s-1} \frac{\lambda^n}{n! \mu^n} + \sum_{n=s}^{\infty} \frac{\lambda^n}{s^{n-s} s! \mu^n} \right)^{-1} \tag{7.33}$$

Die Formel (7.33) lässt sich vereinfachen indem $\lambda / \mu = \rho$ gesetzt wird:

$$p_0 = \left(\sum_{n=0}^{s-1} \frac{\rho^n}{n!} + \sum_{n=s}^{\infty} \frac{\rho^n}{s^{n-s} s!} \right)^{-1}$$

Die Bedingung für die Existenz einer *Steady-State–Solution* ist $\lambda / s\mu < 1$ ($s\mu$ ist die Abfertigungsrate des Systems). Das ist dann der Fall, wenn die mittlere Ankunftsrate geringer ist als die mittlere maximale Servicerate, was intuitiv erwartet wird. Es gilt[26]:

$$p_0 = \left(\frac{\rho^s}{s! (1 - \xi)} + \sum_{n=0}^{s-1} \frac{\rho^n}{n!} \right)^{-1} \; ; \quad \xi = \left(\frac{\rho}{s} \right) \leq 1 \tag{7.34}$$

Die Rekursionsformel lautet:

$$p_{n+1} = \begin{cases} \dfrac{\rho}{n+1} p_n & (1 \leq n \leq s) \\[2mm] \dfrac{\rho}{s} p_n & (n \geq s) \end{cases} \tag{7.35}$$

p_0 lässt sich vereinfachen, wenn s gegen unendlich strebt, also praktisch sehr groß ist. Für den Fall $s = 1$ ergibt sich ein M/M/1-Modell. Für $s \to \infty$ geht der erste Summand der Formel (7.34) gegen $e^{-\rho}$, während der zweite Summand verschwindet. Mithin gilt:

$$\lim_{s \to \infty} p_0 = e^{-\rho} \tag{7.36}$$

Aus den Formeln (7.34) und (7.35) lässt sich auf gleiche Weise wie beim Modell M/M/1 die Zustandswahrscheinlichkeit bestimmen. Wir ermitteln zunächst die zu erwartende Warteschlangenlänge. Damit lässt sich dann die mittlere Wartedauer leichter bestimmen, da wir nur noch mit p_n für $n > s$ rechnen müssen.

Die Warteschlangenlänge ergibt sich zu:

$$EL_W = \sum_{n=s+1}^{\infty} (n - s)^{-1} p_n = \sum_{n=s+1}^{\infty} (n - s) \frac{\rho^n}{s! s^{n-s}} p_0 \tag{7.37}$$

Nach verschiedenen Umformungen ergibt sich die Warteschlange zu:

$$EL_W = \frac{\rho^s \xi}{s! (1 - \xi)^2} p_0 \quad mit \quad \xi = \frac{\rho}{s}; \rho = \frac{\lambda}{\mu} \tag{7.38}$$

---

[26] Vgl. Gross et al. 2008, S. 68.

Mittlere Wartedauer:

$$ET_W = \frac{EL_W}{\lambda} = \left(\frac{\rho^s}{s!(s\mu)(1-\zeta)^2} \right) p_0 \tag{7.39}$$

Verweilzeit im System:

$$ET_V = \frac{1}{\mu} + \left(\frac{\rho^s}{s!(s\mu)(1-\zeta)^2} \right) p_0 \tag{7.40}$$

Anzahl der Forderungen im System

$$EL_V = \rho + \left(\frac{\rho^s \zeta}{s!(1-\zeta)^2} \right) p_0 \tag{7.41}$$

Das Ergebnis für EL_V ergibt sich direkt aus EL_W zu:

$$EL_V = EL_W + \rho \tag{7.42}$$

$W_q(0)$ ist die Wahrscheinlichkeit, dass eine Forderung nicht warten muss. Die Wartezeit beträgt in diesem Fall Null. Äquivalent dazu ist $1 - W_q(0)$ die Wahrscheinlichkeit, dass die Wartezeit einer Forderung in der Warteschlange größer Null ist. Eine solche Konstellation ist oft in Instandhaltungs- und Servicebereichen vorzufinden, die für die so genannte Ad-hoc-Instandhaltung zuständig sind. Dies ist beispielsweise bei Störungen der Elektronik von kapitalintensiven Maschinen und Ausrüstungen der Fall. Ausfälle elektronischer Bauelemente und die damit verbundenen Produktionsunterbrechungen sind exponentiell verteilt. Die Überlagerung dieser Störungen bildet einen Poisson-Strom. Sobald eine Störung eingetreten ist, wartet die BE auf Behebung in einer „virtuellen" Warteschlange, solange alle Servicetechniker im Einsatz sind. Der Ausdruck $1 - W_q(0)$ indiziert nicht direkt die eigentliche Wartedauer in der Warteschlange, sondern eher die Wahrscheinlichkeit, dass kann. eine Forderung nicht sofort bedient werden.

Um $W_q(0)$ zu ermitteln, wird davon ausgegangen, dass die mittlere Wartezeit ET_W die Zufallsvariable „*Wartezeit in der Warteschlange*" hinreichend repräsentiert.

Die Wahrscheinlichkeit, dass nicht mehr als s Forderungen im Bedienungssystem warten, ergibt sich zu [27]:

$$W_q(0) = W(T_W = 0) = W(\leq s - 1 \; im \; System)$$

$$= \sum_{n=0}^{s-1} p_n = \sum_{n=0}^{s-1} \frac{\rho^s}{n!} p_0 \tag{7.43}$$

Um den Wert $\sum \rho^s/n!$ unter Berücksichtigung von p_0 gemäß Formel (7.43) zu erzielen, ist:

$$\sum_{n=0}^{s-1} \frac{\rho^n}{n!} = \frac{1}{p_0} - \frac{\rho^s}{s!(1-\zeta)} \tag{7.44}$$

---

[27] Im stationären Zustand.

Damit ergibt sich:

$$W_q(0) = p_0 \left(\frac{1}{p_0} - \frac{\rho^s}{s!(1-\zeta)} \right) = 1 - \frac{\rho^s}{s!(1-\zeta)} \tag{7.45}$$

Die Wahrscheinlichkeit, mit der eine ankommende Forderung warten muss:

$$p_w(s,\rho) = 1 - W_q(0) = \left(\frac{\dfrac{\rho^s}{s!(1-\zeta)}}{\dfrac{\rho^2(1-\zeta)}{s!} + \sum_{n=0}^{s-1} \dfrac{\rho^n}{n!}} \right) \tag{7.46}$$

Diese Formel wird u. a. als k-Erlang-Formel bezeichnet. Die Beziehung gibt die Wahrscheinlichkeit dafür an, dass eine eintreffende Forderung mit der Aussicht auf unmittelbare Bedienung als eine Funktion von s und ρ rechnen kann.

Untersucht werden soll die gesamte Wahrscheinlichkeitsverteilung der Wartezeit $W(t)$ und $W_q(t)$. Es gilt $T_W > 0$ und FCFS.

$$W_q(t) = W(T_W \leq t) = W_q(0)$$

$$+ \sum_{n=s}^{\infty} W(n - s + 1 \; completion \; s \; in \leq t \; |arrival \; found \; n \; in \; system) p_n$$

$$\tag{7.47}$$

Im Falle von $n > s$ genügt die Bedienrate des Systems einer Poisson-Verteilung mit der Intensität $1/s\mu$. Die Zeit für die $n - s + 1$ Realisierungen ist vom Erlangtyp $n - s + 1$. Damit kann die Wartewahrscheinlichkeit wie folgt beschrieben werden[28]:

$$p_w(t) = W_q(0) + p_0 \sum_{n=s}^{\infty} \frac{\rho^n}{s^{n-s}s!} \int_0^{tt} \frac{s\mu(s\mu x)^{n-s}}{(n-s)!} e^{-s\mu x} dx \tag{7.48}$$

Durch Umformung und Integration ergibt sich:

$$p_w(t) = W_q(0) + p_0 \frac{\rho^s}{s!(1-\zeta)} (1 - e^{-(s\mu-\lambda)t}) \tag{7.49}$$

Durch Einfügen in Formel (7.49) ergibt sich:

$$p_w(t) = 1 - p_0 \frac{\rho^s}{s!(1-\zeta)} (1 - e^{-(s\mu-\lambda)t}) \tag{7.50}$$

Aus (7.51) folgt die Wartewahrscheinlichkeit:

$$W(T_W > t) = 1 - W_q(t) = p_0 \frac{\rho^s}{s!(1-\zeta)} (1 - e^{-(s\mu-\lambda)t}) \tag{7.51}$$

---

[28] Vgl. Gross et al. 2008, S. 71.

$$W(T_W > t \,|\, T_W > 0)e^{-(s\mu - \lambda)t} \tag{7.52}$$

Im Falle von $s = 1$ verändert sich Formel (7.52) entsprechend dem M/M/1-Modell.

$$p_W(n \geq s) = \sum_{k=s}^{\infty} p_k \tag{7.53}$$

In Verbindung mit den Formeln (7.49) und (7.50) folgt:

$$p_W = \frac{\rho^s}{s!} \sum_{k=s}^{\infty} \left(\frac{\rho}{s}\right)^k = \frac{\rho^s}{s!\left(1 - \dfrac{\rho}{s}\right)} p_0 \tag{7.54}$$

Mit Hilfe der Wartewahrscheinlichkeit können weitere Kenngrößen des Systems bestimmt werden.
Mittlere Warteschlangenlänge:

$$EL_W = \frac{\lambda}{s\mu - \lambda} p_w \tag{7.55}$$

Mittlere Anzahl der Forderungen im System:

$$EL_V = EL_W + \rho \tag{7.56}$$

Mittlere Wartezeit einer Forderung in der Warteschlange:

$$ET_W = \frac{EL_W}{\lambda} \tag{7.57}$$

Mittlere Verweilzeit einer Forderung in der Warteschlange:

$$ET_V = El_W + \frac{1}{\lambda} \tag{7.58}$$

Mittlere Länge der nicht-leeren Schlange:

$$N = El_W + \frac{\lambda}{\mu} \tag{7.59}$$

Mittlere Wartezeit einer Forderung in der nicht-leeren Warteschlange:

$$ET_{W,N} = \frac{EL_W}{\lambda} + \frac{1}{\mu} \tag{7.60}$$

Für die Wahrscheinlichkeit, dass die Verweilzeit einer Forderung im System größer als ein Schwellenwert t ist, gilt:

$$P(ET_V > t) = e^{-\mu t}\left[1 + \frac{p_0 \frac{\rho}{s}}{s!(1-\rho)}\left(\frac{1 - e^{-\mu t(s-1-\rho)}}{s - 1 - \upsilon}\right)\right] \tag{7.61}$$

Tab. 7.2 Berechnungsergebnisse (Beispiel 7.3a)

μ	ρ	ξ	s	p_W	ET_W	ET_V	η
2	4	0,5	0,25	2	0,21	0,017	0,27	25 %

Tab. 7.3 Berechnungsergebnisse (Beispiel 7.3b)

λ	μ	ρ	ξ	s	p_W	ET_W	ET_V	η
2	4	0,5	0,17	3	0,015	0,0015	0,25	16,7 %

$$P(ET_W > t) = [1 - P(ET_W = 0)] \, e^{-s\mu(1-\rho)t} \tag{7.62}$$

$$\rho = \frac{\lambda}{s\mu} < 1 \tag{7.63}$$

$$p_0 = \frac{1}{\left[\sum_{n=1}^{s-1} \frac{\rho^n}{n!} + \frac{\rho^2}{(s-1)!(s-\rho)}\right]} \tag{7.64}$$

Beispiel 7.3: Berechnung eines Servicestützpunkts zur Behebung elektronischer Störungen

Der Servicestützpunkt eines Unternehmens hat die Aufgabe, plötzlich auftretende elektrische bzw. elektronische Störungen zu beheben. Die Ankunft der Forderungen genügt einer Poisson-Verteilung, während die Servicezeiten exponentiell verteilt sind. Pro Stunde gehen im Mittel 2 Forderungen ein. Die Servicedauer beträgt durchschnittlich 15 min.

a. Gesucht ist die Wahrscheinlichkeit, dass eine Forderung umgehend bedient werden kann, ohne erst warten zu müssen.

$\lambda = 2$, $\mu = 4$, $s = 2$ (Bedingung $\rho < s$ erfüllt)
Aus Formel (7.46) folgt (Tab. 7.2):

$$p_w(s, \rho) = 1 - W_q(0) = \left(\frac{\dfrac{0,5^2}{2\,(1-0,25)}}{\dfrac{0,5^2(1-0,5)}{2!} + \dfrac{0,5^0}{0!} + \dfrac{0,5^1}{1!}}\right) \approx 0,21$$

Die Wahrscheinlichkeit, dass eine Forderung warten muss, beträgt über 21 %.

b. Das Management beabsichtigt, den Servicestützpunkt mit dem Ziel auszubauen, die Wartewahrscheinlichkeit auf unter 10 % zu verringern. Auf wie viele Servicetechniker sollte der Instandhaltungsstützpunkt erweitert werden?

Aus Formel (7.46) folgt (Tab. 7.3)

$$p_w(s, \rho) = 1 - W_q(0) = \left(\frac{\dfrac{0,5^3}{3!\,(1-0,16)}}{\dfrac{0,5^3}{3!(1-0,16)} + \dfrac{0,5^0}{0!} + \dfrac{0,5^1}{1!} + \dfrac{0,5^2}{2!}}\right) \approx \underline{0,015}$$

Mit der Aufstockung der Servicekapazität auf 3 Servicetechniker ist die Zielstellung gesichert. Die Wahrscheinlichkeit, dass eine Forderung warten muss, beträgt nur noch 1,5 %.
Eine weitere Möglichkeit wäre die Steigerung der Serviceleistung auf 5 h-1. In diesem Fall, beträgt die Wartewahrscheinlichkeit 1,5 % und liegt damit auch wesentlich unter der Zielstellung. Außerdem ergibt sich ein Kostenvorteil in Höhe von ein Servicetechniker.

7.6.3.3 Werkstätten mit beschränktem Warteraum der Form M/M/s/C

Das folgende Modell unterscheidet sich vom M/M/s-Modell nur dadurch, dass ein limitiertes Platzangebot für die ankommenden Forderungen zur Verfügung steht. Der Unterschied besteht lediglich darin, dass die Ankunftsrate λ_n Null wird, sobald $n \geq C$ ist. Die Übergangswahrscheinlichkeiten ergeben sich gemäß Formel (7.65) zu:

$$p_n = \begin{cases} \dfrac{\rho^n}{n!} p_0 & (0 \leq n < s) \\[2ex] \dfrac{\rho^n}{s! s^{n-s}} p_0 & (s \leq n \leq C) \end{cases} \tag{7.65}$$

mit

$$p_0 = \left(\sum_{n=0}^{s-1} \frac{\rho^n}{n!} + \sum_{n=s}^{C} \frac{\rho^n}{s^{n-s} s!} \right)^{-1} \tag{7.66}$$

Zur Vereinfachung der Formel (7.66) setzt man $\rho = \lambda/\mu$ und $\xi = \lambda/s\mu$:

$$\sum_{n=s}^{C} \frac{\rho^n}{s^{n-s} s!} = \frac{\rho^s}{s!} \sum_{n=s}^{C} \xi^{n-s} = \begin{cases} \dfrac{\rho^s}{s!} \left(\dfrac{1 - \xi^{C-s+1}}{1 - \xi} \right) & (\rho \neq 1) \\[2ex] \dfrac{\rho^s}{s!} (C - s + 1) & (\rho = 1) \end{cases}$$

$$p_0 = \begin{cases} \left[\dfrac{\rho^s}{s!} \left(\dfrac{1 - \xi^{C-s+1}}{1 - \xi} \right) + \displaystyle\sum_{n=0}^{s-1} \dfrac{\rho^n}{n!} \right]^{-1} & (\rho \neq 1) \\[3ex] \left[\dfrac{\rho^s}{s!} (C - s + 1) + \displaystyle\sum_{n=0}^{s-1} \dfrac{\rho^n}{n!} \right]^{-1} & (\rho = 1) \end{cases} \tag{7.67}$$

Mittlere Warteschlangenlänge:

$$EL_W = p_0 \frac{\rho^s \xi}{s! (1 - \xi)^2} [1 - \xi^{C-s+1} - (1 - \xi)(C - s + 1)\xi^{C-s}] \tag{7.68}$$

Mittlere Anzahl der Forderungen im System:

$$EL_V = EL_W + \rho(1 - p_n) \tag{7.69}$$

Mittlere Verweilzeit einer Forderung im System:

$$ET_V = \frac{EL_V}{\lambda_{eff}} = \frac{EL_V}{\lambda(1-p_k)} \tag{7.70}$$

Mittlere Wartezeit einer Forderung:

$$ET_W = ET_V - \frac{1}{\mu} = \frac{EL_W}{\lambda_{eff}} \tag{7.71}$$

Beispiel 7.4: Optimierung eines Servicestützpunkts für E- und Diesel-Gabelstapler
Ein Servicestützpunkt verfügt über 3 autonom arbeitende Inspektionsbühnen. Die Stellfläche auf dem Werkstattgelände ist für eine Aufnahmekapazität von maximal 4 Staplern ausgelegt. Die Gesamtaufnahmekapazität des Systems beträgt somit insgesamt 7 Stapler. Der Ankunftsprozess ist ein Poisson-Strom mit einer Ankunftsrate von 3 BE/h. Die Servicezeit beträgt im Mittel 2 h/BE und ist exponentiell verteilt. Der Werkstattbetreiber möchte wissen, wie hoch die mittlere Zahl der BE während der Spitzenzeit ist (Warte– und Servicezeit) sowie die mittlere Zahl der Werkstattkunden, die von der Werkstatt nicht bedient werden können, wenn alle Plätze belegt sind. Es handelt sich somit um ein System M/M/3/7.

a. Ermitteln Sie die Systemgrößen und interpretieren Sie die Ergebnisse.

$$p_0 = \left(\sum_{n=0}^{3-1} \frac{6^n}{n!} + \sum_{n=s}^{7} \frac{6^n}{3^{n-3}3!} \right)^{-1} = 0{,}0008$$

$$EL_W = p_0 \frac{6^3 2}{3!}[1 - 2^5 - (-5)2^4] = 3$$

Mittlere Anzahl BE im System:

$$EL_V = EL_W + \rho(1 - p_k) = 2{,}9 + 6(1 - 0{,}475) = 6{,}06$$

mit

$$p_k = p_0 \frac{\rho^C}{s!s^{C-s}} = 0{,}0008\frac{6^7}{3!3^4} = 0{,}475$$

Mittlere Verweilzeit einer Forderung im System:

$$ET_V = \frac{EL_V}{\lambda_{eff}} = \frac{6{,}06}{3(1 - 0{,}5)} = 4\,\text{h}$$

Mittlere Wartezeit eines BE im System:

$$ET_W = ET_V - \frac{1}{\mu} = 2\,\text{h}$$

Erwartete Anzahl an BE während der Spitzenlast:

$$\lambda_{eff} = \lambda * p_k = 3 * 0{,}5 = 1{,}5 \approx 2\ \text{BE/h}$$

p_K ist die Wahrscheinlichkeit, dass das System vollständig belegt ist (Tab. 7.4).

Tab. 7.4 Berechnungsergebnisse (Beispiel 7.4a)

λ	μ	ρ	ξ	s	P_K	P_0	EL_W	EL_V	ET_W	ET_V	λ_{eff}	ρ_{eff}
3	0,5	6	2	3	0,5	0,00087	3	6	2	4	1,5	99,4 %

Tab. 7.5 Berechnungsergebnisse (Beispiel 7.4b)

λ	μ	ρ	ξ	s	P_K	P_0	EL_W	EL_V	ET_W	ET_V	λ_{eff}	ρ_{eff}
3	0,5	6	2	4	0,36	0,002	1,7	5,6	0,9	2,9	1,9	95,3 %

Interpretation der Ergebnisse
Die Wahrscheinlichkeit, dass die Werkstatt leer bleibt, ist nahezu Null. Von durchschnittlich rund 6 im System verweilenden BE warten 3 BE auf die Inspektion. Die Wartezeit, die im Durchschnitt 2 h beträgt und eine Verweilzeit des Gabelstaplers im System von durchschnittlich 4 Stunden, ist für den Kunden die Produktion nicht zumutbar. Gegebenenfalls kann die BE erst am nächsten Tag wieder eingesetzt werden.

b. Das Servicemanagement denkt über die Erhöhung seiner Kapazitäten um 1 Prüfstand nach. Außerdem sollen verbesserte Inspektionsmethoden eingesetzt werden, um die Servicerate zu steigern. Die Wartezeit soll auf ein erträgliches Maß von 0,5 h reduziert werden (s. Tab. 7.5).

Die Wahrscheinlichkeit, dass die Werkstatt leer bleibt, ist nach wie vor nahezu Null. Von rund 6 im System verweilenden BE warten im Mittel nur noch rund zwei BE auf den Service. Die mittlere Wartezeit ist mit 54 min allerdings immer noch zu hoch. Daher werden zusätzliche Hilfsmittel eingesetzt, die den mittleren Reparaturaufwand auf $1{,}5\,\text{h}^{-1}$ reduzieren. Dadurch erreicht das Instandhaltungsmanagement eine zumutbare Wartezeit von 0,5 h und immerhin noch eine Auslastung des Servicepersonals von über 88 %.

7.6.3.4 Werkstätten als Warte-Verlustsysteme der Form M/M/s/K

Es handelt sich um ein spezielles Modell M/M/s/K mit $K = c$. Charakteristisch bei diesem Modell ist die Abweisung von Forderungen, sobald das Bedienungssystem überlastet ist. Das ist dann der Fall, wenn die Zahl der Forderungen die Anzahl der Servicestellen überschreitet. Im Falle der Instandhaltung kann es sich auch um die begrenzte Ressource Bereitstellfläche handeln. Eine Überlastung kommt dadurch zum Ausdruck, dass

a. entweder die Kapazität der Fläche (Warteraum) nicht ausreicht, um alle Forderungen aufzunehmen, die Forderungen wenden sich ab (weichen aus) bzw. gehen verloren oder

b. es kommt zu Wartezeiten, da nicht genügend Raum (Zwischenlagerungsfläche) zur Verfügung steht, weil alle Abstellplätze belegt sind.

Die stationären Zustandswahrscheinlichkeiten eines solchen Systems ergeben sich wie folgt[29]:

$$p_n = \frac{\rho^n}{n! \sum_{i=0}^{s} \frac{\rho^i}{i!}}, \quad (0 \leq n \leq s) \tag{7.72}$$

Die Wahrscheinlichkeiten p_i $(i = 1, \ldots s)$ lassen sich auch rekursiv berechnen aus

$$p_0 = \left[\sum_{i=0}^{s} \frac{\rho^i}{i!} \right]^{-1} \tag{7.73}$$

$$p_{i-1} = \frac{\rho}{i+1} p_i, \quad (i = 0, 1, \ldots, s-1) \tag{7.74}$$

wobei p_0 die Leerwahrscheinlichkeit darstellt, also die Wahrscheinlichkeit, dass keine Forderung im System verweilt.

Das stationäre Verteilungsgesetz für die mittlere Anzahl EL_V der im System verweilenden Forderungen ist gegeben. Die Zufallsgröße EL_V genügt einer Poisson-Verteilung mit dem Parameter $\lambda = \rho$, wenn die Anzahl der Instandhalter unendlich oder praktisch sehr groß wird. Dann gilt:

$$p_i = \frac{\rho^i}{i!} e^{-\rho}, (i = 0, 1, \ldots, s \rightarrow \infty) \tag{7.75}$$

weil gilt:

$$\lim_{s \rightarrow \infty} \left[\sum_{i=0}^{s} \frac{\rho^i}{i!} \right] = \sum_{i=0}^{\infty} \frac{\rho^i}{i!} = e^{-\rho} \tag{7.76}$$

Eine ankommende Forderung geht verloren, wenn alle s Instandhalter im Einsatz sind bzw. wenn s Forderungen im System sind. Die Verlustwahrscheinlichkeit ergibt sich dann unter Berücksichtigung von (7.76) zu:

$$B(s, \rho) = p_v = \frac{\rho^s}{s! \sum_{i=0}^{s} \frac{\rho^i}{i!}}, \quad (\rho = \lambda/\mu) \tag{7.77}$$

Für die Erlang-B-Formel kann gezeigt werden, dass $B(s, \rho)$ folgender iterativen Beziehung genügt:

$$B(s, \rho) = \frac{\rho B(s-1, \rho)}{s + \rho B(s-1, \rho)}, \quad (s \geq 1) \tag{7.78}$$

mit der Anfangsbedingung $B(s = 0, \rho) = 1$

---

[29] Vgl. Gross et al. 2008, S. 81.

Die Berechnung von $B(s, \rho)$ bei gegebenem s, startet mit $B(0, \rho) = 1$. Dann wird iterativ weitergerechnet bis der gewünschte s-Wert gemäß Formel (7.79) erreicht ist. Bei eventuellen PC-Problemen kann (7.78) wie folgt geschrieben werden[30]:

$$C(s, \rho) = \frac{s B(s, \rho)}{s - \rho + \rho B(s - \rho)} \tag{7.79}$$

Unter Berücksichtigung von Formel (7.78) kann die Anzahl der Instandhalter bestimmt werden:

$$s = \frac{\lambda(1 - p_v)}{\mu * \eta_B} \tag{7.80}$$

mit

$$\mu = \frac{1}{ET_B} \quad und \ \eta_B \ \text{als Ausnutzungsgrad der Instandhalter.}$$

Ist die Anzahl der Instandhalter bekannt, lässt sich der Ausnutzungsgrad explizit darstellen:

$$\eta_B = \frac{\rho}{s}(1 - p_v) \tag{7.81}$$

Die mittlere Anzahl der im Einsatz befindlichen Instandhalter ist demnach:

$$EL_B = \rho(1 - p_v) \tag{7.82}$$

Im Falle sehr großer Bedienkapazität gilt:

$$p_v \to 0, \quad \eta_B \to 0, \quad EL_B \to 0 \tag{7.83}$$

Die Kostenfunktion ergibt sich zu:

$$K_B = \rho(1 - p_v)k_B + [s - \rho(1 - p_v)]k_f + \lambda p_v k_v \tag{7.84}$$

k_B mittlere Kosten für einen im Einsatz befindlichen Instandhalter (Lohnkosten einschließlich der anteiligen Kosten, die für die Erbringung der Dienstleistung erforderlich sind: Abschreibungs-, Zins-, Material-, Energie- sowie Instandhaltungskosten)

$$k_B = \frac{K_L + K_I + K_Z + K_{Mat} + K_{Fremd}}{T_{Plan}} \tag{7.85}$$

k_f mittlere Kosten eines freien Instandhalters (bei Arbeitskräften Durchschnittslohn, bei Maschinen Fixkostenanteile oder Maschinenstundensätze)

$$k_f = \frac{K_L}{T_{Plan}} \tag{7.86}$$

---

[30] Vgl. Gross et al. 2008, S. 83.

Tab. 7.6 Berechnungsergebnisse (Beispiel 7.5)

$\lambda = 5$		$\mu = 0,5$		$\rho = 10$			
s	0	1	2	3	4	5	6	7
$\rho_{Verlust}$	1	0,909	0,820	0,732	0,647	0,564	0,485	0,409
η_B	1	0,909	0,902	0,893	0,883	0,872	0,859	0,844

Kostenverhältnis:

$$\kappa = \frac{k_w}{k_f} \qquad (7.87)$$

k_v mittlere Kosten für den Verlust einer Forderung

Beispiel 7.5: Dimensionierung von Logistikkapazitäten für die Instandhaltung
Die innerbetriebliche Logistik erledigt für eine Instandhaltungswerkstatt pro Stunde durchschnittlich 5 Transportaufträge. Die Transportdauer beträgt 0,5 h. Für die Dimensionierung wird zunächst angenommen, dass ein Auftrag, der nicht sofort erledigt werden kann, einem anderen Bereich übertragen wird, also für das in Aktion befindliche Transportmittel nicht mehr zur Verfügung steht, weil beispielsweise alle Fahrzeuge im Einsatz sind. Randbedingung bildet ein bedienungstheoretischer Auslastungsgrad von $\eta_B \geq 0,80$ (Auslastungsgrad Transportmittel).

$$\lambda = \frac{1}{ET_A} = 5\,\mathrm{h}^{-1}$$

$$\mu = \frac{1}{ET_B} = \frac{1}{2} = 0,5\,\mathrm{h}^{-1}$$

$$\rho = \frac{8}{1,33} = 9$$

$$\eta_B = \frac{\rho}{s}(1 - p_{verl})$$

Die Tab. 7.6 zeigt die Abnahme der Verlustwahrscheinlichkeiten mit zunehmender Anzahl der Transportmittel im Instandhaltungsbereich. Bei einem geforderten Auslastungsgrad von 80 % wären demnach mindestens 2 Transportmittel einzusetzen.

7.6.3.5 Instandhaltungswerkstätten mit alternativen Verteilungen

Werkstätten der Form M/G/1/∞/FIFO

Das Einbedienersystem M/G/1/∞/FIFO charakterisiert ein Wartesystem mit Poisson-verteilter Ankunft der Forderungen und beliebiger Verteilung der Bedienungszeit. Es gilt:

$$p_W = EL_b = \eta_b = \rho \qquad (7.88)$$

Nach Pollaczek-Chintschin gilt:

$$EL_W = \frac{\rho^2}{2(1 - \lambda)}[1 + \upsilon^2(t_b)] \tag{7.89}$$

$$ET_W = \frac{\rho}{2(\mu - \lambda)}[1 + \upsilon^2(t_b)] \tag{7.90}$$

Unter Berücksichtigung der Beziehung

$$EL_V = EL_W + EL_B \tag{7.91}$$

sowie

$$ET_V = \frac{EL_V}{\lambda} = ET_W + ET_B \text{ für ein beliebiges System} \tag{7.92}$$

und der Formel (7.89) ergibt sich[31]

$$EL_V = \frac{2\rho + \rho^2[\upsilon^2(t_B) - 1]}{2(1 - \rho)} \tag{7.93}$$

$$ET_V = \frac{2 + \rho[\upsilon^2(t_B) - 1]}{2(\mu - \lambda)} \tag{7.94}$$

Ausgehend von der allgemeinen Kostenfunktion:

$$K = \rho k_B(s - \rho)k_f + EL_W k_W \tag{7.95}$$

mit
k_B Servicekosten
k_f Kosten eines nicht im Einsatz befindlichen Servicetechnikers
k_w Kosten einer wartenden Forderung

erhält man für die Kosten folgende Lösung:

$$K = \frac{k_W \rho^2}{2(1 - \rho)}[1 + \upsilon^2(t_b)] + k_f(1 - \rho) + k_B \rho \tag{7.96}$$

Die Kostenfunktion (7.96) bildet in λ eine konkave Funktion. Es existiert daher eine Ankunftsrate λ^*, die diese Kosten minimiert. Wenn die Kosten als Funktion des Parameters ρ bei festem μ nach ρ abgeleitet werden, gibt es genau einen Wert ρ^*, der die Funktion minimiert:

$$\frac{dK}{d\rho} = \rho^* = 1 - \sqrt{\frac{k_W[1 + v^2(t_b)]}{2(k_f - k_b) + k_W[1 - v^2(t_b)]}} \tag{7.97}$$

Mit $\lambda = \mu * \rho$ ergibt sich:

$$\lambda^* = \left\{ 1 - \sqrt{\frac{k_W[1 + v^2(t_b)]}{2(k_f - k_b) + k_W[1 - v^2(t_b)]}} \right\} \mu \tag{7.98}$$

---

[31] Vgl. Krampe et al. 1973, S. 126.

Eingesetzt in Formel (7.96) ergeben sich die dazugehörigen minimalen Kosten zu:

$$K^* = K(\lambda^*) = k_b - k_w[1 + v^2(t_b)]$$

$$- \sqrt{k_w[1 + v^2(t_b)][2(k_f - k_b) + k_w(1 + v^2(t_b))]} \qquad (7.99)$$

Bedingung: $k_f > k_b$, da die Nichtbeschäftigung eines Instandhalters wirtschaftlich günstiger ist als seine Beschäftigung. Ist diese Ungleichung nicht erfüllt, dann gilt für die definierten Optimalwerte $\rho^* = \lambda^* = 0$. Ein Wartesystem M/G/1 arbeitet umso effektiver, je geringer die Bediendauer streut[32].

Werkstätten der Form M/G/s

Mit Hilfe der Näherungsformel nach POLACZEK-CHINTCHIN kann unter Berücksichtigung des Variationskoeffizienten die Warteschlangenlänge für den allgemeinen Fall eines Modells der Form M/G/s bestimmt werden[33]:

$$v(ET_B) = \frac{\sqrt{D(ET_B)}}{ET_B} \qquad (7.100)$$

Näherungsformel nach Pollaczek-Chintschin ergibt:

$$P_W = P_W(M/M/s) \qquad (7.101)$$

$$EL_W \approx \left(\frac{1 + v^2(ET_B)}{2}\right) * EL_W(M/M/s) \qquad (7.102)$$

$$ET_W \approx \left(\frac{1 + v^2(ET_B)}{2}\right) * T_W(M/M/s) \qquad (7.103)$$

In den Formeln (7.101) bis (7.103) entsprechen die Wartewahrscheinlichkeit $P_W(M/M/s)$, die Warteschlangenlänge $L_W(M/M/s)$ und die Wartezeit $T_W(M/M/s)$ den Größen P_W, EL_W und ET_W für ein Wartesystem der Form M/M/s. Für den Auslastungsgrad gilt:

$$\xi = \frac{\rho}{s} \qquad (7.104)$$

Ist die Warteschlangenlänge bekannt, kann die Wartezeit ermittelt werden. Für die spezifischen Gesamtkosten $K(s)$ ergibt sich folgende Näherungsformel[34]:

$$K(s) \approx (s - \rho)k_f + \rho k_b + \frac{1 + v^2(t_b)}{2}k_w * EL_W(M/M/s) \qquad (7.105)$$

---

[32] Ebenda S. 127 ff.

[33] Ebenda S. 124.

[34] Vgl. Gross et al. 2008, S. 220 ff.

Für das modifizierte Kostenverhältnis κ kann folgende Formel verwendet werden:

$$\kappa = \frac{k_w}{k_f} \left[\frac{1 + v^2(t_b)}{2} \right]$$ (7.106)

Werkstätten der Form M/E$_k$/s

Das M/E$_k$/s-Modell ist ein Spezialfall von M/G/1, bei dem die Servicezeiten eine Erlang-Verteilung mit dem Schiefeparameter k besitzen. Nach POLLACEK-CHINTSCHIN gilt $\sigma^2 = 1/k\mu^2$. Die Erlang-Verteilung ist etwas komfortabler als die Exponentialverteilung und bildet praktische Zusammenhänge besser ab[35].
Servicezeiten sind großen Schwankungen ausgesetzt. Im Falle eines begrenzten Warteraums wird die Warteschlange begrenzt, d. h. die auf Service wartenden Forderungen dürfen eine bestimmte Zahl k nicht überschreiten. Anderenfalls werden sie abgewiesen.

$$\lambda_n = \begin{cases} \lambda & \text{für } n = 0, 1, 2, \ldots k - 1 \\ 0 & \text{für } n \geq k \end{cases}$$ (7.107)

Die Wahrscheinlichkeitsdichte lautet:

$$f(t) = \frac{(\mu k)^k}{(k-1)!} t^{k-1} e^{-k\mu t} \quad \text{für } 0 \leq t < \infty$$ (7.108)

$$F(t) = 1 - \sum_{n=0}^{k-1} \frac{(k\mu t)^n}{n!} e^{-k\mu t} \quad \text{für } 0 \leq t < \infty$$ (7.109)

$$ET_B = \frac{1}{\mu}$$ (7.110)

$$VAR(T_B) = \frac{1}{k\mu^2}$$ (7.111)

Servicerate: $k\mu$ → $\rho = k\lambda/(k\mu)$
   Wartezeit:

$$ET_W = \frac{1 + 1/k}{2} \frac{\rho}{\mu(1 - \rho)}; \quad \rho = \frac{\lambda}{\mu}$$ (7.112)

Warteschlangenlänge:

$$EL_W(t) = \lambda T_W \frac{1 + 1/k}{2} \frac{\rho^2}{(1 - \rho)}$$ (7.113)

---

[35] Vgl. Gross et al. 2008, S. 129.

Tab. 7.7 Berechnungsergebnisse (Beispiel 7.6 Var. 1)

λ (h^{-1})	ξ	ρ	p_0	EL_W	ET_W (h)	ET_W (min)
18	0,75	1,5	0,1429	1,93	0,11	6,43

Beispiel 7.6: Dimensionierung eines Reparaturstützpunkts

Die letzte Operation einer Fertigungslinie zur Herstellung eines Produkts ist ein Funktionstest. Die Kontrolle der Funktionsfähigkeit erfolgt m. H. einer Prüfvorrichtung. Im Falle eines Fehlers wird die Baugruppe repariert, da nur 100 % Qualität die Fertigung verlassen soll. Dazu werden zwei Mechatroniker eingesetzt. Jeder benötigt im Durchschnitt 5 min für den Prüfvorgang. Die Prüfdauer ist exponentiell verteilt. Pro Stunde verlassen in Durchschnitt 18 Teile die Fertigung, deren Ankunftsabstand einer Poisson-Verteilung genügt. Der Betrieb hat die Möglichkeit, eine Prüfmaschine zu leasen, die in der Lage ist, die Baugruppen in einer Zeit von genau 2,66 min zu prüfen und zu reparieren, ohne Variation der Reparaturdauer. Die Leasingkosten entsprechen etwa den Kosten des Personals.

Die Aufgabe besteht darin zu untersuchen, ob es wirtschaftlich zu vertreten ist, die Reparaturwerkstatt zu schließen und im Gegenzug die Maschine anzuschaffen. Dazu müssen die mittlere Wartezeit der Alternativen und die Warteschlangenlänge miteinander verglichen werden.

Alternative 1: Aufbau eines Reparaturstützpunktes mit zwei Servicetechnikern (Tab. 7.7).

$$\lambda = 18/h \quad \mu = 0,2/min$$

a. Modell [M/M/2/s]

$$\lambda = 18 \, h^{-1}, \quad \mu = 12 \, h^{-1}$$

$$p_0 = \left(\frac{\rho^s}{s!\,(1-\xi)} + \sum_{n=0}^{s-1} \frac{\rho^n}{n!} \right)^{-1}; \quad \left(\frac{\rho}{s}\right) = \frac{\lambda}{s\mu} < 1$$

$$p_0 = \left(\frac{1,5^s}{2!\,(1-0,75)} + \frac{1,5^0}{0!} + \frac{1,5^1}{1} \right)^{-1} = (4,5 + 1,0 + 1,5)^{-1} = 0,143$$

Mittlere Anzahl der Forderungen im System:

$$EL_W = \frac{\rho^s \xi}{s!(1-\xi)^2} p_0 = 1,93$$

Die Warteschlangenlänge ergibt sich zu:

$$ET_W = \frac{EL_W}{\lambda} = \frac{1,93}{18} = 0,107 \, h = 6,43 \, min$$

Tab. 7.8 Ergebniswerte
(Beispiel 7.6 Var. 2)

μ (h^{-1})	λ (h^{-1})	ρ	ET_W (h)	ET_W (min)	ET_V	EL_V
22,5	18	0,8	0,09	5,33	8	2,4

Verweilzeit im System:

$$ET_V = \frac{1}{\mu} + ET_W = \frac{1}{12}\text{h} + 0{,}107\,\text{h} = 5\,\text{min} + 6{,}43\,\text{min} = 11{,}43\,\text{min}$$

Anzahl der Forderungen im System:

$$EL_V = \lambda * EL_V = 18\frac{1}{\text{h}} * \frac{11{,}42\,\text{min}}{60\,\text{min/h}} = \underline{3{,}4}$$

b. Modell M/D/1
Durch Grenzwertbildung *mit* $\lim\limits_{k\to\infty}$ M/E$_k$/1 ergibt sich (Tab. 7.8)

$\lambda = 18\,\text{h}^{-1}$, $\mu = 2{,}66\,\text{min} = 0{,}0425\,\text{h}$

$$ET_W = \lim_{k\to\infty}\frac{1+1/k}{2}\;\frac{\rho}{\mu(1-\rho)} = \frac{\rho}{2\mu(1-\rho)} = \frac{0{,}8}{2*22{,}5(1-0{,}8)} = \underline{5{,}33\,\text{min}}$$

$$ET_V = \frac{1}{\mu} + ET_W = 8\,\text{min}$$

Anzahl der Forderungen im System:

$$EL_V = \lambda * EL_V = 18\frac{1}{\text{h}} * \frac{8\,\text{min}}{60\,\text{min/h}} = \underline{2{,}4}$$

Die Anschaffung einer Maschine ist vorteilhaft.

7.6.3.6 Optimierungsproblem

Die Anwendung geplanter Instandhaltungsmethoden verringert normalerweise die Wahrscheinlichkeit eines plötzlichen Ausfalls. Damit verringert sich die Zahl der zufällig generierten Forderungen. Dennoch verbleibt trotz vorbeugender Instandhaltung immer das Risiko eines plötzlichen Ausfalls, wenn auch in verringertem Ausmaß. Demgegenüber steigt der Strom deterministischer Forderungen. Für die Ermittlung der erforderlichen Instandhaltungskapazität ergeben sich somit genau genommen ein deterministischer und ein stochastischer Forderungsstrom.

Zur Dimensionierung von Instandhaltungswerkstätten steht die Ermittlung der Anzahl der Instandhalter bzw. Instandhaltungsarbeitsplätze *s* im Vordergrund. Eine große Zahl von Servicetechnikern verbessert die Qualität des Service, weil weniger Wartezeit auf Instandhaltung bzw. Reparatur entsteht. Allerdings werden dadurch auf Grund der hohen Personalkosten höhere Gesamtkosten induziert. Das Problem besteht nun darin, die optimale Anzahl an Instandhaltern zu ermitteln, die eine Balance von Qualität und Kosten sichern. Dabei besteht die Möglichkeit, die Systemparameter zu optimieren. Die Intensitäten von Ankunfts- und Bedienrate sowie die Anzahl der Instandhalter sind beeinflussbar.

Tab. 7.9 Rechenwerte (Beispiel 7.7 Var. 1)

λ	μ	s	ρ	ξ	P_W
14,92	4	5	3,730	0,75	0,408
14,92	4	6	3,730	0,62	0,206

Tab. 7.10 Rechenwerte (Beispiel 7.7 Var. 2)

λ	μ	s	ρ	ζ	P_W
14,92	4	5	3,730	0,75	0,408
14,92	5	5	2,984	0,60	0,212

Beispiel 7.7: Ermittlung systemrelevanter Kenngrößen einer Instandhaltungswerkstatt

Die Optimierungsmöglichkeiten sollen an einem M/M/s–Modell erläutert werden. Gegeben sind zunächst $\rho = 3{,}73$, $s = 5$, $\xi = 0{,}75$.

1. s ist so festzulegen, dass sich eine möglichst konstante Belastung ξ ergibt. Somit kommen rein formal im Mittel auf 3 Forderungen 4 Instandhalter ($\xi = 0{,}75$). Durch Erhöhung der Zahl der Instandhalter kann der Leistungsgrad ξ des Systems gesteigert werden.

Ausgangssituation

$$p_w(s,\rho) = 1 - W_q(0)$$

$$= \left(\frac{\dfrac{3{,}73^5}{5!\,(1-0.75)}}{\dfrac{3{,}73^5}{5!(1-0{,}75)} + \dfrac{3{,}73^0}{0!} + \dfrac{3{,}73^1}{1!} + \dfrac{3{,}73^2}{2!} + \ldots + \dfrac{3{,}73^5}{5!}} \right) \approx 0{,}41$$

Erhöhung um 1 Instandhalter

$$p_w(s,\rho) = 1 - W_q(0)$$

$$= \left(\frac{\dfrac{3{,}73^6}{6!\,(1-0.62)}}{\dfrac{3{,}73^5}{6!(1-0{,}62)} + \dfrac{3{,}73^0}{0!} + \dfrac{3{,}73^1}{1!} + \dfrac{3{,}73^2}{2!} + \ldots + \dfrac{3{,}73^6}{6!}} \right) \approx 0{,}20$$

Die Erhöhung um einen Instandhalter verringert die Wartewahrscheinlichkeit um 100 % (s. Tab. 7.9).

2. Die Anzahl der Instandhalter bleibt konstant, die Bedienintensität wird gesteigert (z. B. durch Einsatz von Werkzeugen und Hilfsmitteln, Anwendung rationellerer Methoden usw. (Tab. 7.10))

Tab. 7.11 Berechnungsergebnisse (Beispiel 7.7 Var. 3)

λ	μ	s	ρ	ξ	pw
14,92	4	5	3,730	0,75	0,408
13,43	4	5	3,357	0,67	0,301

Tab. 7.12 Rechenwerte (Beispiel 7.7 Var. 4)

λ	μ	s	ρ	ξ	pw
14,92	4	5	3,730	0,75	0,408
13,43	5	5	2,686	0,54	0,154

$$p_w(s, \rho) = 1 - W_q(0)$$

$$= \left(\frac{\dfrac{2,98^5}{5!\,(1 - 0,60)}}{\dfrac{2,98^5}{5!(1 - 0,60)} + \dfrac{2,98^0}{0!} + \dfrac{2,98^1}{1!} + \dfrac{2,98^2}{2!} + \ldots + \dfrac{2,98^5}{5!}} \right) \approx 0,21$$

Das Ergebnis zeigt, dass eine Steigerung der Produktivität um 20 % die Wartewahrscheinlichkeit um etwa 50 % reduziert. Das ist insbesondere beim Einsatz kapitalintensiver Maschinen von Bedeutung, die bei technisch bedingten Störungen hohe Stillstandskosten verursachen.

3. Die Anzahl der Instandhalter bleibt konstant, die Zuverlässigkeit der instand zu haltenden BE wird verbessert, so dass sich die Intensität des Forderungsstroms verringert (Tab. 7.11).

$$p_w(s, \rho) = 1 - W_q(0)$$

$$= \left(\frac{\dfrac{3,35^5}{5!\,(1 - 0,67)}}{\dfrac{3,35^5}{5!(1 - 0,67)} + \dfrac{3,35^0}{0!} + \dfrac{3,35^1}{1!} + \dfrac{3,35^2}{2!} + \ldots + \dfrac{3,35^5}{5!}} \right) \approx 0,30$$

Die Verbesserung der Zuverlässigkeit verringert die Intensität des Forderungsstroms. Bei einer Reduzierung der Ankunftsrate um 10 % verringert sich die Wartewahrscheinlichkeit um rd. 25 %.

4. Kombination der Varianten 2 und 3:
   – Anzahl der Instandhalter bleibt konstant
   – Steigerung der Arbeitsproduktivität
   – Verbesserung der Zuverlässigkeit der instand zu haltenden BE (Tab. 7.12)

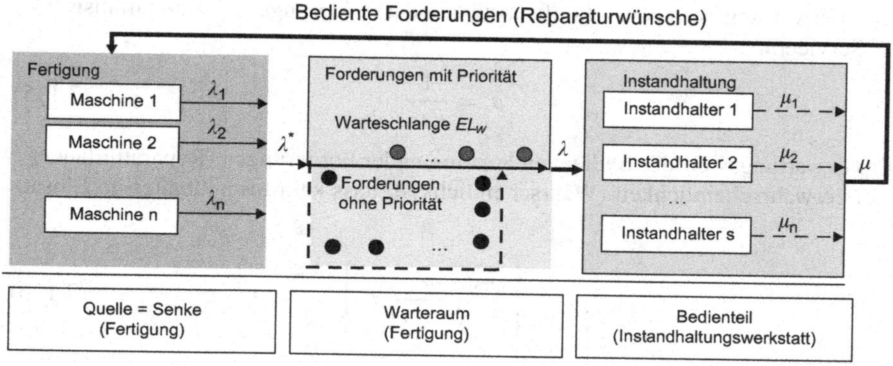

Abb. 7.13 Systemstruktur einer Instandhaltungswerkstatt als geschlossenes Bedienungsmodell. (Strunz und Köchel 2002)

$$p_w(s, \rho) = 1 - W_q(0)$$

$$= \left(\frac{\dfrac{2,68^5}{5!\,(1 - 0,54)}}{\dfrac{2,68^5}{5!(1 - 0,54)} + \dfrac{2,68^0}{0!} + \dfrac{2,68^1}{1!} + \dfrac{2,68^2}{2!} + \ldots + \dfrac{2,68^5}{5!}} \right) \approx 0,154$$

7.6.4 Instandhaltungswerkstätten als geschlossene Wartesysteme

7.6.4.1 Modellstruktur

Charakteristische Kenngrößen geschlossener Systeme sind analog den offenen Systemen die Ankunftsrate λ und die Servicerate μ (s. Abb. 7.13). Charakteristisch für geschlossene Modelle ist, dass Quelle und Senke identisch sind. Daher bilden geschlossene Systeme die tatsächlichen Verhältnisse wesentlich korrekter ab.

Der Ausfall einer Maschine ist eine Forderung, die grundsätzlich nicht abgelehnt werden kann, weil dann die Produktionsziele verfehlt werden. Jede Forderung wird bedient. Lediglich Prioritäten können gesetzt werden, sofern es sich um eine produktionswichtige Anlage oder Maschine handelt. Für den Fall, dass alle Instandhalter im Einsatz sind, muss eine laufende Maßnahme unterbrochen werden und ggf. warten.

7.6.4.2 Instandhaltungswerkstätten der Form [M/M/1/n]

Generations- bzw. Ankunftsrate:

$$\lambda = \frac{1}{Et_A} \tag{7.114}$$

Et_A = Erwartungswert des Ankunftsabstandes der Forderungen (stetige Zufallsgröße)
Servicerate:

$$\mu = \frac{1}{Et_B} \qquad (7.115)$$

Et_B Erwartungswert der Bedienzeit ankommender Forderungen (Reparaturdauer)
Leerwahrscheinlichkeit (Wahrscheinlichkeit, dass kein Instandhalter im Einsatz
ist):

$$p_0 = \left\{ \sum_{i=0}^{n} \frac{n!}{(n-i)!} \rho^i \right\}^{-1} \qquad (7.116)$$

Mittlere Anzahl im System verweilender Forderungen:

$$N = n - \frac{\mu}{\lambda}(1 + p_0) \qquad (7.117)$$

Mittlere Anzahl im System verweilender Forderungen:

$$EL_V = EL_W + EL_B \qquad (7.118)$$

7.6.4.3 Instandhaltungswerkstätten der Form [M/M/s/n]

Die Instandhaltungskapazität und deren Struktur bestimmen die instandhaltungsbedingte Wartezeit entscheidend. Im Rahmen der Grobplanung ist es zweckmäßig, die
Instandhaltungswerkstatt als geschlossenes Bedienungssystem der Form [M/M/s/n]
zu modellieren (s. Strunz 1990, Strunz und Köchel 2002, Strunz 2005). Abbildung
7.13 zeigt die Struktur des Modellansatzes mit den wichtigsten Systemgrößen.
Eine wichtige Kenngröße ist der Beschäftigungskoeffizient:

$$\alpha = \frac{\lambda}{(\mu + \lambda)} \qquad (7.119)$$

Systemgrößen sind:

1. Leerwahrscheinlichkeit (Wahrscheinlichkeit, dass kein Instandhalter im Einsatz
   ist)

$$p_0 = \left\{ \sum_{i=0}^{s} \frac{n!}{i!(n-i)!} \rho^i + \sum_{i=s+1}^{n} \frac{n!}{s!s^{i-s}(n-i)!} \rho^i \right\}^{-1} \qquad (7.120)$$

2. Stationäre Zustandswahrscheinlichkeiten:

$$p_i = \begin{cases} \dfrac{n!}{i!(n-i)!} \rho^i * p_0 & (0 \leq i < s) \\[3mm] \dfrac{n!}{s!s^{i-s}(n-i)} \rho^i * p_0 & (s \leq i \leq n) \end{cases} \qquad (7.121)$$

Rekursionsformel:

$$p_i + 1 = \begin{cases} \dfrac{n - i\lambda}{1 + i} \rho \cdot p_i & (0 \le i < s) \\[2mm] \dfrac{n - i}{s} \rho \cdot p_i & (s \le i \le n) \end{cases} \qquad (7.122)$$

3. Warteschlangenlänge (Anzahl der wartenden Objekte):

$$EL_W = \sum_{i=s+1}^{n} (i - s)p_i \qquad (7.123)$$

4. Mittlere Wartezeit einer Forderung (in der Warteschlange) auf Bedienung:

$$ET_W = \frac{EL_W}{\lambda}$$

5. Mittlere Anzahl von einem Instandhalter gleichzeitig abgefertigter Forderungen:

$$EL_B = \sum_{i=0}^{s} i * p_i + s \sum_{i=s+1}^{n} p_i = EL_V - EL_W \qquad (7.124)$$

6. Mittlere Anzahl der nicht im Einsatz befindlichen Instandhalter:

$$EL_f = s - EL_B \qquad (7.125)$$

7. Mittlere Anzahl im Bediensystem verweilender Forderungen:

$$EL_V = EL_W + EL_B \qquad (7.126)$$

8. Mittlere Verweilzeit (Aufenthaltszeit) im Bediensystem:

$$ET_V = \frac{EL_V}{\lambda} = EL_V * ET_A \qquad (7.127)$$

9. Mittlere Anzahl der Objekte in der Quelle:

$$EL_0 = n - \sum_{i=1}^{n} i * p_i = n - EL_W - EL_B \qquad (7.128)$$

10. Leistungskenngrößen:
Beschäftigungskoeffizient (s. Formel 7.119):

$$\alpha = \frac{\lambda}{(\mu + \lambda)}$$

Belastung der Werkstatt:

$$\rho = \frac{\lambda}{\mu} \qquad (7.129)$$

Mittlerer Ausnutzungsgrad einer BE:

$$\eta = \frac{EL_0}{n} \qquad (7.130)$$

Nichtausnutzungskoeffizient:

$$\omega = \frac{EL_f}{s} = 1 - \eta_b \qquad (7.131)$$

Ausnutzungsgrad der Instandhaltung:

$$\eta_B = \frac{EL_B}{s}; \quad \eta_b < 1 \qquad (7.132)$$

Beispiel 7.8: Optimierung von Instandhaltungskapazitäten für Produktionssysteme
Zwei Fertigungssegmente, die mit jeweils 10 Fertigungszellen ausgestattet sind,
müssen instandhaltungsseitig betreuet werden. Der mittlere Abstand der Forderungen
eines Segments beträgt 20 h, die der Servicetechniker umgehend behebt. Die Reparaturdauer beträgt im Mittel 2 h. Beide Zeiten folgen einer Exponentialverteilung.
Der Stundenkostensatz der Fertigungszellen wird mit jeweils 150 €/h angesetzt.

a. Ermitteln Sie die durchschnittlichen Kosten/Periode (Stillstandskosten, Service)
   für den Fall, dass jedes Fertigungssegment von jeweils einem Servicestützpunkt
   betreut wird, der mit jeweils einem Instandhalter besetzt ist. Das Modell hat somit
   die Struktur [M/M/1/10]. Für den Servicetechniker wird ein Kostensatz von 30 €/h
   angesetzt. Die Investitionskosten, die pro Stützpunkt 200 T€ betragen, werden
   über 5 Jahre abgeschrieben. Der Flächenbedarf beträgt 50 qm für 1 Werkstatt.
   Die Miete wird mit 10 €/qm veranschlagt. Das Unternehmen rechnet mit einem
   internen Zinsfuß von 6 %. Ermitteln Sie die Systemgrößen!
b. Untersuchen Sie, ob der Einsatz von 2 Servicetechnikern in einem für beide Fertigungssegmente zuständigen Servicestützpunkt vorteilhaft ist [M/M2/20]? Beachten Sie, dass sich durch die Zusammenlegung die Forderungsströme verdoppeln
   ($\lambda = \lambda_1 + \lambda_2$). Die mittlere Reparaturdauer verkürzt sich auf 1,6 h/Maßnahme, weil
   für die Maßnahmen i. d. R. zwei Instandhalter zur Verfügung stehen. Flächenbedarf und Ausrüstungskosten verringern sich auf Grund der Zentralisierung um
   jeweils 40 %. Auf Grund der geringeren fixen Kosten sind für den Lohnkostensatz
   25 €/h anzusetzen.
   Ermitteln Sie die Systemgrößen und vergleichen die Ergebnisse mit Aufgabe a!
c. Wie verändert sich die Wirtschaftlichkeit einer zentralisierten Lösung, wenn Sie
   die Zahl der Instandhalter erhöhen. Ermitteln Sie den Vermögensendwert bei
   einem Planungshorizont von 5 Jahren.

Tab. 7.13 Eingangsgrößen (Beispiel 7.8 Var. 1)

Anzahl der Objekte im System n	10
Ankunftsabstand ET_A	20 h
Anzahl der Instandhalter s	1
Mittlere Reparaturzeit ET_R	2 h
Maschinenstundensatz K_{MST}	150 €/h
Kostensatz des Instandhalters K_{IHS}	30 €/h

Tab. 7.14 Systemgrößen (Beispiel 7.8 Var. 1)

Systemgröße	Wert
Die Wahrscheinlichkeit, dass die Instandhalter nicht beschäftigt sind p_0	0,2145
Mittlere Warteschlangenlänge EL_W	1,36
Mittlere Anzahl Im System verweilender Forderungen EL_V	2,14
Mittlere Wartezeit ET_W	3,46 h
Mittlere Verweilzeit im System ET_V	5,46 h
Systemauslastung η	78,54 %

Hinweise: Gehen Sie von 3-Schichtbetrieb aus. Pro Schicht sind 8 Stunden anzusetzen. Die jährliche Nutzungszeit der Maschinen beträgt 45 Arbeitswochen. Ermitteln Sie für beide Varianten die Periodenkosten, vergleichen Sie diese und legen Sie die Vorzugsvariante fest.

Lösung:

a. Zwei Stützpunkte mit je einem Servicetechniker
Die Leerwahrscheinlichkeit ergibt sich zu:

$$p_0 = \left\{ \sum_{i=0}^{1} \frac{10!}{i!(10-i)!} * 0,1 + \sum_{i=1+1}^{10} \frac{10!}{1!^{i-1}(10-i)!} * 0,1 \right\}^{-1}$$

Für die Zustandswahrscheinlichkeiten gilt (Tab. 7.13, 7.14):

$$p_i = \begin{cases} \dfrac{10!}{i!(10-i)!} 0,1^i * p_0 & (0 \leq i < 1) \\[3mm] \dfrac{10!}{1!1^{i-1}(10-i)} 0,1^i * p_0 & (1 \leq i \leq 10) \end{cases}$$

$$EL_W = \sum_{i=s+1}^{10} (i-1)p_i \qquad \eta_B = \frac{EL_B}{s}; \qquad \eta_b < 1$$

Kosten für zwei Stützpunkte:
Instandhaltungsbedingte Kosten
$k_I = ET_V * K_{MSt} + Z_{AK} * ET_R * K_{IHS} = 2 * (5,5 \text{ h} * 150 €/h + 2 \text{ h/Maßnahme} * 30$
€/h) = <u>1.770 €/Maßnahme</u>
Z_{AK} Anzahl der gleichzeitig eingesetzten Instandhalter
Anzahl der Schichten/Woche (5-Tage-Arbeitswoche)
$Z_S = 3$ Schichten/Tag × 5 Tage/Woche = <u>15 Schichten/Woche</u>

Tab. 7.15 Eingangsgrößen (Beispiel 7.8 Var. 2)

Anzahl der Objekte n	20
Ankunftsabstand ET_A	10 h
Anzahl der Instandhalter s	2
Mittlere Reparaturzeit ET_R	1,5 h
Maschinenstundensatz K_{MST}	150 €/h
Kostensatz des Instandhalters K_{IHS}	25 €/h

Nutzungszeit
$T_N = 15$ Schichten $* 8$ h/Schicht $= \underline{120\,\text{h/Woche}}$
Anzahl der Ausfälle/Woche
$Z_A = T_N/T_A = 120$ h/Woche/20 h/Ausfall $= \underline{6\,\text{Ausfälle/Woche}}$
Kosten pro Woche für beide Stützpunkte
$K_{I,W} = Z_A * k_I = 6 * 1.770 = \underline{10.620\,\text{€/Woche}}$
Kosten pro Jahr (45 Arbeitswochen)
$K_{Iges} = 45 * 10.620 = \underline{477.900\,\text{€/a}}$
Abschreibungen
$K_{AfA} = 400.000$ €/5 $= \underline{80.000\,\text{€/a}}$
Zinsen
$K_A/2*i = 200.000$ €/a $* 0,06 = \underline{12.000\,\text{€/a}}$
Für die Unterhaltung der Stützpunkte sind Mieten zu zahlen. Die für die technische Versorgung anfallenden Kosten bleiben unberücksichtigt. Bei zwei Stützpunkten von je 50 qm Werkstattfläche und 10 €/qm werden für 100 qm 12.000 € Miete pro Jahr fällig.
Gesamtkosten
$K_{Gesamt} = K_{Iges} + K_{Afa} + K_{Zins} + K_{Miete} = \underline{581.900\,\text{€/a}}$

b. Ein Stützpunkt mit zwei Servicetechnikern
    Die Werkstatt als 2-Mann-Stützpunkt benötigt nur 60 % der Fläche von zwei Einmannstützpunkten. Das sind dann nur 7.200 € Miete. Die Aufwendungen für die Ausrüstungen verringern sich ebenfalls, weil diese nicht doppelt beschafft werden müssen. Hier können maximal 60 % angesetzt werden.
    Damit ergeben sich für die Zweimannwerkstatt Investitionen von 240.000 €/a. Bezogen auf 5 Jahre ergeben sich Abschreibungskosten von 48.000 €/a. Die Zinsen betragen 7.200 €/a.

$$p_0 = \left\{ \sum_{i=0}^{2} \frac{20!}{i!(20-i)!} 0,15^i + \sum_{i=2+1}^{20} \frac{20!}{2!2^{i-2}(20-i)!} 0,15^i \right\}^{-1}$$

Für den Fall, dass 1 Stützpunkt für beide Segmente eingerichtet werden soll, erhöht sich der Ankunftsabstand der Forderungen auf 10 h bzw. $\lambda = 0,1$. Andererseits verringern sich die Ausrüstungskosten und der Flächenbedarf um jeweils 60 % (Tab. 7.15, 7.16).
Instandhaltungsbedingte Kosten
$k_I = K_{MSt} + K_I = 6,3$ h $* 150$ €/h $+ 2 * 1,5$ h/Maßnahme $* 25$ €/h $= \underline{1.020\,\text{€/Maß-}}$
$\underline{\text{nahme}}$

Tab. 7.16 Systemgrößen
(Beispiel 7.8 Var. 2)

Systemgröße	Wert
Die Wahrscheinlichkeit, dass die Instandhaltung nicht beschäftigt ist p_0	0,006
Mittlere Warteschlangenlänge EL_W	5,76
Mittlere Anzahl Im System verweilender Forderungen EL_V	7,72
Mittlere Wartezeit ET_W	4,6 h
Mittlere Verweilzeit im System ET_V	6,3 h
Systemauslastung	98.3 %

Tab. 7.17 Eingangsgrößen
(Beispiel 7.8 Var. 2)

Anzahl der Objekte n	20
Ankunftsabstand ET_A	10 h
Anzahl der Instandhalter s	3
Mittlere Reparaturzeit ET_R	1,5 h
Maschinenstundensatz K_{MST}	150 €/h
Kostensatz des Instandhalters K_{IHS}	25 €/h

Tab. 7.18 Systemgrößen
(Beispiel 7.8 Var. 2)

Systemgröße	Wert
Die Wahrscheinlichkeit, dass die Instandhaltung nicht beschäftigt ist p_0	0,033
Mittlere Warteschlangenlänge EL_W	1,7
Mittlere Anzahl Im System verweilender Forderungen EL_V	4,2
Mittlere Wartezeit ET_W	1,06 h
Mittlere Verweilzeit im System ET_V	2,6 h
Systemauslastung	84.25 %

Anzahl der Ausfälle/Woche
$$Z_A = T_N/T_A = 120 \text{ h/Woche}/10 \text{ h/Ausfall} = \underline{12 \text{ Ausfälle/ Woche}}$$
Kosten pro Woche für den Stützpunkt
$$K_{I,W} = Z_A * k_I = 12 * 1.020 \text{ €/Maßnahme} = \underline{12.240 \text{ €/Woche}}$$
Kosten pro Jahr (45 Arbeitswochen)
$$K_{Iges} = 45 * 12.240 = \underline{550.800 \text{ €/a}}$$
Abschreibungen
$$K_{AfA} = 240.000/5 = \underline{48.000 \text{ €/a}}$$
Zinsen
$$K_A/2 * i = (240.000/2) * 0,06 = \underline{7.200 \text{ €/a}}$$
Miete
$$K_{Miete} = 100 \text{ qm} * 0,6 * 10 \text{ €/qm u. Monat} * 12 \text{ Monate/a} = \underline{7.200 \text{ €/a}}$$
Gesamtkosten
$$K_{Gesamt} = K_{Iges} + K_{Afa} + K_{Zins} + K_{MIete} = \underline{\mathbf{613.200 \text{ €/a}}}$$

Bewertung Die Einrichtung eines Instandhaltungsstützpunktes für beide Fertigungssegmente bringt keine Kostenvorteile, weil auf Grund der hohen Wartezeit, die auf die Verdoppelung der Generationsrate zurückzuführen ist, die Stillstandskosten die Einsparungen, die durch den verringerten Flächen- und Ausrüstungsbedarf erzielt werden, überkompensieren.

$$KE = 581.900 - 613.200 \text{ €/a} = -31.300 \text{ €/a}$$

c. Untersucht wird zunächst eine Steigerung der Anzahl der Instandhalter auf drei. Die Ergebnisse sind Tab. 7.17 zu entnehmen (Tab. 7.18).

Instandhaltungsbedingte Kosten
$k_I = K_{MSt} + K_I = 2,6$ h $* 150$ €/h $+ 2 * 1,5$ h/Maßnahme $* 25$€/h $= \underline{465$ €/Maßnahme}

Kosten pro Woche für den Stützpunkt
$K_{I,W} = Z_A * k_I = 12 * 465$ €/Maßnahme $= \underline{5.580$ €/Woche}

Kosten pro Jahr (45 Arbeitswochen)
$K_{Iges} = 45 * 5.580 = \underline{251.100}$ €/a
$K_{Gesamt} = K_{Iges} + K_{Afa} + K_{Zins} + K_{Miete} = \mathbf{313.500}$ €/a

Die Einsparung gegenüber der Variante 1 beträgt 268.400 €/a.
Der Vermögensendwert nach 5 Jahren berechnet sich zu:

$$V_E = \Delta K \frac{q^n - 1}{i q^n} = \mathbf{1.512.995 \ €}$$

Statt der Erhöhung der Zahl der Instandhalter kann die Verringerung des Forderungsstroms durch Verbesserung der Zuverlässigkeit der Produktionssysteme angestrebt werden. Es handelt sich dabei um einen sehr langwierigen Prozess, der auf Grund der längerfristigen Umsetzungspraxis keine unmittelbar messbaren Effekte erzeugen würde. Damit ist der Einsatz zusätzlicher Instandhalter die effektivere Strategie.

7.6.4.4   Werkstätten mit allgemein verteilten Ankunfts- und Reparaturzeiten

Modellansatz

Die erforderliche Unempfindlichkeit praktischer Instandhaltungsprozesse gegenüber den Verteilungen der Ankunftsabstände der Forderungen nach Instandsetzung und der Reparaturzeiten erfordert die Anwendung allgemeingültiger Modelle der Form [GI/GI/s/n][36], weil die Exponentialverteilung, die für die Markov-Eigenschaft charakteristisch ist, die realen Verhältnisse nur ungenügend approximiert. Für geschlossene Wartesysteme mit allgemeinen Verteilungen der Ankunftsabstände und Servicezeiten existieren nur wenige Arbeiten mit expliziten Lösungsansätzen (Benson und Cox 1951). Verwertbare Näherungslösungen zur Berechnung von Zielgrößen wurden u. a. von Stoyan (1978) und Berten und Runge (1980) abgeleitet.

Zur Ermittlung von Zielgrößen m. H. von Modellen der Struktur [G/G/s/n] kann der bedienungstheoretische Auslastungsgrad η_{GI} herangezogen werden (vgl. Berten und Runge 1980). Darüber hinaus werden die Variationskoeffizienten v_A und v_b und die Auslastungsgrade benötigt.
Es gilt:

$$\eta_{GI} = \eta_M + (1 - v_A)(1 - v_b)(\eta_D - \eta_M) \tag{7.133}$$

---

[36] Vgl. Strunz 1990, S. 59.

mit

$$\eta_D = \min \left(\frac{\mu}{\lambda + \mu}; \frac{s * \mu}{N\lambda} \right) \qquad (7.134)$$

$$\eta_M = \frac{N - EL_V}{N} = \frac{N - (EL_b + EL_W)}{N} \qquad (7.135)$$

$$EL_V = \sum_{i=1}^{N} i \, p_i \qquad (7.136)$$

$$EL_W = N(1 - \eta_{GI}) \qquad (7.137)$$

Technische Verfügbarkeit Eine wichtige Zielfunktion ist die technische Verfügbarkeit. Sie drückt das Verhältnis von mittlerer Betriebszeit (Zeit zwischen zwei Ausfällen: *MTBF* = Meantime Between Failure) zur Reparaturzeit (*MTTR* = Meantime To Repair) einschließlich der Wartezeit (*MTTW* = Meantime To Wait) aus.

$$V_t(s) = \frac{MTBF}{MTBF + MTTR + MTTW} \qquad (7.138)$$

Geforderter Schwellenwert oder V_{max}

$$V(s) = V_{\max}, \quad wenn \; MTTW = 0$$

Mit steigendem Personaleinsatz in der Instandhaltung verringert sich die Wahrscheinlichkeit, dass eine Forderung warten muss, wodurch die Verfügbarkeit steigt. Die Anzahl der Instandhalter ist gemäß dieser Zielfunktion für eine bestimmte geforderte Verfügbarkeit zu ermitteln. Um die Anzahl der in Reparatur befindlichen BE zu berechnen, muss die Nichtverfügbarkeit einer BE j ermittelt werden.

$$\hat{V}_j = 1 - V_{t\,j} \qquad (7.139)$$

Für einen Fertigungsbereich vom Umfang N ist zunächst die Verfügbarkeit V_{tj} für jede einzelne BE j ($j = 1, \dots N$) zu berechnen.
    Wegen

$$V_{tj} = \frac{ET_{Bj}}{ET_{Bj} + ET_{Sj}} \qquad (7.140)$$

mit

$$ET_{Stj} = ET_{Rj} + ET_{Wj} \qquad (7.141)$$

gilt

$$V_{tj} = \eta_{GI} V_{\max j} \qquad (7.142)$$

| BE funktions-fähig | Stillstandszeit (BE ausgefallen) | | | | | | BE funktions-fähig | |

Warte-zeit 1	Warte-zeit 2	Warte-zeit 3	Fehler-suchzeit	Warte-zeit 4	Repara-turzeit	Funktionstest, Abnahme		
	Vorbereitu-ngszeit	Wege-zeit	Fehler-suchzeit	Ersatzteil-beschaffung	Repara-turzeit	Funktionstest, Abnahme	Wege-zeit	Abrechnung, Kontrolle

| Instandhaltungsaufwand |

Abb. 7.14 Elementarzyklus der Realisierung einer Instandhaltungsmaßnahme. (Strunz 1990)

Für die mittlere technische Nichtverfügbarkeit der BE eines Bereichs ergibt sich im Mittel:

$$\hat{V}_t = 1 - \frac{\sum_{j=1}^{N} V_{tj}}{N} \qquad (7.143)$$

Die mittlere Anzahl der ausgefallenen BE ergibt sich dann zu:

$$EL_B = N * \hat{V} * \eta_{GI} \qquad (7.144)$$

Eine Verringerung der im System verweilenden BE (in der Warteschlange oder in Reparatur befindlich) lässt sich durch Steigerung der Arbeitsproduktivität der Servicetechniker (Reduzierung der Reparaturdauer) und durch Erhöhung der Instandhaltungskapazitäten (mehr Instandhalter) erreichen. Eine Verbesserung der Zuverlässigkeit der BE durch konstruktive Änderungen und fertigungstechnologische Verbesserungen der Elemente, die Reduzierung des Maschinenbestandes durch Aussonderung oder Ersatz verschlissener Ausrüstungen und die Verringerung des stochastischen Anteils durch Einführung der geplanten Instandsetzung sind weitere Strategien im Sinne einer Systemoptimierung.

Alle genannten Maßnahmen verbessern den bedienungstheoretischen Auslastungsgrad η_{GI}.

Zielgrößen und Zielfunktionen

Abbildung 7.14 zeigt die Struktur der Stillstandszeit einer BE bei plötzlichem Anlagenausfall und dem damit verbundenen Instandhaltungsaufwand.

Bei Anlagenausfall informiert das Produktionsmanagement die Instandhaltung über die Situation. Das Instandhaltungsmanagement prüft den momentanen Einsatzplan und stellt Instandhaltungskapazität in Aussicht:

a. sofort, wenn die erforderlichen Ressourcen zur Verfügung stehen oder im Falle höherer Priorität (z. B. Engpassmaschine); eine gerade laufende Reparatur wird unterbrochen, wenn alle Instandhalter im Einsatz sind,

b. später, sobald Ressourcen verfügbar sind.

Zunächst muss sich der Instandhalter auf den Auftrag vorbereiten (Wartezeit 2). Dazu beschafft er sich ggf. die erforderlichen Maschinenunterlagen, Anschluss- und Schaltpläne sowie die relevanten Wartungs- und Bedienungsvorschriften. Danach geht er vor Ort und verschafft sich einen Überblick über das Schadensausmaß. Im günstigsten Fall kann er mit seiner standardmäßig mitgeführten Ausrüstung den Schaden beheben. Anderenfalls ermittelt er den Fehler vor Ort, stellt das Schadensausmaß fest und begibt sich wieder in die Werkstatt, um weitere Aktivitäten einzuleiten.

Dazu muss er sich im Rahmen der erforderlichen Vorbereitungszeit mit den technischen Details der Maschine/Anlage vertraut machen und gegebenenfalls erforderliche Spezialwerkzeuge und –vorrichtungen organisieren. Darüber hinaus ist das notwendige Material (Ersatzteile) zu beschaffen. Dabei ist davon auszugehen, dass Ersatzteile ggf. nicht verfügbar sind, so dass sich die Wartezeit um den Zeitaufwand für die Ersatzteilebeschaffung verlängert, wenn zwischenzeitlich die Funktionsfähigkeit vorübergehend nicht m. H. einer Minimalinstandsetzung wieder hergestellt werden kann. Dabei hat die Entfernung der Instandhaltungswerkstatt erheblichen Einfluss auf die Kosten, denn die Wartezeit und die damit verbundenen stillstandsbedingten Verluste sind umso größer, je größer der vom Instandhalter zum Einsatzort zurückzulegende Weg ist (Wartezeit 3).

Zielgrößen können sein:

1. die spezifischen Gesamtkosten des Systems $K(s)$ in Abhängigkeit von der Anzahl der erforderlichen Instandhalter bzw. Instandhaltungsarbeitsplätze s,
2. eine bestimmte geforderte Verfügbarkeit V_{gef}, die nur mit einer bestimmten Anzahl von Instandhaltern bzw. Instandhaltungsarbeitsplätzen zu realisieren ist,
3. eine bestimmte maximal zulässige Warteschlangenlänge L_{wmax} in Abhängigkeit von der Anzahl der Instandhalter und
4. der Schwellenwert einer Zeitgröße, beispielsweise eine mittlere maximal zulässige

Wartezeit t_{Wmax} einer Forderung nach Instandhaltung.

Spezifische Gesamtkosten K(s) In einem geschlossenen Bedienungssystem verursachen die Instandhalter während ihres Einsatzes (Lohn, Material, Energie) Kosten. Außerhalb ihres Einsatzes fallen wegen des Wartens auf Instandhaltung zumindest Lohnkosten an. Dabei ist allerdings zu beachten, dass der Einsatz der Instandhalter Nutzen generiert, der vom Auftraggeber bezahlt wird. Insofern sollte bei Kostenbetrachtungen bewusst sein, dass Instandhalter im Sinne der Zielstellung von Produktionssystemen 2. Ordnung Erträge erwirtschaften.

Die Objekte als Träger der Forderungen verursachen zunächst Aufwendungen wegen der Maschinenstillstände infolge von Funktionsstörungen. Damit verbunden ist das Warten auf Reparatur (s. Abb. 7.14). Erhebliche Wartezeiten ergeben sich beispielsweise dann, wenn alle Instandhalter im Einsatz, Ersatzteile nicht verfügbar und der oder die Fehler infolge nicht instandhaltungsgerechter Konstruktion schwer zu lokalisieren und aufwendig zu beheben sind. Während der Reparatur selbst verursachen die Maschinen Stillstandskosten in Höhe der Abschreibungs-, Zins-, anteiligen Raum- und Energiekosten. Darüber hinaus fallen während der Reparatur im Falle einer Engpassmaschine Lohnkosten (Durchschnittslohn) für

Tab. 7.19 Ausgangswerte (Beispiel 7.9)

s	1	2	3	4	5	6	7	8	9	10
ET_W	14	8	3	2	1	1	0	0	0	0
ET_R	4,5	5	4,5	4,5	4,5	4,5	4,5	4,5	4,5	4,5

den Maschinenbediener an sowie zusätzliche Kosten durch Überstundenzuschläge. Folgende Kosten sind zu ermitteln:

Reparatur-/Servicekosten: $K_R = k_R \, ET_R$
Stillstandskosten: $K_V = (k_R + k_W) \, ET_V$
Leerkosten: $K_F = k_F(s * C - ET_R)$
Wartekosten: $K_W = k_W \, ET_W$

Die Zielfunktion berücksichtigt somit den Anteil der Stillstandskosten, der umso höher ausfällt, je weniger Instandhalter zur Verfügung stehen. Mit steigender Anzahl an Instandhaltern nehmen die Kosten für Instandhaltung zu, dementsprechend verringern sich die Stillstandskosten. Gesucht ist diejenige Anzahl von Instandhaltern, bei der die Kostenfunktion ihr Minimum erreicht. Es gilt folgende Zielfunktion:

$$K(s) = ET_R * k_R + k_F(s - EL_B) + k_W ET_V \stackrel{!}{\Rightarrow} Min \qquad (7.145)$$

k_R Kosten je Zeiteinheit für einen im Einsatz befindlichen Instandhalter(Stundenlohn + Zuschlag GK (€/h))

k_W Kosten je Zeiteinheit für eine auf Instandhaltung wartende Maschine; fallen auch während der Reparatur an (Maschinenstundensatz (€/h/))

k_F Kosten je Zeiteinheit für einen nicht im Einsatz befindlichen Instandhalter

Beispiel 7.9: Ermittlung kostenoptimaler Instandhaltungskapazitäten
Gegeben ist ein geschlossenes Wartesystem mit folgenden Eingangsdaten:

Mittlere Wartezeit ET_W	2,5 h
Mittlere Reparaturzeit ET_R	4,5 h
Maschinenstundensatz k_{MST}	55 €/h
Kosten des Instandhalters k_I	35 €/h
Anzahl der Instandhalter s	1 ... 10

Die Instandhaltungsleistung wird mit 60 €/h verrechnet. Sobald die Instandhalter auf Arbeit warten, fallen Kosten von 35 €/h an. Die verfügbare Kapazität C pro Instandhalter beträgt 8 h/Schicht. Gesucht ist die kostenoptimale Instandhaltungskapazität (Tab. 7.19).

Aus (7.145) ergibt sich

$$K(s) = ET_R * k_R + k_F(s * C - ET_R) + k_W ET_V \stackrel{!}{\Rightarrow} Min \qquad (7.146)$$

Die verfügbare Kapazität von 8 h/Schicht/Instandhalter wird mit der Zahl der Instandhalter multipliziert. Wenn davon die Reparaturzeit abgezogen wird, ergeben sich die Kosten für die nicht genutzte Kapazität. Die Zielfunktion lautet (Tab. 7.20):

Tab. 7.20 Ergebniswerte (Beispiel 7.9)

S	k_R (€/h)	K_F	ET_R (h/Maßn.)	K_R	ET_W (h)	k_W (€/h)	K_W (€)	K_F (€/h)	$K(S)$ (€)
1	−25	35	4,5	−112,5	14	100	1400	−210	1077,50
2	−25	35	4,5	−225,0	8	100	800	280	855,00
3	−25	35	4,5	−337,5	3	100	300	735	697,50
4	−25	35	4,5	−450,0	2	100	200	1.050	800,00
5	−25	35	4,5	−562,5	1,3	100	130	1.355	922,00
6	−25	35	4,5	−675,0	0,8	100	80	1.652	1057,00
7	−25	35	4,5	−787,5	0	100	0	1.960	1172,50
8	−25	35	4,5	−900,0	0	100	0	2.240	1340,00
9	−25	35	4,5	−1012,5	0	100	0	2.520	1507,50
10	−25	35	4,5	−1125,0	0	51	0	2.800	1675,00

Tab. 7.21 Basisdaten (Beispiel 7.10)

a^*	b^*	N	x	$\Gamma(x)$	$\hat{T}_A$
4000	2	20	1,5	0,886	792

$$K(s) = K_R + K_F + K_W \overset{!}{\Rightarrow} Min \tag{7.147}$$

Das Kostenminimum liegt bei $s = 3$ Instandhaltern.

Für die weiteren Betrachtungen wird folgende Vorgehensweise festgelegt (Schulz 1981):

Zunächst sind die Mittelwerte der Parameter der Weibull-Verteilung der Baugruppen einer Maschine zu berechnen:

$$a^* = \sum_{i=1}^{n} a_i/n \tag{7.148}$$

$$b^* = \sum_{i=1}^{n} b_i/n \tag{7.149}$$

Da die Ausfälle der Maschinen einer Weibull-Verteilung genügen kommt es zur Überlagerung der Ausfälle zu einem so genannten inhomogenen POISSON-Strom (s. Tanner 1995). Der Ankunftsabstand ergibt sich somit zu:

$$\hat{T}_A = \frac{a^*}{N^{1/b^*}} \Gamma\left(\frac{1}{b^*} + 1\right) \tag{7.150}$$

wobei für N die Anzahl der Maschinen einzusetzen ist. Zur Berechnung der durchschnittlichen Reparaturdauer für eine Maßnahme sind Mittelwerte anzusetzen.

Beispiel 7.10: Ermittlung des mittleren Ankunftsabstandes einer Forderung
Gegeben sind $N = 20$ BE, $a^* = 2000$ h, $b^* = 2$. Gesucht ist der mittlere Ankunftsabstand der Forderungen. Nach Formel (7.150) ergibt sich (Tab. 7.21):

$$\hat{T}_A = \frac{400}{20^{0,5}} \Gamma(1,5) = 894 * 0,886 = 792 \text{ h} \tag{7.151}$$

Maximal zulässige Warteschlangenlänge Die Anzahl wartender Objekte bzw. maximal zulässige Wartezeit einer Forderung (in der Warteschlange) auf Reparatur beträgt:

$$EL_W(s) = \sum_{i=s+1}^{n} (i - s)p_i \Rightarrow L_{WZul} \tag{7.152}$$

$$ET_W(s) = \frac{EL_W}{\lambda} \Rightarrow T_{WZul} \tag{7.153}$$

Ermittlung des Forderungsstroms Zur Ermittlung des stochastischen Anteils der Forderungen nach Instandhaltung kann folgendermaßen vorgegangen werden:

1. Die ermittelten optimalen Instandhaltungsintervalle der Baugruppen sind mit der Überlebenswahrscheinlichkeit, die der minimale spezifische Kostenfaktor $\phi(R_{gef})$ bestimmt, zu multiplizieren.
2. Die trotz präventiver Instandhaltung (optimale Zyklen) verbleibende Ausfallwahrscheinlichkeit ist mit dem Erwartungswert zu multiplizieren, da die Baugruppen zum Erwartungswert ausfallen.
3. Durch Addition der beiden Werte ergibt sich der wahrscheinliche Ausfallabstand der Baugruppe T_{Aij}.
4. Auf der Grundlage der verplanbaren Betriebsmittelzeit (beispielsweise von 4000 h/a im Zweischichtbetrieb) wird die Gesamtzahl der Ausfälle der Elemente $i = 1$ bis n pro Jahr ermittelt.
5. Die Generationsrate der Maschine j ergibt sich durch Division der verplanbaren Betriebsmittelzeit durch den zu erwartenden Instandhaltungszyklus.
6. Die Generationsrate des Bereichs ergibt sich dann aus der Summe der einzelnen Generationsraten der Maschinen.
7. Der Kehrwert ist der Ankunftsabstand der Forderungen.

Die Anzahl der Erneuerungen der Baugruppe i der Maschine j ergibt sich zu:

$$H_{ij}(t) = \frac{T_{Planj}}{t_{optij} * R_{ij}(\phi) + ET_{Bij}[1 - R_{ij}(\phi)]} \tag{7.154}$$

$$H_j(t) = \sum_{i=1}^{n} H_{ji}(t) \tag{7.155}$$

Generationsrate der Maschine j:

$$\lambda_j = \frac{1}{H_j} \tag{7.156}$$

Generationsrate des Bereichs:

$$\lambda = \sum_{j=1}^{m} \lambda_j(t) \tag{7.157}$$

Für die Ermittlung der Reparaturrate ist analog zu verfahren.

	Stofffluss	Energiefluss	Informationsfluss
Raum	Layout mit Forderungsströmen➜ Materialströme	Elektroenergienetz	Lokales Computernetz
Zeit	Tourenfahrplan des innerbetrieblichen Transports	Zeitliches Belastungsdiagramm der Knoten eines E-Netzes	Durchlaufplan der Produktionsprozesssteuerung

Abb. 7.15 Beispiele für räumliche und zeitliche Strukturen in Form von Abbildern

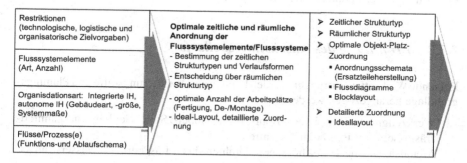

Abb. 7.16 Projektierungsschritt Strukturierung von Instandhaltungswerkstätten

7.7 Strukturierung von Instandhaltungswerkstätten

7.7.1 Grundlegendes

Der Planungsschritt Strukturierung umfasst alle Planungstätigkeiten, die zu Aussagen über die Struktur S^* eines Produktionssystems 2. Ordnung $\Sigma\,2 = (M^*, P^*, S^*)$ führen.

Unter Strukturierung wird i. Allg. die Bestimmung der zeitlichen und räumlichen (Fluss-) Beziehungen der Flusssystemelemente bzw. Prozessmittel zueinander mit dem Ergebnis einer optimalen Anordnung der Elemente und Systeme verstanden (vgl. Abb. 7.15, 7.16).

Im Rahmen der Strukturierung sind folgende Fragen zu klären:

1. Welche Stärke und welche Richtung haben die inneren Relationen?
2. Über welche inneren Strukturen laufen die Prozesse ab?

Für die Herstellung von Ersatzteilen generiert dieser Planungsschritt Fertigungsprozesse, die je nach Aufgabe und Umfang der Instandhaltungsmaßnahme eine räumliche und zeitliche Struktur aufweisen können, deren Kombination zu allgemein bekannten Organisationsformen der Fertigung führen. Die räumlichen Strukturen entstehen im Rahmen der Aufbauplanung, die zeitlichen durch die Ablaufplanung.

Das Ziel der Strukturierung besteht in der Schaffung beherrschbarer Subsysteme, die sich unter den gegebenen Bedingungen technisch und organisatorisch realisieren lassen und bezahlbar sind. Die richtige Bestimmung der Organisationsform einer Fertigung von Ersatzteilen auf der Basis der gegebenen Fertigungsbedingungen beeinflusst wesentlich die Effektivität der projektierten Lösung. Folgende Faktoren beeinflussen die Organisationsform:

• Auftragsmengen (Mengen, Zeiten, Orte),
• Verschiedenartigkeit der Ersatzteile,
• Anzahl der Arbeitsvorgänge je Ersatzteil (Technologie),
• Räumliche Verbindungen der Arbeitsplätze.

7.7.2 Ermittlung des Ausrüstungsbedarfs

Folgende Werksattausrüstungen werden können als Orientierungshilfe und Planungsgrundlage herangezogen werden:

1. Werkzeugmaschinen: Dreh-, Bohr-, Fräs-, Hobel-, Stoß-, Schleif- und Zahnradfräsmaschinen, Bearbeitungszentren,
2. Metallsägen (mechanische Sägen, Drahterodier-, Laserstrahl-, Wasserstrahlsägen),
3. feste und mobile Gas-Schweißanlagen,
4. feste und mobile E-Schweißeinrichtungen,
5. feste und mobile Spritz- und Lackieranlagen,
6. Handspindelpressen,
7. Hebezeuge aller Art,
8. diverse Transport- und Transporthilfsmittel,
9. Arbeitsplatzausrüstungen für mechanische Arbeiten: Werkbank, Schraubstock, Handschleifbock und Tischbohrmaschine, allgemeines Handwerkszeug, Montage- und Montageeinrichtungen, mobile Schweißgeräte, Schweißbrenner, Metall- und Werkzeugschränke für VWP sowie diverse Schmier- und Pflegemittel,
10. Arbeitsplatzausrüstungen für elektrische Arbeiten: Stromversorgung mit einstellbarer Gleich- und Wechselspannung, digitale Spannungs-, Strom- und Widerstandsmesser, mobiles Isolationsmessgerät, Oszillograph, Temperatur- und Schwingungsmessgeräte, Lötausrüstung,
11. Diagnosearbeitsplatz: PC, Software zur Auswertung von Messergebnissen, Geräte zur Schwingungsmessung und -analyse, Thermokamera, flexible Endoskope mit Adapter und Digitalkamera, Hardware,
12. allgemeine Versorgungseinrichtungen,

    – Elektroanschluss (220V/380V),
    – Druckluftanschluss (Blasluft 2 bar),
    – Wasseranschluss,
    – Gasanschluss,
    – Beleuchtung,
    – Heizung/Lüftung.

Die Auslegung der Zuleitungen und Anschlüsse richtet sich nach dem spezifischen Verbrauch der Werkstatt und ist abhängig von deren Größe und Leistungsfähigkeit.

7.7.3 Einkauf von Werkstattbedarf

Die inhaltlichen Aufgaben einer Werkstatt sind auf die vom Management festgelegte und vom Unternehmen praktizierte Unternehmensstrategie abgestimmt. Die Instandhaltungsstrategie ist ein wesentlicher Bestandteil der unternehmerischen Zielstellung und hat die Aufgabe, mit einem bestimmten Budget die erforderliche Verfügbarkeit zu sichern, die notwendig ist, um die Produktionsziele zu erreichen. Aus Kostengründen können die Werkstätten die Zahl der in den Produktionsbereichen notwendigen Technologien und Ressourcen für Instandhaltung nicht zu 100 % vorhalten. Daher werden zahlreiche Aufträge an Subunternehmen vergeben. Wertvolle Unterstützung beim Einkauf von Werkstattleistungen leistet dabei das Internet. Bei der Akquisition von Lohnleistungen spielen drei wesentliche Kriterien eine dominierende Rolle:

1. Preis,
2. Zuverlässigkeit des Kooperationspartners,
3. Qualität der Leistung.

Alle drei Eigenschaften spielen für eine Geschäftsbeziehung eine nachhaltige Rolle. Bei der Suche nach geeigneten Partnern kann die Kompetenzzellentheorie hilfreich eingesetzt werden.[37] Danach ist neben den oben genannten Kriterien die Auswahl technologisch geeigneter Kompetenzzellen für eine Prozessleistung eine wichtige Aufgabe des Fokalunternehmens bei der Konfiguration eines Netzwerkes. Bei der Suche nach Kandidaten für einen speziellen Wertschöpfungsprozess spielen vier Komponenten eine zentrale Rolle (Strunz und Glück 2009):

1. Die erste Komponente bildet eine Domänenontologie, die das Begriffsgefüge des jeweiligen Anwendungsbereiches definiert, um eine semantische Gleichheit zwischen den Anforderungen der Prozesskette und der Beschreibung der technologischen Möglichkeiten der Kooperationspartner (Kompetenzzellen) zu erzielen. Für die Darstellung und Verwaltung der Kompetenzbeschreibungen werden global verfügbare, homogene Ontologien verwendet. Bei der Suche nach der richtigen Kompetenz führen häufige Veränderungen der Kompetenzbeschreibungen zur Evolution der Zellen und im Falle von Netzwerken zur Fluktuation im Ressourcenpool. Die zu verwendenden Ontologien zeichnen sich neben der Mächtigkeit ihrer Beschreibungsmittel insbesondere durch ihre Dynamik aus.
2. Die zweite Komponente ist eine Datenbank, welche die Beschreibung der technologischen Möglichkeiten des Instandhalters in einer Angebotsdatenbank speichert. Sie enthält eine Selbstbeschreibung der Kompetenzzellen zu ihren

---

[37] Vgl. Teich 2002, S. 73 ff.

Maschinen- und Anlagen usw. Diese Angebots- oder Kompetenzbeschreibung beinhaltet jedoch keine Angaben über die aktuelle Auslastungssituation der Kompetenzzelle. Derartige Angaben sind zu dynamisch, um sie ständig an zentraler Stelle aktuell zu halten. Kandidatenunternehmen werden daher zunächst nur aufgrund ihrer technologischen Eignung präferiert. Ob ein Unternehmen dann auch in der Lage ist, eine vereinbarte Leistung innerhalb der Terminvorstellungen des Auftraggebers auszuführen, wird in dem der Auswahl der Kandidaten folgenden Optimierungsschritt festgestellt.

3. Die Auswahl eines geeigneten Kandidaten erfolgt durch einen Abgleich der Anforderungen in Form eines Nachfragevektors mit den Daten der Angebotsdatenbank. Zur Komplexreduzierung sehr hochdimensionaler Merkmalsvektoren werden vergleichbare Angebote von Leistungsträgern zu Clustern zusammengefasst. Die Suche nach der richtigen Kompetenz kann durch geeignete Programme unterstützt werden[38]. Damit ist es möglich, zu einem hochdimensionalen Nachfragevektor relativ schnell einen geeigneten Kooperationspartner zu finden. Die Einteilung in Ähnlichkeitsgruppen hat den Vorteil, im Falle nicht vollständiger Übereinstimmung von Nachfrage und Angebot, durch eine Ähnlichkeitssuche passende Kandidaten zu bestimmen.

4. Die vierte Komponente ist das *Verbindungswissen* zwischen den Dienstleistern. Eine erfolgreiche Kooperation zwischen Dienstleistern hängt nicht nur von der technologischen Eignung der einzelnen Kandidatenzellen und ihrer optimalen Verwendung in der Prozesskette ab. Der Erfolg der Kooperation basiert in gleicher Weise auf vertrauensvoller Zusammenarbeit und dem Konsens zwischen den beteiligten Dienstleistern (soziale Kompetenz).

7.8　Gestaltung

Die Gestaltung von Produktionssystemen 2. Ordnung ist der Planungsschritt, bei welchem der Planer die räumlich-funktionelle Einordnung der Flusssystemelemente/Flusssysteme in das Realobjekt unter Berücksichtigung aller Restriktionen und Forderungen aus Ökonomie, Ökologie sowie Arbeits- und Gesundheitsschutz umsetzungsreif konzipiert (vgl. Abb. 7.17).

Die Gestaltung hat die Aufgabe, die aus den kennzeichnenden Merkmalen des technologischen Ablaufs der Instandhaltung abgeleiteten funktionell-technischen und organisatorischen Bedingungen mit den der Arbeitsperson zugewiesenen Arbeitsaufgaben in Übereinstimmung zu bringen. Der gesamte Gestaltungsprozess verläuft je nach Umfang und Komplexität des Planungsvorhabens gemäß den Planungsgrundsätzen der Fabrikplanung in Detaillierungsebenen (vom Groben zum Feinen: Groblayout, Feinlayout) und schrittweises Vorgehen (Grundig 2009).

---

[38] Vgl. Strunz und Glück 2009.

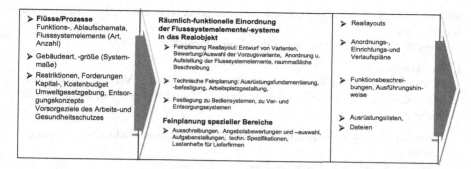

> **Flüsse/Prozesse**
> Funktions-, Ablaufschemata,
> Flusssystemelemente (Art,
> Anzahl)
>
> **Gebäudeart, -größe** (System-
> maße)
>
> **Restriktionen, Forderungen**
> Kapital-, Kostenbudget
> Umweltgesetzgebung, Entsor-
> gungskonzepte
> Vorsorgeziele des Arbeits-und
> Gesundheitsschutzes

**Räumlich-funktionelle Einordnung
der Flusssystemelemente/-systeme
in das Realobjekt**
> Feinplanung Reallayout: Entwurf von Varianten,
> Bewertung/Auswahl der Vorzugsvariante, Anordnung u.
> Aufstellung der Flusssystemelemente, raummaßliche
> Beschreibung
>
> Technische Feinplanung: Ausrüstungsfundamentierung,
> -befestigung, Arbeitsplatzgestaltung,
>
> Festlegung zu Bediensystemen, zu Ver- und
> Entsorgungssystemen

Feinplanung spezieller Bereiche
> Ausschreibungen, Angebotsbewertungen und –auswahl,
> Aufgabenstellungen, techn. Spezifikationen,
> Lastenhefte für Lieferfirmen

> Reallayouts
>
> Anordnungs-,
> Einrichtungs-und
> Verlaufspläne
>
> Funktionsbeschrei-
> bungen, Ausführungshin-
> weise
>
> Ausrüstungslisten,
> Dateien

Abb. 7.17 Gestaltung von Produktionssystemen 2. Ordnung

Ergebnis ist ein Layout. Unter einem Layout ist die graphische Darstellung der räumlichen Anordnung von betrieblichen Funktions- und Struktureinheiten (Fertigungsplätze, Demontage-/Montageplätze, Lagerbereiche u. a.) zu verstehen. Das Layout ist praktisch das visualisierte Ergebnis der Planungsphase „Layout-Planung". Es bildet die Basis für die weiteren Planungsaktivitäten wie die Realisierungsplanung und die Realisierung der Planungsergebnisse selbst.

7.8.1   Die Kompetenzzelle als Denkansatz

Denkmodell der kompetenzzellenbasierten Instandhaltungswerkstatt ist das *Bionic Manufacturing* System (BMS) (Strunz und Nobis 2008[39]). Die Bildung von Kompetenzzellen und deren Vernetzung zu Kompetenzzellennetzen ist eine zukunftsweisende Strategie, wodurch eine Produktionsstruktur oder Werkstatt in die Lage versetzt wird, auf die mit kürzer werdenden Produktlebenszyklen und den damit verbundenen kürzer werdenden Investitionszyklen und steigenden Instandhaltungsanforderungen nicht nur super-flexibel zu reagieren, sondern auch proaktiv neue Dienstleistungsangebote zu generieren. Mit den sich durch die Vernetzung ergebenden Synergieeffekten können in kürzeren Abständen neue Geschäftsprozesse generiert, durchgeführt und abgeschlossen werden.

Kompetenzbildung und die Vernetzung von Kompetenzen sind grundlegende Voraussetzungen für eine stabile Wertschöpfung in der Zukunft. Kernpunkte für die Instandhaltungswerkstatt sind die Kenntnis und Handhabung von Werkzeugen und Verfahren zur Speicherung, Transformation, dem Transport und der Bereitstellung von Informationen und Zustandswissen der Prozesselemente in Verbindung mit den Humanressourcen und deren Qualifikation.

Kompetenz aus der Sicht der Fabrikplanung ist die Fähigkeit, Wissen durch menschliche Veranlagungen und Fähigkeiten sowie Bereitschaft in Verbindung mit

---

[39] Vgl. auch Strunz 2008, S. 65–70.

den zur Verfügung gestellten (materiellen) Ressourcen in marktfähige Leistungen umzusetzen.
Kompetenz an sich setzt sich aus drei Komponenten zusammen:

1. Sachkompetenz
   ist die Fähigkeit zur Beherrschung der Organisations-, Verfahrens- und Arbeitsabläufe mit den adäquaten Mitteln unter den jeweiligen Bedingungen. Sie umfasst:

   – die persönliche Qualifikation des/der Mitarbeiter einschließlich des Managements
   – bereits realisierte Leistungen (Projekte), Referenzen
   – Sprachkenntnisse
   – PC-Kenntnisse

2. Methodenkompetenz
   ist die Fähigkeit disponibel, methodisch und selbstständig Probleme zu lösen und sich auf Veränderungen (Bedingungen und Anforderungen) einzustellen. Dazu zählen die Kenntnis und Beherrschung u. a. von:

   – Verfahren und Arbeitstechniken
   – Problemlösungstechniken
   – Kreativitätstechniken
   – Visualisierungstechniken
   – Konfliktlösungstechniken

3. Sozialkompetenz
   Die soziale Kompetenz wird unterteilt in:

   a. Fähigkeit zur ergebnisorientierten, kommunikativen und kooperativen Zusammenarbeit mit Anderen bzw. deren Führung. Dazu gehören:

      – Kommunikations- und Informationsverhalten (Erfahrungsaustausch)
      – Teamfähigkeit, Kooperationstechniken
      – Bereitschaft zur Übernahme von Führungsaufgaben
      – Weiterbildungsbereitschaft

   b. Persönlichkeitskriterien wie:

      – Auftreten, Ausstrahlung, Engagement und Eigenmotivation
      – Selbsteinschätzung, Selbstbild, Selbstreflektion
      – Erfahrung, Können
      – Initiative und Selbständigkeit
      – Selbstsicherheit
      – Selbstkontrolle

Die Kompetenzzelle gilt als kleinste, nicht mehr sinnvoll teilbare Leistungseinheit der Wertschöpfung.[40]

---

[40] Vgl. Teich 2001, S. 8.

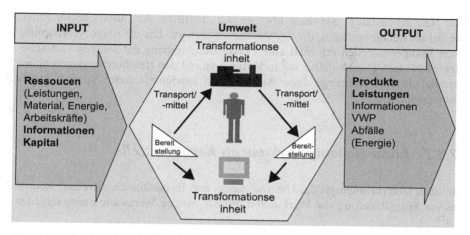

Abb. 7.18 Grundstruktur einer Kompetenzzelle. (Modifizierte Darstellung i. Anl. an Wirth 2001, S. 9)

Im Mittelpunkt steht der Mensch mit seinen individuellen Kompetenzen (Wissen, Anlagen, Fähigkeiten, Fertigkeiten und Bereitschaften) und den ihm zur Verfügung stehenden Ressourcen (Flächen, Bestände, Arbeits-, Arbeitshilfs- und Organisationsmittel). Die Kompetenzzelle realisiert in einer gewissen Analogie zur Biologie Grundstrukturen des Lebens (Entstehung, Wachstum, Vermehrung, Vererbung, Wandel, Degeneration). Sie realisiert die logistischen Grundfunktionen Speichern, Bewegen und Transformieren ist elementar, autonom und lebensfähig im Netz, sowie in hohem Maße anpassungs-, erweiterungs-, lern- und kooperationsfähig (s. Abb. 7.18).[41] Die Kompetenzzelle fungiert im Netz als Knoten und kann als elementare Leistungseinheit der Wertschöpfungskette deklariert wird.

Die Kompetenzzelle

- hat eine Funktion, Dimension und Struktur,
- ist in der Lage, sich reaktionsschnell an geänderte Bedingungen anzupassen (hohe Wandlungsgeschwindigkeit,
- entwickelt permanent Wissen und Kompetenzen weiter,
- koordiniert, referiert und akquiriert selbstständig,
- gestaltet die Innovations- und Evolutionsprozesse während ihres Lebenszyklus selbst,
- besitzt die Fähigkeit zur Selbstorganisation und -optimierung logistikorientierter Wertketten und Produktionsnetze.

Wie jede organisatorische Einheit ist die Lebensdauer der Kompetenzzelle begrenzt. Sie hat allerdings gegenüber der Segmentierung und Fraktalisierung den entscheidenden Vorteil, dass sie sich wesentlich schneller an Marktturbulenzen anpasst, weil sie die Prozesse proaktiv bestimmen kann. Die Kompetenzzelle ist allerdings nur

---

[41] Vgl. Schenk und Wirth 2004, S. 131 ff.

im Netz lebensfähig. Sie muss über partnerschaftliche und flusssystemorientierte Schnittstellen verfügen, die die Vernetzung sichern. Die effiziente Verknüpfung von Kompetenzzellen erfordert eine exakte Beschreibung der inneren und äußeren Merkmale. Die Modellierung in Verbindung mit den Beschreibungsmerkmalen ermöglicht eine rechnergestützte Auswahl und kundenorientierte Vernetzung der Kompetenzzelle.

7.8.2 Instandhaltungswerkstatt als Kompetenzzelle

Je nach Unternehmensgröße, Unternehmens- und Instandhaltungsstrategie kommt es zur Spezialisierung von Werkstätten. Früher wurden Werkstätten unterschieden in[42]

- Stützpunkt-,
- Spezial-,
- Haupt- und
- Zentralwerkstätten.

Stützpunktwerkstatt Die Stützpunktwerkstatt hat die Aufgabe, Instandsetzungen vor Ort in kleinerem Umfang zu organisieren und zu realisieren. Zum Einsatz kommen Mehrzweckmaschinen. Vor Ort-Instandsetzung kommt meist dann zum Einsatz, wenn ein Aggregatetausch im Sinne einer vollständigen Erneuerung technisch realisierbar ist oder der Instandsetzungsumfang eine Vor-Ort-Instandsetzung rechtfertigt.

Eine Unterform ist der Handwerkerstützpunkt. Dabei handelt es sich um kleine Räume oder transportable Einrichtungen (Spezialfahrzeuge, Container) mit einer Handwerkzeuggrundausstattung.

Spezialwerkstatt Spezialwerkstätten sind Sonderwerkstätten für die Instandsetzung von Spezialmaschinen und -einrichtungen mit relativ hoher Stückzahl (Pumpen, Motoren, Wärmeüberträger u. a. m.). Ein Beispiel hierfür ist die Pumpenaufarbeitung der Vattenfall Europe Mining AG (Strunz 2008).[43]

Zentralwerkstatt Es handelt sich meist um größere Werkstätten mit einem Bestand an Ressourcen, die die Durchführung operativer und planmäßiger Instandhaltungsmaßnahmen größeren Umfangs gestatten.

Diese klassische Gliederung wird den modernen Anforderungen an flexible Werkstätten nicht mehr gerecht. Instandhaltungswerkstätten haben die Aufgabe, Produktionsmittel instand zu halten sowie bei deren Aufbau oder deren Veränderung im Sinne von Modernisierung mitzuwirken (s. DIN 31051). Die Herstellung von Ersatzteilen ist üblich. Oft werden zusätzlich Aufträge nach außen an Subunternehmen

---

[42] Werner: Loseblattsammlung 977, 44 Instandhaltung 10/3 Werkstätten vom 10.02.05.

[43] Vgl. auch Strunz et al.: „Analyse und Optimierung der Pumpenaufarbeitung in der HW „Schwarze Pumpe" der Vattenfall Europe Mining AG, Abschlussbericht, Hochschule Lausitz, Senftenberg 2008.

Abb. 7.19 Kompetenzzelle
Raupenkettenaufarbeitung
(Strunz 2008)

erteilt. Im Falle der Einhaltung der Genehmigungsvorschriften wird von Anlagenbe-
treibern oft die Aufgabe an die Werkstatt übertragen, die Anlage genehmigungsfähig
zu halten, um die rechtliche Nutzung durch den Betreiber zu sichern. Maschinenpark und Fachkompetenz einer Werkstatt müssen den Qualitätsanforderungen des
Auftraggebers entsprechen.

Zur Erfüllung des Anforderungsprofils müssen Instandhaltungswerkstätten flexibel sein. Voraussetzungen sind moderne Organisationsstrukturen. Ein geeignetes
Denkmodell ist die Kompetenzzelle (s. Kap. 7.8.1). Der theoretische Denkansatz
geht auf das *Bionic Manufakturing System* zurück. Die Instandhaltungswerkstatt
als Kompetenzzelle hat sich bereits zu einem Erfolgsmodell entwickelt. Das konnte
an zahlreichen praktischen Beispielen nachgewiesen werden (s. Strunz et al. 2006,
Strunz und Piesker 2007). Abbildung 7.19 zeigt eine Kompetenzzelle für die Aufarbeitung der Raupenkettenglieder von Tagebaugroßgeräten. Kompetenzzellen sind
untereinander vernetzbare Einheiten, die in unterschiedlichen Hallenschiffen unter-
gebracht sein können (vgl. Strunz und Nobis 2008). In Produktionssystemen erfolgt
die Anordnung zweckmäßigerweise nach logistischen Gesichtspunkten.

Neben Einzelanfertigungen von Ersatzteilen werden auch Kleinserien kompletter Baugruppen gefertigt. Hergestellt werden Stahl- und Blechkonstruktionen
sowie komplizierte Maschinen- und Anlagenteile. Dazu kommen kapitalintensive
Werkzeugmaschinen mit hoher Arbeitsproduktivität zum Einsatz.

7.8.3 Layout-Planung

Ziel der Layout-Planung ist es, durch richtige Anordnung von Struktureinheiten (z.
B. Fertigungsgruppen) und Verbindungselementen (z. B. Transporteinrichtungen)
den Fertigungsablauf wirtschaftlich und störungssicher zu ermöglichen (VDI 2385).
Dabei sind die überwiegend abstrakten Planungsergebnisse der Strukturierung anhand der räumlichen Gegebenheiten des Betriebes realistisch abzubilden und optimal
umzusetzen.

Optimale Umsetzung heißt dabei, bezogen auf:

* die Fläche

  - Reduzierung des Gesamtflächenbedarfs,
  - optimale Ausnutzung der zur Verfügung stehenden Flächen,
  - Berücksichtigung der Flexibilität späterer Erweiterungen,

* die Flusssysteme

  - flussorientierte Anordnung der Strukturelemente,
  - Reduzierung des Transportaufwandes,
  - verlust- und aufwandsarme Ver- und Entsorgungssysteme,

* die Wirtschaftlichkeit

  - Investitionen mit einem günstigen Aufwand/Nutzen-Verhältnis (schneller Kapitalrückfluss),
  - möglichst geringe finanzielle Aufwendungen bei der Umsetzung des Layouts,
  - möglichst geringe Kosten beim Betreiben der neuen Strukturen,

* die Störungssicherheit

  - Kollisions- und gefahrenfreie Gestaltung der Flusssysteme,
  - Berücksichtigung bzw. Umsetzung von Forderungen des Arbeits- und Umweltschutzes,
  - Erarbeitung von Sicherheits-, Störfall- und Havarieplänen,

* den Werker

  - Umsetzungen arbeitswissenschaftlich begründeter Arbeitsorganisationsformen,
  - ergonomische Gestaltung der Arbeitsumgebung,
  - Berücksichtigung der Arbeitsumweltfaktoren,
  - Schaffen von Voraussetzungen zur aktiven Partizipation.

7.8.3.1 Grundprinzipien der Layout-Planung

Die Layout-Planung stellt auf Grund der Vielzahl von Einflussgrößen eine sehr umfangreiche und komplexe Planungsphase dar. Zur Beherrschung der Komplexität werden die Grundprinzipien:

* hierarchisch gegliedertes Planungsvorgehen,
* stufenweise Variantenbildung und -ausscheidung
* sowie Selbstähnlichkeit des Planungsablaufes

zugrunde gelegt.

Für die Layout-Planung wird eine Hierarchie mit folgenden drei Planungsebenen zugrunde gelegt (s. Abb. 7.20):

- Groblayout-Planung
  Anordnungsobjekte: Struktureinheiten, z. B. Fertigungsbereiche, Lagerflächen für Roh- und Fertigteile, Hauptausrüstungen
- Generalbebauungsplanung[44]
  Anordnungsobjekte: Struktureinheiten, z. B. Fertigungshallen, Freilagerflächen, Verwaltungsgebäude
- Feinlayout-Planung
  Anordnungsobjekte: Struktureinheiten, z. B. Fertigungsgruppen, Maschinen, Anlagen, Arbeitsplätze einschließlich Transportwege.

Die Layout-Planung stellt auf Grund der Vielzahl von Einflussgrößen eine sehr umfangreiche und komplexe Planungsphase dar. Zur Beherrschung der Komplexität werden die Grundprinzipien:

a. hierarchisch gegliedertes Planungsvorgehen,
b. stufenweise Variantenbildung und -ausscheidung
c. sowie Selbstähnlichkeit des Planungsablaufes

zugrunde gelegt.

Im Rahmen der Generalbebauungsplanung erfolgt eine stufenweise steigende und zeitlich zunehmende Planungstiefe[45]. Es folgen global gehaltene Zonenpläne, damit bei der Gesamtbebauungsplanung eine weitere Detaillierung erfolgen kann. Das gilt insbesondere für bestehende Gebäude und Straßen. Der Erschließungsplan und die Infrastruktur werden als Übersichtspläne ausgelegt. Dort werden Details in verschiedenen Einzelplänen erfasst, die dann den Übergang zu den Detailplänen der einzelnen verschiedenen Ver- und Entsorgungssysteme bzw. Gewerke bilden. Mit Hilfe der Variantenbildung und -auswahl, werden in jeder Planungsebene Lösungsmöglichkeiten erarbeitet und anhand von festzulegenden Kriterien miteinander verglichen, so dass sich eine Vorzugslösung herauskristallisiert. Diese wird dann in der nächsten Ebene weiter detailliert.

Der Planungsprozess ist durch das Abarbeiten von Planungsschritten gekennzeichnet, die sowohl sequentiell als auch parallel sowie auch mehrfach zyklisch durchlaufen werden (Abb. 7.20). Dabei kann der methodische Ablauf des Layout-Planungsprozesses als relativ unabhängig von der Planungsebene bezeichnet werden, da die generelle Zielstellung in den Planungsebenen und die zu lösende Problematik (Zuordnungsproblematik) adäquat sind.

7.8.3.2 Flächenbedarf

Arbeitsplatzflächen

Die Ermittlung des erforderlichen Flächenbedarfs für die Instandhaltungswerkstätten und die richtige Wahl ihres Standorts sind integrierter Bestandteil der Fabrikplanung

---

[44] Vgl. Aggteleky 1990, S. 617 ff.
[45] Vgl. Aggteleky 1990, S. 625.

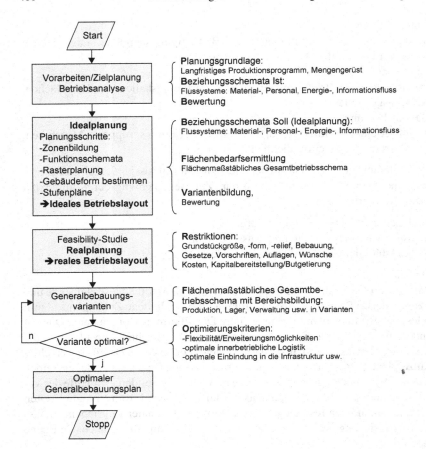

Abb. 7.20 Vom Produktionsprogramm zum Generalbebauungsplan

(Strunz 1990) und maßgeblich für einen rationellen und reibungslosen Planungsablauf der peripheren Bereiche, zu denen die Instandhaltung zählt. Ihr Einfluss auf den Arbeitsaufwand für die Maßnahmen und den damit verbundenen Personalbedarf ist wesentlich. Denn davon hängt die Wirtschaftlichkeit der Instandhaltung entscheidend ab. Im Sinne der Sicherung wirtschaftlicher Wertketten ist es daher notwendig, sowohl bei der Festlegung der Größe der Werkstattflächen sowie bei der Wahl des Standorts optimale Lösungen anzustreben.

Der Flächenbedarf einer Werkstatt hängt im Wesentlichen von

- der angewandten Instandhaltungstechnologie,
- Art und Größe der instand zu haltenden Objekte,
- Art und Ausstattung der Arbeitsplätze und
- Anzahl und Auslastungsgrad der Einzelarbeitsflächen ab.

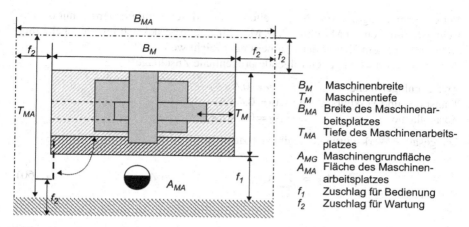

Abb. 7.21 Berechnung der Maschinenarbeitsplatzfläche. (Nestler 1969, vgl. auch Kettner et al. 1984, S. 77, vgl. auch Rockstroh 1978, S. 40 ff.)

Typischer Ausrüstungsgegenstand für die Kompetenzzelle Instandhaltung ist die klassische Werkbank mit einer Grundausstattung an Werkzeugen und Prüfmitteln, mit Schraubstock, Werkzeugschrank, ggf. Tischbohrmaschine und Schleifbock. Dazu gehört außerdem der Montagearbeitsplatz. Es handelt sich meist um eine allgemein zugängliche Fläche, die für die Demontage, Bearbeitung und Montage größerer Baugruppen oder Werkstücke zur Verfügung steht. Für die Handhabung der Bauteile und -gruppen steht meist ein Hebezeug, im Idealfall ein Säulendrehkran, dessen Schwenkbereich den gesamten Montagearbeitsplatz frequentiert, zur Verfügung.

Der Flächenbedarf für die Werkstattfläche ergibt sich wie folgt:

A_F Fertigungsfläche

A_{ZL} Zwischenlagerfläche

A_T Transport- und Verkehrsfläche

A_Z Zusatzfläche

Die Fertigungsfläche bildet die Berechnungsbasis. Die weiteren Teilflächen werden üblicherweise durch prozentuale Zuschläge oder m. H. von Koeffizienten ermittelt.

Für Instandhaltungswerkstätten eignet sich die Methode der funktionalen Flächenermittlung für mechanische Werkstätten nach Nestler (1969).

Grundstruktur für Maschinenarbeitsplätze Die Fertigungsfläche ergibt sich aus der Summe der Maschinenarbeitsplatzflächen (s. Abb. 7.21).

$$A_F = \sum_{i=1}^{n} A_{MAi} \tag{7.158}$$

Die Maschinenarbeitsplatzfläche ergibt sich zu:

$$A_{MA} = B_{MA} * T_{MA} = (B_M + 0{,}8) * (T_M + 1{,}4) \tag{7.159}$$

Für die Ermittlung der Maschinenbreite und der Maschinentiefe werden nur die extremen Stellungen der Maschine bzw. Maschinenteile berücksichtigt, die regelmäßig während oder zum Zweck der Bearbeitung erreicht werden.[46]

Für die Teilflächen gelten folgende prozentuale Zuschläge[47]:

Zwischenlagerfläche $A_{ZL} = 0,4 * A_F$
Transport- und Verkehrsfläche $A_T = 0,4 * A_F$
Zusatzfläche $A_Z = 0,2 * A_F$

Die gesamte Werkstattfläche ergibt sich dann zu:

$$A_W = \sum_{i=1}^{n} A_{MAi} + A_{ZL} + A_T + A_Z \qquad (7.160)$$

bzw.

$$A_W = A_F + 0,4A_F + 0,4A_F + 0,2A_F \qquad (7.161)$$

$$A_W = 2A_F \qquad (7.162)$$

Mit diesem Ansatz lässt sich zunächst der Flächenbedarf für die Maschinen und technologischen Ausrüstungen ermitteln. Weitere nach speziellem Bedarf einzurichtende Arbeitsplätze ergänzen die Werkstattfläche um weitere Teilflächen. Es handelt sich dabei um diverse Schlosser-, Mess-, E- bzw. A-Schweiß- sowie Brennschneidarbeitsplätze, die zweckmäßigerweise in Form von Projektbausteinen bei der Ermittlung des Flächenbedarfs in die Flächenbedarfsberechnung für A_F einzubeziehen sind (Strunz 1990). Für die Gesamtbewertung der Instandhaltungswerkstatt müssen dann die fixen Kosten ermittelt werden, die zur Ermittlung der Instandhaltungskostensätze herangezogen werden.

Grundstruktur für Instandhaltungsarbeitsplätze Abbildung 7.22 zeigt einen standardisierungsfähigen Instandhaltungsarbeitsplatz. Die Speicher stehen alternativ für die Bereitstellung von Material und VWP zur Verfügung. Die Speicher 1 dienen als mobile Transporthilfsmittel, während Speicher 2 als ständige Einrichtung fungiert. b_1 und b_2 sind Bedienmaße, die sich an der Arbeitsstättenverordnung orientieren und bei großen Montagearbeitsplätzen um ca. 0,2 ... 0,3 m größere Werte erreichen.[48]

Die Abstände zwischen den Ausrüstungen und Objekten haben in erster Linie die Sicherheit und das uneingeschränkte Arbeiten des Instandhaltungspersonals sowie das ungehinderte Funktionieren der Ausrüstungen zu garantieren (Sicherheitsabstände). Gleichzeitig entscheidet ihre größenmäßige Festlegung über eine bestmögliche Flächennutzung (Mindestabstände). Für die Mindest- bzw. Sicherheitsabstände vor allem zwischen den Beund Verarbeitungseinrichtungen (s. Abb. 7.21), zwischen jenen und Objekten (Wand, Säule) sowie Transport- bzw. Verkehrswegen stehen dem

---

[46] Z. B. die Extremstellung des Arbeitstischs einer Portalfräsmaschine oder Langhobelmaschine.
[47] Vgl. Kettner et al. 1984, S. 77.
[48] Vgl. Helbing 2009, S. 564.

Abb. 7.22 Grundstruktur eines Instandhaltungsarbeitsplatzes zur Demontage und Montage von BE (nach Helbing)

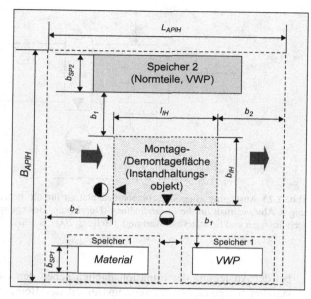

Fabrikplaner Maßvorgaben in einschlägigen Tabellenwerken zur Verfügung (z. B. Woithe 1986; Rockstroh 1977 u. a.).

Unter Berücksichtigung der Bedien- und Abstandsmaße ergibt sich der Flächenbedarf zu:

$$A_{APIH} = (l_{IH} + 2b_2) * (b_{IH} + 2b_{PSP} + 2b_1) \tag{7.163}$$

Werkstattflächen

Für die Sicherung der Verfügbarkeit von Produktionssystemen werden geplante sowie nicht geplante Instandhaltungsmaßnahmen in Form von Störungsbeseitigung, Instandsetzung, Inspektion und Wartung durchgeführt. Die dazu notwendigen Funktionsflächen müssen bereits in der Projektierungsphase berechnet und bei der Dimensionierung berücksichtigt werden, um die entsprechenden Maßnahmen umweltgerecht und instandhaltungsaufwandsarm durchführen zu können. Das betrifft insbesondere solche Maßnahmen, die nur bei stillstehender Maschine oder Anlage durchgeführt werden können.

Für die Flächenplanung ist von Bedeutung, welche Instandhaltungsstrategie verfolgt wird.

Man unterscheidet zwei grundlegende Ansätze:

a. Kompetenzzellenintegrierte Instandhaltung (TPM)

Die Umsetzung von TPM-Konzepten erfordert die Integration von Instandhaltungskompetenz in die Kompetenzzellen. Dazu sind sowohl organisatorische als auch materielle Voraussetzungen zu schaffen. Innerhalb von Kompetenzzellen ist

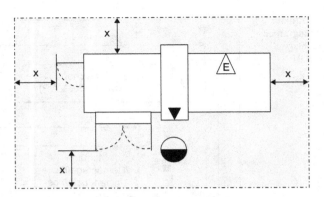

Abb. 7.23 Auslegung eines Maschinenarbeitsplatzes für die produktionsintegrierte Instandhaltung X Abstandsmaß für die Instandhaltung (Durchgang, Bewegung, Abstellen von Werkzeugen, Vorrichtungen und Ersatzteilen, Wartung). (Helbing 2009, S. 987.)

bei der Auslegung der Funktionsflächen neben den einzuhaltenden Mindestabständen für genügend Bewegungsfreiheit des Bedienpersonals zu sorgen, um die anfallenden Instandhaltungsmaßnahmen anforderungsgerecht durchführen zu können (s. Abb. 7.23).

Die Abstandsmaße orientieren sich an den Vorgaben aus der Arbeitsstättenverordnung und den technischen Regelwerken. Es handelt sich dabei um Mindestwerte, die zwingend einzuhalten sind. Abweichungen nach oben sind möglich, sofern sich die Notwendigkeit aus der Instandhaltungstechnologie ergibt (s. Abb. 7.23, 7.24).

b. Instandhaltungswerkstatt (zentral/dezentral)

Die Instandhaltung bildet in diesem Fall eine organisatorisch eigenständige (autonome) Einheit (Kompetenzzelle in größerem Maßstab), die mit ihren Ressourcen meist für einen größeren Bereich oder mehrere getrennte Bereiche Instandhaltungsaufgaben übernimmt. Diese Werkstätten haben den Charakter einer Fabrik, die regenerative Produktion realisiert, also die Neuanfertigung und Regenerierung von Verschleißteilen, sowie die Instandsetzung von Baugruppen und Produktionssystemen.

c. Flächenauslegung für die produktionssystemintegrierte Instandhaltung

Das Konzept der produktionssystemintegrierten Instandhaltung hat das Ziel, durch minimale Wege die hohen Stillstandskosten kapitalintensiver Produktionssysteme gering zu halten. Daher ist es sinnvoll, die Instandhaltungsstrukturen am unmittelbaren Einsatzort zu konzentrieren. In diesem Zusammenhang ist es zweckmäßig, den instandhaltungsseitig zu betreuenden Produktionsbereich als geschlossenes Bedienungssystem zu modellieren und die Anzahl der Instandhalter nach Kostengesichtspunkten zu optimieren, sofern keine anderen Zielfunktionen präferiert werden.

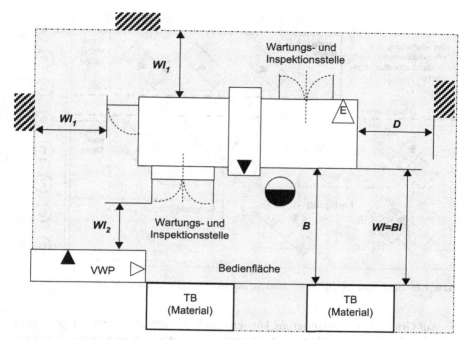

Abb. 7.24 Flächenauslegung für die kompetenzzellenintegrierte Instandhaltung *B* Bedienabstands-maß, *WI* Wartungs- und Inspektionsabstandsmaß, *BI* Instandsetzungsabstandsmaß, *D* Durchgangsmaß, VWP Vorrichtungen, Werkzeuge, Prüfmittel für Instandhaltung. (Helbing 2009, S. 988.)

Für die Entwicklung von Projektlösungen für die produktionssystemintegrierte Instandhaltung bieten sich so genannte Projektbausteine an. Als bereits vorgefertigte Lösungen lassen sie sich meist ohne größeren Aufwand in das Produktionssystem integrieren und auch organisatorisch zugeordnen (s. Abb. 7.25).

7.8.3.3 Baustein- und Katalogprojektierung

Grundlegendes

Instandhaltungswerkstätten als teilweise komplexe und komplizierte Produktionssysteme 2. Ordnung verfügen im Vergleich zu den Produktionssystemen 1. Ordnung über bestimmte Technikpotenziale, die analog zu Produktionssystemen 1. Ordnung aufgabengerecht synthetisiert und gestaltet werden können.

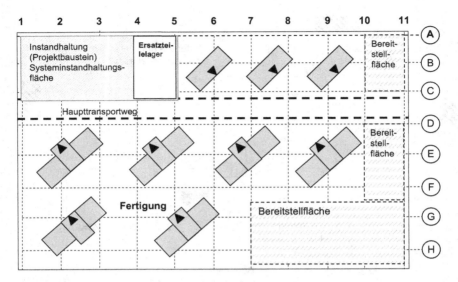

Abb. 7.25 Flächenauslegung für die produktionssystemintegrierte Instandhaltung

Auf Grund ihrer Strukturierung können sie als wiederverwendbare Projekte oder Projektteile bei entsprechender Aufbereitung und Anpassung weitestgehend zur Lösung neuer Aufgabenstellungen herangezogen werden (s. Abb. 7.26).
Projektbausteine sind:

1. wiederverwendungsfähige Projektlösungen für definierte Systeme, Teilsysteme oder Systemelemente, die mit anderen Systemen, Teilsystemen oder Systemelementen kompatibel und kopplungsfähig sind, um Bestandteil eines Projekts werden können,
2. standardisierungsfähige Projektierungslösungen für definierte Projektierungsaktivitäten (Arbeitspakete, Vorgangskomplexe), die Bestandteile des ganzheitlichen Projektierungssystems der Fabrikplanung sind,
3. Projektierungskataloge, also systematisch geordnete und nach einheitlichen Gesichtspunkten in alphanumerischer und grafischer Form aufgebaute Speichersysteme zur Aufnahme, Aufbereitung und Entnahme von auf Projektierungsaufgaben ausgerichteten, ständig zu überprüfenden und zu ergänzenden Projektierungsinformationen, -lösungen und -vorschriften (Rockstroh 1977).

Bausteinprojektierung Bei der Bausteinprojektierung handelt es sich um eine Projektierungsmethode, bei der die Projektierungsergebnisse unter weitgehender Nutzung mit Projekt- und Projektierungsbausteinen erzielt werden, die auf die Projektierungsaufgabe ausgerichtet sind.

Katalogprojektierung Bei der Katalogprojektierung handelt es sich um eine Projektierungsmethode, bei der die Projektierungsergebnisse unter weitgehender Nutzung

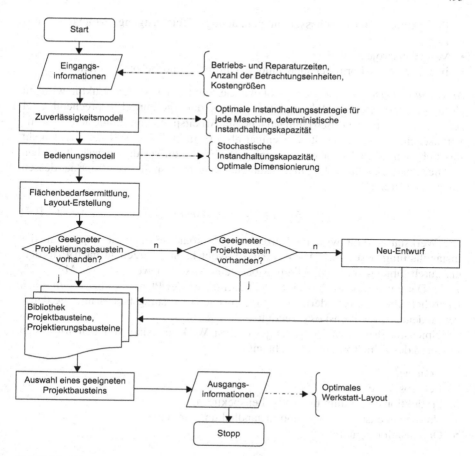

Abb. 7.26 Ablaufplan der Werkstattplanung mit Projektbausteinen

von auf die Projektierung ausgerichteten Projektierungskatalogen erzielt werden (Rockstroh 1977). Beide Methoden basieren auf der Kombination bereits aufbereiteter und praktisch erprobter Projektlösungen.

Projektierungskataloge speichern Projektierungswissen und sind ein profundes Hilfsmittel bei der Optimierung von Projektierungsprozessen. Besondere Leistungsinhalte sind[49]:

- Projektierungsvorschriften, geordnet nach dem Projektierungsgegenstand (z. B. Flächen),
- Projektierungsbausteine und -kennzahlen für Projektierungsprozesse,
- Projekt- und Objektbausteine als wieder verwendbare Projektlösungen,
- Modell- und Objekttypenkataloge,

---

[49] Vgl. Helbing 2009, S. 174.

• Produktions- und Arbeitssystemtypenkataloge (Telefertigung, Montage, Büro usw.),
• Vergleichsprojekte und
• in aufbereiteter Form Schadensfälle, Erfahrungen und Besonderheiten.

Anwendungsbeispiele Die raummaßliche Gestaltung der Systemstruktur wird im Zusammenhang mit der Arbeitsplatzgestaltung durchgeführt. Entsprechend § 24 ArbStättV ist eine freie Bewegungsfläche am Arbeitsplatz von mindestens 1,50 m² vorzusehen, die an keiner Stelle weniger als 1,00 m breit sein soll. Ist dieses nicht möglich, so muss in der Nähe eine gleich große Fläche zur Verfügung gestellt werden.

Die Arbeitsplatzfläche für einen Instandhaltungsarbeitsplatz ergibt sich aus dessen Länge und Breite[50]:

$$A_{APIH} = L_{APIH} * B_{APIH} \qquad (7.164)$$

Die Werkstattstruktur wird im Einzelnen vom konkreten Aufgabenspektrum der Instandhaltung bestimmt. Das Werkstatt-Layout kann jederzeit je nach Erfordernis durch Objekt- und Projektierungsbausteine erweitert werden (vgl. Abb. 7.22, 7.27). Der entscheidende Vorteil besteht darin, dass der Planer in kurzer Zeit einen Überblick über den erforderlichen Flächen- und Ausrüstungsbedarf und die damit verbundenen Investitionskosten erzielt.

Dimensionen und Struktur der jeweiligen Werkstatt sind von den folgenden Faktoren des Primärproduzenten abhängig:

1. Branche,
2. Betriebsgröße,
3. Produktionsprogramm und Aufgabenspektrum,
4. Unternehmensphilosophie und Instandhaltungsstrategie,
5. Organisationsstruktur

Projektierung von Instandhaltungsbereichen m. H. von Projektierungsbausteinen

Bei der Montage/Demontage von Baugruppen und Produktionssystemen in der Werkstatt liegen meist mehrere Produktflüsse vor. Ein Werkstatt-Layout lässt sich mit wenig Aufwand durch Anwendung von Projektierungsbausteinen (Abb. 7.26, 7.27) problemlos in Varianten entwickeln, indem die Projektlösung je nach Erfordernis mit entsprechend geeigneten Projektierungsbausteinen ergänzt und/oder erweitert werden kann (vgl. Abb. 7.28).

Der Vorteil der Bausteinprojektierung besteht darin, dass im Falle gleichgearteter Funktionsbestimmung in sehr kurzer Zeit mit verhältnismäßig geringem Planungsaufwand ein Überblick über den erforderlichen Flächen- und Ausrüstungsbedarf und die damit verbundenen Investitionskosten erzielt werden kann. Die Ergebnisse sind genau genug, um eine Investition vorzubereiten und zu entscheiden. Ein weiterer

---

[50] Ebenda.

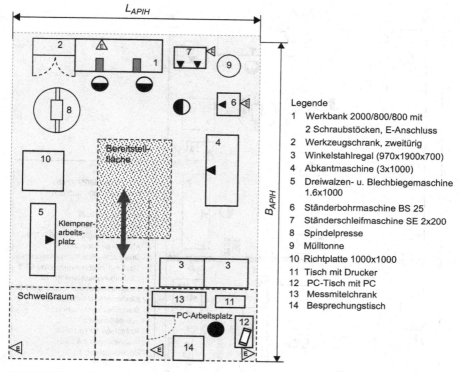

Abb. 7.27 Instandhaltungsstützpunkt für 2 bis 3 Instandhalter als Projektbaustein

Vorteil ist die Möglichkeit, bereits entwickelte Projektlösungen wieder zu verwenden. Eine Wiederverwendung für weitere Projekte anderer Auftraggeber ist dann gegeben, wenn die o. g. Rahmenbedingungen ähnlich gelagert sind und eine hohe Kompatibilität aufweisen.

Mit der Verwendung der Bausteinprojektierung erzielt der Projektant eine hohe Projektierungseffizienz, die sich in verringertem Personalaufwand im Bereich der Projektbearbeitung dokumentiert.

7.8.3.4 Personalplanung

Produktionsanlagen werden in ihrem Aufbau und ihrer Technik permanent weiterentwickelt. Vor allem gestattet die fortschreitende Miniaturisierung im Bereich der Mikroelektronik zunehmend die Erfassung und Bewertung des technischen Zustandes einzelner Bauteile und Baugruppen (Scheel 1999; Hanke 1994). Trotzdem weisen gerade moderne Anlagen auf Grund ihrer steigenden Komplexität im Gegensatz zu klassischen Standardwerkzeugmaschinen vermehrt Schwachstellen auf. Außerdem entwickelten die Ingenieure den Leichtbau weiter und setzteneffizientere und leich-

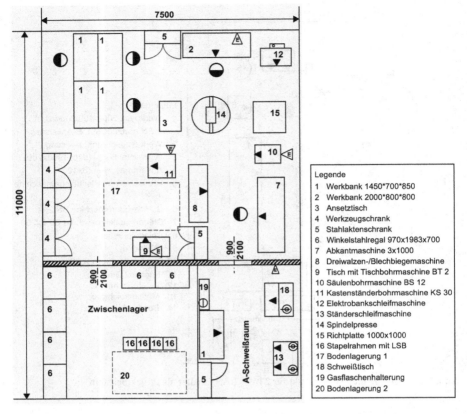

Abb. 7.28 Projektbaustein eines Instandhaltungsstützpunktes für 4 bis 5 Instandhalter. (Groblayout, Strunz 1990)

tere Werkstoffe in den Anlagen ein. Dadurch reagieren zahlreiche Bauteile sensibler auf Verschleißerscheinungen, Überlastung und Defekte.

Da die Sicherung der technischen Verfügbarkeit der Maschinen und Anlagen höchste Priorität genießt, betrachten Unternehmen die Instandhaltung schon lange nicht mehr nur als ein „notwendiges Übel", das nur Kosten verursacht, sondern als echten Produktionsfaktor. Der ständig wachsende Wettbewerbsdruck um Qualität, Produktivität, Kosten und Zeit zwingt die Unternehmen zur Einführung von Wartungs- und Instandhaltungsmanagementsystemen, die die erforderliche Verfügbarkeit kostenoptimal sichern. Dabei ist firmeninternes Knowhow im Bereich der Instandhaltung von Bedeutung, weil Wissen ein wesentlicher Wettbewerbsvorteil ist. Das trifft insbesondere für die Instandhaltung zu, weil die Erfahrungen der Instandhalter den Instandhaltungserfolg wesentlich mitbestimmen (Zustandswissen), denn nur der tägliche Umgang mit den Maschinen und Ausrüstungen ist eine grundlegende Voraussetzung für eine realistische Bewertung ihrer Zuverlässigkeit. Dazu ist eine bestimmte berufliche Qualifikation erforderlich.

Industriemechaniker Der Beruf des Industriemechanikers[51] ist ein in Deutschland anerkannter Ausbildungsberuf. Die 3 1/2-jährige betriebliche Ausbildung schließt mit einer theoretischen und einer praktischen Prüfung vor der Industrie- und Handelskammer ab.

Der Industriemechaniker wird seit seiner Neuordnung 2004 statt in Fachrichtungen in Einsatzgebieten ausgebildet, beispielsweise im Einsatzgebiet Instandhaltung. Die Ausbildungsberufe des Betriebs- und des Maschinenschlossers bestanden zwischen 1937 und 1987. Sie wurden am 1. August 1987 unter anderem vom Beruf des Industriemechanikers abgelöst. Die Einsatzgebiete des Industriemechanikers umfassen

a. Schlosser-Arbeiten,
b. Aufgaben des Facharbeiters für CNC-Maschinen,
c. die Herstellung von Einzelteilen,
d. die Einstellung von Maschinen in der Produktion u. v. a. m.

Inhalte der Ausbildung sind

• Herstellung, Instandhaltung und Überwachung von technischen Systemen,
• Einrichtung, Umrüstung und Inbetriebnahme von Produktionsanlagen,
• Feingerätebau,
• Maschinen- und Anlagenbau,
• Produktionstechnik.

Grundbildung (erstes Jahr)

• Aspekte des Umweltschutzes und der Arbeitssicherheit,
• Werk- und Hilfsstoffe,
• Umgang mit Werkzeugen (manuell und maschinell),
• Techniken des Trennens und Umformens,
• Zusammenfügen von Werkstoffen

Berufliche Fachbildung (zweites Jahr)

• Anwendung von Gesamtzeichnungen und Fertigungsplänen,
• Planung und Steuerung von Arbeitsabläufen,
• Montage von Bauteilen und Baugruppen,
• Ermittlung und Einstellung von Maschinenwerten

Berufliche Fachbildung (ab dem dritten Jahr)

• Anwendung von Funktionsplänen,
• maschinelles Spanen mit hoher Maßgenauigkeit,
• spezifische Montagebedingungen,
• kombinierte Anwendung von Fertigungsverfahren,
• Programmierung numerisch gesteuerter Maschinen,
• Wartung und Instandsetzung von Geräten

---

[51] http://www.aubi-plus.de/berufsbilder/berufsbild.html?B_ID=421.

Das Tätigkeitsprofil des Industriemechanikers bildet eine eigene Berufsgruppe. Sie bestimmt aufgrund hoher Spannweite von Industrietätigkeiten und Inhalten verschiedener anderer Berufsgruppen das Profil von Instandhaltungswerkstätten nachhaltig. Dabei kann es sich um einfache Messarbeitsplätze, Schweißräume, Demontage- und Montagearbeitsplätze oder auch Maschinenarbeitsplätze handeln.

Auf Grund des breiten und tiefgründigen Ausbildungsprofils ist der Industriemechaniker für den Einsatz in der Instandhaltung prädestiniert. Der Industriemechaniker inspiziert bzw. prüft, wartet und pflegt Betriebsanlagen. Zu den betrieblichen Einrichtungen zählen technische Industrieanlagen und Maschinen aller Art, wie z. B. komplexe Produktionssysteme, Transportbänder, Werkzeugmaschinen sowie Turbinen und Kompressoren. Er diagnostiziert Fehler und bestimmt Ausfallursachen, grenzt Fehler ein und behebt technisch bedingte Störungen, indem er geschädigte oder fehlerhafte Teile und Baugruppen lokalisiert, demontiert und durch Neuteile/-baugruppen ersetzt. Außerdem veranlasst er nach Funktionsprüfungen die Wiederinbetriebnahme der Maschinen und Anlagen.

Da der Industriemechaniker darüber hinaus über die Fähigkeit verfügt, auch kleinere bis mittelgroße Bauteile aus Metall und Kunststoff selbst anzufertigen, ist er auch in der Lage, Ersatzteile selbst herzu-stellen. Hierzu bearbeitet er überwiegend Halbzeuge manuell oder maschinell und montiert die zum größten Teil selbst gefertigten Bauteile nach Arbeitsplänen und technischen Zeichnungen zu kleinen und äußerst präzise funktionierenden Geräten und Maschinen für Spezialzwecke in allen möglichen Bereichen. Die fertigen Geräte bzw. Anlagen nimmt er in Betrieb und prüft ihre Funktionstüchtigkeit. Die Ergebnisse werden in Prüfprotokollen dokumentiert, Nachbesserungen werden bedarfsweise vorgenommen. Außerdem wartet und repariert der Industriemechaniker VWP aller Art.

Der Industriemechaniker richtet Fertigungsanlagen und Werkzeuge ein. Er programmiert Daten zur Bearbeitung von Werkstücken sowie zur Steuerung des Produktionsprozesses und führt Funktionsprüfungen durch. Anschließend dokumentiert er die Prüfergebnisse. Ferner überwacht er den Fertigungsablauf, stellt Fehler bzw. Störungen fest und behebt sie selbstständig. Er prüft die Qualität der hergestellten Produkte, wartet die Produktionsanlagen, versorgt sie mit Werk- und Hilfsstoffen und führt die Entsorgung gebrauchter Materialien durch. Damit besitzen Industriemechaniker die ideale Qualifikation für die Instandhaltung.

Mechatroniker Eine weitere Berufsgruppe bilden die *Mechatroniker*.[52] Dieser anerkannte Beruf weist eine starke Affinität zum Berufsbild des Elektromechanikers auf, dessen berufsspezifische Ausbildung in Deutschland seit dem 1. August 2003 aufgegeben wurde.[53] Ursprünglich wurde der Beruf für den Maschinen- und Anlagenbau konzipiert. Deshalb sind in dem Beruf Ausbildungsinhalte für den ganzheitlichen Erstellungsprozess von Maschinen und Anlagen vorgesehen, z. B.:

---

[52] http://www.bibb.de/de/ausbildungsprofil_2262.htm.

[53] Verordnung über die Berufsausbildung zum Mechatroniker/zur Mechatronikerin vom 4. März 1998 (BGBl. I S. 458).

- Vormontage der Komponenten,
- Aufstellen und Montage der Maschinen und Anlagen beim Kunden,
- Verlegen der Versorgungsleitungen,
- Inbetriebnahme, einschließlich der Funktions- und Sicherheitsprüfungen,
- Wartung, Inspektion, Instandhaltung.

Mechatroniker sind Elektrofachkräfte und Metallfachkräfte in einem. Die Ausbildung zielt auf die Befähigung zum selbstständigen Arbeiten sowohl an elektrischen als auch an mechanischen Anlagen ab. Die Qualifikationen der Metallbearbeitung und Elektrotechnik sind daher ebenso erforderlich wie die Grundlagen der Hydraulik, der Pneumatik und der Steuerungstechnik. Außerdem sind Messen, Prüfen und Programmieren von Komponenten und der Umgang mit Steuerungs- und Regelungstechnik Bestandteil der Ausbildung.

Mechatroniker verfügen über folgende Fähigkeiten:

- Planen und Steuern von Arbeitsabläufen, Kontrollieren und Beurteilen der Arbeitsergebnisse und Anwendung von Qualitätsmanagementsystemen,
- Bearbeitung mechanischer Teile und Montage von Baugruppen und Komponenten mechatronischer Systeme,
- Installation elektrischer Baugruppen und Komponenten,
- Messen und Prüfen elektrischer Größen,
- Installieren und Testen von Hard- und Softwarekomponenten,
- Aufbau und Prüfung elektrischer, pneumatischer und hydraulischer Steuerungen,
- Programmieren mechatronischer Systeme,
- Montieren und Demontieren von Maschinen, Systemen und Anlagen, deren Transport und Sicherung,
- Prüfen der Funktionen und Parameter mechatronischer Systeme und deren Einstellung,
- Inbetriebnahme und Bedienung mechatronischer Systeme,
- Übergabe mechatronischer Systeme und Kundeneinweisung,
- Instandhaltung mechatronischer Systeme,
- Arbeit mit englischsprachigen Unterlagen und Kommunizieren in englischer Sprache.

7.9 Ressourcenplanung von externen Instandhaltungsstrukturen in Produktionsnetzwerken

7.9.1 Dimensionierungsproblematik

7.9.1.1 Das Unsicherheitsproblem

Produktionsnetzwerke sind „... *auf Zeit angelegte Problemlösungsgemeinschaften, bei denen unterschiedliche Partner miteinander in Datennetzen und geeigneten Plattformen orts- und zeitunabhängig kooperieren. Sie stellen einen Kooperationsverbund menschlicher Fähigkeiten und Kompetenzen unter Nutzung von Informations- und Kommunikationstechnologien dar"*[54]. Aus dieser Definition leitet sich das Problem der Ressourcenplanung aller dienstleistenden Struktureinheiten des Netzwerks ab. Das Grundproblem der Netzwerkbildung ist die hohe Unsicherheit von eigenständigen Einheiten hoher Autonomie, z. B. von Serviceunternehmen mit ihren Auswirkungen auf die Ressourcenplanung (Dimensionierung) und die Ressourceneinsatzplanung. Die Handhabung dieser Unsicherheiten erfordert einen flexiblen Ansatz, der eine preisorientierte Bewertung mit zwei Arten von Netzwerkkapazität kombiniert (Cachon 2003):

1. den Beitrag einer geplanten Leistung zu einem Kapazitätspool für die Inanspruchnahme gekaufter Serviceleistungen und
2. kurzfristig reservierbare Kapazität für den Fall plötzlich (ad-hoc) auftretenden Bedarfs (z. B. bei Funktionsstörungen und technisch bedingten Ausfällen).

Ziel ist die Ausführung von Instandhaltungsaufträgen, wozu ein einzelnes Unternehmen infolge nicht ausreichender Kapitalkraft oder nicht gesicherter Qualitätsansprüche nicht in der Lage wäre. Vor diesem Hintergrund ergeben sich zusätzliche Aufgabenbereiche der Kapazitätsplanung, die auf der Netzwerkebene erfüllt werden müssen. Den operativen Handlungsrahmen dieser Ebene bilden die von den Unternehmen zur Verfügung gestellten Netzwerkkapazitäten (Kapazitätsangebot) und die vom Netzwerk generierte Kapazitätsnachfrage. Daraus resultieren für das Kapazitätsmanagement erhebliche Anforderungen, insbesondere in der Planungsphase von Netzwerken. Der gravierende Unterschied zu den konventionellen Kapazitätsmanagementsystemen in den einzelnen Unternehmen besteht darin, dass die Kapazität auf Netzwerkebene einen zusätzlichen operativen Aktionsparameter darstellt, während auf der Unternehmensebene die Netzwerkpartner autonom über die Bereitstellung ihrer Kapazität für das Netzwerk entscheiden können. Mitunter sind damit ggf. Investitionen verbunden, die die Fixkosten sprungartig ansteigen lassen und die Kosten.
Neben der generellen Unsicherheit der Kapazitätsnachfrage bei kundenorientierter Produktion besteht auf Netzwerkebene die Unsicherheit der Verfügbarkeit von Netzwerkkapazität[55]. Die Problematik der Kapazitätsplanung im Rahmen der Projektplanung besteht darin, diesen Unsicherheitsaspekten Rechnung zu tragen.
Voraussetzungen für die Kapazitätsplanung sind:

1. Für das Kapazitätsangebot des Netzwerks werden folgende Strategien verfolgt:

   a. Deckung eines Kapazitätsgrundbedarfs durch langfristige Bildung eines Kapazitätspools und
   b. Deckung eines zusätzlichen Kapazitätsbedarfs durch kurzfristige bedarfsabhängige Erweiterung des Pools um ad-hoc-reservierbare Kapazität.

2. Kapazitätsangebot und –nachfrage werden durch eine auslastungsorientierte Preisbildung aufeinander abgestimmt.[56]

---

[54] Vgl. Schenk und Wirth 2004, S. 387 ff.

[55] Vgl. Barut und Sridharan 2004, S. 112 ff.

[56] Vgl. Rassenti et al. 1982, S. 402 ff.

Das vorgestellte Modell basiert auf der Grundstruktur eines Lagerhaltungsmodells.[57] Grundlage bilden die Größe des Pools und die entsprechenden Preise. Von exorbitanter Bedeutung für die Überlebensfähigkeit eines Netzwerks sind die Preise der in Anspruch genommenen Leistungen, die letztlich auf die Produktpreise umgelegt werden müssen. Die Produktpreise müssen marktfähig sein, d. h. sie müssen niedriger sein als die Preise der Konkurrenz. Der zweite Aspekt ist die Qualität. Wenn ein höherer Preis verlangt wird, muss die Qualität besser sein als die der Konkurrenz. Mit der marktorientierten Zielkostenrechnung (*Target Costing*)[58] gelingt es, die Kosten in strukturierter Form für die einzelnen Kompetenzpartner im Produktionsnetz vorzugeben. Da im Prinzip eine zentrale Koordination von Kapazitätsangebot und - nachfrage einen Widerspruch zur weitgehenden Autonomie und Gleichberechtigung von Netzwerkpartnern darstellt, muss ein Kapazitätsansatz gefunden werden, wie er beim *Supply Chain Capacity Collaboration* zur Anwendung kommt.[59]

7.9.1.2 Grundstruktur des Dimensionierungsproblems

Das Dimensionierungsproblem eines autonomen Instandhalters in einem Netzwerk ergibt sich aus dem Sachverhalt, dass sein Kapazitätsangebot aus folgenden Überlegungen resultiert:

1. *Kapazitätspool:*
   Zur Deckung der längerfristigen Kapazitätsnachfrage wird innerhalb des Planungszeitraums ein Teil der Kapazität der Netzwerkpartner ausschließlich zur Nutzung durch das Netzwerk reserviert. Als Gegenleistung erhält das betreffende Serviceunternehmen ein Nutzungsentgelt (Reservierungs- und Nutzungsentgelt für die tatsächlich in Anspruch genommene Kapazität), das zu diesem Zeitpunkt noch nicht genau festgelegt werden kann, weil in dieser Phase lediglich mit Planzahlen gearbeitet wird, die der Markt im Echtzeitbetrieb erst bestätigen muss.
2. *Ad-hoc-reservierbare Kapazität*
   Diesen Teil der Kapazität reserviert das Serviceunternehmen für Instandhaltungsaufträge, die kurzfristig zu erledigen sind. Diese werden über entsprechende Nutzungsentgelte finanziert. Mit dieser Vorgehensweise soll relativ kurzfristig Kapazität verfügbar gemacht werden, wobei lediglich eine myopische Koordination der Kapazitätsnutzung möglich ist (s. Abb. 7.29).

Auf der Grundlage des Modellansatzes ergeben sich folgende Entscheidungsprobleme:

1. Auf der Netzwerkebene:

   a. Entscheidung über Annahme oder Ablehnung von Netzwerkaufträgen an die Serviceunternehmen sowie

---

[57] Vgl. Ahlert et al. 2007, S. 114–136.

[58] Vgl. Horvath 1993, S. 3 ff.

[59] Vgl. Kilger und Reuter 2005, S. 259 ff.

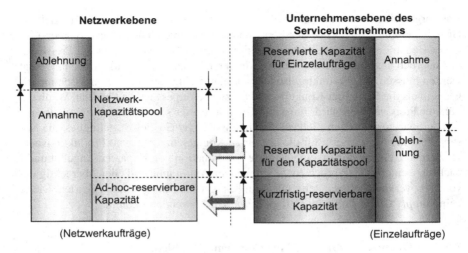

Abb. 7.29 Struktur des Dimensionierungsproblems

b. über die Aufteilung der in Anspruch zu nehmenden Servicekapazität im Kapazitätspool und ad-hoc-reservierbare Kapazität beim Serviceunternehmen.

2. Auf Unternehmensebene des Serviceunternehmens:
   Die Instandhaltung als Entscheider über

   a. Annahme oder Ablehnung von Einzelaufträgen und Ad-hoc-Netzwerkaufträgen sowie
   b. die Aufteilung der Unternehmenskapazität in

   ba. reservierte Instandhaltungskapazität für den Kapazitätspool,
   bb. reservierte Instandhaltungskapazität für Ad-hoc-Netzwerkaufträge (plötzliche Ausfälle),
   bc. reservierte Kapazität für Einzelaufträge im Rahmen der Instandhaltung.

Für die Dimensionierung der Ressourcen des Serviceunternehmens ist eine Aufteilung zwischen myopischer und längerfristig orientierter Planung wesentlich, weil damit eine Erhöhung (Verringerung) des Umfangs gegenläufiger Kostentendenzen einhergeht. Gründe dafür sind:

a. Sinkende (steigende) Kosten der Auftragsausführung:
   Eine längerfristig orientierte Kooperation geht tendenziell mit geringeren Kosten der Auftragsausführung einher als eine myopische Kapazitätsnachfrage für ad-hoc-reservierbare Kapazitäten. Ein Anstieg der Inanspruchnahme von ad-hoc-reservierbaren Kapazitäten ist zwangsläufig mit steigenden Kosten verbunden, da der Auftragnehmer ggf. Kapazitäten vorhalten muss.
b. Steigende (sinkende) Kosten für ungenutzte reservierte Kapazität:
   Mit einer myopischen Koordination kann auf Grund der besseren Informationssituation gezielter auf Schwankungen von Kapazitätsangebot und –nachfrage

reagiert werden als mit einer langfristig orientierten Koordination. Während eine Unterauslastung der akquirierten Ressourcen hohe Kosten verursacht, ist bei myopischer Koordination mit einer wesentlich besseren Auslastung zu rechnen, da Kapazitätsreservierungen nicht verbindlich vorgenommen werden müssen.

Die verfügbare Gesamtkapazität ergibt sich aus der Summe der von den Netzwerkpartnern bereitge-stellten Einzelkapazitäten. Dabei achtet das Netzwerkmanagement auf eine entsprechende kostenorientierte Leistungsspreizung, um die Netzwerkleistung zu optimieren.

Die Netzwerkpartner entscheiden autonom, welchen Anteil ihrer Kapazität sie für das Produktionsnetz zur Verfügung stellen:

a. für den Kapazitätspool,
b. für die kurzfristige Nachfrage bei plötzlich aufgetretenen Ausfällen,
c. für die Kapazitätsnachfrage von Einzelaufträgen, die direkt an den einzelnen Netzwerkpartner herangetragen werden.

Anders ist die Situation, wenn es kapitalmäßige Verflechtungen gibt.

Der Netzwerkmanager dimensioniert auf der Basis des zu bewältigenden Geschäftsprozesses für das Netz zunächst eine Grundlast und zusätzlich einen Anteil, der in seiner Inanspruchnahme Schwankungen unterliegen kann. Damit ergibt sich für das Netzwerk zusätzlich ein Abstimmungsproblem zwischen Unternehmens- und Netzwerkebene. Notwendigerweise sind für die Netzwerkpartner Anreize zu schaffen, Teile ihrer Kapazität für das Netzwerk vorzuhalten. Ein Ansatzpunkt zur Handhabung dieses Problems bildet die bei der kundenorientierten Produktion in Unternehmensnetzwerken anwendbare Vorgehensweise des *Revenue-* bzw. *Yield-Managements* (Mauri 2007; Maglaras und Meissner 2006).[60]

Revenue-Management schafft die Grundlage für die Budgeterstellung und kann in alle Marketingaktivitäten integriert werden. Gutes Revenue-Management schafft eine gleichmäßige Auslastung auch bei stark schwankender Nachfrage und maximiert den Gesamtertrag einer Leistungseinheit, auch wenn die Durchschnittspreise geringer als geplant ausfallen.[61]

Grundlage der Entscheidungen zu Angebot und Nachfrage der Kapazität bildet die Festlegung von Preisen. Über die Vergabe von Aufträgen in einem Netzwerk entscheiden allerdings nicht immer der Preis, sondern Zuverlässigkeit, auch Qualität sowie die technologische Effizienz. Auch im Falle eines Monopolisten, der den Preis für die von ihm zur Verfügung gestellte Kapazität auf Grund seiner Monopolstellung bestimmen kann, muss das Netzwerk entscheiden, ob es dieses Angebot akzeptieren

---

[60] Es handelt sich um eine spezielle Form der Preisdifferenzierung und ist als Instrument der Preispolitik insbesondere für Dienstleistungsunternehmen geeignet (http://www.meiss.com/download/RM-Maglaras-Meissner.pdf).

[61] Ziel ist eine gleichmäßige Auslastung auch bei stark schwankender Nachfrage, um den Gesamtertrag einer Leistungsein heit zu maximieren. Dabei erhält die Nachfrage mit der höchsten Zahlungsbereitschaft die höchste Priorität. Yield- Management ist ein unter bestimmten Voraussetzungen generell für Dienstleistungsanbieter geeignetes Instrument der Preispolitik (http://wirtschaftslexikon.gabler.de/Definition/yield-management.html).

kann oder nach möglichen Alternativen suchen muss. Ggf. tätigt das Unternehmen eigene Investitionen beim Netzwerkpartner.

Das Netzwerkkapazitätsmanagement verknüpft die Vorgehensweisen, um eine flexible Vergabe der Aufträge und die optimale Nutzung der Ressourcen zu erzielen. Dazu sollten Poolkapazität und ad-hoc-reservierbare Kapazität so kombiniert werden, dass die Poolkapazität mit einem vorgegebenen Mindestumfang dazu genutzt wird, die im Planungszeitraum erwartete Kapazitätsnachfrage zu erfüllen. Die ad-hoc-reservierbare Instandhaltungskapazität dient außerdem dazu, den kurzfristig zusätzlich auftretenden Bedarf abzudecken.

Eine variable Preisgestaltung sollte erreicht werden

a. durch eine auslastungsorientierte Preisbildung zur Steuerung der Kapazitätsnachfrage für Netzwerkpartner und

b. durch eine bedarfsorientierte Preisbildung zur Erhöhung der Bereitschaft der Netzwerkpart-ner, Kapazität für den Kapazitätspool zu reservieren.

7.9.2 Lösungsansatz

Das Grundprinzip des Lösungsansatzes entspricht annähernd der Vorgehensweise bei der Abstimmung von Lagerbeständen mehrerer Supply-Chain-Partner (s. Dudek 2004; Ertogral und Wu 2000).

Als Netzwerkpartner verfügt das Serviceunternehmen über eine Kapazität C, die sie für bestimmte Bedarfstypen strukturiert verplant. Von der Unternehmenskapazität C stellt es zur Erfüllung des Netzwerkauftrages den Kapazitätsanteil C_N zur Verfügung. Für darüber hinausgehende Netzwerkbedarfe stellt es eine Kapazität C_{kf} bereit, die kurzfristig aktivierbar ist. Außerdem stellt es zur Erfüllung von Einzelaufträgen die Kapazität C_E zur Verfügung.[62]

Die Reservierung von Poolkapazität erfolgt längerfristig für die nächste Planungsperiode. Die Reservierungsanfrage ist nach Bestätigung für das Serviceunternehmen als Netzwerkpartner rechtsverbindlich und damit eine planbare Größe. Dadurch bildet dieser Kapazitätsanteil eine nahezu sichere Einnahmequelle. Reservierungen für kurzfristig (ad-hoc) nachgefragte Netzwerkaufträge sowie separate Kundenaufträge sind vorläufig. Das Serviceunternehmen entscheidet über die Vergabe von Instandhaltungskapazitäten, die unter Berücksichtigung der jeweiligen Gesamtauftragslage kurzfristig bereitgestellt werden können. Zur Realisierung derartiger Anfragen hat das Serviceunternehmen prinzipiell folgende Möglichkeiten:

1. Es hält einen bestimmten Kapazitätsanteil vor, indem es Bereitschaftsdienste einrichtet, die im Bedarfsfall sofort aktiviert werden können.
2. Es unterbricht einen laufenden Auftrag (ggf. außerhalb des Netzwerks) und zieht das Personal ab.
3. Es kombiniert 1. und 2.

---

[62] In den nachfolgenden Ausführungen wird auf den Index i verzichtet.

4. Beauftragung eines Subunternehmens, das über freie Kapazitäten zur Übernahme kurzfristiger Aufträge verfügt.

Variante 1 ist kostenintensiv. Die Praxis zeigt, dass sich kleine und mittelständische Serviceunternehmen aus Kostengründen bezahlte Bereitschaftsdienste nur in begrenztem Umfang leisten können, die im Schadensfall sofort zum Einsatz gebracht werden können. Im öffentlichen Dienst z. B. im Gesundheitswesen (Krankenhäuser), bei der Polizei oder der Feuerwehr, dem THW sowie bei zahlreichen privaten Hilfsdiensten (Dt. Rotes Kreuz, ADAC usw.) sind Bereitschaftsdienste gängige Praxis, da sich hier das Kostenproblem nicht stellt, weil es sich um steuer- bzw. beitragsfinanzierte Organisationen handelt. Neben der Aufrechterhaltung der Ablauforganisation zu allen Tages- und Nachtzeiten können diese Organisationen auch im erforderlichen Umfang Ressourcen bereithalten, über die ad-hoc verfügt werden kann (z. B. Kriminalpolizei).

Charakteristisch für Dienstleistungsunternehmen i. Allg. und Instandhaltungsunternehmen im Besonderen ist, dass keine gleichmäßige Auslastung der Ressourcen über den gesamten Planungszeitraum gesichert werden kann. Beispielsweise könnte bei einer momentanen Unterauslastung der Instandhaltungskapazitäten möglicherweise sofort (ad-hoc) Personal zur Verfügung gestellt werden (Variante 2). Anderenfalls müssten laufende Aufträge unterbrochen werden, allerdings mit dem Nachteil, ggf. Vertragsstrafen wegen Terminverzug zu riskieren. Die Entscheidung erfolgt i. d. R. nach ökonomischen Kriterien. So könnten beispielsweise Aufträge, die wegen zu geringer Deckungsbeiträge von untergeordneter Bedeutung sind, ggf. unterbrochen und später fortgesetzt werden. In jedem Fall wird sich ein Instandhaltungsunternehmen daran orientieren, ob der zusätzliche Erlös, der durch die kurzfristig zur Verfügung gestellte Kapazität erzielt würde, aus dem laufenden unterbrochenen Auftrag resultierende mögliche Verluste überkompensiert und damit rechtfertigt.

Durch eine Kombination von Möglichkeit 1 und 2 lässt sich das Risiko für das auftragnehmende Instandhaltungsunternehmen möglicherweise weiter reduzieren. Für den Fall, dass absolut keine Kapazitäten verfügbar sind, sollten geeignete Subunternehmen beauftragt werden.

Die gewählten Reaktionsstrategien werden von den Möglichkeiten und Kompetenzen des jeweiligen Unternehmens bestimmt. Grundlage der Entscheidung über die Kapazitätsreservierung bilden Informationen, die das Instandhaltungsunternehmen aus den Daten über die vorliegenden Aufträge und aus der Vergangenheit erzielt hat.

Zur Entscheidung über die Bereitstellung von Instandhaltungskapazität benötigt der Kapazitätsplaner des Serviceunternehmens Informationen aus der aktuellen Auftragslage und der Auftragsentwicklung vergangener Perioden:

1. Die Erwartungen über den Umfang der vom Produktionsnetzwerk insgesamt nachgefragten Instandhaltungskapazität. Diese Nachfrage ist eine Verteilung der Form $f(C_N)$ einer Zufallsvariablen $\tilde{C}_N$. Die Befriedigung dieser Nachfrage erfolgt im Wesentlichen durch die Nutzung der Poolkapazität. Darüber hinaus ergeben sich infolge plötzlicher technischer Störungen kurzfristig Bedarfe, für

die der Instandhalter in einem bestimmten Umfang Kapazität reserviert. Dieser Reservierungsbedarf ist stochastisch, d. h. er schwankt erfahrungsgemäß von Periode zu Periode. Daher erfordert die Bereitstellung von kurzfristig reservierbaren Kapazitäten für die Instandhaltung gesonderte Planungsstrategien.

Die vertraglichen Regelungen zwischen dem Serviceunternehmen und dem Netzwerkmanagement sehen vor, dass das Netzwerk für die Inanspruchnahme einer Poolkapazitätseinheit an das Instandhaltungsunternehmen ein Nutzungsentgelt p_N entrichtet. Darüber hinaus sind für Poolkapazitäten im Produktionsnetzwerk Reservierungsentgelte p_{res}, und Konventionalstrafen K_S vertraglich festgelegt. Die Zahlung der Konventionalstrafe ist an die Bedingung geknüpft, dass das Instandhaltungsunternehmen die mit dem Netzwerk vereinbarte Poolkapazität im Bedarfsfall nicht zur Verfügung stellt. Das Entgelt für die Inanspruchnahme von kurzfristig reservierbarer Kapazität kann im Rahmen von kombinatorischen Auktionen zur Vergabe von Netzwerkaufträgen festgelegt werden und stellt eine Zufallsvariable $\tilde{p}_{kf}$ mit der Verteilung $f(p_{kf})$ dar.

2. Die direkt an die Netzwerkpartner gerichtete Kapazitätsnachfrage für Einzelaufträge und die mit der Erfüllung der einzelnen in dieser Nachfrage enthaltenen Aufträge erreichbaren Entgelte pro Kapazitätseinheit sind die Zufallsvariablen $\tilde{C}_E$ und $\tilde{p}_E$ mit den Verteilungen $f(C_E)$ und $f(p_E)$.

3. Die Kosten K_{IH} einer in Anspruch genommenen Kapazitätseinheit sind unabhängig von der gewählten Kapazitätsaufteilung[63].

Die Grundhaltung des Netzwerkmanagements gilt als risikoneutral. Die Servicepartner des Netzwerks erfüllen vertragsgemäß die aus den Netzwerkaufträgen abgeleiteten Aufträge und die direkt an sie gerichteten Einzelaufträge qualitativ korrekt.

Formales Ziel ist die Maximierung des zu erwartenden Deckungsbeitrags in Abhängigkeit von der bindenden Reservierung von Pool-Kapazität C_V und der vorläufigen Reservierung von kurzfristig reservierbarer Kapazität C_{kf} sowie von Kapazität zur Erfüllung der direkt an die Netzwerkpartner herangetragenen Einzelaufträge C_E. Der Deckungsbeitrag des Serviceunternehmens ergibt sich aus den erwarteten Erlösen $E(e_V)$, $E(e_{kf})$ abzüglich der erwarteten Kosten für die Kapazitätsnutzung $E(K_{IH})$ und der erwarteten Strafkosten EK_S. Die Zielfunktion des Serviceunternehmens ergibt sich dann zu:

$$E(D) = E(e_V) + E(e_e) - [E(K_{IH}) + E(K_S)] \Rightarrow Max! \qquad (7.165)$$

Der Poolkapazitätserlös des Serviceunternehmens $E(e_V)$ setzt sich aus dem sicheren Erlös für die Reservierung und dem Nutzungsentgelt für die unsichere tatsächliche Inanspruchnahme der reservierten Kapazität zusammen:

$$E(e_V) = p_N * C_v + p_{u,NP} * E(X_{IST}) \qquad (7.166)$$

---

[63] Im Falle eines Engpasses bei kurzfristig reservierbarer Kapazität durch das Netzwerk gebildete Sonderpreise sind nicht Gegenstand des vorliegenden Modellansatzes.

Der Erwartungswert der erfüllten Kapazitätsnachfrage $E(X_{IST})$ ist neben der Kapazitätsnachfrage $\tilde{C}_N$ und der vereinbarten Poolkapazitätsreservierung C_V auch von der tatsächlich durch das Instandhaltungsunternehmen vorgenommenen Kapazitätsreservierung C_{IST} abhängig:

$$E(X_{IST}) = \int\limits_0^{C_{IST}} f(C_N) * C_N * dC_N + C_{IST} * \int\limits_{C_{IST}}^{\infty} f(C_N)dc_N \qquad (7.167)$$

Ein Instandhaltungsunternehmen, das weniger Poolkapazität reserviert hat als vereinbart wurde ($C_{IST} < C_V$), riskiert die Zahlung einer Konventionalstrafe bei nicht vollständiger Erfüllung der Nachfrage nach Poolkapazität. Die erwarteten Strafkosten EK_S ergeben sich aus dem erwarteten Pool-Kapazitätsdefizit (ΔC_{Pool}) und der vereinbarten Konventionalstrafe K_S für nicht erfüllte Kapazitätseinheiten bzw. Aufträge:

$$EK_S = K_S * E(C_{\Delta pool})$$

$$E(C_{\Delta Pool}) = \int\limits_{C_{IST}}^{C_V} f(C_N) * C_N * dC_N - C_{IST} * \int\limits_{C_{IST}}^{C_V} f(C_N)dc_N$$

$$+ (C_V - C_{IST}) * \int\limits_{C_{IST}}^{\infty} f(C_N)dC_N \qquad (7.168)$$

Der über die vereinbarte Poolkapazität C_V hinaus gehende Kapazitätsbedarf des Produktionsnetzwerks kann durch kurzfristig reservierbare Kapazität C_{kf} erfüllt werden. Diese Kapazitätsnachfrage kann durch Anreize im Rahmen von Auktionen im Netzwerk gedeckt werden.[64] Bei der Modellbetrachtung wird davon ausgegangen, dass der Preis bzw. das Entgelt für die Erfüllung der Kapazitätsnachfrage größer ist als die entsprechenden Kosten der Kapazitätsnutzung ($\tilde{p}_{kf} > p_{kf}$). Der Erwartungswert des Erlöses $E(e_{kf})$ aus der Inanspruchnahme von kurzfristig reservierbarer Kapazität durch das Netzwerk beträgt dann:

$$E(e_{kf}) = \int\limits_{\tilde{p}_{kf}}^{\infty} f(p_{kf}) * p_{kf} * dp_{kf} * E(X_{kf}) \qquad (7.169)$$

Der Erwartungswert $E(X_{kf})$ der kurzfristigen Kapazitätsnachfrage ergibt sich zu:

$$E(X_{kf}) = \int\limits_{\tilde{p}_{kf}}^{\infty} f(p_{kf}) * dp_{kf} * \left\{ \int\limits_{C_V}^{C_V+C_{kf}} f(C_N)C_N * dC_N \right.$$

$$\left. - C_v * \int\limits_{C_V}^{C_V+C_{kf}} f(C_N)dC_N + C_{kf} * \int\limits_{C_V+C_{kf}}^{\infty} f(C_N)dC_N \right\} \qquad (7.170)$$

---

[64] Günther et al. 2007, S. 121; s. MacKie-Mason 1994.

Analog lässt sich der Erwartungswert des Erlöses $E(e_E)$ aus der Erfüllung der direkt vergebenen Einzelaufträge ermitteln:

$$E(e_E) = \int_{\hat{p}_E}^{\infty} f(p_E) * p_E * dp_E * E(X_E) \tag{7.171}$$

mit:

$$E(X_E) = \int_{\hat{p}_E}^{\infty} f(p_E) * dp_E * \left\{ \int_0^{C_E} f(C_E)C_E dC_E + C_E \int_{C_E}^{\infty} f(C_E)dC_E \right\} \tag{7.172}$$

Die erwarteten Gesamtkosten der Kapazitätsnutzung ergeben sich aus der Bewertung der erwarteten Erfüllung der Kapazitätsnachfrage mit den Kosten pro genutzter Kapazitätseinheit, die mit den Erwartungswerten der genutzten Kapazitätseinheiten multipliziert werden:

$$E(K_{IH}) = K_{IH} * [E(X_V) + E(X_{kf}) + E(X_E)] \tag{7.173}$$

Nebenbedingungen:

1. Die Kapazität des Netzwerkpartner wir in drei Teilkapazitäten eingeteilt:

$$C_j = C_V + C_{kf} + C_E$$

2. Unzulässige Werte der vom Netzwerkpartner festzulegenden Variablen werden durch die Vorgabe folgender Wertebereiche ausgeklammert:

$$C_V, C_{kf}, C_E > 0$$

$$C_V \geq C_{kf}$$

$$\hat{p}_j \geq K_{IH}$$

Der erwartete Deckungsbeitrag des Serviceunternehmens, den es aus der Netzwerkleistung erzielt, ergibt sich zu:

$$E(D) = \sum_{i=1}^{3} E(e_i) - \sum_{j=1}^{2} K \Rightarrow MAX! \tag{7.174}$$

Die Strategie des Instandhaltungsunternehmens zielt auf die Erfüllung von Kapazitätsnachfragen mit maximalem positivem Deckungsbeitrag ab. Daher werden Kapazitätsnachfragen mit höheren Deckungsbeiträgen bevorzugt, während solche mit niedrigeren Deckungsbeiträgen nur dann erfüllt werden, wenn noch freie Kapazitäten verfügbar sind und ausgelastet werden müssen. Die mit dem Netzwerkmanagement vereinbarte Kapazität kann vom Serviceunternehmen, das gewinnorientiert arbeitet, nicht immer vollständig reserviert werden. Die dabei bestehende Differenz zwischen vereinbarter und tatsächlich reservierter Poolkapazität ist von der Höhe der Konventionalstrafe abhängig. Mit Zunahme des Nutzungsentgelts nimmt das Angebot an Poolkapazität tendenziell zu, während das Angebot an kurzfristig reservierbarer Kapazität und von Kapazität für Einzelaufträge tendenziell abnimmt.

Durch Variation des Nutzungsentgeltes für Poolkapazität versucht das Netzwerkmanagement, den Kapazitätspool an die Kapazitätsnachfrage der erwarteten Netzwerkaufträge anzupassen. Die Aggregation des Angebots aller Netzwerkpartner nimmt mit zunehmendem Nutzungsentgelt tendenziell zu. Eine Normalverteilung der Kapazität und Kostenparameter vorausgesetzt, ergäbe zunächst einen Anstieg des Kapazitätsangebots im Pool und mit Erreichen eines Maximums eine entsprechende Abnahme, weil dann die Kapazität des größten Teils der Netzwerkpartner für den Pool reserviert wurde.[65] Sobald die Netzwerkpartner ihre Kapazität für den Kapazitätspool vollständig reserviert haben, kann auch durch Erhöhung des Nutzungsentgeltes kein weiterer Zuwachs des Angebots erzielt werden.

7.10 Grundlagen der Gestaltung von Instandhaltungsarbeitsplätzen

7.10.1 Gefährdungs- und Belastungsfaktoren mit instandhaltungstypischen Ursachen

Unabhängig von den grundlegenden Organisationsformen

* Zentrale Instandhaltungswerkstatt
* Dezentrale Instandhaltung/Instandhaltungsstützpunkte mit

  – ortsbezogener,
  – objektorientierter oder
  – aufgabenorientierter Instandhaltung

treten an den einzelnen Einsatzorten als auch in der Zentralwerkstatt Gefährdungen unterschiedlicher Art auf (Tab. 7.22).

Gefährdungen und Belastungen treten in der Regel nicht einzeln, sondern meistens im Bulk mehrerer von auf den Instandhalter einwirkenden Faktoren auf. Auf Grund ihres komplexen Auftretens verstärken sie ihre negative Wirkung (Abb. 7.30).

Belastungen, die der Instandhalter einzeln gesehen kaum als störend wahrnimmt, z. B. mäßiger Lärm unterhalb der Grenzwerte, erhalten im Zusammenwirken mit anderen Belastungen, wie z. B. Hitze oder Kälte bei Arbeiten im Freien unter Zeitdruck sowie Gefährdungen, z. B. Absturz- und/oder Rutschgefahr, einen anderen

---

[65] Hier kann als Vergleich die Geldpolitik der EZB herangezogen werden. Sie sorgt mit ihrer Geld- und Zinspolitik permanent für ein Zahlungsmittelangebot, das die Geschäftsbanken in die Lage versetzt, ihre Kunden mit kurz- und langfristigen Kreditmitteln zu versorgen. Der Kapazitätspool entspricht dem Geldmengenbedarf der Geschäftsbanken zur Versorgung ihrer Kunden.

Tab. 7.22 Wesentliche Gefährdungs und Belastungspotenziale mit instandhaltungstypischen Ursachen. (Luczak 1997)

Kategorie	Gefährdungs-und Belastungspotenzial	Instandhaltungstypische Ursachen
Mechanische Faktoren	• Sich stoßen, anstoßen; sich schneiden an Kanten, Ecken, rauen Oberflächen, sich stechen an Spitzen • Getroffen werden, erfasst werden von bewegten (herabfallenden, pendelnden, umkippenden, wegrutschenden, wegfliegenden, schlagenden, fahrenden) Teilen (z. B. Maschinen, Transportmittel, Materialien, Splitter) • Eingeklemmt werden, sich klemmen, quetschen • Mangelnde Trittsicherheit (Aus- oder Abrutschen, Stolpern, Umknicken) • Absturz (Fallen aus der Höhe oder in die Tiefe)	• Hervorstehende Maschinenteile (vor allem an schwer zugänglichen Stellen) • Bohr-, Schweiß-, Schleif-, Trenn- arbeiten • Arbeiten an laufenden Maschinen (Entfernen von Schutzeinrichtungen) • Freiwerden gespeicherter Energie (z. B. bei eingeklemmten Teilen) • Ingangsetzung der Maschine, auch durch Dritte (fehlende Sicherung) • Fehlen gesicherter Aufstiegsmöglichkeiten und Standplätze
Elektrische Faktoren	• Berührungsspannung • Elektrische, elektrostatische Entladung • Lichtbogen; Blendung	• Fehlende Abdeckung stromführender Teile (auch durch Beschädigung) • Unzulässige Eingriffe unbefugter Personen
Thermische Faktoren	• Heiße oder kalte Gegenstände bzw. Medien (z. B. Flüssigkeiten, Gase) • Thermische Strahlung • Laser	• Schweißarbeiten • Arbeiten an heißen Maschinenteilen
Andere physikali- sche Faktoren	• Lärm; ungenügende Hörbedingungen • Licht, Beleuchtung; ungenügende Sehbedingungen (z. B. Hindernisse, verschmutzte Fenster) • Klima (Hitze, Kälte, Temperaturunterschiede) • Nässe, Feuchtigkeit • Zugluft • Strahlung (elektrische, magnetische, elektromagnetische Felder, ionisierende, ultraviolette, infrarote Strahlung) • Vibration (Teil- und Ganzkörpervibration) • Ultraschall, Infraschall • Überdruck, Unterdruck • Farbgestaltung	• Störungs- und Probebetrieb ohne Schallschutz • Beim Hinhören zur Diagnose • Fehlende oder schlechte Beleuchtung von instandzuhaltenden Maschinenteilen • Arbeit im Freien • Körperlich schwere Arbeiten in warmen Räumen

Tab. 7.22 (Fortsetzung)

Kategorie	Gefährdungs- und Belastungspotenzial	Instandhaltungstypische Ursachen
Chemische Faktoren, akute Wirkung (Unfall) und Langzeitschädigung	• Toxische, ätzende, sensibilisierende (allergisierende), krebserzeugende, erbgutverändernde, fortpflanzungsgefährdende, fruchtschädigende Stoffe	• Reinigungsarbeiten an Maschinen, bei denen entsprechende Stoffe eingesetzt werden • Einsatz chemischer Reinigungsmittel
Biologische Faktoren	• Mikroorganismen, Zellkulturen (Krankheitserreger) • Genetisch verändernde Organismen	• Instandhaltungsarbeiten an entsprechenden Anlagen
Brand- und Explosionsgefährdungsfaktoren	• Brennbare Stoffe • Explosionsgefährliche Stoffe	• Arbeiten mit Funkenbildung (Arbeiten an elektrischen Einrichtungen, Schweißen, Schleifen) in der Nähe entsprechender Stoffe
Physische Faktoren	• Arbeitsschwere; Heben und Tragen schwerer Lasten • Körperhaltung; Zwangshaltung; einseitige Bewegung • Bewegungsarmut • Arbeitsintensität • Tragen persönlicher Schutzausrüstungen	• Fehlende oder ungeeignete Transportmittel • Arbeiten in oder an schwer zugänglichen Maschinenbereichen • Instandhaltungsunfreundliche Maschinen und Anlagen • Ungünstige bauliche Bedingungen, Enge, Platzmangel, Unordnung
Psychische Faktoren	• Schwierigkeitsgrad der Tätigkeit; Arbeitskomplexität • Wiederholungsgrad von Arbeitsverrichtungen; Monotonie • Handlungs- und Entscheidungsspielräume • Reizmangel; Reizüberflutung • Zeitdruck • Ekelerregende Substanzen; Schmutz	• Komplexität der Maschine (besonders bei der Fehlersuche hohe geistige Anforderungen) • Mangelnde Beherrschung von Steuerungen • Produktionsdruck (auch Druck von Seiten des Produktionspersonals) • Unzureichende Planung und Vorbereitung der Instandhaltungsarbeiten • ständige Rufbereitschaft für Störungsbeseitigungen
Psychosoziale Faktoren	• Verhältnis zum Vorgesetzten • Verhältnis zu Kollegen; Mobbing • Soziale Geltung • Gruppenzugehörigkeit • Aufstiegsmöglichkeiten; Leistungsbeurteilung	• Abstimmungsprobleme mit der Produktion • Zielkonflikte zwischen Produktion und Instandhaltung beim Zugang zu Maschinen

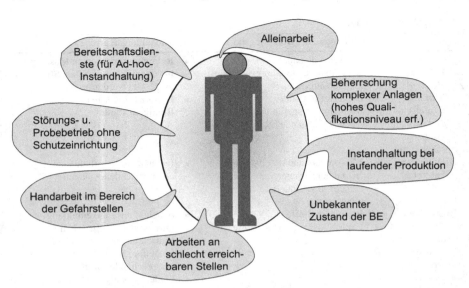

Abb. 7.30 Typische Gefährdungspotenziale und belastende Arbeitsbedingungen bei der Instandhaltung

Stellenwert und erreichen dabei gesundheitsschädigende Dimension. Der betroffene Instandhalter fühlt sich in der Ausführung seiner Aufgabe beeinträchtigt. Die Situation, in der er sich befindet, kann sich dann insgesamt leistungsmindernd und gesundheitsschädigend auswirken. Der Eintritt von arbeitsbedingten Erkrankungen ist eine mögliche Folge. Gefährdungen und gleichzeitige Belastungen sind sehr häufig Ursache von Unfällen. Immerhin liegt die Instandhaltung mit einem Anteil von 28 % der tödlichen Unfälle im industriellen Bereich auf einem der vorderen Plätze.[66]

Da nur 8–10 % aller Arbeiten im industriellen Bereich der Instandhaltung zugeordnet werden, ist die relative Häufigkeit tödlicher Unfälle bei Instandhaltung etwa dreimal so hoch wie im Durchschnitt aller industriellen Tätigkeiten. Entgegen dem Trend in fast allen anderen Bereichen hat die Zahl der Instandhaltungsunfälle in den letzten Jahren ständig deutlich zugenommen.[67] Mit einer weiteren Zunahme des Gefahrenpotenzials und der damit verbundenen Unfallhäufigkeit im Zusammenhang mit der Instandhaltung ist zu rechnen. Gründe sind die steigenden Anforderungen an die Instandhaltung infolge der steigenden Mechanisierung und Komplexität der Anlagen und die sich verschärfende Belastungssituation der Instandhalter an den Einsatzorten.

Stillstandzeiten komplexer Produktionssysteme sind kostenintensiv und bilden bei wachsendem wirtschaftlichen Druck ein Optimierungspotenzial. Damit erhöht sich auch der Zeit- und Verantwortungsdruck auf die Instandhalter. Die Vielfalt ein-

---

[66] Arbeitsgemeinschaft der Metall-Berufsgenossenschaften 1992, S. 5.

[67] Ebenda, S. 55

gesetzter hochspezialisierter Technologien stellt an die Instandhalter entsprechend hohe Qualifikationsanforderungen.

Die Instandhaltung ist daher ein Gefährdungs- und Belastungsschwerpunkt. Die systematische und fachgerechte Durchführung von Instandhaltungsarbeiten leistet aber neben betrieblichen Effekten wie Störungsverringerung und Werterhaltung der Anlagen auch einen wichtigen Beitrag zur Sicherheit und zum Gesundheitsschutz. Um einerseits die positiven Effekte durch Instandhaltung zu nutzen und andererseits bestehende Defizite zu verringern, sind geeignete Strategien zu entwickeln, die das Risiko der Instandhalter im Einsatz reduzieren.

7.10.2 Ergonomische Anforderungen

Die zentrale Aufgabe der Ergonomie ist die Schaffung geeigneter Ausführungsbedingungen für die Arbeit der Instandhalter und die Nutzung technischer Einrichtungen und Werkzeuge, wobei neben der humanzentrierten Gestaltung der Arbeitsräume und -plätze in den Instandhaltungswerkstätten insbesondere dafür zu sorgen ist, dass auch an den jeweiligen Einsatzorten außerhalb der Werkstatt gefährdungsfrei und effizient gearbeitet werden kann. In den Werkstätten selbst geht es vor allem um die Verbesserung der Schnittstelle zwischen Mensch und Objekt (Maschine) im Mensch-Maschine-System. Zudem erfordert die zunehmende Zahl an Bildschirmarbeitsplätzen vermehrte Anstrengungen, um Langzeitschäden der BS-Nutzer zu vermeiden.

Die Norm EN ISO 9241 ist ein internationaler Standard, der die Interaktion zwischen Mensch und Computer beschreibt. Die Standardreihe trägt seit 2006 den deutschen Titel *Ergonomie der Mensch-System-Interaktion* und löst damit den bisherigen Titel *Ergonomische Anforderungen für Bürotätigkeiten mit Bildschirmgeräten*, der früher überwiegend auf Büroarbeit beschränkt war, ab. Die Normenreihe definiert die Anforderungen an die Arbeitsumgebung, Hardware[68] und Software.[69,70] Das vorrangige Ziel der Richtlinie ist es, gesundheitliche Schäden von Bildschirmnutzern zu vermeiden und ihnen die Ausführung ihrer Aufgaben zu erleichtern. Die DIN EN ISO 9241 ist eine globale Norm und gilt nach EU-Rechtsprechung auch als Standard zur Bewertung der Forderung nach Benutzerfreundlichkeit entsprechend der Bildschirmarbeitsverordnung (BildscharbV).

Benutzerfreundlichkeit (auch „Benutzungsfreundlichkeit") kennzeichnet die vom Nutzer erlebte Nutzungsqualität bei der Interaktion mit einem System. Im Vordergrund steht eine besonders einfache, auf den Nutzer und seine Aufgaben abgestimmte

---

[68] Oberbegriff für die mechanische und elektronische Ausrüstung eines Systems, z. B. eines Computersystems.

[69] Sammelbegriff für die Gesamtheit ausführbarer Programme und die zugehörigen Daten.

[70] In der Rechtsprechung wird zwischen Individualsoftware und Standardsoftware unterschieden: Bei dem Erwerb von Individualsoftware wird ein Werkvertrag bzw. Werklieferungsvertrag abgeschlossen, der Erwerb von Standardsoftware gilt als Sachkauf.

Bedienung. Um Fehlinterpretationen des englischen Originalbegriffes *user friendly* zu vermeiden und wegen der fehlenden wissenschaftlichen Trennschärfe wurde in der Normung der Begriff der „Gebrauchstauglichkeit" (engl. *usability*) eines (Software-) Produktes eingeführt. Diese wiederum ist in der Normenreihe DIN EN ISO 9241 (Teil 11) als das Produkt aus Effektivität, Effizienz und Zufriedenheit definiert. Diese Definition lässt sich so auch auf alle anderen Werkzeuge und Medien übertragen. Nach DIN 55350-11 (08/1995, Nr. 4) ist unter Gebrauchstauglichkeit die Eignung eines Gutes im Hinblick auf seinen bestimmungsgemäßen Verwendungszweck zu verstehen. Diese Eignung beruht auf objektiv und nicht objektiv feststellbaren Gebrauchseigenschaften. Die Beurteilung der Gebrauchstauglichkeit leitet sich aus individuellen Bedürfnissen ab.

Mit Hardware-Ergonomie passt der Arbeitsplatzgestalter Werkzeuge und Vorrichtungen an den Bewegungs- und Wahrnehmungsapparat des Menschen an (z. B. Körperkräfte und Bewegungsräume): Die Software-Ergonomie sorgt für eine optimale Anpassung von Rechnerprogrammen an die kognitiven sowie physischen Fähigkeiten und Fertigkeiten des Menschen (z. B. Komplexität).

7.10.3   Arbeitsplatzanforderungen

7.10.3.1   Zugang zum Arbeitsplatz

Aus ergonomischer Sicht können in der Instandhaltung die für den Bereich der Produktion geltenden Regeln nur begrenzt umgesetzt werden, obwohl sie in gleicher Weise Gültigkeit besitzen. Das gilt beispielsweise bei Reparaturarbeiten vor Ort, weil zahlreiche und sicherheitstechnische Vorschriften den Zugang zum Arbeitsplatz regeln. Trotzdem sind Fehlleistungen keine Ausnahme. Der Begriff „Zugang" erfasst Verkehrswege, Türen sowie Rampen, Treppen und Leitern.

Verkehrswege erfüllen dann die ihnen zukommende Funktion, wenn sie so dimensioniert sind, dass sie

a. den Zugang zum Arbeitsplatz sowie dessen Ver- und Entsorgung ohne Behinderung und zugleich die notwendigen Materialtransporte zulassen,
b. nicht in Sackgassen enden,
c. frei sind von hineinragenden Hindernissen (z. B. Feuerlöschanlagen, Sicherungskästen, in den Verkehrsweg hinein öffnende Türen u. ä.),
d. über angemessene Beleuchtung verfügen,
e. mit einem rutschfesten und stolpersicheren Fußbodenbelag versehen sind und
f. über entsprechende Orientierungshilfen verfügen (z. B. Richtungspfeile, Begrenzungslinien, Farbmarkierungen, Stufenhinweise u. ä.).

Verkehrswege, in denen zwei Personen unbehindert aneinander vorbeigehen können, müssen eine Mindestbreite von 1250 mm aufweisen. Für die Höhe von Verkehrswegen gelten folgende Mindestforderungen[71]:

---

[71] Vgl. Schmidtke 1993, S. 503, Vgl. Arbeitsstättenverordnung.

- längere Verkehrswege mit großer Benutzungshäufigkeit 2300 mm,
- längere Verkehrswege mit geringer bzw. kurze Verkehrswege mit großer Benutzungshäufigkeit 2000 mm,
- kurze Verkehrswege für seltene Benutzung 1950 mm.

Für den Ausnahmefall, dass ein Kontrollpunkt nur über einen Kriechtunnel erreichbar ist, muss dieser mindestens 600 mm breit und 700 mm hoch sein. Türen sind genormt, auch international, so dass i. Allg. hinsichtlich der Abmessung Benutzerfreundlichkeit gesichert sein sollte. Auf Grund des anhaltenden Körperwachstums ist allerdings eine Überarbeitung dieser Normen überfällig. Da als Folge des Akzelerationsphänomens ein Anwachsen der Körperhöhe beobachtbar ist, bieten die derzeitigen Türstöcke zumindest für einen Teil der männlichen Population keine ausreichende Kopffreiheit mehr. Ergonomische Probleme können sich darüber hinaus bei Spezialkonstruktionen und bei der Montage ergeben.

Werden aus Sicherheitsgründen (Gas-, Wasser- oder Brandschutz) schwere Schutztüren verwendet, so ist zu berücksichtigen, dass die Verschlüsse (Vorreiber, Zentralverschlusshebel bzw. -rad) von der Nutzerpopulation betätigt werden kann. Einzel-Vorreiber sollten aus Gründen der erheblichen Betätigungszeit im Notfall vermieden werden.

Bei der Montage von Türen ist zu beachten, dass:

a. die Öffnungsrichtung vom Verkehrsweg aus in den Raum hinein verläuft,

b. die Öffnungsrichtung von Notausgängen und Türen in Fluchtwegen stets in Fluchtrichtung verläuft und

c. Deckenluken in Fluchtwegen, die zum Öffnen nach oben gedrückt werden müssen, in Abhängigkeit von der Öffnungsart höchstens folgenden Kraftaufwand erfordern:

   – Öffnen durch Übertragung der Druckkraft eines Armes M 200 N, W 135 N,
   – Öffnen durch Übertragung der Druckkraft beider Arme M 400 N, W 265 N,
   – Öffnen durch Übertragung der Druckkraft des ganzen Körpers M 600 N, W 400 N.

Rampen, Treppen und Leitern unterliegen wie Verkehrswege und Türen weitgehend baurechtlichen Vorschriften und Normen.

7.10.3.2 Bewegungsraum am Arbeitsplatz

Der Zugang zu funktionsunfähigen BE (Elemente und Baugruppen) wirft zahlreiche ergonomische Probleme auf. Der hohe Reparaturzeitaufwand infolge nicht instandhaltungsgerechter Konstruktion, z. B. ungenügender Bewegungsraum, gibt häufig Anlass zu Beanstandungen. Dies dürfte neben der Bezugnahme auf durchschnittliche Körpermaße vor allem daran liegen, dass beim Entwurf technischer Einrichtungen den technisch-konstruktiven und wirtschaftlichen Aspekten vielfach ein höherer Stellenwert zugebilligt wird als dem Aspekt der Instandhaltungsgerechtheit.

Tab. 7.23 Lichte Mindestfreiräume am Arbeitsplatz relativ zur Körperhaltung. (Schmidtke 1993, S. 505, vgl. auch http://www.bge.de/asp/dms.asp?url=zh/z28/3.htm)

Körperhaltung	Höhe (mm)	Breite (mm)	Tiefe (mm)
Stehen	1950	600	750
Sitzen[a]	1950	600	800
Gebückt stehen[b]	1250	800	1000
Hocken	1250	700	900
Knien	1500	700	1100

[a] Werden am Arbeitsplatz Hochstühle verwendet, so bemisst sich der minimale Freiraum in der Höhe von der Fußspitze des Stuhles bis zur Decke bzw. Unterkante von Überkopfbauten
[b] nur für kurzzeitige Wartungsarbeiten zulässig

Nicht instandhaltungsgerecht konstruierte und gebaute Anlagen reduzieren die Wirtschaftlichkeit der Instandhaltung und geben oft Anlass zu Diskussionen, die eine Auslagerung bzw. Fremdvergabe von Instandhaltungsleistungen präferieren. Jede Form von Zwangshaltung erhöht neben weiteren negativen Einflüssen auf die Arbeitsleistung notwendigerweise den Arbeits- und Erholungszeitbedarf, was die Kosten in die Höhe treibt und Auslagerungsdiskussionen weiteren Nährboden bietet. Zwangshaltungen führen zu schädlichen statischen Muskelbeanspruchungen und Leistungseinbußen, wenn Reparaturobjekte außerhalb des funktionellen Bewegungsraums des Instandhalters, ggf. unter Einschluss des Bewegungsbereiches des Rumpfes oder über Kopf positioniert sind und am Einsatzort vorhandene Begrenzungsflächen eine ergonomisch vertretbare Arbeitshaltung verhindern.

Für die Festlegung des funktionellen Bewegungsraumes am Arbeitsplatz ist der für die Übertragung größerer Kräfte (> ca. 150 N) sowie für Bedienung und Wartung von Betriebsmitteln erforderliche Raum von wesentlicher Bedeutung. Wenn am Arbeitsplatz größere Kräfte übertragen werden müssen, so ist der verfügbare Raum so zu bemessen, dass der Mitarbeiter auch den ganzen Körper ungehindert einsetzen kann, um die Muskelkraft effizienter auszunutzen und ein optimales Ergebnis zu erzielen. Das ist in der Regel dann sichergestellt, wenn die in Tab. 7.23 angegebenen Breiten- und Tiefenmaße jeweils um ca. 20 % überschritten werden.

Kommen am Arbeitsplatz beispielsweise Druckluft oder elektrisch betriebene Betriebsmittel zum Einsatz, so richtet sich der notwendige Bewegungsraum sowohl nach der Nutzerpopulation (Männer und/oder Frauen) als auch nach der Körperhaltung bei der Arbeit (Stehen, Sitzen oder zeitweise in hockender, gebückter oder kniender Stellung). In Tab. 7.23 sind die Mindestwerte der von Einbauten und Hindernissen jeglicher Art freizuhaltenden Räume erfasst.

Hinsichtlich der Nutzerpopulation ist grundsätzlich vom maximalen Bewegungsraum und den Körpermaßen des 95-Perzentil-Mannes[72] überall dort auszugehen, wo die den Raum begrenzenden Flächen (z. B. Deckenhöhe, lichte Höhe an Arbeitsplätzen u. ä.) festzulegen sind.[73] Nach DIN 33402 gelten die in Tab. 7.24

[72] 95 % aller Männer verfügen über eine Körpergröße von höchstens 1841 mm.
[73] Vgl. DIN 33402.

Tab. 7.24 Körpermaße. (http://www.arsmartialis.com/index.html?name=http://www.arsmartialis.com/technik/laenge/laenge.html)

	5-Perzentil	50-Perzentil	95-Perzentil
Körpergröße (mm)			
Männer	1629	1733	1841
Frauen	1510	1619	1725
Armlänge (mm)			
Männer	662	772	787
Frauen	616	690	762
Beinlänge (mm)			
Männer	964	1035	1125
Frauen	955	1044	1126

dargestellten Körpermaße. Die in DIN 33402-2 *„Ergonomie – Körpermaße des Menschen, Werte"* (Dezember 2005) wiedergegebenen Werte von Körpermaßen beruhen auf statistisch gesicherten Messungen an Personen, die auf dem Gebiet der Bundesrepublik Deutschland wohnen.

Für die Definition von Greifräumen hingegen müssen der funktionelle Bewegungsraum und die Körpermaße der 5-Perzentil-Frau zugrunde gelegt werden. Die Verwendung der Maße des 5-Perzentil Mannes ist nur dann zulässig, wenn infolge gesetzlicher Regelungen der Einsatz von Frauen am Arbeitsplatz ausgeschlossen ist.

Für die Auslegung des funktionellen Bewegungsraums am Arbeitsplatz sind drei Aspekte zu beachten:

1. die Möglichkeit der Übertragung größerer Kräfte (> ca. 150 N),
2. eine ungehinderte Bedienung und Instandhaltung/Wartung,
3. der für die Betriebsmittel erforderlicher Raum.

Die aus Tab. 7.23 ersichtlichen Werte für den Raumbedarf sind richtungsweisend auch für die Gestaltung der Instandhaltungswerkstätten (s. auch Abb. 7.27, 7.28). Tabelle 7.25 zeigt die Grundformen der Muskelarbeit. Dabei wird die Muskelkraft auf zweierlei Arten aufgebracht:

1. Verrichtung einer Arbeit bei dynamischer Muskelbelastung sowie
2. Aufbringen einer Kraft bei statischer Muskelbelastung.

In der Praxis findet der Instandhalter am Einsatzort keine idealen Bedingungen vor. Oft muss die Reparatur mit extremer körperlicher Anstrengung und oft unter extremen Temperaturverhältnissen beispielsweise an noch nicht vollständig auf Raumtemperatur abgekühlten Maschinen und Anlagen durchgeführt werden. Arbeiten unter solchen Bedingungen erfordern hohen körperlichen Einsatz und setzen bei Instandhaltern auch eine hohe physische Belastbarkeit voraus.

Bei dynamischer Muskelbelastung, z. B. bei der manuellen Demontage einer schweren Baugruppe am Instandhaltungsobjekt, kommt es zu einem stetigen Wechsel zwischen Kontraktion und Dekontraktion von Muskeln. Im Falle von statischer Muskelbelastung, z. B. Schrauben über Kopf oder Halten eines schweren Bauteils, wird der Muskel in einem bestimmten Spannungszustand gehalten. Bei statischer

Tab. 7.25 Grundformen der Muskelarbeit. (http://arbmed.med.uni-rostock.de/lehrbrief/arbphys. htm#Erschoepf)

Grundform der Muskelarbeit	Arbeitstyp mit Beschreibung	Beispiele	Kennzeichen der Beanspruchung
Statische Arbeit	Haltungsarbeit: Keine Bewegung von Gliedmaßen, keine Kräfte auf Werkstück, Werkzeug oder Stellteile	Halten des Oberkörpers beim gebeugten Stehen	Durchblutung wird bereits bei Anspannung von 15 % der maximalen Kraft durch den Muskelinnendruck gedrosselt, dadurch starke Beschränkung der Arbeitsdauer auf wenige Minuten
	Haltearbeit: Keine Bewegung von Gliedmaßen, Kräfte auf Werkstück, Werkzeug oder Stellteile	Überkopfarbeit, Tragearbeiten	
	Kontraktionsarbeit: Folge statischer Kontraktionen	Gussputzen	Übergangsbereich als Folge statischer Kontraktionen bei geringen Bewegungs- frequenzen
Dynamische Arbeit	Einseitig dynamische Arbeit kleine Muskelgruppen mit höherer Bewegungsfrequenz	Handhebelpresse, Schere betätigen, Maschinenbedie- nung	Maximale Arbeitsdauer durch Arbeitsfähigkeit des Muskels beschränkt
	Schwere dynamische Arbeit Muskelgruppen über 1/7 der gesamten Skelettmuskelmasse	Schaufelarbeit, Verladen schwerer Baugruppen	Begrenzung der Sauerstoffversor- gungsleistung durch Herz, Kreislauf und Atmung

Belastung bestimmt die Belastungshöhe die erträgliche Haltedauer. Die Dauerlei- stungsgrenze für statische Muskelarbeit beträgt 15 % der Maximalkraft.

Bei Vor-Ort-Instandhaltung sind Instandhalter teilweise extremen statischen und dynamischen Belastungen ausgesetzt. Körperhaltung, die Bewegungsrichtung und die Lage des Kraftangriffspunktes bestimmen die Größe der abgebaren Kraft. Grundsätzlich sind die Vorschriften der Lastenhandhabungsverordnung (Lasthand- habV) zu beachten (s. Tab. 7.26).

Im Anhang der Verordnung legt der Gesetzgeber die Merkmale fest, aus denen sich eine Gefährdung von Sicherheit und Gesundheit der Beschäftigten, insbesondere im Bereich der Lendenwirbelsäule, ergeben kann:

1. Im Hinblick auf die zu handhabende Last insbesondere

   a. ihr Gewicht, ihre Form und Größe,
   b. die Lage der Zugriffsstellen,

Tab. 7.26 Richtwerte und gesetzlich vorgeschrieben Grenzwerte für das Heben und Tragen von Lasten mit geradem Rücken und ohne Hilfsmittel. (Schwere Lasten – leicht gehoben, Broschüre des Bayerischen DES Staatsministeriums für Arbeit und Sozialordnung, Familie, Frauen und Gesundheit 1993)

Art	Geschlecht	Alter	Selten < 5 % der Schicht	Wiederholt < 5–10 % der Schicht	Häufig > 10–35 % der Schicht
Heben von	Männer	bis 16	20	13	–
Masse (kg)		16–19	40	25	20
		19–45	55	30	25
		>46	50	25	20
	Frauen	bis 16	13	9	–
		16–19	13	9	8
		19–45	15	10	9
		>46	13	9	8
Tragen von	Männer	bis 16	20	13	–
Masse (kg)		16–19	25	25	15
		19–45	50	30	20
		>46	40	25	15
	Frauen	bis 16	13	9	–
		16–19	13	9	8
		19–45	13	10	10
		>46	13	9	8
Heben und Tragen	Werdende Mütter		10 (gesetzlicher Grenzwert)	5 (gesetzlicher Grenzwert)	–

   c. die Schwerpunktlage und

   d. die Möglichkeit einer unvorhergesehenen Bewegung.

2. Im Hinblick auf die von den Beschäftigten zu erfüllende Arbeitsaufgabe insbesondere

   a. die erforderliche Körperhaltung oder Körperbewegung, insbesondere Drehbewegung,

   b. die Entfernung der Last vom Körper,

   c. die durch das Heben, Senken oder Tragen der Last zu überbrückende Entfernung,

   d. das Ausmaß, die Häufigkeit und die Dauer des erforderlichen Kraftaufwandes,

   e. die erforderliche persönliche Schutzausrüstung,

   f. das Arbeitstempo infolge eines nicht durch die Beschäftigten zu ändernden Arbeitsablaufs und

   g. die zur Verfügung stehende Erholungs- oder Ruhezeit.

Im Hinblick auf die Beschaffenheit des Arbeitsplatzes und der Arbeitsumgebung insbesondere

3. a. der in vertikaler Richtung zur Verfügung stehende Platz und Raum,

   b. der Höhenunterschied über verschiedene Ebenen,

   c. die Temperatur, Luftfeuchtigkeit und Luftgeschwindigkeit,

d. die Beleuchtung,

e. die Ebenheit, Rutschfestigkeit oder Stabilität der Standfläche und

f. die Bekleidung, insbesondere das Schuhwerk.

Jugendliche dürfen nicht mit Arbeiten, die der Lasthandhabeverodnung unterliegen beschäftigt werden, wenn ihre körperliche Leistungsfähigkeit dazu nicht ausreicht. Das Bundesarbeitsministerium hat diesbezüglich im Arbeitsblatt 11/1981 für Jugendliche im Alter zwischen 15 und 18 Jahren empfohlene Grenzwerte veröffentlicht, die auf arbeitswissenschaftlichen Erkenntnissen beruhen (s. Tab. 7.26).

7.10.3.3 Arbeitstische, Werkbänke und Konsolen

Während die Instandhaltung am Einsatzort oft unter Bedingungen durchgeführt werden muss, die einen erheblichen physischen Einsatz erfordern, kommen in den Werkstätten über einen wesentlichen Teil der Arbeitszeit hinweg Arbeitstische, Werkbänke oder Konsolen zum Einsatz. Außerdem stehen hier ausreichend Hebezeuge zur Verfügung. Die Bezeichnung „Arbeitstisch und Werkbank" fasst alle Arbeitsmittel zusammen, an denen in stehender oder sitzender Körperhaltung gewerblich gearbeitet wird (Werkbänke, Zurichtungs-, Montage- und Kontroll-, Schreibtische u. ä.).

Für die Auslegung derartiger Tische sind folgende Hauptmerkmale zu beachten:

• Benutzung in sitzender und/oder stehender Körperhaltung (Bezug: Tischhöhe),
• Größe des maximalen und funktionellen Greifarmes des Benutzerkreises (Bezug: Tischlänge und -breite),
• mittlere Bauhöhe der am Arbeitstisch zu bearbeitenden Gegenstände (Bezug: Tischhöhe),
• Größe des erforderlichen Freiraumes (Bewegungsraumes) für die unteren Extremitäten (Bezug: Tischhöhe und -breite, Tiefe der Einsparung für den Bein- sowie Fußbereich bei frontseitig geschlossenen Werkbänken),
• Oberflächenbeschaffenheit des Tisches (Bezug: Reflexionseigenschaften und Blendung, Lage- und Standsicherheit der zu bearbeitenden Gegenstände).

7.10.4 Probleme von Alleinarbeit bei der Instandhaltung, Wartung und Inspektion

7.10.4.1 Allgemeines

Mit Blick auf die hohen Kosten von Instandhaltungsleistungen ist die Erledigung von Instandhaltungsaufgaben in zahlreichen Fällen auch als Alleinarbeit zu realisieren. Allein- bzw. Einzelarbeit ist allgemein eine Tätigkeit, die eine einzelne Person völlig autonom erledigt. Alleinarbeit liegt dann vor, wenn eine Person allein, außerhalb von Ruf- und Sichtweite zu anderen Personen, Arbeiten ausführt.

Zwei Arten von Alleinarbeit sind grundsätzlich zu unterscheiden:

1. Arbeiten an abgelegenen Einsatzorten - das sind Arbeitsplätze, bei denen ein geringes Risiko einer gesundheitlichen Gefährdung besteht sowie
2. Arbeitsplätze mit erhöhtem Risiko einer Unfallgefahr – das sind Arbeitsplätze, bei denen im Krisenfall eine Hilfeleistung nur zeitlich verzögert während des Arbeitseinsatzes oder der Schicht möglich ist.

Hinzu kommt das Gefahrenpotenzial der Arbeitsaufgabe.
Gefährliche Arbeiten sind z. B.:

* Schweißen und Schneiden in engen Räumen,
* Befahren von Silos, Behältern, Gruben oder engen Räumen,
* Schweiß- und Schneidarbeiten in brand- oder explosionsgefährdeten Bereichen oder an bzw. in geschlossenen Behältern,
* Arbeiten an erhöhten Arbeitsplätzen ohne Absturzsicherung,
* Arbeiten mit heißen, giftigen, gesundheitsschädlichen oder ätzenden Arbeitsstoffen.

Die häufigsten Gefahren bei Alleinarbeit sind u. a.:

* Entstehung von Bränden und Explosionen,
* Verschütten,
* Abstürzen,
* Erstickungen,
* Vergiftungen,
* Verbrennungen,
* Körperliche Schäden wegen fehlender oder zeitlich verzögerter Hilfeleistungen.

7.10.4.2 Grundsätze für sichere Alleinarbeit

Bei ihrer Tätigkeit setzen sich die Instandhalter oft einem besonders hohem Risiko aus. Bestimmte Arbeiten verrichten sie oft allein. Bei riskanten Alleinarbeiten ist insbesondere darauf zu achten, dass die Auftraggeber die Einsatzkräfte entsprechend aktenkundig belehren und das Tragen der persönlichen Schutzausrüstung kontrollieren.[74]

Hauptprobleme im Zusammenhang mit Alleinarbeit sind:

1. die Sicherstellung der Hilfeleistung einschließlich Erste Hilfe bei Unfällen oder Schadensfällen,
2. Isolationsgefühl und Angst als mögliche psychische Begleitbelastungen,
3. höhere Stresswahrscheinlichkeit, da allein arbeitende Personen bei außergewöhnlichen Ereignissen niemanden zur Unterstützung haben, wodurch die Gefahr physischer, intellektueller oder psychischer Überforderung steigt,

---

[74] PSA-Benutzungsverordnung (PSA-BV), Lärm- und Vibrations-Arbeitsschutzverordnung (Lärm-VibrationsArbSchV), Betriebssicherheitsverordnung (BetrSichV), Arbeitsschutzgesetz (ArbSchG).

4. Schaffung von Akzeptanz für die Verwendung von Sicherungssystemen (Personensicherungssystemen) bei allein arbeitenden Personen.

Grundsätze für sichere Alleinarbeit Allgemein ist Alleinarbeit nur dann zulässig, wenn

1. eine zeitlich verzögerte Hilfeleistung während des Arbeitseinsatzes oder der Schicht ohne Folgeschäden möglich ist,
2. bei einem Schadensfall eine rechtzeitige Hilfeleistung durch geeignete organisatorische und/oder technische Sicherungsmaßnahmen gewährleistet ist sowie
3. allein arbeitende und sichernde Personen ausreichend informiert und unterwiesen sind.

Für die Durchführung von Alleinarbeit gelten folgende Grundsätze[75]:

1. die allein arbeitende Person muss sich möglichst in Sichtweite von anderen Personen befinden,
2. allein arbeitende Personen sind durch Kontrollgänge in kurzen Abständen zu beaufsichtigen,
3. die Instandhalter sind mit einem automatischen (willensunabhängigen) Überwachungsgerät auszustatten, z. B. mit einem Signalgeber, der drahtlos, automatisch und willensunabhängig Alarm auslöst, wenn beispielsweise über eine bestimmte Zeitdauer die Körperposition unverändert ist,
4. Einrichtung eines zeitlich abgestimmten Meldesystems durch das ein vereinbarter, in bestimmten Zeitabständen zu wiederholender Anruf erfolgt, z. B. per Telefon, Sprechfunk oder Handy.

Tabelle 7.27 zeigt die Kommunikationsmethoden, die bei den entsprechenden Gefährdungsstufen angebracht sind. Ist mit kritischen Situationen zu rechnen, kann auf PNA nicht verzichtet werden. PNA-Signalgeber sind mit einer Empfangseinrichtung verbunden.

Genutzt werden öffentlich zugängliche Telekommunikationsnetze. Der Signalgeber, den ein allein Arbeitender am Körper trägt, kann sowohl willensabhängig als auch willensunabhängig Alarm auslösen. Durch Auswahl von verschiedenen Alarmfunktionen lässt sich das PNA auf die Gefährdung abstimmen. Geräte des Typs PNA 11 sind an öffentlich zugängliche Telekommunikationsnetze gekoppelt. Der Signalgeber, der am Körper des allein Arbeitenden getragen wird, kann sowohl willensabhängig als auch willensunabhängig Alarm auslösen.

An jedem (Einzel-)Arbeitsplatz muss mindestens eine Einrichtung vorhanden sein (z. B. Telefon/Handy, Sprechfunk, Draht- oder Funkalarm), mit der der ausführende Mitarbeiter zu einer ständig besetzten Zentrale bzw. der Schichtleitung oder beispielsweise dem Werkschutz Kontakt aufnehmen kann. Bei Tätigkeiten mit geringem Risiko reicht eine Handyverbindung i. d. R. aus. Der Mitarbeiter führt das Handy obligatorisch mit sich und kann den Notruf beispielsweise per Tastendruck auslösen. Je höher das Risiko einer Gefährdung, umso größer wird der Aufwand für die Sicherungsmaßnahmen (Tab. 7.28).

---

[75] Vgl. Gesetzliche Regeln für Alleinarbeit: § 61 Abs. 6 ASchG für bestimmte Tätigkeiten.

Tab. 7.27 Kommunikationsmethoden in Abhängigkeit von den Gefährdungsstufen. (http://www.vmbg.de/fileadmin/user_upload/Schwerpunkte/Schwerpunkt_Alleinarbeit_Dezember_2009.pdf)

Meldeeinrichtung	Gefährdungsstufen		
	gering	erhöht	kritisch
Telefon (leitungsgebunden)	×		
Stationäre Rufanlage	×		
Schnurloses Telefon	×	×	
Mobiltelefon	×	×	
Sprechfunkgerät	×	×	
Zeitgesteuerte Kontrollanrufe	×	×	
Totmannschaltung[a]	×	×	
Videoeinrichtung im Dauerbetrieb	×	×	×[b]
Personen-Notsignal-Anlagen-PNA11[c]	×	×	×
Personen-Notsignal-Anlagen gemäß BGR 139[d]	×	×	×

[a] Eine Totmanneinrichtung (auch Totmann, Totmannwarner, Totmannschalter, Totmannpedal oder Totmannknopf genannt) überprüft, ob ein Mensch anwesend und handlungsfähig ist und löst andernfalls ein Signal oder eine Schalthandlung aus.
[b] Das Schutzniveau gemäß BGR 139 wird erst erreicht, wenn alle technischen und organisatorischen Voraussetzungen erfüllt sind.
[c] Tragbare Personen-Notsignal-Geräte (PNA-Signalgeber).
[d] BGR Berufsgenossenschaftliche Regel 139.

Tab. 7.28 Bewertung der Notfallwahrscheinlichkeiten

Wahrscheinlichkeit für Notfall	Bewertungsmaßstab	Kennziffer
gering	Keine Notfälle zu erwarten, bisher nicht aufgetreten	1–3
mäßig	Notfälle möglich, sind gelegentlich aufgetreten	4–6
hoch	Mit Notfällen ist zu rechnen, sind wiederholt aufgetreten	7–10

Wenn Art und Schwere einer möglichen Verletzung die betroffene Person bewegungs- oder sogar handlungsunfähig machen können, sodass sie unfähig ist, Hilfe anzufordern, muss eine Personen-Notsignal-Anlage (PNA) eingerichtet werden. Diese ermöglicht ein willensabhängiges und willensunabhängiges Auslösen und drahtloses Übertragen von Alarmsignalen in Notfällen.

Für PNA, die nur für eine örtlich begrenzte Absicherung eingesetzt werden sollen, z. B. in einer Werkhalle, sind eigene Installationen erforderlich. Die Funktionsfähigkeit der Anlage muss vor der Inbetriebnahme und in regelmäßigen Abständen durch Funktionstests geprüft werden. Für das willensunabhängige Alarmieren gibt es unterschiedliche Detektoren. Führt die Person zum Beispiel über einen voreingestellten Zeitraum keine Bewegungen mehr aus, so erfolgt automatisch der Notruf. Nimmt das persönliche Notfallgerät eine bestimmte Lage ein, die mit der Tätigkeit der aktiven Person nicht vereinbar ist, kann ebenfalls ein Alarm ausgelöst werden.

Voraussetzung für den Einsatz von PNG ist eine ständige, regelmäßig überprüfte Verbindung zwischen dem Träger des Geräts und einer Notfallzentrale, welche die allein arbeitende Person jederzeit lokalisieren kann. Sollte während des Einsatzes die Verbindung zwischen Mobilteil (PNG) und Zentrale unterbrochen werden, löst die Anlage einen technischen Alarm aus. Die Ursache für den Alarm ist dann unverzüglich zu ermitteln.

Grundsätzlich ist bei Alleinarbeit mit erhöhter oder besonderer Gefährdung eine Betriebsanweisung zu erstellen. Alleinarbeit ist nicht zulässig beim:

1. Einsteigen und Einfahren in Silos,
2. Arbeiten in Behältern und engen Räumen,
3. Arbeiten von Hand in oder vor Abraum- und Abbauwänden,
4. Beräumung von Erd- und Felswänden,
5. Arbeiten im Gleisbereich,
6. Sprengarbeiten,
7. Instandsetzungs- oder Bauarbeiten auf Beschickungsbühnen,
8. Herausbrechen von Ofenansätzen und Ofenmauerwerk von Hand,
9. Arbeiten mit Atemschutzgeräten.

In den genannten Fällen sind dann mindesten zwei Personen einzusetzen.

7.10.4.3 Evaluierung von Alleinarbeit

Im Zusammenhang mit vorhersehbaren Schäden oder vorhersehbaren Verletzungen ist die Gefahrenstufe festzustellen. Dazu wird folgende Graduierung vorgenommen:

1. geringe Gefahr, abgelegener Arbeitsplatz,
2. erhöhte Gefahr, Arbeitsplatz mit erhöhter Unfallgefahr, zeitlich verzögerte Hilfeleistung vertretbar bzw. zulässig,
3. hohe Gefahr, sofortige Hilfeleistung nötig (die maximale Zeitspanne bis zur Hilfeleistung beträgt nur wenige Minuten, Alleinarbeit ist in diesem Fall nicht zulässig).

Zur Anwesenheit von anderen Personen ist der Anwesenheitsgrad festzustellen:

1. Mindestens eine andere Person hält sich selten oder kurzfristig im Mobilitätsbereich (innerhalb von ca. 5 min bzw. ca. 300 m) auf, d. h. bei geringer Gefahr liegt in diesen Fällen kein abgelegener Arbeitsplatz und somit keine Alleinarbeit vor.
2. Zumindest eine andere Person befindet sich in Sicht und Rufweite. Es liegt keine Alleinarbeit vor.
3. Zumindest eine andere Person befindet sich in bestimmten Intervallen in Sicht und Rufweite. Eine Intervallkontrolle kann dann als wirksame Sicherung von Alleinarbeitsplätzen angesehen werden, wenn die maximale Zeitspanne für die Hilfeleistung durch das Intervall eingehalten werden kann.

Für die Ermittlung, Beurteilung und Maßnahmensetzung (Evaluierung) sind folgende Erkenntnisse zu gewinnen:

1. die Art der Gefahr und der Arbeitsplatztyp,
2. die Bewertung des Risikos der Gefährdung,
3. die Ermittlung der maximalen Zeitspanne bis zur Ersten Hilfe,
4. Vergleich und Bewertung verschiedener Sicherungsmaßnahmen,
5. Festlegungen im Notfall (Notfallplan).

Unterweisung und Betriebsanweisung Jede Person, ob sie allein oder in Ruf- und Sichtweite von Kollegen arbeitet, muss über den Arbeitsauftrag, die Gefahren am Arbeitsplatz und die Schutzmaßnahmen unterwiesen werden. Dazu gehört auch, was beispielsweise im Falle einer Störung des Produktionsablaufs infolge einer Maschinenstörung zu tun ist. Grundsätzlich muss in Vorschriften geregelt sein, welche Störungen selbst behoben (TPM) und welche Störungen grundsätzlich von kompetentem Fachpersonal (Instandhaltung) beseitigt werden können. Erfahrungsgemäß ereignen sich Unfälle meistens nicht beim ungestörten Ablauf, sondern dann, wenn bei Funktionsausfällen mit gesundheitlichen Schäden zu rechnen ist.

7.10.5 Umweltschutz für Instandhaltungswerkstätten

Qualifikation der Produktionsstätte Fachwerkstätten sind zur Zertifizierung verpflichtet, wenn sie Anlagen nach dem Wasserhaushaltsgesetz § 19 zum Umgang mit wassergefährdenden Stoffen einbauen, aufstellen, instandhalten bzw. -setzen und reinigen.[76] Diese Fachbetriebe werden von einer technischen Überwachungsorganisation mindestens alle 2 Jahre überprüft und sind berechtigt, das Gütezeichen einer baurechtlich anerkannten Überwachungs- oder Gütegemeinschaft zu führen.

Fachkundiges Personal sowie Geräte und Ausrüstungsteile, die den neuesten technischen Regeln entsprechen, sind Grundvoraussetzung für den Betrieb einer Fachwerkstatt.

Emissionen und Immissionen Bei Instandhaltungsarbeiten wird u. U. zwangsläufig die natürliche Zusammensetzung der Luft verändert. Beispielsweise entstehen beim Reparaturschweißen oder -löten Rauche, Stäube, Gase und Dämpfe. Licht, Strahlung, Wärme und Lärm verursachen zusätzliche Belastungen. Der Instandhalter als Erzeuger von Immissionen und Emissionen ist unmittelbar betroffen. Außerdem wird die Umgebung beeinträchtigt.

Den Immissionsschutz regelt das Bundesimmissionsschutzgesetz nach Art, Ausmaß oder Dauer der Gefahren, die erhebliche Nachteile oder erhebliche Belästigungen für die Allgemeinheit oder die Nachbarschaft herbeiführen können. Zum Immissionsschutz gehört der Schutz vor luftverunreinigenden Stoffen wie:

• Rauche,
• Stäube,

---

[76] Wasserhaushaltsgesetz (WHG) 27. Juli 1957 (BGBl. I S. 1110, 1386) letzte Neufassung am 1. Juli 2009 (BGBl. I S. 2585) geändert am 18.08.2010 (s. auch Kutulla M.: *Wasserhaushaltsgesetz. Kommentar*, 2. Aufl., Kohlhammer, Stuttgart 2011).

- Gase,
- Aerosole,
- Dämpfe,
- Geruchsstoffe

und der Schutz vor anderen Emissionen wie:

- Lärm,
- Licht,
- Wärme/Kälte,
- Strahlung.

Schutzeinrichtungen Schutzeinrichtungen umfassen sowohl betriebsspezifische als auch persönliche Vorsorgeprinzipien. Betriebliche Schutzeinrichtungen sind i. d. R. fest installiert und dienen dem Schutz der Mitarbeiter und der Umwelt. Persönliche Vorsorgeprinzipien sind für den Schutz der eigenen Person vorgesehen. Die dafür notwendigen Ausrüstungen müssen an den betreffenden Arbeitsplätzen vorhanden sein.[77]

Gemäß § 5 ArbSchG (Beurteilung der Arbeitsbedingungen) ist es Aufgabe des Arbeitgebers, am Arbeitsplatz eine Gefährdungsanalyse mit dem Ziel durchzuführen, alle Gefahrenpotentiale zu ermitteln, das Risiko einer Gefährdung zu bewerten und die Schutzziele zu definieren. Abschließend hat er entsprechende Maßnahmen zu veranlassen, dass die definierten Schutzziele erreicht werden (s. Abb. 7.31).

Die Maßnahmen müssen sicher wirken, dürfen die Funktionsfähigkeit und Bedienbarkeit der Maschinen oder Ausrüstungen nicht beeinträchtigen und müssen vor allem Schutz gegen Manipulationen bieten. Die dazu notwendigen Sicherheitseinrichtungen werden in trennende und berührungslos wirkende Systeme unterteilt, wobei je nach Anlage häufig eine Kombination aus beiden anzutreffen ist.

Bei trennenden Schutzeinrichtungen wird zwischen feststehend trennenden Schutzeinrichtungen und beweglich trennenden, sowie verriegelbaren Schutzeinrichtungen unterschieden. Zäune, Schutzgitter, Blechverkleidungen, Verbundglas usw. sind dauerhaft feststehend trennende Schutzeinrichtungen, die den Nutzer wirksam vom Gefahrenbereich fernhalten. Beweglich trennende, verriegelbare Schutzeinrichtungen, z. B. Schiebetüren, Flügeltüren usw., weisen im Prinzip die gleichen Merkmale wie feststehend trennende Schutzeinrichtungen auf, wobei Verriegelungseinrichtungen die Schutzstellung sichern. Die Schutzeinrichtung stoppt sofort gefahrbringende Prozesse, bevor der Benutzer den Gefahrenbereich frequentiert (Tab. 7.29).

Schutzzaunsysteme aus Blechbauelementen werden dort verwendet, wo die Anlagensicherheit durch Schutzgitter allein nicht gewährleistet werden kann. Das gilt vor allem für Gefahrenbereiche, aus denen Material aus dem Wirkpaarungsbereich Werkzeug-Werkstück herausgeschleudert werden kann (z. B. bei spanender Bearbeitung wie Drehen, Fräsen usw.). Ausreichende Sicht auf die Arbeitsvorgänge bieten Schutzscheiben aus Polycarbonat, Verbundsicherheits- oder Schweißschutzglas.

---

[77] Das Vorsorgeprinzip zielt darauf ab, trotz fehlender Gewissheit bezüglich Art, Ausmaß oder Eintrittswahrscheinlichkeit von möglichen Schadensfällen vorbeugend zu handeln, um diese Schäden von vornherein zu vermeiden.

Tab. 7.29 Gefahren durch bewegliche Teile. (www.gefaehrdungsbeurteilung.de/de/gefaehrdun
gsfaktoren/mechanisch/ungeschuetzte_bewegte_maschinenteile/vorlagen/abb_1.1-4.pdf)

Gefahren durch bewegliche Teile

Gefahrenbereich	Schutzmaßnamen	Beispiele
Bewegliche Teile der Kraftübertragung	im Falle häufiger Eingriffe: verriegelte trennende Schutzeinrichtungen Im Falle geringer Eingriffshäufigkeit: fest- stehende trennende Schutzeinrichtungen	Antriebsscheiben, Zahnräder, Kupplungen, Kraftübertragungswellen (Turaswellen, Kurbelwellen)
Bewegliche Teile im Wirkbereich des Arbeitslatzes	Falls möglich: fest stehende trennende Schutzeinrichtungen Alternativ: verriegelte trennende oder nicht trennende Schutzeinrichtungen Sicherung nicht oder nur teilweise möglich: feststehende trennende oder verstellbare trennende Schutzeinrichtungen	Schneidwerkzeuge, Prozessstößel, in Bearbeitung befindliche Werkstücke, Hebezeuge, Anschlagmittel

Gewässerschutz in den Instandhaltungswerkstätten Hinsichtlich des Gewässerschutzes gelten folgende Richtlinien der EU:

1. Richtlinie 2008/1/EG des europäischen Parlaments und des Rates über die integrierte Vermeidung und Verminderung der Umweltverschmutzung (kodifizierte Fassung),
2. Richtlinie 2000/60/EG des Europäischen Parlaments und des Rates zur Schaffung eines Ordnungsrahmens für Maßnahmen der Gemeinschaft im Bereich der Wasserpolitik,
3. Verordnung (EG) Nr. 648/2004 des Europäischen Parlaments und des Rates über Detergenzien,
4. Richtlinie 2008/105/EG des Europäischen Parlaments und des Rates über Umweltqualitätsnormen im Bereich der Wasserpolitik und zur Änderung und anschließenden Aufhebung der Richtlinien des Rates 82/176/EWG, 83/513/EWG, 84/156/EWG, 84/491/EWG und 86/280/EWG sowie zur Änderung der Richtlinie 2000/60/EG.

Für den Bund gelten folgende Richtlinien des Gewässerschutzes:

1. Gesetz zur Ordnung des Wasserhaushalts (Wasserhaushaltsgesetz WHG)
2. Gesetz über Abgaben für das Einleiten von Abwasser in Gewässer (Abwasserabgabengesetz AbwAG)
3. Gesetz zur Ausführung der Verordnung (EGW) Nr. 761/2001des Europäischen Parlaments und des Rates vom 19. März 2001 über die freiwillige Beteiligung von Organisationen an einem Gemeinschaftssystem für das Umweltmanagement und die Umweltbetriebsprüfung (EMAS) (Umweltauditgesetz UAG)

4. Gesetz über die Umweltverträglichkeit von Wasch- und Reinigungsmitteln (Wasch- und Reinigungsmittelgesetz WRMG).

Wassergefährdende Stoffe im Sinne der §§ 19 g bis 19 l WHG sind feste, flüssige und gasförmige Stoffe, insbesondere

- Säuren, Laugen,
- Alkalimetalle, Siliciumlegierungen mit über 30 % Silicium,
- metallorganische Verbindungen, Halogene, Säurehalogenide, Metallcarbonyle und Beizsalze,
- Mineral- und Teeröle sowie deren Produkte,
- flüssige sowie wasserlösliche Kohlenwasserstoffe, Alkohole, Aldehyde, Ketone, Ester, halogen-, stickstoff- und schwefelhaltige organische Verbindungen,
- Gifte, die geeignet sind, nachhaltig die physikalische, chemische oder biologische Beschaffenheit des Wassers nachteilig zu verändern.

Das Bundesministerium für Umwelt, Naturschutz und Reaktorsicherheit erlässt mit Zustimmung des Bundesrates allgemeine Verwaltungsvorschriften, in denen die wassergefährdenden Stoffe näher bestimmt und entsprechend ihrer Gefährlichkeit eingestuft werden.

Reinigungssubstanzen jeglicher Art sowie anorganische Stoffe werden nahezu an jedem Arbeitsplatz in der Instandhaltungswerkstatt verwendet. Auch anorganische Stoffe können gelöst und ungelöst ins Abwasser gelangen. Zu ihnen zählen Metalle wie Kupfer, Nickel, Quecksilber, Silber, Zink, Eisen, Chrom und Cadmium.

Im Bereich der Instandhaltung entstehen durch das Entfetten und Reinigen von Bauteilen Lösemittelabfälle. Lösemittel sind Flüssigkeiten, die andere Stoffe lösen können, ohne sie chemisch zu verändern. Außer Wasser werden vor allem organische Verbindungen verwendet. Solche Abfälle und deren Gemische müssen zum Zweck der Wiederverwendung regeneriert werden[78].

Aus der Sicht der Abfallbeseitigung wird zwischen halogenfreien und halogenhaltigen Lösemitteln unterschieden. Organische Lösemittel enthalten häufig weitere Komponenten, deren Zuordnung nach der jeweils mengenmäßig überwiegenden Komponente getroffen wird. Ist eine solche Zuordnung nicht möglich ist, wird das zu entsorgende Abfallösemittel als „Lösemittelgemisch" eingestuft.

Stoffliche Verwertung (Recycling) von gebrauchten Lösemitteln Die recyclingfähigen Lösemittel werden nach gesetzlichen Vorgaben üblicherweise nicht als Abfälle eingestuft, sondern sind einer stofflichen Verwertung zuzuführen (Lösemittel-Recycling). Im Allgemeinen besteht für die Anwender von Gefahrstoffen die gesetzliche Verpflichtung, recyclingfähige Wertstoffe, wie z. B. Lösemittel, getrennt zu sammeln und diese nach Gebrauch entweder zu regenerieren (Rektifikation) oder einer Wiederverwertung zuzuführen. Die stoffliche Verwertung hat Vorrang vor einer Entsorgung, wann immer

---

[78] http://www.oc-praktikum.de/de/articles/pdf/SolventRecyclingDisposal_de.pdf.

- sie technisch möglich ist,
- die hierbei entstandenen Kosten im Vergleich zu anderen Verfahren der Entsorgung zumutbar sind und
- für die gewonnenen Stoffe ein Markt vorhanden ist.

Die Notwendigkeit, verwertbare Stoffe zu regenerieren gilt insbesondere bei den ökologisch bedenklichen chlorierten Kohlenwasserstoffen. Die gebräuchlichen organischen Lösemittel sind in vielen Fällen leicht zu recyceln und können auf diese Weise erneut eingesetzt werden. Für die in sortenreinem Zustand gesammelten gebrauchten Lösemittel ist die Destillation ein besonders vorteilhaftes Verfahren zur Aufarbeitung. Das gilt teilweise auch für Gemische der Lösemittel mit anderen Stoffen, sofern sie durch Destillation leicht voneinander zu trennen sind, und für Lösemittel-Wasser-Gemische. Besonders geeignet für ein Recycling durch Destillation sind zahlreiche Lösemittel, welche in der Praxis in größeren Mengen und regelmäßig verwendet werden bzw. teuer sind, z. B. Methanol, Ethanol, Iso-Propanol, Aceton, Acetonitril, Xylol sowie alle halogenierten Kohlenwasserstoffe.

7.11 Übungs- und Kontrollfragen

1. Definieren Sie den Begriff Strategie und erläutern Sie die charakteristischen Merkmale strategischer Kompetenz!
2. Erläutern Sie den Unterschied zwischen geplanten, nicht realisierten und unbeabsichtigten Strategien!
3. Was verstehen Sie unter ressourcenseitiger Flexibilität von Instandhaltungsstrukturen und wie kann sie in der Planungsphase beeinflusst werden?
4. Definieren Sie den Begriff Wandlungsgeschwindigkeit! Welche Komponenten bestimmen diese?
5. Was verstehen Sie unter *Simultaneous Engineering* und welche Bedeutung hat es für die Fabrikplanung?
6. Erläutern Sie die Funktionsbestimmung von Instandhaltungswerkstätten!
7. Worin besteht das Problem der Dimensionierung von Dienstleistungsunternehmen i. Allg. und von Instandhaltungswerkstätten im Besonderen?
8. Welchen Einfluss hat die Morphologie von Instandhaltungswerkstätten auf den Planungsprozess?
9. Was verstehen Sie unter einem Projektbaustein und welche Vorteile lassen sich im Rahmen der Projektierung von Instandhaltungsbetrieben erzielen?
10. Erläutern Sie die Vor- und Nachteile des deterministischen Planungsansatzes der Instandhaltungsprojektierung!
11. Nach welchem bekannten Theorem lassen sich Erneuerungsprozesse determinieren?
12. Erläutern Sie den Unterschied zwischen offenen und geschlossenen Wartesystemen!

13. Erläutern Sie den strukturellen Aufbau einer als geschlossenes Wartesystem modellierten Instandhaltungswerkstatt und fertigen Sie eine Skizze an!

14. Welche Unterschiede bestehen zwischen folgenden Modellstrukturen

    a) M/M/s
    b) M/M/s/n]
    c) [G/G/s/n]?

15. Charakterisieren Sie den Ankunfts- und Bedienprozess einer als geschlossenes Wartesystem modellierten Instandhaltungswerkstatt und leiten Sie anhand der Leistungs- und Zielgrößen Kriterien ab, die einen Beitrag zur Steigerung Arbeitsproduktivität der Werkstatt leisten!

16. Nach welchen Kriterien lassen sich Bedienmodelle einteilen?

17. Charakterisieren Sie den Unterschied zwischen einem analytischen und einem Simulationsmodell? Erläutern Sie die Vor- und Nachteile beider Varianten!

18. Worin besteht der Leistungsinhalt des Planungsschritts Strukturierung?

19. Welche grundlegenden Problembereiche sind im Rahmen der Strukturierung von Instandhaltungswerkstätten zu klären?

20. Welche Ergebnisse erzielt der Planungsschritt „Strukturierung von Instandhaltungswerkstätten"?

21. Welche charakteristischen Werkstattausrüstungen bestimmen die Struktur einer Instandhaltungswerkstatt?

22. Welche Basisausrüstungen bestimmen die Struktur eines Diagnosearbeitsplatzes?

23. Welche Faktoren beeinflussen die Organisationsform der Instandhaltung?

24. Welche wesentlichen Aufgaben und Ergebnisse beinhaltet der Planungsschritt Gestaltung?

25. Welche Vorteile bietet der kompetenzzellenbasierte Modellansatz für die Strukturierung von Instandhaltungswerkstätten?

26. Erläutern Sie die Grundstruktur einer Kompetenzzelle Instandhaltung! Fertigen Sie eine Skizze an!

27. Welche besonderen Anforderungen werden an einen Instandhalter gestellt und welche Berufsgruppe erfüllt diese in besonderer Weise?

28. Welche gesetzlichen Bestimmungen sind für abgelegene Arbeitsplätze sowie Arbeitsplätze mit erhöhter Unfallgefahr, an denen Instandhalter beschäftigt sind, zu beachten?

29. Inwieweit tragen Sie bei der Planung von Instandhaltungswerkstätten dem Gewässerschutz Rechnung?

30. Erläutern Sie das MOORESCHE und das WIRTHSCHE GESETZ! Welchen Einfluss üben diese Gesetze auf die Instandhaltung elektronischer Systeme aus?

31. Welche Bedingungen sind bei Alleinarbeit vor Ort zu beachten?

32. Was verstehen Sie unter einem „Totmannsystem"? Erläutern Sie seine Wirkungsweise!

33. Erläutern Sie die Grundformen der Muskelarbeit! Wie können Sie gesundheitliche Schäden vermeiden? Welche gesetzlichen Vorschriften sind zu beachten?

34. Nennen Sie die charakteristischen Gefährdungspotenziale und belastenden Arbeitsbedingungen bei der Instandhaltung und zeigen Sie Möglichkeiten auf, wie diese beseitigt werden können!

35. Welche Faktoren bestimmen die abgebbare Kraft bei manueller Tätigkeit? Definieren Sie die Richtwerte für das häufige und gelegentliche Heben und Tragen von Lasten für Männer, Frauen und Jugendliche!

7.12 Übungsaufgaben

Aufgabe 7.1 Modell M/M/s/∞/FIFO In einem Serviceunternehmen treffen Forderungen ein, die einer Poisson-Verteilung mit der Intensität $\lambda = 6\,h^{-1}$ folgen. Die Servicedauer ist exponentiell verteilt und beträgt im Mittel 30 min/Forderung. Folgende Systemgrößen sind zu ermitteln:

1. die mittlere Anzahl wartender Forderungen,
2. die mittlere Verweilzeit einer Forderung im System,
3. den durchschnittlichen Aufwand des jeweiligen Instandhalters.

Aufgabe 7.2 Modell M/M/s/∞/FIFO Ein Instandhaltungsstützpunkt hat die Aufgabe, bei Notfällen Ad-hoc-Kapazitäten vorzuhalten. Besondere Probleme bereitet die zweite Schicht. Der Planungsmanager projiziert daher die Daten des vergangenen Jahres, die sehr schwanken und denen er deshalb exponentiell verteiltes Verhalten zuordnet, in das kommende Jahr und schätzt, dass die Forderungen im Mittel im Abstand von 0,5 h eintreffen. Ein Mechatroniker benötigt im Mittel 20 min für die Behebung einer Maschinenstörung. Daraus ergeben sich folgende Eingangsgrößen: $\lambda = 2\,h^{-1}$, $\mu = 3\,h^{-1}$. Da es sich um einen bezahlten Bereitschaftsdienst handelt, steht der Planer vor der Entscheidung, ob er 1 oder 2 Mechatroniker vorhalten soll. In beiden Fällen gilt:

$$\rho = \frac{\lambda}{s\,\mu} < 1$$

$$p_0 = \frac{1}{\left[\sum_{n=1}^{s-1} \frac{\rho^n}{n!} + \frac{\rho^2}{(s-1)!(s-\rho)}\right]}$$

Aufgabe 7.3 Warte-Verlustsystem der Form M/M/s/s Zur Dimensionierung einer Instandhaltungswerkstatt für die Erledigung von Fremdaufträgen soll der Anteil der Bereitstellungsfläche ermittelt werden. Konzipiert werden 40 qm Bereitstellfläche, was bei Flachlagerung einem Volumen von $s = 20$ Europaletten 1200 × 800 × 500 entspricht. Die mittlere Liegezeit beträgt bis zu 2 h. Gesucht ist die mittlere Verweildauer der bereitgestellten Paletten. Im Mittel fährt alle 10 min ein Gabelstapler eine neue Palette an.

Die Aufgabe besteht darin, die Anzahl Abstellplätze zu ermitteln, die im Mittel belegt werden.

Aufgabe 7.4 Modell M/G/1/∞/FIFO In einem Instandhaltungsstützpunkt trifft durchschnittlich 1 Forderung pro Stunde Poisson-verteilt ein. Die Reparaturdauer beträgt im Durchschnitt 50 min bei einer Streuung von 20 min. Gesucht werden der Ausnutzungsgrad des Stützpunkts und die mittlere Verweildauer einer Forderung im System. Untersuchen Sie, inwieweit sich eine Steigerung der Arbeitsproduktivität von 10 % im Bereich Service auf die Verweildauer auswirkt.

Aufgabe 7.5 Modell /M/M/s/n/ Gegeben ist ein Servicestützpunkt mit 4 Servicetechnikern. Ermitteln Sie die Wartewahrscheinlichkeit bei einer Serviceleistung von $4\,\text{h}^{-1}$ bei Ankunftsabständen von $18\,\text{h}^{-1}$.
Ermitteln Sie die Wartewahrscheinlichkeit für folgende Fälle:

1. Die Zahl der Servicetechniker wird erhöht. Untersuchen Sie, inwieweit das Auftragsvolumen gesteigert werden kann. Die Kosten eines Auftrags werden im Mittel mit 250 € angesetzt,
2. Der Leistungsgrad ξ der Servicetechniker soll durch ein neues Routenplanungssystem gesteigert werden. Die Kosten der Software einschließlich Hardware und Implementierung belaufen sich auf 60.000 €. Gehen Sie von einer Abschreibungszeit von 3 Jahren aus. Die Kosten eines Servicetechnikers betragen einschließlich Arbeitgeberbeiträge ca. 30.000 €/a.

Welche Variante würden Sie favorisieren? Entscheiden Sie anhand wirtschaftlicher Kriterien!

Aufgabe 7-6 Modell /M/M/s/n/ Für ein Produktionssystem, bestehend aus 2 Kompetenzzellen, ist ein Instandhaltungsstützpunkt vorgesehen. Im mittleren Abstand von 20 h erhält der Servicestützpunkt 1 Störungsmeldung, die er umgehend behebt. Die Reparaturdauer beträgt im Mittel 2 h. Beide Zeiten folgen einer Exponentialverteilung. Der Stundensatz des Servicetechnikers beträgt 18,75 €/h. Die Stillstandskosten der Maschinen betragen 60 €/D:

a. Ermitteln Sie die durchschnittlichen Kosten/Schicht (Stillstandskosten, Service)!
b. Ist der Einsatz eines zweiten Servicetechnikers vorteilhaft, wenn jeder nur 5 Maschinen betreut (2 getrennte Stützpunkte [M/M/1/5] mit je einem Warteraum von 5 Einheiten)?
c. Ist es vorteilhaft, zwei Einrichter einzusetzen, von denen beide die 10 Maschinen betreuen [M/M/2/20]?

Quellenverzeichnis

Literatur

Aggteleky, B.: Fabrikplanung, Bd. 1: Grundlagen, Zielplanung, Vorarbeiten. Hanser, München (1987)
Aggteleky, B.: Fabrikplanung, Bd. 2: Werksentwicklung und Betriebsrationalisierung, Hanser Verlag, München (1990)

Ahlert, K. H., Corsten, H., Gössinger, R.: Kapazitätsmanagement in auftragsorientierten Produktionsnetzwerken – Ein flexibilitätsorientierter Ansatz. In: Gunther, H.O., Mattfeld, D., Suhl, L (Hrsg.): Management logistischer Netzwerke, Physica-Verlag, Heidelberg (2007) (ISBN 978-3-7908-1920-5)

Arnold, D., Furmans, K.: Materialflusslehre in Logistik, 5. erweiterte Aufl., Springer, Berlin (1995) (ISBN 3-540-22800-4)

Barkawi, K., Baader, A., Montanus, S.: Erfolgreich mit After Sales Service, Springer Verlag, Berlin Heidelbberg New York (2006)

Barut, M., Sridharan, V.: Design and Evaluation of Dynamic Capacity Appointment Procedure, Eur. J. Oper. Res. **155**, S. 112–133, (2004)

Blatz, M., Kraus, K. J., Haghani, S.: Gestärkt aus der Krise, Springer, Berlin (2006) (ISBN 3-540-29416-3)

Beckmann, G., Marx, D.: Instandhaltung von Anlagen, 4. Stark überarbeitete Auflage, Deutscher Verlag für Grundstoffindustrie Stuttgart, (1994) (ISBN 3-342-00427-4)

Beichelt, F., Franken, P.: Zuverlässigkeit und Instandhaltung, Mathematische Methoden, Verlag Technik, Berlin (1985)

Benson, F., Cox, C. R.: The productivity of machines requiring attention at random intervals. J. R. Stat. Soc., Ser. B. **13**, S. 65-82, (1951)

Berten, B., Runge, W.: Analytische Modellierung von Instandhaltungsstrukturen als geschlossene Wartemodelle, Elektronische Informationsverarbeitung und Kybernetik EIK 16, H. 10-12, S. 621–634, (1980)

Bertsche, B., Lechner, G.: Zuverlässigkeit im Fahrzeugbau, 3. überarbeitete Auflage, Springer Heidelberg, (2004) (ISBN 3-540-20871-2)

Betge, P.: Investitionsplanung - Methoden, Modelle, Anwendungen-, 4. Aufl., Vahlen München (2000) (ISBN: 3-8006-2576-8)

Bickhoff, N., Blatz, M., Eilenberger, G., Haghani, S., Kraus, K.J.: Die Unternehmenskrise als Chance, Springer, Berlin (2004) (ISBN 3-540-21433)

Birolini, A.: Qualität und Zuverlässigkeit technischer Systeme, 3. Aufl., Springer, Heidelberg (1991) (ISBN 3-527-26890-1)

Birolini, A.: Zuverlässigkeit von Geräten und Systemen, Springer, Berlin 1997

Birolini, A.: Reliability Engineering, Theory and Practice, Springer, Berlin 1999

Blackwell, D.: A renewal theorem, in „Duke Mathematical Journal" 15, No. 1, S. 145–150, (1948)

Bronstein, I. N.; Semendjajew, K. A.: Taschenbuch der Mathematik, 7. Vollst. überabeitete u. ergänzte Auflage, Verlag Harry Deutsch, Thun (1995) (ISBN 3-519-20012-0)

Cachon, G. P.: Supply Chain Coordination with Contracts, de Kok AG, Graves S. C. (Hrsg.) Supply Chain Management: Design, Coordination and Operation, S. 229–339, Amsterdam, (2003)

Cox, R.: Erneuerungstheorie, Oldenbourg, München (1965)

Czichos, H., Habig, K. H.: Tribologie-Handbuch, Reibung und Verschleiß, Vieweg, Braunschweig-Wiesbaden (1992) (ISBN 3-528-06354-8)

Dück, W., Bliefernich, M.: Operationsforschung, Bd. 3, Deutscher Verlag der Wissenschaften, Berlin (1972)

Dubey, S. D.: On some Permissible Estimaters of Location Parameter of the Weibull and Certain Other Distributions. Technometrics, **9**(2), 293–307, (1967)

Dudek, G.: Collaborative Planning in Supply Chains, Springer, Berlin (2004)

Eichler, C. H.: Instandhaltungstechnik, Verlag Technik, Berlin (1991)

Ertogral, K., Wu, S. D.: Auction-theoretic Coordination of Production Planning in the Supply Chain, IIE Transactions **32**, 931–940, (2000)

Felscher, K.: Krisenursachen und rechnungsgestützte Früherkennung. Die Eignung ausgewählter Subsysteme des Rechnungswesens zur Diagnose von Gefährdungstatbeständen, Pfaffenweiler: CENTAURUS Verlagsgesellschaft (1988)

Gnedenko, B. V., Beljajew, J. K., Soloview, A. D., Franken, P.: Mathematische Methoden der Zuverlässigkeitstheorie, Bd. 1 und 2, Akademie-Verlag, Berlin (1968)

Gnilke, W.: Lebensdauerberechnung der Maschinenelemente, Hanser, München (1989)

Gross, D., Harris, C. M.: Fundamentals of Queuing Theory, 3. Aufl, Wiley, New York (1998)

Gross, D., Shortle, J. F., Thompson, J. M., Harris, C. M.: Fundamentals of Queuing Theory, 4. Aufl, Wiley, Hoboken (2008)

Günther, H.-O., Mattefeld, D. C., Suhl, L. (Hrsg.): Management logistischer Netzwerke, Physica-Verlag Heidelberg (2007) (ISBN: 978-7908-1920-5)

Grundig, G.: Fabrikplanung, Hanser Verlag, München (2009), 3. Auflage

Haase, J., Oertel, H.: Ein Beitrag zur Bestimmung optimaler Instandhaltungsmethoden, dargestellt am Beispiel ausgewählter Werkzeugmaschinen, Diss. A. TU Chemnitz, (1974)

Haase, J.: Instandhaltung flexibler Fertigungssysteme, Habilitationsschrift, TU Chemnitz (1987)

Hanke, H. J. (Hrsg.): Baugruppentechnologie der Elektronik; Leiterplatten, 1. Aufl, Verlag Technik, Berlin (1994)

Härtler, G.: Statistische Methoden für die Zuverlässigkeitsanalyse, Springer-Verlag, Heidelberg (1982)

Härtler, G. et al: Das Lebensdauernetz –Leitfaden zur grafischen Bestimmung von Zuverlässigkeitskenngrößen der Weibull-Verteilung, Deutsche Gesellschaft für Qualität e.V., (1995)

Haigh, J.: Probability Models, Springer, Berlin (2002)

Hartmann, E.H.: TPM - Effiziente Instandhaltung und Maschinenmanagement, by mi-Wirtschaftsbuch, Münchner Verlagsgruppe GmbH, München (2009) (ISBN-978-3-636-03088-7)

Helbing, K. W.: Handbuch Fabrikprojektierung, Springer Verlag, Düsseldorf (2009) (ISBN 978-3-642-01617-2)

Hillier, F. S., Liebermann, G. J.: Operation Research, Oldenburg, München (1997)

Horvath, P.: Target Costing, Schäffer Poeschel, Stuttgart (1993)

Kendall, D. G.: Stochastic processes occuring in the theory of queues and their analysis by the method of the imbedded Markov chain. In: The Annals Mathematicals Statistics **24** (1953), 338–354

Kilger, C., Reuter, R.: Collaborative Planning, Stadtler H., Kilger, C. (Hrsg.): Supply Chain Management and Advanced Planning, Concepts, Models, Software and Case Studies, 3. Aufl, S. 259–278, Springer, Berlin (2005)

Kettner, H., Schmidt, J., Greim, H. R.: Leitfaden der systematischen Fabrikplanung, Hanser, München (1984) (ISBN: 3-446-13825-0)

Kozniewska, I.: Die Erneuerungstheorie, Verlag Die Wirtschaft, Berlin (1969)

Kutulla, M.: Wasserhaushaltsgesetz. Kommentar, 2. Aufl, Verlag Kohlhammer, Stuttgart (2011)

Kühlmeyer, M.: Statistik für Ingenieure, Springer-Verlag, Heidelberg-New York (2001)(ISBN 3-540-41097-x)

Lauenstein, G., Renger, G., Novotnick, E.: Instandhaltungsstrategien für Maschinen und Anlagen –Grundlagen und Verfahren für ihre Optimierung, Linde, Berlin (1993) (ISBN 3-910205-29-1)

Little, J. D. C.: A Proof of the Queuing Formula L = λ W. Operations Res. **9**, 383–387 (1961) (http://www.jstor.org/pss/167570)

Lueger, O.: Lexikon der gesamten Technik und ihrer Hilfswissenschaften, Bd. 4, Dt. Verlags-Anstalt, Stuttgart (1906) (Erscheinungszeitraum 1904 – 1914)

Luczak, H.: Institut für Arbeitswissenschaften der RWTH Aachen „*Arbeitsbereicherung durch Reintegration von Instandhaltungsaufgaben*", Abschlussbericht des Leitvorhabens 01 HH 393/0, 09-1997

Macharzina, K.: Unternehmensführung, Gabler Verlag Wiesbaden (1999)

MacKie-Mason, J.K.: Generalized Vickrey Auctions, Working Paper, Department of Economics University of Michigan, Ann Arbor (1994)

Mauri A. G.: Yield management and perception of fairness in the hotel business, International Review of Economics, Springer, Vol. 54, No. 2, p. 284–293, 2007

Maglaras, C., Meissner, J.: Dynamic Pricing Strategies for Multi-Product Revenue Management Problems. MSOM 2006 in: Manufacturing and Service Operations Management (MSOM), Vol. 8, No. 2, p. 136–148, Springer, Berlin (2006)

MacKie-Mason, J. K.: Generalized Vickrey Auctions, Working Paper, Department of Economics University of Michigan, Ann Arbor (1994)

Müller, R., Schwarz, E.: Zuverlässigkeitsmanagement, Siemens AG, (1994) (ISBN: 3-8009-4175-9)

Nestler, H.: Methoden zur Bestimmung der Raumgröße und Raumausnutzung von Fertigungswerkstätten, Dissertation, TH Hannover, (1968)

Niemann, K.: Präventive Instandhaltung von Spritzgießmaschinen, 2. durchgesehene Aufl. Hüthig, Heidelberg (1992)

O'Conner, D. D. T.: Zuverlässigkeitstechnik, VCH Verlagsgesellschaft, Weinheim (1990) (ISBN 3-527-26890-1)

O'Conner, D. D. T.: Reliability Engineering, Theory and Practice, 3. Edn, Springer-Verlag, Berlin (1999) (ISBN 3-527-26890-1)

Ottmann, Th.; Widmayer, P.: Algorithmen und Datenstrukturen, 4. Auflage, Spektrum Akademischer Verlag, Heidelberg 2002

Plate, E.: Hydrologische Planungsgrundlagen, In: 1. Grundlehrgang in Hydrologie, Karlsruhe, Statistik und Wahrscheinlichkeitsrechnung für Bau-, Umwelt- und Geomatik-Ingenieure, S. 2004 ff., (1979)

Rassenti, S. J., Smith, V. L., Bulfin, R. L.: A Combinatorial Auction Mechanism for Airport time Slot Allocation. Bell. J. Econ. **13**, 402–417 (1982)

Raunik, G.: Schwingungsmessungen an Elektromotoren -Wälzlager- und Schwingungsdiagnose an Nebenanlagen eines Wärmekraftwerkes zur Optimierung des Messaufwandes als Unterstützung der zustandsorientierten Instandhaltung und zur Erhöhung der Verfügbarkeit der Aggregate, Diplomarbeit, HS Lausitz, Senftenberg (2005)

Reichelt, C.: Rechnerische Ermittlung der Kenngrößen der Weibull-Verteilung, Fortschrittsberichte VDI-Z., Reihe 1 Nr. 56, (1978)

Reinhart, G., et al.: Innovative Prozesse und Systeme – Der Weg zu Flexibilität und Wandlungsfähigkeit. In: Milberg, J.; Reinhart, G (Hrsg.): Mit Schwung und Aufschwung, Münchner Kolloquium '97 Landsberg/Lech: MI, (1997)

Reinhart, G.: Im Denken und Handeln wandeln. In: Reinhardt, G. (Hrsg.): Tagungsband Münchener Kolloquium 2000, München (2000)

Rockstroh, W.: Die technologische Betriebsprojektierung, Bd. 1: Grundlagen und Methoden der Projektierung, Verlag Technik, Berlin (1977)

Rockstroh, W.: Die technologische Betriebsprojektierung, Bd. 2: Projektierung von Fertigungsstätten Verlag Technik, Berlin (1978)

Muhs, D., Wittel, H., Jannasch, D., Voßiek, J.: Roloff/Matek: Maschinenelemente, Normung, Berechnung, Gestaltung, 13. überarbeitete Aufl., Vieweg, Wiesbaden (1998) (ISBN: 978-3-8348-0262-0)

Ruthenberg, R., Frischkron, H., Wilschek, R.: Gewinn steigernde Instandhaltung, Verlag TÜV, Rheinland e.V. (1990)

Sachs, L.: Angewandte Statistik, 7. Aufl., Springer-Verlag, Berlin (1992)

Sachs, L.: Angewandte Statistik, 12. Aufl., Springer-Verlag, Berlin (2006) (ISBN 3-540-32160-6)

Scheel, W.: (Hrsg.): Baugruppentechnologie der Elektronik, Montage, 2. Aufl., Verlag Technik, Berlin (1999)

Schenk, M., Wirth, S.: Fabrikplanung und Fabrikbetrieb, Methoden für die wandlungsfähige und vernetzte Fabrik, Springer, Berlin (2004) (ISBN 3-540-20423-7)

Schlittgen, R.: Einführung in die Statistik, 9. Aufl., Wissenschaftsverlag, Oldenbourg (2000)

Schmenner, R. W.: Every Factory has a Life Cycle, Harvard Business Review, März-April 93, S. 121–129

Schmidtke, H.: Ergonomie, Hanser, München (1993) (ISBN 3-446-16440-5)

Schuh, G., Harre, J., Gotschalk, S., Kampker, A.: Design for a Chaineability –Das richtige Maß an Wandlungsfähigkeit finden, In: Werkstatttechnik, Jg. 94 H.4, S. 100–106, Springer Verlag, Düsseldorf (2004)

Schulz, W.: Parameterschätzung und Stichprobenplanung in Weibull-Verteilungen, Dissertation A, TU Magdeburg (1981)

Siegel, S.: Nichtparametrische statistische Methoden, Verlag D. Klotz, Eschborn b. Frankfurt a. M. (2001)

Sihn, W.: Ein Informationssystem für Instandhaltungsleitstellen, Springer Berlin-Heidelberg, New York (1992)

Spur, G.: Fabrikbetrieb, Hanser Verlag München Wien (1994)

Stoyan, D.: Qualitative Eigenschaften und Abschätzungen stochastischer Modelle, Akademie-Verlag Berlin (1978)

Strunz, M.: Dimensionierung von Instandhaltungswerkstätten, Dissertation A, TU Chemnitz (Fakultät für Betriebswissenschaften und Fabriksysteme) (1990)

Strunz M.: Reorganisation von Instandhaltungsstrukturen, Werkstattstechnik, 90 Heft. 9, S. 365–369, wt Produktion und Management, Springer-Verlag, Düsseldorf (2000)

Strunz M.: Neuansatz zur ressourcenschonenden Planung von Fabrikstandorten unter Berücksichtigung vorgenutzter Industrieflächen, Werkstattstechnik, 91 Heft 11 S. 713–718, wt Produktion und Management, Springer-Verlag, (2001)

Strunz, M.: Optimierung von Dienstleistungsstrukturen m. H. mathematischer Modelle, Vortrag anlässlich der Wissenschaftstage der HS Lausitz am 6. und 7.10.2005

Strunz M.: Erhöhung der Wettbewerbsfähigkeit durch Optimierung produktionsnaher Dienstleistungsstrukturen, Fachtagung: Strategien für ganzheitliche Produktion in Netzen und Clustern, Tage des Betriebs- und Systemingenieurs TBI/05, Tagungsband S. 107–113, TU Chemnitz (2005)

Strunz, M., Glück, B. K.: Bedarfsanalyse für externe Dienstleistungen auf dem Gebiet der technischen Betriebsführung von ver- und entsorgungstechnischen Anlagen in Solarfabriken, insbesondere in der Region Berlin-Brandenburg (qualitative und quantitative Aussagen für einen Zeitraum von 5 Jahren, Abschlussbericht HS Lausitz, Senftenberg (2008)

Strunz, M., Glück, B.: Service and Network Organisation Tool (Wissenbasiertes Datenbanksystem SANOT 2.0), HS Lausitz 2009, Abschlussbericht (2009)

Strunz, M., Köchel, P.: Optimale Dimensionierung von Dienstleistungsstrukturen hilft Kosten senken, wt Werkstattstechnik - VDI-Zeitschrift für Produktion und Management, online Jahrgang 92 Heft 10, S. 548–551,Springer, Düsseldorf (2002)

Strunz, M., Nobis, M., Piesker, S.: Kompetenzzellenbasierte Optimierung von vernetzten Werkstattstrukturen, dargestellt am Beispiel der Aufarbeitung der Raupenkettenglieder in der Hauptwerkstatt „Schwarze Pumpe" der Vattenfall Europe Mining & Generation AG, Abschlussbericht HS Lausitz, Senftenberg (2006)

Strunz, M., Nobis, M., Piesker, S.: Projektierung einer Kompetenzzelle Radsatzaufarbeitung (RSA) in der Hauptwerkstatt „Schwarze Pumpe" der Vattenfall Europe Mining & Generation AG, Abschlussbericht HS Lausitz, Senftenberg (2006)

Strunz, M., Piesker, S.: Projektierung einer Kompetenzzelle zur Aufarbeitung von Eimerketten für Tagebaugroßgeräte in der Hauptwerkstatt „Schwarze Pumpe" der Vattenfall Europe Mining & Generation AG, Abschlussbericht HS Lausitz, Senftenberg (2007)

Strunz, M., Nobis, T: Kompetenzzellenbasierte Optimierung von robusten Werkstattstrukturen, dargestellt an ausgewählten Beispielen der Hauptwerkstatt Schwarze Pumpe der Vattenfall Europe Mining – Umsetzung moderner Fabrikkonzepte mit Zukunft, 13. Tage des Betriebs- und Systemingenieurs, 2. Symposium: Wandlungsfähige Produktionssysteme am 13.11. 08, Tagungsband S. 261–272, TU Chemnitz, (2008) (ISSN 0947-2495)

Strunz, M.: Optimale Strukturierung und Dimensionierung von Kompetenzzellen in robusten Produktionssystemen, dargestellt an ausgewählten Beispielen der Metallverarbeitung. Kolloquium „Fabrikentwicklung und Produktionssystemoptimierung im Metall verarbeitenden Gewerbe und in der Solarindustrie der Region" am 19.10.08, Tagungsband S. 4–13, HS Lausitz, Senftenberg (2008)

Strunz, M. et al: Analyse und Optimierung der Pumpenaufarbeitung in der HW „Schwarze Pumpe" der Vattenfall Europe Mining AG, Abschlussbericht, HS Lausitz, Senftenberg (2008)

Strunz, M.: Kompetenzzellen-Netzwerke: Unternehmerischer Erfolgsfaktor und strategische Waffe Ein Fabrikmodell mit Zukunft, ZWF Jg. 103 1–2, S. 65–70, Hanser Verlag, München 2008

Strunz, M.: Abschlussbericht, Brandenburgisches Impulsnetzwerk „Energieeffizienter Schmelzbetrieb"HS Lausitz/Ortrander Eisenhütte, Senftenberg (2010)

Tanner, M.: Practical Queuing Analysis, McGraw-Hill Book Company (1995)

Teich, T. (Hrsg.): Hierarchielose regionale Netzwerke, Verlag der Ges. für Unternehmensrechnung und Controlling m. b. H. Chemnitz, (2001)

Teich, T.: Extended Value Chain Management – ein Konzept zur Koordination von Wertschöpfungsnetzen, Hab. TU Chemnitz, (2002)

Vickrey, W.: Counter speculation, Auctions and Competitive Sealed Tenders, J. Financ. **16**, S. 37–51 (1961)

WEKA Katalog Handbuch Instandhaltung WEKA Media GmbH Co KG, www.weka de

WEKA Katalog Fachkraft für Arbeitssicherheit Verlag WEKA Media GmbH Co KG (www.weka de)

Westkämper, E.: Die Wandlungsfähigkeit von Unternehmen, wt Werkstattstechnik 89, H. 4, S. 131–139, Springer, Düsseldorf (1999)

Westkämper, E., Zahn, E., Balve, B., Tilebein, M.: Ansätze zur Wandlungsfähigkeit von Produktionsunternehmen, wt Werkstattstechnik 90, H. 1/2, S. 22–26, Springer, Düsseldorf (2000)

Wilker, H.: Weibull-Statistik in der Praxis, - Leitfaden zur Zuverlässigkeitsermittlung technischer Produkte, Books on Demand GmbH, Norderstedt (2004)

Wirth, S.: Der kompetenzzellenbasierte Vernetzungsansatz für Produktion und Dienstleistung, In: Hierarchielose Regionale Produktionsnetzwerke (Hrsg. Teich, T.), S. 9–16, Verl. Ges. f. Unternehmensrechnung und Controlling m.b.H., Chemnitz (2001)

Wirth, S.: Entwicklungsetappen wandlungsfähiger Produktions-, Kooperations- und Fabrikstrukturen, ZWF **98**(1–2), S. 11–16 (2003)

Wirth, S., Zeidler, H.: Bausteine der Technologischen Betriebsprojektierung und ihre Schnittparameter, Diss. B, TU Dresden (1975)

Wiendahl, H. P., Scheffczyk, H.: Wandlungsfähige Fabrikstrukturen, Werkstattstechnik 88, H. 4, S. 171–175, Springer Verlag, Düsseldorf (1998)

Wiendahl, H. P., Reichhardt, J., Hyhuis, P.: Handbuch Fabrikplanung, Hanser Verlag, München 2009

Woithe, G.: Wissensspeicher für Technologen, Verlag Technik, Berlin (1986)

Wojda, F., Waldner, B.: Neue Formen der Arbeit und Arbeitsorganisation, in: Wojda, F. (Hrsg.): Innovative Organisationsformen, Schäffer-Poeschel, Stuttgart (2000)

Zahn, E.: Führungskonzepte im Wandel, Bullinger H. - J., Warnecke, H. - J.: Neue Organisationsformen im Unternehmen, Schäffer-Poeschel, Stuttgart (1996)

Zeidler, E. (Hrsg.): Taschenbuch der Mathematik, begründet v. I. N. Bronstein, K. A. Semendjajew, Teubner, Stuttgart-Leipzig-Wiesbaden (2003)

Zimmermann, H.-J.: Operations Research. Methoden und Modelle. 2. Auflage, Vieweg, Wiesbaden (2008)

Anononym: Schwere Lasten - leicht gehoben, Broschüre des Bayerischen DES Staatsministeriums für Arbeit und Sozialordnung, Familie, Frauen und Gesundheit (1993)

Internetquellen

www.aubi-plus.de/berufsbilder/berufsbild.html?B_ID=421 (18.06.11)

www.jstor.org/pss/167570 (19.6.11)

wirtschaftslexikon.gabler.de/Definition/yield-management.html (21.06.2011)

www.meiss.com/download/RM-Maglaras-Meissner.pdf (21.06.11)

www.bge.de/asp/dms.asp?url=zh/z28/3.htm (21.06.11)

www.arsmartialis.com/index.html?name=http://www.arsmartialis.com/technik/laenge/laenge.html (21.06.11)

www.vmbg.de/fileadmin/user_upload/Schwerpunkte/Schwerpunkt_Alleinarbeit_Dezember_2009.pdf (21.06.11)

www.gefaehrdungsbeurteilung.de/de/gefaehrdungsfaktoren/mechanisch/ungeschuetzte_
bewegtemaschinenteile/vorlagen/abb_1.1-4.pdf (21.06.11)
www.oc-praktikum.de/de/articles/pdf/SolventRecyclingDisposal_de.pdf (21.06.11)
www.oc-praktikum.de/de/articles/pdf/SolventRecyclingDisposal_de.pdf (21.06.11)
www.gefaehrdungsbeurteilung.de/de/gefaehrdungsfaktoren/mechanisch/ungeschuetzte_bewegte_
maschinenteile/vorlagen/abb_1.1-4.pdf (27.09.2011)
http://arbmed.med.uni-rostock.de/lehrbrief/arbphys.htm#Erschoepf(27.09.2011)

Normen und Gesetze

Arbeitsschutzgesetz (ArbSchG):Gesetz über die Durchführung von Maßnahmen des Arbeitsschut-
zes zur Verbesserung der Sicherheit und des Gesundheitsschutzes der Beschäftigten bei der
Arbeit vom 7.8.1996 (BGBl. I S. 1246) Inkrafttreten am: 21.08.1996, letzte Änderungen: Art.
15 Abs. 89 G vom 5.2.2009 (BGBl. I S. 160, 270), 12.2.2009 (Art. 17 G vom 5.2.2009)
Arbeitsstättenverordnung (ArbStättV): Verordnung über Arbeitsstätten (BGBl. I S. 729) vom
20.03.1975 letzte Fassung vom 12. August 2004 (BGBl. I S. 2179) letzte Änderung Art. 4
VO vom 19. 7. 2010 (BGBl. I S. 960, 965 ff.)
Betriebssicherheitsverordnung (BtrSichV): Verordnung über Sicherheit und Gesundheitsschutz bei
der Bereitstellung von Arbeitsmitteln und deren Benutzung bei der Arbeit, über Sicherheit
beim Betrieb überwachungsbedürftiger Anlagen und über die Organisation des betrieblichen
Arbeitsschutzes vom 27.09.2002 (BGBl. I S. 3777), letzte Änderung Art. 5 Abs. 7 VO vom
26.11.2010 (BGBl. I S. 1643, 1691), letzte Änderung: 1.12. 2010 (Art. 6 VO vom 26. 11.2010)
Bildschirmarbeitsverordnung (BildscharbV): Verordnung über Sicherheit und Gesundheitsschutz
bei der Arbeit an Bildschirmgeräten vom 4.12.1996, (BGBl. I S. 1841, 1843 ff.), letzte Änderung
Art. 7 VO vom 18.12.2008 (BGBl. I S. 2768, 2777 f.)
Lärm- und Vibrations-Arbeitsschutzverordnung (LärmVibrationsArbSchV): Verordnung zum
Schutz der Beschäftigten vor Gefährdungen durch Lärm und Vibrationen Kurztitel: Lärm-
und Vibrations-Arbeitsschutzverordnung vom 06.03.2007 (BGBl. I S. 261) Inkrafttreten am:
9.3.2007, letzte Änderung Art. 3 VO vom 19.07.2010 (BGBl. I S. 964)
Lastenhandhabungsverordnung (LasthandhabV): Verordnung über Sicherheit und Gesundheits-
schutz bei der manuellen Handhabung von Lasten bei der Arbeit vom 4. Dezember 1996 (BGBl.
I S. 1841 f.) Inkrafttreten am: 20.12.1996, letzte Änderung Art. 436 VO vom 31.10.2006 (BGBl.
I S. 2407, 2463)
PSA-Benutzungsverordnung (PSA-BV): Verordnung über Sicherheit und Gesundheitsschutz bei
der Benutzung persönlicher Schutzausrüstungen bei der Arbeit (Artikel 1 der Verordnung zur
Umsetzung von EG-Einzelrichtlinien zur EG-Rahmenrichtlinie Arbeitsschutz), Inkrafttreten am
20.12.1996, Ausfertigungsdatum: 4.12.1996 (BGBl I 1996, S. 1841)

Kapitel 8
Organisationsstrukturen von Instandhaltungsbereichen im Unternehmen

Zielsetzung Nach diesem Kapitel kennen Sie

- die grundlegenden Organisationstypen von Instandhaltungswerkstätten,
- die Problematik der prinzipiellen Anforderungen an eine zweckmäßige Organisationsstruktur der Instandhaltung,
- die grundsätzlichen Aufgabencluster und Prinzipien der Vergabe von Instandhaltungsaufträgen nach außen,
- die Grundregeln der Ablaufplanung, Durchführung und Abrechnung von Instandhaltungsprojekten,
- die Prinzipien der personellen Besetzung von Instandhaltungsarbeitsplätzen,
- die Grundregeln zur Gestaltung von Dienstleistungsverträgen.

8.1 Ziele und Prinzipien der Organisationsgestaltung in der Instandhaltung

8.1.1 Ziel der Aufbauorganisation

Das Ziel der Organisationsgestaltung besteht in der Schaffung einer effizienten Aufbau- und Ablauforganisation, die die Erreichung der Unternehmensziele effektiv unterstützt und das Unternehmen im Rahmen der Haftungsabwehr gegen ungerechtfertigte Ansprüche Dritter weitestgehend schützt. Dies erfordert eine deutlich erkennbare und nachvollziehbare Zuordnung der Verantwortlichkeiten für alle notwendigen Aktivitäten.

Da die Instandhaltung insbesondere auch weite Bereiche der Arbeitssicherheit und des Umweltschutzes umfasst, liegt der Schwerpunkt der Anforderungen auch im Bereich der Instandhaltung. Gründe sind die größeren Sicherheitsrisiken, die aus dem erhöhten Gefahrenpotenzial der instandhaltungstechnologischen Abläufe resultieren. Die vielfältigen Instandhaltungsarbeiten sind im Vergleich zu den konventionellen Abläufen der Fertigung häufig mit erhöhten Sicherheitsrisiken behaftet. So werden

M. Strunz, *Instandhaltung*,
DOI 10.1007/978-3-642-27390-2_8, © Springer-Verlag Berlin Heidelberg 2012

z. B. Behälter und Hohlräume an schwer zugänglichen Stellen geöffnet und betreten. Auch die Arbeit an stromführenden Anlagen unterliegt hohen sicherheitstechnischen Anforderungen. I. d. R werden stromführende Anlagen abgeschaltet, wodurch gleichzeitig meist auch die technische Funktionalität eliminiert wird. Bei der Anschaltung des Stroms ist auf die Sicherheit des Personals zu achten.

Die bei allen Arbeiten entstehenden Sicherheitsrisiken müssen bewertet und durch eine geeignete Organisation weitestgehend kompensiert werden.

8.1.2 Prinzipien einer effizienten Instandhaltungsaufbauorganisation

Die Komplexität der unternehmensbedingten Einflussfaktoren und die stark unterschiedlichen Unternehmenszielstellungen gestatten keine Festlegung von generell zu empfehlenden Einheitsstrukturen. Prinzipiell stehen die Erfordernisse des jeweiligen Unternehmens im Vordergrund.

Bei der Organisationsgestaltung gilt der Fabrikplanungsgrundsatz: *„So viel Organisation (und damit Reglementierung) wie notwendig, so wenig Organisation wie möglich".*

Die Instandhaltungsorganisation hat die Aufgabe, die unternehmerische Gesamtzielstellung zu unterstützen. Wenn die Geschäftsleitung beispielsweise beschlossen hat, Ersatzteile generell bei Bedarf zu bestellen und über 24-Stunden-Lieferverträge die Verfügbarkeit zu sichern, wird kein spezieller Maschinenpark zur Ersatzteilherstellung und dementsprechend auch keine Arbeitsvorbereitung und –planung benötigt.

Da die Wirtschaftlichkeit des Gesamtunternehmens im Vordergrund steht, macht es wenig Sinn, ausgefallene Maschinen aufwändig instand zu setzen (und diese Instandsetzung zu organisieren), wenn eine Neuanschaffung wirtschaftlicher wäre.

Bei der Entwicklung der Organisationsstrukturen ist ein Übermaß an organisatorischen Regelungen zu vermeiden, weil dadurch die Flexibilität der Instandhaltung erheblich eingeschränkt wird. Andererseits verursachen Mängel in der Organisation chaotische Zustände, die kontraproduktiv sind meist nur mit erheblichen Mehrkosten zu beherrschen sind. Wegen der damit verbundenen unsauberen Verantwortungsabgrenzung ergeben sich erhebliche Probleme, insbesondere bei der Klärung von Haftungsansprüchen. Prinzipiell gilt bei der Organisationsgestaltung daher der Grundsatz: *„So viel Organisation (und damit Reglementierung) wie notwendig, so wenig Organisation wie möglich".*

Instandhaltungsaufgaben werden in Haupt- und Nebenaufgaben (-gewerke) unterteilt. Dabei sind prinzipiell Prioritäten zu setzen, die am Algorithmus zur Ermittlung der optimalen Instandhaltungsmethode zu orientieren sind (Abb. 6.27).

Strukturelle Merkmalsgruppe			
Anzahl der Hierarchien	> 3	3	2	≤ 2
Standortverteilung der Instandhaltungskapazitäten	Zentraler Standort	Verschiedene Standorte	Keine Kapazität
Kompetenzzuordnung	Gesamte Kompetenz (Informationen und alle Qualifikationen/Gewerke zentralisiert)		Teilkompetenzen (Spezialwissen, spezielle Qualifikation)
Personelle Merkmalsgruppe			
Einsatzort	Gesamte Fabrik	Bereich/Segment	Abteilung/ Kompetenzzelle
Objektumfang	Alle Objekte	Objektgruppe	Einzelobjekt
Aufgabenspektrum	Alle Instandhaltungsaufgaben	Eingeengtes Aufgabenspektrum (hohe Qualifikation)	Eingeengtes Aufgabenspektrum (niedrige Qualifikation)

Abb. 8.1 Merkmalscluster der verschiedenen Organisationsformen. (Eigene Darstellung i. Anl. an Luczak, H. 1997)

8.1.3 Organisationsmodelle

8.1.3.1 Grundlegende Organisationsformen

Instandhaltungsabteilungen können in unterschiedlichen Formen organisiert sein. I. Allg. existieren vier Grundmodelle (s. Abb. 8.1):

1. Zentrale Instandhaltung
2. Dezentrale Instandhaltung:

   - ortsbezogene Instandhaltung
   - aufgabenbezogene Instandhaltung
   - objektbezogene Instandhaltung

3. Integrierte Instandhaltung
4. Instandhaltung durch externe Dienstleister (Fremdinstandhaltung)

Es handelt sich dabei um theoretische Ansätze, die man in der Praxis in dieser reinen Form selten vorfindet. In den meisten Fällen dominieren Mischformen in unterschiedlichen Ausprägungen. Meist übernimmt eine „Zentrale Instandhaltung" die Koordinierungsfunktion. Die verschiedenen Organisationsformen können auch nebeneinander existieren.

Jede Organisationsform weist Merkmale auf, die grob in zwei Merkmalsgruppen eingeteilt werden können (s. Abb. 8.1). Kennzeichnend für die Instandhaltungsorganisation der ersten Gruppe sind Merkmale struktureller und für die zweite Gruppe personeller Art.

Zu den charakteristischen strukturellen Merkmalen zählen „Anzahl der Hierarchieebenen", „Standort" sowie „Kompetenzzuordnung" (einschließlich Qualifikationsniveau). Die Anzahl der Hierarchieebenen gibt Hinweise über mögliche strukturelle Auswirkungen von Integrationsbestrebungen.

Die Merkmale „Einsatzort", „Objektumfang" und „Aufgabenspektrum" charakterisieren den personellen Cluster. Die Merkmalsart „Arbeitsort" charakterisieren die Rubriken „Gesamtbetrieb/Fabrik", „Bereich/Segment" und „Abteilung/Kompetenzzelle". Das Merkmal „Objektumfang" unterscheidet sich durch den Betreuungsumfang „Alle Objekte" und „Objektgruppe" (z. B. Werkzeugmaschinen, CNC-Maschinen eines bestimmten Herstellers, hydraulische Pressen bis 100 KN), sowie „Einzelobjekt", z. B. hydraulische Presse 100 KN Ident-Nr. 12345, Kunststoffspritzgießautomat 2500 KN. Das Merkmal „Aufgabenspektrum" lässt sich grob durch die Ausprägungen „Alle Instandhaltungsaufgaben[1]" und „Eingeengtes Aufgabenspektrum mit hohem Qualifikationsbedarf" bzw. „Eingeengtes Aufgabenspektrum mit niedrigem Qualifikationsbedarf" charakterisieren.

8.1.3.2   Zentrale Instandhaltung

Im Zuge der in der Vergangenheit verfolgten stärkeren Arbeitsteilung in der Produktion (Taylorismus) entstanden vermehrt zentral organisierte Instandhaltungsstrukturen, die alle Instandhaltungsaufgaben für das Gesamtunternehmen organisierten. Es gab eine klare Aufgabentrennung zwischen Produktion und Instandhaltung. Vom Produktionspersonal wurden ausschließlich Produktionsaufgaben wahrgenommen. Der Instandhalter führte die Instandhaltungsaufgaben aus.

Zentrale Instandhaltungswerkstätten sind hierarchisch aufgebaut und in die Ebenen Management, Meister, Vorarbeiter und Instandhalter gegliedert. Je nach Aufgabenspektrum, das branchenspezifisch unterschiedlich ist, werden Unterabteilungen gebildet, die auf spezielle Objekte oder Aufgaben spezialisiert sind, z. B. Elektrik/Elektronik, Mechanik, Schweißerei, Schlosserei/Klempnerei usw. Die einzelnen Instandhalter führen in einer zentral geführten Instandhaltungswerkstatt alle Aufgaben ihres Fachgebietes an allen Instandhaltungsobjekten durch. Die Einordnung der „Zentralen Instandhaltung" in die Morphologie zeigt Abb. 8.2. Die „Zentrale Instandhaltung" gilt als die klassische Organisationsform.

Entscheidende Nachteile zentral geführter Instandhaltungsstrukturen sind:

1. die geringe Flexibilität,
2. hohe Fixkosten,
3. eine ungleichmäßige und ungenügende Auslastung der personellen Ressourcen,
4. hoher Planungsaufwand.

---

[1] i. d. R. koordiniert die Zentrale Instandhaltung auch die Fremdvergabe von Instandhaltungsleistungen.

Abb. 8.2 Idealtypische
Beschreibung der
Organisationsform „Zentrale
Instandhaltung"

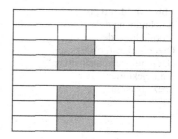

Abb. 8.3 Idealtypische
Beschreibung der
Organisationsform
„Dezentrale Instandhaltung"
mit ortbezogener
Aufgabenspezialisierung

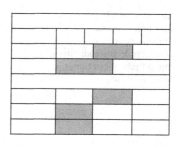

Außerdem ergeben sich hohe Stillstandskosten und Verluste beim Leistungsempfänger infolge hoher Wartezeiten auf Instandhaltung bei plötzlichen Anlagenausfällen.

8.1.3.3 Dezentrale Instandhaltung

Mit einer Dezentralisierung der Instandhaltung verfolgen Unternehmen unterschiedliche Ziele. Im Vordergrund stehen Finanz- und Kostenziele. Insbesondere versuchen die Unternehmen durch dezentralisierte Organisationsformen Verluste zu vermeiden und Einsparpotenziale zu erschließen.

1. *Ortbezogene Dezentralisierung*
   Bei der ortbezogenen dezentralen Instandhaltung wird einem Produktionsbereich eine Instandhaltungswerkstatt (Stützpunkt) zugeordnet. Dabei besteht die Möglichkeit, die Instandhaltung organisatorisch vollständig in die Produktion zu integrieren. Der Produktionsmanager ist dann gleichzeitig Instandhaltungsmanager. Vom Instandhaltungsstützpunkt aus werden die Instandhalter bedarfsweise operativ tätig. Dazu müssen in den Stützpunkten alle für die Durchführung der im zugeordneten Produktionsbereich anfallenden Instandhaltungsaufgaben notwendigen Gewerke (Elektriker, Schlosser usw.) zur Verfügung stehen. Der Unterschied zur zentralen Instandhaltung besteht darin, dass in einem Instandhaltungsstützpunkt partiell Spezialwissen erforderlich ist (Abb. 8.3).
   Komplexe Instandhaltungsvorhaben, wie z. B. Verbesserungen oder Grundinstandsetzungen mit oder ohne Verbesserungen, werden in der Praxis meist von der „Zentralen Instandhaltung" realisiert oder an externe Dienstleister vergeben. Beispielsweise können Fehler in der Hard- oder Software elektronischer Steuerungen

Abb. 8.4 Idealtypische
Beschreibung der
Morphologie der
Organisationsform
„Dezentrale Instandhaltung"
mit objektorientierter
Spezialisierung

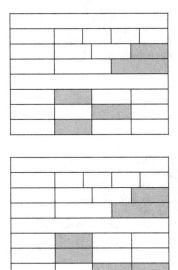

Abb. 8.5 Idealtypische
Beschreibung der
Organisationsform
„Dezentrale Instandhaltung"
mit aufgabenorientierter
Spezialisierung

i. d. R. nur von externen Dienstleistern behoben werden. Es handelt sich dabei um Tätigkeiten, die zwar nicht häufig sind, aber ein hohes Maß an Spezialwissen erfordern, sehr kostenintensiv sind, und daher nach außen vergeben werden. Aus Kostengründen kann das Unternehmen die Aufgaben eines Instandhaltungsstützpunkts beispielsweise auch in Form einer autonomen Einheit (Profitcenter) oder als Betreibermodell auch vollständig einer Fremdfirma übertragen, die sich lediglich strukturell in den Produktionsbereich integriert, aber juristisch selbstständig agiert.

2. *Objektorientierte Dezentralisierung*
   Bei der objektorientierten Dezentralisierung konzentrieren sich die Instandhalter auf konkrete Instandhaltungsobjekte, wie z. B. konventionelle Drehmaschinen oder CNC-Drehmaschinen, Getriebeinstandhaltung, Eimerkettenaufarbeitung usw. Instandhaltungsstützpunkte können als sogenannte Kompetenzzellen nahezu perfekt für eine optimale Instandhaltung organisiert werden. Analog zur ortbezogenen Dezentralisierung werden die „Kompetenzzellen" zentral gesteuert (Strunz und Piesker 2007) (Abb. 8.4).

3. *Aufgabenorientierte Dezentralisierung*
   Bei der aufgabenorientierten Dezentralisierung spezialisiert sich die Instandhaltung (einzelne Instandhalter oder –gruppen) auf bestimmte Instandhaltungsleistungen, z. B. Inspektion, Ölwechsel und/oder Reinigung. Dadurch lassen sich Fachgruppen bilden und deren Einsatz effizienter planen. Ein besonderes Kennzeichen der aufgabenorientierten Dezentralisierung ist ein Effektivitätsgewinn durch die Spezialisierung der Mitarbeiter. Ebenso wie bei der objektorientierten Dezentralisierung werden bei der aufgabenorientierten Dezentralisierung keine unterschiedlichen Werkstätten benötigt (Abb. 8.5).

Vergleichende Betrachtung der Dezentralisierungsansätze Mit den unterschiedlichen Dezentralisierungsansätzen lassen sich Rationalisierungspotentiale erschließen. Bei der objekt- und der aufgabenorientierten Dezentralisierung ergeben sich zwar keine wesentlichen Wegezeitvorteile, da sich die Wege nicht verkürzen. Allerdings können auf Grund der speziellen Orientierung auf Objekte und Aufgaben Effektivitätsvorteile infolge von Lerneffekten erzielt werden. Außerdem bietet das hohe Zustands- und Anlagenwissen die Möglichkeit, Fehlersuchzeiten, sowie Montage- und Demontagezeiten wesentlich zu reduzieren.

Die ortbezogene Instandhaltung hat gegenüber der objekt- und aufgabenorientierten Instandhaltung den Vorteil kurzer Wege. Da der Instandhalter vor Ort ist, ergeben sich bei Anlagenausfällen keine unproduktiven Stillstandszeiten infolge des Wartens auf das Eintreffen des Instandhalters.

Der Vorteil einer Spezialisierung von Instandhaltern auf Objekte oder bestimmte Aufgaben engt zwar das Aktionsspektrum ein, erhöht aber die Kompetenz auf Grund der festen Zuordnung von Instandhaltern zu einzelnen Objekten (z. B. Werkzeugmaschinen, Heizung/Be- und Entlüftungsanlagen u. dgl. m.) bzw. Aufgaben (z. B. Inspektion, Ölwechsel).

8.1.4 Ablauforganisation

Die Ablauforganisation umfasst die Planung, Steuerung und Gestaltung der Arbeitsinhalte sowie die reibungslose und unfallfreie Abwicklung der Arbeitsabläufe. Sie regelt somit das räumliche und zeitliche Zusammenspiel des Ressourceneinsatzes (Mensch, Maschine, Material, Hilfsstoffe, Energie) und des betrieblichen Informationsflusssystems zur Erfüllung der Instandhaltungsaufgaben. Ihre Operationalisierung schafft die Voraussetzungen für die notwendige Risikobewertung und personelle Zuordnung der Aufgaben. Die Auflauforganisation regelt die Beschreibung der arbeitsausführenden Stellen, deren qualifikationsgerechte Besetzung und die notwendige Koordination ihres Zusammenwirkens.

Einflussfaktoren auf die Ablauforganisation sind nach *Werner*:

1. **Strukturgrößen**, z. B. Funktionsverteilung, Stellengliederung, Art und Umfang der personen- bzw. stellengebundenen Aufgabenzuordnung
2. **Branchenspezifische Einflussgrößen**, z. B. branchentypische Anlagen, Ausrüstungen und Einsatzbedingungen (wie Banken, Lebensmittelindustrie, Krankenhäuser, u. a.)
3. **Strategische Einflussgrößen**, z. B. Firmenphilosophie, Objektprioritäten, Qualifikationsplan der betrieblichen Weiterbildung, Instandhaltungsstrategie
4. **Kapazitive Einflussgrößen**, z. B. vorhandene Arbeitskräfte (Qualifikation, Berufsgruppe), Höhe des Instandhaltungsbudgets, Arbeitsmittelausstattung in der Instandhaltung (z. B. Anzahl und Art der Diagnosemittel)
5. **Funktionelle Einflussgrößen**, z. B. Ausprägung und Beherrschung der Methoden und Verfahren zur Planung und Steuerung von Instandhaltungsmaßnahmen

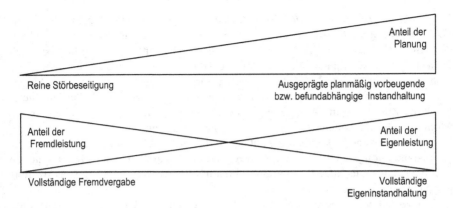

Abb. 8.6 Grad der Differenzierung von Instandhaltungsaufgaben

6. **Ablaufbezogene Einflussgrößen**, z. B. Arbeitsverfahren und -methoden zur Instandhaltungsdurchführung
7. **Ökonomische Einflussgrößen**, z. B. Instandhaltungskostenrechnung, Kostenstellenstruktur, Inventarisierung der Anlagen und Ausrüstungen
8. **Zeitliche Einflussgrößen**, z. B. Planzeiten in der Instandhaltung, Ausfallzeiten, Instandhaltungszyklen
9. **Gesetzliche Einflussgrößen**, z. B. Überwachungs- und Prüfanforderungen wie TÜV, DVGW u. a.; Gesetze und Technische Richtlinien für Instandhaltungsmaßnahmen wie Störfallverordnung, Druckbehälterverordnung u. a.
10. **Informationelle Einflussgrößen**, z. B. Verarbeitungsalgorithmen für Instandhaltungsdaten, Informationsmittel in der Instandhaltung wie Belege, DV-Systeme. Differenzierte Betrachtung

Die Vielfältigkeit und Komplexität der Einflussfaktoren in ihren Wechselwirkungen erfordern eine differenzierte und betriebsspezifische Betrachtungsweise bei der Organisationsentwicklung. Die unterschiedliche Intensität ihres Einflusses im Unternehmen zeigt die Variantenvielfalt der Ablaufvorgänge in der Instandhaltungsorganisation. Sie kann verschiedene Ausprägungsgrade annehmen (s. Abb. 8.6).

8.2   Fremdvergabe

Insbesondere für die kleinen und mittelständischen Unternehmen sind die richtigen Make-or-Buy-Entscheidungen im Rahmen der Unternehmensoptimierung von überlebenswichtiger Bedeutung (Luczak et al. 1994). Das allgemein breiter gewordene Dienstleistungsangebot auch in den Instandhaltungs- und Servicebereichen hat in den vergangenen Jahren den Wettbewerbsdruck massiv erhöht. Das hat dazu geführt, dass vermehrt Instandhaltungsleistungen nach außen vergeben werden, weil diese am globalen Markt kostengünstiger sind. Ziel ist die Verringerung der Fixkosten.

Bei der Fremdvergabe von Instandhaltungsleistungen muss das Unternehmen verantwortungsbewusst entscheiden, welche Einzelaufgaben oder Aufgabenkomplexe im Unternehmen verbleiben und welche nach außen an Dienstleister vergeben werden sollen (s. Tab. 8.1). Dabei stehen Kostenüberlegungen im Vordergrund der Entscheidungen. Darüber hinaus werden im Rahmen der Prüfungspflicht auch zulassungsrechtlich bedingte Vergabeentscheidungen getroffen.

Im Rahmen der Kostenoptimierung wird auch immer die Frage nach der Vergabe von vormals intern erbrachten Instandhaltungsleistungen nach außen nachgedacht (Outsourcing). Bei der Vorbereitung von Outsourcing-Entscheidungen[2] stellt sich immer die Frage nach den Kernkompetenzen. Auch die Ausgliederung bzw. Verselbstständigung einzelner Instandhaltungsabteilungen gewinnt zunehmend dort an Bedeutung, wo sich Kostenvorteile ergeben.

Fremddienstleister verfügen häufig über die notwendigen Kompetenzen, um spezielle Aufgaben zu übernehmen oder sie sind auf bestimmte Objekte spezialisiert. Diese Kompetenzvorteile nutzen zahlreiche Unternehmen, weil dadurch kostenaufwändige Investitionen und Personalausgaben beim vergebenden Unternehmen vermieden werden können. Das ist insbesondere für KMUs von Bedeutung, die es sich nicht leisten können, für spezielle Instandhaltungsaufgaben oder -objekte eigene Spezialisten auszubilden oder einzustellen und/oder umfangreiche Investitionen zu tätigen. Das Leistungsspektrum moderner zertifizierter Instandhaltungsdienstleister ist sehr umfangreich und geht teilweise über die Zuständigkeitsbereiche und Qualifikation interner Instandhaltungsbereiche weit hinaus.

Neben Wartungs-, Inspektions- und Instandsetzungsaufgaben bieten externe Instandhaltungsunternehmen vermehrt Leistungen wie Anlagenoptimierung und -verbesserung, Anlagenmontage und –demontage, umweltschutztechnische Entsorgungsleistungen sowie Leistungen im Rahmen der Prüfungs- und Zulassungspflicht an. Darüber hinaus werden vermehrt Beratungs- und Planungsleistungen im Rahmen der Anlagenplanung und -instandhaltung übernommen. Weitere Vergabegründe sind kurzfristig abzufedernde Belastungsspitzen sowie die Entlastung des eigenen Instandhaltungspersonals von Routinetätigkeiten (z. B. Ölwechsel, Reinigung).

Kostenvorteile ergeben sich für KMUs durch die gemeinsame Nutzung von Instandhaltungsressourcen im Netzwerk, was insbesondere bei der Vergabe von Ad-hoc-Aufträgen von Bedeutung ist (s. Kap. 7.9).

8.3 Make-or-Buy-Entscheidungen

Zahlreiche Aufgaben kann ein Unternehmen aus Wettbewerbs- und Kostengründen nicht ausgliedern, weil deren Bewertung nicht nur nach wirtschaftlichen, technologischen und qualitätstechnischen, sondern auch nach arbeitsschutztechnischen und genehmigungsrechtlichen Kriterien zu erfolgen hat. Tabelle 8.2 zeigt beispielhaft die grundlegende Vorgehensweise zur Bewertung der Fremdleistungswürdigkeit von Aufgaben der Anlageninstandhaltung.

---

[2] Outsourcing = Outside resource using.

Tab. 8.1 Fremdleistungswürdigkeit von Aufgaben der Anlagenwirtschaft

Arbeiten, die nicht ausgegliedert werden dürfen/sollten		Arbeiten, deren Zuordnung nach wirtschaftlichen Kriterien zu entscheiden ist		Arbeiten, die das Unternehmen nicht übernehmen darf/sollte	
Gesetzlich festgelegte Aufgaben als juristische Person	Tätigkeiten, die die Unternehmensziele entscheidend beeinflussen	Besondere Spezialisierung ist wirtschaftlicher	Arbeiten, die die Führung des Unternehmens wesentlich erleichtern	Tätigkeiten, die nicht zum Kernbereich des Unternehmens zählen	Arbeiten, die aus gesetzlichen Gründen nur von entsprechend zertifizierten Unternehmen ausgeführt werden können
Verantwortung für Arbeitssicherheit, Sicherheitstechnik, Umwelthaftung für das Anlageneigentum und im Rahmen der Arbeitsverträge	Planungskonzepte, Verträge, Qualitätssicherung der Instandhaltungsarbeiten, Instandhaltungsarbeiten als Auslastungsausgleich bei Anlagenstillständen (opportune Instandhaltungsstrategie)	Instandhaltungsarbeiten mit spezieller Qualifikation oder spezieller Ausrüstung, Arbeiten, die außerhalb der Arbeitszeit realisierbar sind	Einsparung von Arbeitsplätzen, Motivation des internen Instandhaltungsteams, Leistung und Qualität zu steigern	Gesundheitsüberwachung (z. B. in einem Maschinenbauunternehmen), Werkschutz, Facilitymanagement	Gesetzliche Überwachung

Tab. 8.2 Entscheidungskriterien Eigen- vs. Fremdinstandhaltung. (Specht und Mieke 2005)

Entscheidungskriterien	Begründung	Eigen-leistung	Fremd-leistung
1 Zeitmanagement			
1.1 Kann die Instandhaltungsmaßnahme ohne Unterbrechung der Produktion durchgeführt werden?			
1.2 Sind die zur Verfügung stehenden Ressourcen ausreichend?			
a) Personal			
b) Ausrüstungen			
2. Personalmanagement			
2.1 Verfügen die vorgesehenen Mitarbeiter über ausreichende Qualifikationen und Erfahrungen?			
2.2 Ergeben sich positive Auswirkungen auf die Auslastung und Motivation der Arbeitnehmer des Unternehmens?			
3. Qualitätsmanagement			
3.1 Ist das Management für das Projektgebiet			
a) qualifiziert			
b) zertifiziert?			
3.2 Gewährleisten alle notwendigen technischen Ausrüstungen und Methoden ein hohes Qualitätsniveau?			
3.3 Ist eine ordnungsgemäße Überwachung und Abnahme des Projekts gewährleistet?			
3.4 Können alle Forderungen vertraglich exakt vereinbart werden?			
4 Sicherheitsmanagement			
4.1 Werden alle Anforderungen an die Arbeitssicherheit erfüllt?			
4.2 Werden alle Anforderungen an die Umwelt- und Störfallsicherheit erfüllt?			
4.3 Werden alle sicherheitsrelevanten Informationen für die Erfüllung der Sorgfaltspflicht des Unternehmens erfasst?			
4.4 Wurden alle Restrisiken lückenlos erfasst und bewertet? Wurden Maßnahmen eingeleitet?			
5 Kostenmanagement (s. Tab. 8.3 Kostenvergleich bei Eigenmanagement und Fremdvergabe eines Instandhaltungsprojektes)			

Bei der Vorbereitung von Make-or-Buy-Entscheidungen sind folgende Gesichtspunkte zu beachten:

1. Die Instandhaltungsstrategie muss sich schnell an geänderte Produktionsbedingungen und Unternehmensziele anpassen können und sich sowohl als Eigenleister als auch als Koordinator der Fremdleistungen weitgehend an den Erfordernissen des betreuten Produktionsprozesses orientieren, um die geforderte Verfügbarkeit der Anlagen zu sichern.

2. Die am Markt angebotenen Dienstleistungen zur Aufrechterhaltung von Produktionsprozessen sind zu bewerten und so auszuwählen, dass komplizierte

Produktionsstrukturen strukturell entflochten und Verantwortlichkeiten eindeutig zugeordnet werden können.

3. Für nicht geplante Maßnahmen mit ungünstigen Auswirkungen auf den Produktionsprozess muss sich ein Unternehmen einen direkten und schnellen Zugriff auf ausreichende Instandhaltungsressourcen sichern, entweder innerhalb des Unternehmens oder auf permanent verfügbare Mitarbeiter eines Dienstleistungsunternehmens (Ad-hoc-Kapazitäten). Im Falle der internen Nutzung ist den Mitarbeitern ein Aufgabenpensum zuzuordnen, das eine kontinuierliche Auslastung sichert.

4. Es ist grundsätzlich zu prüfen, ob die Inanspruchnahme von Instandhaltungsdienstleistungen vorteilhaft ist. Instandhaltungsaufwendungen aus Dienstleistungsverträgen, die als Pauschalkosten, Festkosten oder über Stundenverrechnungssätze abgerechnet werden, können sofort den Betriebsausgaben zugeordnet und damit steuerlich abgesetzt werden.

5. Schäden und ihre Folgen wegen fehlerhafter Instandhaltungstätigkeit sind bei Dienstleistungen durch die Betriebshaftpflichtversicherung des Fremdunternehmens abgesichert.

6. Persönliche Motivation, Qualifikation und unternehmensspezifische Erfahrungen der Instandhalter (Spezialisten, beteiligtes Produktionspersonal) bestimmen wesentlich den Nutzen der Anlageninstandhaltung für das Unternehmen.

7. Alle Sorgfaltspflichten in der Organisation und Überwachung des Arbeits-, Gesundheits-, Brand- und Umweltschutzes müssen eindeutig und gesetzeskonform personengebunden festgelegt sein.

Für ein Unternehmen ist es zweckmäßig, die Entscheidung über Fremd- oder Eigeninstandhaltung für bestimmte Instandhaltungsprojekte bis zur direkten Vorbereitungsphase offen zu lassen, um sich verändernden Produktions- und Finanzbedingungen im Unternehmen anpassen zu können. In kritischen Fällen ist eine vergleichende Bewertung eines Instandhaltungsprojektes als Eigenleistung oder als Fremdleistung nach der folgenden Methodik zu empfehlen:

1. Beschreibung des Instandhaltungsprojekts

    a. Leistungsgegenstand
    b. Qualitätsanforderungen
    c. Sicherheitsanforderungen/Sicherheitsdokumentation in der Instandhaltung
    d. Kostenvorgaben

2. Vorgaben an das Projekt aus dem Produktionsprozess

    a. Zeitwerte
    b. Produktionsbedingungen während der Projektdurchführung
    c. Notwendige Sicherheitsmaßnahmen im Produktionsprozess/Dokumentation der Sicherheitsbedingungen
    d. Kontaktpersonen zur Produktion
    e. Sonstige Festlegungen

Tab. 8.3 Bewertung der Durchführbarkeit eines Instandhaltungsprojekts

Kostenart	Eigen- leistung	Fremd- vergabe
1. Löhne – für Instandhaltungsarbeiten im Projekt – für Vorbereitungs- und Abschlussarbeiten		
2. Materialkosten (Ersatzteile, Material, Schmierstoffe, Klein- und Normteile)		
3. Kosten für Betriebsmittel- und Betriebsstoffverbrauch während der Projektdurchführung (Energie, Druckluft, technische Gase, Schweißdraht, Löse- und Reinigungsmittel, usw.)		
4. Gemeinkosten des Instandhaltungsbereichs – für das Instandhaltungsmanagement – für Planungs- und Projektierungsleistungen – für Werkstätten und Ausrüstungen (Abschreibungs- und Zinskosten sowie Raum- und Energiegrundkosten) – für Qualitätssicherung und Sicherheitstechnik in der Instandhaltung – für Bereitschaft von Instandhaltungspersonal und Garantieleistungen – für Abschreibungen aus der Ersatzteilhaltung		
5. Gemeinkosten aus anderen Unternehmensbereichen, die dem Instandhaltungsbereich zugeordnet sind		
6. Verluste durch instandhaltungsbedingte Stillstände		
7. Sonstige Kosten in Verbindung mit der Instandhaltung		
8. Pauschalkosten für die Fremddienstleistungen und zusätzliche Leistungen Dritter		
Gesamtkosten		

3. Bewertung der Durchführbarkeit des Projektes nach Tab. 8.2.
4. Bewertung des Kostenmanagements im Projekt nach Tab. 8.3. Kostenbestandteile und Verluste, die sich in den beiden Lösungen stark unterscheiden, sind zu kalkulieren.

8.4 Anforderungen an eine zweckmäßige Organisationsstruktur in der Instandhaltung

8.4.1 Lösungsansätze in den KMU

In mittelständischen Unternehmen besteht vermehrt die Tendenz, die Instandhaltung zu integrieren und zu einem Management-Bereich auszubauen, der für alle Aufgaben verantwortlich ist und optimale Rahmenbedingungen für die Produktions- und Leistungsprozesse im Unternehmen sichert.

Die Anlageninstandhaltung eines Unternehmens ist ein Konglomerat von organisatorischen Einzelaufgaben. Als Bestandteil der Prozesskette leistet die Instandhaltung Dienste am Prozess, indem sie die notwendige Verfügbarkeit der Prozessstrukturelemente sichert. Voraussetzung ist eine Instandhaltungsstruktur, die in der Lage ist, die situationsgetriebenen Produktionsabläufe entsprechend flexibel und effektiv

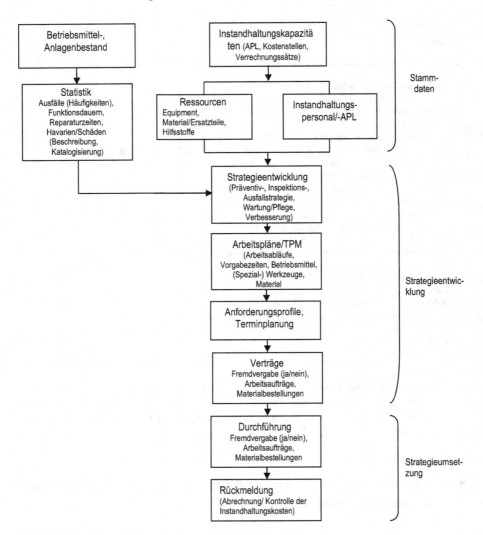

Abb. 8.7 Grundlegende Organisationsstruktur der Instandhaltung

zu unterstützen. Das Schema in Abb. 8.7 zeigt, dass eine flexible Abstimmung des Produktionsplanungs- und -steuerungssystems (PPS) mit dem Instandhalt ungsplanungs- und -steuerungssystem (IPS) die Basis für eine optimale Instandhaltungsorganisation bildet. Dazu ist eine enge Zusammenarbeit und Abstimmung des Produktions- mit dem Instandhaltungsmanager erforderlich.

Auf Grund der hohen Komplexität der unterschiedlichen Technologien, Organisationsstrukturen und Vernetzungsgrade kann nicht auf eine Einheitsstruktur für die Anlageninstandhaltung, die für alle Unternehmen und für alle Produktionsbedingungen gleichermaßen optimal wäre, zurückgegriffen werden. In den einzelnen

Unternehmen paaren sich die Erfahrungen im Outsourcing (Fremdvergabe) mit den Erfahrungen von Instandhaltungsaufgaben im operativen Produktionsgeschehen vor Ort. Dazu hat sich mit der Einführung neuer Organisationsmodelle, im Sinne der Optimierung innerbetrieblicher Dienstleistungen, besonders der TPM-Ansatz (*Total Productive Maintenance*) bewährt.[3]

Die Organisationsstruktur der Instandhaltungsbereiche im eigenen Unternehmen ist eng mit der Umsetzung konkreter Produktionsstrukturen unter Berücksichtigung der jahrelangen Erfahrungen mit dem Umfeld und dem Markt sowie bewährter Traditionen des Unternehmens und dessen Zielen verbunden.

Abbildung 8.7 zeigt, dass im Rahmen der Erstellung von Arbeits- und Ablaufplänen auch der Schwierigkeitsgrad der Instandhaltungsaufgaben (Zuordnung zu den Ebenen 1 bis 4) bestimmt wird und demzufolge die Entscheidung zu treffen ist, ob die Aufgabe im Rahmen von TPM auf den Maschinenbediener übertragen werden kann, um die Effizienz der Instandhaltung zu verbessern. Bei der Arbeitsstufe „Verträge" entscheidet das Instandhaltungsmanagement, welche Aufgaben aus Kompetenz- und/oder Kapazitätsgründen fremd vergeben werden müssen. Dazu sind entsprechende Angebote einzuholen und Verträge auszuhandeln (Fischer 2000).

Starre Organisationsformen treiben in dynamischen Märkten ein Unternehmen in die Insolvenz, weil sie sich zwangsläufig nicht schnell genug an neue Bedingungen anpassen können. Allerdings lässt sich eine zweckmäßige Strukturlösung unter positiven konjunkturellen Bedingungen nicht unbedingt auf Rezessionszeiten übertragen. Die Instandhaltung muss daher die Wandlungsfähigkeit des Unternehmens strukturell unterstützen. Leider beginnen die Manager in Rezessionszeiten den Stellenabbau als letztes Mittel der Anpassung meist zuerst bei den Dienstleistern.

Zur Erzielung einer hohen Effizienz der Organisationsstruktur im Instandhaltungsbereich sind folgende Aspekte zu beachten:

1. Für die Instandhaltung ist es zweckmäßig (ab einer bestimmten Betriebsgröße), einen verantwortlichen Manager einzusetzen, der die Instandhaltungsaufgaben im Unternehmen überwacht und steuert, unabhängig davon, ob die Instandhaltungsaufgaben von eigenem Personal oder von Fremdfirmen realisiert werden. Grundvoraussetzungen sind Fachkompetenz und entsprechende Weisungsbefugnisse. In kleineren Unternehmen übernehmen derartige Aufgaben meist die Produktionsmanager als Zusatzaufgabe.
2. Liegen bestimmte Kompetenzen im Bereich der Anlagenwirtschaft außerhalb des eigentlichen Kompetenzbereichs des Unternehmensmanagers, z. B. das Gebäudemanagement und der Werkschutz, ist es meist zweckmäßig, diesbezügliche Koordinierungs- und Überwachungsaufgaben über vertraglich vereinbarte Dienstleistungen einem geeigneten Dienstleistungsunternehmen zu übertragen.
3. Da zahlreiche Instandsetzungsarbeiten an Maschinen als Bestandteil des Anlagenmanagements eng an Produktionsprozesse gebunden sind, können sie nicht immer langfristig vorgeplant werden und sind erst in ihrem Ablauf nach einer exakten Zustandsbewertung besonders bezüglich des notwendigen Materialaufwandes

---

[3] vgl. Melzer-Ridinger und Neumann 2009, S. 48-49.

genauer planbar. Die Instandhaltungsorganisation muss daher die Fähigkeit besitzen, auch situationsgetrieben zu reagieren und operativ einzugreifen. Dazu ist es erforderlich, Ad-hoc-Kapazitäten vorzuhalten.

4. Nach einschlägigen Gesetzen, Unfallverhütungsvorschriften und Versicherungsbedingungen ist der Unternehmer (bzw. Unternehmer-Vertreter) grundsätzlich persönlich für die Einhaltung der Forderungen des Arbeitsschutzes, der Umweltverträglichkeit und der Produktsicherheit verantwortlich. Diese Haftung ist unabhängig von der Organisationsform des Instandhaltungsbereichs. Die Organisationsstruktur muss deshalb den entsprechenden Sorgfaltspflichten in jeder Hinsicht Rechnung tragen.

8.4.2 Übertragung von Instandhaltungsaufgaben an Produktionsteams

Für die Übertragung von Instandhaltungsarbeiten an Mitarbeiter in Produktionsteams können folgende Vorteile sprechen:

1. Die Übernahme bestimmter Reinigungs-, Wartungsarbeiten sowie Überwachungsaufgaben erhöht die persönliche Verantwortung und Motivation der Mitarbeiter für einen sorgsamen Umgang mit der zu bedienenden Technik. Bei Reinigungsarbeiten und der Spänebeseitigung an Werkzeugmaschinen betrifft das i. Allg. nur den engeren Werkzeugbereich. Die Wartungsaufgaben beschränken sich meist auf die in den Wartungsanleitungen definierten Schmierstellen. Mit steigendem Automatisierungsgrad der Maschinen und Anlagen konzentriert sich die Einflussnahme der Mitarbeiter vermehrt auf den Bereich der Inspektion, also auch auf Überwachungsaufgaben mit dem Ziel, bei Abweichungen vom Normzustand rechtzeitig und schnell zu reagieren, um hohe Produktionsverluste und Folgeschäden vermeiden.

2. Wenn die Qualifikations- und Tarifanforderungen übereinstimmen, sorgen Instandhaltungsarbeiten für eine bessere Auslastung des Bedienungspersonals. In diesem Kontext macht es z. B. Sinn, Bedienungspersonal bei saisonbedingtem Einsatz von Anlagen für deren Durchsicht und Instandsetzung zwischen den Einsatzperioden zu qualifizieren. Die dabei entstehende bessere Maschinenkompetenz wirkt sich meistens auch positiv auf die Maschinenbedienung aus. Prinzipiell ist ein solches Vorgehen auch innerhalb der Brachzeiten von Maschinen möglich, die beispielsweise infolge fehlender Aufträge oder anderer organisatorischer Mängel entstehen. Da solche Pausen aber nicht planmäßig anfallen, muss das Verhältnis von Qualifikationsaufwand und Nutzen unter betriebswirtschaftlichen Aspekten abgeschätzt werden.

Bei der Übertragung von Instandhaltungsarbeiten an Produktionsteams sind folgende Aspekte zu berücksichtigen:

a. Die Qualität der Instandhaltungsleistungen muss den hohen Anforderungen des jeweiligen Produktionsprozesses sowie den gesetzlichen Arbeits-, Gesundheits-, Brand- und Umweltschutzrichtlinien entsprechen.

b. Das Produktionsmanagement muss über entsprechende Fachkompetenzen und Weisungsbefugnisse verfügen, die der angestrebten Organisationsaufgabe gerecht werden.

c. Ein Einsatz von Instandhaltungsspezialisten (u. U. gemeinsam mit Bedienungspersonal) verkürzt Stillstandzeiten an Maschinen. Zu beachten ist, dass komplizierte Instandsetzungen spezifische Erfahrungen verlangen, die nur ein Spezialist haben kann.

d. Eine besondere Form der Übertragung von Instandhaltungsaufgaben an Produktionsteams ist an die Einführung von Gruppenarbeit in den Produktionsprozessen gebunden. Gruppenarbeit ist eine moderne Form der Produktionsorganisation. Sie findet mittlerweile allgemeine Verbreitung. Dazu gehören auch Instandhaltungsaufgaben einschließlich Schadensbehebungen. Der zentrale Instandhaltungsbereich konzentriert sich dann auf die Beseitigung von Systemfehlern.

e. Positive Erfahrungen mit Gruppenarbeit beruhen auf

   – höherer Motivation (mehr Verantwortung, höhere Qualifikation) sowie
   – Einsatzvariabilität und Selbstkontrolle der beteiligten Mitarbeiter.

Bezüglich der Instandhaltungsarbeiten sind jedoch folgende Gesichtspunkte zu beachten:

1. Die Anforderungen an Qualifikation und Erfahrungen für einbezogene Instandhaltungstätigkeiten müssen bei der Entlohnung angemessen abgegolten werden, wenn möglich in der Tarifhöhe, die den Produktionsaufgaben entspricht.

2. Das deutsche Strafrecht kennt keine Team- oder Gruppenverantwortung. Alle sicherheitsrelevanten Team-Aufgaben müssen aus den Organisationspflichten des Unternehmens heraus personengebunden zugeordnet sein. Gruppenarbeit entlastet deshalb Produktionsmanager nicht von ihrer Gesamtverantwortung für Arbeits-, Unfall-, Gesundheits-, Brand- und Umweltschutz in ihrem Zuständigkeitsbereich.

8.4.3 Gestaltung von Dienstleistungsverträgen

Die Übertragung bzw. Übernahme von Instandhaltungsdienstleistungen sind Rechtsgeschäfte, die auf der Grundlage von Verträgen abgeschlossen werden. In den Verträgen regeln die Geschäftspartner alle Bedingungen, die für die Erfüllung einer bestimmten Instandhaltungsdienstleistung erforderlich sind. Hauptgegenstand sind die erwarteten Leistungen und Gegenleistungen der Vertragspartner, außerdem wird für beide Seiten die Beziehung von Aufwand und Nutzen überschaubar und kontrollierbar dargelegt. Ein Instandhaltungsvertrag ist dann erfolgreich, wenn er das zu erbringende Ergebnis möglichst exakt bestimmt und dabei noch genügend Spielraum zulässt, um den Instandhaltungsprozess an eine reale Situation anpassen zu können.

Die typische Vertragsform für eine Instandhaltungsdienstleistung ist der Werkvertrag (§ 631 ff. Bürgerliches Gesetzbuch)[4], da der Dienstleister im Allgemeinen die Verantwortung für ein gewünschtes Ergebnis/Werk bezüglich von Eigenschaften, Terminen und/oder Kosten übernimmt.

Dienstverträge sind möglich, wenn der Dienstleister seine Mitarbeiter in die auftraggebende Unternehmen (AG) zur Beteiligung an einer Instandhaltungsmaßnahme delegiert und das Ergebnis selbst verantwortet. Mit einem Dienstvertrag können darüber hinaus erwartete Qualifikationen und Erfahrungen der Mitarbeiter sowie der Zeitrahmen und bestimmte Bedingungen des Einsatzes geregelt werden. Das Management des auftraggebenden Unternehmens weist die Arbeit den Mitarbeitern zu. Bei Verträgen solcher Art ist aber zu beachten, dass die Übernahme von Personal, auch wenn sie nicht unter das Arbeitnehmerüberlassungsgesetz fällt, u. U. von der Zustimmungspflicht des Betriebsrates der AG abhängig sein kann.

In der praktischen Handhabung haben sich drei Varianten des Instandhaltungsvertrages bewährt:

1. *Werkvertrag für eine Instandhaltungsleistung*
   Der Leistungsgegenstand ist als Objektwerkvertrag eindeutig auf ein Objekt begrenzt.

2. *Rahmenvertrag für mehrfache Instandhaltungswerkverträge*

   a. Der Rahmenvertrag fasst analog zu den AGB alle Festlegungen zusammen, die für alle weiteren Objektverträge zwischen den Partnern gleichermaßen gelten. Die Gesamtverantwortung für die Instandhaltung im Unternehmen liegt beim AG, denn dieser entscheidet eigenverantwortlich über die Vergabe der Objektwerkverträge. Die Objektverträge nehmen eindeutig Bezug auf den zugehörigen Rahmenvertrag, damit dieser für das konkrete Objekt rechtlich wirksam wird. Die Objektverträge werden dadurch schlanker und überschaubarer.

3. *Rahmenwerkvertrag für eine Instandhaltungsbetreuung*

Der AG behält das Verfügungsrecht über die zu betreuenden Maschinen. Er legt bestimmte Wartungs- und Inspektionsaufgaben inhaltlich konkret fest und dokumentiert diese in den Instandhaltungsvorschriften. Für einzuleitende Instandsetzungen muss der Entscheidungsweg beschritten werden. Auf der Grundlage allgemeingültiger Rahmenbedingungen werden dann die daraus notwendigen Objektwerkverträge

---

[4] § 631 BGB Vertragstypische Pflichten beim Werkvertrag

   (1) Durch den Werkvertrag wird der Unternehmer zur Herstellung des versprochenen Werkes, der Besteller zur Entrichtung der vereinbarten Vergütung verpflichtet.

   (2) Gegenstand des Werkvertrags kann sowohl die Herstellung oder Veränderung einer Sache als auch ein anderer durch Arbeit oder Dienstleistung herbeizuführender Erfolg sein.

festgelegt. Der AN gestaltet den Instandhaltungsprozess im AG-Unternehmen teilweise oder vollständig in eigener Verantwortung. Dabei sind sowohl die Bedingungen des Objektwerkvertrages als auch des Rahmenvertrages bindend. Die Projektdauer eines solchen Betreuungsvertrages sollte lang genug geplant werden (mehrere Jahre), damit der AN auch Gelegenheit hat, die komplexe Verantwortung für die Funktionssicherheit zu übernehmen und den Instandhaltungserfolg nachzuweisen.

Bestandteile des Wartungsvertrages sind[5]:

1. Kopf des Vertragsdokumentes

   a. Bezeichnung des Vertrages, mit Abkürzung für den Schriftverkehr
   b. Firma des Auftraggebers (AG) und des Auftragnehmers (AN) mit Postanschriften für den
      Geschäftsverkehr (Post, Telefon, Telefax, Bankbeziehungen)
   c. Angabe der Geschäfts- und Finanzdokumente zur Zuordnung des Postverkehrs und anderer Dokumente, wie Bestell-Nr. (AG), Kommissions-Nr. (AN), Kreditoren-Nr. (AN)

2. Vertragsgegenstand

   a. Beschreibung des Gegenstandes der Dienstleistung (Standort, Menge, Art der Arbeiten), u. U. mit Definition von Begriffen
   b. Form der Abrechnung der Arbeiten und Dokumentation der Ergebnisse z. B. für das Umweltschutzhandbuch des AG, Umgang mit Unterlagen und Werkzeugen des AG

3. Leistungen des AN

   a. Schriftliche Bestätigung der verantwortlichen Mitarbeiter des AN
   b. Angaben zu den Inhalten, Umfängen und Terminen der Dienstleistungen
   c. Festlegungen zur Planungs- und Abstimmungsarbeit mit dem AG
   d. Vorgehensweise beim Auftreten zusätzlicher Leistungsobjekte, z. B. bei befundabhängiger Instandhaltung
   e. Bedingungen, die der AN bei der Vertragsrealisierung einhalten muss:

      – Arbeitsweise und -organisation der Mitarbeiter des AN beim AG
      – Einhaltung der Vorschriften für Arbeitssicherheit, Unfallverhütung und Umweltverträglichkeit
      – Einhaltung von anerkannten Regeln der Technik (DIN, VDI-/VDE- Vorschriften)

4. Leistungen des AG

   a. Schriftliche Bestätigung der verantwortlichen Mitarbeiter des AG
   b. Formen der Einflussnahme des AG auf die Vertragsrealisierung durch den AN
   c. Vergabe und Modalitäten von Zusatzverträgen aus dem Vertragsverlauf

---

[5] Fischer 2000, S. 18 ff.

d. Bedingungen in der vertraglichen Zusammenarbeit, an die sich der AG halten wird:

– Zurverfügungstellung von Unterlagen, die der AN für die Vertragsdurchführung benötigt
– Einweisung bezüglich der Sicherheitsanforderungen des betreuten Objektes
– Vorbereitungen am Objekt durch den AG vor Arbeitsbeginn des AN
– Abstimmung zwischen Dienstleistung und Ablauf der Produktionsprozesse
– Lösung der Entsorgung von Abfällen und Reststoffen aus der Dienstleistung

e. Grundsätze über die Zusammenarbeit mit Dritten
f. Nutzung von Sozialeinrichtungen des AG durch die Mitarbeiter des AN während der Vertragsrealisierung

5. Preise und Zahlungsbedingungen

a. Stundenverrechnungssätze, Pauschalfestpreis, Modalitäten der Preisbildung und Preisänderung (Mehrwertsteuer, Preisüberschreitung, Tarifänderung u. ä.)
b. Abrechnungsformulare des AN und Form der Bestätigung durch den AG
c. Termine für die Endabrechnung und Zwischenabrechnungen
d. Bedingungen von Preisminderungen/Vertragsstrafen für den AN und Preiserhöhungen/Schadensersatzleistungen für den AG
e. Rechnungslegung und Zahlungstermine

6. Abnahme, Gewährleistung, Haftung

a. Abnahme des Vertragsobjekts und der erbrachten Leistungen
b. Termine, Ablauf und Verantwortlichkeiten der Abnahme
c. Angabe der von gesetzlichen Festlegungen abweichenden Gewährleistungs- und Haftungsbedingungen des AN bzw. aller Gewährleistungs- und Haftungsbedingungen
d. Abschluss einer Betriebshaftpflichtversicherung für Personen und Sachschäden durch den AN in ausreichender Höhe

7. Schutzrechte, Geheimhaltung, Abrechnung

a. Verpflichtung zur Geheimhaltung und Nichtweitergabe von Informationen aus dem AG-Unternehmen an unbefugte Dritte durch den AN und seine Mitarbeiter
b. Modalitäten der Vervielfältigung von Dokumenten des AG
c. Angabe des Ausgangs- und Endzustandes des Objektes sowie der einzuhaltenden Verfahren und Bedingungen
d. Festlegung der durch den AN einzuhaltenden Vorgaben für die Funktionsfähigkeit und Betriebssicherheit der Vertragsobjekte im Unternehmen des AG
e. Verfahrensweise mit Dokumenten, die vom AN in der Vertragsrealisierung ausgearbeitet wurden und unternehmensinterne Informationen des AG enthalten (u. U. auch für Lohnlisten der Mitarbeiter des AN)

f. Aufgaben hinsichtlich der Einhaltung wirkender Patente sowie neuer Patente und Verbesserungsvorschläge, die durch Mitarbeiter des AN im Zusammenhang mit der Vertragsrealisierung entstehen

g. Abrechnungsart und Rechnungshöhe der Leistungen hinsichtlich der Mitarbeiterstunden, des Materialaufwandes und des Geräteeinsatzes (Vergleich mit Kostenvoranschlag)

8. Sonstige Bestimmungen

a. Anerkennung weiterer für den Vertrag geltende Dokumente, z. B. die Allgemeinen Geschäftsbedingungen
b. Verhalten bei Unwirksamkeit einzelner vertraglicher Festlegungen

9. Vertragsdauer, Kündigung

a. Festlegung der Vertragsdauer und Modalität seiner Verlängerung
b. Bedingungen für vorzeitige Kündigung des Vertrages (fristlos, fristgerecht)

10. Schlussbestimmungen

a. Anwendung des nationalen Rechts, wenn die Leitung und der Sitz des AG-Unternehmens nicht eindeutig geklärt ist
b. Gerichtsstand
c. Modalitäten für Vertragsänderungen, Datum, Unterschriftsleistung

8.5 Planung und Abrechnung von Instandhaltungsprojekten

8.5.1 Grundsätze für die Instandhaltungsplanung

Bei der Instandhaltungsplanung einer Anlage muss ein Instandhaltungsmanager von folgenden Besonderheiten ausgehen:

1. Für Wartungsarbeiten lassen sich die erforderlichen Ressourcen (Personalkapazitäten, Ausrüstungen, Werkzeuge und Hilfsstoffe) ziemlich genau bestimmen und planen.
2. Inspektionsarbeiten sind im Grundbedarf terminlich und inhaltlich unter Berücksichtigung des Maschineneinsatzes gut planbar. Abweichungen können sich z. B. ergeben, wenn im Ergebnis einer Inspektion eine Reparatur umgehend zu erledigen ist, um einen drohenden Funktionsausfall zu vermeiden. Es können sich zustandsbedingte Nachkontrollen ergeben oder außergewöhnliches Verhalten der BE erfordert sofortiges Eingreifen. Hier hilft das Erfahrungswissen der Werker in der Planung weiter.
3. Instandsetzungsaufwendungen für eine bestimmte BE lassen sich langfristig sowohl zeitlich als auch umfangsmäßig meist nur grob vorausbestimmen. Die Maßnahmen sind zweckmäßigerweise zielgerichtet in Abhängigkeit vom konkreten Abnutzungszustand der BE an das Produktionsregime im Unternehmen anzupassen.

Tab. 8.4 Formen der Instandhaltungsplanung

Planungsniveau	Planungsinhalt (beispielhaft)
Langfristige Planung	Planung der Nutzungsdauer einer Maschine bis zum Ersatz, Modernisierungsstrategie einer Anlage
Mittelfristige Planung	Jahresplan/-verträge für Instandhaltungsarbeiten
Kurzfristige Planung	Monatspläne/-verträge für Instandhaltungsarbeiten
Auftragserteilung/operative Abstimmung mit Dienstleistern	Abstimmen des Umfanges, Festlegung des Termins und der Rangfolge der Instandhaltungsarbeiten für deren unmittelbare Durchführung

Tabelle 8.4 fasst Planungsinhalte und Planungsbedingungen zusammen, die ein Instandhaltungsmanager bei der Instandhaltungsplanung einer Anlage berücksichtigen muss.

Die Instandhaltungsplanung ist so vorzunehmen, dass mit vertretbarem Aufwand unter zugelassenen Bedingungen für Arbeitssicherheit und Umweltschutz die erforderliche Verfügbarkeit gesichert werden kann. Die Entwicklung des Abnutzungszustandes einer BE bestimmt den eigentlichen Instandhaltungsbedarf. Bei einer darauf aufbauenden Planung sind alle Änderungen des Produktionsablaufs und die Streuung des Ausfallverhaltens zu berücksichtigen. Daher kann der reale Instandsetzungstermin nur kurzfristig exakt festgelegt werden.

Eine intensive Zustandsüberwachung der BE ist erforderlich, wenn ein plötzlicher Funktionsausfall mit gesundheitlichen Schäden oder beträchtlichen Folgeschäden oder Verlusten verbunden ist. Die Akzeptanz plötzlicher Produktionsunterbrechungen setzt eine Störreservekapazität für die jeweilige Maschinenarbeit voraus, wenn eine längerfristige Vorbereitungsphase für Instandsetzungsarbeiten notwendig ist. Die Praxis sieht aber so aus, dass die Unternehmen nur über begrenzte Möglichkeiten zur Abstimmung eines Instandsetzungstermins mit dem Produktionsrhythmus verfügen.

Terminierte Instandsetzungen können sich aus Forderungen nach einer unterbrechungsfreien Produktion in einem bestimmten Zeitabschnitt ergeben, in welchem das Unternehmen anspruchsvolle Aufträge unbedingt erfüllen muss, um wirtschaftliche Verluste zu vermeiden.

Bei längerfristigen Vorbereitungsphasen für Instandsetzungen, z. B. für die Bereitstellung von hochwertigen Austauschbaugruppen in der Flugzeuginstandsetzung, müssen diese so geplant werden, dass weder eine zu hohe Ausfallgefahr noch zu hohe durchschnittliche Instandhaltungskosten in der Nutzungsphase der BE entstehen.

Der Zwang zur hohen Auslastung der vorhandenen Instandhaltungskapazitäten und damit zur Bestimmung von Instandhaltungsterminen besteht, wenn

- Instandhalter auf Grund ihrer speziellen Ausbildung extrem teuer und bei ausbleibenden Aufträgen anderweitig nicht einsetzbar sind,
- bestimmte Spezialisten nur zu einem bestimmten Zeitpunkt zur Verfügung stehen,
- vertraglich zeitgebundene Dienstleistungskapazitäten zielgerichtet genutzt werden müssen, da diese sonst nicht mehr verfügbar wären, ohne Gegenleistung bezahlt werden müssten oder ein hoher Schadensersatzanspruch entstehen würde,

- eine vorgegebenes Instandhaltungsbudget in der geplanten Höhe unbedingt ausgenutzt werden muss,
- die Einordnung einer Instandsetzung in ein bestimmtes Wirtschaftsjahr für ein Unternehmen spürbare Steuervorteile bringt.

In der Praxis ist ein Instandhaltungsmanager oft gleichzeitig mit mehreren der genannten Planungsbedingungen konfrontiert und muss eine Kompromisslösung finden.

Die Planung der Instandhaltung vollzieht sich i. Allg. in vier Stufen (Abb. 8.4). Jede folgende Stufe detailliert nicht nur die Aufgabe, sondern ermöglicht auch inhaltliche und terminliche Anpassungen an den dann besser überschaubaren Abnutzungszustand der Anlage und an die konkreten Produktionsbedingungen. Mit eigenen Instandhaltungskräften ist die Verschiebung eines Instandsetzungszeitpunktes weniger problematisch. Dienstleistungsverträge mit Fremdunternehmen sollten daher flexibel sein, um ggf. Verschiebungen zu ermöglichen.

8.5.2   Vorbereitungsmanagement von Instandhaltungsprojekten

Eine zielgerichtete Arbeitsvorbereitung beeinflusst die Wirksamkeit von Instandhaltungsmaßnahmen.

Ziele müssen sein:

1. Verringerung der Verluste durch Verkürzung der instandhaltungsbedingten Unterbrechungsdauer
2. Sicherung eines günstigen Aufwand-Nutzen-Qualitäts-Verhältnisses durch Nutzung bewährter Arbeitsabläufe und Verfahren
3. Sicherung der Kontrollfähigkeit nach außen vergebener Instandhaltungsaufträge
4. Vorgabe von kontroll- und nachweisfähigen Sicherheitsbedingungen im Rahmen der Vertragsgestaltung für die Instandhaltungstätigkeiten
5. Betriebsdatenerfassung, um die technologische Durchdringung der Instandhaltungsvorbereitung zu verbessern und die Wirksamkeit der durchgeführten Instandhaltungsmaßnahmen im Unternehmen nachzuweisen

Im Rahmen der Vorbereitung sind folgende Aufgaben zu erfüllen:

1. Erarbeitung von Monats-, Wochen- und Tagesaufträgen, die mit Prioritäten unter Berücksichtigung des Risikos ausgestattet werden. Dabei ist die Tatsache zu berücksichtigen, dass sich die Dauer von Instandhaltungsarbeiten nicht immer exakt vorplanen lässt.
2. Typische Arbeitsabläufe werden unter Berücksichtigung notwendiger Sicherheitsvorschriften, auf die in den Arbeitsaufträgen verwiesen werden kann, erarbeitet. Für mögliche Extremsituationen (Havarie- oder Totalausfall) sind Notfallpläne zu entwickeln (Störfallverordnung). Sie eignen sich insbesondere für Engpassausrüstungen im Produktionsprozess, vermeiden im Ernstfall Nachteile und verhindern Umweltschäden. Im konkreten Notfall sind Bereitschaftsdienste wesentlich effizienter und schneller einsetzbar. Auf der Basis einer

Ausfall- und Störfallanalyse der Anlage sind langfristige Pläne zu erarbeiten und die notwendigen Rahmenbedingungen zu definieren. Für die routinemäßigen Wartungsarbeiten (Abschmieren, Ölwechsel) werden erfahrene Instandhalter herangezogen, die auf Grund ihrer Kompetenz befähigt sind, Schadensfälle frühzeitig zu erkennen. Eine gezielte Vorbereitung bezieht auch die Fertigung bestimmter Teile, Segmente, Baugruppen etc. ein.

3. Richtwerte und Normative für Zeitvorgaben (u. U. in Abhängigkeit von der Anzahl gleichzeitig eingesetzter Instandhalter), Materialverbrauch und Qualitätsanforderungen abgrenzbarer Instandhaltungstätigkeiten sind festzulegen. Grundlage ist eine gezielte systematische Betriebsdatenerfassung und -auswertung in der Anlageninstandhaltung. Zur Sicherung eines vertretbaren Aufwandes sollte bei der Anpassung von Instandhaltungssoftware auf Datenoptimierung geachtet werden. Eine übergenaue und zu detaillierte Arbeitsvorbereitung ist wirtschaftlich nicht zu rechtfertigen. Für die Arbeitsteams sind erfahrungsgestützte Handlungsspielräume zuzulassen. Bei den Zeitvorgaben für Demontagearbeiten sollten mögliche verschleißbedingte Schwierigkeiten (z. B. durch Passungsrost) berücksichtigt werden, weil mitunter erst vor Ort das tatsächliche Schadensausmaß erst bei der näheren Untersuchung erkennbar ist.

4. Benötigte Ersatzteile werden

a. über eine vorbereitete Reserve- oder Vorratshaltung im Produktionsunternehmen oder bei einem Kooperationspartner,

b. im Bedarfsfall durch normale Kauf bzw. Ersatzteil-Eildienste beim Hersteller bereitgestellt.

5. Für Anpassungen der Arbeitsverläufe sind die Entscheidungskompetenzen der involvierten Personen zu bestimmen, da noch während der Durchführung vor Ort Entscheidungen zu treffen sind, die ggf. vom Plan abweichen. Da der Instandhalter oft selbstständig arbeitet, ist die Übertragung von bestimmten Entscheidungskompetenzen im Sinne eines flüssigen Arbeitsablaufs von Vorteil.

8.5.3 Abrechnung von Instandhaltungsprojekten im Unternehmen

Die Effizienz von Instandhaltungsprojekten wird an deren Wirksamkeit gemessen. Die Wirksamkeit einer erfolgreichen Instandhaltung in der Produktion ist für die Geschäftsführung im Unternehmen oft nicht unmittelbar sichtbar. Eine kontinuierliche Fertigung in komplexen Produktionssystemen über eine längere Zeit ist zwar nur mit einer effizienten Instandhaltung möglich, wird aber als normal empfunden. Die Instandhaltung wird dann oft als Kostentreiber abgestempelt. Bei der Abrechnung von Instandhaltungsleistungen sollte der Instandhaltungsmanager daher nicht nur den direkt an der Produktionsstrecke erbrachten Aufwand darstellen, sondern auch explizit alle Nebenanlagen/Gebäudeausrüstungen einbeziehen:

- Be- und Entlüftungsanlagen in Produktionshallen, z. B. mit gesundheitsgefähr-denden Dämpfen und Stäuben (Gießereien, Galvaniken, Zerspanungshallen, Reinräume etc.),
- Heizungsanlagen in Räumen mit hohen Anforderungen an Temperaturkonstanz (Klimaräume für Feinstbearbeitung, Messräume, Klebräume),
- Druckluftversorgung bzw. Absicherung von Vakua, Pumpstationen für Wasser-versorgung, Tankanlagen usw.

Auch die Elektroversorgung beeinflusst die Qualität und die Sicherheit von Produk-tionsprozessen wesentlich (Stabilität der Netzbetreiber).

Schlüsselmaschinen sind kapitalintensive Ausrüstungen, die sehr hoch ausgela-stet werden müssen und demzufolge wesentlich störanfälliger reagieren als weniger beanspruchte Anlagen. Daher steht die Sicherung der erforderlichen Verfügbarkeit dieser Ausrüstungen als Hauptaufgabe der Instandhaltung natürlich im Vordergrund.

Auf Grund des steigenden Kostendrucks sind Redundanzen bei Schwerpunkt-maschinen, wie z. B. teure NC-Maschinen, Transporteinrichtungen, Messmittel (3-D-Messmaschinen u. a.) wirtschaftlich nicht vertretbar. Die Instandhaltung hat daher dafür zu sorgen, dass der technische Zustand exakt bewertet und notwendi-ge Maßnahmen gezielt vorbereitet werden. Dabei sollte für geplante Maßnahmen verstärkt die produktionsfreie Zeit bis zur Wiederherstellung der Funktionsfähigkeit und Produktionsstabilität genutzt werden. Das betrifft auch Transportmittel und He-bezeuge, die in die technologischen Prozesse eingebunden sind. Schäden in diesem Bereich verursachen nicht nur hohe Produktionsverluste, sondern stellen auch ein beträchtliches Gefährdungspotenzial dar.

8.5.4 Personalmanagement in Instandhaltungsprojekten

Schwerpunkte eines erfolgreichen Personalmanagements in der Anlageninstandhal-tung sind:

1. Aufbau motivierender Arbeitsbeziehungen,
2. Entwicklung ausgeprägter Fachkompetenzen und
3. Schaffung einer Atmosphäre gegenseitigen Vertrauens.

Der unternehmenseigenen Instandhaltung und der Zusammenarbeit mit Dienstlei-stungseinrichtungen muss ein Instandhaltungsmanager sowohl beim Aufbau lang-fristiger Strukturen in der Anlageninstandhaltung als auch bei der Vorbereitung konkreter Projekte große Aufmerksamkeit widmen.

Ein Qualifizierungsplan ist für die Aus- und Weiterbildung der Instandhalter im Unternehmen unverzichtbar. Darüber sollte ein Auftraggeber auch bei einem lang-jährigen Vertragspartner Informationen einfordern. Das betrifft auch den Nachweis von

- Berechtigungsscheinen, z. B. für bestimmte Schweißarbeiten,
- Höhentauglichkeit,

- Arbeitsfähigkeit bei hohen Temperaturen oder in engen Räumen und
- andere spezielle Anforderungen an Instandhalter für die Durchführung bestimmter Arbeiten.

Es ist daher von Vorteil, erfahrene Instandhalter gezielt als Sachkundige für bestimmte Fachgebiete und Aufgaben zu qualifizieren und schriftlich zu bestellen. Das entspricht sowohl der gesetzlich verankerten Organisationssorgfalt als auch dem Aufbau von Vertrauen geprägten Dienstleistungsbeziehungen. Im § 29 der Unfallverhütungsvorschrift *„Kraftbetriebene Arbeitsmittel – VBG 5"* (einschließlich Durchführungsanweisungen) heißt es z. B.:

Der Unternehmer hat dafür zu sorgen, dass kraftbetriebene Arbeitsmittel mit gefahrbringenden Bewegungen einschließlich ihrer Schutzeinrichtungen, Einrichtungen mit Schutzfunktion und ihrer Verriegelungen oder Kopplungen

- vor der ersten Inbetriebnahme,
- in angemessenen Zeitabständen und
- nach Änderungen oder Instandsetzungen

auf ihren sicheren Zustand, mindestens jedoch auf äußerlich erkennbare Schäden und Mängel, durch Sachkundige überprüft werden.

Instandsetzungsarbeiten an Teilen, die für die Sicherheit Bedeutung haben, müssen fachgerecht ausgeführt werden.

Sachkundige sind Personen, die aufgrund ihrer fachlichen Ausbildung und Erfahrung ausreichende Kenntnisse auf dem Gebiet des zu überprüfenden kraftbetriebenen Arbeitsmittels haben und mit den einschlägigen staatlichen Arbeitsschutzvorschriften, Unfallverhütungsvorschriften, Richtlinien und allgemein anerkannten Regeln der Technik (z. B. DIN-Normen, VDE-Bestimmungen) soweit vertraut sind, dass sie den arbeitssicheren Zustand des kraftbetriebenen Arbeitsmittels beurteilen können.

Fachgerechtes Instandsetzen bedeutet, dass die ursprüngliche Sicherheit wieder erreicht wird. Dazu gehört, dass

1. Ersatzteile in Qualität und Funktion den Originalteilen gleichwertig sind und
2. Instandsetzungsarbeiten von Personen mit entsprechender fachlicher Qualifikation durchgeführt werden (z. B. kompetente Personen, Facharbeiter, Sachkundige).

Unerwartete Schadensereignisse an Engpassmaschinen verursachen nicht selten Überstundenarbeit an Sonn- und Feiertagen unter erschwerten Bedingungen. Der Instandhaltungsmanager hat für die Aufgabe rechtzeitig die notwendigen organisatorischen und sicherheitstechnischen Voraussetzungen zu schaffen.

Die Arbeitsvorbereitung von Instandhaltungsprozessen beinhaltet neben einer konkreten Auftragserteilung die Festlegung von Vorschriften und Handlungsschemata für sich wiederholende Tätigkeiten. Leistungsfördernd wirkt sich außerdem ein auf Selbständigkeit und persönliche Motivation beruhendes Arbeitsklima aus. Dementsprechend sollte auch die jeweilige Entlohnungs- und Prämienform für Instandhalter angepasst sein. Eindeutige Vorgaben zum erwarteten Ergebnis (Termin, Menge und Qualität, Arbeitsverfahren und -bedingungen) sind Grundvoraussetzung.

Bei der Auswahl von Mitarbeitern für konkrete Aufgaben in der Anlageninstandhaltung sollte nicht immer nur von den Qualifikationsanforderungen der anstehenden Operationen ausgegangen werden. So erhält beispielsweise ein hoch qualifizierter

Instandhalter bei der Durchführung einfacher Schmierungsarbeiten einen Überblick über den technischen Zustand einer Maschine.

8.6 Vergleichende Betrachtung der Organisationsformen

Eine Aussage über Vor- und Nachteile der vorgestellten Organisationsformen kann nicht allgemeingültig getroffen werden. Die in Tab. 8.5 aufgeführten Bewertungskriterien sind beispielhaft und erheben keinen Anspruch auf Vollständigkeit. Unternehmensspezifische Faktoren wie beispielsweise Unternehmensgröße, Fertigungsart, Schichtsystem, aber auch Kostenstruktur und Unternehmensstrategie haben erheblichen Einfluss auf die Wahl einer geeigneten Organisationsform.

In Unternehmen mit kleinen Instandhaltungsabteilungen ist eine weitere Aufgliederung in Form einer Dezentralisierung nicht sinnvoll. Unter bestimmten Bedingungen ist es kostengünstiger, Instandhaltungsmitarbeiter in die Produktion zu integrieren, bzw. umgekehrt, das Produktionspersonal mit Instandhaltungsaufgaben zu betrauen (TPM). Die Produktion kann die Instandhaltung durch die Übernahme von Aufgaben entlasten. Insbesondere sind bedienarme Produktionssysteme für die integrierte Instandhaltung gut geeignet, da entstehende Freiräume für die Ausführung von einfachen Instandhaltungsaufgaben genutzt werden können.

Durch die Auswahl einer geeigneten Organisationsform, die dem jeweiligen Unternehmen optimal angepasst ist (hierzu zählt auch ein Mix von unterschiedlichen Organisationsformen sowie die Berücksichtigung der Fremdvergabe), können wertvolle Einsparpotenziale erschlossen werden.

8.7 Übungs- und Kontrollfragen

1. Welcher Peripherie wird die Anlageninstandhaltung aus der Sicht der Fabrik- und Anlagenplanung zugeordnet?
2. Worin besteht das vordergründige Ziel bei der Festlegung der Organisationsstrukturen der Instandhaltung?
3. Welche Möglichkeiten bietet der Kompetenzzellenansatz für den Integrationsprozess der Instandhaltung?
4. Erläutern Sie die grundlegende Organisationsstruktur der Instandhaltung!
5. Auf welcher Grundlage erfolgt die Entscheidung, ob der Maschinenbediener Instandhaltungsaufgaben wahrnimmt oder die Instandhaltungswerkstatt?
6. Auf welcher Arbeitsstufe wird entschieden, welche Aufgaben aus Kompetenzgründen oder aus kapazitiven Gründen fremd vergeben werden müssen?
7. Welche organisationsstrukturelle Eigenschaft des Unternehmens muss die Instandhaltung unterstützen?
8. Welche vier Grundsätze gelten für die Organisationsstruktur im Instandhaltungsbereich eines Unternehmens und welche Voraussetzungen sind dazu erforderlich?

Tab. 8.5 Zuordnung wesentlicher Aufgabenkomplexe in unterschiedlichen Organisationsformen

Aufgabenspektrum	Aufgaben	Fertigung	Zentrale Instandhaltung	Dezentrale Instandhaltung	Integrierte Instandhaltung	Fremd-instandhaltung
Regelmäßige Watung/Inspektion	Reinigen, Schmieren	A	A	A	A	A
	Ergänzen	A	A	A	A	C
	Nachstellen	A	A	A	A	C
	Auswechseln (kleine Rep.)	A	A	A	A	B
Periodische Watung/Inspektion	Periodische Inspektionen	A	A	A	A	B
	Tests	B	A	A	B	B
	Reparaturen	C	A	A	B	A
Instandsetzung	Befundabhängige Inspektion	C	A	A	B	A
	Reparaturen	C	A	A	B	A
	Spezialaufgaben	C	A	A	C	A
Verbesserung	Grundinstandsetzung	C	A	C	C	A
	Modernisierung	C	A	C	C	A
	Spezialaufgaben	C	A	C	C	A

Legende: *A* hauptsächlich *B* unter bestimmten Bedingungen möglich *C* eher selten/kaum

Tab. 8.6 Vergleich der Organisationsformen

Organisationsform	Vorteile	Nachteile
Zentrale Instandhaltung	– Hohe Fachkompetenz durch fachliche Konzentration und umfangreiches Erfahrungswissen – Erledigung von Spezialaufgaben – Kapazitätsausgleich bei Auslastungsschwankungen und dadurch günstige Ausnutzung der Ressourcen – geringer Koordinierungsaufwand	– hoher Wegezeitaufwand – lange Entscheidungswege – lange Wartezeiten – geringe Flexibilität bei der Festlegung von Prioritäten – Abstimmungsprobleme
Dezentrale Instandhaltung mit Zentralwerkstatt	– ausgeprägtes spezifisches Zustandswissen, – geringe oder keine Wartezeiten auf Instandhaltung auf Grund kurzer Wege – hohe Flexibilität bei der Risikobewertung und Setzung von Prioritäten – relativ kurze Entscheidungswege	– Kapazitätsausgleich bei Auslastungsschwankungen schwierig – rel. hoher Investitionsaufwand (Werkzeuge, Messgeräte, Maschinen) – Zusammenarbeit der dezentralen Einheiten ist problembehaftet, daher hoher Koordinierungsaufwand
Integrierte Instandhaltung	– Umfassendes Zustandswissen – Fehlerfrüherkennung – keine Abstimmungsprobleme – Kostenvorteile – ausgeprägtes Verantwortungsbewusstsein	– enge Bindung an das Produktionssystem – Aufgabenbeschränkung – Kapazitätsausgleich problematisch – Übernahme von Instandhaltungsaufgaben durch die Produktion begrenzt

9. Welche Vorteile hat die Übertragung von Instandhaltungsaufgaben an Produktionsteams?

10. Welche Probleme ergeben sich bei der Übertragung von Instandhaltungsarbeiten an Produktionsteams?

11. a) Welche allgemeinen Vorteile hat Gruppenarbeit?
    b) Welche Gesichtspunkte sind bezüglich Gruppenarbeit bei Instandhaltungsarbeiten zu beachten?

12. Welche Kriterien bestimmen die Fremdleistungswürdigkeit von Aufgaben der Anlagenwirtschaft?

13. Welche wesentlichen Aufgaben sind dem Bereich der integrierten Instandhaltung eines Unternehmens zuzuordnen?

14. Unter Beachtung welcher Kriterien sind Make-or-Buy-Entscheidungen zu treffen?

15. Wie werden Schäden und ihre Folgen wegen fehlerhafter Instandhaltungstätigkeit abgesichert?

16. Wie erfolgt die Regelung der Verantwortlichkeit bei Verletzung der Sorgfaltspflicht im Rahmen von Instandhaltungsarbeiten?

17. Welche wichtigen Angaben benötigen Sie, um ein Instandhaltungsprojekt als Eigenleistung oder als Fremdleistung vergleichend bewerten zu können?

18. Nach welchen Gesichtspunkten erfolgt die Bewertung der Durchführbarkeit eines Dienstleistungsprojektes?

19. Erläutern Sie die wichtigsten Aspekte bei der Gestaltung von Dienstleistungsverträgen!

20. Welche Vertragsarten sind bei der Übertragung von Instandhaltungsarbeiten üblich und welche Regelungen werden i. Allg. getroffen?

21. Welchen Leistungsumfang umfasst ein Werkvertrag für eine Instandhaltungsleistung i. Allg.? Welche wichtigen Bestandteile hat ein Werkvertrag?

22. Worin besteht der Unterschied zwischen einem Werk- und einem Dienstleistungsvertrag?

23. Welche Vorteile hat ein Rahmenvertrag für einen Dienstleister?

24. Erläutern Sie die Schwerpunkte eines erfolgreichen Personalmanagements in der Anlageninstandhaltung!

25. Welche wichtigen Aufgaben sind zur Arbeitsvorbereitung der Instandhaltung zu erfüllen?

26. Erläutern Sie die Schwerpunkte eines erfolgreichen Personalmanagements in der Anlageninstandhaltung!

27. Über welche wichtigen Nachweise sollte ein Instandhalter verfügen?

28. Erläutern Sie den § 29 der Unfallverhütungsvorschrift „Kraftbetriebene Arbeitsmittel – VBG 5" (einschließlich Durchführungsanweisungen)!

29. Wie definiert die Unfallverhütungsvorschrift den Begriff „Sachkundige Personen"?

30. Was verstehen Sie unter fachgerechtem Instandsetzen?

Quellenverzeichnis

Bürgerliches Gesetzbuch (Neu gefasst durch Bek. v. 2.1.2002 I 42, 2909; 2003, 738; zuletzt geändert durch Art. 1 G v. 29.6.2011 I 13069). http://www.gesetze-im-internet.de/bgb/BJNR001950896.html. (2011) Zugegriffen 12 July 2011

Fischer, A.: Wartungsverträge. E. Schmidt-Verlag, Berlin (2000)

Luczak, H.: Institut für Arbeitswissenschaften der RWTH Aachen „*Arbeitsbereicherung durch Reintegration von Instandhaltungsaufgaben*", Abschlussbericht des Leitvorhabens 01 HH 393/009 (1997)

Luczak, H., Klaus, M., Hirnschläger, M.: Durch Fremdbezug zum schlanken Unternehmen. In: Zülch, G. (Hrsg.) Vereinfachen und Verkleinern – Die neuen Strategien in der Produktion, S. 171–217. Schäffer Poeschel, Stuttgart (1994)

Melzer-Ridinger, R., Neumann, A.: Dienstleistung und Produktion. Physika-Verlag, Heidelberg (2009)

Sihn, W.: Ein Informationssystem, für Instandhaltungsleitstellen. Springer Berlin-Heidelberg, New York (1992)

Specht, D., Mieke, C.: Re-Insourcing von Instandhaltungsbereichen. ZWF Jg. 100, S. 412–415, Hanser, München (2005)

Strunz, M., Piesker, S.: Projektierung einer Kompetenzzelle zur Aufarbeitung von Eimerketten für Tagebaugroßgeräte in der Hauptwerkstatt „Schwarze Pumpe" der Vattenfall Europe Mining & Generation AG. Abschlussbericht HS Lausitz, Senftenberg (2007)

Kapitel 9
Ersatzteilmanagement

Zielsetzung Nach diesem Kapitel

- kennen Sie die Problematik der Ersatzteilebeschaffung und -planung in der Instandhaltung,
- kennen Sie die grundsätzlichen Aufgabencluster des Ersatzteilemanagements,
- können Sie geeignete Bedarfszahlen ermitteln, die insgesamt Beiträge für die Kostenoptimierung in der Instandhaltung leisten.

9.1 Grundlagen

9.1.1 Definitionen

Ersatzteile sind austauschbare Elemente einer Maschine oder Einrichtung. Als wesentlicher Bestandteil der Instandhaltungsprozesse erhalten sie die Funktionsfähigkeit bzw. stellen diese wieder her. Es handelt sich um Maschinenteile, Baugruppen und Module, die im Verlauf des Nutzungsprozesses *„verzehrt"* werden. Dieser *„Verzehr"* äußert sich in inneren und äußeren Schädigungen, die Funktionsausfälle nach sich ziehen. Sie müssen daher vorrätig gehalten werden, um Wartezeiten zu vermeiden. Grundlage bildet der Ersatzteilebedarf.

Ersatzteile sind nach DIN 24 420 definiert als „*. . . Teile, Einzelteile, Gruppen oder vollständige Erzeugnisse, die dazu bestimmt sind, beschädigte, verschlissene oder fehlende Teile, Gruppen oder Erzeugnisse zu ersetzen"*. DIN 31051 und DIN 24420 unterscheiden Ersatzteile in Reserve-, Verbrauchs- und Kleinteile. Der Verbrauch der Ersatzteile im Rahmen der Instandhaltung ist nur ein Glied im Lebenszyklus eines Ersatzteils. Insgesamt gehören folgende Aktivitäten dazu:

- die Herstellung der Ersatzteile beim Fertiger des Primärprodukts oder einem seiner Zulieferer,
- die gesamte Ersatzteilelagerung und -logistik,
- der Verzehr (Verschleiß) der Ersatzteile während der Nutzung,
- der Verbrauch der Ersatzteile im Rahmen der Instandhaltung,

M. Strunz, *Instandhaltung*,
DOI 10.1007/978-3-642-27390-2_9, © Springer-Verlag Berlin Heidelberg 2012

- die Entsorgung verschlissener und nicht mehr benötigter Ersatzteile,
- die Wiederaufbereitung (Recycling) von ausgewechselten Ersatzteilen (lt. Def. bei Reserveteilen).

Reserveteil (DIN 31051) Als Reserveteil bezeichnet man ein Ersatzteil, das einer oder mehreren Anlagen eindeutig zugeordnet ist, in diesem Sinn nicht selbstständig genutzt, zum Zwecke der Instandhaltung disponiert und bereitgehalten wird und i. d. R. wirtschaftlich instand gehalten werden kann.

Verbrauchsteil (DIN 31051) Ein Verbrauchsteil ist ein Ersatzteil, das einer oder mehreren Anlagen eindeutig zugeordnet ist, in diesem Sinn nicht selbstständig genutzt, zum Zwecke der Instandhaltung disponiert und bereitgehalten wird und dessen Instandhaltung i. d. R. nicht wirtschaftlich ist. Der Bedarf an die Verbrauchsteilen richtet sich nach der Nutzungsintensität des Systems. Außerdem bestimmt Zuverlässigkeit des Verbrauchsteils die Lebensdauer und damit den Bedarf.

Kleinteil (DIN 31051) Kleintele sind Ersatzteile, die allgemein verwendbar, vorwiegend genormt und von geringem Wert sind. Betriebsspezifische Besonderheiten erfordern ggf. eine besondere Kennzeichnung der Ersatzteile. Die Kennzeichnung erfolgt grundsätzlich nach:

a. ihrer Herkunft, z. B. als Original-Ersatzteil, handelsübliches Ersatzteil, Normteil, fremdgefertigtes Teil, eigengefertigtes Teil,
b. ihrem Zustand, z. B. als Neuteil, Gebrauchtteil, Regenerierteil, Halbfertigteil.

9.1.2 Aufgabe und Zielstellung des Ersatzteilmanagements

Die Bevorratung von Ersatzteilen ist in erster Linie ein Kostenproblem. Dabei ist zu entscheiden, welche und wie viele Ersatzteile für welchen Zeitraum bevorratet werden sollen. Die Zielstellung des Ersatzteilemanagements besteht darin, das jeweils richtige Ersatzteil in der richtigen Menge zum richtigen Zeitpunkt und am richtigen Ort bereitzustellen.

Die Ersatzteilverfügbarkeit bestimmt die Anlagenverfügbarkeit und damit die Gesamtanlageneffizienz des Produktionssystems entscheidend. Das Ersatzteilmanagement hat die verantwortungsvolle Aufgabe, die Balance zwischen geringen Beständen und einer hohen Verfügbarkeit zu sichern.

Das Ersatzteilmanagement organisiert die rechtzeitige Bestellung und planmäßige Bereitstellung der Ersatzteile. Dadurch schafft es die Voraussetzungen für einen reibungslosen Einbau der Bauteile in die Maschine oder Anlage. Aufgabe des Ersatzteilmanagements ist sinnvollerweise auch die Steuerung der Instandsetzung von BE durch präventiven oder risikobasierten Teiletausch sowie die Überwachung der Instandsetzungsdurchlaufzeiten.

Voraussetzungen für ein anforderungsgerechtes Ersatzteilmanagement sind eine tiefgründige Analyse und Bewertung des Ausfallverhaltens der einzelnen Komponenten, die Ermittlung bestehender Risiken und die Optimierung der Bestellzeitpunkte.

Eine gute Ersatzteileorganisation erfordert das Zusammenspiel von Bedarfsträgern, Beschaffern und Controllern mit den Lieferanten und die Abstimmung der Maßnahmenkomplexe auf die Gesamtstrategie des Unternehmens, um eine kostenoptimale gesamtheitliche Lösung zu erzielen. Das Ziel ist es daher, die benötigten Ersatzteile qualitativ einwandfrei zum richtigen Zeitpunkt unter der Randbedingung möglichst geringer Lagerbestandswerte bereitzustellen. Unternehmen arbeiten dabei mit integrierten Ersatzteilmanagementsystemen, die die Anforderung, Disposition, Lagerung, Bestandsführung, Beschaffung und Bereitstellung der Ersatzteile und so die reibungslose und termingerechte Durchführung von Instandhaltungsarbeiten umfassend unterstützen.

Im Vordergrund stehen folgende Aufgaben:

1. eine optimale Ersatzteilebedarfsplanung zur Optimierung des Lagerbestandes entsprechend den gewählten Instandhaltungsstrategien,
2. die sichere Lagerung und schnelle Auffindbarkeit der Ersatzteile bzw. deren schnelle und kostengünstige Beschaffung,
3. die anforderungsgerechte Bereitstellung der Ersatzteile und
4. die permanente Kontrolle und Bereinigung der Bestände.

Die Ersatzteilversorgung ist eine fertigungstechnische und organisatorische Aufgabe, der sich insbesondere Hersteller langlebiger Gebrauchs- und Investitionsgüter widmen. Als Bestandteil des After Sales Service trägt sie wesentlich zur Kundenzufriedenheit und Kundenloyalität bei. Ersatzteilmanagementsysteme lassen sich zur strategischen Erfolgsposition ausbauen, wenn es gelingt, sämtliche Aktivitäten an den aktuellen und potenziellen Markterfordernissen auszurichten (Baumbach und Stampfl 2003).

Der Verbraucher erwartet im Normalfall, dass Ersatzteile etwa zehn Jahre lang im Handel erhältlich sind, nachdem die Produktion eingestellt wurde. Eine Ersatzteilversorgung wird nicht vorgesehen, wenn die technische Entwicklung erwarten lässt, dass vergleichbare Objekte wesentlich leistungsfähiger zu gleichen oder geringeren Preisen künftig verfügbar sein werden. Charakteristisch ist dieser Trend für die Elektronikindustrie mit immer kürzer werdenden Produktlebenszyklen der Erzeugnisse, z. B. bei Computern, Mikroprozessoren und Speicherchips.

Die Ersatzteilversorgung erfordert neben der Herstellung die Organisation der Lagerhaltung und Distribution in die jeweiligen Verkaufsgebiete, wo die Produkte genutzt werden.

Die Ersatzteilversorgung rückt vermehrt in den Fokus der Unternehmensstrategie, wenn die erzielbaren Deckungsbeiträge mitunter höher als im Primärgeschäft sind. Der Wettbewerbsdruck, insbesondere im Bereich der Investitionsgüter, zwingt die Primärhersteller vermehrt Preisabschläge zu verkraften. Zum Ausgleich versuchen sie zusätzliche immaterielle Leistungen zu verkaufen. Die Vermarktung von Ersatzteilstrategien gehört dazu. Damit kann aus dem Betrieb des Investitionsgutes langfristiger Ertrag mit Ersatzteilen erwirtschaftet werden. Mit den generierten Umsätzen und Gewinnen können möglicherweise Verluste aus dem Primärgeschäft ausgeglichen werden. Dem Kunden ist dieser Effekt bekannt. Daher steuert er gegen indem er:

a. bereits beim Verkauf den Lieferanten verpflichtet, zur künftigen Ersatzteilliefe-
rung Preise im Vorfeld festzusetzen (Preislisten),

b. auf die Entwicklung eines Zweitmarktes setzt oder

c. eine Eigenherstellung in Erwägung zieht, um eventuelle überzogene Ertragser-
wartungen eines Primärherstellers zu dämpfen).[1]

9.1.3 Leistungsebenen im Rahmen des Ersatzteilmanagements

Der Ersatzteileservice bildet im Rahmen des After Sales Service die Basisleistung
des Primärproduzenten. Er umfasst alle Leistungen, die sich auf die Ersatzteileversorgung des Endkunden beziehen. Für zahlreiche Investitionsgüterhersteller ist der
Ersatzteileservice von überlebenswichtiger Bedeutung, weil das Ersatzteilgeschäft
ggf. einträglicher ist als das Primärgeschäft.

Der Bereich des After Sales Service umfasst vier Leistungsebenen (Baumbach
und Stampfl 2003). Die erste Ebene umfasst die Versorgung mit Ersatzteilen. Der
Austauschmodul-Service bildet die zweite Ebene. Bei Funktionsausfällen wird nicht
erst nach dem fehlerhaften Element gesucht, das den Ausfall verursacht hat, um es
aufwändig zu ersetzen, sondern es wird umgehend die komplette Baugruppe getauscht. Meist kann davon ausgegangen werden, dass sich die anderen Elemente
der Baugruppe in einem ähnlichen Abnutzungszustand befinden. Trotz Elementeersatz wäre dann in kurzen Abständen mit weiteren Ausfällen zu rechnen. Da ein
Modultausch die Stillstandszeit der Primäranlage erheblich verringert, ist der Modultausch i. d. R. kostengünstiger als eine aufwändige Reparatur des Einzelelements.
Die verschlissenen Komponenten werden nach erfolgter Aufarbeitung wieder in den
Ersatzteilekreislauf eingebunden (s. Abb. 6.30–6.34). Neben günstigen Preisen für
aufgearbeitete Komponenten können die Nutzer den Modultausch in vielen Fällen
selbst erledigen (TPM) und dadurch erhebliche Kosten sparen.

Der Produkt-Support als dritte Leistungsebene enthält sämtliche Leistungen, die
eine optimale Instandhaltung der Primärleistung unterstützen. Der Leistungsumfang
wird meist über entsprechende Serviceverträge geregelt.

Der Bussines-Support als vierte Leistungsebene umfasst alle After-Sales-Service-
Leistungen, die über den Produkt-Support hinausgehen und die optimale Nutzung der
Primärleistung unterstützen. Dazu zählen Anwenderberatungen, Betreiberverträge,
Kundenschulungen und die Vermietung von Primärprodukten. Bei Betreiberverträgen und Vermietung einschließlich Mietkauf entwickelt der Primärhersteller ein
Gesamtpaket aus Produkt, After Sales-Service, Finanzierungs- und Versicherungs-
leistungen (Bundling). Der Kunde erhält nicht mehr nur Einzelleistungen, sondern
er erhält ein Leistungspaket und erzielt damit bzw. einen höheren Kundennutzen.

Je weiter der Kundenwunsch über den Kern der Leistung, dem eigentlichen
Primärprodukt, hinausgeht, desto spezifischer ist die Leistung auf den Kunden zugeschnitten. Die Leistungen der höheren Leistungsebenen integrieren häufig die für
deren Bereitstellung notwendigen Leistungen auf den niederen Ebenen. So beinhaltet

---

[1] Strunz et al. 2006a, b, Strunz und Piesker 2007.

der Kauf von Austauschmodulen (Leistungsebene 2) den Kauf von Ersatzteilen, die der Hersteller für die Aufarbeitung der Module benötigt. Instandhaltungsleistungen nach Aufwand oder im Rahmen von Serviceverträgen erfordern regelmäßig die Beschaffung von Modulen (Leistungsebene 2) und Ersatzteilen (Leistungsebene 1). Betreiberverträge und Vermietung von Primärprodukten (Leistungsebene 4) umfassen den Produkt-Support (Leistungsebene 3) und damit den Austauschmodulinklusive Ersatzteilservice (Leistungsebene 1 und 2).

9.1.4 Grundproblem der Ersatzteillogistik

Die Forderung nach störungsfreiem Betrieb der Prozesskette setzt durchdachte und maßgeschneiderte Lösungen für Lagerung und Distribution von Ersatzteilen voraus. Das Ziel besteht darin, möglichst für alle Elemente der Prozesskette der Produktion die notwendigen Ersatzteile rechtzeitig in ausreichender Menge zur Verfügung zu stellen, um Stillstände von Produktionsanlagen und damit verbundene Zusatzkosten zu vermeiden. Zu den primären Aufgaben der Ersatzteillogistik gehört daher eine verbrauchssorientierte Bedarfsermittlung von Ersatzteilen.

Die Kernfragen, die gestellt werden, sind:

1. Was muss,
2. was kann und
3. was sollte

in welcher Menge jederzeit vorrätig sein?

Der stochastische Charakter des Ausfallverhaltens führt letztlich dazu, dass Ersatzteile ggf. vorgehalten werden müssen, um größere wirtschaftliche Verluste zu vermeiden. Dies gilt ebenso für die Überbrückung von langen Lieferzeiten.

Da fehlende Ersatzteile den Produktionsprozess behindern, werden sie vorgehalten. Dadurch wird aber auf mehr oder weniger unbestimmte Zeit Kapital gebunden und verzinst. Die Ersatzteillogistik unterstützt ein ausgewogenes Verhältnis zwischen ausreichender Lagerhaltung von Ersatzteilen und deren Kapitalbindung. Der Idealfall wäre ein völliger Verzicht auf jegliche Lagerhaltung. Dann wäre die Kapitalbindung gleich Null. Allerdings ist eine solche Strategie mit hohen Logistikkosten und entsprechenden Zuschlägen für die Ersatzteilebereitstellung und einem hohen Risiko infolge erhöhter Wartezeiten auf Instandhaltung wegen nicht sofort lieferbarer Ersatzteile verbunden.

Durch technisch bedingte Störungen verursachte Produktionsausfälle können sehr teuer werden. Neben den Ausfallkosten können sich noch Zusatzkosten für Beschaffung von Ersatzteilen (z. B. Spezialtransporte) ergeben, aber auch ökonomische Verluste wie beispielsweise Konventionalstrafen und Preisabschläge können die Folge sein.

Kürzer werdende Produktlebenszyklen und zunehmende Variantenvielfalt sowie steigende Kraftstoff- und Betriebskosten stellen für die Ersatzteillogistik eine große Herausforderung dar. Kurze Lieferzeiten und korrekte Teilebereitstellung bestimmen die Prozessstabilität wesentlich. Zudem stehen wirtschaftliche Überlegungen

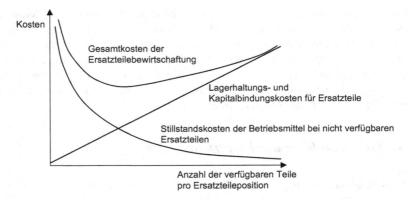

Abb. 9.1 Kosten in Abhängigkeit von der Vorratsmenge einer Ersatzteileposition

wie Verringerung der Prozesskosten sowie Optimierung der Lagerbestände im Vordergrund (s. Abb. 9.1). Beide Erfordernisse in ein wirtschaftlich optimales Verhältnis zu bringen, ist Aufgabe der Ersatzteillogistik.

9.1.5 Ersatzteilypisierung

Charakteristisch für Ersatzteile bzw. Ersatzbaugruppen ist i. Allg. die hohe Typenvielfalt. Aus produktionstechnischer Sicht werden Ersatzteile in technologisch anspruchsvoll und einfach herstellbare Ersatzteile unterschieden. Bezüglich der Instandsetzbarkeit wird in einfach jeweils ohne und mit Spezialwerkzeug austauschbare Ersatzteile sowie Ersatzteile unterschieden, die nur mit H. von Spezialisten austauschbar sind. Ein weiteres Kriterium ist der Einfluss der Funktionalität bei Ausfall des Teils auf die Grundfunktion des Primärprodukts. Es gibt Teile, deren Ausfall ohne Auswirkungen ist und Teile, die bei Ausfall zur Beeinträchtigung der Funktionsfähigkeit führen sowie Teile, die direkt an die Grundfunktion des Primärprodukts gekoppelt sind. Ein weiteres Kriterium ist die Lebensdauer. Es gibt Bauteile und Baugruppen mit einer Lebensdauer, die größer als die des Primärprodukts (Dauerteile) ist und welche mit begrenzter Lebensdauer. Dabei handelt es sich um Verschleißteile. Weiterhin ist zu unterscheiden in Ersatzteile, die im Vergleich zum Wert des Primärpodukts sehr teurer oder weniger kostenintensiv sind.

Ersatzteile werden grundsätzlich eingeteilt in:

1. Originalteile (OEM[2]): Es handelt sich um baugleiche Teile des Primärherstellers, die mit den auszutauschenden Teilen identisch sind.
2. Autauschteile (AT): Austauschteile sind vom Hersteller (oder der Instandhaltung) aufgearbeitete Ersatzteile, bei denen alle Verschleißteile gegen Neuteile ausgetauscht wurden. Von der Qualität unterscheiden sie sich nur gering vom Neuteil.

---

[2] *Original Equipment Manufacturer* = Originalzubehör des Herstellers.

Bei Bestellung eines Austauschteils wird i. d. R. das Altteil abgegeben, um es zu regenerieren (wenn machbar). Austauschteile sind meistens preisgünstiger als ein Originalteil.

3. Identteile (IT): Identteile sind identgetreue Nachbauteile des Herstellers. Sie tragen aber nicht dessen Markenlogo, weil es möglicherweise von einem anderen Unternehmen gefertigt bzw. bezogen wurde. Qualität und Zuverlässigkeit entsprechen dem Originalteil, da es meist von Kooperationspartnern des Herstellers produziert wird. Es ist meist preisgünstiger als das OEM-Teil.

4. Nachbauteile (NT): Nachbauteile werden nicht vom Hersteller oder dessen Zulieferer produziert und sind daher nicht 100 %ig baugleich. Es können daher auch Qualitätsunterschiede auftreten zum Originalteil. Preislich sind diese Teile meist am günstigsten von allen vier Ersatzteilarten.

9.2 Ersatzteilorganisation

9.2.1 Verantwortlichkeiten und Voraussetzungen

Das Ersatzteilmanagement umfasst folgende betriebliche Aufgabenbereiche:

- Anlagenbewirtschaftung, Betriebsmittelplanung,
- Einkauf (Beschaffung),
- Disposition,
- Lagerhaltung,
- Rechnungswesen, Controlling

Voraussetzungen für eine wirtschaftliche Ersatzteilebereitstellung sind:

1. Konkrete Festlegung der Aufgaben und klare Trennung der Kompetenzen sowie eine zielorientierte Vorgehensweise aller Beteiligten,
2. Bereitstellung ausreichender Ressourcen (Personal, Hardware, Software) zur Durchführung der entsprechenden Aufgaben,
3. Angaben über die geforderte Verfügbarkeit der einzelnen BE,
4. organisatorische Hilfsmittel,
5. ordnungsgemäße Lagerungsmöglichkeiten,
6. instandhaltungsgerechte Unterlagen.

Die Unternehmungsleitung legt die Zuständigkeiten fest und grenzt die Kompetenzen sauber ab. Der heutige Stand der Technik gestattet den wirtschaftlichen Einsatz der EDV auch bei niedrigen Ersatzteilmengen. Der Vorteil der EDV gegenüber manueller Vorgehensweise liegt im Wesentlichen in

- der schnellen Bestellabwicklung,
- der übersichtlichen Lagerbestandsführung und
- der rationellen Erstellung von Verzeichnissen und Berichten.

Der Vorteil der EDV gegenüber manueller Vorgehensweise liegt im Wesentlichen in

1. der schnellen Bestellabwicklung,
2. der übersichtlichen Lagerbestandsführung und
3. der rationellen Erstellung von Verzeichnissen und Berichten.

Auf der Grundlage der Herstellerdokumentation und/oder in Abstimmung mit dem Hersteller bzw. auf Grund von Erfahrungen wählt die Instandhaltung, ggf. gemeinsam mit dem Betreiber, die Ersatzteile für die betreffende Betrachtungseinheit aus. Darüber hinaus legt das Ersatzteilmanagement den jährlichen Bedarf oder den Mindestbestand festgelegt. Dazu benötigt der Ersatzteileplaner insbesondere folgende Angaben:

- neben der geforderten Verfügbarkeit Angaben, ob es sich um kapitalintensive Maschinen handelt (Kennzeichnen sind hohe Maschinenstundensätze)
- Angaben zu den Ausfallwahrscheinlichkeiten der BE, und zum Verkettungsgrad (Komplexität),
- Maschinen-/Anlagenauslastung, Beanspruchung (z. B. Engpassmaschine)
- Produktionsverluste,
- gesetzliche Auflagen, die eine Bevorratung von Ersatzteilen für die BE notwendig machen,
- Anzahl der gleichen Teile,
- Preis pro Ersatzteil,
- Herstell- und/oder Lieferzeit,
- Angaben zum Ersatzteil:

  - zeitbegrenztes Teil: Verschleiß-, Sollbruchteil (DIN 31051),
  - Abnutzungs- und Korrosionsverhalten,
  - mittlere Lebensdauer des Teils (im Verhältnis zur Lebensdauer der BE),
  - Empfehlungen des Herstellers,
  - konstruktiv festgelegte Bedingungen,

- Make or Buy-Entscheidungen,
- Möglichkeit von vorübergehenden Improvisationen bzw. von Ersatzmaßnahmen.

Für jedes ausgewählte Ersatzteil wird mit Hilfe des alphabetischen Ersatzteilverzeichnisses zunächst ermittelt, ob es bereits in der Datei geführt wird. Wenn das Ersatzteil noch nicht erfasst ist, sind aus den Unterlagen die Stammdaten zu entnehmen (s. Abschn. 2.2.2). Sie sind bei manueller Vorgehensweise in die Ersatzteilliste je Maschine/Anlage einzutragen und in die Ersatzteildatei einzugeben.

9.2.2 Ersatzteilmanagement

Das Ersatzteilemanagement verwendet zur Bewirtschaftung des Ersatzteileprozesses die gleichen Methoden wie das Supply Chain Management (SCM) (Stadtler und Kilger 2000). Daraus lassen sich drei Kernfunktionen ableiten

1. Ersatzteilecontrolling
2. Ersatzteileplanung
3. Ersatzteilesteuerung

Das Ersatzteilecontrolling hat die Aufgabe, für die Festlegung und Einhaltung der Rahmenbedingungen einer optimalen Ersatzteilebewirtschaftung zu sorgen. Der Planungshorizont des Entscheidungsfeldes umfasst einen Zeitraum von 1–3 Jahren. Die wesentlichen Aufgaben sind:

1. Performanceanalyse der eigenen Struktureinheiten und die der Zulieferer,
2. Feststellung und Bewertung von Vertragsabweichungen, Verfolgung der Maßnahmen zur Einhaltung der Vertragsverpflichtungen, notfalls sind Sanktionen zu ergreifen,
3. Analyse der statischen und dynamischen Daten, insbesondere sind die Ersatzteilekosten, die Umschlagshäufigkeit und die Lagerdauer zu kontrollieren,
4. KVP im Bereich der Ersatzteilebewirtschaftung.

Die Ersatzteilplaner ermitteln für den Planungszeitraum die erforderlichen Bestandsmengen (Umlaufreserve) und prüfen die Einhaltung der Planungsparameter, z. B. die Planungsdurchlaufzeiten, Wechselraten und die geforderten Verfügbarkeiten.

Die Ersatzteilesteuerung sorgt für die operative Bereitstellung der erforderlichen Ersatzteile entlang und der Prozesskette. Insbesondere müssen durch vorausschauende Planung Engpässe und Wartezeiten auf Ersatzteile im Bereich der kapitalintensiven Schlüsselmaschinen vermieden werden.

9.2.2.1   Ersatzteilkreislauf

Besonderes Kennzeichen der Ersatzteilelogistik ist die Kreislaufnutzung von Ersatzteilen. Das verschlissene oder funktionsunfähige Teil wird zunächst gegen ein neues oder fast neues (aufgearbeitetes) Ersatzteil ausgetauscht. Im Rahmen der Befundung des Verschleißzustandes erfolgt die Entscheidung „Verschrottung" oder „Aufarbeitung" (s. Abb. 6.29–6.34). Die Entscheidung für eine Aufarbeitung hat wirtschaftliche Gründe, denn solange die Aufarbeitung kostengünstiger als das Neuteil ist, steht die Aufarbeitung im Vordergrund. Eine weitere Randbedingung ist die Sicherung der geforderten Verfügbarkeit der Maschine bzw. Anlage und damit des Austauschteils als kalte Redundanz, um die Stillstandskosten gering zu halten.

Der Teiledurchlauf beginnt damit, dass die Instandhaltung im Rahmen ihrer Planung einen Ersatzteilebedarf anmeldet, den sie durch Bezug aus dem Ersatzteilelager deckt. Parallel dazu wird das als aufarbeitungswürdig beurteilte Teil auf Lager genommen bzw. für die Aufarbeitung bereitgestellt, um nach erfolgter Aufarbeitung als kalte Redundanz die geforderte Verfügbarkeit zu sichern. Im Gegensatz zu Verbrauchsteilen bleibt die Zahl der Reparaturteile im Kreislauf konstant, abgesehen von den Teilen, die verschrottet und nachgekauft werden müssen.

9.2.2.2 ABC-Analyse

Von der Anlagenwirtschaft/Betriebsmittelplanung sind zu jeder BE vom jeweiligen Hersteller/Lieferanten entsprechend DIN 24420

- Stücklisten,
- Ersatzteilelisten und -empfehlungen des Herstellers,
- technische Zeichnungen,
- Funktionsbeschreibungen, Betriebs- und Instandhaltungsanweisungen,
- Angaben über spezielle Werkzeuge, Vorrichtungen und Hilfsmittel

nach instandhaltungsspezifischen Erfordernissen bereitzustellen. Erforderlichenfalls sind über die Art und Ausführung dieser Unterlagen mit dem Anlagenhersteller besondere Vereinbarungen zu treffen.[3] Normteile sind normgerecht zu beschreiben, für Kaufteile sind insbesondere die Bestellangaben des Originalherstellers anzugeben.

Die Lagerung von Ersatzteilen führt sehr oft zu einer großen und für Ersatzteilelager charakteristischen Teilevielfalt. Aufgabe des Ersatzteilemanagements ist es, die Bewirtschaftung und den Lagerbestand zu optimieren. Bei der Überprüfung der einzelnen Artikel ist festzustellen, welchen Wert die einzelnen Ersatzteile verkörpern. Anschaffungskosten, Servicegrad und die Bestellzeiten bestimmen die Stillstandskosten entscheidend. Sehr viele Ersatzteile sind von geringem Wert und/oder für die Verfügbarkeit der technologischen Ausrüstungen von untergeordneter Bedeutung. Demgegenüber sind die kostenintensiven Ersatzteile bzw. Ersatzbaugruppen, die meist für kapital- und/oder nutzungsintensive Ausrüstungen vorgesehen sind, entsprechend kostenbewusst zu bewirtschaften.

Beispiel 9.1: Wertstatistik

Das regenerierte Getriebe eines Schaufelradbaggers hat einen Wert von rund 250.000 €.[4] Da ein Funktionsausfall des Schaufelradgetriebes erhebliche Stillstandskosten verursachen würde, werden diese Getriebe im Ersatzteilelager vorgehalten (kalte Redundanz) und im Rahmen der geplanten Instandhaltung ausgetauscht, so dass keine Verluste entstehen.

Ein Schaufelradbagger mittlerer Leistung von 9 Mio. t/a arbeitet durchgängig und läuft im Durchschnitt rund 6000 h/a. Das ergibt eine Stundenleistung von rund 1850 th. Bei einem Abnahmepreis von beispielsweise 50 €/t wäre das ein Verlust von 92.500 €/h (Raunik 2005).

Im Falle eines nicht geplanten Ausfalls ergeben sich zahlreiche unproduktive Zeitanteile. So wartet das Gewinnungsgerät zunächst auf den Instandhalter bis zur Frühschicht, wenn der Ausfall in der Nachtschicht erfolgte und das Ersatzteilelager nachts nicht besetzt ist. Bis zur Aktivierung des Instandhalters, der Verladung und dem Antransport des Getriebes vergeht wertvolle Zeit durch Warten auf Instandhaltung. Möglicherweise sind alle Instandhalter im Einsatz und müssen per Anweisung von den anderen Einsatzorten abgezogen werden, um den Bagger zu

---

[3] vgl. VDI 3227.
[4] Raunik 2005.

reparieren. Im Mittel kann bei einer Stillstandsdauer von durchschnittlich 24 h der Produktionsverlust über 2 Mio. € erreichen.

Das Beispiel zeigt, dass aus Kostengründen nicht alle Artikel mit dem gleichen Aufwand hinsichtlich

- der Festlegung wirtschaftlicher Bestellmengen,
- der Bestellpunkte und
- der Sicherheitsbestände usw.

geplant und kontrolliert werden können. Mit der ABC-Analyse gelingt es, die Kosten einer Planung und Kontrolle einzelner Artikel mit deren Bedeutung am Beschaffungsvolumen in eine bestimmte Relation zu bringen. Die Klassifizierung eines Sortiments gestattet die Zuordnung der Bedeutung eines Ersatzteils und die Festlegung des dazu erforderlichen Planungs- und Kontrollaufwandes. Dazu wird auf Grundlage einer Artikel-Wert-Statistik der Anteil einzelner Artikel oder Artikelgruppen am Gesamtbeschaffungsvolumen bestimmt und in drei charakteristische Cluster unterteilt. Zur Gewinnung der erforderlichen Informationen wird wie folgt vorgegangen:

1. Errechnung des Jahresumsatzes für jeden Artikel durch Multiplikation des Einzelpreises und der Anzahl der jährlich eingekauften Mengeneinheiten,
2. Sortieren aller Artikel in absteigender Folge nach der Höhe des jeweiligen Jahresumsatzes,
3. Berechnung des prozentualen Anteils jedes Artikels an der Gesamtzahl der Artikel,
4. Berechnung des prozentualen Umsatz-Anteils jedes Artikels am Gesamtumsatz,
5. Kumulieren der jeweiligen prozentualen Anteile (Artikel und Umsatz),
6. Aufstellen einer in dieser Form sortierten Liste,
7. Einteilen der Artikel in A-, B- und C-Klassen.

Die Artikel-Wert-Statistik liefert folgende Ergebnisse:

a. Nur wenige Artikel (10 %) haben einen hohen Anteil (> 60 %) am Gesamtwert. Diese Artikel haben wesentlichen Einfluss auf die Kapitalbindung des Unternehmens und werden als A-Artikel bezeichnet und entsprechend bewirtschaftet.
b. Etwa 1/3 der Artikel (< 30 %) haben einen durchschnittlichen Wertanteil (30 %) am Gesamteinkaufsvolumen. Diese Artikel mit durchschnittlicher Bedeutung für den Jahresumsatz des Unternehmens werden als B-Artikel bezeichnet.
c. Viele Artikel (> 60 %) haben einen geringen Wertanteil (10 %) am Gesamtwertvolumen. Diese Artikel mit geringer Bedeutung für den Jahresumsatz des Unternehmens werden als C-Artikel bezeichnet.

In einem Lagerführungssystem müssen die A-Ersatzteile ihrer Bedeutung entsprechend mit besonderer Aufmerksamkeit behandelt werden. Wird für eine relativ geringe Zahl von A-Ersatzteilen ein größerer Aufwand für die Kontrolle eines einzelnen Artikels benötigt, so sind dennoch die dafür erforderlichen Kosten i. d. R. vertretbar. Eine optimierte Bewirtschaftung dieser wichtigen Artikel erfordert zwar einen etwas höheren Kontroll- und Bestellaufwand, reduziert aber die Kapitalbindung. Die B-Artikel werden routinemäßig lediglich in gewissen Zeitabständen nur formal kontrolliert. Alle C-Artikel werden auf einfache Weise mit geringstmöglichem Aufwand kontrolliert, selbst wenn sich dadurch ein erhöhter Lagerbestand ergeben sollte. Der geringere Bewirtschaftungsaufwand für die Überwachung der C-Artikel lässt sich durch die großen Einsparungen begründen. Außerdem lassen sich teilweise erhebliche Mengenrabatte erzielen, die die Verluste, die aus der Verzinsung des Kapitals resultieren, überkompensieren.

Für die einzelnen Artikel sind die folgenden Maßnahmen denkbar:

• Für A-Artikel:

  – eingehende Markt-, Preis- und Kostenstrukturanalyse, Wertanalyse,
  – exakte Dispositionsverfahren,
  – exakte Bestandsrechnung,
  – genaue Überwachung der Verweildauer,
  – sorgfältige Festlegung der Sicherheits- und Meldebestände,
  – sorgfältige Festlegung der wirtschaftlichen Bestellmengen,
  – strenge Terminkontrollen.

• Für B-Artikel:

  – für die Artikel dieser Kategorie kommt ein Mittelweg zwischen den Verfahren der A- und C-Artikel in Betracht.

• Für C-Artikel:

  – gelten einfache Dispositionsverfahren,
  – sind exakte Bestandsrechnung und exakte Überwachung der Verweildauer nicht notwendig,
  – ist die Festlegung höherer Meldebestände zulässig,
  – ist die Festlegung größerer Bestellmengen vorteilhaft, weil dadurch Mengenrabatte ausgenutzt werden können,
  – kann Terminkontrolle einschränkt bzw. auf eine solche verzichtet werden.

Die Artikel-Umsatz-Statistik ermöglicht einem Unternehmen, Kostenpotenziale bei den A-Artikeln zu erschließen. Auch bei den C-Artikeln lohnen sich Anstrengungen insbesondere bei der Erzielung von Mengenrabatten.

Beispiel 9.2: ABC-Analyse

Gegeben ist die in Tab. 9.1 dargestellte Ersatzteilsituation einer Instandhaltungswerkstatt. Sie zeigt 10 zu beschaffende Ersatzteile. Zunächst wird die Periodenverbrauchsmenge ermittelt und m. H. geeigneter Wertgrößen (Ist-Preise, Planpreise, Durchschnittspreise) der wertmäßige Verbrauch berechnet. Im nächsten Schritt erfolgen eine Rangermittlung und die Kumulierung der Wertgrößen (Tab. 9.2). Anhand der kumulierten Werte werden die Grenzen zwischen den einzelnen Klassen festgelegt.

Die Klasseneinteilung gibt Aufschluss über die wichtigen und weniger wichtigen Artikel. Die wichtigen Artikel bedürfen einer genaueren Planung und Bewirtschaftung. Da die Praxisrelevanz von ABC-Analysen sehr groß ist, besteht auf Grund ähnlicher Zusammenhänge wie zwischen Lagerbestandswert einer Ersatzteilegruppe und der darin enthaltenen Artikelzahl auch die Möglichkeit, weitere Parameter heran-

Tab. 9.1 Ausgangsdaten (Beispiel 9.2)

Ersatzteil	Verbrauch (Einheiten)	Preis (€/Einheit)	Verbrauch (€)
1	250	25	6.250
2	75	90	6.750
3	180	10	1.800
4	5	4.500	22.500
5	250	30	7.500
6	25	100	2.500
7	40	200	8.000
8	110	25	2.750
9	300	8	2.400
10	20	2.200	44.000

Tab. 9.2 ABC-Analyse von Ersatzteilen

Ersatzteil	Verbrauch (Einheiten)	Preis (€/Einheit)	Verbrauch (€)	Rang	Verbrauch je Klasse	Klasse
1	250	25	6.250	6		
2	75	90	6.750	5		
3	180	10	1.800	10		
4	5	4.500	22.500	2		
5	250	30	7.500	4		
6	25	100	2.500	8		
7	40	200	8.000	3		
8	110	25	2.750	7		
9	300	8	2.400	9		
10	20	2.200	44.000	1		
10	20	2.200	44.000	1		
4	5	4.500	22.500	2	63,67 %	A
7	40	200	8.000	3		
5	250	30	7.500	4		
2	75	90	6.750	5		
1	250	25	6.250	6	27,29 %	B
8	110	25	2.750	7		
6	25	100	2.500	8		
9	300	8	2.400	9		
3	180	10	1.800	10	9,05 %	C
			104.450		100,00 %	

zuziehen, z. B. die Lagerflächenbeanspruchung, die Lagerentnahmehäufigkeit oder das Lagerverlustrisiko. Häufig benötigte Ersatzteile können dann besser zugänglich gelagert werden. In solchen Fällen sollten statt der Wertangaben die Schlagzahlen der einzelnen Artikel verwendet werden.

9.2.2.3 XYZ-Analyse

Die XYZ-Analyse ist eine Abwandlung der ABC-Analyse. Die Verbräuche von Materialien bzw. Einzelteilen werden über längere Zeiträume beobachtet.[5] X-Ersatzteile

---

[5] Vgl Domschke und Scholl 2005, S. 140, s. auch Biedermann 2008, S 85.

Tab. 9.3 Einteilungshinweise

Material	Verbrauch	Prognosequalität	Anteil ca.
X	gleichmäßig	hoch	50 %
Y	dynamisch	mittel	20 %
Z	zufällig	niedrig	30 %

sind Artikel, die ein sehr gleichförmiger, nahezu schwankungsloser Bedarf kennzeichnet. Dementsprechend sind die Bedarfsprognosen genau. Für Y-Ersatzteile ist ein saisonal schwankender Bedarf mit mittlerer Vorhersagegenauigkeit des Bedarfs charakteristisch. Für Z-Ersatzteile ist die Vorhersagegenauigkeit sehr gering und durch rein zufällig zu Stande kommende Bedarfsverläufe gekennzeichnet.

Für die XYZ-Analyse wird die in Tab. 9.3 dargestellte Einteilung bevorzugt.[6] Empfohlene Beschaffungsstrategien sind:

X-Material:	Just in Time
Y-Material:	Programmierte Beschaffung (z. B. monatlich) und dementsprechend Vorratshaltung
Z-Material:	Beschaffung nur im Bedarfsfall

Zur Bewertung der Verbrauchsschwankungen wird folgendes Bewertungssystem herangezogen:

1. Stetiger Verbrauch (X):   9–10 Punkte
2. Schwankender Verbrauch (Y):   4–8 Punkte
3. Zufälliger/unregelmäßiger Verbrauch (Z):   0–3 Punkte

Beispiel 9.3: XYZ-Analyse

Gegeben sind die in der Tab. 9.4 dargestellten Werte für den Ersatzteilebedarf einer Struktureinheit Instandhaltung. Die Rangfolge nach Kapitalintensität ergibt folgendes Bild:

2,7 % des Teileprogramms erfassen 51 % des Gesamtwerts der Teile → Klasse X
26,9 % des Teileprogramms erfassen 21 % des Gesamtwerts der Teile → Klasse Y
62 % des Teileprogramms erfassen 28 % des Gesamtwerts der Teile → Klasse Z

Empfehlungen
1. Bei Materialien mit hohem Wert (A-Material) und einer hohen Vorhersagegenauigkeit ist die Verringerung der Kapitalbindung vorrangig zu betreiben.
2. Just-in-Time-Anlieferung sollten für AX-, BX und AY-Ersatzteile angestrebt werden.
3. Für geringwertige Teile (z. B. Ersatzkleinteile, Massenteile) und geringer Vorhersagegenauigkeit ist der Beschaffungsaufwand zu reduzieren.
4. Alle übrigen Ersatzteile bedürfen keiner Einzelbetrachtung (Tab. 9.5).

---

[6] Wannenwitsch 2007, S. 82 ff.

Tab. 9.4 Ausgangsdaten

Ersatzteil	Menge (Stück/ Jahr)	Preis (€) Stück	Jährlicher Verbrauch (T€/a)	Wertmäßiger Anteil (%)	Anteil an der Gesamtmenge (%)	Bewertung der Verbrauchs- schwankung
1	5	5.000	25.000	18,66	0,84	8
2	10	220	2.200	1,64	1,68	6
3	30	110	3.300	2,46	5,04	6
4	100	34	3.400	2,54	16,81	4
5	275	89	24.475	18,27	46,22	3
6	44	220	9.680	7,23	7,39	3
7	2	8.000	16.000	11,94	0,34	8
8	1	10.000	10.000	7,46	0,17	10
9	8	2.200	17.600	13,14	1,34	8
10	120	186	22.320	16,66	20,17	7

9.2.2.4 Stammdaten

Die betriebsspezifisch festzulegende Ersatzteilnummer (Identifikationsnummer) wird i. d. R. bei der Aufnahme eines Ersatzteils in die Bestandsdatei vergeben und erhält eine eindeutige und unverwechselbare Kennzeichnung. Diese sollte möglichst kurz sein (max. siebenstellig) und fortlaufend vergeben werden. Die Verwendung von so genannten „sprechenden" Schlüsseln für die Ersatzteilnummer treibt den Verwaltungsaufwand nach oben und ist zu vermeiden. Vielfach müssen bei der Ersatzteilnummerierung bestehende innerbetriebliche Nummernsysteme beachtet bzw. verwendet werden. Die Teilebenennung kann aus den vorliegenden Lieferanten- bzw. Herstellerunterlagen übernommen werden und sollte allgemeinverständlich und lieferantenneutral eingepflegt werden. Normteile werden unter standardisierten Begriffen erfasst.

Technische Daten eignen sich zur Charakterisierung der Teile für die Suche nach gleichen oder ähnlichen Ersatzteilen in hervorragender Weise und haben daher innerhalb der Ersatzteilstammdaten höchste Priorität. Daher sollte auf eine entsprechende Beschreibung geachtet werden. Auch Sachmerkmale sind für eine Beschreibung eines Teiles geeignet, um zeitraubende Rückfragen von Disponenten, Einkäufern und Lieferanten wegen ungenauer Angaben zu vermeiden.

Als Lieferant sollte im Regelfall der Bauteil- bzw. Ersatzteilhersteller und nicht der Maschinen- bzw. Anlagenhersteller angegeben werden. Bei der Beschaffung einer Anlage ist darauf zu achten, dass der Maschinen- bzw. Anlagenhersteller die notwendigen Informationen zur „Direktbeschaffung" (Name, Adresse, Bestellnummer) in der Stückliste zur Verfügung stellt.

Der Preis pro Mengeneinheit wird aus einem entsprechenden Angebot entnommen oder geschätzt, wenn der Hersteller bei Anfragen keine Angaben macht. Eine Aktualisierung erfolgt dann nach der Beschaffung.

Als Mengeneinheit werden in den meisten Unternehmen die in DIN 66030 bzw. DIN 1301 beschriebenen Abkürzungen verwendet.

Der Jahresbedarf oder Mindestbestand des betreffenden Ersatzteils wird von der Instandhaltung bestimmt.

Tab. 9.5 Rangieren der Werte

Rang	Teil	Menge /St./a/	Preis /€/St./	Verbrauch /T€/a/	Wertmäßger Anteil /%/	kum.	Anteil Ges.-Menge /%/	kum.	Klasse XYZ	wertmäß. Anteil	Klasse ABC
1	8	1	10.000	10.000	7%	10.000	0,2%	0,2%	X		B
2	1	5	5.000	25.000	19%	35.000	0,8%	1,0%	X		A
3	7	2	8.000	16.000	12%	51.000	0,3%	1,3%	X		A
4	9	8	2.200	17.600	13%	68.600	1,3%	2,7%	X	51%	A
5	10	120	186	22.320	17%	90.920	20,2%	22,9%	Y		A
6	2	10	220	2.200	2%	93.120	1,7%	24,5%	Y		C
7	3	30	110	3.300	2%	96.420	5,0%	29,6%	Y	21%	C
8	4	100	34	3.400	3%	99.820	16,8%	46,4%	Z		C
9	5	275	89	24.475	18%	124.295	46,2%	92,6%	Z		A
10	5	44	230	10.120	8%	134.415	7,4%	100,0%	Z	28%	B
		595		134.415	100%		100%			100%	

Sonstige betriebsspezifische Angaben für

- Teile mit besonderer Priorität (z. B. Sicherheit, Risiko),
- Teile, die durch die eigene Instandhaltung instand gesetzt werden können/sollen,
- nicht mehr lieferbare Teile,
- Beschaffungsarten (maschinell, manuell, nach Rücksprache mit der Instandhaltung, keine Nachbestellung usw.)

dienen dazu, Fehlbestellungen zu vermeiden und den Beschaffungsprozess sicherer zu machen.

9.2.3 Klassifizierung von Ersatzteilen

In der betrieblichen Praxis haben gleichartige Ersatzteile häufig unterschiedliche Bezeichnungen. Die Erkennung von Gleichartigkeiten hat Einfluss auf die Bestellmengenplanung und -optimierung. Daher ist es bereits beim Einpflegen des Datensatzes in die Datenbank zweckmäßig, eine korrekte Zuweisung zu einer Ersatzteilgruppe (Cluster) oder Teilefamilie vorzunehmen. Ersatzteilegruppen sind beispielsweise Schrauben, Wellen, Elektromotoren (z. B. Drehstrommotoren). Dazu muss ein Verzeichnis angelegt werden, das die jeweiligen Cluster alphabetisch erfasst. Die Stammdatenerfassung ordnet dem Ersatzteil eine Ersatzteilclusternummer als klassifizierendes Merkmal zu.

Im Interesse einer Standardisierung sind die technischen Daten der Ersatzteile einheitlich zu dokumentieren. Im Verzeichnis der Ersatzteilgruppen sind zusätzliche beschreibende Merkmale (Sachmerkmale) je Ersatzteilgruppe festzulegen (s. DIN 4000). Bei der Stammdatenerfassung werden dann die technischen Daten in der für die Ersatzteilgruppe angegebenen Reihenfolge eingetragen. Auf dieser Grundlage ist es dann möglich, Ersatzteile mit gleichen oder ähnlichen technischen Daten – z. B. im alphabetischen Ersatzteilverzeichnis – untereinander aufzuführen, um ggf. Doppelbenummerungen zu vermeiden und um Teilenummern bei der Lagerentnahme schneller herauszufinden.

In der betrieblichen Praxis haben gleichartige Ersatzteile häufig unterschiedliche Benennungen. Damit die Gleichartigkeit dieser Teile erkannt und ausgenutzt werden kann, ist bereits bei der Auswahl und Aufnahme des Ersatzteils die Ersatzteilgruppe festzulegen. Ersatzteilegruppen sind Oberbegriffe (z. B. Schraube, Welle, Drehstrommotor, Getriebe).

9.2.4 Ersatzteilverzeichnisse

Ersatzteilverzeichnisse sind nach bestimmten Kriterien zusammengefasste Ersatzteilstammdaten. Bereits geringe Bewirtschaftungsmengen bei Ersatzteilen gestatten einen wirtschaftlichen Einsatz der EDV, weil die benötigten Informationen schnell aus dem Stammdatensatz herausgefiltert und ausgedruckt werden können. Das Ersatzteilverzeichnis enthält alle Ersatzteile in alphabetischer Reihenfolge der Ersatzteilbezeichnung. Bei entsprechender Klassifizierung können Ersatzteilstamm-datencluster gebildet werden, indem gleiche oder ähnliche Ersatzteile geschlossen aufgeführt werden, um die Suche von Teilenummern zu erleichtern. Dazu werden die Teile der jeweiligen Ersatzteilgruppe alphabetisch geordnet. Innerhalb einer Teilegruppe werden die einzelnen Ersatzteile nach technischen Merkmalen sortiert.

Das alphabetische Verzeichnis wird verwendet:

• zur Ermittlung der Ersatzteilnummer,
• zum Anlegen neuer Stanmmdatensätze (neue Ersatzteile) und um zu prüfen ob das Teil als Ersatzteilposition bereits geführt wird,
• bei ungeplantem Bedarf zur Überprüfung, ob das benötigte oder ein ähnliches verwendbares Teil geführt wird,
• zur Standardisierung von Ersatzteilen zum Zwecke der Bestandsreduzierung und/oder Teilenummernreduzierung.

9.2.5 Ersatzteillisten

In der Ersatzteilliste je Maschine/Anlage werden die wichtigsten Stammdaten der Teile aufgeführt, die für die betreffende Anlage als Ersatzteile festgelegt wurden. Zweckmäßigerweise erfolgt die Gliederung nach Baugruppen.

Die Ersatzteilliste wird benötigt

• zur Ermittlung der Ersatzteilnummer, z. B. bei der Entnahme,
• zur Bestands-/Bedarfsreduzierung bei Außerbetriebnahme (Verschrottung) der BE und
• bei technischen Änderungen an der BE.

9.2.6 Ersatzteilverwendungsnachweis

Im Ersatzteilverwendungsnachweis wird ausgewiesen, für welche Maschinen bzw. Anlagen eine Ersatzteilposition bevorratet wird. Der Verwendungsnachweis dient:

• zur Vorratsplanung,
• bei nicht geplanter Lagerentnahme einer BE zur Risikoabschätzung im Falle der Nichtverfügbarkeit,
• der Erfassung technischer Änderungen am Ersatzteil (z. B. Schwachstellenbesei-tigung) oder der Umstellung des Lieferprogramms beim Hersteller,
• bei Außerbetriebnahme einer BE zur Feststellung, ob Ersatzteile ausgelagert oder die Sicherheitsbestände des Ersatzteils für andere, verbliebene Einsatzorte reduziert werden können.

9.3 Ersatzteilplanung

9.3.1 Informationen der Ersatzteilewirtschaft zum Ausfallverhalten als Entscheidungsgrundlage

Das Ersatzteilegeschäft kann in das Neugeschäft als mehr oder weniger eigenständige Einheit („Business Unit") integriert sein, die ganze Netzwerke bedient (Lauronen 1998) oder als juristisch eigenständiges Unternehmen organisiert werden. Ein Beispiel wäre die *Volkswagen Original Teile Logistik* als Unternehmen.[7]

Mitunter trennen sich die Primärhersteller komplett von der Ersatzteilversorgung älterer Produkte und überlassen sowohl die Ersatzteillagerbestände für ältere Produkte als auch die zur Anfertigung erforderlichen Zeichnungen und Stücklisten spezialisierten Firmen. Der Markt hat auch Firmen hervorgebracht, die sich auf die Wartung und Reparatur teurer Maschinen und Anlagen untergegangener Hersteller spezialisiert haben (z. B. im Standardwerkzeugmaschinensegment).

Speziell im Investitionsgütermarketing entwickeln Unternehmen nachhaltige After-Sales-Strategien mit positivem Einfluss auf das Neugeschäft, indem sie sich durch eine nachhaltige Ersatzteilversorgung mit kurzen Reaktionszeiten und einer durchdachten Ersatzteillogistik vom Wettbewerb differenzieren. Beim Verkauf langlebiger Produkte (z. B. Investitionsgüter, Anlagen) vereinbaren die Geschäftspartner oft vertraglich Listen, die gegebenenfalls eine zeitversetzte Lieferung bestimmter Ersatzteile (Abnutzungsteile) auf mehrere Jahre mit dem Kauf sichern.

Bei Industrieanlagen sind Lieferaufteilungen über Unterlieferanten häufig problembehaftet. Wenn beispielsweise ein Gießereibetrieb die Errichtung eines weiteren Induktionsschmelzofens als Zweitanlage neben einer vor zehn Jahren gelieferten ersten Anlage plant und mit der neuen Anlage für beide Anlagen ein umfangreiches Ersatzteilpaket mitgeliefert werden soll, gibt es möglicherweise Anpassungsprobleme, weil die alten Komponenten (z. B. E-Antriebe, Kühlwasserpumpen) in gleicher Ausführung nicht mehr lieferbar sind. Der Komponentenhersteller ist aus organisatorischen und Kostengründen meist nicht in der Lage, nach den alten Zeichnungen eine gleiche Komponente kostengünstig nachzubauen. Da alte Konstruktionen den Energie- und Umweltansprüchen nicht mehr genügen, macht es keinen Sinn, technisch veraltete Ersatzteile und Komponenten einzubauen. Oftmals wird umkonstruiert, um sowohl die alte als auch die neue Anlage auf einen neueren und zueinander kompatiblen kundenorientierten Stand zu bringen. Dadurch ist es möglich, mit einem Ersatzteilesatz auf einen eventuellen Ausfall effektiv und flexibel zu reagieren.

---

[7] Die Volkswagen Original Teile Logistik GmbH & Co. KG (OTLG) versorgt deutschlandweit von sieben Standorten aus alle ca. 2800 Volkswagen und Audi Servicepartner mit Originalteilen und Zubehör. Eine umfassende Servicebetreuung erfahren die ca. 2500 Volkswagen Servicepartner vom Volkswagen Service Deutschland in Wolfsburg und seinen sieben Servicer gienen – einem Unternehmensbereich der OTLG (Quelle: http://volkswagen-otlg.de/am 18.01.2011).

Die häufig langen Lieferzeiten von Ersatzteilen führen außerdem dazu, dass Käufer von Sonderanlagen umfangreiche Ersatzteilpakete mit der Anlage einkaufen. Da diese die Investitionskosten in die Höhe treiben[8], wird oft nach Versorgungskonzepten gesucht, die eine reibungslose und schnelle Versorgung sichern. Insbesondere soll die Kapitalbindung beim Betreiber niedrig gehalten werden. Dazu wurden unterschiedliche Konzepte entwickelt.

Konsignationslager[9] eignen sich dazu nur bedingt, da eine Rücknahme der Teile nicht in jedem Fall realisiert werden kann, es sei denn, der Gesetzgeber schreibt die Rücknahme ausgedienter Teile oder kompletter Anlagen vor. Wesentlich effektiver ist eine konzentrierte Festlegung der notwendigen zu bevorratenden Ersatzteile bei der Konstruktion und Montage der Anlagen. Im Vordergrund stehen die Bauteile bzw. -gruppen, die bei Ausfall die Verfügbarkeit erheblich beeinflussen (Risikoanalyse).

Der Bedarf an Ersatzteilen ist abhängig:

1. vom Schädigungsverhalten (Grundzuverlässigkeit, Einsatzbedingungen, Qualität der Wartung und Pflege),
2. von der Instandhaltungsstrategie,
3. von der Instandhaltungstechnologie,
4. vom Niveau der Anlagenbewirtschaftung sowie
5. dem Umfang der Einzelinstandsetzung.

Die Problematik des gesamten Ersatzteilmanagements ist das stochastische Ausfallverhalten der einzelnen Arbeitsmittel während der Nutzungsphase. Der Ersatzteilebedarf muss im Bereich kapitalintensiver Arbeitsmittel innerhalb der zulässigen instandhaltungsbedingten Stillstandszeit mit einer 95 bis 99 %igen Versorgungssicherheit befriedigt werden.

Die Herstellung von Ersatzteilen erfolgt, meist in Verbindung mit der Primärherstellung technischer Arbeitsmittel, als spezielle Ersatzteileproduktion beim Primärhersteller oder bei speziellen Dienstleistern, wobei Serienproduktion dominiert. Dadurch wird ein besseres Kosten-Nutzen-Verhältnis erzielt.

Ersatzteile werden in folgende vier Gruppen eingeteilt (Männel 1986):

I.   Multivalent verwendbare Ersatzteile (Normteile),
II. Typengebundene Ersatzteile, die auf Universalwerkzeugmaschinen aus multivalent verwendbaren Halbzeugen hergestellt werden,
III. Typengebundene Ersatzteile wie unter II., die aber eine spezielle Rohteileherstellung über Urformen erfordern,
IV. Typengebundene Ersatzteile, deren Herstellung Spezialmaschinen erfordert.

Den Widerspruch, dass dem stochastisch anfallenden ET-Bedarf eine kontinuierliche oder intervallabhängig betriebene ET-Herstellung gegenübersteht, soll ein

---

[8] ca. 5–10 % des Anlagenvolumens.

[9] Warenlager eines Lieferanten oder Dienstleisters, das sich im Unternehmen des Kunden (Abnehmers) befindet. Die Ware verbleibt solange im Eigentum des Lieferanten, bis der Kunde sie aus dem Lager entnimmt. Erst zum Zeitpunkt der Entnahme findet eine Lieferung als Grundlage der Rechnungsstellung statt.

optimales Ersatzteilemanagement lösen. Eine geforderte hohe Versorgungssicherheit setzt geeignete Versorgungsstrategien voraus, die eine optimale Bedarfsplanung, Lagerhaltung, Disposition und Zirkulation realisieren.

9.3.2 Informationsbasis

9.3.2.1 Eingangsgrößen

Die Ersatzteileversorgung und ihre stochastischen Eigenschaften lassen sich durch die Verteilungen des Ersatzteilebedarfs und Ersatzteileverbrauchs beschreiben.[10] Folgende Informationen sind für die Ersatzteilebewirtschaftung relevant:

1. Anlagenstruktur und Fertigungsform,
2. Anforderungsniveau an Verfügbarkeit und Zuverlässigkeit,
3. Ausfallverhalten der BE,
4. Inspektionsmöglichkeiten und -technologie,
5. Instandhaltungsgerechtheit der BE,
6. Einsatzbedingungen,
7. Alter der BE,
8. Anzahl der Einsatzstellen,
9. Ausfallkosten.

Am Beginn steht immer eine funktional-logische Analyse der Anlagenstruktur. Die Anlagenstrukturanalyse stellt eine zuverlässigkeitslogische Anordnung der Elemente sicher. Mit zunehmendem Produktionsfortschritt steigen die Komplexität der Struktur und der im Produkt gebundene Wert. Dementsprechend steigen die Stillstandskosten bei Ausfällen.

Bekanntermaßen stößt die Elemente bezogene Bestimmung des Ausfallverhaltens und der damit verbundenen Verteilung der Betriebszeiten in der Praxis auf Schwierigkeiten bei der Datenerfassung. Unterstützung leisten dabei moderne IT-Technologien. So erweitert beispielsweise der Remoteservice über Online- und Offline-Inspektionen die Möglichkeiten einer zustandsorientierten Instandhaltung mit geringem Risiko erheblich, weil die Ermittlung von Informationen über den Zustand zeitnah erfolgt und wegen der besseren Prognose rechtzeitig vor dem Ausfall reagiert bzw. der Ausfall mit hinreichender Genauigkeit antizipiert werden kann.

Grundsätzlich besteht immer die Entscheidung zwischen Minimalinstandsetzung oder der vollständigen Erneuerung mit oder ohne Bereithaltung von Ersatzteilen. Dabei verbessert eine instandhaltungsgerechte Konstruktion der Ersatzteile die Instandsetzbarkeit der BE und verringert damit den Instandhaltungsaufwand wesentlich. Die für die Minimalstrategie charakteristische ausbessernde Instandhaltung konzentriert sich i. d. R. auf das oder die ausgefallenen Teile. Dies kann durch eigene

---

[10] Eichler 1991, S. 262.

Instandhaltungsressourcen oder durch Lohninstandsetzung erfolgen. Die Teile werden dann im Ersatzteilelager vorgehalten. Je nach gewählter Technologie kommt es somit zu unterschiedlich hohen Lagerzugängen von Ersatzteilen (Bau- und Anlagenteile/Baugruppen), die aus der Instandsetzung resultieren und an das Ersatzteilelager zurück geliefert werden (BE). Solche Ersatzteile (Austauschteile) werden als Kreislaufteile bezeichnet. Bei der Planung ist darauf zu achten, dass diese BE unabhängig von der Art und vom Ort der Wiederherstellung der Funktionsfähigkeit in der Ersatzteilestatistik erfasst werden müssen, um das Ausfallverhalten der BE zu bewerten. In der Statistik sollten auch aus ausgesonderten Altanlagen gewonnene Teile aus empirischen Gründen erfasst werden.

Da die Art des Ersatzteils von Bedeutung ist, unterscheidet man zweckmäßigerweise in so genannte Einort- und Mehrort-Bauteile. Mehrort-Bauteile sind solche Ersatzteile, die an mehreren Einbaustellen an einer oder an mehreren Anlagen Verwendung finden, wofür sich die Koordinierungsstrategie gut eignet. Diese gewinnt mit Blick auf die permanent steigenden Personalkosten an Bedeutung.

Der Ersatzteilebewirtschaftungsprozess erfolgt in zwei Stufen und iterativ, wobei eine geeignete Clusterbildung im Fokus steht:

1. Analyse der Ausgangslage,
2. Bestimmung geeigneter Cluster, die das Ersatzteileprogramm abbilden:

    – Analyseklassen mit Angabe der Abgangsmengen je Artikel,
    – Bestand je Artikel,
    – Gesamtzahl der Artikel je Cluster,
    – Gesamtbestand je Cluster,
    – Reichweite je Artikel,
    – Anzahl der Abgänge/Zugänge.

9.3.2.2 Statische und dynamische Informationen

Bestandsdaten (statische Daten) Bei der Auswertung von Bestandsdaten steht die wert- und positionsmäßige Aufteilung des Bestandes im Vordergrund. Dabei leistet die ABC-Analyse klassische Unterstützung. Sie erfasst neben der Bestandsstrukturierung insbesondere die Lagerumschlagsdauer und differenziert nach Bestandsgrößenklassen.

Bewegungsdaten Für die Bedarfsermittlung und logistische Ersatzteilbewirtschaftung sind eine Analyse der Bewegungsdaten (Lagerzu- und Abgänge) sowie eine Dokumentation unverzichtbar. Neben den klassischen Registrierdaten (Artikelnummer, Datum, Menge, Preis usw.) werden Zusatzinformationen, die das Risiko eines Fehlbestandes bewerten, gespeichert. Darüber hinaus wird unterschieden in Neuteile und regenerierte Teile. Die sequentielle Detaillierung bildet die Grundlage für einen interaktiven Analyseprozess, der über Bestandsstruktur, Menge je Artikel bis zur Bevorratungsstruktur führt. Dadurch sichert diese Vorgehensweise die Identifikation und Klassifizierung bestandsrelevanter Artikel in Bezug auf den Bedarf der Instandhaltung.

Die Identifizierung betrifft:

1. klassische Reserveteile: Einort-Reserveteile mit geringer Stückzahl und hohem Bestandswert (A-Teile),
2. Ersatzteile, die in großer Anzahl gelagert und zumeist in einem mittleren Preissegment besonders bestandswirksam sind: meistens Wechselelemente und damit Mehr-Ort-Reserveteile bzw. Normbauteile (B-Teile).

Fehler in der Disposition entstehen, wenn z. B. die Zugänge über einen bestimmten Dispositionsraum größer als die Abgangsrate sind.

Der Bedarf der Instandhaltung an Ersatzteilen ist eine Funktion der festgelegten Instandhaltungsstrategie und dient der Entwicklung von Planungsgrößen für die Ersatzteilebewirtschaftung. Kernproblem der Ersatzteilbevorratung ist die Frage, wann zu bestellen ist und wie viele Teile zu ordern sind. Orientierungsgrößen sind Lieferzeit und Abgangsverhalten. Weitere Einflussgrößen sind Verschleißverlauf, Risikocharakter und Umgebungsbedingungen.

Der Wert der Ersatzteile wird bei der Ermittlung der optimalen Bestellmenge berücksichtigt. Abgangsverhalten und Lieferzeit sind wichtige Bewirtschaftungsparameter. Dabei werden folgende Kategorien unterschieden[11]:

1. Abgangsverhalten

   – konstant hoher Abgang: > 10 Abgänge/a mit geringer Streuung (die Zahl 10 kann je nach geforderter Signifikanz dieser Annahmen variiert werden),
   – schwankend: die Streuung der Abgänge schwankt stark um den Mittelwert,
   – gering: ≤ 1 Abgang/a.

2. Lieferzeit

   – konstant: termingerechte und flexible Lieferung,
   – schwankend: Verteilung und Parameter der Lieferzeit sind bekannt,
   – unbekannt: neuer Lieferant, neuer Beschaffungsweg oder neuer Artikel.

9.4   Ersatzteilebewirtschaftung

9.4.1   Lagerhaltungssysteme

9.4.1.1   Funktionen der Lagerhaltung von Ersatzteilen

Die Lagerhaltung von Ersatzteilen hat verschiedene Funktionen zu erfüllen. Im Vordergrund stehen die Überbrückungs-, Sicherungs- und Bereitstellungsfunktion (s. Tab. 9.6).

---

[11] Biedermann 2008, S. 63.

Tab. 9.6 Funktionen von Ersatzteillagern

Lagerhaltungsfunktionen	Erläuterung
Überbrückungsfunktion	Die Überbrückung der zeitlichen Differenz von Herstellungszeitpunkt und Ersatzteileverbrauch erfordert ein Pufferlager und ist kostenintensiv. Die Überbrückungsdauer ist von den ausgehandelten Liefer- und Leistungsbedingungen sowie dem Planungsgrad der Instandhaltung abhängig. Ein hoher Planungsgrad reduziert die Überbrückungsdifferenzen und damit die Lagerhaltungskosten
Sicherungsfunktion	Trotz bester Planung bleiben plötzliche Ausfälle (ad-hoc-Ausfälle) nicht aus. Aber auch Lieferanten und Ersatzteilehersteller unterliegen stochastischen Einflüssen. Um die Verfügbarkeit zu sichern, müssen auch Ersatzteile vorgehalten werden
Bereitstellungsfunktion	Gewährleistung der Bereitstellung bei Anforderung in der
Kontrollfunktion	benötigten Menge und Qualität sowie Rücknahme
Transport- und Umschlagfunktion	gebrauchter Ersatzteile (Verwertung und Entsorgung)
Steuerungsfunktion	Steuerung nachfolgender Läger (nur wenn ein Zentrallager vorhanden ist)

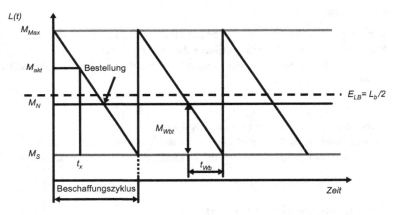

Abb. 9.2 Lagerhaltungsmodell. (Hartmann 2002)

9.4.1.2 Allgemeines Lagerhaltungsmodell

Mit dem allgemeinen Lagerhaltungsmodell lassen sich Lagerhaltungsprozesse und Kennzahlen ableiten. Im Idealfall baut der entstehende Bedarf die vorhandenen Lagerbestände relativ gleichmäßig ab. Ist der Lagerbestand aufgebraucht oder ein festgelegter Mindestbestand erreicht, wird das Lager aufgefüllt. Das kann durch eine sprunghafte Bestandserhöhung in Form einer Lieferung erreicht werden. Wenn die abgerufenen Lagermengen klein genug sind und immer wieder auf ein bestimmtes Level aufgefüllt werden, kann der Lagerabbau durch eine Gerade dargestellt werden. Man erhält die bekannte Sägeblattkurve des allgemeinen Lagermodells (s. Abb. 9.2).

M_{max} gibt die Höhe des maximalen Lagerbestandes an. Wenn das Lager mit nur einem Gut gefüllt ist, gibt der Quotient aus Maximalbestand und maximal möglicher Füllmenge den maximalen Lagerauslastungsgrad wieder.

M_{akt} gibt den aktuellen Bestand zum Zeitpunkt t an, d. h. die Zahl der momentan im Lager verfügbaren Ersatzteile. Der Sicherheitsbestand M_S ist der Wert, der zu keinem Zeitpunkt unterschritten werden darf, weil dann die Versorgungssicherheit gefährdet ist. Die Nach- bzw. Bestellschubmenge M_N ist die Menge, welche bei jedem Auffüllen des Lagers beschafft wird. Der mittlere Lagerbestand EL_b ergibt sich zu $L_b/2$ als Zahl der durchschnittlich im Lager gebundenen Ersatzteile. Die Wiederbeschaffungszeit t_{wb} ist der Zeitraum von der Bestellung bis zur Verfügbarkeit des Ersatzteiles bzw. der Ersatzteile. Zu Beginn der Wiederbeschaffungszeit wird die Bestellung ausgelöst. M_{wbt} ist der Verbrauch ab dem Zeitpunkt der notwendigen Wiederbeschaffung.

Das in Abb. 9.2 dargestellte allgemeine Lagermodell zeigt die theoretischen Zusammenhänge eines sehr komplexen Prozesses. In den seltensten Fällen ist in der Praxis ein Lager komplett homogen ausgestattet. Trotzdem bildet das Modell in Verbindung mit weiteren Analysen des Ersatzteilemanagementprozesses die Grundlage für wichtige logistische Entscheidungen. Die Differenz von Lagermaximalbestand M_{Max} und Sicherheitsbestand M_S ergibt die erforderliche Bestellmenge an Ersatzteilen. Ist die Bestellmenge korrekt ermittelt worden, erreicht der Bestand bei Lieferung wieder den Maximalbestand.

9.4.1.3 Gliederung von Lagerhaltungssystemen

Die Bedarfsbedingungen der Instandhalters bilden die Basis für seine Bestellpolitik. Außerdem ist diese mit den Beschaffungsbedingungen, die der Ersatzteilehändler bzw. der -hersteller bestimmt, abzugleichen. Die Beschaffungsbedingungen können sich auf Grund geänderter Gegebenheiten beim Hersteller oder Lieferanten wirksam ändern. Ein gewähltes Lagersystem ist daher kein Patentrezept für eine optimale Ersatzteilewirtschaft. Die Einflussfaktoren Bedarf, Beschaffung, technische Entwicklung und Kosten sowie die zahlreichen Nebenbedingungen üben ständig Anpassungsdruck auf das Ersatzteilemangement aus.

Für Ersatzteile ist bekannt, dass das Ausfall- bzw. Abnutzungsverhalten, die Einsatzbedingungen sowie das Niveau von Wartung und Pflege die Lebensdauer wesentlich bestimmen. Insofern handelt es sich um einen Bedarf, der zwar stochastisch, aber durch Wahrscheinlichkeiten beschreibbar ist, sofern die Ausfall- bzw. Abnutzungsdaten statistisch erfasst und ausgewertet werden (s. Abb. 9.3). Grundsätzlich lassen sich Lagerhaltungssysteme einteilen in:

a. Deterministische Lagerhaltungssysteme
b. Stochastische Lagerhaltungssysteme

Beide Systemtypen kennzeichnen unterschiedliche Bedarfsarten. Deterministische Systeme arbeiten sowohl mit einem zeitlich konstanten als auch zeitlich schwankenden Bedarf. Demgegenüber ist ein stochastisches Lagerhaltungssystem mit Wahr-

Ersatzteilebedarf			
Bekannter Bedarf		Unbekannter Bedarf	
Deterministische Modelle		Stochastische Modelle	
Zeitlich konstanter Bedarf	Zeitlich schwankender Bedarf	Statische Modelle (stationärer Zustand) (Erwartungswerte, Streuungen)	Dynamische Modelle Zeitlich veränderliche Bedarfswahrscheinlichkeiten

Abb. 9.3 Gliederung von Lagerhaltungssystemen nach verschiedenen Bedarfsformen

scheinlichkeiten. Befindet sich ein solches Lagerhaltungssystem im eingeschwun-
genen Zustand, spricht man von stationärem Bedarf, während zeitlich veränderte
Bedarfsschwankungen wahrscheinlichkeitsbehaftet sind. In beiden Fällen können die
Lagerhaltungssysteme nicht begriedgte Bedarfe vormerken bzw. nicht vormerken.

9.4.1.4   Auswahlalgorithmus für Lagerhaltungsmodelle

Der Auswahlalgorithmus für Lagerhaltungsmodelle ermöglicht durch gezielte Fragen die Orientierung auf das reale Problem, so dass dann bei mehreren Angeboten
die Entscheidung für das optimale Modell getroffen werden kann (Abb. 9.4 und 9.5).

Silver-Meal-Verfahren   Basis dieses Verfahrens ist das klassische Losgrößenmodell.
Betrachtet man die Losgröße als Bestellmenge, besteht das Ziel darin, die durchschnittlichen Kosten pro Zeiteinheit zu minimieren. Das SILVER-MEAL-Verfahren
gestattet die Übertragung der Bestellproblematik auf die situationsgetriebene Dynamik der Ersatzteilbewirtschaftung. Wird in der Periode τ der Bedarf der Perioden t
bis j benötigt, dann betragen die mittleren Kosten pro Zeiteinheit:

$$\overline{K}_{t\tau} = \frac{K_{t\tau}}{\tau - t + 1} \tag{9.1}$$

$$K_{t\tau} = k_{t,\tau+1} = k_{f_t} + \sum_{i=t+1}^{\tau} b_i \sum_{j=t}^{i-1} k_{Lj} \tag{9.2}$$

Die Bestellmenge b_1 in Periode 1 deckt zunächst den Bedarf q_1. Danach wird die
Bestellreichweite so lange jeweils um 1 erhöht, d. h. q_1 um weitere Periodenbedarfe
$q_2, \ldots, q_\tau$ ergänzt, bis für Periode τ ein Abbruchkriterium erfüllt ist. In der nächsten
Iteration wird für Periode $\tau + 1$ eine zweite Bestellmenge gebildet, die bis zum
Eintreten des Abbruchkriteriums ebenso sukzessive erweitert wird. Es wird weiter
iteriert, bis eine Bestellmenge den Bedarf beinhaltet.[12]

---

[12] vgl. Tempelmeier 2008, S. 157 ff, s. auch Günther und Tempelmeier 2005, S. 205.

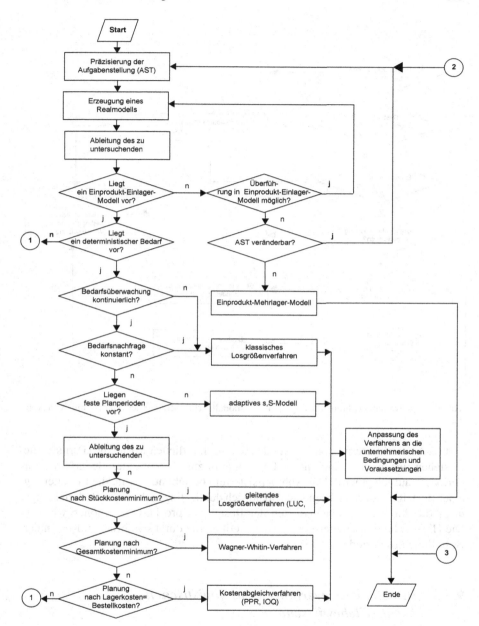

Abb. 9.4 Auswahlalgorithmus für Lagerhaltungsmodelle. (Entnommen aus Meyer 1995)

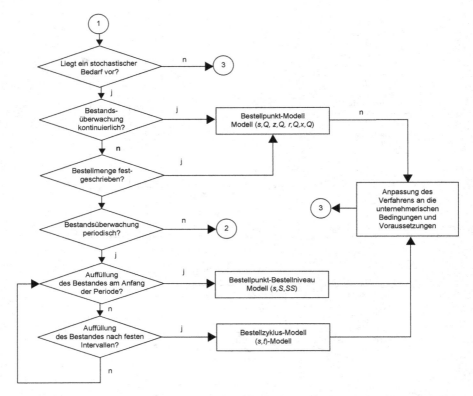

Abb. 9.5 Auswahlalgorithmus für Lagerhaltungsmodelle. (Fortsetzung des Algorithmus von Abb. 9.4)

Das Abbruchkriterium basiert auf den durchschnittlichen Kosten pro Periode, die entstehen, wenn zum Zeitpunkt t die Menge b_t zur Deckung des Bedarfs bis zur Periode τ aufgelegt wird. Das Abbruchkriterium besteht nun darin, die Erweiterung einer Bestellmenge b_t zu beenden, sobald sich durch Hinzunahme der Bedarfsmenge $b_{\tau+1}$ die durchschnittlichen Kosten der Bestellung pro Periode erhöhen würden. Die Hinzunahme der Bedarfsmenge $b_{\tau+1}$ erhöht die durchschnittlichen Kosten der Bestellung pro Periode, d. h. $\overline{K}_{t,\tau+1} > \overline{K}_{t\tau}$

9.4.2 Bestellmengenverfahren zur logistischen Ersatzteilebewirtschaftung

9.4.2.1 Ausfallmethode

Der logische Entscheidungsalgorithmus zur Ermittlung der optimalen Instandhaltungsstrategie[13] verbietet es, sich auf Grund des insgesamt sehr schwankenden

---

[13] Haase und Oertel 1974.

Ausfallverhaltens Sicherheitsbestände anzulegen, um das Fehlmengenrisiko und die damit verbundenen Ausfallkosten im Vergleich zur Präventiv- und Inspektionsmethode gering zu halten.

Zunächst ist zwischen Sicherheits- und Risikobestand zu unterscheiden. Während Sicherheitsbestände mengenmäßige und zeitliche Lieferschwankungen ausgleichen, liegen Risikobestände nur einmal oder maximal zweimal am Lager. Daher ist eine zweckmäßige verbrauchsorientierte Vorgehensweise zu konzipieren. Empfehlungen des Anlagenherstellers und eigene Erfahrungswerte sind zur Bedarfsermittlung heranzuziehen.

Zunächst muss geklärt werden, unter welchen Bedingungen die Entscheidung für die Ausfallmethode getroffen wird. Dazu sind die folgenden Fragen zu stellen. Wenn sie alle mit „*Nein*" beantwortet werden, ist die Ausfallmethode sinnvoll.

>   **1.** Ist bei einem Schadenfall mit gesundheitlicher Gefährdung zu rechnen?
>   Ja: Präventiv- bzw. Inspektionsmethode
>   Nein: **2.** Ist bei einem Schadenfall mit hohen Produktionsverlusten zu rechnen?
>   Ja: Präventiv- bzw. Inspektionsmethode
>   Nein: **3.** Ist bei einem Schadenfall mit Folgeschäden zu rechnen?
>   Ja: Präventiv- bzw. Inspektionsmethode
>   Nein: **4.** Anwendung der Ausfallmethode

Unter den von 1. bis 3. genannten Bedingungen ist die Ausfallmethode sinnvoll und verantwortbar. In der Regel kennzeichnet eine konstante Ausfallrate ein solches Ausfallverhalten. Es macht daher wenig Sinn für Betrachtungseinheiten, die nach der Ausfallmethode instand gehalten werden, Ersatzteile vorzuhalten. Bei bekannter Datenlage können die Ersatzteile unter Berücksichtigung der Lieferzeiten zum Erwartungswert geplant werden.

Analyse des Vergangenheitsbedarfs Für den Fall, dass Informationen zum Ausfallverhalten vorliegen, ist eine Bewertung sinnvoll. Dazu kann der Vergangenheitsbedarf ermittelt werden, auf dessen Grundlage sich ggf. ein signifikanter Zusammenhang zwischen Zeitverlauf und Ersatzteileverbrauch nachweisen lässt. Ist ein signifikanter Zusammenhang nicht nachweisbar (z. B. ein charakteristischer linearer Verlauf, der eine Prognose gestattet), sondern ein um einen Mittelwert schwankender Bedarf, so besteht die Möglichkeit, den zukünftigen Bedarf durch die Ermittlung eines gewichteten Durchschnitts zu bestimmen (Sachs 2004).

Da es sich immer um Vergangenheitswerte handelt, hinkt im Falle eines steigenden Trends der gleitende Durchschnitt der aktuellen Entwicklung nach und umgekehrt. Im Falle eines fallenden Trends eilt die aktuelle Entwicklung dem Trend voraus. Daher macht es Sinn, insbesondere die Daten aus der jüngeren Vergangenheit auf Grund der höheren Aktualität stärker zu wichten. Man spricht dann von exponentiell gewichtetem, gleitendem Durchschnitt.

Das Modell des gewichteten, gleitenden Durchschnitts lautet[14]:

$$\overline{B}_{D,geg} = \alpha * B_{akt} + (1 - \alpha) * \overline{B}_{D,verg} \qquad (9.3)$$

---

[14] Tempelmeier 2008, S. 31 ff.

Abb. 9.6 Konstanter Bedarf,
konstante Lieferzeit

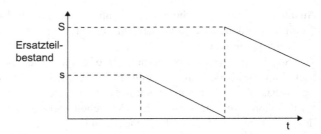

$\overline{B}_{D,geg}$ gegenwärtiger, für die gewählte Periode gewichteter, durchschnittlicher
          Bedarf/Stück/Monat/

α Glättungsfaktor ($0 < \alpha < 1$)

$\overline{B}_{D,verg}$ exponentiell gewichteter, gleitender Durchschnitt des Bedarfs der vergan-
          genen Periode/Stück/Monat/

B_{akt} aktueller Bedarf/Stück/Monat/

Mit zunehmender Periodenlänge steigt das Gewicht der Vergangenheitsdaten[15]

$\alpha = 0{,}1$ für 19 Monate gleitender Durchschnitt
$\alpha = 0{,}2$ für 9 Monate gleitender Durchschnitt
$\alpha = 0{,}3$ für 6 Monate gleitender Durchschnitt

Der Nachteil des Verfahrens besteht darin, dass bei bedarfsfreien Perioden auch
kein Bedarf prognostiziert wird. Es wird ein Mindestprognosehorizont definiert, der
mindestens den Lieferzeitraum umfasst.

Im Falle periodenbezogener Prognose ergibt sich der Prognosehorizont aus der
Periodenlänge und der Lieferzeit T_L. Die Lieferzeit T_L ist die Zeit, die vom Zeitpunkt
der Bestellauslösung bis zur Anlieferung auf Lager vergeht. Der Bedarf ergibt sich
dann zu:

$$\overline{B}_{D,geg} = \alpha \left(\sum_{i=-1}^{T_L+1} B_{i,tat} \right) + (1 - \alpha) * \overline{B}_{D,verg} \tag{9.4}$$

$\overline{B}_{D,geg}$ gegenwärtiger, für die gewählte Periode gewichteter durchschnittlicher
          Bedarf/Stück/Monat/

α Glättungsfaktor ($0 < \alpha < 1$)

$B_{i,tat}$ tatsächlich eingetretener Bedarf (Nachfrage) in den vergangenen i Peri-
          oden

$\overline{B}_{D,verg}$ exponentiell gewichteter, gleitender Durchschnitt des Bedarfs der vergan-
          genen Periode/Stück/Monat/

Die Prognose erstreckt sich auf den gesamten Zeitraum des Planungshorizonts
($T_L + 1$) (Abb. 9.6).

---

[15] Biedermann 2008, S. 66.

Tab. 9.7 Ergebniswerte
(Beispiel 9.5)

B_{plan}	P	k_{Best}	k_{Lt}	M_{opt}	T_l	s
12	90	60	4	2	0,03846	0,46

Bestimmung des Sicherheitsbestands Zunächst sollte auch im Falle der Ausfallmethode die optimale Bestellmenge ermittelt werden.

$$M_{opt} = \sqrt{\frac{2 * B_{Plan} * k_{Best}}{P * k_{Lt}}} \qquad (9.5)$$

B_{Plan} auf Basis von Vergangenheitsdaten prognostizierter Bedarf (Verbrauchsrate)
P Einstandspreis für das Ersatzteil (€/Stück)
k_{Lt} Lagerhaltungskostensatz
k_{Best} Bestellkosten (€/Bestellung)

a) Konstanter Bedarf und konstante Lieferzeit

Der Sicherheitsbestand ergibt sich wie folgt:

$$s = B_{Plan} * T_L \qquad (9.6)$$

Beispiel 9.4: Ermittlung des Sicherheitsbestandes
Für 2 Metallkreissägen werden im Mittel 12 Sägeblätter im Jahr benötigt. Die Ausfallursachen sind vielfältiger Natur. Das sind zum einen die verschiedenen, mit unterschiedlichen Querschnitten zu bearbeitenden Materialien und andererseits die individuellen Fähigkeiten des Mitarbeiters im Umgang mit den Betriebsmitteln. Das betrifft die Einstellung der optimalen Schnittparameter, die ausgehend vom Werkzeug auf das zu bearbeitende Material abzustimmen sind. Hinzu kommen unterschiedliche Werkzeugqualitäten, die je nach Werkzeughersteller und/oder -lieferer schwanken. Eine Aufarbeitung der Sägeblätter scheidet auf Grund der zu hohen Instandsetzungskosten aus. Hier ergibt sich nun die Frage nach der optimalen Bestellmenge und nach dem Sicherheitsbedarf, wenn folgende Bedingungen gegeben sind:

Bestellkosten k_{Best} 60,00 €
Lieferzeit T_L 2 Wochen
Lagerkostensatz K_{LST} 4 %
Einstandspreis P 90 €/Stück

Gesucht ist die optimale Bestellmenge (Tab. 9.7)

$$M_{opt} = \sqrt{\frac{2 * B_{Plan} * k_{Best}}{P * k_{Lt}}} = \sqrt{\frac{2 * 12 * 60}{90 * 4}} \approx 2$$

$$s = B_{Plan} * T_L = 12 \; Stück/a * 0{,}038 \; a = 0{,}46 \approx 1$$

Der Sicherheitsbestand beträgt 1 Kreissägeblatt, die optimale Bestellmenge wäre 2 Kreissägeblätter.

Verteilungsfunktion	> 1 σ	> 2 σ	> 3 σ
Normalverteilung	15,9 %	2,3 %	0,13 %
Poisson-Verteilung		2 %	
Exponentialverteilung	13,5 %	5 %	

Tab. 9.8 Nichtverfügbarkeit von Ersatzteilen. (Ebenda)

Schwankender Bedarf und konstante Lieferzeit Bei Ersatzteilen ist in der Praxis i. d. R. mit schwankendem Bedarf zu rechnen, wobei die Lieferzeiten relativ konstant sind. Die Bedarfsschwankungen sind von vielerlei Einflüssen abhängig. Dabei ist es vorteilhaft, die Verteilungsfunktion des Bedarfs zu ermitteln, um Erwartungswert und Streuung zu berechnen (Tab. 9.8).

Im Bereich der Ersatzteilewirtschaft haben sich Normalverteilung, POISSON-Verteilung und Exponentialverteilung bewährt. Für diese Funktionen werden bei Berücksichtigung der doppelten Streuung folgende Fehlbestandswahrscheinlichkeiten angegeben.[16]

Hohe Sicherheitsbestände und damit eine hohe Meldemenge verringern die Nichtverfügbarkeit von Ersatzteilen während der Beschaffungszeit und damit Fehlbedarfe. Die Ersatzteileverfügbarkeit steigt mit Zunahme des Sicherheitsbestandes, allerdings nicht proportional zur Zunahme des Sicherheitsbestandes. Das bedeutet, dass jede zusätzliche Erhöhung des Sicherheitsbestandes um eine Mengeneinheit weniger zur Steigerung der Verfügbarkeit beiträgt als die vorhergehende Sicherheitsbestandsmenge. Diese Aussage trifft insbesondere für Mehrortteile mit vielen Einbaustellen zu.[17]

Beispiel 9.5: Tragrollen für Gurtbandförderer

Wesentliches Verschleißelement von Gurtbandförderern, die im harten Einsatz des Braunkohletagebaues sowohl in der Kohlegewinnung als auch im Abraum zum Einsatz kommen, sind die Tragrollen im Ober- und Unterturm. Das Ausfallverhalten der Rollen hängt von unterschiedlichen Einflussfaktoren ab. Das sind sich stark ändernde, z. T extreme Witterungsbedingungen (Staub, große Temperaturunterschiede, Hitze und Trockenheit im Sommer, Nässe, Schnee, Eis und Kälte im Winter) sowie sehr unterschiedliche Belastungen und Fördergeschwindigkeiten. Genaue Lebensdauerberechnungen oder eine permanente Überwachung einzelner Rollen sind aus wirtschaftlichen Gründen nicht sinnvoll. So werden Erfahrungswerte der vergangenen Jahre verwendet und aufbereitet, um die Bedarfsplanung zu optimieren.

Bestellmengenverfahren nach WAGNER-WHITIN[18] Das WAGNER-WHITIN-Problem wird auch als **S**ingle-**L**evel **U**ncapacitated **L**ot **S**izing **P**roblem (SLULSP) bezeichnet. Wie bei der klassischen Losgrößenformel wird von unendlicher Produktionsgeschwindigkeit und von einem gleichmäßigen Verbrauch innerhalb der Periode

---

[16] Lawrenson J.: Effectives Spares Management. In: Int. J. of Physical Distributions & Management, Vol. 16, No. 5, Bradford MBC University Press.

[17] Biedermann 2008, S. 69.

[18] Wagner-Whitin-Algorithmus: Verfahren zur Bestimmung der optimalen Losgröße für ein Produkt mit dynamischer Nachfrage bei einstufiger Fertigung ohne Berücksichtigung von Kapazitätsrestriktionen. Grundbedingung: eine Bestellung findet nur dann statt, wenn das Lager leer ist.

Tab. 9.9 Parameter des WAGNER-WHITIN-Modells

T	Periode (z. B. Tag, Woche, Monat), wobei T als Planungshorizont bezeichnet wird
b_t	Bedarf in der Periode $t = 1,\ldots,T$ (Nachfrage in Periode t) in ME (Mengeneinheiten)
k_{ft}	Fixe Bestellkosten in Periode t (€/Bestellvorgang)
k_{Lt}	Lagerhaltungskosten (€/ME), bezogen auf die während der Periode t zu lagernde Menge
B_t	Kumulierte Nachfrage von der Periode t bis zum Planungshorizont T
	$B_t = \sum_{i=t}^{T} b_i$
z_t	Binärvariable mit $z_t = \begin{cases} 1 & \textit{falls eine Bestellung für die Periode } t \textit{ aufgegeben wird} \\ 0 & \textit{sonst} \end{cases}$
l_t	Lagerbestand während der Periode $t = 0, \ldots, T$, für l_o und l_t sind Werte vorzugeben (z. B. 0)
q_t	Für Periode t zu bestellende Menge (wird zu Beginn von t eingelagert)

ausgegangen. Im Verfahren werden in einer Vorwärtsrechnung mögliche Alternativen ermittelt. Anschließend wird in einer Rückwärtsrechnung die optimale Strategie ausgewählt. Das Wagner-Whitin-Verfahren erzeugt das Optimum auch, wenn Fixkosten von Periode zu Periode variieren. Bedingung ist, dass die jeweils gültigen Fixkosten in den Perioden eingesetzt werden. Das kann von Bedeutung sein, wenn Investitionen die fixen Kosten der kommenden Periode sprungartig erhöhen.

Grundmodell und Restriktionen[19]:

1. Endlicher Planungszeitraum, der in T gleich lange Perioden unterteilt ist
2. Disposition eines Ersatzteils
3. Vernachlässigbare Bestell- und Einlagerungszeiten, Lieferungen treffen jeweils zu Beginn der Periode ein
4. Dynamische Nachfrage (zeitlich veränderlich), die jeweils zu Beginn der Periode gedeckt wird,
5. Keine Kapazitätsbeschränkungen
6. Fixe Bestellkosten und lineare Lagerhaltungskosten, die von Periode zu Periode verschieden sein können
7. Zeitinvariante und damit entscheidungsirrelevante Einstandspreise
8. Fehlmengen sind nicht erlaubt

Ziel ist die Ermittlung der im Zeitablauf veränderlichen Bestellmenge (Tab. 9.9).

Anhand der gegebenen Bedingungen und Annahmen ergibt sich folgender mathematischer Ansatz:

$$K(z,l,q)_t = \sum_{t=1}^{T} (k_{ft} * z_t + k_{Lt} * l_t) \Rightarrow MIN! \qquad (9.7)$$

Nebenbedingungen (Lagerbilanzgleichungen)

$$l_t = l_{t-1} + q_t - b_t \qquad \textit{für} \quad t = 1, \ldots, T \qquad (9.8)$$

$$q_t \leq B_t z_t \qquad \textit{für} \quad t = 1, \ldots, T \qquad (9.9)$$

$$l_t \geq 0, q_t \geq 0, z_t \in \{0,1\} \qquad (9.10)$$

$$l_0 = l_T = 0 \qquad (9.11)$$

---

[19] Vgl. Domschke und Scholl 2005, S. 162.

Der Lagerbestand am Ende der Periode t ergibt sich aus dem Endbestand der Vorperiode zuzüglich der Bestellmenge q_t und abzüglich des Bedarfs b_t. Die Bedingung 9.7 erlaubt nur in solchen Perioden positive Bestellmengen, in denen z_t die fixen Bestellkosten berücksichtigt, also den Wert 1 besitzt. Als maximale Bestellmenge ist der kumulierte Bedarf B_t bis zum Planungshorizont T definiert. Die Bedingungen (9.9, 9.10) legen die Typen der verwendeten Variablen fest. Bedingung (9.9) besagt, dass der Lagerbestand zu Beginn und zum Ende des Planungszeitraums Null sein soll, wobei andere Bedingungen denkbar sind.

Die optimale Lösung (9.7)–(9.11) determiniert der Bestellmengenvektor $q_t(q_1, \ldots, q_T)$. Daraus resultiert, dass stets eine optimale Lösung existiert, in der für jedes q_t gilt:

$q_t = 0$ oder

$$q_t = \sum\nolimits_{i=t}^{\tau} b_i \quad mit \quad t \leq \tau \leq T \tag{9.12}$$

Bei positiven fixen Bestellkosten und Lagerhaltungskosten lohnt es sich somit nicht, einen Bedarf b_t in verschiedenen Perioden zu bestellen, da Bestellkosten in der letzten Periode ohnehin und Lagerhaltungskosten bei Bestellung in einer früheren Periode zusätzlich auftreten.

Zur Lösung wird folgender Ansatz gewählt

$$k_{t,\tau+1} = K_{ft} + \sum\nolimits_{t+1_t}^{\tau} b_i \sum\nolimits_{j=t}^{i-1} k_{Lj} \tag{9.13}$$

Fazit Das WAGNER-WHITIN-Verfahren eignet sich zur Kostenoptimierung der Bestellpolitik für ein Ersatzteilesortiment, das rein stochastischen Bedingungen unterliegt und preislich eher unempfindlich ist. Hier wirkt lediglich der Mengeneffekt. Somit ist es unter diesem Aspekt vorteilhaft für die Ausfallmethode und in Grenzen auch für die risikobasierte Instandhaltung einsetzbar. Da es den Ersatzteilepreis nicht berücksichtigt, ist es für die Optimierung der Bestellpolitik kapitalintensiver Ersatzteile nicht geeignet.

Das Verfahren ist zwar einfach zu handhaben, hat aber kaum Verbreitung gefunden. Ursache ist die mangelnde Oraxisrelevanz der Planzahlen. Wie die meisten Optimierungsverfahren reagiert auch dieses Verfahren bei Änderungen der Eingangsgrößen mit meist stark veränderten Ausgangswerten. Aus diesem Grund ist die in der Praxis weit verbreitete *rollierende Planung*, die in jeder Periode nur ein Zeitfenster berücksichtigt, mit dem WAGNER-WHITIN-Algorithmus inkompatibel und daher den heuristischen Verfahren unterlegen. Andererseits ist ein Optimum wertmäßig oft nur wenig besser als eine mit Heuristiken gefundene gute Lösung.

Aufgrund der schwer nachvollziehbaren Lösungen des WAGNER-WHITIN-Modells und des damit verbundenen Misstrauens werden das Stück- oder Periodenkosten- und das Kostenausgleichsverfahren in der Praxis bevorzugt verwendet.

9.4.2.2 Präventivmethode

Im Falle der Präventivmethode lässt sich der erforderliche Ersatzteilebedarf relativ genau planen. Ist die mittlere Lebensdauer einer BE bekannt, kann die Anzahl der Ersatzteile innerhalb einer Zeitperiode aus der bekannten Verlustfunktion berechnet werden:

$$A(t) = \int_0^t A(t)dt = \begin{cases} = \int_0^t \lambda(t)dt = \Lambda(t) & \text{Integrierte Ausfallrate} \quad (9.14) \\[2ex] = \int_0^t h(t)dt = H(t) & \text{Erneuerungsfunktion} \quad (9.15) \end{cases}$$

Im Falle der Minimalinstandhaltung ergibt sich die Zahl der Ersatzteile aus der Anzahl der Maßnahmen der Berufsgruppe j (z. B. Instandhaltungsmechaniker) für i gleiche Betrachtungseinheiten:

$$\Lambda_j(t) = \sum_{i=1}^n \int_0^t \lambda_{ij}(x)dx = \sum_{i=1}^n \left(\frac{t}{a_{ij}}\right)^{b_{ij}} \tag{9.16}$$

Bei vollständiger Erneuerung gilt Formel (9.17). Die Anzahl der Maßnahmen der Betrachtungseinheit i für die jeweilige Berufsgruppe j berechnet sich zu:

$$H_{ij}(t) \approx \sum_{i=1}^n H_i(t) = \frac{t}{\mu_i} + \frac{v^2{}_i - 1}{2} \tag{9.17}$$

Im Falle der Präventivmethode kann der Ersatzteilebedarf relativ genau geplant werden. Mit t_{plan} ergibt sich in der Periode T folgender Ersatzteilebedarf:

$$b_M = \frac{T}{t_{plan}} \tag{9.18}$$

mit

$$t_{plan} = ab\sqrt{\ln \frac{1}{R_{gef}}} \tag{9.19}$$

Beispiel 9.6: Optimierung der Ersatzteilebestellung

Für eine ausgewählte Baugruppe einer Werkzeugmaschine ist die Zahl der erforderlichen Verschleißteile zu planen, die dem Kunden mit verkauft werden sollen. Die Ersatzteilekosten für einen Nutzungszeitraum von 5 Jahren sind für einen Ersatzteilpreis von 350 €/Stück zu ermitteln. Für die Maschinen ist eine jährliche Nutzungszeit von 5200 h geplant. Die Weibull-Parameter a und b sind bekannt.

Ermitteln Sie unter Berücksichtigung einer Inflationsrate von 3 %, ob sich die Bestellung der Ersatzteile zum Zeitpunkt des Maschinenkaufs lohnt, wenn Bestellkosten von 25 €/Bestellung und Lagerhaltungskosten von 2 % anfallen würden.

Planungsgrößen

Jährliche Nutzungszeit (*operating hours*):	$T = 5200\,\text{h/a}$
Maßstabsparameter der Weibull-Verteilung:	$a = 4000\,\text{h}$
Formparameter der Weibull-Verteilung:	$b = 2$
Inflationsrate:	$i_f = 3\,\%$
Ersatzteilpreis:	$p_E = 350\,\text{€/Stück}$

1. Beschaffung aller Ersatzteile bei Maschinenkauf
   Da es sich um einen vollständigen Teiletausch handelt, kann die Erneuerungsfunktion angesetzt werden. Dazu sind der Erwartungswert und der Variationskoeffizient zu berechnen.
   Der Erwartungswert ergibt sich zu:

$$ET_B = a\Gamma\left(\frac{1}{b} + 1\right) = 4000 * \Gamma(1,5) = 4000 * 0,88623 = 3545\,\text{h}$$

$$v = \frac{ET_B}{s}$$

Nun kann die Anzahl der Ersatzteile m. H. der Erneuerungsfunktion berechnet werden:

$$z_M(t) = H(t) \approx \frac{5 * 5200}{3545} + \frac{0,273 - 1}{2} = 7,3 - 0,36 \approx 7$$

Ersatzteilekosten, gesamt:

$$K_E = B_M(t) * p_E = 7 * 350\,\text{€/Teil} = \underline{2450\,\text{€}}$$

Lagerhaltungskosten für die gesamte Planungsperiode

$$K_L = K_{Eges} * 0,03 = \underline{73,5\,\text{€}}$$

Bestellkosten Die Bestellkosten werden mit Null angesetzt, da sie bei der Maschinenbestellung bereits berücksichtigt wurden.

Gesamtkosten

$$K_{Eges} = K_E + K_B + K_L = 2450\,\text{€} + 73,5\,\text{€/}a * 5 = \underline{2817,50\text{€}}$$

2. Beschaffung aller Ersatzteile nach Bedarf zu geplanten Zeitpunkten (Tab. 9.10)

$$b_M = \frac{5 * 5200}{t_{plan}} = \frac{26.000\,\text{h}}{2389\,\text{h/Maßnahme}} = \underline{11\,\text{Maßnahmen}}$$

$$t_{plan} = 4000\sqrt[2]{\ln\frac{1}{0,7}} = \underline{2389\,\text{h}}$$

Tab. 9.10 Ermittlung des Planungstermins

a	b	R_{gef}	t_{Plan}	b(t)
4000	2	0,7	2389	11

Zur Sicherung einer Überlebenswahrscheinlichkeit von mindestens 70 % ergibt sich ein Mehrbedarf von 4 Ersatzteilen. Das ist nicht verwunderlich, denn die Ermittlung der Anzahl der Ersatzteile nach der Erneuerungsfunktion sichert eine Überlebenswahrscheinlichkeit von nur 45 %.

$$t_{plan} = 4000 \sqrt[2]{\ln \frac{1}{x}} = \underline{3545 \text{ h}}$$

$$x = R(t) = e^{-\left(\frac{3545}{4000}\right)^2} = \underline{0,46}$$

Im Falle der Beschaffung nach Bedarf gemäß Erneuerungsfunktion fallen für jede Bestellung die Bestellkosten an. Außerdem bleibt der Ersatzteilepreis nicht konstant, zumindest sollte die Inflationsrate berücksichtigt werden. Die Lagerhaltungskosten könnten allerdings mit Null angesetzt werden.

$$K_{En}(t) = z_n(t) * (p + K_B + K_L) * i_f$$

1. Jahr
   $K_{E1}(t = 5200) = z_1(t) * p * i_f + K_B = 1{,}5 \text{ Teile/a} * (350 \text{ €} + 25 \text{ €}) * 1{,}0 = 562{,}50 \text{ €/a}$
2. Jahr
   $K_{E2}(t) = z_2(t) * p * i_f = 1{,}5 \text{ Teile/a} * (350 \text{ €} + 25 \text{ €}) * 1{,}03 = 579{,}38 \text{ €/a}$
3. Jahr
   $K_{E3}(t) = z_3(t) * p * i_f = 1{,}5 \text{ Teile/a} * 386{,}25 \text{ €} * 1{,}03 = 596{,}75 \text{ €/a}$
4. Jahr
   $K_{E4}(t) = z_4(t) * p * i_f = 1{,}5 \text{ Teile/a} * 397{,}84 \text{ €} * 1{,}03 = 614{,}66 \text{ €/a}$
5. Jahr
   $K_{E5}(t) = z_5(t) * p * i_f = 1{,}5 \text{ Teile/a} * 409{,}77 \text{ €} * 1{,}03 = 633{,}10 \text{ €/a}$

$$K_{Eges}(t) = \sum_{n=1}^{5} K_{En}(t) = 2986{,}39 \text{ €}$$

Im Vergleich schneidet die Beschaffung der Ersatzteile bei Maschinenkauf mit 20 % geringeren Kosten besser ab.

Im vorliegenden Beispiel ist die Bestellung der Ersatzteile bei Maschinenbestellung günstiger, weil bei Einzelbestellung nach Bedarf nicht sichergestellt ist, dass der Ersatzteilepreis im Zeitablauf konstant bleibt. Auf Grund der Inflation ist mit wesentlich schneller steigenden Kosten zu rechnen. Ressourcen werden knapper und die Energiekosten steigen rasant. Andererseits fallen dann bei größeren Mengen oder teuren Ersatzteilen die Lagerhaltungskosten mehr ins Gewicht, so dass hohe Kapitalkosten anfallen.

Im Falle der Präventivmethode eignet sich die Erneuerungsfunktion für die Ersatzteileplanung. Da diese Funktion auf den Erwartungswert der Lebensdauer abstellt, geht der Planer das Risiko eines vorzeitigen Ausfalls ein. Das bedeutet für die Ersatzteileplanung, wenn auch begrenzt, eine Vorratshaltung. Daher ist es günstiger, die Instandhaltungstermine und damit die Bestellpolitik auf eine geforderte Überlebenswahrscheinlichkeit abzustellen, um das Risiko eines vorherigen Ausfalls zu begrenzen.

9.4.2.3 Messgrößen

Servicegrade

Der Servicegrad (Lieferbereitschaftsgrad) gibt allgemein das Verhältnis zwischen tatsächlich befriedigtem Bedarf und benötigtem Bedarf an. Der Servicegrad ist ein Maßstab, der feststellt, inwieweit die Nachfrage nach dem Ersatzteil aus dem bestehenden Vorrat jederzeit gedeckt werden kann. Als Indikator für die Berechnung des Sicherheitsbestandes im Rahmen der betrieblichen Lagerhaltungsstrategie bezieht sich der Servicegrad auf distributionslogistische Vorräte. Der Servicegrad ist die Wahrscheinlichkeit, dass der Empfänger die Leistung vollständig, korrekt und termingerecht erhält (Gudehus 2010). Dabei lassen sich drei verschiedene Klassen des Servicegrades unterscheiden. Neben dem ereignisorientierten Servicegrad sind dies der mengenorientierte und der zeitorientierte Servicegrad.

α-Servicegrad (ereignisorientiert) Der ereignisorientierte Servicegrad ermittelt die relative Häufigkeit von Nichtlieferbereitschaftsereignissen. Er gibt die Wahrscheinlichkeit an, dass das „Ereignis Fehlmenge" nicht auftritt. Charakteristische Größen sind:

$$\alpha = W \text{ (kein Fehlmengenereignis)}$$
$$(1 - \alpha) = W \text{ (Fehlmengenereignis)}$$

Der α-Lieferbereitschaftsgrad gibt Auskunft über die Wahrscheinlichkeit, dass der Bedarf in der Wiederbeschaffungszeit voll gedeckt wird.

$$\alpha_{Sg} = \frac{Z_{WBTF}}{Z_{WBges}} \tag{9.20}$$

Z_{WBTF} Anzahl der Wiederbeschaffungszeiträume, in denen keine Fehlmengen auftreten

Z_{WBges} Gesamtzahl der Wiederbeschaffungszeiträume

Die auf diese Weise definierte Lieferbereitschaft ist Ausdruck für die Umschlaghäufigkeit und damit für die absolute Häufigkeit des Auftretens von Lieferunfähigkeit. Mit steigender Schlagzahl nimmt die Wahrscheinlichkeit zu, dass sich das Ersatzteilelager zu einem beliebigen Zeitpunkt gerade in der Wiederbeschaffungsphase befindet. Damit erhöht sich bei konstanter α- Lieferbereitschaft in Abhängigkeit von der Schlagzahl auch die Wahrscheinlichkeit, dass zu einem beliebigen Zeitpunkt keine Lieferbereitschaft vorliegt. Der α-Servicegrad ist daher für Ersatzteile mit unterschiedlichen Wiederbeschaffungszeiträumen ungeeignet. Da diese Kenngröße lediglich auf die relative Häufigkeit abgestellt wird, erfasst sie weder die Höhe der Fehlmenge noch die Dauer der Nichtlieferbereitschaft.

β-*Servicegrad* Der β-Servicegrad betrachtet die Höhe der eingetretenen Fehlmenge. Entspricht der jeweilige Lagerabruf stets der Menge = 1, dann sind α-Servicegrad und β-Servicegrad kongruent. Daher bezeichnet man diesen Servicegrad auch als mengen- bzw. wertorientierten Servicegrad.

$$\beta = W \text{ (kein Fehlmengenereignis)}$$
$$(1-\beta) = W \text{ (Fehlmengenereignis)}$$

Der β-Servicegrad ergibt sich aus dem Erwartungswert des relativen Anteils sofort befriedigten Bedarfs:

$$\beta_{Sg} = \frac{\overline{B}_{adhoc}}{B_{Ges}} \tag{9.21}$$

$\overline{B}_{adhoc}$ Erwartungswert des sofort (ad hoc) befriedigten Bedarfs
B_{ges} Gesamtbedarf

Da dieser Servicegrad den prozentualen Anteil der Nachfrage misst, den direkt der verfügbare Lagerbestand erfüllt, kann die Nachfrage sowohl mengen- als auch wertmäßig erfasst werden. Als relative Messgröße nimmt der β-Servicegrad für beide Erfassungsmöglichkeiten denselben Wert an.

Der β-Servicegrad misst der Lieferfähigkeit bezüglich jeder nachgefragten Einheit eines Ersatzteils die gleiche Bedeutung bei. Das macht ihn nicht gerade praxisrelevant, weil er weder Bezug auf den Bedarfsträger nimmt noch die Dringlichkeit einer Bestellung berücksichtigt. Die Praxis unterscheidet zwischen Nichtlieferbereitschaft bei der letzten Einheit einer Großbestellung (Lagerauffüllung) und der Nichtbefriedigung eines Einzelbedarfs auf Grund eines akuten Funktionsausfalls. Die absolute Höhe der Fehlmenge kann zwar abgeleitet werden, jedoch nicht die Anzahl der betroffenen Aufträge oder Kunden. Ein hoher β-Servicegrad gibt lediglich indirekt Auskunft darüber, dass sehr viele Bedarfe sofort befriedigt werden.

γ-*Servicegrad* Der γ-Servicegrad ist das Verhältnis des Erwartungswerts der vom Lager unverzüglich erfüllten Aufträge zur Gesamtzahl der Aufträge.

$$\gamma_{Sg} = \frac{\overline{Z}_{erfüllt}}{Z_{Ges}} \tag{9.22}$$

$\overline{Z}_{erfülltc}$ Erwartungswert der unverzüglich erfüllten Aufträge
Z_{ges} Gesamtzahl der Aufträge

Dieser Servicegrad kommt dann zur Anwendung, wenn der Fokus des Ersatzteilmanagements auf eine sofortige Befriedigung der gesamten Nachfrage gerichtet ist. Da nicht nach Kunden und Auftragsvolumen differenziert wird, setzt diese Kennzahl

Tab. 9.11 Beispielwerte zum γ-Servicegrad

Monat	Anzahl der Aufträge	davon ausführbar
Januar	100	85
Februar	130	120
März	15	15
April	20	15
Mai	25	20
Juni	40	39
Juli	66	60
August	90	88
September	120	115
Summe	606	557
Servicegrad		*91,91 %*

eine gewisse Ausgeglichenheit der Nachfragestruktur im Ersatzteilelager voraus. Im Falle sporadischer Nachfrage, wie sie für die Anwendung der Ausfallmethode charakteristisch ist, kann eine solche gleichmäßige Struktur der Bedarfshöhe und der Dringlichkeit der Einzelaufträge jedoch nicht unterstellt werden, gleichwohl aber im Falle der Präventivmethode.

Eine häufig verwendete Kenngröße ist der γ-Servicegrad. Meist wird dieser mit einem Prozentwert angegeben. Der Servicegrad in Tab. 9.11 beträgt rund 92 %. Die ausführbaren Aufträge wurden mit den gesamten Aufträgen ins Verhältnis gesetzt.

Beispiel 9.7: Bestimmung des γ-Servicegrades

δ-*Servicegrad* Der δ-Servicegrad orientiert sich direkt an der Erwartungshaltung des Ersatzteilkunden, jederzeit vom Lager beliefert werden zu können. Für den einzelnen Bedarfsträger ist es unerheblich, ob sich das Lager momentan in der Wiederbeschaffungsphase befindet oder welcher Anteil des Gesamtbedarfs sofort befriedigt werden kann. Den Kunden interessiert, ob das Lager zu einem beliebigen Zeitpunkt lieferfähig ist oder nicht. Daher spricht man auch vom zeitorientierten Servicegrad.

$$\delta_{Sg} = \frac{\overline{Z}_{TB}}{Z_{T,Ges}} \tag{9.23}$$

$\overline{Z}_{TB}$ Erwartungswert der Zahl der Perioden mit Lieferbereitschaft
$Z_{T,Ges}$ Gesamtzahl der Perioden

Dieser Servicegrad hat große Ähnlichkeit mit dem α-Servicegrad. Der wesentliche Unterschied liegt in der Länge der betrachteten Perioden. Beim δ-Servicegrad liegen kalendarische Perioden zu Grunde, die wesentlich kürzer sind als die Wiederbeschaffungszeit. Der Zustand einer Nichtlieferbereitschaft kann die Lieferbereitschaft mehrerer solcher Perioden beeinflussen. Dadurch kann die mittlere Dauer von Nichtlieferbereitschaften abgeschätzt werden. Obwohl die Periode beliebig wählbar ist, steigt die Genauigkeit der Aussage mit abnehmender Periodenlänge. Der δ-Servicegrad ist dann von Vorteil, wenn man über die Zeit auf den Fehlmengenumfang schließen kann.

Tab. 9.12 β-und δ-Servicegrad für einen Lagerprozess mit 12 Perioden

Lagerprozess												
Periode	1	2	3	4	5	6	7	8	9	10	11	12
Bedarf	18	0	17	9	12	0	19	0	13	12	14	1
Fehlmenge	0	0	1	0	2	0	0	0	3	0	0	0

Gesamtbedarf	100	β-Servicegrad=	95%
Fehlmenge	6	δ-Servicegrad=	67%
Perioden mit Lieferbereitschaft	9		

Externer Servicegrad Der externe Servicegrad ist insbesondere im Falle des Fremdbezugs von Ersatzteilen von Interesse. Er ist das Produkt aus Lieferbereitschaft ω_L, Sendungsqualität ω_Q und Termintreue ω_T. Es gilt:

$$\omega_{Sev} = \omega_L * \omega_{SQ} * \omega_T \tag{9.24}$$

Für den Fall einer Lieferbereitschaft von $\omega_L = 98$ %, einer Sendungsqualität von $\omega_Q = 99$ % und einer Termintreue $\omega_T = 90$ % beträgt der externe Servicegrad $\eta_{Serv} = 0{,}98 * 0{,}99 * 0{,}90 = 79{,}3$ %.

Festlegung der Servicegrade

Die einzelnen Servicegrade unterscheiden sich in ihrer formalen Definition und werden entsprechend unterschiedlich interpretiert (Tab. 9.12).

Beispiel 9.8: Bestimmung des β- und δ-Servicegrades
Ein δ-Servicegrad von 80 % bedeutet, dass in 80 % aller Perioden der Bedarf gedeckt wurde, während der gleiche Wert des β-Servicegrades angibt, dass 80 % der Gesamtnachfragemenge unmittelbar befriedigt werden konnte. Die Werte zeigen, dass ein- und demselben Lagerprozess von unterschiedlichen Lieferbereitschaftsarten verschiedene Servicegrade zugeordnet werden können. Die Kenntnis der Servicegraddefinition ist für die Ermittlung von Verfügbarkeitskennzahlen von Bedeutung.
Soll ein bestimmter Servicegrad als belastbares Instrument für das Ersatzteilemanagement verwendet werden, ist es erforderlich, dass die gleichen Einflussfaktoren repräsentiert werden, die auch die entscheidungsrelevanten Fehlmengenkosten beeinflussen. Die Festlegung dieses entscheidungsrelevanten Lieferbereitschaftsmaßes ist für Ersatzteileläger von Primärherstellern von Bedeutung, da die mit schlechtem Service verbundenen Reputationsverluste für die Unternehmung unangenehme Rückgänge der Nachfrage zur Folge haben können.
Änderungen des Nachfrageverhaltens, beispielsweise durch Veränderung der Kundenzufriedenheit, sind ein wichtiger Grund zur Verbesserung des *After Sales*

Service[20], indem durch eine hohe Verfügbarkeit der Ersatzteile und die Aufrechterhaltung hoher Sicherheitsbestände über eine längere Zeit nach Ende des
Anlagenabsatzes Kundenansprüche befriedigt werden können.
Die Häufigkeit der Nichtlieferbereitschaft erhöht den Reputationsverlust. Ins-
beondere bestimmen die Dauer der Nichtlieferbereitschaft sowie der Umfang der
Fehlmenge oder die Zahl der betroffenen Aufträge den Verlust an Reputation wesentlich. Aus diesem Grund sind die Lieferbereitschaftsarten, die auf einer Bewertung
der Nichtlieferbereitschaft basieren, besonders gut geeignet, die Wirkungen von
Reputationsverlusten transparent zu machen.

Sicherheitsbestand

Mit Hilfe der Dichtefunktion lassen sich die Servicegrade bei verschiedenen
Standardabweichungen berechnen. Um die aufwendige Berechnung zu vereinfachen, können aus den zahlreichen Tafelwerken und Formelsammlungen die
Wahrscheinlichkeiten $\Phi(x)$ abgelesen werden. Somit lässt sich ermitteln, wie groß
die Wahrscheinlichkeit ist, dass der Prognosefehler inner- oder außerhalb der
Standardabweichung liegt. Wird beispielsweise ein Bestand in Höhe von einer Standardabweichung als Sicherheitsbestand gelagert, kann mit 84 % Wahrscheinlichkeit
ausgeschlossen werden, dass es zu Lieferengpässen kommt. Bei einem Sicherheitsbestand von zwei Standardabweichungen können 97,72 % Liefersicherheit abgedeckt
werden. Bei großen Werten, welche über die Tabelleneinträge hinausgehen, können
Approximationen zur leichteren Berechnung verwendet werden. Standardabweichungen > 3,5 finden in der logistischen Praxis kaum Verwendung. Will man den
Sicherheitsbestand eines bestimmten Servicegrades ermitteln, muss der so genannte
Sicherheitsfaktor (k) bekannt sein. Dieser lässt sich ebenfalls aus Tabellen ableisen
und ist die Umkehrfunktion mit gegebenem $\Phi(x)$.
Der Sicherheitsbestand errechnet sich dann zu:

$$S_B = k * \sigma_D \tag{9.25}$$

Beispiel 9.9: Ermittlung des Sicherheitsbestandes
Beträgt die Standardabweichung für den Bestand von Turaswellen $\sigma = 5$ Stück
bei einem geforderten Servicegrad von 95 %, ergibt sich gemäß Tab. 9.13 ein Sicherheitsfaktor k von 1,6449. Der Sicherheitsbestand beträgt somit 1,6449 $\times$ 5 $\approx$ 8
Stück.
Tabelle 9.13 zeigt, dass der Sicherheitsfaktor bei einer Erhöhung des Servicegrades nicht proportional, sondern progressiv steigt. Dies bedeutet gleichzeitig, dass
der Sicherheitsbestand bei höheren Servicegraden ebenfalls progressiv wächst. Die
Disponenten müssen diesbezüglich zwischen dem Vorteil einer erhöhten Lagerliefer-
bereitschaft und dem damit verbundenen Nachteil hoher Lagerhaltungskosten durch

---

[20] Der Service nach dem Verkauf entscheidet heute mehr denn je über die langfristige Kundenzufriedenheit. Qualität erwarten Kunden am Markt nicht nur beim Produkt selbst, sondern vermehrt
bei den Dienstleistungen i. Allg. und beim After-Sales-Service im Besonderen.

Tab. 9.13 Servicegrad und Sicherheitsfaktor. (Sachs 2004, S. 214)	Servicegrad (%)	Sicherheitsfaktor k
	90,00	1,2816
	95,00	1,6449
	97,50	1,9623
	99,00	2,3301
	99,50	2,5758
	99,99	3,7190

gebundenes Kapital abwägen. Wichtiger Indikator ist der Variationskoeffizient.[21] Eine Bestandverteilung mit sehr geringem Variationskoeffizienten zeigt z. B., dass der mittlere Lagerbestand wesentlich höher ist als die Bestandsschwankungen. Das deutet darauf hin, dass ein großer Sicherheitsbestand für das betreffende Ersatzteil vorgehalten wird. Für den Fall, dass diese Redundanzen nicht liefer- oder prozessbedingt dringend notwendig sind, sollte die Bestellmenge auf ein Minimum beschränkt werden.

Der Sicherheitsbestand sollte dabei theoretisch so dimensioniert werden können, dass die Summe der Fehlmengenkosten und die Lagerhaltungskosten ein Minimum ergeben. Aufgrund des mit Unsicherheit verbundenen Risikos einer Fehlmengensituation und sonstiger Nachteile durch fehlende (momentane) Lieferbereitschaft, wird in der Praxis das statische Servicegrad-Konzept bevorzugt.

Das hat zur Folge, dass das Management den Servicegrad unter Berücksichtigung zahlreicher Faktoren individuell bestimmt. Diese Faktoren könnten zum Beispiel die Wiederbeschaffungszeit, die Fehlmengenkosten oder die Kundentreue sein. So leuchtet ein, dass der Sicherheitsbestand für hocheffiziente und kapitalintensive Ausrüstungen höher sein sollte als bei Maschinen, die nur bedarfsweise zum Einsatz kommen.

Zu beachten ist, dass der Servicegrad in der bisherigen Betrachtung nichts über den betrachteten Zeitraum aussagt. Ein Servicegrad von 95 % bedeutet also, dass von 100 Lagerbestellungen pro Jahr 95 bedient werden können. Entsteht jedoch nur einmal im Jahr ein Bedarf, dann sind 5 Fehlmengenereignisse in 100 Jahren zu erwarten. Gibt das Management eine feste Anzahl maximaler Fehlmengenereignisse vor, dann kann der Sicherheitsbestand gemäß folgendem Beispiel berechnet werden.

Beispiel 9.10: Ermittlung des Sicherheitsbestandes
Gegeben: 360 Bestellungen/a
    maximal 5 Fehlmengen/a
    $\sigma_D = 30$ Stück
Berechnung des Sicherheitsbestandes:
Servicegrad $= ((360 - 5)/360) = 98$ %
    Sicherheitsfaktor k gemäß Tab. 9.16 bei 97 % $= 2,0537$
    Sicherheitsbestand $= k \times \sigma_D = 2,0537 \times 30 \approx \underline{62 \text{ Stück}}$.

---

[21] Arnold 1995, S. 142 ff.

Bestellhäufigkeit bzw. Bestellmenge bestimmen somit den Sicherheitsbestand. Größere Bestellmengen verringern das Risiko von Fehlmengen vor Ablauf der Beschaffungszeit als kleinere. Daher wird für ein Ersatzteil auch nur ein geringerer Sicherheitsbestand benötigt, wenn es in größeren Mengen bezogen wird, weil ein Fehlmengenereignis dann seltener auftritt.[22]

9.5 Ersatzteilewirtschaftliche Analyseinstrumente und Effektivitätsmaße

9.5.1 Algorithmus zur Ersatzteilbewirtschaftung

Zunächst ist festzustellen, ob die Schadensstelle zugänglich und das schadhafte Teil gelöst werden kann, um den Fehler zu lokalisieren und prüfen, wie der Schaden entstanden. Ist das nicht möglich, muss auf die nächst höhere Ebene übergegangen werden, d. h. auf die Baugruppenebene. Nach den entsprechenden Aktivitäten ist zu prüfen, ob es technisch möglich ist, die BE unter Beachtung wirtschaftlicher Erwägungen instand zu setzen (Abb. 9.7).

9.5.2 Randbedingungen

Austauschteile sind prinzipiell instandsetzbar. Die Instandsetzung erfolgt durch

- Wartung (z. B. Reinigung, Justage, Abgleich, Schmiermittelzugabe) oder
- Auswechseln von Einzelteilen oder entsprechenden Baugruppen.

Eine BE, die aus mehreren Teilen besteht, aber als nicht instandsetzungswürdig eingestuft wurde, wird, obwohl es sich um ein Austauschteil handelt, als Verbrauchsteil eingeordnet. Ein Verbrauchsteil definitionsgemäß nicht aus Unterbaugruppen oder Einzelbauteilen bestehen, da es sonst instandsetzbar wäre.

Bei allen Verfahren zur Ermittlung von Austauschteilen wird der stationäre Zustand vorausgesetzt. Daher kann zu jedem Zeitpunkt der Nutzungszeit die gleiche Ausfallwahrscheinlichkeit und Instandsetzungszeit angenommen werden. Modellmäßig wird somit bei der Instandsetzung von Austauschteilen ein in sich geschlossener Instandsetzungskreislauf unterstellt. In der Praxis ist das nicht immer der Fall.

Die wichtigsten Voraussetzungen und Annahmen zur Quantifizierung von Austauschteilen sind:

1. Die Ausfälle verschiedener BE sind voneinander unabhängig, d. h. der Ausfall einer BE verursacht nicht den Ausfall einer anderen BE auf der gleichen Systemebene.

---

[22] Arnold 1995, S. 113, s. auch Wannenwitsch 2007.

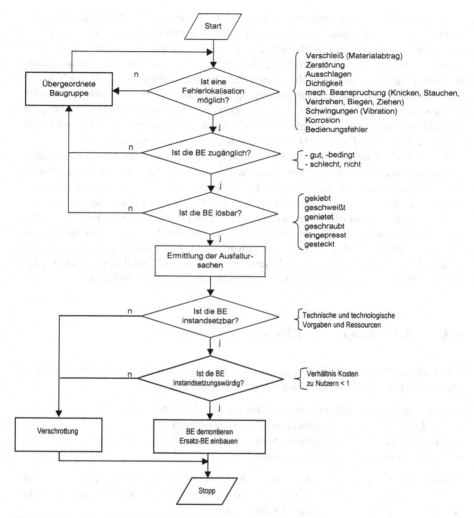

Abb. 9.7 Bewertung Instandhaltbarkeit von Ersatzteilen

2. Die Ausfallrate ist konstant (Materialermüdung wird nicht berücksichtigt).
3. Es werden konstante Instandsetzungsdurchlaufzeiten für jedes Teil angenommen. Die zeitliche Verteilung und die Abhängigkeit vom Instandsetzungsumfang
   werden wird berücksichtigt.
4. Es erfolgt kein geplanter Wechsel von Ersatzteilen.
5. Es liegt ein geschlossener Instandsetzungskreislauf vor.

Die wichtigsten technischen Einflussgrößen zur Bestimmung der notwendigen
Anzahl von Austauschteilen sind das Ausfallverhalten und die Kreislaufzeit.

Das Ausfallverhalten wird von der Verlustfunktion bestimmt. Das ist die integrierte Ausfallrate bei Minimalinstandsetzung oder die Erneuerungsfunktion, die gegen den Kehrwert der mittleren Betriebsdauer zwischen zwei Ausfällen (Mean Time Between Failure) geht. Eine Anforderung an ein Ersatzteil entsteht nur bei einem Austausch des schadhaften Teils, da manche Defekte anderweitig, z. B. im Rahmen der Wartung durch Minimalinstandsetzung, zumindest kurzfristig behoben werden können, oder sich manchmal auch als unbegründet herausstellen können. Daher geht in die Quantifizierung von Ersatzteilen nicht die Ausfallrate bzw. *MTBF* sondern die Austauschrate oder die *MTBR (Mean Time Between Replacements)* ein.

Die Kreislaufzeit ist definiert als diejenige Zeit, die sich aus dem Ausbau eines Schadensteils aus dem System bis zu seinem Wiedereintreffen im Ersatzteillager nach der Instandsetzung vergeht. Es sind hier folglich neben der reinen Reparaturzeit u. a. auch die Transportzeit(en) und administrative Verlustzeiten zu berücksichtigen.

Das Ergebnis einer Mengenbestimmung von Austauschteilen sind Bestellmengen für jede BE sowie der zugehörigen Kosten. Darüberhinaus sind Beurteilungskriterien notwendig, um das Ergebnis zu bewerten. Die Effektivitätskriterien müssen einerseits in der Praxis erfass- und messbar sein und im Modell abgebildet werden können. Der mathematische Aufwand soll sich hierbei in Grenzen halten.

9.5.3 Berechnung von Effektivitätskenngrößen

Für die Bewertung der Effektivität der Ersatzteileversorgungen finden im Wesentlichen vier ersatzteil-spezifische Kennwerte Verwendung:

1. Ersatzteileverfügbarkeit bzw. Erfüllungsrate (*Fill Rate*)
2. die Ersatzteilenichtverfügbarkeit (*Risk of Shortage*),
3. die mittlere Zahl der zurückgestellten Anforderungen,
4. die mittlere Wartezeit auf Ersatzteile.

Darüber hinaus finden systemorientierte Kennwerte, wie z. B. Systemverfügbarkeit (*Not Operational-Ready Supply* NORS), Wahrscheinlichkeit der Missionserfüllung (*Probability of Missions Success* PMS) Verwendung.

Die Erfüllungsrate bzw. Ersatzteilverfügbarkeit gibt die Wahrscheinlichkeit an, mit der ein Ersatzteil zum Zeitpunkt des Einsatzes tatsächlich verfügbar ist. Um eine vertretbare Risikoabschätzung zu erzielen, müssen die maximale Wartezeit und die Wartezeitverteilung bekannt sein.

Die mittlere Wartezeit *MTTW (Mean Time To Wait)* ist direkt proportional zum Erwartungswert der zurückgestellten Anforderungen (*Expected Backorders* EBO). Zurückgestellte Anforderungen sind Nachfragen, die erst dann erfüllt werden können, wenn ein Ersatzteil aus dem Reparaturkreislauf zurückkommt. Das Beispiel eines Ersatzteilelagerhaltungssystems mit zurückgestellten Anforderungen zeigt Abb. 9.8. Innerhalb eines repräsentativen Zeitabschnitts T_L (Kreislaufzeit) treten vier Nachfragen nach jeweils einem Ersatzteil auf. Zu den Zeitpunkten T_1 bis T_4 wird jeweils ein Ersatzteil benötigt, zu den Zeitpunkten S_1 bis S_4 läuft je ein Teil aus

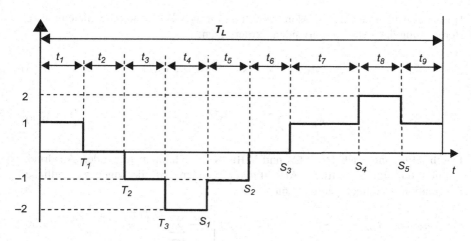

Abb. 9.8 Beispiel für ein Lagerhaltungssystem mit unerfüllten Anforderungen (www. logistikmethoden.de/wt_kalk.htm)

dem Instandsetzungskreislauf zurück. Hieraus folgt ein Lagerbestand zu den Zeiten t_1, t_7 und t_9 von jeweils 1 Ersatzteil, in t_8 sind 2 Ersatzteile auf Lager und in den übrigen Zeiten t_2 bis t_6 ist kein Ersatzteil verfügbar. Die zum Zeitpunkt T_2 entstehende Ersatzteilanforderung wird zurückgestellt und erst nach Eintreffen eines Teiles zum Zeitpunkt T_1 befriedigt.

Die Anforderung zum Zeitpunkt T_3 kann ebenfalls nicht unmittelbar, sondern erst zum Zeitpunkt S_2 erfüllt werden. Die absolute Anzahl der zurückgestellten Anforderungen in der Zeitperiode T_L im vorliegenden Beispiel (Abb. 9.8) ist zwei. Das Maß *Expected Backorders* hingegen ist ein über die Zeit gewogener Mittelwert innerhalb der Zeitperiode T_L. Die mittlere Anzahl der wartenden Forderungen kann folgendermaßen ermittelt werden:

$$n_W = \frac{[1(t_3 + t_4) + 1(t_4 + t_5)]}{T_L} = \frac{(t_3 + 2t_4 + t_5)}{T_L} \qquad (9.26)$$

Die durchschnittliche Anzahl der zurückgestellten bzw. wartenden Forderungen kann auch durch eine Markov-Kette mit folgenden Zuständen beschrieben werden:

$$S, S-1, S-2, S-k, \ldots, S-(S-1), S-S, S-(S+1), -2, \ldots, \infty$$

In den Zuständen S bis $S-(S-1)$ können alle Anforderungen, ab Zustand $S-(S+1)$ zunächst eine Anforderung, dann zwei usw. nicht unmittelbar erfüllt werden. Die zurückgestellten Forderungen (*Expected Backorders*) können demnach als Summe aller Wahrscheinlichkeiten $w(k)$ für die Zustände $k \leq S+1$ berechnet und mit dem Ausdruck $(k-S)$ multipliziert werden. Die allgemeine Gleichung lautet:

$$n_W = \sum_{k=S+1}^{\infty} (k-S)w(k|) \qquad (9.27)$$

Unter der Annahme einer Poisson-Verteilung für $w_k(k \,|\lambda T)$ lautet die Gleichung zur Berechnung der Zahl der wartenden Forderungen:

$$n_W = \sum_{k=S+1}^{\infty} (k - S) w(k|\lambda T) \tag{9.28}$$

$$n_W = \sum_{k=S+1}^{\infty} (k - S) \frac{(\lambda T)^k}{k!} e^{-\lambda T} \tag{9.29}$$

Durch Ableitung nach HADLEY und WHITIN[23] erhält man folgenden Ausdruck, mit dem die durchschnittliche Anzahl der wartenden Anforderungen bei endlicher Summation berechnet werden kann:

$$n_W = (\lambda T_L) \frac{(\lambda T_L)^S}{S!} e^{-\lambda T_L} + (\lambda T_L - S) \left[1 - \sum_{k=0}^{S} \frac{(\lambda T_L)^k}{k!} e^{-\lambda T_L} \right] \tag{9.30}$$

Die mittlere Wartezeit ET_W kann aus der durchschnittlichen Anzahl der wartenden Anforderungen n_W berechnet werden, indem durch die Anforderungsintensität λ geteilt wird:

$$ET_w = \frac{n_W}{\lambda} \tag{9.31}$$

Im Fall von Fehlmengen treten entsprechend längere Wartezeiten auf. Bei fehlenden Kreislaufreserven ist definitionsgemäß das Verhältnis von Wartezeit zu Kreislaufzeit gleich 1, d. h. die Wartezeit auf Ersatzteile entspricht der Kreislaufzeit. Bei höherer Kreislaufzeit werden mehr Kreislaufreserven benötigt, um einen gleichen Absolutbetrag für die Wartezeit zu sichern.

Unter Annahme einer deterministischen (konstanten) Kreislaufzeit T_L und Poisson-verteilten Anforderungen lautet die Gleichung für die kumulative Wartezeitverteilung:

$$F(x) = P[WT \le x] = \sum_{k=0}^{S-1} \frac{(\lambda(T_L - x))^k}{k!} e^{-\lambda(T_L-x)}, x \le T \tag{9.32}$$

Die kumulative Wahrscheinlichkeit für das Verhältnis $WT/T_L = 0$ ist per Definition gleich der Ersatzteilverfügbarkeit. Beim Verhältnis $WT/T_L = 1$ tritt die maximale Wartezeit auf. Zwischen diesen beiden Punkten ist die Wartezeitverteilung eine Funktion der Bedarfsrate λ und der Anzahl S an Austauschteilen.

Die Ersatzteileverfügbarkeit ergibt sich aus der Summe der Wahrscheinlichkeiten $W(k)$ für die Zustände S bis $S - (S - 1)$:

$$V_{SP} = \sum_{k=0}^{S-1} W(k|\lambda T) \tag{9.33}$$

---

[23] Hadley, G., Whitin, T. M.: Analysis of Inventory Systems. Prentice-Hall, Englewood Cliffs, N. J., 1963.

Unter Berücksichtigung der Bedingung POISSON-verteilter Forderungen ergibt sich die Ersatzteileverfügbarkeit zu:

$$V_{SP} = \begin{cases} 0 & \text{für } S = 0 \\ \sum_{k=0}^{S-1} \dfrac{(\lambda T_L)^k}{k!} e^{-\lambda T_L} & \text{für } S > 0 \end{cases} \tag{9.34}$$

Der nicht unmittelbar aus dem Ersatzteilevorrat zu befriedigende Ersatzteilebedarf ist die Ersatzteilenichtverfügbarkeit (*Risk of Shortage ROS*).[24] Es handelt sich um den Teil der Zustände der Markov-Kette, die nicht zur Ermittlung der Erfüllungsrate berücksichtigt werden. Ersatzteileverfügbarkeit (Erfüllungsrate) und Risk of Shortage ergeben zusammen stets den Wert 1 bzw. 100 %.

$$ROS = 1 - V_{SP} \tag{9.35}$$

Aus Formel (9.30) folgt:

$$ROS = 1 - \sum_{k=0}^{S-1} \frac{(\lambda T_L)^k}{k!} e^{-\lambda T_L}$$

Beispiel 9.11: Ermittlung der Ersatzteileverfügbarkeit

Gegeben ist eine Kreislaufreserve von 4 Hydraulikzylindern für einen Werkzeugmaschinentyp. Die Kreislaufzeit beträgt im Mittel 100 h und die Austauschrate $20 * 10^{-3}$ h^{-1}. Zu ermitteln ist die Ersatzteileverfügbarkeit.

$$V_{SP} = \sum_{k=0}^{S-1} \frac{(\lambda T_L)^k}{k!} e^{-\lambda T_L}$$

$$= e^{-(20 * 10^{-3} * 100)} \left(\frac{(20 * 10^{-2} * 100)^0}{0!} + \frac{(20 * 10^{-2} * 100)^1}{1!} \right.$$

$$\left. + \frac{(20 * 10^{-2} * 100)^2}{2!} + \frac{(20 * 10^{-3} * 100)^2}{3!} \right) = \underline{85\ \%}$$

9.5.4 Kennziffern zur Erfolgsmessung

Das Ersatzteilelager sollte permanent überwacht werden. Zur Erfolgsmessung des Ersatzteilemanagements werden zweckmäßige Kennzahlensysteme verwendet.[25]

Dazu sind folgende Kennzahlen verwendbar:

---

[24] Auch bezeichnet als *Probability of Stockout PSO*.

[25] Vgl. Biedermann 2008, S. 89 ff.

Durchschnittliche Lagerdauer (Umschlagsdauer) T_L:

$$ET_D = \frac{\overline{B_L} * T}{B_J} \tag{9.36}$$

$\overline{B}_L$ durchschnittlicher Lagerbestand
B_J Jahresverbrauch
T_{La} Lagerzeit (Tage: 365 oder 250)

Lagerreichweite R_W

$$R_W = \frac{\overline{B_L} + \sum_{i=1}^{k} B_i}{B_{Sgepl}} \tag{9.37}$$

$\overline{B}_L$ durchschnittlicher Lagerbestand
$\Sigma\, B_i$ Summe der offenen Bestellungen
B_{Sgepl} geplanter spezifischer Verbrauch (pro Woche/Monat/Jahr)

Die Reichweite ist der Zeitraum, für den ein Lagerbestand bei einem durchschnittlichen oder geplanten Ersatzteileverbrauch oder -bedarf ausgelegt ist und Ausdruck für die innere Versorgungssicherheit. Die erforderlichen Daten sind den Lagerdateien der Lagerbuchhaltung zu entnehmen.

Umschlagshäufigkeit (Schlagzahl) Z_U:

$$Z_U = \frac{B}{\overline{B_L}} \tag{9.38}$$

B Bedarf (Verbrauch) in der Periode
$\overline{B}_L$ durchschnittlicher Lagerbestand

Die Schlagzahl zeigt an, wie oft sich das Lager in der Verbrauchsperiode umschlägt. Veränderungen beeinflussen die Lagerhaltungs- und Kapitalbindungskosten sowie die Qualität und Nutzungsmöglichkeiten der Materials (Korrosion, Alterung).

Beispiel 9.12: Ermittlung von lagerspezifischen Kenngrößen
  Gegeben ist ein Ersatzteilelager mit einem mittleren Jahresverbrauch von 1500 Teilen. Der durchschnittliche Lagerbestand beträgt 250 Teile bei einer mittleren Lagerzeit von 365 Tagen. Die offenen Bestellungen betragen 10 Einheiten und der Verbrauch liegt bei 1200 Einheiten pro Jahr. Der Bedarf der letzten Periode lag bei 500 Einheiten. Zu berechnen sind durchschnittliche Lagerdauer (Umschlagsdauer), Reichweite und Umschlagshäufigkeit:

$$ET_D = \frac{250\ ET * 365\ d/a}{1500\ ET/a} = 36{,}5\ d$$

Lagerreichweite R_W

$$R_W = \frac{250 + 10}{1200} = \frac{260\ ET}{1200\ ET/a} = 0{,}21\ Jahre \approx 80\ Tage$$

Umschlagshäufigkeit (Schlagzahl) Z_U:

$$Z_U = \frac{500}{250} = 2$$

9.6 Übungs- und Kontrollfragen

1. Definieren Sie den Begriff „Ersatzteil"!
2. Wodurch sind Ersatzteile besonders gekennzeichnet?
3. Welche Ersatzteilartenkennen Sie? Erläutern Sie diese kurz!
4. Welche Kenngrößen der Instandhaltung beeinflussen die Qualität des Ersatzteilemanagements in besonderem Maße?
5. Welche Struktureinheiten eines Unternehmens sind am Ersatzteilewesen beteiligt?
6. Welche Organisationsmittel stehen dem Ersatzteilewesen zur Verfügung?
7. Welche Unterlagen sind für die Ersatzteilebereitstellung erforderlich?
8. Wonach richtet sich im Wesentlichen der Bedarf an Ersatzteilen?
9. Nach welchen Gesichtspunkten sind die Stammdaten für die Ersatzteile zu bestimmen?
10. Nach welchen Kriterien erfolgt die Klassifizierung der Ersatzteile?
11. Wozu ist der Ersatzteileverwendungsnachweis erforderlich?
12. Nach welchen Gesichtspunkten erfolgt die Vorratsplanung und wozu dienen Sicherheitsbestand?
13. Welche Daten enthält eine Bestellanforderung für Ersatzteile?
14. Erläutern Sie die Funktionen eines Ersatzteillagers!
15. Welche Dokumente sind im Zusammenhang mit dem Ersatzteilemanagement die Basis der gesamten Ersatzteileplanung?
16. Was verstehen Sie unter Servicegrad und welche Aussagekraft besitzt er für die Ersatzteileplanung?
17. Erläutern Sie den Unterschied zwischen α-, β- und γ-Servicegrad!
18. Charakterisieren und bewerten Sie die Aussagekraft des δ-Servicegrades!
19. Was verstehen Sie unter Umschlagshäufigkeit und wie lässt sie sich bei der Ersatzteileplanung beeinflussen?
20. Was verstehen Sie unter Lagerreichweite und wie lässt sie sich bei der Ersatzteileplanung beeinflussen?

9.7 Übungsaufgaben

Aufgabe 9-1 Für eine Baugruppe einer Werkzeugmaschine ist der Ersatzteilebedarf zu bestimmen. Dabei soll ermittelt werden, ob der Ersatzteilekauf zum Zeitpunkt der Anschaffung der Maschine erfolgen soll oder nach Bedarf gemäß Planungstermin für eine geforderte Überlebenswahrscheinlichkeit von 80 %. Es ist eine Nutzungszeit von

Tab. 9.14 Basisdaten zur Aufgabe 9-2

Lagerprozess																				
Periode	1	2	3	4	5	6	7	8	9	10	11	12	13	14	15	16	17	18	19	20
Bedarf	9	1	12	8	13	1	2	0	6	8	12	2	3	5	8	15	20	2	5	7
Fehlmenge	0	0	1	0	2	0	0	0	3	0	0	0	0	5	3	10	0	0	1	1

Gesamtbedarf		b-Servicegrad=
Fehlmenge		d-Servicegrad=
Perioden mit		
Lieferbereitschaft		

8 Jahren bei einer jährlichen Auslastung von 4800 h geplant. Die Weibull-Parameter a und b sind bekannt.

Ermitteln Sie unter Berücksichtigung einer Inflationsrate von 3 %, ob sich die Bestellung der Ersatzteile zum Zeitpunkt des Maschinenkaufs lohnen würde, wenn Bestellkosten von 50 €/Bestellung und Lagerhaltungskosten von 3 % anfallen.

Baasisdaten:

1. Jährliche Nutzungszeit: $T = 4800\,\text{h/a}$
2. Maßstabsparameter der Weibull-Verteilung $a = 2000\,\text{h}$
3. Formparameter der Weibull-Verteilung $b = 3$
4. Inflationsrate $i_f = 3\,\%$
5. Ersatzteilepreis $p_E = 568$ €/Stück
6. Bestellkosten $k_B = 50$ € (Tab. 9.14)

Aufgabe 9-2 Ermitteln Sie den β- und δ-Servicegrad für folgende Ausgangsdaten (s. Tab. 9.14):

Aufgabe 9-3 Berechnen Sie die Kennzahlen durchschnittliche Lagerdauer (Umschlagsdauer), Reichweite und Umschlagshäufigkeit eines Ersatzteilelagers mit einem mittleren Jahresverbrauch von 2500 Teilen. Der durchschnittliche Lagerbestand beträgt 300 Teile bei einer mittleren Lagerzeit von 250 Tagen. Die offenen Bestellungen betragen 25 Einheiten und der Verbrauch liegt bei 1500 Einheiten pro Jahr. Der Bedarf der letzten Periode lag bei 600 Einheiten.

Quellenverzeichnis

Literatur

Arnold, D.: Materialflusslehre Viehweg Verlag Braunschweig/Wiesbaden (1995)
Arnolds, H., Heege, F., Tussing, W., Röh, C.: Materialwirtschaft und Einkauf, 11. Aufl. Gabler, Wiesbaden (2010)
Barkawi, K., Baader, A., Montanus, S.: Erfolgreich mit After Sales Service. Springer, Berlin (2006)
Baumbach, M., Stampfl, A.T.: After Sales Management: Marketing – Logistik – Organistaion. Hanser, New York (2003). (ISBN 3-446-21902-1)

Becker, H.: Methoden der Ersatzteilquantifizierung – Teil I: Austauschteile. MBB-FB210-S-STY-0156-A, Ottobrunn (1990)

Biedermann, H.: Ersatzteil-Logistik, VDI Verlag Düsseldorf (1995)

Biedermann, H.: Ersatztelelogistik. Springer, Berlin (2008). (ISBN 978-3-540-00850-7)

Domschke, W., Scholl, A.: Grundlagen der BWL. Springer, Berlin (2005). (ISBN 3-540-25047-5)

Eichler, C.: Instandhaltungstechnik. Verlag Technik, Berlin (1991)

Günther, H.-O., Tempelmeier, H.: Produktion und Logistik 6. Aufl. Springer, Berlin (2005). (ISBN 3-540-23246-X)

Haase, J.; Oertel, H.: Ein Beitrag zur Bestimmung optimaler Instandhaltungsmethoden, dargestellt am Beispiel ausgewählter Werkzeugmaschinen. Dissertation A, TU Chemnitz (1974)

Hartmann, H.: Materialwirtschaft, Verlag Dt. Betriebswirte, Gernsbach 2002

Lauronen, J.: Spare part management of an electricity distribution network, Lappeenranta University of Technology, Research Papers 73, Monistamo (1998) (ISBN: 951-764-273-3)

Männel, W. (Hrsg.): Optimale Ersatzteilwirtschaft, Verlag TÜV Rheinland Köln (1986)

Meyer, L.: Ersatzteillogistische Unterstützung des Instandhaltungsprozesses durch Methoden der bedarfsgerechten Planung und kostenoptimalen Bereitstellung von Instandhaltungsmaterilien. Dissertation A, TU Chemnitz (1995)

Raunik, G.: Schwingungsmessungen an Elektromotoren -Wälzlager- und Schwingungsdiagnose an Nebenanlagen eines Wärmekraftwerkes zur Optimierung des Messaufwandes als Unterstützung der zustandsorientierten Instandhaltung und zur Erhöhung der Verfügbarkeit der Aggregate. Diplomarbeit HS Lausitz, Senftenberg (2005)

Sachs, L.: Angewandte Statistik, 11. Aufl. Springer, Heidelberg (2004). (ISBN 3-540-32160-8)

Stadtler, H., Kilger, C. (Hrsg.): Supply Chain Management and Advanced Planning, Concepts, Models Software and Cesa Studies. Springer, Berlin (2000)

Strunz, M., Nobis, M., Piesker, S.: Kompetenzzellenbasierte Optimierung von vernetzten Werkstattstrukturen, dargestellt am Beispiel der Aufarbeitung der Raupenkettenglieder in der Hauptwerkstatt „Schwarze Pumpe" der Vattenfall Europe Mining & Generation AG, Abschlussbericht HS Lausitz, Senftenberg (2006a)

Strunz, M., Nobis, M., Piesker, S.: Projektierung einer Kompetenzzelle Radsatzaufarbeitung (RSA) in der Hauptwerkstatt „Schwarze Pumpe" der Vattenfall Europe Mining & Generation AG, Abschlussbericht HS Lausitz, Senftenberg (2006b)

Strunz, M., Piesker, S.: Projektierung einer Kompetenzzelle zur Aufarbeitung von Eimerketten für Tagebaugroßgeräte in der Hauptwerkstatt „Schwarze Pumpe" der Vattenfall Europe Mining & Generation AG, Abschlussbericht HS Lausitz, Senftenberg (2007)

Tempelmeier, H.: Material-Logistik – Modelle und Algorithmen für die Produktionsplanung und –steuerung in Advanced Planniung-Systemen, 5. Aufl. Springer, Berlin (2008). (ISBN 978-3-540-70906-0)

Günther, H.-O.; Tempelmeier, H.: Produktion und Logistik 6. Aufl. Springer, Berlin (2005). (ISBN 3-540-23246-X)

Tysiak, W.: Einführung in die Fertigungswirtschaft. Hanser, München (2000). (ISBN 3-446-21522-0)

Wagner, H.M., Whitin, T.M.: Dynamic Version of the Economic Lot Size Model. In: Manage. Sci. **5**, S. 89–96. (1958)

Wannenwitsch, H.: Integrierte Materialwirtschaft und Logistik. Springer, Berlin (2007). (ISBN 3-540-29756-1)

Internetquellen

http://www.logistikmethoden.de/wt_kalk.htm

http://www.hubertbecker-online.de/log34231.htm

http://www.sicherheitsbestand.de/seite-3-3-3.htm

Kapitel 10
Kennzahlen zur Beurteilung der Instandhaltung

Zielsetzung Nach diesem Kapitel

* kennen Sie die Problematik des Leistungsnachweises in der Instandhaltung,
* kennen Sie die grundsätzlichen Aufgabencluster der Instandhaltung,
* können Sie diesen Aufgabenclustern geeignete Kennzahlen zuordnen und die Leistungen der Instandhaltung gegenüber dem Unternehmen dokumentieren.

10.1 Ausgangssituation

Die betriebliche Instandhaltung steht immer vor dem Problem, ihre Existenzberechtigung nachweisen zu müssen. Insbesondere in Phasen wirtschaftlicher Schwierigkeiten stellen vermehrt die rein betriebswirtschaftlich orientierten Entscheidungsträger die Notwendigkeit einer eigenen Instandhaltung zur Diskussion. Nachdenklich werden diese Entscheidungsträger spätestens dann, wenn im Falle eines plötzlichen Funktionsausfalls einer Engpassmaschine schlagartig ökonomische Verluste drohen, die die Existenz des Unternehmens auf die Probe stellen. Doch sobald die Anlage wieder läuft, beginnen die Diskussionen von neuem. Kein Mitarbeiter verfügt über hellseherische Fähigkeiten oder gar über statistisch-analytische Kompetenzen, die zumindest mit geringerem Risiko Vorhersagen über zukünftige Funktionsausfälle gestatten und Instandhaltungsleistungen erfordern. Aussagen im Hinblick auf die Höhe des erforderlichen Instandhaltungsaufwandes sind bekanntermaßen risikobehaftet und schwer voraussagbar. Besondere Schwierigkeiten bereitet eine vorausschauende Kostenkalkulation, die die Notwendigkeit eines eigenen Instandhaltungsbereichs begründet.

Im Falle einer qualifizierten Datenerfassung, die Kenntnisse zu Ausfallhäufigkeiten, Stillstandszeiten, Produktionsausfallkosten, entgangenen Umsätzen, Lieferverzögerungen oder Instandhaltungskosten liefern, können belastbare Ansätze zur Erschließung von Einsparpotenzialen entwickelt werden.

Controller oder Unternehmensberater bemühen sich seit Jahren vergeblich um Kostentransparenz. Geliefert werden vergangenheitsbezogene und je nach persönlicher Beziehung zur Technik i. Allg. und zur Instandhaltung im Besonderen subjektiv

M. Strunz, *Instandhaltung*,
DOI 10.1007/978-3-642-27390-2_10, © Springer-Verlag Berlin Heidelberg 2012

Abb. 10.1 Die
Instandhaltung als
Wertschöpfungsintegrator

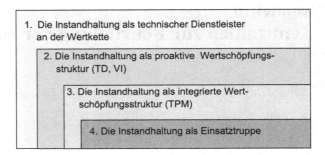

geprägte Aussagen. Je nach in Mode gekommener Strategie (In-, Outsourcing) empfehlen sie in ihren Expertisen die Auslagerung der Instandhaltungsstrukturen oder Fremdvergabe von Instandhaltungsleistungen, um Fixkosten in variable Kosten umzuwandeln. Nachhaltige Lösungen bieten diese Art von Kosten-Nutzen-Rechnungen selten.

Die Instandhaltung ist Dienstleister an der Wertkette (s. Abb. 10.1). Damit ist sie hinsichtlich der Bedeutung den einzelnen Leistungsträgern der Wertkette gleichgestellt, denn von einer modernen Instandhaltung wird erwartet, dass sie proaktiv agiert und sich als Leistungsträger in die Prozesskette integriert. Bei entsprechender Organisation und Planung gelingt es auch, eine hohe Effizienz in der Instandhaltung zu erzielen. Gleichwohl wird man auf eine Einsatztruppe nicht verzichten können, denn trotz solider und vorausschauender Planung werden immer wieder plötzlich auftretende Funktionsausfälle unterschiedlichster Art die Produktion stören. Daher ist es wichtig, die Effizienz der Instandhaltung immer wieder einer kritischen Analyse zu unterziehen und mit dem Ziel zu bewerten, die Instandhaltungsstrukturen zu optimieren.

10.2 Aufgabencluster der Instandhaltung

10.2.1 Die Instandhaltung als Wertschöpfungsintegrator

Geeignete Kennzahlen sind notwendig, um die Leistungsfähigkeit und den Nutzen der Instandhaltung insbesondere gegenüber der Geschäftsleitung nachzuweisen. Ziel sind belastbare Aussagen über den tatsächlich geleisteten Wertschöpfungsbeitrag der Instandhaltung im Unternehmen. Zum Gesamtverständnis ist es daher wichtig, die typischen Aufgabencluster der Instandhaltung zu definieren, in deren Mittelpunkt das Ausfallverhalten steht (Abb. 10.2).

Fünf Faktoren prägen das Ausfallverhalten und damit die Anlageneffizienz entscheidend. Bereits Fehler beim Anlagenentwurf, beispielsweise infolge falscher Berechnungen oder falscher Annahmen, wirken sich negativ auf das Ausfallverhalten aus. Neben der Qualifikation des Bedien- aber auch des Instandhaltungspersonals

Abb. 10.2 Einflussfaktoren des Ausfallverhaltens

bestimmen die Rahmenbedingungen im Umfeld der Anlage sowie das Organisationsniveau und der Planungsgrad der Instandhaltung die Gesamtanlageneffizienz maßgeblich. Darüber hinaus beeinflusst das Kompetenzniveau des Instandhaltungsmanagements den Instand haltungserfolg wesentlich.

10.2.2 Die Instandhaltung als technischer Dienstleister an der Wertkette mit Modernisierungs- und Anpassungsfunktion

Das traditionelle Rollenbild der Instandhaltung hat sich in den vergangenen Jahren erheblich geändert. Die Aufgabe der Instandhaltung besteht nicht mehr vordergründig in der Beseitigung von Störungen und Wartungsaufgaben aller Art. Sie hat sich zum integrierten Bestandteil der Wertkette entwickelt und sichert mit ihren Leistungen die für die Erreichung der Produktionsziele notwendige Verfügbarkeit der technischen Strukturelemente. Ihre Aufgabe besteht in der Produktion von „Abnutzungsvorrat" (Ruthenberg et al. 1990).

Gemäß DIN 31051 sorgt die Instandhaltung gleichzeitig für die Integration neuer Maschinen sowie die Optimierung und Weiterentwicklung von vorhandenen Maschinen und Anlagen. Dies umfasst somit auch die Modernisierung in die Jahre gekommener Maschinen, um diese m. H. moderner Technologien an neue Erfordernisse anzupassen. Darüber hinaus hat sich das Aufgabengebiet der modernen Instandhaltung in den vergangenen Jahren auch auf technische Beratungs- und Betreuungsfunktionen erweitert. Neben technischen Anforderungen sind ebenso Anforderungen aus den Fertigungsprozessen und der Betreuung der in- (Produktionsmitarbeiter) und externen Kunden (After Sales Service) zu berücksichtigen. Dementsprechend taugen die klassischen Kennzahlen zur Leistungsbewertung des Instandhaltungsbereichs nur noch bedingt und müssen durch weitere Kenngrößen ergänzt werden.

Ziele sind:

1. Sicherung der geforderten Maschinen- und Anlagenverfügbarkeit entlang der Wertkette,
2. Reduzierung der störungsbedingten Unterbrechungen des Fertigungsprozesses,
3. Anreicherung und Nutzung von Zustands- und Prozesswissen zur Entwicklung optimierter Instandhaltungspläne,
4. Erwerb zusätzlicher Qualifikation durch die Produktionsmitarbeiter (Qualifikationen zur Wartung und Inspektion der Maschinen),
5. Steigerung des Planungsgrades der Instandhaltung zur besseren Ausnutzung der personellen Ressourcen,
6. transparente Kostenkalkulation der Instandhaltung bei geringen Zusatzkosten und verurdachungsgerechte Zuordnung der Leistungsinanspruchnahme.

Über das Ausfallverhalten hinaus schmälern in den Fertigungsbereichen zahlreiche weitere Verlustpotenziale die Leistungsfähigkeit des Unternehmens nicht nur in Bezug auf die Kosten. Denn auch Qualität, Durchlaufzeiten, Flexibilität oder auch Produktivität verfügen über erhebliche Potenziale.

Typische Verlustpotenziale sind:

- ineffiziente Rüstprozesse,
- Energie-, Material- und Betriebsstoffverschwendung (fehlende Vorgaben),
- unabgestimmte Prozesse aufgrund unterschiedlicher Zykluszeiten,
- unabgestimmte Prozesse aufgrund unterschiedlicher (nichtoptimaler) Losgrößen,
- aufwendige innerbetriebliche Logistikprozesse, unnötige Materialbewegungen an und zwischen den Arbeitsplätzen durch falsche Betriebsmittelanordnung und ungünstige Layout-Planung,
- Beschädigung von Material und Produkten beim Transport im Bereich der Anlagen,
- Bedienfehler, die zu Qualitätsmängeln oder Maschinenstörungen führen,
- nicht menschengerechte Arbeitsgestaltung (nicht ergonomische, ermüdende Arbeitsprozesse, z. B. lange Greifwege an Montagearbeitsplätzen u. dgl. m.).

Es ist Aufgabe des Produktionsmanagements dafür zu sorgen, dass diese Potenziale bewertet und erschlossen werden. Der Nutzen für das Unternehmen kann in diesem Fall direkt nachgewiesen werden[1], wenn zweckmäßige Kennzahlen gebildet werden, die den Zustand entsprechend reflektieren.

Die Weiterentwicklung von Maschinen und Anlagen sowie eine konsequente Eliminierung von technischen und organisatorischen Verlustquellen ist eine wesentliche

---

[1] Strunz et al.: „Energieeffizienter Schmelzbetrieb", Abschlussbericht Brandenburgisches Impulsnetzwerk HS Lausitz 2010.

Teilaufgabe der Instandhaltung geworden. Diese Integrationsaufgabe erfordert eine ganzheitliche Betrachtung der Prozesse und hat folgende Vorteile:

1. Die Leistung der Instandhaltung wird durch Verwendung geeigneter Unternehmenskennzahlen mess- und kalkulierbar.
2. Die vorhandene Leistungsfähigkeit von Maschinen und Anlagen wird konsequent erhalten und weiterentwickelt.
3. Das Unternehmen differenziert sich, weil die Maschinen und Anlagen an spezielle Prozesse detailliert angepasst werden und auf diese Weise Spezialwissen entsteht und weit reichendes Spezialfachwissen in Bezug auf Technik und Fertigungsprozesse aufgebaut wird.
4. Die Ganzheitlichkeit der Aufgabenstellung qualifiziert die Instandhaltung zum Prozessproblemlöser.
5. Es wird ein Motivationsschub bei den Unternehmensmitarbeitern die Prozesskritik zu verbessern.
6. Die schnelle Umsetzung der Ideen unterstützt die Philosophie der kontinuierlichen Verbesserungsprozesse.
7. Die Wandlungsfähigkeit des Unternehmens wird gesteigert.

Die alleinige Fokussierung auf wirtschaftliche Kennzahlen des Unternehmens vernebelt den Blick für die wesentlichen Unternehmensziele und die eigentlichen Anforderungen der Produktion (interner Kunde). Dabei ergeben sich folgende Fragestellungen:

1. Worin sehen die internen Kunden ihren Beitrag zur Wertschöpfung im Unternehmen?
2. Wie kann dieser Beitrag erhöht bzw. verbessert werden?
3. In welcher Form kann die Leistung gemessen werden?

10.2.3 Die Instandhaltung als proaktiv agierende Wertschöpfungsstruktur

Eine besondere Herausforderung besteht darin, Unregelmäßigkeiten früh zu erkennen und proaktiv einzugreifen, um technische Störungen zu vermeiden und nicht geplante Anlagenstillstände zu vermeiden. Dazu sind vielfältige technische und organisatorische Maßnahmen erforderlich, um Störpotenziale rechtzeitig zu identifizieren und wenn möglich, innerhalb der produktionsfreien Zeiten zu eliminieren.

Die eingesetzten Strategien reichen von technischen Zustandsüberwachungen über den Aufbau von bewusst angelegten Redundanzen bis streng periodisch organisierten Wartungs- bzw. Inspektionsintervallen. Beispiele sind die RCM-Strategie (*Reliability Centered Maintenance*) oder die RBM-Strategie (*Risk Based Maintenance*).

10.2.4 Die Instandhaltung als integrierte Wertschöpfungsstruktur

Die modernen Instandhaltungsstrategien favorisieren die Einbeziehung der Produktionsmitarbeiter in den Instandhaltungsprozess. Insbesondere erfordert die Dezentralisierung von Instandhaltungsressourcen eine vermehrt prozessorientierte Zuordnung der Instandhalter in den jeweiligen Produktionsbereichen, um für eine geforderte hohe Verfügbarkeit und geringe Wartezeiten zu sorgen.

Häufig kommt es durch die Einführung von TPM (*Total Productive Maintenance*) zu einer sinnvollen Arbeitsteilung von Instandhaltern und Maschinenbedienern. Die vermehrte Übertragung einfacher Instandhaltungsaktivitäten wie Wartung, Pflege und Inspektion auf den Maschinenbediener leistet einen Beitrag zur Erhöhung des Verantwortungsbewusstseins und der Motivation der Maschinenbediener im Umgang mit den Maschinen. Kompetenzgerangel und unnötiger Aufwand an der Schnittstelle zwischen Produktion und Instandhaltung können dadurch vermieden werden. Damit wirkt die gestiegene Verantwortung mit Blick auf die zunehmende Bedienarmut der Maschinen auf das Bedienpersonal motivationsfördernd. Zahlreiche Unternehmen verfolgen diese Philosophie konsequent und integrieren die Instandhaltung vermehrt in die Fertigungsbereiche. Der Produktionsmitarbeiter erhält durch die Instandhaltungskompetenz einen höheren Stellenwert, denn er verfügt über eine spezielle Zusatzqualifikation im jeweiligen Fertigungsbereich, um bei Notwendigkeit wichtige Instandsetzungsarbeiten zu erledigen. Das Wissen und die Kompetenzen des instand haltenden Produktionsmitarbeiters sind im Wesentlichen auf den Fertigungsprozess orientiert. Gleichwohl kann auf die speziellen Kompetenzen von Instandhaltern weiterhin nicht verzichtet werden. Daher ist diese Strategie oft notwendigerweise mit den spezifischen Kompetenzen einer Instandhaltungswerkstatt verknüpft.

10.2.5 Die Instandhaltung als Reparaturbereich

Reparaturen, Wartung und Pflege zählen zu den klassischen Aufgaben der Instandhaltung. Daran wird sich auch in Zukunft wenig ändern. Allerdings haben sich die Organisationsformen und die Art der Arbeitsdurchführung und -teilung in den letzten Jahren gravierend geändert. Dort, wo im harten Wettbewerb produziert wird, übernimmt die Instandhaltung die klassische Aufgabe einer Einsatztruppe, denn trotz aller vorausschauenden Planung sind plötzliche Ausfälle nicht vermeidbar. Im Falle einer Störung müssen Instandhaltungsressourcen verfügbar sein, um wirtschaftliche Verluste zu vermeiden oder wenigstens zu begrenzen. Ausfallzeiten müssen auf den geringstmöglichen Umfang beschränkt werden, vor allem wenn es um kapitalintensive Ausrüstungen oder Engpassmaschinen geht.

Vergleichbar ist diese Aufgabe mit der Feuerwehr, die, wenn es brennt, einsatzfähig sein muss. Wenn also ein ungeplanter Maschinenstillstand in kapitalintensiven Strukturen auftritt, muss die Instandhaltung in kürzester Zeit verfügbar sein, um den Schaden zu beheben und weitere Schaden zu vermeiden. Ggf. sind einschneidende

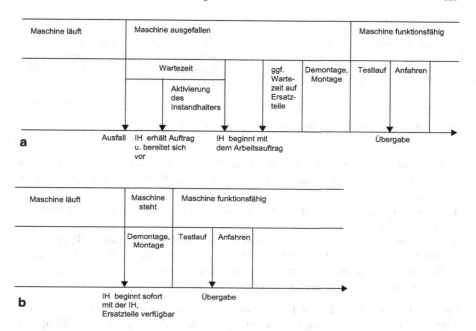

Abb. 10.3 Struktur eines Maschinenausfalls, **a** Ausfallstrategie **b** Präventivstrategie. (Strunz 1990)

Entscheidungen zu ergreifen, die eine vollständige Erneuerung zum Ziel haben (Abb. 10.3).

Trotz der Aufgabencluster ergibt sich grundsätzlich immer die Frage nach der Notwendigkeit, eine eigene Instandhaltung vorzuhalten. Dabei stehen das Problem der optimalen Dimensionierung der erforderlichen Ressourcen (s. hierzu Kap. 7) und die Frage, ob die dadurch entstehenden Kosten gerechtfertigt sind, im Vordergrund. Die Entscheidungsfindung für die Errichtung einer eigenen Instandhaltung sollte auf pragmatischer und fundierter Basis erfolgen. Betriebswirtschaftliche Erwägungen, aber auch arbeitsschutzrechtliche und humanzenrtrierte Fragen spielen dabei eine entscheidende Rolle.

Die Berechtigung dafür, sich eine Einsatztruppe („Feuerwehr") für die Instand-haltung von Produktionssystemen zu leisten, ist zunächst nur betriebswirtschaftlich zu begründen. Erst wenn die durch Warte- und Stillstandszeiten entstehenden Kosten und Verluste größer sind als die Kosten für eine solche dezentrale Einsatztruppe, die in der Lage ist, eine eintretende Störung schnellstmöglich zu beheben, wäre eine hinreichende Begründung gegeben.

Voraussetzungen sind:

1. Die Ressourcen einer Ad-hoc-Instandhaltung sind optimal ausgelegt und stehen für die anstehenden Anforderungen permanent zur Verfügung.
2. Die Zeit zwischen dem Auftreten der Störung und deren Behebung muss sehr kurz gehalten werden.

Gesamtanlageneffektivität =	Nutzungsgrad	x	Leistungsgrad	x	Qualitätsgrad
	Anlagenausfall		Geschwindigkeitsabfall		Qualitätsmängel
	Umrüsten		Leerlaufzeiten und kurze		innerhalb des Prozesses
	Anfahren		Stopps		

Abb. 10.4 Einflussfaktoren auf die Gesamtanlageneffektivität *GEEF*

3. Es wird ein spezielles, auf die Betriebsmittel zugeschnittenes Fachwissen aufgebaut und ist für die Strukturelemente der Wertkette zugänglich (kein „Herrschaftswissen").

4. Informationswege sind kurz zu halten, unkonventionelle Methoden der Kommunikation dominieren.

5. Vernetzungsfähigkeit und Kooperation zwischen verschiedenen Teilgebieten Mechanik, Elektrotechnik und CNC-Programmierung stehen im Vordergrund.

6. Kalkulierbarkeit der Reparaturkosten ist anzustreben.

7. Die Zusatzkosten sind gering zu halten.

Für die Bewertung der Instandhaltung sind zahlreiche Kennzahlen entwickelt worden[2]. Aus diesem Grund wird die nachfolgende Beschreibung auf die Wichtigsten beschränkt. Da zahlreiche Kennzahlen keinen allgemeingültigen Charakter besitzen, sollte auf eine differenzierte Anwendung geachtet werden, um eine sinnvolle und aussagekräftige Verwendung zu sichern. Die Auswahl der Kennzahlen sollte sich daher immer an den speziellen Gegebenheiten vor Ort orientieren.

10.3   Geeignete Kennzahlen zur Beurteilung der Instandhaltung

10.3.1   *Gesamtanlageneffektivität*

Die Gesamtanlageneffektivität (*GEFF*), auch als *Overall Equipment Effectiveness* (*OEE*) bezeichnet, ist ein international gängiger Begriff, der allgemein die Verfügbarkeit einer Maschine oder Anlage definiert. Mit Hilfe dieses Begriffs werden Störungen ebenso wie Rüst- und Einrichtzeiten, Kurzstillstände oder verringerte Taktgeschwindigkeiten erfasst. Die Gesamtanlageneffektivität besteht aus den Komponenten Nutzungs-, Leistungs- und Qualitätsgrad. Abbildung 10.4 stellt die jeweiligen Einflussfaktoren auf die *GEFF* dar (s. auch Formeln 1.6 bis 1.8).

$$GEFF = N_G * L_G * Q_G * 100\ \% \tag{10.1}$$

---

[2] VDI 2893 Auswahl und Bildung von Kennzahlen für die Instandhaltung.

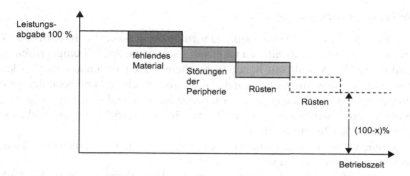

Abb. 10.5 Nutzungsgrad

Nutzungsgrad Der Nutzungsgrad ist eine Komponente der Kennzahl „Gesamt-anlageneffektivität". Er beschreibt das Verhältnis der realen Betriebszeit einer Maschine oder Anlage zur geplanten Betriebszeit und erfasst damit alle Still-stände, die störungs-, organisatorisch oder technologisch bedingt anfallen (z. B. Rüsten, Einrichten, An- und Abfahren). Der Nutzungsgrad berücksichtigt somit auch Stillstands-zeiten aufgrund fehlenden Materials oder Personals.

Der Nutzungsgrad N_G errechnet sich aus dem Verhältnis von tatsächlicher Maschinenlaufzeit T_{Ist} und Planbelegungszeit T_{Plan}:

$$N_G = \frac{T_{Ist}}{T_{Plan}} 100\ \% \qquad (10.2)$$

Als Planbelegungszeit T_{Plan} ist der für einen bestimmten Zeitraum geplante Betrieb einer Maschine zu verstehen. Sie ergibt sich für eine Woche aus Schichtdauer x Anzahl der Schichten pro Tag x Arbeitstage pro Woche. Wird die Maschine nicht die ganze Woche benötigt, so ist als Planbelegungszeit die tatsächlich vorgesehene Betriebszeit zu verwenden. Die Maschinenlaufzeit T_L ist die Zeit, in der die Maschi-ne tatsächlich produktive Arbeit verrichtet. Dementsprechend sind Ausfallzeiten, Rüstzeiten oder Nebenzeiten zu subtrahieren (Abb. 10.5).

Verluste ergeben sich beim An- und Abfahren von Maschinen und Anlagen. Es handelt sich um Zeiten, die zum Herstellen der Betriebsfähigkeit der Anlage notwen-digerweise anfallen. An- und Abfahren sind zwar nicht vermeidbare unproduktive Zeiten, können aber durch Einsatz von Hilfsmitteln verringert werden. Auch verrin-gerte Geschwindigkeiten beim Anfahren nach längeren Produktionsunterbrechungen wirken sich unmittelbar auf den Nutzungsgrad aus.

Die Verwendung des Nutzungsgrads als Kenngröße der Gesamtanlageneffektivität ist sinnvoll, wenn es keine Möglichkeit gibt, mit vertretbarem Aufwand die weiteren Komponenten Leistungsgrad und Qualitätsgrad zu ermitteln. Das ist beispielsweise der Fall, wenn die Taktrate der Maschine nur in Verbindung mit manuellen Tätigkeiten ermittelt oder die Qualität der Produkte erst nach weiteren Prozessstufen festgestellt werden kann.

Verbesserung des Nutzungsgrades:

1. Die Einführung der Präventivmethode vermindert Verluste durch technische Störungen und Anlagenausfälle, da rechtzeitig vor einem Ausfall eingegriffen wird und damit der Ausfall mit hoher Wahrscheinlichkeit verhindert werden kann. Diese Anlagenausfälle reduzieren die nutzbare Betriebszeit und beeinflussen den Nutzungsgrad der Anlage. Jede vermiedene Störung und jede Reparatur außerhalb der produktiven Zeit steigern die verfügbare Betriebszeit und wirken sich positiv auf den Nutzungsgrad aus.
2. Rüstzeiten können durch Prozessverbesserungen verringert werden (z. B. Einsatz von Handhabevorrichtungen).
3. An- und Abfahrverluste ergeben sich bei der Herstellung der Betriebsfähigkeit bzw. bei der Außerbetriebsetzung der Maschine bzw. Anlage. Während dieser Prozessphasen wird keine oder nur eine verminderte Leistung erbracht. Auch verminderte Qualität oder Ausschuss (z. B. Anfahrausschuss beim Spritzgießen) kennzeichnen diese Phase. Um den Nutzungsgrad zu verbessern, müssen diese Prozessphasen entsprechend optimiert werden. So können beim Anfahren von Spritzgießmaschinen Werkzeuge vorgewärmt werden, um die erforderliche Betriebstemperatur schneller zu erreichen.

Von der Anlagenverfügbarkeit unterscheidet sich der Nutzungsgrad durch Berücksichtigung aller Verluste einschließlich der Rüstzeiten.

Beispiel 10.1: Ermittlung des Nutzungsgrades einer Anlage

Ein Bearbeitungszentrum ist für eine komplette Schicht produktiv verplant. Die Planbetriebszeit beträgt 480 min/Schicht abzüglich 45 min Pause. In dieser Schicht treten am Bearbeitungszentrum zwei Störungen auf. Die erste wird innerhalb von 10 min behoben, für die zweite werden 30 min benötigt. Weiterhin ist die Werkstückvorrichtung bei Auftragswechsel auszutauschen. Dieser Rüstprozess beträgt 40 min (Tab. 10.1).

Der Nutzungsgrad ergibt sich zu:

$$N_G = \frac{T_{Ist} * 100}{T_{Plan}} = \frac{(480 - 45 - 10 - 30 - 40)}{480 - 45} 100 \,\% = 81,6 \,\%$$

Leistungsgrad Der Leistungsgrad ist eine weitere Kennzahl der Gesamtanlageneffektivität. Sie gibt das Verhältnis zwischen realer und theoretisch möglicher Leistung einer Anlage innerhalb der tatsächlichen Betriebszeit an. Größere Störungen oder Ausfälle auf Grund von Rüstvorgängen bleiben dabei unberücksichtigt. Dagegen beeinflussen kurze Stopps oder verringerte Prozessgeschwindigkeiten diese Kennzahl. Die Ursachen dieser Erscheinungen können durchaus in latenten Abnutzungsprozessen der Anlage begründet sein.

Verluste durch Leerlaufzeiten und kürze Stopps:

Es handelt sich um kleinere Störungen und Unterbrechungen sowie Zeiten für das Ein- und Ausspannen von Teilen. Diese Verlustquelle hat eine verminderte Ausbringung zur Folge und spiegelt sich im Leistungsgrad wider.

Tab. 10.1 Beispielrechnung

Nutzungsgrad				Anlage: Presse Hy100		Bediener: Max Muster		
Beginn	Ende	AV	Kennung	Datum: 01.01.2010		Schicht: 1 Schicht		
				Dauer (min)	Produkt	Menge (Stück)	Nach-arbeit	Aus-schuss	Geplante Taktrate (s)

Beginn	Ende	AV	Kennung	Dauer (min)	Produkt	Menge (Stück)	Nach-arbeit	Aus-schuss	Geplante Taktrate (s)
6.00	7.20	Rüsten	R	80	Hebel	140	0	2	43
7.20	9.20	Fertigung	F	120	Platte 1	150	2	0	22
9.20	10.10	Wartung	W	50	Platte 2	145	1	0	16
10.10	13.15	Fertigung	F	185	Gehäuse	120	0	0	37
13.15	13.25	Störung	S	10					
13.25	14.00	Material fehlt	M	35					

Gesamtarbeitszeit	480	Praktisch erzielte Arbeitsleistung (min) 268
Geplante Stillstandszeit	50	Nettobetriebszeit 305
Summe Bruttobetriebszeit	430	Leistungsgrad (%) 88
Summe Nettobetriebszeit	305	Gesamtzahl der Teile 555
Nutzungsgrad (%)	71	Nachbearbeitung/Ausschuss 5
		Qualitätsrate (%) 99

Abb. 10.6 Verlauf des tatsächlichen Leistungsgrades

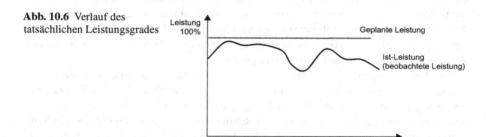

Verluste durch reduzierte Produktionsgeschwindigkeit:

Ursachen für die Differenz zwischen geplanter und tatsächlich erreichter Takt-zeit können im Anlagenzustand, im Anlagenalter, in der Wartung, in Bedienungs- oder Instandhaltungsfehlern begründet liegen. Da die reduzierte Taktgeschwindig-keit ebenso zu einer geringeren Leistung führt, wirkt sich diese Verlustquelle auf den Leistungsgrad aus.

Der Leistungsgrad ergibt sich zu (Abb. 10.6)

$$L_G = \frac{n_{Ist} * t_{Ist}}{n_{Plan} t_{Plan}} * 100 \text{ \%} \qquad (10.3)$$

n_{Plan} in der Periode herzustellende Planmenge

n_{Ist} in der Periode tatsächlich hergestellte Planmenge

t_{Plan} geplante Takt-/Zykluszeit, mit der die Anlage bestellt und geliefert wurde

t_{Ist} tatsächliche Takt-/Zykluszeit, mit der die Anlage betrieben wird

Tab. 10.2 Berechnungswerte (Beispiel 10.2)

n (Stück/a)	$T_{verfügbar}$ (h/a)	t_Z (s)	t_Z (min)	L_G (%)
100.000	5.400	194,4	3,24	100,00 %
81.000	5.400	240	4	81,00 %

Im Fall von Taktzeitverlusten wird die geplante Ausbringungsmenge nicht realisiert. Das kann für das Unternehmen unangenehme wirtschaftliche Folgen haben.

Maßnahmen zur Verbesserung des Leistungsgrades Das Ziel besteht darin, mit technologischen und organisatorischen Maßnahmen den Leistungssgrad zu steigern. Dazu müssen die Ursachen der zu hohen Taktzeiten ermittelt werden. Die Ursachen sind vielfältig. So können die Ausbringungsverluste technologisch bedingte Ursachen haben, weil die eingestellten Maschinen- bzw. Anlagenparameter nicht optimal auf den Arbeitsvorgang und das eingesetzte Material abgestimmt sind. Maschinen- bzw. Anlagenparameter sollten kritisch überprüft und optimiert werden, so dass die Taktzeit besser auf die Ausbringungsmenge abgestimmt ist.

Bei älteren Anlagen liegen meist verschleißbedingte Ursachen vor. Die Anwendung der Präventivmethode vermindert diese Verluste, die sich aus verschleißbedingten technischen Störungen und damit verbundenen Anlagenausfällen ergeben. Diese Ausfälle reduzieren die Nettobetriebszeit und beeinflussen den Nutzungsgrad der Anlage negativ. Jede vermiedene Störung und jede Reparatur außerhalb der produktiven Zeit wirken sich positiv auf den Leistungsgrad aus.

Der Leistungsgrad gibt die Höhe des Anteils von Zeitverlusten einer Anlage, gemessen an der Planzeit, an. Damit unterstützt diese Kenngröße Entscheidungen zur Prozessoptimierung. Für die Instandhaltung ist sie dann relevant, wenn technisch bedingte Störungen vorliegen und die Maschine Fertigungszeit einbüßt. Liegen Korrosion oder Verschleiß an Lagern, Wellen, Antrieben oder ähnlichen Bauteilen vor, kann dies auch zu Leistungsverlusten, Verzögerungen bei der Übertragung von physikalischen Leistungskenngrößen und damit zu höheren Taktzeiten führen (z. B. Druckverluste, Einschaltverzögerungen usw., s. Leistungsgrad). So können beispielsweise Kalkablagerungen in den Kühlkanälen von Spritzgießwerkzeugen zu einer wesentlichen Erhöhung der Zykluszeit führen. Geplante Mengen können dann nicht zum vorgesehenen Termin ausgeliefert werden.

Beispiel 10.2: Ermittlung des Leistungsgrades einer Anlage

Ein Unternehmen erwirbt einen Blasformautomaten zur Herstellung hochwertiger Wasserbehälter für Kochendwasserbereiter. Eine geplante Jahresmenge von 100.000 Stück gestattet bei einer verfügbaren Maschinenzeit von 5400 h/a und Maschine eine Zykluszeit von maximal 194,4 Sekunden = 3,24 min/Stück. Diese Leistung wurde im Lastenheft gefordert und vom Anlagenhersteller zugesichert. Während der Testphase zeigte sich, dass die konzipierte Leistung nicht erzielt wurde. Die tatsächliche Zykluszeit betrug 240 s/Stück (Tab. 10.2).

a. Wie hoch ist der tatsächliche Leistungsgrad der Anlage in der Testphase?
b. Wodurch kann der Leistungsgrad verbessert werden?

Abb. 10.7 Verlauf des Qualitätsgrads

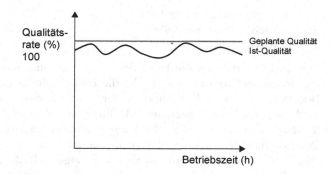

$$L_G = \frac{81.000}{100.000} * 100 \% = 81 \%$$

$$n_{Ist} = \frac{T_{verfügbar}}{t_Z} * 60 = 81.000 \text{ Stück/a}$$

Die Berechnung des Leistungsgrades kann auf zwei Wegen erreicht werden:

1. Bildung des Verhältnisses aus erforderlichem Zeitaufwand für die Planmenge und der Ist-Zykluszeit
2. Errechnung der tatsächlich erzielbaren Menge, indem die Planzeit durch die Ist-Zykluszeit dividiert und zur Planmenge ins Verhältnis gesetzt wird.

Eine Verbesserung des Leistungsgrades kann einmal werkzeugseitig erzielt werden, indem die Kühlkanäle in kürzeren Abständen gereinigt werden, um die Kühlleistung zu verbessern und auf diese Weise die Kühlzeit des Blasformwerkzeugs zu verringern. Wenn keine Besserung erzielbar ist, sollte das Kühlsystem des Blasformwerkzeugs überplant und ggf. redimensioniert werden.

Die zweite Möglichkeit ist eine Verbesserung der Materialqualität. Bei zu hohem Feuchtigkeitsgehalt sollte das Material vor der Verarbeitung getrocknet werden. Auch dadurch lassen sich Zeiteinsparungen erzielen.

Im Vorfeld der Anlagenplanung sollte auf eine Wasseraufbereitungsanlage nicht verzichtet werden, um ein Zusetzen der Kühlkanäle zu vermeiden.

Qualitätsgrad Ein weiterer der Bestandteil der Gesamtanlageneffektivität ist der Qualitätsgrad. Er spiegelt das Verhältnis der qualitätsgerecht produzierten Teile zur Gesamtzahl der gefertigten Teile wider. Analog zum Leistungsgrad besteht zwischen dem Qualitätsgrad, der Güte der Arbeitsleistungen und der Zuverlässigkeit der Maschine bzw. Anlage kein direkter Zusammenhang, denn die Einflussfaktoren auf die Qualität sind vielfältiger Natur. Dazu zählen u. a. der subjektive Einfluss des Maschinen- bzw. Anlagenbedieners, die Qualität des Materials und die Wahl der Fertigungstechnologie (Abb. 10.7).

Der Qualitätsgrad gibt das Verhältnis von qualitätsgerechter Produktion zur Gesamtmenge an.

$$Q_G = \frac{n_{ges} - (n_{nach} + n_{Aus})}{n_{ges}} * 100 \% \qquad (10.4)$$

n_{ges} insgesamt gefertigte Teile
n_{Nach} nachzuarbeitende Teile
n_{Aus} Ausschussteile

Der Qualitätsgrad gibt die Höhe des Anteils an Gutteilen im Verhältnis zur Gesamtmenge gefertigter Teile an. Für die Instandhaltung ist der Qualitätsgrad von Bedeutung, wenn die Ermittlung der Ursachen für einen inakzeptablen Qualitätsgrad die Anlage als Schwerpunkt identifiziert (*Statistical Process Control* (SPC)). Verschleiß, Störungen oder Abnutzungen können die Ursachen für ungenügende Prozess- und/oder Maschinenfähigkeit sein. Im Sinne einer erweiterten Verantwortung für die Instandhaltung ist es aber auch möglich, Bedienerfehler oder Probleme in der Fertigungstechnologie zu verfolgen. Instandhalter sind prozessorientiert kompetent und somit auch in Hinblick auf den Fertigungsprozess. In diesem Fall kann es hilfreich sein, die Instandhalter mit der Aufgabe der Prozessoptimierung zu betrauen.

Beispiel 10.3: Ermittlung des Qualitätsgrades einer Anlage
In einer Schicht wurden 760 Teile gefertigt. In der Kontrolle wurden 6 Teile ausgesondert, da sie den Qualitätsansprüchen nicht genügten. 2 Teile konnten durch Nachbearbeitung weiter verwendet werden, die anderen wurden verschrottet.

$$Q_G = \frac{760 - (2 + 4)}{760} * 100\,\% = 99{,}2\,\%$$

Aus den drei Komponenten Nutzung-, Leistungs- und Qualitätsgrad ergibt sich nun die Gesamtanlageneffektivität:

$$GEFF = N_G * L_G * Q_G * 100\,\%$$

$$GEFF = \left(\frac{T_{Ist}}{T_{Plan}}\right)\left[\frac{(n_{gesamt} * t_{Plan})}{T_{Ist}}\right] * \left(\frac{n_{ges} - n_{Nach} - n_{Aus}}{n_{ges}}\right) * 100\,\%$$

$$GEFF = t_{plan}\left[\frac{(n_{gesamt} - n_{Nach} - n_{Aus})}{T_{Plan}}\right] * 100\,\%$$

Für die Erfassung der *GEFF* werden in der Praxis häufig softwaregestützte Hilfsmittel genutzt.

Maßnahmen zur Verbesserung der Gesamtanlageneffizienz

1. Technisch bedingte Störungen, nicht geplante Stillstände und Reparaturen reduzieren die Nettobetriebszeit und wirken sich auf den Nutzungsgrad der Anlage negativ aus. Abhilfe bringen risikobasierte Instandhaltung oder die Präventivmethode.
2. Rüst- und Einrichtzeiten reduzieren die Nettobetriebszeit. Abhilfe bringt eine Verringerung der Rüstzeiten durch Einsatz von Handlinggeräten, automatischer Werkzeugwechselsysteme (z. B. Tandemwerkzeuge u. dgl. m.).

3. Verluste durch Leerlaufzeiten und kürzere Stillstände ergeben sich aus kleineren Störungen und Unterbrechungen sowie den Zeiten für das Spannen bzw. Entspannen von Teilen. Da diese Verlustquelle zu einer verminderten Ausbringung führt, spiegelt sie sich im Leistungsgrad wider (Abhilfe s. Pkt. 2).

4. Ursachen für reduzierte Arbeitsgeschwindigkeiten liegen meist im allgemeinen Anlagenzustand begründet. Anlagenalter, die Qualität der Wartung und Pflege sowie Bedienungs- oder Instandhaltungsfehler beeinflussen diese Größe entscheidend mit und müssen daher kritisch überprüft werden. Für den Fall, dass die Betriebskosten der Altanlage größer sind als die Betriebs- und Kapitalkosten der Neuanlage, wäre das der richtige Zeitpunkt, eine Ersatzinvestition vorzunehmen.

5. Das An- und Abfahren von Maschinen und Anlagen ist technologisch begründet und daher unvermeidbar. Das Anfahren hat die Aufgabe, die Betriebsfähigkeit der Anlage herzustellen. Da diese Prozesse zeitaufwändig sind, schmälern sie den Nutzungsgrad und verringern den Output. Durch Einsatz entsprechender Hilfsmittel können diese Prozesse abgekürzt und die Verluste begrenzt werden.

6. Verluste durch Ausschuss und Nacharbeit wirken sich direkt auf den Qualitätsgrad der Anlage aus. Abhilfe schaffen integrierte Qualitätssicherungssysteme und ein optimales Qualitätsmanagement.

Beispiel 10.4: Ermittlung der Gesamtanlageneffektivität
Ermitteln Sie aus den Angaben der Beispiele 1 bis 3 die Gesamtanlageneffektivität.

$$GEFF = N_G * L_G * Q_G * 100\,\% = 0{,}81 * 0{,}8 * 99{,}2 = 64{,}3\,\%$$

10.3.2 Instandhaltungskenngrößen

10.3.2.1 Instandhaltbarkeit

Die Zeiten für Instandhaltungstätigkeiten und Wartezeiten auf Instandhaltungsmaßnahmen sind stochastisch, sie streuen um einen Mittelwert. Es handelt sich um Zufallsgrößen, die sich durch Instandhaltungskenngrößen charakterisieren lassen. Analog der Zuverlässigkeit ist die Instandhaltbarkeit auch mit dem Wahrscheinlichkeitsbegriff verbunden. Die Instandhaltbarkeit beschreibt die Wahrscheinlichkeit dafür, dass die benötigte Zeitdauer für eine Reparatur bzw. für eine Wartung kleiner als ein vorgegebenes Intervall ist, wenn die Instandhaltung unter definierten materiellen und personellen Bedingungen erfolgt. Die Zufallsgröße T_{Mi} ist die Dauer einer Instandhaltungsmaßnahme i (s. Abb. 10.8).

Die Instandhaltbarkeit als Zufallsgröße umfasst außer der eigentlichen Reparaturzeit den Gesamtzeitraum zwischen Ausfallerkennung bzw. Abschaltung und Wiederinbetriebnahme der Anlage. Die Zeitanteile Wartezeit auf Instandhaltung, Fehlersuche sowie Demontage und Montagezeit sind stochastische Größen (s. Abb. 6.23, 6.24). Beschaffungszeiten für Ersatzteile oder VWP sind ebenfalls zufallsbehaftet. Die Definition der Kenngröße Instandhaltbarkeit erfolgt daher analog zum Ausfallprozess.

Abb. 10.8 Dauer einer
Instandhaltungsmaßnahme
als Zufallsgröße

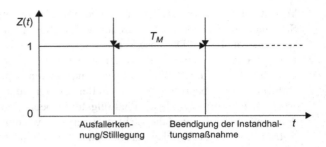

Die Verteilungsfunktion der Instandhaltungsdauer

$$M(t) = P(T_M \leq t) \tag{10.5}$$

wird als *Instandhaltbarkeit* $M(t)$ bezeichnet. Die entsprechende Dichtefunktion ist die Instandhaltbarkeitsdichte $m(t)$. Die Instandhaltungsrate $\mu(t)$ hat die Bedeutung:

$$\mu(t) = P[\text{Instandhaltung beendet in } (t, t+dt) \text{ im Intervall } (0, t)] \tag{10.6}$$

Den Erwartungswert der Instandhaltungszeit Et_M bezeichnet man als Mean Time to Maintenance (Mittelwert der Instandhaltungsdauer T_R). Diese ergibt sich zu

$$MTTM = E(T_M) = \int\limits_0^\infty t_M(t)dt = \int\limits_0^\infty (1 - M(t))dt \tag{10.7}$$

Entsprechend der Verrichtbarkeit wird in geplante und korrektive Maßnahmen nach Ausfall der Betrachtungseinheit unterschieden. Dazu werden die Indizes P für *Preventive Maintenance R* für *Repair* verwendet. Präventivmaßnahmen kann man unter dem Oberbegriff der Wartung zusammenfassen. Folglich wird die Instandhaltbarkeit in Wartbarkeit $M_{PM}(t)$ und Instandsetzbarkeit $M_R(t)$ für Reparierbarkeit unterschieden. Damit ergeben sich charakteristische Kenngrößen wie *MTTPM* (*Mean Time To Preventive Maintenance*) für den Mittelwert der Wartungs- bzw. vorbeugenden Instandhaltung und *MTTR* (*Mean Time To Repair*) als Mittelwert der Reparaturdauer.

Rein qualitativ betrachtet bildet die Instandhaltbarkeit ein Maß für den Schwierigkeitsgrad der Instandhaltungsarbeiten an einem System bzw. dessen Komponenten. Auf Grund des direkten Einflusses auf die Verfügbarkeit und die Instandhaltungskosten einer Maschine bzw. Anlage gewinnt die Instandhaltbarkeit auch mit Blick auf die Kundenzufriedenheit zunehmend Bedeutung und wird daher vermehrt in das technische System hinein konstruiert. Dabei hängt die beim Betrieb erreichte Instandhaltbarkeit in gleichem Maße von der Installation der Maschine bzw. Anlage, von der Organisation der Instandhaltung und den Umwelt- und Einsatzbedingungen ab. Konstruktive Aspekte, die die Instandhaltbarkeit direkt bestimmen sind[3]

---

[3] Vgl. Birolini 1991, S. 114 ff.

1. Entwicklung und Realisierung eines Konzepts

   a. für eine automatische Ausfallerkennung bis zum Niveau Baugruppe (zwischen Zustandsprüfung und Betriebsüberwachung prüfen, bewerten und entscheiden),

   b. für eine automatische oder halbautomatische Ausfalllokalisierung bis zum Niveau Ersatzteil (verborgene Schäden und mögliche Defekte sind einzubeziehen),

2. konsequente Systemmodularisierung mit klarer Ersatzteilstruktur (die Module sollen möglichst unabhängig sowie elektrisch und mechanisch leicht voneinander differenzierbar sein),

3. es sind Ersatzteile zu entwickeln und herzustellen, die leicht auswechselbar und mit marktüblichen Einrichtungen prüfbar sind,

4. es ist größtmögliche Standardisierung für Bauteile, Werkzeuge, Prüfmittel anzustreben,

5. der Bedarf an externen Prüfmitteln für die Instandhaltung auf Ebene Gerät oder System sollte so gering wie möglich gehalten werden,

6. die Umweltbedingungen (thermische, klimatische, mechanische usw.) im Betrieb sowie während des Transports und der Lagerung sind zu berücksichtigen,

7. Bedienung, Wartung und Instandsetzung sollten möglichst einfach gestaltet werden (instandhaltungsgerecht),

8. die Sicherheit des Bedienungs- und Wartungspersonals muss stets gewährleistet sein,

9. Bedienungs-, Wartungs- und Instandsetzungsprozeduren sind in entsprechenden Handbüchern klar und knapp zu beschreiben.

Die Konstruktion bestimmt unter Beachtung dieser Aspekte den Zeitaufwand, der zur Entdeckung und Beseitigung von Schäden und Funktionsausfällen erforderlich ist, wesentlich.

Berechnung der MTTR$_S$ Technische Systeme sind in den meisten Fällen Reihenschaltungen von n Elementen E_1 bis E_n. Bekannt sind die Mittelwerte der ausfallfreien Betriebs- ($MTTF_i$) und der Reparaturzeiten ($MTTR_i$) der Elemente. Der Mittelwert der Reparaturzeit eines Systems $MTTR_S$ lässt sich zweckmäßiger dadurch ermitteln, indem man zunächst die Ausfallhäufigkeit des Systems innerhalb einer größeren Zeitperiode ermittelt.

Als grobe Näherungslösung kann das Blackwellsche Erneuerungstheorem herangezogen werden. Die Zahl Z_A der Ausfälle während einer größeren Nutzungsperiode T beträgt:

$$Z_A = \frac{T}{ET_B} + \frac{v^2 - 1}{2} \qquad (10.8)$$

Im Falle Weibull-verteilter Ausfallzeiten kann statt ET_B näherungsweise auch der Maßstabsparameter a verwendet werden. Der Reparaturzeitaufwand T_{Rges} für die Instandsetzung des Elements E_i beträgt im Mittel

$$T_{Rges} = ET_{Ri} * Z_{Ai} \qquad (10.9)$$

10.3.2.2 Mean Time Between Failure

Als *Mean Time Between Failure* *(MTBF)* wird der mittlere Ausfallabstand von BE mit konstanter Ausfallrate $\lambda(t) = \lambda$ bezeichnet.
Daher gilt[4]:

$$R(t) = e^{-\lambda t} \tag{10.10}$$

$$MTBF = \frac{1}{\lambda} \tag{10.11}$$

10.3.2.3 Mean Time To Failure

In Falle steigender Ausfallrate verwendet man den Ausdruck *Mean Time to Failure* *(MTTF)*. Die Berechnung erfolgt m. H. der Zuverlässigkeitsfunktion $R(t)$:

$$MTTF = E(\tau) = \int_0^\infty R(t)dt \tag{10.12}$$

Der weitere Umgang mit der BE nach dem Ausfall ist für *MTTF* ohne Bedeutung. Im Falle der Instandsetzbarkeit (Reparierbarkeit) wird implizit angenommen, dass die BE nach der Reparatur wie neu ist. Der Mittelwert der nächsten ausfallfreien Zeit (ab Ende der Reparatur) ist dann gleich dem vorhergehenden *(MTTF)*. Als Schätzung der *MTTF* kann auch der empirische Erwartungswert verwendet werden:

$$MTTF = \frac{1}{n} \sum_{i=1}^n T_{Bi} \tag{10.13}$$

Im Falle der Weibull-Verteilung gilt

$$MTTF_W = ET_B = a\Gamma \left(\frac{1}{b} + 1 \right) \tag{10.14}$$

Die Betriebszeiten T_{Bi} sind unabhängige Realisierungen (Beobachtungen) der Zeit zwischen zwei Ausfällen einer BE.
Im Falle systembezogener Ausfalldaten gilt:

$$MTTF_S = ET_{BS} = \int_0^\infty R_S(t)dt \tag{10.15}$$

Die mittlere störungsfreie Laufzeit einer Maschine oder Anlage, also der Zeitabstand zwischen zwei Ausfällen T_B gestattet Aussagen zur Zuverlässigkeit der Maschine bzw. Anlage.

---

[4] dto. S. 289.

Mit Hilfe der *MTTF* können ähnliche oder gleiche BE bezüglich ihrer Fehler-häufigkeit miteinander verglichen werden. Bei vergleichenden Bewertungen sind in jedem Fall auch die jeweiligen Einsatzbedingungen zu beachten. Prinzipiell be-steht für die Produktions- als auch für Instandhaltungsbereiche die Möglichkeit, Schwachstellen zu identifizieren und bei geplanten Ersatzinvestitionen Angebote zu optimieren (s. Kap. 6).

10.3.3 Wirtschaftliche Kennziffern

Kennziffern finden in vielen Bereichen als Ziel- und Beurteilungsgrößen[5] sowie zur Vorbereitung von strategischen Entscheidungen Verwendung[6]. Dabei geht es schwerpunktmäßig um zielgerichtete Periodenvergleiche und die Einleitung von Verbesserungsmaßnahmen und deren Erfolgsmessung. Je nach Branche bzw. Un-ternehmen werden dafür zum Teil sehr unterschiedliche Kennzahlen verwendet. Im Folgenden werden die wichtigsten Kennzahlen zur Ermittlung von Potenzialen aufgrund von Störungen zusammengestellt.

10.3.3.1 Anlagenbewirtschaftungsquote

Die Anlagenbewirtschaftungsquote ist das Verhältnis von Wiederbeschaffungswert einer Maschine oder Anlage und einer Bezugsgröße, die den Instandhaltungs-aufwand widerspiegelt. Das kann z. B. die Anzahl der eingesetzten Instandhalter sein. Zweckmäßiger ist es, die während der gesamten Nutzungsdauer angefalle-nen Instandhaltungsleistungen in Stunden oder Geldeinheiten anzusetzen. Statt dem Wiederbeschaffungswert kann alternativ auch der Anschaffungspreis gewählt wer-den. Eine Verwendung des Restbuchwerts nach Abschreibung eignet sich nicht, weil technische Arbeitsmittel mit zunehmendem Alter instandhaltungsintensiver werden, so dass die Anlagenbewirtschaftungsquote rein rechnerisch abnehmen würde. Sie lie-fert damit eine Aussage über die Aufwendungen der Instandhaltung pro investierten Euro. Die Anlagenbewirtschaftungsquote ergibt sich zu:

$$Q_{Anl} = \frac{W_{BW}}{BZG} \qquad (10.16)$$

W_{BW} Wiederbeschaffungswert (€)
Bezugsgröße (*BZG*) kann sein:

A_{IHges} gesamter während der Nutzung angefallener Instandhaltungsaufwand (€, h)
T_{IHges} Instandhaltungszeitaufwand für die Anlage in Mannstunden (h)
G_{IHges} Instandhaltungsaufwand für die Anlage in Geldeinheiten (€)
z_{AKInst} Anzahl der eingesetzten Instandhaltungsmitarbeiter für die Anlage

Rein rechnerisch wirkt sich eine Verringerung der eingesetzten Ressourcen, bei-spielsweise eine verringerte Anzahl von Instandhaltern oder der Verzicht auf Per-

---

[5] Dietrich et al. (2007), s. auch Wiehle et al. (2006).
[6] Schwarzecker und Spandl (1993).

Tab. 10.3 Ergebniswerte (Beispiel 10.5)

W_{BA}	z	WBW_{ges}	z_{AK}	Q_{ANL}
1.580.000	4	6.320.000	5	1.264.000

sonalaufbau bei Erweiterungsinvestitionen positiv auf die Anlagenbewirtschaftungsquote aus. Inwieweit diese Maßnahmen für die jeweilige Situation sinnvoll sind, muss am konkreten Objekt entschieden werden. Sollte die Anlagenbewirtschaftungsquote bei ähnlichen Anlagen in einem anderen Bereich des Unternehmens wesentlich höher liegen, könnte das ein Zeichen geringerer Anlageneffektivität oder schlechteren Anlagenzustandes sein.

Die Anlagenbewirtschaftungsquote liefert vor allem für kapitalintensive Maschinen und Anlagen sinnvolle Aussagen. Die Anwendung der Anzahl der Instandhalter als Bezugsgröße ist beispielsweise bei Energieversorgungsanlagen, Anlagen der Prozessindustrie und Unternehmen mit hohem Automatisierungsgrad sinnvoll. In der klassischen diskreten Fertigung, bei der ein Instandhalter mehrere bzw. viele kleinere Maschinen betreut, ist die Anwendung von monetären oder zeitlichen Bezugsgrößen günstiger.

Beispiel 10.5: Ermittlung der Anlagenbewirtschaftungsquote
Für eine Induktionsschmelzanlage zur Produktion von Flüssigeisen mit einem Wiederbeschaffungswert von 1.580.000 € ist die Anlagenbewirtschaftungsquote zu ermitteln. Gearbeitet wird im durchgängigen Schichtbetrieb. In jeder Schicht ist ein Mechatroniker im Einsatz, der aber drei weitere Anlagen mitbetreuen muss. Gleichzeitig steht in der Normalschicht ein Mechaniker für die Anlagen zur Verfügung (Tab. 10.3).

$$Q_{Anl} = \frac{580.000 * 4}{4 + 1} = 1.264.000 \ €/AK$$

10.3.3.2 Instandhaltungsgrad

Der Instandhaltungsgrad stellt das prozentuale Verhältnis von Instandhaltungszeitaufwand und Soll-Belegungszeit der Maschine bzw. Anlage dar. Die Kenngröße erfasst den gesamten Zeitaufwand für Instandhaltungsmaßnahmen (Wartung, Inspektion, Reinigung, Überprüfung, Störungssuche und Reparatur). Berücksichtigt werden alle geplanten und nicht geplanten Instandhaltungsarbeiten. Grundsätzlich wird von einer maximalen wöchentlichen Arbeitszeit und 3 Schichten/Tag × 8 h/Schicht × 7 Tage/Woche ausgegangen. Von dieser theoretisch möglichen Zeit ist die Zeit, in der keine Produktion geplant ist, abzuziehen. In einem Unternehmen, welches zehn Schichten pro Woche Produktion geplant hat, beträgt dann die Soll-Laufzeit je nach Tarifmodell 75 bis 85 Stunden. Dieser Umfang bildet die Basis, von der in der Praxis ein gewisser Teil für Instandhaltungsmaßnahmen benötigt wird. Der Instandhaltungsgrad ergibt sich zu:

$$G_{Inst} = \frac{T_{IH}}{T_{Plan}} * 100 \ \% \qquad (10.17)$$

T_{IH} Instandhaltungsaufwand (ZE/Periode)
T_{Plan} Plan-Belegungszeit (ZE)

Tab. 10.4 Ergebniswerte (Beispiel 10.6)

T_S	T_{Wart}	T_R	T_{Soll}	G_{Inst}
120	60	90	1440	0,1875

Beispiel 10.6: Ermittlung des Instandhaltungsgrades einer Anlage
Eine Produktionsanlage für die Herstellung von Kunststoffgranulat wird an fünf Tagen pro Woche in drei Schichten betrieben. Stillstände aufgrund von Pausen der Mitarbeiter fallen nicht an, da die Anlage weitestgehend autonom arbeitet und die Mitarbeiter im Wesentlichen Überwachungsaufgaben wahrnehmen. In der vergangenen Woche gab es aufgrund von Instandhaltungsaktivitäten folgende Stillstände bzw. Ausfälle (Tab. 10.4):

Reinigung   120 Min
Wartung   60 Min
Störungsbeseitigung   90 Min

$$G_{Inst} = \frac{120 + 60 + 90}{24\,\text{h} * 60\,\text{min/h}} * 100\,\% = \underline{18{,}75\,\%}$$

Der Instandhaltungsgrad eignet sich besonders für Produktionssysteme der Großserien- und Massenfertigung. Es werden alle Verluste berücksichtigt, die durch technisch bedingte Störungen und geplante Instandhaltungsmaßnahmen entstanden sind. Da die Verluste durch Qualitätsminderung, verringerte Anlagengeschwindigkeit oder Rüsten und Einrichten nicht berücksichtigt werden, eignet sich diese Kennzahl zur direkten Ermittlung des Instandhaltungsaufwandes und als Vergleichkenngröße bei gleichgearteten Anlagen, um ggf. Ersatzinvestitionen vorzubereiten.

Maßnahmen zur Verringerung des Instandhaltungsgrades Grundvoraussetzung zur Verringerung des Instandhaltungsgrades ist eine tiefgründige Prozessanalyse. Die Ausfälle lassen sich wie folgt strukturieren:

• Verluste durch technisch bedingte Störungen und Defekte,
• Verluste durch Wartung und geplante Instandhaltungsmaßnahmen,

Verluste durch Störungen und Defekte können im Wesentlichen durch vorbeugende Instandhaltungsmaßnahmen reduziert werden. Dazu gehören u. a.

• regelmäßige Wartung und Inspektionen,
• zustandsorientierte Überwachung der Maschinen und Anlagen,
• präventive Instandhaltungsmaßnahmen,
• Schaffung entsprechender Redundanzen und Ausweichmöglichkeiten.

Zu beachten ist, dass der Zeitaufwand wesentlich von den angewendeten Instandhaltungsstrategien zur Behebung oder Vermeidung von Störungen und Ausfällen beeinflusst wird. Dazu zählen beispielsweise die Fehlersuche im Falle der Ausfallstrategie und die Zugänglichkeit zu den ausgefallenen BE (Baugruppen und Maschinenkomplexen), die sehr stark auch von der Instandhaltungsgerechtheit der

Tab. 10.5 Ergebniswerte (Beispiel 10.7)

K_{IHGes} (€)	K_{fremd} (€)	T_{ist} (h/a)	$I_R 1$ (€/h)	$I_Q 1$ (€/h)	$I_R 2$ (€/h)	$I_Q 2$ (€/h)
287.566	23.789	107.500	2,68	2,45	2,92	2,45

Konstruktion und der Verfügbarkeit von Dokumentationen, Werkzeugen, Vorrichtungen und Ersatzteilen bestimmt wird. Mit entsprechenden Strategien gelingt es, die Ausfallzeit auf Grund von technisch bedingten Störungen wesentlich zu reduzieren. Als Kennziffer ist der Instandhaltungsgrad ein wichtiger Indikator für den Instandhaltungszeitaufwand in Bezug auf die produktive Zeit.

10.3.3.3   Instandhaltungskostenrate, Instandhaltungsquote

Die Instandhaltungskostenrate ist ein Ausdruck des Kostenaufwandes für Instandhaltung, bezogen auf die geleisteten Betriebsstunden und damit eine Kenngröße die Anfälligkeit der Technik. Die Instandhaltungsquote charakterisiert die Eigenleistung der Instandhaltung, indem die Fremdleistungskosten herausgerechnet werden. Eine gestiegene Instandhaltungskostenrate könnte auch auf eine Erhöhung der Fremdleistungspreise hinweisen. Die Instandhaltungskostenrate ergibt sich zu:

$$I_R = \frac{K_{IHGes}}{T_{Ist}} \ (€/h)$$

Instandhaltungskostenqote   (10.18)

$$I_Q = \frac{K_{IHGes} - K_{fremd}}{T_{Ist}} \ (€/h)$$ (10.19)

K_{IHGes} Instandhaltungsgesamtkosten
T_{Ist} Betriebszeit
K_{Fremd} Fremdleistungskosten

Beispiel 10.7: Ermittlung der Instandhaltungskostenrate und -quote einer Werkzeugmaschine

In einer Fertigung mit 20 Werkzeugmaschinen sind Instandhaltungskosten von insgesamt 287.566 € in der Periode t_1 angefallen. Davon wurden 23.789 € für die Finanzierung von Fremdleistungen ausgegeben. In der Periode t_2 haben sich die Fremdleistungskosten um 10 % erhöht, während die Instandhaltungskosten aus der Periode t_1 konstant geblieben sind. Die Kosten sind auf die gesamte Nutzungszeit von 107.500 h/a zu beziehen. Ermitteln Sie Instandhaltungskostenrate und –quote (Tab. 10.5).

$$I_{R1} = \frac{287.566 \ €/Per.}{107.500 \ h/Per.} = 2,67 \ €/h$$

$$I_{Q1} = \frac{287.566\ €/Per. - 23.789\ €/Per.}{107.500\ h/Per.} = 2,92\ €/h$$

$$I_{Q2} = \frac{287.566\ €/Per. + 0,1 * 23.789\ €/Per. - 1,1 * 23.789\ €/Per.}{107.500\ h/Per.} = 2,45\ €/h$$

Für den Fall einer 10 %igen Preissteigerung der Fremdleistung steigt die Instandhaltungskostenrate auf 2,92 €/h.

10.3.3.4   Störungsbedingte Minderleistungsquote

Diese Kennzahl gibt Auskunft über den Produktionsausfall aufgrund von Störungen und setzt diesen ins Verhältnis zur Sollproduktionsleistung innerhalb der Soll-Produktionszeit. Dabei kann der Produktionsausfall in Zeit-, Mengen- oder Geldeinheiten angegeben werden. Die Kennzahl wird zur Steuerung eines Produktionsbereichs mit herangezogen, um die durch die Störungen entstandenen Verluste mengen- und wertmäßig zu erfassen und gezielt zu beeinflussen.

Die Erfassung der störungsbedingten Minderleistungsquote ist dann sinnvoll, wenn sich der Ausfall einer Maschine oder Anlage mengen- oder geldmäßig erfassen lässt. Ungeeignet ist die Kennzahl *Störungsbedingte Minderleistungsquote* dagegen für Maschinen und Anlagen, deren Ausfall nicht direkt zu einer verringerten Ausbringung führt. Das betrifft Fälle, in denen auf Parallelmaschinen ausgewichen werden kann oder die betroffene Maschine nur sporadisch benötigt wird. In diesem Fall empfiehlt sich eher die technische Ausfallrate, welche im nachfolgenden Abschnitt vorgestellt wird. Die störungsbedingte Minderleistungsquote ergibt sich zu

$$Q_L = \frac{(n_{Plan} - n_{Ist})}{n_{Plan}} * 100\ \% \tag{10.20}$$

n_{Plan} geplante Stückzahl oder geplantes Volumen
n_{Ist} tatsächlich erreichte Stückzahl

Die Kennzahl *Störungsbedingte Minderleistungsquote* eignet sich zur Ermittlung von Leistungseinbußen an Produktionsmaschinen und Anlagen. Schwierigkeiten ergeben sich ggf. bei der Zuordnung der tatsächlichen Ursachen, da sie vielfältiger Natur und meist nicht korrekt erfassbar sind. Materialprobleme, Bedienungsfehler oder Logistikprobleme können die Ursache für diese Form der Leistungsstörung sein. Aus diesem Grund sollten bei Verwendung dieser Kenngröße immer die tatsächlichen Ursachen ermittelt werden.

Beispiel 10.8: Ermittlung der Minderleistungsquote einer Taktstraße
An einer zweischichtig ausgelasteten Taktstraße zur Herstellung von Waschmaschinen mit einem Takt von 30 Sekunden wurden innerhalb einer Woche aufgrund von Störungen die in der Tab. 10.6 dargestellten Stückzahlen erreicht. Ermitteln Sie die Minderleistungsquote!

Tab. 10.6 Basisdaten (Beispiel 10.8)

Tag	Schicht	Taktzeit (s)	Stückzahl/Schicht		Q_L (%)
			Plan	Ist	
Montag	1	30	600	555	7,50
Montag	2	30	600	590	1,67
Dienstag	1	30	600	589	1,83
Dienstag	2	30	600	600	0,00
Mittwoch	1	30	600	567	5,50
Mittwoch	2	30	600	588	2,00
Donnerstag	1	30	600	570	5,00
Donnerstag	2	30	600	589	1,83
Freitag	1	30	600	550	8,33
Freitag	2	30	600	588	2,00
			6000	5786	3,57

Die Minderleistungsquote ergibt sich aus dem Verhältnis der erzielten Ist-Menge innerhalb des Planungszeitraums im Verhältnis zur Planmenge. Sie beträgt 3,57 %.

10.3.3.5 Technisch bedingte Stillstandsquote

Während die störungsbedingte Minderleistungsquote ein Maßstab für die Produktivität und eher einen betriebswirtschaftlichen Hintergrund hat, erfasst die technisch bedingte Stillstandsquote die Anzahl der Ausfälle infolge technisch bedingter Störungen. Die Kennziffer gibt an, wie hoch der Zeitanteil infolge von technisch bedingten Störungen an der gesamten produktiven Zeit ist.

$$S_Q = \frac{T_{Sttech}}{T_{Plan}} * 100 \ \%$$ (10.21)

T_{tech} technisch bedingte Ausfallzeit
T_{Plan} Plan-Belegungszeit

Zur Ermittlung der technisch bedingten Stillstandsquote kann die Verlustfunktion $V(t)$ herangezogen werden. Die Verlustfunktion $V(t)$ ist eine Funktion des Ausfallverhaltens, welche die Ausfallrate bzw. die Zahl der Erneuerungen bestimmt. Im Falle einer Minimalinstandsetzung gilt die integrierte Ausfallrate und im Falle der vollständigen Erneuerung das BLACKWELLsche Erneuerungstheorem mit der Erneuerungsfunktion $H(t)$:

$$V(t) = \begin{cases} \lambda(t) = \left(\dfrac{t}{a}\right) \\ \\ H(t) = \dfrac{t}{\mu} + \dfrac{v^2 - 1}{2} \end{cases}$$ (10.22)

Stehen Zeitwerte, die statistisch auswertbar sind, zur Verfügung, kann die Gesamt-stillstandszeit einer Anlage innerhalb einer Periode ermittelt werden.

$$T_{tech} = \lambda * ET_{St} \tag{10.23}$$

Die technische Ausfallrate eignet sich für Maschinen und Geräte, bei denen die Bewertung der produktiven Minderleistung schwierig oder nicht möglich ist. Dazu gehören neben Haus- und Gebäudetechnik insbesondere Transportmittel oder nicht permanent genutzte Maschinen.

Maßnahmen zur Reduzierung der technisch bedingten Stillstandsquote sind:

1. Ermittlung der Ursachen für Ausfälle
   Zuerst wird eine Störliste erstellt, die das Datum der aufgetretenen Störung, die Ausfalldauer, das aufgetretene Problem, dessen Ursache und die getroffenen Maßnahmen erfasst. Die Störliste bildet die Grundlage für statistische Auswertungen, um die aufgetretenen Fehler statistisch gesichert klassifizieren und Schwerpunktprobleme ermitteln zu können. Anschließend sind für Schwerpunktelemente geeignete Maßnahmen festzulegen und umzusetzen.
2. Vorbeugende Instandhaltung
   Inwieweit die Präventivmethode geplant werden kann, hängt von der Qualität der zur Verfügung stehenden Daten ab. Oftmals können Stillstandszeiten mit der Präventivmethode wesentlich verringert werden. Gelingt es, die Durchführung der Instandhaltungsaktivitäten in die produktionsfreie Zeit zu verlegen, können die Stillstandskosten auf ein Minimum begrenzt werden. Zudem unterstützen entsprechende Wartungs- bzw. Inspektionspläne die Steigerung der Verfügbarkeit, weil die Abnutzungsgeschwindigkeit verringert wird und potenzielle Fehlerquellen rechtzeitig erkannt werden können.
3. Befundabhängige Instandhaltung
   Potenzielles Störungspotenzial kann in vielen Fällen im Rahmen der Inspektionsmethode in hervorragender Weise erfasst werden. Allerdings sind diese Maßnahmen mitunter mit hohem, technischem Aufwand verbunden, so dass nach wirtschaftlichen Gesichtspunkten entschieden werden muss. Folgende Diagnoseverfahren werden häufig angewandt (Sturm und Förster 1990; Isermann 1994):

   a. vibroakustische Diagnoseverfahren,
   b. schwingungsdiagnostische Verfahren,
   c. voluminetrische Verfahren,
   d. Endoskopie.

Verluste durch geplante Instandhaltungsmaßnahmen werden dann bewusst in Kauf genommen, wenn sie von den Verlusten durch plötzliche bzw. nicht geplante Maschinenstillstände überkompensiert werden und gesundheitliche Schädigungen bei Ausfall nicht ausgeschlossen sind. Allerdings empfiehlt es sich, geplante Instandhaltungsmaßnahmen in produktionsfreie Zeiträume zu verlagern, z. B. auf das Wochenende, um die die Produktion nicht zu behindern (s. Kap. 10.3.3.6).

Da Reinigungs- und Inspektionsarbeiten eher selten in produktionsfreie Zeiträume verlagert werden können, bietet es sich an, diese Aufgaben in Form festgelegter Routinen im Rahmen von TPM den Produktionsbereichen zu übertragen. Zur Durchführung solcher Aktivitäten könnten dann beispielsweise die technologisch bedingten Stillstandszeiten wie Rüstzeiten oder bedienerlose Maschinenlaufzeiten genutzt werden. Für bestimmte Reinigungsarbeiten an Maschinen und Anlagen, die entsprechende Reinigungstechnologien und den Einsatz aufwändiger Geräte und Anlagen erfordern, macht es Sinn, externe Dienstleister zu beauftragen. Mitunter kann das nachteilig sein, weil die externen Dienstleister meist nicht über das technische Fachwissen verfügen. Daher macht es Sinn, die Reinigungsarbeiten gründlich zu analysieren und zu optimieren. Oftmals schaffen eine permanente Maschinenreinigung, einfach zu lösende Befestigungen, abnehmbare Schmutzabdeckungen Zeitvorteile, die sich direkt positiv auf die Stillstandsquote auswirken.

Beispiel 10.9: Ermittlung der technische bedingten Stillstandsquote von Transportmitteln

Ein Logistikunternehmen sorgt in 2-Schicht-Betrieb für Annahme, Verteilung und die Anlieferung diverser Waren. Um den Warenumschlag zu ermöglichen, betreibt dieses Unternehmen insgesamt 20 Elektro-Stapelgeräte. Im Monat April ergaben sich für die Stapelgeräte die in Tab. 10.7 erfassten Ausfälle.

$$S_Q = \frac{T_{tech}}{T_{Plan}} * 100 \ \% = \frac{4.990}{364.800} * 100 \ \% = 1{,}37 \ \%$$

Der Anteil der Ausfallzeit an der Gesamtlaufzeit hält sich insgesamt mit 1,37 % in Grenzen. Lediglich der Ausfall von drei Geräten am 9.12.10 könnte Anlass zu näheren Untersuchungen geben, wenn eine solche Häufung als ungewöhnlich eingestuft werden kann (Tab. 10.8).

10.3.3.6 Produktionsbehinderungsgrad

Der Produktionsbehinderungsgrad drückt den Anteil des Instandhaltungsaufwandes in Mannstunden oder Geldeinheiten in der nicht produktionsfreien Zeit am Instandhaltungsgesamtaufwand aus. Er zeigt an, in welchem Umfang die Produktion behindert wird:

$$G_P = \frac{T_{npf}}{T_{IHges}} * 100 \ \% \tag{10.24}$$

T_{npf} IH-Aufwand in der nicht produktionsfreien Zeit
T_{IHges} IH-Gesamtaufwand

Das Ziel ist die Minimierung des Produktionsbehinderungsgrades, indem geplante Instandhaltungsmaßnahmen in die produktionsfreien Zeitabschnitte gelegt werden, sofern das arbeitsorganisatorisch und -rechtlich möglich ist.

Tab. 10.7 Basisdaten (Beispiel 10.9)

Datum	Soll-Einsatzzeit (min/Tag)	Eingesetzte Stapelgeräte	Staplerleistung (min/Tag)	Anzahl ausgefallene Stapler	Ausfallzeit (min)
1.5.2010	0	20	0	0	0
2.5.2010	960	20	19.200	1	100
3.5.2010	960	20	19.200	2	190
4.5.2010	960	20	19.200	0	0
5.5.2010	960	20	19.200	1	60
6.5.2010	0	20	0	0	0
7.5.2010	0	20	0	0	0
8.5.2010	0	20	0	0	0
9.5.2010	0	20	0	0	0
10.5.2010	960	20	19.200	0	0
11.5.2010	960	20	19.200	0	0
12.5.2010	960	20	19.200	3	1920
13.5.2010	960	20	19.200	1	460
14.5.2010	0	20	0	0	0
15.5.2010	0	20	0	0	0
16.5.2010	960	20	19.200	1	40
17.5.2010	960	20	19.200	0	0
18.5.2010	960	20	19.200	2	820
20.5.2010	960	20	19.200	0	0
21.5.2010	0	20	0	0	0
22.5.2010	0	20	0	0	0
23.5.2010	960	20	19.200	0	0
24.5.2010	960	20	19.200	0	0
25.5.2010	960	20	19.200	0	0
26.5.2010	960	20	19.200	3	320
28.5.2010	0	20	0	0	0
29.5.2010	0	20	0	0	0
30.5.2010	960	20	19.200	1	60
Gesamt:	18.240	20	364.800		4990

Tab. 10.8 Ergebniswerte (Beispiel 10.9)

T_{plan} (h/a)	T_{tech} (h/a)	S_Q
364.800	4.990	1,37 %

Tab. 10.9 Ergebnisse (Beispiel 10.10)

T_{IHges}	T_{npf}	G_P
15.465	8.765	56,68%

Beispiel 10.10: Ermittlung des Produktionsbehinderungsgrades

In einem Fertigungsbereich fielen insgesamt Stillstandszeiten für geplante Instandhaltung in Höhe von 15.465 h an. Durch Planung konnten 8765 h in die produktionsfreie Zeit verlagert werden. Zu ermitteln sind der Produktionsbehinderungsgrad und die wirtschaftlichen Verluste, wenn von einem Maschinenstundensatz von 60 €/h auszugehen ist, der Lohnkostensatz 18 €/h beträgt und der Überstundenzuschlag 25 %.

Der Produktionsbehinderungsgrad ergibt sich zu (Tab. 10.9):

$$G_P = \frac{T_{npf}}{T_{IHges}} * 100\,\% = \frac{6700}{15.465} * 100\,\% \approx 43\,\%$$

Tab. 10.10 Ergebnisse (Beispiel 10.11)	K_{fremd}	K_{IHges}	G_{ab}
	856.000	3.125.000	27,39%

Die wirtschaftlichen Verluste durch Maschinenstillstände betragen 456.000 €/a. Bei einem Lohnkostensatz von 18 €/h und einem Überstundenzuschlag von 25 % erhöhen sich die Verluste um 150.750 €. Damit ergeben sich insgesamt ökonomische Verluste von rund 606.750 €/a. Allein eine bescheidene Reduzierung der Verluste um 10 % ergäbe ein Potenzial von rund 61.000 €/a.

10.3.3.7 Abhängigkeitsgrad

Insbesondere für KMU macht es Sinn, den Abhängigkeitsgrad zu bestimmen, denn er signalisiert die Stärke der Verhandlungsmacht von Fremdbetrieben und deren Kostengebaren.

Der Abhängigkeitsgrad ergibt sich zu:

$$G_{Ab} = \frac{P_{Fremd}}{P_{IHges}} * 100 \ \% \tag{10.25}$$

P_{Fremd} Instandhaltungsfremdleistung
P_{Gesamt} IH-Gesamtleistung

Das Ziel besteht darin, einen optimalen Unabhängigkeitsgrad anzustreben. Dabei stehen die Konzentration der eigenen Instandhaltungsaktivitäten auf Engpassmaschinen und die Erhaltung der Kernkompetenzen im Vordergrund. Weiterhin sind die Instandhaltungsstrategien zu optimieren, um Kosten zu senken.

Als Absolutwert ist der Abhängigkeitsgrad ohne Aussagekraft. Wichtig ist bei der Entscheidung zur Fremdvergabe, dass das Vergabeunternehmen Zustandswissen und Knowhow vor Verlust schützt. Vorteilhaft ist die Fremdvergabe von Routine-, Reinigungs- und Wartungsarbeiten sowie des gesamten Facility-Managements. Im Zusammenhang mit der Vergabe derartiger Leistungen ist der Abhängigkeitsgrad als Zielgröße von Interesse. Es ist zu überprüfen, inwieweit man den Abhängigkeitsgrad noch steigern möchte. Dabei spielen die wirtschaftlichen Erwägungen eine große Rolle, insbesondere unter dem Aspekt zunehmender After Sales Aktivitäten der Anlagenhersteller und Primärproduzenten.

Beispiel 10.11: Ermittlung des Abhängigkeitsgrades eines Fertigungsbereichs
Der Abhängigkeitsgrad für einen Fertigungsbereich, der insgesamt für 856.000 €/h Instandhaltungsfremdleistungen in Anspruch genommen hat, ist zu ermitteln. Instandhaltungsgesamtleistung umfasste in der vergangenen Planperiode 3.125.000 €/a (Tab. 10.10).

$$G_{Ab} = \frac{K_{Fremd}}{K_{IHges}} * 100 \ \% = \frac{856.000}{3.125.000} * 100 \ \% = \underline{27,4 \ \%}$$

10.4 Methoden zur Erschließung von Verschwendungspotenzialen

Eine Verbesserung der erläuterten Kenngrößen kann nur dann nachhaltig erfolgen, wenn die tatsächlichen Ursachen für die Leistungseinbußen erkannt und eliminiert werden. Aus diesem Grund sollte zur Reduzierung der Kennzahlen ein Problemlösezyklus angewandt werden. Als Methoden eignen sich der PDCA-Zyklus (*Plan-Do-Check-Act*), der DMAIC-Kreis (Define – *Measure-Analyze* – *Improve-Control*) oder Das 6-S-Verfahren des Problemlösungsansatzes wird schrittweise durchgeführt:

1. Problem identifizieren
2. Lösungsvorschläge sammeln
3. Lösungsvorschläge bewerten, selektieren, entscheiden
4. Maßnahmenplan erstellen
5. Lösung realisieren
6. Lösungsbewertung, Kontrolle

Für die Durchführung der Analyse eignen sich u. a. folgende Werkzeuge:

- Pareto-Analyse
- Ishikawa-Diagramm
- Methodik 5 × W
- Strukturierte Problemanalyse
- Fehlermöglichkeiten- und -einflussanalyse

Pareto-Analyse Im Vergleich zur strukturell ähnlichen ABC- bzw. XYZ-Analyse analysiert die Pareto-Analyse Mengen- oder Wertanteile oder überprüft deren Vorhersagegenauigkeit. Im Rahmen der Pareto-Analyse werden auftretende Problemstellungen hinsichtlich ihrer Ursachen und ihres Vorkommens betrachtet. Ergebnis dieses Analyseprozesses ist das Pareto-Diagramm. Hierbei handelt es sich um ein Balkendiagramm, in dem die zu betrachtenden Probleme nach ihrer Priorität (Gewichtung/Bedeutung) dargestellt werden. Die 100 %-Markierung stellt dabei die Gesamtsumme der Einzelprobleme dar.

Sind die tatsächlichen Ursachen für die Minderleistung erfasst, werden im nächsten Schritt Ideen zu deren Behebung entwickelt. Dazu eignen sich alle Kreativitätswerkzeuge wie Brain-Storming, Brain-Writing, Methode 6-3-5, Synektik oder morphologischer Kasten.

Brain-Storming
Grundregeln:

1. Bereits geäußerte Ideen sind aufzugreifen und zu kombinieren
2. Verbot von Kommentaren, Korrekturen, Kritiken
3. Sammlung möglichst vieler Ideen in kürzester Zeit
4. Freies Assoziieren und Phantasieren sind erlaubt

Phase 1: Ideen finden Die Teilnehmer erläutern spontan ihre Ideen zur Lösungsfindung, wobei sie sich im günstigsten Fall gegenseitig inspirieren und untereinander

Gesichtspunkte in neue Lösungsansätze und Ideen einfließen lassen. Die Ideen werden protokolliert. Alle Teilnehmenden produzieren ohne jede Einschränkung Ideen und kombinieren diese mit anderen Ideen. Die Gruppe ist in eine möglichst produktive und erfindungsreiche Stimmung zu versetzen.

In Phase 1 gelten folgende Regeln:

1. An anderen Beiträgen, Ideen, Lösungsvorschlägen darf keine Kritik zugelassen werden (kreative Ansätze können sich auch aus zunächst völlig unsinnig erscheinenden Vorschlägen entwickeln).
2. Die vorgebrachten Ideen dürfen weder bewertet noch beurteilt werden.
3. Jeder soll seine Gedanken frei äußern können.
4. Es ist untersagt, Totschlagargumente zu äußern.
5. Die Teilnehmer werden ermuntert, kühne und phantasievolle Ideen zu entwickeln, um ein möglichst großes Lösungsfeld zu erzielen.

Die Methode ermöglicht die Findung von innovativen Ideen und ausgefallenen Problemlösungen und ist anwendbar, wenn normale Techniken keine weiteren Lösungsansätze bieten (Sackgasse). Außerdem verursacht die einfache Handhabung geringe Kosten und gestattet die Nutzung von Synergieeffekten infolge der Gruppenbildung.

Nachteilig ist die Abhängigkeit vom Bildungsniveau und der jeweiligen Qualifikation der Teilnehmer. Außerdem besteht die Gefahr der Abschweifung und gruppendynamischer Konflikte. Die Selektion geeigneter Ideen gestaltet sich meist aufwändig und erfordert einen erfahrenen Coach.

Brain-Storming eignet sich vorwiegend für Problemarten einfacher Komplexität sowie für Zielformulierungen und Aussagen mit Symbolcharakter. Als brauchbar hat sich das Verfahren auch als Einstieg in ein bestimmtes Thema erwiesen, um das Feld der Lösungsansätze abzustecken. Gut geeignet ist es für Problemlösungen auf der rein sprachlichen Ebene (Namens- und Slogan-Findung).

Phase 2: Ergebnisse sortieren und bewerten Nach einer Pause werden sämtliche Ideen von der Gruppenleitung vorgelesen und von den Teilnehmern bewertet und sortiert. Hierbei geht es zunächst nur um bloße thematische Zugehörigkeit und das Aussortieren von problemfernen Ideen. Die Bewertung und Auswertung kann in derselben Diskussion durch dieselben Teilnehmer erfolgen oder von anderen Fachleuten getrennt.

Brain-Writing Beim Brain-Writing wird ebenfalls darauf geachtet, dass alle ideenhemmenden Faktoren ausgeschlossen werden und alle den Kombinationsprozess fördernden Faktoren garantiert sind. Die Teilnehmer sollen ohne jede Einschränkung Ideen produzieren und/oder mit anderen Ideen kombinieren. Im Idealfall inspirieren sich die Teilnehmer während des Schreibprozesses oder der Diskussion gegenseitig mit ihren Ideen, die sie dann weiterentwickeln können.

Phase 1 Ideen werden entwickelt und Assoziationen geknüpft. In dieser Phase ist eine Bewertung fremder wie eigener Ideen verboten, weil dies zu einer inneren Zensur bei den Teilnehmern führen und das Finden neuer Ideen erschweren würde.

Phase 2 Die Ergebnisse werden kritisiert, diskutiert und bewertet. Die besten Ideen werden herausgezogen.

Vorteile

- Ideen können nicht versehentlich in der Diskussion untergehen, da sie schriftlich fixiert sind.
- Es ist nicht notwendig, ein Protokoll zu führen. Ein Protokollant entfällt deshalb. Die Anonymität der Teilnehmer kann meist gewahrt werden. Die Teilnehmer sind somit nicht persönlich angreifbar.
- Es herrscht Gleichberechtigung in der Gruppe. Introvertierte wie extrovertierte Teilnehmer haben dieselbe Chance, ihre Ideen anzubringen.
- Die Stellung der Teilnehmer hat keinen Einfluss auf die Besprechung der Ideen, sofern Anonymität vorherrscht.
- In der Diskussion werden auch die Ideen beispielsweise des Abteilungsleiters kritisch diskutiert.

Nachteile

- Die Spontanität der Ideen geht verloren.
- Die Teilnehmer überdenken ihre Idee zu lange und müssen sich eine konkrete Formulierung überlegen.
- Bedingt durch den gleichzeitigen und alleinigen Ideenfindungsprozess am Anfang können Mehrfachnennungen einer Idee vorkommen.

Methode 635 Es handelt sich um ein Problemlösungsverfahren und stellt eine Abwandlung der Brain-Writing-Methode dar, das die Erzeugung von neuen, ungewöhnlichen Ideen in einer Gruppe von Menschen fördert[7].

6 Teilnehmer erhalten ein gleich großes Blatt Papier. Dieses wird in 18 Kästchen mit 3 Spalten und 6 Reihen aufgeteilt. Jeder Teilnehmer wird aufgefordert, in der ersten Reihe drei Ideen (je Spalte eine) zu formulieren. Jedes Blatt wird nach angemessener Zeit — je nach Schwierigkeitsgrad der Problemstellung etwa 3 bis 5 Minuten — von allen gleichzeitig, im Uhrzeigersinn weitergereicht. Der Nächste soll versuchen, die bereits genannten Ideen aufzugreifen, zu ergänzen und weiterzuentwickeln.

Die Bezeichnung der Methode ergab sich aus der Zahl der Gruppenmitglieder, die je drei erste Ideen produzieren und danach fünfmal jeweils drei erste beziehungsweise daraus abgeleitete Ideen weiter-entwickeln (6 Teilnehmer, je 3 Ideen, 5-mal Weiterreichen). Oft wird die „5" im Titel der Methode mit den maximal 5 Minuten der Bearbeitung assoziiert, was so aber aus dem ursprünglichen Artikel des Autors nicht arkennbar ist.

Mit dieser Methode entstehen innerhalb von 30 Min maximal 108 Ideen: 6 Teilnehmer × 3 Ideen × 6 Reihen. Es gelten die Regeln des Brain-Writing.

Anschließend sind aus diesen Ideen Lösungspakete zu entwickeln, welche wiederum im nächsten Schritt bewertet werden. Für mögliche Bewertungstechniken wird an dieser Stelle auf die nachfolgenden Abschnitte verwiesen.

Als letzte Schritte erfolgen die Umsetzung und die Bewertung des Erfolgs der getroffenen Maßnahmen. Aus diesen Ergebnissen leiten sich alle weiteren Aktivitäten ab.

---

[7] Rohrbach 1969.

Synektik Diese Methode begleitet den Phasenverlauf des kreativen Prozesses und regt die unbewusst ablaufenden Denkprozesse an (Zusammenfügen). Als wesentliches Prinzip gilt „Mache dir das Fremde vertraut und verfremde das Vertraute". Dadurch wird eine gründliche Problemanalyse erzielt. Indem Analogien gebildet werden, erreicht man außerdem eine Verfremdung der ursprünglichen Problemstellung. Daraus können neue und überraschende Lösungsansätze entwickelt werden. Die Synektik stellt höhere Anforderungen an die Anwender als das Brainstorming, da der Verfahrensablauf durch die vielen Schritte komplizierter und zeitaufwändiger ist.

Problemanalyse und Definition bilden den Einstieg in den Problemlösungsprozess. Zunächst sind spontane Lösungsansätze zu formulieren. Daraus ergibt sich möglicherweise eine Neuformulierung des Problems. Danach wird versucht, direkte Analogien, zum Beispiel aus der Natur, herzustellen, um Lösungsansätze zu entwickeln. Dabei sollen möglichst persönliche (Identifikation) und symbolische Analogien (Kontradiktionen) hergestellt werden. Auch über direkte Analogien, zum Beispiel aus der Technik, versucht man sich der Problemlösung zu nähern. In der Folge werden die direkten Analogien analysiert und auf das zu lösende Problem übertragen. Die besten Lösungen ergeben sich meist dann, wenn sich ein hoher Deckungsgrad mit dem Vergleichsobjekt erzielt wird.

Ishikawa-Diagramm Es handelt sich um ein Ursache-Wirkungs-Diagramm[8], eine von Kaoru Ishikawa entwickelte Diagrammform, die Kausalitätsbeziehungen darstellt.

Ausgangspunkt ist ein horizontaler Pfeil nach rechts, an dessen Spitze das möglichst prägnant formulierte Ziel oder Problem steht. Darauf stoßen schräg die Pfeile der Haupteinflussgrößen, die zu einer bestimmten Wirkung führen, beispielsweise Messfehler – ungenaues Messgerät oder ungeeignetes Messverfahren usw. Ein Pfeil bedeutet „. . . *trägt dazu bei, dass* . . .".

Ursprüngliche Haupteinflussgrößen wie beispielsweise die *4 M* – Material, Maschine, Methode, Mensch, bzw. *8 M* – ergänzt um Management, Mitwelt, Messung und Geld (Money) werden heute von sämtlichen sonstigen, notwendigen Einflussgrößen – beispielsweise Prozesse, Umfeld etc. ergänzt (Abb. 10.9).

Unter Verwendung von Kreativitätstechniken werden potentielle Ursachen erforscht. In Form von kleineren Pfeilen werden diese auf der Linie der jeweiligen Haupteinflussgrößen dargestellt. „*Liegen diesen Ursachen wiederum weitere Ursachen zugrunde, so kann weiter verzweigt werden, somit ergibt sich eine immer feinere Verästelung*"[9].

Ein gutes Hilfsmittel bei der Prozessanalyse bildet die 7 W-Checkliste[10]:

---

[8] Nach dem Erfinder Ishikawa.

[9] Schulte-Zurhausen (2002), S. 514.

[10] Ursprüngliches Hilfsmittel für die Rhetorik, geht möglicherweise auf Cicero zurück (7 W-Fragen).

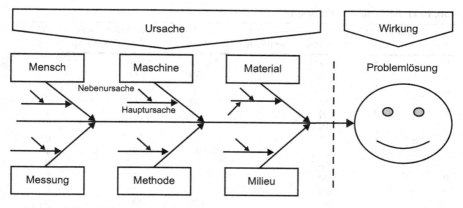

Abb. 10.9 Ishikawa-Diagramm

Was – ist zu tun?
Warum – macht er es?
Wer – macht es?
Wie – wird es gemacht?
Wann – wird es gemacht?
Wo – soll es getan werden?
Wieso – wird es nicht anders gemacht?

10.5 Übungs- und Kontrollfragen

1. Erläutern Sie die Aufgabencluster der Instandhaltung!
2. Was verstehen Sie unter Gesamtanlageneffektivität und wie können Sie diese Kenngröße beeinflussen?
3. Was verstehen Sie unter dem Nutzungsgrad einer Anlage und wie können Sie den Nutzungsgrad verbessern?
4. Was verstehen Sie unter dem Leistungsgrad einer Anlage und wie können Sie diese Kenngröße verbessern?
5. Was verstehen Sie unter dem Qualitätsgrad einer Anlage und wie können Sie diese Kenngröße verbessern?
6. Was verstehen Sie unter Instandhaltbarkeit?
7. Erläutern Sie den Unterschied zwischen *MTTPM und MTTR*!
8. Welche konstruktiven Aspekte bestimmen die Instandhaltbarkeit direkt?
9. Was verstehen Sie unter *Mean Time between Failure* (*MTBF*) und *Mean Time to Failure* (*MTTF*)?
10. Was sind Instandhaltungskennziffern? Nennen Sie einige Beispiele!

Tab. 10.11 Basisdaten zu Aufgabe 10-1

Tage	Störung	Schicht	$t_{erf} = t_{plan}$ Dauer der Störungsbeseitigung (min)	t_Z Wartezeit (min)	t_Z Stillstandszeit (min) Sp. 3 + Sp. 4	Fehlteile
1	2	3	4	5	6	7
1	1	1	30	30	60	1
2	2	1	20	60	80	0
3	3	2	45	20	65	0
4	4	2	50	30	80	2
5	5	2	10	60	70	2
6	6	1	15	120	135	0
7	7	1	25	30	55	1
8	8	2	90	30	120	0
9	9	1	120	15	135	0
10	10	2	30	25	55	0
			435	420	855	6

11. Erläutern Sie den Begriff Anlagenbewirtschaftungsquote und nennen Sie Maßnahmen zu ihrer Verbesserung!
12. Erläutern Sie den Begriff Instandhaltungsgrad! Worauf weist ein gestiegener Instandhaltungsgrad hin? Wie können Sie diese Kenngröße beeinflussen?
13. Erläutern Sie den Begriff Instandhaltungskostenrate! Worauf weist eine gestiegene Instandhaltungskostenrate hin? Wie können Sie diese Kenngröße beeinflussen?
14. Wodurch können Sie die störungsbedingte Minderleistungsquote verringern?
15. Erläutern Sie den Begriff Technisch bedingte Stillstandsquote! Worauf weist eine gestiegene technisch bedingte Stillstandsquote hin? Wie können Sie diese Kenngröße beeinflussen?
16. Was ist unter Produktionsbehinderung zu verstehen, wie messen Sie diese und welche ökonomischen Auswirkungen hat die Kennziffer, wenn sie zunimmt?
17. Welchen Einfluss hat der Abhängigkeitsgrad auf die Entwicklung der Kernkompetenzen?
18. Welche Kriterien sind bei der Entscheidung für die Fremdvergabe von Instandhaltungsleistungen heranzuziehen?
19. Welche Methoden zur Erschließung von Verschwendungspotenzialen kennen Sie?
20. Erläutern Sie den Problemlösungsansatz!

10.6 Übungsaufgaben

Aufgabe 10-1 Eine Universalwerkzeugmaschine wird für 5 Tage in 2 Schichten produktiv verplant. Die Planbetriebszeit beträgt 480 min/Schicht abzüglich 45 min Pause/Schicht. In jeder Schicht treten Störungen unterschiedlicher Art auf. Insgesamt gab es in der Woche 10 Störungen (s. Tab. 10.11).

a. Ermitteln Sie den Nutzungsgrad der Maschine!

b. Die Maschine war für eine wöchentliche Leistung von 1450 Teilen projektiert worden, wobei für die Betriebsmittelzeit 3 min/Einheit vorgesehen waren. Ermitteln Sie auf Basis des berechneten Nutzungsgrades den Leistungsgrad der Maschine. Um wie viel Prozent müssten Sie den Nutzungsgrad steigern, um die projektierte Leistung zu erzielen? Ermitteln Sie die tatsächliche Ausbringungsmenge der Maschine!

c. In einer Schicht werden im Ist 116 Teile gefertigt. In der Kontrolle wurden 4 Teile ausgesondert, da sie den Qualitätsansprüchen nicht genügten. 2 Teile konnten durch Nachbearbeitung weiter verwendet werden, die anderen wurden verschrottet. Berechnen Sie den Qualitätsgrad!

Aufgabe 10-2 Eine Gießanlage zur Herstellung von Gussteilen hat einen Wiederbeschaffungswert von 2,4 Mio. €. Gearbeitet wird im durchgängigen Schichtbetrieb. In der 1. Schicht ist ein Mechatroniker integriert, der aber 2 weitere Anlagen betreut. Gleichzeitig steht in den Schichten jeweils 1 Mechaniker für die Anlagen zur Verfügung. Berechnen Sie die Anlagenbewirtschaftungsquote.

Aufgabe 10-3 Eine Produktionsanlage für die Herstellung von Formsand wird durchgängig betrieben. Stillstände aufgrund von Pausen der Mitarbeiter fallen nicht an, da die Anlage weitestgehend autonom arbeitet und die Mitarbeiter im Wesentlichen Überwachungsaufgaben wahrnehmen und den Materialnachschub veranlassen. In der vergangenen Woche gab es aufgrund von Instandhaltungsaktivitäten folgende Ausfälle:

Reinigung und Wartung: 180 Min
Störungsbeseitigung: 120 Min

Berechnen Sie den Instandhaltungsgrad!

Aufgabe 10-4 In einem Fertigungsbereich wurden insgesamt 15.465 Stunden Stillstandszeit pro Jahr für geplante Instandhaltung ermittelt. Durch Planung konnten 8765 h in der nichtproduktionsfreien Zeit erledigt werden. Berechnen Sie den Produktionsbehinderungsgrad! Legen Sie einen Maschinenstundensatz von 60 €/h, einen Lohnkostensatz 18 €/h und den Überstundenzuschlag von 25 % zugrunde. Ermitteln Sie den Vermögensverlust bei einem Horizontwert von 5 Jahren, wenn das Unternehmen mit einem internen Zinsfuß von 5,25 % arbeitet.

Aufgabe 10-5 Eine Fertigung, die mit 15 Werkzeugmaschinen ausgerüstet ist, produziert Teile im 2-Schicht-Betrieb. Im ersten Halbjahr ergaben sich die in der Tabelle erfassten Ausfälle. Die Solleinsatzzeit pro Maschine beträgt 960 min/AT, gearbeitet wurde an 250 Tagen. Innerhalb dieses Zeitraums wurden die in Tab. 10.12 erfassten technisch bedingten Ausfallzeiten ermittelt. Berechnen Sie die technisch bedingte Stillstandsquote!

Aufgabe 10–6 Berechnen Sie den Mittelwert der Reparaturzeit ($MTTR_S$) für das folgende System! (Abb. 10.10)

Gesucht ist die mittlere totale Stillstandszeit des Systems im Intervall $(0, t)$ für $t \rightarrow \infty$.

Tab. 10.12 Basisdaten zu Aufgabe 10-5

lfd. Nr.	z_A Ausfälle	T_A		lfd. Nr.	z_A Ausfälle	T_A	
		h/Ausfall	h			h/Ausfall	h
1	20	0,5	10	11	5	10	50
2	22	1	22	12	3	11	33
3	30	2	60	13	1	12	12
4	45	3	135	14	1	13	13
5	35	4	140	15	1	14	14
6	30	5	150	16	0	15	0
7	28	6	168	17	0	16	0
8	15	7	105	18	0	17	0
9	8	8	64	19	0	18	0
10	6	9	54	20	0	19	0
		$T_{stges} =$	1030		$S_Q =$		4,09%
		$T_{SOll} =$	25200				

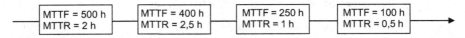

Abb. 10.10 Blockschaltbild zu Aufgabe 10-6

Quellenverzeichnis

Birolini, A.: Qualität und Zuverlässigkeit technischer Systeme, 3. Aufl. Springer, Berlin (1991) (ISBN 3-540-54067-9)

Dietrich, E., Schulze, A., Weber, St.: Kennzahlensystem für die Qualitätsbeurteilung in der industriellen Produktion. Hanser Verlag, München (2007) (ISBN 978-3-446-41053-4)

Isermann, R.: Überwachung und Diagnose – Moderne Methode und ihre Anwendungen bei technischen Systemen, VDI Verlag Düsseldorf (1994)

Rohrbach, B.: Kreativ nach Regeln – Methode 635, eine neue Technik zum Lösen von Problemen. Absatzwirtschaft 12, Heft 19, S 73–75, 1. Okt (1969)

Ruthenberg, R.; Frühwald, H.; Frischborn, H.: Gewinnsteigernde Instandhaltung, Verlag TÜV Rheinland 1990 (ISBN: 3-88585-869-x)

Schulte-Zurhausen, M.: Organisation, 3. Aufl., Verlag Vahlen, München 2002

Schwarzecker, J., Spandl, F.: Kennzahlen – Krisenmanagement mit Stufenplan zur Sanierung. Überreuter, Wien (1993) (ISBN 3-901260-33-1)

Sturm, A., Förster, R.: Maschinen- und Anlagendiagnostik, Teubner Verlag Stuttgart (1990)

Strunz, M.: Dimensionierung von Instandhaltungswerkstätten, Diss. A. TU Chemnitz (1990)

VDI 2893 Auswahl und Bildung von Kennzahlen für die Instandhaltung, VDI-Gesellschaft Produktion und Logistik, Beuth-Verlag, 2006-05

Wiehle, U., Diegelmann, M., Deter, H., Schörnig, N., Rolf, M.: 100 Finanzkennzahlen. cometis publishing GmbH, Wiesbaden (2006)

Anhang 1
Instandhaltungsanalyse

A1.1 Prozessanalyse in der Instandhaltung

(Fragebogen zum Kennziffernvergleich von Instandhaltungsbereichen)

Tab. A1.10.1 Charakterisierung des Unternehmens

1. Betriebsgröße	<250 MA	250–500 MA	>500–1000 MA	>1000 MA
2. Fertigungsprinzip	a) Einzelfertigung:	b) Serienfertigung:	c) Massenfertigung:	d) Nischenproduktion:
3. Dispositionsart	a) Kundenauftragsorientiert:	b) Überwiegend kundenorientiert:	c) Programmorientiert:	
4. Anzahl der Beschäftigten im Unternehmen:	4.1 Davon Lohnempfänger (inkl. Zeitarbeiter):		4.2 Gehaltsempfänger:	

Tab. A1.10.2 Charakterisierung des Instandhaltungsbereichs

1 Anzahl Instandhalter, gesamt:		2 Zu betreuender Anlagenwert	
1.1 Gehaltsempfänger:		(Wiederbeschaffungswert):	T€
1.2 Lohnempfänger:			
3 Instandhaltungsleistung, gesamt:	h/a	4 Überstunden:	h/a
1.1 Eigenleistung:	h/a		
3.1.1 davon integriert:	h/a		
3.2 Fremdleistung:	h/a		
5 Integrationsgrad: In die Fertigung integrierte Instandhaltungsleistung/Instandhaltungseigenleistung			%
6 Instandhaltungskosten, gesamt:	T€/a	7 Personalkosten:	T€/a
1.1 Eigeninstandhaltung:	T€/a		
6.11 davon integriert:	T€/a		
6.2 Fremdleistungen:	T€/a		
8 Gemeinkosten:	T€/a	9 Materialkosten:	T€/a

M. Strunz, *Instandhaltung*,
DOI 10.1007/978-3-642-27390-2, © Springer-Verlag Berlin Heidelberg 2012

Tab. A1.10.2 (Fortsetzung)

10   Welche Instandhaltungsstrategie kommt In welchem Umfang zum Einsatz?
 	
 10.1 Ausfallmethode: %
 1.2   Präventivmethode: %
 10.3 Inpektionsmethode: %
          davon Messen: %
          davon Prüfen: %
	11 Entlohnungssystem
	
	 11.1 Prämienzeitlohn (*time rate plus bonus*):
	 11.2 Prämienlohn (*bonus wage*):
	 11.3 Akkordlohn (*piece rate*):

12 EDV-System
   1.1   Instandhaltungsplanung (IHP):
   12.2 Instandhaltungscontrolling (IHCo):	

13 Kennzahlen:
   13.1 Instandhaltungskostenrate:
   13.2 Abhängigkeitsgrad:	

Tab. A1.10.3 Anlagen- bzw. Produktionsbereichsspezifizierung

Lfd. Nr.	Spezifizierungskriterium
1	Wiederbeschaffungswert der Anlage: €
2	Alter der Anlage/Ausrüstung : Jahre
3	Tatsächliche Nutzungszeit: Betriebsstunden

4	Anteil der Instandhaltungsleistung für
	     1. Elektronik/Elektrik: ....%
	          davon Softwarepflege: ....%
	     2. Mechanik: .... %
	     3. Rohrleitung/Ventile/Pumpen/verfahrenstechnische Aggregate: ....%
	     4. Stahlbau: ....%

5	Fertigungsart
	     a) Werkstattfertigung: ☐
	     b) Gruppenfertigung: ☐
	     c) Fließfertigung: ☐
	          - lose Verkettung: ☐
	          - starre Verkettung: ☐

6	Qualifikation des Anlagenbedieners für die Durchführung von Instandhaltung:
	     a) Nicht qualifiziert (I): ☐
	     b) Geringfügig qualifiziert (einfache Wartungs- und Inspektionsaufgaben) (II): ☐
	     c) Mittel bis gut qualifiziert (technische Diagnose, einfache Instandsetzungs-
	         arbeiten) (III): ☐

7	Instandhaltungseignung des Produktionssystems (instandhaltungsgerechte Konstruktion: Spezialwerkzeuge, Qualifikation, Zugänglichkeit, Austauschbarkeit):
	   7.1 Ungenügend (viele Spezialwerkzeuge erforderlich, spez. Qualifikation, schlechte Zugänglichkeit) (1): ☐
	   1.2 Zufriedenstellend (nur wenige Spezialwerkzeuge notwendig, Qualifikation erforderlich, teilweise
	      schlechte Zugänglichkeit und Austauschbarkeit) (2): ☐
	   1.3 Gut bis sehr gut (kaum Spezialwerkzeuge, Anforderungen an die Qualifikation rel. gering bzw. geforder-
	      te Qualifikation mit geringem Aufwand herstellbar, gute Zugänglichkeit und Austauschbarkeit) (3): ☐

Tab. A1.10.3 (Fortsetzung)

8	Maschinenauslastung: 1-schichtig: ☐ 2-schichtig: ☐ 3-schichtig: ☐ Durchg. Schichtbetrieb: ☐

9	Effizienzgrade (%)			
	Nutzungsgrad:	Leistungsgrad:	Qualitätsgrad:	Gesamtanlageneffektivität:

10	Geplante Betriebsmitteleinsatzzeit: ....h/a
	   a) davon produktive Zeit: .... h/a
	   b) davon Stillstandszeit, gesamt: ....h/a
	       ba) davon instandhaltungsbedingt: .... h/a
	          i. davon störungsbedingt: ....h/a
	          ii. davon geplant (während der Produktion): .... h/a
	          iii. davon geplant (in der produktionsfreien Zeit): ....h/a
	       bb) davon organisatorisch bedingt: ....h/a
	       bc) davon technologisch bedingt: ....h/a

11	Instandhaltungskosten der Anlage, gesamt (s. auch Tabelle A1-10.5): ....T€/a
	davon
	   a) Fremdleistungskosten für IH: ....T€/a
	   b) Eigenleistung: ....T€/a
	       ba) Wartungs- und Inspektionskosten: .... T€/a
	       bb) Instandsetzungskosten nach Ausfall: ....T€/a
	       bc) Instandsetzungskosten für geplante IH-Maßnahmen: ....T€/a
	       bd) Wert der verbrauchten Ersatzteile: ....T€/a
	   c) Stillstandsverluste: ....T€/a

12.	Arbeitskräfte:	T€/a
13	Instandhaltung:	h/a

A1.2 Beispiel einer Instandhaltungskonzeption

Schritt 1: Erfassung der Eckdaten und Festlegung der Grundkonzeption

Schritt 2: Präzisierung der Instandhaltungskonzeption
Die Aufgabe besteht darin,

1. für die im Ergebnis der Fehlermöglichkeits- und Einflussanalyse (FMEA) ermittelten wahrscheinlichen Störungen und deren Störungsauswirkungen Vorkehrungen zur Fehlersicherung zu treffen und
2. die Aufgaben zu ihrer Beseitigung zu operationalisieren und zu bewerten.

Für jede Störungsart sind die erforderlichen Instandhaltungsmaßnahmen nach Art, Häufigkeit (Zuverlässigkeitsanalyse bzw. Inspektionsintervall), resultierende Stillstands- und Arbeitszeiten (Abschätzung) und Anforderungen an das Instandhaltungspersonal (Bewertung) sowie die erforderlichen Ressourcen (Werkzeuge, Vorrichtungen, Prüfmittel und Kleinmaterialien) aufzulisten.

Tab. A1.2.1 Eckdaten und Konzeptdefinition

Bezeichnung: Antriebsmotor	Plan erstellt von: M.Muster	Datum: 00.00.00	Code: XYZ123

Nächst höhere Baugruppe: Gurtförderer

Hersteller: Antriebstechnik AG Musterstadt

Herstellerdaten: s. Handbuch

Nutzungskenngrößen

Techn. Nutzungsdauer: 10 Jahre,	Lebensdauer: 15 Jahre	Nutzungsgrad: Zwei-Schichtbetrieb (3860 h/a)
Wahrscheinliche Störungsursache:	Mögliche Störungsauswirkungen:	
Statorkurzschluss durch Überlast	Motorausfall, Stillstand des Förderers	
Fehlersicherung: Überstromschutzschalter	Redundanzen: (kalt) 1 Motor als Ersatz auf Lager	
Instandhaltungsdokumentation:	Spezifikationsnummer: 08150	
1. Wartungsplan	Teilenummer: 081	
2. Reparaturhandbuch		
3. Ersatzteilekatalog		

Funktion der BE:	Instandhaltungskonzept:

Antriebsmotor treibt über ein angeflanschtes Übersetzungsgetriebe einen Gurtbandförderer	(A) Präventivmethode:
	   1. Monatlich (320 h)
	       1.1 Motor säubern (insbesondere auf saubere Lüftungsschlitze achten)
	       1.2 Getriebeölstand prüfen, ergänzen
	       1.3 Auf Laufgeräusche achten
	   2. Vierteljährlich (960 h): Lagertemperatur mit Thermokamera prüfen (max. 65 $\pm$ 5 °C)
	   3. Halbjährlich (1920 h): Zustand der Kohlebürsten prüfen, ggf. erneuern
	   4. Jährlich (3840 h): Getriebeöl wechseln
	
	(B) Instandsetzung nach Ausfall: Statorkurzschluss durch Überlastung

Schritt 3: Operationalisierung der Statorinstandsetzung
Der dritte Schritt umfasst die Operationalisierung aller durchzuführenden Arbeiten sowohl an der Anlage als auch in der Werkstatt.

Die Verfügbarkeit einer kalten Redundanz reduziert die Ausfallzeit auf eine logistische Wartezeit von 2 h und eine Instandhaltungswartezeit von 5 h. Abbau und Anbau des Antriebsmotors sowie Probelauf der Anlage nehmen 2,25 h in Anspruch. Da die Motorinstandsetzung für einen Zeitraum von 5 Jahren geplant ist und der Ausfall nicht genau terminiert werden kann, ist es zweckmäßig, den Aufwand auf 5 Jahre umzulegen. Damit ergeben sich 2 h/a. Für den Fall, dass Daten vorliegen und mit Wahrscheinlichkeiten gerechnet werden kann, ist der Wert mit der Ausfallwahrscheinlichkeit zu multiplizieren. Wird beispielsweise zum Zeitpunkt der Störung mit einer Überlebenswahrscheinlichkeit von 80 % gerechnet, ist der Wert mit 0,2 zu multiplizieren. Das ergibt dann ebenfalls einen Aufwand von aufgerundet 2 h/a., Vorrichtungen, Prüfmittel und Kleinmaterialien sind aufzulisten.

Fazit Die Kenntnis des insgesamt zu erwartenden Instandhaltungsbedarfs eines technischen Systems liefert die Grundlagen für die Erarbeitung der Instandhaltungskonzeption gemäß Tab. A1.2.1. Mit Hilfe von Tab. A1.2.3 werden die einzelnen Instandhaltungsvorgänge der Tab. A1.2.2 in Arbeitsschritte zerlegt. Diese Untersuchung führt in der Summe der Arbeitszeiten zu den Instandhaltbarkeitsaufwandszahlen der Tab. A1.2.2 bzw. beweist die Richtigkeit der Schätzungen.

Tab. A1.2.2 Präzisierung des Instandhaltungskonzepts

Fehlersicherung: Überstromschutzschalter						Redundanzen: (kalt) 1 Motor als Ersatz auf Lager					
Lfd. Nr.	IH-Vorg.	IH-Eignung	Instandhaltungs strategie		MTTM /h/Zyklus/	MDT /h/Maßn./	$MTTR$ /h/Maßn./		Gewerk	Kenntnisse	VWP u. Zubehör
			IM/PM	AM			planbar	nicht planbar			
									S/E/M	I, II,III	
1	Motor reinigen	2	IM		320	2	2		S/ME	I	1 I Reinigungsmittel, Reinigungstücher, Abfallbehälter,
	Ölstand prüfen					1	1		S/ME	II	Getriebeöl, Einfüllgerät
2	Lagertemperatur prüfen	2	IM		960	2	2		S/ME	III	Thermokamera
3	Kohlebürsten prüfen	2	IM		1920	2	2		S/ME	II	-
4	Getriebeöl-wechsel	3	PM		3840	5	5		S/ME	II	Getriebeöl, Ölwechselger-ät, Auffangbehälter
5	Motorin-standsetzung	2		AM	19200	9,25		2,25	E, ME	III	Cu-Draht, Statorwickelvorr.

Bei sich abzeichnenden Problembereichen und Schwachstellen (z. B. Überschreitung maximal zulässiger Aufwandszeiten) kann Einfluss auf die Konstruktion und Herstellungstechnologie genommen werden, um die Zuverlässigkeit zu verbessern.

Verwendete Legende

MTTM	Mean Time To Maintenance
MTTR	Mean Time To Reapair
MDT	Mean Down Time
IM	Inspektionsmethode
PM	Präfentivmethode
AM	Ausfallmethode
S	Instandhaltungsmechaniker
ME	Instandhaltungsmechantronker
E	Elektriker
T_{ST}	Stillstandszeit
T_R	Inspektions-/Reparaturdauer
Kenntnisse	I keine bzw. einfache Kenntnisse
	II erhöhte Kenntnisse
	III qualifizierte Kenntnisse

Tab. A1.2.3 Operationalisierung der Motorinstandsetzung

Technische Begründung:
Bei Nichtansprechen des Überlastungsschutzes kann eine Überhitzung der Statorwicklung zum Kurzschluss führen. Dadurch kann die Kupferwicklung durchbrennen, was den Funktionsausfall zur Folge hat

Bemerkungen: Hauptschalter sichern

Vorg.-Nr.	Vorgangsbeschreibung	Zone/Bereich	Vorgabezeit (Mannminuten)	Kenntnisse	Benötigte Zeit (Mannminuten)				
					I	II	III	gesamt	
01	Auftragsvorbereitung	E-Werkstatt	30	II		30		30	Handbuch Arbneitsanw., Werkzeuge, Vorrichtungen, Prüfmittel
02	Neuen Motor aus Lager holen, zum Einsatzort transportieren	Ersatzteilelager	30	I	30			30	Transportmittel, Transporthilfsmittel
03	Einsatzort sichern	Einsatzort	30	III		30		30	
04	Defekten Motor abklemmen und ausbauen (4 Flansch- und 4 Sockelschrauben lösen)	Einsatzort	45	II		45		45	Arbeitspläne, Schaltpläne, Handbuch
05	Neuen Motor einbauen, anklemmen	Einsatzort	45	II		45		45	Hebezeug, Handwerkszeug
06	Probelauf	Einsatzort	15			15		15	
06	Defekten Motor zur E-Werkstatt transportieren	E-Werkstatt	30	I	30			30	Transportmittel, Transporthilfsmittel
06	Defekten Motor zerlegen	E-Werkstatt	45	III			45	45	Handwerkszeug
07	Alte Wicklung entfernen	E-Werkstatt	30	III			30	30	Handwerkszeug
08	Stator nach Anweisung wickeln	E-Werkstatt	120	III			220	220	Drahtwickelvorr. Arbeitsanweisung
09	Motor zusammenbauen und testen	E-Werkstatt	90	III			120	120	Handwerkszeug, Handbuch
10	Datensatz, -pflege, Motor auf Lager legen	Ersatzteilelager	30	I	30			30	PC
					90	165	415	670	

Anhang 2
Berechnungsvorschriften und Versuchspläne

A2.1 Berechnung des Arguments der Gammafunktion

$$\Gamma(x) = \begin{cases} Q & \text{für } x > 0 \\ -\dfrac{\pi}{x \sin(\pi x) * Q} & \text{für } x < 0 \end{cases} \tag{A2.1}$$

Für ganzzahlige x = m ist

$$\Gamma(m) = (m-1)!$$

$$\ln(\Gamma(x)) = \begin{cases} \ln(s * P) & \text{für } k = 1 \\ P & \text{für } k = 2 \end{cases} \quad x > 0 \tag{A2.2}$$

$$P = 0{,}5 \ln(2\pi) + (z - 0{,}5)\ln(z) - z + F \tag{A2.3}$$

$$Q = e^P \tag{A2.4}$$

Berechnen Sie für k = 2:

$$F = \begin{cases} \dfrac{z^{-1}}{12}\left(1 - \dfrac{z^{-2}}{30} + \dfrac{z^4}{150} - \dfrac{3z^{-6}}{440}\right) & \text{für } z < 5 * 10^3 \\ 0 & \text{für } z > 5 * 10^3 \end{cases} \tag{A2.5}$$

Berechnen Sie für k = 1:

$$P = \cfrac{A_1}{z + B_1 + \cfrac{A_2}{z + B_3 + \cfrac{A4}{z + B_4} + \cfrac{A_5}{z + B_5}}} \tag{A2.6}$$

M. Strunz, *Instandhaltung*,
DOI 10.1007/978-3-642-27390-2, © Springer-Verlag Berlin Heidelberg 2012

Setzen Sie:

$$k = \begin{cases} 1 \\ 1 \\ 1; \\ 1 \\ 2 \end{cases} \quad s = \begin{cases} 1/|x| \\ 1 \\ |x| - 1 \\ (|x| - 1)\,(|x| - 2) \\ 1 \end{cases} \quad ; \quad z = \begin{cases} |x| - 0{,}5 & \text{für } 0 \le |x| < 1 \\ |x| - 1{,}5 & \text{für } 1 \le |x| < 2 \\ |x| - 2{,}5 & \text{für } 2 \le |x| < 3 \\ |x| - 3{,}5 & \text{für } 3 \le |x| < 4 \\ |x| & \text{für } \quad |x| \ge 4 \end{cases}$$

Konstanten

$A_1 = -1{,}258192701$	$B_1 = -11{,}74664899$
$A_2 = 33{,}8143580$	$B_2 = 4{,}8326355$
$A_3 = 59{,}2858529$	$B_3 = 8{,}1171874$
$A_4 = -3{,}651265108$	$B_4 = 0{,}20317895$
$A_5 = 6{,}0985778334$	$B_5 = 1{,}4063095213$

A2.2   Berechnungsvorschrift zur Ermittlung der Weibullparameter m. H. der Methode der kleinsten Quadrate

1. Ordnen der Betriebszeiten T_B zwischen zwei Ausfällen:

$$t_{B1} < t_{B2} < t_{B3} < \ldots < t_{Bn-1} < t_{Bn}$$

2.
$$F(t) = 1 - e^{-\left(\frac{t}{a}\right)^b}; \quad t \ge 0, a > 0, b > 0 \tag{A2.2.1}$$

3. Durch Umformung ergibt sich:

$$\frac{1}{1 - F(t)} = e^{-\left(\frac{t}{a}\right)^b}; \quad \frac{1}{a} = \phi \tag{A2.2.2}$$

4. Zweimaliges Logarithmieren liefert: $\ln\{-\ln[1 - F(t)]\} = b(\ln\phi + \ln t)$

5.
$$\ln t = -\ln\phi + \frac{1}{b}\ln\{-\ln[1 - F(t)]\} \tag{A2.2.3}$$

6. mit:

$$y(x) = \ln t \tag{A2.2.4}$$

$$\hat{a} = -\ln\frac{1}{a} \tag{A2.2.5}$$

$$\hat{b} = \frac{1}{b} \tag{A2.2.6}$$

$$x = \ln\{-\ln[1 - F(t)]\} \tag{A2.2.7}$$

kann eine Darstellung in Form einer Ausgleichsgeraden erfolgen:

7.
$$y(x) = \hat{a} + \hat{b}x \tag{A2.2.8}$$

8. Liegt eine konkrete Stichprobe mit n Stichprobenwerten $t_{Bi} \ldots t_{Bn}$ vor, so ergibt sich nach der Methode der kleinsten Quadrate:

$$\sum_{i=1}^{n} (x_i - y(x_i))^2 \stackrel{!}{\Rightarrow} Min \tag{A2.2.9}$$

9. Durch Einsetzen von $y(x_i) = a^* + b^* x_i$ ergibt sich:

$$\sum_{i=}^{n} \left(x_i - \hat{a} - \hat{b}x_i \right)^2 \stackrel{!}{\Rightarrow} Min \tag{A2.2.10}$$

10. Werden die partiellen Ableitungen nach a^* und b^* gebildet und Null gesetzt, so liefert dies Normalgleichungen:

$$n\hat{a} + \sum_{i=1}^{n} \hat{b}x_i = \sum_{i=1}^{n} y_i \tag{A2.2.11}$$

$$\sum_{i=1}^{n} \hat{a}x_i + \sum_{i=1}^{n} \hat{b}x_i = \sum_{i=1}^{n} y_i(x_i) \tag{A2.2.12}$$

$$\text{mit} \quad y_i = y(x_i) = \hat{a} - \hat{b}x_i \quad (i = 1, \ldots, n)$$

11. Nach $\hat{a}$ und $\hat{b}$ aufgelöst ergibt sich:

$$\hat{b} = \frac{\frac{1}{n}\sum y_i x_i - \frac{1}{n}\sum y_i \frac{1}{n}\sum x_i}{\frac{1}{n}\sum x_i^2 - \left(\frac{1}{n}\sum x_i\right)^2} \tag{A2.2.13}$$

$$\hat{a} = \frac{\sum y_i - b\sum x_i}{n} \tag{A2.2.14}$$

12. Die Werte für y_i ergeben sich aus $y_i = \ln t_i$
für x_i gilt:

$$\ln\{-\ln[1 - F(t)]\} \tag{A2.15}$$

$$\text{mit} \quad F(t) = \frac{i}{n+1} \tag{A2.16}$$

Aus $\hat{b}$ errechnet sich b:

$$\hat{b} = 1/b \tag{A2.17}$$

aus $\hat{a}$ berechnet sich a:

$$\phi = e^{-\hat{a}} \tag{A2.18}$$

$$a = \frac{1}{\phi} = \frac{1}{e^{-\hat{a}}} \tag{A2.19}$$

Explizite Darstellung:

1. Bildung der Wertepaare t_i, $F(t_i)$
2. Transformation der Abszissenwerte t_i und der Ordinatenwerte $F(t_i)$ entsprechend der angenommenen Weibull-Verteilung:

$$u_i = \ln t_i (i = 1, \dots, n) \tag{A2.20}$$

$$v_i = \ln \ln \left\{ \frac{1}{1 - F(t_i)} \right\} \quad (i = 1, \cdots, n) \tag{A2.21}$$

3. Bestimmung des Anstieges der Regressionsgeraden, der dem Parameter b entspricht:

$$b = \frac{\sum u_i v_i - u \sum v_i}{\sum u_i^2 - u \sum u_i} \tag{A2.22}$$

4. Berechnung von a durch Einsetzen von b:

$$a = e^{-\left[\left(\frac{v - bu}{b}\right)\right]} \tag{A2.23}$$

5. Korrelationskoeffizient für nicht gruppierte Werte:

$$k = \frac{\sum u_i v_i - u \sum v_i}{\sqrt{\left(\sum u_i^2 - u \sum u_i\right)\left(\sum v_i - v \sum v_i\right)}} \tag{A2.24}$$

6. Variationskoeffizient:

$$v = \frac{\sqrt{\frac{\sum (t_i - \bar{t})^2}{n-1}}}{\bar{t}} \tag{A2.25}$$

7. Betriebsdauer und Überlebenswahrscheinlichkeit bei der größten Dichte der Betriebszeiten:

$$\bar{t} = a \Gamma \left(\frac{1}{b} + 1 \right) \tag{A2.26}$$

A2.3 Versuchspläne für die Ermittlung der Weibullparameter

Versuchspläne der Form: $[N, O, N]$, $[N, O, t]$, $[N, O, r]$, $[N, E, t]$, $[N, E, r]$
  Bedeutung der Symbole

N Anzahl der Betrachtungseinheiten, Abbruch der Stichprobe nach dem N-ten Ausfall

t Zeitpunkt: Abbruch nach Ablauf der Zeit t, Prüfdauer

r Abbruch nach dem r-ten Ausfall, Anzahl ausgefallener BE

E Ersetzung

O keine Ersetzung

Beobachtungsplan $[N, O, N]$

$$\frac{\sum_{i=1}^{n} t_i{}^b \ln(t_i)}{\sum_{i=1}^{n} t_i{}^b} - \frac{1}{N} \sum_{i=1}^{n} \ln(t_i) - \frac{1}{b} = 0 \qquad (A2.3.1)$$

$$a = \left[\left(\sum_{i=1}^{n} t_i{}^b \right) \frac{1}{N} \right]^{\frac{1}{b}} \qquad (A2.3.2)$$

Beobachtungsplan $[N, O, N]$

$$\left[\frac{N}{b} + \sum_{i=1}^{n} \ln(t_i) \right] \sum_{i=1}^{N} t_i{}^b - N \sum_{i=1}^{N} t_i \ln t_i = 0 \qquad (A2.3.3)$$

$$a = \left(\frac{\sum_{i=1}^{n} t_i{}^b}{N} \right)^{\frac{1}{b}} \qquad (A2.3.4)$$

Beobachtungsplan $[N, O, t]$

$$\frac{m}{b} + \left(\sum_{i=1}^{m} \ln(t_i) \right) \left(\sum_{i=1}^{m} t_i{}^b + (N - m) t^b \right)$$

$$- m \left(\sum_{i=1}^{m} t_i{}^b \ln t_i + (N - m) t^b \ln t \right) = 0 \qquad (A2.3.5)$$

$$a = \left(\frac{\sum_{i=1}^{m} t_i{}^b + (N - m) t^b}{m} \right)^{\frac{1}{b}} \qquad (A2.3.6)$$

Beobachtungsplan [N, O, r]

$$\frac{r}{b} + \left(\sum_{i=1}^{r} \ln(t_i)\right) \left(\sum_{i=1}^{r} t_i^{\,b} + (N-r)\,t_r^{\,b}\right)$$

$$- r\left(\sum_{i=1}^{r} t_i^{\,b} \ln(t_i) + (N-r)\,t_r^{\,b} \ln(t_r)\right) = 0 \qquad (A2.3.7)$$

$$a = \left(\frac{\sum\limits_{i=1}^{r} t_i^{\,b} + (N-r)\,t^{\,b}}{r}\right)^{\frac{1}{b}} \qquad (A2.3.8)$$

Bedeutung der Symbole

t_i Ausfallzeitpunkte
m Anzahl der Ausfälle im Intervall $(0, t)$
m_j Anzahl der Ausfälle der j-ten BE im Intervall $(0, t)$, $(j = 1, \ldots, \text{n})$
t_{ik} Laufzeit der j-ten BE

Beobachtungsplan [N, E, t]

$$\frac{m}{b} + \left(\sum_{i=1}^{m} \ln(t_i)\right) \left(\sum_{i=1}^{m} t_i^{\,b} + \sum_{j=1}^{N} \left(1 - \sum_{k=1}^{m_j} t_{jk}\right)^{b}\right) -$$

$$m\left(\sum_{i=1}^{m} t_i^{\,b} \ln t_i + \sum_{j=1}^{N} \left(t - \sum_{k=1}^{m_j} t_{jk}\right)\right) * \ln\left(t - \sum_{k=1}^{m_j} t_{jk}\right) = 0 \qquad (A2.3.9)$$

$$a = \left(\frac{\sum\limits_{i=1}^{m} t_i^{\,b} + \sum\limits_{j=1}^{N} \left(t - \sum\limits_{k=1}^{m_j} t_{jk}\right)^{b}}{m}\right)^{\frac{1}{b}} \qquad (A2.3.10)$$

Beobachtungsplan [N, E, r]

$$\frac{r}{b} = \sum_{i=1}^{n} \ln t_i - r \ln t_i = 0 \qquad (A2.3.11)$$

$$a = \left(\frac{\sum\limits_{i=1}^{n} t_i^{\,b}}{r}\right)^{\frac{1}{b}} \qquad (A2.3.12)$$

Berechnung der reduzierten Weibull-Verteilung im Falle prophylaktischer Erneuerung zum Zeitpunkt t_{opt}.

$$\frac{\partial \ln (L)}{\partial a} = \frac{k}{a*} - \sum_{i=1}^{k} t_i^{b*} - Nz^{b*} = 0 \qquad (A2.3.13)$$

$$\frac{\partial L}{db*} = \frac{k^{(+)}}{b} - \sum_{i=1}^{k} \ln t_i^{b} \ln t_i - aNz^{b} \ln z = 0 \qquad (A2.3.14)$$

$$a = \left(\frac{k}{\sum\limits_{i=1}^{n} t_i^{b*} + Nz^{b*}} \right)^{b} \qquad (A2.3.15)$$

$$\theta = \left(\frac{\sum\limits_{i=1}^{n} t_i^{b} + Nz^{\hat{b}}}{k} \right)^{-\frac{1}{b}} \qquad (A2.3.16)$$

$$= \frac{k}{b*} + \sum_{i=1}^{k} \ln t_i - a \left(\sum_{i=1}^{k} t_i^{b*} \ln t_i + Nz^{b*} \ln z \right) = 0 \qquad (A2.3.17)$$

$$g(b) = \frac{k}{b*} + \sum_{i=1}^{k} \ln t_i - \frac{k \left(\sum\limits_{i=1}^{k} t_i^{b*} \ln t_i + Nz^{b*} \ln z \right)}{\sum\limits_{i=1}^{k} t_i b* + Nz^{b*}} = 0 \qquad (A2.3.18)$$

$$t_{opt} = \theta = \left(\frac{ET_{PI}}{(b-1) ET_R} \right)^{\frac{1}{b}} \qquad (A2.3.19)$$

k Anzahl der Ausfälle $t_i (i = 1, \ldots, k)$

N ist die Anzahl der BE, die zum Zeitpunkt z prophylaktisch erneuert werden bzw. die Anzahl der Bearbeitungsperioden.

Die Berechnung erfolgt für $b = 1, 0 \ldots \hat{b}$. Der gesuchte $b*$-*Wert* ergibt sich für den Fall $g(b) = 0$. Eingesetzt in Formel (A2.3.20) erhält man θ.

A2.4   Parameterschätzung m. H. der Maximum-Likelyhood-Funktion

Grundlage bilden Versuchspläne auf Basis zensierter bzw. unvollständiger Stichproben vom Typ 1 (N, E, r) bzw. Typ 2 (N, E, T).[1]

[1] Gnedenko, B.W.; Beljajew, J.K.; Solowjew, A.D.: Mathematische Methoden der Zuverlässigkeitstheorie, Bnd. 2, Akademie-verlag, Berlin 1968.

Dabei bedeuten:

N Anzahl der BE bei Versuchsbeginn

E Ersatz aus kalter Reserve bei Ausfall

r, T Abbruch der Messung beim r-ten Ausfall bzw. nach einer Zeit T

Der Versuchsplan (N, E, r) besagt, dass die Messung bei einer vorgegebenen Zahl von $r < N$ Ausfällen der Versuch abgebrochen wird. Der Versuchsplan (N, E, T) hingegen sieht den Abbruch der Messung zu einem vorgegeben Zeitpunkt vor. Gemessen werden die Betriebszeiten $t_1 < t_2 < \ldots < t_r$. $(= T)$ Während von N BE r ausgefallen sind, weisen die restlichen $N - r$ BE eine Betriebsdauer $> T$ auf. Unter dieser Voraussetzung werden die $N - r$ BE einer Präventivmethode mit der Periode T_{VI} unterzogen. D. h., alle bis zum Zeitpunkt T nicht ausgefallenen BE werden mit instandgesetzt. Das entspricht der mehrfachen unvollständigen Stichprobe von Betriebszeiten für den Fall, dass die BE nach unterschiedlichen vorbeugenden Instandhaltungszyklen T_1, T_2, $\ldots$ T_r instand gesetzt werden.[2] In der weiteren Überlegung wird vom ursprünglichen Versuchsplan abgewichen und nicht N BE werden bis zum ersten Ausfall, sondern nur eine BE bis zum r-ten Ausfall beobachtet. Grundlage dieser Schätzmethode ist das Modell des inhomogenen Poisson-Stroms.[3]

Da dem bobachteten Ausfallverhalten größte Wahrscheinlichkeit zugeordnet wird, wird die Parameterschätzung bei zensierter Stichprobe die Überlebenswahrscheinlichkeit $R(t)$ aller prophylaktisch erneuerten BE einbezogen. Die Schätzung erfolgt durch Maximierung von $R(t)$:

$$L = L_1 = f(t_1)...f(t_r)[R(t)^{N-r}] \qquad \text{(A2.4.1)}$$

Für eine mehrfach zensierte Stichprobe erhält man:

$$L = L_1 = f(t_1)...f(t_r) \prod_{j=1}^{n} R(t_j)^N \qquad \text{(A2.4.2)}$$

Formel (A2.4.2) enthält alle Ausfalldaten sowie alle vorbeugenden Instandhaltungsmaßnahmen zu den Zeitpunkten $T_1 \ldots T_n$.

a. Ohne Berücksichtigung von $R(t)$

Für den Fall Weibull-verteilter Betriebszeiten ergibt sich folgender Ansatz:

$$L(t_1 \cdots t_r) = \left(\frac{r}{a}\right)^b \left\{ \prod_{i=1}^{r} t_i^{b-1} \left[e^{-\left(\frac{t_i}{a}\right)^b} \right] \right\} \qquad \text{(A2.4.3)}$$

Störmer, H.: Über einen statistischen Test zur Bestimmung der Parameter einer Lebensdauerverteilung, Metrika 4 (1961), S. 63–77.

[2] Berten, B.: Laufzeitermittlungen von Instandhaltungsobjekten aus unvollständigen Stichproben, Wiss. Beiträge der Ingenieurhochschule Wismar, Sektion Stochastik, Bnd 2 (1980) S. 7–14.
Berten, B.: Zum Einsatz mathematisch statistischer Verfahren bei der Analyse des Ausfallverhaltens von Instandhaltungs-objekten, WZ Universität Rostock, 27 (1978) H. 3, S. 361–365.

[3] Schulz, P.: Parameterschätzung und Stichprobenplanung in Weibull-Verteilungen, Diss. A, TH Magdeburg 1981.

Durch Logarithmieren erhält man:

$$\ln L = r \ln b - r \ln a + (b-1) \sum_{i=1}^{r} \ln t_i - \sum_{i=1}^{r} \left(\frac{t_i}{a} \right)^b \tag{A2.4.4}$$

Durch Bildung der partiellen Ableitungen nach a und b wird eine Elimination der gesuchten Parameter erzielt:

$$\frac{\ln L}{\partial a} = -\frac{r}{a} + \frac{\sum_{i=1}^{r} t_i^{\,b}}{a^{b-1}} \tag{A2.4.5}$$

$$\frac{\ln L}{\partial b} = \frac{r}{b} + \sum_{i=1}^{r} \ln t_i - \frac{1}{a^b} \sum_{i=1}^{r} t_i^{\,b} \ln t_i \tag{A2.4.6}$$

Der Maßstabsparameter a ergibt sich, indem Formel (A.2.5.6) gleich Null gesetzt wird:

$$a = \left[\frac{\sum_{i=1}^{r} t_i^{\,b}}{r} \right]^{\frac{1}{b}} \tag{A2.4.7}$$

Durch Einsetzen von (A2.4.6) und (A2.4.7) erhält man:

$$\frac{r}{b} + \sum_{i=1}^{r} \ln t_i - r \ln t_i = 0 \tag{A2.4.8}$$

Der gesuchte Parameter b kann dann iterativ ermittelt werden.

b. Unter Berücksichtigung von $R(t)$ ergibt sich:

$$L(t_1 \cdots t_r) = \left(\frac{r}{a} \right)^b \left[\prod_{i=1}^{r} t_i^{\,b-1} e^{-\left(\frac{t_i}{a} \right)^b} \prod_{j=1}^{n} e^{-n\left(\frac{T_j}{a} \right)^b} \right] \tag{A2.4.9}$$

Durch Logarithmieren und partielle Differentiation erhält man:

$$\frac{\ln L}{\partial a} = -\frac{r}{a} - \frac{1}{a^{b-1}} \sum_{i=1}^{r} t_i^b - \sum_{j=1}^{n} NT_j^b \ln t_j = 0 \tag{A2.4.10}$$

$$\frac{\ln L}{\partial b} = \frac{r}{b} + \sum_{i=1}^{r} \ln t_i - \frac{1}{a^b} \sum_{i=1}^{r} t_i^{\,b} \ln t_i - \frac{1}{a} \sum_{j=1}^{n} NT_j^b \ln T_j = 0 \tag{A2.4.11}$$

Der Maßstabsparameter ergibt sich zu:

$$a = \left[\frac{\sum_{i=1}^{r} t_i^{\,b}}{r} - NT^b \right]^{\frac{1}{b}} \tag{A2.4.12}$$

Durch Einsetzen von (A2.4.12) in (A2.4.11) und Nullsetzen erhält man (A2.4.13)

$$\frac{r}{b} + \sum_{i=1}^{r} \ln t_i \sum_{i=1}^{n} t_i^b - r \sum_{i=1}^{r} t_i^b \ln t_i - \frac{1}{a} N T^b \ln T = 0 \qquad (A2.4.13)$$

Die Berechnung von b erfolgt iterativ. Das Ergebnis ist eine gestutzte Lebensdauerverteilung der Form

$$F * (t) = 1 - e^{-\left(\frac{T}{a}\right)^b} \qquad (A2.4.14)$$

T ist identisch mit der Größe t_{Plan}, die wie folgt berechnet wird:

$$t_{Plan} = \left[\frac{T}{(b-1) T_R}\right]^{\frac{1}{b}} \qquad (A2.4.15)$$

Die Ausfallintensität einer BE j wird von den Parametern a_j und b_j beeinflusst. Es gilt:

$$\gamma = \left[a\Gamma\left(\frac{1}{b_j} + 1\right)\right]^{-1} \qquad (A2.4.16)$$

Anhang 3
Lösungen

Kapitel 5

Übungsthema 5.1: Ermittlung der Zuverlässigkeit einer Betrachtungseinheit

Lösung zu Aufgabe 5.1.1

a. $R(t) = 1 - [1 - R_1(t)][1 - R_2(t)][1 - R_3(t)] = 1 - F_1(t) * F_2(t) * F_3(t)$

$= 1 - 0{,}0010 * 0{,}015 * 0{,}0200 = 0{,}999997$

b.

 ab) Wegen nicht alternder elektronischer Baugruppen

 bb) Die Aufwendungen ergeben sich aus dem Parameter λ und den Kosten:

 Kosten:

$K_1 = \lambda * P_1 = 0{,}010\,\text{h}^{-1} * (2.000\ € + 100\ €) = \underline{21{,}00\ €/\text{h}}$

$K_2 = \lambda * P_2 = 0{,}015\,\text{h}^{-1} * (1.500\ € + 100\ €) = \underline{24{,}00\ €/\text{h}}$

$K_3 = \lambda * P_3 = 0{,}020\,\text{h}^{-1} * (1.000\ € + 100\ €) = \underline{22{,}00\ €/\text{h}}$

$$\sum_{i=1}^{3} K_i = 67\ €/\text{h}$$

Hinzu kommen die Ausfallkosten. Bei einer Ausfallwahrscheinlichkeit des Systems von 0,000.003 ergeben sich Kosten in Höhe von:

$K_{Ausfall} = 0{,}000.003\,\text{h}^{-1} * 1.000.000\ € = 3\ €/\text{h}$

$K_{ges} = 70{,}00\ €/\text{h}$

c. Der Ersatz mit Gebern des Typs 1 ist zweckmäßig, weil dadurch die Zuverlässigkeit des Systems gesteigert werden kann. Außerdem können die Gesamtkosten um 6 €/h verringert werden. Das entspricht bei einer durchgängigen Nutzung des Kraftwerks einer Kostensenkung von 52566 €/a.

M. Strunz, *Instandhaltung*,
DOI 10.1007/978-3-642-27390-2, © Springer-Verlag Berlin Heidelberg 2012

$R(t) = 1 - 0,0010 * 9,010 * 0,010 = 0,999999$

$K_1 = \lambda * P_1 = 0,010\,\text{h}^{-1} * (2.000\,\text{€} + 100\,\text{€}) = \underline{21,00\,\text{€/h}}$

$K_2 = \lambda * P_2 = 0,010\,\text{h}^{-1} * (2.000\,\text{€} + 100\,\text{€}) = \underline{21,00\,\text{€/h}}$

$K_3 = \lambda * P_3 = 0,010\,\text{h}^{-1} * (2.000\,\text{€} + 100\,\text{€}) = \underline{21,00\,\text{€/h}}$

$$\sum_{i=1}^{3} K_i = 63\,\text{€/h}$$

$K_{Ausfall} = 0,000.001\,\text{h}^{-1} * 1.000.000\,\text{€} = 1\,\text{€/h}$

$K_{ges} = \underline{64\,\text{€/h}}$

Lösung zu Aufgabe 5.1.2

Tab. A3.5.1.1 Ergebniswerte zu Aufgabe 5.1.2

Nr i	Betriebsdauer x_i (a)	hyp.Summen-funktion $F(x_i) = E_i$	emp. Summenfunktion $F(x_i) = i/n$	$F(x_i-1) =$ $(i-1)/n$	Testwerte $|i/n - E_i|$	$|(i-1)/n - E_i|$
1	0,50	0,01980	0,010	0,000	0,01	0,0198
2	0,80	0,031490	0,020	0,010	0,012	0,0215
3	1,80	0,06947	0,030	0,020	0,04	0,0495
4	2,00	0,07688	0,040	0,030	0,037	0,0469
5	2,10	0,08057	0,050	0,040	0,031	0,0406
6	3,40	0,12716	0,060	0,050	0,068	0,0772
7	3,70	0,13757	0,070	0,060	0,068	0,0776
8	4,10	0,15126	0,080	0,070	0,172	0,0813
9	4,50	0,16473	0,090	0,080	0,075	0,0847
10	4,80	0,17469	0,100	0,090	0,075	0,0847
11	4,85	0,17634	0,110	0,100	0,067	0,0763
12	5,00	0,18127	0,120	0,110	0,062	0,0713
13	5,50	0,19748	0,130	0,120	0,068	0,0775
14	6,00	0,21337	0,140	0,130	0,074	0,0834
15	7,25	0,25174	0,150	0,140	0,102	0,1117
16	7,10	0,24723	0,160	0,150	0,088	0,0972
17	7,50	0,25918	0,170	0,160	0,09	0,0992
18	8,30	0,28251	0,180	0,170	0,103	0,1125
19	8,80	0,29672	0,180	0,180	*0,107*	*0,1167*
20	9,00	0,30232	0,200	0,190	0,103	0,1123
	$n =$	100		Max $K=$	0,107	*0,117*
	$K_{test} =$	1,0940	Schranke	$D_{S,n}=$	0,126	

Schranke

$$D_{S,n}^{Exp} = D_{0,95;100}^{Exp} = \frac{Z_S^{Exp}}{\sqrt{n} + 0,26 + \dfrac{0,5}{\sqrt{n}}} + \frac{0,2}{n} = 0,156$$

$K_{\alpha;n} < D_{\alpha;n}:$ $0,126 < 0,156$

Die Nullhypothese, dass eine Exponentialverteilung vorliegt, wird nicht abgelehnt.

Übungsthema 5.2: Ermittlung zuverlässigkeitstheoretischer Kenngrößen m. H. der Poisson-Verteilung

Mittelwert μ in Abhängigkeit von F $(x|\mu)$ und x

Lösung zu Aufgabe 5.2.1
Für $x = 2$ und $P = F(x|\mu) = 0,9$ ergibt sich für $\mu = 1,1021$
Aus $\mu = N\lambda t$ folgt $\lambda = \mu/Nt = 5,5105 * 10^{-5}$ h^{-1}
Aus dem Kehrwert der Ausfallrate ergibt sich MTBF = 18.150 h.

Lösung zu Aufgabe 5.2.2
Für $x = 1$ und $P = F(x|\mu) = 0,99$ ergibt sich für $\mu = 0,1485$
Aus $\mu = N\lambda t$ folgt
$N = \mu/\lambda t = \underline{68}$

Verteilungsfunktion F(x|μ) in Abhängigkeit von μ und x

Lösung zu Aufgabe 5.2.3
Die Dichtefunktion für eine entsprechende Zufallsvariable X (Lebensdauer in Stunden) ist definitionsgemäß

$$f(x) = F'(x) = 0,1e^{-o,1t}$$

mit dem Erwartungswert

$$ET_B = 0,1 \int_0^{+\infty} te^{-0,1t}dt = 0,1 * 100 = 10 \text{ h}$$

Lösung zu Aufgabe 5.2.4
Im Mittel sind je Gerät $\lambda t = 10^{-2}$ h^{-1} Ausfälle zu erwarten. Bei 20 Geräten sind das im Mittel $\mu = N\lambda t = 0,2$.
Für $\mu = 0,2$ und $x = 0$ ergibt sich ein Wert von P = 0,81873

Lösung zu Aufgabe 5.2.5
Im Mittel sind je Gerät 0,5 Ausfälle pro Jahr zu erwarten. Bei 20 Geräten sind das im Mittel $\mu = N\lambda t = 10$ Ausfälle/a. Für $\mu = 10$ und $P = 0,8644$ ergeben sich höchstens 13 Ausfälle und mit P = 0,91654 höchstens 14 Ausfälle. Das bedeutet, dass bei dem Wert von $P = 0,9$ (nominal), d. h. bei einem Signifikanzniveau $\alpha \leq 1 - P$, im ungünstigsten Fall mit 14 Ausfällen zu rechnen ist. Das entspricht einer *MTBF* von 1,43 Jahren.

Lösung zu Aufgabe 5.2.6
Zur Berechnung der Wahrscheinlichkeit W_1 wird davon ausgegangen, dass die Anzahl der Reparaturaufträge $X(2)$ in zwei aufeinander folgenden Schichten einer POISSON-Verteilung mit dem Parameter $2\lambda = 2 * 12 = 24$ Aufträge genügen.

$$P[X(t) = k] = \frac{\lambda t^k}{k!}e^{-\lambda t}$$

$$W_1 = P[X(2) = k] = \frac{1,5 * 16^k}{k!} e^{-24}$$

$$W_1 = P[X(2) = 12] = \frac{24 * 16^{12}}{12!} e^{-24} = 0,000036$$

Die Wahrscheinlichkeit, dass innerhalb von zwei Schichten höchstens 2 Ausfälle auftreten, beträgt 3 %.

Die Verteilungsfunktion $F(t) = P(T < t)$ der Zwischenankunftszeit lautet:

$$F(t) = P(T < t)1 - e^{-\lambda t}; t > 0$$

$$W_2(t) = P(T < 1h) = 1 - e^{-8} = 0,9996$$

Die Wahrscheinlichkeit, dass zwischen den Ankünften zweier Forderungen 1 h vergeht, beträgt 99,96 %.

Lösung zu Aufgabe 5.2.7

Im Mittel sind je Gerät 0,5 Ausfälle zu erwarten. Bei 20 Geräten ergibt das:

$$\mu = N\lambda t = \frac{Nt}{MTBF} = \frac{20 * 1}{2} = \underline{10\ \text{Ausfälle}}$$

Für $\mu = 10$ mit $P = 0,86446$ ergibt sich für $x = 13$ Ausfälle und für $P = 0,916$ höchstens 14 Ausfälle.

Das bedeutet, dass man mit einer Wahrscheinlichkeit von 0,9 mit höchstens 4 Ausfällen im Zeitraum von 1,43 Jahren zu rechnen hat.

Lösung zu Aufgabe 5.2.8

Zunächst muss die mittlere Anzahl der Ausfälle während der Nutzungsdauer ermittelt werden. Im Mittel sind je Steuerung $\lambda * t$ Ausfälle zu erwarten. Bei 40 Steuerungen sind das:

$\mu = N * \lambda * t$

$\quad = 40$ Steuerungen $* 2,5 * 10^{-5}$ Ausfälle/h u. Steuerung $* 4.000$ h/Jahr

$\quad = 4 * 10 * 2,5 * 10^{-5} * 4 * 10^3$

$\quad = 10^2 * 10^{-5} * 4 * 10^3$

$\underline{\mu = 4}$

a. Die Wahrscheinlichkeit dafür, dass kein Ausfall eintritt, also die Wahrscheinlichkeit, dass die Betriebszeit von 4.000 h erreicht wird, ergibt sich zu:
   $P(x = 0|\mu = 4) = 0,01832 \rightarrow \underline{1,8\ \%}$

b. Die Wahrscheinlichkeit, dass höchstens ein Ausfall eintritt, beträgt:
   $P(x = 1| \mu = 4) = 0,09158 \rightarrow \underline{9,2\ \%}$

c. 1000 Steuerungen werden getestet. Bei einer Testdauer von 14 Tagen a 24 h sind $\lambda * t$ Ausfälle zu erwarten:

   $\mu = N * \lambda * t$

   $\quad = 1000$ Steuerungen $* 8 * 10^{-8}$ Ausfälle/h $* 24$ h/Tag $* 14$ Tage

$$= 10^3 * 8 * 10^{-8} * 3,36 * 10^2 = 26,88 * 10^{-3}$$
$$\underline{\mu = 0,0269}$$

ca. Die Wahrscheinlichkeit dafür, dass kein Ausfall eintritt, ergibt sich zu:
$$P(x = 0| \mu = 0,0269) = 0,972 \rightarrow \underline{97,2 \%}$$

ba. Die Wahrscheinlichkeit, dass höchstens eine Steuerung ausfällt, beträgt:
$$P(x = 1| \mu = 0,0269) = 0,999 \rightarrow \underline{99,9 \%}$$

Lösung zu Aufgabe 5.2.9
Es ergibt sich

$\mu_1 = 1,7448$ für $P = F(x|\mu) = 0,90$ und $x = 3$
$\mu_2 = 0,8232$ für $P = F(x|\mu) = 0,99$ und $x = 3$
$\mu_3 = 0,0100$ für $P = F(x|\mu) = 0,99$ und $x = 0$
$\mu_4 = 0,1054$ für $P = F(x|\mu) = 0,90$ und $x = 0$
$\mu_5 = 1,5350$ für $P = F(x|\mu) = 0,80$ und $x = 2$

$$\lambda_1 = \frac{\mu_1}{Nt} = \frac{1.784}{25 * 4.000} = 1,75 * 10^{-5} h^{-1}$$

$$MTBF = \frac{1}{\lambda} = 57.314 \text{ h}$$

a. 99 %, 3 Ausfälle

$$\lambda_2 = \frac{\mu_2}{Nt} = \frac{0,8232}{25 * 4.000} = 8,2 * 10^{-7} h^{-1}$$

$$MTBF = \frac{1}{\lambda} = 121.477 \text{ h}$$

b. 99 %, keine Ausfälle

$$\lambda_3 = \frac{\mu_3}{Nt} = \frac{0,01}{25 * 4.000} = 10^{-7} h^{-1}$$

$$MTBF = \frac{1}{\lambda} = 10.000.000 \text{ h}$$

c. 90 %, keine Ausfälle

$$\lambda_4 = \frac{\mu_4}{Nt} = \frac{0,1054}{25 * 4.000} = 1,054 * 10^{-6} h^{-1}$$

$$MTBF = \frac{1}{\lambda} = 948.7766 \text{ h}$$

d. 80 %, 2 Ausfälle

$$\lambda_5 = \frac{\mu_5}{Nt} = \frac{1.535}{25 * 4.000} = 1{,}54 * 10^{-5} \mathrm{h}^{-1}$$

$$MTBF = \frac{1}{\lambda} = 65.147 \text{ h}$$

Die Ergebnisse zeigen, dass die Forderungen nach hohen Zuverlässigkeiten zu unreal hohen *MTBF* führen. Forderung a) ist akzeptabel.

Lösung zu Aufgabe 5.2.10

a. $\mu^* = \lambda t = 10^{-6} \text{ h}^{-1} * 4000 \text{ h} = 10^{-6} * 4 * 10^4 = 4 * 10^{-2} = \underline{0{,}04}$
b. $\mu = N\,\lambda t = 50 * 10^{-6} \text{ h}^{-1} * 4000 \text{ h} = \underline{2 \text{ Ausfälle}}$
   ba. Wahrscheinlichkeit, dass höchstens 1 Steuerung ausfällt:
       Für $x = 1$ und $\mu = 2$ ergibt sich eine Wahrscheinlichkeit von 40,6 %, d. h. die
       Wahrscheinlichkeit, dass höchstens 1 Ausfall auftreten wird, beträgt 40,6 %.
   bb. Wahrscheinlichkeit, dass keine Steuerung ausfällt:
       Für $x = 0$ und $\mu = 2$ ergibt sich eine Wahrscheinlichkeit von 13,5 %, d. h. die
       Wahrscheinlichkeit, bei der kein Ausfall auftreten wird, beträgt rd. 86,5 %.

c. Wenn bei einer Wahrscheinlichkeit von 90 % höchstens 2 Ausfälle akzeptiert werden können, ergibt sich μ zu 1,1.

Aus $\mu = N\,\lambda t$ folgt eine Ausfallrate

$$\lambda = \frac{\mu}{Nt} = \frac{1{,}1}{50 * 4.000} = 5{,}5 * 10^{-6} \mathrm{h}^{-1}$$

Diese Ausfallrate ist größer als die vom Hersteller angegebene Ausfallrate in Höhe von 10^{-6} h^{-1} und kann demnach nicht akzeptiert werden.

Lösung zu Aufgabe 5.2.11

a. $\mu* = \lambda t = 10^{-6} \text{ h}^{-1} * 8.760 \text{ h} = 8{,}76 * 10^{-3}$ Ausfälle $\sim 0{,}0876$ Ausfälle/Jahr
   $\mu = N\,\lambda t = 100 * 10^{-6} * 8{,}76\ 10^{-2} \text{ h}^{-1} = \underline{8{,}8 \text{ Ausfälle/Jahr}}$
   Die Wahrscheinlichkeit, dass kein Ausfall eintritt, beträgt 0,00015. Ein Ausfall ist somit höchst unwahrscheinlich.

b. Die Wahrscheinlichkeit, dass nicht mehr als 10 Ausfälle eintreten, beträgt 0,729 $\sim$ 73 %.

c. Aus $P = 0{,}9$ und $x = 2$ ergibt sich μ zu 1,1. Die geforderte Ausfallrate ist:

$$\lambda = \frac{\mu_5}{Nt} = \frac{1.1}{100 * 8.760} = 1{,}26 * 10^{-6} \mathrm{h}^{-1}$$

$$MTBF = \frac{1}{\lambda} = 796.363{,}3 \text{ h}$$

Diese ermittelte Ausfallrate liegt etwas über der vom Hersteller angegebenen Ausfallrate in Höhe von 10^{-6} h^{-1}.

d. Die Wahrscheinlichkeit, dass innerhalb der Laufzeit 2 Einheiten ausfallen, wenn die Herstellerangabe der Ausfallrate zugrunde gelegt würde, ergibt sich wie folgt:

$$\mu = \lambda N t = 10^{-6\,\text{h}-1} * 100 * 8.760 = \underline{8,8\ \text{Ausfälle}}$$

Für $x = 2$ folgt eine Wahrscheinlichkeit von $P \sim 0,007$, d. h. die Wahrscheinlichkeit, dass höchstens 2 Geräte ausfallen, ist demnach höher.

Lösung zu Aufgabe 5.2.12
Versuchsplan [N, E, r]
$N = 200$, $t = 7296$ h, $r = 10$

$$MTBF = \frac{1}{\lambda} = \frac{Nt}{r} = \frac{200 * 7.296}{10} = 145.920\ \text{h}$$

$k_1 = 0,372$, $k_2 = 2,0$, $k_3 = 1,871^4$

a. einseitig

$$MTBF \geq \frac{MTBF}{k_3} = \frac{145.920}{1.871} = 77.699\ \text{h}$$

b. zweiseitig

$$\frac{MTBF}{k_2} \leq MTBF \geq \frac{MTBF}{k_1}$$
$$\frac{145.920}{2,0} \leq MTBF \geq \frac{145.920}{0,372}$$
$$72.960 \leq MTBF \geq 392.258$$

Lösung zu Aufgabe 5.3.1
Die Berechnung soll zeigen, wann sich ein geldwerter Vorteil ergibt.

Anzahl der zu erneuernden BE

m_0 = 100 Lager
m_1 = 8 Lager
K_{E1} = 80 GE
K_{G1} = 300 GE
K_1 = $\dfrac{92 * 3 + 8 * 10}{1} = \underline{356\ \text{GE}}$
m_2 = $0,12 * 92 + 0,08 * 8 = 12$ Lager
K_{E2} = $12 * 10 = 120$ GE
K_{G2} = $88 * 3 = 264$ GE

---

[4] aus Tabellen: Müller und Schwarz 1994, S. 55.

$$K_2 = \frac{88*3+20*10}{2} = \underline{234\,\text{GE}}$$

$m_3 = 0{,}25*80+0{,}12*8+0{,}08*12 = 22\,\text{Lager}$

$K_{E3} = 220\,\text{GE}$

$K_{G3} = (100-22)*3 = 234\,\text{GE}$

$$K_2 = \frac{64*3+42*10}{3} = \underline{224\,\text{GE}}$$

$m_4 = 0{,}35*58+0{.}25*8+0{,}12*12+0{,}08*22 = 28\,\text{Lager}$

$K_{E4} = 28*10 = 280\,\text{GE}$

$K_{G4} = (100-28)*3 = 216\,\text{GE}$

$$K_2 = \frac{72*3+70*10}{4} = \underline{229\,\text{€}}$$

$m_5 = 0{,}20*31+0{,}35*8+0{,}25*12+0{,}12*22+0{,}08*28 = 18\,\text{Lager}$

$K_{E5} = 180\,\text{GE}$

$K_{G5} = (100-18)*3 = 246\,\text{GE}$

$$K_2 = \frac{82*3+88*10}{5} = \underline{225\,\text{GE}}$$

Lösung zu Aufgabe 5.3.2

$N(T)$ ist die Anzahl der Ausfälle im Zeitraum T. Gesucht ist $N[R(t)=0{,}9]$, so dass die Bedingung:

$P\{N(T)\} \leq N(0{,}9) \geq 0{,}9$ erfüllt ist.

Es gilt aber:

$$P[N(T)] \leq N(0{,}9) = \sum_{k=0}^{N(0{,}9)} P[N(T)=k]$$

Aus dem Ansatz folgt:

$$P[N(T)] \leq N(0{,}9) = \sum_{k=0}^{N(0{,}9)} \left[F^{(k)}(T) - F^{(k+1)} \right] = 1 - F^{[N(0{,}9)+1]}(T)$$

$$= \sum_{k=0}^{N(0{,}9)} e^{-\lambda t} \frac{(\lambda T)^k}{k!}$$

$T = 0{,}1*30 = 3$, $R(t) = 0{,}9$

N(0,9) ist so zu wählen, dass

$$\sum_{k=0}^{N(0{,}9)} e^{(-3)} \frac{(3)^k}{k!} \geq 0{,}9$$

Für $N(0{,}9) = 4$ ergibt sich

$$\sum_{k=0}^{4} e^{(-3)} \frac{(3)^k}{k!} = 0{,}8152 < 0{,}9$$

Für $N(0{,}9) = 5$ ergibt sich

$$\sum_{k=0}^{5} e^{(-3)} \frac{(3)^k}{k!} = 0{,}916 > 0{,}9$$

Zu Beginn der Planperiode sind 5 Ersatzteile zu beschaffen, um eine Überlebenswahrscheinlichkeit von mindestens 0,9 zu garantieren. Für $R(t) = 0,99$ ergibt sich $N(0,99) = 8$.

Jedes Teil arbeitet im Durchschnitt 10 h ausfallfrei ($E(T) = 1\lambda$). Würden demnach bei schematischer Herangehensweise für 30 h Betriebsdauer nur 3 Ersatzteile bereitgehalten, wäre eine Zuverlässigkeit von nur 0,6474 zu erreichen.

Übungsthema 5.4: Ermittlung der Systemzuverlässigkeit und Schwachstellen

Lösung zu Aufgabe 5.4.1

Tab. A3.5.4.1 Berechnung der Systemzuverlässigkeit des Beispiels

Periode	0	1	2	3	4	5	6
1. Diskrete Berechnung der Systemzuverlässigekeit							
$R_1(t)$	1	1	0,8	0,60	0,55	0,3	0
$R_2(t)$	1	0,9	0,7	0,40	0,2	0	0
$R_3(t)$	1	1	0,9	0,70	0,3	0,1	0
$R_4(t)$	1	1	1	0,80	0,6	0,3	0
$R_s(t)$	*1*	*1*	*0,956*	*0,6176*	*0,03*	*0,03*	*0*
2. Berechnung der Systemzuverlässigkeiten $Rs^1(t)$							
$R_1(t)$	1	1	1	1	1	1	0
$R_2(t)$	1	0,9	0,7	0,40	0,2	0	0
$R_3(t)$	1	1	0,9	0,70	0,3	0,1	0
$R_4(t)$	1	1	1	0,80	0,6	0,3	0
$R_s^1(t)$	*1*	*1*	*0,97*	*0,656*	*0,264*	*0,03*	*0*
3. Berechnung der Systemzuverlässigkeiten $R_s^2(t)$							
$R_1(t)$	1	1	0,8	0,60	0,55	0,3	0
$R_2(t)$	1	1	1	1	1	1	1
$R_3(t)$	1	1	0,9	0,70	0,3	0,1	0
$R_4(t)$	1	1	1	0,80	0,6	0,3	0
$R_s^2(t)$	*1*	*1*	*0,98*	*0,704*	*0,411*	*0,111*	*0*
4. Berechnung der Systemzuverlässigkeiten $R_s^3(t)$							
$R_1(t)$	1	1	0,8	0,60	0,55	0,3	0
$R_2(t)$	1	0,9	0,7	0,40	0,2	0	0
$R_3(t)$	1	1	1	1	1	1	0
$R_4(t)$	1	1	1	0,80	0,6	0,3	0
$R_2^3(t)$	*1*	*1*	*1*	*0,8*	*0,6*	*0,3*	*0*

Tab. A3.5.4.2 Ermittlung des Schwachstellenkoeffizienten $S_i(t)$ und $S_i^*(_t*)$ mit $t = 7$

$S_i(t)$	1	2	3	4	5	6	7	$S^*_j(t^*)$
$S_1(t)$	1	1	0,9856	0,9415	0,8568	1,0000	0,0000	0,8263
$S_2(t)$	1	1	0,9755	0,8773	0,5504	0,2703	0,0000	0,6676
$S_3(t)$	*1*	*1*	*0,9560*	*0,7720*	*0,3770*	*0,1000*	*0,0000*	*0,6007*
$S_4(t)$	1	1	0,9927	0,9190	0,7204	0,3000	0,0000	0,7046

Übungsthema 5.5: Ermittlung der Systemzuverlässigkeit redundanter Systeme

Lösung zu Aufgabe 5.5.1

1. Gesamtzuverlässigkeit der Kühlwasserversorgungsanlage

$$R(t) = e^{-\lambda t} + \lambda t e^{-\lambda t} = 0,9762 + (0,001 * 24 * 0,9762) = \underline{0,9996}$$

Die Wahrscheinlichkeit eines Ausfalls des Primärkühlsystems beträgt (1-R_P). Die Wahrscheinlichkeit, dass dieses System und zugleich die Umschaltung ausfallen, ist gleich dem Produkt der beiden Ausfallwahrscheinlichkeiten:

$$F(t) = (1 - 0,9762)(1 - 0,95) = \underline{0,0012}$$

Zur Ermittlung der Zuverlässigkeit des Umschaltsystems ist es als Serienschaltung zu betrachten:

$$R_{US}(t) = (1 - 0,0012) = \underline{0,9988}$$

Die Systemzuverlässigkeit beträgt daher

$$R_S(t) = R_{Kühll} * R_{US} * R_{KS} = 0,9996 * 0,9988 * 0,9685 = \underline{0,9670}$$

Die Zuverlässigkeit 3 beliebiger Reaktoren von 4 erhält man aus der kumulierten Binomialverteilung

$$R_R(t) = 1 - \left[\binom{4}{0} 0,9^0 * 0,1^4 + \binom{4}{1} 0,9^1 * 0,1^3 + \binom{4}{2} 0,9^2 * 0,1^2 \right] = 0,9477$$

Zuverlässigkeit des Gesamtsystems:

$$R'_S(t) = R_S * R_R = 0,9670 * 0,9477 = \underline{0,9165}$$

Verfügbarkeit der redundanten Kühlsystemkonfiguration:

$$V_{Kühl}(t) = \frac{\mu^2 + \lambda\mu}{\mu^2 + \lambda\mu + \lambda^2} = \frac{0,5^2 + 0,5 * 0,001}{0,5^2 + 0,5 * 0,001 + 0,001^2} = \underline{0,999.997}$$

Nichtverfügbarkeit $= 3 * 10^{-6}$

Verfügbarkeit des Kontroll- und Steuerungssystems:

$$V_{KS}(t) = \frac{\mu}{\mu + \lambda} = \frac{0,5}{0,5 + 0,0013} = \underline{0,9947} \left(\text{Nichtverfügbarkeit} = 2,6 * 10^{-3} \right)$$

Verfügbarkeit des Systems

$$V_S(t) = V_{Kühl} * V_{KS} = 0,999.997 * 0,9974 = 0,99739 \left(\text{Nichtfügbarkeit} = 2,6 * 10^{-3} \right)$$

Anhand der Systemanalyse ist ersichtlich, dass eine Verringerung des *MBFT*-Werts des Steuerungssystems um 20 % weit größere Auswirkungen auf die System-zuverlässigkeit hätte als eine ähnliche Reduzierung der *MTBF*-Werte der beiden Kühlsysteme.

Lösung zu Aufgabe 5.5.2
Ausgangspunkt bildet Formel (5.34):

$$R(xvk) = \sum_{i=x}^{k} \binom{k}{i} p^i (1-p)^{k-i}$$

$$W(2 < 4) = \binom{4}{2} p^2(1-p)^2 + \binom{4}{3} p^3(1-p)^1 + \binom{4}{4} p^4(1-p)^0$$

$$W(2 < 4) = 6p^2(1-p)^2 + 4p^3(1-p)^1 + p^4 = 6p^2 - 8b^3 + 3p^4 = 1 - 0,4 * 10^{-8}$$

Der Erwartungswert ergibt sich aus

$$ET = \int_0^\infty t f(t)dt$$

$$ET = -\int_0^\infty t \frac{dR(t)}{dt}dt = [-tR(t)]_0^\infty + \int_0^\infty R(t)dt$$

$$ET = -\int_0^\infty R(2\ von\ 4)dt = \int_0^\infty \left(3e^{-4\lambda t} - 8e^{-3tt} + 6^{-2\lambda t}\right) dt = 1{,}08333\lambda$$

Kapitel 6

Lösung zu Aufgabe 6.1
Anzahl der Klassen: $z = \sqrt{n} = \sqrt{50} = 7$

Klassenbreite:

$$B_K = \frac{\Delta t_B}{z} = \frac{t_{max} - t_{min}}{7} = \frac{7.986 - 36}{7} = 1.136\ h \quad gewählt \quad 1.000\ h$$

Tab. A3.6.1.1 Ermittlung der Wahrscheinlichkeitsverteilung

Klasse	Zyklus	abs. Häufigkeit h_{abs}	relative Häufigkeit h_{rel}	Summen- häufigkeit F_j	Überlebens- wahrschein- lichkeit R_j
1	0–1.000	20	0,40	0,40	0,6
2	1.000–2.000	12	0,24	0,64	0,34
3	2.000–3.000	9	0,18	0,82	0,18
4	3.000–4.000	3	0,06	0,88	0,12
5	4.000–5.000	2	0,04	0,92	0,08
6	5.000–6.000	2	0,04	0,96	0,04
7	6.000–7.000	1	0,02	0,98	0,02
8	7.000–8.000	1	0,02	1,0	0

Hinweis: $\Delta n_j(t)$ = Anzahl der Ausfälle der j-ten Klasse

1 *Ermittlung der Weibull-Parameter:* Eintragen der Punkte in das Wahrscheinlichkeitsnetz für Extremwertverteilungen

a. *Grafische Methode m. H. des Wahrscheinlichkeitsnetzes*

Arbeitsschritte
- Eintragen der Punktwerte in das Wahrscheinlichkeitspapier[5]
- Legen einer Geraden in die Punktmenge
- Parallelverschiebung der Geraden durch den Pol: $b = 1{,}03$
- Errichtung einer Senkrechten
- Ablesen von a: 1900 h $\sim$ 2000 h

b. *Numerische Ermittlung des Arguments der Gammafunktion mittels Näherungsformel (s. Anhang 1)*[6].

$$b = 1{,}05 \rightarrow b = 1{,}0 \rightarrow \Gamma(x) = 1{,}0 = 1{,}0$$
$$b = 1{,}1 \rightarrow \Gamma(x) = 0{,}96391$$

1. Ermittlung der mittleren Betriebsdauer ET_B
   $ET_B = a * \Gamma(1/b + 1) = a\ \Gamma(1{,}909) \approx \underline{1928\,h}$
2. Ermittlung der Anzahl der Ersatzteile
   Jährliche Nutzungsdauer $T_N = 5000\,h/a$
   $z_E = T_N/ET_B = 5000\,h/a/1928\,h$ u. Ersatzteil $= 2{,}5$ ET/a $\approx \underline{3\ Ersatzteile/a}$
3. Ermittlung des Arbeitszeitaufwandes
   $ET_R = 4\,h/Maßn.$
   $AZ_R = z_E * ET_R = 3$ ET/a $* 4\,h/$ ET $= \underline{12\,h/a}$
4. Festlegung des Zufallsbereichs
   Kurvenblatt nach Henning-Hartmann zum Festlegen des Zufallsstreubereichs, Vertrauensgrenzen für $N = 50$

Tab. A3.6.1.2 Vertrauensgrenzen

Summenhäufigkeit	Vertrauensgrenzen	
	untere Grenze	obere Grenze
$F_1 = 40\,\%$	27 %	53 %
$F_2 = 60\,\%$	47 %	73 %
$F_3 = 80\,\%$	68 %	88 %
$F_4 = 90\,\%$	82 %	96 %

Lösung zu Aufgabe 6.2
Bei einer Auslastung der Anlage von 400 h/Monat beträgt die Laufzeit $4{,}8 * 10^3$ h im Jahr. Damit ergeben sich formal:

$$z = \gamma * \tau = 0{,}002 * 4{,}8 * 103 = 9{,}6 \approx \underline{10\ Instandsetzungen/a}.$$

---

[5] herunterladen aus dem Internet Quelle: http://www.hillel.de/lebensdauernetz.pdf, s. auch Storm 2007.
[6] Abramowitz und Stegun 1968.

Bei Minimalinstandsetzung ergeben sich

$$\Lambda(t) = \left(\frac{t}{a}\right)^b = \left(\frac{4{,}8 * 10^3}{500}\right)^2 \approx \underline{92 \text{ Maßnahmen}}$$

$ET_B = a\ \Gamma(x) = 500\,\text{h} * 0{,}886 = \underline{443}\,\text{h}$
$\mu = 443\,\text{h} \approx 1{,}5\,\text{Monate}$

$$H(t = 12\ Monate) = \frac{12}{1{,}5} + \frac{0{,}273 - 1}{2} = 7{,}6 \approx \underline{8 \text{ Maßnahmen}}$$

Lösung zu Aufgabe 6.3

a. Gegeben: $b = 2{,}5$ $a = 650\,\text{h}$
   $\Lambda(t) = (t/a)b = (4.500/650)^{2{,}5} = \underline{126 \text{ Maßnahmen}}$

$$K_M^I = \Delta(t)[K_{Mat} + (K_{MST} + K_V) * T_{St} + K_L + T_R] = \underline{117.180 \text{ €/a}}$$

Im Falle einer vollständigen Erneuerung ist $H(t)$ für $t = 4.500\,\text{h}$ zu bestimmen. Unter Verwendung der Näherungsformel (Asymptotengleichung)

$$H(t) = \frac{t}{\mu} + \frac{v^2 - 1}{2}$$

ergibt sich mit

$$ET_B = 650\,\text{h} * 0{,}8873 = 577\,\text{h} \approx \mu$$

und

$$v^2 = 0{,}1831$$

$$H(t = 4.500\ \text{h}) = \frac{4.500}{577} + \frac{0{,}1831 - 1}{2} = 7{,}7 - 0{,}4 = 7{,}3 \approx \underline{8 \text{ Maßnahmen}}$$

$$K_V^I = H(t)[K_{Mat} + (K_{MST} + K_V) * T_{St} + K_L + T_R] = \underline{24.400{,}25 \text{ €/a}}$$

Fazit Der Vergleich der Ergebnisse für $H(t)$ und $\Lambda(t)$ zeigt, dass bei allen Vorteilen einer Minimalinstandsetzung (momentan geringerer Materialaufwand) auf lange Sicht wegen der steigenden Anzahl der Ausfälle ein zusätzlicher Bedarf an Instandhaltungsressourcen entsteht. Um die erforderliche Produktmenge auszubringen, müssen bei einer Solleinsatzzeit von 4500 h/a u. Maschine mindestens 5760 h/a u. Maschine geplant werden. Das entspricht einer dreischichtigen Auslastung und ist in der Praxis aus wirtschaftlichen Gründen nicht ohne Weiteres realisierbar.

b.

   ba. Gesucht ist derjenige Formparameter b, der eine Minimalinstandsetzung rechtfertigen könnte. Integrierte Ausfallrate und Erneuerungsfunktion werden gleichgesetzt:

$$\Lambda(t) = H(t)$$

$$\Lambda(t) = (t/a)^b = (4500/650)^b = \underline{7,3}$$

$b \log 6,92 = \log 7,3$

$$b = \frac{\log 7,3}{\log 6,92} = \underline{1,03} \quad \textbf{Probe:} \ \Lambda(t) = (4500/650\ )^{1,03} = \underline{\mathbf{7,3}}$$

Für einen Formparameter von $b = 1,03$ wäre die Minimalinstandsetzung denkbar, weil dann die integrierte Ausfallrate entsprechend niedriger ist (s. Probe). Für $b = 1,03$ handelt es sich um reine Zufallsausfälle. Deren Ursachen sind meist subjektiver Natur und auf Bedienungsfehler und Überlastungsfehler usw. zurückzuführen, nicht auf Verschleiß. Erreicht wird dies, wenn die abnutzungsbedingten Ausfälle z. B. durch verbesserten Materialeinsatz eliminiert werden können.

bb. Verbesserung der charakteristischen Lebensdauer (Maßstabsparameter a)
Eine Verbesserung der Lebensdauer wird durch Erhöhung des Abnutzungsvorrates erreicht, also durch zuverlässigkeitsverbessernde Maßnahmen. Das führt zu einer Erhöhung des Maßstabsparameters a. Es ist die Frage zu beantworten, wie groß a sein sollte, damit eine Minimalinstandsetzung kostengünstig wird. Das erreicht man durch Gleichsetzen der Erneuerungsfunktion mit der integrierten Ausfallrate und das Auslösen des Gleichungssystems nach a:
Aus $H(t) = 7,3$ und $\Lambda(t) = (4500/a)^{2,5}$ folgt
$\log 7,3 = 2,5\ (\log 4500 - \log a)$
$-\log 4500 + \log a = -(\log 7,3)/2,5$
$\log a = \log 4.500 - (\log 7,3)/2,5$
$\log a = 3,305$

$$a = 2.018\,\mathrm{h} \quad \textbf{Probe:} \ \Lambda(t) = (4500/2.016)^{2,5} = \underline{\mathbf{7,3}}$$

c. Beeinflussung der Ersatzteilekosten
Es ist die Frage zu beantworten, wie teuer das Ersatzteil maximal sein darf, damit sich eine Minimalinstandsetzung lohnt. Dazu löst man die Kostenformel nach dem Materialpreis auf:

$$K_V^I = H(t)\,[K_{Mat} + (K_{MST} + K_V) * T_{St} + K_L + T_R] = \underline{117.180\ €/a}$$

$117{,}180 = 7{,}3\ [x + (100\ €/h + 30\ €/h) * 4{,}5\,h + 25\ €/h * 2{,}5\,h]$
$x = \underline{15.404{,}55\ €/Teil}$

Fazit Bei einem Ersatzteilepreis von 15.404,55 € würde sich bei der vollständigen Erneuerung der gleiche Aufwand wie bei der Minimalinstandsetzung ergeben. Damit kann gezeigt werden, dass die Parameter a und b sowie Ersatzteilekosten, Stillstandsverluste und notwendige Instandhaltungskapazitäten die Instandhaltungsstrategie wesentlich bestimmen. Im vorliegenden Fall wäre demnach eine vollständige Erneuerung nach Ausfall selbst dann noch günstig, wenn nur Zufallsausfälle das Ausfallgeschehen bestimmen und die Ersatzteilekosten auf das 6-fache steigen würden.

Lösung zu Aufgabe 6.4

1. Instandsetzungskosten $k^{(2)}$
   1.1 Kosten der vorbeugenden Instandhaltung pro Maßnahme $k_P = 4\,\text{h} * 20$
       €/h + 500 € + 0 = <u>580 €/Maßnahme</u>
   1.2 Stillstandsverluste
       $k^{(2)} = 10\,\text{h/Maßnahme} * 125\ €/\text{h} = \underline{1.250\ €/\text{Maßnahme}}$
   1.3 Kosten der wiederherstellenden IH nach Ausfall
       $k_a = 8\,\text{h/Maßn.} * 20$ €/h + 500   €/Maßn. + 10 h/Maßn. $* 125$ €/h = <u>1.910</u>
       <u>€/Maßnahme</u>
2. Erwartete Kosten
   2.1 Planungszyklus
       Der zu planende Zyklus ergibt sich aus der geforderten Überlebenswahrscheinlichkeit (0,5 bis 0,99 im Maschinenbau):

$$t_p(R_{\text{gef}}) = a \sqrt[b]{\ln \frac{1}{R_{\text{gef}}}}$$

Tab. A3.6.4.1 Planungszyklus in Abhängigkeit von der geforderten Zuverlässigkeit

$t_{p\ 0,99}$	$t_{p\ 0,95}$	$t_{p\ 0,9}$	$t_{p\ 0,7}$	$t_{p\ 0,6}$	$t_{p\ 0,5}$
401	905	1298	2388	2859	3.330

$$E(K_Z) = F(T_P)k_a + R(T_P)k_p$$

Tab. A3.6.4.2 Erwartete Kosten pro Zyklus (€/Maßnahme)

$E(k)_{0,99}$	$E(k)_{0,95}$	$E(k)_{0,9}$	$E(k)_{0,7}$	$E(k)_{0,6}$	$E(k)_{0,5}$
593	647	713	979	1.112	1.265

Tab. A3.6.4.3 Erwartete Zykluszeit ET_Z unter Berücksichtigung der Stillstandszeit der BE

$ET_{Z\ 0,99}$	$ET_{Z\ 0,95}$	$ET_{Z\ 0,90}$	$ET_{Z\ 0,70}$	$ET_{Z\ 0,6}$	$ET_{Z\ 0,5}$
437	1.040	1.525	2.735	3.133	3.421

Tab. A3.6.4.4 Ermittlung des spezifischen Kostenfaktors ϕ

Kenngröße	$R_{gef}(t)$					
	0,99	0,95	0,9	0,7	0,6	0,5
t_P (h/Z.)	401	905	1.298	2.388	2.859	3.330
k (€/Z)	593	647	713	979	1.112	1.254
ET_Z (h/Z)	437	1.044	1.534	2.757	3.162	3.472
ϕ /€ (h)	1,36	0,62	0,46	0,36	0,35	0,36
z_M	9,15	3,8	2,6	1,45	1,3	1,15
T_{St} (h/M.)	4,06	4,3	4,6	5,8	6,4	7
$T_{ST,\ ges}$ (h/a)	37,20	16,3	12	8,4	8,3	8,05
V_t	0,99	0,995	0,997	0,998	0,998	0,998

Lösung zu Aufgabe 6.5

1. *Weibull-Parameter*
   $b = 3$ und $a = 8500\,\text{h}$.

2. *Kosten der Inspektion k_d*
   Wenn im Rahmen einer Inspektion technische Diagnosegeräte zum Einsatz kommen, müsse drei Messadapter korrekt angebracht werden (s. Abb. 6.5.1). Auf folgende Regeln ist bei der Installation der Messadapter zu achten:

   - Aufnehmer möglichst im Lastgebiet, nahe am Wälzlager (Dämpfung),
   - Aufnehmer in Messrichtung hin zum Lastgebiet,
   - keine zusätzlichen Trennfugen verursachen Reflexion, Dämpfung,
   - optimal sind 45° von unten oder horizontal (besonders wichtig bei großen Maschinen mit $P > 300$ kW, $n < 400\,\text{min}^{-1}$).

   Die Ermittlung der Kosten basiert auf einem Nutzungszeitraum der gesamten Diagnosetechnik von 5 Jahren.[7] Für die Auswertung der Daten ist ein PC mit entsprechender Software erforderlich. Es ergeben sich laufende Kosten für die Durchführung der Messung und die Auswertung der Messdaten.
   Anzahl der durchzuführenden Inspektionen:

– für einen Motor	3
– für 150 Motoren	450 (10 % aller Inspektionen)
Gesamt	4500 Maßnahmen

   Kosten für eine Inspektion: 7,32 € (s. Tabelle A3.6.5.1)

3. *Kosten der Instandsetzung nach Befund k_b*
   Im Ergebnis einer Inspektion können folgende Entscheidungen getroffen werden:

   a. Weiternutzung mit der Abgabe einer Prognose zur Restnutzungsdauer oder
   b. Anordnung einer Instandsetzung unmittelbar nach der Befundung, wobei sich der Instandsetzungsumfang nach dem vorgefundenen und bewerteten Abnutzungszustand richtet und im Umfang in der Spannweite von Minimalinstandsetzung bis vollständiger Erneuerung liegen kann.

Tab. A3.6.5.1 Basiswerte

	Gegenstand/Aufwand	Kosten (€)
1	Schwingungsmessgerät (einsch. Zubehör)	20.000
2	PC (Laptop)	1.500
3	Software	12.000
	Einmaliger Aufwand (Summe 1.bis 3.) K_A	*33.500*
4	Kapitaldienst $KD = K_A \frac{i*q^n}{q^n-1}$	7.953
5	Lohnkosten (1 Instandhalter) K_L	25.000
	Laufender Aufwand (4.+5.)	*32.953*

Im Rahmen der Inspektion richtet sich die Entscheidung auf die Bauteile Rotor (Ankerwelle) und Lager. Der Instandhaltungsaufwand beträgt im Mittel 400 €.

---

[7] Dieser Zeitraum ist auf die Entwicklungsdynamik der messtechnischen Geräte und –verfahren abzustimmen (insbesondere unter dem Aspekt sich verkürzender Produktlebenszyklen).

In 1 von 1000 Fällen liegen Folgeschäden[8] vor, so dass dann eine vollständige Instandsetzung bzw. ein Austausch der kompletten Antriebseinheit erfolgt. Der Aufwand ist dann mit 6.000 € relativ aufwendig. Damit ergeben sich folgende Aufwendungen:

$$k_b = (0{,}995 * 400 + 0{,}005 * 6000) = \mathbf{428{,}00 \text{ €}} \text{ je verhindertem Ausfall}$$

4. *Kosten einer wiederherstellenden Instandsetzung k_a*
Instandsetzungen nach Ausfall sind Minimalinstandsetzungen, d. h. es werden nur die beschädigten Teile ausgetauscht, wobei gleichzeitig Folgeschäden beseitigt werden. Bezüglich des Aufwandes für die wiederherstellende Instandhaltung nach Ausfall liegen die folgenden Informationen vor:

1. Im Rahmen der Inspektion festgestellte Schäden sind zu 90 % normale Abnutzungsschäden: 400 €/Maßnahme (s. o.).
2. In 9 % der Ausfälle ist mit einem Folgeschaden in 5-fachem Umfang zu rechnen: 2000 €/Maßnahme.
3. Jeder Ausfallschaden hat eine vollständige Erneuerung zur Folge (1 %).

Die Kosten bei Ausfall ergeben sich zu:

$$k_a = (0{,}9 * 400 + 0{,}09 * 2000 + 0{,}01 * 6000) = \underline{600 \text{ €/Maßnahme}}$$

5. *Kosten einer vorbeugenden Instandsetzung k_p*
Der Wert ergibt sich aus einer im Wesentlichen gleich bleibenden Instandsetzungstechnologie unter Berücksichtigung eines mittleren Abnutzungsgrades:

$$k_p = \underline{6.000 \text{ €/Maßnahme}}$$

6. *Ermittlung der optimalen Instandhaltungsstrategie*
Präferiert wird die Strategie D_{SMP}:

1. starrer Zyklus t_p für Präventivinstandsetzung,
2. zwischenzeitlich werden im Rahmen von Inspektionen in konstanten (starren) Abständen t_d, Schwingungsmessungen durchgeführt,
3. eventuell zwischenzeitlich auftretende Ausfälle werden mit geringstem Aufwand behoben (Minimalinstandsetzung).

Zielgröße sind die Instandhaltungskosten je Betriebszeiteinheit. Es werden folgende Relationen gebildet:

$$\kappa_p = \frac{k_a + \vartheta(k_a - k_b)}{k_p - k_d} = \frac{600 - 0{,}85(600 - 428)}{6000 - 7{,}32} = \underline{0{,}08}$$

$$\kappa_d = \frac{\vartheta(k_a - k_b)}{k_d} = \frac{0{,}85(600 - 428)}{7{,}32} = \underline{19{,}97}$$

---

[8] diese haben meistens das Ausmaß eines Totalschadens.

Kosten				
Messgerät	PC	Software	Gesamt	KD
20,000	1,500	12,000	33,500	7,953
$Z_{BE}=$	150	BE	$p_1 =$	0.005
$Z_M =$	3	Messst./BE	$p_2 =$	0.90
$Z_{M, gesamt} =$	450	Messstellen	$p_3 =$	0.09
$T_N =$	5	Jahre	$p_4 =$	0.01
$i=$	0.06			
$K_L =$	25,000	€/a		
$k_{Insp} =$	400	€/Maßn		
$k_p =$	6,000	€/Maßn		
$k_b =$	428	€/Maßn		
$k_a =$	600	€/Maßn		
$M=$	1,000	Fälle		
Summe Insp.-	32,953	€		
Kosten $k_d =$	7.32	€/BE		

Mit $b = 3$ kann der optimale Zyklus berechnet werden.
Aus den Formeln (6.137) und (6.138) folgt:

$$t_{p,opt} = 8500 \sqrt[3]{\frac{1}{0{,}08 * (3 - 1)}} = \underline{15.946 \text{ h}}$$

$$t_{d,opt} = 8500 \sqrt[3]{\frac{1}{19{,}97 * (3 - 1)}} = \underline{2.487 \text{ h}}$$

$$k_1(t_{p,opt}) = \frac{b}{a(b-1)}(k_p - k_d)\sqrt[b]{\kappa_p(b-1)}$$

$$= \frac{3}{8500 * 2}(6 * 10^3 - 7{,}32)\sqrt[3]{0{,}08 * (3-1)} = \underline{1{,}06 \text{ €/Maßn}}$$

$$k_2(t_{p,opt}) = \frac{b}{a(b-1)}k_d\sqrt[b]{\kappa_d(b-1)}$$

$$= \frac{3}{8500 * 2}7{,}32\sqrt[3]{19{,}97 * (3-1)} = \underline{0{,}0044 \text{ €/Maßn}}$$

$$k^I(t_{p,opt}, t_{d,opt}) = k_1(t_{p,opt}) + k_2(t_{p,opt}) = \underline{1{,}06€/\text{h}}$$

Zur Vorbereitung der Bereichsplanung ist es von Vorteil, wenn die ermittelten
Intervalle in Kalendertage umgerechnet werden, weil dadurch eine Einordnung
in die Planungsperiode erzielt wird.
Wenn 720 h/Monat zu Grunde gelegt werden (30 Tage $*$ 24 h/Tag) und unter Berücksichtigung der Auslastung der Antriebsmotoren von maximal 60 % (die
Fahrwerksmotoren der Eimerkettenbagger fahren nur im Vortrieb), ergibt sich
eine effektive Nutzungsdauer von rd. 430 h/Monat. Der Planungsvorschlag lautet:

Tab. A3.6.5.3 Ermittlung der Funktionswerte

Kosten (€)							Kostenparameter	
k_a	k_p	k_d	k_b	$k_1(t_{opt})$	$k_2(t_{opt})$	k^I	κ_p	κ_d
600	6000	7.32	428	1.06	0.0044	1.0616	0.08	19.97
$t_{p,opt}=$	15.946	h	h/Monat	Ausl	h/Monat	T_1 (Mon.)	T_2 (Mon.)	
$t_{d,opt}=$	2.487	h	720	60%	432	36.9	5.8	
$a=$	8500	h	$b=$	3		$theta=$	0.85	

Inspektionsintervall zur Durchführung der Messwerterfassung $t_d{}^* = 6$ Monate = 2.580 h

GI-Intervall: $t_p{}^* = 37$ Monate = 15.910 h $\approx$ 3 Jahre

$$m = \frac{t_p{}^*}{t_d{}^*} = \frac{36}{6} = 6$$

$$D(t_p) = \Lambda(t_p) - m\Lambda(t_d) = 6{,}6 - 8*0{,}016 = \underline{6{,}5}$$

$$\Lambda(t_p) = \left(\frac{t_p}{a}\right)^b = \left(\frac{15910}{8500}\right)^3 = \underline{6{,}55}$$

Anzahl der Instandsetzungen nach Ausfall:

$$\Lambda(t_d) = \left(\frac{t_t}{a}\right)^b = \left(\frac{2160}{8500}\right)^3 = \underline{0{,}016}$$

Die Anzahl der durch Befundinstandsetzung verhinderten Ausfälle im Zyklus $(0, t_p)$ ist

$$V(t_p) = \vartheta * D(t_p) = 0{,}85 * 6 \approx 5$$

Die Anzahl der im Zyklus $(0, t_p)$ aufgetretenen Ausfälle ist:

$$A(t_p) = (1 - \vartheta)D(t_p) + m\Lambda(t_d) = 0{,}15 * 6{,}6 + 7 * 0{,}016 = \underline{1 \text{ Ausfall}}$$

Monatliche Kosten:

$$k(t_p, m) = \frac{1}{t_p}[k_p + k_d(m - 1) + k_a^* A(t_p) + k_b V(t_p)]$$

$$k(t_p, m) = \frac{1}{35}[6000 + 7{,}32(6 - 1) + 600 * 1{,}04 + 428 * 5{,}1] = \underline{275{,}33 \text{ €/Monat}}$$

Aufwand für Grundinstandsetzung:

$$k(t_p, m) = \frac{6000}{36} = \underline{166{,}76 \text{ €/Monat}}$$

Aufwand für laufende Instandsetzung:

$$k(t_p, m) = \frac{624 + 2183}{36} = \underline{77{,}96 \text{ €/Monat}}$$

Tab. A3.6.5.4 Vergleich der Strategien D_{SMP} und P_{SM}

Maßnahmen	Kosten €(Monat)		Gesamtkosten €(Monat)		ΔK €/Monat	Kapitalwert (€)
	P_{SM}	D_{SMP}	P_{SM}	D_{SMP}		
Instandsetzungen	276	244.72	41,400	36,708	4,692	
–laufende In-standsetzungen	26	77.96	3,900	11,694	−7,794	
–Grundinstand-setzungen	250	166.76	37,500	25,014	12,486	
Inspektionen		1.02		153	−153	
Summe: n = 150	276	245.74	41,400	36,861	4,539	242,482

Diagnoseaufwand:

$$k(t_d, m) = \frac{36{,}8}{36} = \underline{1{,}02 \text{ €/Monat}}$$

7. *Strategievergleich mit der bisherigen Strategie*
Bisher erfolgte die Grundinstandhaltung mit starrem Intervall im Abstand von $t_p = 2$ Jahren $= 24$ Monaten. Bei 352 h/Monat entspricht dies einer Laufzeit von 8448 h (zwischenzeitliche Ausfälle wurden als Minimalinstandsetzung ausgeführt). Vereinfachungshalber werden für den Kostenvergleich gleiche Kosten k_a und k_p zu Grunde gelegt wie nach Einführung der Inspektionsmethode und anschließender Befundinstandsetzung, obwohl sich die befundabhängige Inspektionsmethode allgemein positiv auf den durchschnittlichen Umfang auswirken dürfte.

$$\Lambda(t_d) = \left(\frac{t}{a}\right)^b = \left(\frac{8448}{8500}\right)^3 \approx \underline{1 \text{ Ausfall}}$$

Kosten je Zeiteinheit:

$$k(t_p, m) = \frac{k_p + k_a * A(t_d)}{t_p} = \frac{6000 + 624 * 1}{24} = \frac{6624}{24} = \underline{276 \text{ €/Monat}}$$

Diese Kosten teilen sich wie folgt auf

a. Aufwand für die Grundinstandsetzung: $\frac{1}{24}6000 = \underline{250.00 \text{ €/Monat}}$

b. Aufwand für Ausfallinstandhaltung: $\frac{1}{24}624 = \underline{26 \text{ €/Monat}}$

Den Vergleich der Strategie mit der Ausgangssituation zeigt Tab. A3.6.5.4. Bei einer monatlichen Einsparung von 4.539 € ergibt sich ein Jahresnutzen von 54468 €/a. Das entspricht einem Kapitalwert von:

$$C_0 = G_0 \frac{q^n - 1}{iq^n} = \underline{242.482 \text{ €}}$$

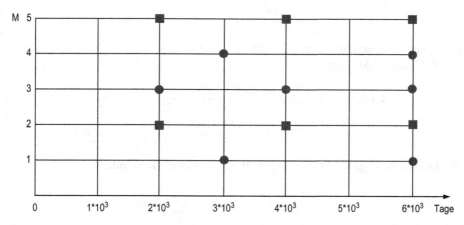

Abb. A3.6.6.1 Festlegung der geblockten Instandsetzungsumfänge für die Koordinierungsstrategie. ($\tau_E = 10^3$ h, $m_1 = 3$, $m_2 = 2$, $m_3 = 2$, $m_4 = 3$, $m_5 = 5$)

Lösung zu Aufgabe 6.6
Für die Elemente $i = 1$, 3 und 5 kommt Strategie SM und bei den Elementen 2 und 4 die Strategie SV zur Anwendung. Die optimalen Einzelzyklen werden m. H. der Formeln (6.230–6.237) bestimmt. Zwischenergebnisse sind der Tab. A3.6.6.2 zu entnehmen. Ausgehend von den optimalen Einzelzyklen wird das Elementarintervall mit $t_E = 10^3$ h festgelegt. Daraus ergibt sich die Koordinierungsstrategie ($\tau_E = 10^3$ h, $m_1 = 3$, $m_2 = 2$, $m_3 = 2$, $m_4 = 3$, $m_5 = 2$). Bei dieser Strategie entstehen Kosten und Verluste je Stunde, die gemäß Formel (6.183) berechnet werden.

a. Durch wiederherstellende Instandhaltung verursachte Kosten und Stillstandverluste je Zeiteinheit:

$$k_a(\tau_E, m_1, \ldots, m_n) = \sum_{i=1}^{n} \frac{k_{ai} * A(\tau_i)}{\tau_i} \qquad A_i(\tau_0) = \begin{cases} \Lambda_i(\tau_{0i}) & \text{für} \quad i = 1,3,5 \\ H_i(\tau_{oi}) & \text{für} \quad i = 2,4 \end{cases}$$

$$i = 1: \qquad A_1(t_0) = \Lambda\,(t_{o1}) = \left(\frac{t_{o1}}{a_1}\right)^{b_1} = \left(\frac{3000}{1900}\right)^2 \approx 2{,}5$$

$$i = 3: \qquad A_3(t_0) = \Lambda\,(t_{o1}) = \left(\frac{t_{o3}}{a_3}\right)^{b_3} = \left(\frac{2000}{1250}\right)^{1{,}5} \approx 2$$

$$i = 5: \qquad A_5(t_0) = \Lambda(t_{o1}) = \left(\frac{t_{o5}}{a_5}\right)^{b_5} = \left(\frac{2000}{1600}\right)^3 \approx 2$$

Die Anzahl der Maßnahmen für die Elemente 2 und 4 werden m. H. der Erneuerungsfunktion berechnet:

$$i = 2: \qquad H_2\,(\tau_2) = \frac{\tau_2}{a_2} = \frac{2000}{2800} \approx 0{,}7$$

$$i = 4: \qquad H_4\,(\tau_2) = \frac{\tau_4}{a_4} = \frac{3000}{3300} \approx 0,9$$

Unter Verwendung dieser Werte für die Anzahl der Ausfälle bei Realisierung der Zyklen τ_i erhält man:

$$k_a(10^3 \text{ h}, 3, 2, 2, 3, 2) = \frac{2T\text{€} * 2,5}{32\ Th} + \frac{4T\text{€} * 0,7}{22\ Th} + \frac{3T\text{€} * 2}{22\ Th}$$

$$+ \frac{4T\text{€} * 0,9}{32\ Th} + \frac{2T\text{€} * 2}{22\ Th} = \underline{9,3\ \text{€}/\text{h}}$$

b. Durch vorbeugende Maßnahmen verursachte Kosten je Stunde:

$$k_p^I(\tau_E, m_1, \ldots, m_n) = \sum_{i=1}^{n} \frac{k_{pi}^I}{\tau_i}$$

$$k_a(10^3 \text{ h}, 3, 2, 2, 3, 2) = \frac{2T\text{€}}{3\ Th} + \frac{1T\text{€}}{2\ Th} + \frac{1T\text{€}}{2\ Th} + \frac{3T\text{€}}{3\ Th} + \frac{3T\text{€}}{2\ Th} = \underline{4,17\ \text{€}/\text{h}}$$

c. Durch vorbeugende Maßnahmen verursachte Stillstandverluste je Stunde:

$$k_p^{II}(\tau_E, m_1, \ldots, m_n) = \frac{\sum\limits_{i=1}^{m_G} K_V * t_r}{m_G \tau_E}$$

Tabelle A3.6.6.1 zeigt die Maßnahmenstruktur der Koordinierungsstrategie sowie zusammengefasste Instandhaltungsmaßnahmen der Zeiten t_r:
Somit ergibt sich mit $K_V = 500$ €/h

$$k_a(10^3 \text{ h}, 3, 2, 2, 3, 2) = \frac{(5 + 6 + 5 + 5 + 6) * 620,55\ \text{€}/\text{h}}{6 * 1000\ \text{h}} = \underline{2,79\ \text{€}/\text{h}}$$

Die Koordinierungsvariante ergibt sich als Summe dieser drei Werte:

$$K = 9,29\ \text{€}/\text{h} + 4,17\ \text{€}/\text{h} + 2,79\ \text{€}/\text{h} = \underline{16,25\ \text{€}/\text{h}}$$

Zum Vergleich werden die Kosten und Verluste je Zeiteinheit ermittelt, die sich bei isolierter Durchführung der vorbeugenden Maßnahmen zum jeweils optimalen Zeitpunkt τ_{oi} ergeben. Diese Kosten betragen:

$$k_a(10^3 \text{ h}, 3, 2, 2, 3, 2) = \frac{55 * 620,55\ \text{€}/\text{h}}{6 * 1000\,\text{h}} = \frac{34130}{6000} = \underline{5,68\ \text{€}/\text{h}}$$

$$K = 9,29\ \text{€}/\text{h} + 4,17\ \text{€}/\text{h} + 5,69\text{€}/\text{h} = \underline{19,15\text{€}/\text{h}}$$

Das ergibt bei einer Nutzungsdauer von 6000 h einen Mehraufwand von 17.390 €.

Tab. A3.6.6.1 Blockbildung der BE

M									
1		2		3		4		5	
Element	t_r	Element	t_r	Element	t_r	Element	t_r	Element	t_r
2	5	1	6	2	5			1	6
4	5	4	2	3	5			2	5
5	3			5	3			3	5
								5	2
									3
Max	5		6		5				6

Kapitel 7

Lösung zu Aufgabe 7.1

$$\rho = \lambda/\mu = 2 \quad \xi = 2/3$$

$$p_0 = \left(\frac{1}{1 + 2 + \dfrac{2^2}{2!} + \dfrac{2^3}{3!\,(1 - 2/3)}} \right) = 0{,}11$$

$$EL_W = \frac{2^3 \dfrac{2}{3}}{3!\left(1 - \dfrac{2}{3}\right)^2} \left(\frac{1}{9}\right) = 0{,}89 \approx 1$$

$$ET_W = \frac{1}{\mu} + \frac{EL_W}{\lambda} = 0{,}33 \text{ h} + 0{,}148 \text{ h} = 0{,}48 \text{ h} \approx 0{,}5 \text{ h}$$

Lösung zu Aufgabe 7.2

Tab. A3.7.2.1 Rechenwerte zu Aufgabe 7.2

Bezeichnung	Formelzeichen	$s = 1$	$s = 1$
Belastung	ρ	0,67	0,33
Leerwahrscheinlichkeit	P_0	0,33	0,50
Übergangswahrscheinlichkeit	P_1	0,22	0,33
Wahrscheinlichkeit, dass eine bestimmte Anzahl Forderungen zur Zeit t im System verweilen	P_n für n $\geq$ 2	0,15	0,11
Mittlere Warteschlangenlänge	EL_W	1,33	0,08
Erwartete Anzahl der Forderungen im System	EL_V	2	0,75
Mittlere Wartezeit einer Forderung (h)	ET_W	0,667	0,0417
Mittlere Verweilzeit einer Forderung (h)	ET_V	1	0,375
Wahrscheinlichkeit, dass $ET_W > 0$	$P\,(ET_W > 0)$	0,667	0,167
Wahrscheinlichkeit, dass $ET_W > 0.5$ h	$P\,(ET_W > 0{,}5)$	0,404	0,022
Wahrscheinlichkeit, dass $ET_W > 1$ h	$P\,(ET_W > 1)$	0,245	0,003
			2,52

Lösung zu Aufgabe 7.3

$$\lambda = \frac{1}{ET_A} = \frac{60}{10} = 6 \text{ h}^{-1}$$

$$\mu = \frac{1}{ET_B} = \frac{1}{2} = 0,5 \text{ h}^{-1}$$

$$\rho = \frac{6}{1/2} = 12$$

Die Bereitstellfläche kann als Verlustsystem mit sehr vielen Serviceplätzen angesehen werden. Unter der Voraussetzung, dass dieses System der Form M/M/s ist, ergibt sich unter Berücksichtigung der Formel (7.80) die mittlere Zahl der Transportpaletten zu:

$$EL_B = \rho(1 - p_{verl}) = 12$$

Die Fläche reicht demnach für die Bereitstellung der Betrachtungseinheiten aus.

Lösung zu Aufgabe 7.4

$$ET_V \approx \frac{2 + \dfrac{1}{1,2}[0,4 - 1]}{2(1,2 - 1)} \approx 3,4 \text{ h}$$

$$\eta_B = 0,83$$

Tab. A3.7.4.1 Ermittlung der Planungsdaten

ET_b	μ	ET_A	λ	$\sqrt{D(t_b)}$	ρ	η_b	T_v	$V^2(t_b)$	ET_V
50	1,2	60	1	0,5	0,83	0,83	1,70	0,25	3,4

Die Auslastung des Stützpunkts beträgt 83 %. Die Verweilzeit einer Forderung beträgt 3,4 Stunden, wobei 1 h für die Behebung einer Funktionsstörung anfällt. Der Rest von 2,4 h ist Wartezeit. Bei einer Steigerung der Arbeitsproduktivität des Services um 10 % verringert sich die Verweildauer auf 2,1 h und somit die Wartedauer um etwa 10 % von 2,4 h auf rd. 1,1 h.

Lösung zu Aufgabe 7.5
Ausgangssituation

$$p_w(s,\rho) = 1 - W_q(0)$$

$$= \left(\frac{\dfrac{3,73^5}{5!\,(1 - 0.75)}}{\dfrac{3,73^5}{5!(1 - 0,75)} + \dfrac{3,73^0}{0!} + \dfrac{3,73^1}{1!} + \dfrac{3,73^2}{2!} + \cdots + \dfrac{3,73^5}{5!}} \right) \approx 0,41$$

Tab. A3.7.5.1 Rechenwerte
zu Variante 1

λ	μ	s	ρ	ζ	P_W
14,92	4	5	3,730	0,75	0,408
19	4	6	4,750	0,79	0,454

Tab. A3.7.5.2 Rechenwerte
zu Variante 2

λ	μ	s	ρ	ζ	P_W
14,92	4	5	3,730	0,75	0,408
19	5	5	3,800	0,76	0,430

Tab. A3.7.5.3 Rechenwerte
zu Variante 3

λ	μ	s	ρ	ζ	P_W
14,92	4	5	3,730	0,75	0,408
13,43	4	5	3,357	0,67	0,301

Die Erhöhung um 1 Instandhalter

$$p_w\,(s,\rho) = 1 - W_q(0)$$

$$= \left(\frac{\dfrac{3,73^6}{5!\,(1-0.62)}}{\dfrac{3,73^6}{6!(1-0,62)} + \dfrac{3,73^0}{0!} + \dfrac{3,73^1}{1!} + \dfrac{3,73^2}{2!} + \cdots + \dfrac{3,73^6}{6!}} \right) \approx 0,20$$

Die Erhöhung der Servicekapazität um einen Instandhalter verringert die Wartewahr-scheinlichkeit um 100 %. Das steigert zwar die Kundenzufriedenheit, gleichwohl könnte aber auch die Leistung gesteigert werden, wenn die Wartewahrscheinlichkeit auf dem Niveau gehalten würde, sofern die Kunden dies weiterhin akzeptieren. Man könnte auf dem Niveau der bisherigen Wartewahrscheinlichkeit die Ankunftsintensi-tät auf rd. $19\,\mathrm{h}^{-1}$, also um rd. 20 % steigern. Das sind 7040 Forderungen/a zusätzlich, die bei einem Zeitvolumen von 1760 h/a einem zusätzlichen Umsatz 176.000 €/a ent-sprechen. Bei einem Wertansatz von 30 T€/Instandhalter würde sich die personelle Aufstockung lohnen. Der geldwerte Vorteil beträgt 146.000 €.

$$p_w\,(s,\rho) = 1 - W_q(0)$$

$$= \left(\frac{\dfrac{2,98^5}{5!\,(1-0,60)}}{\dfrac{2,98^5}{5!(1-0,60)} + \dfrac{2,98^0}{0!} + \dfrac{2,98^1}{1!} + \dfrac{2,98^2}{2!} + \cdots + \dfrac{2,98^5}{5!}} \right) \approx 0,21$$

Im Falle konstant bleibender Servicekapazität und einer Steigerung der Bedien-intensität um 1 Forderung pro Stunde infolge Softwareeinsatzes ergibt sich eine Verringerung der Wartewahrscheinlichkeit um nahezu 50 %. Gleichwohl könnte auch unter dieser Bedingung die Leistung des Unternehmens auf $19\,\mathrm{h}^{-1}$ bei nahezu konstanter Wartewahrscheinlichkeit gesteigert werden.

Werden in diesem Fall die Abschreibungen und die Zinsen angesetzt, ergibt sich bei gleichem geldwerten Umsatz ein Aufwand von 60.000/3 = 20.000 €/a für AfA und

Tab. A3.7.5.4 Rechenwerte
zu Variante 4

λ	μ	s	ρ	ζ	P_W
14,92	4	5	3,730	0,75	0,408
13,43	5	5	0,686	0,54	0,154

$K_A/2 * i = 1500$ €/a, mit $i = 0,05$. Der geldwerte Vorteil beträgt somit 154.500 €/a. Mithin wäre die Optimierung des Service durch Softwareunterstützung unter den gegebenen Voraussetzungen kostengünstiger.

Das Ergebnis zeigt, dass eine Steigerung der Produktivität um 20 % die Wartewahrscheinlichkeit um etwa 50 % reduziert. Das ist insbesondere beim Einsatz kapitalintensiver Maschinen von Bedeutung, die bei technisch bedingten Störungen hohe Stillstandskosten verursachen. Die Anzahl der Instandhalter bleibt konstant, die Zuverlässigkeit der instand zu haltenden BE wird verbessert, so dass sich die Intensität des Forderungsstroms verringert.

$$p_w\,(s,\rho) = 1 - W_q(0)$$

$$= \left(\frac{\dfrac{3,35^5}{5!\,(1-0,67)}}{\dfrac{3,35^5}{5!(1-0,67)} + \dfrac{3,35^0}{0!} + \dfrac{3,35^1}{1!} + \dfrac{3,35^2}{2!} + \cdots + \dfrac{3,35^5}{5!}} \right) \approx 0,3$$

Die Verbesserung der Zuverlässigkeit verringert die Intensität des Forderungsstroms. Bei einer Reduzierung der Ankunftsrate um 10 % verringert sich die Wartewahrscheinlichkeit um rd. 25 %. Möglichkeiten sind:

- Kombination der Varianten 2 und 3,
- Anzahl der Instandhalter bleibt konstant,
- Steigerung der Arbeitsproduktivität und
- Verbesserung der Zuverlässigkeit der instand zu haltenden BE.

$$p_w\,(s,\rho) = 1 - W_q(0)$$

$$= \left(\frac{\dfrac{2,68^5}{5!\,(1-0,54)}}{\dfrac{2,68^5}{5!(1-0,54)} + \dfrac{2,68^0}{0!} + \dfrac{2,68^1}{1!} + \dfrac{2,68^2}{2!} + \cdots + \dfrac{2,68^5}{5!}} \right) \approx 0,15$$

Tab. A3.7.6.1 Ergebniswerte zu Aufgabe 7.6

λ	μ	ρ	n	N	n!	i	i!	(n−i)!	ρ^i	$1/\rho_0$	ρ_0	ρ_0
S = 1											S = 1	S = 2
0,05	0,5	0,1	10	18144005	3628800	0	1	3628800	1	1	0,2146	0,3680

Lösung zu Aufgabe 7.6
n = 5

$$p_0 = \left\{ \sum_{i=0}^{2} \frac{10!}{i!(10-i)!} 0,1^i + \sum_{i=2+1}^{10} \frac{10!}{2! \, 2^{i-s}(10-i)!} 0,1^i \right\}^{-1}$$

a) 1. Servicetechniker

$$p_0 = 0,2146$$

Die Anzahl der laufenden Maschinen im Stützpunkt ergeben sich zu:

$$N = n - \frac{\mu}{\lambda}(1 - p_0) = 5 - 10 * (1 - 0,56) = 1$$

Kosten

$$K = K_S + K_{St} = 150 \text{ €/Schicht} + 4\,\text{h} * 60 \text{ €/h} = \mathbf{\underline{390 \text{ €/Schicht}}}$$

mit

$$ET_V = EL_V / \lambda = 0,64/0,05 = 12,8\,\text{h}$$

Für den Fall, dass man für beide Segmente jeweils 2 voneinander unabhängige Stützpunkte einrichten würde, ergäben sich (gleiches Ausfallverhalten vorausgesetzt) insgesamt 780 €/Schicht.

b) 2. Servicetechniker

$$p_0 = 0,368$$

Die Anzahl der Forderungen im Stützpunkt ergeben sich zu:

$$EL_v = n - \frac{\mu}{\lambda}(1 - p_0) = 5 - 10 * (1 - 0,61) = 1,8$$

Kosten (€/Schicht)

$$K = K_S + K_{St} = 150 \text{ €/Schicht} + 4\,\text{h} * 60 \text{ €/h} = \underline{390 \text{ €/Schicht}}$$

mit

$$ET_V = EL_V / \lambda = 3,7/0,05 = 4\,\text{h}$$

Für den Fall, dass man für beide Segmente jeweils 2 voneinander unabhängige Stützpunkte einrichten würde, ergäben sich (gleiches Ausfallverhalten vorausgesetzt) insgesamt 780 €/Schicht.

Tab. A3.7.6.2 Ergebniswerte zu Aufgabe 7.6

λ	μ	ρ	n	N	n!	i	i!	(n−i)!	ρ^i	$1/\rho_0$	ρ_0	ρ_0
s = 1											s = 1	s = 2
0,05	0,5	0,1	5	600	120	0	1	120	1	1	0,5640	0,6186

Kapitel 9

Lösung zu Aufgabe 9.1
Ermittlung der Ersatzteilekosten

a. *Beschaffung bei Maschinenbestellung*

Der Erwartungswert ergibt sich zu

$$ET_B = a\Gamma\left(\frac{1}{b}+1\right) = 1.786\,h$$

$$B_M(t) = H(t) \approx \frac{8*4800}{1786} + \frac{0{,}13209-1}{2} = \underline{21\ \text{Ersatzteile}}$$

Ersatzteilekosten

$$K_E = B_M(t) * p_E = 21\ \text{Teile} * 568\ \text{€/Teil} = \underline{11.965\ \text{€}}$$

Da die Ersatzteile über 8 Jahre gelagert werden, ist das mittlere gebundene Kapital mit $K_E/2$ anzusetzen. Dieser Wert ist mit dem Lagerkostensatz von 3 % p. a. zu verzinsen.

Lagerhaltungskosten für die gesamte Planungsperiode
$$K_L = (K_E/2) * 0{,}035 * 8 = \underline{7675{,}22\ \text{€}}$$

Bestellkosten
Die Bestellkosten werden mit Null angesetzt, da die Bestellung im Rahmen der Maschinenbestellung ausgelöst wurde.

Gesamtkosten

$$K_{Eges} = K_E + K_B + K_L = 11.965 + 0 + 1675{,}21 = \underline{13.641{,}05\ \text{€}}$$

Legt man die für die Erneuerungsfunktion verwendeten Planungsdaten zugrunde, ergibt sich eine Überlebenswahrscheinlichkeit von 49 %:

$$x = R(t) = e^{-\left(\frac{4800}{2000}\right)^3} = \underline{0{,}49}$$

b. Beschaffung aller Ersatzteile nach Bedarf zu geplanten Zeitpunkten für eine geforderte Überlebenswahrscheinlichkeit von 80 %

Bestellmenge, gesamt

$$b_M = \frac{8a * 4800\ h/a}{t_{plan}} = \frac{26.000\ h}{945\ h/ET} = \underline{41\ \text{Ersatzteile}}$$

Tab. A3.9.1.1 Ergebniswerte zu Aufgabe 9.1a

a	$\Gamma_{(x)}$	ET_B	S	v^2	$H(t)$	ρ	$K_E(t)$	K_L	K_{ges}
2000	0,893	1786	0,3246	0,13209	21,07	568	11965,83	1675,22	13641,05

Tab. A3.9.1.2 Ergebniswerte zu Aufgabe 9.1b

		Jahr	P	$P_{bereinigt}$	$K_{bestell}$	K_{ges}	$K_{ges,kum}$
			€/ET	€/a	€/Best	€/a	€
$B(t)$	41	1	568,00	2840,00	50,00	2890,00	2890,00
ET_B	1786	2	585,04	2925,20	51,50	2976,70	5866,70
$R(t)$	0,49	3	602,59	3012,96	53,05	3066,00	8932,70
$i_f=$	1,03	4	620,67	3103,34	54,65	3157,98	12090,68
$Z_T=$	5	5	639,29	3196,45	56,28	3252,72	15343,40
		6	658,47	3292,34	57,96	3350,30	18693,70
		7	678,22	3391,11	59,70	3450,81	22144,52
		8	698,5684	3492,84	61,49	3554,34	25698,85

Zur Sicherung einer Überlebenswahrscheinlichkeit von mindestens 80 % ergibt sich ein Gesamtbedarf von 41 Ersatzteilen. Das sind im Mittel 5,12 Ersatzteile/a.

Ermittlung des Planungstermins

$$t_{plan} = 2000 \sqrt[2]{\ln \frac{1}{0,8}} = \underline{945\ h}$$

Bei einer Beschaffungsstrategie nach dem jährlichen Bedarf fallen für jede Bestellung die Bestellkosten an. Der Ersatzteilpreis kann wegen der Inflationsrate nicht als konstant angenommen werden. Die Lagerhaltungskosten sind dann Null.

$$K_{En}(t) = z_n(t) * (p + k_B) * i_f$$

1. Jahr $K_{E1}(t = 4800) = z_1(t) * (p + K_B) * i_f = 5,12$ Teile$(568$ €/Teil $+ 50$ €$) *$ $1,0 = 2890$ €/a

2. Jahr: $K_{Ei}(t = 4800) = 5,12(585$ €/ET $+ 51,50$ €/Best.$) * 1,03 = 2.976$ €/a
3. Jahr: $K_{Ei}(t = 4800) = 5,12(603$ €/ET $+ 53,50$ €/Best.$) * 1,03 = 3.066$ €/a
4. . . . .

$$K_{Eges}(t) = \sum_{n=1}^{8} K_{En}(t) = \underline{25.689,85\ €}$$

Im Vergleich schneidet die Beschaffung der Ersatzteile bei Maschinenkauf mit 47 % geringeren Kosten besser ab.

Lösung zu Aufgabe 9.2

Tab. A3.9.2.1 Ergebniswerte zu Aufgabe 9.2

Lagerprozess																					
Periode	1	2	3	4	5	6	7	8	9	10	11	12	13	14	15	16	17	18	19	20
Bedarf	9	1	12	8	13	1	2	0	6	8	12	2	3	5	8	15	20	2	5	7
Fehlmenge	0	0	1	0	2	0	0	0	3	0	0	0	0	5	3	10	0	0	1	1

Gesamtbedarf	165	b -Servicegrad= **93%**
Fehlmenge	26	d -Servicegrad= **60%**
Perioden mit	12	
Lieferbereitschaft		

Lösung zu Aufgabe 9.3

$$ET_D = \frac{300\ ET * 250\ d/a}{2500\ ET/a} = 3 = d$$

Lagerreichweite R_W

$$R_W = \frac{300 + 25}{1500} = \frac{325\ ET}{1500\ ET/a} = 0{,}21\ Jahre \approx 80\ Tage$$

Umschlagshäufigkeit (Schlagzahl) Z_U:

$$Z_U = \frac{600}{300} = 2$$

Kapitel 10

Lösung zu Aufgabe 10.1

a. Nutzungsgrad:

$$N_G = \frac{T_L}{T_{Plan}} * 100\ \% = \frac{(4350 - 855)}{4350} 100\ \% = 80{,}34\ \%$$

b. Leistungsgrad:

Zunächst ist die Planmenge zu berechnen

$$n_{Plan} = \frac{T_{Plan}}{t_{Bm}} = \frac{4350}{3} = 1450\ Stück/Woche$$

Die Ist-Menge ergibt sich unter Berücksichtigung der Stillstandzeit

$$n_{Plan} = \frac{T_{Plan}}{t_{Bm}} = \frac{4350 - 825}{3} = 1165\ Stück/Woche$$

c. Qualitätsgrad:

$$Q_G = \frac{(116 - 2 - 4)}{116} * 100\,\% = 92\%$$

d. Berechnen Sie die Gesamtanlageneffektivität

$$GEFF = N_G * L_G * Q_G * 100\,\% = 0,81 * 0,8 * 0,92 = 58\,\%$$

Lösung zu Aufgabe 10.2

$$Q_{Anl} = \frac{2.400.000 * 3}{1 + 4} = 1.440.000\ \text{€}/AK$$

Auf 1 Instandhalter kommt ein Anlagenwert von 1.440.000 €.

Lösung zu Aufgabe 10.3

$$G_{Inst} = \frac{180 + 240}{24\,h * 7 * 60\text{min/h}} * 100\,\% = 4,2\%$$

Lösung zu Aufgabe 10.4
Der Produktionsbehinderungsgrad ergibt sich zu

$$G_P = \frac{T_{npf}}{T_{IHges}} * 100\,\% = \frac{4822}{15.465} * 100\,\% \approx 32,2\,\%$$

Die wirtschaftlichen Verluste durch Maschinenstillstände betragen 525.900 €/a. Bei einem Lohnkostensatz von 18 €/h und einem Überstundenzuschlag von 25 % erhöhen sich die Verluste um 197.213 €. Damit ergeben sich insgesamt ökonomische Verluste von rund 723.113 €/a. Schreitet die Geschäftsleitung nicht ein ergibt sich nach 5 Jahren bei einem Kapitalisierungssatz von 5,25 % ein Vermögensendwert von 4.015.656 €. Allein eine bescheidene Reduzierung der Verluste um 10 % ergäbe ein Potenzial von rund 72.311 €/a und einen Vermögensendwert von rund 401.566 €.

Lösung zu Aufgabe 10.5

$$S_Q = \frac{T_{tech}}{T_{Plan}} * 100\,\% = \frac{486,5}{30.000} * 100\,\% = 1,6\,\%$$

Lösung zu Aufgabe 10.6

$$MTTR_S = \frac{\sum\limits_{i=1}^{n} \dfrac{MTTR_i}{MTTF_i}}{\sum\limits_{i=1}^{n} \dfrac{1}{MTTF_i}} = \frac{\dfrac{2}{500} + \dfrac{2,5}{400} + \dfrac{1}{250} + \dfrac{0,5}{100}}{\dfrac{1}{500} + \dfrac{1}{400} + \dfrac{1}{250} + \dfrac{1}{100}} = \frac{0,01925}{0,0185\,h^{-1}} = 1,04\,h$$

Sachverzeichnis